国外计算机科学教材系列

现代控制系统

（第十三版）

Modern Control Systems

Thirteenth Edition

[美] Richard C. Dorf
Robert H. Bishop 著

谢红卫 孙志强 译

電子工業出版社
Publishing House of Electronics Industry
北京 · BEIJING

内容简介

控制系统原理及相近课程是高等学校信息类和机电类等专业学生的核心课程之一，本书一直是此类课程畅销全球的教材范本，主要内容包括控制系统导论、系统数学模型、状态空间模型、反馈控制系统的特性、反馈控制系统的性能、线性反馈系统的稳定性、根轨迹法、频率响应方法、频域稳定性、反馈控制系统设计、状态变量反馈系统设计、鲁棒控制系统和数字控制系统等。本书的例子和习题大多取材于现代科技领域中的实际问题，新颖而恰当。学习和解决这些问题，可以使学生的创造性素养得到潜移默化的提升。

本书可作为高等学校自动化、航空航天、电力、电子、机械、化工等专业的本科高年级学生和研究生的教材，也可以供从事相关工作的人员作为参考书使用。

Authorized translation from the English language edition, entitled Modern Control Systems, Thirteenth Edition, 9780134407623 by Richard C. Dorf, Robert H. Bishop, published by Pearson Education, Inc., Copyright © 2017 Pearson Education, Inc.

All rights reserved. No part of this book may be reproduced or transmitted in any forms or by any means, electronic or mechanical, including photocopying, recording or by any information storage retrieval system, without permission from Pearson Education, Inc.

CHINESE SIMPLIFIED language edition published by PUBLISHING HOUSE OF ELECTRONICS INDUSTRY, Copyright © 2023.

本书中文简体字版专有出版权由 Pearson Education（培生教育出版集团）授予电子工业出版社。未经出版者预先书面许可，不得以任何方式复制或抄袭本书的任何部分。

本书贴有 Pearson Education（培生教育出版集团）激光防伪标签，无标签者不得销售。

版权贸易合同登记号　图字：01-2016-4605

图书在版编目（CIP）数据

现代控制系统：第十三版/（美）理查德·C. 多尔夫（Richard C. Dorf），（美）罗伯特·H. 毕晓普（Robert H. Bishop）著；谢红卫，孙志强译. —北京：电子工业出版社，2023.2

（国外计算机科学教材系列）

书名原文：Modern Control Systems，Thirteenth Edition

ISBN 978-7-121-44690-0

Ⅰ.①现…　Ⅱ.①理… ②罗… ③谢… ④孙…　Ⅲ.①控制系统—高等学校—教材—英文　Ⅳ.①TP271

中国版本图书馆 CIP 数据核字（2022）第 239949 号

责任编辑：马　岚　　　文字编辑：李　蕊

印　　刷：三河市鑫金马印装有限公司

装　　订：三河市鑫金马印装有限公司

出版发行：电子工业出版社

北京市海淀区万寿路 173 信箱　邮编：100036

开　　本：787×1092　1/16　印张：50.75　字数：1462 千字

版　　次：2011 年 4 月第 1 版（原著第 11 版）

2023 年 2 月第 3 版（原著第 13 版）

印　　次：2023 年 2 月第 1 次印刷

定　　价：149.00 元

凡所购买电子工业出版社图书有缺损问题，请向购买书店调换。若书店售缺，请与本社发行部联系，联系及邮购电话：（010）88254888，88258888。

质量投诉请发邮件至 zlts@phei.com.cn，盗版侵权举报请发邮件至 dbqq@phei.com.cn。

本书咨询联系方式：classic-series-info@ phei.com.cn。

前　言

本书内容

诸如气候变化、清洁水资源、可持续发展、废物管理、减少排放和原材料消耗，以及能源使用等全球性议题，促使许多工程师重新审视反省已有的工程设计方法和策略。工程设计策略演进的结果之一就是所谓的绿色工程。绿色工程的目的是使设计出的产品能够减少污染，降低人类健康风险，改善环境。采用绿色工程的设计原则，进一步突显了反馈控制系统的技术支撑作用。

为了减少温室气体排放和尽量降低污染，就需要从质和量两个方面改进环境监控系统。一个这样的例子是基于移动感应平台，采用无线方式监测外部环境。另一个例子是通过测量超前和滞后功率因子、电压波动和谐波波形等参数，监测输电质量。许多绿色工程系统或部件都需要对电压和电流进行细致的监测。又例如，在相互连接的供电网络中，常常要用变流器来测量和调控电流。传感器是反馈控制系统中的重要部件，依据其测量提供的系统状态信息，控制系统才能执行恰当的动作。

人类面临的全球性问题对工程设备的自动化程度和精确度提出了日益增长的需求，自动控制系统在绿色工程中的应用将越来越广泛。本书选取了绿色工程中的一些主要应用实例，包括风力涡轮机控制和光伏发电机反馈控制建模等。后者的目的是，使光伏发电机在阳光随时间变化的情况下，也能通过反馈控制实现最大功率的发电。

风力和太阳能是世界上重要的可再生能源。风能向电能的转化是通过连接到发电机的风力涡轮机实现的。风力的间歇特性促进了智能电网的发展，当风力发电有效工作时，智能电网要供风电上网；当风力发电无风或不能稳定工作时，智能电网要用其他来源来供电上网。智能电网就是在发电装置出现间歇或大的扰动时，仍然能够将电能可靠而高效地输送到家庭、企业、学校和其他用户的软硬件集成体。风力强度和方向的不规则特性也导致了有必要对风力涡轮机自身加以控制，以便产生可靠平稳的电能，这些控制系统或控制器件的直接目的就是减小风力间歇特性和风向改变对风力发电的影响。能量储备系统也是绿色工程的关键技术，我们要寻找更多类似于燃料电池的可重用能量储备系统。在高效的可重用能量储备系统中，主动控制是一项关键的技术。

控制工程另一个令人兴奋的进展是物联网的兴起。物联网是由嵌入了电子部件、传感器和软件，并维持了连通性的物理实体构成的网络。就像设想的那样，物联网中数以百万计的实体中的每一个实体，都拥有一个嵌入式计算机（装置）并与互联网保持连通。谋求对这些互联实体的控制能力，对控制工程师具有巨大的吸引力。事实上，控制工程是一个充满新奇和挑战的领域，从本质上讲，它是一个跨学科的综合性领域，控制工程或控制原理课程则是工科专业的核心课程。我们可以采用不同的途径来学习和掌握控制工程的基础知识和技能。一方面，由于控制工程奠定在坚实的数学基础之上，我们可以将定理及其证明作为重点，从严格的理论的角度来学习控制工程的理论和方法；另一方面，由于控制工程的终极目标是实际系统中的控制实现，因此我们也可以在设计反馈控制系统的实践中，主要凭直觉和实践经验进行学习，不过这只是权宜之计。本书采取的途径是，在介绍基本的数学工具和方法论的基础上，着重介绍物理系统的建模，以及满足实用性能指标要求的实际控制系统的设计。

作者坚信，对于我们每个人来说，最重要和最有成效的学习方法是对前人已经得到的答案和方法进行重新发现和创新。因此，理想的教学方法是向学生提出一系列问题，并给出部分过去已有的启发性结果。传统方法不重视向学生提出问题，而是直接给出完整的答案，剥夺了学生感受刺激和兴奋的机会，因而与创造冲动无缘，同时也将人类获得科技进步的探索变成了一堆干巴巴的定理。教学的最高境界则是向学生提供一些我们当前面临的、重要但尚无答案的问题，由学生自己去寻找答案。这样一来，他们可以自豪地宣称，他们所学到的知识都是自己所发现的。

本书的目标在于，通过正文和习题，向学生介绍基本的反馈控制理论，提供一系列发现问题和解决问题的机会，帮助学生体验重新发展反馈控制系统理论及其应用实践。如果能够对此目标有所裨益，就意味着本书取得了成功。

本书第十三版新增或者修改了超过20%的课后习题，共提供了各类习题980多道，包括基础练习题（编号以E开头）、一般习题（编号以P开头）、难题（编号以AP开头）、设计题（编号以DP开头）和计算机辅助设计题（编号以CP开头）等，教师可以方便地根据进度布置不同的作业。

为了便于理解和术语统一，本书更新了第10章关于超前校正控制器和滞后校正控制器的设计过程。为了更清晰地展现教材内容，本书还调整了内容的编排和布局。

读者对象

本书是为工科类本科生编写的控制系统基础教材。控制系统在航天、化工、电气、机械等学科中的应用原理差异甚微，因此，本书的编写对任何工程学科无所偏倚①。所以，本书可望能够同样适用于所有工程学科，这正好有力地说明了控制工程的实用性。书中大量的习题和实例来自不同的学科领域，其中所举的关于社会学、生物学、生态学和经济学控制系统的实例，旨在使读者认识到，控制理论可以普遍应用于生活的诸多方面。我们认为，让特定专业的学生接触其他学科的例子和习题，有利于拓宽他们的视野和思路，提高他们跨学科学习和研究的能力。事实上，许多学生将来要从事的技术工作并不等同于他们目前所学的学科专业，例如，许多电气工程师和机械工程师都和航天工程师一道，工作在航天工业部门。我们希望，这本控制工程的基础教程能让学生对控制系统的分析和设计有广泛的了解。

全球众多大学采用了本书的前版作为工科类的高年级本科教材。缺少控制工程基础的工科研究生，也常常选用它作为教材。②

重视控制系统设计是本书历来的特色，第十三版延续并发展了这一特色。结合设计磁盘驱动器读取系统（见右图）这样一个实际工程问题，我们设计了“循序渐进设计实例”。书中每章都将利用这一章介绍的概念和方法，逐步对此实例进行研讨。磁盘驱动器广泛应用于各类计算机，是控制工程的一个重要的应用实例。书中各章分别研究了磁盘驱动器读取系统控制器设计的不同方面。例如，第1章确定了它的控制目标、受控变量、指标设计

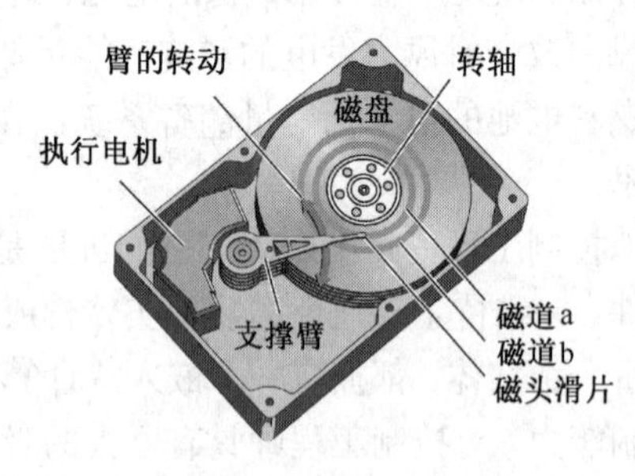

① 这是美国的情况。在美国，尽管控制学会等团体的学术活动非常广泛和热烈，但控制工程既不是一个独立的工程学科，也不从属于某个工程学科；而在中国，控制科学与工程则是一个独立的一级学科。——译者注

② 本书由谢红卫和孙志强共同翻译完成。为便于读者学习和理解，译者根据多年授课经验补充了一些解释性文字或段落。——编者注

要求及基本的系统结构；第 2 章建立了受控对象、传感器和执行机构的模型；后续各章则利用这一章介绍的知识要点，继续从不同方面研究磁盘驱动器的控制问题。

基于和“循序渐进设计实例”同样的思路，我们还编拟了一组连续性设计题，给学生提供一个通过逐章的练习，最终完成设计任务的机会。精密加工对滑动工作台(见右图)控制系统提出了严格的要求。在连续性设计题中，要求学生运用各章介绍的技术和方法，设计完成满足给定的性能指标设计要求的控制系统。

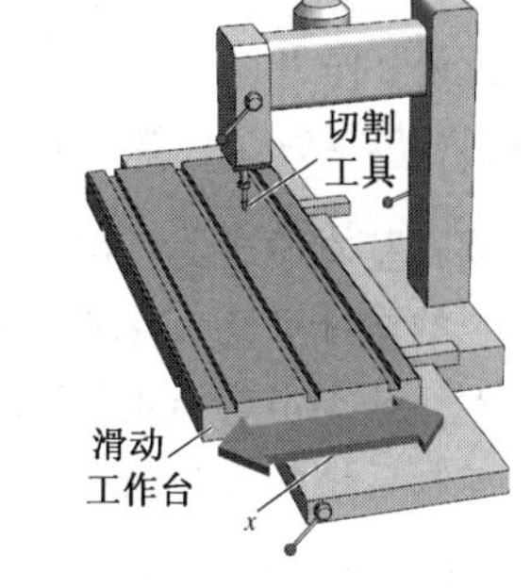

本书进一步完善了计算机辅助设计和分析方面的内容。同时，针对“循序渐进设计实例”中不同问题的解决方案，也给出了相应的 m 脚本程序。

本书每章都配有名为“技能自测”的小节。每个“技能自测”小节包括正误判断题、多项选择题，以及术语和概念匹配题三类题目，以便于学生自行检查对这一章内容的掌握情况。每章最后还给出了“技能自测”的答案，以便学生及时反馈学习效果。

教学方法

全书围绕控制系统时域和频域理论的基本概念来展开和组织材料。在内容主题的选择，例题和习题中实际系统的选材上，尽量体现新颖性和先进性。这样一来，本书就包含了很多新的知识点，如鲁棒控制系统、系统灵敏度、状态空间模型、能控性和能观性、内模控制、鲁棒 PID 控制器、计算机控制系统、计算机辅助设计与分析等。同时，对于控制理论中那些已经得到验证的极具实用价值的经典问题，本书也予以保留并有所扩展。

构建基础理论体系：从经典到现代　本书旨在清晰地阐明时域和频域设计方法的基本原理。全书涵盖了控制工程的经典方法，如拉普拉斯变换和传递函数、根轨迹设计法和劳斯-赫尔维茨稳定性分析；也包括伯德图法、奈奎斯特法和尼科尔斯法等频域响应方法；还包括了对标准测试信号的稳态跟踪误差，二阶系统近似，相角裕度、增益裕度和带宽等。此外，本书还把讨论的范围扩展到了状态空间法，讨论了状态空间模型的能控性和能观性的基本概念，介绍了用于极点配置的阿克曼公式，以及利用该公式进行全状态反馈控制设计的方法，同时也讨论了状态变量反馈控制设计的局限性。针对状态信息无法完整测量的情况，介绍了用于估计重建系统状态的观测器的概念。

在上述基本原理的坚实基础上，本书还介绍了许多超出传统的新内容。偏后的章节介绍了鲁棒控制和数字计算机控制等新主题，并专门安排了一章，以实际工业用超前校正器和滞后校正器为中心，讨论了反馈控制系统的设计。解决实际问题始终是贯穿各章的重点。除了第 1 章，全书其余各章都介绍了计算机辅助分析与设计方面的内容。本书还按章节提供了大量的参考文献，以引导学生进一步研究有关控制工程的源头性信息。

逐步提高解决问题的技能　阅读、听课、记笔记、推演例题都是学习过程的组成部分，但对学习效果的实际检验，则依赖于完成每章后面的习题。本书注重提高学生解决问题的能力，每章所附的习题包括：基础练习题、一般习题、难题、设计题和计算机辅助设计题。例如，第 8 章包括 15 道基础练习题、27 道一般习题、7 道难题、7 道设计题和 9 道计算机辅助设计题。其中基础练习题的目的是，让学生在解决复杂问题之前，直接运用各章所介绍的概念和方法解决相对简单的问题，约有 1/3 的基础练习题给出了答案。一般习题则要求学生灵活运用各章的概念，以解决新的问题。难题表示相对复杂的问题。设计题侧重于让学生完成设计任务。计算机辅助设计题则旨在培养学生运用计算机解决问题的能力。全书共有 980 多道习题，学生通过完成从基础练习题到设计题和计算机辅助设计题的各类题目，将对自己解决问题的能力越来越有信心。本书有相应的教学辅导手册供所有采用本书教学的教师使用。手册中包含了所有习题的完整答案①。

此外，作者还编写了名为“现代控制系统工具箱”(Modern Control Systems Toolbox)的教学辅助材料，包括每个计算机辅助设计例题的所有 m 脚本程序②。

阐释基本原理，强化设计训练　实际复杂控制系统的设计是贯穿全书的主题。强调实际应用系统的设计训练，有利于适应 ABET(Accreditation Board for Engineering and Technology，美国工程技术认证委员会)的认证和工业设计的需要。

控制系统的设计流程可以分为 7 个模块，这些模块又可以归为 3 大类：

1. 确定控制目标和受控变量，并定义系统性能指标设计要求；
2. 系统定义和建模；
3. 控制系统设计，全系统集成的仿真和分析。

本书的每一章都强调系统设计流程与这一章的主题和知识点之间的对应关系，目的在于通过实例来展示控制系统设计流程中不同方面的内容。

各章都用大量的例题详细示范说明了控制系统的设计流程，这些例题涵盖控制系统设计在多个领域的应用，包括机器人、制造业、医疗和交通(地面、空中和太空)。

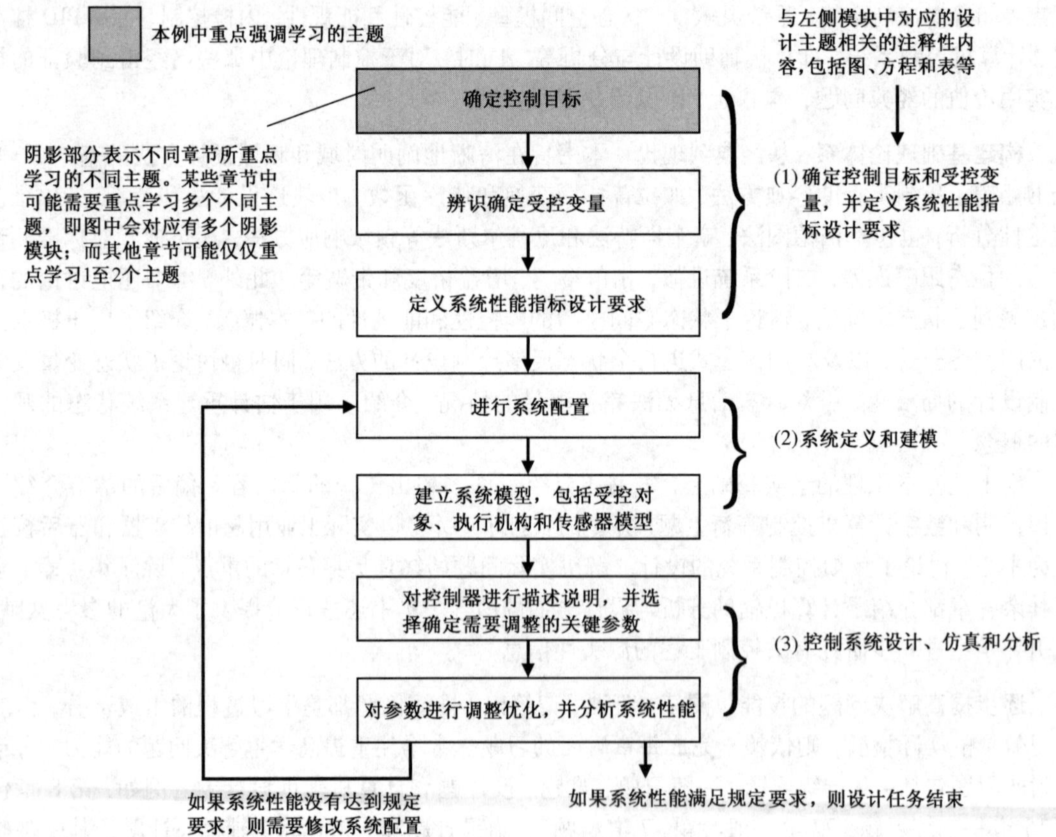

---

① 采用本书作为教材的教师，可联系 te_service@ phei. com. cn 申请获得相关资料。——编者注

② 登录华信教育资源网(www. hxedu. com. cn)可注册并免费下载本书配套文件和补充资料。扫描目录末尾的二维码也可直接阅读在线附录等内容。——编者注

本书每章都专门安排了一节来帮助学生学习计算机辅助分析和设计，并运用计算机辅助设计的手段，对本章中的实例和概念进行再分析和再设计。书中通常提供了用于反馈控制系统设计与分析的 m 脚本程序，并采用注释文字对每个 m 脚本程序中的要点进行了说明，与文本对应的运算输出结果(通常是曲线图)也采用注释文字进行了说明。以这些 m 脚本程序为基础，再稍加修改，就可以用来解决其他问题。

提供学习帮助　每章开篇都有新修订的提要，介绍本章将要讨论的主要问题，每章末尾都附有小结、技能自测题以及主要概念和术语。这些内容有利于强化各章所介绍的重要概念，也便于今后使用时参考。

内容编排

第 1 章　控制系统导论。简要介绍了控制理论和实践的发展历史。其主要目的在于介绍设计和实现控制系统的一般流程与方法。

第 2 章　系统数学模型。介绍了实际物理系统的输入-输出模型，或者说，以传递函数形式为主的数学模型，广泛涵盖了各类实际控制系统。

第 3 章　状态空间模型。介绍了采用状态变量的系统状态空间模型。运用矩阵工具，讨论了控制系统的瞬态时间响应及其性能。

第 4 章　反馈控制系统的特性。介绍了反馈控制系统的特性，讨论了反馈的优点，引入了系统偏差信号的概念。

第 5 章　反馈控制系统的性能。仔细研究了反馈控制系统的性能指标，系统的性能与系统传递函数的零点和极点在 s 平面上的位置分布密切相关。

第 6 章　线性反馈系统的稳定性。研究了线性反馈系统的稳定性，考察了系统稳定性与系统传递函数的特征方程之间的关系，介绍了劳斯-赫尔维茨稳定性判据。

第 7 章　根轨迹法。研究了当一个或两个系统参数变化时，系统特征根在 s 平面上的运动轨迹，讨论了如何用图解法来确定 s 平面上的根轨迹，还介绍了应用广泛的 PID 控制器和 PID 参数整定的齐格勒-尼科尔斯法。

第 8 章　频率响应法。研究了当频率变化时，系统对正弦输入信号的稳态响应，讨论了伯德图等频率响应图。

第 9 章　频域稳定性。采用频率响应法研究系统的稳定性，讨论了系统的相对稳定性和奈奎斯特稳定性判据。利用奈奎斯特图、伯德图和尼科尔斯图等工具来考察系统的稳定性。

第 10 章　反馈控制系统设计。讨论了控制系统的几种设计和校正方法，介绍了多种实用的校正装置，并对它们改善系统性能的机理进行了说明。本章重点关注超前校正器和滞后校正器的设计。

第 11 章　状态变量反馈系统设计。主要讨论了如何利用状态空间模型设计控制系统，讨论了基于极点配置的全状态反馈设计和观测器设计方法，给出了系统能控性和能观性的判别方法，讨论了内模设计概念。

第 12 章　鲁棒控制系统。介绍了在存在不确定性的情况下，如何设计高精度控制系统的问题。讨论了 5 种鲁棒设计方法：根轨迹法、频域响应法、用于鲁棒 PID 控制器设计的 ITAE 方法、内模设计法和伪定量反馈设计法。

第 13 章　数字控制系统。介绍了描述和分析计算机控制系统及其性能的方法，讨论了数据采样控制系统的稳定性与其他性能。

致谢

我们向对本书的十三版及以前各版本的撰写和出版给予过热情帮助的人士表示真诚的感谢，他们是：Mahmoud A. Abdallah（美国中央州立大学），John N. Chiasson（匹兹堡大学），Samy El-Sawah（加州州立工业大学普莫纳分校），Peter J. Gorder（堪萨斯州立大学），Duane Hanselman（缅因大学），Ashok Iyer（内华达大学拉斯维加斯分校），Leslie R. Koval（密苏里大学罗拉分校），L. G. Kraft（新罕布什尔大学），Thomas Kurfess（佐治亚理工学院），Julio C. Mandojana（明尼苏达州立大学曼科塔分校），Luigi Mariani（帕多瓦大学），Jure Medanic（伊利诺伊大学厄本那-香槟分校），Eduardo A. Misawa（俄克拉荷马州立大学），Medhat M. Morcos（堪萨斯州立大学），Mark Nagurka（马凯特大学），D. Subbaram Naidu（爱达荷州立大学），Ron Perez（威斯康星大学密尔沃基分校），Carla Schwartz（MathWorks 公司），Murat Tanyel（Dordt 学院），Hal Tharp（亚利桑那大学），John Valasek（得克萨斯农工大学），Paul P. Wang（杜克大学），Ravi Warrier（GMI 工程与管理学院）。特别感谢 Greg Mason（西雅图大学）和 Jonathan Sprinkle（亚利桑那大学）支持制作了本书的交互式电子视频版本。

联系方式

作者愿与本书的读者建立稳定的联系，我们热切希望读者能对本书及其未来的后续版本提出宝贵意见和建议。通过这种稳定的联系，我们可以及时地将读者普遍感兴趣的热点信息发送给您，也可以将其他读者对本书的意见或评论转告您。

请保持密切联系！

Richard C. Dorf　　dorf@ ece. ucdavis. edu

Robert H. Bishop　　robertbishop@ usf. edu

目　录

(在线附录，扫码阅读)

第1章　控制系统导论

提要

本章讨论了开环和闭环反馈控制系统。控制系统是为了达到预期目标而设计制造的，由相互关联的元件组成的系统。我们因循历史的脉络，从发展进程中回顾和检视了一些控制系统实例。早期的控制系统已经体现了许多有关反馈的基本概念和理念。目前，这些概念和理念已经广泛应用于现代控制系统。

本章介绍了控制工程的设计流程，涵盖了确定设计目标和受控变量、定义性能指标，以及控制系统的定义与配置、建模与分析等设计模块。设计过程反复迭代、不断完善的内在特性，使我们能够有效地减小设计差异，同时在复杂性、性能和费用等指标之间达成必要的折中，最终满足设计要求。

最后，本章介绍了循序渐进设计实例——磁盘驱动器读取系统。这个例子将在本书各章中逐步加以深化。它既是非常重要的实际控制系统设计问题，又是有益的学习辅助实例。

预期收获

完成第1章的学习之后，学生应该：

- 掌握控制工程的基本知识，能够列举有说服力的控制系统实例，并辨识这些实例与控制工程主要概念之间的关系。
- 能够简要复述控制系统的发展历史及其在社会发展进程中的重要作用。
- 能够按照技术进步的趋势，讨论控制系统的未来发展。
- 能够掌握和辨识控制系统设计的基本步骤，理解工程设计中涉及的控制环节。

1.1　引言

工程师制造产品以便造福人类，人类的生活品质由于这种工程应用而得以维持和提升。为了实现这个目标，工程师们一直在努力通过理解、描述并控制自然而造福于人类。一个涉及众多技术的关键工程领域就是跨学科的控制系统工程。控制系统工程师专注于理解和控制他们周边环境的一部分，即所谓的**系统**，也就是那些为了达到预期目标而由相互关联的元器件和部件组成的集成体。这些系统可能是内涵和边界界定清晰的系统，例如汽车定速巡航控制系统，也可能是外延广阔而复杂的系统，例如用来控制操纵器或操纵杆的脑机接口系统。

运用线性时不变数学模型来代表受到外部扰动影响的非线性、时变和具有参数不确定性的实际物理系统，通过控制工程得以处理、设计与实现控制系统。计算机系统，特别是嵌入式处理器，已经变得不再那么昂贵、耗电和占据空间，而计算能力却有长足的进步。与此同时，传感器和执行机构也经历着同样的进化过程：体积变小，功能增强。这导致了控制系统的应用得以在数量和复杂性方面都得到了极大的发展。**传感器**是提供所需的外部信号测量值的器件。例如，电阻式温度计(Resistance Temperature Detecor，RTD)就是测量温度的传感器。**执行机构**则是控制系统所采用的用于改变或调节环境的部件。例如，用来转动机械臂的电机就是将电能转化为机械扭矩的执行机构的实例。

控制工程的面貌日新月异。逐渐接近我们的物联网(Intenet of Things，IoT)为控制系统在众多领域的应用带来了有趣的挑战，其应用领域包括环境工程(想一想家庭和工作环境中更高效地运用能源)、制造业(想一想 3D 打印)、消费品生产、能源行业,以及医疗与保健器械等[14]。对于控制工程师而言,他们当下面临的一个挑战是,为我们周边的现代化的、复杂的、互联互通的系统,创建出简单但又可信和足够精确的数学模型。幸运的是,现在有很多包括专业版和学生版的设计工具可供使用,此外还有丰富的开源软件模块和基于网站的用户群组(共享思路和解决方案),也可以为建模分析者提供帮助。由于互联网让许多资源变得唾手可得,例如相对廉价的计算机、传感器和执行机构等,控制系统的硬件实现也变得越来越便捷。**控制系统工程**得以全神贯注于对各种实际物理系统进行建模分析,并在这些模型的基础上设计合适的控制器,并使所得到的闭环控制系统具有预期的各种行为表现,例如稳定性,相对稳定性,满足预定误差容许限的稳态跟踪,满足多个指标(超调量、调节时间、上升时间和峰值时间等)的瞬态跟踪,对外部扰动的抗干扰性,以及对建模不确定性的鲁棒性,等等。在实际系统的设计和实现全过程中,至关重要的环节是控制器的设计,例如,设计出适用的 PID 控制器、超前相角控制器、滞后相角控制器、状态反馈控制器和/或其他结构的控制器。本书全部所关注的正是这些内容。

控制工程以反馈理论和线性系统理论为基础,并综合应用了网络理论和通信理论的有关概念和知识。它虽然需要坚实的数学基础,但又非常实际,并影响着我们日常生活中的所作所为。实际上,控制工程并不局限于任何单个工程学科,而是在航空工程、农业工程、生化医药、化工工程、土木工程、计算机工程、工业工程、电气工程、环境工程、机械工程,以及核工程等工程学科中都有同样广泛的应用。在系统工程中,更能发现控制工程的众多主题。

控制系统是由相互关联的元件按一定的结构构成的,它能够提供预期的系统响应。系统分析的基础是线性系统理论,它认定系统各部分之间存在因果关系。因此,受控元件、**受控对象**或者受控过程可以用图 1.1 所示的方框来表示,其中的输入-输出关系就表示了该过程的因果关系,也就是说,表示了对输入信号进行处理进而获取输出信号的过程。如图 1.2 所示,一个**开环控制系统**利用控制器和控制执行机构来获得预期的响应。开环控制系统是没有反馈的系统。

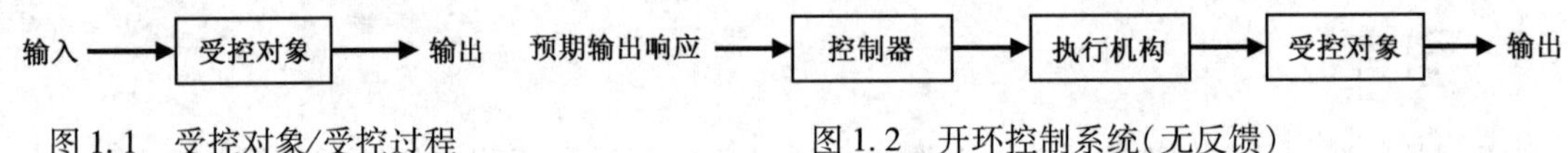

图 1.1　受控对象/受控过程　　　　图 1.2　开环控制系统(无反馈)

> 开环控制系统在没有反馈的情况下,利用执行机构直接控制受控对象。

概念强调说明 1.1

与开环控制系统不同,闭环控制系统则增加了对实际输出的测量,并将实际输出与预期输出进行比较。对输出的测量值称为**反馈信号**。一个简单的**闭环反馈控制系统**如图 1.3 所示。反馈控制系统通过比较系统变量的某些函数,并将比较所得到的偏差作为控制的依据,从而逐步使系统变量之间保持着预定的关系。使用精密的测量仪器,测量得到的输出响应是实际输出响应的良好近似。

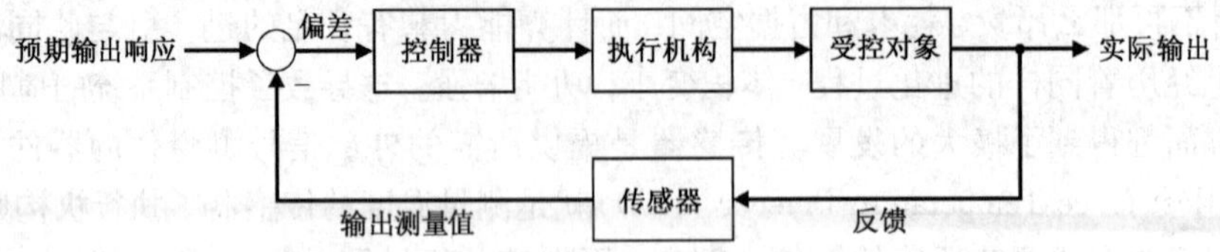

图 1.3　闭环反馈控制系统(有反馈)

反馈控制系统实施控制时,常常用一个函数来描述参考输入和实际输出之间的预定关系。通常的做法是,将受控过程的实际输出与参考输入之间的偏差放大,并用于控制受控过程,以使偏差不断减小。通常，实际输出与参考输入之间的偏差就等于系统误差，紧接着由控制器来调控这个误差信号。而控制器的输出驱使执行机构调节受控对象，以便达到减少误差的目的。可以用下面的例子来说明这种工作过程。当一艘轮船的航向向右偏离时，舵机的工作将会驱使轮船航向向左运动，逐步纠正航向误差。如图 1.3 所示，系统从参考输入中扣除输出测量值后，再将偏差信号输入控制器，因而这类系统称为**负反馈**控制系统。反馈的概念已经成为控制系统分析与设计的基础。

闭环控制系统对输出进行测量，将此测量信号反馈，并与预期输入(参考或指令输入)进行比较。

概念强调说明 1.2

正如第 4 章将要指出的，与开环控制系统相比较，闭环控制系统有许多优点。例如，有更强的抗外部**干扰**的能力和衰减**测量噪声**的能力。在图 1.4 所示的框图中，作为外部输入，我们加入了外部干扰和测量噪声模块。在现实世界中，外部干扰和测量噪声是不可避免的，因此，在设计实际控制系统时，必须采取措施加以解决。

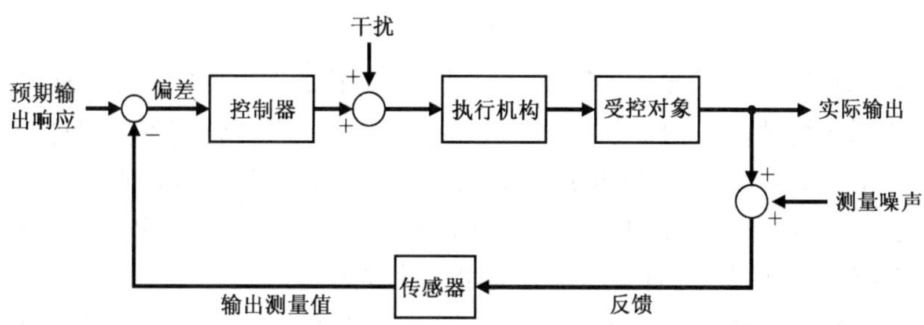

图 1.4　带有外部干扰和测量噪声的闭环反馈控制系统

图 1.3 和图 1.4 所示的系统是单回(环)路反馈控制系统。许多系统具有多个回路。图 1.5 所示的就是一个具有内环和外环的**多回路反馈控制系统**的一般性例子。在这种情况下，内部回路配备有控制器和传感器，外部回路也配备有控制器和传感器。由于多回路反馈控制更能代表现实世界中的实际情况，所以本书通篇都会讨论多回路反馈控制系统的有关特性。但是，我们主要利用单回路反馈控制系统来学习反馈控制系统的特性和优点，所得到的结论可以方便地推广到多回路反馈控制系统。

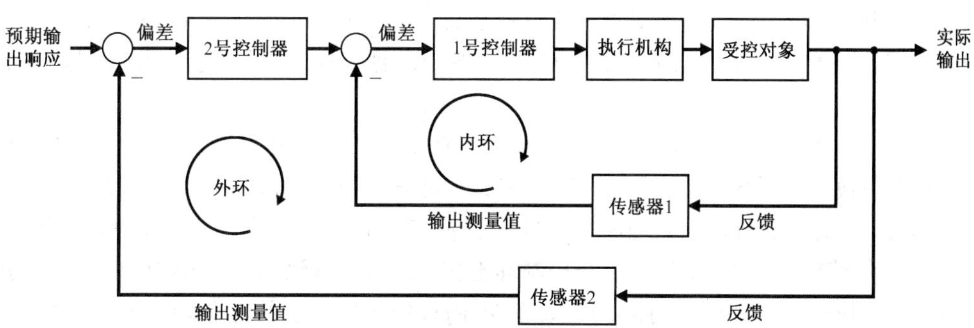

图 1.5　具有内环和外环的一般多回路反馈控制系统

由于受控系统日益复杂，以及人们对获得最优性能的兴趣与日俱增，近几十年来，控制系统工程变得越来越重要。而且，受控系统的日趋复杂化，要求在设计控制方案时，必须考虑多个受控变量间的相互关系。描述**多变量控制系统**的框图如图 1.6 所示。

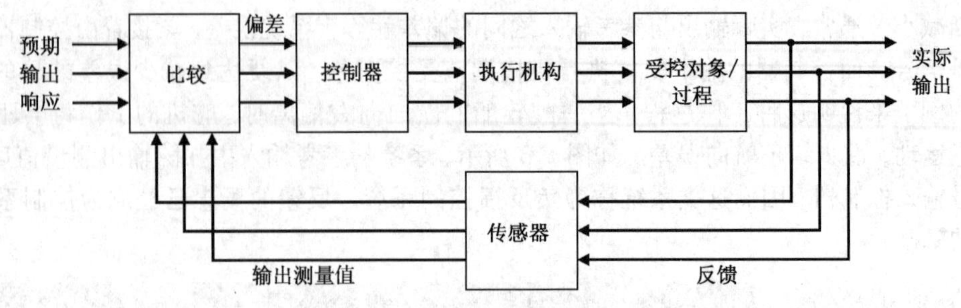

图 1.6　多变量控制系统

常见的开环控制系统的例子是设定了起止时间的微波炉。闭环控制系统的例子则是驾驶汽车的人，他观察(假设他的眼睛是睁开的)汽车在道路上的位置并进行适当的调整。

反馈的引入使我们能够更好地控制受控系统，以便得到预期输出，并改善控制的精度，但它同时也要求我们对系统响应的稳定性给予足够的重视。

1.2　自动控制简史

对系统实施反馈控制，有着多彩的历史。最早的反馈控制实例可能是公元前 300 年 ~ 公元前 1 年之间，在古希腊出现的浮球调节装置[1~3]。Ktesibios 人的水钟就使用了浮球调节装置(见习题 P1.11)。大约在公元前 250 年，Philon 发明了一种油灯，该灯使用浮球调节器来保持燃油的油面高度。生活在公元 1 世纪前后的亚历山大人 Heron，曾经出版过一本名为 *Pneumatica*(气动力学)的书，书中介绍了几种利用浮球调节器控制水位的方法[1]。

近代欧洲最早出现的反馈系统是荷兰人 Cornelis Drebbel(1572—1633)发明的温度调节器[1]，Dennis Papin(1647—1712)则在 1681 年发明了第一个锅炉压力调节器，该调节器是一种安全调节装置，与目前压力锅的减压安全阀类似。

人们公认的最早应用于工业过程的自动反馈控制器，是瓦特(James Watt)于 1769 年发明的**飞球调节器**，它被用来控制蒸汽机的转速[1,2]。图 1.7 所示的这种全机械的装置，可以测量驱动杆的转速并利用飞球的运动来控制阀门，进而控制进入蒸汽机的蒸汽流量。如图 1.7 所示，调节器轴杆通过斜面齿轮和连接机构，与蒸汽机的输出驱动杆链接在一起。当输出转速增大时，飞球离开轴线，重心上移，于是通过连杆关紧阀门，蒸汽机也就会因此减速。

俄国人则断言，最早的具有历史意义的反馈系统，是由 I. Polzunov 于 1765 年发明的用于水位控制的浮球调节器[4]。该水位调节系统如图 1.8 所示，浮球探测水位并控制设在锅炉入水口处的阀门。

19 世纪的主要特征是，自动控制系统主要凭借直觉和实证性发明得以发展，就取得了长足的发展。但对提高控制系统精度的不懈努力，使人们必须解决瞬态振荡的问题，甚至是解决系统不稳定的问题，因此发展自动控制理论成为当务之急。1868 年，麦克斯韦(J. C. Maxwell)用微分方程建立了一类调节器的模型，发展了与控制理论相关的数学理论，其工作重点在于研究系统参数对系统性能的影响[5]。在同一时期，I. A. Vyshnegradskii 也建立了调节器的数学理论[6]。

第二次世界大战之前，控制理论及应用在美国和西欧采取了与它在俄国和东欧不同的发展途径。伯德(H. W. Bode)、奈奎斯特(H. Nyquist)和布莱克(H. S. Black)等人在贝尔电话实验室对电话系统和电子反馈放大器所做的研究工作，是促进反馈系统在美国得以应用的主要动力[7~10,12]。

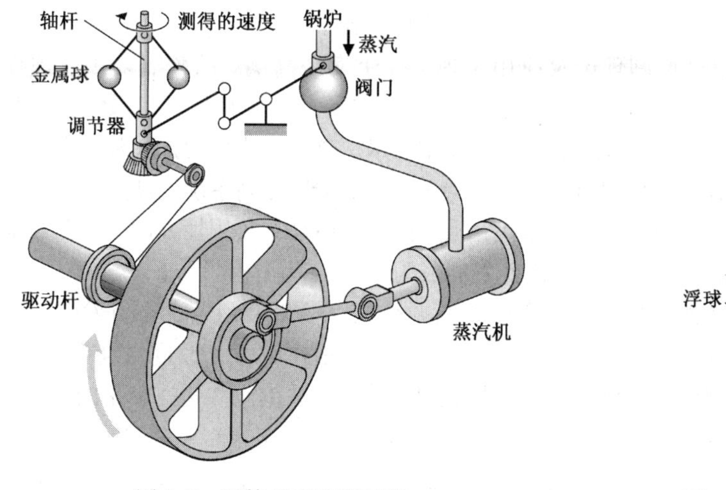

图 1.7　瓦特的飞球调节器

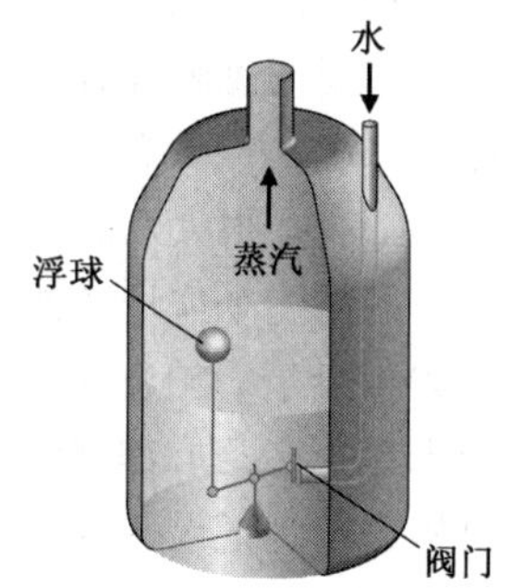

图 1.8　水位浮球调节器

1921 年，布莱克毕业于美国伍斯特理工学院，随即进入美国电话电报公司(AT&T)的贝尔实验室工作。当时，困扰贝尔实验室的主要任务是改进信号放大器的设计，进而改善整个电话系统。布莱克的任务是对放大器进行线性化和稳定化，并通过改进其设计，使串联起来的放大器可以将话音传送到数千英里①之外。

布莱克写道[8]：

"1927 年 8 月 2 日(星期二)早晨，上班途中，当我正在横渡哈德逊河的 Lackawanna 号轮渡上时，负反馈放大器的念头如闪电般出现在我的脑际。50 多年来，我始终在思索为什么以及如何会出现这个念头。时至今日，我对此问题的解释仍和那个早晨所能做的解释一样。我所知道的就是：在对放大器问题进行了几年艰苦的研究之后，我突然意识到，如果将放大器输出倒相反馈到输入端，使装置避免振荡(当时我们称之为"唱歌")，就能够得到我想要的结果：消除输出失真的方法。于是，我打开《纽约时报》，在其中的一页上画下了负反馈放大器的一个简单但规范的草图，写下了描述反馈放大过程的方程，并签上名。20 分钟后，我到了位于 West Street(西大街)463 号的实验室，已故的 Earl C. Blessing 理解并见证了草图，然后也签了名。

我设想这种电路将会产生线性度极好的放大器(负反馈增益高达 40 ~ 50 dB)。但仍有一个重要的问题有待研究：许多人都在怀疑这种电路的稳定性，那么，如何保证它在很宽的频带内都能避免自激振荡呢？对此，以往的工作经历给了我足够的自信：两年前，我曾研究过某种新型振荡电路；三年前，我还曾设计过包含有滤波器的终端电路；而且，我还曾经对载波电话系统的短促振铃电路进行过数学分析"。

采用带宽等频域术语和频域变量的频域方法，当初主要用来描述反馈放大器的工作情况。与此不同，苏联的一些著名数学家和应用力学家发展和主导着控制理论，因而他们倾向于使用时域方法。时域方法利用微分方程来描述系统。

对工业过程(加工、制造等)实施自动控制而非人工控制，常常又称为**自动化**。在化工、造纸、电力、汽车、钢铁等工业行业中，自动化已经非常普遍。自动化成为了工业社会的主旋律，工厂普遍采用自动化的机器设备来提高每个工人的生产产量，以弥补由于工人加薪和通货膨胀所带来的成本增加。工业界十分关注他们的人均产量。**生产率**的一般定义是实物的产出与投入

① 1 英里(mi) ≈ 1.6093 km。——编者注

之比[26]。在此，我们指的是**劳动生产率**，即每小时的实际产出。

第二次世界大战期间，自动控制理论及应用出现了一个发展高潮。战争需要用反馈控制的方法设计和建造飞机自动驾驶仪、火炮定位系统、雷达天线控制系统及其他军用系统。这些军用系统的复杂性和对高性能的追求，要求拓展已有的控制技术。这导致人们更加关注控制系统，同时也产生了许多新的见解和方法。1940 年以前，在绝大部分场合，控制系统设计是一门艺术或手艺，采用的是“试错法”。而到了 20 世纪 40 年代，无论在数量还是在实用性方面，基于数学和分析的设计方法都有了很大发展，控制工程也因此发展成为一门工程科学[10~12]。

控制工程的另一个应用实例是贝尔电话实验室的帕金森(David B. Parkinson)发明的火炮射击指挥仪。1940 年春，帕金森还是一位年仅 29 岁的工程师，正在致力于改进自动电压记录仪。这种仪器用于在标有条形刻度的记录纸上绘制电压记录，其中的关键元件是一个小的电位计，它通过执行机构来控制记录笔的运动。

帕金森曾经做了一个梦，他梦见防空高炮成功地击落了飞机。帕金森这样描述他梦中的情形[13]：

“发射了 3 至 4 发炮弹之后，一名炮手向我微笑，招手示意让我靠近炮身。当我走近时，他用手指了指炮身左边的突出部位，在那里安装着我的电位计，也就是在电压记录仪中起控制作用的那种电位计。”

第二天早晨，帕金森意识到他的梦将不同凡响：

“既然我的电位计可以控制记录仪的记录笔，那么通过恰当的工程处理，与此类似的东西应该能够控制防空高炮。”

经过艰苦的努力，1941 年 12 月 1 日，帕金森提供了一台工程样机供美国陆军进行试验，并于 1943 年初提供了生产样机，最终有 3000 台高炮射击指挥仪装备了部队。该控制器由雷达提供输入，高炮利用目标飞机的当前位置数据和计算出来的目标预期位置，确定应该瞄准的方向。

随着拉普拉斯(Laplace)变换和频域复平面的广泛应用，在第二次世界大战之后，频域方法仍然在控制领域占据着主导地位。20 世纪 50 年代，控制工程理论的重点是发展和应用 s 平面方法，特别是根轨迹法。到了 20 世纪 80 年代，将数字计算机用做控制元件已属平常之举，这些新元件为控制工程师提供了前所未有的运算速度和精度。它们现在主要用于过程控制系统。过程控制系统通常需要实现多变量同步测量和控制。

随着人造卫星和空间时代的到来，控制工程又有了新的推动力。为导弹和空间探测器设计复杂的、高精度的控制系统成了现实需求。此外，由于既要减轻卫星等飞行器的质量，又要对它们实施精密控制，最优控制因而变得十分重要。正是基于上述需求，最近几十年来，由李雅普诺夫(Liapunov)和闵诺斯基(Minorsky)等人提出的时域方法受到了极大地关注。由苏联的庞特里亚金(L. S. Pontryagin)和美国的贝尔曼(R. Bellman)研究提出的最优控制理论，以及近期人们对鲁棒系统的研究，都为时域方法增色不少。现在已经众所周知的共识是，控制工程在进行控制系统分析与设计时，应该同时使用时域和频域两种方法。

一个新近的具有全球影响力的例子是美国的天基无线电导航系统，即全球定位系统(Global Positioning System，GPS)[82~85]。在遥远的古代，人类探究使用了各种策略和手段来避免探险者在汪洋大海上迷失方向，包括利用海岸线导航、使用罗盘指北、使用六分仪测量天际线上方的星星、月亮或/和太阳的角度等等。早期的探险者可以准确地测量、估算纬度，但不能准确地测量经度。直到 18 世纪发明了精密计时器，人们将它与六分仪结合使用，才开始能够准确地测量经度。无线电导航系统出现于 20 世纪早期，并在第二次世界大战中得以应用。随着人造卫星和空间时代的到来，人们意识到通过在地球上观测回波信号的多普勒频移，可以将人造地球卫星的无线电信号用于导航。研发工作积累到 20 世纪 90 年代，拥有 24 颗卫星的 GPS 系统最终解决了探险者几个世纪以来都面临的基本问题，为其提供了可靠的即时定位手段。在全球范围内，GPS 可以在任意时间和任意地点向用户免费提供可靠的定位和授时信息。将 GPS 作为提供定位（和速度）信息的传感器使用，已经成为地面、海上和空中的交通控制系统的骨干支撑技术。GPS 可以用于抢险救灾和帮助急救人员拯救生命，也可以用于与我们的日常生活密切相关的各个方面，如电网控制、银行业务、农业生产、资源勘察等。

物联网的发展极有可能为控制工程带来颠覆性的改变。阿斯顿（Kevin Ashton）在 1999 年首先提出了物联网的概念。物联网是指由物理实体构成的网络，这些物理实体被嵌入和赋予了电子器件、软件、传感器和连通性等特性，而这些特性正好是控制工程所需的部件和特性[14]。这个网络中的每个“物”都通过所嵌入的计算机，连接在互联网上。控制工程师们对实现和具备对网上连接的实体的控制能力兴趣盎然，但目前还有许多未尽的工作有待完成，特别是要建立标准[24]。图 1.9 给出的技术路线图表明，在不远的将来，控制工程将在这些互连实体的活跃的控制应用中扮演重要的角色（摘录自文献[27]）。

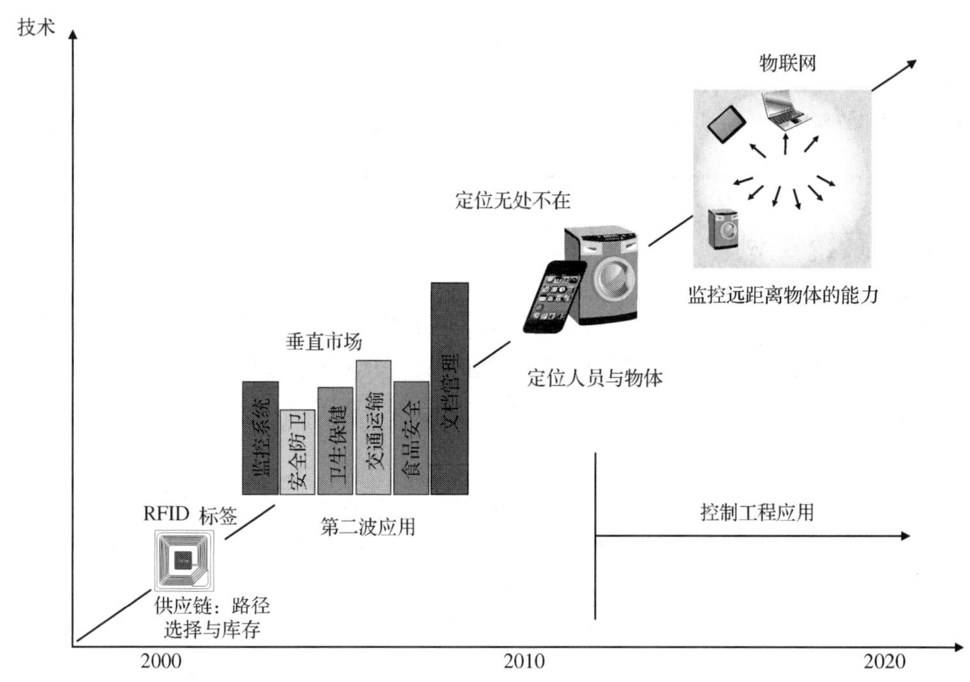

图 1.9　附有控制工程应用的物联网发展技术路线图（来源：SRI 商业情报公司）

表 1.1 给出了控制系统发展历程的主要节点。

表 1.1　控制系统发展历程简表

1769	瓦特发明了蒸汽机和飞球调节器
1868	麦克斯韦为蒸汽机的调节器建立了数学模型
1913	福特（Henry Ford）在汽车生产中引入了机械化装配线
1927	布莱克发明了负反馈放大器，伯德分析了反馈放大器
1932	奈奎斯特发展了系统稳定性分析方法
1941	第一门具有主动控制功能的防空高炮诞生

(续表)

1952	为了实施机床轴向控制，麻省理工学院(MIT)开发出了数控(NC)方法
1954	George Devol 开发出了“程控物体转运器”，这被视为最早的工业机器人
1957	发射人造地球卫星，开启了太空时代，促进了计算机小型化和自动控制理论的发展
1960	在 Devol 设计的基础上，研制成功了第一台 Unimate 机器人，并于 1961 年安装使用，用于向压铸机给料
1970	发展了状态变量模型和最优控制理论
1980	鲁棒控制系统设计得到了广泛研究
1983	个人计算机问世(控制系统设计软件也随之问世)，从而将设计工具搬到了工程师的书桌上
1990	出口外向型产业公司强调自动化
1990	政府的 ARPANET(第一个使用因特网协议的网络)开放，由商业公司提供的私人入网应用迅速蔓延
1994	汽车上广泛采用了反馈控制系统。工业生产中迫切需要可靠性高、鲁棒性强的系统
1995	全球定位系统(GPS)投入运营，面向全球提供定位、授时和导航服务
1997	第一台自主控制的“旅居者”(Sojourner)漫游车实现了火星探测
2007	“轨道快车”计划首次实现了空间交会对接
2011	NSSA 的机械臂 R2 成为美国制造的首台国际空间站上的机械臂，用于协助机组人员完成舱外作业(Extra-Vehicular Activity，EVA)
2013	意大利帕马大学设计了名为 BRAiVE 的机动车，第一次实现了在驾驶座上无人的情况下，在对公众开放的复杂交通路面上的自主行驶
2014	在物联网技术方面，实现了包括嵌入式系统、无线传感网络、控制系统和自动化等关键系统的集成和聚合

1.3 控制系统实例

控制工程关心的是分析与设计面向目标(goal-oriented)的系统。这种面向目标的策略产生了不同层次的面向目标的控制系统。现代控制理论格外关注具有自组织、自学习、自适应、鲁棒性和最优性等特征的系统。

例 1.1 自动驾驶汽车

当汽车能够对司机的操纵做出快速准确的响应时，驾驶汽车无疑是一件令人惬意的事情。

自主或自动驾驶汽车的时代已经初现端倪[15, 19, 20]。自主驾驶汽车必须具备诸多原先由驾驶员执行的功能，能够感应变化中的环境，能够执行路径规划，能够预先生成大量的控制输入指令，包括驾驶与转向、加速与刹车等，并能够精确地执行这些控制指令。汽车转向是自主驾驶汽车最关键的功能之一。有驾驶员的汽车驾驶控制系统框图如图 1.10(a)所示。图 1.10(b)则图示说明了将预期的行车路线与实际测量的行车路线相比较的过程，旨在得到行驶方向偏差。这时的测量是通过视觉和触觉(身体运动)的反馈来实现的，还有一种反馈是通过手(传感器)感知方向盘的变化来实现的。与汽车驾驶控制系统相似的反馈系统还有远洋轮或大型飞机的驾驶控制系统。图 1.10(c)给出的是一条典型的行驶方向响应曲线。

例 1.2 人在环路中的控制

一个基本的人工闭环控制的例子是人工调节容器内的液面高度或位置，如图 1.11 所示。其中，系统的输入(预期输出)是按规定应该保持的液面参考位置(操作员记住参考位置)，控制放大器是操作员本人，而传感器则是他的视觉。操作员比较实际液面与预期液面的差异，通过打开或关闭阀门(即执行机构)调节输出流量，达到维持液面高度的目的。

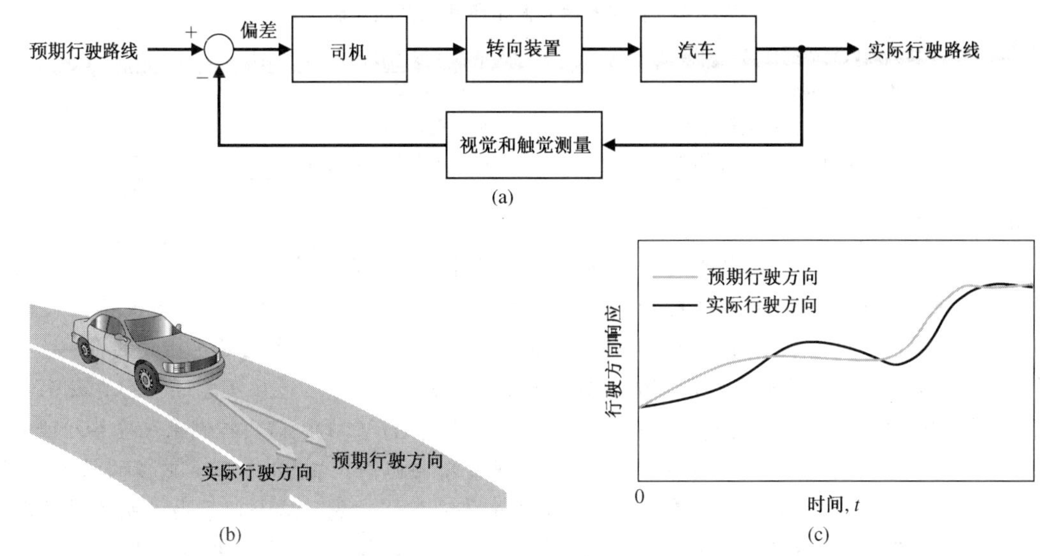

图 1.10　(a) 汽车驾驶控制系统框图；(b) 司机利用实际行驶方向与预期方向之间的差异，调整方向盘；(c) 典型的行驶方向响应曲线

例 1.3　类人机器人

作家们早就预见到了能够像人一样工作、集成有计算机的自动化机器。1923 年，Karel Capek在他的名为“R.U.R”的著名戏剧中[48]，将人工制造的工人称为robots。该词来源于捷克语中的 robota，本意为“工作”。

机器人就是计算机控制的机器，与自动化技术密切相关。工业机器人可以认为是自动化的一个特定的主题，在此，自动化的机器(即机器人)旨在替代人工劳作[18, 33]。于是，机器人通常具有一些拟人化的特征。目前，最常见的拟人化特征体现在机械臂上，它模拟了人的手臂和腕关节。还有许多装置具备拟人化特征，可称其机械臂、机械关节或机械手[28]。图 1.12 是一个类人型机器人的例子。不过我们认为，只有一些工作适合于由自动机器完成，而有些工作则最好由人来完成。表 1.2 对此进行了说明。

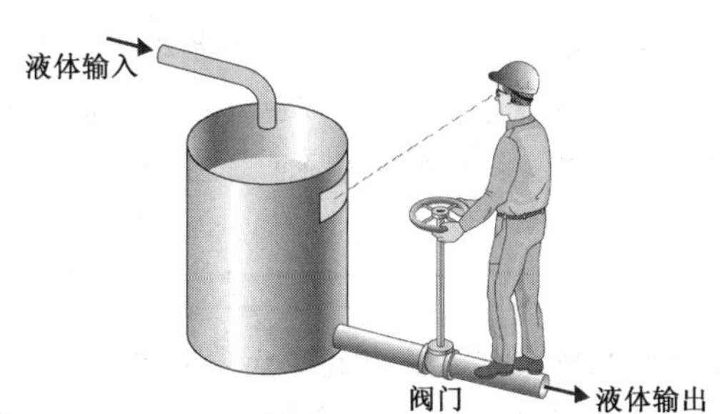

图 1.11　通过出口阀门调节容器内液面位置的人工控制系统，操作员通过容器边上的窗孔观察液面位置

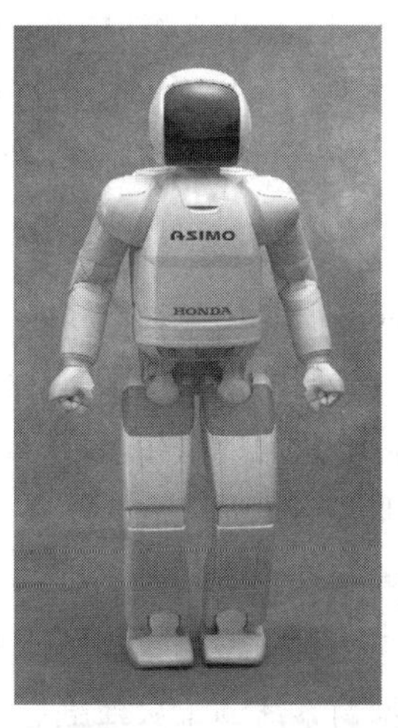

图 1.12　本田公司的 ASIMO 类人型机器人能够行走、爬楼梯和转弯

表 1.2　任务难度:人和自动机器的对比

机器难以完成的任务	人难以完成的任务
检查苗圃中的幼苗	在高温、有毒环境中检查系统
在崎岖不平的路面上驾驶车辆	不断重复地装配钟表
在珠宝首饰中辨认最贵重的首饰	飞机在恶劣天气下夜间着陆

例 1.4　电力工业

近年来,人们就控制工程中理论与实际应用之间存在的差距进行过深入的讨论。在控制工程的许多方面,理论发展超前于实际应用是顺理成章的。然而有趣的是,在美国规模最大的工业——电力工业中,理论和应用的差距却并不显著。电力工业关心的基本问题是能量的存储、控制和传输,电力工业越来越多地采用计算机控制,提高了能源利用效率,而且发电厂(站)也越来越重视实施废物排放控制。发电量达到几百兆瓦的大型现代化发电厂(站),需要控制系统妥善处理生产过程中各个变量之间的关系,以便提高发电量。这通常需要协同控制 90 个甚至更多的操作变量。图 1.13 所示的大型蒸汽发电机简化模型给出了几个重要的控制变量。这个例子也表明了对多个变量,如压力和氧气等,同时进行测量的重要性,这些测量值为计算机实施协同控制提供了依据。

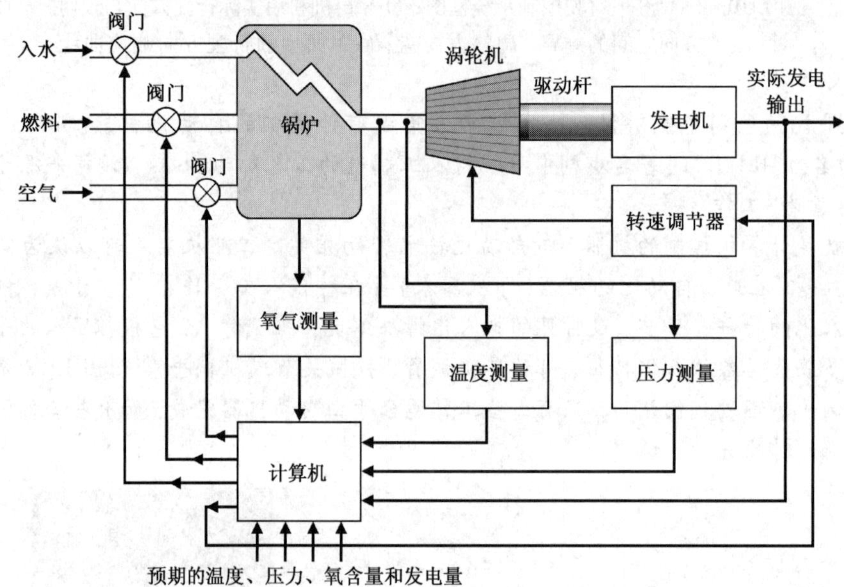

图 1.13　蒸汽发电机的协同控制系统

电力工业及时采用了控制工程最新和最突出的应用成果。在过程工业中,控制理论与实际应用之间存在差距的重要原因,是缺乏对所有重要的过程变量(包括产品的质量特性和成分)进行测量的仪器。我们可以相信,随着新型测量仪器的不断涌现,现代控制理论在工业系统中的应用将显著增加。

例 1.5　生物医学工程

控制理论还在生物医学试验、病理诊断、康复医学和生物控制系统中有了众多应用[22, 23, 48]。正在研究的控制系统涵盖从细胞直到中枢神经系统等各个层面,涉及体温调节、神经系统、呼吸系统及心血管系统控制等。大多数生物控制系统都是闭环系统,并且不会只有单个控制器,而是在控制回路中又包含着另外的控制回路,从而形成了一种多层次、多回路的系统结构。分析人员对生物过程建模时,总是面临高阶模型和复杂的系统结构的问题。专门设计的康复医疗设备为残疾人提供了自动化的帮助，在全美国已经有4600万人享受着这种帮助服务[22,39]。图1.14(b)是Obrero机器人的机械手，它是MIT开发的能够从事灵巧操作的类人型机器人的一部分。这只手并不以视觉传感器为主要传感器，而是通过非常敏感的触觉传感器和关节处的弹性驱动器，实现手指的定位和力控制。它能够根据所握物体的质地，做出适当的响应。

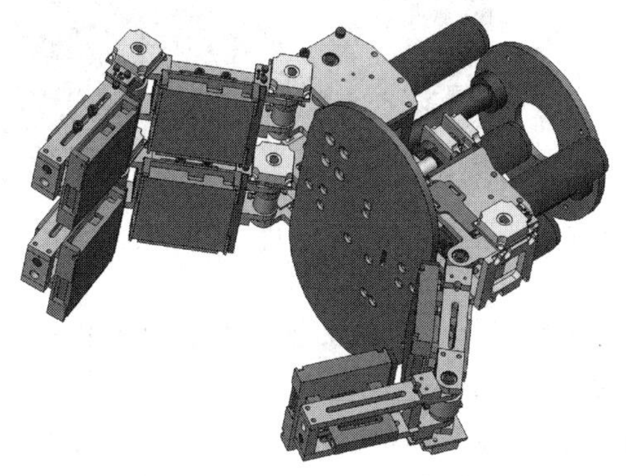

(a) 计算机辅助视图 (Eduardo Torres-Jara友情提供)

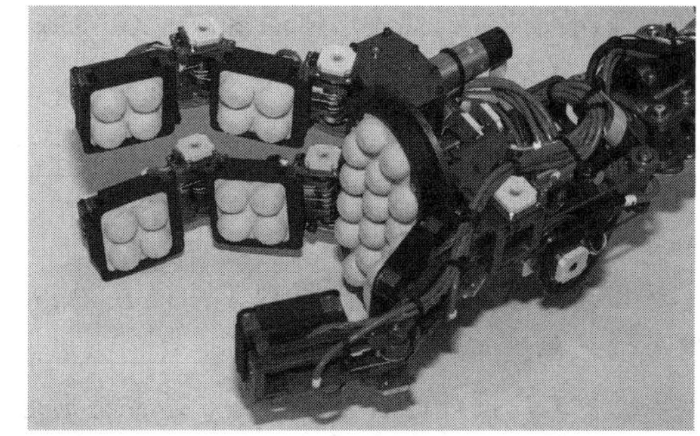

(b) Obrero的机械手(Iuliu Vasilescu拍摄)

图 1.14　机器人 Obrero 的机械手不以视觉为主要传感器，能够根据所握物体的质地，做出适当的响应

例 1.6　社会、经济和政治系统

社会和经济领域也盛行着尝试用反馈方法进行建模分析。这种有益的尝试目前尚不成熟，但已经显示出了令人乐观的前景。社会系统显然包含了许多反馈系统和调控主体，它们对社会系统施加多种措施，以便维持预期的社会产出。图1.15给出的是某政府国民收入反馈控制系统的概略模型。这类模型有助于专家分析理解政府控制措施对社会经济系统的影响，有助于分析政府支出对社会经济系统的动态影响。当然，还存在许多未建模的控制回路。例如，模型中没有包含赤字回路。如果没有赤字，政府支出就不能超出税收，而赤字(预算、财政)本身就是一个包含国内税收部门和国会的控制回路。这样的社会经济系统的反馈模型尽管不够严格，但它们的确提供了新的信息，有助于深化人们对社会经济系统的认识。

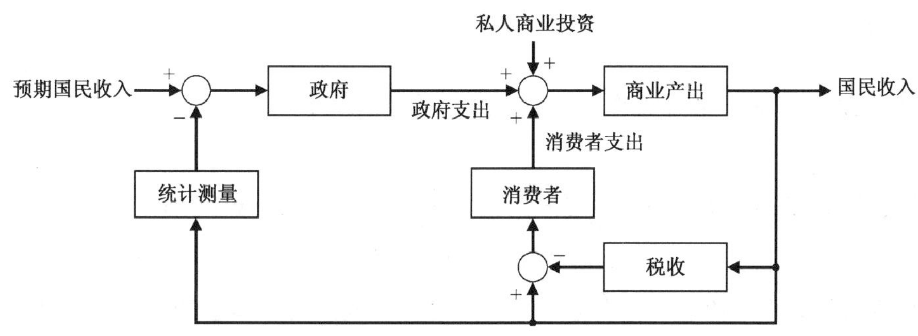

图 1.15　国民收入反馈控制系统模型

例 1.7　无人机

发展势头强劲的无人机(Unmanned Aerial Vehicles，UAV)预示着对控制系统的强烈需求。图1.16是一架无人机的实景照片。UAV虽然是无人驾驶的，但离不开地面的操控。典型状态下，UAV并不能完全自主飞行，也不能保证达到有人驾驶飞机所能够达到的安全水平，这导致了它们不能在商业航线空域内自由飞行。控制系统开发面临的最突出的挑战是，如何避免空中碰撞。UAV开发的应用前景是：自主完成空间观测摄影，协助防灾减灾，协助大型建设工程勘察，农作

物普查，以及连续的气候监控。在军事应用中，UAV 能够完成情报收集，侦察和预警任务[74]。在这一类灵巧的无人机上，几乎处处都需要配置先进的控制系统。

图 1.16 无人机(经 DARPA 许可)

例 1.8 工业控制系统

许多人们熟悉的系统都具有图 1.3 所示的基本构成。冰箱有预期或设定的温度，恒温器测量实际温度与设定温度的偏差，压缩机则起着功率放大器的作用。家用的电烤箱(炉)、热水器等都是有关的例子。在工业上，还有速度控制、温度控制、压力控制、位置控制、厚度控制、配方控制和质量控制等实例[17, 18]。

反馈控制系统在工业上得到了广泛应用，目前运行着数以千计的工业和实验室机器人。机械臂能够抓起数百磅①的物件，并将它们以 0.1 in② 或更高的精度放置在指定的位置[28]。为家庭、学校和工厂设计的自动化设备，通常特别适合于承担有毒副作用、重复性强、枯燥乏味或简单易行的工作。工业上使用的自动化装卸、切割、焊接或铸造设备，能够使加工更精密，使生产更安全、更经济和更高效[28, 41]。

冶金工业是另一个在自动控制方面取得相当成就的行业。事实上，在很多场合，控制理论成果都得到了充分的实现和应用。例如，热轧厂对温度、板材的宽度、厚度和质量等都实施了控制。

飞速增长的能源消耗和随之而来的能源枯竭的威胁，促使人们做出新的努力，对能源进行有效的自动化管理。工业部门采用计算机进行能源管理，统筹安排生产，使耗能负荷平稳均匀，以便节省燃料消耗。

近来，在自动仓储和库存管理中，也采用了反馈控制的概念。甚至农业(农场)对自动控制的需求也日益高涨，开发了自动控制的保鲜饲料室和自动拖拉机，并且已经通过了试验。此外，对风力发电机、太阳能取暖和制冷装置、汽车引擎性能的自动控制也都是现代控制系统重要的实例[20, 21]。

1.4 工程设计

工程设计是工程师的中心工作，它是一个复杂的过程，分析和创新在其中占据着重要的地位。

设计就是为达到特定的目的，构思或创建系统的结构、组成和技术细节的过程。

概念强调说明 1.3

设计活动规划着一个特定产品或特定系统的诞生。设计是一项创新活动，工程师创造性地运用他所拥有的知识和材料，确定系统的结构、功能和物理构成，其主要步骤是：

1. 明确用户需求，包括从公共政策制定者到普通消费者在内的各个社会群体的需求；
2. 论证设计要求，详细确定应该有什么样的解决方案及怎样才能满足用户需求；
3. 开发设计多种满足设计要求的解决方案，并加以评估；
4. 选定解决方案，并加以详细技术设计和技术实现。

---

① 1 磅(lb) = 0.4536 kg。——编者注

② 1 in(英寸) = 2.45 cm。——编者注

现实生活中，影响设计工作的一个重要因素是时间限制。设计工作要遵从规定的进度安排，因此人们常常只能够设计出“足够好”但未必理想的产品。在很多情况下，时间甚至成了决定设计优劣的唯一因素。

设计师面临的一个主要挑战是拟定产品的设计规范。技术**设计规范/设计要求**是对产品或系统将是什么，以及能够做什么的简洁而明确的说明。系统设计的根本目的就是要实现恰当的技术指标，为此必须慎重考虑 4 个因素：设计复杂性，折中处理，设计差异和设计风险。

设计复杂性　它主要源于设计过程中选择的多样性。在设计过程中，有众多的设计方法、设计工具、设计思路及相关知识可供选用，难以取舍。设计复杂性还体现在，拟定产品的技术设计规范/设计要求时，需要同时考虑的因素众多。在一项具体设计工作中，不仅要确定这些因素的相对重要性，还要以数值和/或书面形式明确界定它们的内涵。

折中处理　要处理好期望的，但又彼此冲突的设计目标。设计过程经常要求在各种期望的，但又彼此冲突的设计准则之间达成有效的折中。

在技术产品的设计生产中，最终产品常常不能与原先设计和想象的完全一致。例如，对生产中需要解决的问题，我们的理解可能与该问题的书面技术说明并不一致。在从主观的初始创意过渡到客观的最终产品的过程中，这种**设计差异**是内在的必然。

无法绝对自信和准确地预测和把握所设计产品的技术性能，这是产品具有不确定性的根本原因。不确定性蕴含在产品可能出现的未曾预料的后果之中，这就是**风险**。因此，设计活动是一项必须承担风险的活动。

设计新的系统或产品时，复杂性、折中、差异和风险是设计工作所固有的，虽然通过周密细致的研究，可以在具体设计工作中减小它们的不良影响，但它们却始终存在于设计过程中。

在工程设计中，分析和综合是两种必不可少而且非常重要的思维模式，两者之间存在着根本的差别。分析关注的焦点是通过对物理系统的各种模型的分析，得到真知灼见，确定设计改进的方向。而**综合**则侧重于构建所设计的新的系统。

在得到理想的设计方案之前，设计工作会沿着多个方向进行。设计工作同时也是一个选择和细化的过程。设计师在为了满足实际需求做出创新的同时，还要考虑现实条件的限制。设计过程本质上是一个不断迭代的过程，但我们终究需要找到一个起点。因此，成功的工程师为了设计和分析的方便，总是尝试着对复杂系统进行适当的化简。复杂的实际系统与设计模型之间存在差异是不可避免的，因此设计差异必然存在于从初始创意到最终产品的整个设计过程中。直觉告诉我们，从初始创意开始逐步改进设计，比一开始就试图完成最终设计容易得多。换句话说，工程设计不是一个线性过程，而是一个循环往复、非线性和创造性的过程。

设计过程最后取得很高效率的主要途径之一是参数分析和优化。参数分析的基础是：(1) 辨识关键参数；(2) 构建整个系统；(3) 评估系统满足需求的程度。这三步形成了一个迭代循环。一旦确认了关键参数，构建了整个系统，设计师就可以在此基础上**优化参数**。设计师总是尽力辨识确认数目有限的关键参数，并加以调节和优化。

1.5　控制系统设计

控制系统设计是工程设计的特例。控制系统设计工作的目的是，逐步确定预期系统的结构配置、设计规范和关键参数，以满足实际的需求。

控制系统设计流程如图 1.17 所示。整个流程可以分为 7 个模块。这些模块又可以归纳为 3 大类：

1. 确定控制目标和受控变量，并定义系统性能指标设计要求；
2. 系统定义和建模；
3. 控制系统设计，全系统集成的仿真和分析。

本书的每一章都强调了图 1.17 给出的系统设计流程与这一章的主题和知识点之间的对应关系，目的在于通过实例来展示说明控制系统设计流程中不同模块的内容。本书各章与控制系统的设计流程中 3 大类设计模块的关系是：

1. 确定控制目标和受控变量，并定义系统性能指标设计要求：第 1 章、第 3 章和第 4 章及第 13 章；
2. 系统定义和建模：第 2 章至第 4 章及第 11 章至第 13 章；
3. 控制系统设计，全系统集成的仿真和分析：第 4 章至第 13 章。

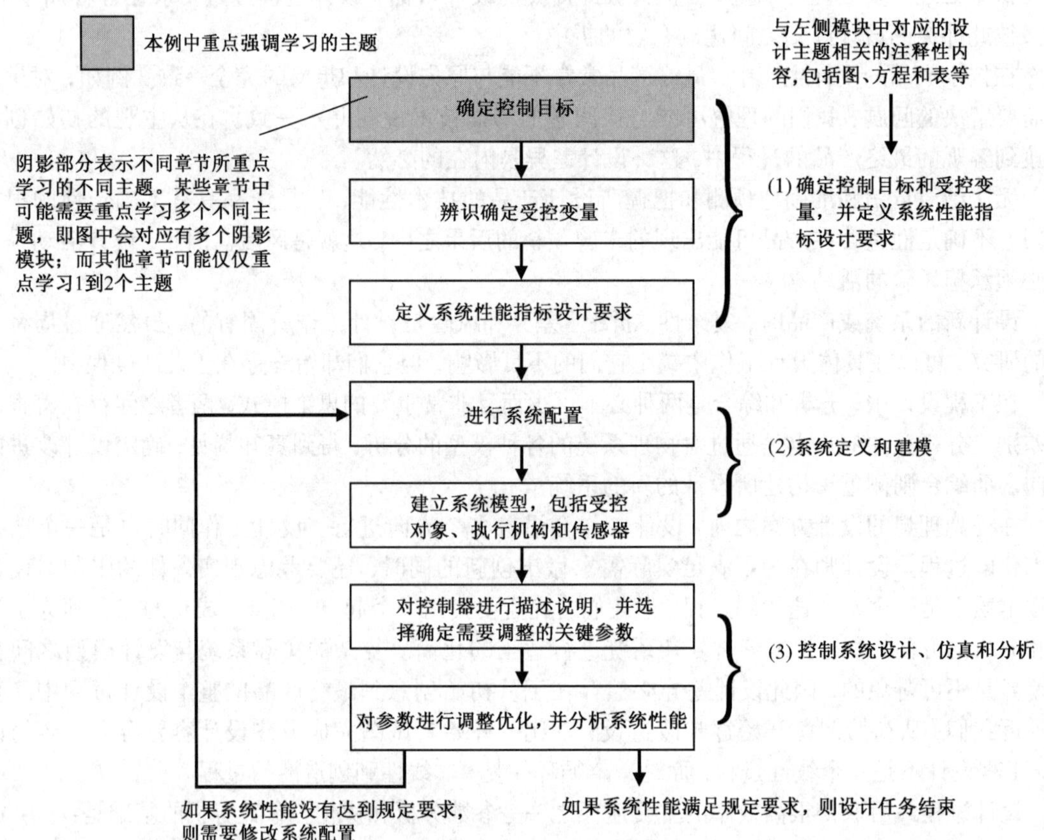

图 1.17　控制系统设计流程

设计流程的第一步是确定系统目标。例如，可以将精确控制电机的运行转速作为控制目标。第二步是确定需要控制的系统变量(如电机转速)。第三步是拟定技术设计规范/设计要求，以便确定系统变量应该达到的精度指标，如转速控制的精度指标。控制精度要求决定了测量受控变量的传感器的选型。设计规范/设计要求规定了闭环系统应该达到的性能，通常包括：(1) 抗干扰能力；(2) 对指令的响应能力；(3) 产生实用执行机构驱动信号的能力；(4) 灵敏度；(5) 鲁棒性等方面的要求。

对系统设计师而言，首要的任务是设计出能够实现预期控制性能的系统结构配置。系统通常的结构配置如图 1.3 所示，包括传感器、受控对象、执行机构和控制器。其次是选定执行机构。

这当然与受控对象有关，但选择执行机构的更重要的原则是，它要能够有效地调节受控对象的工作性能。例如，如果想控制飞轮的旋转速度，就应该选择电机作为执行机构。接下来，需要选择合适的传感器，在本例中，所选的传感器应该能够精确测定转速。这样一来，便可以得到控制系统的这些组成部件的模型。

学习控制课程的学生常常会直接面对代表实际系统的数学模型，通常是传递函数模型或者状态变量模型，但很少有更进一步的说明。一个明显的问题是，这些传递函数模型或状态变量模型是哪里来的？在控制课程中，有必要介绍一些与模型有关的关键背景知识。为此，本书的前几章会深入介绍一些建模的关键背景，回答一些基本问题：传递函数是如何得到的？建模过程默认了哪些基本假设？传递函数模型的适用范围如何？等等。实际上，物理系统数学建模自身就是一门学问，不能奢望本书的讨论能够覆盖数学建模的所有内容。不过，我们鼓励感兴趣的学生阅读课外参考资料（见文献[76~80]）。

接下来就是选择控制器。它通常包含一个求和放大器，通过它将预期响应与实际响应进行比较，然后将偏差信号送入另一个放大器。

设计流程的最后步骤是优化系统参数，以便获得所期望的系统性能。如果通过参数调节达到了期望的系统性能，则设计工作宣告结束，可以着手形成设计文档。否则，就需要改进系统结构配置，甚至可能需要选择功能更强的执行机构和传感器。此后，就是重复上述设计步骤，或者最终满足了性能指标的设计要求，或者确认性能指标的设计要求过于苛刻，必须放宽指标设计要求。

功能强大且价格适中的计算机，以及高效的控制系统设计与分析软件的出现，戏剧性地影响了上述设计过程。例如，波音 777 几乎完全是通过计算机设计的[56, 57]。在高度真实的计算机仿真试验中验证最后设计方案，也因此成了设计工作的一个基本工作项目。在许多实际工程中，都需要花费大量的时间和资金，在逼真的仿真中反复验证控制系统设计方案。以波音 777 为例，在最终制造出第一架实物飞机之前，就在高度逼真的仿真环境中进行了大约 2400 次的飞行试验和测试。

计算机辅助设计和分析的另一个例子是 McDonnell Douglas Delta Clipper 公司的试验型飞行器 DC-X，它从设计、制造到投入飞行仅仅用了 24 个月。据估计，计算机辅助设计工具和自动代码生成，对节省资金和节省时间的贡献率分别高达 80% 和 30%[58]。

总之，控制系统设计问题的基本流程是：确定设计目标，建立控制系统（包括传感器和执行机构）模型，设计合适的控制器，或者断言不存在满足要求的控制系统。和大多数工程设计项目一样，反馈控制系统设计也是一个反复迭代的非线性过程。一个成功的设计师需要考虑受控对象的内在物理机理，控制系统设计策略，控制器构成（即采用什么类型的控制器），以及控制器的有效调试策略等问题。此外，设计完成之后，由于控制器通常以硬件的形态实现，还会出现各硬件元件之间相互干扰的现象。进行系统集成时，控制系统设计必须考虑的诸多问题，使控制系统的设计与实现充满了挑战[73]。

1.6　机电一体化系统

现代工程设计在**机电一体化系统**中获得了广阔的发展空间[64]。所谓机电一体化系统，Mechatronics，是日本人在 20 世纪 70 年代[65~67]，用 mechanical（机械），electrical（电气）和 computer（计算机）组合而成的一个新的术语。机电一体化系统这个术语使用了 30 余年，在此领域产生了丰硕的智能产品。反馈控制系统是现代机电一体化系统不可或缺的组成部分。只要考察一下机电一体化系统的组成，就可以体会到，机电一体化系统已经渗透到了不同的学科[68~71]。机电一体化系统的关键要素包括：(1) 物理系统建模，(2) 传感器与执行机构，(3) 信号与系统，(4) 计算机与逻辑系统，(5) 软件与数据获取。如图 1.18 所示，上述 5 个关键要素都离不开反馈控制，其中与控制系统联系更加紧密的是信号与系统环节。

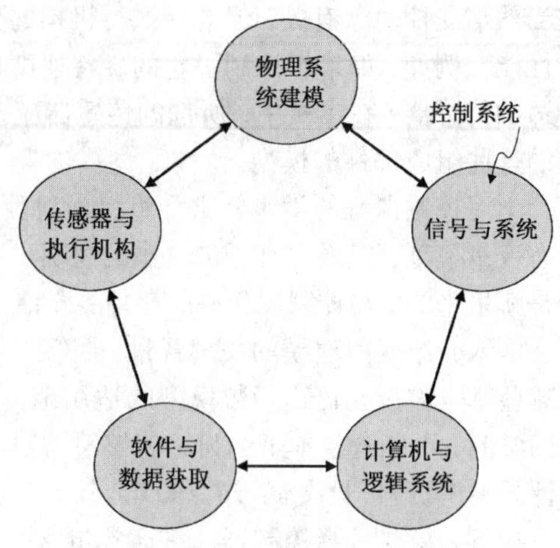

图 1.18　机电一体化系统的基本要素[64]

计算机软件和硬件技术的进步，以及人类对提高费效比的不懈追求，革新了工程设计的内涵。自然科学、计算机科学和传统工程学科的多学科交叉，导致了大量的新产品。通过所谓的“激活技术”，传统学科的新进展催生了机电一体化系统。“激活技术”的一个重要的实例是微处理器，它对通用消费品的设计产生了深远的影响。我们还可以期待下述技术的持续发展：性价比更高的微处理器和微控制器，用微机电系统(MicroelEctroMechanical System，MEMS)开发的新型传感器和执行机构，新的控制策略和实时编程方法，网络与无线技术，以及用于系统建模、虚拟原型和测试的日益成熟的计算机辅助设计(CAD)技术。这些技术的持续进步必将会加速灵巧产品(例如能够实施主动控制的产品)的涌现。

机电一体化系统未来发展的一个令人激动的领域是可替代能源开发，控制系统将会在其中发挥巨大的作用。混合动力汽车和风力发电就是受益于机电一体化技术的两个例子。事实上，现代汽车的发展历程清晰地说明了机电一体化技术的发展脉络[64]。20 世纪 60 年代以前，汽车上仅有的电子产品是收音机。如今，许多汽车上都安装有 30 ~ 60 个微控制器，多达 100 个电机，大约 200 lb(磅)的线缆，众多的传感器，以及数以千行的软件代码。现代汽车已经不再是严格意义上的机械产品，它是一个复杂的机电一体化系统。

例 1.9　混合动力汽车

通过研发已推出了下一代**混合动力汽车**，如图 1.19 所示。混合动力汽车的动力系统由通用的内燃机、蓄电池(或者其他储能装置)及电机构成，能够提供比普通汽车高出一倍的能效。尽管还不能实现零排放(因为使用了内燃机)，但已经能够将有害尾气排放量降低三分之一，甚至一半。随着技术的改进，有害尾气排放量还有望进一步降低。如前所述，现代汽车需要大量先进的控制系统，它们调节改进了整个汽车的性能，包括燃料-空气混合室、阀门定时、尾气排放、车轮牵引控制、刹车防锁死、电控减震及许多其他功能。而在混合动力汽车上，又对控制系统提出了新的功能要求，特别是内燃机与电机之间的动力控制，这决定着需要存储多少能量，以及何时对电池充电，从而决定着汽车实现低尾气排放的启动。混合动力汽车的整体性能主要取决于动力单元的合理组合(即电池与燃油的组合选择)。归根到底，混合动力的新概念汽车能否被市场接受，关键就看所采用的控制策略，能否将各种电力和机械元件合理地集成为一个可靠的运输系统。

图 1.19　混合动力汽车可以视为机电一体化系统
(经DOE/NREL许可，Warren Gretz授权)

第二个机电一体化系统的实例是先进的风力发电系统。

例 1.10　风力发电

很多国家如今都面临着能源供应不稳定的难题，这导致了燃油价格上涨和能源短缺。此外，确凿的记录表明，化石能源的负面效应还影响了空气质量。许多国家的能源消费都大于供给。为了解决能源供需失调的问题，工程师们正在开发其他的能源利用系统，例如风能系统。实际上，在美国和世界各国，风力发电都是发展最为快速的新能源。图 1.20 所示是位于美国得克萨斯州西部的风力发电厂。

2006 年，全球风力发电的发电量超过了 59 000 MW。据美国风能协会报道，美国的风力发电量可以供250 万个家庭使用。35 年来，研发工作主要关注于强风地区(在10 m 高度，风速至少为 6.7 m/s 的地区)的发电技术。如今，美国大部分交通比较便利的强风地区都得到了开发利用。接下来，应该改进发电技术，以更高的费效比开发利用风速较低地区的风能。改进的重点是材料和空气动力特性，利用更长的涡扇叶片在低风速下高效工作。随之而来的主要问题是，支撑塔需要做到既能节省开支又能达到足够的高度。此外，风力发电机组要想实现高效运行，离不开先进的控制系统的支持。

例 1.11　可佩戴计算机

现有的控制系统大多是**嵌入式控制**系统[81]。嵌入式控制系统在反馈回路中集成了专用的数字计算机。许多新颖的可佩戴产品都包含嵌入式计算机，例如新型的腕表、眼镜、运动护腕、电子织物和计算机服装等。图 1.21 所示为广受欢迎的电子眼镜，在给病人做检查时，它可以让医生按需访问、管理和显示数据。你还可以想象该电子眼镜的未来应用，例如可以跟踪和监控医生眼部的运动，并将此信息用于反馈，以便在手术过程中精密地控制医疗器械。可穿戴计算机在反馈控制系统中的应用方兴未艾，无穷无尽。

图 1.20　美国得克萨斯州西部的风力发电厂(经DOE/NREL许可，Lower Colorado River授权)

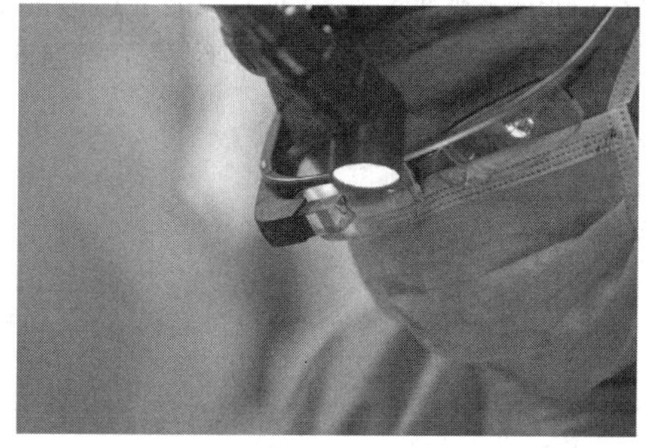

图 1.21　可穿戴计算机可以协助医生提供更好的健康服务(ChinaFoto Press/Getty Images友情提供)

传感器、执行机构和通信设备的技术进步，产生了以无线技术组网工作的新一代嵌入式控制系统，可以实现分布式控制。嵌入式控制系统的设计人员应该熟悉多种网络协议、操作系统和编程语言。尽管控制系统理论依然是现代控制系统设计的基础，但设计过程已经迅速扩展成了一个多学科综合的工作过程，涉及多个传统工程学科，以及信息技术和计算机科学。

可替代能源技术和系统，如混合动力汽车和风力发电机组，为机电一体化的发展提供了鲜活的实例。还有大量的智能系统即将进入我们的日常生活，如自主小车、智能家电(如洗碗机、真空吸尘器和微波炉)、无线网络设备、能够实施机器人辅助手术的“友善机器”[72]，以及可植入式传感器和执行机构。

1.7 绿色工程

诸如气候变化、清洁水资源、废物管理、降低排放、减小原材料和能源的使用消耗，以及可持续发展等全球性的议题，促使许多工程师重新审视和反省在关键领域现有的工程设计方法和策略。工程设计策略改进演化的结果之一就是所谓的“绿色工程”。绿色工程的目的是使设计出的产品能够减少污染，降低对人类健康的风险，以及改善环境。绿色工程的基本原则如下[86]。

1. 集成运用系统分析和环境影响评价工具，更全面地处理产品和工程。
2. 在保证人类健康和财富的同时，保护和改善自然生态系统。
3. 在所有工程活动中，采用“全生命周期”的思维模式。
4. 尽可能使输入和输出的物质和能量安全、无害。
5. 最小化对自然资源的消耗。
6. 努力避免废物。
7. 研发和实施工程解决方案时，要同步关注当地的地理、民意和文化。
8. 超越现有的或主流的技术来研发工程解决方案，运用改进、革新和创新技术来争取工程的可持续性。
9. 主动接纳社区人士和利益攸关人士参加工程解决方案的研发。

在绿色工程实践中贯彻实施上述原则，可以加深我们对反馈控制系统作用的认识。反馈控制系统的作用体现为一种支撑技术或所谓的激活技术。例如，1.9 节将讨论的智能电网的例子，其目的就是以环境友好的方式，可靠、高效地输送电力。正因如此，智能电网为利用诸如风能和太阳能这样的可再生能源提供了潜能。这些能源本质上具有间歇性的特征，因此，监控和反馈成为智能电网的关键支撑技术[87]。绿色工程当前的应用可以归纳为如下 5 类[88]：

1. 环境监控；
2. 能量储备系统；
3. 电力品质监控；
4. 太阳能；
5. 风能。

随着绿色工程的日益成熟，特别是前述第 8 项绿色工程设计原则的贯彻实施，催生出了超越现有的或主流的新技术，而运用了改进、革新和创新技术的工程解决方案，又推动了绿色工程应用的不断发展。结合绿色工程的这些应用领域，本书后续各章将针对每个领域给出相应的应用实例。

全球都正在努力减少各类温室气体的排放。为了实现这个目标，就需要从质和量两个方面改进环境监控系统。一个这样的例子是用线缆机器人控制的移动监测平台，它顺着林带运动，采用无线方式监测雨林的环境参数。

能量储备系统是绿色工程的关键技术，人们已经研制了各种各样的能量储备系统。我们最熟悉的能量储备系统是电池。绝大部分日常电器都需要电池供电。有些电池是可重复使用的充电电池，有些则是用后即扔的一次性电池。遵循绿色工程的设计原则，我们更需要可重用的能量储备系统。对绿色工程来说，燃料电池就是这样一种重要的能量储备系统。

与电力品质监控有关的问题多种多样，至少包括了超前和滞后功率因子、电压波动和谐波波形等因素。许多绿色工程系统或部件都需要对电压和电流进行细致的监测。在相互连接的供电网络中，常常要用变流器来测量和调控电流。一个有趣的例子就是建立变流器的模型。

工程上的一个挑战是将太阳能高效地转化成电能。太阳能发电有两种技术途径：光伏发电和光热发电。光伏发电将太阳光能直接转化成电能，而光热发电首先用太阳光能将水加热产生蒸汽，再驱动汽轮机发电。设计和使用光伏发电，利用太阳能来为我们的居家、办公和商业提供电力，恰好就是贯彻绿色工程原则的努力和实践。

在全球范围内，风力发电都是可再生能源的一种重要来源。风能向电能的转化是通过连接到发电机的风力涡轮机实现的。风力的间歇性特性使得发展智能电网成为一项基础性工作。风力发电有效工作时，智能电网要供风电上网；风力发电无风或不能稳定工作时，智能电网要用其他来源来供电上网。风力强度和方向的不规则特性也导致了有必要对风力涡轮机自身加以控制，以便产生可靠平稳的电能，这些控制系统或控制器件的直接目的就是减小风力间歇特性和风向改变对风力发电的影响。

由于人类面临的全球性问题需要工程设备具备日益增长的自动化程度和精确度，自动控制系统在绿色工程中的应用将越来越广泛。

1.8　控制系统前瞻

控制系统不懈努力的目标，是使系统具有更高的柔性和自主性。柔性和自主性这两个系统概念或系统特性，从不同的途径驱使控制系统趋向同一个目标，真可谓是殊途同归。图 1.22 说明了这一点。现在的工业机器人已经具备了相当大的自主性，一旦确定了控制程序，机器人通常无须人的进一步干预。但由于传感技术的局限，机器人适应工作环境变化的柔性却十分有限，这也是开展计算机视觉研究的原因之一。控制系统通常需要具有很强的环境适应性，目前这还依赖于人的及时指导。展望未来，先进的机器人系统将通过改进传感反馈机制，变得具有更强的任务自适应能力；有关人工智能、传感器集成、计算机视觉和离线 CAD/CAM 编程等技术的研究，将使机器人系统变得更加通用和更加经济。总体而言，控制系统将朝着增强自主运行能力的方向发展，成为人工控制的延伸：监督控制、人机交互、数据库管理等方面的研究目的，就是要减轻操作员的负担，提高操作员的工作效率。此外，还有许多研究工作，如通信方法的改进和高级编程语言的开发等，对机器人和控制系统的发展起着同样的推动作用，其目的在于降低工程实现的费用和扩展控制工程的应用领域。

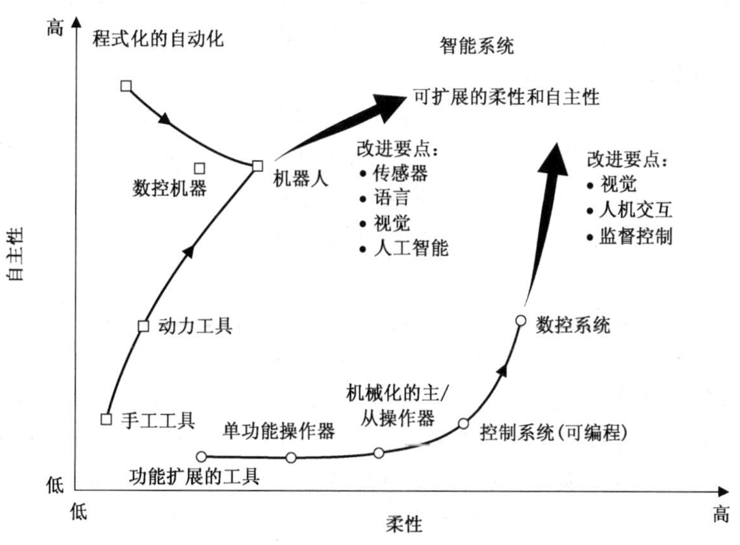

图 1.22　控制系统和机器人的未来发展

通过技术进步减轻人类劳动强度的历程可以追溯到史前时代，现在则正在进入一个新的时期。始于工业革命的不断加快的技术革新，主要是将人类从体力劳动中解放了出来。到了最近，计算机技术引发的新技术革命则正在带来同样巨大的社会变革，计算机收集和处理信息能力的提高，将会使人类的脑力同样得到拓展和延伸[16]。

控制系统可以用来：(1) 提高生产率；(2) 改善装置或系统的性能。自动化则通过自动操作或对生产过程、装置或系统的控制等途径，提高生产率和产品质量。通过对生产过程和机器设备的自动控制，可以生产可靠和高精度的产品[28]。随着消费类产品对柔性和适应性的需要越来越高，对柔性自动化系统和柔性机器人的需求也在日益增长[17, 25]。

自动控制的理论和应用实践是一个内容丰富、令人兴趣盎然，而又非常实用的工程领域，这些丰富的材料能够帮助学生很快地领悟到学习现代控制系统的原动力，并因此激发出学习热情。

1.9 设计实例

本节提供了几个设计过程的实例。后续各章也将延续这种模式，每章都会专门辟出标题为“设计实例”的一节，通过实例来突出这一章的要点。其中，至少有一个比较详细的例子，着重说明图 1.17 所示的设计流程中的某些步骤。在下面给出的第一个例子中，我们将讨论智能电网的发展。作为环境友好的能源输送战略的组成部分，智能电网概念的内涵就是要更可靠、高效地传输电力，要能够大规模利用可以借助自然现象发电但又具有间歇性特点的可再生能源，例如风能和太阳能。提供清洁能源是工程上面临的一项挑战，必须用到主动反馈控制系统、各种传感器和执行机构。第二个例子是转盘转速控制，着重说明开环和闭环反馈控制的概念。第三个例子是胰岛素注射控制系统，着重说明确定设计目标，确定受控变量和确定初步的闭环系统结构等设计模块的细节。

例 1.12 智能电网控制系统

智能电网既是实际物理系统，同时也是一种概念或理念，其本质是要更可靠、高效地传输电力，并同时实现经济、安全和环境友好[89, 90]。智能电网可以视为能够更可靠、高效地将电力传输到家庭、学校、商业网点和其他用户的，由软件和硬件集成的系统。图 1.23 给出了智能电网的概要示意图。从覆盖范围来看，智能电网可以是全国范围的，也可以是本地范围的，甚至可以是家用的(微型电网)。事实上，智能电网充满了广泛和深入的，还有待研究的问题，控制系统在每个层面的智能电网中都发挥着关键作用。

智能电网中的一个令人感兴趣的部分是实时按需管理，这需要用户和供发电系统之间双向信息流的支持[91]。例如，可以使用智能仪表来测量居家和办公室的用电情况，并将数据传送到电力公司，也容许电力公司回传控制信号。而这些智能仪表则可以据此调控、启动或关闭家庭和办公室的电气设备。家用智能仪表可以让户主调控他们的用电情况，对峰值时间的电价做出响应。

实现现代智能电网所需要的 5 项关键技术包括：(1) 集成通信，(2) 感知与测量，(3) 先进的部件，(4) 先进的控制方法，(5) 改进的交互界面与决策支持[87]。其中有两项可以在一般意义上完全归入控制系统的范畴，即(2)和(4)。实现现代智能电网对输电工程有巨大的潜在影响，而控制系统在其中的关键作用也是显而易见的。目前，美国的电网包括 7300 座电厂，大约 3200 家电力公司，以及 450 000 mi(英里)的高压电力线路。充分利用各种传感器、控制器、互联网和通信系统的智能电网，将会提升电网的可靠性和效率。曾有机构估计，到 2020 年，使用智能电网能在全球范围内将电力行业的 CO_2 排放量降低了 14%[91]。

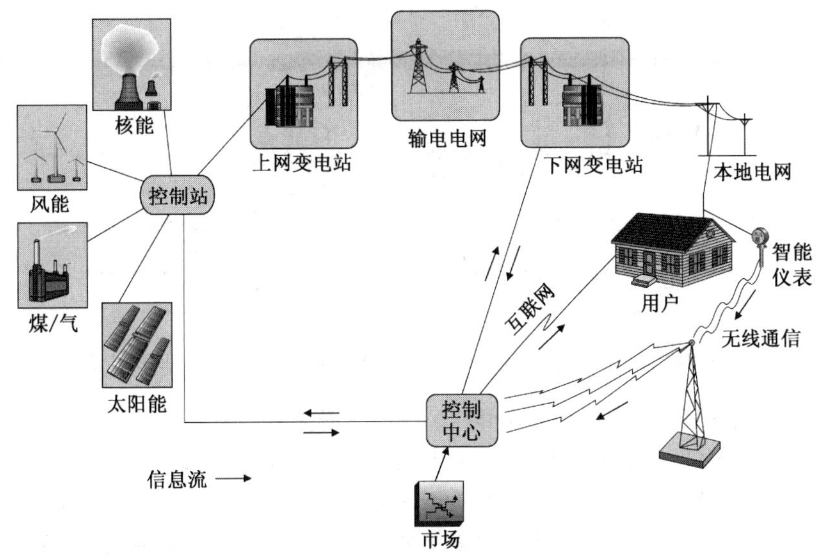

图 1.23　智能电网是能够测量和调控用电情况的输电网络

智能电网的一个基本特质是，它是能够测量和调控用电情况的输电网络。在智能电网中，供电量有赖于市场情况(供求和费用)和可用的能源(风能、煤、核能、地热和生物质等)。而实际上，自己备有太阳能面板或风力涡轮机的电网用户，还可望像一个小型电厂一样，将多余的电力输送上网并获得回报[92]。在后续各章，我们将结合太阳能面板对太阳的定向问题，以及旨在控制转子转速，进而控制输出功率的风力涡轮机桨叶的桨距角规划问题，来讨论与此有关的各种控制问题。

改进电力品质控制可以提高电力传输的安全性和效率。输电线路会产生电感、电容和电阻效应，从而对电力传输产生动态影响或干扰。智能电网必须快速感应系统的扰动并做出响应，这又称为自恢复。换句话说，智能电网要有能力处理好在很短时间内发生的干扰。为此，必须围绕反馈控制系统来实现自恢复过程，于是就可以利用所谓的自评估过程来测量和分析所受到的干扰，然后采取正确的对策来恢复电网。这样一来，就需要感知与测量系统为控制系统提供信息。此外，智能电网的好处之一是具有借助间歇性的自然现象，更有效地利用可再生能源的潜力(如风能和太阳能)，这是由于在无风或阴云遮挡太阳时，智能电网容许它们脱离网络。

随着我们逐步接近实现目标的日子，反馈控制系统也将在智能电网的发展进程中发挥越来越大的作用。在学习本书后续各章介绍的新的控制系统设计和分析方法时，不断回顾本节讨论的涉及控制系统的各个主题，将会令人兴趣盎然。

例 1.13　转盘转速控制

许多现代装置都要使用匀速旋转的转盘。例如，生物医学中的转盘共聚焦显微镜可以获得细胞图像。本例的目的是为转盘设计一个转速控制系统，以便使实际转速保持在允许的误差范围之内[40, 43]。这里将同时讨论无反馈和有反馈的控制系统。

为了驱动转盘旋转，选择直流电机作为执行机构，它能够提供与输入电压成比例的转速，并选取具有足够功率的直流放大器为电机提供输入电压。

开环系统(无反馈)如图 1.24(a)所示。该系统利用电池提供与预期转速成比例的电压，电压经过放大后作用于驱动电机。图 1.24(b)所示的框图标明了开环系统的控制器、执行机构和受控对象。

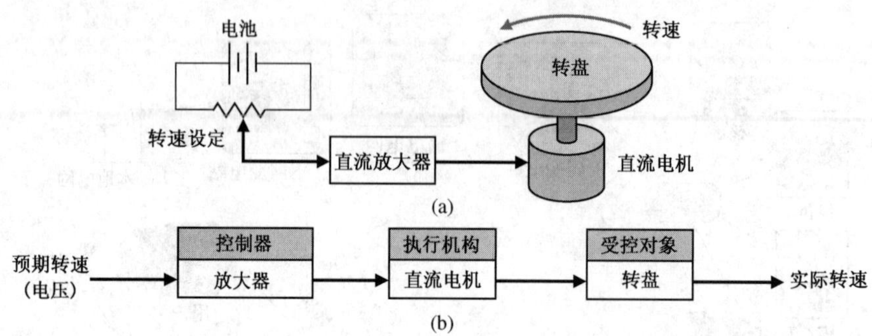

图 1.24 (a) 转盘转速的开环控制系统(无反馈); (b) 框图模型

要得到反馈控制系统,需要选择一个传感器。转速计是一种有用的传感器,它能够提供与转轴转速成比例的电压信号。于是就得到了图 1.25(a)所示的闭环反馈系统,对应的框图则如图 1.25(b)所示。将输入电压与转速计的输出电压进行比较并相减,就得到了偏差电压信号。由于反馈系统能对偏差做出响应,并在运行中不断减小偏差,因此可以期待图 1.25 所示的反馈系统将优于图 1.24 所示的开环系统。采用精密的元件之后,该反馈系统的误差可望达到开环系统的误差的 1/100。

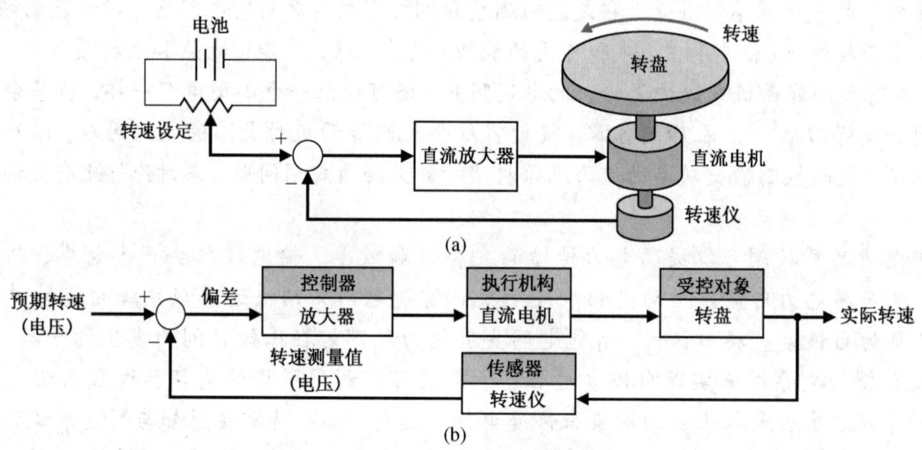

图 1.25 (a) 转盘转速的闭环控制系统; (b) 框图模型

例 1.14 胰岛素注射控制系统

控制系统在生物医学领域已经获得了广泛应用,出现了植入式的药物自动注射系统[29~31]。自动控制系统还能对血压、血糖和心率等进行调节。药物注射的开环控制系统是控制工程在医学领域最常见的应用实例,并运用了描述药物剂量与疗效之间关系的数学模型。由于微型血糖仪尚不成熟,植入式胰岛素注射控制系统采用了开环结构。根据糖尿病人个体在当前时段的情况,利用可编程便携式胰岛素注射器进行有针对性的注射,可能是目前所能实现的最佳解决方案。今后的注射控制系统应该能够做到根据测得的血糖水平,实施闭环注射控制。

健康人士的血糖和胰岛素浓度如图 1.26 所示。注射控制系统要通过植入体内的胰岛素库,向糖尿病人适时注射剂量适中的胰岛素。因此,将控制目标确定如下。

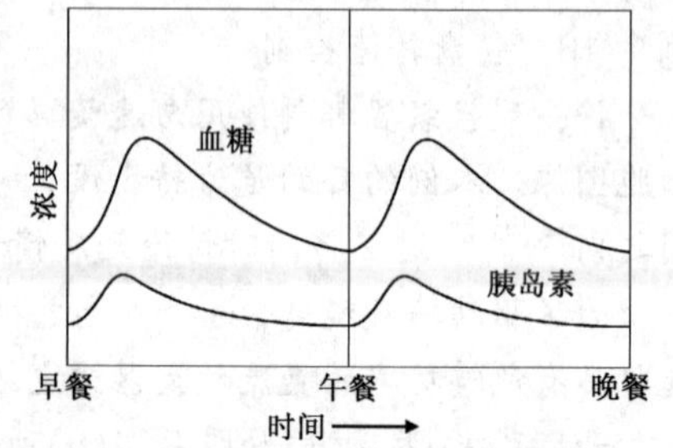

图 1.26 健康人士的血糖和胰岛素浓度

控制目标　设计一个能够通过控制剂量来调节糖尿病人血糖浓度的系统。

参照图 1.26，设计过程的下一个步骤是确定受控变量。根据控制目标，我们要控制的变量是血糖浓度。

受控变量　血糖浓度。

后续章节将逐步介绍控制系统设计规范/设计要求的定量表示方法。设计要求通常采用时域和/或频域内的稳态和瞬态性能指标来定量表示。在此处，暂时只能定性和粗略地给出控制系统的设计要求。因此，本题的设计要求如下所示。

控制系统设计要求　保持糖尿病人的血糖浓度近似于(跟踪上)健康人士的血糖浓度。

确定了控制目标、受控变量和设计要求之后，我们可以给出系统的初步配置。图 1.27(a)所示的开环系统，采用一个预编程的信号发生器和一个微型电泵来调节胰岛素注射速率。图 1.27(b)所示的反馈控制系统，则采用一个血糖测量传感器，将测量值与预期血糖浓度相比较，并在必要时调整电泵的阀门。

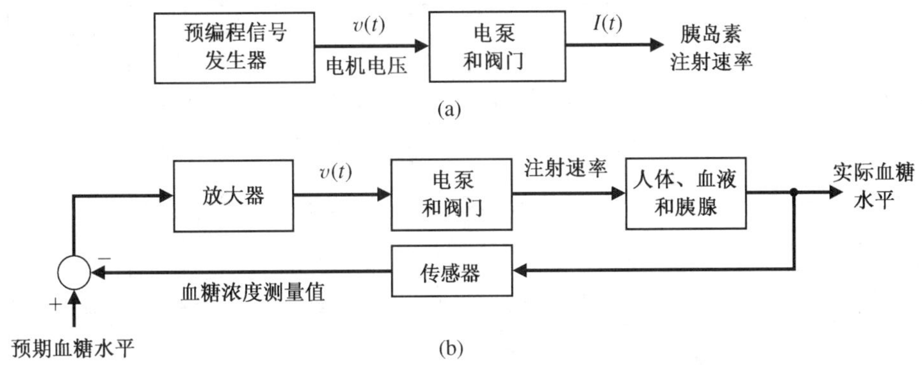

图 1.27　血糖控制系统。(a) 开环控制(无反馈)；(b) 闭环控制

1.10　循序渐进设计实例——磁盘驱动器读取系统

本书各章将按照图 1.17 所示的设计流程，讨论该实例在这一章所完成的设计步骤。例如，第 1 章将完成设计流程的第 1 步至第 4 步，即(1) 确定控制目标；(2) 确定受控变量；(3) 确定初步的设计要求；(4) 确定系统初步配置结构。

磁盘可以方便有效地存储信息。硬盘驱动器(Hard Disk Drive，HDD)采用了 ANSI 标准，广泛应用于从便携式计算机到大型计算机等各类计算机中。尽管存储技术有了飞速进步，出现了诸如云存储、闪存和固态存储器(Solid-State Drive，SSD)等新技术，但硬盘仍是一种重要的存储媒介，只是它正在发生着角色的变化，从曾经的快速和基本存储器，演变成慢速但功能多样的存储器[50]。如今，叠瓦式磁记录技术(Shingled Magnetic Recording，SMR)和充氦气密硬盘技术已经实现了 10Tb 级别存储容量。进一步，诸如热辅助磁记录技术、位模式媒介和二维磁记录(Two Dimensional Magnetic Recording，TDMR)等新技术的预期目标，是在 2025 年之前形成 10Tb/in^2 的存储密度，使硬盘容量达到 100Tb 量级[62]。磁盘驱动器设计师以往关注的焦点是数据容量和读取速度。图 1.28 给出的是磁盘数据存储密度的变化趋势。如今，设计师们正在考虑让磁盘驱动器承担一些以前由中央处理器(Central Processing Unit，CPU)承担的任务，以便优化计算环境[63]。与此相关的3个正在研发的“智能”主题是：离线差错恢复、磁盘驱动器失效预警，以及跨磁盘数据存储。考察图1.29所示的磁盘驱动器结构示意图可以发现，磁盘驱动器读取装置的设计目标是准确定位磁头，以便正确读取磁盘磁道上的信息。需要实施精确控制的受控变量是磁头(安装在一个滑动簧片上)的位置。磁盘的旋转速度在1800～10 000转/分(rpm)的范围内，磁头在磁盘上方不到100 nm的地方“飞行”，位置精度指标初步定为1 μm。如果有可能，还要进一步要求，磁头由磁道a移动到磁道b的时间小于50 ms。至此，可以给出系统的初步配置结构，如图1.30所示。该闭环系统利用电机驱动(移动)磁头臂到达预期的位置。第2章将接着讨论磁盘驱动器的设计问题。

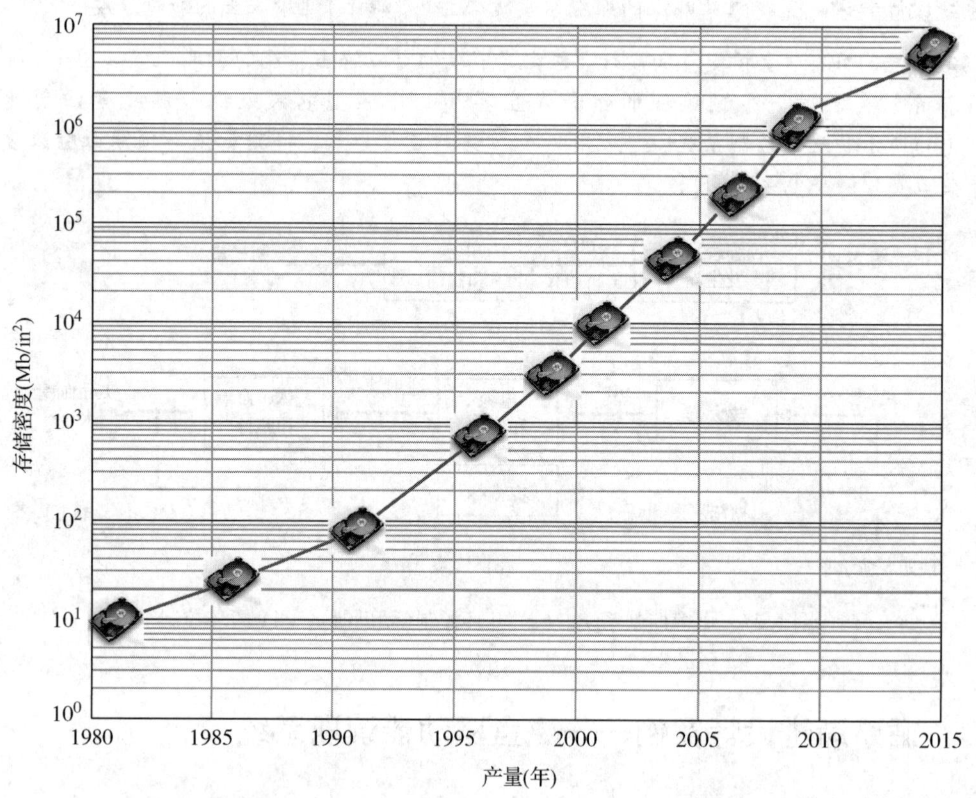

图1.28 磁盘数据存储密度的变化趋势(来源：IBM 和 HGST)

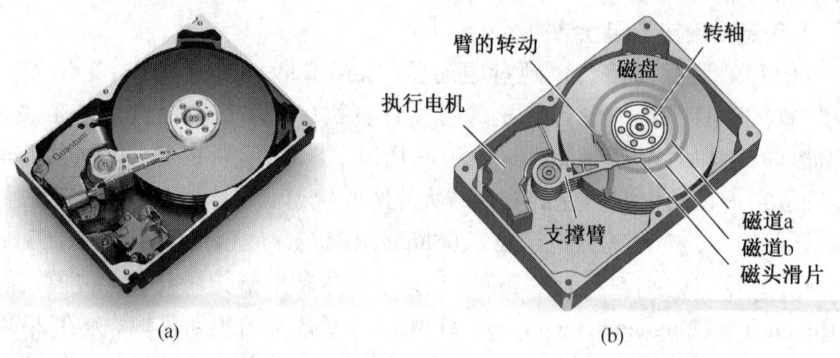

图1.29 (a) 磁盘驱动器(1999 Quantum 公司版权所有)；(b) 磁盘驱动器说明图

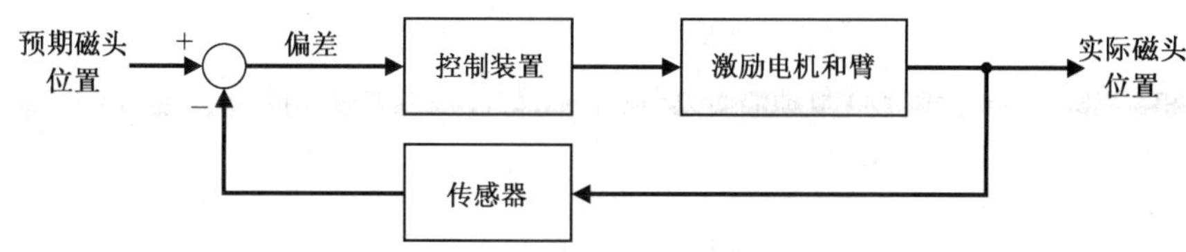

图 1.30　磁盘驱动器磁头的闭环控制系统

1.11　小结

本章讨论了开环和闭环反馈控制系统，给出了控制系统发展进程中的若干典型实例，从历史的回顾中引出现代主题。在讨论控制系统的现代发展动态时，涵盖了主要的应用，如类人型机器人、无人飞行器、风力发电、混合动力汽车及嵌入式控制。还讨论了自动控制在机电一体化系统中的核心作用，机电一体化系统是机械、电力、计算机等系统的有机集成。本章以结构化的形式，给出了设计工作的流程，包括如下步骤：确定设计目标和受控变量、定义性能指标设计要求，以及控制系统的定义、建模与分析等。设计过程反复迭代、不断完善的内在特性，使我们可以有效地减小设计差异，同时在复杂性、性能和费用等指标之间达成必要的折中，最终满足设计要求。

技能自测

本节提供三类题目来测试你对本章知识的掌握情况：正误判断题、多项选择题，以及术语和概念匹配题。为了直接地反馈学习效果，请及时对照每章最后给出的答案。

在下面的正误判断题和多项选择题中，圈出正确的答案。

1. 飞球调节器是人们公认的最早应用于工业过程的自动反馈控制器。　对　或　错
2. 闭环控制系统利用对输出的测量信息，将此测量信号反馈，并与预期输入进行比较。　对　或　错
3. 工程分析与工程综合是同样的工作。　对　或　错
4. 图 1.31 给出的框图是一个闭环反馈控制系统的例子。　对　或　错

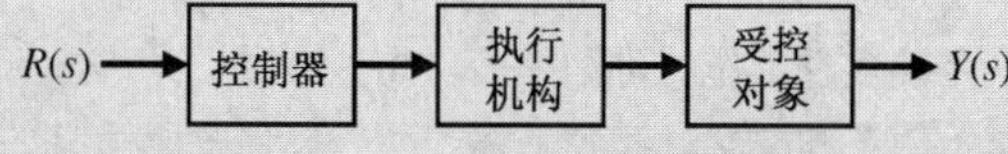

图 1.31　带有控制器、执行机构和受控对象的系统

5. 多变量系统是具有多个输入变量和/或多个输出变量的系统。　对　或　错
6. 下面列举的哪一个是反馈控制系统早期的应用实例？
   a. Ktesibios 的水钟　　b. 瓦特的飞球调节器
   c. Drebbel 的温度调节器　　d. 上述全部
7. 下面列举的哪一个是控制系统重要的现代应用实例？
   a. 安全和燃油利用率高的汽车　　b. 自主机器人
   c. 自动化生产　　d. 上述全部
8. 填空：
   用自动的措施而不是人工的手段控制工业过程，这通常被称为________。
   a. 负反馈　　b. 自动化
   c. 设计差异　　d. 设计要求
9. 填空：
   在从初始创意和概念到最终产品的过程中，________是固有的。
   a. 闭环反馈控制系统　　b. 飞球调节器
   c. 设计差异　　d. 开环反馈控制系统

10. 填空：

控制系统工程师关注于理解和控制他们周边环境的一部分，也就是所谓的________。

a. 系统　　b. 综合设计　　c. 折中处理　　d. 风险

11. 控制系统和控制理论的先驱包括________。

a. 奈奎斯特　　b. 伯德　　c. 布莱克　　d. 上述全部

12. 填空：

开环控制系统________，通过执行机构控制受控对象。

a. 不用反馈　　b. 利用反馈

c. 在工程设计中　　d. 在工程综合时

13. 具有多输入变量或多输出变量的系统的名称是什么?

a. 闭环反馈控制系统　　b. 开环反馈控制系统

c. 多变量控制系统　　d. 机器人控制系统

14. 控制工程可以应用于哪些工程领域?

a. 机械与航天　　b. 电子与生物医学

c. 化工与环境　　d. 上述全部

15. 闭环反馈控制系统应该具有下述哪些特性?

a. 良好的干扰处置效果　　b. 对指令产生预期响应

c. 对受控对象参数波动的灵敏度低　　d. 上述全部

在下面的术语和概念匹配题中，在空格中填写正确的字母，将术语和概念与它们的定义联系起来。

a. 优化	将输出信号反馈回来并与参考输入信号相减。	________
b. 风险	将输出测量值与预期输出进行比较，并用于控制的系统。	________
c. 设计的复杂性	一组规定的性能指标设计要求。	________
d. 系统	用来反馈并用于对系统实施控制的输出信号的测量信号。	________
e. 设计	有多个输入或/和多个输出变量的控制系统。	________
f. 闭环反馈控制系统	在相互矛盾的准则之间，为达成协调而做出的调整和折中。	________
g. 飞球调节器	为了实现预期目标，将有关元件互连在一起构成的装置。	________
h. 设计规范	用于完成多种工作的可编程多功能操作器。	________
i. 综合	从初始创意和概念过渡到最终产品的过程中所固有的，复杂的实际系统与设计模型之间的不一致。	________
j. 开环控制系统	控制系统需要处理的错综复杂的的元件和知识。	________
k. 反馈信号	工业过程的实物产出与实物投入之比。	________
l. 机器人	设计一个工程技术系统的过程。	________
m. 多变量控制系统	不通过反馈，利用执行机构直接控制受控对象的系统。	________
n. 设计差异	隐藏在设计方案未曾预料的后果中的不确定性。	________
o. 正反馈	为了达到特定的目的，构思或创建系统的结构、部件和技术细节的过程。	________
p. 负反馈	受控的对象、过程或系统。	________
q. 折中处理	将输出信号反馈回来并与参考输入信号相叠加。	________
r. 生产率	能够提供预期响应的由相互关联的元件构成的系统。	________
s. 工程设计	用自动的措施对过程或对象实施控制。	________
t. 受控对象(过程)	为了获得满意或最优的设计而对参数进行调整的过程。	________
u. 控制系统	构建新的系统结构的过程。	________
v. 自动化	用于控制蒸汽机转速的机械装置。	________

基础练习题(基础练习题是本章概念的直接应用)

下面的系统都可以用框图来表示它们的因果关系和反馈回路(有反馈时)。试辨识每个方框的功能，指出其中的输入变量、输出变量和待测变量。必要时请参考图 1.3。

E1.1 描述能测量下列物理量的典型传感器[93]：

(a) 线性位置　(b) 速度(或转速)
(c) 非重力加速度　(d) 旋转位置(或角度)
(e) 旋转速度　(f) 温度
(g) 压力　(h) 液体(或气体)流速
(i) 扭矩　(j) 力
(k) 地球磁场　(p) 心率

E1.2 描述能实现下列转化的典型执行机构[93]：

(a) 流体能到机械能　(b) 电能到机械能
(c) 机械形变到电能　(d) 化学能到运动能
(e) 热能到电能

E1.3 精密的光信号源可以将功率的输出精度控制在 1% 之内[32]。激光器由输入电流控制，产生所需要的输出功率。作用在激光器上的输入电流由一个微处理器控制，微处理器将预期的功率值，与由传感器测量得到的，并与激光器的实际输出功率成比例的信号进行比较。试辨识指明输出变量、输入变量、待测变量和控制装置，从而完成这个闭环控制系统的如图 E1.3 所示的框图。

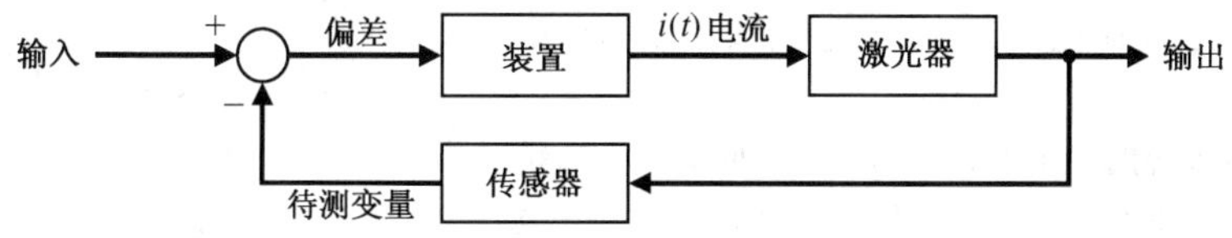

图 E1.3　信号光源的部分框图

E1.4 汽车驾驶仪利用控制系统来保证汽车以给定的速度行驶，试绘制该反馈系统的框图模型。

E1.5 飞钓运动是一种挑战，需要钓鱼者用轻巧的杆和线，抛投羽毛状的人工拟饵，目的是将拟饵准确而且轻巧地抛投到溪流远处的水面上[59]。试描述抛投拟饵的过程并用框图模型表示。

E1.6 自动聚焦相机可以通过一束红外线或超声波，探测相机到物体的距离，并据此来调整镜头到胶片的距离[42]。试绘制该开环控制系统的框图，并简要说明它的工作过程。

E1.7 因为不能正面迎风行驶，而且完全顺风行驶的速度通常较慢，所以，帆船的最短行驶路径很少是直线，而是依风向调整航向，形成曲折的航线。一个舵手何时转舵及如何转舵，可能会决定一次比赛的成绩。试描述当风向改变时调整帆船航向的过程，并绘制该过程的框图。

E1.8 自动化的高速公路可能会风靡全球。考虑两条车道并成一条车道的情况。车流引导装置上应该有一套反馈控制系统，以便引导车辆并道时保持规定的间距。试描述所需要的反馈控制系统。

E1.9 绘制含有骑手的滑板控制系统的框图。

E1.10 描述人调整痛觉、体温等感觉时的生理反馈过程。生理反馈是人能够自觉而且成功地调整脉搏、疼痛反应和体温等感觉的一种机能。

E1.11 未来的民用飞机将是电子化的，能够充分受益于计算机和网络技术的持续发展。飞机将能够与地面控制人员保持连续的通信联系，将飞机的位置、速度、机上人员的重要健康指标、当地的气象数据等传输下来。试给出下述过程的框图：飞机将当地的气象数据传回地面站，地面站利用联网计算机产生精确的气象态势信息，再将该信息传给飞机，以便规划最优的航线。

E1.12 研发中的无人机(UAV)应该能够实现长航时自主飞行。所谓自主飞行，是指飞机无须与地面控制人员发生联系。试给出 UAV 通过航空摄影进行农作物普查过程的框图。UAV 应该尽可能准确地按照预定航线飞行,对整个普查区域进行航空摄影并传回图片。

E1.13 考虑图 E1.13 所示的倒立摆系统。绘制该反馈控制系统的框图。指出受控对象、传感器、执行机构和控制器。控制目标是在有扰动的情况下,保持摆的直立状态,即 $\theta=0$。

E1.14 用框图描述一个人在台式计算机上玩电子游戏的过程,指令输入设备是游戏杆。

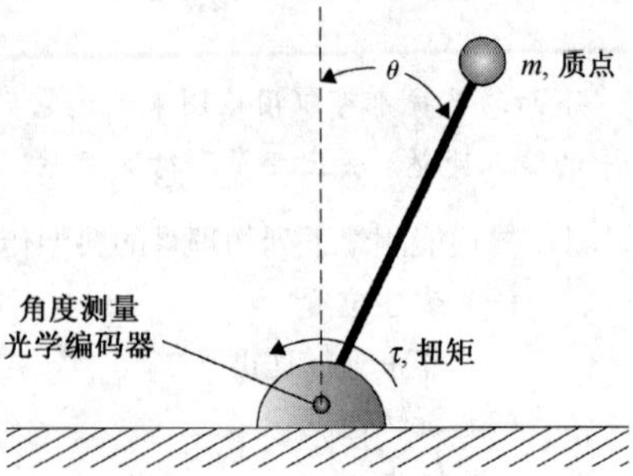

图 E1.13 倒立摆控制

一般习题(一般习题要求将本章的概念加以扩展)

下面的系统都可以用框图来表示它们的因果关系和反馈回路(有反馈时)。每个方框都要求注明其功能,必要时请参考图 1.3。

P1.1 为了使乘客感到舒适,许多豪华汽车都安装有空调系统。使用空调系统时,司机会在控制面板上预先设定车内温度。试绘制该空调系统的框图,并辨识指明各部分的功能。

P1.2 控制系统能够将人作为闭环控制系统的一部分,试绘制图 P1.2 所示的阀门控制系统的框图。

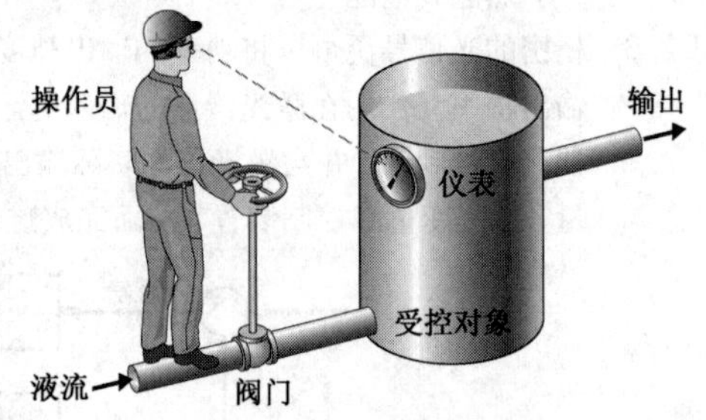

图 P1.2 液流控制系统

P1.3 在化工过程控制系统中,控制产品中的化学组分是非常必要的。为此,可以如图 P1.3 所示,利用红外线分析仪测量产品的化学组分,并控制添加流上的阀门。试添加完成反馈控制回路,并绘制该控制回路的框图。

P1.4 对于核电系统的发电机组而言,对核反应堆实施精确控制十分重要。假定中子数与功率值成比例,电离室能够用来测量功率值。电流 i_o 又与功率值成比例,且石墨控制棒可以调节功率值。试补充完成图 P1.4 所示的核反应堆控制系统,并绘制该反馈控制回路的框图。

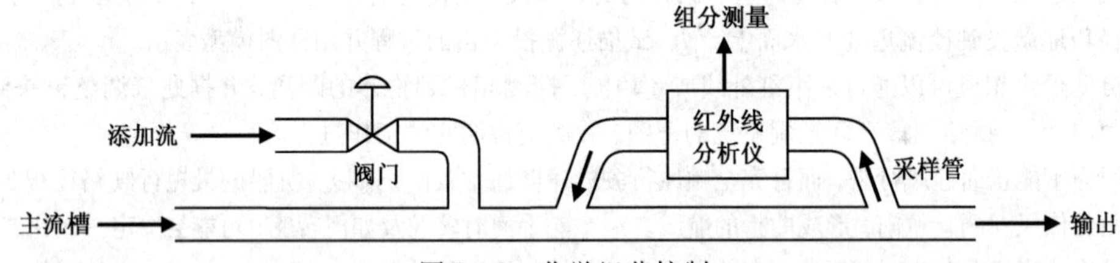

图 P1.3 化学组分控制

P1.5 图 P1.5 是一个用于跟踪太阳的寻光控制系统,输出轴由电机通过一个减速齿轮驱动,减速齿轮上有一个安装了两个光电池管的托架。试完成该闭环系统,保证它能够跟踪光源。

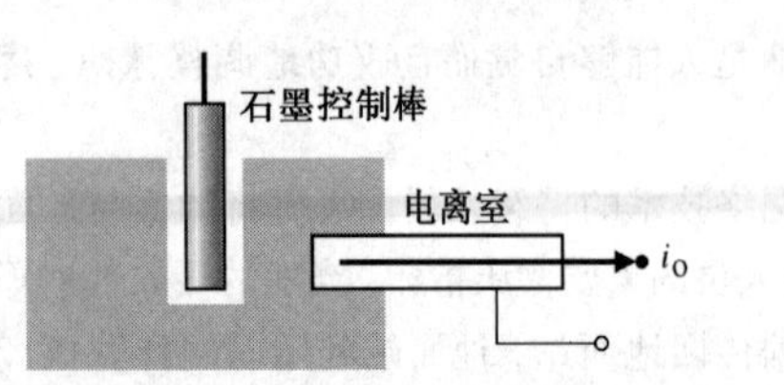

图 P1.4 核反应堆控制

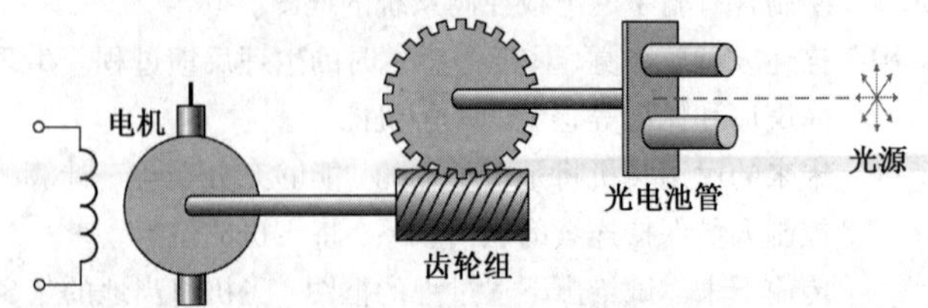

图 P1.5 每个管中都安装有一个光电池,只有当光源严格射向中央时,到达每个电池的光才是相同的

P1.6　反馈系统不一定都是负反馈系统，以物价持续上涨为标志的通货膨胀就是一个**正反馈系统**。该正反馈系统如图 P1.6 所示，它将反馈信号与输入信号相加，并将和信号作为过程的输入。这是一个以价格-工资描述通货膨胀的简化模型。增加其他的反馈回路，例如立法控制或税率控制，可以争取使该系统稳定。如果工人工资有所增加，那么经过一段时间的延迟后，将导致物价有所上升。试问在什么条件下，通过篡改或推迟获得生活费用数据，可能会使价格稳定？国家的工资与物价政策是怎样影响这个反馈系统的？

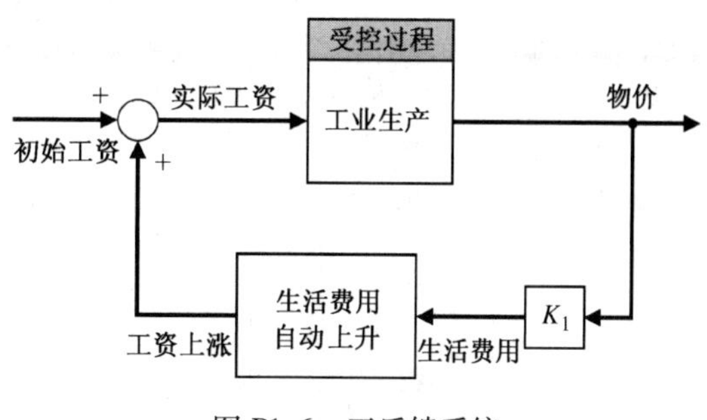

图 P1.6　正反馈系统

P1.7　一位军士每天早晨 9 点路过珠宝店时，都用橱窗里的精密时钟对表。一天，这个军士走进店内，向店主恭维那只精密时钟的准确性。

“它是不是按照阿林顿的时间信号精确对时的？”军士问。

“不，”店主说，“我每天下午 5 点按照城堡的鸣炮声来调钟。告诉我，军士，为什么你每天都要停下来对表呢？”

军士答道：“我是城堡中的炮手！”

在这个故事中，是正反馈还是负反馈占优势？如果这个珠宝店的“精密”时钟每 24 小时慢 2 分钟，军士的表每 8 小时慢 3 分钟，那么 12 天后，城堡中鸣炮时间的误差是多少？

P1.8　师生之间教学相长的过程，本质上是一个使系统误差趋于最小的反馈过程，构造教与学过程的反馈模型，并确定该系统的各个模块。

P1.9　对制药行业和药理研究而言，生理控制系统模型是有用的辅助工具。图 P1.9 是一个心率控制系统模型[23, 48]。这个模型包含了大脑对神经信号的处理过程。心率控制系统实际上是一个多变量系统，而且变量 $\boldsymbol{x},\boldsymbol{y},\boldsymbol{w},\boldsymbol{v},\boldsymbol{z}$ 和 $\boldsymbol{u}$ 还都是向量，例如变量 $\boldsymbol{x}$ 就代表了许多心脏参数 $x_1,x_2,\cdots,x_n$。参照该心率控制系统模型，并在必要时增加或删除若干模块，确定下列生理控制系统之一的控制系统模型：

1. 呼吸控制系统
2. 肾上腺控制系统
3. 手臂控制系统
4. 眼控制系统
5. 胰腺与血糖控制系统
6. 血液循环系统

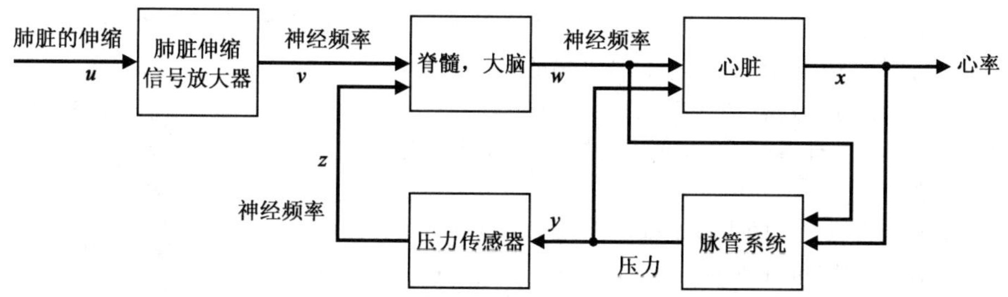

图 P1.9　心率控制系统

P1.10　在繁忙的机场，空中交通管制系统的作用日益增强。工程师们正在运用全球定位系统(GPS)，开发新的空中交通管制系统和防碰撞系统[34, 55]。GPS 可以让每架飞机知道自己在起降通道内的精确位置。试用框图描述空中交通管制系统利用 GPS 来避免飞机相互碰撞的过程。

P1.11　在中东地区，人们曾经将装有浮球的液面自动控制系统用于水钟[1, 11]。水钟(见图 P1.11)一直使用到了 17 世纪。试讨论水钟的工作原理，并说明浮球如何通过反馈来保持水钟的准确度。绘制该反馈控制系统的框图。

P1.12 大约在 1750 年，Meikle 为风车发明了自动调节齿轮[1,11]。图 P1.12 中的尾扇齿轮能够使风车自动地对准风向。垂直于主帆的尾扇可以控制塔的旋转，将主帆转动到正确的位置。齿轮的齿数比为 3000∶1。试讨论风车的工作过程，并建立保持主帆对准风向的反馈回路。

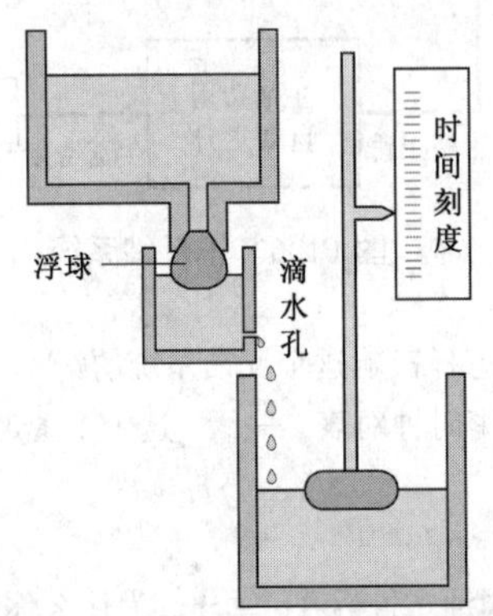

图 P1.11 水钟(引自 Newton，Gould 和 Kaiser 的 *Analytical Design of Linear Feedback Controls*，Wiley，New York，1957，经允许后复制)

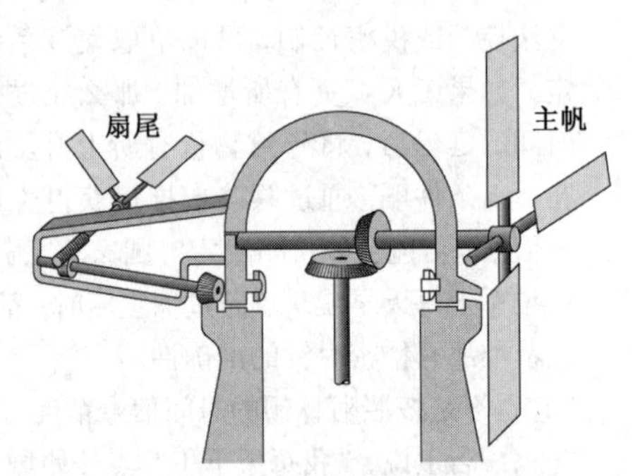

图 P1.12 风车的齿轮自动调节装置(引自 Newton，Gould 和 Kaiser 的 *Analytical Design of Linear Feedback Controls*，Wiley，New York，1957，经允许后复制)

P1.13 带有独立的冷、热水阀门的家用淋浴器，是双输入控制系统的常见实例，其目的是获得预期的水温与水流量。试绘制该闭环控制系统的框图。

P1.14 亚当·史密斯(Adam Smith 1723—1790)在他的 *Wealth of Nations*(《国富论》)一书中，讨论了经济参与者之间的自由竞争问题。可以说，史密斯借用了社会反馈机制来解释他的理论[41]。史密斯假设：(1) 总的来说，工人们都会通过比较，选择报酬最优的工作岗位；(2) 任何一个岗位的报酬，都将随着竞争上岗人数的增加而降低。令 r = 所有行业的平均总报酬，c = 某一特定行业的总报酬，q = 流入该特定行业的工人人数。试绘制该反馈系统的框图。

P1.15 汽车上常用小型计算机来控制尾气排放和提高行驶里程。计算机控制的燃油喷射系统能够自动调节燃空比，以便提高燃油效率，并显著降低尾气排放量。试绘制该系统的框图。

P1.16 几乎所有人都有因生病而发热的经历。发热与体温调节器官输入的变化有关。不管外界温度的变化范围是否从 0°F 到 100°F，甚至更大，脑内的体温调节器官通常会将人的体温保持在 98°F 左右。而发热正好表明体温调节器官的输入，或预期的体温已经增高。许多科学家都吃惊地发现，发热并不说明某人的体温控制出了问题，而是表明在输入温度升高时，体温调节器官正在努力进行调节。试绘制体温控制系统的框图，并解释阿斯匹林的退热原理。

P1.17 棒球手运用反馈原理判断并准确击打飞来的棒球[35]。试描述击球手为了将球棒置于正确位置击打来球，判断来球方向的过程。

P1.18 图 P1.18 是压力调节器的内部结构剖视图。通过旋转校准刻度螺杆，可以设定预期的压力。设定的压力将压迫弹簧，从而产生一个与横隔板的上升运动方向相反的力，由于横隔板的底端承受着受控的水压，因此横隔板就像一个比较器，其运动状态反映了预期压力与实际压力的偏差，而连接在横隔板上的阀门正好根据压力偏差而运动，最终到达压力偏差为零的平衡位置。以输出压力为受控变量，试绘制控制系统的框图。

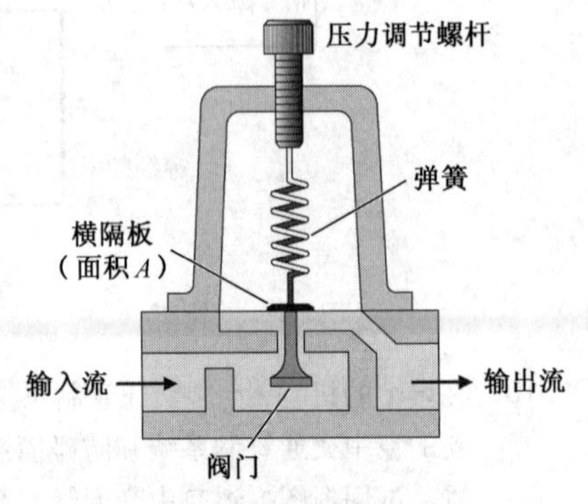

图 P1.18 压力调节器

P1.19　通用汽车公司的 Ichiro Masaki 已经为一套系统申请了专利，该系统能够自动调节汽车速度，使它与前方车辆保持安全的间距。通过摄像机，该系统能够探测并存储前方汽车的参考图像。当两辆汽车在公路上行驶时，系统将参考图像与实时动态图像序列进行比较，并据此计算两车的车距。Masaki 声称，该系统既能控制速度，也能控制方向盘，这样，司机就用“计算机拖绳”，将自己的车锁定在了前面的车上。试绘制该控制系统的框图。

P1.20　图 P1.20 所示为带有可调扰流板的高性能赛车，该可调扰流板可以使汽车轮胎与路面保持恒定的附着力，试用框图说明可调扰流板的工作原理，并说明为什么必须保持良好的路面附着力？

P1.21　当需要运输大型重物时，单独一架直升机可能是无能为力的，这时就需要用两架或多架直升机来共同运输货物。在民用和军用的旋翼飞机设计领域，人们早已注意到了多机运输的潜力[37]。通过多机提升技术，还可以用较小的飞机来有效地满足偶尔出现的需求高峰。使用多机提升的主要动因，是无须制造昂贵的大型直升机就可以提高生产率。多机提升的一个特例是，用两架直升机来共同运输负载，称为**双机提升**。图 P1.21 是一个典型的“两点悬挂”的双机提升配置方案，它在侧翼或垂直方向上配置飞机。试用框图描述驾驶员的动作、各直升机的位置和负载的位置。

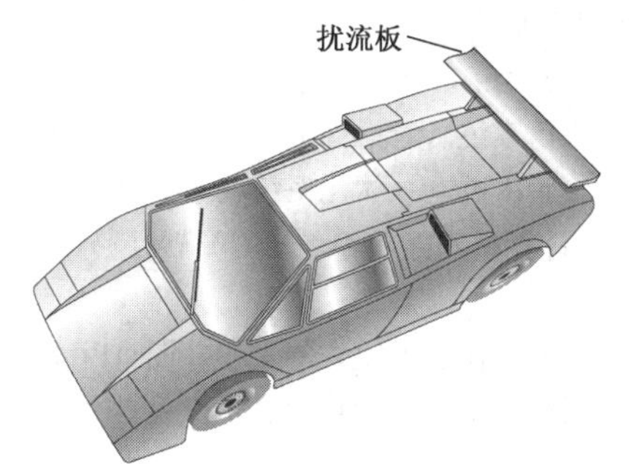

图 P1.20　配有可调翼扰流板的高性能赛车

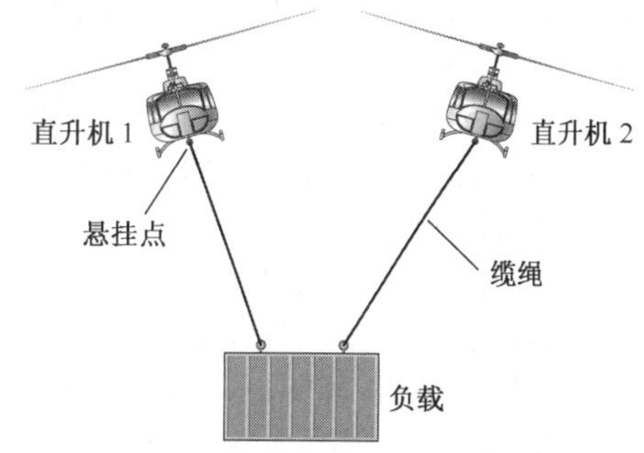

图 P1.21　两架直升机用于提升和移动大型负载

P1.22　工程师们希望设计一个控制系统，以便使建筑物或其他结构件能够像人一样对地震力做出反应。这种结构应该能够，其实也就是只能够在建筑物倒塌之前对地震力的作用产生缓冲力[47]。试绘制用来减轻地震力破坏作用的控制系统的框图。

P1.23　东京理科大学的工程师正在开发一种类人型机器人[52]，这种机器人具有面部表情，能够与工人合作工作。试绘制你自己的机器人面部表情控制系统的框图。

P1.24　间歇工作的汽车雨刷器的改进方案之一，是按照雨的密度来调节擦揩周期[54]。试绘制雨刷器控制系统的框图。

P1.25　在过去的 50 年里，人类将超过 20 000 t 的物品送入了太空中的地球轨道。在此期间，有超过 15 000 t 的物品回到了地面。而存留在地球轨道上的物品多种多样，尺寸从 1 cm 起，小到油漆碎片，大到空间站，数目约为500 000 件，地面站目前跟踪了其中的 20 000 件左右。太空交通管制正在变成一个重要的议题[61]。对于那些商业卫星公司，如果打算让卫星使用运行着其他卫星的相同高度的轨道，或让卫星飞经可能充斥着太空垃圾的区域，这些太空物品就尤其重要。试绘制太空交通管制系统的框图，以保证商业卫星公司的卫星安全运行，避免碰撞。

图 P1.26　用于探测小行星的微型漫游车（NASA友情提供）

P1.26　NASA 正在开发一种紧凑型的漫游车，旨在能够从小行星表面向地球传输数据，如图 P1.26 所示。漫游车将用相机采集小行星表面的全景式图片。漫游车应该能够自主定位，以便进一步对相机定向，或者直接指向小行星表面，或者直接指向天空。试绘制框图，说明微型漫游车实现相机定向的过程。假定相机定向指令由地面发出，而且能够测量相机的定向状态并且中继传回地面。

P1.27 直接甲醇燃料电池是直接从甲醇溶液转化产生电能的电化学设备[75]。与可充电电池类似，燃料电池可以直接将化学能转化为电能，人们常常因此将它们与电池，特别是可充电电池相提并论。但是，燃料电池与可充电电池的显著差异在于，通过补充甲醇溶液，燃料电池可以即时充电。试绘制直接甲醇燃料电池充电反馈控制系统的框图，实现对燃料电池的持续监控和及时充电。

难题(难题代表复杂性更高的习题)

AP1.1 类似机器人这样的显微手术设备，在精巧的眼、脑显微手术中发挥着重要的作用。显微手术设备通过反馈控制来减轻在手术中医生的肌肉颤动带来的负面影响。铰接式机械臂的精确运动能够给大夫提供帮助。图 AP1.1 给出了一个这样的例子。多种显微手术设备已经通过了临床验证并在实现商业化。将医生使用显微手术设备视为反馈回路中的一部分，试绘制框图描述显微手术过程。假定能够测量显微手术设备工作头的定位状态，并能实现反馈。

AP1.2 为了应对燃油价格上涨和能源短缺，减轻化石燃料对空气的污染，许多国家在世界各地建起了先进的风力发电系统。这种现代风车可以视为一个机电一体化系统。考虑如何将风力发电系统设计成一个机电一体化系统。辨识列举出风力发电系统中，与下述机电一体化系统基本设计要素相关的组成部分：(1) 物理系统建模，(2) 信号与系统，(3) 计算机与逻辑系统，(4) 软件与数据获取，(5) 传感器与执行机构，。

AP1.3 现代豪华汽车大多配备有自动泊车装置，平行移库的泊车过程也无须人的干预。图 AP1.3 给出的是需要平行移库的场景。绘制平行移库泊车反馈控制系统的框图。用你自己的文字描述该控制系统，指出设计师所面临的主要挑战。

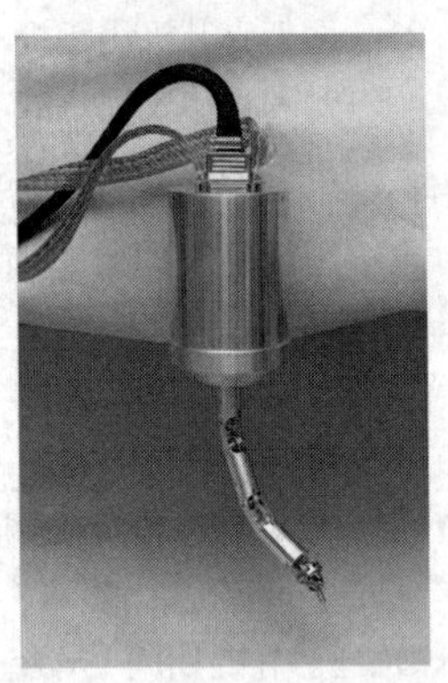

图 AP1.1 显微手术机械操纵手(NASA友情提供)

图 AP1.3 自动化的平行移库泊车

AP1.4 在视网膜成像、大型地面天文观测站等系统中，广泛应用了自适应光学器件来解决许多关键的控制问题[98]。在上述两个典型应用场合，其技术途径都是利用波前传感器测量入射光的畸变，再通过控制和补偿措施减小畸变的后效偏差。考虑巨型天文光学望远镜的情况，其直径可能长达 100 m。望远镜的主要元件包括：由微机电系统(MEMS)驱动的可变形镜片，用于测量入射光畸变的传感器等。这些畸变是由于入射光穿越湍流和不确定的大气层而造成的。

建造直径长达 100 m 的光学望远镜，至少有一个必须克服的技术障碍：对巨型天文光学望远镜进行控制和补偿时，所需的计算量高达每 1.5 ms 运算 10^{10} 次，人类至今还没有这样的运算能力。假定最终拥有了这样的运算能力，我们就可以为巨型光学望远镜设计反馈控制系统。未来需要考虑解决的一些控制问题包括：天线主碟的定向控制问题，每个可变形补偿镜片的控制问题，以及减小天线主碟温度形变的问题等等。

用框图描述单个可变形镜片的入射光补偿的反馈控制系统，以便补偿修正入射光的畸变。图 AP1.4 是只安装有单个可变形补偿镜片的光学望远镜的示意图。在此假定，MEMS 执行机构可以调整可变形镜片的指向，波前传感器及配套算法可以用于可变形镜片的反馈控制。

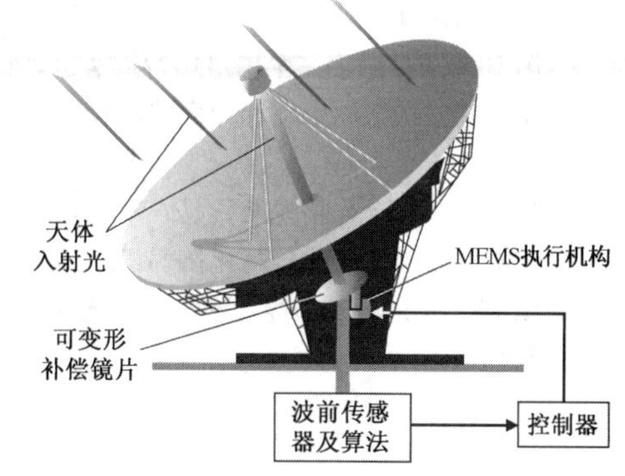

图 AP1.4　装有可变形补偿镜片的巨型光学望远镜

AP1.5　迪拜塔(The Burj Dubai)是世界上最高的建筑[94]。如图 AP1.5 所示，它有 160 多层，高度超过 800 m。在这个单体建筑中就有 57 部电梯在提供服务。从最底层到最高层，这些电梯以高达 10 m/s 的速度穿行世界上最长的服务距离。请描述引导该高层建筑内的电梯到达预定楼层的闭环反馈控制系统，同时还要满足合理的运行时间要求[95]。请注意，过高的加速度会导致乘客的不适。

AP1.6　自动控制系统正在帮助人们操持家务。图 AP1.6 给出的机器人真空吸尘器就是这样的一个例子，它是一个依赖红外传感器和微芯片技术，能够在家具中间主动导航的机电一体化系统。请描述一个为机器人吸尘器导航，以便避免与障碍物碰撞的闭环反馈控制系统[96]。

图 AP1.5　位于迪拜的世界上最高的建筑(Obstando Images/Alamy友情提供)

图 AP1.6　机器人吸尘器在房间内机动时，与基站保持通信联系(Hugh Threlfall/Alamy友情提供)

设计题[设计题强调设计任务，连续性设计题(CDP)则要在随后章节中逐章加以解决]

CDP1.1　对现代精密机床日益迫切的需求，导致了对滑动工作台运动控制系统的需求[53]。如图 CDP1.1 所示，工作台运动控制系统的目标是，准确地控制工作台按照预期的路径移动。试绘制能够达到上述设计目标的反馈系统的框图模型。如图所示，工作台沿 x 轴方向运动。

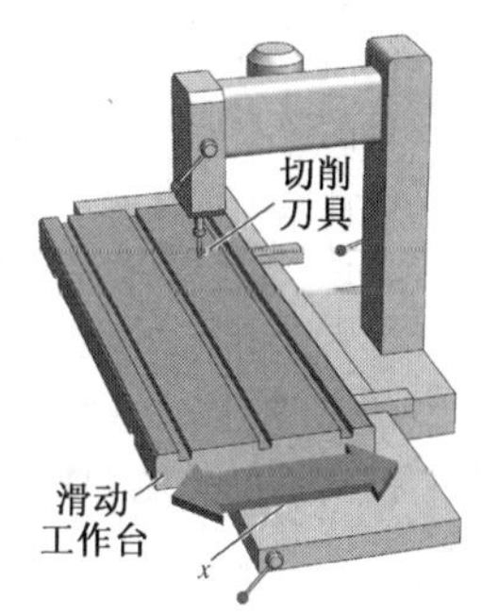

图 CDP1.1　带有工作台的机床

DP1.1　路面和车辆噪声都会加重车内司乘人员的疲劳[60]。设计一个“抗噪声”反馈系统，使其具有降低噪声的作用。试绘制该系统的框图，并辨识注明每个方框内的设备。

DP1.2　许多汽车都安装了定速巡航控制系统，只要按一下按钮，它就会自动保持设定的速度，这样，司机就能以限定的速度或较为经济的速度行驶，而无须经常查看速度表。试用框图设计该速度保持反馈控制系统。

DP1.3 图 DP1.3 示意了一个用户用智能手机远程监控洗衣机的场景，试描述所需的反馈控制系统。该控制系统必须能够启动和结束洗衣程序、控制洗衣剂用量和水温，并能够提供洗衣程序的状态提示信息。

DP1.4 研发中的自动化挤奶装置是自动化奶牛场的重要组成部分[36]。试设计一个能够根据奶牛状况，每天挤奶 4 到 5 次的自动化挤奶机。试绘制其框图并标明每个方框内的设备。

DP1.5 图 DP1.5 是用于焊接大型工件的支撑机械臂，试绘制能够准确控制焊接头位置的闭环反馈控制系统的框图。

图 DP1.3 用智能手机远程监控洗衣机(Mikkel William/E+/Getty Images友情提供)

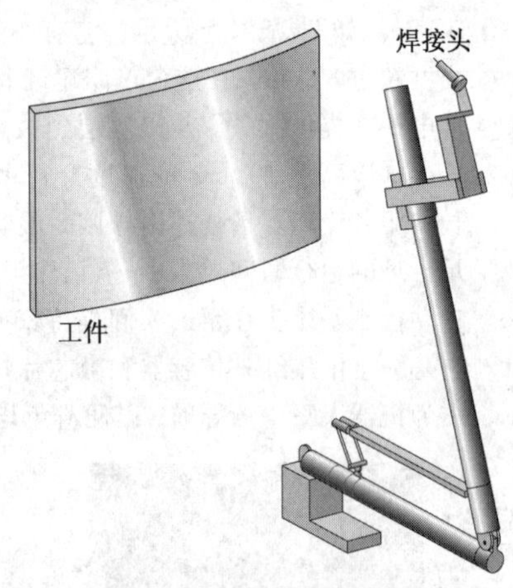

图 DP1.5 机器人焊工

DP1.6 车辆的牵引控制系统包括了防滑制动与防侧滑加速等功能，它能够提高车辆的操纵性能。其控制目标是通过防止制动装置死锁和防止加速过程中的轮胎侧转，使轮胎的牵引力达到最大。车轮的侧滑量(即车辆速度与车轮速度之差)对轮胎与路面之间的牵引力有很大影响。在侧滑很小的情况下，车轮与路面的黏着系数可以达到最大，因此我们将它选为受控变量[19]。试绘制单个车轮的牵引控制系统的框图模型。

DP1.7 人类在太空对哈勃太空望远镜进行了多次维修[44, 46, 49]。控制哈勃太空望远镜的一个挑战性的问题是，如何抑制由于进出地影所引起的振动。严重时，该振动的周期约为 20 s，或者说振动频率大约为 0.05 Hz。试设计反馈控制系统，以便减弱哈勃太空望远镜的振动。

DP1.8 控制工程的一个具有挑战性的应用是纳米机器人在医学中的应用。纳米机器人自身要具有计算能力，配有极微小的传感器和执行机构。幸运的是，生物分子计算、生物传感器和生物执行机构的研究进展顺利，医用纳米机器人可望在未来十年内成为现实[99]，而许多医学应用将得益于纳米机器人。例如，可以用机器人精准地注射艾滋病药物，或者对癌症进行目标明确的局部化疗(见图 DP1.8)。

目前还不能制造实用的纳米机器人，但我们仍然可以设想这些最终会投入医学应用的微型装置的设计问题。考虑用纳米机器人向体内指定部位(如肿瘤病灶)施用抗癌药物的问题。试提出一个或者多个设计目标的建议，推荐必要的受控变量，并提出合理的设计要求。

DP1.9 考察图 DP1.9 给出的电力代步车(新型站立骑行车，Human Transportation Vehicle，HTV)。自平衡的 HTV 通过主动控制，可以安全便捷地完成单人运输[97]。描述一个闭环反馈控制系统，协助 HTV 的骑手在车上保持平衡和机动。

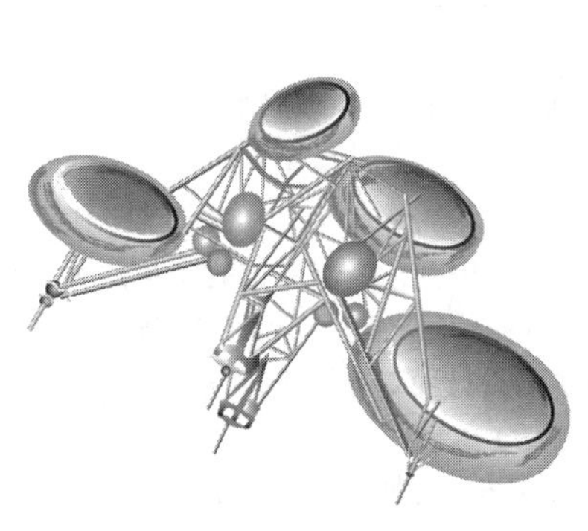

图 DP1.8　纳米机器人与血液细胞相互作用的示意图

图 DP1.9　电力代步车 HTV(由 Sergiy Kuzmin / Shutterstock 友情提供)

技能自测答案

正误判断题:(1) 对　(2) 对　(3) 错　(4) 错　(5) 对

多项选择题:(6) d　(7) d　(8) b　(9) c　(10) a　(11) d　(12) a　(13) c　(14) d　(15) d

术语和概念匹配题(自上向下):p f h k m q d l n c r s j b e t o u v a i g

术语和概念

actuator	执行器/执行机构	自动控制系统采用的,用于改变或调节周边环境状态的器件。
analysis	分析	审视检查系统的过程,旨在获得更好的理解、提供更透彻的认识,以及发现改进的方向。
automation	自动化	用自动的措施对过程或对象实施控制。
closed-loop feedback control system	闭环反馈控制系统	将输出测量值与预期输出进行比较,并用于控制的系统。
complexity of design	设计的复杂性	需要处理的元件和知识的错综复杂的状态。
control system	控制系统	能够提供预期响应的由相互关联的元件构成的系统。
control system engineering	控制系统工程	技术和工程的一个分支,专注于对广泛的实际物理系统的建模,并利用这些模型来设计控制器,以使所得闭环系统具有预期的行为表现。
design	设计	为了达到特定的目的,构思或创建系统的结构、部件和技术细节的过程。
design gap	设计差异	从初始创意和概念过渡到最终产品的过程中所固有的,复杂的实际系统与设计模型之间的不一致。
disturbance	干扰(扰动)	能够对输出产生影响的不希望出现的输入。
embedded control	嵌入式控制	在反馈回路中集成有专用嵌入式数字计算机的反馈控制系统。
engineering design	工程设计	设计一个工程技术系统的过程。
feedback signal	反馈信号	用来反馈并用于对系统实施控制的输出信号的测量信号。
Flyball governor	飞球调节器	用于控制蒸汽机转速的机械装置。
hybrid fuel automobile	混合动力汽车	配置有由普通内燃机和储能装置构成的组合式动力系统的汽车。

Internet of Things(IoT)	物联网	嵌入了电子器件、软件、传感器和联通特性的物理实体的网络。
measurement noise	测量噪声	影响输出测量值的不希望出现的输入。
mechatronics	机电一体化系统	机械、电气和计算机等系统构成的综合性系统。
multiloop feedback control system	多回路反馈控制系统	具有多个反馈控制回路的反馈控制系统。
multivariable control system	多变量控制系统	有多个输入变量或/和多个输出变量的控制系统。
negative feedback	负反馈	将输出信号反馈回来并与参考输入信号相减。
open-loop control system	开环控制系统	不通过反馈，利用执行机构直接控制受控对象的系统。正因为如此，系统输出对系统的信号处理过程没有影响。
optimization	优化	为了获得满意或最优的设计而对参数进行调整的过程。
plant	受控对象	参见 process。
positive feedback	正反馈	将输出信号反馈回来并与参考输入信号叠加。
process	受控过程	受控的对象、过程或系统。
productivity	生产率	工业过程的实物产出与实物投入之比。
risk	风险	隐藏在设计方案未曾预料的后果中的不确定性。
robot	机器人	可编程计算机与操作器的集成体。用于完成多种工作的可编程多功能操作器。
sensor	传感器	能够提供所需外部信号的测量的仪器和器件。
specifications	设计规范/设计要求	对产品是什么和能够做什么的简洁而明确的说明。一组规定的性能指标设计要求。
synthesis	综合	构建新的系统结构的过程，将分离的元件集成为有机整体的过程。
system	系统	为了实现预期目标，将有关元件互连在一起构成的装置。
trade-off	折中处理	在相互矛盾的准则之间，为达成协调而做出的调整和折中。

第2章　系统数学模型

提要

物理系统的数学建模是控制系统设计和分析过程中的关键环节。通常用常微分方程(组)来描述系统的动态特性。本章讨论的实际物理系统范围十分广泛。由于大部分物理系统是非线性的，所以先讨论了物理系统微分方程模型的线性近似问题，然后介绍了拉普拉斯变换方法。接下来，讨论了用传递函数来表示子系统和元件的输入-输出关系。以传递函数为基础，可以组成描述相互连接关系的图示化的框图模型和信号流图模型。分析和设计复杂控制系统时，框图模型和信号流图模型是既方便又直观的工具。最后作为结束，本章为循序渐进设计实例——磁盘驱动器读取系统建立了各元件的传递函数模型。

预期收获

完成第2章的学习之后，学生应该：

- 体会到能够用微分方程描述物理系统的动态特性。
- 能够通过泰勒级数来实现模型的线性近似。
- 理解并掌握拉普拉斯变换，以及拉普拉斯变换在传递函数计算中的作用。
- 掌握框图模型和信号流图模型，认识到其在控制系统分析与设计中的作用。
- 理解数学建模在控制系统设计过程中的重要作用。

2.1　引言

要理解和控制复杂系统，必须获得系统的定量**数学模型**。因此，必须仔细分析系统变量之间的相互关系，并建立系统的数学模型。我们所关心的系统本质上是动态的，因此，描述系统行为的方程通常是**微分方程(组)**。如果这些方程(组)能够**线性化**，就能够运用**拉普拉斯变换**方法来简化求解这些方程。实际上，由于系统的复杂性，也由于我们不可能了解并考虑到所有的相关因素，因此必须对系统运动情况做出一些合理**假设**。在研究实际物理系统时，合理的假设和线性化处理是非常有用的。这样，就能够根据线性等效系统遵循的物理规律，得到物理系统的常系数时不变线性微分方程(组)模型。最后，利用拉普拉斯变换等数学工具求解微分方程(组)，就能够得到描述系统行为的解。归纳而言，建模分析动态系统的步骤如下：

1. 构建和定义系统及其元件。
2. 基于基本的物理模型，确定必要的假设条件并推导数学模型。
3. 列写描述该模型的微分方程(组)。
4. 求解方程(组)，得到所求输出变量的解。
5. 检查假设条件和所得到的解。
6. 如果必要，重新分析和设计系统。

2.2　物理系统的微分方程(组)

根据受控过程自身遵循的物理规律，可以建立描述物理系统动态特性的微分方程[1~4]。如

图 2.1 所示，考虑在扭矩 $T_a(t)$ 作用下的弹簧-质量(块)系统，假定弹簧的质量为零，需要测量的物理量是传送到质量块 m 上的扭矩 $T_s(t)$。由于弹簧的质量可以忽略不计，因此作用在弹簧上的扭矩为零，即

$$T_a(t) - T_s(t) = 0$$

这表明 $T_a(t) = T_s(t)$。由此可知，作用于弹簧一端的外部扭矩 $T_a(t)$，通过弹簧原封不动地传递到了另一端，因此该扭矩称为**通过型变量**。如果考虑弹簧两端的旋转角速度之差

$$\omega(t) = \omega_s(t) - \omega_a(t)$$

则需要在弹簧两端测量角速度，才能测得角速度差，角速度因而称为**跨越型变量**。同样的分类也适用于许多常见的物理变量(如力、电流、容量和流速等)。关于通过型变量和跨越型变量的详细讨论可参阅文献[26,27]。表 2.1 总结了常见动态系统中的通过型变量和跨越型变量[5]。本节提到的各种变量的国际标准计量单位(SI)的有关信息,可方便地在线查找(也可参见本书在线附录 C)。例如，在国际标准计量单位中，温度的计量单位为热力学温度(Kelvin，K)，而长度的计量单位为米(m)。表 2.2 给出了集总、线性和动态理想元件的微分方程描述形式[5]，它们只是对实际情况的简化和近似（例如，对分立元件的线性化和理想化近似)。

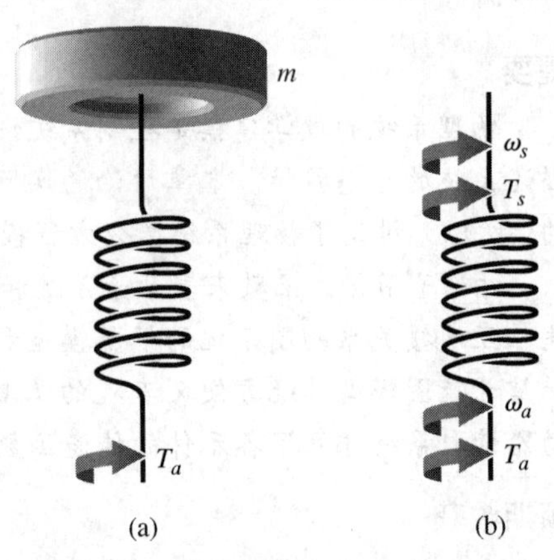

图 2.1 (a) 扭转作用下的弹簧-质量块系统；(b)弹簧元件

表 2.1 物理系统的通过型变量和跨越型变量小结

系　统	元件的通过型变量	集总的通过型变量	元件的跨越型变量	集总的跨越型变量
电力系统	电流，i	电荷，q	电压差，v_{21}	磁通匝链数，λ_{21}
机械传动系统	力，F	平动动量，P	速度差，v_{21}	位移差，y_{21}
机械旋转系统	扭矩，T	角动量，h	角速度差，ω_{21}	角位移差，θ_{21}
流体系统	流量，Q	容积，V	压差，P_{21}	压力动量，γ_{21}
热力系统	热流量，q	热能，H	温差，$\mathcal{T}_{21}$	

表 2.2 理想元件遵循的微分方程

元件类型	物理元件	微分方程	能量 E 或功率 $\mathcal{P}$	符　号
感性储能元件	电感	$v_{21} = L\dfrac{\mathrm{d}i}{\mathrm{d}t}$	$E = \dfrac{1}{2}Li^2$	v_2 ∘—L—→i ∘ v_1
	平动弹簧	$v_{21} = \dfrac{1}{k}\dfrac{\mathrm{d}F}{\mathrm{d}t}$	$E = \dfrac{1}{2}\dfrac{F^2}{k}$	v_2 ∘—k—∘ v_1 → F
	旋转弹簧	$\omega_{21} = \dfrac{1}{k}\dfrac{\mathrm{d}T}{\mathrm{d}t}$	$E = \dfrac{1}{2}\dfrac{T^2}{k}$	ω_2 ∘—k—∘ ω_1 → T
	流体惯量	$P_{21} = I\dfrac{\mathrm{d}Q}{\mathrm{d}t}$	$E = \dfrac{1}{2}IQ^2$	P_2 ∘—I—→Q ∘ P_1

（续表）

元件类型	物理元件	微分方程	能量 E 或功率 $\mathscr{P}$	符　号
容性储能元件	电容	$i = C\dfrac{\mathrm{d}v_{21}}{\mathrm{d}t}$	$E = \dfrac{1}{2}Cv_{21}{}^2$	 v_2 i C v_1
	平动质量	$F = M\dfrac{\mathrm{d}v_2}{\mathrm{d}t}$	$E = \dfrac{1}{2}Mv_2{}^2$	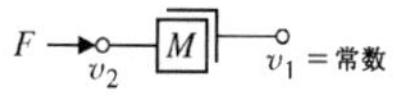 F v_2 M v_1 = 常数
	旋转质量	$T = J\dfrac{\mathrm{d}\omega_2}{\mathrm{d}t}$	$E = \dfrac{1}{2}J\omega_2{}^2$	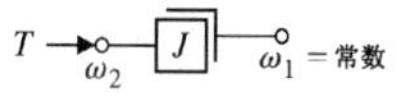 T ω_2 J ω_1 = 常数
	流体容量	$Q = C_f\dfrac{\mathrm{d}P_{21}}{\mathrm{d}t}$	$E = \dfrac{1}{2}C_fP_{21}{}^2$	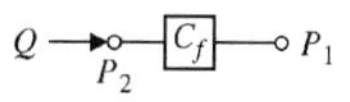 Q P_2 C_f P_1
	热容量	$q = C_t\dfrac{\mathrm{d}\mathscr{T}_2}{\mathrm{d}t}$	$E = C_t\mathscr{T}_2$	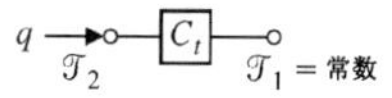 q $\mathscr{T}_2$ C_t $\mathscr{T}_1$ = 常数
耗能型元件	电阻	$i = \dfrac{1}{R}v_{21}$	$\mathscr{P} = \dfrac{1}{R}v_{21}{}^2$	 v_2 R i v_1
	平动阻尼器	$F = bv_{21}$	$\mathscr{P} = bv_{21}{}^2$	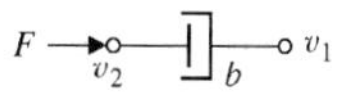 F v_2 b v_1
	旋转阻尼器	$T = b\omega_{21}$	$\mathscr{P} = b\omega_{21}{}^2$	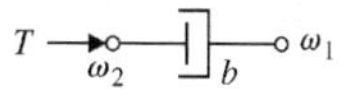 T ω_2 b ω_1
	流阻	$Q = \dfrac{1}{R_f}P_{21}$	$\mathscr{P} = \dfrac{1}{R_f}P_{21}{}^2$	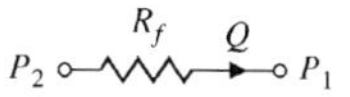 P_2 R_f Q P_1
	热阻	$q = \dfrac{1}{R_t}\mathscr{T}_{21}$	$\mathscr{P} = \dfrac{1}{R_t}\mathscr{T}_{21}$	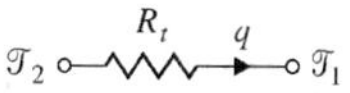 $\mathscr{T}_2$ R_t q $\mathscr{T}_1$

物理量符号说明

- 通过型变量：F = 力，T = 扭矩，i = 电流，Q = 流体体积流速，q = 热流量
- 跨越型变量：v = 平动速度，ω = 角速度，v = 电压，P = 压强，$\mathscr{T}$ = 温度
- 感应变量：L = 电感，$1/k$ = 平动或者转动刚度的倒数，I = 流体惯量
- 储能变量：C = 电容，M = 质量，J = 转动惯量，C_f = 流体容量，C_t = 热容量
- 耗能变量：R = 电阻，b = 黏性摩擦系数，R_f = 流阻，R_t = 热阻

通常，符号 v 既表示电路中的电压，又表示机械运动的速度，其具体含义要根据方程的实际物理意义确定。机械系统服从牛顿运动定律，电气系统则服从基尔霍夫定律。图 2.2(a)的质量块-弹簧-阻尼器系统就服从牛顿第二定律，图 2.2(b)给出了质量块 M 的运动分析图。其中，我们假定壁摩擦为**黏性阻尼**，即摩擦力与质量块的运动速度成正比。摩擦力的实际表现形式其实复杂得多。例如，壁摩擦还可以是**库仑阻尼**，又称为**干性摩擦**，即摩擦力是质量块运动速度的非线性函数，并且在速度零点附近呈现出不连续特性。不过，对于经过了充分润滑处理的光滑表面而言，黏性摩擦这一假设是合理的。在质量块-弹簧-阻尼器系统的例子中，我们将采用黏性摩擦这一假设。分析质量块 M 的受力情况之后，由牛顿第二定律可得

$$M\frac{\mathrm{d}^2y(t)}{\mathrm{d}t^2} + b\frac{\mathrm{d}y(t)}{\mathrm{d}t} + ky(t) = r(t) \tag{2.1}$$

其中，k 是理想弹簧元件的弹性系数，b 为黏性摩擦的摩擦系数。方程(2.1)是一个二阶线性常系数(时不变)微分方程。

同样，利用基尔霍夫电流定律，可以描述并求解图 2.3 所示的 RLC 电路。于是，可以得到如下的积分-微分方程：

$$\frac{v(t)}{R} + C\frac{\mathrm{d}v(t)}{\mathrm{d}t} + \frac{1}{L}\int_0^t v(t)\,\mathrm{d}t = r(t) \tag{2.2}$$

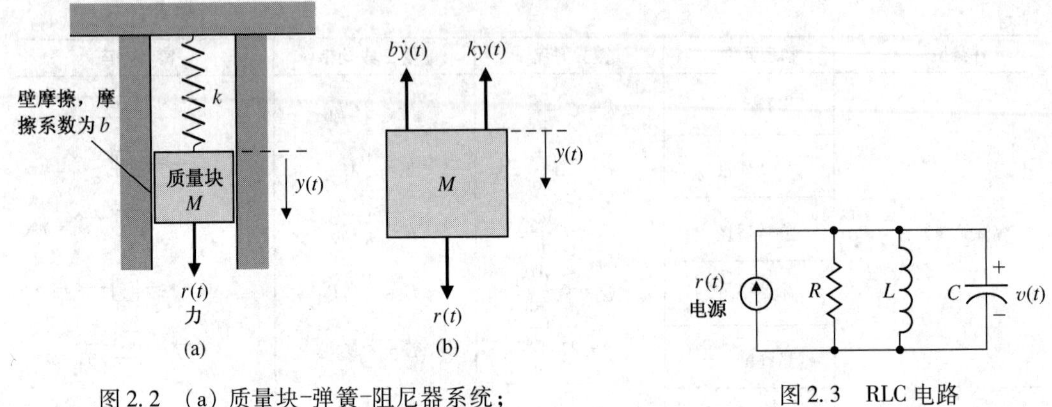

图 2.2　(a) 质量块-弹簧-阻尼器系统；
(b) 质量块M的受力及运动分析图

图 2.3　RLC 电路

我们可以采用经典方法来求解这些描述系统动态特性的微(积)分方程，如积分因子法、待定系数法等[1]。例如，假定质量块的初始位移为$y(0)=y_0$，然后松开约束，该系统的动态响应可以表示为

$$y(t) = K_1 e^{-\alpha_1 t} \sin(\beta_1 t + \theta_1) \tag{2.3}$$

当 RLC 电路的电流恒定，即$r(t)=I$时，RLC 电路的输出电压在形式上与式(2.3)类似，即

$$v(t) = K_2 e^{-\alpha_2 t} \cos(\beta_2 t + \theta_2) \tag{2.4}$$

图 2.4 给出了该 RLC 电路输出电压的典型响应曲线。

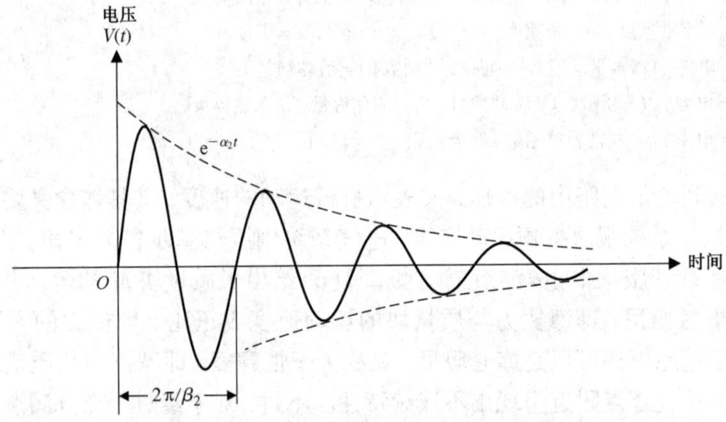

图 2.4　RLC 电路输出电压的典型响应曲线

为了进一步揭示机械系统和电气系统微分方程之间的相似性，我们用质量块的位移速度$v(t)$作为变量，改写方程(2.1)，由于有

$$v(t) = \frac{\mathrm{d}y(t)}{\mathrm{d}t}$$

因此，可以得到

$$M\frac{\mathrm{d}v(t)}{\mathrm{d}t} + bv(t) + k\int_0^t v(t)\,\mathrm{d}t = r(t) \tag{2.5}$$

可以看出，方程(2.5)和方程(2.2)是一致的，速度$v(t)$和电压$v(t)$在方程中是等效的变量，因而又称为**相似变量**，上述两个系统也就称为**相似系统**。很明显，质量块运动速度的解与式(2.4)类似，其时间响应曲线也与图 2.4 类似。在系统建模中，相似系统这一概念的作用巨大。速度-电

压相似，也可以说是力-电流相似，是一种合乎自然的相似关系，它将电气系统和机械系统中相似的跨越型变量或通过型变量联系在一起。另一种常用的相似关系，是速度与电流两种不同变量间的相似关系，通常也称为力-电压相似[21,23]。

电气、机械、热力和流体等系统中，都存在相似系统，它们具有相似的时间响应解。由于存在相似系统及相似的解，分析人员可以将一个系统的分析结果，推广到具有相同微分方程模型的其他系统。因此，我们所学的关于电气系统的知识，可以很快推广到机械、热力和流体等系统。

2.3　物理系统的线性近似

在参数变化的一定范围内，绝大多数物理系统呈现出线性特性。不过，总体而言，当不限制参数的变化范围时，所有的物理系统终究都是非线性系统。例如，图 2.2 所示的质量块-弹簧-阻尼器系统，当质量块的位移 $y(t)$ 较小时，可以采用方程(2.1)将其描述为线性系统，但当 $y(t)$ 不断增大时，弹簧最终将会因为过载而变形断裂。因此，应该仔细研究每个系统的线性特性和相应的线性工作范围。

我们用系统的激励和响应之间的关系来定义线性系统。在 RLC 电路中，激励是输入电流 $r(t)$，响应是输出电压 $v(t)$。一般来说，线性系统的**必要条件**之一，需要用激励 $x(t)$ 和响应 $y(t)$ 的下述关系确定：如果系统对激励 $x_1(t)$ 的响应为 $y_1(t)$，对激励 $x_2(t)$ 的响应为 $y_2(t)$，则线性系统对激励 $x_1(t)+x_2(t)$ 的响应一定是 $y_1(t)+y_2(t)$。这通常称为线性**叠加性**。

进一步，**线性系统**的激励和响应还必须保持相同的缩放系数。也就是说，如果系统对输入激励 $x(t)$ 的输出响应为 $y(t)$，则线性系统对放大了 β 倍的输入激励 $\beta x(t)$ 的响应一定是 $\beta y(t)$。这称为线性**齐次性**。

线性系统满足叠加性和齐次性。

概念强调说明 2.1

关系式 $y(t)=x^2(t)$ 描述的系统是非线性的，因为它不满足叠加性。关系式 $y(t)=mx(t)+b$ 描述的系统也不是线性的，因为它不满足齐次性。但是，当变量在工作点 (x_0,y_0) 附近做小范围变化时，对小信号变量 Δx 和 Δy 而言，系统 $y(t)=mx(t)+b$ 是线性的。事实上，当 $x(t)=x_0+\Delta x(t)$ 和 $y(t)=y_0+\Delta y(t)$ 时，有

$$y(t)=mx(t)+b$$

$$y_0+\Delta y(t)=mx_0+m\,\Delta x(t)+b$$

可以看出，$\Delta y(t)=m\,\Delta x(t)$，满足线性系统的两个必要条件。

许多机械元件和电气元件的线性范围是相当宽的[7]。但对热力元件和流体元件而言，情况就大不相同了，它们更容易呈现非线性特性。幸运的是，我们常常可以用所谓的“小信号”方法，将这些元件线性化。这也是对电子线路和晶体管进行线性化等效处理的惯用方法。考虑一个具有激励(通过型)变量 $x(t)$ 和响应(跨越型)变量 $y(t)$ 的通用元件(表 2.1 给出了一些动态元件和变量的实例)，这两个变量之间的关系可以写为下面的一般形式：

$$y(t)=g(x(t)) \tag{2.6}$$

其中，$g(x(t))$ 表示 $y(t)$ 是 $x(t)$ 的函数。设系统的正常工作点为 x_0，由于函数曲线在工作点附近感兴趣的区间内常常是连续可微的①，因此，在工作点附近可以进行**泰勒级数**展开[7]，于是有

① 原文只说函数应该是连续的。而仅仅连续不能够保证函数可以按泰勒级数展开，详细情况参见有关的数学教程。——译者注

$$y(t) = g(x(t)) = g(x_0) + \left.\frac{\mathrm{d}g}{\mathrm{d}x}\right|_{x(t)=x_0} \frac{(x(t)-x_0)}{1!} + \left.\frac{\mathrm{d}^2 g}{\mathrm{d}x^2}\right|_{x(t)=x_0} \frac{(x(t)-x_0)^2}{2!} + \cdots \tag{2.7}$$

当$(x(t)-x_0)$在小范围内波动时，以函数在工作点处的导数

$$m = \left.\frac{\mathrm{d}g}{\mathrm{d}x}\right|_{x(t)=x_0}$$

为斜率的直线，能够很好地拟合函数的实际响应曲线。因此，方程(2.7)可以近似为

$$y(t) = g(x_0) + \left.\frac{\mathrm{d}g}{\mathrm{d}x}\right|_{x(t)=x_0} (x(t)-x_0) = y_0 + m(x(t)-x_0) \tag{2.8}$$

其中，m 表示工作点处的斜率。最后，方程(2.8)可以改写为如下的线性方程：

$$y(t) - y_0 = m(x(t) - x_0)$$

或

$$\Delta y(t) = m\,\Delta x(t) \tag{2.9}$$

如图2.5(a)所示，质量块M位于非线性弹簧之上，该系统的正常工作点是系统平衡点，即弹簧弹力与重力Mg达到平衡的点，其中g为地球引力常数，因此有$f_0 = Mg$。当非线性弹簧的弹力特性为$f(t) = y^2(t)$，系统工作在平衡点时，其位移为$y_0 = (Mg)^{1/2}$。该系统的位移增量的小信号线性模型为

$$\Delta f(t) = m\,\Delta y(t)$$

其中，

$$m = \left.\frac{\mathrm{d}f}{\mathrm{d}y}\right|_{y(t)=y_0}$$

整个线性化过程如图2.5(b)所示。因此，有$m = 2y_0$。对特定的问题或场合而言，“小信号”假设常常是合理的，因此，**线性近似**处理具有相当高的精度。

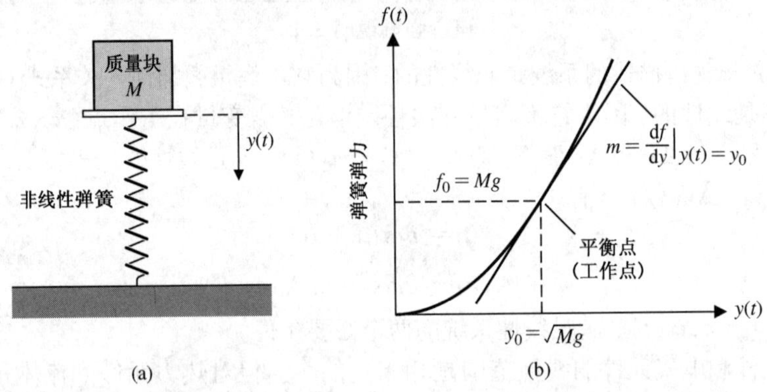

图2.5 (a)质量块位于非线性弹簧之上；(b)弹簧弹力与位移$y(t)$的关系

如果响应变量$y(t)$依赖于多个激励变量$x_1(t), x_2(t), \cdots, x_n(t)$，则函数关系可以写为

$$y(t) = g(x_1(t), x_2(t), \cdots, x_n(t)) \tag{2.10}$$

而在工作点$x_{1_0}, x_{2_0}, \cdots, x_{n_0}$处，利用多元泰勒级数展开对非线性系统进行线性化近似，也是十分有用的。当高阶项可以忽略不计时，线性近似式可以写为

$$\begin{aligned} y(t) = {} & g(x_{1_0}, x_{2_0}, \ldots, x_{n_0}) + \left.\frac{\partial g}{\partial x_1}\right|_{x(t)=x_0} (x_1(t) - x_{1_0}) + \left.\frac{\partial g}{\partial x_2}\right|_{x(t)=x_0} (x_2(t) - x_{2_0}) + \\ & \cdots + \left.\frac{\partial g}{\partial x_n}\right|_{x(t)=x_0} (x_n(t) - x_{n_0}) \end{aligned} \tag{2.11}$$

其中，x_0为系统工作点。例2.1将进一步说明如何使用该线性化近似方法。

例 2.1　摆振荡器模型

考虑图 2.6(a)所示的摆。作用于质量块上的扭矩为

$$T(t) = MgL\sin\theta(t) \tag{2.12}$$

其中，g 为地球引力常数。质量块的平衡位置是 $\theta_0=0°$，$T(t)$与$\theta(t)$之间的非线性关系如图 2.6(b)所示。利用式(2.12)在平衡点处的一阶导数，可以得到系统的线性近似，即

$$T(t) - T_0 \approx MgL\left.\frac{\partial\sin\theta}{\partial\theta}\right|_{\theta(t)=\theta_0}(\theta(t)-\theta_0)$$

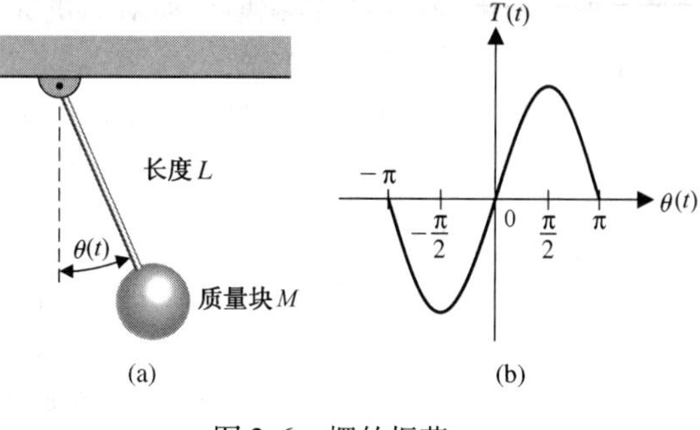

图 2.6　摆的振荡

其中，$T_0=0$，于是可得

$$T(t) = MgL\theta(t) \tag{2.13}$$

在 $-\pi/4\leqslant\theta\leqslant\pi/4$ 的范围内，式(2.13)的近似精度非常高。例如，在 ±30°的范围内，摆的线性模型响应与实际非线性响应的误差小于5%。

2.4　拉普拉斯变换

物理系统的线性时不变近似为**拉普拉斯变换**创造了应用空间。拉普拉斯变换能够用相对简单的代数方程来取代复杂的微分方程[1,3]，从而简化了微分方程的求解过程。利用拉普拉斯变换求解动态系统时域响应的主要步骤如下：

1. 建立微分方程(组)。
2. 求微分方程(组)的拉普拉斯变换。
3. 对感兴趣的变量求解代数方程，得到它的拉普拉斯变换。
4. 运用拉普拉斯逆变换求取感兴趣变量的运动解①。

如果线性微分方程中的各项都对变换积分收敛，则存在拉普拉斯变换。也就是说，如果对某个正实数 σ_1 有

$$\int_{0^-}^{\infty}|f(t)|\mathrm{e}^{-\sigma_1 t}\,\mathrm{d}t < \infty$$

成立，则可以保证$f(t)$是可变换的[1]。其中，积分下限 0^- 表示积分范围应该包括所有的非连续点，例如 δ 函数在 $t=0$ 处的非连续点。如果对所有 $t>0$，都有$|f(t)|<M\mathrm{e}^{\alpha t}$，则对 $\sigma_1>\alpha$，上述变换积分都收敛，因而其绝对收敛范围为 $\alpha<\sigma_1<+\infty$，σ_1 称为绝对收敛的横坐标。物理可实现的信号通常总是可变换的。对一般的时域函数$f(t)$，其拉普拉斯变换定义为

$$\boxed{F(s) = \int_{0^-}^{\infty} f(t)\mathrm{e}^{-st}\,\mathrm{d}t = \mathscr{L}\{f(t)\}} \tag{2.14}$$

而**拉普拉斯逆变换**则相应地定义为

$$\boxed{f(t) = \frac{1}{2\pi\mathrm{j}}\int_{\sigma-\mathrm{j}\infty}^{\sigma+\mathrm{j}\infty} F(s)\mathrm{e}^{+st}\,\mathrm{d}s} \tag{2.15}$$

① 第 4 步为译者所加。——译者注

直接用上面的变换积分可以求得许多重要的基本拉普拉斯变换对，如表 2.3 所示。许多问题都会用到这些拉普拉斯变换对。更完整的拉普拉斯变换对列表可在许多参考书中找到(也可参见本书在线附录 D)。

另外，可以将拉普拉斯变量 s 看成微分算子，即

$$s \equiv \frac{\mathrm{d}}{\mathrm{d}t} \tag{2.16}$$

积分算子则为

$$\frac{1}{s} \equiv \int_{0^-}^{t} \mathrm{d}t \tag{2.17}$$

表 2.3 重要的基本拉普拉斯变换对

$f(t)$	$F(s)$
阶跃函数 $u(t)$	$\frac{1}{s}$
e^{-at}	$\frac{1}{s+a}$
$\sin\omega t$	$\frac{\omega}{s^2+\omega^2}$
$\cos\omega t$	$\frac{s}{s^2+\omega^2}$
t^n	$\frac{n!}{s^{n+1}}$
$f^{(k)}(t)=\frac{\mathrm{d}^k f(t)}{\mathrm{d}t^k}$	$s^kF(s)-s^{k-1}f(0^-)-s^{k-2}f'(0^-)-\cdots-f^{(k-1)}(0^-)$
$\int_{-\infty}^{t} f(t)\,\mathrm{d}t$	$\frac{F(s)}{s}+\frac{1}{s}\int_{-\infty}^{0} f(t)\,\mathrm{d}t$
脉冲函数 $\delta(t)$	1
$\mathrm{e}^{-at}\sin\omega t$	$\frac{\omega}{(s+a)^2+\omega^2}$
$\mathrm{e}^{-at}\cos\omega t$	$\frac{s+a}{(s+a)^2+\omega^2}$
$\frac{1}{\omega}[(\alpha-a)^2+\omega^2]^{1/2}\mathrm{e}^{-at}\sin(\omega t+\phi)$ $\phi=\arctan\frac{\omega}{\alpha-a}$	$\frac{s+\alpha}{(s+a)^2+\omega^2}$
$\frac{\omega_n}{\sqrt{1-\zeta^2}}\mathrm{e}^{-\zeta\omega_n t}\sin\omega_n\sqrt{1-\zeta^2}t,\quad \zeta<1$	$\frac{\omega_n^2}{s^2+2\zeta\omega_n s+\omega_n^2}$
$\frac{1}{a^2+\omega^2}+\frac{1}{\omega\sqrt{a^2+\omega^2}}\mathrm{e}^{-at}\sin(\omega t-\phi)$ $\phi=\arctan\frac{\omega}{-a}$	$\frac{1}{s[(s+a)^2+\omega^2]}$
$1-\frac{1}{\sqrt{1-\zeta^2}}\mathrm{e}^{-\zeta\omega_n t}\sin\left(\omega_n\sqrt{1-\zeta^2}t+\phi\right)$ $\phi=\arccos\zeta,\quad \zeta<1$	$\frac{\omega_n^2}{s(s^2+2\zeta\omega_n s+\omega_n^2)}$
$\frac{\alpha}{a^2+\omega^2}+\frac{1}{\omega}\left[\frac{(\alpha-a)^2+\omega^2}{a^2+\omega^2}\right]^{1/2}\mathrm{e}^{-at}\sin(\omega t+\phi)$ $\phi=\arctan\frac{\omega}{\alpha-a}-\arctan\frac{\omega}{-a}$	$\frac{s+\alpha}{s[(s+a)^2+\omega^2]}$

通常，求解拉普拉斯逆变换时，需要对拉普拉斯变换式进行部分分式分解。在系统的分析和设计过程中，这种方法特别有用。经过部分分式分解之后，系统的特征根及其影响就能一目了然了。

为了说明拉普拉斯变换的作用，以及运用拉普拉斯变换进行系统分析的步骤，我们再来考察由方程(2.1)描述的质量块-弹簧-阻尼器系统，即

$$M\frac{\mathrm{d}^2y(t)}{\mathrm{d}t^2}+b\frac{\mathrm{d}y(t)}{\mathrm{d}t}+ky(t)=r(t) \tag{2.18}$$

并求解系统的时间响应 $y(t)$。式(2.18)的拉普拉斯变换为

$$M\left(s^2Y(s)-sy(0^-)-\frac{\mathrm{d}y}{\mathrm{d}t}(0^-)\right)+b(sY(s)-y(0^-))+kY(s)=R(s) \tag{2.19}$$

如果初始条件为

$$r(t)=0,\quad y(0^-)=y_0,\quad \left.\frac{\mathrm{d}y}{\mathrm{d}t}\right|_{t=0^-}=0$$

则可得

$$Ms^2Y(s)-Msy_0+bsY(s)-by_0+kY(s)=0 \tag{2.20}$$

求解式(2.20)，可得

$$Y(s)=\frac{(Ms+b)y_0}{Ms^2+bs+k}=\frac{p(s)}{q(s)} \tag{2.21}$$

当令分母多项式 $q(s)$ 为零时，所得到的方程称为系统的**特征方程**，这是由于该方程的根决定了系统时间响应的主要特征。特征方程的根又称为系统的**极点**。使分子多项式 $p(s)$ 为零的根，则称为系统的**零点**。例如，$s=-b/M$ 就是式(2.21)的一个零点。零点和极点都是特殊的频率点，在极点处 $Y(s)$ 为无穷大，在零点处 $Y(s)$ 为零。可以用图示法来表示零点和极点在复频域 **s 平面**上的分布，零-极点分布图刻画了系统时间响应的瞬态特性。

考虑一种特殊情况。当 $k/M=2$ 且 $b/M=3$ 时，式(2.21)变为

$$Y(s)=\frac{(s+3)y_0}{(s+1)(s+2)} \tag{2.22}$$

$Y(s)$ 的零点和极点在 s 平面上的位置分布如图 2.7 所示。

将式(2.22)进行部分分式分解，可得

$$Y(s)=\frac{k_1}{s+1}+\frac{k_2}{s+2} \tag{2.23}$$

其中，k_1 和 k_2 为展开式的待定系数。系数 k_i 又称为**留数**，可以用下面的方法求得：将式(2.22)乘以含有 k_i 的部分分式的分母，然后将 s 取为相应的极点，所得新分式的值即为 k_i。当 $y_0=1$ 时，按上述方法可以求得

$$k_1=\left.\frac{(s-s_1)p(s)}{q(s)}\right|_{s=s_1}=\left.\frac{(s+1)(s+3)}{(s+1)(s+2)}\right|_{s_1=-1}=2 \tag{2.24}$$

和 $k_2=-1$。还可以在 s 平面图上，用图解法求得 $Y(s)$ 在各个极点处的留数。以留数 k_1 为例，式(2.24)可以写成

$$k_1=\left.\frac{s+3}{s+2}\right|_{s=s_1=-1}=\left.\frac{s_1+3}{s_1+2}\right|_{s_1=-1}=2 \tag{2.25}$$

求解过程如图 2.8 所示。在特征方程阶数较高或存在多组复共轭极点时，图解法更为有效。

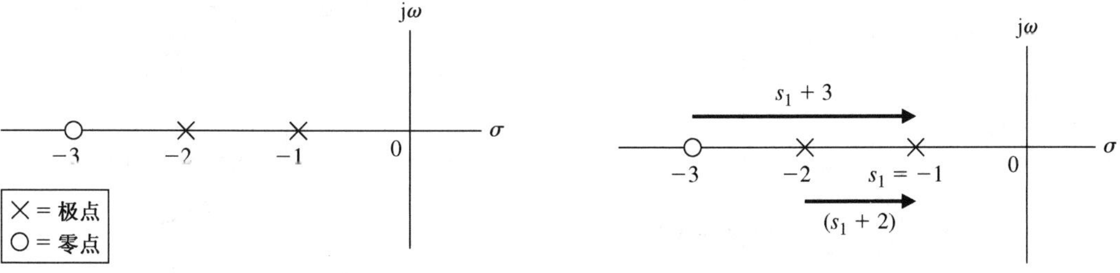

图 2.7　s 平面上的零-极点分布图

图 2.8　留数的图解法

式(2.22)的拉普拉斯逆变换为

$$y(t)=\mathscr{L}^{-1}\left\{\frac{2}{s+1}\right\}+\mathscr{L}^{-1}\left\{\frac{-1}{s+2}\right\} \tag{2.26}$$

根据表2.3给出的拉普拉斯变换对，可以得到

$$y(t)=2\mathrm{e}^{-t}-1\mathrm{e}^{-2t} \tag{2.27}$$

实际应用中，我们总是希望能够得到响应 $y(t)$ 的**稳态值**或**终值**。例如，在质量块-弹簧-阻尼器系统中，希望能够算出质量块的最终或稳态静止位置。这可以用如下所示的**终值定理**来完成：

$$\boxed{\lim_{t\to\infty}y(t)=\lim_{s\to 0}sY(s)} \tag{2.28}$$

终值定理式(2.28)成立的条件是，$Y(s)$ 不能在虚轴上和右半平面上存在极点，也不能在原点处存在多重极点。因此，就本例而言，有

$$\lim_{t\to\infty}y(t)=\lim_{s\to 0}sY(s)=0 \tag{2.29}$$

由此可见，在该系统中，质量块的最终位置是它的正常平衡位置，即 $y=0$。

为了进一步说明拉普拉斯变换方法的要点，我们再来研究质量块-弹簧-阻尼器系统的一般情况。$Y(s)$ 的表达式可以改写为

$$Y(s)=\frac{(s+b/M)y_0}{s^2+(b/M)s+k/M}=\frac{(s+2\zeta\omega_n)y_0}{s^2+2\zeta\omega_n s+\omega_n^2} \tag{2.30}$$

其中，ζ 为无量纲的**阻尼系数**，ω_n 为系统的**固有(自然)频率**。特征方程的根为

$$s_1,s_2=-\zeta\omega_n\pm\omega_n\sqrt{\zeta^2-1} \tag{2.31}$$

其中，$\omega_n=\sqrt{k/M}$，$\zeta=b/(2\sqrt{kM})$。由式(2.31)可知，当 $\zeta>1$ 时，特征方程有两个不同的实根，系统称为**过阻尼系统**；当 $\zeta<1$ 时，有一对共轭复根，系统称为**欠阻尼系统**；当 $\zeta=1$ 时，则有两个相等的负实根，此时的系统称为**临界阻尼系统**。

当 $\zeta<1$ 时，系统响应是欠阻尼的，特征方程的根为

$$s_{1,2}=-\zeta\omega_n\pm \mathrm{j}\omega_n\sqrt{1-\zeta^2} \tag{2.32}$$

s 平面上的零-极点分布如图2.9所示，其中 $\theta=\arccos\zeta$。当 ω_n 保持恒定而 ζ 变动时，共轭复根将沿着图2.10所示的半圆形根轨迹变动。当 ζ 接近于零时，极点将靠近虚轴，而系统瞬态时间响应的振荡也会越来越强。

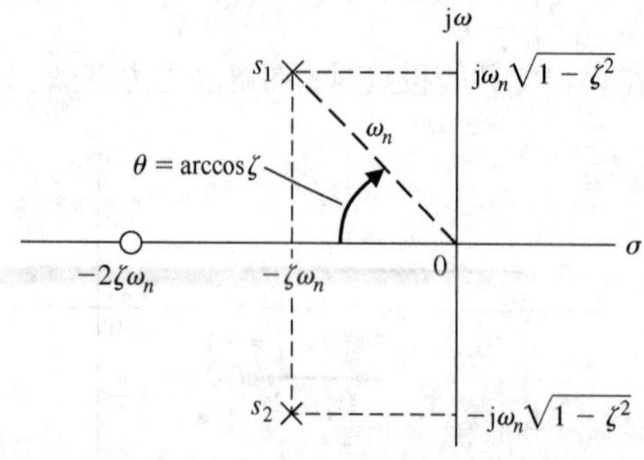

图2.9 $Y(s)$ 在 s 平面上的零-极点分布图

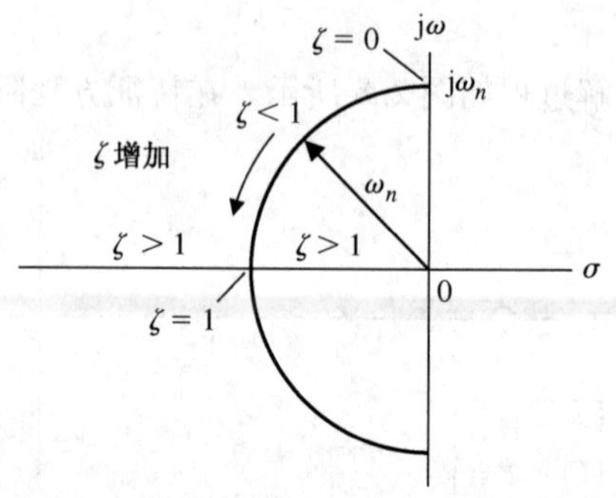

图2.10 ω_n 恒定，ζ 变化时的根轨迹

利用图解法得到留数之后，还可以进一步求得拉普拉斯逆变换，以及时间响应。式(2.30)的部分分式分解为

$$Y(s) = \frac{k_1}{s - s_1} + \frac{k_2}{s - s_2} \tag{2.33}$$

由于 s_2 与 s_1 为共轭复根，k_2 与 k_1 也是共轭复数，于是式(2.33)可以改写为

$$Y(s) = \frac{k_1}{s - s_1} + \frac{k_1^*}{s - s_1^*}$$

其中，“ * ”号表示共轭关系。利用图 2.11 可以求出留数 k_1：

$$k_1 = \frac{y_0(s_1 + 2\zeta\omega_n)}{s_1 - s_1^*} = \frac{y_0 M_1 \mathrm{e}^{\mathrm{j}\theta}}{M_2 \mathrm{e}^{\mathrm{j}\pi/2}} \tag{2.34}$$

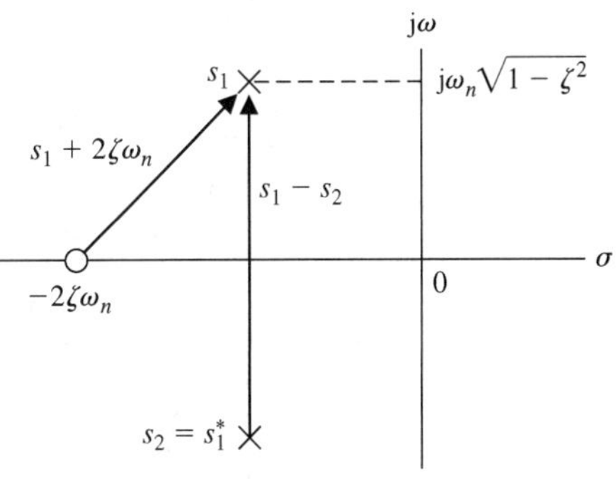

图 2.11　求解留数 k_1

其中，M_1 是 $s_1 + 2\zeta\omega_n$ 的幅值，M_2 是 $s_1 - s_1^*$ 的幅值(复数的基础知识可在许多参考书中找到，也可参见本书在线附录 G)。于是有

$$k_1 = \frac{y_0(\omega_n \mathrm{e}^{\mathrm{j}\theta})}{2\omega_n\sqrt{1-\zeta^2}\mathrm{e}^{\mathrm{j}\pi/2}} = \frac{y_0}{2\sqrt{1-\zeta^2}\mathrm{e}^{\mathrm{j}(\pi/2-\theta)}} \tag{2.35}$$

其中，$\theta = \arccos\zeta$。由于 k_2 是 k_1 的共轭复数，所以有

$$k_2 = \frac{y_0}{2\sqrt{1-\zeta^2}}\mathrm{e}^{\mathrm{j}(\pi/2-\theta)} \tag{2.36}$$

最后，令 $\beta = \sqrt{1-\zeta^2}$，就得到了系统响应为

$$\begin{aligned} y(t) &= k_1\mathrm{e}^{s_1 t} + k_2\mathrm{e}^{s_2 t} \\ &= \frac{y_0}{2\sqrt{1-\zeta^2}}(\mathrm{e}^{\mathrm{j}(\theta-\pi/2)}\mathrm{e}^{-\zeta\omega_n t}\mathrm{e}^{\mathrm{j}\omega_n\beta t} + \mathrm{e}^{\mathrm{j}(\pi/2-\theta)}\mathrm{e}^{-\zeta\omega_n t}\mathrm{e}^{-\mathrm{j}\omega_n\beta t}) \\ &= \frac{y_0}{\sqrt{1-\zeta^2}}\mathrm{e}^{-\zeta\omega_n t}\sin(\omega_n\sqrt{1-\zeta^2}t + \theta) \end{aligned} \tag{2.37}$$

利用表 2.3 中的第 11 个拉普拉斯变换对求得时间响应解，也可以同样得到式(2.37)。过阻尼($\zeta > 1$)和欠阻尼($\zeta < 1$)系统的瞬态响应如图 2.12 所示。当 $\zeta < 1$ 时，欠阻尼系统的瞬态响应表现为振幅随时间衰减的振荡，又称为**阻尼振荡**。

s 平面上的零-极点分布图能够清楚地表明，s 平面上零点和极点的位置分布与系统瞬态响应之间的关系。例如，如式(2.37)所示，调整 $\zeta\omega_n$ 的大小将直接改变包络线 $\mathrm{e}^{-\zeta\omega_n t}$ 的形状，进而影响图 2.12 所示的系统响应 $y(t)$。$\zeta\omega_n$ 的值越大，系统响应 $y(t)$ 的衰减越快。由图 2.9 可知，复极点 s_1 的值为 $s_1 = -\zeta\omega_n + \mathrm{j}\omega_n\sqrt{1-\zeta^2}$，因此，$\zeta\omega_n$ 越大，极点 s_1 的位置也就越向 s 平面的左侧移动。这样，极点 s_1 在 s 平面中的位置与系统阶跃响应之间的关系就一目了然了——在 s 平面的左半平面中，极点 s_1 离虚轴越远，系统瞬态阶跃响应的衰减速度越快。大部分系统都有多对共轭复极点，其瞬态响应的特性理应由所有极点共同确定，而各个极点响应模态的幅度(强度)则由留数

表示。在 s 平面上，用图解法可以直观地得到留数。后续章节将着重讨论零点和极点的位置分布与系统的稳态和瞬态响应之间的关系。对于系统的瞬态和稳态响应分析而言，拉普拉斯变换以及对应的 s 平面图解法是非常有用的分析工具。而在实际工作中，控制系统分析的主要着眼点正好是系统的瞬态和稳态响应，因此我们将有机会充分体会到拉普拉斯变换方法的作用。

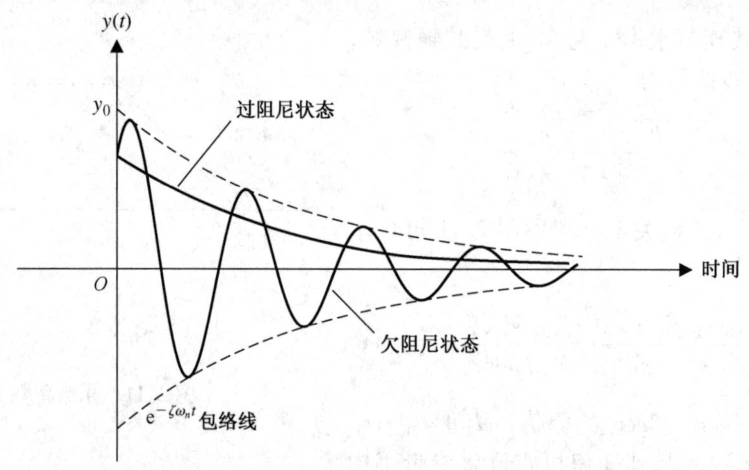

图 2.12　质量块-弹簧-阻尼器系统的时间响应

2.5　线性系统的传递函数

线性系统的**传递函数**定义为：当输入和输出两类变量的初值都假定为零时，输出变量的拉普拉斯变换与输入变量的拉普拉斯变换之比。系统(或元件)的传递函数表征了所研究的系统的动态性能。

传递函数的定义只适合于线性定常(系数为常数)系统。非定常系统，即时变系统中，至少有一个系统参数随时间变化，因而可能无法运用拉普拉斯变换。此外，传递函数只是系统的输入-输出描述，它并不提供系统内部的结构和行为信息。

由系统的描述方程(2.19)，可以得到质量块-弹簧-阻尼器系统的传递函数。在零初始条件下，式(2.19)为

$$Ms^2Y(s) + bsY(s) + kY(s) = R(s) \tag{2.38}$$

按照定义，其传递函数为

$$\frac{\text{输出}}{\text{输入}} = G(s) = \frac{Y(s)}{R(s)} = \frac{1}{Ms^2 + bs + k} \tag{2.39}$$

再来求解图 2.13 所示的 RC 网络的传递函数。根据基尔霍夫电压定律，可以求得输入电压的拉普拉斯变换表达式：

$$V_1(s) = \left(R + \frac{1}{Cs}\right)I(s) \tag{2.40}$$

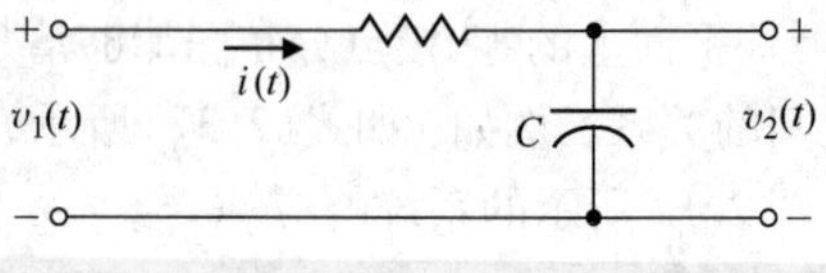

图 2.13　RC 网络

在后面的叙述中，我们会频繁地交替使用变量及其拉普拉斯变换这两个术语，带有参数“(s)”的项或者大写字母，表示了该变量的拉普拉斯变换。

输出电压的拉普拉斯变换表达式则为

$$V_2(s) = I(s)\left(\frac{1}{Cs}\right) \tag{2.41}$$

于是，求解式(2.40)得出 $I(s)$，并将其代入式(2.41)中，可得

$$V_2(s) = \frac{(1/Cs)V_1(s)}{R + 1/Cs}$$

而传递函数就是比例式，即有

$$G(s) = \frac{V_2(s)}{V_1(s)} = \frac{1}{RCs + 1} = \frac{1}{\tau s + 1} = \frac{1/\tau}{s + 1/\tau} \tag{2.42}$$

其中，$\tau = RC$ 为网络的**时间常数**。$G(s)$ 的单个极点为 $s = -1/\tau$。如果注意到该网络是一个分压器，也可以直接得到式(2.42)，即

$$\frac{V_2(s)}{V_1(s)} = \frac{Z_2(s)}{Z_1(s) + Z_2(s)} \tag{2.43}$$

其中，$Z_1(s) = R$，$Z_2(s) = 1/Cs$。

考察多回路电气网络或类似的多质量块机械系统时，得到的将是用拉普拉斯变换式表示的类似的方程组。通常情况下，求解这类代数方程组的最为便捷的方式是利用矩阵和行列式进行求解[1,3,15]。矩阵和行列式的基础知识可在许多参考书中找到(也可参阅本书在线附录 C)。

接下来，我们来研究系统的长期行为，也就是研究在输入激励下，系统在瞬态响应消失后的稳态响应。考虑由如下微分方程所描述的动态系统：

$$\frac{\mathrm{d}^n y(t)}{\mathrm{d}t^n} + q_{n-1}\frac{\mathrm{d}^{n-1}y(t)}{\mathrm{d}t^{n-1}} + \cdots + q_0 y(t) = p_{n-1}\frac{\mathrm{d}^{n-1}r(t)}{\mathrm{d}t^{n-1}} + p_{n-2}\frac{\mathrm{d}^{n-2}r(t)}{\mathrm{d}t^{n-2}} + \cdots + p_0 r(t) \tag{2.44}$$

其中，$y(t)$是系统响应，$r(t)$是输入激励函数。在零初始条件下，系统的传递函数即为式(2.45)中 $R(s)$的放大系数，

$$Y(s) = G(s)R(s) = \frac{p(s)}{q(s)}R(s) = \frac{p_{n-1}s^{n-1} + p_{n-2}s^{n-2} + \cdots + p_0}{s^n + q_{n-1}s^{n-1} + \cdots + q_0}R(s) \tag{2.45}$$

完整的输出响应包括零输入响应(由初始状态决定)和由输入作用激发的零状态响应。因此，完整的响应应该为

$$Y(s) = \frac{m(s)}{q(s)} + \frac{p(s)}{q(s)}R(s)$$

其中，$q(s) = 0$ 为系统的特征方程。如果输入是有理分式，即

$$R(s) = \frac{n(s)}{d(s)}$$

则有

$$Y(s) = \frac{m(s)}{q(s)} + \frac{p(s)}{q(s)}\frac{n(s)}{d(s)} = Y_1(s) + Y_2(s) + Y_3(s) \tag{2.46}$$

其中，$Y_1(s)$是零输入响应的部分分式展开式，$Y_2(s)$是与$q(s)$的因式有关的部分分式展开式，$Y_3(s)$是与$d(s)$的因式有关的部分分式展开式。

对式(2.46)进行拉普拉斯逆变换，可以得到

$$y(t) = y_1(t) + y_2(t) + y_3(t)$$

则系统的瞬态响应为$y_1(t)+y_2(t)$，稳态响应为$y_3(t)$。

例2.2　某微分方程的解

考虑下述微分方程所描述的系统：

$$\frac{\mathrm{d}^2y(t)}{\mathrm{d}t^2} + 4\frac{\mathrm{d}y(t)}{\mathrm{d}t} + 3y(t) = 2r(t)$$

其中，初始条件为

$$y(0) = 1, \quad \frac{\mathrm{d}y}{\mathrm{d}t}(0) = 0, \quad r(t) = 1, t \geqslant 0$$

由拉普拉斯变换可得

$$[s^2Y(s) - sy(0)] + 4[sY(s) - y(0)] + 3Y(s) = 2R(s)$$

由于$R(s)=1/s$，$y(0)=1$，故有

$$Y(s) = \frac{s+4}{s^2+4s+3} + \frac{2}{s(s^2+4s+3)}$$

其中，$q(s)=s^2+4s+3=(s+3)(s+1)=0$为特征方程，而$d(s)=s$，于是$Y(s)$的部分分式展开式为

$$Y(s) = \left[\frac{3/2}{s+1} + \frac{-1/2}{s+3}\right] + \left[\frac{-1}{s+1} + \frac{1/3}{s+3}\right] + \frac{2/3}{s} = Y_1(s) + Y_2(s) + Y_3(s)$$

时间响应函数则为

$$y(t) = \left[\frac{3}{2}\mathrm{e}^{-t} - \frac{1}{2}\mathrm{e}^{-3t}\right] + \left[-1\mathrm{e}^{-t} + \frac{1}{3}\mathrm{e}^{-3t}\right] + \frac{2}{3}$$

可见，系统的稳态响应为

$$\lim_{t\to\infty} y(t) = \frac{2}{3}$$

例2.3　运算放大器电路的传递函数

运算放大器(op-amp)是控制系统中重要的电路模块，也经常应用于其他的重要工程领域。运算放大器是一种主动电路(即它们都配有外部电源)。当工作在线性区域时，它具有较高的增益。理想的运算放大器模型如图2.14所示。

运算放大器的理想工作条件为(1) $i_1(t)=0$和$i_2(t)=0$，即输入阻抗为无穷大；(2) $v_2(t)-v_1(t)=0$，即$v_1(t)=v_2(t)$。理想的运算放大器的输入-输出关系为

$$v_o(t)= K(v_2(t)- v_1(t)) = -K(v_1(t)-v_2(t))$$

其中，增益K趋于无穷大。在接下来的分析中，假定线性放大器工作在理想条件下，而且具有很高的增益。

考虑图 2.15 所示的倒相放大器，在理想条件下，$i_1(t)=0$，因此 $v_1(t)$ 处的节点方程为

$$\frac{v_1(t)-v_{\text{in}}(t)}{R_1}+\frac{v_1(t)-v_{\text{o}}(t)}{R_2}=0$$

由于 $v_2(t)=v_1(t)$（在理想条件下）且 $v_2(t)=0$（对比图 2.15 与图 2.14 可知），因此有 $v_1(t)=0$，以及

$$-\frac{v_{\text{in}}(t)}{R_1}-\frac{v_{\text{o}}(t)}{R_2}=0$$

移项整理后，可得

$$\frac{v_{\text{o}}(t)}{v_{\text{in}}(t)}=-\frac{R_2}{R_1}$$

由此可见，当 $R_2=R_1$ 时，理想运算放大器电路对输入信号做了倒相处理，即 $v_{\text{o}}=-v_{\text{in}}$。

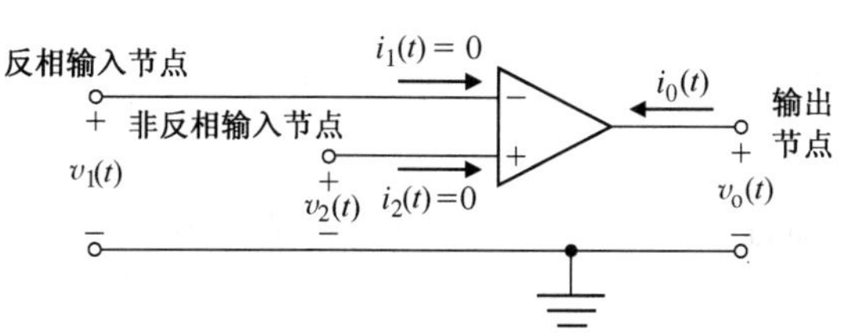

图 2.14　理想的运算放大器

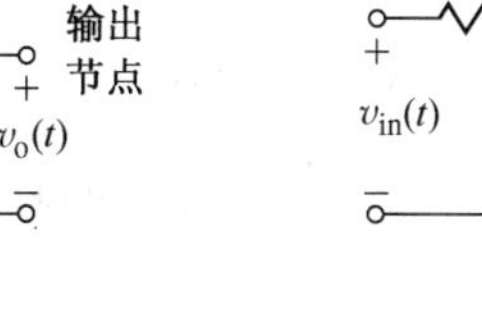

图 2.15　工作在理想条件下的倒相放大器

例 2.4　某系统的传递函数

考虑图 2.16 所示的机械系统，以及图 2.17 所示的相似的电路系统。这是表 2.1 指出过的力-电流相似关系。机械系统的速度 $v_1(t)$ 和 $v_2(t)$，与电网络的节点电压 $v_1(t)$ 和 $v_2(t)$ 是相似变量。在零初始条件下，可以得到一对相似方程为

$$M_1sV_1(s)+(b_1+b_2)V_1(s)-b_1V_2(s)=R(s) \tag{2.47}$$

$$M_2sV_2(s)+b_1(V_2(s)-V_1(s))+k\frac{V_2(s)}{s}=0 \tag{2.48}$$

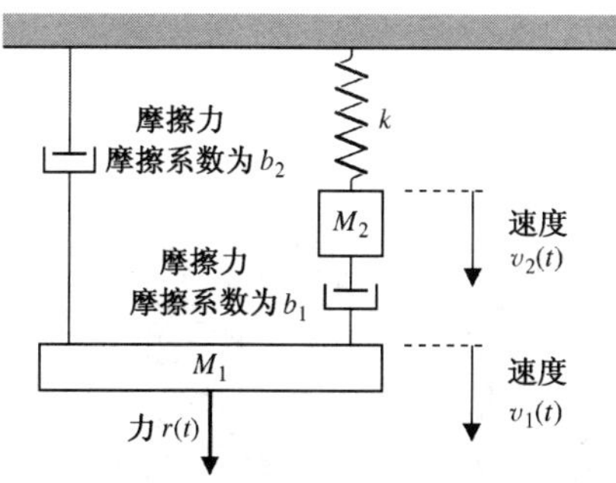

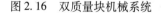

图 2.16　双质量块机械系统

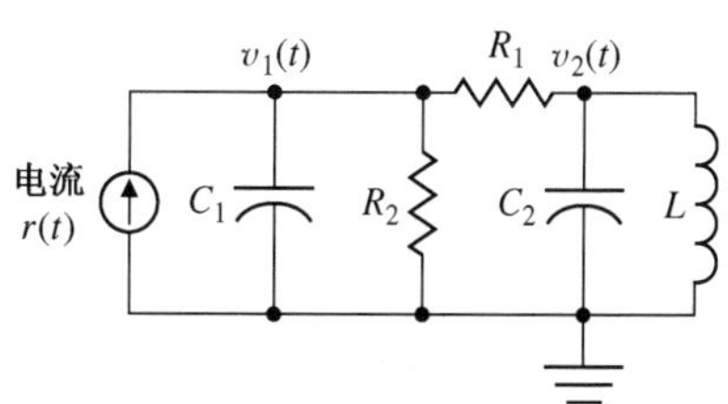

图 2.17　双节点电路系统，$C_1=M_1$，$C_2=M_2$，$L=1/k$，$R_1=1/b_1$，$R_2=1/b_2$

利用力学原理分析图 2.16 所示的机械系统，就得到了上面的方程式。将式(2.47)和式(2.48)整理后可得

$$\begin{aligned}&(M_1s+(b_1+b_2))V_1(s)+(-b_1)V_2(s)=R(s)\\&(-b_1)V_1(s)+\left(M_2s+b_1+\frac{k}{s}\right)V_2(s)=0\end{aligned} \tag{2.49}$$

写成矩阵形式为

$$\begin{bmatrix} M_1s + b_1 + b_2 & -b_1 \\ -b_1 & M_2s + b_1 + \dfrac{k}{s} \end{bmatrix} \begin{bmatrix} V_1(s) \\ V_2(s) \end{bmatrix} = \begin{bmatrix} R(s) \\ 0 \end{bmatrix}$$

取 M_1 的速度为输出变量，利用矩阵求逆或克拉默(Cramer)法则[1,3]，可以解得

$$V_1(s) = \frac{(M_2s + b_1 + k/s)R(s)}{(M_1s + b_1 + b_2)(M_2s + b_1 + k/s) - b_1^2} \tag{2.50}$$

于是，上述机械(或电气)系统的传递函数为

$$\begin{aligned} G(s) = \frac{V_1(s)}{R(s)} &= \frac{(M_2s + b_1 + k/s)}{(M_1s + b_1 + b_2)(M_2s + b_1 + k/s) - b_1^2} \\ &= \frac{(M_2s^2 + b_1s + k)}{(M_1s + b_1 + b_2)(M_2s^2 + b_1s + k) - b_1^2s} \end{aligned} \tag{2.51}$$

如果将位移变量 $x_1(t)$ 作为输出变量，则

$$\frac{X_1(s)}{R(s)} = \frac{V_1(s)}{sR(s)} = \frac{G(s)}{s} \tag{2.52}$$

接下来，我们研究一种重要的电气控制元件(即**直流电机**)的传递函数[8]。直流电机常常用于驱动负载，因而称为**执行机构**。

执行机构是向受控对象提供运动动力的装置。

概念强调说明 2.2

例 2.5 直流电机的传递函数

直流电机是向负载提供动力的执行机构，如图 2.18(a)所示。图 2.18(b)给出了直流电机的结构略图。直流电机将直流电能转化成旋转运动的机械能，转子(电枢)所产生的扭矩中，绝大部分用于驱动外部负载。由于具有扭矩大、转速可控范围宽、转速-扭矩特性优良、便于携带、适用面广等特点，在机器人操纵系统、传送带系统、磁盘驱动器、机床及伺服阀驱动器等实际控制系统中，直流电机都得到了广泛的应用。

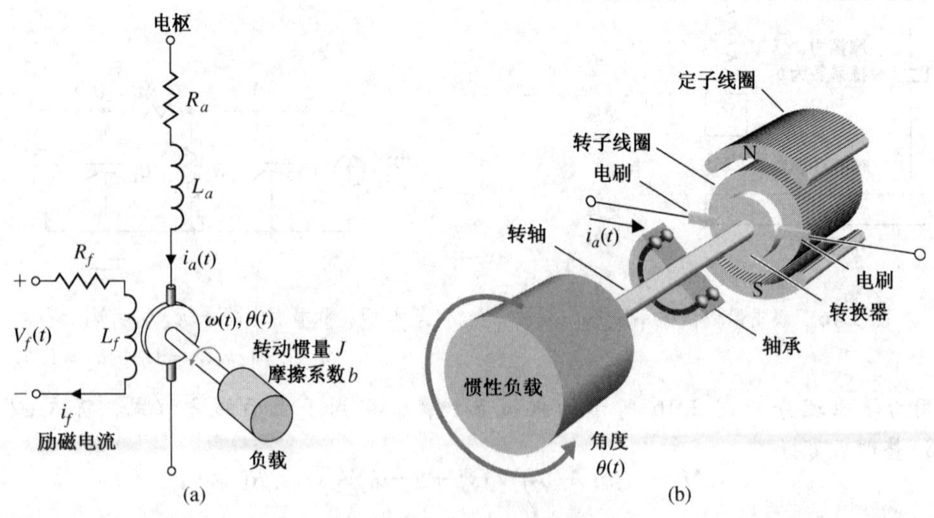

图 2.18 直流电机。(a) 电路图；(b) 结构略图

下面的直流电机传递函数只是对实际电机的线性近似描述。一些二阶以上的高阶影响，如磁滞现象和电刷上的压降等因素，都将忽略不计。输入电压可以作用于磁场，也可以作用于电枢两端。当励磁磁场非饱和时，气隙磁通$\phi(t)$与励磁电流成比例，因此，

$$\phi(t) = K_f i_f(t) \tag{2.53}$$

再假设电机扭矩与$\phi(t)$和电枢电流之间有如下的线性关系：

$$T_m(t) = K_1\phi(t)i_a(t) = K_1K_f i_f(t)i_a(t) \tag{2.54}$$

由式(2.54)可以清楚地看出，为了保持扭矩与电流间的线性关系，必须有一个电流保持恒定。这样，另一个电流便成了输入电流。我们首先考虑**磁场控制式电机**，它具有可观的功率放大能力。于是，经拉普拉斯变换后有

$$T_m(s) = (K_1K_fI_a)I_f(s) = K_mI_f(s) \tag{2.55}$$

其中，$i_a = I_a$ 为恒定的电枢电流，K_m 定义为电机常数。励磁电流与磁场电压之间的关系为

$$V_f(s) = (R_f + L_f s)I_f(s) \tag{2.56}$$

电机扭矩 $T_m(s)$等于传送给负载的扭矩，即有关系式

$$T_m(s) = T_L(s) + T_d(s) \tag{2.57}$$

其中，$T_L(s)$为负载扭矩，$T_d(s)$为扰动扭矩且通常可以忽略不计。不过，当负载受到其他外力作用(如天线受到风的作用)时，就不能忽略扰动扭矩了。图 2.18 所示的惯性负载所需要的扭矩为

$$T_L(s) = Js^2\theta(s) + bs\theta(s) \tag{2.58}$$

整理式(2.55)至式(2.57)，可得

$$T_L(s) = T_m(s) - T_d(s) \tag{2.59}$$

$$T_m(s) = K_mI_f(s) \tag{2.60}$$

$$I_f(s) = \frac{V_f(s)}{R_f + L_f s} \tag{2.61}$$

于是，当 $T_d(s)=0$ 时，电机-负载组合体的传递函数为

$$\frac{\theta(s)}{V_f(s)} = \frac{K_m}{s(Js+b)(L_f s + R_f)} = \frac{K_m/(JL_f)}{s(s+b/J)(s+R_f/L_f)} \tag{2.62}$$

图 2.19 给出了磁场控制式直流电机的框图模型。此外，传递函数还可以写成电机时间常数的形式，即

$$\frac{\theta(s)}{V_f(s)} = G(s) = \frac{K_m/(bR_f)}{s(\tau_f s + 1)(\tau_L s + 1)} \tag{2.63}$$

其中，$\tau_f = L_f/R_f$，$\tau_L = J/b$。通常都有$\tau_L > \tau_f$，并且励磁磁场的时间常数τ_f还可以忽略不计。

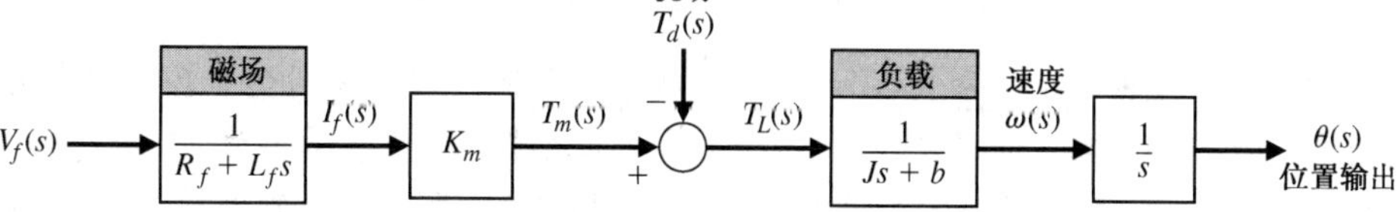

图 2.19　磁场控制式直流电机的框图模型

电枢控制式直流电机则以电枢电流 $i_a(t)$ 作为控制变量，通过励磁线圈和电流或永磁体建立电枢的定子磁场。当励磁线圈中建立了恒定的励磁电流后，电机扭矩为

$$T_m(s) = (K_1K_fI_f)I_a(s) = K_mI_a(s) \tag{2.64}$$

如果使用的是永磁体，那么电机扭矩为

$$T_m(s) = K_mI_a(s)$$

其中，K_m 是永磁体材料磁导率的函数。

电枢电流与作用在电枢上的输入电压之间的关系为

$$V_a(s) = (R_a + L_as)I_a(s) + V_b(s) \tag{2.65}$$

其中，$V_b(s)$ 是与电机速度成正比的反相感应电压，且有

$$V_b(s) = K_b\omega(s) \tag{2.66}$$

其中，$\omega(s)=s\theta(s)$ 为角速度的拉普拉斯变换，而电枢电流为

$$I_a(s) = \frac{V_a(s) - K_b\omega(s)}{R_a + L_as} \tag{2.67}$$

负载扭矩仍由式(2.58)和式(2.59)给出，于是有

$$T_L(s) = Js^2\theta(s) + bs\theta(s) = T_m(s) - T_d(s) \tag{2.68}$$

电枢控制式直流电机的上述关系如图 2.20 所示。根据式(2.64)、式(2.67)和式(2.68)，或者根据图 2.20 所示的框图模型，可以得到 $T_d(s)=0$ 时的传递函数为

$$\begin{aligned} G(s) = \frac{\theta(s)}{V_a(s)} &= \frac{K_m}{s[(R_a + L_as)(Js + b) + K_bK_m]} \\ &= \frac{K_m}{s(s^2 + 2\zeta\omega_ns + \omega_n^2)} \end{aligned} \tag{2.69}$$

对许多直流电机而言，可以忽略电枢时间常数 $\tau_a = L_a/R_a$ 的影响，故有

$$G(s) = \frac{\theta(s)}{V_a(s)} = \frac{K_m}{s[R_a(Js + b) + K_bK_m]} = \frac{K_m/(R_ab + K_bK_m)}{s(\tau_1s + 1)} \tag{2.70}$$

其中，等效时间常数为 $\tau_1 = R_aJ/(R_ab + K_bK_m)$。

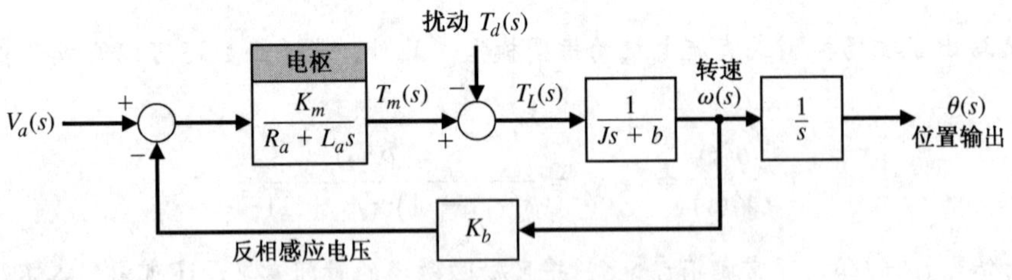

图 2.20 电枢控制式直流电机框图模型

还应该注意到，可能存在关系式 $K_b = K_m$。当转子电阻可以忽略不计时，只要考虑电机的稳态工作状态和功率平衡，就可以满足这一等式。事实上，转子的输入功率为 $(K_b\omega(t))i_a(t)$，向电机转轴输出的功率为 $T(t)\omega(t)$。当电机平稳工作时，输入功率等于输出功率，即 $(K_b\omega(t))i_a(t) = T(t)\omega(t)$，而 $T(t) = K_mi_a(t)$[参见式(2.64)]，故有 $K_b = K_m$。

传递函数的概念和方法非常重要，它为系统分析和设计人员提供了一种十分有用的关于系统元件的数学描述。通过传递函数在 s 平面的零点和极点的分布，可以确定系统的瞬态响应特性，因此，传递函数是动态系统建模的得力工具。表 2.4 给出了一些典型动态元件的传递函数。

表 2.4　典型动态元件和电路的传递函数

元件或系统	$G(s)$
1. 积分电路，滤波器 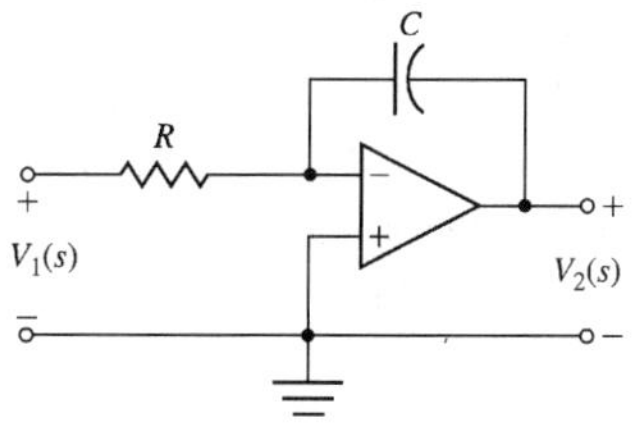	$\dfrac{V_2(s)}{V_1(s)} = -\dfrac{1}{RCs}$
2. 微分电路 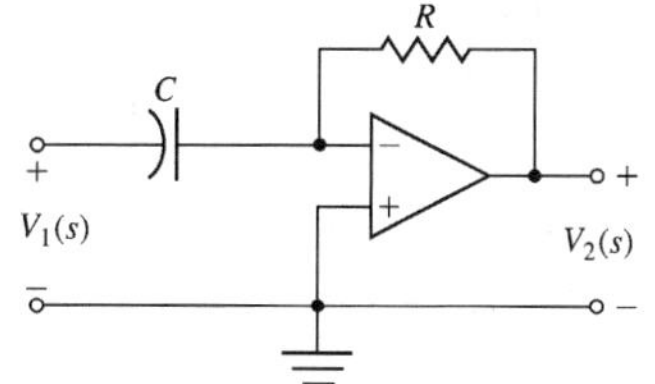	$\dfrac{V_2(s)}{V_1(s)} = -RCs$
3. 微分电路 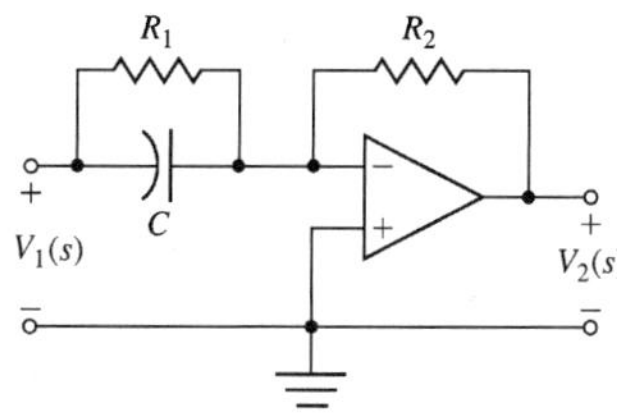	$\dfrac{V_2(s)}{V_1(s)} = -\dfrac{R_2(R_1Cs+1)}{R_1}$
4. 积分滤波器 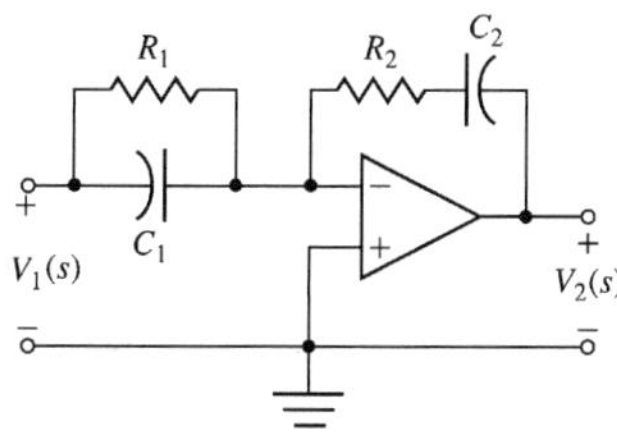	$\dfrac{V_2(s)}{V_1(s)} = -\dfrac{(R_1C_1s+1)(R_2C_2s+1)}{R_1C_2s}$
5. 磁场控制式直流电机；旋转执行机构 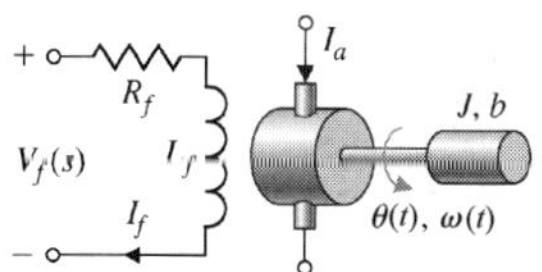	$\dfrac{\theta(s)}{V_f(s)} = \dfrac{K_m}{s(Js+b)(L_fs+R_f)}$

(续表)

元件或系统	G(s)
6. 电枢控制式直流电机，旋转执行机构 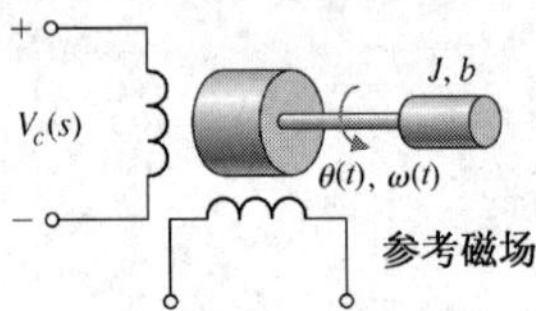	$\dfrac{\theta(s)}{V_a(s)} = \dfrac{K_m}{s[(R_a + L_a s)(Js + b) + K_b K_m]}$
7. 两相磁场控制交流电机, 旋转执行机构 $V_c(s)$ J, b $\theta(t), \omega(t)$ 参考磁场	$\dfrac{\theta(s)}{V_c(s)} = \dfrac{K_m}{s(\tau s + 1)}$ $\tau = J/(b - m)$ m = 扭矩-转速特性曲线的斜率(通常为负值)
8. 旋转放大器 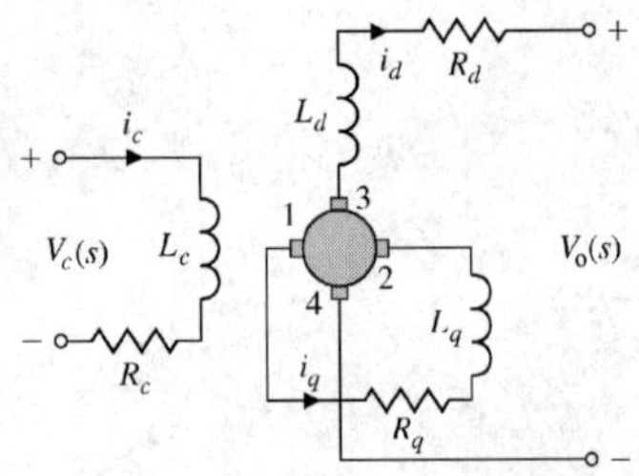	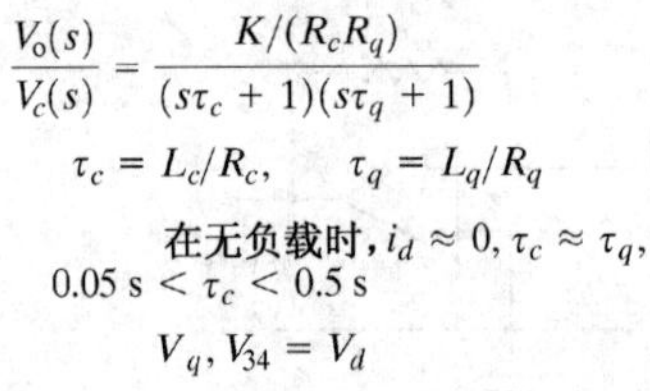$\dfrac{V_o(s)}{V_c(s)} = \dfrac{K/(R_c R_q)}{(s\tau_c + 1)(s\tau_q + 1)}$ $\tau_c = L_c/R_c, \quad \tau_q = L_q/R_q$ 在无负载时, $i_d \approx 0, \tau_c \approx \tau_q$, $0.05\ \text{s} < \tau_c < 0.5\ \text{s}$ $V_q, V_{34} = V_d$
9. 液压执行机构[9,10] 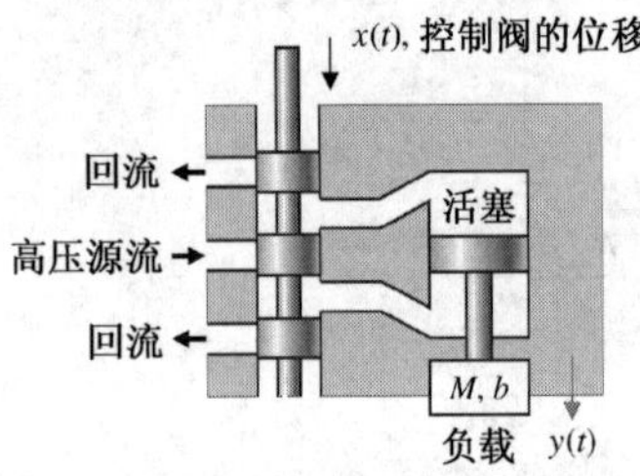	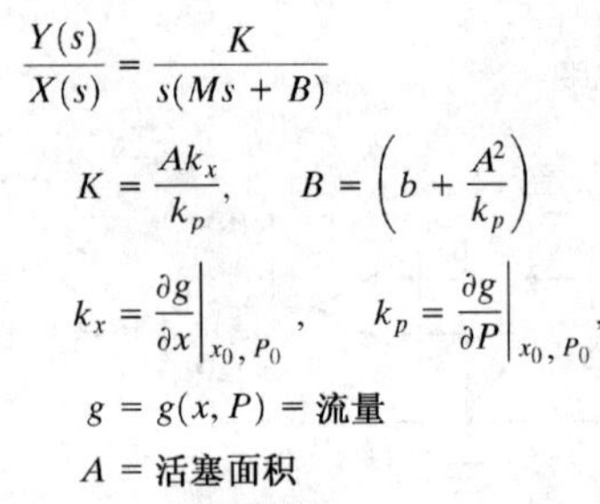$\dfrac{Y(s)}{X(s)} = \dfrac{K}{s(Ms + B)}$ $K = \dfrac{Ak_x}{k_p}, \quad B = \left(b + \dfrac{A^2}{k_p}\right)$ $k_x = \left.\dfrac{\partial g}{\partial x}\right\|_{x_0, P_0}, \quad k_p = \left.\dfrac{\partial g}{\partial P}\right\|_{x_0, P_0}$, $g = g(x, P)$ = 流量 A = 活塞面积 M = 负载质量 b = 负载阻力
10. 齿轮组(旋转运动传输机构) 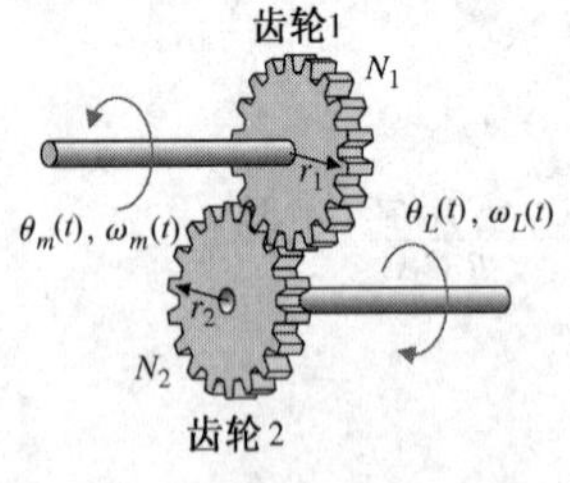	齿轮比 = $n = \dfrac{N_1}{N_2}$ $N_2\theta_L(t) = N_1\theta_m(t), \quad \theta_L(t) = n\theta_m(t)$ $\omega_L(t) = n\omega_m(t)$
11. 电位计(电压控制元件) 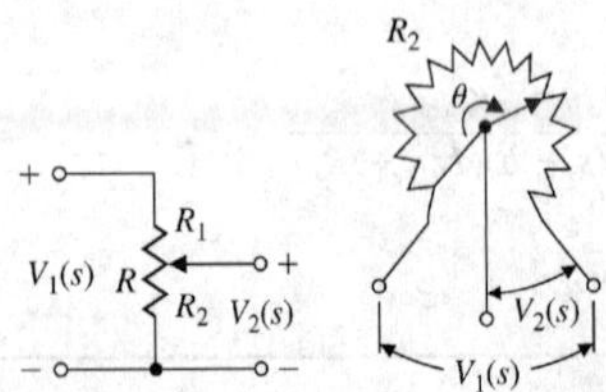	$\dfrac{V_2(s)}{V_1(s)} = \dfrac{R_2}{R} = \dfrac{R_2}{R_1 + R_2}$ $\dfrac{R_2}{R} = \dfrac{\theta}{\theta_{max}}$

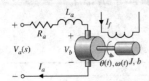

（续表）

元件或系统	G(s)
12. 电位计（误差测量电桥） 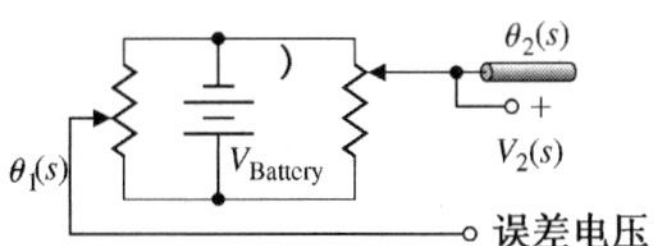	$V_2(s)=k_s(\theta_1(s)-\theta_2(s))$ $V_2(s)=k_s\theta_{error}(s)$ $k_s=\dfrac{V_{Battery}}{\theta_{max}}$
13. 转速计（转速传感器） 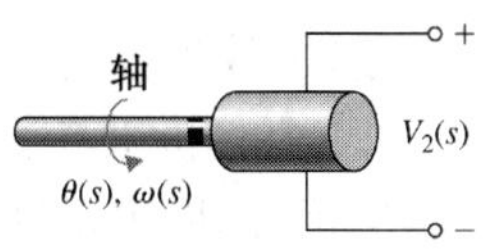	$V_2(s)=K_t\omega(s)=K_ts\theta(s)$ K_t 为常数
14. 直流放大器 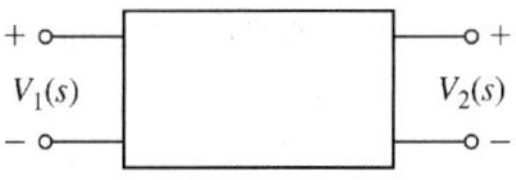	$\dfrac{V_2(s)}{V_1(s)}=\dfrac{k_a}{s\tau+1}$ R_o 为输出阻抗 C_o 为输出电容 $\tau=R_oC_o,\tau\ll 1\text{s}$ 且对伺服放大器而言，通常可忽略不计
15. 加速度计（加速度传感器） 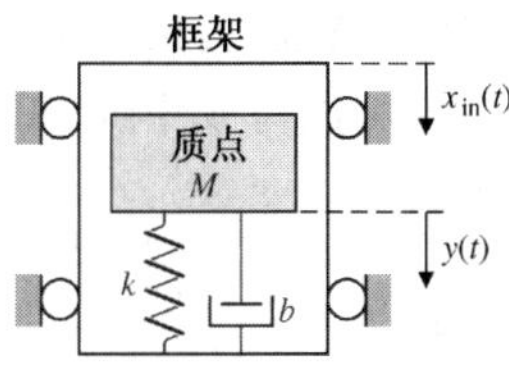	$x_o(t)=y(t)-x_{in}(t)$, $\dfrac{X_o(s)}{X_{in}(s)}=\dfrac{-s^2}{s^2+(b/M)s+k/M}$ 处于低频振荡时有 $\omega<\omega_n$ $\dfrac{X_o(j\omega)}{X_{in}(j\omega)}\approx\dfrac{\omega^2}{k/M}$
16. 热流加热系统 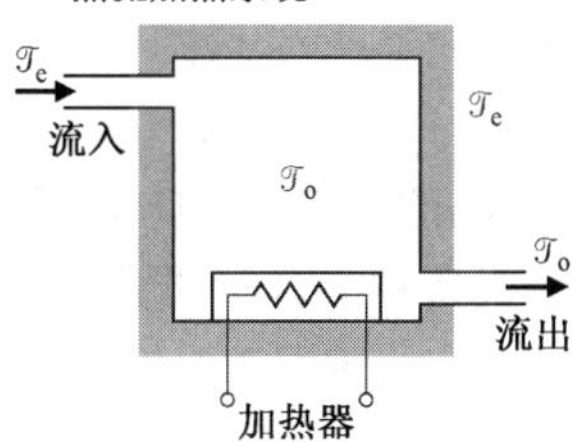	$\dfrac{\mathcal{T}(s)}{q(s)}=\dfrac{1}{C_ts+(QS+1/R_t)}$，其中 $\mathcal{T}=\mathcal{T}_o-\mathcal{T}_e$ 为热流进入温差 C_t 为热容 Q 为液流速率，保持恒定 S 为热量 R_t 为隔热容器的热阻 $q(s)$ 为加热元件的热流量
17. 齿条与副齿系统 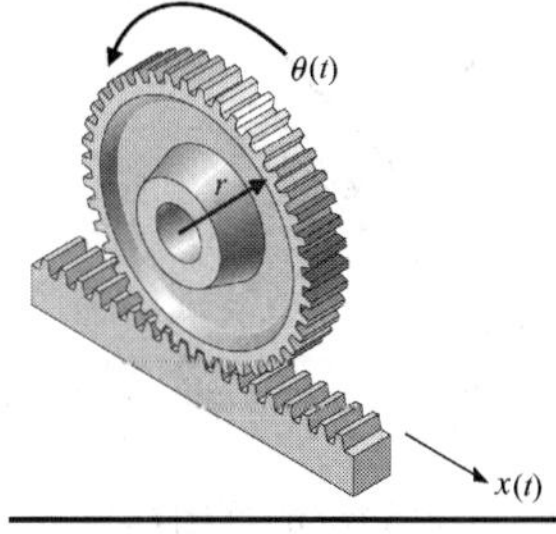	$x(t)=r\theta(t)$ 将旋转运动转换成直线运动

将旋转运动由一个轴传送到另一个轴，是很多场合都需要的一项基本功能。例如，通过齿轮箱和差速齿轮，汽车引擎用输出的旋转运动来驱动车轮旋转。齿轮箱还允许驾驶员根据交通状况，在差速保持不变的情况下，选择不同的齿数比。另一个例子是，通过一组齿轮将电机轴的旋

转运动传送到天线轴，驱动天线的旋转。实现机械运动转换的元件有齿轮、链条、牙盘、传送带驱动器等；实现电功率转换的常用器件则是变压器；而将旋转运动转换成直线运动的典型转换装置，则是表 2.4 中的第 17 项——齿条与副齿系统。

2.6　框图模型

通常用微分方程组来描述包含自动控制环节的动态物理系统。如前所述，引入拉普拉斯变换之后，求解微分方程组简化成了求解代数方程组。由于控制系统着眼于对特定变量的控制，因此必须将控制变量和受控变量联系起来，并弄清楚它们之间的关系。传递函数表示的正是输入变量和输出变量之间的这种关系，由此可见，传递函数是控制工程的一个重要分析工具。

传递函数表示的这种因果关系的重要性还体现在，它为用框图模型图示化地表示系统变量之间的相互关系提供了便利。**框图模型**就是这样一种广泛应用于控制工程的图示化模型。框图由单向的功能方框组成，而这些方框代表了变量的传递函数。图 2.21 给出的磁场控制式直流电机及其负载的框图模型，就清晰地表明了位移 $\theta(s)$ 与输入电压 $V_f(s)$ 之间的相互关系。

为了表示多变量受控系统，必须使方框彼此之间相互关联。例如，图 2.22 所示的系统有两个输入变量和两个输出变量[6]。利用传递函数，可以得到输出变量的方程如下：

$$Y_1(s) = G_{11}(s)R_1(s) + G_{12}(s)R_2(s) \tag{2.71}$$

$$Y_2(s) = G_{21}(s)R_1(s) + G_{22}(s)R_2(s) \tag{2.72}$$

其中，$G_{ij}(s)$ 是第 i 个输出变量和第 j 个输入变量之间的传递函数。这个系统的详细框图模型如图 2.23 所示。一般地，对有 J 个输入和 I 个输出的系统，它们的关系式可以写成矩阵形式：

$$\begin{bmatrix} Y_1(s) \\ Y_2(s) \\ \vdots \\ Y_I(s) \end{bmatrix} = \begin{bmatrix} G_{11}(s) & \cdots & G_{1J}(s) \\ G_{21}(s) & \cdots & G_{2J}(s) \\ \vdots & & \vdots \\ G_{I1}(s) & \cdots & G_{IJ}(s) \end{bmatrix} \begin{bmatrix} R_1(s) \\ R_2(s) \\ \vdots \\ R_J(s) \end{bmatrix} \tag{2.73}$$

或简记为

$$\boldsymbol{Y}(s) = \boldsymbol{GR}(s) \tag{2.74}$$

其中，$\boldsymbol{Y}(s)$ 和 $\boldsymbol{R}(s)$ 分别为由 I 个输出变量和 J 个输入变量构成的列向量，$\boldsymbol{G}(s)$ 为 $I \times J$ 维传递函数矩阵，能够表示多个变量之间的相互关系的矩阵形式特别适合于研究复杂的多变量系统。矩阵代数的基础知识可在许多参考书中找到(也可参阅本书在线附录 E)[21]。

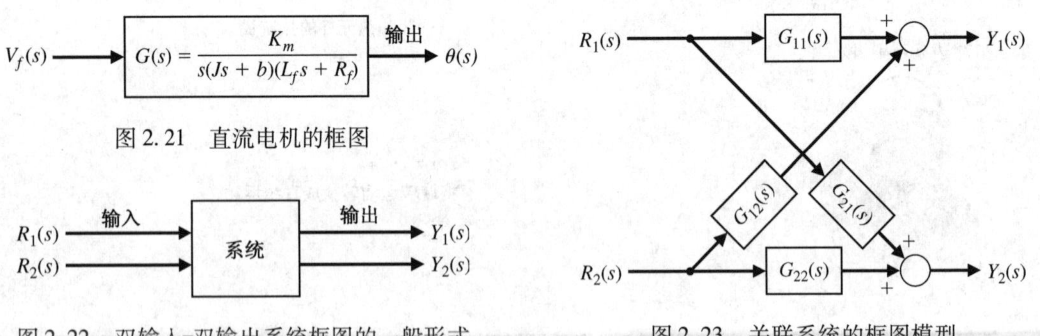

图 2.21　直流电机的框图

图 2.22　双输入-双输出系统框图的一般形式

图 2.23　关联系统的框图模型

可以根据框图化简规则对一个给定系统的框图模型加以化简，得到由比较少的方框构成的框图。由于传递函数是线性系统的数学描述，它满足结合律。以表 2.5 第 1 行提供的框图为例，有

$$X_3(s) = G_2(s)X_2(s) = G_1(s)G_2(s)X_1(s)$$

于是，当两个方框串联连接时，可得

$$X_3(s) = G_2(s)G_1(s)X_1(s)$$

表 2.5　框图的基本等效变换规则

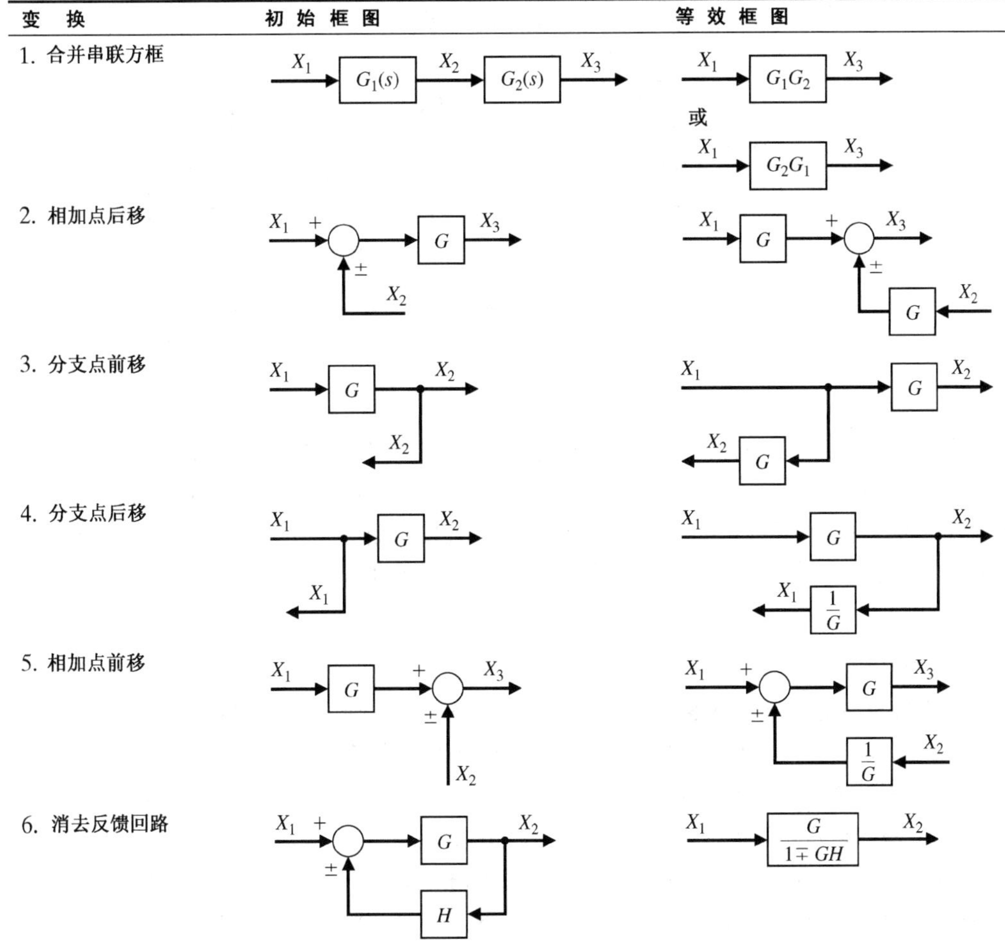

这种化简的前提是：第一个方框与第二个方框直接相连，而且对第一个方框的负载效应可以忽略不计。相互关联的系统元件可能会彼此作用，产生负载效应。如果确实产生了负载效应，工程设计人员必须考虑这种效应对原有传递函数的影响，并在后续设计工作中使用正确的传递函数。

框图的等效变换和化简规则来源于变量所遵循的代数方程。例如，考虑图 2.24 所示的框图模型，该负反馈系统的偏差激励信号遵循下面的方程：

$$E_a(s) = R(s) - B(s) = R(s) - H(s)Y(s) \tag{2.75}$$

传递函数 $G(s)$ 把输出信号与激励信号联系在了一起，因此有

$$Y(s) = G(s)U(s) = G(s)G_a(s)Z(s) = G(s)G_a(s)G_c(s)E_a(s) \tag{2.76}$$

于是有

$$Y(s) = G(s)G_a(s)G_c(s)[R(s) - H(s)Y(s)] \tag{2.77}$$

对 $Y(s)$ 合并同类项，可得

$$Y(s)[1 + G(s)G_a(s)G_c(s)H(s)] = G(s)G_a(s)G_c(s)R(s) \tag{2.78}$$

因此，输出 $Y(s)$ 与输入 $R(s)$ 之间的**闭环传递函数**为

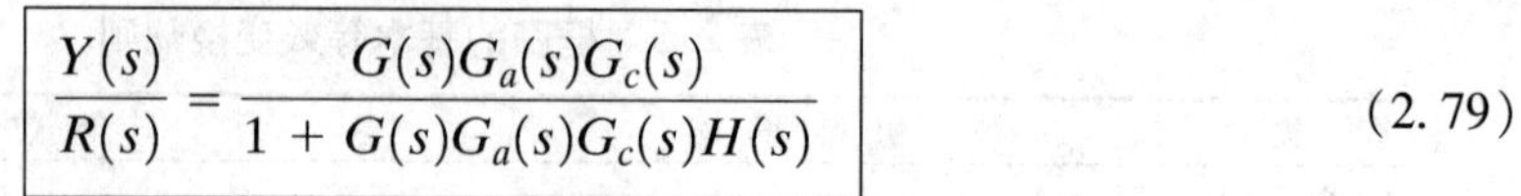

$$\boxed{\frac{Y(s)}{R(s)} = \frac{G(s)G_a(s)G_c(s)}{1 + G(s)G_a(s)G_c(s)H(s)}} \tag{2.79}$$

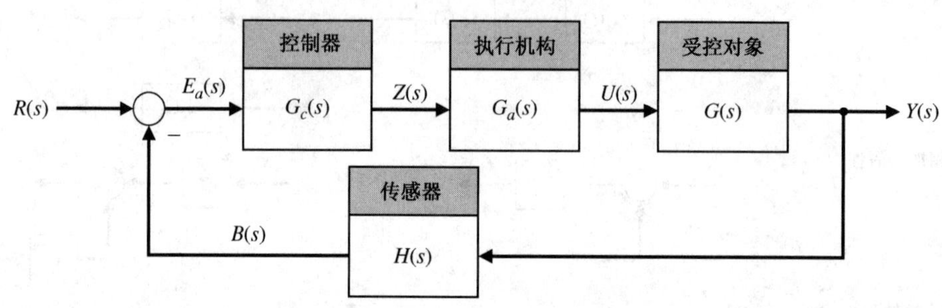

图 2.24 负反馈控制系统

利用式(2.79)，可以将图 2.24 的框图模型化简成只有 1 个方框的框图模型，这是个框图等效化简的例子。更多的框图等效变换规则列于表 2.5 中。框图等效变换规则都是由方程式的代数推导得到的。这种对框图模型进行化简的方法比直接求解微分方程更为直观，便于研究人员更好地理解各元件在系统中的作用。下面用一个框图等效化简的例子来进一步说明框图等效变换的优点。

例 2.6 框图的化简

图 2.25 给出的是一个多回路反馈控制系统的框图模型。值得注意的是，反馈信号 $H_1(s)Y(s)$ 是正反馈信号，回路 $G_3(s)G_4(s)H_1(s)$ 因此称为**正反馈回路**。该框图模型化简的核心是利用表 2.5 中的规则 6 来消去反馈回路，其他变换都是为此而做的准备。首先，为了消去回路 $G_3(s)G_4(s)H_1(s)$，我们运用规则 4 将 $H_2(s)$ 的分支节点移到 $G_4(s)$ 的后面，于是就得到了图 2.26(a)；利用规则 6 消去回路 $G_3(s)G_4(s)H_1(s)$ 之后，又得到了图 2.26(b)；再消去含有 $H_2(s)/G_4(s)$ 的内回路，又得到了图 2.26(c)；最后，消去含有 $H_3(s)$ 的回路，便得到了闭环系统的传递函数。化简后的框图如图 2.26(d)所示。此外，在完成等效化简之后，有必要检查所得到的传递函数，这需要分别检查传递函数的分子和分母。传递函数的分子应该是连接输入 $R(s)$ 到输出 $Y(s)$ 的前馈串联元件传递函数之积。分母则是 1 减去所有回路传递函数之和。回路 $G_3(s)G_4(s)H_1(s)$ 为正反馈，因而它前面应为“+”号，而回路 $G_1(s)G_2(s)G_3(s)G_4(s)H_3(s)$ 和 $G_2(s)G_3(s)H_2(s)$ 为负反馈，因而它们前面应为“−”号。为了说明这一点，可以将所得到的传递函数的分母重新写成

$$q(s) = 1 - (+G_3(s)G_4(s)H_1(s) - G_2(s)G_3(s)H_2(s) - G_1(s)G_2(s)G_3(s)G_4(s)H_3(s)) \tag{2.80}$$

上述传递函数的分子和分母，与后面将要讲到的多回路反馈系统传递函数的一般表达式[参见梅森(Mason)公式]是一致的。

反馈控制系统的框图模型是一种非常有用且应用广泛的模型，它提供了系统内部关系的直观的图示表示，而且可以方便地增添方框和修正方框，以便设计分析人员改善系统的性能。至此，我们已经具备了从框图模型扩展到线条化的信号流图模型的知识基础。下一节将介绍信号流图模型。

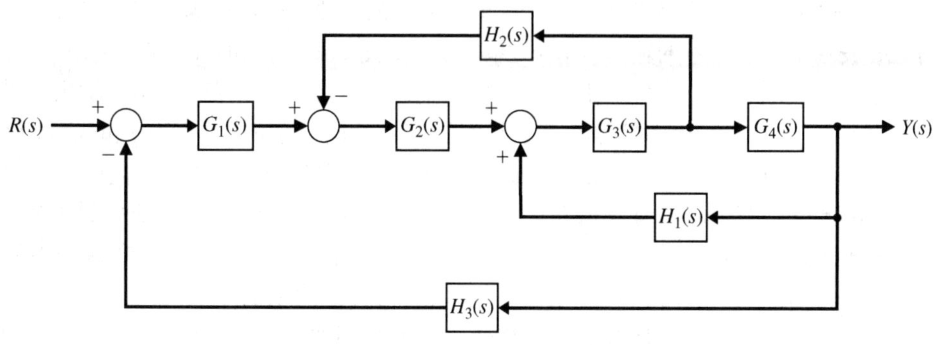

图 2.25　多回路反馈控制系统框图

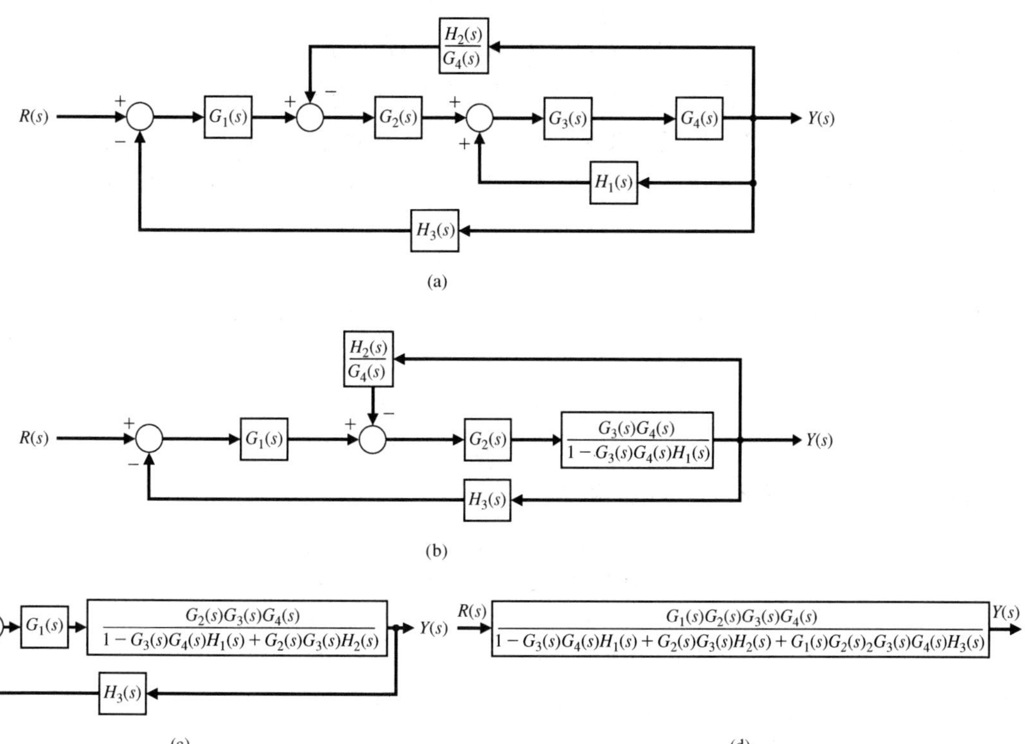

图 2.26　图 2.25 所示框图的化简过程

2.7　信号流图模型

框图模型可以直观而完整地表示受控变量与输入变量之间的关系。描述系统变量之间关联关系的另一种方法是由梅森(Mason)提出来的，它以节点间的线段为基本的描述手段[4,25]。这种基于线段的方法即所谓的信号流图法，它的最大优点是，无须对流图进行化简和变换，就可以利用流图增益公式，方便地给出系统变量间的信号传递关系。

接下来将会发现，我们能够方便地将上一节中各个系统的框图模型等效转换为信号流图模型。**信号流图**由节点及连接节点的有向线段构成，是一组线性关系的图示化表示。由于反馈理论关注的要点是系统中信号的变换和流向，因此信号流图法特别适用于反馈控制系统。信号流图的基本要素是连接彼此关联的节点的，具有单一方向的线段，通常称为**支路**，它与框图模型中的方框等效，表示了节点信号的输入-输出关系。于是，图2.27给出的连接直流电机输出$\theta(s)$与磁场电压$V_f(s)$的单支路流图，就与图2.21给出的单方框框图等效。表示输入、输出信号的点称为**节点**。类似地，图2.28给出的信号流图，与表示变量之间关系的式(2.71)和式(2.72)等效，也就是与图2.23所示的系统等效。在信号流图中，变量之间的传输关系或增益倍数标记在定向箭头的近旁，离开某个节点的所有支路都会将该节点的信号，变换传输(单向地)到各个支路对应的输出节点；进入某个节点的所有支路所传输的信号之和等于该节点信号。**通路**是指从一个信号(节点)到另一个信号(节点)的，由一条或多条相连的支路构成的路径，**回路**则是指起始节点和终止节点为同一节点，且与其他节点最多相交一次的封闭通路。如果两个回路没有公共节点，则称它们为**不接触回路**。接触回路则应该有一个或多个公共节点。于是，考察图2.28，我们再次得到了

$$Y_1(s) = G_{11}(s)R_1(s) + G_{12}(s)R_2(s) \tag{2.81}$$

$$Y_2(s) = G_{21}(s)R_1(s) + G_{22}(s)R_2(s) \tag{2.82}$$

由此可见，信号流图的确只是系统的复频域变量的代数方程的另一种图示化表示，表示了系统变量之间的关联关系。接下来考察下面的代数方程组，并分析建立其信号流图：

$$a_{11}x_1 + a_{12}x_2 + r_1 = x_1 \tag{2.83}$$

$$a_{21}x_1 + a_{22}x_2 + r_2 = x_2 \tag{2.84}$$

其中，r_1和r_2为两个输入变量，x_1和x_2为两个输出变量。它们的信号流图如图2.29所示。式(2.83)和式(2.84)可以改写为

$$x_1(1 - a_{11}) + x_2(-a_{12}) = r_1 \tag{2.85}$$

$$x_1(-a_{21}) + x_2(1 - a_{22}) = r_2 \tag{2.86}$$

运用克拉默法则，可以求得方程组的解为

$$x_1 = \frac{(1 - a_{22})r_1 + a_{12}r_2}{(1 - a_{11})(1 - a_{22}) - a_{12}a_{21}} = \frac{1 - a_{22}}{\Delta}r_1 + \frac{a_{12}}{\Delta}r_2 \tag{2.87}$$

$$x_2 = \frac{(1 - a_{11})r_2 + a_{21}r_1}{(1 - a_{11})(1 - a_{22}) - a_{12}a_{21}} = \frac{1 - a_{11}}{\Delta}r_2 + \frac{a_{21}}{\Delta}r_1 \tag{2.88}$$

其中，分母为方程组系数矩阵的行列式Δ，并可以改写成

$$\Delta = (1 - a_{11})(1 - a_{22}) - a_{12}a_{21} = 1 - a_{11} - a_{22} + a_{11}a_{22} - a_{12}a_{21} \tag{2.89}$$

在这种情况下，分母等于1减去自回路a_{11}和a_{22}的增益，以及回路$a_{12}a_{21}$的增益，再加上两个不接触回路a_{11}和a_{22}的增益的乘积。需要注意的是，回路a_{11}与$a_{12}a_{21}$是接触的，a_{22}与$a_{12}a_{21}$也是接触的。

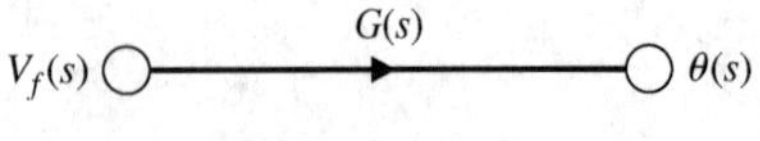

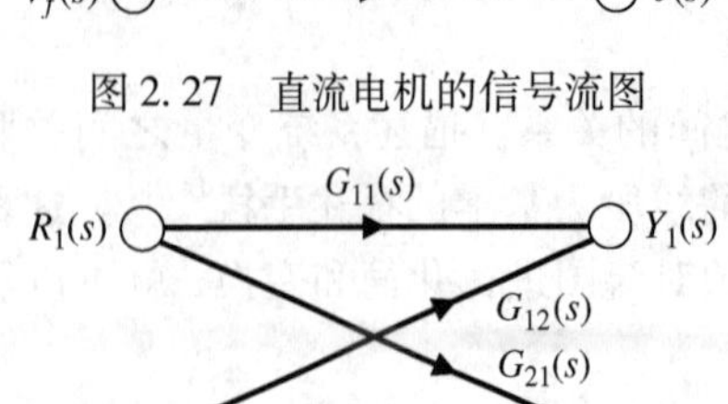

图2.27 直流电机的信号流图

图2.28 关联系统的信号流图

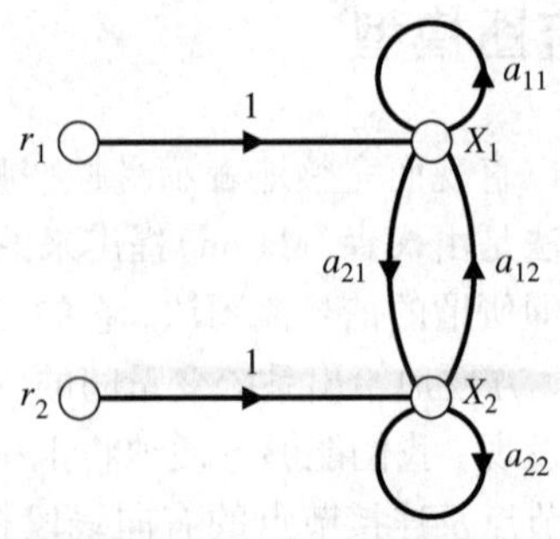

图2.29 二元方程的信号流图

在与 x_1 对应的式(2.87)中，与输入变量 r_1 对应的分子项为 1 乘以$(1-a_{22})$，其中 1 是 r_1 到 x_1 的通路增益，$(1-a_{22})$是分母 Δ 中删除若干项后剩下的余因式，其计算原则是：在分母 Δ 的各项中，如果包含了与从 r_1 到 x_1 的通路相互接触的某个回路的增益，就删去该项，剩下的即为对应的余因式。又由于 r_2 到 x_1 的通路与所有回路相接触，因此在分母 Δ 中将不再保留任何包含回路增益的项，对应的余因式正好为1。正因为如此，与 r_2 对应的第二项的分子项就直接等于 r_2 到 x_1 的通路增益 a_{12}。类似地，我们可以看出，与 x_2 对应的式(2.88)在形式上与式(2.87)彼此对称。

一般地，由独立变量 x_i(通常称为输入变量)到因变量 x_j 的线性依存关系，或传递函数 $T_{ij}(s)$，可以由下面的信号流图梅森增益公式给出[11,12]：

$$T_{ij}(s)=\frac{\sum_k P_{ijk}(s)\Delta_{ijk}(s)}{\Delta(s)} \tag{2.90}$$

其中，$P_{ijk}(s)$表示由 x_i 到 x_j 的第 k 条前向通路的增益，$\Delta(s)$为流图的特征式，$\Delta_{ijk}(s)$为通路 $P_{ijk}(s)$在 $\Delta(s)$中的余因式，并且求和运算要对从 x_i 到 x_j 的所有可能的 k 个通路求和。$P_{ijk}(s)$为通路的增益或传递系数，而通路指的是沿箭头方向的一系列彼此连接的支路，而且与任一节点都至多相交 1 次。$\Delta_{ijk}(s)$是特征式 $\Delta(s)$中删除了所有与第 k 条通路相接触的回路增益项之后剩下来的余因式。特征式 $\Delta(s)$则定义为

$$\Delta(s)=1-\sum_{n=1}^{N}L_n(s)+\sum_{\substack{n,m\\ \text{不接触回路}}}L_n(s)L_m(s)-\sum_{\substack{n,m,p\\ \text{不接触回路}}}L_n(s)L_m(s)L_p(s)+\cdots \tag{2.91}$$

其中，$L_q(s)$为第 q 条回路的增益。于是，利用回路增益 $L_1(s),L_2(s),L_3(s),\cdots,L_N(s)$，求 $\Delta(s)$值的规则为

$\Delta(s)=1-$所有不同回路的增益之和
$+$所有两两互不接触回路增益的乘积之和
$-$所有 3 个互不接触回路增益的乘积之和
$+\cdots$

梅森公式常用来表示输出 $Y(s)$与输入 $R(s)$之间的关系，并且简记为

$$\boxed{T(s)=\frac{\sum_k P_k(s)\Delta_k(s)}{\Delta(s)}} \tag{2.92}$$

其中，$T(s)=Y(s)/R(s)$。

下面用几个例子来说明梅森增益公式及其应用。式(2.90)尽管看上去很复杂，但由于主要涉及的只是加法和乘法运算，因此它实际上并不复杂。

例 2.7　关联系统的传递函数

图 2.30(a)给出了一个 2 通路的信号流图，对应的框图如图 2.30(b)所示。多足步行机器人就是一个多通道控制系统的例子。连接输入 $R(s)$和输出 $Y(s)$的两条前向通路分别为

$P_1(s)=G_1(s)G_2(s)G_3(s)G_4(s)$(通路 1)，　　$P_2(s)=G_5(s)G_6(s)G_7(s)G_8(s)$(通路 2)

4 个回路分别为

$$L_1(s)=G_2(s)H_2(s),\quad L_2(s)=H_3(s)G_3(s),\quad L_3(s)=G_6(s)H_6(s),\quad L_4(s)=G_7(s)H_7(s)$$

由于回路 $L_1(s)$、$L_2(s)$与回路 $L_3(s)$、$L_4(s)$不接触，故该流图的特征式为

$$\begin{aligned}\Delta(s)=1&-(L_1(s)+L_2(s)+L_3(s)+L_4(s))+\\&(L_1(s)L_3(s)+L_1(s)L_4(s)+L_2(s)L_3(s)+L_2(s)L_4(s))\end{aligned} \tag{2.93}$$

从 $\Delta(s)$中去掉与通路 1 相接触的回路项，就得到了通路 1 的余因式，故有

$$L_1(s) = L_2(s) = 0, \qquad \Delta_1(s) = 1 - (L_3(s) + L_4(s))$$

类似地，通路 2 的余因式为

$$\Delta_2(s) = 1 - (L_1(s) + L_2(s))$$

于是，系统的传递函数为

$$\begin{aligned}\frac{Y(s)}{R(s)} = T(s) &= \frac{P_1(s)\Delta_1(s) + P_2(s)\Delta_2(s)}{\Delta(s)} \\ &= \frac{G_1(s)G_2(s)G_3(s)G_4(s)(1 - L_3(s) - L_4(s))}{\Delta(s)} + \\ &\quad \frac{G_5(s)G_6(s)G_7(s)G_8(s)(1 - L_1(s) - L_2(s))}{\Delta(s)}\end{aligned} \tag{2.94}$$

其中，$\Delta(s)$ 由式(2.93)给出。

利用框图化简方法也能够得到同样的结果。该系统的框图如图 2.30(b)所示，整个框图包含 4 个内部反馈回路。首先化简这 4 个内部反馈回路，再将化简结果用串联方式连接起来，就可以逐步完成该框图的化简。顶部通路的传递函数为

$$\begin{aligned}Y_1(s) &= G_1(s)\left[\frac{G_2(s)}{1 - G_2(s)H_2(s)}\right]\left[\frac{G_3(s)}{1 - G_3(s)H_3(s)}\right]G_4(s)R(s) \\ &= \left[\frac{G_1(s)G_2(s)G_3(s)G_4(s)}{(1 - G_2(s)H_2(s))(1 - G_3(s)H_3(s))}\right]R(s)\end{aligned}$$

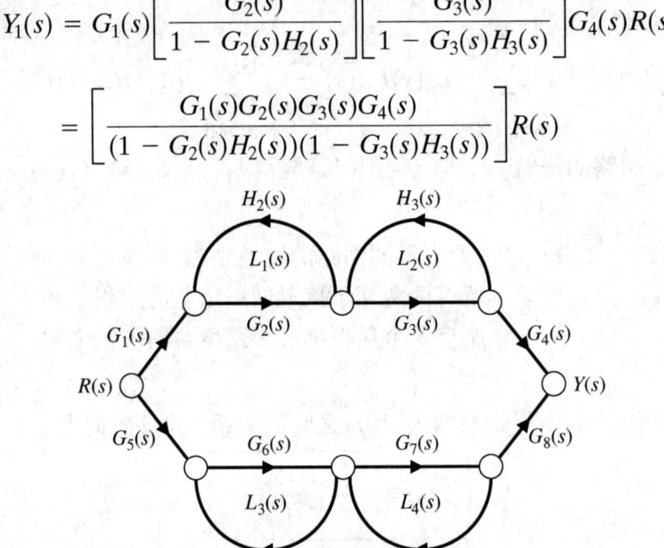

(a)

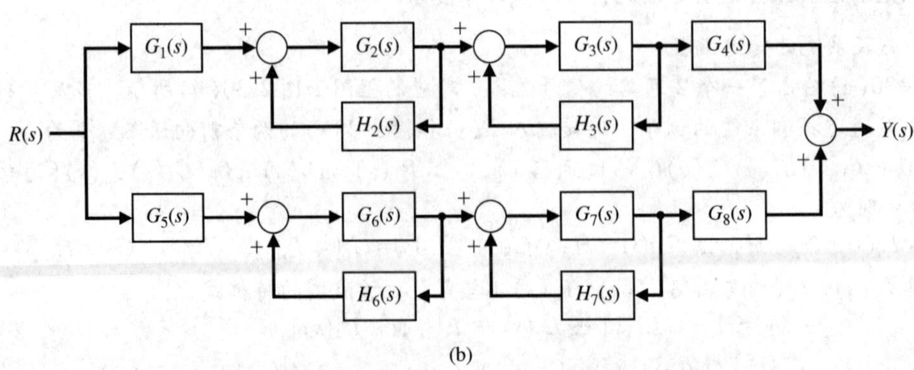

(b)

图 2.30 2 通路关联的系统。(a) 信号流图；(b) 框图

同样，可以得到底部通路的传递函数为

$$Y_2(s) = G_5(s)\left[\frac{G_6(s)}{1 - G_6(s)H_6(s)}\right]\left[\frac{G_7(s)}{1 - G_7(s)H_7(s)}\right]G_8(s)R(s)$$

$$= \left[\frac{G_5(s)G_6(s)G_7(s)G_8(s)}{(1 - G_6(s)H_6(s))(1 - G_7(s)H_7(s))}\right]R(s)$$

最后得到全系统的传递函数为

$$Y(s) = Y_1(s) + Y_2(s) = \left[\frac{G_1(s)G_2(s)G_3(s)G_4(s)}{(1 - G_2(s)H_2(s))(1 - G_3(s)H_3(s))} + \frac{G_5(s)G_6(s)G_7(s)G_8(s)}{(1 - G_6(s)H_6(s))(1 - G_7(s)H_7(s))}\right]R(s)$$

例 2.8　电枢控制式直流电机

电枢控制式直流电机的框图模型见图 2.20，它是根据式(2.64)至式(2.68)得到的。所得到的信号流图如图 2.31 所示。当扰动信号 $T_d(s)=0$ 时，利用梅森公式来推导电机的传递函数 $\theta(s)/V_a(s)$。只有 1 条前向通路 $P_1(s)$，并且与唯一的回路 $L_1(s)$ 相接触，而且

$$P_1(s) = \frac{1}{s}G_1(s)G_2(s), \qquad L_1(s) = -K_bG_1(s)G_2(s)$$

因此，可以得到传递函数为

$$T(s) = \frac{P_1(s)}{1 - L_1(s)} = \frac{(1/s)G_1(s)G_2(s)}{1 + K_bG_1(s)G_2(s)} = \frac{K_m}{s[(R_a + L_as)(Js + b) + K_bK_m]}$$

这与前面得到的传递函数式(2.69)完全相同。

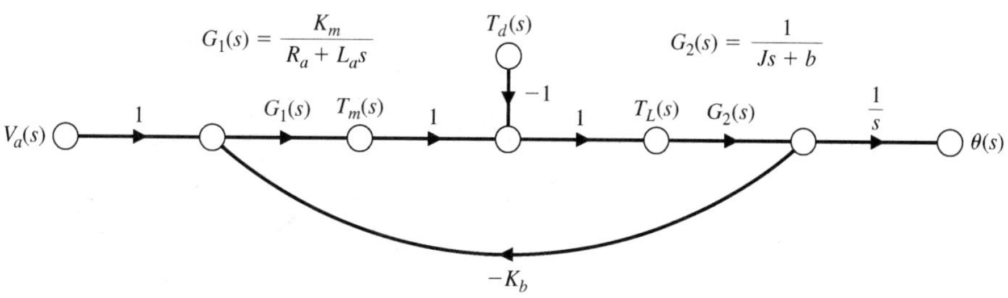

图 2.31　电枢控制式直流电机的信号流图

梅森公式是定量分析复杂系统的一种十分便捷的工具。为了比较梅森公式和框图化简方法，我们重新考察关于复杂系统的例 2.6。

例 2.9　多回路系统的传递函数

图 2.25 给出了一个多回路反馈控制系统的框图模型，据此可以很容易地得到对应的信号流图模型，这里不再重复绘制信号流图，而是直接运用梅森公式求解[见式(2.92)]。该系统有 1 条前向通路 $P_1(s)=G_1(s)G_2(s)G_3(s)G_4(s)$，而回路共有 3 条，分别为

$$L_1(s)=-G_2(s)G_3(s)H_2(s),\quad L_2(s)=G_3(s)G_4(s)H_1(s),\quad L_3(s)=-G_1(s)G_2(s)G_3(s)G_4(s)H_3(s) \tag{2.95}$$

所有回路都具有公共节点，因此它们是彼此接触的回路。通路 $P_1(s)$ 与所有回路相接触，所以有 $\Delta_1(s)=1$。于是，系统的闭环传递函数为

$$T(s)=\frac{Y(s)}{R(s)}=\frac{P_1(s)\Delta_1(s)}{1-L_1(s)-L_2(s)-L_3(s)}=\frac{G_1(s)G_2(s)G_3(s)G_4(s)}{\Delta(s)} \tag{2.96}$$

例 2.10 复杂系统的传递函数

考察图 2.32 给出的包括多个前向通路和反馈回路的相对复杂的系统。系统有3 条前向通路,分别为

$$P_1(s)=G_1(s)G_2(s)G_3(s)G_4(s)G_5(s)G_6(s),\ P_2(s)=G_1(s)G_2(s)G_7(s)G_6(s)$$
$$P_3(s)=G_1(s)G_2(s)G_3(s)G_4(s)G_8(s)$$

而反馈回路有 8 条,即

$$L_1(s)=-G_2(s)G_3(s)G_4(s)G_5(s)H_2(s),\qquad L_2(s)=-G_5(s)G_6(s)H_1(s)$$
$$L_3(s)=-G_8(s)H_1(s),\qquad L_4(s)=-G_7(s)H_2(s)G_2(s)$$
$$L_5(s)=-G_4(s)H_4(s),\qquad L_6(s)=-G_1(s)G_2(s)G_3(s)G_4(s)G_5(s)G_6(s)H_3(s)$$
$$L_7(s)=-G_1(s)G_2(s)G_7(s)G_6(s)H_3(s)$$
$$L_8(s)=-G_1(s)G_2(s)G_3(s)G_4(s)G_8(s)H_3(s)$$

回路 $L_5(s)$ 与 $L_4(s)$ 和 $L_7(s)$ 不接触,$L_3(s)$ 与 $L_4(s)$ 不接触;而其他回路都彼此接触,因此流图的特征式为

$$\begin{aligned}\Delta(s)=1&-(L_1(s)+L_2(s)+L_3(s)+L_4(s)+L_5(s)+L_6(s)+L_7(s)+L_8(s))+\\&(L_5(s)L_7(s)+L_5(s)L_4(s)+L_3(s)L_4(s))\end{aligned} \tag{2.97}$$

而与各条前向通路对应的余因式为

$$\Delta_1(s)=\Delta_3(s)=1,\ \Delta_2(s)=1-L_5(s)=1+G_4(s)H_4(s)$$

于是,系统的传递函数为

$$T(s)=\frac{Y(s)}{R(s)}=\frac{P_1(s)+P_2(s)\Delta_2(s)+P_3(s)}{\Delta(s)} \tag{2.98}$$

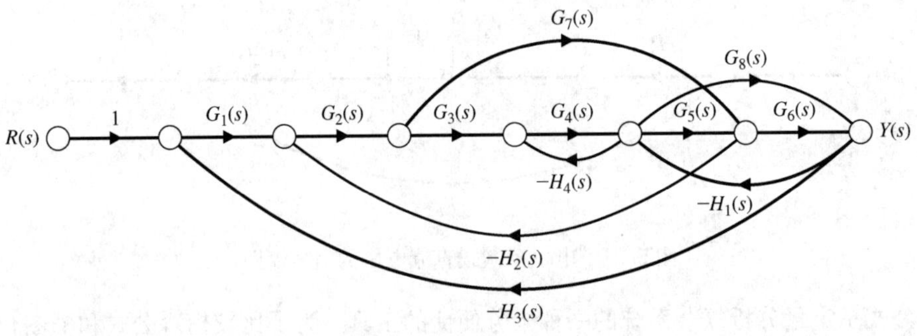

图 2.32 多回路系统

2.8 设计实例

本节共提供了 4 个实例。第一个实例讨论了光伏发电机的建模问题,以便于实施可靠的反馈控制,使得当阳光随着时间变化时,也能产生最大的输出功率。利用充沛的阳光来发电,并采用反馈控制提高效率,是对绿色工程的一项有益贡献。第二个实例非常详细地分析了蓄水池液位控制系统的建模过程,特别强调说明了获得用传递函数形式表示的线性模型的整个过程。其余的两个实例分别为电力牵引电机控制的建模,以及低通滤波器的设计。

例 2.11　光伏发电机

贝尔实验室在 1954 年发明了光伏电池(板)。太阳能电池板就是一个能够将太阳光转换成电能的光伏电池的例子。其他类型的光伏电池板可以用来检测辐射和测量光线强度。通过降低污染，太阳能电池板发电得以支持和贯彻绿色工程的原则，这样就能够减少自然资源的消耗。在阳光充沛的地区，太阳能电池板还会有很高的效率。光伏发电机是由主要含有太阳能电池板的各类光伏模块组成的发电系统，它们可以用于给电池充电，也可以不用电池直接驱动电动机，还可以直接接入电网供电[34~42]。

太阳能电池板的输出功率随着可用太阳光、温度以及外部负载的变化而变化。为了提高光伏发电机的总体效率，可以采用反馈控制策略来使输出功率最大化，通常称为最大功率点跟踪问题(Maximum Power Point Tracking, MPPT)[34~36]。太阳能电池板的电流和电压取特定的值时，其输出功率才会达到最大。最大功率点跟踪方案采用闭环反馈控制来寻找最优工作点，以便使功率转化电路从光伏发电系统中提取最大的功率。在此，我们先着重讨论该系统的建模问题，设计问题则留待后续章节讨论。

太阳能电池板可以用图 2.33 所示的等效电路来表示。它包含一个电流发生器 I_{PH}，一个光敏二极管，一个串联电阻 R_S 和一个并联电阻 R_P[34, 36~38]。

输出电压 V_{PV} 为

$$V_{PV} = \frac{N}{\lambda}\ln\left(\frac{I_{PH} - I_{PV} + MI_0}{MI_0}\right) - \frac{N}{M}R_S I_{PV} \tag{2.99}$$

这里，光伏发电机的太阳能电池阵列由 M 行并联而成，每行串联有 N 块太阳能电池，I_0 为二极管的反向饱和电流，I_{PH} 同时表示了曝光(光照)强度，是对电池板接受的太阳辐射的度量，而 λ 是与电池材料有关的已知常数[34~36]。

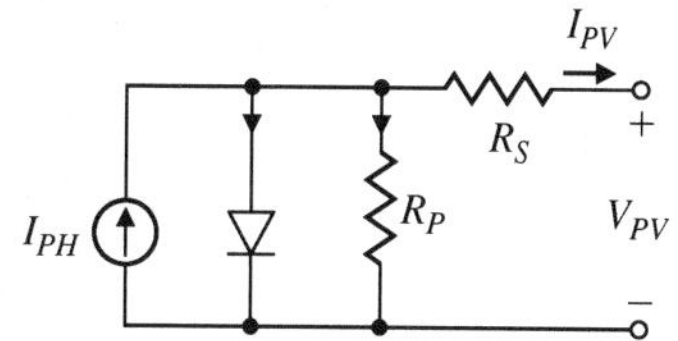

图 2.33　光伏发电机的等效电路

假定我们只考虑由 10 块硅电池($N=10$)串联而成的单列($M=1$)太阳能电池板，给定的参数为 $1/\lambda=0.05$ V，$R_S=0.025\ \Omega$，$I_{PH}=3$ A 和 $I_0=0.001$ A。在特定的光照强度下($I_{PH}=3$ A)，由式(2.99)给出的输出电压随输出电流的变化曲线，以及输出功率随输出电流的变化曲线如图 2.34 所示。从中可以看出，使 $\mathrm{d}P/\mathrm{d}I_{PV}=0$ 的点就是最大功率点，与之对应的输出电压和输出电流分别记为 $V_{PV}=V_{mp}$ 和 $I_{PV}=I_{mp}$。当阳光变化时，光照强度 I_{PH} 随之变化，将会导致不同的功率曲线。

最大功率点跟踪问题的目的就是，当工作条件变化时，寻求对应的输出电压和输出电流，使得输出功率最大。实现这个目的的思路是及时变更参考输出电压，如图 2.35 所示，它是光照强度的函数，并对应于最大输出功率，而反馈控制系统的作用就是使实际输出电压快速、精准地跟踪参考输出电压。

图 2.36 给出了该系统的简略框图。构成受控对象的主要部件包括一个功率电路(例如，用一个相控集成电路和闸流管电桥构成)、光伏发电机、变流器等，可以用下面的二阶传递函数表示为

$$G(s) = \frac{K}{s(s+p)} \tag{2.100}$$

其中，K 和 p 是依赖于光伏发电机以及有关电子器件的参数[35]。图 2.36 中的控制器 $G_c(s)$ 的设计宗旨是，当光照强度，即 I_{PH} 发生变化时，使得输出电压接近参考输出电压 $V_{ref}(s)$，而已经设定好的参考电压可以实现输出功率最大化。例如，如果取控制器为比例加积分控制器(PI)：

$$G_c(s) = K_P + \frac{K_I}{s}$$

则闭环传递函数为

$$T(s)=\frac{K(K_Ps+K_I)}{s^3+ps^2+KK_Ps+KK_I} \tag{2.101}$$

通过选择式(2.101)中的控制器增益，将 $T(s)$ 的极点配置到预期的位置，就能获得预期的性能指标。

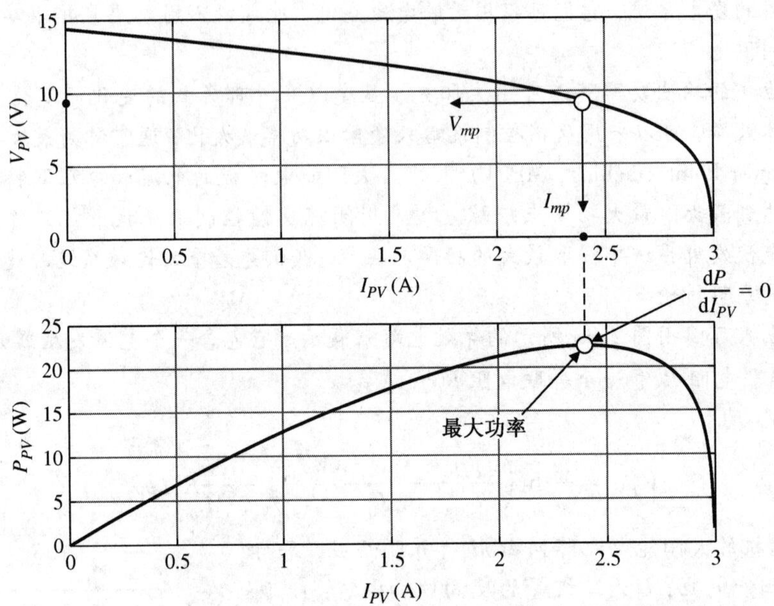

图 2.34　特定的光照强度下，光伏发电机的输出电压随输出电流的变化曲线，以及输出功率随输出电流的变化曲线

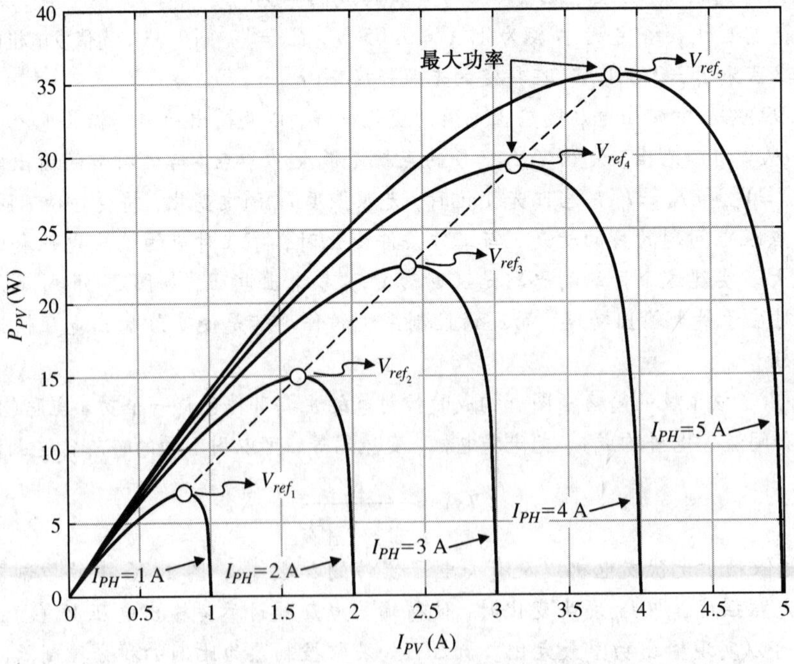

图 2.35　随着 I_{PH} 变化的最大功率点决定了参考输出电压 V_{ref}

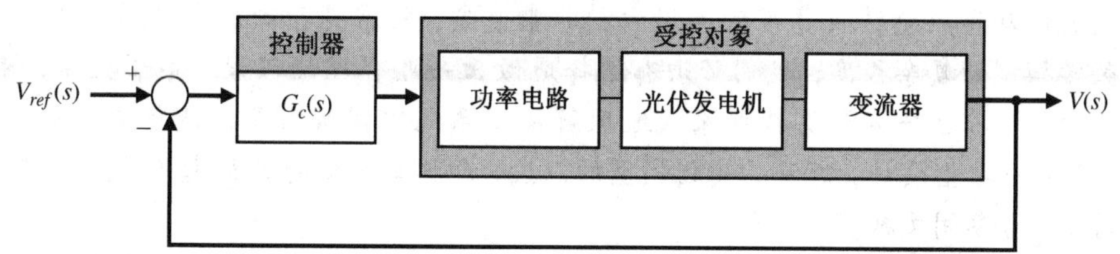

图 2.36　包含参数 K 和 p，旨在实现最大功率转换的反馈控制系统框图

例 2.12　液流系统建模

图 2.37 给出了一个液流系统。蓄水池（或水柜）底部带有一个出水口，水从上方的进水管流入蓄水池中，进水管由注水阀控制。在本系统中，需要研究的变量包括液体流速 V（单位为 m/s）、液面高度 H（单位为 m）和水压 p（单位为 N/m^2）。水压是指在水中指定的某个表面上，水作用在单位面积（水处于静止状态）上的力。水压均匀地作用于该表面。如果要深入理解液流建模过程，可参阅文献[28～30]。

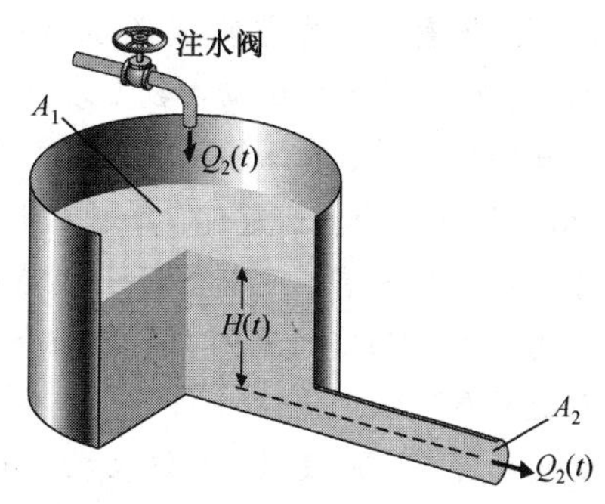

图 2.37　蓄水池系统的结构配置

图 2.38 给出了蓄水池液流控制系统设计的基本流程，并用阴影突出显示了本例重点强调的设计模块。具体工作是：确定系统配置，建立合适的数学模型，也就是说，用输入-输出关系来描述蓄水池的液流过程。

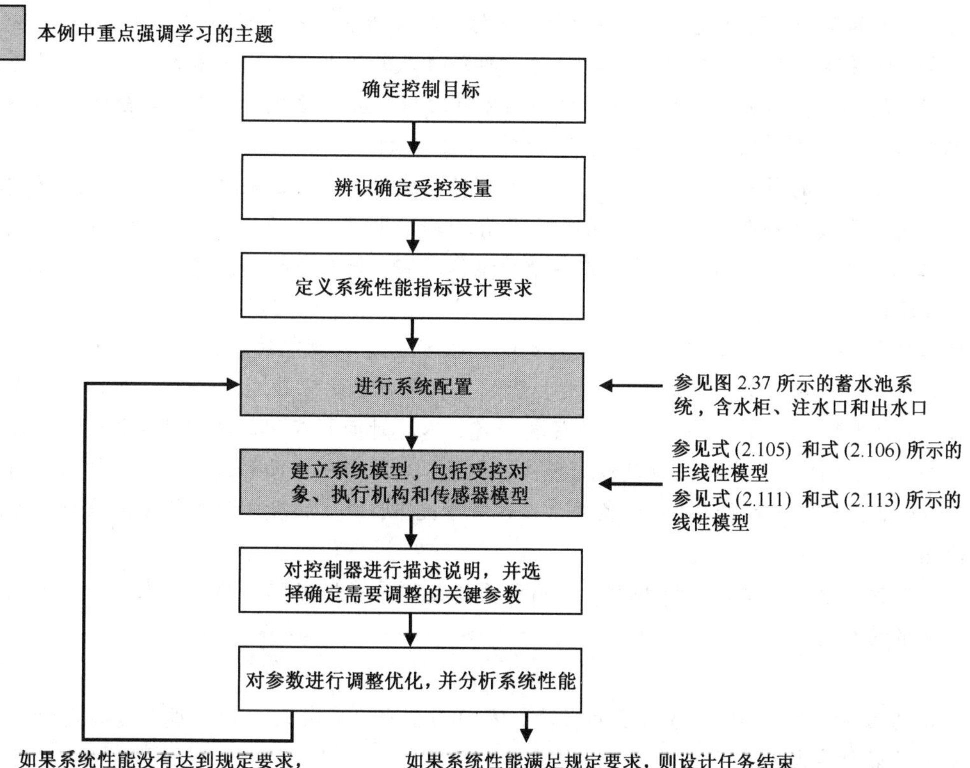

图 2.38　蓄水池液流控制系统设计流程及重点强调的设计模块

描述液流运动和能量转换过程的通用方程非常复杂，常常是彼此耦合的偏微分方程(组)。为了降低数学模型的复杂程度，我们必须有选择地做出一些合理的假设。尽管控制工程师不必同时是流体力学专家，并不需要特别深入地理解控制系统建模所需要的流体力学的专门知识。但是，真正理解一些重要的，有利于简化模型的假设，却具有重要的工程意义。关于流体运动的更深入的讨论，可参阅文献[31～33]。

为了建立一个合理且容易处理的数学模型以便描述蓄水池液流系统，必须首先做出一些重要的合理假设，即假定蓄水池中的水是不可压缩的，并且液流是非黏滞、无旋转和稳定的。不可压缩的流体意味着其密度ρ(单位为kg/m^3)是常数。但实际上，所有的流体都在某种程度上是可压缩的，可压缩性用压缩系数k表征。压缩系数k越小，流体的可压缩性就越差。例如，空气就是可压缩性流体，其压缩系数为$k_{air}=0.98\ m^2/N$；而水的压缩系数则为$k_{H_2O}=4.9\times10^{-10}\ m^2/N=50\times10^{-6}\ atm^{-1}$，也就是说，每增加1个大气压(1 atm)①，水的体积仅仅缩小0.05‰。由此可见，对于工程应用而言，可以合理地假定水是不可压缩流体。

再考虑运动中的流体。如果两个邻近的液流层的初始流速不一致，那么分子的相互流动将导致这两层液流的流速趋向一致。这就是内摩擦效应，所实现的动量交换称为黏滞特性。就黏滞特性而言，固体最强，液体次之，气体最差。黏滞特性用黏滞系数μ(单位为$N\cdot s/m^2$)表示，黏滞系数越大，表明物质的黏滞特性越强。例如，20℃的标准条件下，空气的黏滞系数为

$$\mu_{air}=0.178\times10^{-4}\ N\cdot s/m^2$$

水的黏滞系数为

$$\mu_{H_2O}=1.054\times10^{-3}\ N\cdot s/m^2$$

由此可见，水的黏滞性约为空气的黏滞性的60倍。黏滞性主要取决于温度，而非压力。例如，水在0℃时的黏滞性是20℃时的两倍。即使对于黏滞性低的流体，如空气和水，只有在边界层，即蓄水池壁和输出管壁等处，内摩擦特性的影响才有比较明显的体现。因此，在建模过程中，我们可以忽略水的黏滞性，也就是说，我们认为水是非黏滞的。

如果在液流中的每一点上，液体元素都没有静角速度，就称该液流是非旋转的。想象一下，在出水口的位置放置一个小叶轮，如果叶轮没有旋转，就可以认为液流是非旋转的。在本例中，假定蓄水池中的水是非旋转的。对于非黏滞的流体而言，如果在初始情况下非旋转，则液流将一直保持非旋转。

蓄水池和出水口中的水流既可能是稳定的，也可能是不稳定的。如果液流中每一点的速度都保持恒定，就称该液流是稳定的。需要指出的是，这并不意味着液流中每一点的速度都必须相同，而是说对于某一点而言，其速度一直保持匀速，不随时间而变化。液流处于低速时，容易满足稳定条件。本实例中，假定水流满足稳定条件。但是，如果出水口面积过大，那么蓄水池内部的水流速度将偏高，可能会无法满足稳定条件。在这种情况下，所建的数学模型将无法准确预测液流的运动情况。

为了建立蓄水池液流的数学模型，必须引用诸如能量守恒定律等原理。在给定时间内，蓄水池内部的水的质量为

$$m(t)=\rho A_1H(t) \tag{2.102}$$

其中，A_1为蓄水池的底面积，ρ为水的密度，$H(t)$为蓄水池内部的水的高度。建模与计算过程中用到的一些物理常数如表2.6所示。

① 1 atm = 101 325 Pa。——编者注

表 2.6　蓄水池系统的物理常数

ρ (kg/m^3)	g (m/s^2)	A_1 (m^2)	A_2 (m^2)	H^* (m)	Q^* (kg/s)
1000	9.8	π/4	π/400	1	34.77

在此后的公式中，带有下标 1 的变量表示输入变量，带有下标 2 的变量表示输出变量。式(2.102)的两边对时间求导数，可得

$$\dot{m}(t) = \rho A_1 \dot{H}(t)$$

此处，用到了水是不可压缩流体的假设(不可压缩流体的密度为常数，即 $\dot{\rho}=0$)，而蓄水池的底面积 A_1 也为常数，不随时间发生变化。实际上，蓄水池内部的水的质量的变化，又等于注入蓄水池和流出蓄水池的水的质量之差，故有

$$\dot{m}(t) = \rho A_1 \dot{H}(t) = Q_1(t) - \rho A_2 v_2(t) \tag{2.103}$$

其中，$Q_1(t)$为单位时间内的进水质量，即进水流量(单位为 kg/s)；$v_2(t)$为出水流速；A_2 为出水管的横截面积。而且，出水流速 $v_2(t)$是水面高度 $H(t)$的函数。根据伯努利(Bernoulli)方程可得[39]

$$\frac{1}{2}\rho v_1^2(t) + P_1 + \rho g H(t) = \frac{1}{2}\rho v_2^2(t) + P_2$$

其中，$v_1(t)$为蓄水池进水口进水流速；P_1 和 P_2 分别为进水口和出水口的气压，它们都为 1 个大气压；相对于 A_1 而言，A_2 非常小($A_2=A_1/100$)，因此进水流速 $v_1(t)$非常小，甚至可以忽略。这样一来，可以将伯努利方程简化为

$$v_2(t) = \sqrt{2gH(t)} \tag{2.104}$$

将式(2.104)代入式(2.103)中，并求解$\dot{H}(t)$，可得

$$\dot{H}(t) = -\left[\frac{A_2}{A_1}\sqrt{2g}\right]\sqrt{H(t)} + \frac{1}{\rho A_1}Q_1(t) \tag{2.105}$$

根据式(2.104)，可以求得出水流量为

$$Q_2(t) = \rho A_2 v_2(t) = (\rho\sqrt{2g}A_2)\sqrt{H(t)} \tag{2.106}$$

为了对以上方程进行简化，定义如下替换变量：

$$k_1 := -\frac{A_2\sqrt{2g}}{A_1}, \qquad k_2 := \frac{1}{\rho A_1}, \qquad k_3 := \rho\sqrt{2g}A_2$$

于是可得

$$\dot{H}(t) = k_1\sqrt{H(t)} + k_2 Q_1(t), \qquad Q_2(t) = k_3\sqrt{H(t)} \tag{2.107}$$

这样就建立了蓄水池液流模型，其中输入为进水流量 $Q_1(t)$，输出为出水流量 $Q_2(t)$。可以看出，由于式(2.107)中包含了 $\sqrt{H(t)}$ 项，因此，这是一个非线性的一阶常微分方程模型。将模型记为函数的形式：

$$\dot{H}(t) = f(H(t), Q_1(t)), \qquad Q_2(t) = h(H(t), Q_1(t))$$

其中，

$$f(H(t), Q_1(t)) = k_1\sqrt{H(t)} + k_2 Q_1(t),\ h(H(t), Q_1(t)) = k_3\sqrt{H(t)}$$

在流量平衡点附近，对描述蓄水池液流模型的函数进行泰勒级数展开，可以获得一组线性化方程。当蓄水池系统处于平衡状态时，液面高度保持稳定，即有$\dot{H}(t)=0$。令 Q^* 和 H^* 分别表示平衡状态下的进水流量和液面高度，可得

$$Q^* = -\frac{k_1}{k_2}\sqrt{H^*} = \rho\sqrt{2g}A_2\sqrt{H^*} \tag{2.108}$$

当注入蓄水池中的水量刚好补偿通过出水口流出的水量时，上述平衡条件成立。在平衡状态下，液面高度和进水流量应该在平衡点附近波动，因此可以将它们写为

$$H(t) = H^* + \Delta H(t), \quad Q_1(t) = Q^* + \Delta Q_1(t) \tag{2.109}$$

其中，$\Delta H(t)$和$\Delta Q_1(t)$是$H(t)$和$Q(t)$在平衡点附近的偏差小信号。因此，可得$\dot{H}$的泰勒级数展开式为

$$\dot{H}(t) = f(H(t), Q_1(t)) = f(H^*, Q^*) + \left.\frac{\partial f}{\partial H}\right|_{\substack{H=H^* \\ Q1=Q^*}}(H(t) - H^*) + \left.\frac{\partial f}{\partial Q_1}\right|_{\substack{H=H^* \\ Q1=Q^*}}(Q_1(t) - Q^*) + \cdots \tag{2.110}$$

其中，

$$\left.\frac{\partial f}{\partial H}\right|_{\substack{H=H^* \\ Q1=Q^*}} = \left.\frac{\partial(k_1\sqrt{H} + k_2Q_1)}{\partial H}\right|_{\substack{H=H^* \\ Q1=Q^*}} = \frac{1}{2}\frac{k_1}{\sqrt{H^*}}$$

$$\left.\frac{\partial f}{\partial Q_1}\right|_{\substack{H=H^* \\ Q1=Q^*}} = \left.\frac{\partial(k_1\sqrt{H} + k_2Q_1)}{\partial Q_1}\right|_{\substack{H=H^* \\ Q1=Q^*}} = k_2$$

由式(2.108)可得

$$\sqrt{H^*} = \frac{Q^*}{\rho\sqrt{2g}A_2}$$

于是有

$$\left.\frac{\partial f}{\partial H}\right|_{\substack{H=H^* \\ Q_1=Q^*}} = -\frac{{A_2}^2}{A_1}\frac{g\rho}{Q^*}$$

由于平衡状态下的液面高度H^*为常数，因此对式(2.109)的第一个公式两边求导，可得

$$\dot{H}(t) = \Delta\dot{H}(t)$$

此外，根据平衡条件可以得到，$f(H^*, Q^*) = 0$，忽略泰勒级数展开式(2.110)的高阶项，最终可得

$$\Delta\dot{H}(t) = -\frac{{A_2}^2}{A_1}\frac{g\rho}{Q^*}\Delta H(t) + \frac{1}{\rho A_1}\Delta Q_1(t) \tag{2.111}$$

可以看出，这个线性方程描述的是，进水流量相对于平衡点的偏差小信号$\Delta Q_1(t)$与液面高度相对于平衡点的偏差小信号$\Delta H(t)$之间的关系。

类似地，对于输出变量$Q_2(t)$，有

$$\begin{aligned} Q_2(t) &= Q_2^* + \Delta Q_2(t) = h(H(t), Q_1(t)) \\ &\approx h(H^*, Q^*) + \left.\frac{\partial h}{\partial H}\right|_{\substack{H=H^* \\ Q_1=Q^*}}\Delta H(t) + \left.\frac{\partial h}{\partial Q_1}\right|_{\substack{H=H^* \\ Q_1=Q^*}}\Delta Q_1(t) \end{aligned} \tag{2.112}$$

其中，$\Delta Q_2(t)$为出水流量的偏差小信号，且有

$$\left.\frac{\partial h}{\partial H}\right|_{\substack{H=H^* \\ Q_1=Q^*}} = \frac{g\rho^2{A_2}^2}{Q^*}, \qquad \left.\frac{\partial h}{\partial Q_1}\right|_{\substack{H=H^* \\ Q_1=Q^*}} = 0$$

因此，与输出变量$Q_2(t)$对应的偏差小信号线性化方程为

$$\Delta Q_2(t) = \frac{g\rho^2{A_2}^2}{Q^*}\Delta H \tag{2.113}$$

用传递函数描述系统的输入-输出关系，非常便于控制系统的分析和设计，而拉普拉斯变换则是求解传递函数的主要工具。对式(2.113)两边求导之后，再将其代入式(2.111)中，可以得到蓄水池系统的输入-输出关系

$$\Delta\dot{Q}_2(t) + \frac{{A_2}^2}{A_1}\frac{g\rho}{Q^*}\Delta Q_2(t) = \frac{{A_2}^2 g\rho}{A_1 Q^*}\Delta Q_1(t)$$

定义替换变量

$$\Omega := \frac{{A_2}^2}{A_1}\frac{g\rho}{Q^*} \tag{2.114}$$

于是有

$$\Delta\dot{Q}_2(t) + \Omega\Delta Q_2(t) = \Omega\Delta Q_1(t) \tag{2.115}$$

对式(2.115)进行拉普拉斯变换(零初始条件)，可得传递函数为

$$\Delta Q_2(s)/\Delta Q_1(s) = \frac{\Omega}{s+\Omega} \tag{2.116}$$

式(2.116)描述了进水流量的偏差小信号 $\Delta Q_1(s)$ 与出水流量的偏差小信号 $\Delta Q_2(s)$之间的关系。类似地，对式(2.111)进行拉普拉斯变换，又可以得到进水流量的偏差小信号 $\Delta Q_1(s)$与液面高度的偏差小信号 $\Delta H(s)$之间的传递函数为

$$\Delta H(s)/\Delta Q_1(s) = \frac{k_2}{s+\Omega} \tag{2.117}$$

式(2.115)给出了一个描述蓄水池系统的线性定常方程。在此基础上，就可以分别讨论当输入为阶跃信号和正弦信号时，该系统的输出响应。需要再次强调的是，输入变量 $\Delta Q_1(s)$是进水流量偏离平衡状态 Q^* 时的偏差小信号。

首先考虑阶跃输入信号

$$\Delta Q_1(s) = q_o/s$$

其中，q_o 是阶跃信号的幅值，初始条件为 $\Delta Q_2(0)=0$。因此，根据传递函数式(2.116)，可得

$$\Delta Q_2(s) = \frac{q_o\Omega}{s(s+\Omega)}$$

对上式进行部分分式分解，可得

$$\Delta Q_2(s) = \frac{-q_o}{s+\Omega} + \frac{q_o}{s}$$

进行拉普拉斯逆变换，可得

$$\Delta Q_2(t) = -q_o e^{-\Omega t} + q_o$$

由式(2.114)可知 $\Omega>0$，因此，当时间 t 趋于无穷大时，指数项 $e^{-\Omega t}$将收敛到零。因此，在幅值为 q_o 的阶跃输入信号的激励下，系统的稳态输出为

$$\Delta Q_{2_{ss}} = q_o$$

由此可见，出水流量相对于平衡点的稳态偏差，就等于进水流量相对于平衡点的稳态偏差。重新审视变量 Ω[见式(2.114)]可以发现，出水管底面积 A_2 越大，Ω 也越大，指数项 $e^{-\Omega t}$收敛到零的速度也就越快，也就是说，A_2 越大，系统到达稳态的速度就越快。

类似地，在阶跃输入信号的激励下，液面高度偏差小信号 $\Delta H(s)$的拉普拉斯变换为

$$\Delta H(s) = \frac{-q_o k_2}{\Omega}\left(\frac{1}{s+\Omega} - \frac{1}{s}\right)$$

进行拉普拉斯逆变换后，可得

$$\Delta H(t) = \frac{-q_o k_2}{\Omega}(e^{-\Omega t} - 1)$$

由此可得，在幅值为 q_o 的阶跃输入信号的激励下，系统的稳态输出为

$$\Delta H_{ss} = \frac{q_o k_2}{\Omega}$$

由此可见，液面高度将达到一个新的平衡。接下来考虑正弦输入信号

$$\Delta Q_1(t) = q_o \sin \omega t$$

进行拉普拉斯变换之后，可得

$$\Delta Q_1(s) = \frac{q_o \omega}{s^2 + \omega^2}$$

前已提及，系统的初始条件为0，即$\Delta Q_2(0)=0$，由式(2.116)可得

$$\Delta Q_2(s) = \frac{q_o \omega \Omega}{(s+\Omega)(s^2+\omega^2)}$$

部分分式分解并进行拉普拉斯逆变换后，可得

$$\Delta Q_2(t) = q_o \Omega \omega \left(\frac{e^{-\Omega t}}{\Omega^2 + \omega^2} + \frac{\sin(\omega t - \phi)}{\omega(\Omega^2 + \omega^2)^{1/2}} \right)$$

其中，$\phi = \arctan(\omega/\Omega)$。于是，当时间$t$趋于无穷大时有

$$\Delta Q_2(t) \quad \to \quad \frac{q_o \Omega}{\sqrt{\Omega^2 + \omega^2}} \sin(\omega t - \phi)$$

由此可知，出水流量的最大偏差为

$$|\Delta Q_2(t)|_{max} = \frac{q_o \Omega}{\sqrt{\Omega^2 + \omega^2}} \tag{2.118}$$

利用解析方法求解系统对阶跃信号和正弦信号等典型测试输入信号的输出响应，可以深入地了解和把握系统特性。但在很多情况下，解析方法将会受到限制，因此，对于复杂的系统而言，计算机仿真则更为有效，它能够通过数值分析的方式，对系统的线性或者非线性模型进行更为完整的描述、分析、演算和显示。计算机仿真模型能够对系统的实际工作条件和实际输入指令进行模拟分析。

控制工程师可以选择不同精度的仿真。其中，在初始设计阶段，应该选择交互性强的仿真软件。在这个阶段，计算机速度并不像在设计确定有效的解决方案和迭代优化解决方案时那么重要，重要的反倒是直观的图形输出功能。此外，由于在初始设计过程中，采用了许多必要的简化(如线性化等)工作，因此，分析阶段(即初始设计阶段)的仿真精度通常比较低。

当设计不断成熟时，就有必要在更逼真的仿真环境中进行数值试验。到了这个设计阶段，计算机处理速度就显得非常重要了，否则，过于漫长的仿真过程将导致减少数值试验次数并增加试验费用。这种高精度仿真通常使用 FORTRAN，C，C++，MATLAB，LabVIEW 或其他类似的高级语言。

如果系统模型和仿真过程具有足够高的精确度，那么相对于解析方法，计算机仿真具有以下优势[13]：

1. 可以观察到系统在各种可能条件下的工作性能。
2. 运用预测模型进行仿真，可以外推类似系统的性能。
3. 针对尚处于概念论证阶段的待开发系统，可以检验所做的各种决策。
4. 针对被测试系统，开展多次运行试验，并大幅缩短设计周期。
5. 和实物试验相比，仿真试验费用较低。
6. 能够在各种想定条件下，甚至是目前不现实的条件下，对系统进行研究。
7. 在某些场合，计算机仿真是唯一可行或/和唯一安全的系统分析和评价技术。

将表2.6中的常数代入蓄水池系统的非线性模型，可以得到

$$\begin{aligned}\dot{H}(t) &= -0.0443\sqrt{H(t)} + 1.2732 \times 10^{-3} Q_1(t) \\ Q_2(t) &= 34.77\sqrt{H(t)}\end{aligned} \tag{2.119}$$

在 $H(0)=0.5$ m，$Q_1(t)=34.77$ kg/s 的初始条件下，可以对式(2.119)进行数值积分，以便求解 $H(t)$ 和 $Q_2(t)$ 的变化曲线。系统响应曲线如图2.39所示。正如我们用式(2.108)所预测的，系统达成平衡之后，当进水流量为 $Q^*=34.77$ kg/s 时，稳态的液面高度为 $H^*=1$ m。

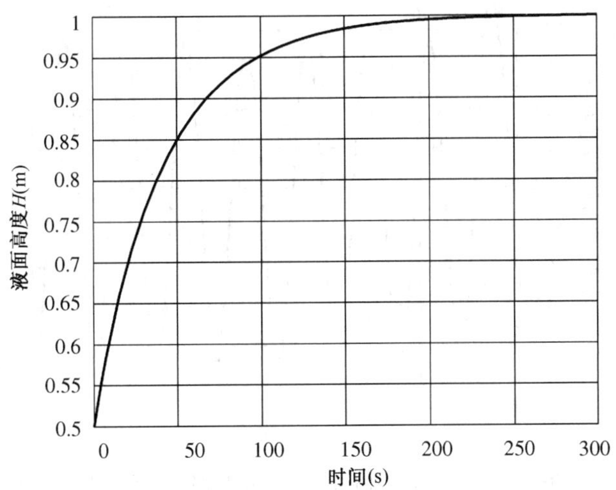

图2.39　对非线性动态方程(2.119)进行数值积分得到的液面高度 H

[初始条件为 $H(0)=0.5$ m，$Q_1(t)=Q^*=34.77$ kg/s]

系统在250 s之后到达平衡态。假定系统已经到达平衡态，当进水流量的偏差小信号 $\Delta Q_1(t)$ 为阶跃信号时，再来分析系统的响应。令

$$\Delta Q_1(t) = 1\ \text{kg/s}$$

可以利用传递函数模型来计算线性模型的单位阶跃响应，图2.40给出了分别采用线性和非线性模型时的系统阶跃响应。采用线性模型时，液面高度偏差小信号 ΔH 的稳态值为5.75 cm；采用非线性模型时，ΔH 的稳态值为5.84 cm。对比之后发现，尽管非线性模型的计算结果更为精确，但线性模型的计算结果与之相差无几。

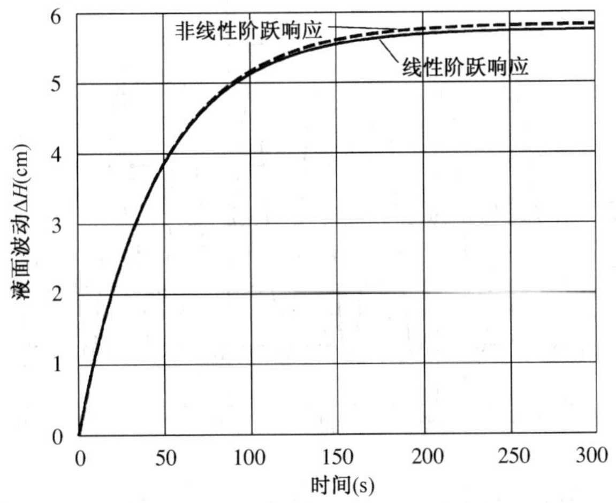

图2.40　阶跃输入信号下，线性和非线性模型的输出对比

最后，当进水流量的偏差小信号 $\Delta Q_1(t)$ 为正弦信号时，再来分析系统的响应。令

$$\Delta Q_1(s)=\frac{q_o\omega}{s^2+\omega^2}$$

其中，$\omega=0.05$ rad/s，$q_o=1$。进水流量 $Q_1(t)$ 为

$$Q_1(t)=Q^*+\Delta Q_1(t)$$

其中，$Q^*=34.77$ kg/s，于是可以得到图 2.41 所示的出水流量 $Q_2(t)$ 的变化曲线。

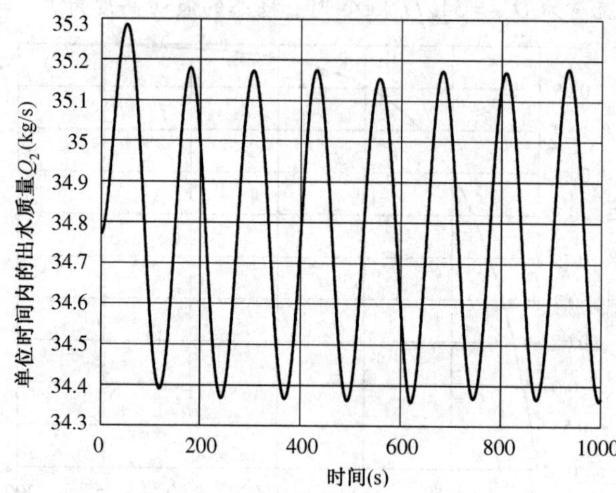

图 2.41　进水流量的偏差小信号为正弦信号时，出水流量的变化规律

液面高度 $H(t)$ 的变化规律如图 2.42 所示。可以看出，液面高度 $H(t)$ 的稳态表现为正弦波，均值为 $H_{av}=H^*=1$ m。由式(2.118)可知，出水流量 $Q_2(t)$ 的稳态表现也是正弦波，偏差的最大值为

$$|\Delta Q_2(t)|_{\max}=\frac{q_o\Omega}{\sqrt{\Omega^2+\omega^2}}=0.4\ \text{kg/s}$$

于是可以预期，当系统到达平衡态后，出水流量 $Q_2(t)$ 将以频率 $\omega=0.05$ rad/s 振荡(见图 2.41)，其最大值为

$$Q_{2_{\max}}=Q^*+|\Delta Q_2(t)|_{\max}=35.18\ \text{kg/s}$$

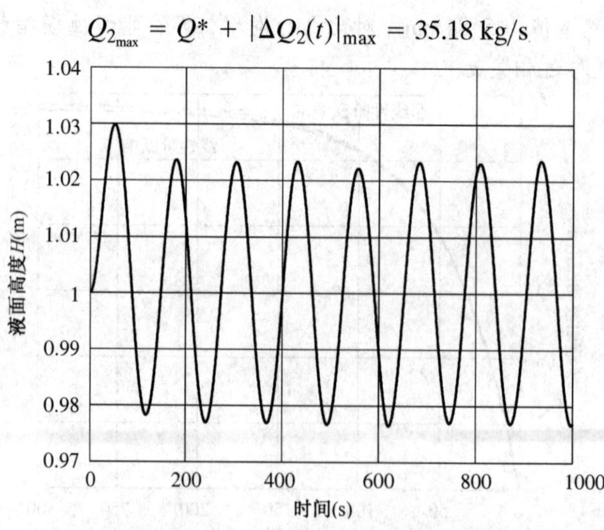

图 2.42　进水流量的偏差小信号为正弦信号时，液面高度的变化曲线

例2.13　电力牵引电机控制

牵引电机的框图模型如图2.43(a)所示，其中包含了必要的控制环节。本例的设计目的是得到系统的模型，计算系统的传递函数$\omega(s)/\omega_d(s)$，选择合适的电阻R_1，R_2，R_3和R_4，并预测系统的响应。

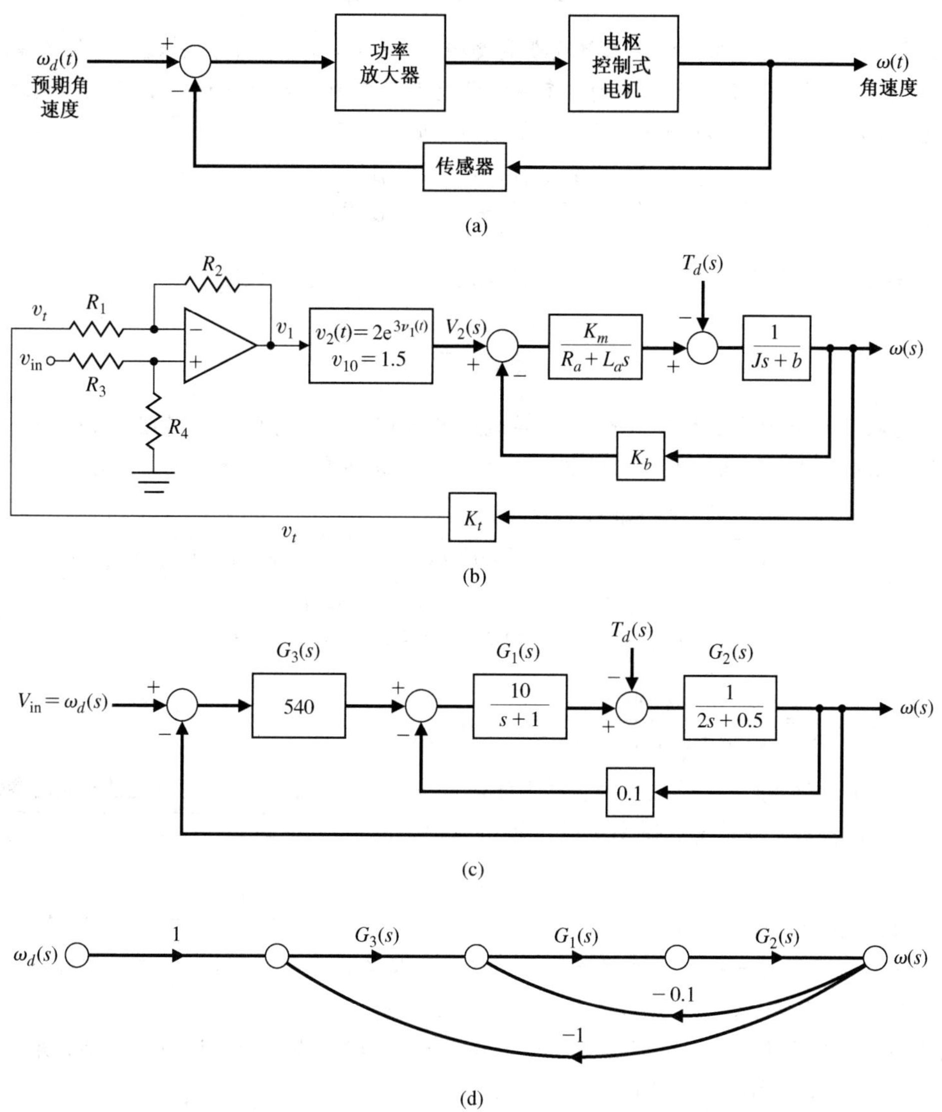

图2.43　电力牵引电机的转速控制

第一步是给出每个方框的传递函数。如图2.43(b)所示，我们采用转速计来产生一个与输出转速成比例的电压v_t，并将它作为差分放大器的一个输入。功率放大器是非线性的，并可以近似地用指数函数$v_2(t) = 2e^{3v_1(t)} = g(v_1(t))$表示，其正常工作点为$v_{10} = 1.5$ V。得到的线性模型为

$$\Delta v_2(t) = \left.\frac{dg(v_1)}{dv_1}\right|_{v_{10}} \Delta v_1(t) = 6e^{3v_{10}}\Delta v_1(t) = 540\,\Delta v_1(t) \tag{2.120}$$

以增量小信号为新的变量，经拉普拉斯变换后得到

$$V_2(s) = 540V_1(s)$$

对于差分放大器，有

$$v_1 = \frac{1 + R_2/R_1}{1 + R_3/R_4}v_{\text{in}} - \frac{R_2}{R_1}v_t \tag{2.121}$$

我们希望输入控制电压在数值上与预期速度相等，即 $\omega_d(t) = v_{\text{in}}$，其中 v_{in}的单位为 V，$\omega_d(t)$的单位为 rad/s。例如，当 $v_{\text{in}} = 10$ V 时，车辆的稳态速度应为 $\omega = 10$ rad/s。注意，车辆进入稳态之后将有 $v_t = K_t\omega_d$，于是可以预期，在车辆平稳运行时，将有

$$v_1 = \frac{1 + R_2/R_1}{1 + R_3/R_4}v_{\text{in}} - \frac{R_2}{R_1}K_t v_{\text{in}} \tag{2.122}$$

又由于 $v_1 = 0$，于是当 $K_t = 0.1$，$R_2/R_1 = 10$ 且 $R_3/R_4 = 10$ 时，可以得到

$$\frac{1 + R_2/R_1}{1 + R_3/R_4} = \frac{R_2}{R_1}K_t$$

牵引电机和负载的其他参数见表 2.7，系统结构如图 2.43(b)所示。对图 2.43(c)进行框图化简，或者在图 2.43(d)给出的信号流图基础上利用梅森公式，则可得传递函数为

$$\frac{\omega(s)}{\omega_d(s)} = \frac{540G_1(s)G_2(s)}{1 + 0.1G_1(s)G_2(s) + 540G_1(s)G_2(s)} = \frac{540G_1(s)G_2(s)}{1 + 540.1G_1(s)G_2(s)}$$

$$= \frac{5400}{(s + 1)(2s + 0.5) + 5401} = \frac{5400}{2s^2 + 2.5s + 5401.5} \tag{2.123}$$

$$= \frac{2700}{s^2 + 1.25s + 2700.75}$$

式(2.123)中的特征方程是二阶的，再注意到 $\omega_n = 52$，$\zeta = 0.012$，可以预计，该系统的瞬态响应过程将有很强的振荡(欠阻尼)。

表 2.7 大功率直流电机的参数

$K_m = 10$	$J = 2$
$R_a = 1$	$b = 0.5$
$L_a = 1$	$K_b = 0.1$

例 2.14 设计低通滤波器

本例的目标是设计一个一阶低通滤波器，它允许频率低于 106.1 Hz 的信号通过，而阻止频率高于 106.1 Hz 的信号通过。另外，滤波器的直流增益为 0.5。

图 2.44(a)所示的包含一个储能元件的梯形网络，可以用作一阶低通滤波网络，并且可以保证直流增益等于 0.5(断开电容器时)。

网络的电流和电压方程为

$$I_1 = (V_1 - V_2)G$$

$$I_2 = (V_2 - V_3)G$$

$$V_2 = (I_1 - I_2)R$$

$$V_3 = I_2 Z$$

其中，$G = 1/R$，$Z(s) = 1/Cs$。上述 4 个方程的信号流图如图 2.44(b)所示，相应的框图如图 2.44(c)所示。3 条回路分别是 $L_1(s) = -GR = -1$，$L_2(s) = -GR = -1$ 和 $L_3(s) = -GZ(s)$。每条回路都与前向通路相接触，回路 $L_1(s)$ 与 $L_3(s)$ 彼此互不接触。因此，该网络的传递函数为

$$T(s)=\frac{V_3(s)}{V_1(s)}=\frac{P_1(s)}{1-(L_1(s)+L_2(s)+L_3(s))+L_1(s)L_3(s)}=\frac{GZ(s)}{3+2GZ(s)}$$

$$=\frac{1}{3RCs+2}=\frac{1/(3RC)}{s+2/(3RC)}$$

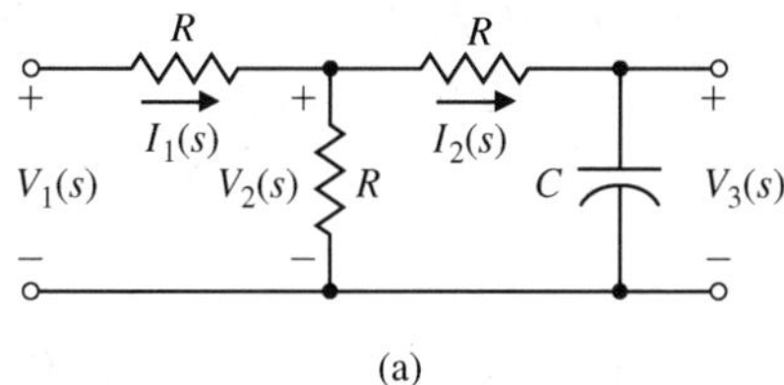

(a)

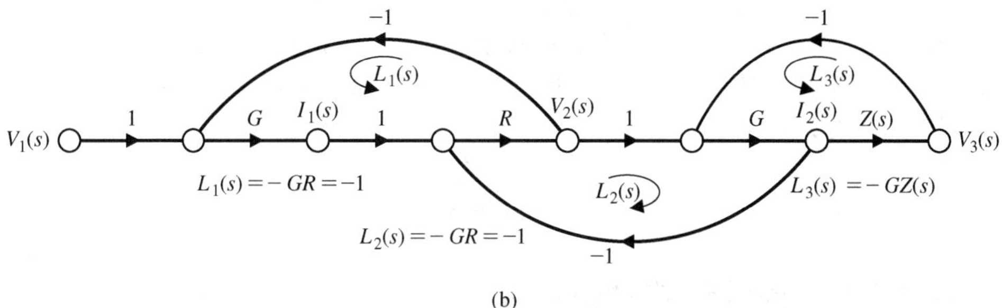

(b)

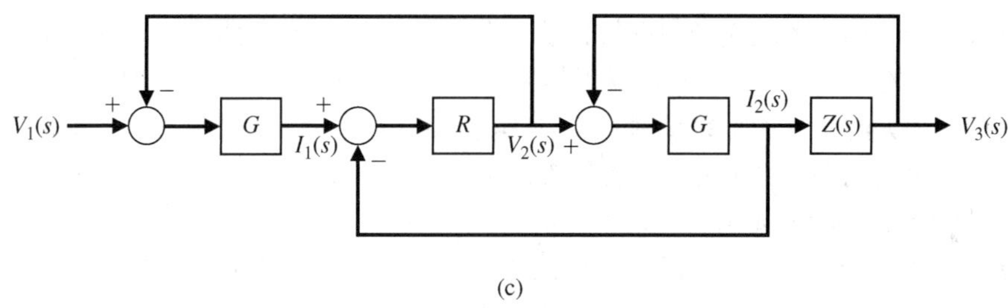

(c)

图 2.44　(a) 梯形网络电路图；(b) 梯形网络的信号流图；(c) 梯形网络的框图

如果采用框图化简方法来求解系统的传递函数，那么可以首先从输出开始

$$V_3(s)=Z(s)I_2(s)$$

根据框图可得

$$I_2(s)=G(V_2(s)-V_3(s))$$

因此，有

$$V_3(s)=Z(s)GV_2(s)-Z(s)GV_3(s)$$

由此可以得到 $V_2(s)$ 和 $V_3(s)$ 之间的关系为

$$V_2(s)=\frac{1+Z(s)G}{Z(s)G}V_3(s)$$

在后续计算中，我们将用到这一关系。继续框图化简过程，可得

$$V_3(s)=-Z(s)GV_3(s)+Z(s)GR(I_1(s)-I_2(s))$$

此外，由框图可以得到 $I_1(s)$ 和 $I_2(s)$ 的表达式为

$$I_1(s)=G(V_1(s)-V_2(s)),\qquad I_2(s)=\frac{V_3(s)}{Z(s)}$$

因此有

$$V_3(s)=-Z(s)GV_3(s)+Z(s)G^2R(V_1(s)-V_2(s))-GRV_3(s)$$

根据 $V_2(s)$和 $V_3(s)$之间的关系式，替换掉上式中的 $V_2(s)$，可以得到

$$V_3(s)=\frac{(GR)(GZ(s))}{1+2GR+GZ(s)+(GR)(GZ(s))}V_1(s)$$

又由于 $GR=1$，上式变为

$$V_3(s)=\frac{GZ(s)}{3+2GZ(s)}V_1(s)=\frac{1/(3RC)}{s+2/(3RC)}$$

可以看到，正如我们所期望的，网络的直流增益等于 0.5。为了达到低通截止频率的设计要求，应该将极点配置在 $p=-2\pi(106.1)=-666.7=-2000/3$ 处，于是应该有 $RC=0.001$。当选择 $R=1\ \text{k}\Omega$，$C=1\ \mu\text{F}$ 时，得到的滤波器为

$$T(s)=\frac{333.3}{(s+666.7)}$$

2.9 利用控制系统设计软件进行系统仿真

对于绝大部分经典或者现代控制系统而言，系统分析和设计工具的基础都是数学模型。目前，绝大部分常用的控制系统设计软件或工具包，都能够分析利用传递函数模型描述的系统。本书主要通过调用相关的命令和函数编制 m 脚本程序，来分析与设计控制系统。很多商用的控制系统设计软件或工具包都提供了免费或者优惠的学生版本。本书用到的 m 脚本程序可以兼容于 MATLAB 控制系统工具箱和 LabVIEW MathScript RT Module。

本节首先分析一个典型的机械系统的数学模型，即质量块-弹簧-阻尼器系统的数学模型。我们将利用 m 脚本程序形成交互式的分析能力，详细分析质量块-弹簧-阻尼器系统中，固有(自然)频率、阻尼系数等因素对质量块位移的零输入响应的影响。在分析过程中，将引用前面已经得到的关于质量块位移的零输入响应的结论。

其次，本节将进一步讨论传递函数模型和框图模型。重点在于多项式运算、传递函数零点和极点的计算、闭环传递函数的计算、框图模型的化简运算以及系统的单位阶跃响应计算等。最后，利用 m 脚本程序，重新分析了例 2.13 的牵引电机控制设计。

本节所使用的 MATLAB 函数有：roots，poly，conv，polyval，tf，pzmap，pole，zero，series，parallel，feedback，minreal 和 step。

图 2.2 已经给出了质量块-弹簧-阻尼器系统，质量块运动的位移响应$y(t)$由下面的微分方程描述：

$$M\ddot{y}(t)+b\dot{y}(t)+ky(t)=r(t)$$

质量块-弹簧-阻尼器系统的零输入动态响应则为

$$\boxed{y(t)=\frac{y(0)}{\sqrt{1-\zeta^2}}\mathrm{e}^{-\zeta\omega_n t}\sin\left(\omega_n\sqrt{1-\zeta^2}t+\theta\right)}$$

其中，$\omega_n=\sqrt{k/M}$，$\zeta=b/(2\sqrt{kM})$，$\theta=\arccos\zeta$，系统初始位移为 $y(0)$。当$\zeta<1$ 时，系统的瞬态

时间响应是**欠阻尼**的；当 $\zeta>1$ 时，系统为**过阻尼**的；而当 $\zeta=1$ 时，系统则为**临界阻尼**的。我们可以用可视化的形式直观地观察质量块位移的零输入响应，其中初始位移设定为 $y(0)$。考虑如下的欠阻尼情形：

$$y(0) = 0.15\ \text{m},\quad \omega_n = \sqrt{2}\ \text{rad/s},\quad \zeta = \frac{1}{2\sqrt{2}}\quad \left(\frac{k}{M} = 2,\ \frac{b}{M} = 1\right)$$

用于计算和绘制系统零输入响应的命令脚本如图 2.45 所示。其中，变量 $y(0)$，ω_n，t 和 ζ 在命令行进行输入，然后执行 m 脚本程序 unforced. m，就能够生成所需的曲线。利用这种强大的交互分析能力，可以分析固有(自然)频率、阻尼系数等因素对零输入响应的影响。只需要在命令提示符下输入不同的 ω_n 和 ζ 的值，并重复执行 m 脚本程序 unforced. m，就可以得到系统不同的时间响应。当 $\omega_n=1.4142$，$\zeta=0.3535$ 时，图 2.46 给出了系统的时间响应曲线，图中还自动标注了阻尼系数和固有频率的取值。这样一来，就可以避免执行多次仿真时，不同批次仿真结果出现混淆的问题。采用文本形式进行编程是交互式设计和分析能力的重要体现。

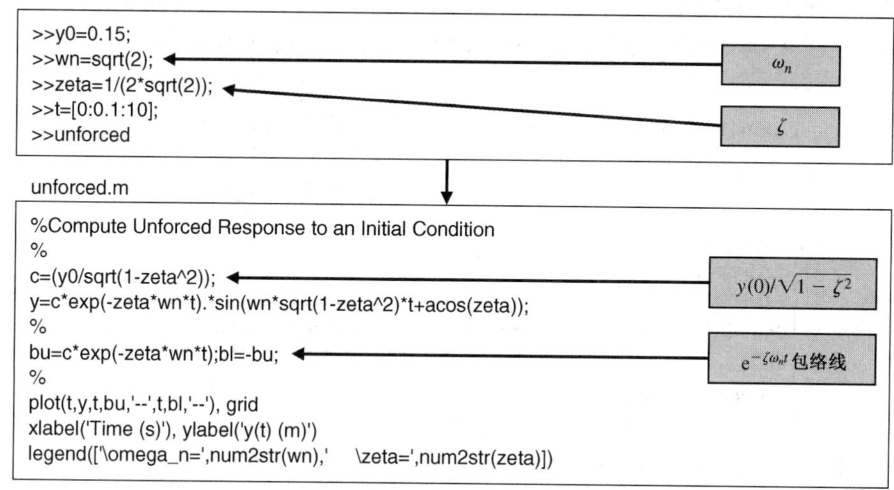

图 2.45　质量块-弹簧-阻尼器系统的分析脚本

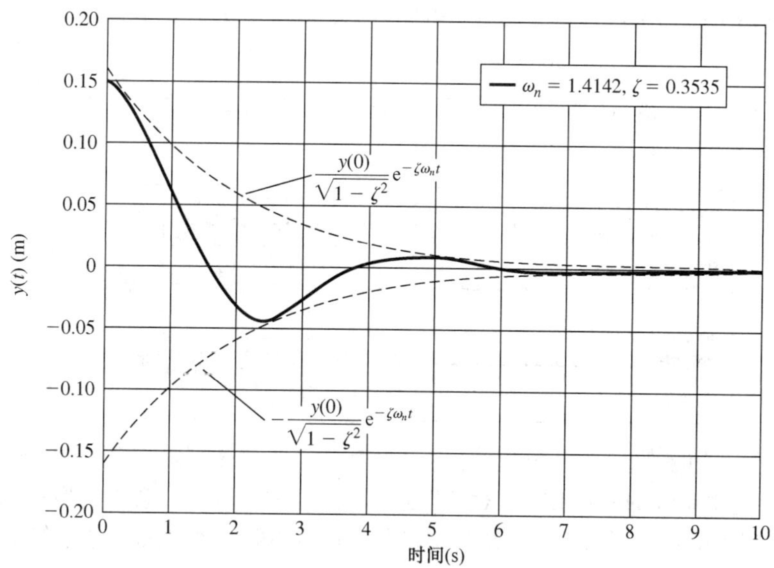

图 2.46　质量块-弹簧-阻尼器系统的零输入响应

对质量块-弹簧-阻尼器系统而言，其微分方程的零输入响应比较简单，可以得到解析解。但通常情况下，考察具有多个输入变量和初始条件的闭环反馈控制系统时，很难得到系统响应的解析解。在这种情况下，可以求系统响应的数值解并绘制响应曲线。

在本书讨论的系统中，绝大部分都可以采用传递函数模型进行描述，而传递函数的分子和分母都是多项式，因此我们首先讨论如何进行多项式运算。需要指出的是，分析传递函数时，必须分别指定其分子多项式和分母多项式。

多项式用行向量表示，行向量的元素为降幂排列的各项系数。例如，多项式

$$p(s) = s^3 + 3s^2 + 4$$

的输入方式如图2.47所示。需要注意的是，尽管一次项 s 的系数为零，$p(s)$的输入向量仍然需要将系数0包含在内。

如果 $\boldsymbol{p}$ 是由多项式 $p(s)$按照降幂排列的各项系数构成的行向量，函数 roots(p)的输出结果就是由零化多项式 $p(s)$得到的根列向量。反之，令 $\boldsymbol{r}$ 表示根列向量，函数 poly(r)的输出结果则是多项式 $p(s)$按照降幂排列的各项系数构成的行向量，即 p。如图2.47所示，可以利用函数 roots 来求零化多项式 $p(s) = s^3 + 3s^2 + 4 = 0$ 的根，也可以以根向量为输入，利用函数 poly 来重构多项式。

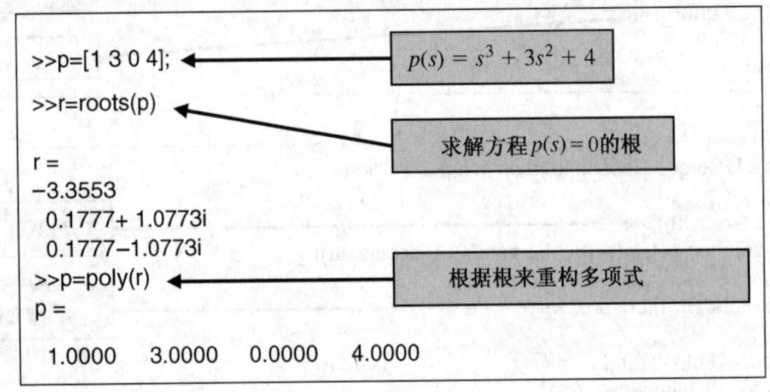

图2.47 输入多项式 $p(s) = s^3 + 3s^2 + 4$ 并求解零化方程的根

函数 conv 可以完成多项式之间的乘积运算。图2.48给出了利用函数 conv 来展开多项式乘积 $n(s) = (3s^2 + 2s + 1)(s + 4)$的各条命令，由此可见，多项式 $n(s)$的展开结果为

$$n(s) = 3s^3 + 14s^2 + 9s + 4$$

当变量值给定时，可以用函数 polyval 求解多项式的值。如图2.48所示，当 $s = -5$ 时，多项式 $n(s)$的值为 $n(-5) = -66$。

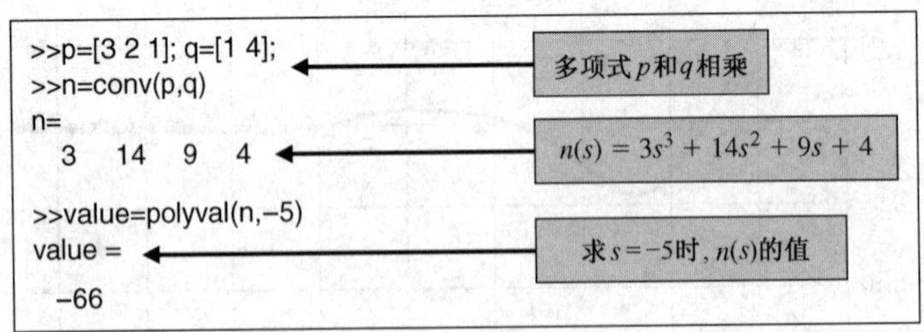

图2.48 利用函数 conv 和函数 polyval，完成多项式$(3s^2 + 2s + 1)(s + 4)$的乘积和求值

可以将线性定常系统的模型作为“对象”处理。在这种方式下，系统模型可以作为单个“个体”进行分析。利用函数 tf 可以求得系统传递函数；利用函数 ss 可以求得该系统等效的状态空间模型(见第3章)。图2.49(a)演示了函数 tf 的使用过程。例如，有如下两个传递函数模型：

$$G_1(s) = \frac{10}{s^2 + 2s + 5}, \qquad G_2(s) = \frac{1}{s + 1}$$

利用“+”符号，可以求得传递函数之和

$$G(s) = G_1(s) + G_2(s) = \frac{s^2 + 12s + 15}{s^3 + 3s^2 + 7s + 5}$$

这个操作过程的 m 脚本程序如图 2.49(b)所示，其中 sys1 表示 $G_1(s)$，sys2 表示 $G_2(s)$，sys 表示 $G(s)$。

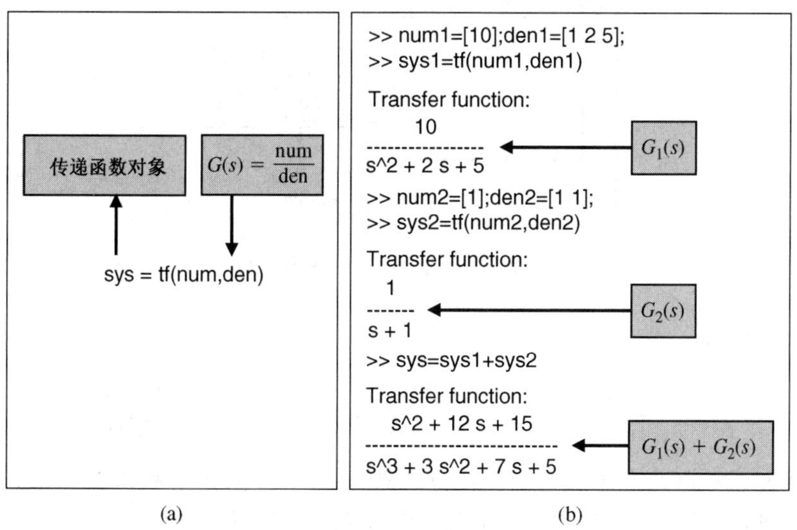

图 2.49　(a) 函数 tf 的使用说明；(b) 利用函数 tf 创建多项式对象并实现相加运算

如图 2.50 所示，利用函数 pole 和 zero，可以分别计算传递函数的极点和零点。

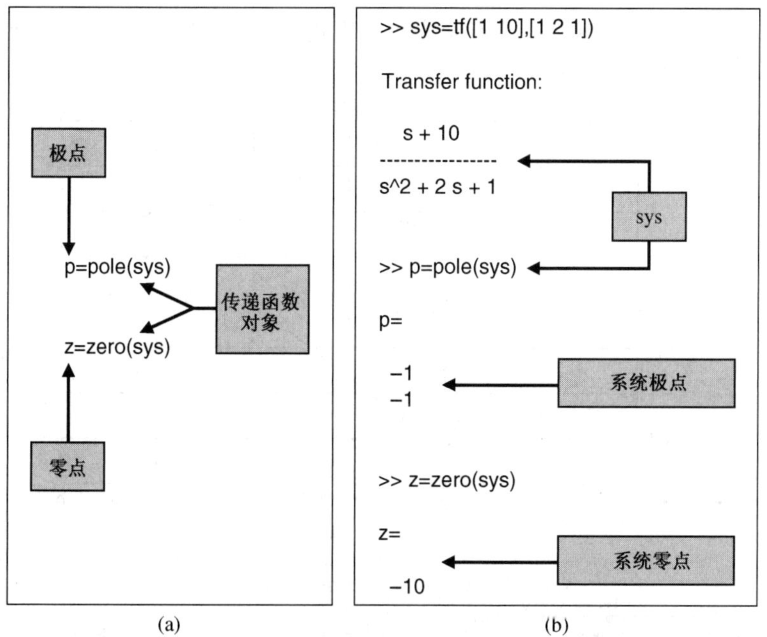

图 2.50　(a) 函数 pole 和 zero 的使用说明；(b) 利用函数 pole 和 zero 计算线性传递函数的极点和零点

接下来介绍传递函数在复平面上的零-极点分布图的绘制过程。如图2.51所示，可以用函数pzmap做到这一点。在零-极点分布图中，符号"○"表示零点，符号"×"表示极点。如果直接调用函数pzmap，将等号左侧的变量说明空置，就只会自动生成零-极点分布图，而不会生成零点列向量和极点列向量。

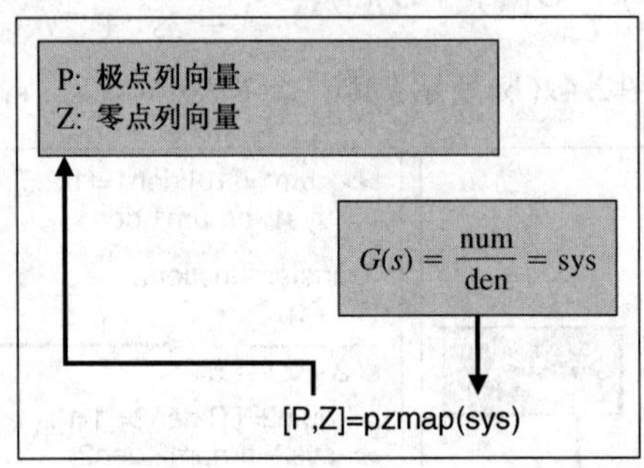

图2.51　函数pzmap的使用说明

例2.15　传递函数

考虑如下传递函数：

$$G(s) = \frac{6s^2 + 1}{s^3 + 3s^2 + 3s + 1}, \qquad H(s) = \frac{(s + 1)(s + 2)}{(s + 2i)(s - 2i)(s + 3)}$$

利用m脚本程序，可以计算$G(s)$的零点和极点、$H(s)$的特征方程以及$G(s)$与$H(s)$之比$G(s)/H(s)$，还可以得到$G(s)/H(s)$在复平面上的零-极点分布图。

利用图2.53所示的m脚本程序，可得传递函数$G(s)/H(s)$在复平面上的零-极点分布图如图2.52所示。在图2.52中，可以清楚地看到5个零点的分布位置，但只能看到2个极点。这显然不符合实际情况，因为在实际物理系统中，极点数必须大于或等于零点数。利用函数roots求解之后，我们发现，在$s=-1$处实际上存在1个4重极点。这说明，在零-极点分布图上无法辨别同一位置上的多重极点或多重零点。

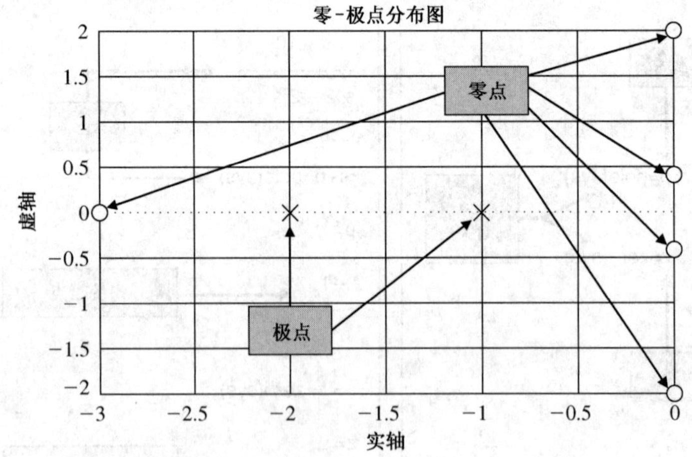

图2.52　$G(s)/H(s)$的零-极点分布图

假定我们已经为某系统建立了传递函数模型，包括受控对象$G(s)$、控制器$G_c(s)$，还可能包括其他系统元件，如传感器和执行机构等。我们的目标是将这些元件有机地组织为完整的控制系统，并对整个系统进行建模分析。

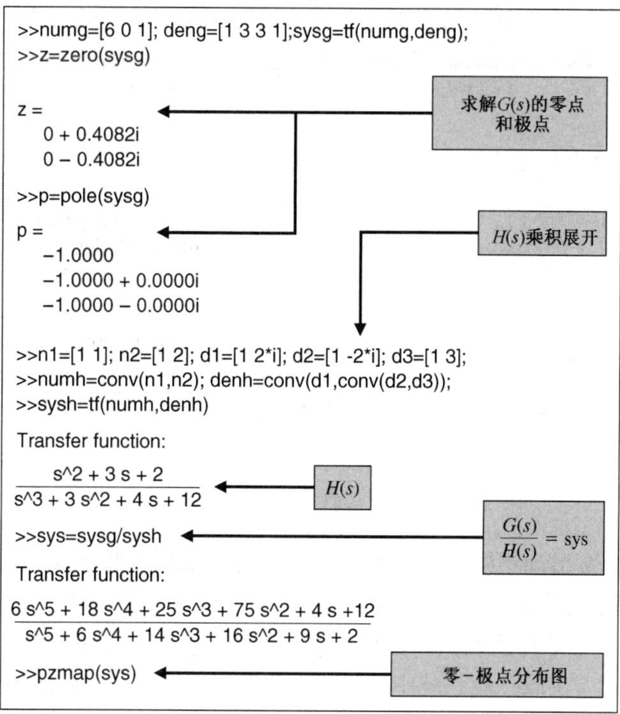

图 2.53　传递函数 $G(s)$ 和 $H(s)$ 的一些运算示例

图 2.54 是一个由控制器和受控对象串联而成的简单开环控制系统的框图，可以按照下面给出的方法来计算从 $R(s)$ 到 $Y(s)$ 的传递函数。

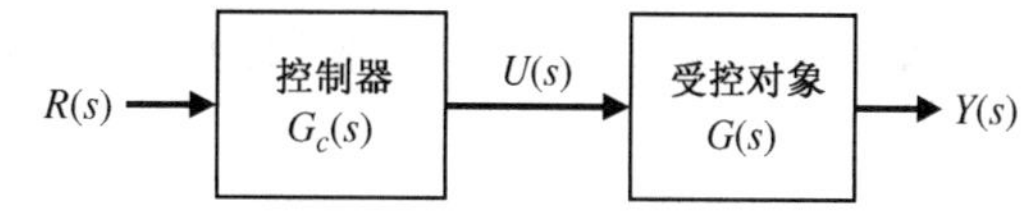

图 2.54　开环控制系统(无反馈)

例 2.16　串联连接的框图

令受控对象的传递函数 $G(s)$ 为

$$G(s) = \frac{1}{500s^2}$$

控制器的传递函数 $G_c(s)$ 为

$$G_c(s) = \frac{s+1}{s+2}$$

如图 2.55 所示，我们可以用函数 series 把两个传递函数 $G_1(s)$ 和 $G_2(s)$ 串联起来。

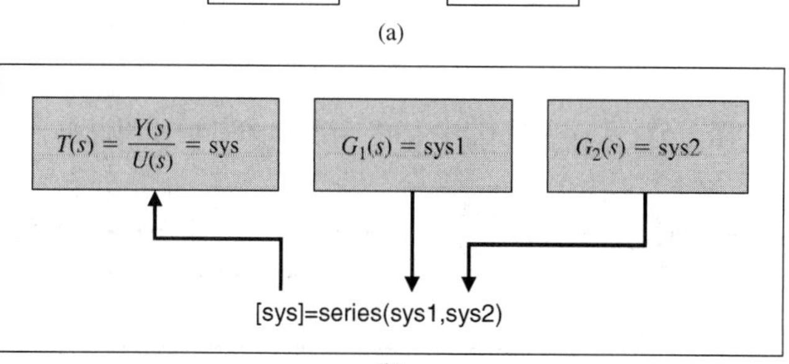

图 2.55　(a) 框图；(b) 函数 series 的使用说明

利用函数 series 计算 $G_c(s)G(s)$ 的使用说明如图 2.56 所示，运行结果为

$$G_c(s)G(s) = \frac{s+1}{500s^3 + 1000s^2} = \text{sys}$$

其中，sys 为 m 脚本程序中传递函数的名称。

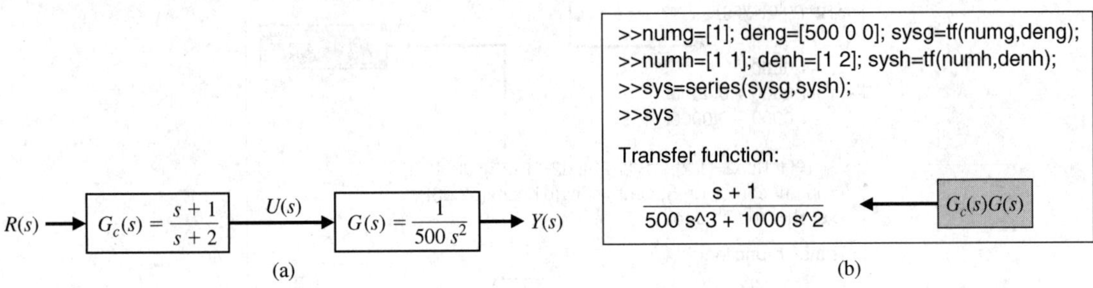

图 2.56　函数 series 的应用

框图模型中还会经常出现不同传递函数的并联。可以采用函数 parallel 来描述和计算并联结构。函数 parallel 的使用说明如图 2.57 所示。

如图 2.58 所示，形成**单位反馈回路**之后，就为控制系统引入了**反馈信号**，其中 $E_a(s)$ 为**偏差信号**，$R(s)$ 为**参考输入**。在该控制系统中，控制器位于前向通路中，系统的闭环传递函数为

$$T(s) = \frac{G_c(s)G(s)}{1 \mp G_c(s)G(s)}$$

使用函数 feedback 可以帮助完成框图化简过程，并计算单回路或多回路控制系统的闭环传递函数。

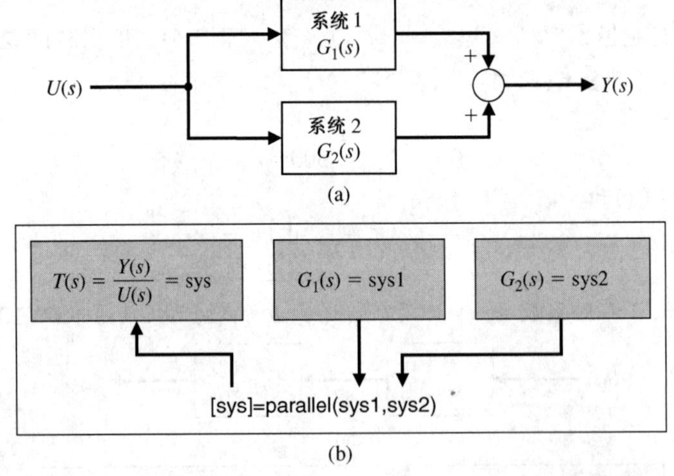

图 2.57　(a) 系统框图；(b) 函数 parallel 的使用说明

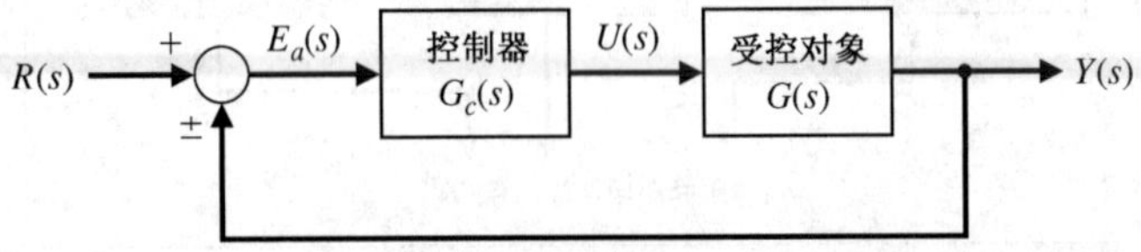

图 2.58　包含单位反馈回路的基本控制系统

很多时候，闭环控制系统包含的是单位反馈回路（见图 2.58）。在这种情况下，使用函数 feedback 计算闭环传递函数时可设定反馈回路的传递函数为 $H(s)=1$，函数 feedback 的使用说明如图 2.59 所示。

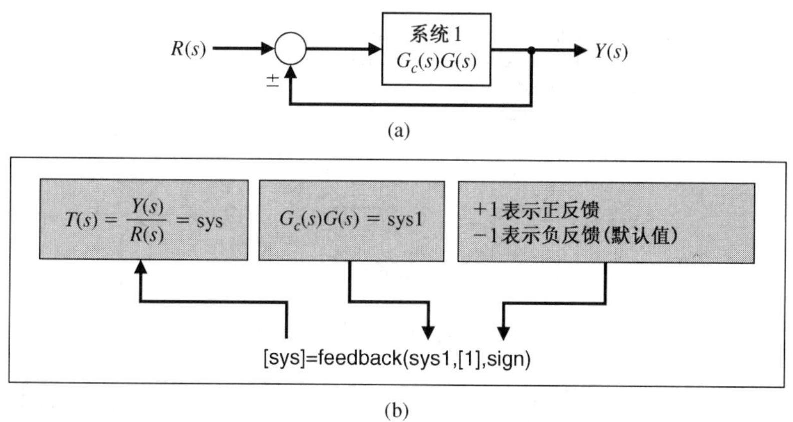

图 2.59　(a) 框图；(b) 单位反馈时，函数 feedback 的使用说明

图 2.60(a)给出了闭环反馈控制系统的一般结构，反馈回路中含有 $H(s)$，图 2.60(b)给出了函数 feedback 的使用说明。如果忽略参数 sign，则默认反馈回路为负反馈。

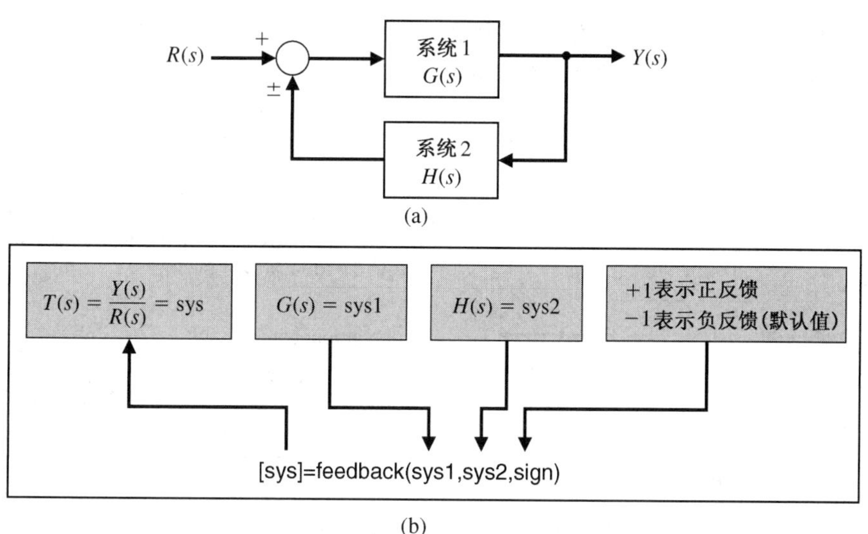

图 2.60　(a) 框图；(b) 反馈回路含有 $H(s)$时，函数 feedback 的使用说明

例 2.17　函数 feedback 在单位反馈控制系统中的应用

考虑图 2.61(a)所示的含有单位反馈回路的控制系统，其中受控对象的传递函数为 $G(s)$，控制器的传递函数为 $G_c(s)$。首先利用函数 series 求出控制器和受控对象串联而成的开环传递函数 $G_c(s)G(s)$，再调用函数 feedback 求解系统的闭环传递函数。对应的 m 脚本程序如图 2.61(b)所示。计算得到的闭环传递函数为

$$T(s)=\frac{G_c(s)G(s)}{1+G_c(s)G(s)}=\frac{s+1}{500s^3+1000s^2+s+1}=\text{sys}$$

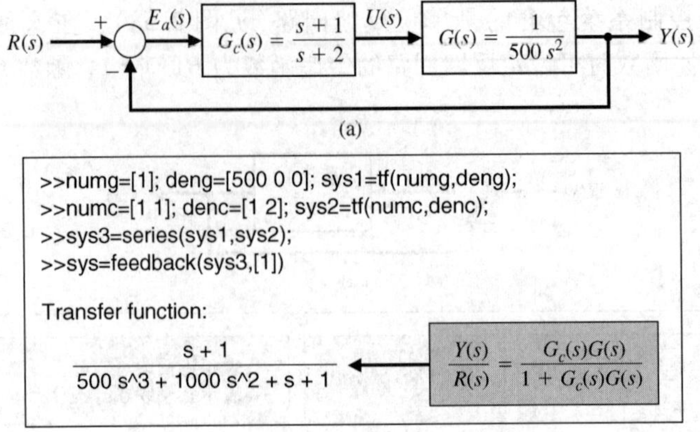

图 2.61 (a)系统框图;(b)函数 feedback 的应用

反馈控制系统的另一种基本配置见图 2.62。在这类系统中,控制器位于反馈支路,传递函数为 $H(s)$。该系统的闭环传递函数为

$$T(s) = \frac{G(s)}{1 \mp G(s)H(s)}$$

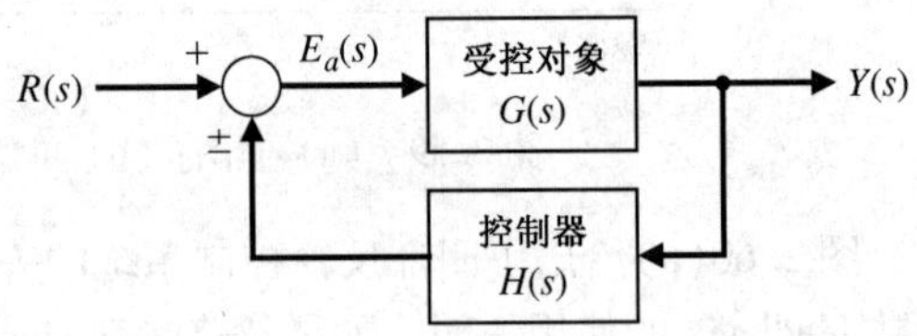

图 2.62 控制器位于反馈支路的控制系统

例 2.18 函数 feedback

考虑图 2.63(a)所示的控制系统,其控制器 $H(s)$ 和受控对象 $G(s)$ 的传递函数都已给定。我们可以利用函数 feedback 来计算该系统的闭环传递函数,如图 2.63(b)所示,计算结果为

$$T(s) = \frac{s+2}{500s^3 + 1000s^2 + s + 1} = \text{sys}$$

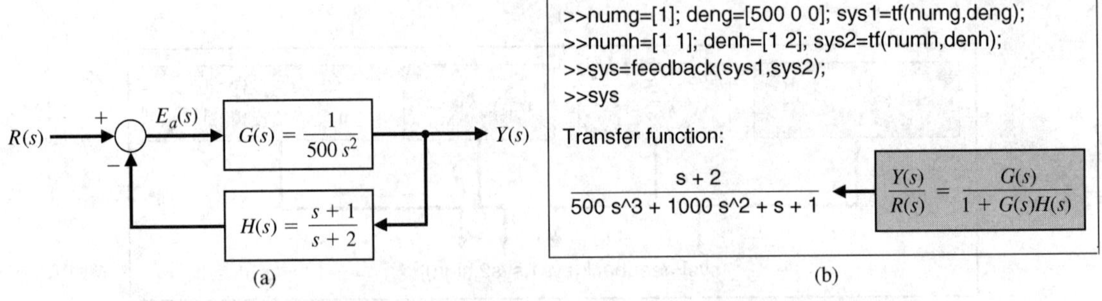

图 2.63 函数 feedback 的应用。(a)框图;(b)m 脚本程序

利用函数 series, parallel 和 feedback,还可以完成多回路系统框图的化简。

例 2.19 多回路化简

重新考虑图 2.26 给出的多回路反馈控制系统,现在来计算该系统的闭环传递函数

$$T(s) = \frac{Y(s)}{R(s)}$$

其中,各元件的传递函数分别为

$$G_1(s) = \frac{1}{s+10}, \qquad G_2(s) = \frac{1}{s+1}$$

$$G_3(s)=\frac{s^2+1}{s^2+4s+4},\qquad G_4(s)=\frac{s+1}{s+6}$$

$$H_1(s)=\frac{s+1}{s+2},\qquad H_2(s)=2,\qquad H_3(s)=1$$

计算过程分为以下 5 步：

- 第 1 步：输入各元件的传递函数。
- 第 2 步：将 $H_2(s)$ 移至 $G_4(s)$ 之后。
- 第 3 步：消去回路 $G_3(s)G_4(s)H_1(s)$。
- 第 4 步：消去含有 $H_2(s)$ 的回路。
- 第 5 步：消去剩下的回路并计算 $T(s)$。

各步骤对应的 m 脚本程序如图 2.64 所示，相应的框图化简过程可参见图 2.27。执行以上脚本之后得到的结果为

$$\text{sys}=\frac{s^5+4s^4+6s^3+6s^2+5s+2}{12s^6+205s^5+1066s^4+2517s^3+3128s^2+2196s+712}$$

需要指出的是，直接将这个结果称为闭环传递函数并不合适。严格意义上讲，传递函数是经过零–极点对消之后的输入–输出关系描述。分别求解 $T(s)$ 的零点和极点后可以发现，零点和极点中都包括了 -1，也就是说，$T(s)$ 的分子和分母有公因式 $(s+1)$。因此，必须在消除 $T(s)$ 的公因式之后，才能够称之为真正意义上的传递函数。函数 minreal 可以完成零–极点对消，具体使用说明如图 2.65 所示。框图化简过程的最后一个步骤的 m 脚本程序如图 2.66 所示。可以看出，在使用函数 minreal 完成零–极点对消之后，分母多项式的阶次由 6 减少为 5，这意味着完成了一次零–极点对消。

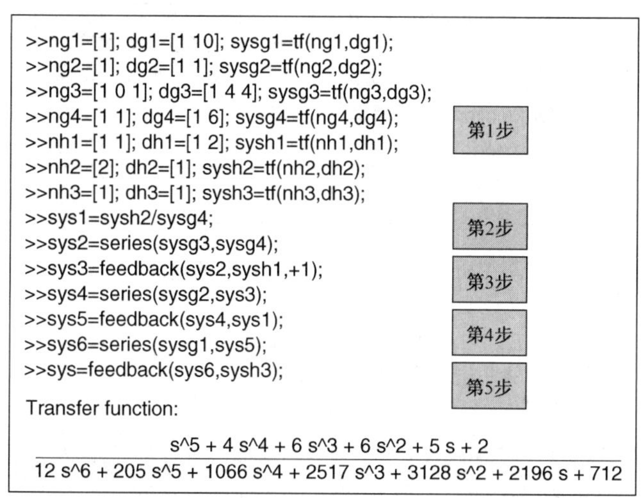
```
>>ng1=[1]; dg1=[1 10]; sysg1=tf(ng1,dg1);
>>ng2=[1]; dg2=[1 1]; sysg2=tf(ng2,dg2);
>>ng3=[1 0 1]; dg3=[1 4 4]; sysg3=tf(ng3,dg3);
>>ng4=[1 1]; dg4=[1 6]; sysg4=tf(ng4,dg4);
>>nh1=[1 1]; dh1=[1 2]; sysh1=tf(nh1,dh1);
>>nh2=[2]; dh2=[1]; sysh2=tf(nh2,dh2);
>>nh3=[1]; dh3=[1]; sysh3=tf(nh3,dh3);
>>sys1=sysh2/sysg4;
>>sys2=series(sysg3,sysg4);
>>sys3=feedback(sys2,sysh1,+1);
>>sys4=series(sysg2,sys3);
>>sys5=feedback(sys4,sys1);
>>sys6=series(sysg1,sys5);
>>sys=feedback(sys6,sysh3);
Transfer function:
                 s^5 + 4 s^4 + 6 s^3 + 6 s^2 + 5 s + 2
------------------------------------------------------------------
12 s^6 + 205 s^5 + 1066 s^4 + 2517 s^3 + 3128 s^2 + 2196 s + 712
```


图 2.64　多回路框图的化简

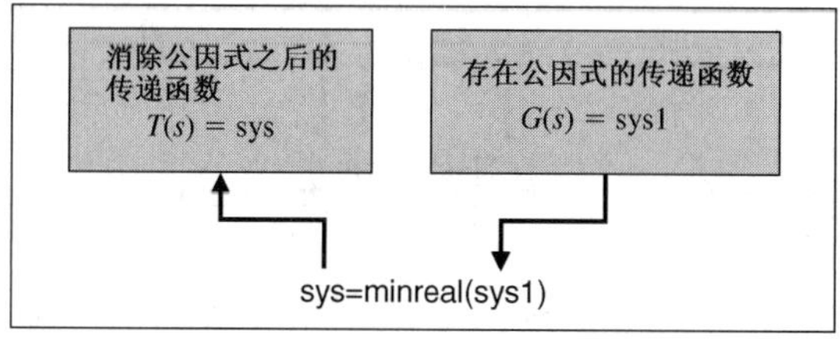

图 2.65　函数 minreal

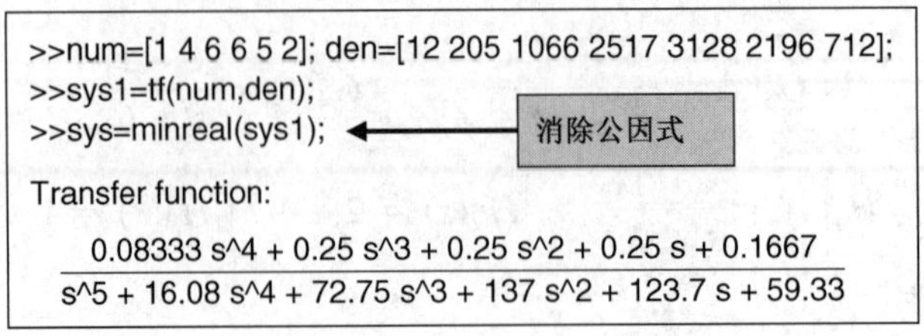

>>num=[1 4 6 6 5 2]; den=[12 205 1066 2517 3128 2196 712];
>>sys1=tf(num,den);
>>sys=minreal(sys1);
消除公因式
Transfer function:
0.08333 s^4 + 0.25 s^3 + 0.25 s^2 + 0.25 s + 0.1667
s^5 + 16.08 s^4 + 72.75 s^3 + 137 s^2 + 123.7 s + 59.33

图 2.66　函数 minreal 的应用

例 2.20　电力牵引电机控制

我们重新研究例 2.13 给出的电力牵引电机系统，该系统的框图模型如图 2.43(c)所示。这里将计算该系统的闭环传递函数，分析输出变量 $\omega(s)$ 对输入指令的 $\omega_d(s)$ 的响应。首先，求系统的闭环传递函数 $T(s)=\omega(s)/\omega_d(s)$，m 脚本程序及计算结果如图 2.67 所示。很明显，系统的特征方程是二阶的，且固有频率为 $\omega_n=52$，阻尼系数为 $\zeta=0.012$。由于阻尼过小，因此系统响应将有强烈的振荡。其次，当输入 $\omega_d(t)$ 为单位阶跃信号时，可以利用函数 step 来分析系统输出响应 $\omega(t)$。函数 step 专门用来计算线性系统的单位阶跃响应，使用说明可以参见图 2.68。控制系统通常以单位阶跃响应为基础来定义通用的性能指标，因此，step 是一个非常重要的函数。

>>num1=[10]; den1=[1 1]; sys1=tf(num1,den1);
>>num2=[1]; den2=[2 0.5]; sys2=tf(num2,den2);
>>num3=[540]; den3=[1]; sys3=tf(num3,den3);
>>num4=[0.1]; den4=[1]; sys4=tf(num4,den4);
>>sys5=series(sys1,sys2);
>>sys6=feedback(sys5,sys4);
>>sys7=series(sys3,sys6);
>>sys=feedback(sys7,[1])
化简内回路
求解闭环传递函数
Transfer function:
5400
2 s^2 + 2.5 s + 5402
ω(s)
ω_d(s)

图 2.67　牵引电机框图模型的化简

u(t)
O
t
阶跃
输入
系统
G(s)
输出
y(t)
O
t
(a)
y(t) = 输出的时间响应
T = 仿真时刻向量
G(s) = sys
t = T: 用户自定义的仿真时刻向量
或
t = T_final: 仿真终止时刻（可选）
[y,T]=step(sys,t)
(b)

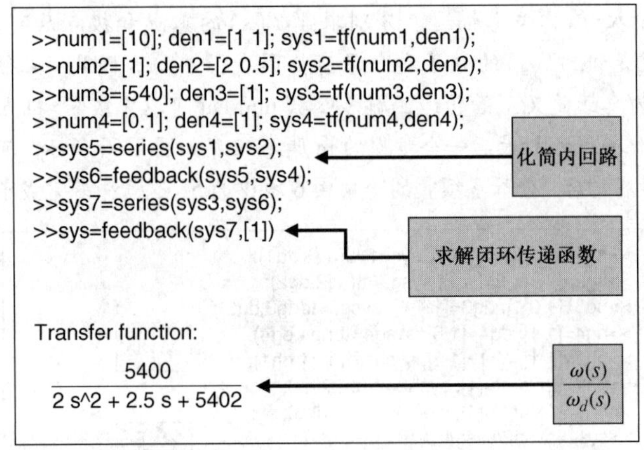

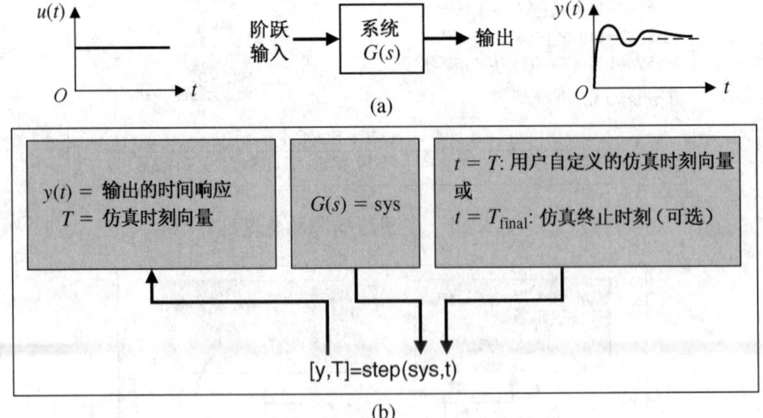

图 2.68　step 函数使用说明

在调用函数 step 时，如果等号左侧的变量说明空缺，默认结果是直接绘制出输出响应 $y(t)$。反之，如果除了绘制响应曲线，还有其他意图，就必须在调用函数 step 时包含等号左侧的变量说明，并进一步调用函数 plot 才能绘制 $y(t)$ 的曲线。在这种方式下，定义了仿真时刻 t 的采样时间点行向量之后，除了能得到 $y(t)$ 的曲线，还能得到 $y(t)$ 在这些时间点上的取值。如果选择了将时间设定为 $t=t_{final}$ 的选项，那么函数 step 将自动确定计算步长，产生从 0 到 t_{final} 的阶跃响应。

电力牵引电机的阶跃响应如图 2.69 所示。与我们预想的一致，车轮转速的响应 $y(t)$ 呈现强烈的振荡。还应注意，输出响应 $y(t)$ 与 $\omega(t)$ 之间满足关系 $y(t)\equiv\omega(t)$。

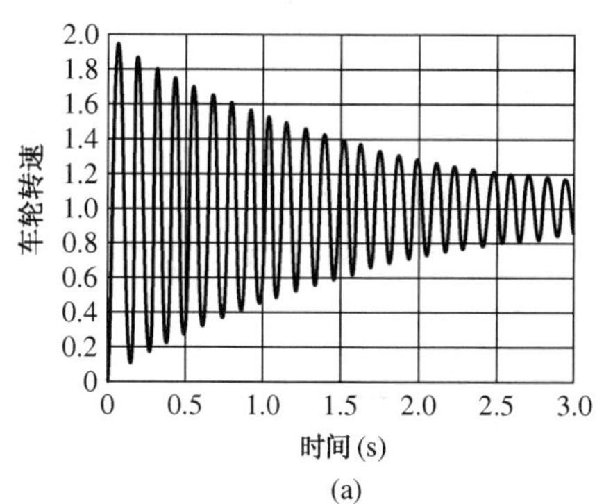

(a)

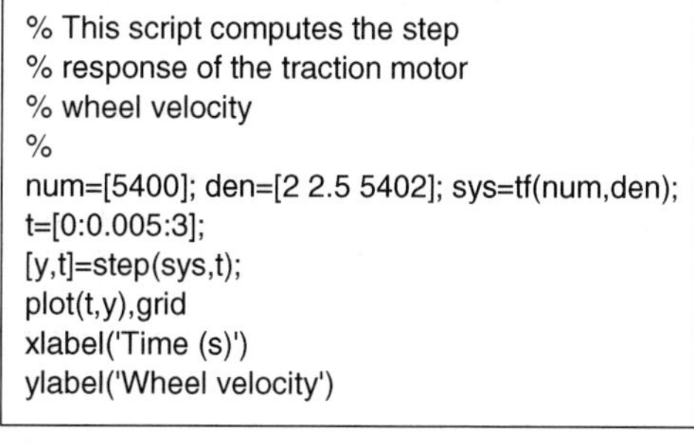

```
% This script computes the step
% response of the traction motor
% wheel velocity
%
num=[5400]; den=[2 2.5 5402]; sys=tf(num,den);
t=[0:0.005:3];
[y,t]=step(sys,t);
plot(t,y),grid
xlabel('Time (s)')
ylabel('Wheel velocity')
```

(b)

图 2.69　(a) 牵引电机中车轮转速的阶跃响应；(b) m 脚本程序

2.10　循序渐进设计实例——磁盘驱动器读取系统

已确定磁盘驱动器读取系统的设计目标是，将磁头精确定位于指定的磁道，并且能够从一个磁道移动到另一个磁道。我们还需要辨识确定受控对象、传感器和控制器。磁盘驱动器读取系统用永磁直流电机来驱动磁头臂转动，这种电机又称为音圈电机。如图 2.70 所示，磁头安装在一个与磁头臂相连的簧片上，由弹性金属制成的簧片能够保证磁头以小于 100 nm 的间隙悬浮于磁盘之上。磁头读取磁盘上各点处的磁通量，并将信号提供给放大器。在读取磁盘上预存的索引磁道时，磁头将生成图 2.71(a) 所示的偏差信号。在图 2.71(b) 中，假定磁头足够精确，因此可将传感器环节的传递函数取为 $H(s)=1$，并给出永磁直流电机和线性放大器的模型。作为一个具有了足够精度的近似模型，我们采用图 2.20 所示的电枢控制式直流电机模型作为永磁直流电机模型，并令 $K_b=0$。在此模型中，我们其实还假定了簧片是完全刚性的，不会出现明显的弯曲。至于簧片不是完全刚性的情况，将在后续章节讨论。

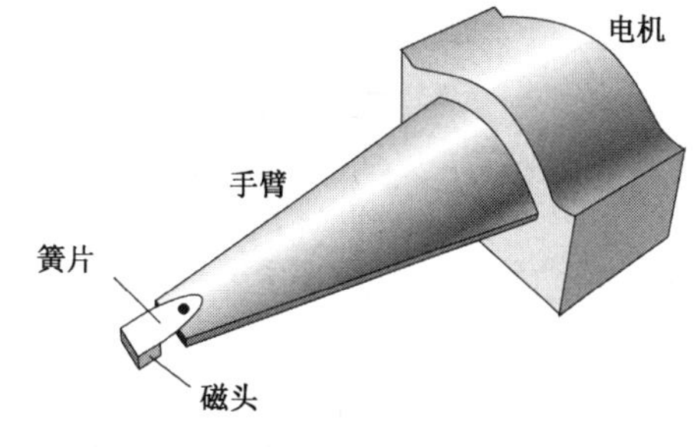

图 2.70　磁头安装结构图

表 2.8 给出了磁盘驱动器读取系统的一些典型参数，于是有

$$G(s)=\frac{K_m}{s(Js+b)(Ls+R)}=\frac{5000}{s(s+20)(s+1000)} \tag{2.124}$$

也可以将 $G(s)$ 改写为

$$G(s)=\frac{K_m/(bR)}{s(\tau_L s+1)(\tau s+1)} \tag{2.125}$$

其中，$\tau_L=J/b=50$ ms，$\tau=L/R=1$ ms。由于$\tau \ll \tau_L$，因此τ可忽略不计，从而可以得到$G(s)$的二阶近似模型：

$$G(s)\approx\frac{K_m/(bR)}{s(\tau_L s+1)}=\frac{0.25}{s(0.05s+1)}$$

或

$$G(s)=\frac{5}{s(s+20)}$$

该闭环系统的框图模型如图 2.72 所示，按照表 2.5 中的框图等效化简规则，有

$$\frac{Y(s)}{R(s)}=\frac{K_aG(s)}{1+K_aG(s)} \tag{2.126}$$

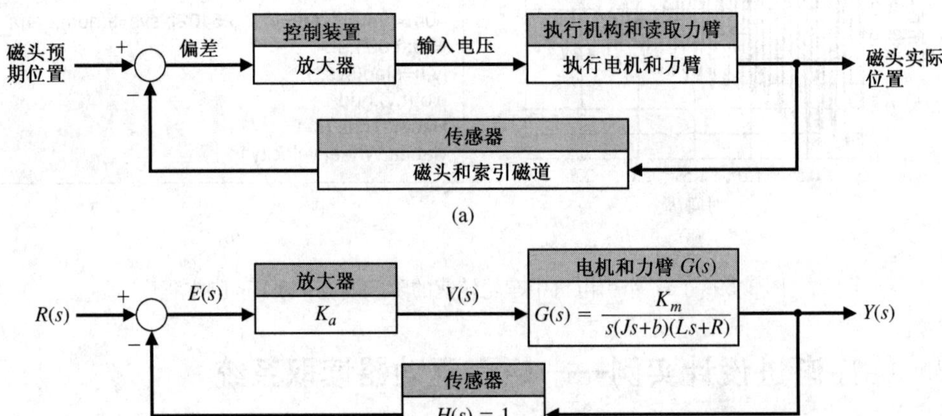

图 2.71　磁盘驱动器读取系统的框图模型

表 2.8　磁盘驱动器读取系统典型参数

参　　数	符　号	典　型　值
力臂与磁头的转动惯量	J	1 N·m·s^2/rad
摩擦系数	b	20 N·m·s^2/rad
放大器系数	K_a	10 ~ 1000
电枢电阻	R	1 Ω
电机系数	K_m	5 N·m/A
电枢电感	L	1 mH

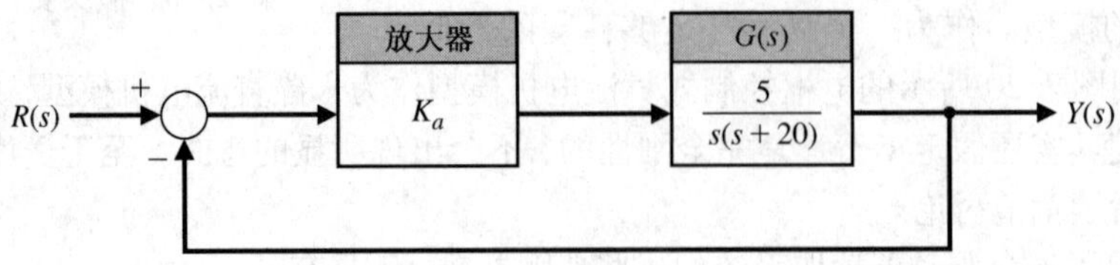

图 2.72　闭环系统的框图模型

将 $G(s)$的二阶近似模型代入式(2.126)中，可得

$$\frac{Y(s)}{R(s)}=\frac{5K_a}{s^2+20s+5K_a}$$

当 $K_a=40$ 时，可得

$$Y(s)=\frac{200}{s^2+20s+200}R(s)$$

于是，当 $R(s)=0.1/s$ rad 时，系统的阶跃响应如图 2.73 所示。

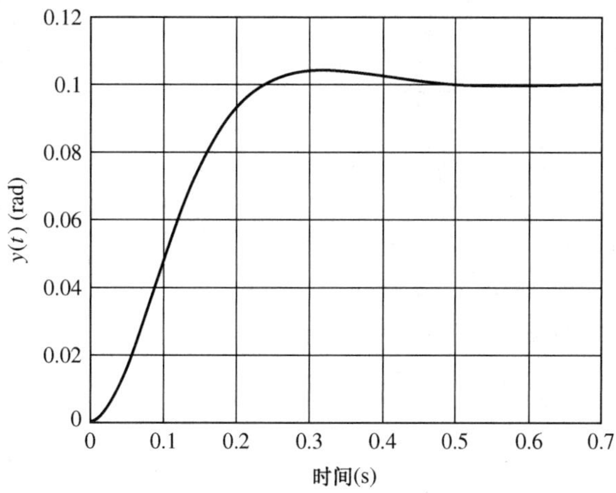

图 2.73　当 $R(s)=0.1/s$ rad 时，图 2.72 所示系统的阶跃响应

2.11　小结

本章研究了控制系统及其部件的数学建模问题。采用能够描述物理系统动态特性的微分方程，首先研究了如何建立实际系统的微分方程模型，所考虑的实际系统的范围十分广泛，包括机械系统、电气系统、生物医药系统、环境系统、航天系统、工业系统和化工系统等。对非线性的控制系统或部件，采用工作点处的泰勒级数展开，可以得到所谓的“小信号”线性近似。对系统进行线性化处理之后，就能够使用拉普拉斯变换，以及由此而来的用于描述输入-输出关系的传递函数等数学工具和方法，以便对系统进行建模和分析。利用传递函数研究线性系统时，分析人员可以根据传递函数的零点和极点分布来判定系统对各种输入的响应特性。在传递函数的基础上，本章又研究了系统的框图模型，可以用方框之间的关系来表示系统内部各个部件之间的关系。此外，本章还研究了另一种基于传递函数的系统模型，即信号流图模型，并研究了信号流图的梅森增益公式。在研究复杂反馈系统各个变量之间的关系时，梅森公式是非常有效的，它无须对流图进行各种化简或变换，就能求得各变量之间的关系式，这是信号流图方法的一个突出优点。由此可知，本章在介绍了线性系统的传递函数的基础上，引入了表示系统变量间相互关系的框图模型和信号流图模型，得到了反馈控制系统的一系列数学模型表示方法。本章还初步讨论了线性和非线性控制系统的计算机仿真问题，仿真方法可以在不同的环境、不同的系统参数和初始条件下，分析系统的时间响应及其变化情况。最后，本章继续研究了磁盘驱动器读取系统，建立了电机和手臂的传递函数模型。

技能自测

本节提供三类题目来测试你对本章知识的掌握情况：正误判断题、多项选择题，以及术语和概念匹配题。为了直接地反馈学习效果，请及时对照每章最后给出的答案。必要时，请借助图 2.74 给出的框图来确认下面各题中的陈述。

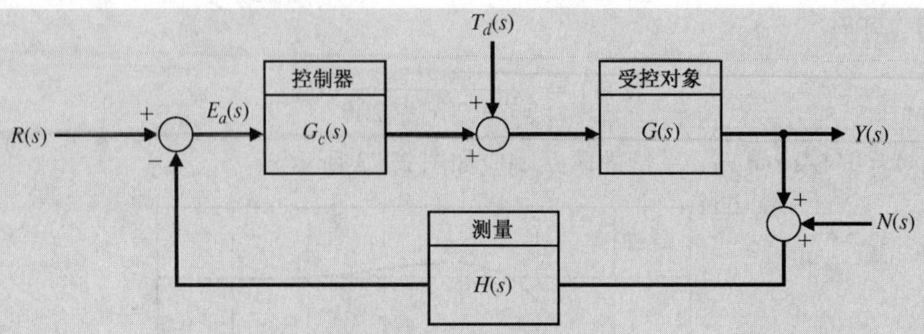

图 2.74 技能自测参考框图

在下面的正误判断题和多项选择题中，圈出正确的答案。

1. 只有极少的实际系统能够在变量的某个范围内呈现线性性。 对 或 错
2. s 平面上的零-极点分布图刻画了系统响应的特征。 对 或 错
3. 特征方程的根是闭环系统的零点。 对 或 错
4. 线性系统满足叠加性和齐次性。 对 或 错
5. 传递函数是在零初始条件下，输出变量的拉普拉斯变换与输入变量的拉普拉斯变换之比。 对 或 错
6. 考虑图 2.74 给出的系统，其中，

$$G_c(s) = 10,\quad H(s) = 1,\quad G(s) = \frac{s+50}{s^2+60s+500}$$

如果 $R(s)$ 是单位阶跃输入，$T_d(s)=0$，$N(s)=0$，则输出 $y(t)$ 的终值为

a. $y_{ss}=\lim\limits_{t\to+\infty} y(t)=100$　　b. $y_{ss}=\lim\limits_{t\to+\infty} y(t)=1$

c. $y_{ss}=\lim\limits_{t\to+\infty} y(t)=50$　　d. 以上都不对

7. 考虑图 2.74 给出的系统，其中，

$$G_c(s) = 20,\quad H(s) = 1,\quad G(s) = \frac{s+4}{s^2-12s-65}$$

在零初始条件下，如果 $R(s)$ 是单位脉冲输入，扰动信号 $T_d(s)=0$，噪声信号 $N(s)=0$，则输出 $y(t)$ 为

a. $y(t)=10e^{-5t}+10e^{-3t}$　　b. $y(t)=e^{-8t}+10e^{-t}$

c. $y(t)=10e^{-3t}-10e^{-5t}$　　d. $y(t)=20e^{-8t}+5e^{-15t}$

8. 考虑图 2.75 给出的系统，其闭环传递函数 $T(s)=Y(s)/R(s)$ 为

a. $T(s)=\dfrac{50}{s^2+55s+50}$

b. $T(s)=\dfrac{10}{s^2+55s+10}$

c. $T(s)=\dfrac{10}{s^2+50s+55}$

d. 以上都不是

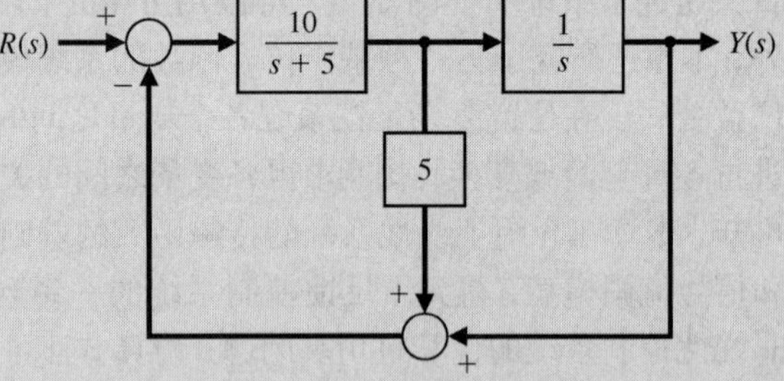

图 2.75 包含内部回路的框图

完成第 9 题到第 11 题时，可考虑图 2.74 给出的系统。其中 $T_d(s)=0$，$N(s)=0$，且

$$G_c(s) = 4,\quad H(s) = 1,\quad G(s) = \frac{5}{s^2+10s+5}$$

9. 闭环传递函数 $T(s)=Y(s)/R(s)$ 为

a. $T(s)=\dfrac{50}{s^2+5s+50}$　　b. $T(s)=\dfrac{20}{s^2+10s+25}$

c. $T(s)=\dfrac{50}{s^2+5s+56}$　　d. $T(s)=\dfrac{20}{s^2+10s+-15}$

10. 闭环单位阶跃响应为

a. $y(t)=\dfrac{20}{25}+\dfrac{20}{25}e^{-5t}-t^2e^{-5t}$　　b. $y(t)=1+20te^{-5t}$

c. $y(t)=\dfrac{20}{25}-\dfrac{20}{25}e^{-5t}-4te^{-5t}$　　d. $y(t)=1-2e^{-5t}-4te^{-5t}$

11. 输出 $y(t)$ 的终值为

a. $y_{ss}=\lim\limits_{t\to+\infty}y(t)=0.8$　　b. $y_{ss}=\lim\limits_{t\to+\infty}y(t)=1.0$

c. $y_{ss}=\lim\limits_{t\to+\infty}y(t)=2.0$　　d. $y_{ss}=\lim\limits_{t\to+\infty}y(t)=1.25$

12. 考虑下面的微分方程

$$\ddot{y}(t)+2\dot{y}(t)+y(t)=u(t)$$

其中，$y(0)=\dot{y}(0)=0$，$u(t)$ 为单位阶跃信号。该系统的极点为

a. $s_1=-1$，$s_2=-1$　　b. $s_1=1j$，$s_2=-1j$

c. $s_1=-1$，$s_2=-2$　　d. 以上都不对

13. 如图 2.76 所示，质量为 $m=1000$ kg 的拖车拖曳在卡车的后面，所用弹簧的弹性系数为 $k=20\,000$ N/m，阻尼器的阻尼系数为 $b=200$ N·s/m。卡车运行的恒定加速度为 $a=0.7$ m/s^2。于是，卡车运行速度与拖车运行速度的传递函数为

a. $T(s)=\dfrac{50}{5s^2+s+100}$　　b. $T(s)=\dfrac{20+s}{s^2+10s+25}$

c. $T(s)=\dfrac{100+s}{5s^2+s+100}$　　d. 以上都不是

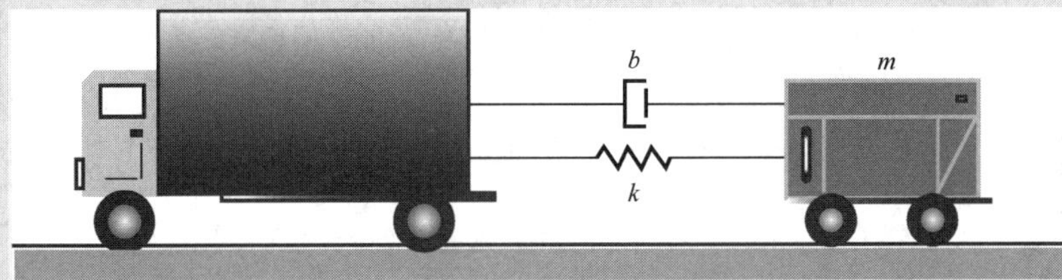

图 2.76　卡车拖着质量为 m 的拖车

14. 考虑图 2.74 给出的系统，其中 $T_d(s)=0$，$N(s)=0$，且

$$G_c(s)=15,\qquad H(s)=1,\qquad G(s)=\frac{1000}{s^3+50s^2+4500s+1000}$$

要求计算闭环传递函数和闭环零点和极点。

a. $T(s)=\dfrac{15\,000}{s^3+50s^2+4500s+16\,000}$，　$s_1=-3.70$，　$s_{2,3}=-23.15\pm 61.59j$

b. $T(s)=\dfrac{15\,000}{50s^2+4500s+16\,000}$，　$s_1=-3.70$，　$s_2=-86.29$

c. $T(s)=\dfrac{1}{s^3+50s^2+4500s+16\,000}$，　$s_1=-3.70$，　$s_{2,3}=-23.2\pm 63.2j$

d. $T(s)=\dfrac{15\,000}{s^3+50s^2+4500s+16\,000}$，　$s_1=-3.70, s_2=-23.2$，　$s_3=-63.2$

15. 考虑图 2.74 给出的系统，其中，

$$G_c(s) = \frac{K(s+0.3)}{s}, \qquad H(s) = 2s, \qquad G(s) = \frac{1}{(s-2)(s^2+10s+45)}$$

再假定 $R(s)=0$, $N(s)=0$，于是，由扰动信号 $T_d(s)$ 到输出 $Y(s)$ 的闭环传递函数为

a. $\dfrac{Y(s)}{T_d(s)} = \dfrac{1}{s^3+8s^2+(2K+25)s+(0.6K-90)}$

b. $\dfrac{Y(s)}{T_d(s)} = \dfrac{100}{s^3+8s^2+(2K+25)s+(0.6K-90)}$

c. $\dfrac{Y(s)}{T_d(s)} = \dfrac{1}{8s^2+(2K+25)s+(0.6K-90)}$

d. $\dfrac{Y(s)}{T_d(s)} = \dfrac{K(s+0.3)}{s^4+8s^3+(2K+25)s^2+(0.6K-90)s}$

在下面的术语和概念匹配题中，在空格中填写正确的字母，将术语和概念与它们的定义联系起来。

术语	定义	
a. 执行机构	幅值随时间而衰减的振荡。	______
b. 框图模型	满足叠加性和齐次性的系统。	______
c. 特征方程	介于过阻尼和欠阻尼之间的边界阻尼情形。	______
d. 临界阻尼	时域函数 $f(t)$ 的一种变换，其结果为对应的复频域函数 $F(s)$。	______
e. 阻尼振荡	向受控对象提供运动动力的装置。	______
f. 阻尼系数	阻尼强度的度量指标，为二阶系统特征方程的无量纲参数。	______
g. 直流电机	令传递函数的分母多项式为零时所得到的关系方程。	______
h. 拉普拉斯变换	由单方向的功能方框组成的一种结构图，这些方框代表了系统元件的传递函数。	______
i. 线性近似	用户通过辨识系统中的回路和通路，就能方便地求解系统传递函数的公式。	______
j. 线性系统	用输入电压作为控制变量，向负载提供动力的一种电动执行机构。	______
k. 梅森增益公式	输出变量的拉普拉斯变换与输入变量的拉普拉斯变换之比。	______
l. 数学模型	利用数学工具对系统行为的描述。	______
m. 信号流图	通过建立系统模型，利用输入信号研究系统行为的一种模拟活动。	______
n. 仿真	由节点和连接节点的有向线段构成的一种信息结构图，是一组线性关系的图示化表示。	______
o. 传递函数	用线性形式表示部件的输入-输出关系而得到的近似模型。	______

基础练习题(基础练习题是本章概念的直接应用)

E2.1 如图 E2.1 所示，单位负反馈系统有一个非线性环节，其输入-输出特性为 $y=f(e)=e^2$，输入 r 的变化范围为 0 到 6，试计算并绘图显示开环、闭环系统的输入与输出曲线，并说明反馈系统有更好的近似线性特性。

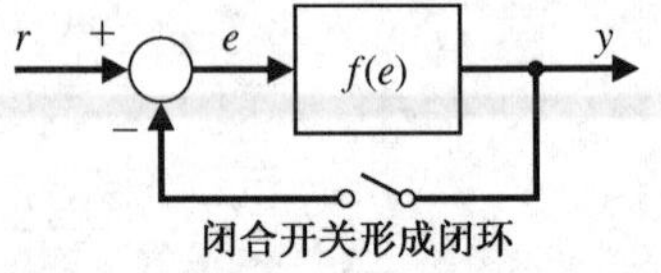

图 E2.1 开环与闭环系统

E2.2　热敏电阻的温度响应特性为 $R=R_o e^{-0.1T}$，其中 $R_o=10\,000\ \Omega$，R 表示电阻，T 为温度（单位为℃），在温度扰动很小的情况下，试给出该热敏电阻在工作点 $T=20$℃ 附近的小信号线性近似模型。

答案： $\Delta R=-135\Delta T$

E2.3　考虑图 2.1 中的质量块-弹簧-阻尼器系统，弹簧的力-位移特性曲线如图 E2.3 所示。当平衡点为 $y=0.5$ cm，位移变化范围为 ± 1.5 cm 时，试根据图 E2.3 计算弹簧的弹性系数。

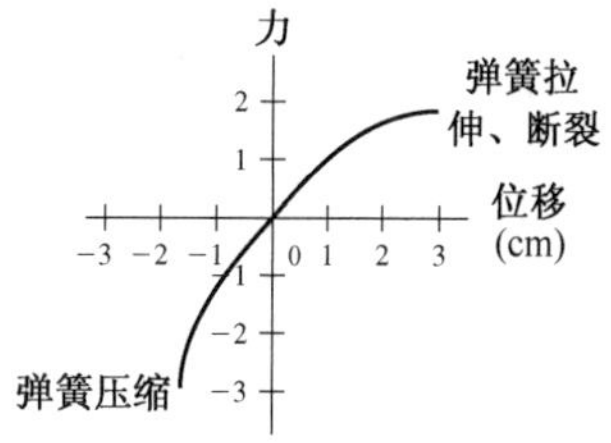

图 E2.3　弹簧的力-位移特性曲线

E2.4　激光打印机用激光束实现快速打印。通常，我们利用控制输入 $r(t)$ 来定位激光束，并有

$$Y(s)=\frac{6(s+50)}{s^2+40s+300}R(s)$$

其中，输入 $r(t)$ 表示激光束的预期位置。

(a) 如果 $r(t)$ 是单位阶跃输入，试计算输出 $y(t)$。

(b) 求 $y(t)$ 的终值。

答案： (a) $y(t)=1+0.2e^{-30t}-1.2e^{-10t}$

(b) $y_{ss}=1$

E2.5　某非反相放大器使用的运算放大器电路如图 E2.5 所示，假定这是一个理想的运算放大器，试求解传递函数 v_o/v_{in}。

答案： $\dfrac{v_o}{v_{in}}=1+\dfrac{R_2}{R_1}$

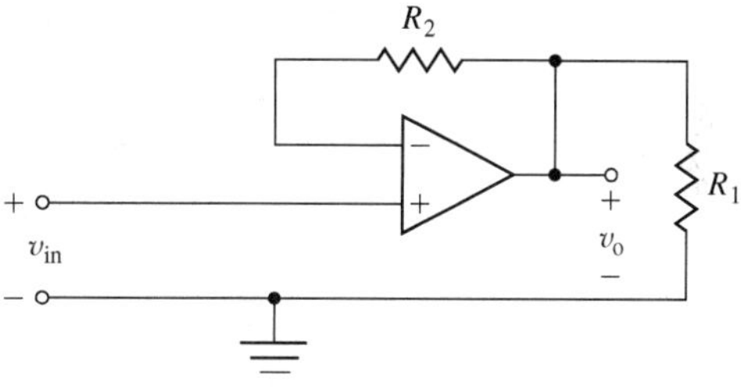

图 E2.5　非反相放大器的运算放大器电路

E2.6　某非线性装置可以用函数 $y=f(x)=e^x$ 加以描述，其工作点为 $x_o=1$，试在工作点附近确定有效的线性近似关系。

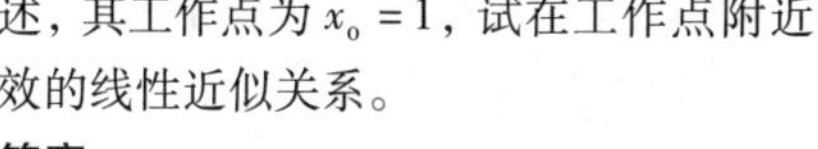

答案： $y=ex$

E2.7　由光电晶体管控制的反馈回路，可以监测灯光强度并使其保持恒定。当电压下降时，灯光变暗，流经光电晶体管 Q_1 的电流减少。作为应对措施，电源晶体管工作强度加大，会更迅速地给电容充电[24]，电容器电压则直接调节灯的电压，使灯光强度恢复到恒定值。该系统的框图如图 E2.7(a) 所示。试计算系统的闭环传递函数 $I(s)/R(s)$，其中 $I(s)$ 为灯光强度，$R(s)$ 为灯光强度的预设值。

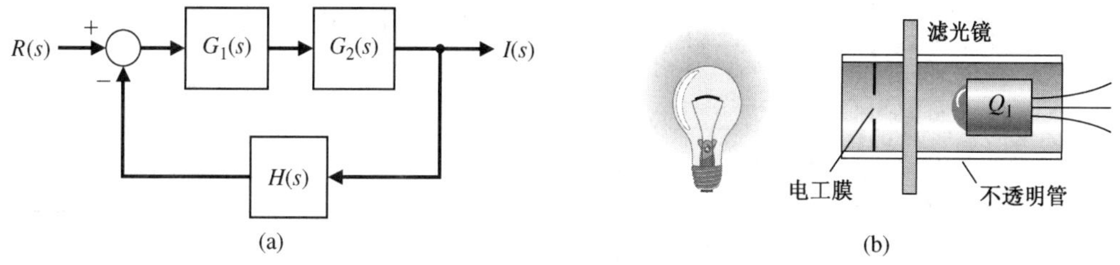

图 E2.7　灯光强度调节器

E2.8　20 世纪 30 年代，控制工程师闵诺斯基（N. Minorsky）为美国海军改进设计了一套船舵系统。该系统的框图如图 E2.8 所示，其中 $Y(s)$ 为船舵的实际路线，$R(s)$ 为预期路线，$A(s)$ 为舵角[16]，试计算传递函数 $Y(s)/R(s)$。

答案： $\dfrac{Y(s)}{R(s)}=\dfrac{KG_1(s)G_2(s)/s}{1+G_1(s)H_3(s)+G_1(s)G_2(s)[H_1(s)+H_2(s)]+KG_1(s)G_2(s)/s}$

E2.9　带有防死锁制动系统的四轮驱动汽车，运用电子反馈装置，自动控制每个车轮上的制动力[15]。该制动控制系统的框图如图 E2.9 所示。其中，$F_f(s)$ 和 $F_R(s)$ 分别为前轮与后轮上的制动力，$R(s)$ 是汽车在结冰路面上的预期运动响应，试计算 $F_f(s)/R(s)$。

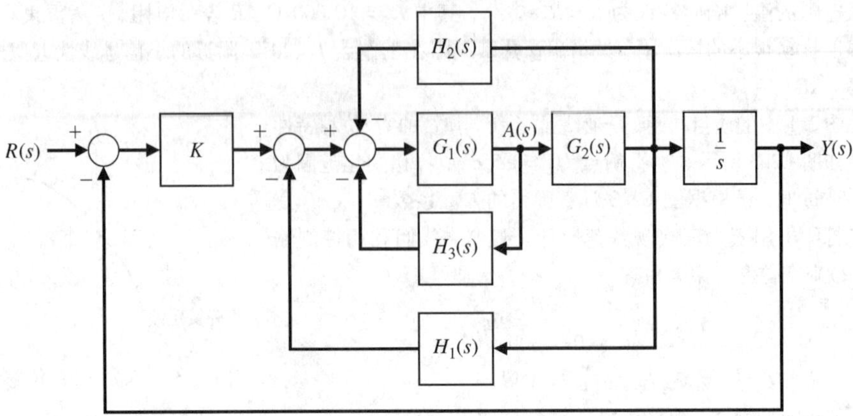

图 E2.8 船舵系统

E2.10 在汽车中，主动悬挂减震控制技术可能是最有用的控制技术之一。悬挂减震控制系统采用了反馈控制，它的主要元件是一个液压缸及其附属设备，如活塞、由齿轮电机驱动的柱塞和位移测量传感器等。液压缸中充满了可压缩的液体，这些液体能够提供弹力和阻力[17]。当活塞移动时，会压迫液体产生弹力。在活塞移动过程中，为了平衡受力情况，活塞同时会产生阻尼力。柱塞则能够改变液压缸的内部容积。减震器反馈控制系统如图 E2.10 所示，试建立该系统的框图模型。

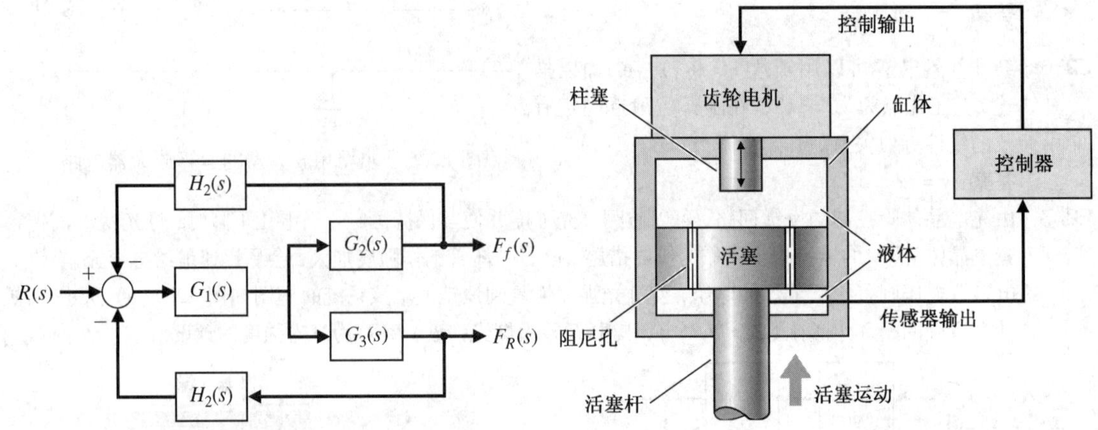

图 E2.9 制动系统框图

图 E2.10 减震器

E2.11 某弹簧的力-位移特性曲线如图 E2.11 所示，在仅仅存在小扰动的情况下，当工作点 x_o 为(a) -1.4，(b) 0，(c) 3.5 时，试分别计算弹簧在工作点附近的弹性系数。

E2.12 在粗糙路面上颠簸行驶的车辆会受到许多干扰的影响。采用了能够感知前方路况的传感器之后，主动式悬挂减震系统就可以降低干扰的影响。图 E2.12 给出了一个简单的，能够顺应颠簸的悬挂减震系统实例，试确定增益 K_1K_2 的取值，使当预期偏差为 $R(s)=0$，且扰动为 $T_d(s)=1/s$ 时，车辆不会上下颠簸。

答案：$K_1K_2=1$

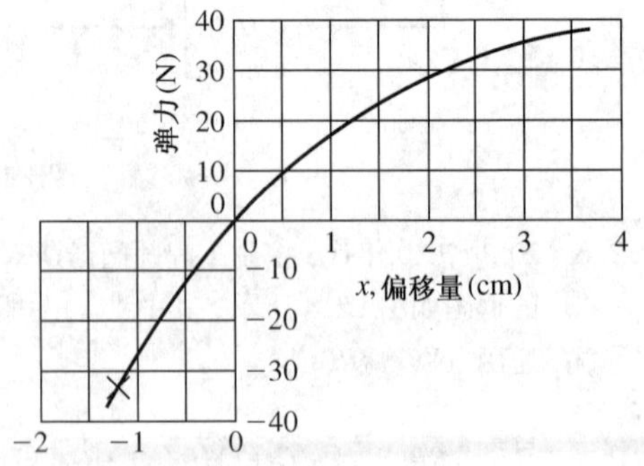

图 E2.11 弹簧特性曲线

E2.13 考察图 E2.13 所示的反馈控制系统，计算传递函数 $Y(s)/T_d(s)$ 和 $Y(s)/N(s)$。

E2.14 计算图 E2.14 所示的多变量系统的传递函数 $Y_1(s)/R_2(s)$。

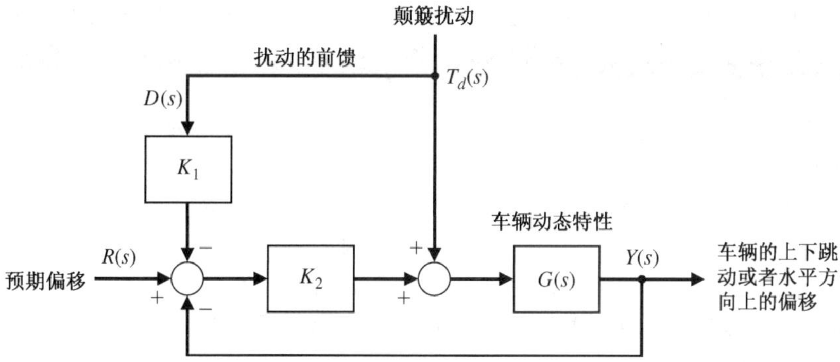

图 E2. 12　主动式悬挂减震系统

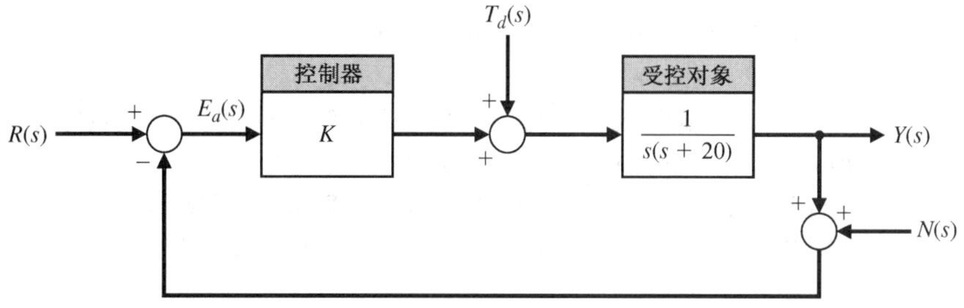

图 E2. 13　测量噪声为 $N(s)$，扰动为 $T_d(s)$ 的反馈控制系统

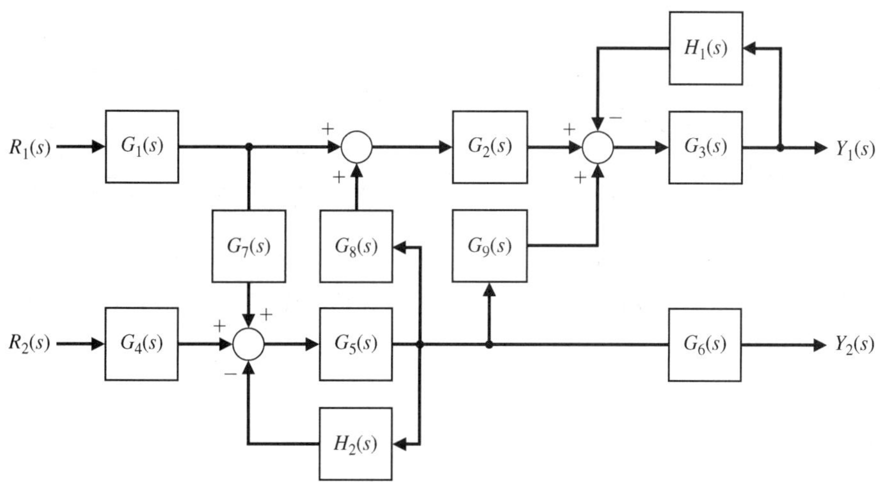

图 E2. 14　多变量系统

E2. 15　某电路如图 E2. 15 所示，试建立电路关于电流 $i_1(t)$ 和 $i_2(t)$ 的微分方程组模型。

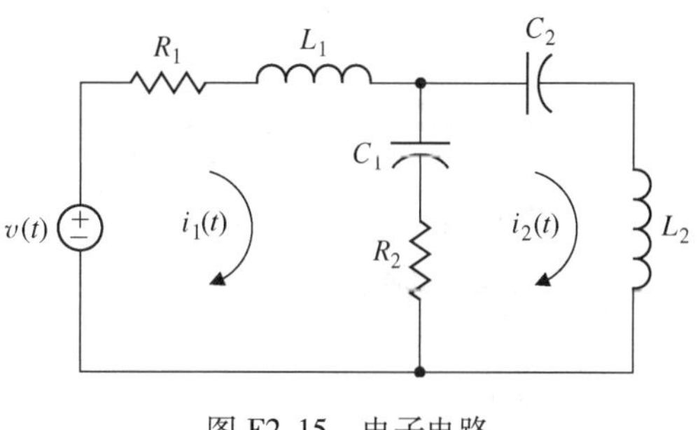

图 E2. 15　电子电路

E2. 16　某航天飞行器位置控制系统的数学模型为

$$\frac{d^2p(t)}{dt^2} + 2\frac{dp(t)}{dt} + 4p(t) = \theta$$

$$v_1(t) = r(t) - p(t)$$

$$\frac{d\theta(t)}{dt} = 0.5v_2(t)$$

$$v_2(t) = 8v_1(t)$$

其中，$r(t)$为平台的预期位置，$p(t)$为平台的实际位置，$v_1(t)$为放大器输入电压，$v_2(t)$为放大器输出电压，$\theta(t)$为电机轴位置。试绘制该系统的框图或信号流图，确定模型的组成部件，并计算系统的传递函数 $P(s)/R(s)$。

E2.17 弹簧的弹力可以用关系式$f=kx^2$ 描述，其中x是弹簧的形变位移。试确定在工作点$x_o=1/2$附近，弹簧的线性近似模型。

E2.18 某装置的输出y和输入x之间的关系为

$$y=x+1.4x^3$$

(a) 当工作点为$x_o=1$和$x_o=2$时，分别计算系统输出的稳态值。

(b) 确定系统在这两个工作点附近的线性化模型，并比较所得的结果。

E2.19 某系统的传递函数为

$$\frac{Y(s)}{R(s)}=\frac{28(s+1)}{s^2+9s+14}$$

当输入$r(t)$为单位阶跃信号时，试计算系统的输出$y(t)$。

答案：$y(t)=2.0+2.8e^{-2t}-4.8e^{-7t}$，$t\geqslant0$

E2.20 图 E2.20 给出了一个典型的运算放大器电路。假定电路是理想放大器，且各参数的取值为$R_1=R_2=100\ \text{k}\Omega$，$C_1=10\ \mu\text{F}$，$C_2=5\ \mu\text{F}$，试确定电路的传递函数$V_o(s)/V(s)$。

E2.21 某高精度定位滑台系统如图 E2.21 所示，当驱动杆的摩擦系数和弹性系数分别为$b_d=0.65$和$k_d=1.8$，当滑块的质量和摩擦系数分别为$m_c=1$ kg 和$b_s=0.9$时，试计算系统的传递函数$X_p(s)/X_{in}(s)$。

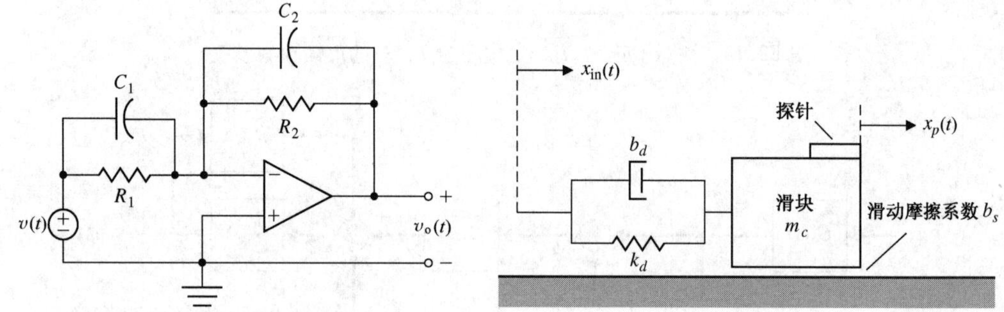

图 E2.20 运算放大器电路

图 E2.21 高精度滑台

E2.22 如图 E2.22 所示，通过改变杆L的长度，可以调节卫星的旋转速度ω。$\omega(s)$与杆的长度增量$\Delta L(s)$之间的传递函数为

$$\frac{\omega(s)}{\Delta L(s)}=\frac{2(s+4)}{(s+5)(s+1)^2}$$

如果杆的长度变化规律为$\Delta L(s)=1/s$，试计算卫星的转速响应$\omega(t)$。

答案：$\omega(t)=1.6+0.025e^{-5t}-1.625e^{-t}-1.5te^{-t}$

E2.23 计算图 E2.23 所示系统的闭环传递函数$T(s)=Y(s)/R(s)$。

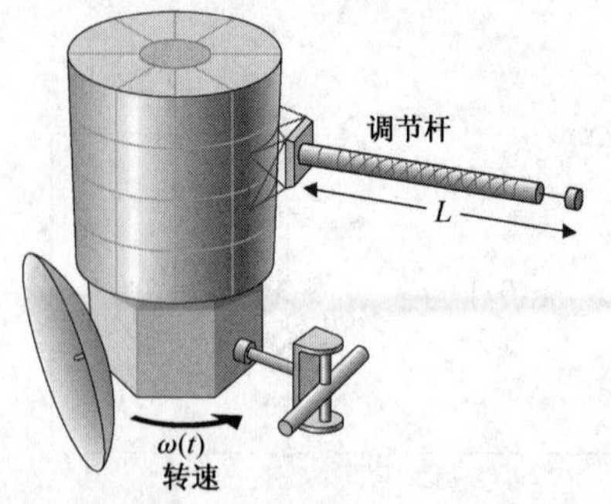

图 E2.22 转速可调的卫星

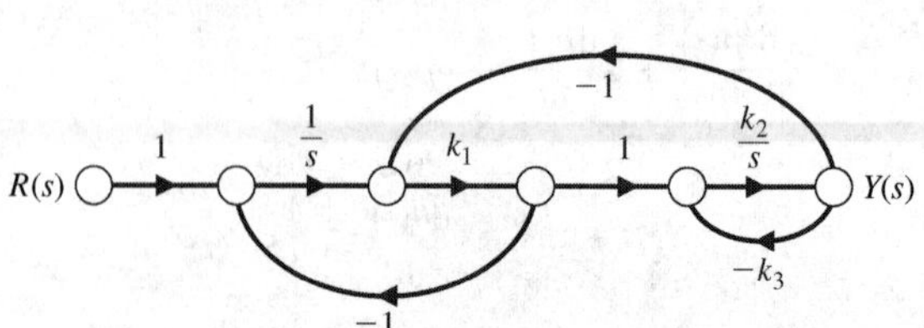

图 E2.23 含 3 个反馈回路的控制系统

E2.24　放大器工作特性曲线如图 E2.24 所示，由此可见，放大器存在死区。在近似线性工作区，可以用三次函数 $y=ax^3$ 来近似描述放大器的输入/输出特性，请确定 a 的合适取值。当工作点为 $x=0.6$ 时，还请进一步确定放大器的线性近似模型。

E2.25　某系统的框图模型如图 E2.25 所示，试计算其传递函数 $T(s)=Y(s)/R(s)$。

E2.26　如图 E2.26 所示，假定两个滑块都在无摩擦的表面上滑动，且有 $k=1$ N/m，试计算系统的传递函数 $X_2(s)/F(s)$。

答案： $\dfrac{X_2(s)}{F(s)}=\dfrac{1}{s^2(s^2+2)}$

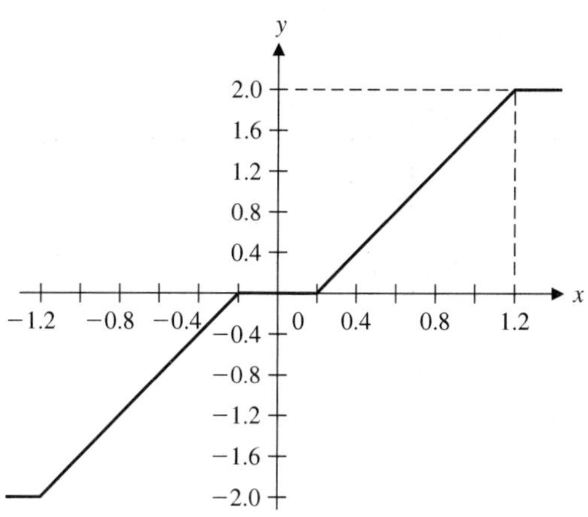

图 E2.25　存在死区的放大器

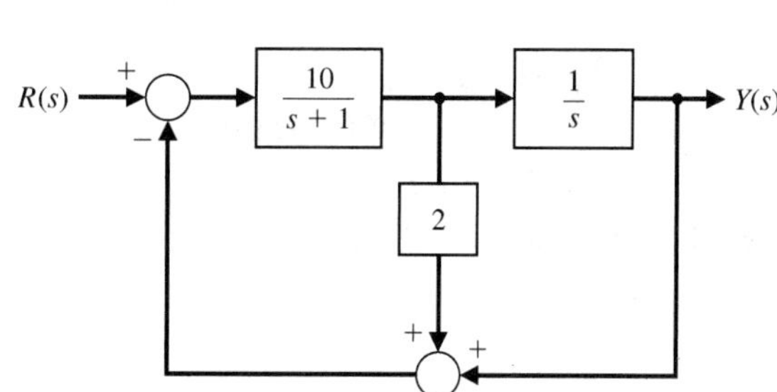

图 E2.24　多回路反馈控制系统

E2.27　计算图 E2.27 所示系统的传递函数 $Y(s)/T_d(s)$。

答案： $\dfrac{Y(s)}{T_d(s)}=\dfrac{G_2(s)}{1+G_1(s)G_2(s)H(s)}$

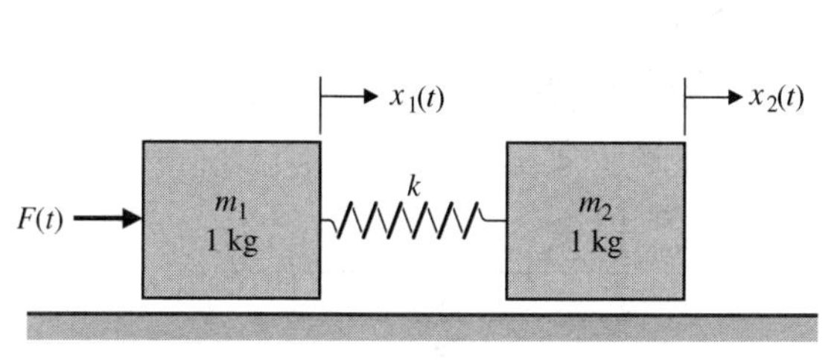

图 E2.26　无摩擦表面上两个相连的滑块

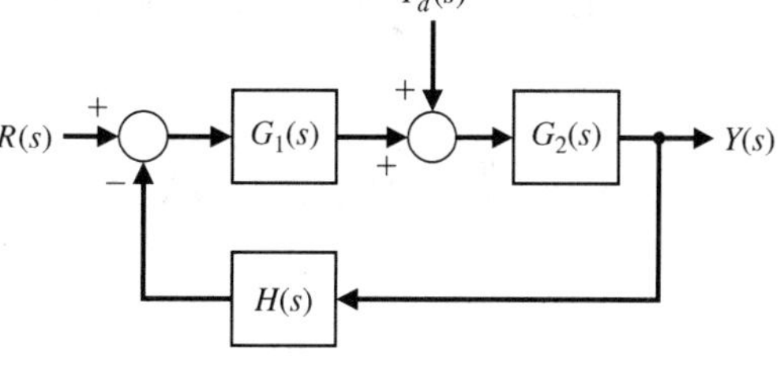

图 E2.27　带有扰动的系统

E2.28　假定图 E2.28 所示的运算放大器是理想的[1]，且各参数的取值分别为 $R_1=167$ kΩ，$R_2=240$ kΩ，$R_3=1$ kΩ，$R_4=240$ kΩ 和 $C=0.8$ μF，试计算该运算放大器的传递函数 $V_o(s)/V(s)$。

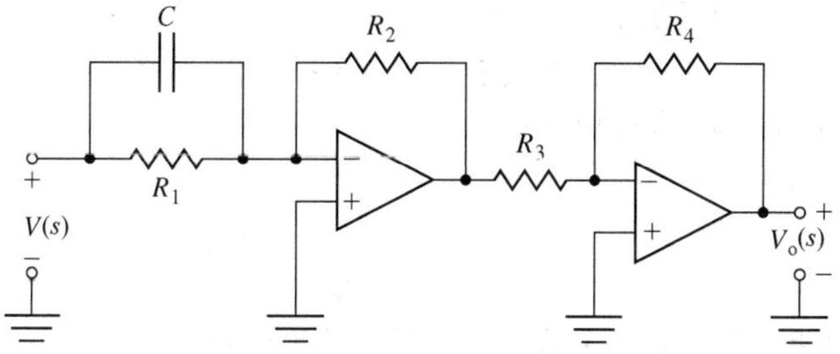

图 E2.28　运算放大器电路

E2.29　考虑图 E2.29(a)所示的控制系统，

(a) 确定图 E2.29(b)中的 $G(s)$ 和 $H(s)$，使其与图 E2.29(a)等价。

(b) 计算图 E2.29(b)所示系统的传递函数 $Y(s)/R(s)$。

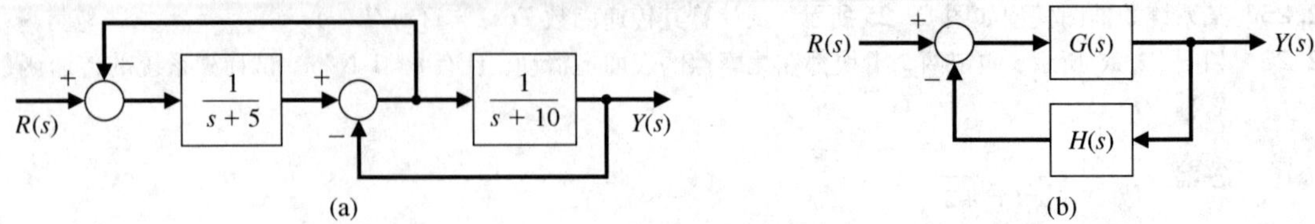

图 E2.29　两个等价的框图

E2.30　考虑图 E2.30 所示的控制系统，

(a) 当 $G(s)=\dfrac{15}{s^2+5s+15}$ 时，试求闭环传递函数 $Y(s)/R(s)$。

(b) 当输入 $R(s)$ 为单位阶跃信号时，试求 $Y(s)$。

(c) 计算输出 $y(t)$。

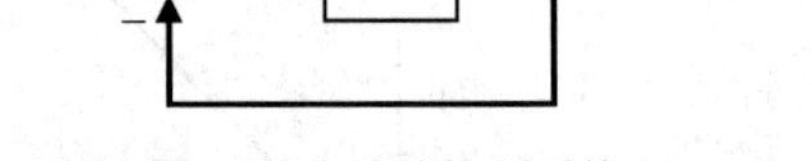

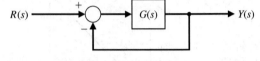

图 E2.30　单位反馈控制系统

E2.31　对传递函数 $V(s)$ 进行部分分式展开，并求其拉普拉斯逆变换，其中

$$V(s)=\frac{500}{s^2+8s+500}$$

一般习题(一般习题要求将本章的概念加以扩展)

P2.1　某电子电路如图 P2.1 所示，试用微积分方程组描述该电路。

P2.2　某动态减震器如图 P2.2 所示。该系统是许多实际情况的代表性描述，例如含有非平衡元件的机械震动吸收器等。当 $F(t)=a\sin(\omega_0 t)$ 时，我们可以选择参数 M_2 和 k_{12} 的合适取值，使主要的质量块 M_1 达到稳态之后不再振荡。试求该系统的微分方程组模型。

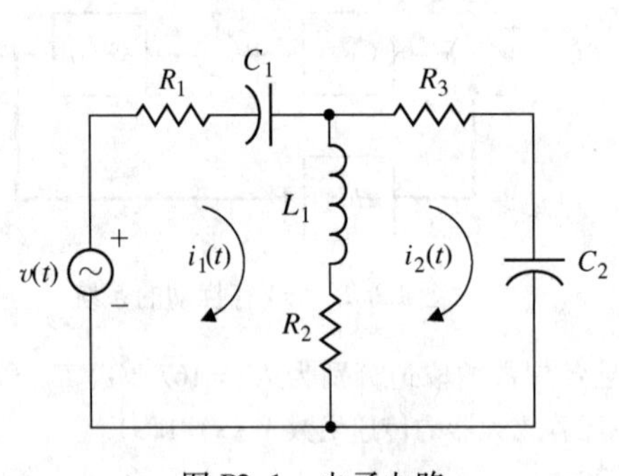

图 P2.1　电子电路

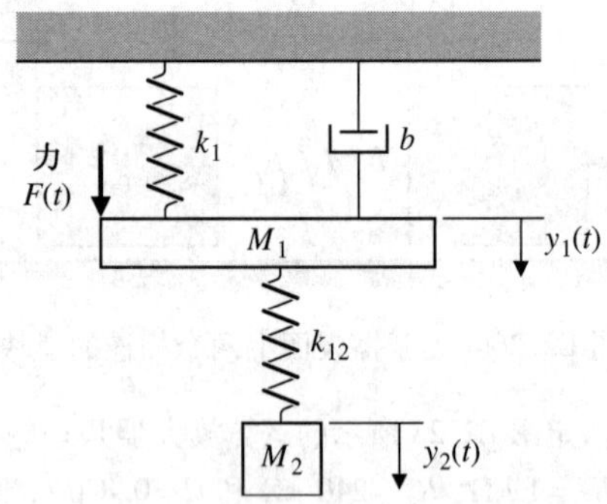

图 P2.2　减震器

P2.3　相互耦合的质量块-弹簧系统如图 P2.3 所示。假定两个质量块的质量均为 M，两个弹簧的弹性系数均为 k，试求该系统的微分方程组模型。

P2.4　某非线性放大器的工作特性为

$$v_o(t)=\begin{cases} v_{in}^2, & v_{in}\geqslant 0 \\ -v_{in}^2, & v_{in}<0 \end{cases}$$

该放大器在工作点 v_{in} 附近 ±0.5 V 的范围内工作。当工作点分别取为(a) $v_{in}=0$ V 和(b) $v_{in}=1$ V 时，求该放大器的线性近似模型。在这两种情况下，分别绘制放大器的非线性响应曲线和线性近似响应曲线图。

P2.5　管道中液流的非线性特性可以用 $Q=K(P_1-P_2)^{1/2}$ 来描述，各变量的定义如图 P2.5 所示，且 K 为常数[2]。

(a) 确定液流特性的线性近似方程。

(b) 如果工作点为 $P_1-P_2=0$，(a)中所得到的近似方程会出现什么情况？

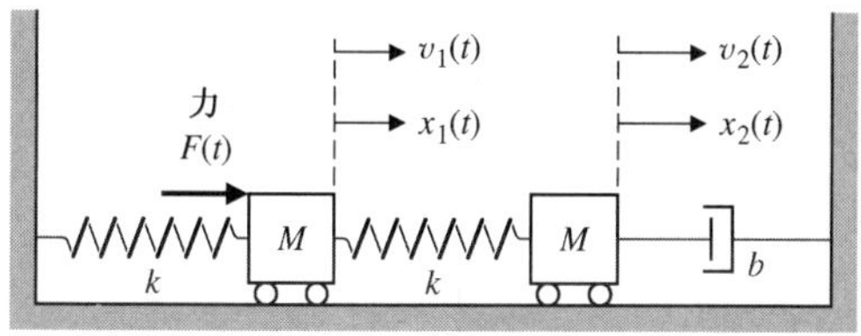

图 P2.3　双质量块系统

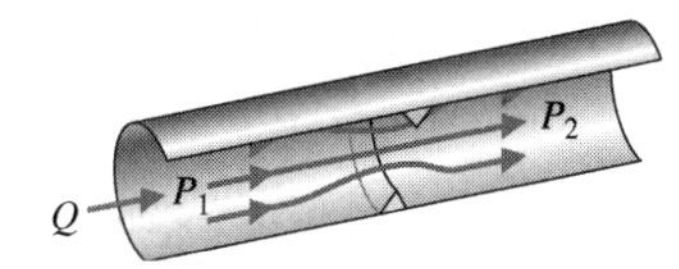

图 P2.5　管道中的液流

P2.6　重新考虑习题 P2.1。假定所有初始电流均为零，$v(t)$为零，电容器 C_1 上的初始电压为零，电容器 C_2 上的初始电压为 10 V，试用拉普拉斯变换方法，计算电流 $I_2(s)$。

P2.7　确定图 P2.7 所示的微分电路的传递函数。

P2.8　T 形桥接网络是一种常用的滤波网络，常用于交流控制系统中[8]。图 P2.8 给出了一种 T 形桥接网络的实际电路，试验证该电路的传递函数为

$$\frac{V_o(s)}{V_{in}(s)}=\frac{1+2R_1Cs+R_1R_2C^2s^2}{1+(2R_1+R_2)Cs+R_1R_2C^2s^2}$$

令 $R_1=1$，$R_2=0.5$，$C=0.5$，试绘制该电路系统的零-极点分布图。

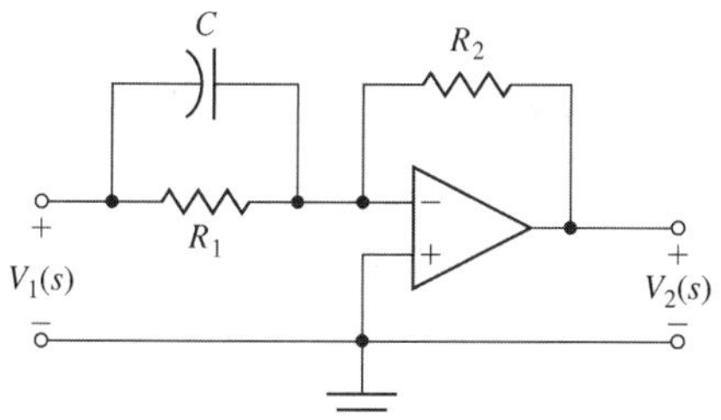

图 P2.7　微分电路

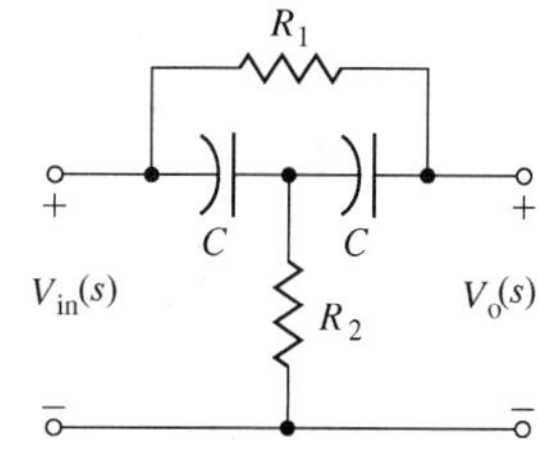

图 P2.8　T 形桥接网络

P2.9　重新考虑习题 P2.3 曾经讨论过的双质量块-弹簧系统，试确定其传递函数 $X_1(s)/F(s)$，并在 $M=1$，$b/k=1$，且 $\zeta=\frac{1}{2}\frac{b}{\sqrt{kM}}=0.1$ 时，绘制系统在低阻尼情况下的零-极点分布图。

P2.10　重新考虑习题 P2.2 所示的减震器系统，试确定其传递函数 $Y_1(s)/F(s)$。当 $F(t)=a\sin(\omega_0 t)$时，选择参数 M_2 和 k_{12}的合适取值，使质量块 M_1 到达稳态之后不再振荡。

P2.11　机电系统经常选用旋转式放大器作为大功率放大器[8,19]，而交磁放大机就是一种大功率旋转式放大器。含有交磁放大机和伺服电机的电路如图 P2.11 所示，令 $v_d=k_2i_q$，$v_q=k_1i_c$，试计算该系统的传递函数 $\theta(s)/V_c(s)$，并绘制其框图模型。

P2.12　图 P2.12 给出了某个开环控制系统的框图模型，试确定参数 K 的合适取值，当输入 $r(t)$为单位阶跃信号，初始条件为零时，使系统输出 $y(t)$的稳态值为 10，即 $t\to+\infty$ 时，$y(t)\to 1$。

P2.13　某机电系统的开环控制系统如图 P2.13 所示。发电机以恒定速度运转，为电机提供所需的电压。电机的转动惯量为 J_m，轴承的摩擦系数为 b_m。假定发电机输出电压 v_g 与励磁磁场电流 i_f 成比例，试计算传递函数 $\theta_L(s)/V_f(s)$，并绘制该系统的框图。

P2.14　磁场控制式直流电机通过齿轮驱动负载旋转。假设电机具有线性工作特性，当电机的输入电压为 80 V 时，试验中测得的输出响应为：负载的转速在 0.5 s 内上升到了 1 rad/s，负载的稳态转速是 2.4 rad/s。假定电场感应可以忽略，并注意，施加到电机上的电压实际上是幅度为 80 V 的阶跃输入信号。在此条件下，以 rad/V 为单位，试计算该电机系统的传递函数 $\theta(s)/V_f(s)$。

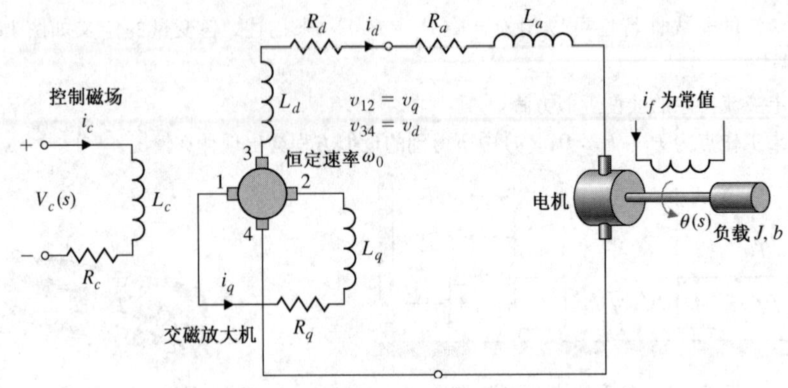

图 P2.11　交磁放大机与电枢控制电机

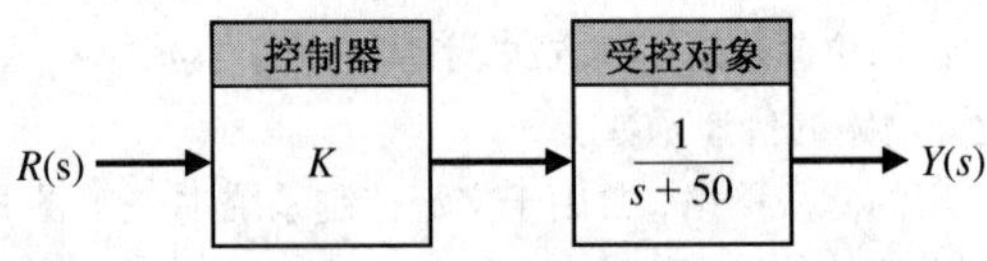

图 P2.12　开环控制系统

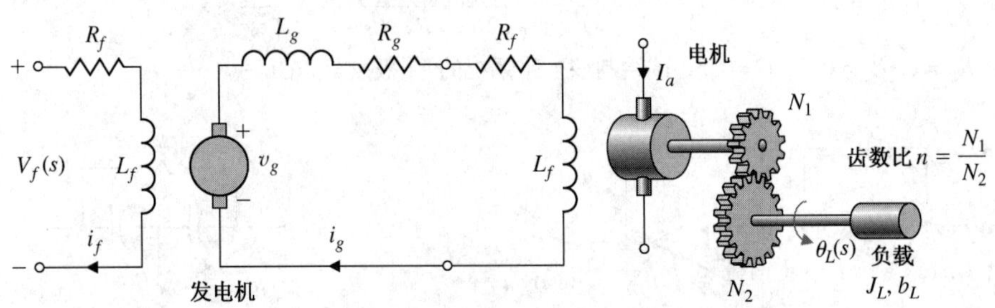

图 P2.13　电机与发电机

P2.15　考虑图 P2.15 所示的质量块-弹簧系统，确定质量块 m 的运动方程，当初始条件为 $x(0)=x_0$ 且 $\dot{x}(0)=0$ 时，计算系统的响应 $x(t)$。

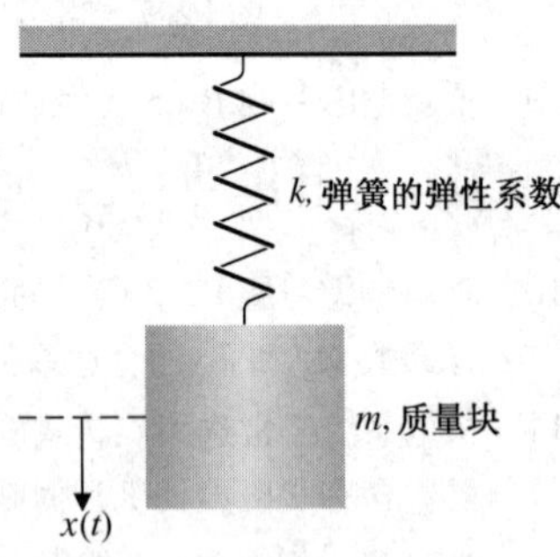

图 P2.15　悬挂式质量块-弹簧系统

P2.16　某机械系统如图 P2.16 所示，如果已知系统相对于参考面的位移为 $x_3(t)$，

(a) 确定关于系统的两个变量 $x_1(t)$ 和 $x_2(t)$ 的运动方程。

(b) 假定初始条件为零，求取基于拉普拉斯变换表示的系统运动方程。

(c) 绘制该系统运动方程的信号流图。

(d) 分别利用矩阵代数方法和信号流图的梅森增益公式，确定 $X_1(s)$ 和 $X_3(s)$ 之间的传递函数 $T_{13}(s)$，并对计算过程进行比较。

P2.17　考虑代数方程组

$$x_1+1.5x_2=6,\qquad 2x_1+4x_2=11$$

其中，6 和 11 为输入，x_1 和 x_2 为输出因变量。试绘制与该方程组对应的信号流图，利用梅森信号流图增益公式，计算因变量 x_1 的值，并用克拉默法则验证所得到的结果。

P2.18　某 LC 梯形网络如图 P2.18 所示，该网络可以用下面的方程组来描述，即

$$I_1=(V_1-V_a)Y_1,\qquad V_a=(I_1-I_a)Z_2$$

$$I_a = (V_a - V_2)Y_3, \qquad V_2 = I_a Z_4$$

根据上述方程，构建网络的信号流图并计算其传递函数 $V_2(s)/V_1(s)$。

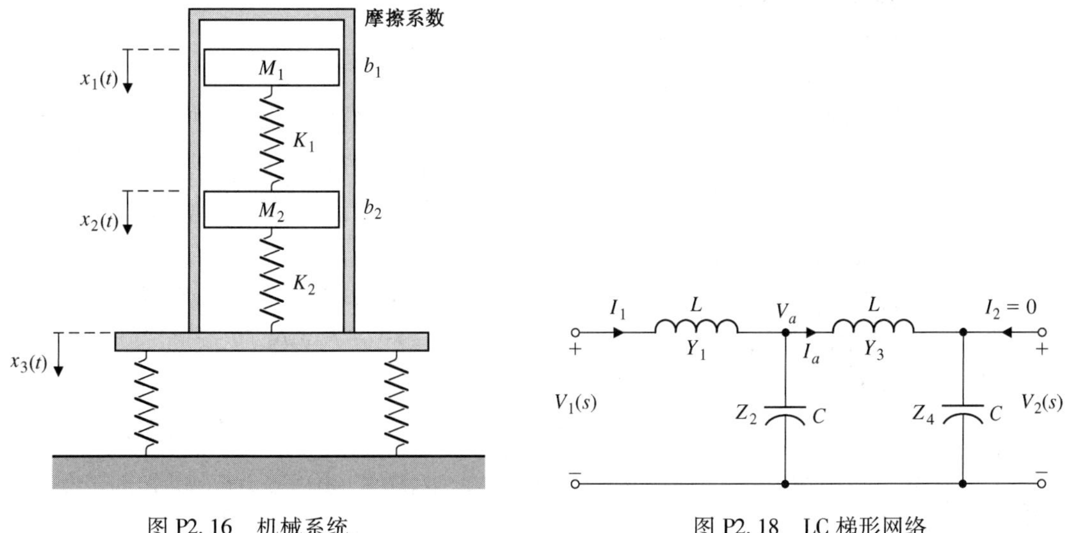

图 P2.16　机械系统　　　　图 P2.18　LC 梯形网络

P2.19　由场效应管(FET)组成的源极跟随放大器可以提供较低的输出阻抗和近似单位增益，其电路如图 P2.19(a)所示，其小信号模型如图 P2.19(b)所示。为了实现偏置，假定 $R_2 \gg R_1$，$R_g \gg R_2$。

(a) 确定放大器增益。

(b) 当 $g_m = 2000\ \mu\Omega$，$R_s = R_1 + R_2 = 10\ \text{k}\Omega$ 时，计算放大器增益。

(c) 绘制该电路方程的框图。

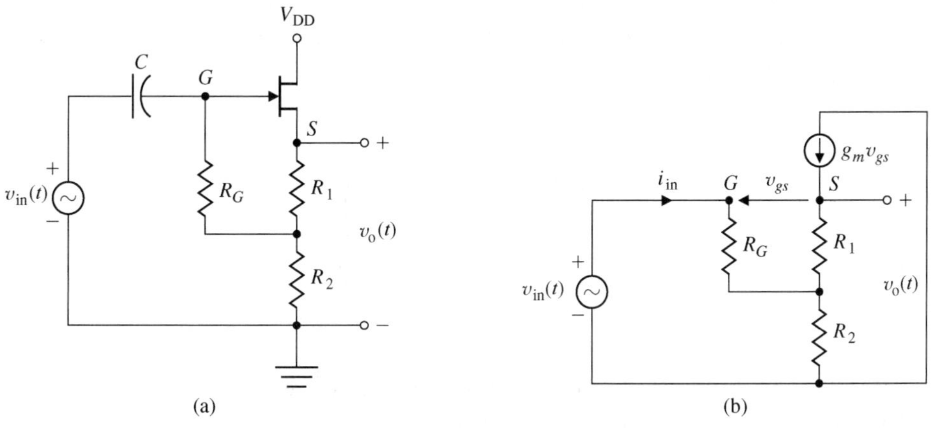

图 P2.19　配置了场效应管的源极跟随放大器

P2.20　考虑图 P2.20 所示的液压伺服机构，其中包括机械反馈装置[18]，其动力活塞的面积为 A。当阀门有微小移动量 Δz 时，液油将以 $p \cdot \Delta z$ 的速率流经油缸，其中 p 为比例系数。假定输入油压恒定，根据几何知识，由图 P2.20 可以计算得出

$$\Delta z = k\frac{l_1 - l_2}{l_1}(x - y) - \frac{l_2}{l_1}y$$

(a) 绘制该机械系统的闭环信号流图或框图。

(b) 计算闭环传递函数 $Y(s)/X(s)$。

P2.21　考虑图 P2.21 所示的双摆系统。双摆悬挂在无摩擦的支点上，并且用弹簧把它们的中点连接在一起[1]。每个摆都可以用一个长度为 L 的杆和固定于杆末端的质量块 M 来表示，其中假定杆自身的质

量可以忽略。此外，假定摆的角位移很小，因此 $\sin\theta$ 和 $\cos\theta$ 都可以进行线性近似处理；当 $\theta_1=\theta_2$ 时，位于杆中间的弹簧无变形，且输入 $f(t)$ 只作用在左侧的杆上。

(a) 确定双摆的运动方程并绘制系统框图。

(b) 确定传递函数 $T(s)=\theta_1(s)/F(s)$。

(c) 在 s 平面上绘制 $T(s)$ 的零点和极点。

P2.22　某电压跟随器(缓冲放大器)电路如图 P2.22 所示。假定这是一个理想放大器，试验证，$T=v_o(s)/v_{in}(s)=1$。

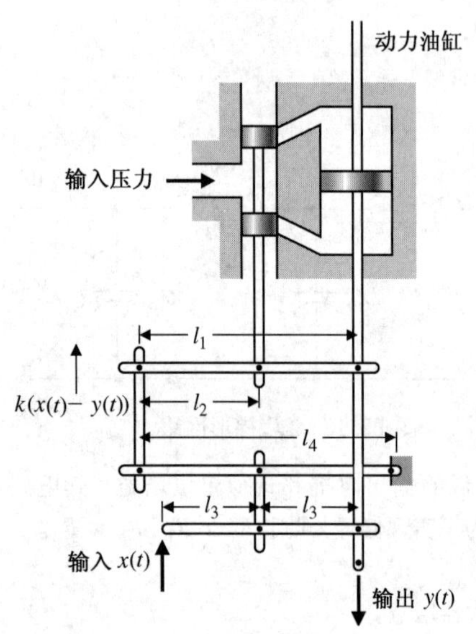

图 P2.20　液压伺服机构

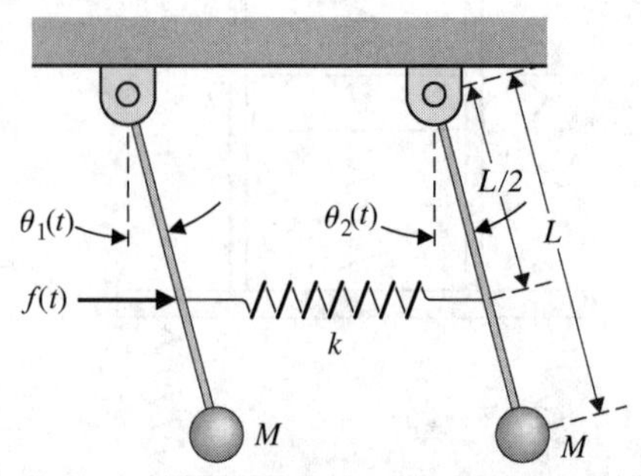

图 P2.21　双摆系统(每杆根长为 L，弹簧置于 $L/2$ 处)

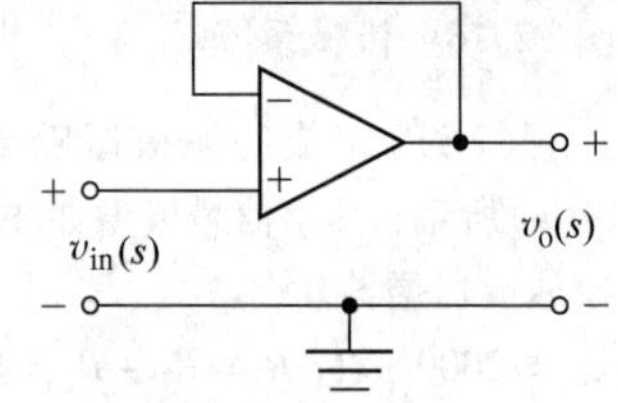

图 P2.22　缓冲放大器

P2.23　图 P2.23 所示的微信号电路等效于共射极的晶体管放大器，它包含有一个反馈电阻 R_f。计算该反馈放大器的输入-输出比 $v_{ce}(s)/v_{in}(s)$。

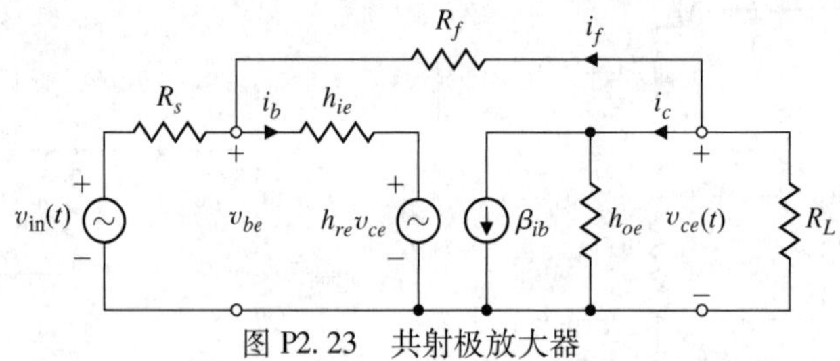

图 P2.23　共射极放大器

P2.24　双晶体管串联电压反馈放大器如图 P2.24(a)所示，这个交流等效电路忽略了偏置电阻与转换电容。该电路的框图模型如图 P2.24(b)所示，其中忽略了 h_{re} 的影响。通常情况下，这种近似的精度是可接受的。此外，再假定 $R_2+R_L\gg R_1$。

(a) 计算电压增益 $v_o(s)/v_{in}(s)$。

(b) 计算电流增益 $i_{c2}(s)/i_{b1}(s)$。

(c) 计算输入阻抗 $v_{in}(s)/i_{b1}(s)$。

P2.25　布莱克由于在 1927 年设计出了负反馈放大器而闻名于世。其实，他在 1924 年就发明了一种称为前馈校正的电路设计技术[19]。最近的实验表明，这项技术可以使放大器获得很高的稳定度。当时记录下来的布莱克放大器如图 P2.25(a)所示，其框图模型如图 P2.25(b)所示，而在图 P2.25(a)中，放大器的传递函数 $G(s)$ 是用 μ 来表示的。在此条件下，试计算传递函数 $Y(s)/R(s)$ 和 $Y(s)/T_d(s)$。

P2.26　机器人抓持较重的负载时，要求其手臂各关节具有很好的柔性[6, 20]。描述机器人手臂的双质量块模型如图 P2.26 所示，试计算其传递函数 $Y(s)/F(s)$。

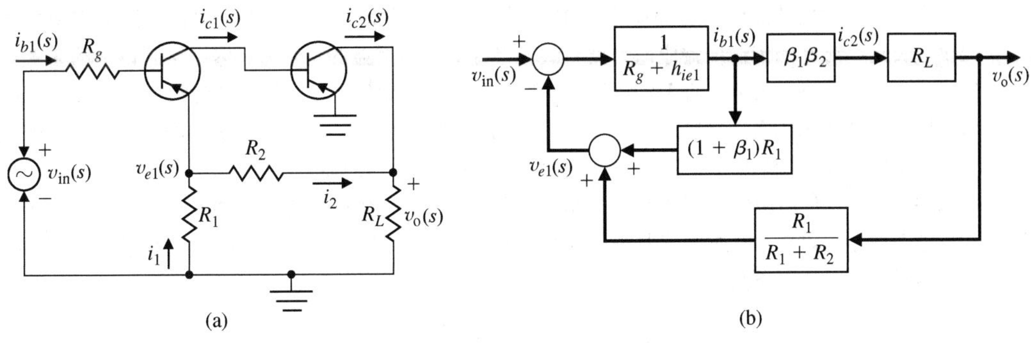

图 P2.24　反馈放大器

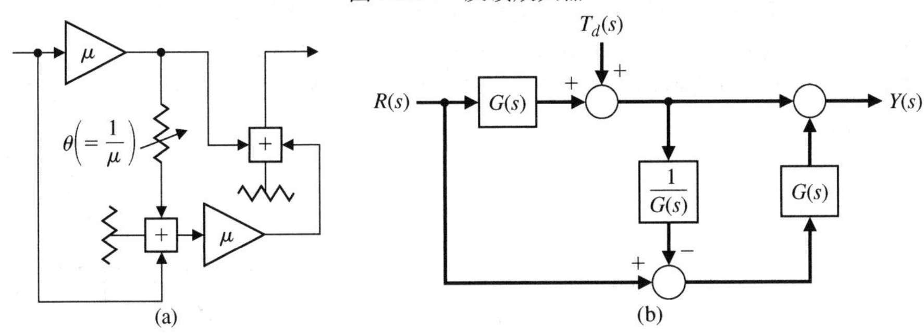

图 P2.25　布莱克放大器

P2.27　作为轮轨列车的替代品，磁悬浮列车能够实现低摩擦的高速运行。如图 P2.27 所示，磁悬浮列车悬浮在轨道与车体之间气隙的上方[25]。悬浮力 F_L 与向下的重力 $F=mg$ 方向相反，它由流经悬浮线圈的电流 i 控制，可以采用下式进行近似计算：

$$F_L = k\frac{i^2}{z^2}$$

其中，z 为气隙高度。试确定气隙高度 z 与控制电流 i 在平衡条件附近的线性近似关系。

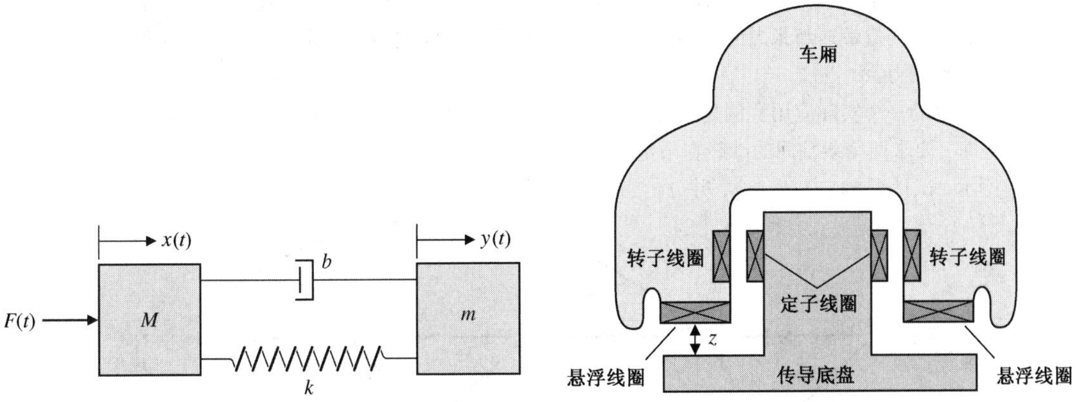

图 P2.26　机器人手臂的弹簧-质量块-阻尼器模型　　　图 P2.27　磁悬浮列车的剖面图

P2.28　城市生态系统的多回路模型可能包括下列变量：城市人口数量 P、现代化程度 M、流入城市的人数 C、卫生设施 S、疾病数量 D、单位面积的细菌数 B 和单位面积的垃圾数 G 等。假定各变量之间遵循下列因果回路关系，即

1. $P\to G\to B\to D\to P$　　　2. $P\to M\to C\to P$
3. $P\to M\to S\to D\to P$　　　4. $P\to M\to S\to B\to D\to P$

但各个变量之间的传输增益的符号尚待确定。例如，卫生设施 S 改善之后，单位面积的细菌数 B 将减少，因此 S 到 B 的传输增益应该为负。试确定每个传输增益的正负号，然后绘制以上因果关系的信号流图。并回答，在所给的 4 个回路中，哪些是正反馈回路，哪些是负反馈回路。

P2.29 考虑图 P2.29 所示的系统，我们期望能够使球在倾斜的横梁上保持平衡。假定电机扭矩由输入电流 i 控制，摩擦力可以忽略不计，且横梁可以平衡在水平位置($\phi=0$)附近，也就是说，$\phi(t)$ 只会出现较小的偏差。试计算传递函数 $X(s)/I(s)$，绘制对应的框图并在图中标出传递函数$\phi(s)$，$X(s)$和 $I(s)$。

P2.30 在反馈系统中，测量元件或传感器是提高系统精度的重要因素[6]，它们的动态响应特性尤其重要。大多数传感器具有如下形式的传递函数：

$$H(s)=\frac{k}{\tau s+1}$$

假定某个光电位置传感器的参数满足$\tau=5\ \mu s$ 和 $0.999<k<1.001$，试求该系统的阶跃响应，并选择 k 的合适取值，使响应速度最快，即在最短的时间内达到终值的 98%。

P2.31 某双输入-双输出交互式控制系统的框图模型如图 P2.31 所示。当 $R_2=0$ 时，确定 $Y_1(s)/R_1(s)$ 和$Y_2(s)/R_1(s)$。

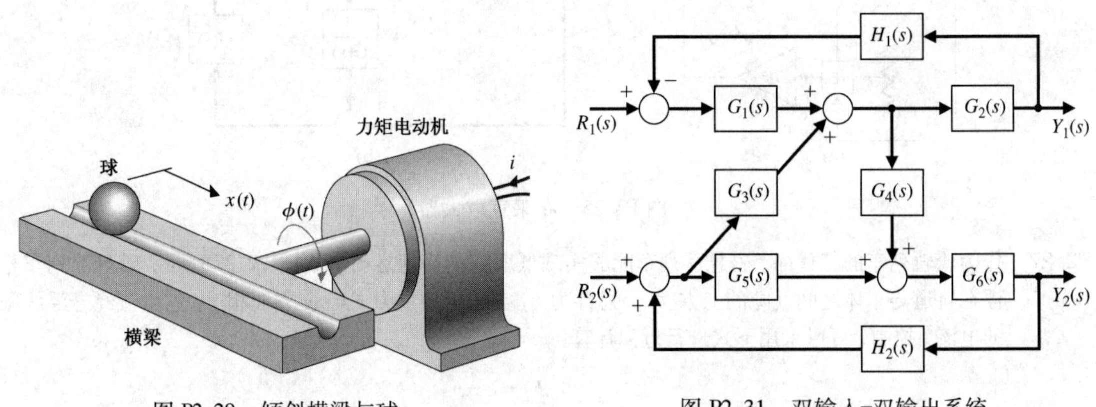

图 P2.29 倾斜横梁与球

图 P2.31 双输入-双输出系统

P2.32 某系统由两个电机构成，并通过柔性传送带将电机耦合在一起，传送带还将经过一个摆臂，摆臂上装有用来测量带速与张力的传感器。该系统的基本控制问题是，通过改变电机扭矩来调节传送带的速度与张力。

该系统的一个实际应用实例是，在纺织纤维制造过程中，当纱线高速地从一个线轴绕到另一个线轴上时，要求两个线轴间的纱线在限定的速度和张力范围内运动。该系统的信号流图模型如图 P2.32 所示，试计算 $Y_2(s)/R_1(s)$，并分析当系统满足何种条件时，输出 Y_2 与输入 R_1 相互独立。

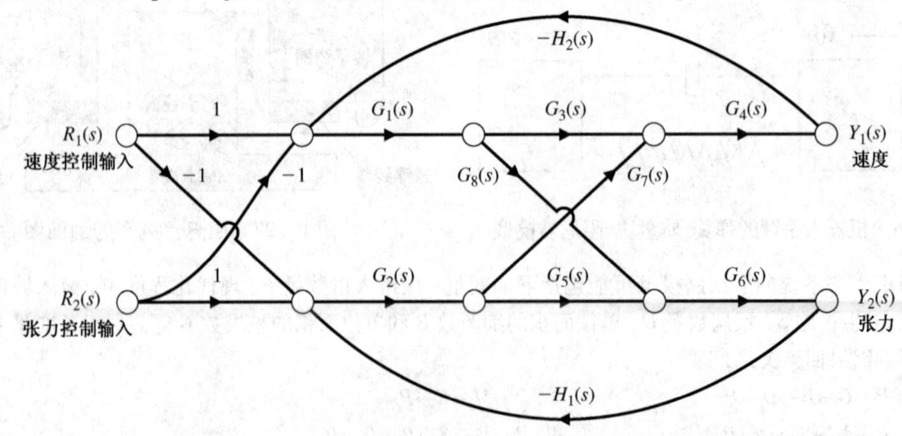

图 P2.32 耦合电机驱动负载模型

P2.33　油喷式发动机的怠速控制系统如图 P2.33 所示，试计算其传递函数 $Y(s)/R(s)$。

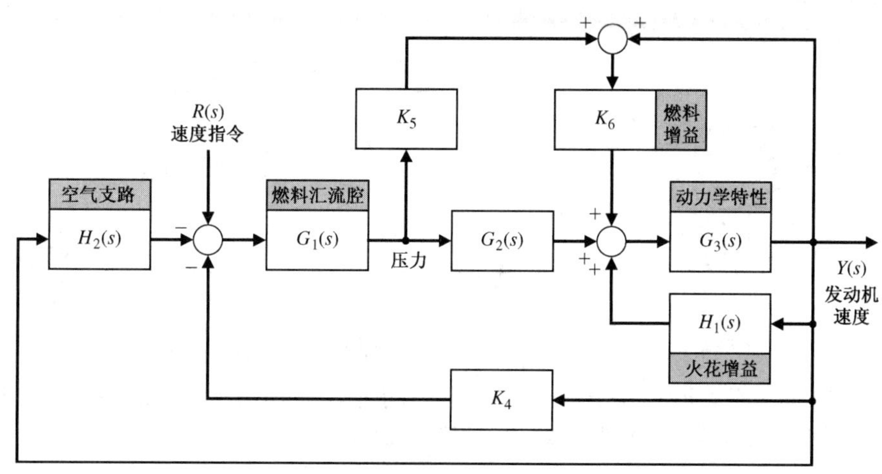

图 P2.33　怠速控制系统

P2.34　某老式皮卡的单个车轮的悬挂减震系统如图 P2.34 所示，车的质量为 m_1，车轮的质量为 m_2，悬挂弹簧的弹性系数为 k_1，轮胎的弹性系数为 k_2，减震器的阻尼系数为 b，试计算车辆响应的传递函数 $Y_1(s)/X(s)$。这代表着卡车在道路上的颠簸情况。

P2.35　某反馈控制系统的框图如图 P2.35 所示。试分别使用（a）框图化简方法和（b）信号流图及梅森信号流增益公式这两种方法，计算闭环传递函数 $Y(s)/R(s)$。然后，

（c）选择增益 K_1 和 K_2 的合适取值，使闭环系统有二重极点 $s=-10$，单位阶跃响应为临界阻尼响应。

（d）绘制该系统的单位阶跃响应曲线，并计算阶跃响应达到稳态值的 90% 所需的时间。

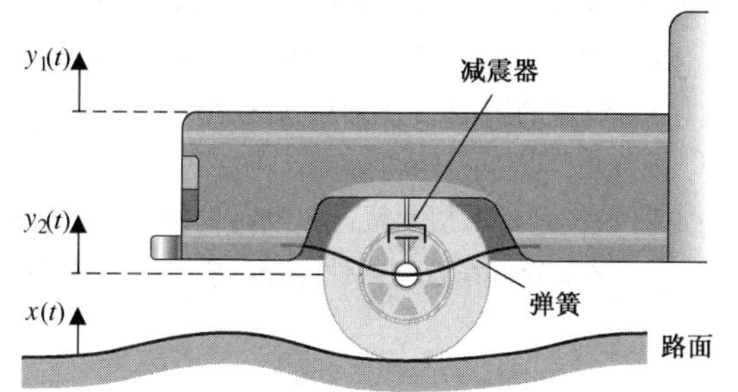

图 P2.34　皮卡的悬挂减震系统

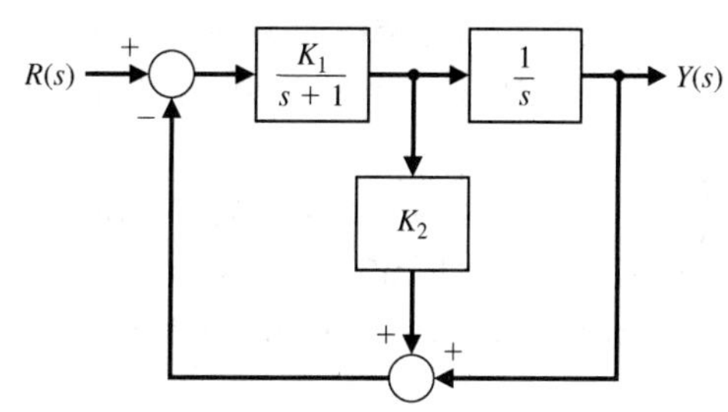

图 P2.35　多回路反馈控制系统

P2.36　某系统由图 P2.36 描述，

（a）确定其部分分式展开，并计算系统对斜坡输入 $r(t)=t$，$t\geqslant 0$ 的响应 $y(t)$。

（b）绘图显示（a）中的 $y(t)$，并指出 $t=1.0$ s 时 $y(t)$ 的值。

（c）求 $t\geqslant 0$ 时的系统脉冲响应 $y(t)$。

（d）绘制（c）中得到脉冲响应 $y(t)$，并指出 $t=1.0$ s 时 $y(t)$ 的值。

$$R(s) \longrightarrow \boxed{\dfrac{30}{s^3+9s^2+26s+30}} \longrightarrow Y(s)$$

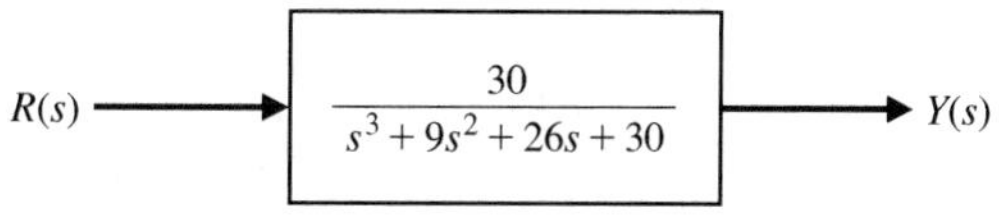

图 P2.36　三阶系统

P2.37　某双质量块系统如图 P2.37 所示，输入压力为 $u(t)$。当 $m_1=m_2=1$ 且 $K_1=K_2=1$ 时，确定该系统的微分方程模型。

P2.38　如图 P2.38 所示，某旋转振荡器由两个钢球和一根细长的杆构成，两球分别处在杆的两端，用于悬挂长杆的细线能够旋转很多圈并保持不断。假设细线的扭转弹性常数为 2×10^{-4} N·m/rad，钢球在空气中的黏性摩擦系数为 2×10^{-4} N·m·s/rad，球的质量为 1 kg。如果这个装置被事先扭转了 4000°，试求从该处回转运动到只有 10° 的旋转角时，共需多少时间？

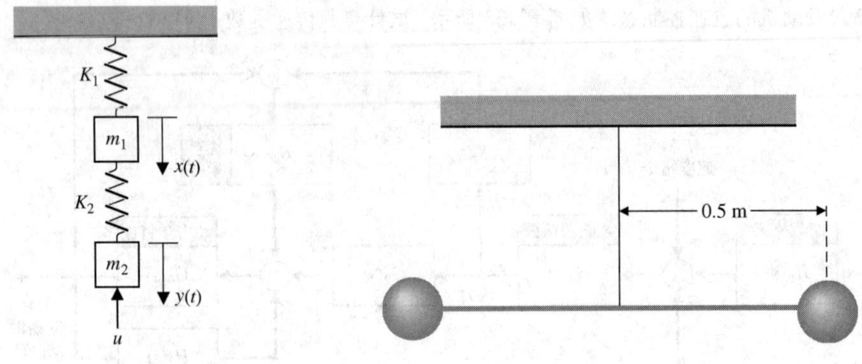

图 P2.37　双质量块系统　　　　图 P2.38　旋转振荡器

P2.39　考虑图 P2.39 所示的电路。假定当 $t<0$ 时，系统处于稳定状态，而在 $t=0$ 的瞬间，开关从触头 1 切换到了触头 2。试计算电路输出电压 $v_o(s)$ 的拉普拉斯变换。

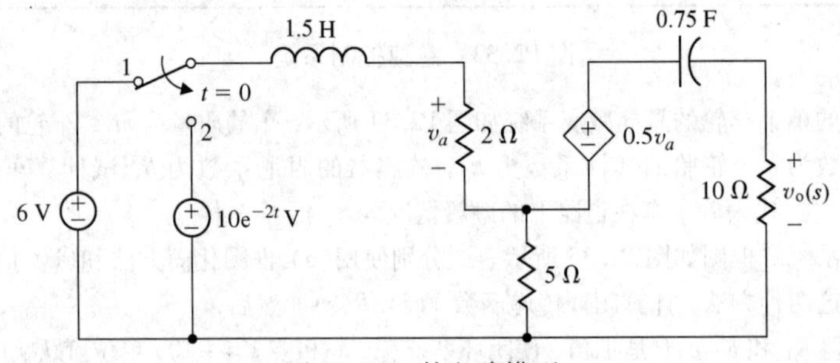

图 P2.39　某电路模型

P2.40　图 P2.40 所示的阻尼装置常用来减少机器的有害振动，两轮之间填充了重油一类的黏性液体。当发生剧烈振动时，两轮间的相对运动将产生阻尼力，而当这个装置无振动地转动时，将不存在相对运动，因而也不产生任何阻力。假定轴的弹性系数为 K，液体的阻尼系数为 b，负载扭矩为 T，试计算 $\theta_1(s)$ 和 $\theta_2(s)$。

P2.41　配置有转向发动机的火箭侧向控制过程如图 P2.41 所示。火箭离预期轨道的侧向偏差为 h，飞行速度为 V，发动机控制力矩为 $T_c(s)$，扰动力矩为 $T_d(s)$，试推导该系统的线性方程组模型，绘制系统的框图模型，求框图中各元件的传递函数。

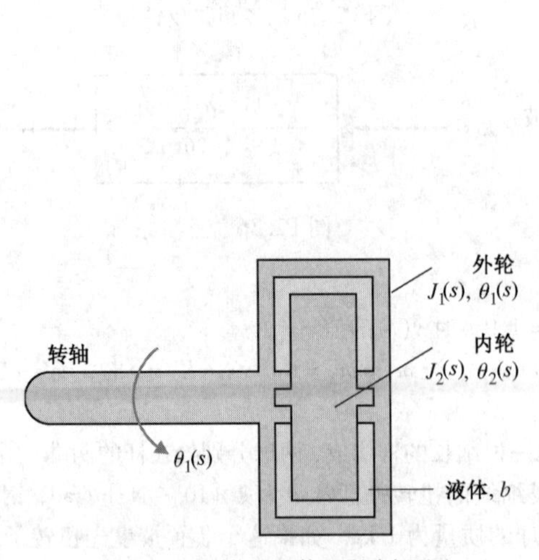

图 P2.40　某阻尼装置的剖面图

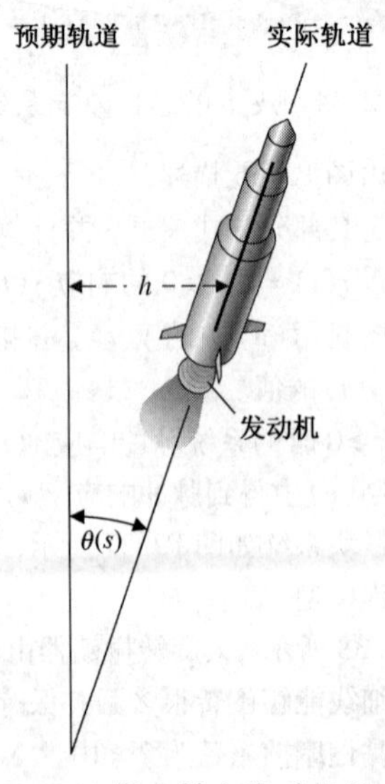

图 P2.41　带有转向发动机的火箭

P2. 42　在超市、印刷业和制造业等领域中，经常采用光学扫描仪来读取产品的条形码。如图 P2. 42 所示，当图中的反光镜转动时，将产生一个与其角速度成比例的摩擦力，其摩擦系数等于 0. 06 N·s/rad，转动惯量等于 0. 1 kg·m^2。输出变量是转速 $\omega(t)$，且设 $t=0$ 时的初始速度为 0. 7，

(a) 确定电机的微分方程模型。

(b) 当电机输入扭矩为单位阶跃信号时，计算系统的响应。

P2. 43　表 2. 4 中的第 10 项给出了一个理想化的齿轮组模型。假定齿轮的转动惯量和摩擦可以忽略，并假定两个齿轮做功相同，试推导该齿轮组的传递函数（表 2. 4 中已经给出），以及扭矩 T_m 与 T_L 的关系。

P2. 44　如图 P2. 44 所示，理想齿轮组连接着一个实心圆柱体负载。电机转轴与齿轮 G_2 的转动惯量为 J_m，假定负载上的摩擦系数为 b_L，电机转轴的摩擦系数为 b_m，并假定负载盘的密度为 ρ，两个齿轮的齿数比为 n。试计算

(a) 负载的转动惯量 J_L。

(b) 电机转轴的输出扭矩 T（提示：电机转轴的扭矩 $T=T_1+T_m$）。

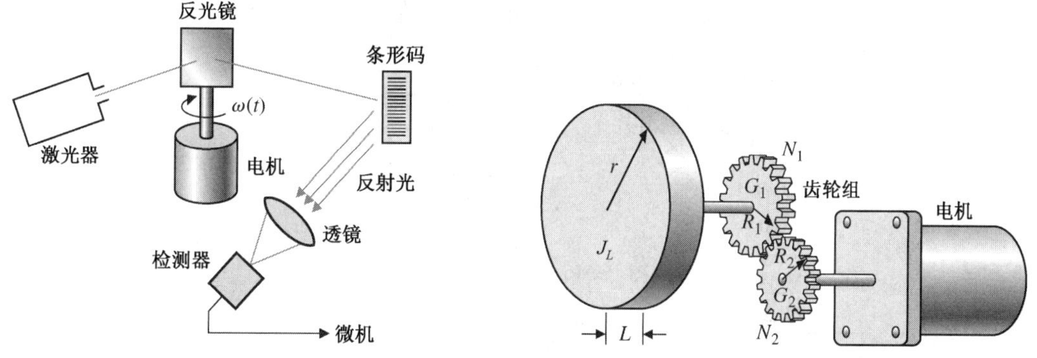

图 P2. 42　光学扫描仪　　　　图 P2. 44　电机、齿轮组与负载

P2. 45　如图 P2. 45 所示，为了综合利用机械手的力量优势与人的智力优势，人们发明了一种称为增强器（Extenders）的有源机械手，戴着它可以使人手臂的力量倍增[22]。将人提供的输入记为 $U(s)$，增强器的输出记为 $P(s)$，试将输出 $P(s)$ 写为 $P(s)=T_1(s)U(s)+T_2(s)F(s)$ 的形式。

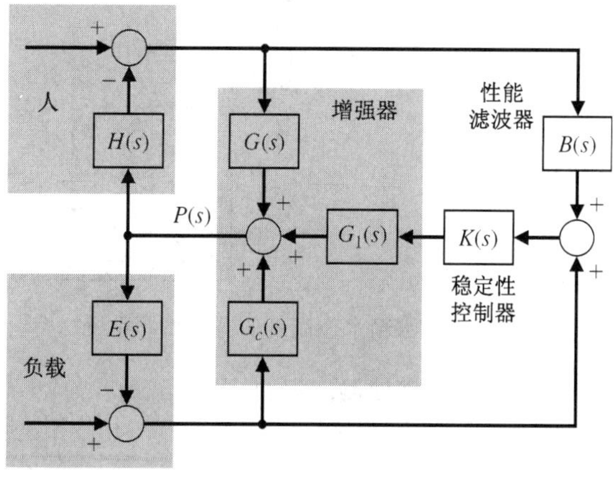

图 P2. 45　增强器模型

P2. 46　如图 P2. 46(a) 所示，卡车上的负载向支撑弹簧施加力 $F(s)$ 之后，会导致轮胎弯曲。轮胎运动模型如图 P2. 46(b) 所示，试计算传递函数 $X_1(s)/F(s)$。

P2. 47　水位高度 $h(t)$ 由图 P2. 47 所示的开环系统进行控制。电枢控制式直流电机能够驱动轴的转动电枢电流为 i_a，从而控制阀门的开启。如果直流电机的电感可以忽略，即 $L_a=0$，转轴与阀门的转动摩擦也

可以忽略，即$b=0$，而且水箱的液面高度满足 $h(t)=\int[1.6\theta(t)-h(t)]\mathrm{d}t$，电机常数为 $K_m=10$，转轴与阀门的转动惯量为 $J=6\times10^{-3}\ \mathrm{kg\cdot m^2}$，试求

(a) 关于 $h(t)$ 与 $v(t)$ 的微分方程。

(b) 传递函数 $H(s)/V(s)$。

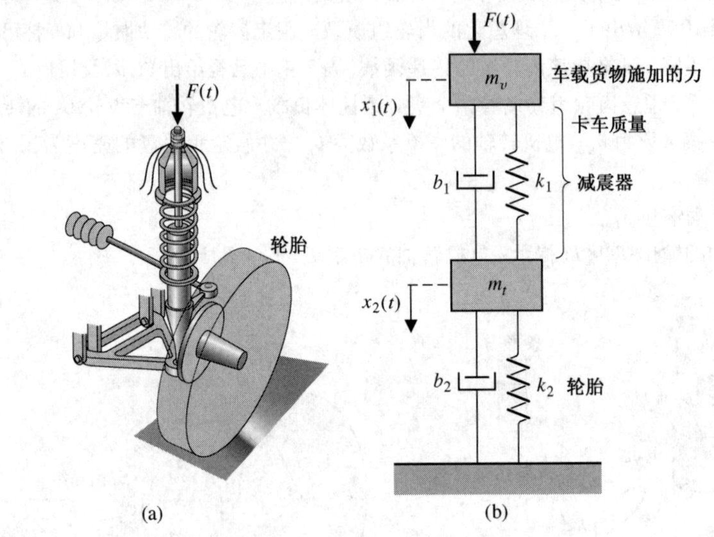

图 P2.46　卡车支撑模型

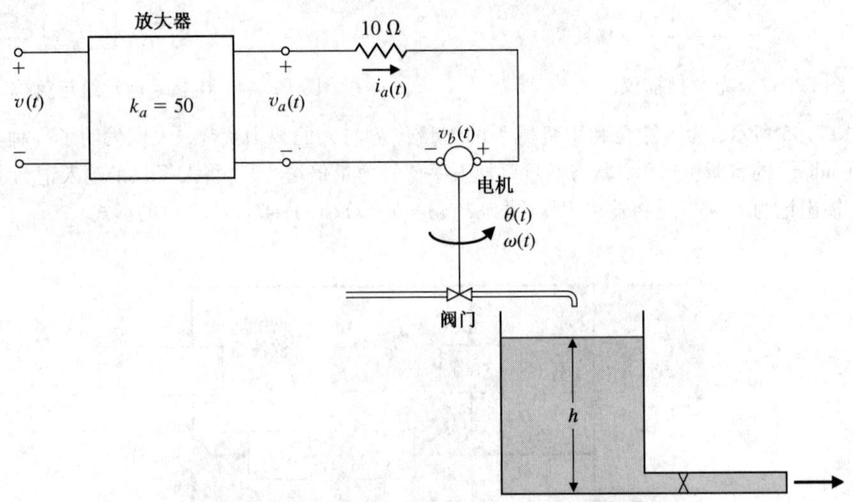

图 P2.47　水箱水位高度的开环控制系统

P2.48 图 P2.48 所示的电路称为超前-滞后滤波器，假定放大器是一个理想放大器。

(a) 计算传递函数 $V_2(s)/V_1(s)$。

(b) 当 $R_1=250\ \mathrm{k\Omega}$，$R_2=200\ \mathrm{k\Omega}$，$C_1=2\ \mathrm{\mu F}$ 且 $C_2=0.1\ \mathrm{\mu F}$ 时，计算传递函数 $V_2(s)/V_1(s)$。

(c) 求取 $V_2(s)/V_1(s)$ 的部分分式展开式。

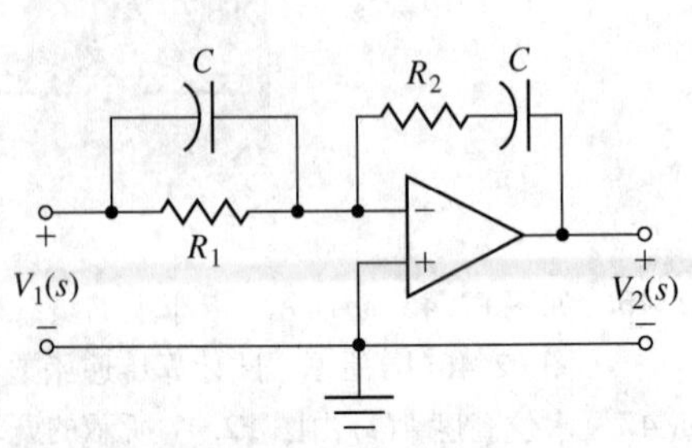

图 P2.48　超前-滞后滤波器

P2.49 闭环控制系统如图 P2.49 所示，

(a) 计算传递函数 $T(s)=Y(s)/R(s)$。

(b) 求 $T(s)$ 的零点和极点。

(c) 当输入为单位阶跃输入 $R(s)=1/s$ 时，求 $Y(s)$ 的部分分式展开式。

(d) 绘制 $y(t)$ 的曲线，讨论 $T(s)$ 实极点与复极点对 $y(t)$ 的影响，并分析哪一类极点起主导作用。

P2.50 闭环控制系统如图 P2.50 所示，

(a) 计算传递函数 $T(s)=Y(s)/R(s)$。

(b) 求 $T(s)$ 的零点和极点。

(c) 当输入为单位阶跃输入 $R(s)=1/s$ 时，求 $Y(s)$ 的部分分式展开式。

(d) 绘制 $y(t)$ 的曲线，讨论 $T(s)$ 实极点与复极点对 $y(t)$ 的影响，并分析哪一类极点起主导作用。

(e) 预测单位阶跃响应 $y(t)$ 的稳态值。

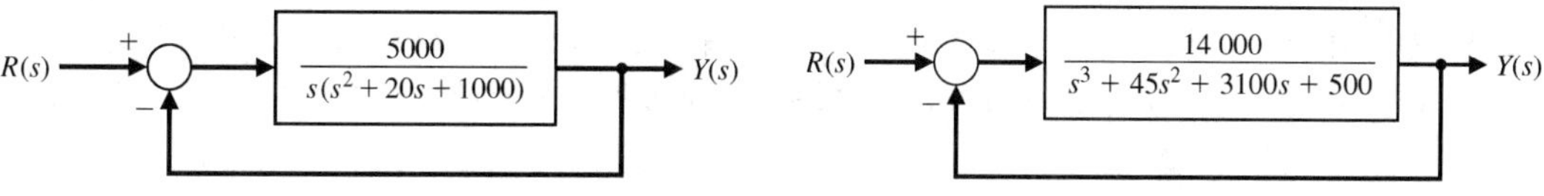

图 P2.49　单位反馈控制系统　　图 P2.50　闭环控制系统

P2.51 考察图 P2.51 所示的双质量块系统，给出描述该系统的微分方程组模型。

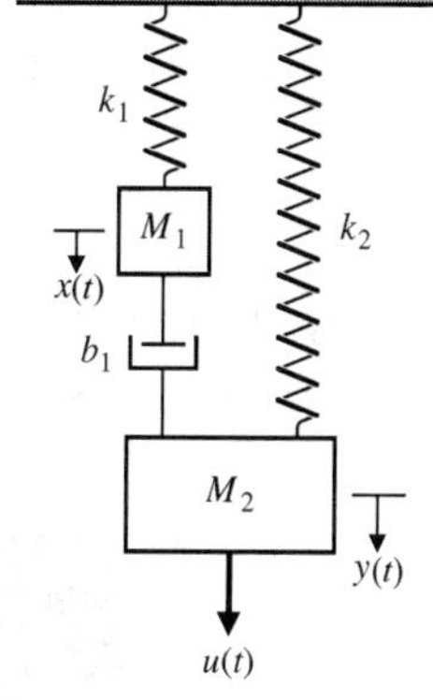

P2.51　含有两个弹簧和一个阻尼器的双质量块系统

难题

AP2.1 电枢控制式直流电机正在驱动负载。假定输入电压为 5 V，在 $t=2$ s 时，电机转速为 30 rad/s。当时间 t 趋于无穷大时，电机的稳态转速为 70 rad/s，试计算传递函数 $\omega(s)/V(s)$。

AP2.2 系统的框图模型如图 AP2.2 所示，试计算传递函数 $T(s)=Y_2(s)/R_1(s)$。希望当 $T(s)=0$ 时，可以实现 $Y_2(s)$ 与 $R_1(s)$ 解耦，试利用其他传递函数 $G_i(s)$ 来表示 $G_5(s)$，并选择 $G_5(s)$，使系统实现解耦。

AP2.3 考虑图 AP2.3 所示的反馈控制系统，定义跟踪误差为

$$E(s)=R(s)-Y(s)$$

(a) 选择合适的传递函数 $H(s)$，使在不存在输入扰动，即 $T_d(s)=0$ 的情况下，对于所有的输入 $R(s)$，系统的跟踪误差都为零。

(b) 在(a)求得的 $H(s)$ 的基础上，令输入 $R(s)=0$，求系统对于扰动输入 $T_d(s)$ 的响应。

(c) 当 $G_d(s)\neq 0$ 时，能否使得系统的输出对于任何扰动输入 $T_d(s)$ 都有 $Y(s)=0$？请解释这个结论。

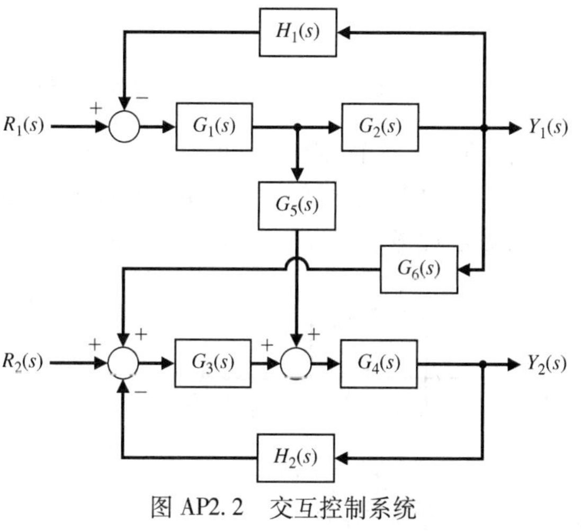

图 AP2.2　交互控制系统

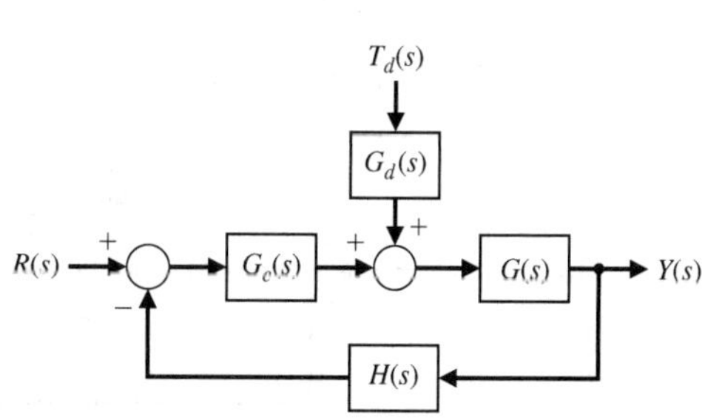

图 AP2.3　带有输入扰动的反馈控制系统

AP2.4 某加热系统的传递函数为

$$\frac{\mathcal{T}(s)}{q(s)}=\frac{1}{C_t s+(QS+1/R_t)}$$

其中，输出$\mathcal{T}(s)$表示加热过程中的温度变化量，输入$q(s)$为加热元件在单位时间的热流量。系统参数包括C_t，Q，S与R_t，具体可以参见表2.4中的第16项。

(a) 计算系统对于单位阶跃输入$q(s)=1/s$的响应。

(b) 当时间t趋于无穷大时，试求(a)所得出的阶跃响应的稳态值。

(c) 如何选择合适的参数C_t，Q，S与R_t，以便提高系统阶跃响应的响应速度。

AP2.5 考虑图AP2.5所示的三联推车系统，该系统的输入为$u_1(t)$，$u_2(t)$和$u_3(t)$；输出分别为$x_1(t)$，$x_2(t)$和$x_3(t)$。试求该系统的3个二阶常系数微分方程，如有可能，将方程组改写为矩阵形式。

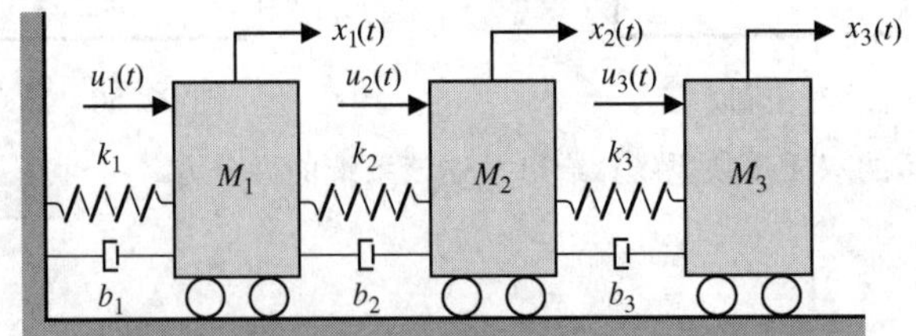

图AP2.5 三输入-三输出的三联推车系统

AP2.6 考察图AP2.6给出的起重行车，其中，行车自身的质量为M，负载的质量为m，长度为L的刚性缆绳的质量可忽略不计，行车行进的摩擦力为$F_b(t)=-b\dot{x}(t)$，此处的$x(t)$为行进路程。试给出描述行车与负载运动的微分方程模型。

(a)

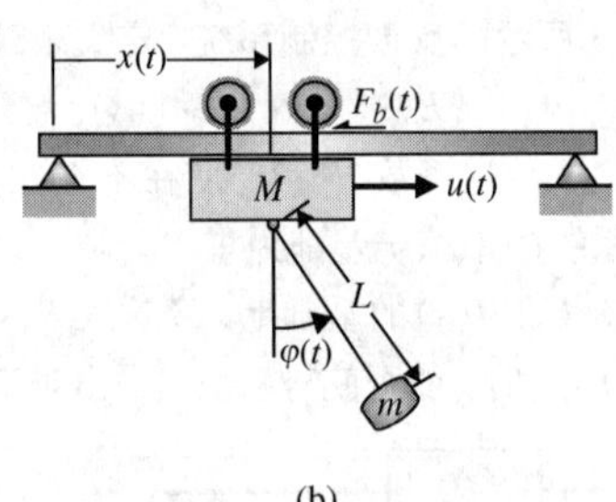

(b)

图AP2.6 (a) 行车正在搬运“亚特兰蒂斯”号航天飞机(经NASA/Jack Pfaller许可)；(b) 行车系统的结构概略图

AP2.7 某单位反馈系统的框图模型由图AP2.7给出。首先给出系统单位脉冲扰动响应的解析表达式；假定$k>0$，再考察系统单位脉冲扰动响应到达$y(t)<0.1$所需要的最短时间，确定该时间与系统增益k的关系；如果还要求在$t=0.05$时，单位脉冲扰动响应首次到达$y(t)=0.1$，那么k应该取何值?

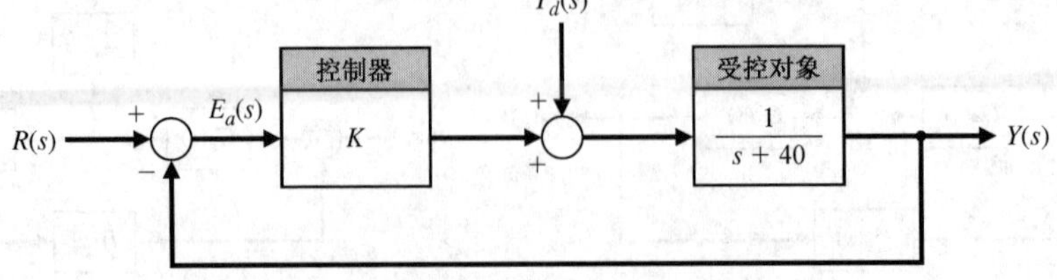

图AP2.7 带有控制器$G_c(s)=k$的单位反馈控制系统

AP2.8　考虑图 AP2.8 所示的电缆卷线机控制系统，试选择 A 和 K 的合适取值，在系统的稳态速度能够按照预期保持为50 m/s的前提下，使超调量 P.O.≤10%。用解析法计算系统的响应 $y(t)$，并验证系统的稳态响应和超调量的确满足了要求(稳态响应和超调量的定义见第 5 章)。

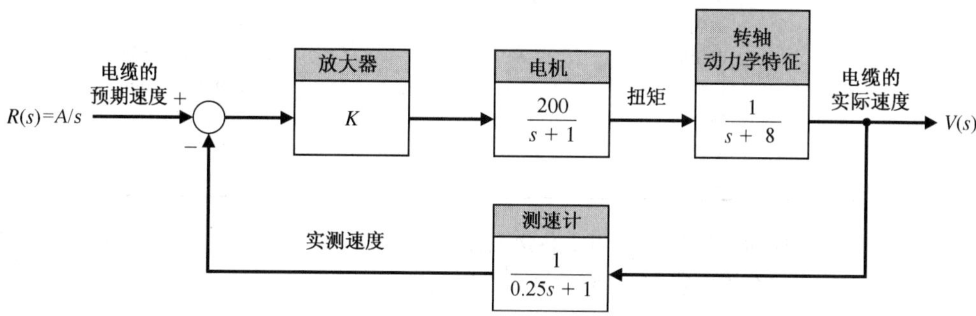

图 AP2.8　电缆卷线机控制系统

AP2.9　考察图 AP2.9 给出的反相放大器。计算传递函数 $V_o(s)/V_i(s)$。验证该传递函数可以写出下面的形式：

$$G(s) = \frac{V_o(s)}{V_i(s)} = K_P + \frac{K_I}{s} + K_D s$$

其中，增益 K_P，K_I，K_D是 C_1，C_2，R_1和 R_2的函数。这个电路是一个比例-积分-微分(PID)控制器(关于 PID 控制器的详细内容参见第 7 章)。

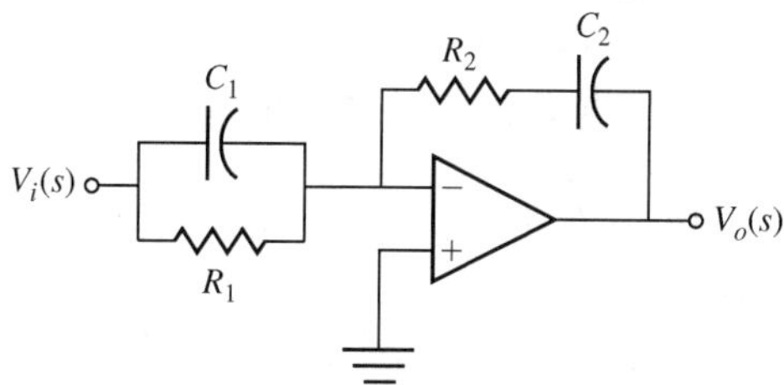

图 AP2.9　具有 PID 控制器作用的反相放大器

设计题

CDP2.1　如图 CDP2.1 所示，我们希望准确定位机床的加工台面。与普通球形螺纹绞盘比较，带有牵引驱动电机的绞盘具有低摩擦、无反冲等优秀品质，但容易受到扰动的影响。在本题中，驱动电机为电枢控制式直流电机，其输出轴上安装有绞盘，绞盘通过驱动杆移动线性滑动台面。由于台面使用了空气轴承，因此与工作台之间的摩擦可以忽略不计。在此条件下，利用表 CDP2.1 给出的参数，建立图 CDP2.1(b)所示的开环模型。注意，本题建立的只是开环模型，带有反馈的闭环系统模型将在后续章节中加以介绍。

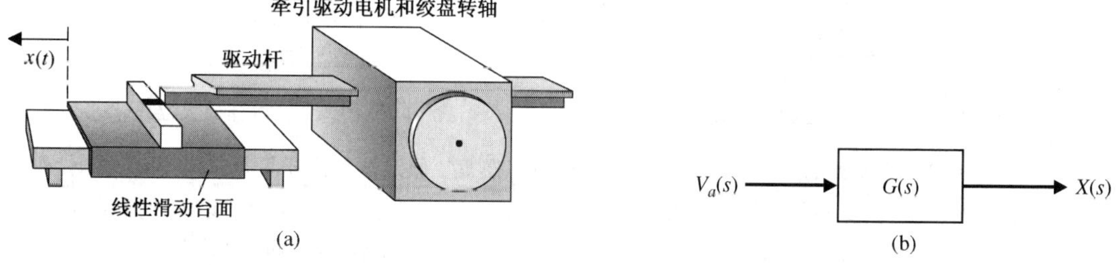

图 CDP2.1　(a) 牵引驱动电机、绞盘和线性滑动台面；(b) 框图模型

表 CDP2.1　电枢控制式直流电机、绞盘与滑动台面的典型参数

M_s	滑块质量	5.693 kg
M_b	驱动杆质量	6.96 kg
J_m	滚轮、转轴、电机与转速计的转动惯量	10.91×10^{-3} kg·m^2
r	滚轮半径	31.75×10^{-3} m
b_m	电机阻尼	0.268 N·m·s/rad
K_m	扭矩常数	0.8379 N·m/amp
K_b	逆电动势常数	0.838 V·s/rad
R_m	电机电阻	1.36 Ω
L_m	电机电感	3.6 mH

DP2.1　控制系统如图 DP2.1 所示，其中，传递函数 $G_2(s)$ 与 $H_2(s)$ 已经给定，试确定传递函数 $G_1(s)$ 与 $H_1(s)$，使闭环传递函数 $Y(s)/R(s)$ 恰好为 1。

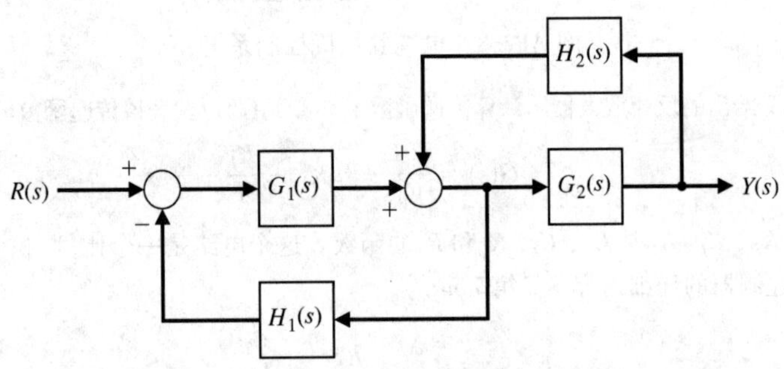

图 DP2.1　选择传递函数

DP2.2　电视机接收电路可以用图 DP2.2 所示的模型描述，选择合适的电导 G，使得电压为 $v=24$ V，其中，电导的单位为 S(西门子，siemens)。

DP2.3　为了求取黑箱系统的传递函数 $G(s)$，在输入端施加测试信号 $r(t)=t$，$t\geqslant0$，当初始条件为零时，其输出响应为 $y(t)=\mathrm{e}^{-t}-\frac{1}{4}\mathrm{e}^{-2t}-\frac{3}{4}+\frac{1}{2}t$，$t\geqslant0$。试由此确定该系统的传递函数 $G(s)$。

DP2.4　图 DP2.4 所示的运算放大器可以用作滤波器，假定运算放大器为理想放大器，试确定传递函数。当输入为 $v_i(t)=At$，$t\geqslant0$ 时，计算输出 $v_o(t)$。

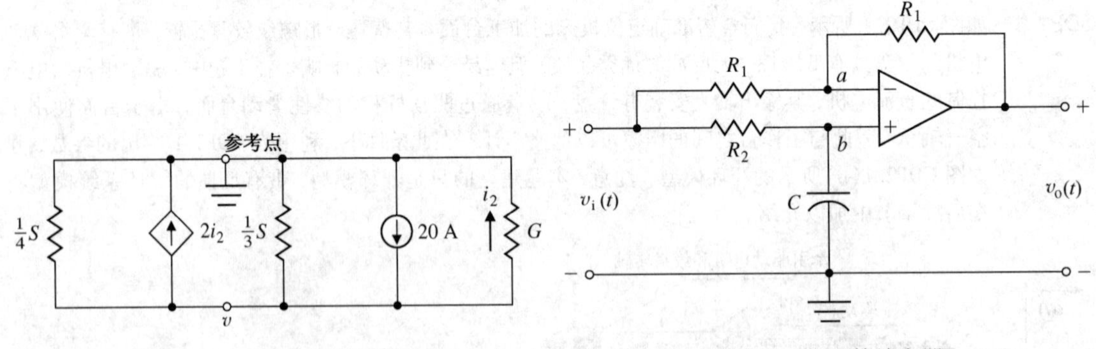

图 DP2.2　电视机接收无线电路　　　　图 DP2.4　运算放大器

DP2.5　考察图 DP2.5 给出的座钟。长度为 L 的摆杆吊着摆盘。假定摆杆是质量可忽略不计的刚性细杆，摆盘的质量为 m；再假定摆动的角度 $\varphi(t)$ 很小，使得 $\sin\varphi(t)\approx\varphi(t)$ 成立。请设计摆杆的长度 L，使得钟摆的周期为 2 s。请留意，在 2 s 的周期内，钟摆按照预期分别“嘀”、“嗒”各一次，时间间隔为 1 s。你能解释为什么古董座钟通常会高达 1.5 m 或更高吗？

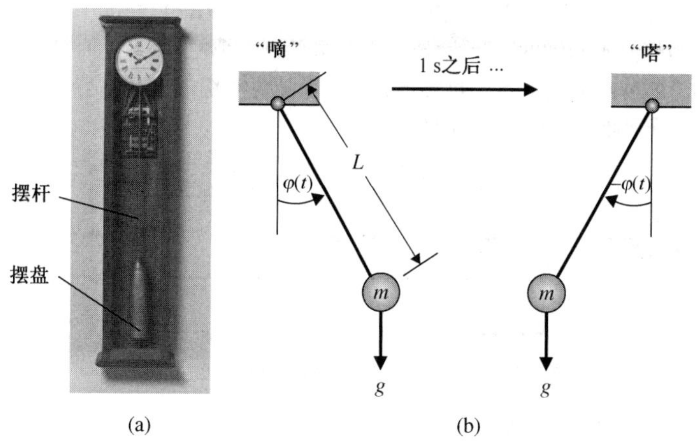

图 DP2.5　(a) 典型座钟(Science and Society/SuperStock 友情提供)；(b) 钟摆运动概略图

计算机辅助设计题

CP2.1　考虑两个多项式 $p(s)=s^2+8s+12$ 和 $q(s)=s+2$，试求：

(a) $p(s)q(s)$。

(b) $G(s)=q(s)/p(s)$的零点和极点。

(c) $p(-1)$的取值。

CP2.2　考虑图 CP2.2 描述的反馈系统，

(a) 利用函数 series 与 feedback，计算闭环传递函数。

(b) 利用函数 step，求取闭环系统的单位阶跃响应，并验证输出终值为 2/5。

CP2.3　考虑微分方程

$$\ddot{y}(t)+6\dot{y}(t)+5y(t)=u(t)$$

其中，$y(0)=\dot{y}(0)=0$，且 $u(t)$为单位阶跃信号，试求取 $y(t)$的解析解。在同一张图上，绘图显示 $y(t)$的解析计算结果和用函数 step 求得的阶跃响应。

CP2.4　考虑图 CP2.4 给出的机械系统，其输入为$f(t)$，输出为$y(t)$。当 $m=10$，$k=1$ 且 $b=0.5$ 时，试编写相关的 m 脚本程序，确定从$f(t)$到$y(t)$的传递函数，绘制系统的单位阶跃响应曲线，并验证输出峰值约为 1.8。

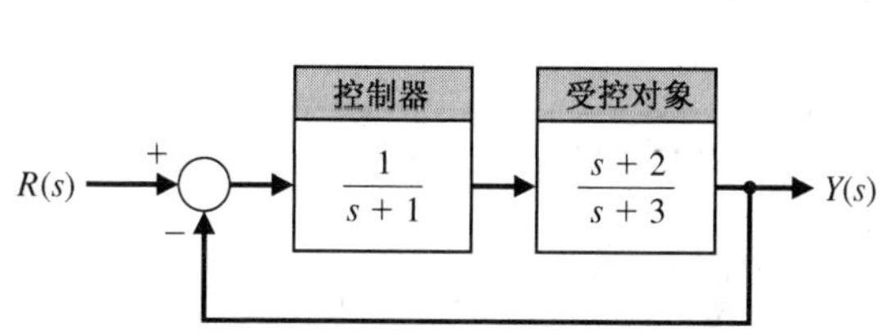

图 CP2.2　负反馈控制系统

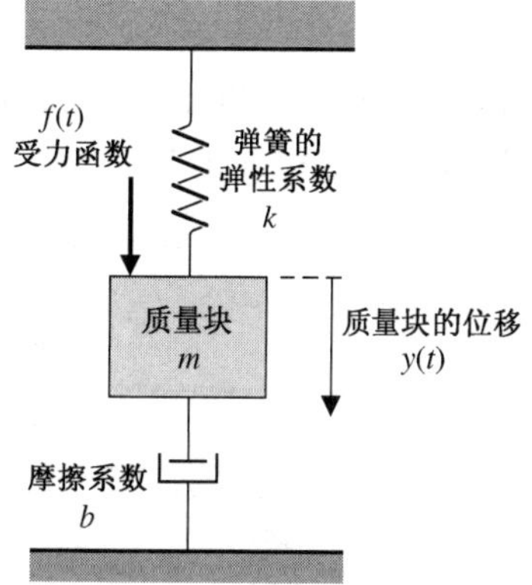

图 CP2.4　质量块-弹簧-阻尼器机械系统

CP2.5　卫星单轴姿态控制系统的框图模型如图 CP2.5 所示，其中变量 k，a 和 b 是控制器参数，J 为卫星的转动惯量。假定所给的转动惯量为 $J=10.8\text{E}8$，控制器参数为 $k=10.8\text{E}8$，$a=1$ 和 $b=8$。

(a) 编写 m 脚本程序，计算其闭环传递函数 $T(s)=\theta(s)/\theta_d(s)$。

(b) 当输入为幅值 $A=10°$ 的阶跃信号时，计算并绘制系统的阶跃响应曲线。

(c) 转动惯量的精确值通常是不可知的，而且会随时间缓慢改变。当 J 减小到给定值的 80% 和 50% 时，分别计算并比较卫星的阶跃响应。

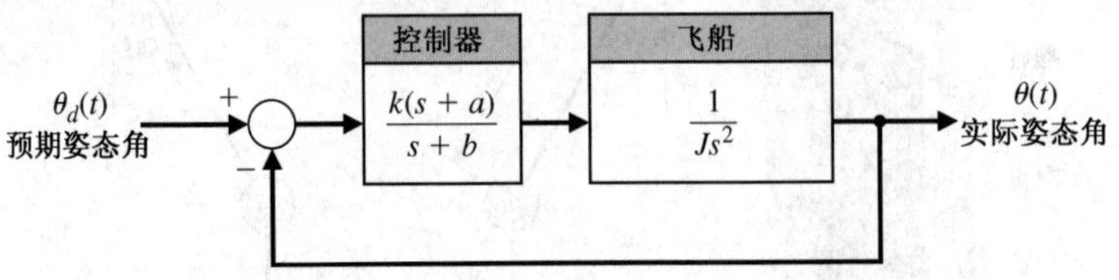

图 CP2.5　卫星单轴姿态控制系统的框图

CP2.6　考虑图 CP2.6 所示的框图模型，

(a) 编写 m 脚本程序，对框图进行化简，并计算系统的闭环传递函数。

(b) 利用函数 pzmap，绘制闭环传递函数的零-极点分布图。

(c) 利用函数 pole 和 zero 分别计算闭环传递函数的极点和零点，并与(b)所得的结果进行对比。

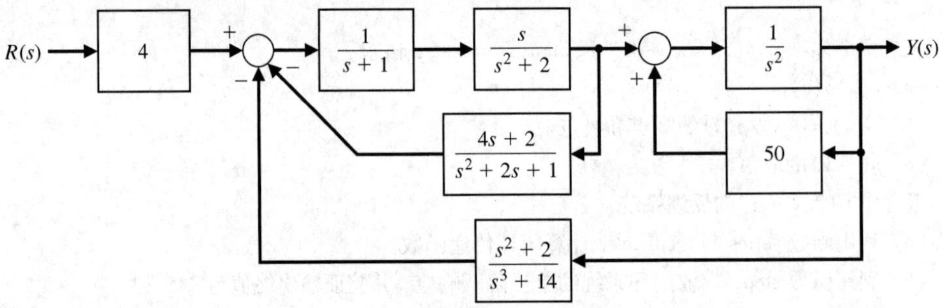

图 CP2.6　多回路反馈控制系统的框图

CP2.7　考虑图 CP2.7 所示的简易单摆系统，其非线性运动方程为

$$\ddot{\theta}(t)+\frac{g}{L}\sin\theta(t)=0$$

其中，$L=0.5$ m，$m=1$ kg，$g=9.8$ m/s^2。在平衡点 $\theta=0$ 附近进行线性化之后，可以得到线性运动方程为

$$\ddot{\theta}(t)+\frac{g}{L}\theta(t)=0$$

编写 m 脚本程序，当初始条件为 $\theta(0)=30°$ 时，分别绘制非线性和线性运动方程的零输入响应曲线，并分析两者之间的差异。

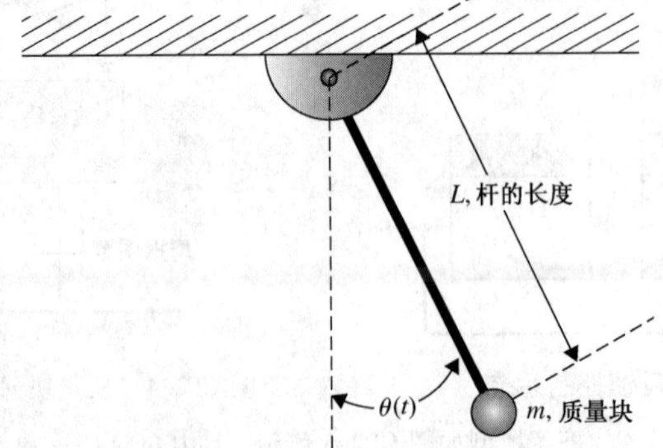

图 CP2.7　简易单摆系统

CP2. 8　某系统的传递函数为

$$\frac{X(s)}{R(s)}=\frac{(20/z)(s+z)}{s^2+3s+20}$$

当输入 $R(s)$ 为单位阶跃信号，参数 z 为 10，12 和 22 时，分别绘制系统的响应曲线。

CP2. 9　考虑图 CP2. 9 所示的反馈控制系统，其中

$$G(s)=\frac{s+1}{s+2},\qquad H(s)=\frac{1}{s+1}$$

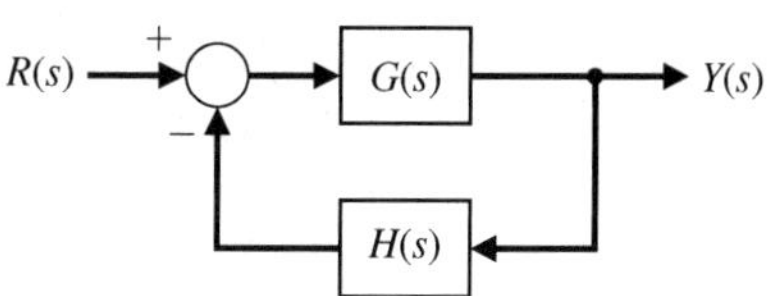

图 CP2. 9　单位反馈控制系统

(a) 编写 m 脚本程序，求取系统的闭环传递函数。

(b) 利用函数 pzmap，绘制闭环系统的零-极点分布图，并具体确定零点和极点的位置。

(c) 分析(a)得到的闭环传递函数，其中是否能够进行零-极点对消？如果有，利用函数 minreal 将其对消。

(d) 为什么进行零-极点对消非常重要？

CP2. 10　考察图 CP2. 10 给出的框图。编写 m 脚本程序，完成下列任务：

(a)计算闭环系统的阶跃响应，即 $R(s)=1/s$，$T_d(s)=0$，当控制器增益 $0<k\leqslant 10$ 时，作为 k 的函数，绘制系统输出 $y(s)$ 的稳态值的变化曲线。

(b)计算闭环系统的阶跃扰动响应，即 $R(s)=0$，$T_d(s)=1/s$，当控制器增益 $0<k\leqslant 10$ 时，作为 k 的函数，在(a)中所绘制的图上，叠加绘制此时的系统输出 $y(s)$ 的稳态值的变化曲线。

(c)确定 k 的合适取值，使得闭环系统的阶跃响应和阶跃扰动响应的稳态值相等。

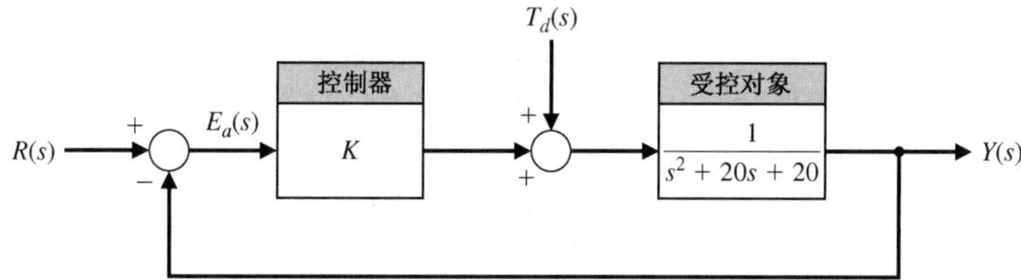

图 CP2. 10　具有参考输入 $R(s)$ 和扰动输入 $T_d(s)$ 的单位反馈系统框图

技能自测答案

正误判断题：(1) 错　(2) 对　(3) 错　(4) 对　(5) 对

多项选择题：(6) b　(7) a　(8) b　(9) b　(10) c　(11) a　(12) a　(13) c　(14) a　(15) a

术语和概念匹配题(自上向下)：e　j　d　h　a　f　c　b　k　g　o　l　n　m　i

术语和概念

across-variable	**跨越型变量**	通过测量部件两端的偏差才能确定取值状态的变量。
actuator	**执行机构**	向受控对象提供运动动力的装置。使受控对象产生输出的装置。
analogous variable	**相似变量**	电子、机械、热力和流体系统中具有类似结论的变量，基于这些变量和相同的描述运动的微分方程，分析师可以将从一个系统得到的结论推广到其他相似系统。
assumption	**假设条件**	对实际情况或条件做出的主观的、未经证实的结论。在控制系统中，假设条件常常用来简化实际物理系统的动态模型，从而使控制系统设计容易处理。

block diagram	框图模型	由单方向的功能方框组成的一种结构图，这些方框代表了系统元件的传递函数。
branch	支路	信号流图模型中表示一对输入和输出变量的关联关系的，具有单一方向的线段。
characteristic equation	特征方程	令传递函数的分母多项式为零时所得到的关系方程。
closed-loop transfer function	闭环传递函数	所有反馈或者前馈回路都处于闭合状态时，系统输出变量的拉普拉斯变换与输入变量的拉普拉斯变换之比。通常采用框图化简或者信号流图方法来计算闭环传递函数。
coulomb damper	库仑阻尼	一种机械阻尼，在此情况下，摩擦力是质量块运动速度的非线性函数，并且在速度零点附近呈现出不连续特性。也称为干性摩擦。
critical damping	临界阻尼	介于过阻尼和欠阻尼之间的边界阻尼情形。
damped oscillation	阻尼振荡	幅值随时间而衰减的振荡。
damping ratio	阻尼系数	阻尼强度的度量指标，为二阶系统特征方程的无量纲参数。
DC motor	直流电机	用输入电压作为控制变量，向负载提供动力的一种电动执行机构。
differential equation	微分方程	包括了微分运算的方程。
error signal	偏(误)差信号	预期输出 $R(s)$ 与实际输出 $Y(s)$ 之间的差值 $E(s)$，即 $E(s)=R(s)-Y(s)$。
final value	终值	系统输出响应中，所有的瞬态成分都衰减完毕之后剩下的响应信号。参见稳态值(steady state value)。
final value theorem	终值定理	定理的表达式为 $\lim_{t\to+\infty} y(t)=\lim_{s\to 0} sY(s)$，其中 $Y(s)$ 为 $y(t)$ 的拉普拉斯变换。
homogeneity	齐次性	线性系统的属性之一。对于输入为 $u(t)$ 且输出为 $y(t)$ 的线性系统，如果输入为 $\beta u(t)$，则齐次性要求输出为 $\beta y(t)$。
inverse Laplace transform	拉普拉斯逆变换	复频域函数 $F(s)$ 的一种变换，其结果为对应的时域函数 $f(t)$。
Laplace transform	拉普拉斯变换	时域函数 $f(t)$ 的一种变换，其结果为对应的复频域函数 $F(s)$。
linear approximation	线性近似	用线性形式表示部件的输入-输出关系而得到的近似模型。
linear system	线性系统	满足叠加性和齐次性的系统。
linearized	线性化	将非线性的模型近似为线性模型。泰勒级数展开是最为常用的线性化方法之一。
loop	回路	信号流图模型中起始和终止于同一节点，且其他节点最多通过一次的通路。
Mason loop rule	梅森增益公式	用户通过辨识系统中的回路和通路，就能方便地求解系统传递函数的公式。
mathematical model	数学模型	利用数学工具描述系统行为的模型。
natural frequency	自然(固有)频率	当阻尼系数为零时，具有一对复极点的系统会发生的自然振荡的频率。
necessary condition	必要条件	要实现预期目标或结论必须满足的条件。例如，对于一个线性系统而言，如果输入 $u_1(t)$ 对应的输出为 $y_1(t)$；输入 $u_2(t)$ 对应的输出为 $y_2(t)$，那么输入 $u_1(t)+u_2(t)$ 所对应的输出就必须为 $y_1(t)+y_2(t)$。
node	节点	信号流图模型中的起始点、终止点或信号转换点。
nontouching	不接触	信号流图模型中的两条回路没有公共节点。

overdamped	过阻尼	阻尼比 $\zeta>1$ 时的情形。
path	通路	信号流图模型中，从一个信号（节点）到另一个信号（节点）的，由一条或多条相连的支路构成的路径。
pole	极点	传递函数特征多项式（即特征方程）的根。
positive feedback loop	正反馈回路	将输出信号反馈回来并与参考输入信号叠加的反馈回路。
principle of superposition	叠加性	如果两个单独的输入信号相加后施加到某个线性时不变系统中，那么由其激励产生的输出一定等于这两个输入信号单独施加到该系统中分别激发产生的输出信号之和。
reference input	参考输入	通常代表着预期输出的控制系统的输入信号，常用 $R(s)$ 表示。
residues	留数	将输出 $Y(s)$ 改写为留数-极点形式之后，$Y(s)$ 部分分式展开式中的常数系数 k_i。
signal-flow graph	信号流图	由节点和连接节点的有向线段构成的一种信息结构图，是一组线性关系的图示化表示。
simulation	仿真	通过建立系统模型，利用实际输入信号研究系统行为的一种模拟活动。
steady state value	稳态值	系统输出响应中所有的瞬态成分都衰减完毕之后剩余的响应信号，参见终值（final value）。
s-plane	*s* 平面	一种复平面，对于给定的复数 $s=\sigma+j\omega$，复平面的 x 轴（或水平轴）对应于实部 σ，y 轴（或垂直轴）对应于虚部 $j\omega$。
Taylor series	泰勒级数	形为 $g(x)=\sum_{m=0}^{\infty}\frac{g^{(m)}(x_0)}{m!}(x-x_0)^m$ 的幂级数。当 $m<\infty$ 时，常用于对函数或者系统模型进行线性化近似处理。
through-variable	通过型变量	在部件两端取相同值的变量。
time constant	时间常数	系统从一个状态变化到另一个状态的过程中，按照指定的百分比，完成该变化所需的时间。例如，对于一阶系统而言，其时间常数定义为：在阶跃输入的情况下，输出达到总变化量的 63.2% 所需的时间。
transfer function	传递函数	输出变量的拉普拉斯变换与输入变量的拉普拉斯变换之比。
underdamped	欠阻尼	阻尼比 $\zeta<1$ 时的情形。
unity feedback	单位反馈	反馈回路增益为 1 的反馈控制系统。
viscous damper	黏性阻尼	一种机械阻尼，在此情况下，摩擦力与质量块的运动速度成比例。
zero	零点	传递函数分子多项式的根。

第3章　状态空间模型

提要

本章研究采用时域方法构建系统模型。与前面一样，仍然以能够用n阶常微分方程描述的物理系统为研究对象。引入一组状态变量之后(状态变量的选取不是唯一的)，可以得到一个一阶微分方程组。将这个方程组改写为更为紧凑的矩阵形式，就得到了所谓的状态空间模型。本章还研究了信号流图模型和状态空间模型之间的关系，给出并分析了几个物理系统实例，包括空间站定向系统和打印机皮带驱动器系统。最后，本章为循序渐进设计实例——磁盘驱动器读取系统建立了状态空间模型。

预期收获

完成第3章的学习之后，学生应该：

- 理解状态变量、状态微分方程(组)和输出方程(组)。
- 认识到状态空间模型能够描述物理系统的动态行为，状态空间模型能够等效转换为框图模型或者信号流图模型。
- 掌握由状态空间模型求解系统传递函数的方法，以及由传递函数获取状态空间模型的方法。
- 掌握状态空间模型的求解方法，体会状态转移矩阵在求解系统时间响应过程中的作用。
- 理解状态空间模型在控制系统设计过程中的重要作用。

3.1　引言

第2章已经研究了反馈系统的几种分析和设计方法。运用拉普拉斯变换，可以将系统的微分方程模型转换成了复变量s的代数方程。以复变量s的代数方程为基础，又进一步得到了表示系统或元件的输入-输出关系的传递函数。

第3章将用更紧凑、更简便的矩阵形式的一阶微分方程组来构建表示系统模型。所谓**时域**，是指数学模型以时间尺度t为基本变量来描述系统的输入、输出及其响应。线性时不变的单输入单输出(single-input，single-output，SISO)系统，可以方便地用时域内的状态空间模型来表示。来自线性代数和矩阵分析的强有力的概念和方法，以及有效的技术工具，都可以移植应用于时域内的控制系统分析与设计。时域方法还可以便捷地推广应用于研究非线性、时变和多变量系统。后面将看到，线性时不变的物理系统既可以用频率域模型表示，也可以用时间域模型表示。时间域设计技术是控制系统设计师工具箱中的又一件利器。

> 时变控制系统是指一个或多个系统参数会随时间变化的系统。

概念强调说明3.1

例如，在飞行过程中，由于燃料消耗，导弹的质量会随时间而改变。而所谓多变量系统，则是具有多个输入和输出信号的系统。

控制系统的时域表示是现代控制理论和系统优化理论的基础。后续章节将有机会利用时域方法来设计最优控制系统，而本章介绍的只是控制系统的时域表示法，以及系统时间响应的几种求解方法。

3.2　动态系统的状态变量

控制系统的时域分析和设计方法引入了系统状态的概念[1~3,5]。

> 所谓系统状态是指表示系统的一组变量，只要知道了这组变量的当前取值情况、知道了输入信号和描述系统动态特性的方程，就能够完全确定系统未来的状态和输出响应。

概念强调说明 3.2

动态系统的状态是由一组**状态变量** $\boldsymbol{x}(t)=(x_1(t),\ x_2(t),\cdots,\ x_n(t))$ 表示的。在已知系统当前状态和输入激励信号的条件下，状态变量就是足以用来确定和表示系统未来行为的变量集合。考察图 3.1 所示的系统，其中 $y(t)$ 是输出信号，$u(t)$ 是输入信号。图中系统的状态变量 $\boldsymbol{x}(t)=(x_1(t),\ x_2(t),\cdots,\ x_n(t))$ 的精确表述是：知道了状态变量在 t_0 时刻的初始值 $\boldsymbol{x}(t_0)=(x_1(t_0),\ x_2(t_0),\cdots,\ x_n(t_0))$，以及 $t\geqslant t_0$ 时的输入信号 $u(t)$，就足以确定系统状态变量和系统输出的未来取值[2]。

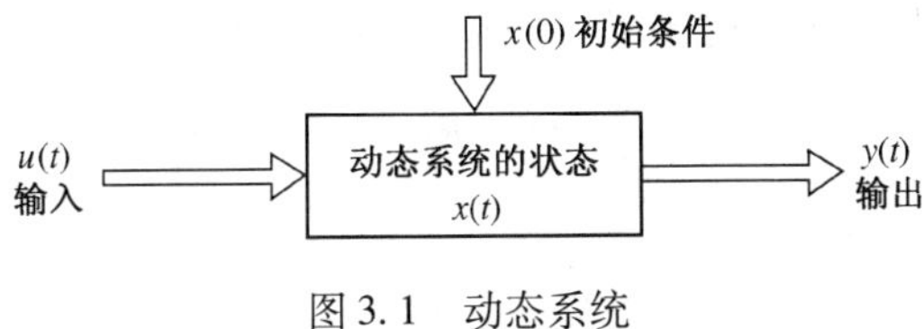

图 3.1　动态系统

> 状态变量描述了系统的当前状态。在给定输入激励和系统动态方程的条件下，状态变量还可以用于进一步确定系统的未来响应。

概念强调说明 3.3

状态变量组（向量）可以用来描述动态系统。其概念可以用图 3.2 所示的质量块-弹簧-阻尼器系统加以具体说明。用来表示动态系统状态的状态变量的个数应该尽可能少，以避免出现冗余的状态变量。质量块的位置和速度足以描述该系统的状态，因此可以定义状态变量组（向量）为 $\boldsymbol{x}(t)=(x_1(t),\ x_2(t))$：

$$x_1(t)=y(t),\qquad x_2(t)=\frac{\mathrm{d}y(t)}{\mathrm{d}t}$$

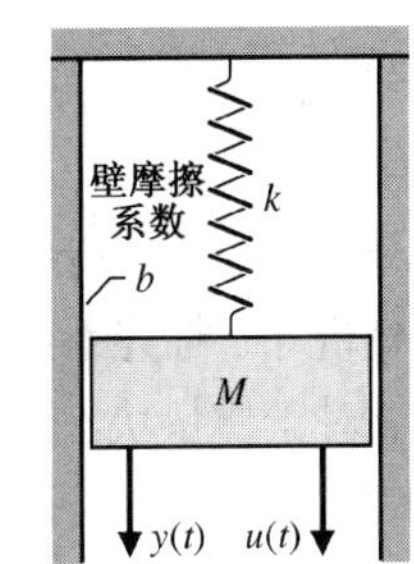

图 3.2　质量块-弹簧-阻尼器系统

描述该系统动态行为的微分方程为

$$M\frac{\mathrm{d}^2y(t)}{\mathrm{d}t^2}+b\frac{\mathrm{d}y(t)}{\mathrm{d}t}+ky(t)=u(t)\tag{3.1}$$

将前面已经定义的状态变量代入式(3.1)中，可得

$$M\frac{\mathrm{d}x_2(t)}{\mathrm{d}t}+bx_2(t)+kx_1(t)=u(t)\tag{3.2}$$

于是，可以将描述质量块-弹簧-阻尼器系统动态行为的二阶微分方程写成二元一阶微分方程组的形式，即

$$\frac{\mathrm{d}x_1(t)}{\mathrm{d}t}=x_2(t)\tag{3.3}$$

$$\frac{\mathrm{d}x_2(t)}{\mathrm{d}t}=\frac{-b}{M}x_2(t)-\frac{k}{M}x_1(t)+\frac{1}{M}u(t)\tag{3.4}$$

由此可见，这个方程组用各个状态变量的变化率来描述系统状态的变化规律。

图3.3所示的RLC网络是采用状态变量来描述系统的另一个例子。该系统的状态可以用状态变量组(向量)$\boldsymbol{x}(t)=(x_1(t),x_2(t))$表示，其中$x_1(t)$是电容电压$v_c(t)$，$x_2(t)$是电感电流$i_L(t)$。凭直觉就能知道，这样选择状态变量是合理的，因为该电路所存储的能量可以用这组变量表示为

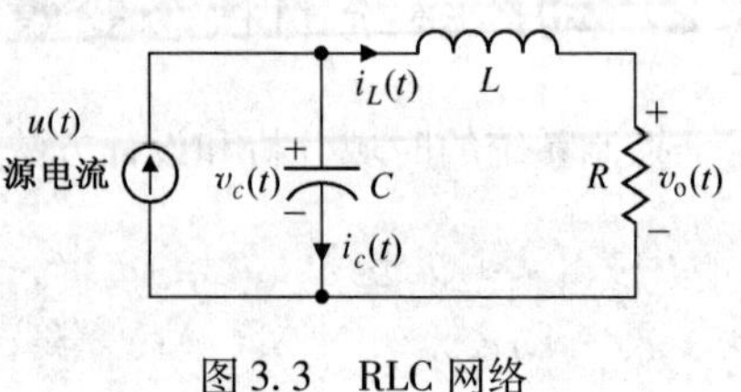

图3.3 RLC网络

$$\mathscr{E}=\frac{1}{2}Li_L{}^2(t)+\frac{1}{2}Cv_c^2(t) \tag{3.5}$$

于是，作为$t=t_0$时刻的系统状态，$(x_1(t_0),x_2(t_0))$决定了该电路的初始储能。对无源RLC网络而言，所需的状态变量的个数等于网络内独立储能元件的个数。利用基尔霍夫电流定律，可以得到表征电容电压变化率的一阶微分方程为

$$i_c(t)=C\frac{\mathrm{d}v_c(t)}{\mathrm{d}t}=+u(t)-i_L(t) \tag{3.6}$$

对电路中右边的回路运用基尔霍夫电压定律，又可以得到表征电感电流变化率的方程为

$$L\frac{\mathrm{d}i_L(t)}{\mathrm{d}t}=-Ri_L(t)+v_c(t) \tag{3.7}$$

系统输出则由线性代数方程表示为

$$v_o(t)=Ri_L(t)$$

于是，可以利用状态变量$x_1(t)$和$x_2(t)$，将式(3.6)和式(3.7)改写成二元一阶微分方程组，即有

$$\frac{\mathrm{d}x_1(t)}{\mathrm{d}t}=-\frac{1}{C}x_2(t)+\frac{1}{C}u(t) \tag{3.8}$$

$$\frac{\mathrm{d}x_2(t)}{\mathrm{d}t}=+\frac{1}{L}x_1(t)-\frac{R}{L}x_2(t) \tag{3.9}$$

而输出信号为

$$y_1(t)=v_o(t)=Rx_2(t) \tag{3.10}$$

利用式(3.8)、式(3.9)和初始条件$\boldsymbol{x}(t)=(x_1(t_0),x_2(t_0))$，可以确定系统未来的行为和输出。

通常情况下，描述系统的状态变量组(向量)并不是唯一的，存在多组不同的状态变量可供选择。例如，对于质量块-弹簧-阻尼器系统或RLC网络一类的二阶系统，状态变量可以选为$x_1(t)$和$x_2(t)$的任意两个相互独立的线性组合。对RLC网络而言，除了上面的选择，也可以选择两个电压$v_c(t)$和$v_L(t)$作为系统的状态变量，其中$v_L(t)$是电感两端的压降。这两个新的状态变量$x_1^*(t)$和$x_2^*(t)$，与原有状态变量$x_1(t)$和$x_2(t)$的关系为

$$x_1^*(t)=v_c(t)=x_1(t) \tag{3.11}$$

$$x_2^*(t)=v_L(t)=v_c(t)-Ri_L(t)=x_1(t)-Rx_2(t) \tag{3.12}$$

式(3.12)便表示了电感压降与原有状态变量$v_c(t)$和$i_L(t)$之间的关系。在实际系统中，通常可以有多种状态变量组的选取方案，而且每种方案所选的状态变量组都能够反映系统所存储的能量，因而都足以描述系统的动态行为特性。通常的做法是，尽量选择易于测量的参量作为系统的状态变量。

另一种对系统进行建模的方法是键(Bond)图法。键图既可以用于机械、电气、流体和热力系统或装置，也可以用于不同类型的元件构成的混合系统。运用键图也可以得到用状态变量表示的微分方程组[7]。

系统的状态变量刻画了系统的动态行为特性。工程师感兴趣的主要是物理系统，因而状态变量通常是电压、电流、速度、位置、压力、温度以及其他类似的物理量。而事实上，系统状态这一概念并不局限于描述和分析物理系统，在生物、社会和经济系统的分析中，它也是特别有用的概念。在这些系统中，系统状态的概念不再仅仅指物理系统的当前状态，而是扩展到那些能够描述系统未来行为的、意义更广泛的各种变量。

3.3　状态微分方程(组)

系统状态及其响应由状态向量 $\boldsymbol{x}(t)=(x_1(t),x_2(t),\cdots,x_n(t))$ 和输入信号向量 $\boldsymbol{u}(t)=(u_1(t),u_2(t),\cdots,u_m(t))$ 的一阶微分方程组描述。一阶微分方程组的一般形式为

$$\begin{aligned}\dot{x}_1(t)&=a_{11}x_1(t)+a_{12}x_2(t)+\cdots+a_{1n}x_n(t)+b_{11}u_1(t)+\cdots+b_{1m}u_m(t)\\\dot{x}_2(t)&=a_{21}x_1(t)+a_{22}x_2(t)+\cdots+a_{2n}x_n(t)+b_{21}u_1(t)+\cdots+b_{2m}u_m(t)\\&\vdots\\\dot{x}_n(t)&=a_{n1}x_1(t)+a_{n2}x_2(t)+\cdots+a_{nn}x_n(t)+b_{n1}u_1(t)+\cdots+b_{nm}u_m(t)\end{aligned}\tag{3.13}$$

其中，$\dot{x}(t)=\mathrm{d}x(t)/\mathrm{d}t$。因此，可以将微分方程组写为矩阵形式[2, 5]：

$$\frac{\mathrm{d}}{\mathrm{d}t}\begin{bmatrix}x_1(t)\\x_2(t)\\\vdots\\x_n(t)\end{bmatrix}=\begin{bmatrix}a_{11}&a_{12}\cdots&a_{1n}\\a_{21}&a_{22}\cdots&a_{2n}\\\vdots&\cdots&\vdots\\a_{n1}&a_{n2}\cdots&a_{nn}\end{bmatrix}\begin{bmatrix}x_1(t)\\x_2(t)\\\vdots\\x_n(t)\end{bmatrix}+\begin{bmatrix}b_{11}\cdots&b_{1m}\\\vdots&\vdots\\b_{n1}\cdots&b_{nm}\end{bmatrix}\begin{bmatrix}u_1(t)\\\vdots\\u_m(t)\end{bmatrix}\tag{3.14}$$

状态变量组构成的列向量称为**状态向量**，记为

$$\boldsymbol{x}(t)=\begin{bmatrix}x_1(t)\\x_2(t)\\\vdots\\x_n(t)\end{bmatrix}\tag{3.15}$$

其中，黑体字母表示向量。$\boldsymbol{u}(t)$ 表示输入信号向量。因此，系统又可以缩写为**状态微分方程**的形式：

$$\boxed{\dot{\boldsymbol{x}}(t)=\boldsymbol{A}\boldsymbol{x}(t)+\boldsymbol{B}\boldsymbol{u}(t)}\tag{3.16}$$

状态微分方程(3.16)通常又简称为状态方程。其中，矩阵 $\boldsymbol{A}$ 是 $n\times n$ 矩阵，$\boldsymbol{B}$ 是 $n\times m$ 矩阵①。状态微分方程将系统状态变量的变化率与系统的状态和输入信号联系在一起，而系统的输出则常常通过**输出方程**与系统状态变量和输入信号联系在一起，即

$$\boxed{\boldsymbol{y}(t)=\boldsymbol{C}\boldsymbol{x}(t)+\boldsymbol{D}\boldsymbol{u}(t)}\tag{3.17}$$

其中，$\boldsymbol{y}(t)$ 是列向量形式的输出信号。系统的**状态空间**(或状态变量)模型同时包括了状态微分方程和输出方程。

---

① 黑体小写字母表示向量，黑体大写字母表示矩阵。关于矩阵及其基本运算，参见本书在线附录 E，以及文献[1, 2]。

利用式(3.8)和式(3.9)，可以得到图3.3所示RLC网络的状态微分方程为

$$\dot{\boldsymbol{x}}(t)=\begin{bmatrix}0 & \dfrac{-1}{C}\\ \dfrac{1}{L} & \dfrac{-R}{L}\end{bmatrix}\boldsymbol{x}(t)+\begin{bmatrix}\dfrac{1}{C}\\ 0\end{bmatrix}u(t) \tag{3.18}$$

其输出为

$$\boldsymbol{y}(t)=[0\quad R]\boldsymbol{x}(t) \tag{3.19}$$

当 $R=3$, $L=1$ 且 $C=1/2$ 时，则有

$$\dot{\boldsymbol{x}}(t)=\begin{bmatrix}0 & -2\\ 1 & -3\end{bmatrix}\boldsymbol{x}(t)+\begin{bmatrix}2\\ 0\end{bmatrix}u(t)$$

$$\boldsymbol{y}(t)=[0\quad 3]\boldsymbol{x}(t)$$

可以采用与求解一阶微分方程类似的方法，来求解状态微分方程。考虑一阶微分方程

$$\dot{x}(t)=ax(t)+bu(t) \tag{3.20}$$

其中，$x(t)$和$u(t)$都是时间t的标量函数。可以预料，该方程的解将含有指数函数e^{at}。对式(3.20)进行拉普拉斯变换，可得

$$sX(s)-x(0)=aX(s)+bU(s)$$

因此，

$$X(s)=\frac{x(0)}{s-a}+\frac{b}{s-a}U(s) \tag{3.21}$$

对式(3.21)进行拉普拉斯逆变换，便可以得到方程的解为

$$x(t)=\mathrm{e}^{at}x(0)+\int_0^t \mathrm{e}^{+a(t-\tau)}bu(\tau)\,\mathrm{d}\tau \tag{3.22}$$

同样可以预计，状态微分方程的解将具有与式(3.22)类似的指数函数形式。定义**矩阵指数函数**为

$$\boxed{\mathrm{e}^{\boldsymbol{A}t}=\exp(\boldsymbol{A}t)=\boldsymbol{I}+\boldsymbol{A}t+\frac{\boldsymbol{A}^2t^2}{2!}+\cdots+\frac{\boldsymbol{A}^kt^k}{k!}+\cdots} \tag{3.23}$$

对任意有限的时间t和任意矩阵$\boldsymbol{A}$，式(3.23)都是收敛的[2]。于是，可以得到状态微分方程的解为

$$\boldsymbol{x}(t)=\exp(\boldsymbol{A}t)\boldsymbol{x}(0)+\int_0^t \exp[\boldsymbol{A}(t-\tau)]\boldsymbol{Bu}(\tau)\,\mathrm{d}\tau \tag{3.24}$$

事实上，对式(3.16)进行拉普拉斯变换，并经过整理后，有

$$\boldsymbol{X}(s)=[s\boldsymbol{I}-\boldsymbol{A}]^{-1}\boldsymbol{x}(0)+[s\boldsymbol{I}-\boldsymbol{A}]^{-1}\boldsymbol{BU}(s) \tag{3.25}$$

其中，$\boldsymbol{\Phi}(s)=[s\boldsymbol{I}-\boldsymbol{A}]^{-1}$为$\boldsymbol{\Phi}(t)=\exp(\boldsymbol{A}t)$的拉普拉斯变换。再对式(3.25)进行拉普拉斯逆变换，并注意到右边第二项涉及乘积$\boldsymbol{\Phi}(s)\boldsymbol{BU}(s)$，便可以得到式(3.24)。式中的矩阵指数函数完全决定了系统的零输入响应，因此称$\boldsymbol{\Phi}(t)$为系统的**基本矩阵**或**状态转移矩阵**。式(3.24)也常常写为

$$\boldsymbol{x}(t)=\boldsymbol{\Phi}(t)\boldsymbol{x}(0)+\int_0^t\boldsymbol{\Phi}(t-\tau)\boldsymbol{B}\boldsymbol{u}(\tau)\,\mathrm{d}\tau \tag{3.26}$$

系统的零输入[即 $\boldsymbol{u}(t)=0$]响应则为

$$\begin{bmatrix}x_1(t)\\x_2(t)\\\vdots\\x_n(t)\end{bmatrix}=\begin{bmatrix}\phi_{11}(t)&\cdots&\phi_{1n}(t)\\\phi_{21}(t)&\cdots&\phi_{2n}(t)\\\vdots&&\vdots\\\phi_{n1}(t)&\cdots&\phi_{nn}(t)\end{bmatrix}\begin{bmatrix}x_1(0)\\x_2(0)\\\vdots\\x_n(0)\end{bmatrix} \tag{3.27}$$

由式(3.27)可知，如果除了一个状态变量，将其他状态变量的初值均设置为零，则可以通过求解此时的系统响应，来求得系统的状态转移矩阵。事实上，如果除了第 j 个变量，其他状态变量的初值为零，则$\phi_{ij}(t)$恰好对应于第 i 个状态变量的响应。后面将研究如何利用初始条件与系统响应之间的这种关系来求状态转移矩阵。在此之前，首先研究状态空间模型的等效的信号流图表示，并利用信号流图来研究系统的稳定性。

例 3.1　双联推车

考虑图 3.4 所示的双联推车系统，图中各个变量的含义如下：M_1 和 M_2 分别表示两辆推车的质量；$p(t)$和 $q(t)$分别表示两辆推车的位移；$u(t)$为推车所受外力；k_1 和 k_2 分别表示两个弹簧的弹性系数；b_1 和 b_2 分别表示两个阻尼系数。

作为单独的个体，推车 M_1 的受力情况如图 3.5(b)所示，其中 $\dot p(t)$和 $\dot q(t)$分别表示 M_1 和 M_2 的运动速度。假定推车与地面的摩擦力可以忽略。因此，推车所受到的摩擦阻力将全部归结为阻尼器产生的阻力，即由阻尼系数 b_1 和 b_2 确定。

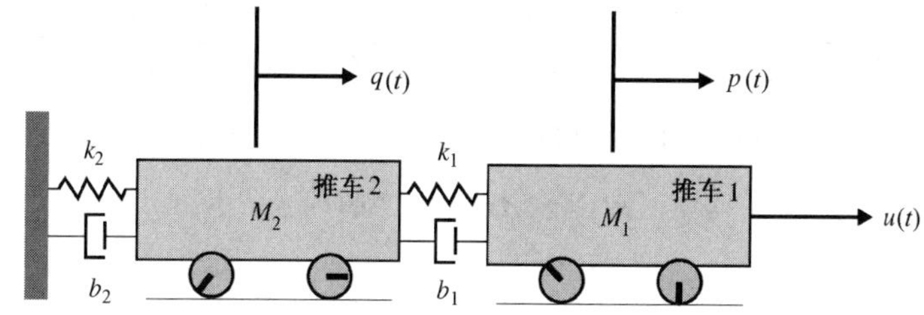

图 3.4　通过弹簧与阻尼器相连的双联推车

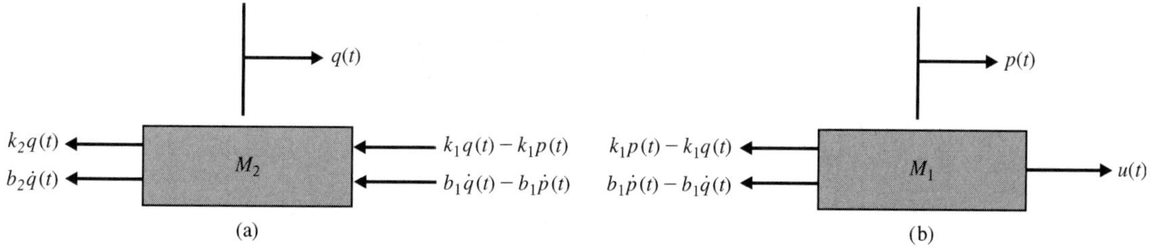

图 3.5　两个推车的单独受力分析图。(a) 推车 2；(b)推车 1

给定如图 3.5 所示的两个推车的受力情况，利用牛顿第二定律(受力之和等于质量与加速度的乘积)可以分别得到两个推车的运动方程。其中，推车 M_1 的运动方程为

$$M_1\ddot p(t)+b_1\dot p(t)+k_1p(t)=u(t)+k_1q(t)+b_1\dot q(t) \tag{3.28}$$

其中，$\ddot p(t)$和 $\ddot q(t)$分别表示 M_1 和 M_2 的加速度。

类似地，推车 M_2 的运动方程为

$$M_2\ddot{q}(t) + (k_1 + k_2)q(t) + (b_1 + b_2)\dot{q}(t) = k_1p(t) + b_1\dot{p}(t) \tag{3.29}$$

这样就得到了两个二阶常微分方程模型，如式(3.28)和式(3.29)所示。为了推导出系统的状态空间模型，首先定义如下两个状态变量：

$$x_1(t) = p(t)$$
$$x_2(t) = q(t)$$

实际上，也可将这两个状态变量定义为 $x_1(t)=q(t)$ 和 $x_2(t)=p(t)$，这也说明状态空间模型并不是唯一的。接下来，将变量 $x_1(t)$ 和 $x_2(t)$ 的导数分别定义为另外两个状态变量 $x_3(t)$ 和 $x_4(t)$：

$$x_3(t) = \dot{x}_1(t) = \dot{p}(t) \tag{3.30}$$

$$x_4(t) = \dot{x}_2(t) = \dot{q}(t) \tag{3.31}$$

由式(3.28)和式(3.29)可得

$$\dot{x}_3(t) = \ddot{p}(t) = -\frac{b_1}{M_1}\dot{p}(t) - \frac{k_1}{M_1}p(t) + \frac{1}{M_1}u(t) + \frac{k_1}{M_1}q(t) + \frac{b_1}{M_1}\dot{q}(t) \tag{3.32}$$

$$\dot{x}_4(t) = \ddot{q}(t) = -\frac{k_1 + k_2}{M_2}q(t) - \frac{b_1 + b_2}{M_2}\dot{q}(t) + \frac{k_1}{M_2}p(t) + \frac{b_1}{M_2}\dot{p}(t) \tag{3.33}$$

由于 $\dot{p}(t)=x_3(t)$，$\dot{q}(t)=x_4(t)$，将其代入式(3.28)和式(3.29)后可得

$$\dot{x}_3(t) = -\frac{k_1}{M_1}x_1(t) + \frac{k_1}{M_1}x_2(t) - \frac{b_1}{M_1}x_3(t) + \frac{b_1}{M_1}x_4(t) + \frac{1}{M_1}u(t) \tag{3.34}$$

$$\dot{x}_4(t) = \frac{k_1}{M_2}x_1(t) - \frac{k_1 + k_2}{M_2}x_2(t) + \frac{b_1}{M_2}x_3(t) - \frac{b_1 + b_2}{M_2}x_4(t) \tag{3.35}$$

式(3.30)、式(3.31)、式(3.34)和式(3.35)还可以简写为矩阵的形式：

$$\dot{\boldsymbol{x}}(t) = \boldsymbol{A}\boldsymbol{x}(t) + \boldsymbol{B}u(t)$$

其中，

$$\boldsymbol{x}(t) = \begin{pmatrix} x_1(t) \\ x_2(t) \\ x_3(t) \\ x_4(t) \end{pmatrix} = \begin{pmatrix} p(t) \\ q(t) \\ \dot{p}(t) \\ \dot{q}(t) \end{pmatrix}$$

$$\boldsymbol{A} = \begin{bmatrix} 0 & 0 & 1 & 0 \\ 0 & 0 & 0 & 1 \\ -\frac{k_1}{M_1} & \frac{k_1}{M_1} & -\frac{b_1}{M_1} & \frac{b_1}{M_1} \\ \frac{k_1}{M_2} & -\frac{k_1 + k_2}{M_2} & \frac{b_1}{M_2} & -\frac{b_1 + b_2}{M_2} \end{bmatrix}, \qquad \boldsymbol{B} = \begin{bmatrix} 0 \\ 0 \\ \frac{1}{M_1} \\ 0 \end{bmatrix}$$

其中，$u(t)$ 为系统的外部受力，如图3.6所示。若选择 $p(t)$ 作为系统的输出信号，则有

$$y = [1 \quad 0 \quad 0 \quad 0]\boldsymbol{x}(t) = \boldsymbol{C}\boldsymbol{x}(t)$$

假定该双联推车系统的参数取值为 $k_1=150$ N/m，$k_2=700$ N/m，$b_1=15$ N·s/m，$b_2=30$ N·s/m，$M_1=5$ kg 和 $M_2=20$ kg，初始条件为 $p(0)=10$ cm，$q(0)=0$ 和 $\dot{p}(0)=\dot{q}(0)=0$；并且不存在外部受力，即 $u(t)=0$，则该系统的时间响应如图3.6所示。

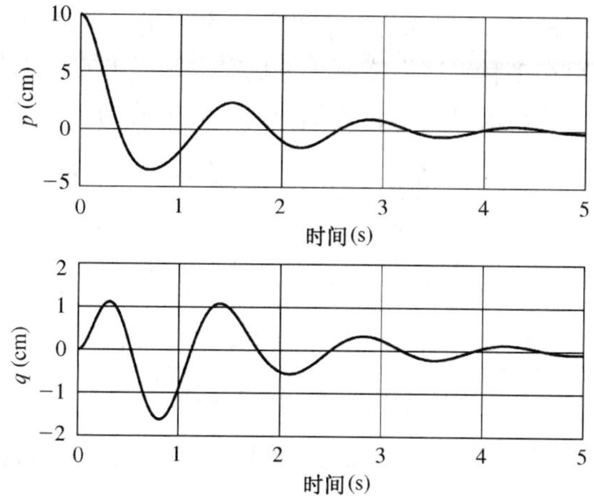

图 3.6　双联推车系统的非零初始条件响应

3.4　信号流图模型和框图模型

系统动态特性可以用一阶微分方程组描述，或者用式(3.16)所示的矩阵状态微分方程描述，系统状态则描述了系统的动态行为。无论采用何种形式描述系统动态特性，建立系统的图示化模型都是非常有益的。利用图示化模型，可以将状态变量模型与我们熟悉的传递函数模型联系起来。这种图示化模型包括信号流图模型和框图模型。

前面已经学过，可以用描述输入-输出关系的传递函数 $G(s)$ 来描述系统。例如，要想分析图 3.3所示 RLC 网络的输入电压和输出电压的关系，可以研究传递函数

$$G(s)=\frac{V_o(s)}{U(s)}$$

具体而言，图 3.3 所示 RLC 网络的传递函数为

$$G(s)=\frac{V_o(s)}{U(s)}=\frac{\alpha}{s^2+\beta s+\gamma} \tag{3.36}$$

其中，α，β 和 γ 都是网络参数 R、L 和 C 的函数。从网络的微分方程模型出发，可以得到 α，β 和 γ 的值。对于 RLC 网络［见式(3.8)和式(3.9)］而言，有

$$\dot{x}_1(t)=-\frac{1}{C}x_2(t)+\frac{1}{C}u(t) \tag{3.37}$$

$$\dot{x}_2(t)=\frac{1}{L}x_1(t)-\frac{R}{L}x_2(t) \tag{3.38}$$

$$v_o(t)=Rx_2(t) \tag{3.39}$$

上述方程组的信号流图如图 3.7(a)所示，其中 $1/s$ 表示积分算子。与之等价的框图模型如图 3.7(b)所示。于是，系统的传递函数为

$$\frac{V_o(s)}{U(s)}=\frac{+R/(LCs^2)}{1+R/(Ls)+1/(LCs^2)}=\frac{+R/(LC)}{s^2+(R/L)s+1/(LC)} \tag{3.40}$$

遗憾的是，许多电路系统、机电系统和其他控制系统并不像 RLC 网络这么简单(见图 3.3)。要直接得到系统的一阶微分方程组并不是一件容易的事。因此，通常更简便的做法是，先用第 2 章介绍的方法求得系统的传递函数，再根据传递函数确定状态空间模型。利用传递函数，可以方便

地得到信号流图模型和框图模型。3.3 节曾经指出，状态变量的选取有多种不同的方案，因此信号流图模型和框图模型也存在多种形式。实际上，状态空间模型存在多种等效和重要的**标准型**，例如接下来就要介绍的相变量标准型等。传递函数的一般形式为

$$G(s)=\frac{Y(s)}{U(s)}=\frac{b_m s^m+b_{m-1}s^{m-1}+\cdots+b_1 s+b_0}{s^n+a_{n-1}s^{n-1}+\cdots+a_1 s+a_0} \tag{3.41}$$

其中，$n \geqslant m$，所有系数 a_i 和 b_j 都是实数。将分子和分母都乘以 s^{-n}，可以得到

$$G(s)=\frac{b_m s^{-(n-m)}+b_{m-1}s^{-(n-m+1)}+\cdots+b_1 s^{-(n-1)}+b_0 s^{-n}}{1+a_{n-1}s^{-1}+\cdots+a_1 s^{-(n-1)}+a_0 s^{-n}} \tag{3.42}$$

熟练地逆向运用梅森增益公式，可以在上式的分母和分子中，分别分离辨识出反馈回路增益项以及前向通路增益项。

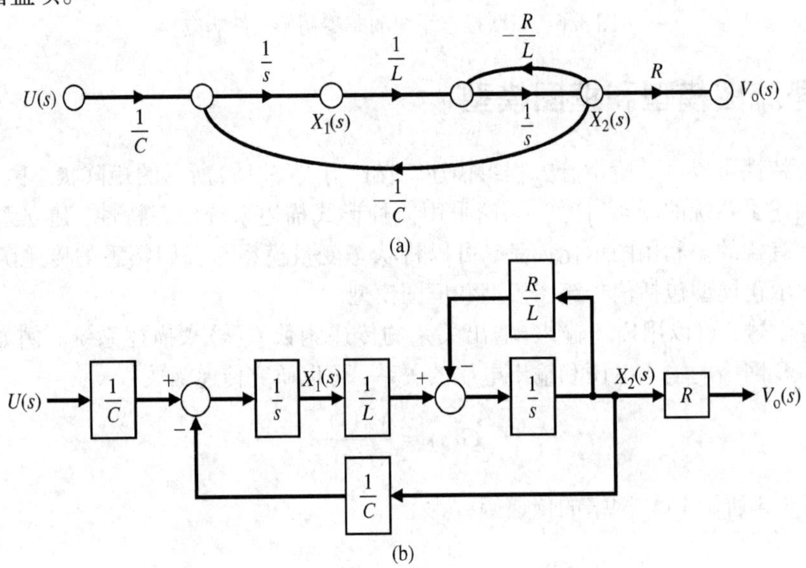

图 3.7 RLC 网络。(a) 信号流图模型；(b) 框图模型

2.7 节给出的梅森增益公式的一般形式为

$$G(s)=\frac{Y(s)}{U(s)}=\frac{\sum_k P_k(s)\Delta_k(s)}{\Delta(s)} \tag{3.43}$$

若系统的所有反馈回路都相互接触，而所有前向通路都与所有反馈回路接触，则式(3.43)可化简为

$$G(s)=\frac{\sum_k P_k(s)}{1-\sum_{q=1}^{N}L_q(s)}=\frac{\text{前向通路增益之和}}{1-\text{反馈回路增益之和}} \tag{3.44}$$

可以用多个信号流图来等效地表示同一个传递函数。基于梅森增益公式而构造的信号流图中，有两种基本结构值得特别关注，我们接下来将进行详细研究。3.5 节还会给出信号流图的另外两种基本结构，即物理状态变量模型和对角化模型，即若尔当(Jordan)标准型。

为了说明构造信号(状态)流图模型的方法，考虑下面的四阶传递函数：

$$G(s)=\frac{Y(s)}{U(s)}=\frac{b_0}{s^4+a_3 s^3+a_2 s^2+a_1 s+a_0}=\frac{b_0 s^{-4}}{1+a_3 s^{-1}+a_2 s^{-2}+a_1 s^{-3}+a_0 s^{-4}} \tag{3.45}$$

首先注意到该系统是四阶系统，因而需要指定 4 个状态变量 $x_1(t)$，$x_2(t)$，$x_3(t)$ 和 $x_4(t)$。回想梅森增益公式，该传递函数的分母可以视为 1 减去所有回路增益之和，分子可以视为信号流图的前向通路增益。又注意到，信号流图中积分环节的个数至少应该为系统的阶数，因此我们采用 4 个积分器来构造系统的信号流图。信号流图所需要的节点和积分器如图 3.8 所示。由传递函数的分子可知，在前向通路中，各积分器是简单的串联关系，由传递函数的分母可知，应该有 4 个彼此接触的回路。据此可以构造出一种实现上述传递函数的信号流图模型，如图 3.9 所示。检查该图，注意到前向通路的增益因子为 b_0/s^4，所有回路都彼此接触，分母等于 1 减去所有回路增益之和，因此其传递函数的确就是式(3.45)。

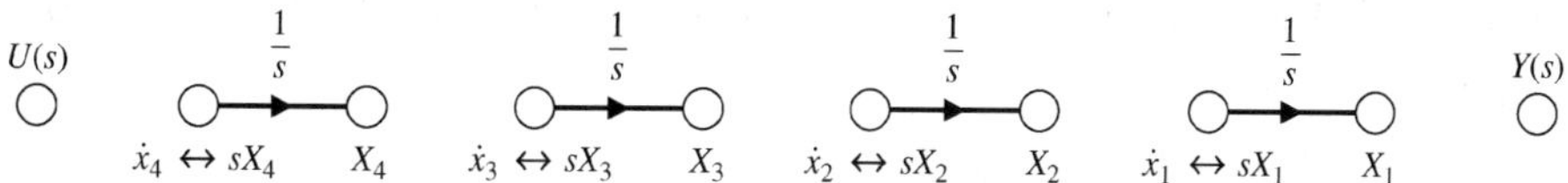

图 3.8　四阶系统的信号流图节点和积分器

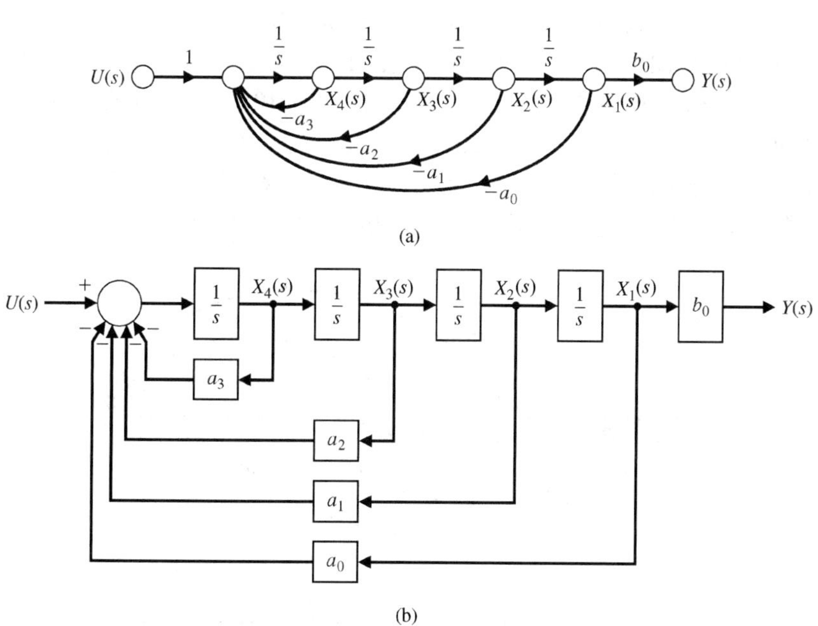

图 3.9　式(3.45)所示的传递函数 $G(s)$。(a) 信号流图模型；(b) 框图模型

类似地，我们来构造传递函数式(3.45)的框图模型。对式(3.45)适当处理并进行拉普拉斯逆变换，可以得到系统的微分方程模型：

$$\frac{\mathrm{d}^4(y(t)/b_0)}{\mathrm{d}t^4}+a_3\frac{\mathrm{d}^3(y(t)/b_0)}{\mathrm{d}t^3}+a_2\frac{\mathrm{d}^2(y(t)/b_0)}{\mathrm{d}t^2}+a_1\frac{\mathrm{d}(y(t)/b_0)}{\mathrm{d}t}$$
$$+a_0(y(t)/b_0)=u(t)$$

定义如下 4 个状态变量：

$$x_1(t)=y(t)/b_0$$
$$x_2(t)=\dot{x}_1(t)-\dot{y}(t)/b_0$$
$$x_3(t)=\dot{x}_2(t)=\ddot{y}(t)/b_0$$
$$x_4(t)=\dot{x}_3(t)=\dddot{y}(t)/b_0$$

这样就可将上述四阶微分方程改写为由 4 个一阶微分方程构成的方程组：

$$\dot{x}_1(t) = x_2(t)$$
$$\dot{x}_2(t) = x_3(t)$$
$$\dot{x}_3(t) = x_4(t)$$
$$\dot{x}_4(t) = -a_0x_1(t) - a_1x_2(t) - a_2x_3(t) - a_3x_4(t) + u(t)$$

相应的输出方程为

$$y(t) = b_0x_1(t)$$

从这个微分方程组出发，可以很容易地构建系统的框图模型，如图 3.9(b)所示。

与式(3.45)略有不同，再来研究分子也是 s 的多项式的传递函数。考虑式(3.46)所示的四阶系统的传递函数：

$$G(s) = \frac{b_3s^3 + b_2s^2 + b_1s + b_0}{s^4 + a_3s^3 + a_2s^2 + a_1s + a_0} = \frac{b_3s^{-1} + b_2s^{-2} + b_1s^{-3} + b_0s^{-4}}{1 + a_3s^{-1} + a_2s^{-2} + a_1s^{-3} + a_0s^{-4}} \tag{3.46}$$

分子各项代表了梅森增益公式中各个前向通路的增益项之和。前向通路与所有回路接触时，与式(3.46)对应的信号流图如图3.10(a)所示，前向通路的增益项分别为 $b_3/s, b_2/s^2, b_1/s^3$ 和 b_0/s^4，注意到梅森增益公式的分子为前向通路增益之和，就知道图 3.10(a)所示的信号流图，的确实现了传递函数式(3.46)。只要引入 n 条具有系数 $a_i(i=0,2,\cdots,n-1)$ 的反馈回路和 m 条具有系数 b_j $(j=1,2,\cdots,m)$ 的前向通路，图 3.10 所示的信号流图模型和框图模型就可以推广用于描述一般形式的传递函数。这样的信号流图和框图模型称为**相变量标准型模型**。

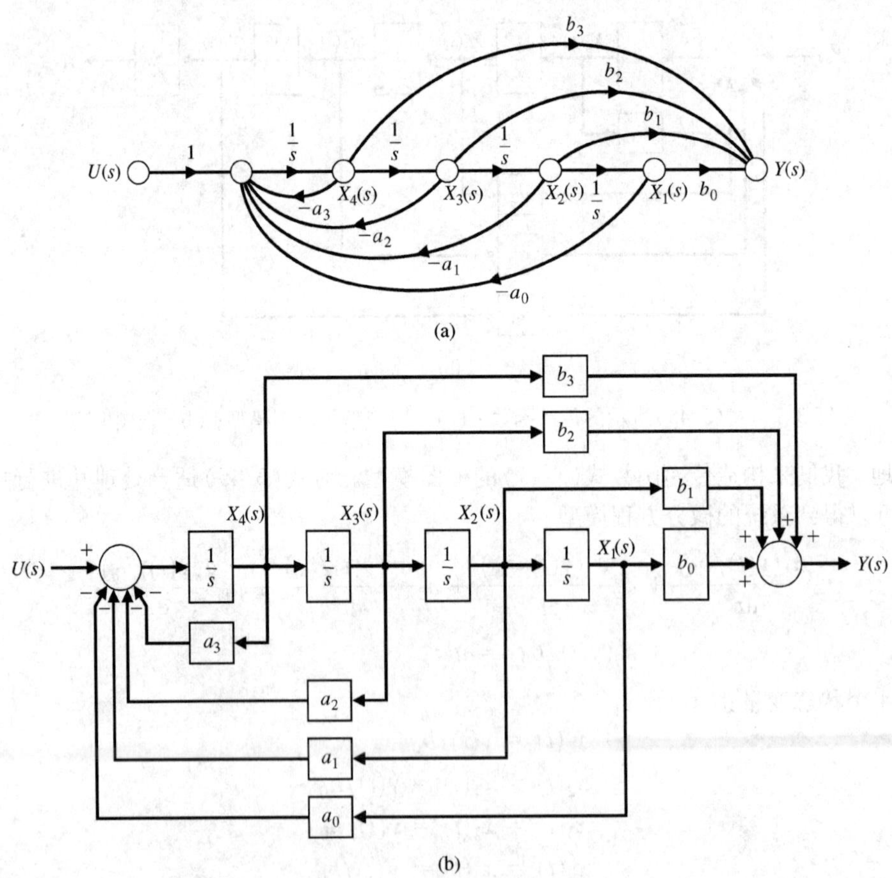

图 3.10 式(3.46)所示的传递函数 $G(s)$。(a) 信号流图模型；(b) 框图模型

图 3.10 中定义的状态变量是每个储能元件的输出，即每个积分器的输出。为了得到与式(3.46)对应的一阶微分方程组，即状态空间模型，我们在图 3.10(a)的每个积分器前面插入一个节点[5,6]，用它们表示积分器输出量的导数。插入节点之后的信号(状态)流图如图 3.11 所示，从中可以方便地得到表示系统动态特性的一阶微分方程组：

$$\begin{aligned} &\dot{x}_1(t) = x_2(t), \quad \dot{x}_2(t) = x_3(t), \quad \dot{x}_3(t) = x_4(t) \\ &\dot{x}_4(t) = -a_0x_1(t) - a_1x_2(t) - a_2x_3(t) - a_3x_4(t) + u(t) \end{aligned} \tag{3.47}$$

其中，$x_1(t)$，$x_2(t)$，…，$x_n(t)$是 n 个**相变量**。

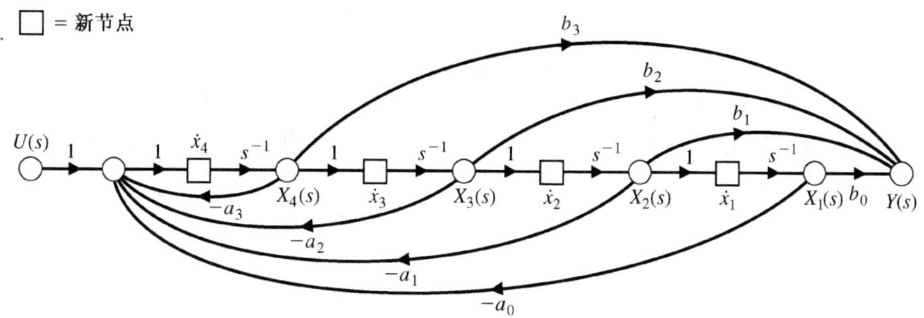

图 3.11　插入节点之后的图 3.10 的信号流图模型

同样，可以很容易地由式(3.46)构建出对应的框图模型。首先定义中间变量 $Z(s)$，并将式(3.46)改写为

$$G(s) = \frac{Y(s)}{U(s)} = \frac{b_3s^3 + b_2s^2 + b_1s + b_0}{s^4 + a_3s^3 + a_2s^2 + a_1s + a_0}\frac{Z(s)}{Z(s)}$$

等式两边同时乘以 $Z(s)/Z(s)$，并没有影响到传递函数 $G(s)$。由上式可以得到传递函数的分子 $Y(s)$和分母 $U(s)$：

$$Y(s) = [b_3s^3 + b_2s^2 + b_1s + b_0]Z(s)$$

$$U(s) = [s^4 + a_3s^3 + a_2s^2 + a_1s + a_0]Z(s)$$

对 $Y(s)$和 $U(s)$进行拉普拉斯逆变换，可以得到对应的微分方程为

$$y(t) = b_3\frac{\mathrm{d}^3z(t)}{\mathrm{d}t^3} + b_2\frac{\mathrm{d}^2z(t)}{\mathrm{d}t^2} + b_1\frac{\mathrm{d}z(t)}{\mathrm{d}t} + b_0z(t)$$

$$u(t) = \frac{\mathrm{d}^4z(t)}{\mathrm{d}t^4} + a_3\frac{\mathrm{d}^3z(t)}{\mathrm{d}t^3} + a_2\frac{\mathrm{d}^2z(t)}{\mathrm{d}t^2} + a_1\frac{\mathrm{d}z(t)}{\mathrm{d}t} + a_0z(t)$$

定义如下 4 个状态变量：

$$x_1(t) = z(t)$$

$$x_2(t) = \dot{x}_1(t) = \dot{z}(t)$$

$$x_3(t) = \dot{x}_2(t) = \ddot{z}(t)$$

$$x_4(t) = \dot{x}_3(t) = \dddot{z}(t)$$

因此，上述四阶微分方程可以改写为以下 4 个一阶微分方程：

$$\dot{x}_1(t) = x_2(t)$$

$$\dot{x}_2(t) = x_3(t)$$

$$\dot{x}_3(t) = x_4(t)$$

$$\dot{x}_4(t) = -a_0x_1(t) - a_1x_2(t) - a_2x_3(t) - a_3x_4(t) + u(t)$$

相应的输出方程为

$$y(t) = b_0x_1(t) + b_1x_2(t) + b_2x_3(t) + b_3x_4(t) \tag{3.48}$$

从这 4 个一阶微分方程和输出方程出发，可以很容易地构建框图模型，如图 3. 10(b)所示。

状态变量微分方程可以写成矩阵形式，即

$$\dot{\boldsymbol{x}}(t) = \boldsymbol{A}\boldsymbol{x}(t) + \boldsymbol{B}u(t) \tag{3.49}$$

或

$$\frac{\mathrm{d}}{\mathrm{d}t}\begin{bmatrix} x_1(t) \\ x_2(t) \\ x_3(t) \\ x_4(t) \end{bmatrix} = \begin{bmatrix} 0 & 1 & 0 & 0 \\ 0 & 0 & 1 & 0 \\ 0 & 0 & 0 & 1 \\ -a_0 & -a_1 & -a_2 & -a_3 \end{bmatrix}\begin{bmatrix} x_1(t) \\ x_2(t) \\ x_3(t) \\ x_4(t) \end{bmatrix} + \begin{bmatrix} 0 \\ 0 \\ 0 \\ 1 \end{bmatrix}u(t) \tag{3.50}$$

而输出方程则为

$$y(t) = \boldsymbol{C}\boldsymbol{x}(t) = [b_0 \quad b_1 \quad b_2 \quad b_3]\begin{bmatrix} x_1(t) \\ x_2(t) \\ x_3(t) \\ x_4(t) \end{bmatrix} \tag{3.51}$$

需要指出的是，对于式(3. 46)表示的控制系统输入-输出关系而言，图 3. 10 给出的信号流图和框图的结构形式都不是唯一的。图 3. 12(a)给出的就是式(3. 46)的另一种等效的信号流图模型。在这种情况下，前向通路增益由输入信号 $U(s)$ 的各条前馈支路决定，因而称为**输入前馈标准型**。

此时，输出信号 $y(t)$ 等于第一个状态变量 $x_1(t)$，信号流图的前向通路增益分别为 b_0/s^4，b_1/s^3，b_2/s^2 和 b_3/s，且所有前向通路都与所有反馈回路相接触，可以验证，该信号流图模型所实现的传递函数确实与式(3. 46)是一致的。

与输入前馈标准型对应的一阶微分方程组为

$$\begin{aligned} &\dot{x}_1(t) = -a_3x_1(t) + x_2(t) + b_3u(t), \qquad &\dot{x}_2(t) = -a_2x_1(t) + x_3(t) + b_2u(t) \\ &\dot{x}_3(t) = -a_1x_1(t) + x_4(t) + b_1u(t), \qquad &\dot{x}_4(t) = -a_0x_1(t) + b_0u(t) \end{aligned} \tag{3.52}$$

改写为矩阵形式，则有

$$\begin{aligned} \frac{\mathrm{d}\boldsymbol{x}(t)}{\mathrm{d}t} &= \begin{bmatrix} -a_3 & 1 & 0 & 0 \\ -a_2 & 0 & 1 & 0 \\ -a_1 & 0 & 0 & 1 \\ -a_0 & 0 & 0 & 0 \end{bmatrix}\boldsymbol{x}(t) + \begin{bmatrix} b_3 \\ b_2 \\ b_1 \\ b_0 \end{bmatrix}u(t) \\ y(t) &= [1 \quad 0 \quad 0 \quad 0]\boldsymbol{x}(t) + [0]u(t) \end{aligned} \tag{3.53}$$

图 3. 12 的输入前馈标准型和图 3. 10 的相变量标准型信号流图，尽管实现的是同一个传递函数，但它们所选取的状态变量却是不同的，结构形式也各不相同，系统的初始状态则都由各自的积分初始条件$x_1(0)$，$x_2(0)$，…，$x_n(0)$给出。接下来，我们研究一个控制系统，并采用两种不同形式的信号流图模型来建立不同形式的状态空间模型。

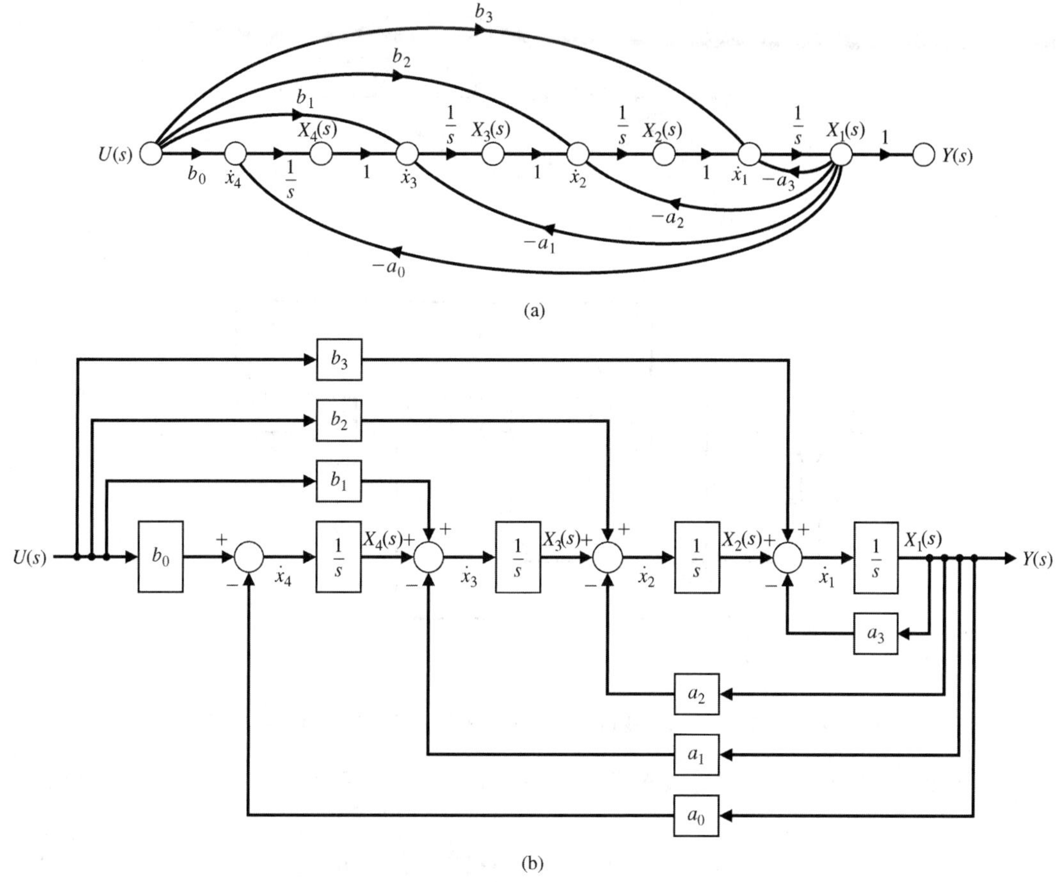

图3.12 式(3.46)的等效模型。(a) 信号流图模型：输入前馈标准型；(b) 输入前馈标准型的框图模型

例3.2 两种状态空间模型

考虑闭环传递函数为

$$T(s)=\frac{Y(s)}{U(s)}=\frac{2s^2+8s+6}{s^3+8s^2+16s+6}$$

将分子和分母同时乘以 s^{-3} 项，可得

$$T(s)=\frac{Y(s)}{U(s)}=\frac{2s^{-1}+8s^{-2}+6s^{-3}}{1+8s^{-1}+16s^{-2}+6s^{-3}} \tag{3.54}$$

首先讨论相变量型信号流图模型。此时，系统的输出由各状态变量的前馈通路提供，对应的信号流图模型和框图模型分别如图3.13(a)和图3.13(b)所示，由此可以得到，系统的状态微分方程为

$$\dot{\boldsymbol{x}}(t)=\begin{bmatrix}0 & 1 & 0\\ 0 & 0 & 1\\ -6 & -16 & -8\end{bmatrix}\boldsymbol{x}(t)+\begin{bmatrix}0\\0\\1\end{bmatrix}u(t) \tag{3.55}$$

输出方程为

$$y(t)=\begin{bmatrix}6 & 8 & 2\end{bmatrix}\begin{bmatrix}x_1(t)\\x_2(t)\\x_3(t)\end{bmatrix} \tag{3.56}$$

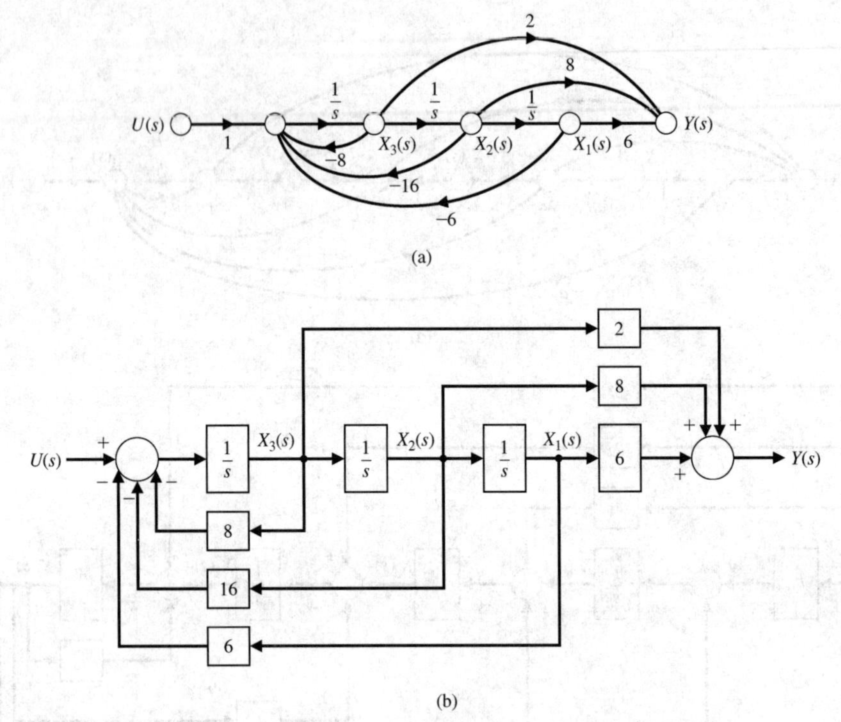

图 3.13 (a) $T(s)$的相变量型信号流图模型;(b) 相变量型框图模型

第二种模型是输入前馈型信号流图模型,如图 3.14 所示。该模型对应的状态微分方程为

$$\dot{\boldsymbol{x}}(t)=\begin{bmatrix}-8 & 1 & 0\\ -16 & 0 & 1\\ -6 & 0 & 0\end{bmatrix}\boldsymbol{x}(t)+\begin{bmatrix}2\\ 8\\ 6\end{bmatrix}u(t) \tag{3.57}$$

而输出方程则为

$$y(t)=[1\quad 0\quad 0]\boldsymbol{x}(t)$$

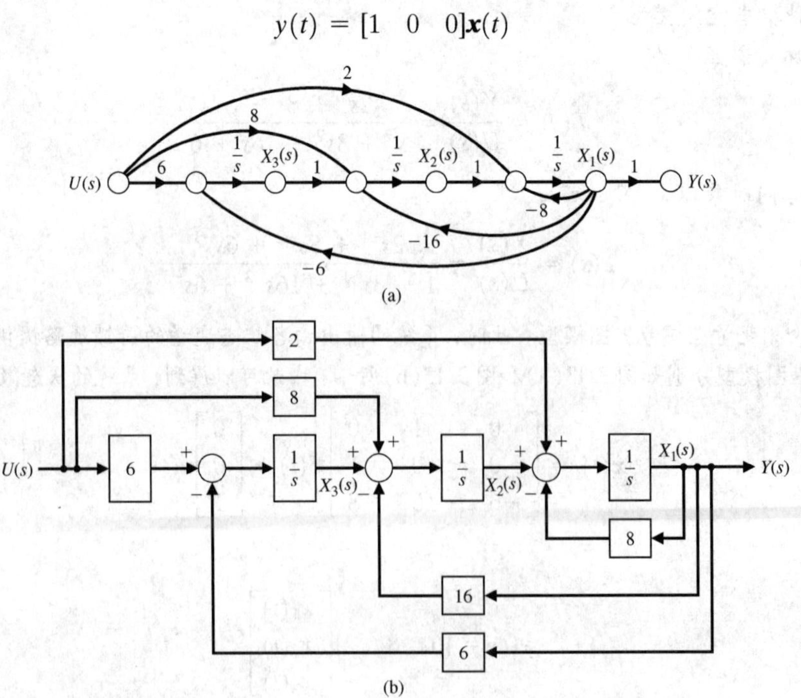

图 3.14 (a) $T(s)$的输入前馈型信号流图模型;(b) 框图模型

由例题可以看出，对于传递函数 $T(s)$ 而言，无论是相变量型模型还是输入前馈型模型，都无须对分子或分母多项式进行因式分解，就能够求得它们对应的微分方程组。避开多项式的因式分解为我们省却了许多麻烦。由于是三阶系统，因而两种模型都有 3 个积分器。要再次强调指出，图 3.13 和图 3.14 所选的状态变量是不一样的。一组状态变量通常可以通过线性变换变成另一组状态变量。线性变换常记为 $\boldsymbol{z}=\boldsymbol{M}\boldsymbol{x}$，通过矩阵 $\boldsymbol{M}$，状态向量 $\boldsymbol{x}$ 可以线性地变换成状态向量 $\boldsymbol{z}$。最后要指出的是，式(3.41)给出的传递函数表示的是单输出时不变线性系统，因而同时也表示了下面的 n 阶微分方程

$$\frac{d^n y(t)}{dt^n}+a_{n-1}\frac{d^{n-1}y(t)}{dt^{n-1}}+\cdots+a_0 y(t)=\frac{d^m u(t)}{dt^m}+b_{m-1}\frac{d^{m-1}u(t)}{dt^{m-1}}+\cdots+b_0 u(t) \tag{3.58}$$

因此，利用本节介绍的相变量信号流图或输入前馈型信号流图，可以方便地得到与上述 n 阶微分方程等效的 n 元一阶微分方程组。

3.5　其他形式的信号流图和框图模型

通常，控制系统设计师首先研究的是实际控制系统的框图模型，框图模型能够直接描述具体的物理装置和物理量。例如，以轴的转速为输出量的直流电机的框图模型如图 3.15 所示[9]。我们总是希望能够选取**物理量**作为系统的状态变量，于是选取状态变量为：输出转速 $x_1(t)=y(t)$，励磁磁场电流 $x_2(t)=i(t)$，而第三个变量可以取为 $x_3(t)=\frac{1}{4}r(t)-\frac{1}{20}u(t)$，其中 $u(t)$ 为磁场电压。如图 3.16 所示，我们可以绘制出与这些物理量对应的信号流图和框图模型，其中标注了以状态变量 $x_1(t)$，$x_2(t)$ 和 $x_3(t)$ 为节点，因此这种形式的信号流图和框图模型又称为**物理状态变量模型**。当这些物理状态变量可以直接测量时，这种形式的信号流图和框图模型特别实用。此外，这种模型的各个模块或方框可以单独确定，因而也就更加直观易懂。例如，控制器的传递函数为

$$\frac{U(s)}{R(s)}=G_c(s)=\frac{5(s+1)}{s+5}=\frac{5+5s^{-1}}{1+5s^{-1}}$$

而 $R(s)$ 与 $U(s)$ 之间的流图模块或方框恰好就是 $G_c(s)$。

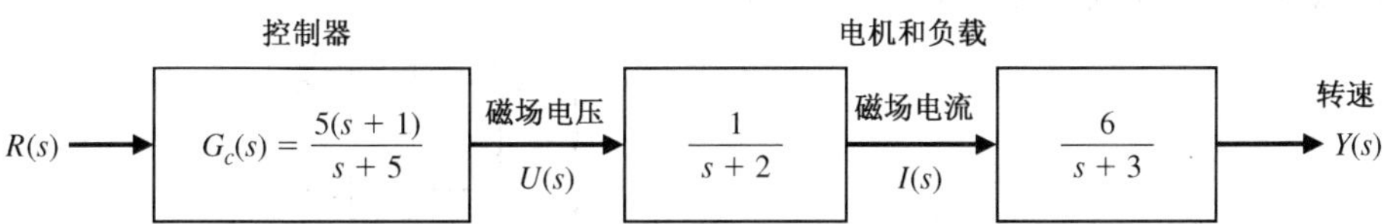

图 3.15　开环直流电机控制的框图模型(输出量为转速)

由图 3.16 还可以直接得到状态微分方程

$$\dot{\boldsymbol{x}}(t)=\begin{bmatrix}-3 & 6 & 0\\ 0 & -2 & -20\\ 0 & 0 & -5\end{bmatrix}\boldsymbol{x}(t)+\begin{bmatrix}0\\5\\1\end{bmatrix}r(t) \tag{3.59}$$

$$y(t)=\begin{bmatrix}1 & 0 & 0\end{bmatrix}\boldsymbol{x}(t) \tag{3.60}$$

接下来介绍另一种形式的信号流图模型，即响应模态解耦模型。图 3.15 所示框图模型对应的输入-输出传递函数为

$$\frac{Y(s)}{R(s)} = T(s) = \frac{30(s+1)}{(s+5)(s+2)(s+3)} = \frac{q(s)}{(s-s_1)(s-s_2)(s-s_3)}$$

系统瞬态响应的3个模态分别由极点 s_1, s_2 和 s_3 决定。这3个响应模态可以用部分分式展开式表征为

$$\frac{Y(s)}{R(s)} = T(s) = \frac{k_1}{s+5} + \frac{k_2}{s+2} + \frac{k_3}{s+3} \tag{3.61}$$

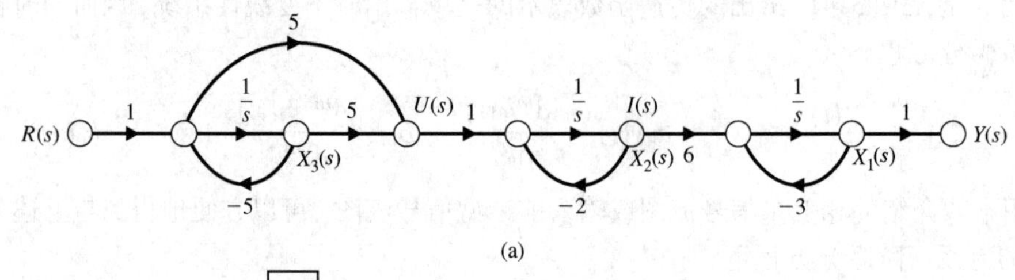

(a)

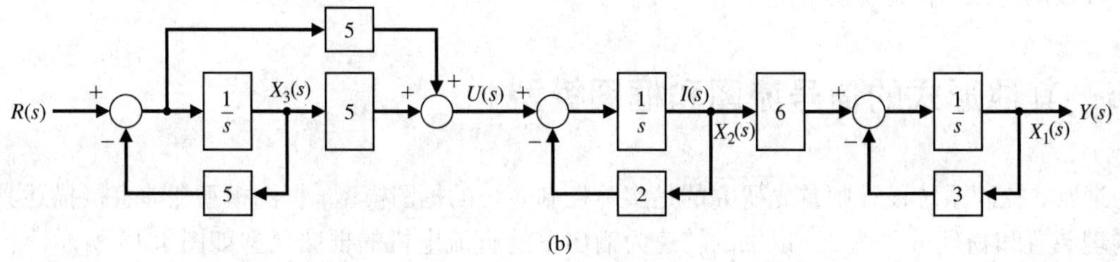

(b)

图 3.16 (a)图 3.15 所示框图模型的物理状态信号流图;(b)物理状态框图模型

运用第2章介绍的方法,可以得到 $k_1=-20$, $k_2=-10$ 和 $k_3=30$。式(3.61)对应的响应模态解耦状态变量模型如图 3.17 所示,状态微分方程的矩阵形式则为

$$\dot{\boldsymbol{x}}(t) = \begin{bmatrix} -5 & 0 & 0 \\ 0 & -2 & 0 \\ 0 & 0 & -3 \end{bmatrix} \boldsymbol{x}(t) + \begin{bmatrix} 1 \\ 1 \\ 1 \end{bmatrix} r(t)$$

$$y(t) = [-20 \quad -10 \quad 30]\boldsymbol{x}(t) \tag{3.62}$$

可以看出,此处选择的状态变量为 $x_1(t)$, $x_2(t)$ 和 $x_3(t)$。其中,$x_1(t)$ 与极点 $s_1=-5$ 相对应;$x_2(t)$ 与极点 $s_2=-2$ 相对应;$x_3(t)$ 与极点 $s_3=-3$ 相对应。状态变量的排序并不固定,例如也可以将与因式 $s+2$ 相对应的状态变量指定为 $x_1(t)$。

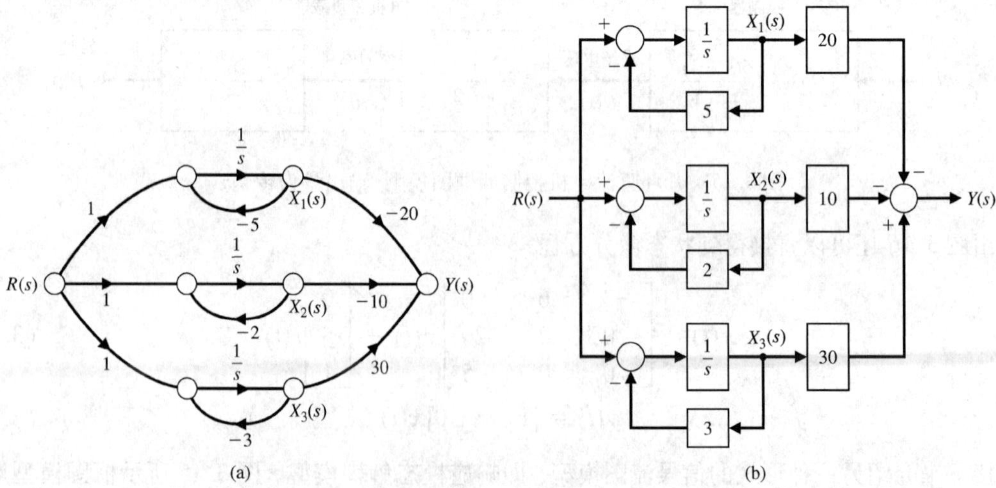

图 3.17 (a)图 3.15 所示系统的解耦状态变量信号流图模型;(b)解耦状态变量框图模型

解耦形式的状态微分方程表明了系统具有 n 个不同的极点 $-s_1,-s_2,\cdots,-s_n$。这种形式的状态微分方程称为**对角线标准型**。具有互不相同的极点的系统总能够化为**对角线标准型**，否则只能化为块对角型，又称为**若尔当(Jordan)标准型**[24]。

例 3.3　倒立摆控制

人手保持倒立摆平衡的情形如图 3.18 所示。倒立摆的平衡条件为 $\theta(t)=0$ 和 $\mathrm{d}\theta(t)/\mathrm{d}t=0$。人手保持倒立摆平衡与导弹在发射初始阶段的姿态控制没有本质差异。这个问题的经典表述形式是图 3.19 所示的小车上的倒立摆控制问题。小车必须处于运动状态才能够保证质量块 m 始终处于小车上方。状态变量应该与旋转角 $\theta(t)$ 及小车的位移 $y(t)$ 有关。分析系统水平方向的受力情况和铰接点的力矩情况，可以列写出系统运动的微分方程[2,3,10,23]。假定 $M\gg m$，旋转角 $\theta(t)$ 足够小，就可以对运动方程做线性近似处理。这样，系统水平方向受力之和为

$$M\ddot{y}(t)+ml\ddot{\theta}(t)-u(t)=0 \tag{3.63}$$

其中，$u(t)$ 为施加在小车上的外力，l 是质量块 m 到铰接点的距离。铰接点的扭矩之和为

$$ml\ddot{y}(t)+ml^2\ddot{\theta}(t)-mlg\theta(t)=0 \tag{3.64}$$

针对以上两个二阶微分方程，为该系统选定 4 个状态变量为 $(x_1(t),x_2(t),x_3(t),x_4(t))=(y(t),\dot{y}(t),\theta(t),\dot{\theta}(t))$，将式(3.63)和式(3.64)写成状态变量的形式，可得

$$M\dot{x}_2(t)+ml\dot{x}_4(t)-u(t)=0 \tag{3.65}$$

$$\dot{x}_2(t)+l\dot{x}_4(t)-gx_3(t)=0 \tag{3.66}$$

为了得到一阶微分方程组，首先解出式(3.66)中的 $l\dot{x}_4(t)$，代入式(3.65)中。再考虑 $M\gg m$，可得

$$M\dot{x}_2(t)+mgx_3(t)=u(t) \tag{3.67}$$

解出式(3.65)中的 $\dot{x}_2(t)$，并代入式(3.66)，整理后可得

$$Ml\dot{x}_4(t)-Mgx_3(t)+u(t)=0 \tag{3.68}$$

于是，可以得到 4 个一阶微分方程为

$$\begin{aligned}&\dot{x}_1(t)=x_2(t),\qquad \dot{x}_2(t)=-\frac{mg}{M}x_3(t)+\frac{1}{M}u(t)\\&\dot{x}_3(t)=x_4(t),\qquad \dot{x}_4(t)=\frac{g}{l}x_3(t)-\frac{1}{Ml}u(t)\end{aligned} \tag{3.69}$$

系统矩阵则为

$$\boldsymbol{A}=\begin{bmatrix}0&1&0&0\\0&0&-mg/M&0\\0&0&0&1\\0&0&g/l&0\end{bmatrix},\qquad \boldsymbol{B}=\begin{bmatrix}0\\1/M\\0\\-1/(Ml)\end{bmatrix} \tag{3.70}$$

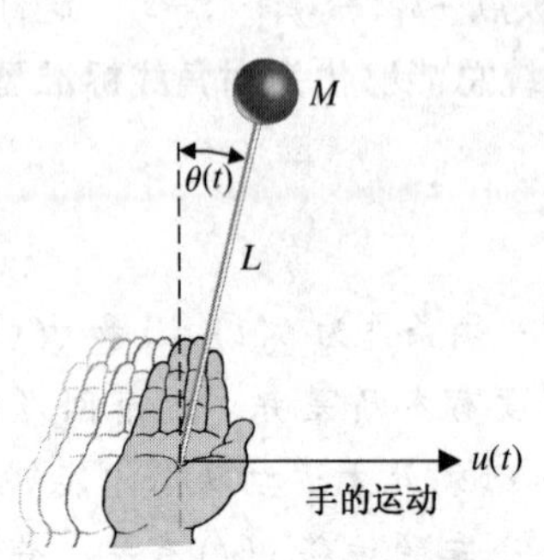

图 3.18 人手保持倒立摆的平衡。手移动的目的在于减小$\theta(t)$。为了简化分析，假定倒立摆只在x-y平面内旋转

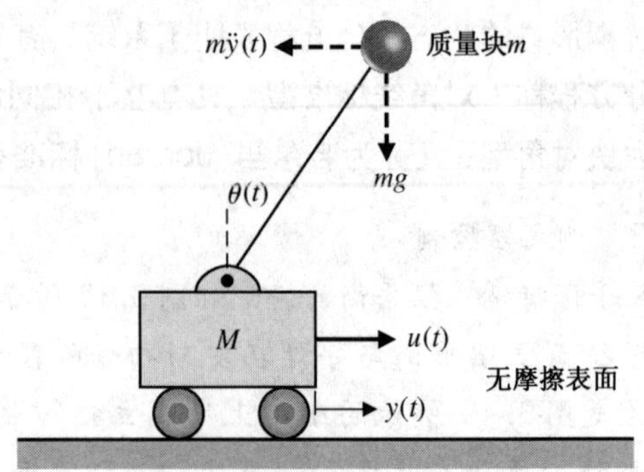

图 3.19 小车和倒立摆。限定倒立摆在垂直平面内绕铰接点旋转

3.6 由状态方程求解传递函数

给定传递函数$G(s)$，通过信号流图模型可以得到状态微分方程。反过来，我们研究如何由状态微分方程确定**单输入-单输出系统**(Single-Input, Single-Output, SISO)的传递函数$G(s)$。回想式(3.16)和式(3.17)，有

$$\dot{\boldsymbol{x}}(t) = \boldsymbol{A}\boldsymbol{x}(t) + \boldsymbol{B}u(t) \tag{3.71}$$

$$y(t) = \boldsymbol{C}\boldsymbol{x}(t) + \boldsymbol{D}u(t) \tag{3.72}$$

其中，$u(t)$和$y(t)$分别为系统的单输入和单输出。式(3.71)和式(3.72)的拉普拉斯变换分别为

$$s\boldsymbol{X}(s) = \boldsymbol{A}\boldsymbol{X}(s) + \boldsymbol{B}U(s) \tag{3.73}$$

$$Y(s) = \boldsymbol{C}\boldsymbol{X}(s) + \boldsymbol{D}U(s) \tag{3.74}$$

由于$u(t)$为单输入，因此$\boldsymbol{B}$为$n\times 1$矩阵。我们的目的在于确定传递函数，因而此处将不考虑非零的初始条件。对式(3.73)合并同类项后，可得

$$(s\boldsymbol{I} - \boldsymbol{A})\boldsymbol{X}(s) = \boldsymbol{B}U(s) \tag{3.75}$$

注意到$[s\boldsymbol{I}-\boldsymbol{A}]^{-1} = \boldsymbol{\Phi}(s)$，于是有

$$\boldsymbol{X}(s) = \boldsymbol{\Phi}(s)\boldsymbol{B}U(s) \tag{3.76}$$

再将$\boldsymbol{X}(s)$代入式(3.74)，可得

$$Y(s) = [\boldsymbol{C}\boldsymbol{\Phi}(s)\boldsymbol{B} + \boldsymbol{D}]U(s) \tag{3.77}$$

于是，系统实现的传递函数$G(s) = Y(s)/U(s)$为

$$\boxed{G(s) = \boldsymbol{C}\boldsymbol{\Phi}(s)\boldsymbol{B} + \boldsymbol{D}} \tag{3.78}$$

例 3.4 RLC 网络的传递函数

从图 3.3 所示的 RLC 网络的状态微分方程[见式(3.18)和式(3.19)]出发，来确定传递函数$G(s) = Y(s)/U(s)$。为此，将式(3.18)和式(3.19)重写为

$$\dot{\boldsymbol{x}}(t) = \begin{bmatrix} 0 & \frac{-1}{C} \\ \frac{1}{L} & \frac{-R}{L} \end{bmatrix}\boldsymbol{x}(t) + \begin{bmatrix} \frac{1}{C} \\ 0 \end{bmatrix}u(t)$$

$$y(t) = [0 \quad R]\boldsymbol{x}(t)$$

由此可得

$$[s\boldsymbol{I}-\boldsymbol{A}]=\begin{bmatrix} s & \dfrac{1}{C} \\ \dfrac{-1}{L} & s+\dfrac{R}{L} \end{bmatrix}$$

因而有

$$\boldsymbol{\Phi}(s)=[s\boldsymbol{I}-\boldsymbol{A}]^{-1}=\frac{1}{\Delta(s)}\begin{bmatrix} \left(s+\dfrac{R}{L}\right) & \dfrac{-1}{C} \\ \dfrac{1}{L} & s \end{bmatrix}$$

其中，

$$\Delta(s)=s^2+\frac{R}{L}s+\frac{1}{LC}$$

于是，RLC 网络的传递函数为

$$G(s)=[0\quad R]\begin{bmatrix} \dfrac{s+\dfrac{R}{L}}{\Delta(s)} & \dfrac{-1}{C\Delta(s)} \\ \dfrac{1}{L\Delta(s)} & \dfrac{s}{\Delta(s)} \end{bmatrix}\begin{bmatrix} \dfrac{1}{C} \\ 0 \end{bmatrix}=\frac{R/(LC)}{\Delta(s)}=\frac{R/(LC)}{s^2+\dfrac{R}{L}s+\dfrac{1}{LC}} \tag{3.79}$$

这与利用梅森公式从状态流图模型中求得的传递函数，即式(3.40)，是完全一致的。

3.7　状态转移矩阵和系统时间响应

通常，我们希望能够求得控制系统状态变量的时间响应，以便考察和研究系统的性能。求解状态微分方程，就可以得到系统的瞬态响应。3.3 节已经给出了式(3.26)所示的状态微分方程的通解：

$$\boldsymbol{x}(t)=\boldsymbol{\Phi}(t)\boldsymbol{x}(0)+\int_0^t\boldsymbol{\Phi}(t-\tau)\boldsymbol{B}\boldsymbol{u}(\tau)\,\mathrm{d}\tau \tag{3.80}$$

显然，如果已知初始条件 $\boldsymbol{x}(0)$、输入 $\boldsymbol{u}(\tau)$ 和状态转移矩阵 $\boldsymbol{\Phi}(t)$，就可以求得时间响应 $\boldsymbol{x}(t)$。于是，问题的关键就是求决定了系统响应的状态转移矩阵 $\boldsymbol{\Phi}(t)$。幸运的是，我们可以利用信号流图技术来完成这项工作。

在利用信号流图求状态转移矩阵之前，首先必须指出，实际上存在多种求状态转移矩阵的方法。例如，我们可以对 $\boldsymbol{\Phi}(t)$ 的矩阵指数展开式进行截尾来求 $\boldsymbol{\Phi}(t)$[2, 8]。矩阵指数展开式为

$$\boldsymbol{\Phi}(t)=\exp(\boldsymbol{A}t)=\sum_{k=0}^{\infty}\frac{\boldsymbol{A}^k t^k}{k!} \tag{3.81}$$

此外，还有很多种用来求 $\boldsymbol{\Phi}(t)$ 的数值算法，这些算法也很有效[21]。

由式(3.25)可以得到，$\boldsymbol{\Phi}(s)=[s\boldsymbol{I}-\boldsymbol{A}]^{-1}$，因此，如果能够通过矩阵求逆得到 $\boldsymbol{\Phi}(s)$，那么也就能够通过拉普拉斯逆变换 $\boldsymbol{\Phi}(t)=\mathscr{L}^{-1}\{\boldsymbol{\Phi}(s)\}$ 求得 $\boldsymbol{\Phi}(t)$。不过，对高阶系统而言，矩阵求逆运算通常是很困难的。

当输入为零时，考察式(3.80)的拉普拉斯变换，就能看清楚如何由信号流图模型来求解状态转移矩阵。当 $\boldsymbol{u}(\tau)=0$ 时，对式(3.80)进行拉普拉斯变换，可以得到

$$\boldsymbol{X}(s)=\boldsymbol{\Phi}(s)\boldsymbol{x}(0) \tag{3.82}$$

于是，只要利用信号流图模型，求出状态变量 $X_i(s)$ 与初始条件 $[x_1(0), x_2(0), \cdots, x_n(0)]$ 之间的关系，就能够得到状态转移矩阵的拉普拉斯变换矩阵 $\boldsymbol{\Phi}(s)$，再对 $\boldsymbol{\Phi}(s)$ 进行拉普拉斯逆变换就可以求得 $\boldsymbol{\Phi}(t)$，即

$$\boxed{\boldsymbol{\Phi}(t) = \mathscr{L}^{-1}\{\boldsymbol{\Phi}(s)\}} \tag{3.83}$$

状态变量 $X_i(s)$ 与初始条件 $\boldsymbol{x}(0)$ 之间的关系，可以用梅森增益公式求得。例如，对一般的二阶系统，式(3.82)展开后可得

$$\begin{aligned} X_1(s) &= \phi_{11}(s)x_1(0) + \phi_{12}(s)x_2(0) \\ X_2(s) &= \phi_{21}(s)x_1(0) + \phi_{22}(s)x_2(0) \end{aligned} \tag{3.84}$$

其中，$\phi_{ij}(s)$ 即为以 $X_i(s)$ 为输出并以 $x_j(0)$ 为输入的关系式，它们都可以由信号流图和梅森增益公式得到。下面的例子演示了这种求解状态转移矩阵的方法。

例 3.5 状态转移矩阵的求解

考虑图 3.3 给出的 RLC 网络，并用两种方法来求 $\boldsymbol{\Phi}(s)$：(1) 矩阵求逆法，即 $\boldsymbol{\Phi}(s) = [s\boldsymbol{I} - \boldsymbol{A}]^{-1}$；(2) 状态流图和梅森增益公式。

首先，通过计算 $\boldsymbol{\Phi}(s) = [s\boldsymbol{I} - \boldsymbol{A}]^{-1}$ 来求 $\boldsymbol{\Phi}(s)$。由式(3.18)可得

$$\boldsymbol{A} = \begin{bmatrix} 0 & -2 \\ 1 & -3 \end{bmatrix}$$

因此，

$$[s\boldsymbol{I} - \boldsymbol{A}] = \begin{bmatrix} s & 2 \\ -1 & s+3 \end{bmatrix} \tag{3.85}$$

于是，矩阵求逆后有

$$\boldsymbol{\Phi}(s) = [s\boldsymbol{I} - \boldsymbol{A}]^{-1} = \frac{1}{\Delta(s)}\begin{bmatrix} s+3 & -2 \\ 1 & s \end{bmatrix} \tag{3.86}$$

其中，$\Delta(s) = s(s+3) + 2 = s^2 + 3s + 2 = (s+1)(s+2)$。

RLC 网络的信号流图模型如图 3.7 所示。该 RLC 网络的状态变量可以选择为 $x_1(t) = v_c(t)$ 和 $x_2(t) = i_L(t)$，初始条件 $x_1(0)$ 和 $x_2(0)$ 则分别表示电容的初始电压和电感的初始电流。增加了初始条件的信号流图如图 3.20 所示，图中的初始条件出现在各积分器输出端，也就是状态变量的初始值。

为了计算 $\boldsymbol{\Phi}(s)$，令 $U(s) = 0$。当 $R = 3$，$L = 1$ 且 $C = 1/2$ 时，可以得到图 3.21 所示的信号流图，其中略去了原图中与计算 $\boldsymbol{\Phi}(s)$ 无关的输入、输出节点。根据梅森增益公式，当不考虑 $x_2(0)$ 的影响时，可以得到 $X_1(s)$ 与 $x_1(0)$ 的关系式为

$$X_1(s) = \frac{1 \cdot \Delta_1(s) \cdot [x_1(0)/s]}{\Delta(s)} \tag{3.87}$$

其中，$\Delta(s)$ 为信号流图的特征式，$\Delta_1(s)$ 为与 $x_1(0)$ 有关的前向通路的余因式，且有

$$\Delta(s) = 1 + 3s^{-1} + 2s^{-2}$$

又由于 $x_1(0)$ 到 $X_1(s)$ 的前向通路与回路 $-3s^{-1}$ 不接触，故有 $\Delta_1 = 1 + 3s^{-1}$。于是，状态转移矩阵的拉普拉斯变换矩阵中，第一个元素为

$$\phi_{11}(s) = \frac{(1 + 3s^{-1})(1/s)}{1 + 3s^{-1} + 2s^{-2}} = \frac{s+3}{s^2 + 3s + 2} \tag{3.88}$$

再推导 $X_1(s)$ 与 $x_2(0)$ 之间的关系，可得

$$X_1(s) = \frac{(-2s^{-1})(x_2(0)/s)}{1 + 3s^{-1} + 2s^{-2}}$$

故有

$$\phi_{12}(s) = \frac{-2}{s^2 + 3s + 2} \tag{3.89}$$

同理可得

$$\phi_{21}(s) = \frac{(s^{-1})(1/s)}{1 + 3s^{-1} + 2s^{-2}} = \frac{1}{s^2 + 3s + 2} \tag{3.90}$$

$$\phi_{22}(s) = \frac{1(1/s)}{1 + 3s^{-1} + 2s^{-2}} = \frac{s}{s^2 + 3s + 2} \tag{3.91}$$

于是，状态转移矩阵的拉普拉斯变换矩阵为

$$\boldsymbol{\Phi}(s) = \begin{bmatrix} (s+3)/(s^2+3s+2) & -2/(s^2+3s+2) \\ 1/(s^2+3s+2) & s/(s^2+3s+2) \end{bmatrix} \tag{3.92}$$

考虑到特征方程的因子式为 $(s+1)$ 和 $(s+2)$，即有

$$(s+1)(s+2) = s^2 + 3s + 2$$

因此，可以得到状态转移矩阵为

$$\boldsymbol{\Phi}(t) = \mathscr{L}^{-1}\{\boldsymbol{\Phi}(s)\} = \begin{bmatrix} (2e^{-t} - e^{-2t}) & (-2e^{-t} + 2e^{-2t}) \\ (e^{-t} - e^{-2t}) & (-e^{-t} + 2e^{-2t}) \end{bmatrix} \tag{3.93}$$

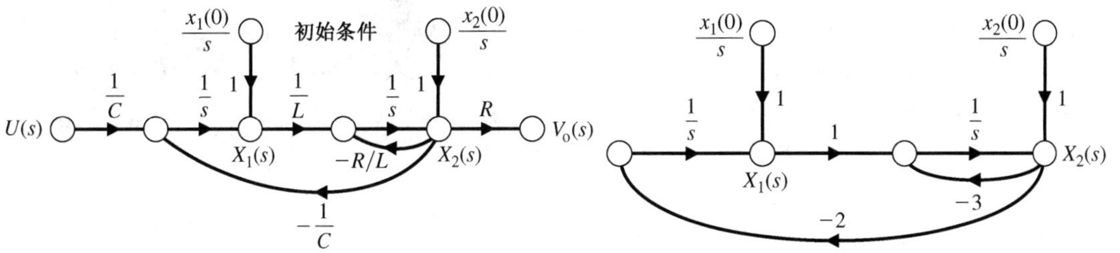

图 3.20　RLC 网络的信号流图模型　　图 3.21　$U(s)=0$ 时，RLC 网络的信号流图模型

至此，利用式(3.80)，可以求得 RLC 网络对不同初始条件和不同输入激励的时间响应。例如，当 $x_1(0)=x_2(0)=1$ 且 $u(t)=0$ 时，有

$$\begin{bmatrix} x_1(t) \\ x_2(t) \end{bmatrix} = \boldsymbol{\Phi}(t)\begin{bmatrix} 1 \\ 1 \end{bmatrix} = \begin{bmatrix} e^{-2t} \\ e^{-2t} \end{bmatrix} \tag{3.94}$$

在给定的初始条件下，系统的时间响应曲线如图 3.22 所示。图 3.23 则给出了状态向量 $[x_1(t), x_2(t)]$ 在 (x_1, x_2) 平面上的变化轨迹。

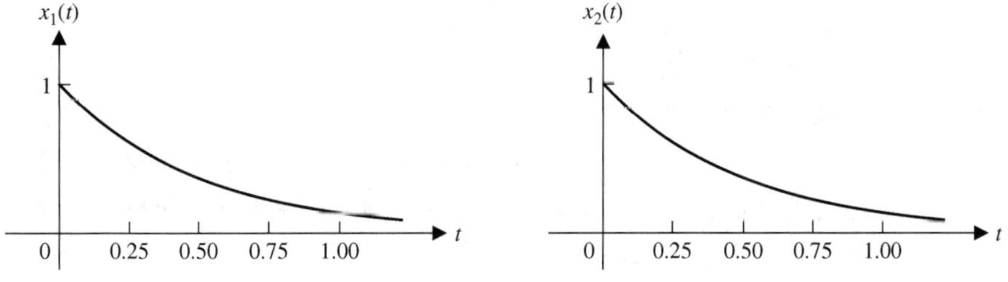

图 3.22　初始条件为 $x_1(0)=x_2(0)=1$ 时，RLC 网络状态变量的时间响应曲线

可以看出，系统状态转移矩阵简化了系统时间响应的求解过程。尽管这种方法只适用于线性系统，但由于可以利用熟悉的信号流图来求取状态转移矩阵，这种方法还是简单有效和非常重要的。

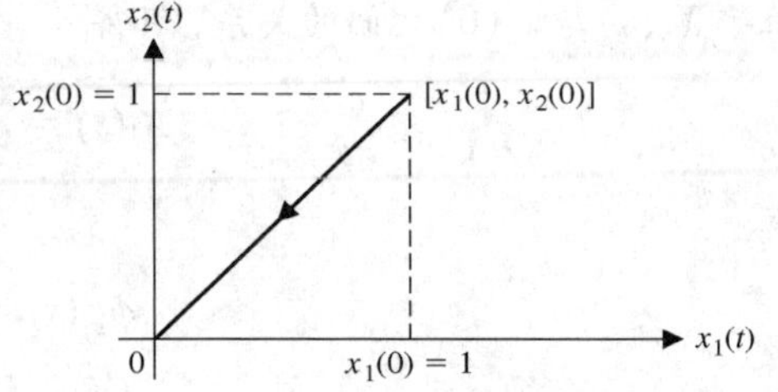

图 3.23　在(x_1, x_2)平面上，状态向量的变化轨迹

3.8　设计实例

本节给出了两个设计实例。第一个实例将详细分析如何建立大型航天器(如空间站)的状态空间模型，并利用该状态空间模型来分析近地轨道上航天器定向系统的稳定性。本实例用阴影突出显示了控制系统设计流程所强调的主题设计模块。第二个实例为打印机皮带驱动器系统，说明了系统框图模型(见第2章)和状态空间模型之间的关系，并利用框图化简方法，根据状态空间模型求取系统的传递函数。

例 3.6　空间站定向系统建模

图 3.24 所示的国际空间站是一种多用途的、可以采用不同结构配置的飞行器。空间站控制系统设计的一个重要步骤，是建立描述空间站运动的数学模型。一般而言，数学模型应该描述空间站的平移和姿态调整这两种运动，并且要考虑外部受力和扭矩，控制器和执行机构的受力和扭矩等因素的共同影响。因此，空间站的动态数学模型应该是一组高度耦合的、非线性的常微分方程。本实例的目标是：在确保能够描述系统重要特征的前提下，对该动态数学模型进行简化。在控制工程中，模型合理简化是非常重要但又容易忽视的环节。本实例主要考虑旋转运动。对于飞行器的轨道保持能力而言，平移运动尽管也是非常重要的，但在合理的假设条件下，能够将它与旋转运动解耦。

图 3.24　航天飞机离开时的国际空间站一瞥(NASA友情提供)

许多飞行器(例如国际空间站)的姿态通常保持为对地指向，这使得飞行器下方的照相设备和其他科研设施就能够指向地球，以便从太空中获取地球的相关信息，而飞行器上方的科研设施能够如愿地指向深邃的太空。为了保持飞行器的对地指向，飞行器必须配备有姿态保持控制系统，并通过该系统提供必要的扭矩以调整姿态。在本例中，系统(国际空间站)的输入为扭矩，输出为空间站姿态。国际空间站将控制力矩陀螺和反应控制射流作为姿态控制的执行机构。由于控制力矩陀螺是一种动量交换设备，无须消耗燃料，因此，在选择投入工作的执行机构时，控制力矩陀螺要优先于反应控制射流。控制力矩陀螺是一个安装在常平架上转速固定的飞轮。飞轮的指向随着常平架的旋转而发生变化，从而导致飞轮角动量的方向也随之改变。根据角动量守恒的基本原理，控制力矩陀螺的动量变化就被转移到了空间站上，从而产生了反应扭矩，用于控制空间站的姿态。但是，控制力矩陀螺的姿态控制能力会达到饱和状态，也就是说，虽然控制力矩陀螺无须消耗燃料，但它的控制能力却是有限的。针对这一问题，在实际应用中，可以采取一些措施来避免控制力矩陀螺的饱和状态，从而达到调整空间站姿态的目的。

有多种方法可以避免控制力矩陀螺的饱和状态。优选的方法是利用现有的空间环境扭矩，这种方法对反应控制射流的需求最小。在具体实现中，利用引力梯度扭矩来连续消除控制力矩陀螺的饱和状态是最佳的选择。所谓引力梯度扭矩是由于地球引力在空间站上分布不均匀所造成的，这部分扭矩无须消耗任何燃料。由于空间站受到了不均匀的地球引力，因此将导致以空间站质心为中心的扭矩不为零。空间站姿态的变化将导致作用在自身上的引力梯度扭矩发生变化，因此，将姿态控制和动量管理结合起来共同分析，可以设计出折中的控制方案。

图3.25给出了空间站定向控制系统设计的基本流程，并用阴影突出显示了本例重点强调的设计模块。首先，我们采用3个角度参数来定义空间站的姿态，分别为俯仰角 $\theta_2(t)$，偏航角 $\theta_3(t)$ 和横滚角 $\theta_1(t)$。这3个角度表示了空间站相对于所预期的对地姿态的偏离程度。当 $\theta_1(t)=\theta_2(t)=\theta_3(t)=0$ 时，表示空间站定向于预期的对地方向上。

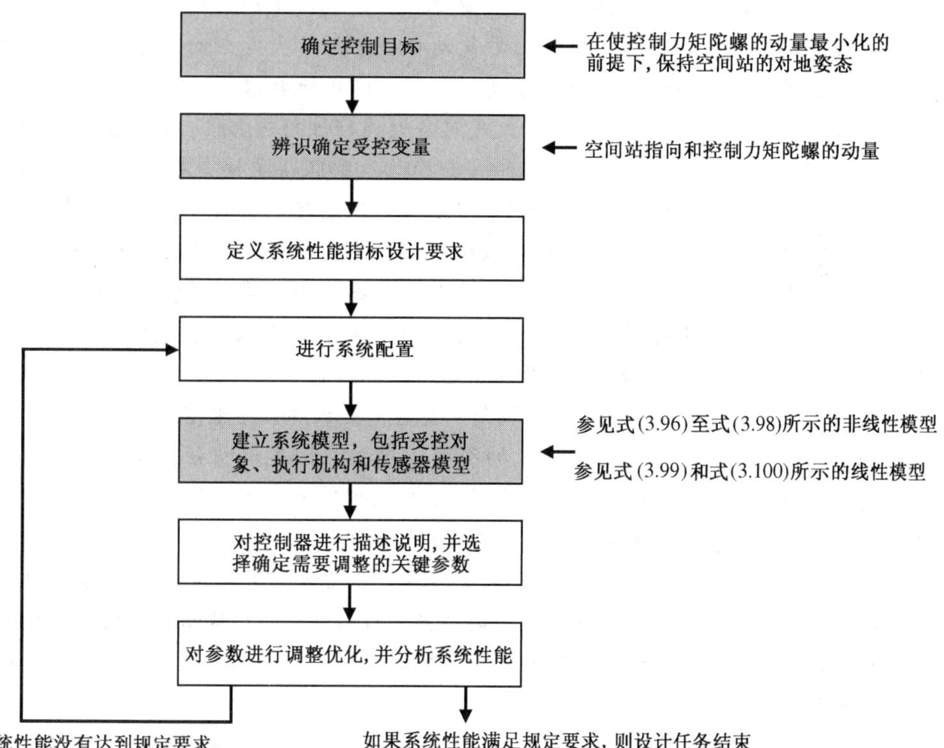

图3.25　空间站定向控制系统设计流程及重点强调的设计模块

本实例的控制目标是，在避免出现控制力矩陀螺饱和状态的前提下，以最小的动量交换成本，使空间站定向于预期的对地方向上。这样就可以将控制目标具体归纳为以下几点。

控制目标　以确保控制力矩陀螺动量最小化为前提，在存在持续扰动信号的情况下，使空间站的横滚角、偏航角和俯仰角都最小。

对于某个物体而言，其质心角动量的变化率等于作用在该物体上的外在扭矩之和。因此，飞行器的姿态动力学特性直接取决于外部的作用扭矩。对于空间站而言，主要的外部扭矩是由地球引力导致的。我们将地球视为一个质点，因此，作用在空间站上的引力梯度扭矩可由下式给出[30]：

$$\boldsymbol{T}_g(t)=3n^2\boldsymbol{c}(t)\times\boldsymbol{I}\boldsymbol{c}(t) \tag{3.95}$$

其中，n 为轨道角速度，对于空间站而言，$n=0.0011$ rad/s；$\boldsymbol{c}(t)$ 则为

$$
\boldsymbol{c}(t)=\begin{bmatrix} -\sin\theta_2(t)\cos\theta_3(t) \\ \sin\theta_1(t)\cos\theta_2(t)+\cos\theta_1(t)\sin\theta_2(t)\sin\theta_3(t) \\ \cos\theta_1(t)\cos\theta_2(t)-\sin\theta_1(t)\sin\theta_2(t)\sin\theta_3(t) \end{bmatrix}
$$

符号×表示向量之间的叉乘。矩阵$\boldsymbol{I}$为惯量矩阵，是空间站结构配置的函数。由式(3.95)可以看出，引力梯度扭矩是3个姿态角$\theta_1(t)$，$\theta_2(t)$和$\theta_3(t)$的函数。就控制目标而言，我们必须使这3个姿态角保持恒定[对于本例而言，有$\theta_1(t)=\theta_2(t)=\theta_3(t)=0$]，但有时又必须适当调整空间站的姿态，使姿态角适度偏离预期角度，以便产生引力梯度扭矩，用于控制力矩陀螺的动量管理和交换。这是与控制目标相冲突的。实际上，控制工程师们在设计控制系统时，经常需要面对和处理相互冲突的实际要求。

接下来分析气动扭矩对空间站的影响。即使对在高轨道上运行的空间站而言，气动扭矩同样能够影响其运动姿态。作用在空间站上的气动扭矩来源于大气阻力，由于大气阻力作用中心和质量中心通常并不一致，这样就会产生气动扭矩。在近地轨道上，气动扭矩表现为正弦波函数，以较小的偏差上下波动。这主要源于大气层每天周期性的热膨胀。在太阳的照射下，与地球大气层远离太阳的一面相比较，靠近太阳的一面受热后膨胀得更快，占据的空间也更大。因此，当空间站绕地球飞行时(大约90 min一圈)，将绕经不同密度的大气层，这样就导致了气动扭矩的周期性波动。此外，空间站上的太阳能面板由于对准太阳而不断旋转，也会导致气动扭矩发生另一项周期性波动。总的来说，气动扭矩比引力梯度扭矩小得多，因此，从控制系统的目的出发，我们可以忽略气动扭矩的影响，仅仅将其视为一种扰动。在设计控制方案时，只需要将这种扰动对空间站姿态的影响程度降至最低即可。

其他行星体的引力、空间磁场、太阳辐射、太空风及其他一些太空事件，都能够对空间站产生扭矩。但是，相对于由于地球引力产生的引力梯度扭矩和气动扭矩，这些扭矩要小得多。因此，在建模过程中，我们将忽略这些扭矩的影响，也仅仅将其视为一种扰动。

最后，我们分析控制力矩陀螺本身。首先，将所有的控制力矩陀螺视为一体，作为一个共同的力矩产生器，并将所产生的力矩记为$\boldsymbol{h}(t)$。其次，在设计阶段就应该掌握与控制力矩陀螺的角动量管理直接相关的动态环节。不过，与姿态控制过程相比较，角动量管理动态环节的时间常数很小，因此我们将忽略这些动态环节的影响，假定控制力矩陀螺能够精确无时延地产生控制系统所要求的控制力矩。

基于以上讨论，可以得到如下的非线性模型，该模型可以作为控制系统设计的基础：

$$
\dot{\boldsymbol{\Theta}}(t)=\boldsymbol{R}(\boldsymbol{\Theta})\boldsymbol{\Omega}(t)+\boldsymbol{n} \tag{3.96}
$$

$$
\boldsymbol{I}\dot{\boldsymbol{\Omega}}(t)=-\boldsymbol{\Omega}(t)\times\boldsymbol{I}\boldsymbol{\Omega}(t)+3n^2\boldsymbol{c}(t)\times\boldsymbol{I}\boldsymbol{c}(t)-\boldsymbol{u}(t) \tag{3.97}
$$

$$
\dot{\boldsymbol{h}}(t)=-\boldsymbol{\Omega}(t)\times\boldsymbol{h}(t)+\boldsymbol{u}(t) \tag{3.98}
$$

其中，

$$
\boldsymbol{R}(\boldsymbol{\Theta})=\frac{1}{\cos\theta_3(t)}\begin{bmatrix} \cos\theta_3(t) & -\cos\theta_1(t)\sin\theta_3(t) & \sin\theta_1(t)\sin\theta_3(t) \\ 0 & \cos\theta_1(t) & -\sin\theta_1(t) \\ 0 & \sin\theta_1(t)\cos\theta_3(t) & \cos\theta_1(t)\cos\theta_3(t) \end{bmatrix}
$$

$$
\boldsymbol{n}=\begin{bmatrix}0\\n\\0\end{bmatrix},\quad \Omega=\begin{bmatrix}\omega_1(t)\\\omega_2(t)\\\omega_3(t)\end{bmatrix},\quad \boldsymbol{\Theta}=\begin{bmatrix}\theta_1(t)\\\theta_2(t)\\\theta_3(t)\end{bmatrix},\quad \boldsymbol{n}=\begin{bmatrix}u_1(t)\\u_2(t)\\u_3(t)\end{bmatrix}
$$

上式中，$\boldsymbol{u}(t)$为控制力矩陀螺的输入力矩，$\boldsymbol{\Omega}(t)$为角速度，$\boldsymbol{I}$为惯量矩阵，$\boldsymbol{n}$为轨道角速度。关于飞行器动力学建模方面的基础知识，可参阅文献[26,27]。此外，还可以参考很多关于空间站控制和动量管理方面的文献，其中，文献[28]首次提出了由式(3.96)至式(3.98)构成的非线性方程模型，文献[29～33]提供了与空间站建模和控制相关的其他知识，文献[34～40]讨论了关于空间站高级控制方面的主题。从式(3.96)至式(3.98)这组非线性方程出发，研究人员正在研究空间站的非线性控制律，文献[41～50]给出了部分成果。

式(3.96)描述了欧拉角$\boldsymbol{\Theta}(t)$与角速度向量$\boldsymbol{\Omega}(t)$之间的动力学关系，式(3.97)为空间站的姿态动力学方程。等号右侧表示作用在空间站上的所有外部力矩之和，其中第一项是由惯量的交叉耦合导致的力矩；第二项是引力梯度扭矩；最后一项为空间站上的执行机构提供的力矩。本模型没有考虑扰动力矩，如气动力矩等。式(3.98)则给出了控制力矩陀螺的总动量。

飞行器动量管理方案设计的惯用方法是，利用泰勒级数展开式对上述非线性模型进行线性化，以便得到描述飞行器姿态动力学和控制力矩陀螺动量变化的线性模型。在此基础上，运用线性系统设计方法，推导相应的管理方案。为了便于线性化处理，我们假定飞行器在不同方向上的转动惯量相互独立(即惯量矩阵$\boldsymbol{I}$为对角阵)，气动力矩可以忽略，于是上述模型的平衡状态(线性化处理的工作点)应该为

$$\boldsymbol{\Theta}=\boldsymbol{0},\quad \boldsymbol{\Omega}=\begin{bmatrix}0\\-n\\0\end{bmatrix},\quad \boldsymbol{h}=\boldsymbol{0}$$

并假定了

$$\boldsymbol{I}=\begin{bmatrix}I_1&0&0\\0&I_2&0\\0&0&I_3\end{bmatrix}$$

实际上，惯量矩阵$\boldsymbol{I}$并不是对角阵。但是，在线性化过程中，忽略矩阵$\boldsymbol{I}$中的非对角线元素是一个常用的合理假设。经过泰勒级数展开得到的线性化模型中，俯仰运动与横滚运动、偏航运动确实实现了解耦。

俯仰运动的线性化方程为

$$\begin{bmatrix}\dot{\theta}_2(t)\\\dot{\omega}_2(t)\\\dot{h}_2(t)\end{bmatrix}=\begin{bmatrix}0&1&0\\3n^2\Delta_2&0&0\\0&0&0\end{bmatrix}\begin{bmatrix}\theta_2(t)\\\omega_2(t)\\h_2(t)\end{bmatrix}+\begin{bmatrix}0\\-1/I_2\\1\end{bmatrix}u_2(t)\tag{3.99}$$

其中，

$$\Delta_2:=\frac{I_3-I_1}{I_2}$$

下标为2的各项与俯仰运动相关；下标为1的各项与横滚运动相关；而下标为3的各项则与偏航运动相关。横滚运动和偏航运动的线性化方程为

$$\begin{bmatrix}\dot{\theta}_1(t)\\\dot{\theta}_3(t)\\\dot{\omega}_1(t)\\\dot{\omega}_3(t)\\\dot{h}_1(t)\\\dot{h}_3(t)\end{bmatrix}=\begin{bmatrix}0&n&1&0&0&0\\-n&0&0&1&0&0\\-3n^2\Delta_1&0&0&-n\Delta_1&0&0\\0&0&-n\Delta_3&0&0&0\\0&0&0&0&0&n\\0&0&0&0&-n&0\end{bmatrix}\begin{bmatrix}\theta_1(t)\\\theta_3(t)\\\omega_1(t)\\\omega_3(t)\\h_1(t)\\h_3(t)\end{bmatrix}+\begin{bmatrix}0&0\\0&0\\-1/I_1&0\\0&-1/I_3\\1&0\\0&1\end{bmatrix}\begin{bmatrix}u_1(t)\\u_3(t)\end{bmatrix}\tag{3.100}$$

其中，

$$\Delta_1:=\frac{I_2-I_3}{I_1},\qquad \Delta_3:=\frac{I_1-I_2}{I_3}$$

接下来着重分析俯仰运动。首先，定义其状态向量为

$$\boldsymbol{x}(t) := \begin{bmatrix} \theta_2(t) \\ \omega_2(t) \\ h_2(t) \end{bmatrix}$$

以空间站俯仰角 $\theta_2(t)$ 为输出，则有

$$y(t) = \theta_2(t) = [1 \quad 0 \quad 0]\boldsymbol{x}(t)$$

类似地，我们也可以定义角速度 $\omega_2(t)$ 或者控制力矩陀螺动量 $h_2(t)$ 作为输出。由此可得俯仰运动的状态空间模型为

$$\begin{aligned} \dot{\boldsymbol{x}}(t) &= \boldsymbol{A}\boldsymbol{x}(t) + \boldsymbol{B}u(t) \\ y(t) &= \boldsymbol{C}\boldsymbol{x}(t) + \boldsymbol{D}u(t) \end{aligned} \tag{3.101}$$

其中，

$$\boldsymbol{A} = \begin{bmatrix} 0 & 1 & 0 \\ 3n^2\Delta_2 & 0 & 0 \\ 0 & 0 & 0 \end{bmatrix}, \quad \boldsymbol{B} = \begin{bmatrix} 0 \\ -\frac{1}{I_2} \\ 1 \end{bmatrix}$$

$$\boldsymbol{C} = [1 \quad 0 \quad 0], \quad \boldsymbol{D} = [0]$$

$u(t)$ 为控制力矩陀螺在俯仰方向上的力矩。求解式(3.101)所示的微分方程，可得

$$\boldsymbol{x}(t) = \boldsymbol{\Phi}(t)\boldsymbol{x}(0) + \int_0^t \boldsymbol{\Phi}(t-\tau)\boldsymbol{B}u(\tau)\,\mathrm{d}\tau$$

其中，状态转移矩阵 $\boldsymbol{\Phi}(t)$ 为

$$\boldsymbol{\Phi}(t) = \exp(\boldsymbol{A}t) = \mathcal{L}^{-1}\{(s\boldsymbol{I}-\boldsymbol{A})^{-1}\}$$

$$= \begin{bmatrix} \frac{1}{2}(\mathrm{e}^{\sqrt{3n^2\Delta_2}t} + \mathrm{e}^{-\sqrt{3n^2\Delta_2}t}) & \frac{1}{2\sqrt{3n^2\Delta_2}}(\mathrm{e}^{\sqrt{3n^2\Delta_2}t} - \mathrm{e}^{-\sqrt{3n^2\Delta_2}t}) & 0 \\ \frac{\sqrt{3n^2\Delta_2}}{2}(\mathrm{e}^{\sqrt{3n^2\Delta_2}t} - \mathrm{e}^{-\sqrt{3n^2\Delta_2}t}) & \frac{1}{2}(\mathrm{e}^{\sqrt{3n^2\Delta_2}t} + \mathrm{e}^{-\sqrt{3n^2\Delta_2}t}) & 0 \\ 0 & 0 & 1 \end{bmatrix}$$

可以看出，当 $\Delta_2>0$(即 $I_3>I_1$)时，$\boldsymbol{\Phi}(t)$ 的某些元素中将存在类似于 e^{at}，$a>0$ 的项，这样的系统将是不稳定的(见第6章)。接下来分析系统输出 $y(t)=\theta_2(t)$，我们有

$$y(t) = \boldsymbol{C}\boldsymbol{x}(t)$$

由于

$$\boldsymbol{x}(t) = \boldsymbol{\Phi}(t)\boldsymbol{x}(0) + \int_0^t \boldsymbol{\Phi}(t-\tau)\boldsymbol{B}u(\tau)\mathrm{d}\tau$$

因此，系统输出的表达式为

$$y(t) = \boldsymbol{C}\boldsymbol{\Phi}(t)\boldsymbol{x}(0) + \int_0^t \boldsymbol{C}\boldsymbol{\Phi}(t-\tau)\boldsymbol{B}u(\tau)\mathrm{d}\tau$$

下式给出了输出 $Y(s)$ 和输入 $U(s)$ 之间的传递函数

$$G(s) = \frac{Y(s)}{U(s)} = \boldsymbol{C}(s\boldsymbol{I}-\boldsymbol{A})^{-1}\boldsymbol{B} = -\frac{1}{I_2(s^2 - 3n^2\Delta_2)}$$

由此可以得到，系统的特征方程为

$$s^2 - 3n^2\Delta_2 = \left(s + \sqrt{3n^2\Delta_2}\right)\left(s - \sqrt{3n^2\Delta_2}\right) = 0$$

很明显，当 $\Delta_2 > 0(I_3 > I_1)$ 时，该方程有一正一负的两个实数根，即系统有两个实数极点，分别位于 s 平面虚轴的左右两侧。由此可以得出结论，当 $I_3 > I_1$ 时，空间站定向系统的地球指向姿态是不稳定的。因此，必须采取主动控制措施，才能使其稳定。

反之，当 $\Delta_2 < 0(I_3 < I_1)$ 时，特征方程有两个虚根：

$$s = \pm \mathrm{j}\sqrt{3n^2|\Delta_2|}$$

这两个根位于 s 平面的虚轴上，因此空间站定向系统的地球指向姿态是临界稳定的。如果没有控制力矩陀螺产生的力矩，那么空间站将围绕预期姿态（地球指向）进行小幅振荡。

例3.7　打印机皮带驱动器建模

常用的普通打印机都配有皮带驱动器，它可以驱动打印头沿着打印页面横向移动[11]。打印头可能是激光式、喷墨式或针式的。配备直流电机的皮带驱动打印机如图3.26所示。在该模型中，光传感器用来测定打印头的位置，皮带张力则调整皮带的实际弹性状态。本设计实例的目的是，选择合适的电机参数、滑轮参数和控制器参数，分析研究皮带弹性系数 k 对系统的影响。为了达成这个目的，首先建立皮带驱动系统的基本模型，确定若干系统参数；在此基础上，建立系统的信号流图模型并选定系统的状态变量；然后确定系统的传递函数，除弹性系数外，此时将选定传递函数中其他参数的取值；最后研究弹性系数 k 在实际范围内变化时对系统的影响。

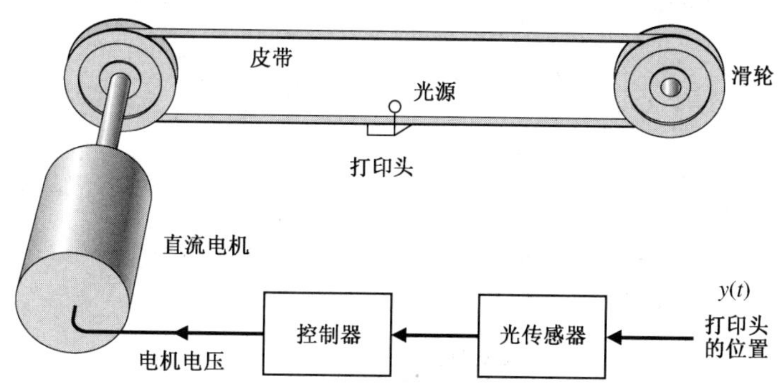

图3.26　打印机皮带驱动系统

打印机皮带驱动系统的控制模型如图3.27所示。其中，k 为皮带弹性系数，r 为滑轮半径，$\theta(t)$ 为电机轴柄转动角，$\theta_p(t)$ 为右滑轮的转动角，m 为打印头质量，$y(t)$ 为打印头的位移。光传感器用于测量位移 $y(t)$，其输出电压为 $v_1(t)$，且满足 $v_1(t) = k_1 y(t)$。控制器输出电压为 $v_2(t)$，它是 $v_1(t)$ 的函数，能够影响电机的励磁磁场。假设 $v_2(t)$ 与 $v_1(t)$ 之间存在线性关系：

$$v_2(t) = -\left[k_2\frac{\mathrm{d}v_1(t)}{\mathrm{d}t} + k_3 v_1(t)\right]$$

且参数选为 $k_2 = 0.1$，$k_3 = 0$（即系统只有速度反馈）。

电机和滑轮的转动惯量之和为 $J = J_{\text{motor}} + J_{\text{pulley}}$，由于打印机采用小功率直流电机，故电机功率取为常见的1/8马力①，由此可以得到 $J = 0.01\ \mathrm{kg \cdot m^2}$；再假设电机的磁场电感可以忽略不计，

①　1马力 = 735.499 W。——编者注

磁场电阻为 $R=2\ \Omega$，电机系数 $K_m=2\ \text{N·m/A}$，电机和滑轮的摩擦系数 $b=0.25\ \text{N·m·s/rad}$。滑轮半径 $r=0.15\ \text{m}$，$m=0.2\ \text{kg}$ 且 $k_1=1\ \text{V/m}$。

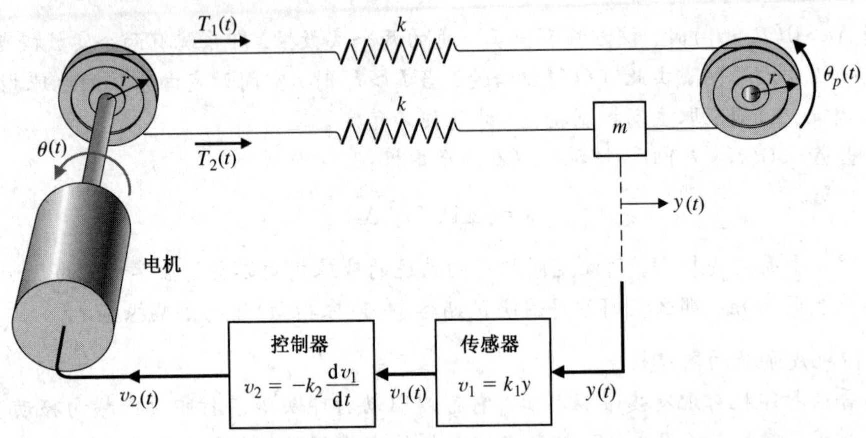

图 3.27 打印机皮带驱动系统模型

接下来，推导系统的运动方程。注意到 $y(t)=r\theta_p(t)$，于是皮带张力 $T_1(t)$ 和 $T_2(t)$ 分别为

$$T_1(t)=k(r\theta(t)-r\theta_p(t))=k(r\theta(t)-y(t))$$

$$T_2(t)=k(y(t)-r\theta(t))$$

作用在质量 m 上的净张力为

$$T_1(t)-T_2(t)=m\frac{\mathrm{d}^2y(t)}{\mathrm{d}t^2} \tag{3.102}$$

同时有

$$T_1(t)-T_2(t)=k(r\theta(t)-y(t))-k(y(t)-r\theta(t))=2k(r\theta(t)-y(t))=2kx_1(t) \tag{3.103}$$

其中，定义第一个状态变量为 $x_1(t)=r\theta(t)-y(t)$，定义第二个状态变量为 $x_2(t)=\mathrm{d}y(t)/\mathrm{d}t$，于是由式(3.102)和式(3.103)可得

$$\frac{\mathrm{d}x_2(t)}{\mathrm{d}t}=\frac{2k}{m}x_1(t) \tag{3.104}$$

再定义第三个状态变量为 $x_3(t)=\mathrm{d}\theta(t)/\mathrm{d}t$，则 $x_1(t)$ 的一阶导数为

$$\frac{\mathrm{d}x_1(t)}{\mathrm{d}t}=r\frac{\mathrm{d}\theta(t)}{\mathrm{d}t}-\frac{\mathrm{d}y(t)}{\mathrm{d}t}=rx_3(t)-x_2(t) \tag{3.105}$$

接下来，需要推导描述电机旋转运动的微分方程。当 $L=0$ 时，电机磁场电流 $i(t)=v_2(t)/R$，而电机扭矩为 $T_m(t)=K_m(t)i(t)$，于是有

$$T_m(t)=\frac{K_m}{R}v_2(t)$$

电机输出扭矩包括驱动皮带所需的有效扭矩和克服扰动或无效负载所需的扭矩，因此又有

$$T_m(t)=T(t)+T_d(t)$$

只有有效扭矩 $T(t)$ 能够驱动电机轴带动滑轮运动，因此应该有

$$T(t)=J\frac{\mathrm{d}^2\theta(t)}{\mathrm{d}t^2}+b\frac{\mathrm{d}\theta(t)}{\mathrm{d}t}+rT_1(t)-rT_2(t)$$

注意到，

$$\frac{\mathrm{d}x_3(t)}{\mathrm{d}t}=\frac{\mathrm{d}^2\theta(t)}{\mathrm{d}t^2}$$

故有

$$\frac{\mathrm{d}x_3(t)}{\mathrm{d}t}=\frac{T_m(t)-T_d(t)}{J}-\frac{b}{J}x_3(t)-\frac{2kr}{J}x_1(t)$$

其中，

$$T_m(t)=\frac{K_m}{R}v_2(t),\quad v_2(t)=-k_1k_2\frac{\mathrm{d}y(t)}{\mathrm{d}t}=-k_1k_2x_2(t)$$

最后得到

$$\frac{\mathrm{d}x_3(t)}{\mathrm{d}t}=\frac{-K_mk_1k_2}{JR}x_2(t)-\frac{b}{J}x_3(t)-\frac{2kr}{J}x_1(t)-\frac{T_d(t)}{J}\tag{3.106}$$

式(3.104)至式(3.106)共同构成了描述系统运动的一阶微分方程组，其矩阵形式为

$$\dot{\boldsymbol{x}}(t)=\begin{bmatrix}0 & -1 & r\\ \frac{2k}{m} & 0 & 0\\ \frac{-2kr}{J} & \frac{-K_mk_1k_2}{JR} & \frac{-b}{J}\end{bmatrix}\boldsymbol{x}(t)+\begin{bmatrix}0\\0\\ \frac{-1}{J}\end{bmatrix}T_d(t)\tag{3.107}$$

上述微分方程组对应的信号流图和框图如图 3.28 所示，其中还包含了表示扰动力矩 $T_d(t)$ 的对应节点。

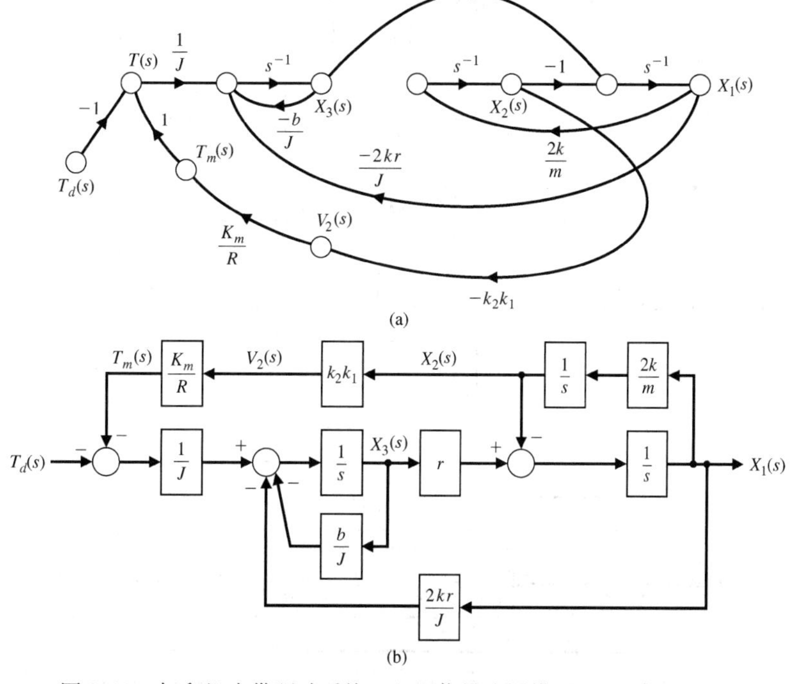

图 3.28　打印机皮带驱动系统。(a) 信号流图模型；(b) 框图模型

利用信号流图可以确定系统的传递函数 $X_1(s)/T_d(s)$，而利用传递函数，又可以分析如何才能减小或者抑制扰动 $T_d(t)$ 对系统的影响。利用梅森增益公式，可得

$$\frac{X_1(s)}{T_d(s)}=\frac{-\frac{r}{J}s^{-2}}{1-(L_1(s)+L_2(s)+L_3(s)+L_4(s))+L_1(s)L_2(s)}$$

其中,

$$L_1(s)=\frac{-b}{J}s^{-1},\quad L_2(s)=\frac{-2k}{m}s^{-2},\quad L_3(s)=\frac{-2kr^2}{J}s^{-2},\quad L_4(s)=\frac{-2kK_mk_1k_2r}{mJR}s^{-3}$$

由此可得

$$\frac{X_1(s)}{T_d(s)}=\frac{-\left(\dfrac{r}{J}\right)s}{s^3+\left(\dfrac{b}{J}\right)s^2+\left(\dfrac{2k}{m}+\dfrac{2kr^2}{J}\right)s+\left(\dfrac{2kb}{Jm}+\dfrac{2kK_mk_1k_2r}{JmR}\right)}$$

类似地,我们也可以利用框图化简方法来求解系统的闭环传递函数,如图 3.29 所示。需要再次强调的是,虽然框图化简的途径并不唯一,但必定会殊途同归,最后的结果都应该是一致的。此处的化简过程如下所示:初始框图如图 3.28(b)所示,经过第 1 步化简后,得到图 3.29(a)所示的框图,其中框图上方的反馈回路已经化简为一个单独的传递函数;第 2 步如图 3.29(b)所示,将框图下方的两个反馈回路化简为一个单独的传递函数;第 3 步如图 3.29(c)所示,首先将图 3.29(b)中的反馈回路化简为一个传递函数,然后将各个串联的传递函数化简为一个传递函数;第 4 步就得到了最终的传递函数,如图 3.29(d)所示。显然,这一结果与利用信号流图得到的传递函数是一致的。

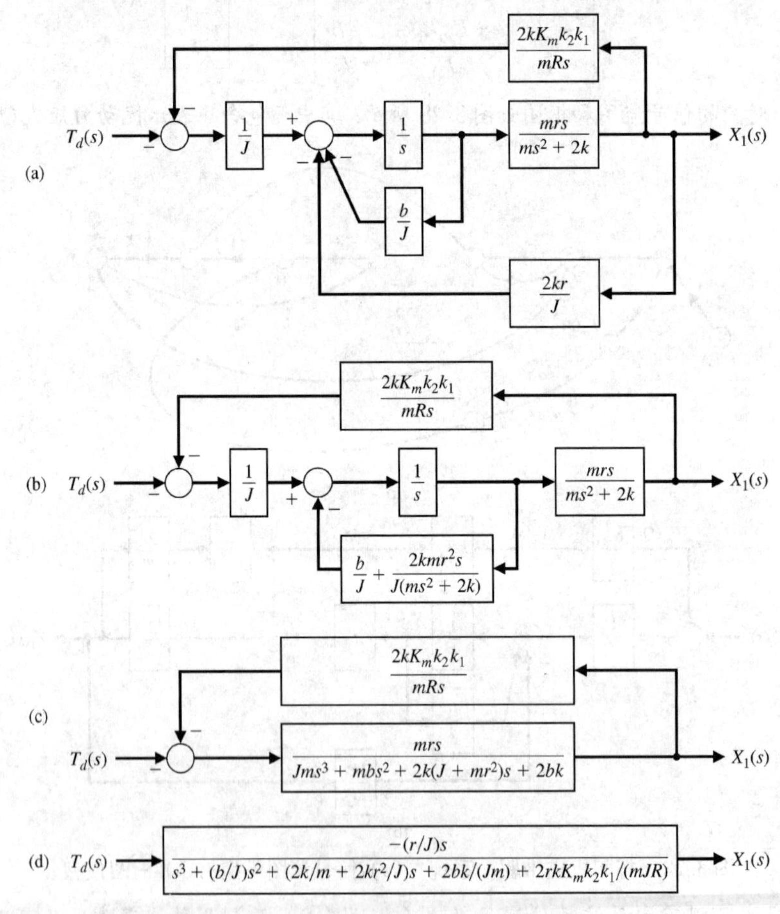

图 3.29 打印机皮带驱动系统的框图化简过程

将参数值代入传递函数,可得

$$\frac{X_1(s)}{T_d(s)}=\frac{-15s}{s^3+25s^2+14.5ks+265k}\tag{3.108}$$

我们的目的在于选择合适的弹性系数 k，使得状态变量 $x_1(t)$ 对扰动的响应能够迅速衰减。为了测试这一点，假定扰动力矩为阶跃信号，即 $T_d(s)=a/s$。由 $x_1(t)=r\theta(t)-y(t)$ 可知，减小 $x_1(t)$ 的幅值，就意味着使 $y(t)$ 近似等于预期的位移 $r\theta(t)$。若皮带无弹性，即 $k\to+\infty$，则有 $y(t)=r\theta(t)$。将阶跃扰动信号 $T_d(s)=a/s$ 代入式(3.108)中，则有

$$X_1(s)=\frac{-15a}{s^3+25s^2+14.5ks+265k} \tag{3.109}$$

由终值定理可知

$$\lim_{t\to\infty}x_1(t)=\lim_{s\to 0}sX_1(s)=0 \tag{3.110}$$

这意味着 $x_1(t)$ 的稳态值为零。参数 k 的实际取值在区间[1,40]之内。令 k 取区间的中值 $k=20$，并且取 $k_2=0.1$，此时有

$$X_1(s)=\frac{-15a}{s^3+25s^2+290s+5300}=\frac{-15a}{(s+22.56)(s^2+2.44s+234.93)} \tag{3.111}$$

式(3.111)的特征方程有1个实根和2个复根，其部分分式展开式为

$$\frac{X_1(s)}{a}=\frac{A}{s+22.56}+\frac{Bs+C}{(s+1.22)^2+(15.28)^2} \tag{3.112}$$

其中，$A=-0.0218$，$B=0.0218$，$C=-0.4381$。可以看出，留数(即系数)非常小，因此系统对单位阶跃扰动的响应也会很小。又由于留数 A 和 B 的幅值比 C 的幅值小得多，式(3.112)还可以近似为

$$\frac{X_1(s)}{a}\cong\frac{-0.4381}{(s+1.22)^2+(15.28)^2}$$

对上式进行拉普拉斯逆变换，可得 $x_1(t)$ 的时间响应为

$$\frac{x_1(t)}{a}\cong-0.0287\mathrm{e}^{-1.22t}\sin 15.28t \tag{3.113}$$

$x_1(t)$ 的响应曲线如图3.30所示。该系统能够将外来扰动的影响减小到相当微弱的程度。这表明，我们实现了预期的设计目标。

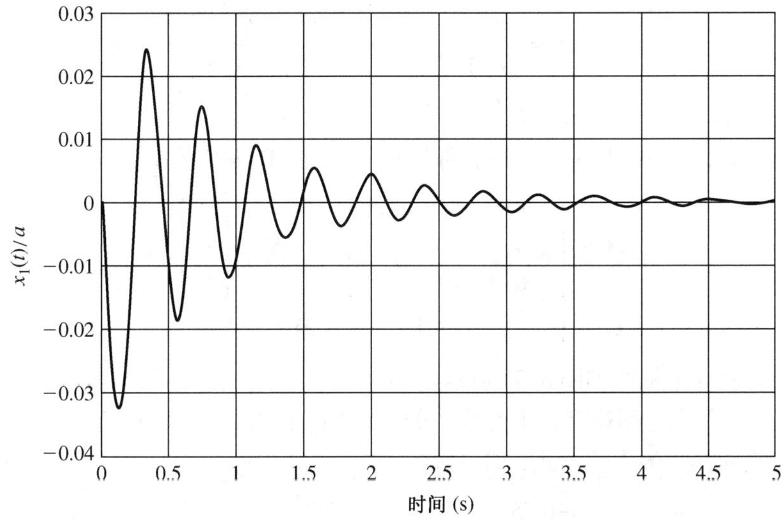

图3.30 $x_1(t)$ 对阶跃扰动的响应，峰值为 -0.0325

3.9 利用控制系统设计软件分析状态空间模型

时域方法采用状态空间模型来描述系统，即

$$\dot{\boldsymbol{x}}(t) = \boldsymbol{A}\boldsymbol{x}(t) + \boldsymbol{B}u(t), \qquad y(t) = \boldsymbol{C}\boldsymbol{x}(t) + \boldsymbol{D}u(t) \tag{3.114}$$

其中，$\boldsymbol{x}(t)$为状态向量，$\boldsymbol{A}$为$n\times n$常值系统矩阵，$\boldsymbol{B}$为$n\times m$常值输入矩阵，$\boldsymbol{C}$为$p\times n$常值输出矩阵，$\boldsymbol{D}$为$p\times m$常值矩阵。由于只考虑单输入-单输出(SISO)系统，即输入个数m和输出个数p均为1，因此在式(3.114)中$y(t)$和$u(t)$是标量，没有采用黑体标记。

式(3.114)所示的状态空间模型中，基本要素是状态向量$\boldsymbol{x}(t)$和各个常值矩阵($\boldsymbol{A},\boldsymbol{B},\boldsymbol{C}$和$\boldsymbol{D}$)。本节将主要介绍两个函数，分别为ss和lsim。同时，还将介绍函数expm，该函数可以用来求解状态转移矩阵。

给定传递函数后，可以求得等效的状态空间模型；反之亦然。函数tf能够将状态空间模型转换为传递函数模型；而函数ss则能够将传递函数转换为状态空间模型。函数的使用说明及其应用实例如图3.31所示，其中变量sys_ss指的是状态空间模型，而sys_tf指的是传递函数。

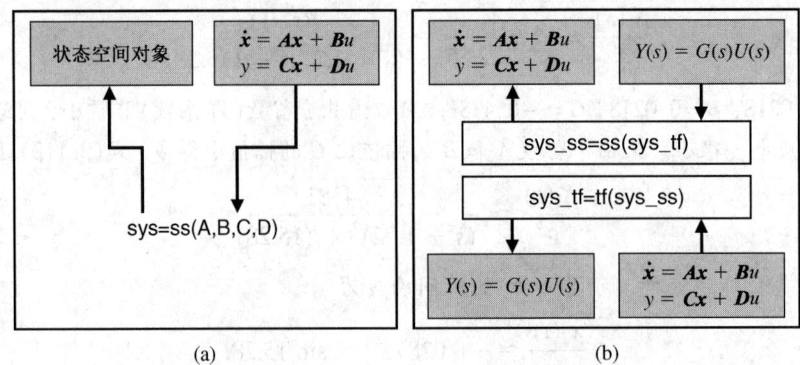

图3.31 (a)函数ss的使用说明；(b)传递函数和状态空间模型的相互转换

例如，考虑如下的三阶系统：

$$T(s) = \frac{Y(s)}{R(s)} = \frac{2s^2 + 8s + 6}{s^3 + 8s^2 + 16s + 6} \tag{3.115}$$

如图3.32所示，函数ss可以用来求状态空间模型。利用该函数，我们将式(3.115)所示的传递函数模型转换成了式(3.114)形式的状态空间模型，各矩阵的具体值为

$$\boldsymbol{A} = \begin{bmatrix} -8 & -4 & -1.5 \\ 4 & 0 & 0 \\ 0 & 1 & 0 \end{bmatrix}, \quad \boldsymbol{B} = \begin{bmatrix} 2 \\ 0 \\ 0 \end{bmatrix}$$

$$\boldsymbol{C} = [1 \quad 1 \quad 0.75], \qquad \boldsymbol{D} = [0]$$

这个状态空间模型对应的框图如图3.33所示。

需要指出的是，状态空间模型并不是唯一的。例如，针对式(3.115)所示的系统，还可以得到另外一种状态空间模型的表达形式，如下所示：

$$\boldsymbol{A} = \begin{bmatrix} -8 & -2 & -0.75 \\ 8 & 0 & 0 \\ 0 & 1 & 0 \end{bmatrix}, \quad \boldsymbol{B} = \begin{bmatrix} 0.125 \\ 0 \\ 0 \end{bmatrix}, \quad \boldsymbol{C} = [16 \quad 8 \quad 6], \quad \boldsymbol{D} = [0]$$

由于控制系统设计软件版本不同，针对式(3.115)所示的系统，利用函数 ss 求解状态空间模型时，得到的结果也可能有所不同。

convert.m

```
% Convert G(s) = (2s^2+8s+6)/(s^3+8s^2+16s+6)
% to a state-space representation
%
num=[2 8 6]; den=[1 8 16 6]; sys_tf=tf(num,den);
sys_ss=ss(sys_tf);
```

(a)

```
>>convert
a =
          x1        x2        x3
  x1      -8        -4      -1.5
  x2       4         0         0
  x3       0         1         0
b =
          u1
  x1       2
  x2       0
  x3       0
c =
          x1        x2        x3
  y1       1         1      0.75

d =
          u1
  y1       0
```

(b)

图 3.32　将传递函数式(3.115)转换为状态空间模型。(a) m 脚本程序；(b) 结果输出

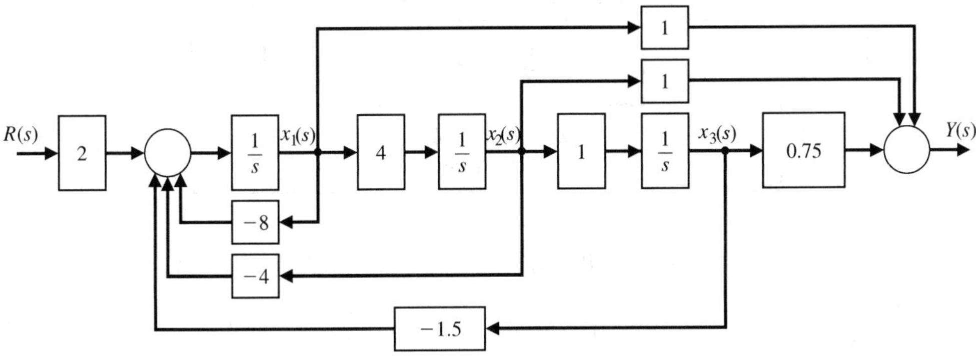

图 3.33　式(3.115)所示系统对应的框图，其中 $x_1(s)$ 定义为最左边的状态变量

式(3.114)中向量微分方程的解即为系统状态变量的时间响应：

$$\boldsymbol{x}(t) = \exp(\boldsymbol{A}t)\boldsymbol{x}(0) + \int_0^t \exp[\boldsymbol{A}(t-\tau)]\boldsymbol{B}u(\tau)\,\mathrm{d}\tau \tag{3.116}$$

其中的矩阵指数函数就是状态转移矩阵 $\boldsymbol{\Phi}(t)$，即有 $\boldsymbol{\Phi}(t)=\exp(\boldsymbol{A}t)$。我们可以使用函数 expm 来求解给定时刻的状态转移矩阵(见图 3.34)。需要注意下面的区别，函数 expm(A)用于计算矩阵指数函数，而函数 exp(A)则是针对矩阵 $\boldsymbol{A}$ 中每个元素 $a_{ij}\in\boldsymbol{A}$ 分别求解 $\mathrm{e}^{a_{ij}}$。

此处仍以图 3.3 所示的 RLC 电路为例，说明如何利用函数 expm(A)求解状态转移矩阵。该电路的状态空间模型由式(3.18)给出，各矩阵的具体值为

$$\boldsymbol{A}=\begin{bmatrix}0 & -2\\ 1 & -3\end{bmatrix},\qquad \boldsymbol{B}=\begin{bmatrix}2\\ 0\end{bmatrix},\qquad \boldsymbol{C}=[1\quad 0],\qquad \boldsymbol{D}=0$$

令初始条件为 $x_1(0)=x_2(0)=1$，输入信号为 $u(t)=0$。图 3.34 给出了在 $t=0.2$ 时，系统的状态转移矩阵的求解过程，具体结果为

$$\begin{bmatrix}x_1\\ x_2\end{bmatrix}_{t=0.2}=\begin{bmatrix}0.9671 & -0.2968\\ 0.1484 & 0.5219\end{bmatrix}\begin{bmatrix}x_1\\ x_2\end{bmatrix}_{t=0}=\begin{bmatrix}0.6703\\ 0.6703\end{bmatrix}$$

还可以直接用函数 lsim 来求解式(3.115)所示系统的输出时间响应。函数 lsim 的使用说明如图 3.35 所示，其输入参数包括系统的初始条件和输入信号等，其中初始条件可以是非零的，而且这一参数是可选的。利用函数 lsim 求得的 RLC 电路的时间响应如图 3.36 所示。

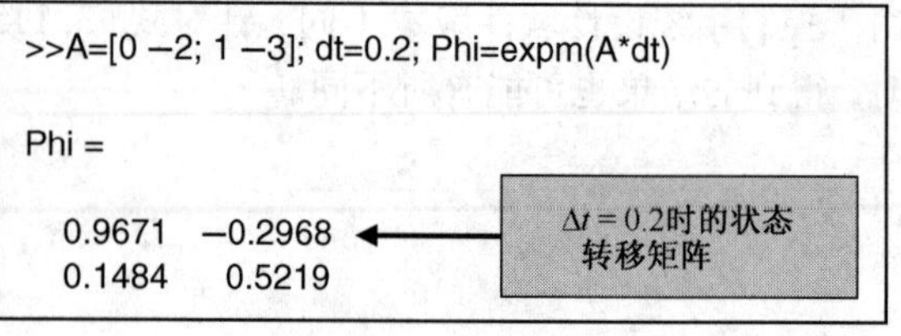

图 3.34 计算给定时刻的状态转移矩阵

当 $t=0.2$ 时，利用函数 lsim 求得的系统响应状态为 $x_1(0.2)=x_2(0.2)=0.6703$。与前面所得到结果相比较可以发现，两者是完全一致的。

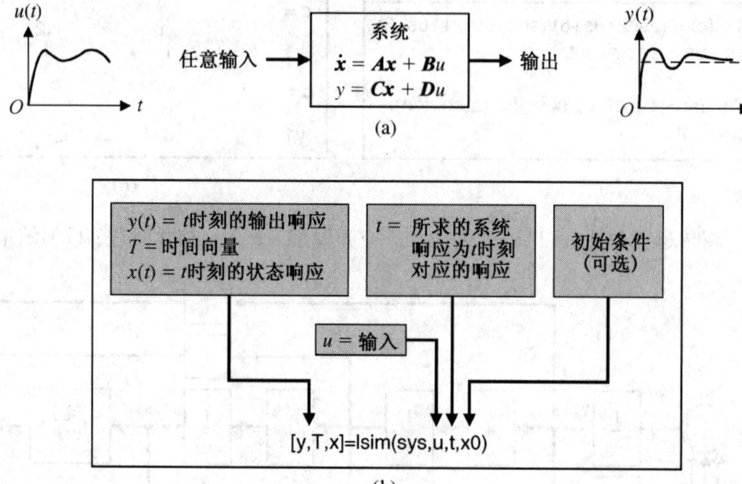

图 3.35 函数 lsim，用于计算系统输出和状态向量的时间响应

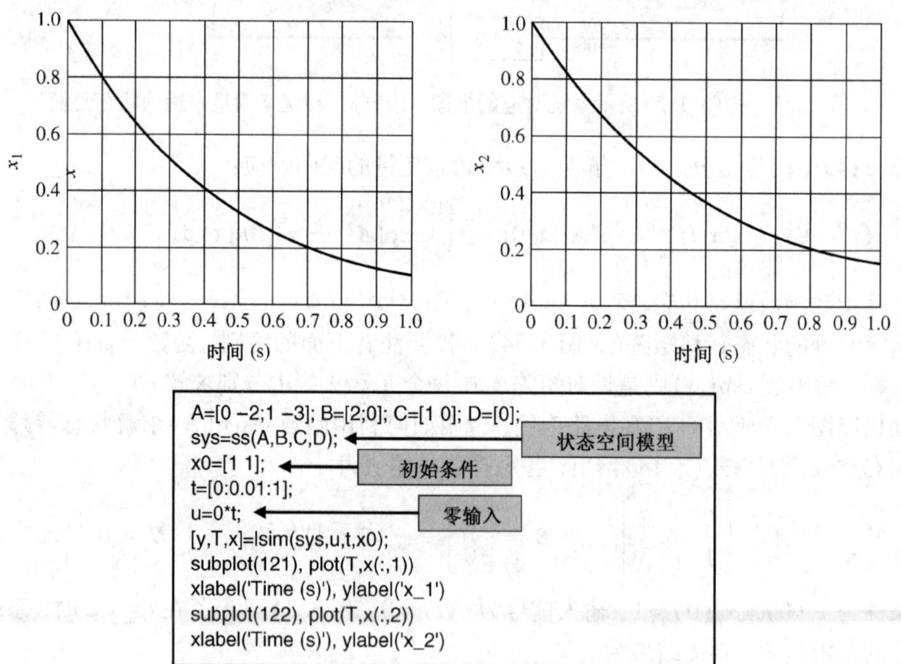

图 3.36 利用函数 lsim 分别求解零初始条件和非零初始条件下的时间响应

3.10　循序渐进设计实例——磁盘驱动器读取系统

现代磁盘能够在 1 cm 宽度内刻蚀出多达 8000 个磁道，每个磁道的典型标准宽度仅为 1 μm 量级。因此，磁盘驱动器读取系统对磁头的定位精度和磁头在磁道间的移动精度都有非常高的要求。本章将在考虑弹性支架影响的前提下，分析并建立磁盘驱动器系统的状态空间模型。

为了保证磁头的快速移动，磁头支撑臂和簧片都非常轻，而且簧片由很薄的弹簧钢制成，因此，在分析设计该系统时，必须将弹性支架的影响考虑在内。如图 3.37(a)所示，控制目标是精确控制磁头的位移 $y(t)$，这里将支架系统简化为一个双质量块（分别为磁头 M_2 和电机 M_1）-弹簧（簧片，弹性系数为 k）系统。作用在质量块 M_1 上的力由直流电机产生，即输入信号 $u(t)$。如果假定簧片是绝对刚性的（弹性系数为无穷大），则可以认为两个质量块之间通过刚体进行连接，这样就得到了图 3.37(b)所示的简化模型。该系统所用的参数如表 3.1 所示。

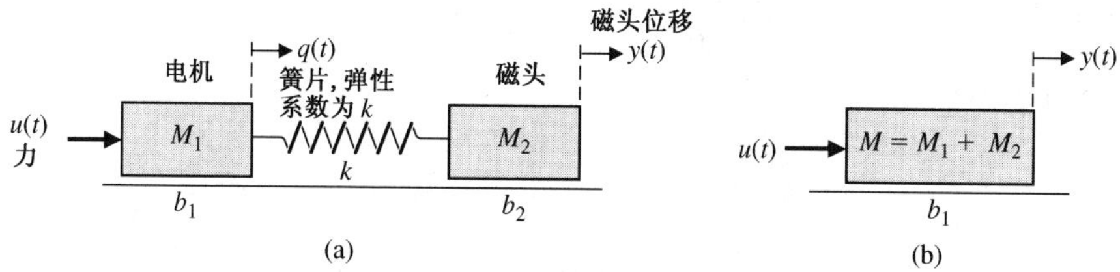

图 3.37　(a) 双质量块-弹簧系统；(b) 简化模型

表 3.1　双质量块-弹簧系统的典型参数

参　数	符　号	参 数 值
电机质量	M_1	20 g = 0.02 kg
簧片弹性系数	k	$10 \leqslant k \leqslant \infty$
磁头质量	M_2	0.5 g = 0.0005 kg
磁头位移	$x_2(t)$	mm 级
M_1 的摩擦系数	b_1	410×10^{-3} N/(m/s)
磁场电阻	R	1 Ω
磁场电感	L	1 mH
电机常数	K_m	0.1025 N·m/A
M_2 的摩擦系数	b_2	4.1×10^{-3} N/(m/s)

首先，我们推导图 3.37(b)所示简化系统的传递函数。由表 3.1 中的参数值可以得到，双质量块的总质量为 $M = M_1 + M_2 = 20.5$ g = 0.0205 kg，于是有

$$M\frac{\mathrm{d}^2y(t)}{\mathrm{d}t^2} + b_1\frac{\mathrm{d}y(t)}{\mathrm{d}t} = u(t) \tag{3.117}$$

对上式进行拉普拉斯变换，可得传递函数为

$$\frac{Y(s)}{U(s)} = \frac{1}{s(Ms + b_1)}$$

将表 3.1 中的参数值代入上式，可得

$$\frac{Y(s)}{U(s)}=\frac{1}{s(0.0205s+0.410)}=\frac{48.78}{s(s+20)}$$

将电机线圈的传递函数和支架系统传递函数串联之后，可以得到整个磁头读取装置的传递函数模型，如图3.38所示。电机线圈传递函数中的参数分别为$R=1\ \Omega$，$L=1\ \text{mH}$，$K_m=0.1025\ \text{N·m/A}$，由此可以得到整个磁头读取装置的传递函数为

$$G(s)=\frac{Y(s)}{V(s)}=\frac{5000}{s(s+20)(s+1000)} \tag{3.118}$$

这与第2章得到的传递函数模型是完全一致的。

接下来，当簧片不是绝对刚性时，推导图3.37(a)所示的双质量块系统的状态空间模型。该系统的微分方程模型为

质量块M_1: $$M_1\frac{\mathrm{d}^2q(t)}{\mathrm{d}t^2}+b_1\frac{\mathrm{d}q(t)}{\mathrm{d}t}+kq(t)-ky(t)=u(t)$$

质量块M_2: $$M_2\frac{\mathrm{d}^2y(t)}{\mathrm{d}t^2}+b_2\frac{\mathrm{d}y(t)}{\mathrm{d}t}+ky(t)-kq(t)=0$$

选定如下4个状态变量：

$$x_1(t)=q(t),\quad x_2(t)=y(t),\quad x_3(t)=\frac{\mathrm{d}q(t)}{\mathrm{d}t},\quad x_4(t)=\frac{\mathrm{d}y(t)}{\mathrm{d}t}$$

利用上面的微分方程，可得系统的状态空间模型，其矩阵形式为

$$\dot{\boldsymbol{x}}(t)=\boldsymbol{A}\boldsymbol{x}(t)+\boldsymbol{B}u(t)$$

其中，

$$\boldsymbol{x}(t)=\begin{bmatrix}q(t)\\y(t)\\\dot{q}(t)\\\dot{y}(t)\end{bmatrix},\quad \boldsymbol{B}=\begin{bmatrix}0\\0\\1/M_1\\0\end{bmatrix},\quad \boldsymbol{A}=\begin{bmatrix}0&0&1&0\\0&0&0&1\\-k/M_1&k/M_1&-b_1/M_1&0\\k/M_2&-k/M_2&0&-b_2/M_2\end{bmatrix} \tag{3.119}$$

设簧片的弹性系数$k=10$，将表3.1中的其他参数值代入状态空间模型，可得

$$\boldsymbol{B}=\begin{bmatrix}0\\0\\50\\0\end{bmatrix},\quad \boldsymbol{A}=\begin{bmatrix}0&0&1&0\\0&0&0&1\\-500&+500&-20.5&0\\+20\,000&-20\,000&0&-8.2\end{bmatrix}$$

注意，此处的输出为$x_4(t)=\dot{y}(t)$。如果电感可以忽略不计(即$L=0$)，则$u(t)=K_mv(t)$，于是对于阶跃输入信号$u(t)=1$，$t>0$而言，系统输出$\dot{y}(t)$的时间响应曲线如图3.39所示。很明显，该响应存在相当严重的振荡，因此需要采用$k>100$的弹性系数，也就是说，需要采用具有很强刚性的簧片，才能够降低振荡。

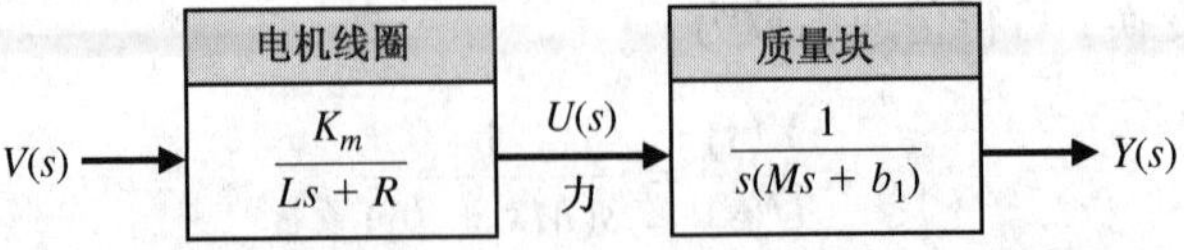

图3.38 磁头读取装置的传递函数模型(假定簧片无弹性)

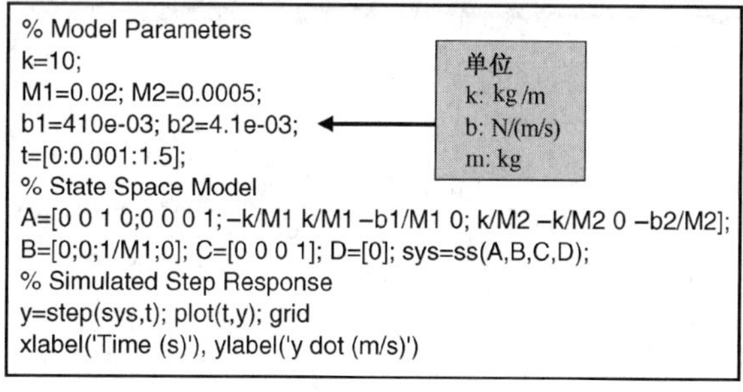

```
% Model Parameters
k=10;
M1=0.02; M2=0.0005;
b1=410e-03; b2=4.1e-03;
t=[0:0.001:1.5];
% State Space Model
A=[0 0 1 0;0 0 0 1;-k/M1 k/M1 -b1/M1 0; k/M2 -k/M2 0 -b2/M2];
B=[0;0;1/M1;0]; C=[0 0 0 1]; D=[0]; sys=ss(A,B,C,D);
% Simulated Step Response
y=step(sys,t); plot(t,y); grid
xlabel('Time (s)'), ylabel('y dot (m/s)')
```


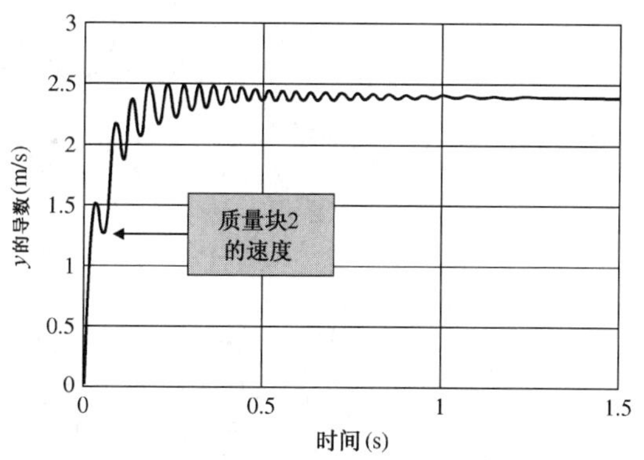

图 3.39　当 $k=10$ 时，双质量块系统的阶跃响应曲线

3.11　小结

本章研究了采用时域方法描述和分析系统。本章引入了系统状态的概念，给出了状态变量的定义，研究了状态变量的选定方法，并强调指出，系统状态变量的选择方案并不具有唯一性。本章还讨论了状态微分方程及状态向量 $\boldsymbol{x}(t)$ 的求解方法，介绍了如何根据系统传递函数或者微分方程来建立系统的不同形式的信号流图和框图模型。利用梅森增益公式，可以很方便地构建信号流图模型。同时也研究了从信号流图模型和框图模型出发，推导状态微分方程的方法。本章还讨论了如何求解状态转移矩阵，以及求解系统状态向量的时间响应；特别介绍了利用梅森增益公式求取状态转移矩阵的方法。作为实际案例，讨论了最小化控制执行消耗情况下的空间站姿态控制问题，说明了状态空间模型建模和分析的全过程，讨论了状态变量和控制系统设计之间的关系。本章还讨论了如何利用控制系统设计软件，实现传递函数模型和状态空间模型之间的相互转换，以及如何计算系统的状态转移矩阵。最后，本章继续研究了磁盘驱动器读取系统，建立了读取系统的状态空间模型。

技能自测

本节提供三类题目来测试你对本章知识的掌握情况：正误判断题、多项选择题，以及术语和概念匹配题。为了直接地反馈学习效果，请及时对照每章最后给出的答案。

在下面的正误判断题和多项选择题中，圈出正确的答案。

1. 系统的状态变量是这样一组变量，在给定了输入激励信号和描述系统动态特性的方程之后，它们可以确定和描述系统未来的状态。　对　或　错
2. 刻画了系统的零输入响应的矩阵指数函数称为状态转移矩阵。　对　或　错

3. 状态微分方程给出了线性系统的输出与状态变量和输入之间的联系。　　对　或　错

4. 定常控制系统是有一个或多个参数随着时间变化的系统。　　对　或　错

5. 系统的状态变量表示总可以写成对角矩阵的形式。　　对　或　错

6. 系统的微分方程模型为

$$5\frac{d^3y(t)}{dt^3}+10\frac{d^2y(t)}{dt^2}+5\frac{dy(t)}{dt}+2y(t)=u(t)$$

它的一个状态空间模型是

a. $\dot{\boldsymbol{x}}(t)=\begin{bmatrix}-2 & -1 & -0.4\\ 1 & 0 & 0\\ 0 & 1 & 0\end{bmatrix}\boldsymbol{x}(t)+\begin{bmatrix}1\\0\\0\end{bmatrix}u(t)$
$y(t)=[0\quad 0\quad 0.2]\boldsymbol{x}(t)$

b. $\dot{\boldsymbol{x}}(t)=\begin{bmatrix}-5 & -1 & -0.7\\ 1 & 0 & 0\\ 0 & -1 & 0\end{bmatrix}\boldsymbol{x}(t)+\begin{bmatrix}-1\\0\\0\end{bmatrix}u(t)$
$y(t)=[0\quad 0\quad 0.2]\boldsymbol{x}(t)$

c. $\dot{\boldsymbol{x}}(t)=\begin{bmatrix}-2 & -1\\ 1 & 0\end{bmatrix}\boldsymbol{x}(t)+\begin{bmatrix}1\\0\end{bmatrix}u(t)$
$y(t)=[1\quad 0]\boldsymbol{x}(t)$

d. $\dot{\boldsymbol{x}}(t)=\begin{bmatrix}-2 & -1 & -0.4\\ 1 & 0 & 0\\ 0 & 1 & 0\end{bmatrix}\boldsymbol{x}(t)+\begin{bmatrix}1\\0\\0\end{bmatrix}u(t)$
$y(t)=[1\quad 0\quad 0.2]\boldsymbol{x}(t)$

第 7 题和第 8 题要考察的系统为

$$\dot{\boldsymbol{x}}(t)=\boldsymbol{A}\boldsymbol{x}(t)+\boldsymbol{B}u(t)$$

其中

$$\boldsymbol{A}=\begin{bmatrix}0 & 5\\ 0 & 0\end{bmatrix},\qquad \boldsymbol{B}=\begin{bmatrix}1\\0\end{bmatrix}$$

7. 对应的状态转移矩阵为

a. $\boldsymbol{\Phi}(t,0)=[5t]$

b. $\boldsymbol{\Phi}(t,0)=\begin{bmatrix}1 & 5t\\ 0 & 1\end{bmatrix}$

c. $\boldsymbol{\Phi}(t,0)=\begin{bmatrix}1 & 5t\\ 1 & 1\end{bmatrix}$

d. $\boldsymbol{\Phi}(t,0)=\begin{bmatrix}1 & 5t & t^2\\ 0 & 1 & t\\ 0 & 0 & 1\end{bmatrix}$

8. 若初始条件为 $x_1(0)=x_2(0)=1$，则系统的零输入响应 $x(t)$ 为

a. $x_1(t)=(1+t), x_2(t)=1,\quad t\geqslant 0$

b. $x_1(t)=(5+t), x_2(t)=t,\quad t\geqslant 0$

c. $x_1(t)=(5t+1), x_2(t)=1,\quad t\geqslant 0$

d. $x_1(t)=x_2(t)=1,\quad t\geqslant 0$

9. 单输入-单输出(SISO)系统的状态变量表示为

$$\dot{\boldsymbol{x}}(t)=\begin{bmatrix}0 & 1\\ -5 & -10\end{bmatrix}\boldsymbol{x}(t)+\begin{bmatrix}1\\0\end{bmatrix}u(t)$$
$$y(t)=[0\quad 10]\boldsymbol{x}(t)$$

则系统的传递函数 $T(s)=Y(s)/U(s)$ 为

a. $T(s)=\dfrac{-50}{s^3+5s^2+50s}$

b. $T(s)=\dfrac{-50}{s^2+10s+5}$

c. $T(s)=\dfrac{-5}{s+5}$

d. $T(s)=\dfrac{-50}{s^2+5s+5}$

10. 两个一阶系统串联后的系统微分方程模型为

$$\ddot{x}(t)+4\dot{x}(t)+3x(t)=u(t)$$

其中，$u(t)$为第一个系统的输入，$x(t)$为第二个系统的输出。系统对单位脉冲输入 $u(t)$的响应 $x(t)$为

a. $x(t)=e^{-t}-2e^{-2t}$

b. $x(t)=\dfrac{1}{2}e^{-2t}-\dfrac{1}{3}e^{-3t}$

c. $x(t)=\dfrac{1}{2}e^{-t}-\dfrac{1}{2}e^{-3t}$

d. $x(t)=e^{-t}-e^{-3t}$

11. 一阶系统的微分方程模型为

$$5\dot{x}(t)+x(t)=u(t)$$

则对应的传递函数和状态空间模型为

a. $G(s)=\dfrac{1}{1+5s}$ 且 $\dot{x}(t)=-0.2x(t)+0.5u(t)$，$y(t)=0.4x(t)$

b. $G(s)=\dfrac{10}{1+5s}$ 且 $\dot{x}(t)=-0.2x(t)+u(t)$，$y(t)=x(t)$

c. $G(s)=\dfrac{1}{s+5}$ 且 $\dot{x}(t)=-5x(t)+u(t)$，$y(t)=x(t)$

d. 以上都不是

第 12 题到第 14 题要考察的系统的框图如图 3.40 所示。

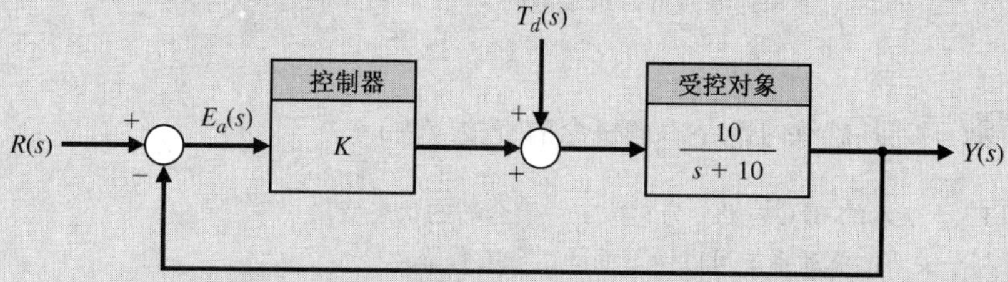

图 3.40　技能自测参考框图

12. 可以认为输入 $R(s)$ 和扰动 $T_d(s)$ 对输出 $Y(s)$ 的影响是彼此独立的。这是因为：

a. 这是一个线性系统，因而可以运用叠加性原理。

b. 输入 $R(s)$ 不会影响扰动信号 $T_d(s)$。

c. 扰动 $T_d(s)$ 发生在高频段，输入 $R(s)$ 出现在低频段。

d. 系统是因果系统。

13. 闭环系统的从输入 $R(s)$ 到输出 $Y(s)$ 的状态空间表示为

a. $\dot{x}(t)=-10x(t)+10Kr(t)$，$y(t)=x(t)$

b. $\dot{x}(t)=-(10+10K)x(t)+r(t)$，$y(t)=10x(t)$

c. $\dot{x}(t)=-(10+10K)x(t)+10Kr(t)$，$y(t)=x(t)$

d. 以上都不是

14. 由单位阶跃扰动 $T_d(s)=1/s$ 引起的偏差 $E(s)=Y(s)-R(s)$ 的稳态值为

a. $e_{ss}=\lim\limits_{t\to+\infty}e(t)=\infty$

b. $e_{ss}=\lim\limits_{t\to+\infty}e(t)=1$

c. $e_{ss}=\lim\limits_{t\to+\infty}e(t)=\dfrac{1}{K+1}$

d. $e_{ss}=\lim\limits_{t\to+\infty}e(t)=K+1$

15. 系统的传递函数为

$$\frac{Y(s)}{R(s)}=T(s)=\frac{5(s+10)}{s^3+10s^2+20s+50}$$

它的一个状态变量表示为

a. $\dot{\boldsymbol{x}}(t)=\begin{bmatrix}-10 & -20 & -50\\ 1 & 0 & 0\\ 0 & 1 & 0\end{bmatrix}\boldsymbol{x}(t)+\begin{bmatrix}1\\1\\0\end{bmatrix}u(t)$

$y(t)=[0\quad 5\quad 50]\boldsymbol{x}(t)$

b. $\dot{\boldsymbol{x}}(t)=\begin{bmatrix}-10 & -20 & -50\\ 1 & 0 & 0\\ 0 & 1 & 0\end{bmatrix}\boldsymbol{x}(t)+\begin{bmatrix}1\\0\\0\end{bmatrix}u(t)$

$y(t)=[0\quad 5\quad 50]\boldsymbol{x}(t)$

c. $\dot{\boldsymbol{x}}(t)=\begin{bmatrix}-10 & -20 & -50\\ 1 & 0 & 0\\ 0 & 1 & 0\end{bmatrix}\boldsymbol{x}(t)+\begin{bmatrix}1\\0\\0\end{bmatrix}u(t)$

$y(t)=[0\quad 5\quad 50]\boldsymbol{x}(t)$

d. $\dot{\boldsymbol{x}}(t)=\begin{bmatrix}-10 & -20\\ 0 & 1\end{bmatrix}\boldsymbol{x}(t)+\begin{bmatrix}1\\0\end{bmatrix}u(t)$

$y(t)=[0\quad 5]\boldsymbol{x}(t)$

在下面的术语和概念匹配题中,在空格中填写正确的字母,将术语和概念与它们的定义联系起来。

a. 状态变量	形如 $\dot{\boldsymbol{x}}(t)=\boldsymbol{A}\boldsymbol{x}(t)+\boldsymbol{B}u(t)$ 的基于状态向量的微分方程。	______
b. 系统状态	描述系统零输入响应的矩阵指数函数。	______
c. 时变系统	与频域相对应的一种数学域,采用时间 t 和时间响应描述系统。	______
d. 转移矩阵	由所有 n 个状态变量构成的向量$[x_1(t), x_2(t), \cdots, x_n(t)]$。	______
e. 状态变量	用于描述系统的一组变量的当前取值,只要再确定了系统的输入激励信号和系统的动态方程,就能够完全确定系统的未来状态。	______
f. 状态微分方程	一个或者多个系统参数随时间而变化的系统。	______
g. 时域	用于描述系统的一组变量。	______

基础练习题(下列基础练习题是本章概念的直接应用)

E3.1 针对图 E3.1 所示的 RLC 电路,为它选定一组合适的状态变量。

E3.2 机械手某个关节的驱动系统可以由下面的微分方程描述[8]:

$$\frac{\mathrm{d}v(t)}{\mathrm{d}t}=-k_1v(t)-k_2y(t)+k_3i(t)$$

其中,$v(t)$是速度,$y(t)$为位移,$i(t)$为电机的控制电流。令 $k_1=k_2=1$,试根据上述微分方程,选定合适的状态变量,建立状态空间模型,并写为矩阵的形式。

E3.3 某系统的状态微分方程形如 $\dot{\boldsymbol{x}}(t)=\boldsymbol{A}\boldsymbol{x}(t)+\boldsymbol{B}u(t)$,其中

$$\boldsymbol{A}=\begin{bmatrix}0 & 1\\ -1 & -2\end{bmatrix}$$

试求系统特征方程的根。

答案: -1, -1

E3.4 系统的微分方程模型为

$$\frac{\mathrm{d}^3y(t)}{\mathrm{d}t^3}+4\frac{\mathrm{d}^2y(t)}{\mathrm{d}t^2}+6\frac{\mathrm{d}y(t)}{\mathrm{d}t}+8y(t)=20u(t)$$

试将其改写为矩阵形式的状态变量模型。

E3.5 某系统的框图模型如图 E3.5 所示,试参照给出的形式,即

$$\dot{\boldsymbol{x}}(t)=\boldsymbol{A}\boldsymbol{x}(t)+\boldsymbol{B}u(t)$$
$$y(t)=\boldsymbol{C}\boldsymbol{x}(t)+\boldsymbol{D}u(t)$$

写出该系统的状态方程。

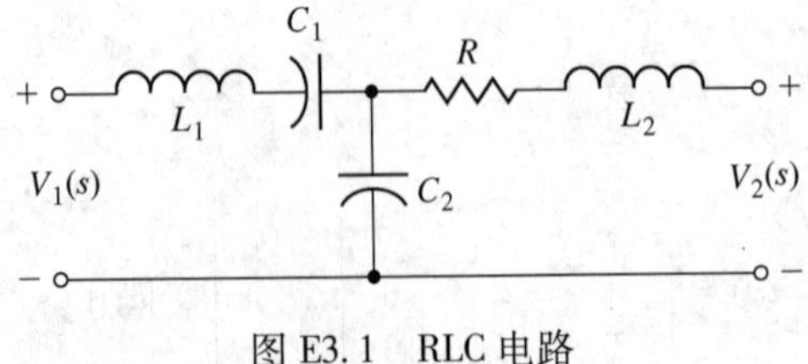

图 E3.1 RLC 电路

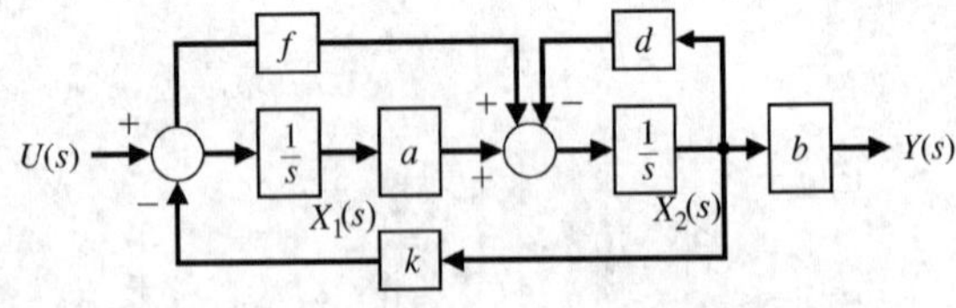

图 E3.5 某系统的框图模型

E3.6 某系统的模型为

$$\dot{\boldsymbol{x}}(t)=\begin{bmatrix}0 & 1\\ 0 & 0\end{bmatrix}\dot{\boldsymbol{x}}(t)$$

(a) 试求系统的状态转移矩阵 $\boldsymbol{\Phi}(t)$。

(b) 令初始条件为 $x_1(0)=x_2(0)=1$,求解 $\boldsymbol{x}(t)$。

答案: (b) $x_1(t)=1+t$, $x_2(t)=1$, $t\geqslant 0$

E3. 7　考虑如图 3.2 所示的质量块-弹簧系统，其中 $M=1$ kg，$k=100$ N/m 且 $b=20$ N·s/m。

(a) 试求其状态向量微分方程。

(b) 试求系统特征方程的根。

答案：(a) $\dot{\boldsymbol{x}}(t)=\begin{bmatrix}0 & 1\\ -100 & -20\end{bmatrix}\boldsymbol{x}(t)+\begin{bmatrix}0\\1\end{bmatrix}u(t)$　　(b) $s=-10,\ -10$

E3. 8　考虑如下系统：

$$\dot{\boldsymbol{x}}(t)=\begin{bmatrix}0 & 1 & 0\\ 0 & 0 & 1\\ 0 & -6 & -3\end{bmatrix}\boldsymbol{x}(t)$$

试求特征方程的根。

E3. 9　图 E3.9 给出了一个多回路系统的框图模型，其中的状态变量分别为 $x_1(t)$ 和 $x_2(t)$。

(a) 若输入为 $r(t)$，输出为 $y(t)$，试推导闭环系统的状态空间模型。

(b) 确定闭环系统的特征方程。

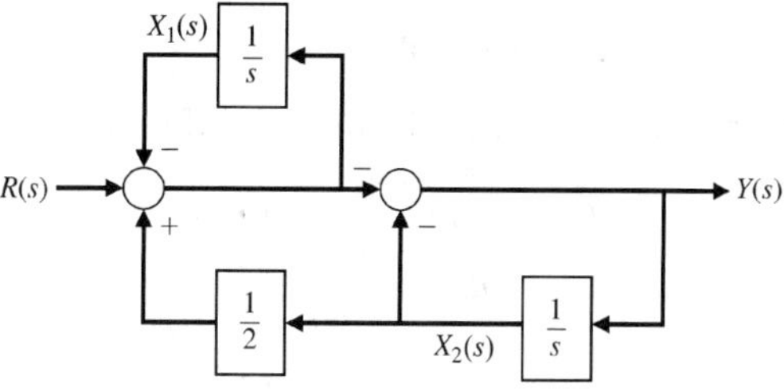

图 E3.9　多回路反馈控制系统的框图模型

E3. 10　某气垫船控制系统的状态空间模型包括两个状态变量[13]，为

$$\dot{\boldsymbol{x}}(t)=\begin{bmatrix}0 & 6\\ -1 & -5\end{bmatrix}\boldsymbol{x}(t)+\begin{bmatrix}0\\1\end{bmatrix}u(t)$$

(a) 试求其特征方程的根。

(b) 求解状态转移矩阵 $\boldsymbol{\Phi}(t)$。

答案：(a) $s=-3,\ -2$

(b) $\boldsymbol{\Phi}(t)=\begin{bmatrix}3\mathrm{e}^{-2t}-\mathrm{e}^{-3t} & -6\mathrm{e}^{-3t}+6\mathrm{e}^{-2t}\\ \mathrm{e}^{-3t}-\mathrm{e}^{-2t} & 3\mathrm{e}^{-3t}-2\mathrm{e}^{-2t}\end{bmatrix}$

E3. 11　某系统的传递函数为

$$T(s)=\frac{Y(s)}{R(s)}=\frac{4(s+3)}{(s+2)(s+6)}$$

试确定它的一个状态空间模型。

E3. 12　推导图 E3.12 所示电路的一个状态空间模型。当初始电流和电容的初始电压都为零时，试求系统的单位阶跃响应。

E3. 13　某系统由如下两个微分方程描述：

$$\frac{\mathrm{d}y(t)}{\mathrm{d}t}+y(t)-2u(t)+aw(t)=0$$

$$\frac{\mathrm{d}w(t)}{\mathrm{d}t}-by(t)+4u(t)=0$$

其中，$w(t)$ 和 $y(t)$ 都是时间的函数，$u(t)$ 为输入。

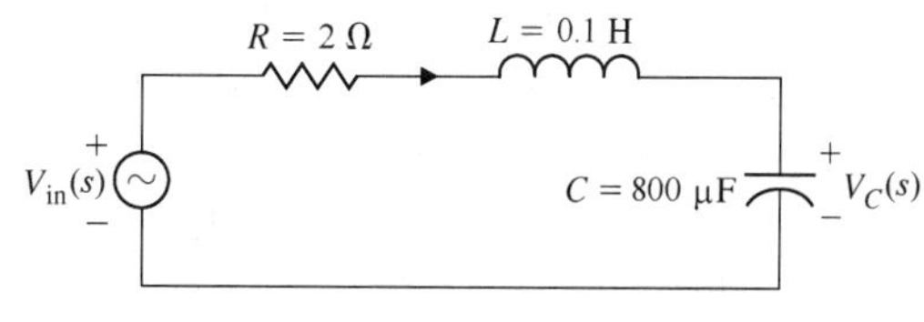

图 E3.12　RLC 串联电路

(a) 选择一组合适的状态变量。

(b) 写出系统矩阵微分方程，并求出矩阵中各元素的表达式。

(c) 以 a 和 b 为参数，求解系统特征方程的根。

答案：(c) $s=-1/2\pm\sqrt{1-4ab}/2$

E3. 14　起始质量为 M 的放射性物质以 $r(t)=Ku(t)$ 的速度添加放射性物质，其中 K 为常数。再假定其质量衰减与当前的质量成比例，试针对这一过程，选定合适的状态变量。

E3. 15　考虑图 E3.15 所示的双质量块系统，两个质量块的摩擦系数都为 b。试求该系统的微分方程模型，并写成矩阵形式。

E3.16 两辆推车以图 E3.16 的形式进行连接，且滚动摩擦可以忽略。系统的外部受力为 $u(t)$，输出为推车 m_2 的位移，即 $y(t)=q(t)$，试推导该系统的一种状态空间模型。

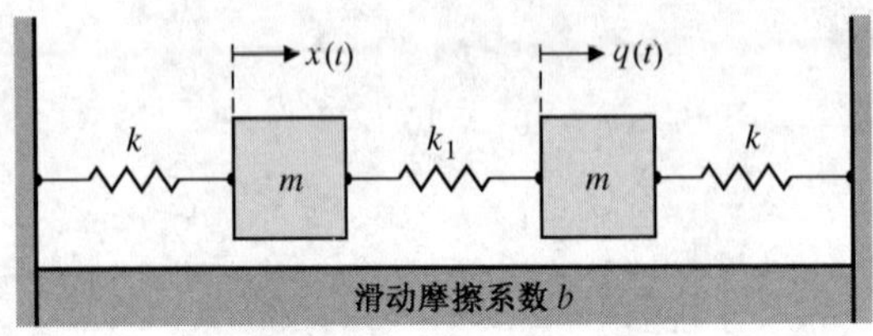

图 E3.15 双质量块系统

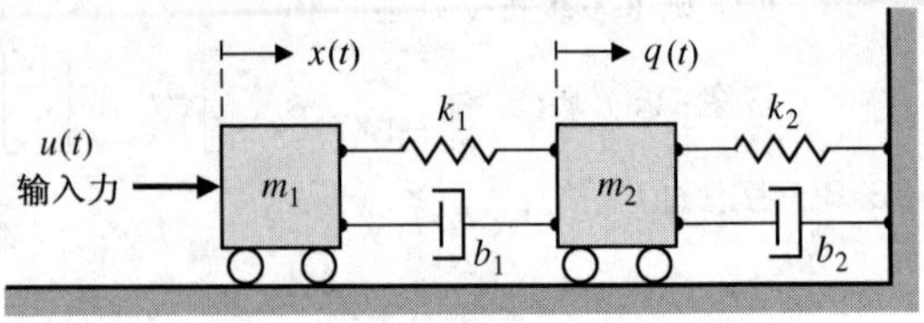

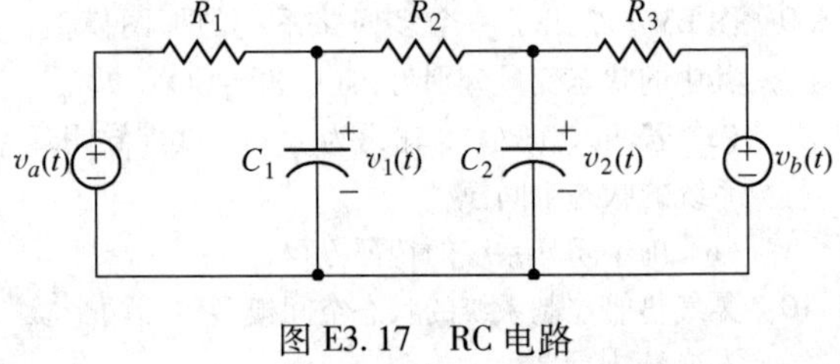

图 E3.16 双联推车系统(忽略滚动摩擦)

E3.17 考虑图 E3.17 所示的 RC 电路，试推导其矩阵形式的微分方程模型。

图 E3.17 RC 电路

E3.18 某系统可以用如下的微分方程组描述：

$$Ri_1(t)+L_1\frac{\mathrm{d}i_1(t)}{\mathrm{d}t}+v(t)=v_a(t)$$

$$L_2\frac{\mathrm{d}i_2(t)}{\mathrm{d}t}+v(t)=v_b(t)$$

$$i_1(t)+i_2(t)=C\frac{\mathrm{d}v(t)}{\mathrm{d}t}$$

其中，R, L_1, L_2 和 C 都是给定常数，$v_a(t)$ 和 $v_b(t)$ 为输入信号。选定 3 个状态变量，分别为 $x_1(t)=i_1(t)$，$x_2(t)=i_2(t)$ 和 $x_3(t)=v(t)$；系统输出为 $x_3(t)$。试推导建立系统的状态空间模型。

E3.19 某单输入-单输出系统的状态空间模型为

$$\dot{\boldsymbol{x}}(t)=\begin{bmatrix}0 & 1\\ -3 & -5\end{bmatrix}\boldsymbol{x}(t)+\begin{bmatrix}0\\ 1\end{bmatrix}u(t)$$

$$y(t)=[3\quad 0]\boldsymbol{x}(t)$$

试求解该系统的传递函数 $G(s)=Y(s)/U(s)$。

答案：$G(s)=\dfrac{3}{s^2+5s+3}$

E3.20 考虑图 E3.20 所示的简易单摆系统，其非线性运动方程为

$$\ddot{\theta}(t)+\frac{g}{L}\sin\theta(t)+\frac{k}{m}\dot{\theta}(t)=0$$

其中，g 为重力常数，L 为单摆长度，m 为单摆末端小球的质量(忽略摆杆质量)，k 为单摆支点的摩擦系数。

(a) 在平衡点 $\theta=0°$ 附近，对单摆的运动方程进行线性化。

(b) 取系统输出为摆角 $\theta(t)$，试推导建立单摆的状态空间模型。

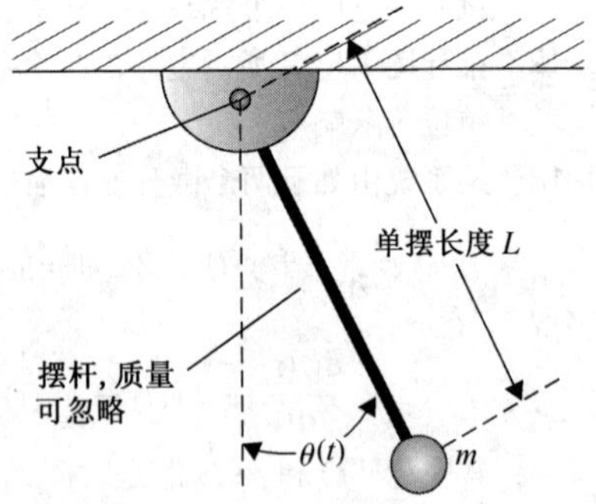

图 E3.20 简易单摆

E3.21 某单输入-单输出系统的状态空间模型为

$$\dot{\boldsymbol{x}}(t)=\begin{bmatrix}0 & 1\\ -1 & -2\end{bmatrix}\boldsymbol{x}(t)+\begin{bmatrix}1\\ 0\end{bmatrix}u(t)$$

$$y(t)=[0\quad 1]\boldsymbol{x}(t)$$

试推导系统的传递函数 $G(s)=Y(s)/U(s)$，并求解系统的单位阶跃响应。

E3.22 考察由下面的状态空间模型描述的系统：

$$\dot{\boldsymbol{x}}(t)=\boldsymbol{A}\boldsymbol{x}(t)+\boldsymbol{B}u(t)$$

$$y(t)=\boldsymbol{C}\boldsymbol{x}(t)+\boldsymbol{D}u(t)$$

其中

$$A = \begin{bmatrix} 3 & 2 \\ 3 & 4 \end{bmatrix},\ B = \begin{bmatrix} 1 \\ -1 \end{bmatrix},\ C = [1\quad 0],\ D = [0]$$

(a) 计算传递函数 $G(s) = Y(s)/U(s)$；

(b) 确定系统的零点和极点；

(c) 如果可能，确定能够实现(a)中得到的传递函数的等效一阶系统，并表示为如下形式：

$$\dot{x}(t) = ax(t) + bu(t)$$
$$y(t) = cx(t) + \mathrm{d}u(t)$$

其中，a，b，c 和 d 都是标量。

E3.23　考察由三阶微分方程描述的系统：

$$\dddot{x}(t) + 3\ddot{x}(t) + 3\dot{x}(t) + x(t) = \dddot{u}(t) + 2\ddot{u}(t) + 4\dot{u}(t) + u(t)$$

将 $u(t)$ 取为输入，$x(t)$ 取为输出，试给出系统的一种状态空间模型和一种框图模型。

一般习题

P3.1　考虑图 P3.1 所示的 RLC 电路，

(a) 为电路选定一组合适的状态变量。

(b) 根据所选变量，建立一组微分方程，用来描述该电路。

(c) 建立系统的状态微分方程。

P3.2　某**平衡**电桥网络如图 P3.2 所示，

(a) 验证该电路的状态微分方程中的矩阵 $\boldsymbol{A}$ 和 $\boldsymbol{B}$ 分别为

$$A = \begin{bmatrix} -2/((R_1 + R_2)C) & 0 \\ 0 & -2R_1R_2/((R_1 + R_2)L) \end{bmatrix}$$

$$B = 1/(R_1 + R_2)\begin{bmatrix} 1/C & 1/C \\ R_2/L & -R_2/L \end{bmatrix}$$

(b) 选取状态变量为$(x_1(t), x_2(t)) = (v_c(t), i_L(t))$，绘制该电路的框图模型。

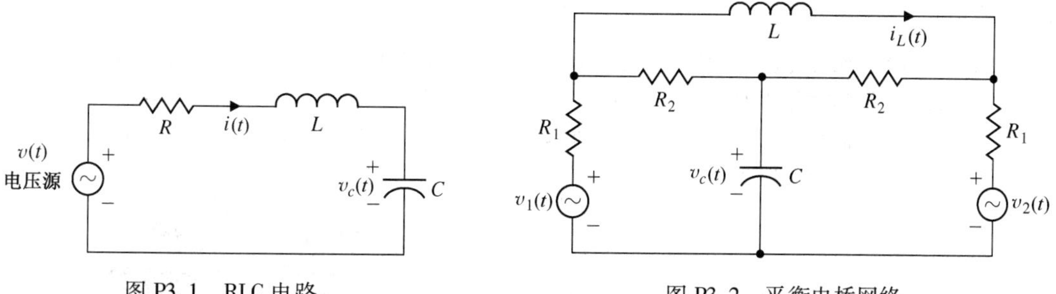

图 P3.1　RLC 电路　　　图 P3.2　平衡电桥网络

P3.3　某 RLC 电路如图 P3.3 所示，针对该电路定义了两个状态变量，分别为 $x_1(t) = i_L(t)$ 和 $x_2(t) = v_c(t)$。试推导系统的状态微分方程。

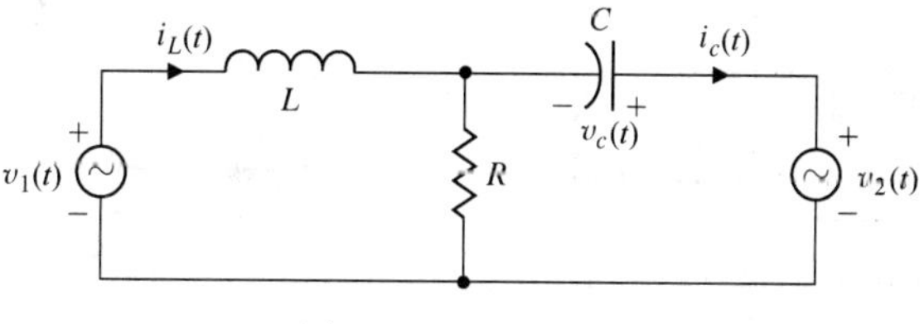

图 P3.3　RLC 电路

部分答案：$\boldsymbol{A}=\begin{bmatrix}0 & 1/L\\ -1/C & -1/(RC)\end{bmatrix}$

P3.4 某系统的传递函数为

$$T(s)=\frac{Y(s)}{R(s)}=\frac{s^2+2s+10}{s^3+4s^2+6s+10}$$

给出系统的一种状态微分方程模型，并绘制框图模型。

P3.5 某闭环控制系统如图 P3.5 所示，

(a) 试推导系统的传递函数 $T(s)=Y(s)/R(s)$。

(b) 给出系统的一种状态微分方程模型，并绘制框图模型。

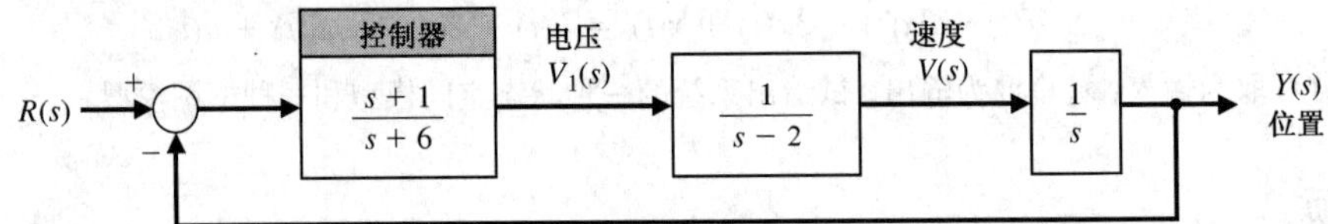

图 P3.5 闭环控制系统

P3.6 选定图 P3.6 所示电路的 3 个状态变量，分别为 $x_1(t)=v_1(t)$，$x_2(t)=v_2(t)$ 和 $x_3(t)=i(t)$。试推导该电路矩阵形式的状态变量微分方程。

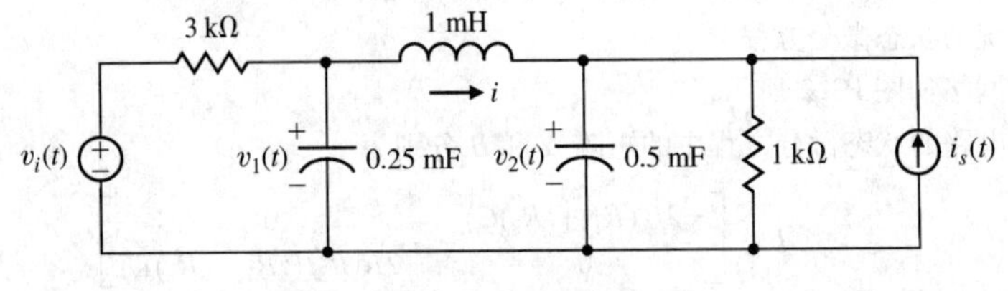

图 P3.6 RLC 电路

P3.7 某遥控潜艇的深度自动控制系统如图 P3.7 所示，系统利用压力传感器测量深度。当上浮或者下潜速度为 25 m/s 时，尾部发动机的增益为 $K=1$，潜艇的近似传递函数为

$$G(s)=\frac{(s+1)^2}{s^2+1}$$

反馈回路上的压力传感器的传递函数为 $H(s)=2s+1$。试给出系统的一种状态空间模型。

P3.8 登月舱的软着陆过程模型如图 P3.8 所示，定义了 3 个状态变量，分别为 $x_1(t)=y(t)$，$x_2(t)=\mathrm{d}y(t)/\mathrm{d}t$ 和 $x_3(t)=m(t)$，输入信号为 $u(t)=k\,\mathrm{d}m(t)/\mathrm{d}t$；$g$ 为月球上的引力常数。试推导该着陆过程的状态空间模型。这是一个线性模型吗?

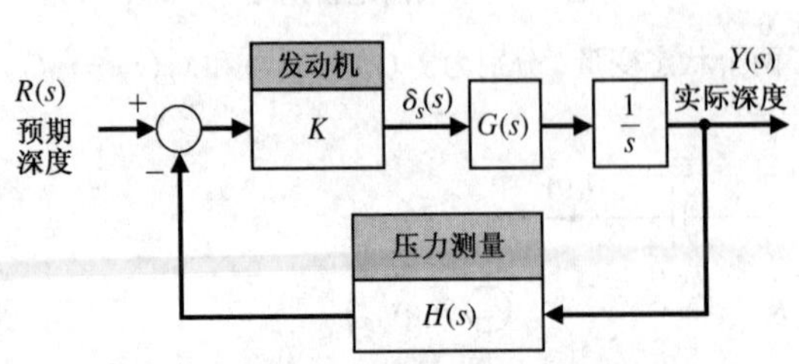

图 P3.7 遥控潜艇的深度自动控制系统

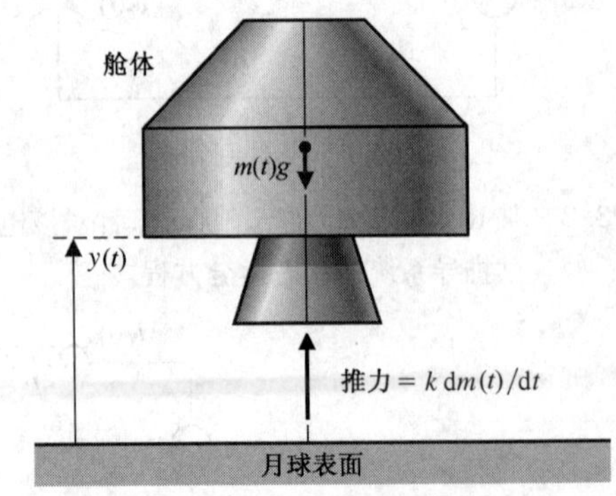

图 P3.8 登月舱着陆控制

P3.9　可以不采用机械元件而是全部采用流体元件来设计速度控制系统，这称为纯流体控制系统。所用的流体既可以是液体，也可以是气体。由于流体本身的特殊性质，这种纯流体控制系统对于大范围温度变化、电磁和核辐射、加速和振动等恶劣环境不敏感，因而具有较高的可靠性。某系统能够通过调节分流叉和阀门，将转速控制在预期值的 0.5% 的误差范围内，它通过一个流体喷射导流板放大器实现放大功能。该系统可以用于控制转速为 12 000 rpm 且功率为 500 kW 的汽轮机，其框图如图 P3.9 所示。图中各参数的无量纲取值分别为 $b=0.1$，$J=1$ 和 $K_1=0.5$。

(a) 试推导系统的闭环传递函数 $T(s)=\omega(s)/R(s)$。

(b) 推导建立系统的状态空间模型。

(c) 利用状态空间模型中的矩阵 $\boldsymbol{A}$，推导系统的特征方程。

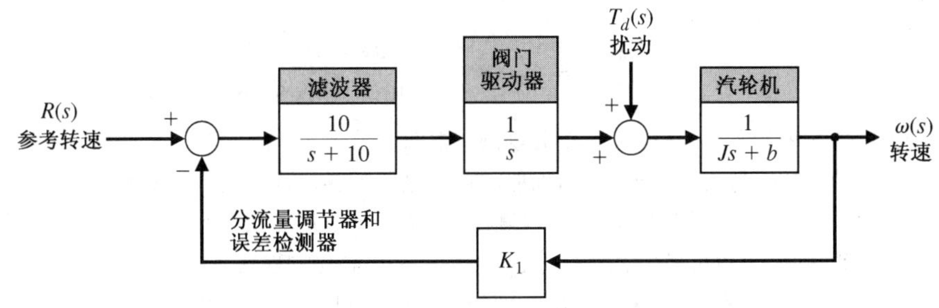

图 P3.9　汽轮机控制系统框图模型

P3.10　许多控制系统必须同时工作在两个维度上，例如，x 轴和 y 轴。某双轴控制系统如图 P3.10 所示，其中 $x_1(t)$ 和 $x_2(t)$ 为预先定义的状态变量。两个轴的增益分别为 K_1 和 K_2。

(a) 试推导系统的状态微分方程。

(b) 利用矩阵 $\boldsymbol{A}$，推导系统的特征方程。

(c) 当 $K_1=1$ 和 $K_2=2$ 时，求解系统的状态转移矩阵。

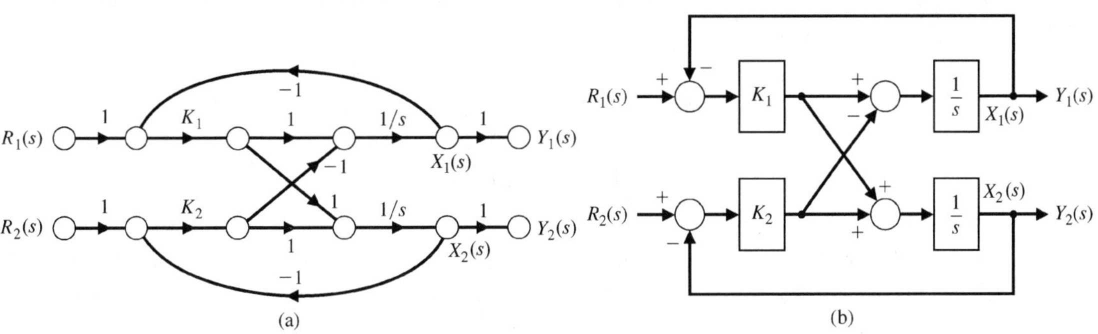

图 P3.10　双轴控制系统。(a) 信号流图模型；(b) 框图模型

P3.11　某系统可以描述为 $\dot{\boldsymbol{x}}(t)=\boldsymbol{A}\boldsymbol{x}(t)+\boldsymbol{B}u(t)$，其中

$$\boldsymbol{A}=\begin{bmatrix}1 & -2\\ 2 & -3\end{bmatrix},\quad \boldsymbol{B}=\begin{bmatrix}0\\ 0\end{bmatrix}$$

初始条件为 $x_1(0)=x_2(0)=10$。试求 $x_1(t)$ 和 $x_2(t)$。

P3.12　某系统的传递函数为

$$\frac{Y(s)}{R(s)}=T(s)=\frac{8(s+5)}{s^3+12s^2+44s+48}$$

(a) 试给出系统的一种状态空间模型表示。

(b) 试求解状态转移矩阵 $\boldsymbol{\Phi}(t)$。

P3.13　重新考虑图 P3.1 所示的 RLC 电路，并将电路参数设定为 $R=2.5$，$L=1/4$ 和 $C=1/6$。

(a) 求解矩阵 $\boldsymbol{A}$，利用矩阵 $\boldsymbol{A}$ 求解系统的特征方程，据此判断系统是否稳定。

(b) 求解该电路的状态转移矩阵。

(c) 当电感的初始电流为 0.1 A，且 $v_c(0)=0$ 和 $v(t)=0$ 时，确定系统的响应。

(d) 当初始条件为零，且 $v(t)=E$(E 为常数)，$t>0$ 时，重做(c)。

P3.14　某系统的传递函数为

$$\frac{Y(s)}{R(s)}=T(s)=\frac{s+50}{s^4+12s^3+10s^2+34s+50}$$

试推导给出系统的一种状态空间模型表示。

P3.15　某系统的传递函数为

$$\frac{Y(s)}{R(s)}=T(s)=\frac{14(s+4)}{s^3+10s^2+31s+16}$$

试推导系统的一种状态空间模型表示，并绘制其框图。

P3.16　受控潜艇的动态特性与飞机、导弹和水面船舶存在显著差异。这一差异主要源于竖直平面上由于浮力导致的动压差。因此，对于潜艇而言，深度控制非常重要。潜艇在水下的航行姿态如图 P3.16 所示，根据牛顿运动方程，可以推导出潜艇的动力学方程。出于简化方程的目的，假定角度 $\theta(t)$ 非常小，速度 $v(t)$ 保持 25 ft/s 不变。只考虑竖直方向上的控制特性，可以将潜艇的状态变量定义为 $x_1(t)=\theta(t)$，$x_2(t)=\mathrm{d}\theta(t)/\mathrm{d}t$ 和 $x_3(t)=\alpha(t)$，其中 $\alpha(t)$ 为攻角。因此，潜艇的状态向量微分方程为

$$\dot{\boldsymbol{x}}(t)=\begin{bmatrix}0 & 1 & 0\\ -0.01 & -0.11 & 0.12\\ 0 & 0.07 & -0.3\end{bmatrix}\boldsymbol{x}(t)+\begin{bmatrix}0\\ -0.1\\ +0.1\end{bmatrix}u(t)$$

其中，输入 $u(t)$ 为尾部控制面的倾斜度 $\delta_s(t)$，即 $u(t)=\delta_s(t)$。

(a) 判断系统是否稳定。

(b) 当初始条件为零，尾部控制面的倾斜度是幅值为 0.285°的阶跃信号时，求解系统的输出响应。

P3.17　某系统的状态空间模型为

$$\dot{\boldsymbol{x}}(t)=\begin{bmatrix}1 & 1 & -1\\ 4 & 3 & 0\\ -2 & 1 & 10\end{bmatrix}\boldsymbol{x}(t)+\begin{bmatrix}0\\ 0\\ 4\end{bmatrix}u(t)$$

$$y(t)=[1\quad 0\quad 0]\boldsymbol{x}(t)$$

试确定其传递函数 $G(s)=Y(s)/U(s)$。

P3.18　机器人控制系统如图 P3.18 所示，其中通过电机转动肘关节之后，可以通过小臂移动机器人的手腕[16]。弹簧的弹性系数为 k，阻尼系数为 b；为该系统定义了 3 个状态变量，分别为 $x_1(t)=\phi_1(t)-\phi_2(t)$，$x_2(t)=\omega_1(t)/\omega_0$ 和 $x_3(t)=\omega_2(t)/\omega_0$，其中

$$\omega_0^2=\frac{k(J_1+J_2)}{J_1J_2}$$

试推导系统矩阵形式的状态微分方程。

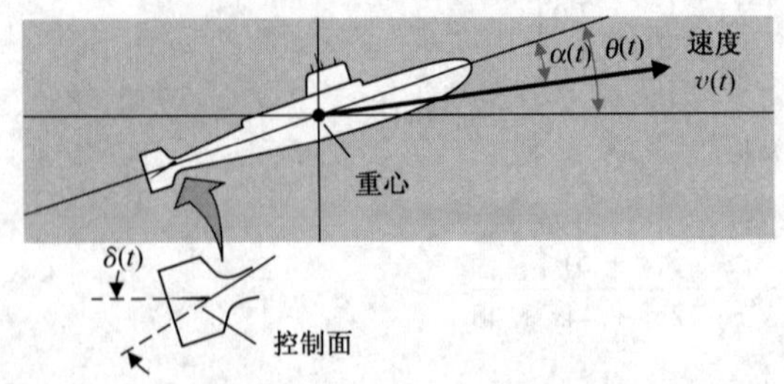

图 P3.16　潜艇的深度控制

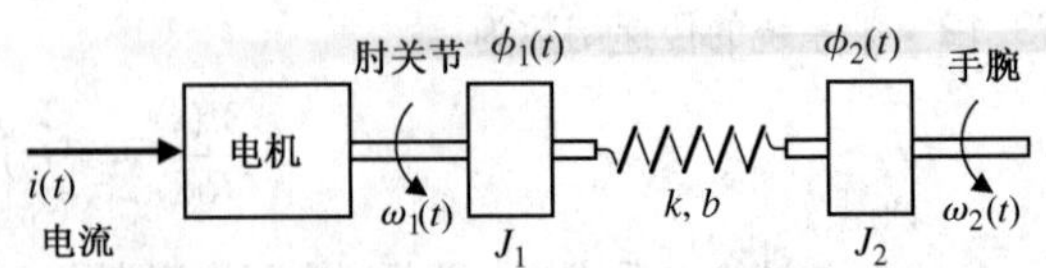

图 P3.18　工业机器人(GCA 公司友情提供)

P3.19　某系统的状态微分方程为

$$\dot{\boldsymbol{x}}(t)=\begin{bmatrix}0 & 1\\ -2 & -3\end{bmatrix}\boldsymbol{x}(t)$$

其中，$\boldsymbol{x}(t)=[x_1(t)\quad x_2(t)]^{\mathrm{T}}$。

(a) 计算系统的状态转移矩阵 $\boldsymbol{\Phi}(t,0)$。

(b) 初始条件为 $x_1(0)=1$ 和 $x_2(0)=-1$，试利用(a)得到的状态转移矩阵，求解状态向量 $\boldsymbol{x}(t)$，$t\geqslant0$。

P3.20　突然关闭处于平衡工作状态且具有高强度中子流的热核反应堆，在关闭的瞬间，反应堆中氙 135 的浓度(X)和碘 135 的浓度(I)分别为每单位体积内有 7×10^{16} 个和 3×10^{15} 个原子。氙 135 和碘 135 的半衰期分别为 9.2 h 和 6.7 h，其衰减方程[15,19]分别为

$$\dot{X}(t)=-\frac{0.693}{9.2}X(t)-I(t),\quad \dot{I}(t)=-\frac{0.693}{6.7}I(t)$$

为了确定从反应堆关闭时刻起，氙 135 和碘 135 的浓度变化情况，

(a) 求解状态转移矩阵和系统的时间响应。

(b) 验证图 P3.20 所给的结果。

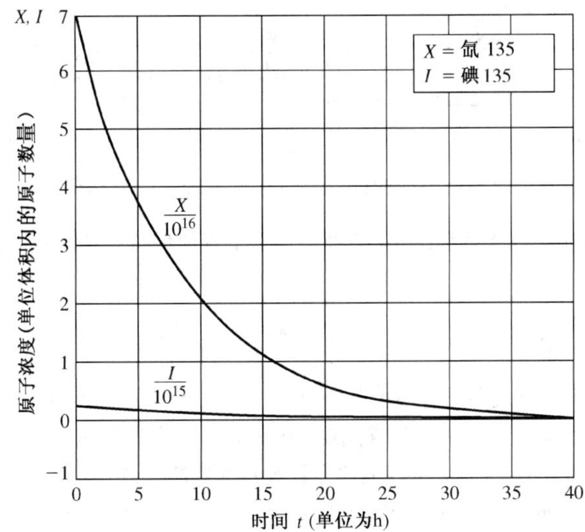

图 P3.20　原子反应堆中离子浓度变化情况

P3.21　考虑图 P3.21 给出的框图模型，

(a) 验证其传递函数为

$$G(s)=\frac{Y(s)}{U(s)}=\frac{h_1s+h_0+a_1h_1}{s^2+a_1s+a_0}$$

(b) 验证对应的状态变量模型为

$$\dot{\boldsymbol{x}}(t)=\begin{bmatrix}0 & 1\\ -a_0 & -a_1\end{bmatrix}\boldsymbol{x}(t)+\begin{bmatrix}h_1\\ h_0\end{bmatrix}u(t)$$

$$y(t)=[1\quad 0]\boldsymbol{x}(t)$$

P3.22　考虑图 P3.22 所示的 RLC 电路，该电路定义了 3 个状态变量，分别为 $x_1(t)=i(t)$，$x_2(t)=v_1(t)$ 和 $x_3(t)=v_2(t)$；输出为 $v_o(t)$。试推导给出系统的一种状态变量模型。

P3.23　考虑图 P3.23(a)所示的双容器液流系统，其中注水口的电机可以通过阀门来控制注水流量，并最终达到控制输出流速的目的。系统的框图模型如图 P3.23(b)所示，其输入-输出传递函数为

$$\frac{Q_o(s)}{I(s)}=G(s)=\frac{1}{s^3+10s^2+29s+20}$$

试推导给出系统的一种状态空间模型表示，并绘制其框图模型。

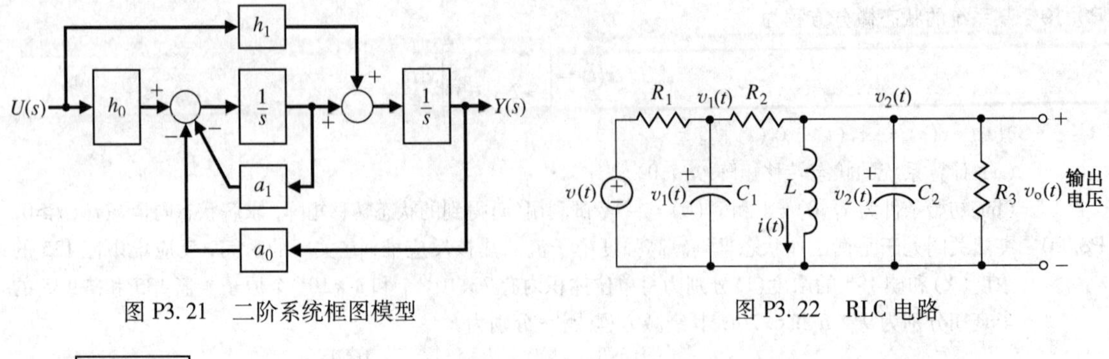

图 P3.21　二阶系统框图模型　　　　图 P3.22　RLC 电路

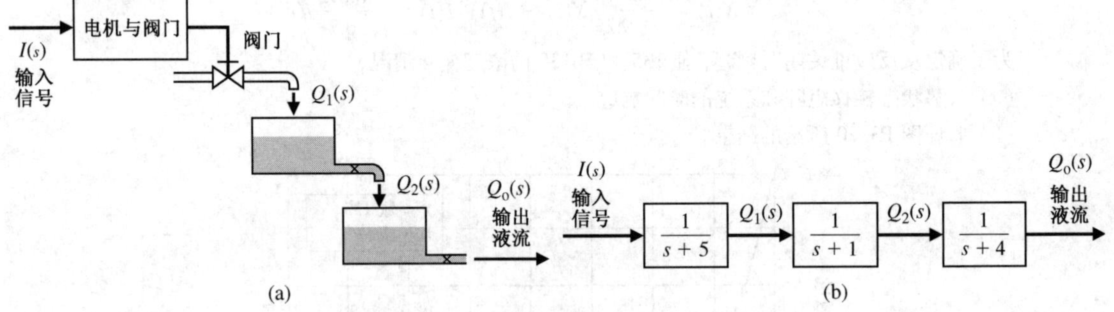

图 P3.23　利用电机控制输出流速的双容器液流系统。(a) 结构图；(b) 框图模型

P3.24　我们希望能够为太阳能取暖系统设计精巧的控制器，以便保持合适的室温。某太阳能取暖系统的状态微分方程为[10]：

$$\frac{\mathrm{d}x_1(t)}{\mathrm{d}t}=3x_1(t)+u_1(t)+u_2(t),\quad \frac{\mathrm{d}x_2(t)}{\mathrm{d}t}=2x_2(t)+u_2(t)+d(t)$$

其中，$x_1(t)$为相对于标准室温的温度偏差，$x_2(t)$为储热介质的温度(如水箱中的水温)，$u_1(t)$和$u_2(t)$分别为室内热流和太阳能热流的热传导速度，热传导介质均为受热的空气。此外，$d(t)$表示太阳能热流遇到的扰动(如云层遮挡)。试将上述方程改写为矩阵形式，并在初始条件为零，且$u_1(t)=0$，$u_2(t)=1$和$d(t)=1$时，计算系统的时间响应。

P3.25　某系统的状态微分方程为

$$\dot{\boldsymbol{x}}(t)=\begin{bmatrix}-1 & 0\\ 2 & -3\end{bmatrix}\boldsymbol{x}(t)+\begin{bmatrix}0\\1\end{bmatrix}r(t)$$

试求其状态转移矩阵 $\boldsymbol{\Phi}(t)$ 及其拉普拉斯变换 $\boldsymbol{\Phi}(s)$。

P3.26　某系统的框图模型如图 P3.26 所示，试建立系统的一种状态变量微分方程，并计算其状态转移矩阵 $\boldsymbol{\Phi}(s)$。

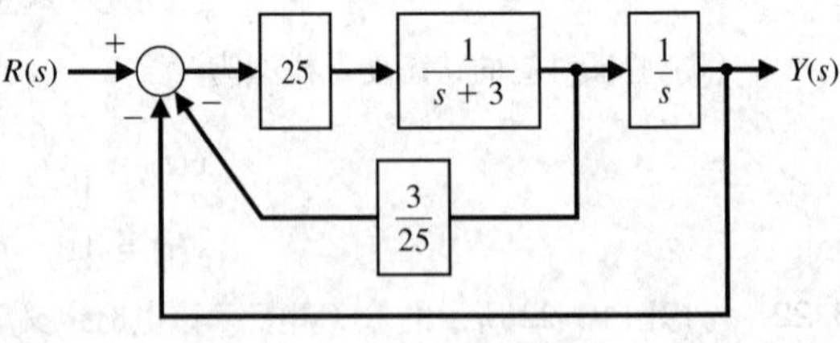

图 P3.26　反馈系统

P3.27　陀螺仪能够感应对象系统的角向运动，因此被广泛应用于飞行控制系统中。图 P3.27 给出了一个单自由度陀螺仪的示意图。陀螺仪的常平架能够绕输出轴 OB 运动，而角度输入则由输入轴 OA 进行测量。该陀螺仪在输出轴 OB 上的动力学特性为，角动量的变化率等于扭矩之和。试据此建立该陀螺仪的状态空间模型。

P3.28　某双质量块系统如图 P3.28 所示，其中滚动摩擦系数为 b。取 $y_2(t)$ 作为系统输出，试求系统的一种矩阵形式的状态微分方程。

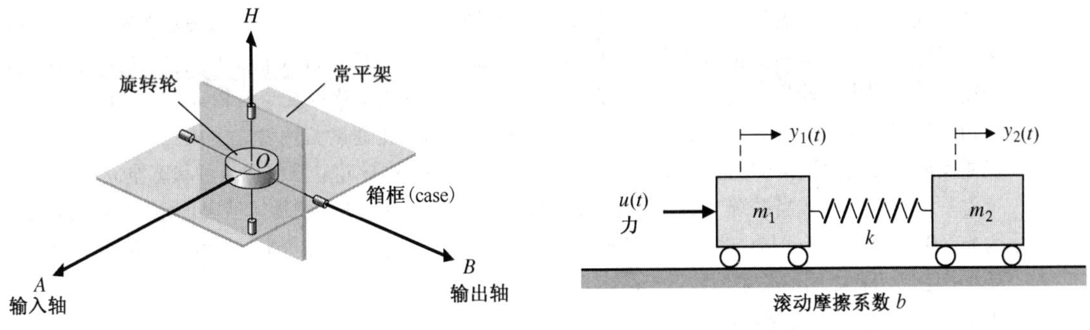

图 P3.27　单自由度陀螺仪

图 P3.28　双质量块系统

P3.29　为了完成空间站装配、卫星捕获等类似的空间操作，人类已经付出了巨大努力，并取得了一定的成果。例如，航天飞机货舱内装配的遥操作系统[4, 12, 21]就是这些努力的成果之一。在最近的几次航天飞机飞行任务中，遥操作系统就发挥了重要作用。目前，有关部门正在研制一种新的遥操作系统——机械臂可伸缩的操纵器。这种操纵器的质量只有目前同类操纵器的1/4；同时，机械臂未伸展时，这种操纵器的体积只有目前同类操纵器的1/8。这就极大地节省了航天飞机货运舱的有效载荷空间。

如图 P3.29(a)所示，这种遥操作系统能够在太空中搭建太空建筑。其柔性机械臂模型如图 P3.29(b)所示，其中 J 为驱动电机的转动惯量，L 为作用点到负载重心之间的长度。试推导系统的状态微分方程。

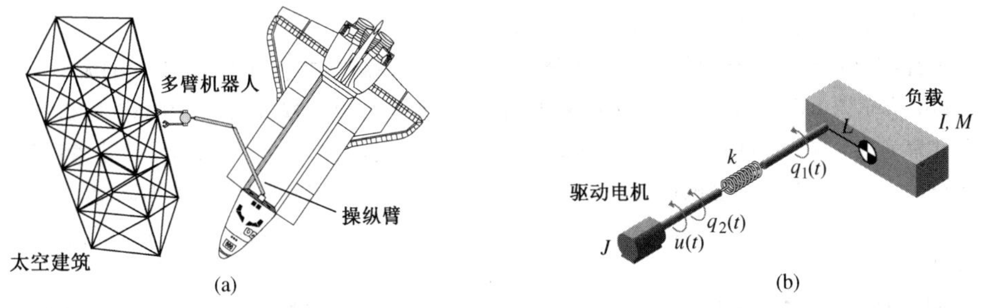

图 P3.29　遥操作系统

P3.30　考虑图 P3.30 所示的双输入-单输出 RLC 电路，选取电流 $i_2(t)$ 作为输出信号，试推导给出一种状态微分方程。

P3.31　增强器(Extender)特指能够放大人体手臂力量，用于移动较重负载的机器人手臂[19, 22]，如图 P3.31所示。增强器的传递函数为

$$\frac{Y(s)}{U(s)} = G(s) = \frac{30}{s^2 + 4s + 3}$$

其中，$U(s)$为人体手臂对增强器的作用力，$Y(s)$则为增强器对负载的作用力，试推导建立系统的一种状态空间模型，并求解其状态转移矩阵。

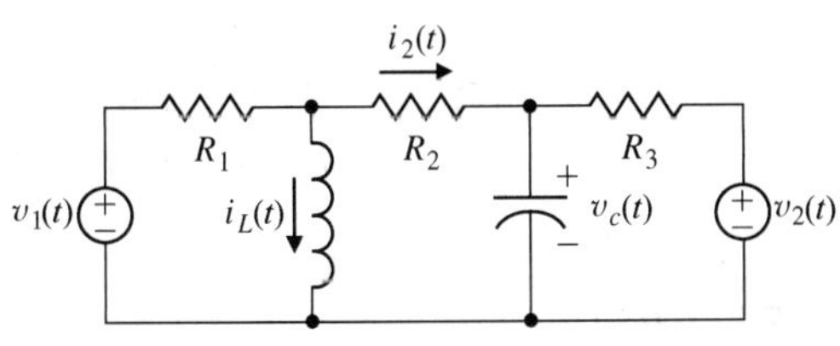

图 P3.30　具有两路输入的 RLC 电路

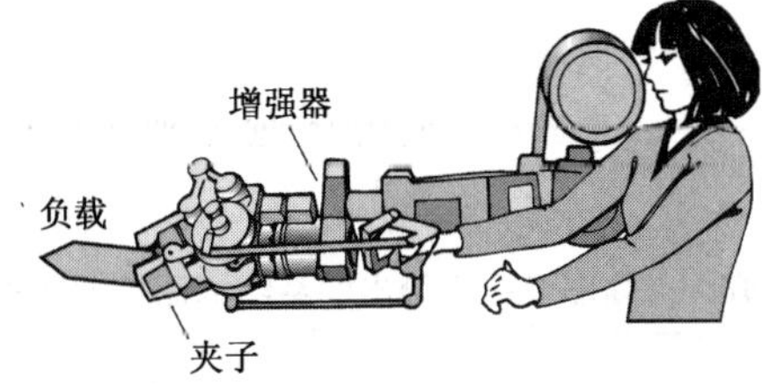

图 P3.31　放大手臂力量，用于移动较重负载的增强器

P3.32 某种口服药物的整体吸收速率为 $r(t)$，令 $m_1(t)$ 表示肠胃中的药物质量，$m_2(t)$ 表示血液中的药物质量。肠胃中药物质量的变化速度等于药物的整体吸收速度减去药物进入血液的速度，药物进入血液的速度与肠胃内的药物质量成正比。而在血液中，药物质量的变化速度与药物进入血液的速度以及药物的代谢反应速度有关，具体而言，血液中药物质量的变化速度与两者之差成正比。此外，药物代谢反应速度与血液中的药物质量成正比。根据上述关系，推导建立系统的一种状态空间模型。

考虑一种特殊情况。当系统中的各个比例系数都为 1 或者 -1(符号视具体情况而定)，且初始条件为 $m_1(0)=1$ 和 $m_2(0)=0$ 时，试求解 $m_1(t)$ 和 $m_2(t)$，绘制它们的时间响应曲线，并在相平面(m_1, m_2)中绘制两者之间的关系曲线。

P3.33 火箭的输入-输出动力学特性可以表示为

$$\frac{Y(s)}{U(s)} = G(s) = \frac{1}{s^2}$$

其中，$U(s)$ 为作用力矩，$Y(s)$ 为火箭姿态角。若对火箭施加状态反馈，有关变量分别取为 $x_1(t)=y(t)$，$x_2(t)=\dot{y}(t)$ 和 $u(t)=-x_2(t)-0.5x_1(t)$。试求解系统特征方程的根。当初始条件为 $x_1(0)=0$ 和 $x_2(0)=1$ 时，计算系统的时间响应。

P3.34 某系统的传递函数为

$$\frac{Y(s)}{R(s)} = T(s) = \frac{6}{s^3 + 6s^2 + 11s + 6}$$

(a) 推导建立系统的一种状态空间模型。

(b) 计算系统状态转移矩阵中的元素 $\phi_{11}(t)$。

P3.35 考虑图 P3.35 所示的液流系统，采用电枢[电流 $i_a(t)$]控制电机来调节注液阀门的大小。假定电机电感和电机摩擦可以忽略不计，电机常数为 $K_m=10$，反电动势常数为 $K_b=0.0706$，电机和阀门的转动惯量为 $J=0.006$，容器的底面积为 50 m^2，液体的注入质量满足 $q_1(t)=80\theta(t)$，出液质量满足 $q_0(t)=50h(t)$。再记 $\theta(t)$ 为电机轴的转动角度(单位为 rad)，$h(t)$ 为容器内的液面高度。在上述条件下，选定 $x_1(t)=h(t)$，$x_2(t)=\theta(t)$ 和 $x_3(t)=\mathrm{d}\theta(t)/\mathrm{d}t$ 为状态变量，试推导建立该系统的一种状态空间模型。

P3.36 考察图 P3.36 给出的双质量块系统，选取 $x(t)$ 为输出变量，试推导建立该系统的一种状态空间模型。

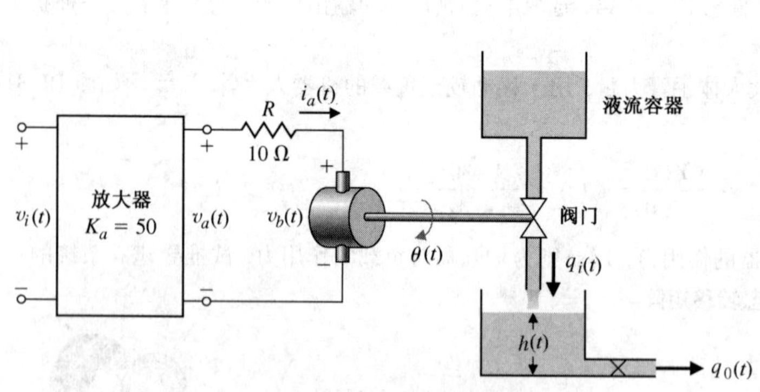

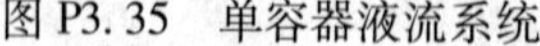
图 P3.35 单容器液流系统

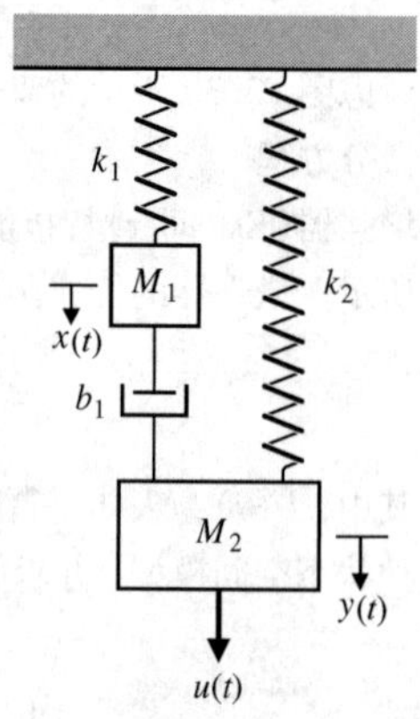

图 P3.36 配有两个弹簧和一个阻尼器的双质量块系统

P3.37 考察图 P3.37 给出的系统框图模型。根据框图模型建立如下形式的状态空间模型：

$$\dot{\boldsymbol{x}}(t) = \boldsymbol{A}\boldsymbol{x}(t) + \boldsymbol{B}u(t)$$
$$y(t) = \boldsymbol{C}\boldsymbol{x}(t) + \boldsymbol{D}u(t)$$

再根据状态空间模型建立系统的三阶微分方程模型。

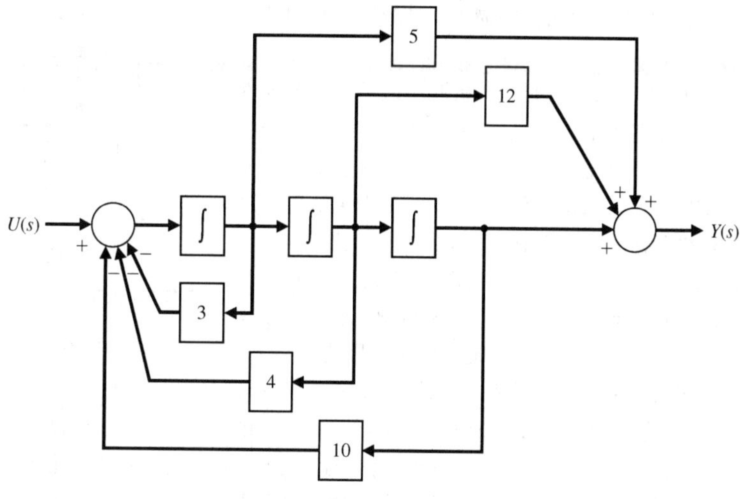

图 P3.37　三阶系统的框图模型

难题

AP3.1　考虑图 AP3.1 所示的磁悬浮试验系统，利用电磁力$f(t)$，考虑悬浮铁球。该系统的上方装有一个电磁铁，下方装有一个间隙测量传感器，用于测量铁球的悬浮间隙。由于没有引入反馈，图 AP3.1 所示的系统是一个不能稳定工作的实验系统[20]。

假定电磁铁的电感为 $L=0.508$ H，电阻 $R=23.2\ \Omega$，电流 $i_1(t)=I_0+i(t)$，其中 $I_0=1.06$ A 为标称工作点的电流，$i(t)$为偏差变量；铁球质量为 $m=1.75$ kg，铁球悬浮间隙 $x_g(t)=X_0+x(t)$，其中 $X_0=4.36$ mm 为标称悬浮间隙，$x(t)$为偏差变量。电磁力 $f(t)=k(i_1(t)/x_g(t))^2$，其中 $k=2.9\times10^{-4}\ \mathrm{N\cdot m^2/A^2}$。选定$x_1(t)=x(t)$，$x_2(t)=\mathrm{d}x(t)/\mathrm{d}t$ 和 $x_3(t)=i(t)$为状态变量，试对电磁力$f(t)$的表达式进行泰勒级数展开，在此基础上推导建立系统的矩阵形式的状态空间模型，并求解系统的传递函数 $X(s)/V(s)$。

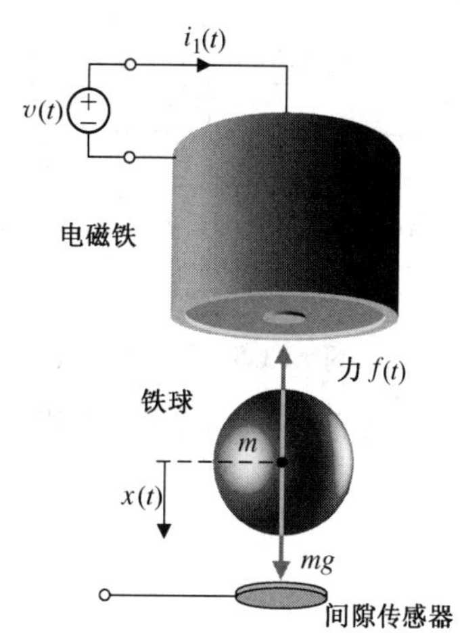

图 AP3.1　磁悬浮实验系统

AP3.2　如图 AP3.2 所示，质量块 m 放置在小车上，小车自身质量可忽略不计。试求该系统的传递函数$Y(s)/U(s)$，并利用所求传递函数，建立系统的一种状态空间模型。

AP3.3　自主车的准确移动有赖于精确控制自主车的位置[16]。自主车位置 $Y(s)$控制系统的框图模型如图 AP3.3 所示，试推导建立系统的一种状态空间模型。

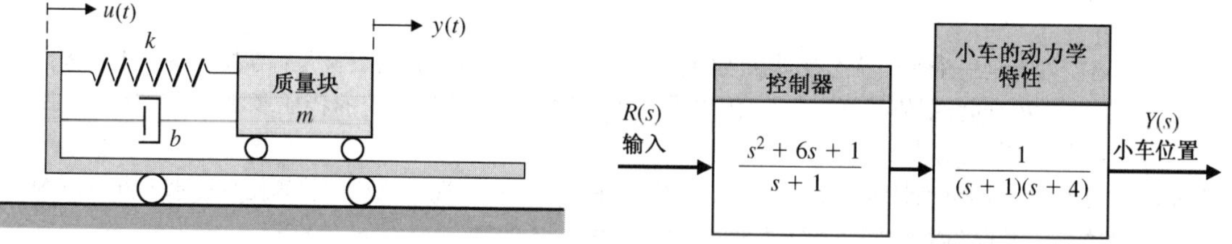

图 AP3.2　小车上的质量块　　图 AP3.3　自主车位置控制系统

AP3.4　前轮减震支架已经成为山地自行车的标准配置。以前配置的刚性支架直接连接了前胎和车架，减震支架代替了这种刚性支架，可以吸收撞击能量，避免车手和车架的颠簸。过去的刚性支架的弹性系数保持恒定，对于高频和低频撞击，只能做出相同的减震反应。

设计弹性系数可变的，也就是说，能够在运动中调节弹性特性的新型减震支架十分必要。新型减震支架由一个空气-螺旋弹簧和一个油性阻尼器构成，它可以根据车手质量和路面情况自动调节阻尼系数[17]。图 AP3.4 给出了这种减震支架的简化模型，其中 b 为可调参数。当 $k_1=2$ 且 $k_2=1$ 时，试分别针对(a) 高速行驶时遇到大的撞击和(b) 慢速行驶时遇到小的撞击这两种情况，确定参数 b 的合适取值，使车身和车手的颠簸程度降至最低。

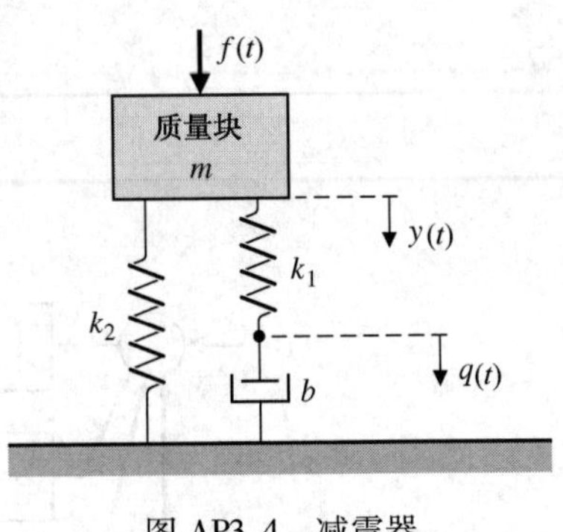

图 AP3.4　减震器

AP3.5　考虑图 AP3.5 所示的系统，其中质量块 M 通过一根细杆悬挂在另一质量块 m 上，质量块 m 放置在小车上，细杆的长度为 L。细杆自身的质量可忽略不计。在摆角 $\theta(t)$ 非常小的前提下，以摆角 $\theta(t)$ 为输出，试推导系统的一种线性化状态变量模型。

AP3.6　如图 AP3.6 所示，起重机滑车在吊臂上沿着 x 轴方向运动，质量为 m 的负载沿 z 轴上下运动。假设相对于滑车、钢缆和负载的质量而言，滑车电机和升降电机的功率足够大，因此可以直接将距离 $D(t)$ 和 $R(t)$ 作为系统的输入控制变量。试在 $\theta(t)<50°$ 时，推导出系统线性化状态微分方程。

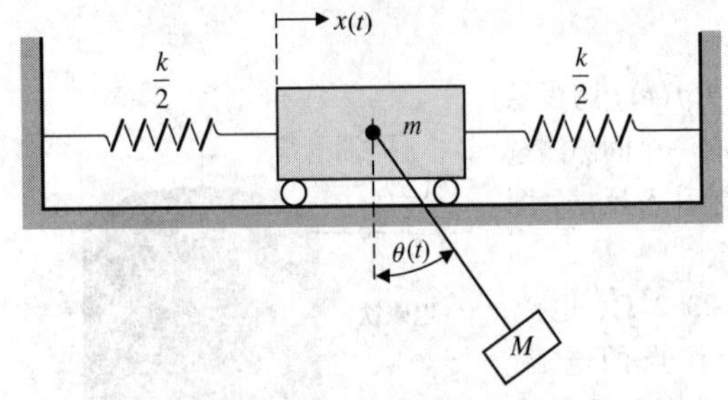

图 AP3.5　悬挂在小车上的质量块

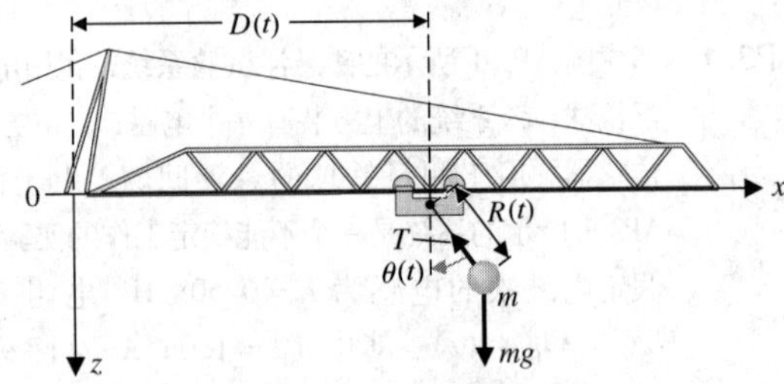

图 AP3.6　起重机系统

AP3.7　某单输入-单输出系统的状态空间模型为

$$\dot{\boldsymbol{x}}(t)=\boldsymbol{A}\boldsymbol{x}(t)+\boldsymbol{B}u(t)$$
$$y(t)=\boldsymbol{C}\boldsymbol{x}(t)$$

其中，

$$\boldsymbol{A}=\begin{bmatrix}-1 & 1\\ 0 & 0\end{bmatrix},\quad \boldsymbol{B}=\begin{bmatrix}0\\ 1\end{bmatrix},\quad \boldsymbol{C}=[2\quad 1]$$

输入为系统状态和参考输入信号的线性组合，即

$$u(t)=-\boldsymbol{K}\boldsymbol{x}(t)+r(t)$$

其中，$r(t)$ 为参考输入信号。矩阵 $\boldsymbol{K}=[K_1\quad K_2]$ 为增益矩阵。将 $u(t)$ 代入状态微分方程，可以得到

$$\dot{\boldsymbol{x}}(t)=[\boldsymbol{A}-\boldsymbol{B}\boldsymbol{K}]\boldsymbol{x}(t)+\boldsymbol{B}r(t)$$

$$y(t)=\boldsymbol{C}\boldsymbol{x}(t)$$

这实际上是一个闭环状态反馈系统的状态空间模型。设计的最终目标是：寻找合适的矩阵 $\boldsymbol{K}$，使矩阵 $\boldsymbol{A}-\boldsymbol{B}\boldsymbol{K}$ 的特征值都位于 s 平面的虚轴左侧。试计算该闭环系统的特征多项式，并确定合适的矩阵 $\boldsymbol{K}$，以实现设计目标。

AP3.8　放射性流体的自动封装分配系统如图 AP3.8(a)所示，由线性电机控制胶囊托盘在水平方向(x 轴)上的移动，其框图模型如图 AP3.8(b)所示，试确定

(a) 闭环系统以 $r(t)$ 为输入，$y(t)$ 为输出的一种状态空间模型；

(b) 系统特征方程的根。当特征根全部是重根，即 $s_1=s_2=s_3=-2$ 时，计算 k 的取值；

(c) 闭环系统阶跃响应的解析式。

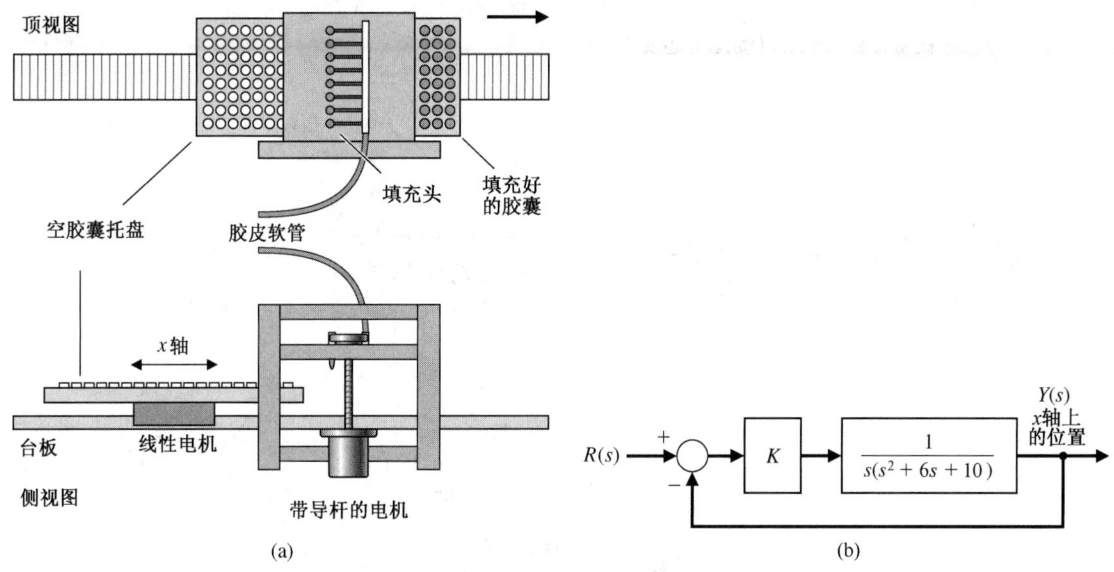

(a)　(b)

图 AP3.8　流体自动封装分配系统

设计题

CDP3.1 继续考虑图 CDP2.1 所示的滑台驱动系统，系统参数可以参见表 CDP2.1。滑台的摩擦和电机电感可以忽略不计。试在所给条件下，推导建立系统的一种状态空间模型。

DP3.1 常常采用图 3.3 所示的质量块-弹簧-阻尼器系统作为大功率高性能摩托车的减震器模型。其中，系统参数取为 $m=1\ \text{kg}$，$b=9\ \text{N·s/m}$ 和 $k=20\ \text{N/m}$，初始条件为 $y(0)=1$，$\left.\mathrm{d}y(t)/\mathrm{d}t\right|_{t=0}=2$。

(a) 试求系统矩阵 A、特征方程的根以及状态转移矩阵 $\boldsymbol{\Phi}(t)$。

(b) 在 $0\leqslant t\leqslant 2$ 的范围内，试绘制系统状态变量 $y(t)$ 和 $\mathrm{d}y(t)/\mathrm{d}t$ 的响应曲线。

(c) 在保持质量块 $m=1\ \text{kg}$ 的前提下，重新设计参数 b 和 k 的取值，降低加速度输出 $\mathrm{d}^2y(t)/\mathrm{d}t^2$ 的振荡对骑手的影响程度，即提高系统对高频震动的吸收能力。

DP3.2 某系统的相变量型状态变量微分方程模型为

$$\dot{\boldsymbol{x}}(t)=\begin{bmatrix}0 & 1\\ -a & -b\end{bmatrix}\boldsymbol{x}(t)+\begin{bmatrix}0\\ d\end{bmatrix}u(t)$$

$$y(t)=[1\quad 0]\boldsymbol{x}(t)$$

若希望该系统的对角型状态空间模型为

$$\dot{\boldsymbol{z}}(t)=\begin{bmatrix}-5 & 0\\ 0 & -2\end{bmatrix}\boldsymbol{z}(t)+\begin{bmatrix}1\\ 1\end{bmatrix}u(t)$$

$$y(t)=[-2\quad 2]\boldsymbol{z}(t)$$

试确定原来模型中参数 a，b 和 d 的取值，使这两个模型等效。

DP3.3 航空母舰上的飞机着陆拦阻(减速)系统如图 DP3.3 所示。能量吸收活塞产生的拉力的线性模型为 $f_D(t)=K_D\dot{x}_3(t)$，飞机的着陆速度为 60 m/s。试确定参数 K_D 的合适取值，使飞机被拦阻索捕获之后，能够在 30 m 内将速度减至零[13]，并绘制各状态变量的时间响应曲线。

DP3.4 Mile-High 蹦极公司希望设计一种新型蹦极索，使用这种蹦极索，体重在 50 ~ 100 kg 范围内的蹦极者既不会触及地面，又能够在空中持续上下波动 25 ~ 40 s。假定蹦极台的高度为 90 m，蹦极索系在蹦极台上高 10 m 的支架上。蹦极者的身高为 2 m，蹦极索固定在腰部(高 1 m 处)，试设计合适的弹性蹦极索特征参数，以满足上述要求。

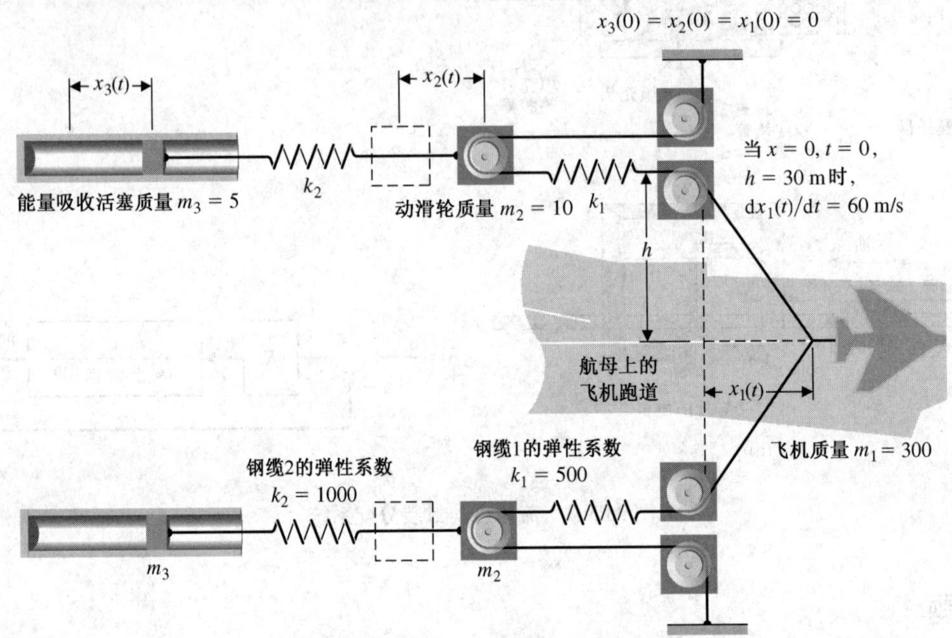

图 DP3.3 飞机着陆拦阻系统

DP3.5 某单输入-单输出系统的状态空间模型为

$$\dot{\boldsymbol{x}}(t) = \boldsymbol{A}\boldsymbol{x}(t) + \boldsymbol{B}u(t)$$
$$y(t) = \boldsymbol{C}\boldsymbol{x}(t)$$

其中，

$$\boldsymbol{A} = \begin{bmatrix} 0 & 1 \\ -2 & 3 \end{bmatrix}, \quad \boldsymbol{B} = \begin{bmatrix} 0 \\ 1 \end{bmatrix}, \quad \boldsymbol{C} = [1 \quad 0]$$

输入为系统状态和参考输入信号的线性组合，即

$$u(t) = -\boldsymbol{K}\boldsymbol{x}(t) + r(t)$$

其中，$r(t)$为参考输入信号。矩阵 $\boldsymbol{K} = [K_1 \quad K_2]$为增益矩阵。将 $u(t)$代入状态微分方程可以得到

$$\dot{\boldsymbol{x}}(t) = [\boldsymbol{A} - \boldsymbol{B}\boldsymbol{K}]\boldsymbol{x}(t) + \boldsymbol{B}r(t)$$
$$y(t) = \boldsymbol{C}\boldsymbol{x}(t)$$

这实际上是一个闭环状态反馈系统的状态空间模型。试确定合适的矩阵 $\boldsymbol{K}$，使矩阵 $\boldsymbol{A} - \boldsymbol{B}\boldsymbol{K}$ 的两个共轭特征根分别为 $r_1 = \sigma + j\omega$ 和 $r_2 = \sigma - j\omega$。

计算机辅助设计题

CP3.1 利用函数 ss，确定与下列传递函数(无反馈)等价的状态空间模型。

(a) $G(s) = \dfrac{1}{s+10}$　　(b) $G(s) = \dfrac{s^2+5s+3}{s^2+8s+5}$

(c) $G(s) = \dfrac{s+1}{s^3+3s^2+3s+1}$

CP3.2 利用函数 tf，确定与下列状态空间模型等价的传递函数模型。

(a) $\boldsymbol{A}=\begin{bmatrix}0 & 1\\2 & 8\end{bmatrix}$, $\boldsymbol{B}=\begin{bmatrix}0\\1\end{bmatrix}$, $\boldsymbol{C}=[1\quad 0]$

(b) $\boldsymbol{A}=\begin{bmatrix}1 & 1 & 0\\-2 & 0 & 4\\5 & 4 & -7\end{bmatrix}$, $\boldsymbol{B}=\begin{bmatrix}-1\\0\\1\end{bmatrix}$, $\boldsymbol{C}=[0\ 1\ 0]$

(c) $\boldsymbol{A}=\begin{bmatrix}0 & 1\\-1 & -2\end{bmatrix}$, $\boldsymbol{B}=\begin{bmatrix}0\\1\end{bmatrix}$, $\boldsymbol{C}=[-2\quad 1]$

CP3.3　考虑图 CP3.3 所示的放大器电路，假定放大器工作在理想条件下，试计算其传递函数 $V_o(s)/V_{in}(s)$。

(a) 当 $R_1=1\ \text{k}\Omega$，$R_2=10\ \text{k}\Omega$，$C_1=0.5\ \text{mF}$ 和 $C_2=0.1\ \text{mF}$ 时，根据传递函数，推导该电路的一种状态空间模型。

(b) 根据(a)中得到的状态空间模型，利用函数 step 绘制电路的单位阶跃响应。

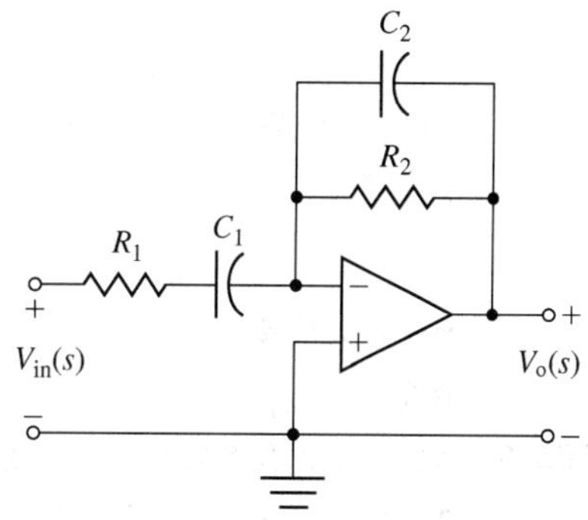

图 CP3.3　放大器电路

CP3.4　某系统的状态空间模型为

$$\dot{\boldsymbol{x}}(t)=\begin{bmatrix}0 & 1 & 0\\0 & 0 & 1\\-3 & -2 & -5\end{bmatrix}\boldsymbol{x}(t)+\begin{bmatrix}0\\0\\1\end{bmatrix}u(t)$$

$$y(t)=[1\quad 0\quad 0]\boldsymbol{x}(t)$$

(a) 利用函数 tf，计算该系统的传递函数 $Y(s)/U(s)$。

(b) 当初始条件为 $\boldsymbol{x}(0)=[0\quad -1\quad 1]^{\mathrm{T}}$ 时，在 $0\leqslant t\leqslant 10$ 的范围内，绘制系统状态变量的阶跃响应时间曲线。

(c) 初始条件保持不变，利用函数 expm 求解系统的状态转移矩阵，并在 $t=10$ 时计算状态变量 $\boldsymbol{x}(t)$ 的值，最后将其与(b)中所得到的时间响应曲线进行比较。

CP3.5　考虑如下两个控制系统，其状态空间模型分别为

$$\dot{\boldsymbol{x}}_1(t)=\begin{bmatrix}0 & 1 & 0\\0 & 0 & 1\\-4 & -5 & -8\end{bmatrix}\boldsymbol{x}_1(t)+\begin{bmatrix}0\\0\\4\end{bmatrix}u(t)\tag{1}$$

$$y(t)=[1\quad 0\quad 0]\boldsymbol{x}_1(t)$$

$$\dot{\boldsymbol{x}}_2(t)=\begin{bmatrix}0.5000 & 0.5000 & 0.7071\\-0.5000 & -0.5000 & 0.7071\\-6.3640 & -0.7071 & -8.000\end{bmatrix}\boldsymbol{x}_2(t)+\begin{bmatrix}0\\0\\4\end{bmatrix}u(t)\tag{2}$$

$$y(t)=[0.7071\quad -0.7071\quad 0]\boldsymbol{x}_2(t)$$

(a) 利用函数 tf，计算系统(1)的传递函数 $Y(s)/U(s)$。

(b) 利用函数 tf，计算系统(2)的传递函数 $Y(s)/U(s)$。

(c) 比较(a)和(b)所得到的结果，并加以讨论。

CP3.6　考虑图 CP3.6 所示的闭环控制系统。

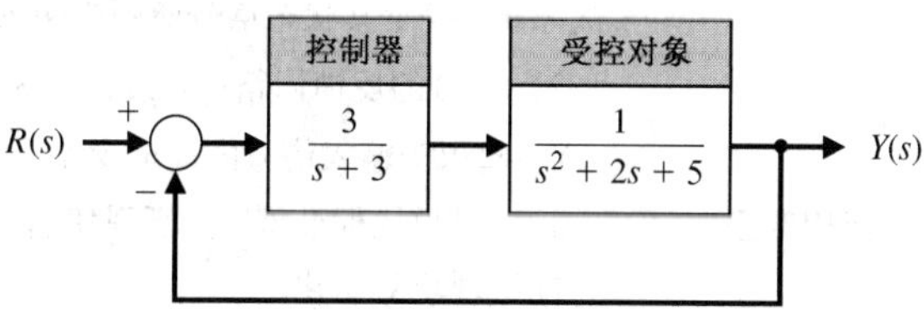

图 CP3.6　闭环反馈控制系统

(a) 确定该系统中控制器的一种状态空间模型。

(b) 确定该系统中受控对象的一种状态空间模型。

(c) 在(a)和(b)所得结果的基础上，利用函数 series 和 feedback，求解闭环系统的状态空间模型，并绘制闭环系统的脉冲响应曲线。

CP3.7 某系统的状态空间模型为

$$\dot{\boldsymbol{x}}(t)=\begin{bmatrix}0 & 1\\ -2 & -3\end{bmatrix}\boldsymbol{x}(t)+\begin{bmatrix}0\\ 1\end{bmatrix}u(t)$$
$$y(t)=[1\quad 0]\boldsymbol{x}(t)$$

其中，初始条件为

$$\boldsymbol{x}(0)=\begin{pmatrix}1\\ 0\end{pmatrix}$$

系统输入信号为 $u(t)=0$。试利用函数 lsim，求解并绘制系统状态变量 $x_1(t)$ 和 $x_2(t)$ 的时间响应曲线。

CP3.8 考察如下含有参数 K 的状态变量模型，在 $0<K<100$ 的范围内，作为 K 的函数，绘制系统特征根的变化曲线。确定 K 的取值范围，以保证所有的特征根都在 s 平面的左半平面。

$$\dot{\boldsymbol{x}}(t)=\begin{bmatrix}0 & 1 & 0\\ 0 & 0 & 1\\ -2 & -K & -2\end{bmatrix}\boldsymbol{x}(t)+\begin{bmatrix}0\\ 0\\ 1\end{bmatrix}u(t)$$
$$y(t)=[1\quad 0\quad 0]\boldsymbol{x}(t)$$

技能自测答案

正误判断题：(1) 对 (2) 对 (3) 错 (4) 错 (5) 错

多项选择题：(6) a (7) b (8) c (9) b (10) c (11) a (12) a (13) c (14) c (15) c

术语和概念匹配题(自上向下)：f d g a b c e

术语和概念

canonical form	标准型	状态空间模型的基本描述形式，包括相变量标准型、输入前馈标准型、对角线标准型和若尔当(Jordan)标准型等。
diagonal canonical form	对角线标准型	一种状态变量解耦标准型，n 阶系统的 n 个不同的极点分布在状态空间模型的系统矩阵 $\boldsymbol{A}$ 的对角线上，且 $\boldsymbol{A}$ 为对角矩阵。
fundamental matrix	基本矩阵	参见转移矩阵(transition matrix)。
Input feedforward canonical form	输入前馈标准型	标准型的一种形式。对于传递函数为 $G(s)=\dfrac{s^{m+1}+b_m s^m+\cdots+b_0}{s^{n+1}+a_n s^n+\cdots+a_0}$ 的系统而言，其状态信号流图中包含了 $n+1$ 条增益为 $a_i(i=0,1,2,\cdots,n)$ 的反馈回路；前馈通路为 m 条增益为 $b_j(j=1,2,\cdots,m)$ 的起源于输入信号的前馈支路。
Jordan canonical form	若尔当标准型	一种块对角线标准型，由于系统包含了重复极点，系统矩阵 $\boldsymbol{A}$ 只能实现块对角化。
matrix exponential function	矩阵指数函数	形如 $e^{\boldsymbol{A}t}=\boldsymbol{I}+\boldsymbol{A}t+(\boldsymbol{A}t)^2/2!+\cdots+(\boldsymbol{A}t)^k/k!+\cdots$ 的矩阵函数，用于求解线性常微分方程。

output equation	**输出方程**	形如 $\boldsymbol{y}(t)=\boldsymbol{Cx}(t)+\boldsymbol{Du}(t)$ 的方程，其中 $\boldsymbol{y}(t)$ 为系统输出，$\boldsymbol{x}(t)$ 为状态向量，$\boldsymbol{u}(t)$ 为系统输入。
phase variable canonical form	**相变量标准型**	标准型的一种形式。对于传递函数为 $G(s)=\dfrac{s^{m+1}+b_m s^m+\cdots+b_0}{s^{n+1}+a_n s^n+\cdots+a_0}$ 的系统而言，其状态信号流图中包含了 $n+1$ 条增益为 $a_i(i=0,1,2,\cdots,n)$ 的反馈回路，前馈通路为 m 条增益为 $b_j(j=1,2,\cdots,m)$ 的终止于输出信号的前馈支路。
phase variable	**相变量**	相变量标准型状态空间模型中所定义的状态变量。
physical variable	**物理量**	与系统的实际物理量相一致的状态变量。
state differential equation	**状态微分方程**	形如 $\dot{\boldsymbol{x}}(t)=\boldsymbol{Ax}(t)+\boldsymbol{Bu}(t)$ 的状态变量的微分方程。
state of system	**系统状态**	用于描述系统的一组变量的当前取值，只要再确定了系统的输入激励信号和系统的动态方程，就能够完全确定系统的未来状态。
state-space representation	**状态空间模型**	包含了状态微分方程 $\dot{\boldsymbol{x}}(t)=\boldsymbol{Ax}(t)+\boldsymbol{Bu}(t)$ 和输出方程 $\boldsymbol{y}(t)=\boldsymbol{Cx}(t)+\boldsymbol{Du}(t)$ 的系统时域模型。
state variable	**状态变量**	用于描述系统的一组变量。
state vector	**状态向量**	由所有 n 个状态变量构成的向量 $[x_1(t),x_2(t),\cdots,x_n(t)]$。
time domain	**时域**	与频域相对应的一种数学域，采用时间 t 和时间响应描述系统。
time-varying system	**时变系统**	一个或者多个系统参数随时间而变化的系统。
transition matrix, $\boldsymbol{\Phi}(t)$	**转移矩阵 $\boldsymbol{\Phi}(t)$**	可以完全描述系统零输入响应的矩阵指数函数。

第 4 章　反馈控制系统的特性

提要

本章研究偏差信号在影响和刻画反馈控制系统性能时的核心作用，包括降低系统对模型参数不确定性的灵敏度，系统对干扰信号的抑制能力和对测量噪声的衰减能力，以及系统的稳态误差与瞬态响应方面的特性等方面的内容。引入负反馈之后，可以有效利用偏差信号对系统实施控制。人们总是希望将参数的不确定性变化对系统的影响降到最小，因此本章首先讨论了系统对参数变化的灵敏度的概念；人们还希望将干扰信号和测量噪声对系统跟踪能力的影响降至最小，因此本章接下来讨论了反馈控制系统的瞬态性能和稳态性能，以及如何利用反馈方式来改善系统性能。最后，本章继续以循序渐进设计实例——磁盘驱动器读取系统为例，分析了它的控制特性和性能。

预期收获

完成第 4 章的学习之后，学生应该：

- 理解偏差信号在控制系统分析中的核心作用。
- 认清反馈控制带来的系统性能改善，如降低系统对模型参数不确定性的灵敏度、提高抑制干扰信号和测量噪声影响的能力。
- 理解系统瞬态响应调控和稳态响应调控之间的差异。
- 了解反馈控制对于控制系统性能的提升作用及必需的成本。

4.1　引言

控制系统是由相互关联的控制部件构成的，能够产生预期响应的系统。由于事先已知系统的预期输出响应，因此，在获得实际输出之后，就可以得到预期输出和实际输出之间的偏差，并生成与这种偏差成比例的所谓的**偏差信号**。将该信号以闭环方式反馈，用来控制受控对象，就构成了所谓的闭环控制系统。闭环系统的工作流程如图 4.1 所示。对于控制系统而言，通过引入反馈来提升系统性能是非常必要的。在自然系统中，如生物系统和生理系统等系统中，反馈方式也是非常常见的。从某种意义上讲，反馈是这些系统的固有特性。例如，人的心率控制系统就是一个反馈控制系统。

图 4.1　闭环系统工作流程

首先以一个简单的单回路反馈系统为例，说明引入反馈对于系统性能的提升作用，以及反馈系统的特性。虽然很多控制系统是多回路或者多环的，但是单回路系统足够简单明了，因此若要深入全面地理解反馈的特性及其作用，最好的办法是先透彻地研究单回路系统，再扩展到研究多回路系统。

图 4.2 所示为无反馈的控制系统，常称其为开环系统。可以看出，在开环系统中，干扰信号

$T_d(s)$能够直接作用并影响到输出 $Y(s)$。因此，开环系统对于干扰信号和传递函数 $G(s)$中的参数的变化高度敏感。

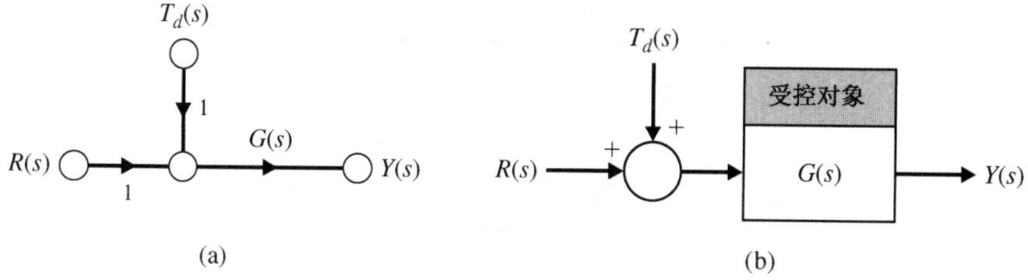

图 4.2　带有干扰信号 $T_d(s)$的开环系统(无反馈)。(a) 信号流图；(b) 框图

如果一个开环系统不能提供令人满意的预期响应，就可以如图 4.3 所示，在受控对象 $G(s)$的前面串联插入一个合适的控制器，$G_c(s)$。接下来就是要设计串联传递函数，$G_c(s)G(s)$，以便使得校正后的系统(传递函数)能够提供预期响应。这称为开环控制。

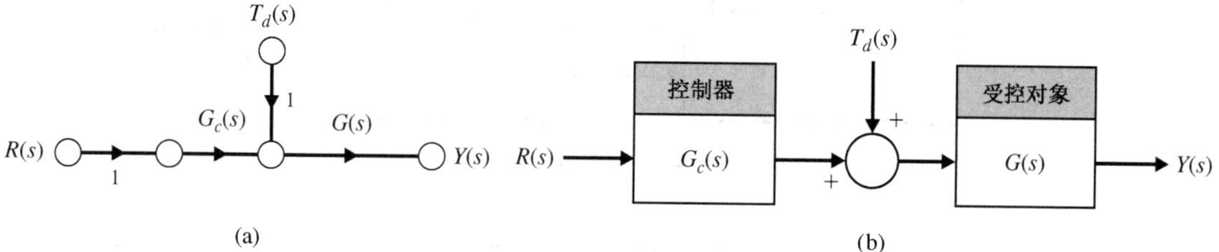

图 4.3　开环控制系统(无反馈)。(a) 信号流图；(b) 框图

> 开环系统不带有反馈，输入信号能直接激励产生输出响应。

概念强调说明 4.1

与开环系统相对应，图 4.4 给出了一个闭环负反馈控制系统。

> 闭环系统将观测得到的输出信号与预期输出信号进行比较，产生偏差信号，并利用该偏差信号，通过控制器来调节执行机构。

概念强调说明 4.2

尽管反馈必须付出一定代价，并且增加了系统的复杂程度，但反馈仍有无可比拟的优势，具体体现在：

- 能够降低系统对受控对象参数变化的灵敏度。
- 能够提高系统抑制干扰信号的能力。
- 能够提高系统衰减测量噪声的能力。
- 能够减小系统的稳态误差。
- 便于控制和调节系统的瞬态响应。

本章将着重讨论为什么反馈能够改善系统性能，带来上述好处。通过引入**跟踪误差信号**，即**偏差信号**的概念，将会清楚地表明，借助回路内的控制器并引入反馈，的确可以改善系统性能。

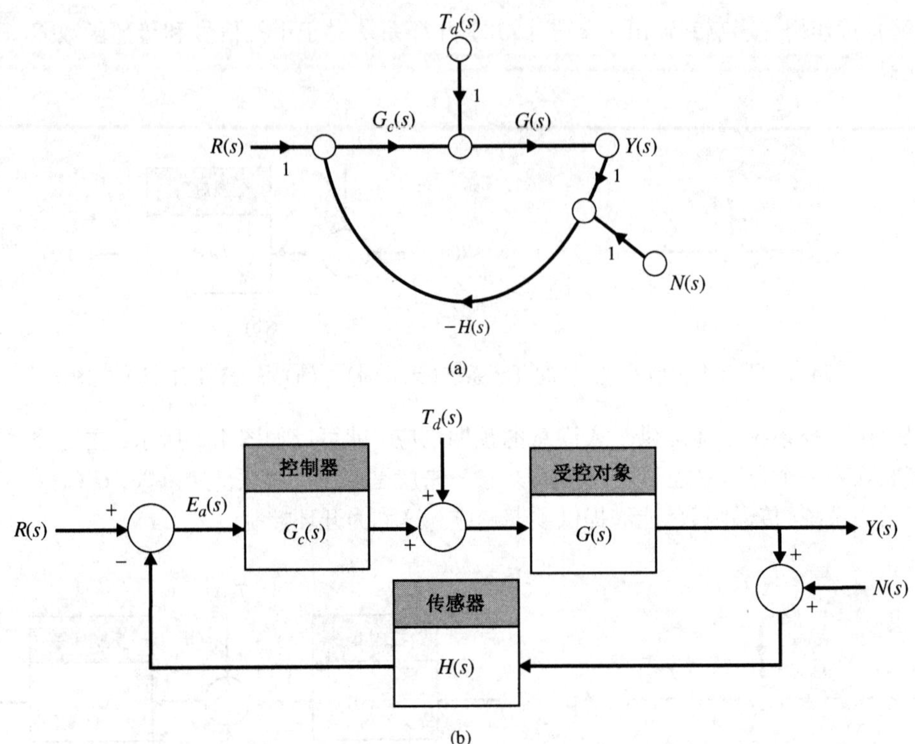

图 4.4 闭环控制系统。(a) 信号流图;(b) 框图

4.2 偏差信号分析

图 4.4 所示的闭环反馈控制系统包括了三种类型的输入信号和一个输出信号 $Y(s)$,其中输入信号包括参考输入 $R(s)$、干扰信号 $T_d(s)$ 和测量噪声 $N(s)$。定义偏差信号,即跟踪误差信号为

$$E(s) = R(s) - Y(s) \tag{4.1}$$

为了便于讨论,此处考虑一种特殊的反馈系统——单位反馈系统,即 $H(s)=1$(见图 4.4)。非单位反馈对系统性能的影响,将在本书后续章节讨论。

利用框图化简方法,可以得到图 4.4 所示的闭环系统的输出 $Y(s)$ 为

$$Y(s) = \frac{G_c(s)G(s)}{1 + G_c(s)G(s)}R(s) + \frac{G(s)}{1 + G_c(s)G(s)}T_d(s) - \frac{G_c(s)G(s)}{1 + G_c(s)G(s)}N(s) \tag{4.2}$$

将式(4.2)代入式(4.1)中,并进行适当整理后,可以得到跟踪误差信号 $E(s)$ 为

$$E(s) = \frac{1}{1 + G_c(s)G(s)}R(s) - \frac{G(s)}{1 + G_c(s)G(s)}T_d(s) + \frac{G_c(s)G(s)}{1 + G_c(s)G(s)}N(s) \tag{4.3}$$

定义开环(环路)传递函数① $L(s)$ 为[广义增益,由于 $H(s)=1$,$L(s)$ 在此处与前向通路传递函数相同]

① 考虑到中国的惯用表示,将回路增益传递函数(loop gain)译为开环传递函数,将开环传递函数(open loop gain)译为前向通路传递函数。——译者注

$$L(s) = G_c(s)G(s)$$

在控制系统分析中，$L(s)$起着非常基础的作用[12]。因此，利用$L(s)$替换式(4.3)中的有关变量，可以得到

$$E(s) = \frac{1}{1 + L(s)}R(s) - \frac{G(s)}{1 + L(s)}T_d(s) + \frac{L(s)}{1 + L(s)}N(s) \tag{4.4}$$

再定义函数$F(s)$为

$$F(s) = 1 + L(s)$$

这样就可以将**灵敏度函数**$S(s)$定义为

$$S(s) = \frac{1}{F(s)} = \frac{1}{1 + L(s)} \tag{4.5}$$

类似地，我们还可以定义**补灵敏度函数**$C(s)$为

$$C(s) = \frac{L(s)}{1 + L(s)} \tag{4.6}$$

将$S(s)$和$C(s)$代入式(4.4)中，可以将偏差信号表示为

$$E(s) = S(s)R(s) - S(s)G(s)T_d(s) + C(s)N(s) \tag{4.7}$$

从式(4.7)中可以看出，当$G(s)$给定时，要想使跟踪误差$E(s)$最小，就必须同时减小$S(s)$和$C(s)$。需要指出的是，$S(s)$和$C(s)$都是控制器$G_c(s)$的函数，而且控制系统工程师的任务就是设计控制器$G_c(s)$。但是，$S(s)$和$C(s)$满足如下关系：

$$S(s) + C(s) = 1 \tag{4.8}$$

因此，不可能同时使$S(s)$和$C(s)$变小。控制系统设计师在设计控制器时，必须进行折中处理。

在分析跟踪误差信号之前，我们必须首先弄清楚传递函数“大”或“小”的含义。实际上，传递函数大或者小的度量指标是指函数的幅值，在第 8 章和第 9 章讨论系统频率响应时，将深入分析这一主题。在此，我们将只在感兴趣的频率范围内，考虑开环传递函数(广义增益)$L(s)$的幅值$|L(j\omega)|$，而不做进一步的讨论，其中ω为频率。

由跟踪误差公式(4.4)可以看出，当$G(s)$给定后，为了降低干扰信号$T_d(s)$对跟踪误差$E(s)$的影响，我们希望开环传递函数$L(s)$在干扰信号的频率范围内尽可能大，传递函数$G(s)/(1+L(s))$就会随之变小，从而降低了干扰信号$T_d(s)$的影响。由于$L(s)=G_c(s)G(s)$，这意味着在干扰信号的频率范围内，必须使控制器$G_c(s)$的幅值尽可能大。反之，为了衰减测量噪声$N(s)$对跟踪误差$E(s)$的影响，我们希望开环传递函数在测量噪声的频率范围内尽可能小，传递函数$L(s)/(1+L(s))$也就随之变小，从而降低了测量噪声$N(s)$的影响。同样，由$L(s)=G_c(s)G(s)$可以推知，这意味着在测量噪声的频率范围内，必须使控制器$G_c(s)$的幅值尽可能小。很明显，在设计控制器$G_c(s)$时，从抑制干扰和衰减测量噪声这两个方面所提出的要求是相互冲突的。幸运的是，在实际应用中，这一看似两难的问题存在合理的解决方案，即通过设计控制器$G_c(s)$，使开环传递函数$L(s)$在低频段(干扰信号的频率通常处于低频段)的幅值尽可能大，在高频段(测量噪声通常集中在高频段)的幅值尽可能小。

4.4 节将深入讨论抑制干扰信号和衰减测量噪声方面的有关内容。接下来，首先讨论如何利用反馈来降低系统对受控对象$G(s)$的参数变化的灵敏度。在分析之前，我们认为干扰信号和测量噪声的影响都已经消除了，即$T_d(s)=N(s)=0$[见式(4.2)]。

4.3 控制系统对参数变化的灵敏度

无论传递函数 $G(s)$ 所表示的具体对象是什么，它都将受到一些因素的影响，如持续变化的环境、器件老化、过程参数的不确定性等。对于开环系统而言，这些误差和变化将直接导致输出发生变化，降低系统精度。而闭环系统能够感知到由于受控对象的变化而导致的输出变化，并试图对输出进行校正。控制系统对受控对象参数变化的**灵敏度**是非常重要的系统特性之一。闭环反馈控制系统的一个基本优点就是能够降低系统的灵敏度[1~4, 18]。

对于闭环控制系统而言，在令人感兴趣的频率范围内，如果满足 $G_c(s)G(s)\gg 1$，同时有 $T_d(s)=N(s)=0$，就可以由式(4.2)得到

$$Y(s)\cong R(s)$$

此时，系统的输入和输出就非常接近。只不过 $G_c(s)G(s)\gg 1$ 这一前提条件可能会导致系统高度振荡，甚至不稳定。尽管如此，这一结论还是非常有用的，即增加系统开环传递函数的幅值，能够降低受控对象 $G(s)$ 的变化对系统输出的影响。因此，反馈系统的第一个优点——能够降低系统对受控对象参数 $G(s)$ 变化的灵敏度，至此可以得到初步说明。

由于外部环境的变化、器件自然老化或者参数的不确定性等原因，可能导致受控对象的传递函数从理论模型 $G(s)$ 改变为实际模型 $G(s)+\Delta G(s)$。接下来，我们讨论 $\Delta G(s)$ 对跟踪误差 $E(s)$ 可能产生的影响。依据线性系统的叠加原理，可以先不考虑干扰信号 $T_d(s)$ 和测量噪声 $N(s)$，而单独考虑 $\Delta G(s)$ 和参考输入 $R(s)$ 对跟踪误差的影响，即令 $T_d(s)=N(s)=0$。因此，由式(4.3)可以得到

$$E(s)+\Delta E(s)=\frac{1}{1+G_c(s)(G(s)+\Delta G(s))}R(s)$$

进而可以得到 $\Delta E(s)$ 为

$$\Delta E(s)=\frac{-G_c(s)\,\Delta G(s)}{(1+G_c(s)G(s)+G_c(s)\,\Delta G(s))(1+G_c(s)G(s))}R(s)$$

通常情况下总会有 $G_c(s)G(s)\gg G_c(s)\Delta G(s)$ 这一关系总能够得到满足，因此可以得到

$$\Delta E(s)\approx\frac{-G_c(s)\,\Delta G(s)}{(1+L(s))^2}R(s)$$

由此可见，因式 $1+L(s)$ 越大，跟踪误差的变化量 $\Delta E(s)$ 的幅值就越小，而实际上，在我们感兴趣的频率范围内，因式 $1+L(s)$ 通常都会大于 1。

当 $L(s)$ 足够大时，关系式 $1+L(s)\approx L(s)$ 成立，将其代入上式中，可以得到跟踪误差的变化量 $\Delta E(s)$ 的近似式：

$$\Delta E(s)\approx-\frac{1}{L(s)}\frac{\Delta G(s)}{G(s)}R(s) \tag{4.9}$$

由式(4.9)可以看出，$L(s)$ 的幅值越大，跟踪误差的变化量 $\Delta E(s)$ 越小，实际上，$\Delta E(s)$ 也是系统灵敏度的表征指标，这就意味着系统对受控对象的变化量 $\Delta G(s)$ 的灵敏度也随之降低。同时，由灵敏度函数式(4.5)可知，$L(s)$ 的幅值越大，灵敏度函数 $S(s)$ 正好越小。既然我们的目的在于降低系统的灵敏度，那么首先需要更加明晰准确地定义灵敏度。

系统灵敏度定义为系统传递函数的变化率与受控对象传递函数变化率之比。系统传递函数

$T(s)$为

$$T(s) = \frac{Y(s)}{R(s)} \tag{4.10}$$

因此，系统灵敏度定义为

$$S = \frac{\Delta T(s)/T(s)}{\Delta G(s)/G(s)} \tag{4.11}$$

取微小增量 $\Delta T(s)$和 $\Delta G(s)$的极限形式，则式(4.11)变为

$$\boxed{S = \frac{\partial T/T}{\partial G/G} = \frac{\partial \ln T}{\partial \ln G}} \tag{4.12}$$

系统灵敏度是指，当变化量为微小增量时，系统传递函数的变化率与受控对象传递函数(或参数)的变化率之比。

概念强调说明 4.3

显然，开环系统对受控对象 $G(s)$的变化的灵敏度为 1，而闭环系统的灵敏度则可以由式(4.12)得到。单位闭环反馈系统传递函数的一般形式为

$$T(s) = \frac{G_c(s)G(s)}{1 + G_c(s)G(s)}$$

因此可以得到该系统的灵敏度为

$$S_G^T = \frac{\partial T}{\partial G}\cdot\frac{G}{T} = \frac{G_c}{(1 + G_cG)^2}\cdot\frac{G}{GG_c/(1 + G_cG)}$$

化简之后，可以得到

$$\boxed{S_G^T = \frac{1}{1 + G_c(s)G(s)}} \tag{4.13}$$

可以看出，在令人感兴趣的频率范围内，通过增加开环传递函数 $L(s) = G_c(s)G(s)$的幅值，总是能够使闭环系统的灵敏度小于1，即小于开环系统的灵敏度。实际上，式(4.13)给出的灵敏度 S_G^T 与式(4.5)给出的灵敏度函数 $S(s)$是完全一致的。

很多时候，我们需要的是系统对受控对象 $G(s)$中参数变化的灵敏度 S_α^T，其中 α 为 $G(s)$的参数。根据链式法则，可以得到

$$S_\alpha^T = S_G^T S_\alpha^G \tag{4.14}$$

系统的传递函数 $T(s)$通常可以写成分式的形式[1]：

$$T(s, \alpha) = \frac{N(s, \alpha)}{D(s, \alpha)} \tag{4.15}$$

其中，α 为受控对象 $G(s)$中可能发生变化的参数。于是，根据式(4.12)，可以得出系统对参数 α 的变化的灵敏度 S_α^T 的计算公式：

$$S_\alpha^T = \frac{\partial \ln T}{\partial \ln \alpha} = \left.\frac{\partial \ln N}{\partial \ln \alpha}\right|_{\alpha=\alpha_0} - \left.\frac{\partial \ln D}{\partial \ln \alpha}\right|_{\alpha=\alpha_0} = S_\alpha^N - S_\alpha^D \tag{4.16}$$

其中，α_0 为参数 α 的标称值。

在引入反馈环节后，控制系统能够降低受控对象参数的变化可能造成的影响，这是反馈控制系统的重要优点之一。对于开环系统而言，为了保证系统精度，选择设计开环因子(受控对象)$G(s)$时，必须非常谨慎，以确保能够满足性能指标设计要求。而对于闭环系统而言，由于开环传递函数$L(s)$能够降低系统对受控对象$G(s)$的变化或不确定性的灵敏度，因此对$G(s)$的要求就可以不那么严格了。这是闭环系统的一项突出优点。接下来，我们利用一个简单的实例，说明如何利用反馈来降低系统灵敏度。

例 4.1　反馈放大器

图 4.5(a)所示的放大器应用非常广泛，其增益为 $-K_a$，输出电压为

$$V_o(s) = -K_a V_{in}(s) \tag{4.17}$$

如图 4.5(b)所示，我们一般采用分压器 R_p 来为该放大器增加反馈环节。当没有增加反馈环节时，该放大器的传递函数为

$$T(s) = -K_a \tag{4.18}$$

放大器对增益变化的灵敏度为

$$S_{K_a}^T = 1 \tag{4.19}$$

而增加了反馈环节的放大器框图模型如图 4.6 所示，其中

$$\beta = \frac{R_2}{R_1} \tag{4.20}$$

$$R_p = R_1 + R_2 \tag{4.21}$$

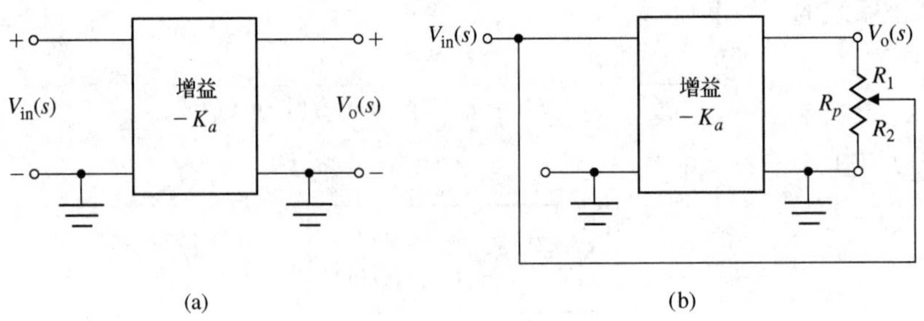

图 4.5　(a) 开环放大器；(b) 增加了反馈环节的放大器

由图 4.6 可以得到该反馈放大器的传递函数为

$$T(s) = \frac{-K_a}{1 + K_a\beta} \tag{4.22}$$

闭环反馈系统对增益 K_a 的变化的灵敏度为

$$S_{K_a}^T = S_G^T S_{K_a}^G = \frac{1}{1 + K_a\beta} \tag{4.23}$$

很明显，增益 K_a 越大，反馈放大器的灵敏度越小。比如，令

$$K_a = 10^4$$
$$\beta = 0.1 \tag{4.24}$$

代入式(4.23)中，可以得到灵敏度为

$$S_{K_a}^T = \frac{1}{1 + 10^3} \approx \frac{1}{1000} \tag{4.25}$$

由此可以看出，对于反馈放大器而言，其灵敏度仅仅是无反馈时的 1/1000。

为了强调说明灵敏度在控制系统分析和设计中的重要作用，后续各章还会继续讨论这一概念。

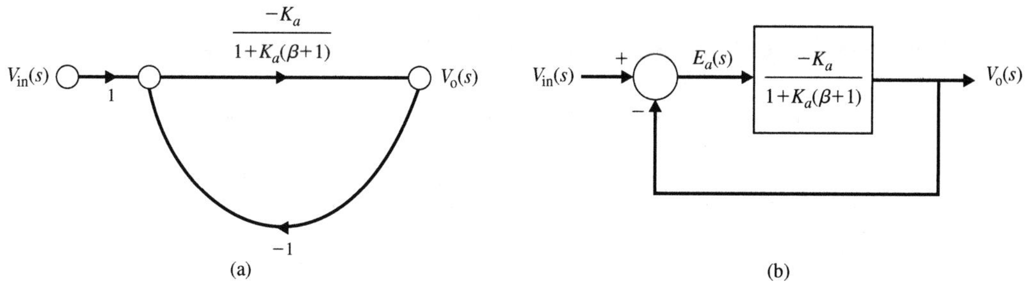

图 4.6　反馈放大器的框图模型（假定 $R_p \gg R_0$）

4.4　反馈控制系统的干扰信号

在控制系统中引入反馈环节的另一个重要作用，还在于控制或者（部分）消除干扰信号的影响。**干扰信号**是能够影响系统输出的不希望出现的输入信号。许多控制系统中都存在强烈的干扰信号，导致系统不能够产生精确的输出响应。比如，电子放大器中集成电路或者晶体管自身的固有噪声、雷达天线的阵风干扰，以及许多系统中存在的非线性元件导致的信号失真等，都是干扰信号的常见例子。在控制系统中引入反馈，能够有效降低这些干扰或扰动的影响。

抑制干扰信号

当 $R(s)=N(s)=0$ 时，式(4.4)所示的跟踪误差 $E(s)$ 为

$$E(s) = -S(s)G(s)T_d(s) = -\frac{G(s)}{1+L(s)}T_d(s)$$

由上式可以看出，当受控对象 $G(s)$ 和干扰信号 $T_d(s)$ 都已经给定时，开环传递函数 $L(s)$ 越大，干扰信号 $T_d(s)$ 对跟踪误差的影响程度越小。也就是说，开环传递函数 $L(s)$ 越大，灵敏度函数 $S(s)$ 越小。这说明开环传递函数 $L(s)$ 越大，抑制干扰信号的能力越强。更精确的说法是，为了获得良好的干扰信号抑制能力，在预估的干扰信号的频率范围内，必须使开环传递函数 $L(s)$ 保持较大的幅值。

实际上，干扰信号一般处于低频段。因此，从抑制干扰信号的角度出发，开环传递函数 $L(s)$ 应该在低频段保持较大的幅值。也就是说，为了获得较小的灵敏度函数 $S(s)$，在选择设计控制器 $G_c(s)$ 时，应该使开环传递函数 $L(s)$ 在低频段保持较大的幅值。

作为具有干扰信号的实例，我们来考察轧钢机转速控制系统[19]。当钢板通过轧辊时，将导致系统负载产生巨大变化，这一变化可以视为干扰信号。如图 4.7 所示，当钢坯还没有进入轧辊时，轧机没有负载；当钢坯进入轧辊时，轧辊的负载将立即达到很大的值。负载的这一变化过程非常快，可以近似描述为一个阶跃干扰扭矩信号。

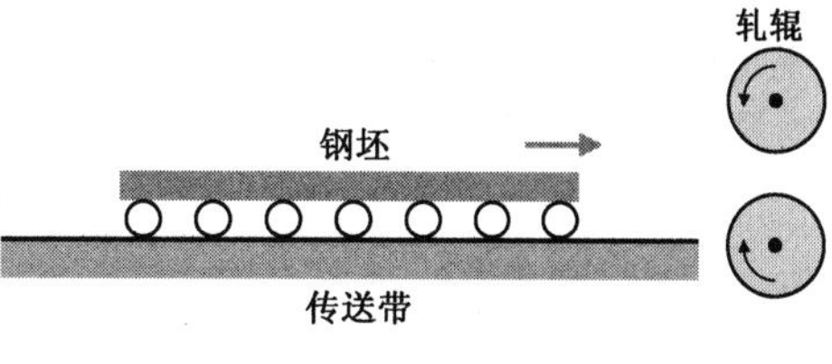

图 4.7　轧钢机

例 2.5 已经给出了带有扭矩干扰信号的电枢控制式直流电机的传递函数，电机的框图模型如图 4.8 所示。需要指出的是，此处忽略了电感常数 L_a。令 $R(s)=0$，可以得到由于负载干扰信号 $T_d(s)$ 导致的转速偏差为 $E(s)=-\omega(s)$，于是有

$$E(s) = -\omega(s) = \frac{1}{Js+b+K_mK_b/R_a}T_d(s) \tag{4.26}$$

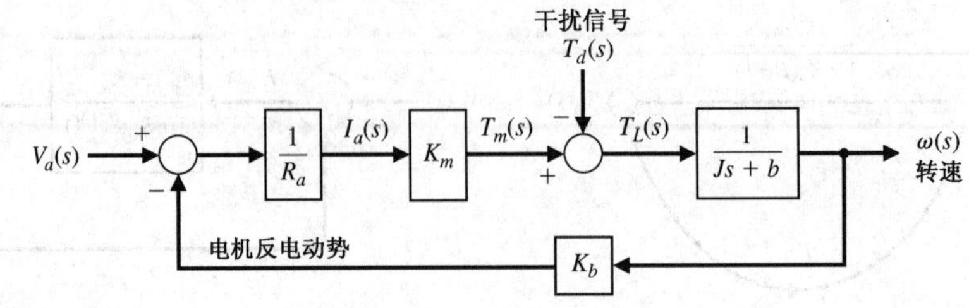

图 4.8　开环转速控制系统(无转速计反馈回路)

利用终值定理，可以求得由于负载扭矩干扰信号 $T_d(s)=D/s$ 导致的转速稳态误差。对于该开环系统而言，有

$$\begin{aligned}\lim_{t\to\infty}E(t)&=\lim_{s\to0}sE(s)=\lim_{s\to0}s\frac{1}{Js+b+K_mK_b/R_a}\left(\frac{D}{s}\right)\\&=\frac{D}{b+K_mK_b/R_a}=-\omega_0(\infty)\end{aligned}\tag{4.27}$$

如图 4.9 所示，我们再来为图 4.8 所示的开环系统增加一个转速反馈环节。该系统的信号流图和框图模型如图 4.10 所示，其中 $G_1(s)=K_aK_m/R_a$，$G_2(s)=1/(Js+b)$，$H(s)=K_t+K_b/K_a$。由此可以得到，系统的转速偏差 $E(s)=-\omega(s)$ 为

$$E(s)=-\omega(s)=\frac{G_2(s)}{1+G_1(s)G_2(s)H(s)}T_d(s)\tag{4.28}$$

若在系统的有效频率范围内，有 $G_1(s)G_2(s)H(s)\gg1$，则由式(4.28)可得转速偏差的近似式为

$$E(s)\approx\frac{1}{G_1(s)H(s)}T_d(s)\tag{4.29}$$

显然，如果 $G_1(s)H(s)$ 足够大，那么源于扭矩干扰的转速偏差 $E(s)$ 将足够小，也就是说，闭环反馈系统能够降低干扰信号的影响。考虑到 $K_a\gg K_b$，因此有

$$G_1(s)H(s)=\frac{K_aK_m}{R_a}\left(K_t+\frac{K_b}{K_a}\right)\approx\frac{K_aK_mK_t}{R_a}$$

这样就只需要保持较大的放大器增益 K_a，并使 R_a 尽量变小，就能够达到抑制干扰的目的。

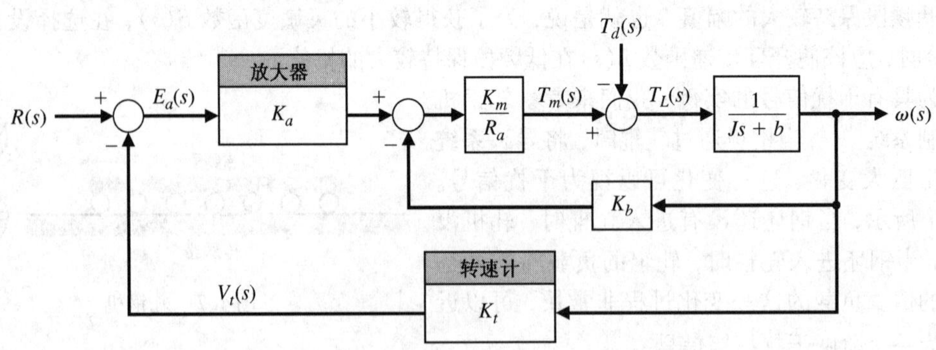

图 4.9　闭环转速控制系统(带有转速计反馈回路)

如图 4.10 所示，系统的转速偏差定义为

$$E(s)=R(s)-\omega(s)$$

其中，$R(s)=\omega_d(s)$ 为预期转速。为便于计算，令 $R(s)=0$，我们来考察 $\omega(s)$。

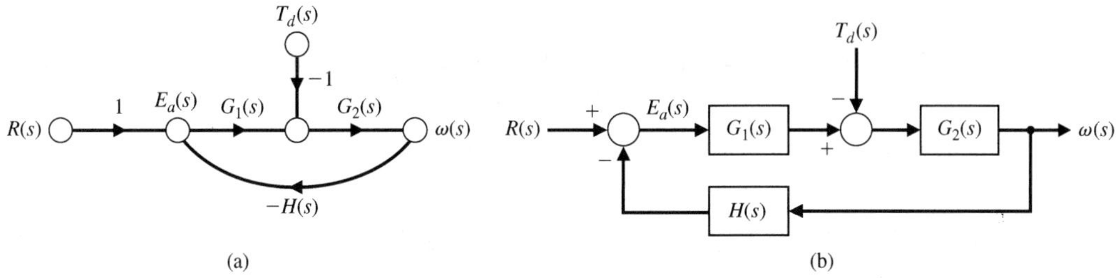

图 4.10　闭环转速控制系统。(a) 信号流图；(b) 框图模型

在 $R(s)=0$ 的条件下，要分析确定图 4.9 所给的转速控制系统的输出，就需要考虑扭矩干扰及其影响。输出 $\omega(s)$ 为

$$\omega(s) = \frac{-1}{Js + b + (K_m/R_a)(K_t K_a + K_b)} T_d(s) \tag{4.30}$$

利用终值定理可以求得闭环系统的稳态输出：

$$\lim_{t\to\infty}\omega(t) = \lim_{s\to 0}(s\omega(s)) = \frac{-1}{b + (K_m/R_a)(K_t K_a + K_b)} D \tag{4.31}$$

当放大器增益 K_a 足够大时，可以得到系统稳态输出的近似式为

$$\omega(\infty) \approx \frac{-R_a}{K_a K_m K_t} D = \omega_c(\infty) \tag{4.32}$$

因此，可以得到由于干扰信号导致的闭环系统稳态转速和开环系统的稳态转速之比为

$$\frac{\omega_c(\infty)}{\omega_0(\infty)} = \frac{R_a b + K_m K_b}{K_a K_m K_t} \tag{4.33}$$

该比值通常小于 0.02。

衰减测量噪声

当 $R(s)=T_d(s)=0$ 时，由式(4.4)可以得到系统的跟踪误差 $E(s)$ 为

$$E(s) = C(s)N(s) = \frac{L(s)}{1 + L(s)} N(s)$$

可以看出，当减小开环传递函数 $L(s)$ 时，测量噪声 $N(s)$ 对跟踪误差 $E(s)$ 的影响程度也随之降低。换言之，开环传递函数 $L(s)$ 越小，补灵敏度函数 $C(s)$ 越小。如果我们设计的控制器 $G_c(s)$ 能够使得 $L(s) \ll 1$，则可以得到上式的近似式

$$C(s) \approx L(s)$$

这意味着测量噪声已经被衰减。因此，可以说开环传递函数越小，系统衰减测量噪声的能力就越强。更准确的说法是，为了有效地衰减测量噪声，在噪声信号的有效频率范围内，必须使开环传递函数保持较小的幅值。

实际上，测量噪声信号一般处于高频段。因此，应该使开环传递函数在高频段保持较小的幅值，从而使系统的补灵敏度函数在高频段的幅值也偏小。能够按照频率的高低将干扰信号(低频)和测量噪声(高频)区分开来，这对控制工程师而言是一件非常幸运的事情。这样就为一个看似两难的问题提供了解决的途径，即在选择设计控制器时，应该使其在低频段的幅值较大，而在高频段的幅值较小。但是，需要指出的是，这种以频率高低为标准区分干扰信号(低频)和测量噪声(高频)的方式并不总是成立的。一旦这种区分方式不再成立，控制系统的设计过程就会变得更加复杂，例如，我们可能不得不设计一个节点滤波器来抑制高频段内的干扰信号。如图 4.4 所示，在绝大部分系统中，测量噪声信号 $N(s)$ 是由测量传感器产生的。测量噪声与系统输出之间

的关系为

$$Y(s) = \frac{-G_c(s)G(s)}{1 + G_c(s)G(s)}N(s) \tag{4.34}$$

而当开环传递函数 $L(s) = G_c(s)G(s)$ 足够大时，式(4.34)可以近似为

$$Y(s) \approx -N(s) \tag{4.35}$$

此时，系统基本上没有对测量噪声加以衰减。这与前面提及的开环增益越小，系统衰减噪声的能力越强的结论是一致的。因此，控制工程师必须精心设计控制器，构建合适的开环传递函数。

考察图4.4还可以看出，灵敏度 S_G^T 等价于参考输入信号到闭环系统跟踪误差的传递函数。实际上，系统对 $G(s)$ 的灵敏度为

$$S_G^T = \frac{1}{1 + G_c(s)G(s)} = \frac{1}{1 + L(s)} \tag{4.36}$$

而当 $T_d(s) = N(s) = 0$ 时，参考输入信号到跟踪误差的传递函数也是

$$\frac{E(s)}{R(s)} = \frac{1}{1 + G_c(s)G(s)} = \frac{1}{1 + L(s)} \tag{4.37}$$

总而言之，增大开环传递函数既能降低系统对受控对象变化的灵敏度，也能降低对参考输入信号的跟踪误差。在控制系统中引入反馈环节，其主要目的正是为了降低系统对受控对象参数变化的灵敏度，以及减少参考输入信号和干扰信号的影响。值得庆幸的是，增大开环传递函数正好同时减少了上述两种因素的负面影响。

最后，再来重复一下噪声对跟踪误差的影响：

$$\frac{E(s)}{N(s)} = \frac{G_c(s)G(s)}{1 + G_c(s)G(s)} = \frac{L(s)}{1 + L(s)} \tag{4.38}$$

因此与前一措施不同，降低测量噪声对跟踪误差的不良影响，需要减小系统的开环传递函数。应时刻牢记，灵敏度函数和补灵敏度函数之间存在如下互补关系：

$$S(s) + C(s) = 1$$

因此控制系统设计一定要综合考虑多方面因素，提出折中的设计方案。

4.5 系统瞬态响应的调控

瞬态响应是控制系统最重要的特性之一，通常用时间函数来描述，是系统在到达稳态之前响应。由于控制系统的目的是提供预期输出响应，因此必须对系统的瞬态响应进行调控，直到满足预期的性能指标设计要求。就开环控制系统而言，若系统不能产生满意的瞬态响应，就必须调节开环传递函数 $G_c(s)G(s)$，这样才可能得到预期瞬态响应。为了更好地理解反馈环节如何便于调控系统的瞬态响应，我们考察一个既可以开环工作，又可以闭环工作的特例。在工业生产过程中，图4.11所示的转速控制系统常常用来运送材料和产品。该系统开环工作(无反馈)时的传递函数为

$$\frac{\omega(s)}{V_a(s)} = G(s) = \frac{K_1}{\tau_1 s + 1} \tag{4.39}$$

其中

$$K_1 = \frac{K_m}{R_a b + K_b K_m}, \qquad \tau_1 = \frac{R_a J}{R_a b + K_b K_m}$$

在轧钢过程中，由于负载的滚动惯量非常大，因而需要使用大功率的电枢控制电机。如果改变板材卷动转速的指令为阶跃信号

$$V_a(s) = \frac{k_2 E}{s} \tag{4.40}$$

则开环转速控制系统[其框图见图 4.12(a)]的输出响应为

$$\omega(s) = K_a G(s) R(s) \tag{4.41}$$

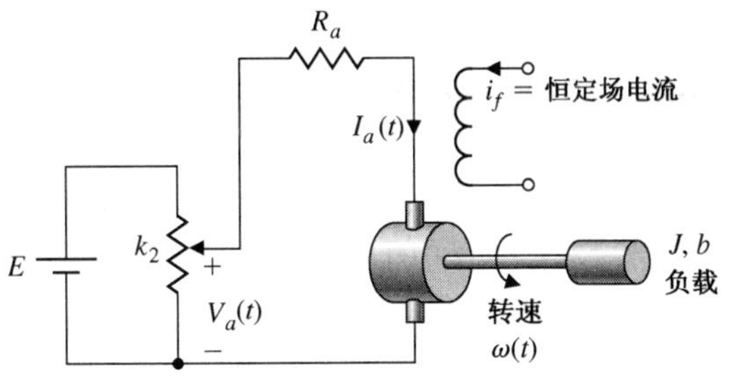

图 4.11　开环转速控制系统(无反馈)

于是，输出转速的瞬态响应为

$$\omega(t) = K_a K_1 (k_2 E)(1 - \mathrm{e}^{-t/\tau_1}) \tag{4.42}$$

可以看出，瞬态响应主要取决于电机的时间常数τ_1。如果这个瞬态响应太慢，在可能的情况下，就需要选择另一种电机，以便提供不同的时间常数。但由于负载的惯量 J 对时间常数τ_1 也有非常大的影响，对于开环系统而言，瞬态响应的改善余地其实很小。

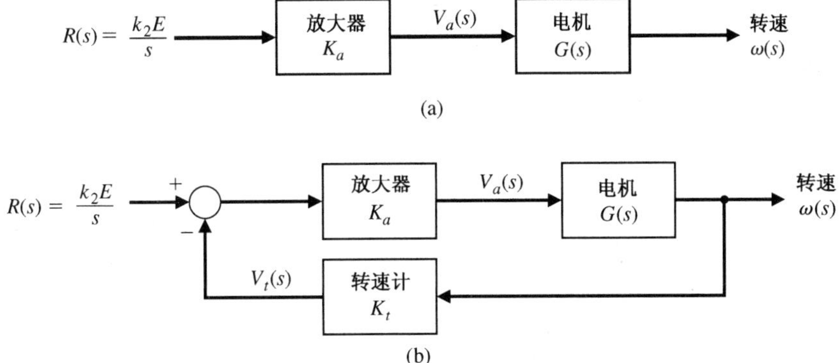

图 4.12　(a) 开环转速控制系统；(b) 闭环转速控制系统

如图 4.12(b)所示，在开环转速控制系统中增加一个转速计，产生一个与转速成正比的电压信号，再从电位计电压中减去这个电压并将电压差放大，就构成了一个闭环转速控制系统。该转速控制系统的闭环传递函数为

$$\frac{\omega(s)}{R(s)} = \frac{K_a G(s)}{1 + K_a K_t G(s)} = \frac{K_a K_1}{\tau_1 s + 1 + K_a K_t K_1} = \frac{K_a K_1/\tau_1}{s + (1 + K_a K_t K_1)/\tau_1} \tag{4.43}$$

我们可以通过调整放大器增益 K_a，使系统的瞬态响应满足性能指标设计要求。此外，如果需要，还可以调整转速计的增益 K_t。

闭环转速控制系统对阶跃指令的瞬态响应为

$$\omega(t) = \frac{K_a K_1}{1 + K_a K_t K_1}(k_2 E)(1 - \mathrm{e}^{-pt}) \tag{4.44}$$

其中，$p = (1 + K_a K_t K_1)/\tau_1$。由于负载惯量一般比较大，因此很难通过调节电机时间常数τ_1 来调节瞬态响应，而是最好通过增大 K_a 来调节系统的瞬态响应。当 $K_a K_t K_1 \gg 1$ 时，可以得到系统响应的近似式为

$$\omega(t) \approx \frac{1}{K_t}(k_2 E)\left[1 - \exp\left(\frac{-(K_a K_t K_1)t}{\tau_1}\right)\right] \tag{4.45}$$

在典型的实际应用场合，如果开环系统的极点可能是 $1/\tau_1=0.10$，那么闭环极点至少可以达到 $(K_aK_tK_1)/\tau_1=10$。由此可见，闭环系统的响应速度是开环系统的 100 倍。需要指出的是，为了得到较大的增益 $K_aK_tK_1$，放大器增益 K_a 必须保持相当大的值，而且电机的电枢电压信号和相应的扭矩信号也会比开环运行时大得多，因此闭环控制系统需要选用大功率的电机，以便避免电机饱和。图 4.13 给出了闭环系统和开环系统的瞬态响应曲线，可以看出，相对而言，闭环系统的瞬态响应要比开环系统的快得多。

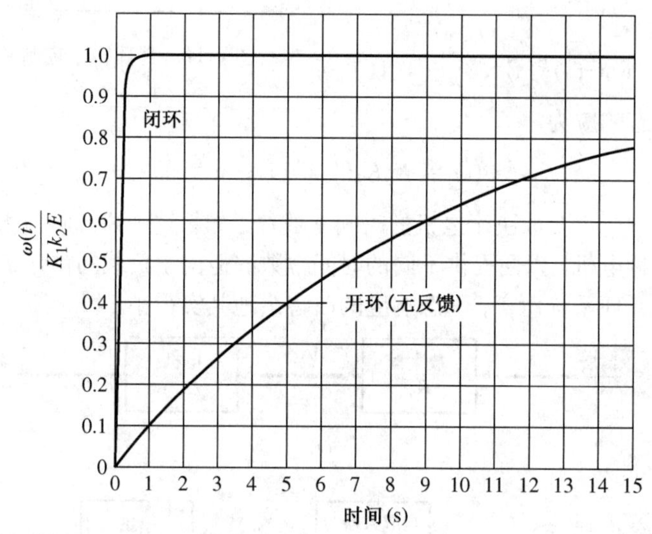

图 4.13　当 $\tau_1=10$ 且 $K_aK_tK_1=100$ 时，开环和闭环转速控制系统的响应。达到系统 98% 最终值的时间分别为 40 s(开环)和 0.4 s(闭环)

分析本例的转速控制系统时，有必要计算比较一下开环系统和闭环系统的灵敏度。前面已经提及，开环系统对电机常数 K_m 或电位计常数 k_2 的灵敏度均为 1。而闭环系统对电机常数 K_m 的灵敏度为

$$S_{K_m}^T = S_G^T S_{K_m}^G \approx \frac{[s+(1/\tau_1)]}{s+(K_aK_tK_1+1)/\tau_1}$$

当使用前述的典型值，即 $\tau_1=10$ 且 $K_aK_tK_1=100$ 时，闭环系统对电机常数 K_m 的灵敏度为

$$S_{K_m}^T \approx \frac{(s+0.10)}{s+10}$$

由此可见，灵敏度是 s 的函数，随着系统工作频率的变化而变化，必须在不同的频率范围内分析系统的灵敏度。这种频率分析方法比较直接，但只能留待后续章节再进行详细讨论。此处仅仅采用一个简单的例子加以说明。例如，当系统工作频率较低，如 $s=j\omega=j1$ 时，灵敏度 $S_{K_m}^T$ 的幅值近似等于 0.1。

4.6　稳态误差

反馈控制系统为控制工程师提供了展示才智的舞台，使得他们有能力调节系统的瞬态响应，并显著降低系统的灵敏度及系统干扰的影响。更进一步，本节将分析比较开环和闭环系统的稳态误差。所谓**稳态误差**，指的是瞬态响应消失之后，系统的持续响应与预期响应的误差。

当干扰信号 $T_d(s)=0$ 时，图 4.3 所示开环系统的误差为

$$E_0(s) = R(s) - Y(s) = (1 - G_c(s)G(s))R(s) \tag{4.46}$$

图 4.4 给出了对应的闭环系统。当干扰信号和测量噪声均为零，即 $T_d(s) = N(s) = 0$，且反馈回路 $H(s) = 1$ 时，得到的误差为

$$\boxed{E_c(s) = \frac{1}{1 + G_c(s)G(s)}R(s)} \tag{4.47}$$

利用终值定理

$$\lim_{t\to\infty} e(t) = \lim_{s\to 0} sE(s) \tag{4.48}$$

来计算稳态误差。因此，当输入为单位阶跃信号时，开环系统的稳态误差为

$$\begin{aligned} e_o(\infty) &= \lim_{s\to 0} s(1 - G_c(s)G(s))\left(\frac{1}{s}\right) = \lim_{s\to 0}(1 - G_c(s)G(s)) \\ &= 1 - G_c(0)G(0) \end{aligned} \tag{4.49}$$

而闭环系统的稳态误差为

$$e_c(\infty) = \lim_{s\to 0} s\left(\frac{1}{1 + G_c(s)G(s)}\right)\left(\frac{1}{s}\right) = \frac{1}{1 + G_c(0)G(0)} \tag{4.50}$$

$G_c(s)G(s)$ 在 $s=0$ 时的取值称为直流增益（或开环增益），通常情况下，直流增益都会远远大于 1，因此开环控制系统的稳态误差比较大。相对而言，由于此时的直流增益 $L(0) = G_c(0)G(0)$ 也会比较大，因此闭环系统的稳态误差将会小得多。

由式(4.49)可以看出，只要调节和校准系统的直流增益，使得 $G_c(0)G(0) = 1$，那么开环系统的稳态误差也会为零。这样自然有人会问，既然如此，在稳态误差控制方面，闭环系统还有什么优势可言？要回答这个问题，必须回到系统对受控对象参数不确定性的灵敏度这个概念本身。对于开环控制系统而言，固然可以调整和校准系统的$G(s)$，使$G_c(0)G(0) = 1$，但在系统运行过程中，由于环境的变化，$G(s)$的参数将不可避免地发生变化，从而使直流增益可能不再等于 1。由于这是开环控制系统，如果不重新调整和校准 $G(s)$，其稳态误差将不再为零。相对而言，闭环反馈系统却能够持续监控稳态误差，并产生执行信号使之趋于零。考虑到系统容易受到参数漂移、环境变化和校正误差的影响，因此，从控制稳态误差的角度出发，引入负反馈也是非常有益的。

闭环系统的优点之一是能够减小由于参数变化和校准误差导致的系统稳态误差。下面用实例加以说明。假定某单位负反馈系统受控对象和控制器的传递函数为

$$G(s) = \frac{K}{\tau s + 1}, \qquad G_c(s) = \frac{K_a}{\tau_1 s + 1} \tag{4.51}$$

这可能表示的是热力控制对象，也可能表示的是电压稳压器或水位控制对象。可以用单位阶跃信号作为一种典型的预期输入，即有 $R(s) = 1/s$，当 $R(s)$ 和 KK_a 具有匹配的量纲单位时，由式(4.49)可以得到，开环系统的稳态误差为

$$e_o(\infty) = 1 - G_c(0)G(0) = 1 \quad KK_a \tag{4.52}$$

而闭环系统的误差为

$$E_c(s) = R(s) - T(s)R(s)$$

其中，$T(s) = G_c(s)G(s)/(1 + G_c(s)G(s))$。于是，稳态误差为

$$e_c(\infty) = \lim_{s\to 0} s\{1 - T(s)\}\frac{1}{s} = 1 - T(0)$$

于是有

$$e_c(\infty) = 1 - \frac{KK_a}{1 + KK_a} = \frac{1}{1 + KK_a} \tag{4.53}$$

调整系统增益使 $KK_a = 1$，的确可以使开环控制系统的稳态误差为零。而对于闭环系统而言，只要使系统增益 K_a 保持较大的取值，就能使系统具有较小的稳态误差。例如，当 $KK_a = 100$ 时，稳态误差 $e_c(\infty)$ 为 1/101。

如果受控对象增益 K 发生了漂移或改变，变化量为 ΔK 且 $\Delta K/K = 0.1$，即增益 K 变化了 10%，则开环系统稳态误差的变化量为 $|\Delta e_o(\infty)| = 0.1$，误差占标称输出值的百分比为

$$\frac{\Delta e_o(\infty)}{|r(t)|} = \frac{0.10}{1} \tag{4.54}$$

相对而言，当受控对象增益同样以 $\Delta K/K = 0.1$ 的比例减小后，闭环系统的稳态误差变为 $e_c(\infty) = 1/91$。稳态误差的变化量为

$$\Delta e_c(\infty) = \frac{1}{101} - \frac{1}{91} \tag{4.55}$$

其相对变化量仅为

$$\frac{\Delta e_c(\infty)}{|r(t)|} = 0.0011 \tag{4.56}$$

与开环系统稳态误差的相对变化量相比，闭环系统稳态误差的相对变化量减小了约两个数量级，由此可见，反馈环节显著改善了系统的稳态性能。

4.7 反馈的代价

我们已经讨论了在控制系统中引入反馈环节的诸多优点。凡事皆有两面性，在控制系统中引入反馈也需要付出一定的代价。引入反馈的第一个明显的代价是增加了**部件**的数量，提高了系统的**复杂度**。在设计实现反馈环节时，必须在系统中增加一些反馈器件，其中最为关键的是测量器件(如传感器)，而且，在控制系统中，传感器往往是最昂贵的器件。此外，传感器自身特性决定了必然会产生测量噪声。

引入反馈的第二个代价是**增益的损失**。比如，对一个单环系统而言，开环增益为 $G_c(s)G(s)$，而对应的单位负反馈系统的闭环增益则缩减到 $G_c(s)G(s)/(1+G_c(s)G(s))$，仅仅是原来的 $1/(1+G_c(s)G(s))$。实际上，闭环系统对参数变化和干扰的灵敏度也缩减到了开环系统的 $1/(1+G_c(s)G(s))$。这说明，我们宁愿损失一定的开环增益来换取对系统响应的调控能力。

引入反馈的最后一个代价是可能导致系统具有**不稳定性**。即使开环系统是稳定的，相应的闭环系统也可能会失稳。第 6 章将全面完整地讨论闭环系统的稳定性问题。

在动态系统中引入反馈会给设计者带来更多的挑战。但在绝大多数情况下，相对于引入反馈带来的性能改善，引入反馈的代价也就不值得一提了。正因为如此，在设计反馈控制系统时，设计者值得认真考虑由于引入反馈而增加的复杂性和稳定性问题。

归根结底，我们总是希望系统的输出 $Y(s)$ 等于输入 $R(s)$。那么，在设计开环控制系统时，为什么不直接令传递函数 $G_c(s)G(s)=1$ 呢(令 $T_d(s)=0$，见图 4.3)？换句话说，为什么不直接令控制器传递函数 $G_c(s)$ 等于 $G(s)$ 的倒数呢？回想一下，$G(s)$ 描述了实际的物理受控对象，并且受控对象的动态特性并不会直接、准确地在传递函数中得以表达，答案就很明显了。因此，我们

实际上很难准确地做到 $G_c(s)G(s)=1$。此外，还会产生其他问题，因此并不建议像这样来设计开环控制系统。

4.8 设计实例

本节给出了两个实例，分别为英吉利海峡海底隧道钻机和麻醉时的血压控制系统。其中，英吉利海峡海底隧道钻机着重说明如何利用反馈来衰减干扰信号。血压控制实例对控制系统设计进行了更深入一些的说明，由于很难根据单纯的生理和物理理论来建立患者的传递函数模型，因此该实例讨论了基于测量数据来建立患者模型的方法。这些实例充分说明了反馈环节对系统性能的提升作用。

例4.2　英吉利海峡海底隧道钻机

连接法国和英国的英吉利海峡海底隧道长23.5 mi，最深处位于海平面以下200 ft①。该隧道是英国与欧洲大陆的主要连接通道，将伦敦到巴黎的海峡隧道火车(即所谓的High Speed 1)行车时间缩短为2.25 h。

钻机分别从海峡两端向中间推进，并在海峡的中间对接。为了能够准确地对接，施工时使用了一个激光导引系统来保持钻机的精准指向。钻机的控制模型如图4.14所示，其中 $Y(s)$ 是钻机向前的实际角度，$R(s)$ 是预期角度，负载对钻机的影响采用干扰信号 $T_d(s)$ 表示。

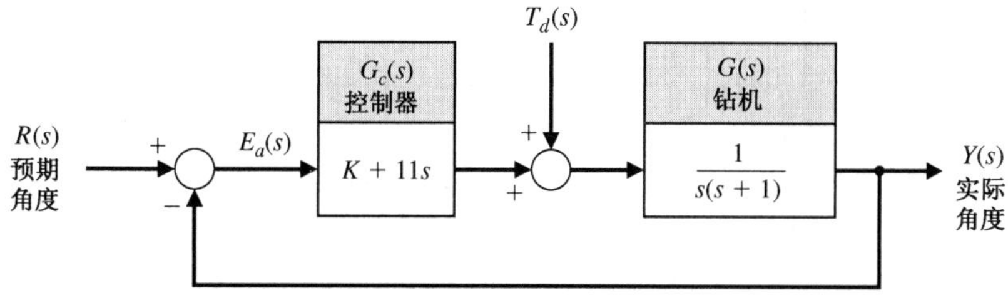

图4.14　钻机控制系统的框图模型

设计目标是选择增益 K 的合适取值，使钻机对输入角度的响应满足工程要求，并且使干扰信号引起的误差最小。由图4.14可以得到，系统对预期角度输入 $R(s)$ 和干扰信号 $T_d(s)$ 的输出响应为

$$Y(s)=\frac{K+11s}{s^2+12s+K}R(s)+\frac{1}{s^2+12s+K}T_d(s) \tag{4.57}$$

为了降低干扰的影响，我们希望增益 $K>10$。当选择增益 $K=100$ 且 $T_d(s)=0$ 时，可以得到钻机系统对单位阶跃输入信号 $r(t)$ 的响应曲线，如图4.15(a)所示。当输入 $r(t)=0$ 且假定干扰为单位阶跃信号时，又可以确定系统对干扰的响应曲线 $y(t)$，如图4.15(b)所示。由此可见，干扰对系统的影响非常小。如果选择增益 $K=20$，也可以得到系统对单位阶跃输入信号 $r(t)$ 和单位阶跃干扰信号 $T_d(t)$ 的响应曲线 $y(t)$，如图4.16所示。可以看出，当 $K=100$ 时，系统响应的超调量为22%，调节时间为0.7 s；而当 $K=20$ 时，系统响应的超调量为3.9%，调节时间为0.9 s。

当输入为单位阶跃信号 $R(s)=1/s$ 时，系统的稳态误差为

$$\lim_{t\to\infty}e(t)=\lim_{s\to 0}s\frac{1}{1+\dfrac{K+11s}{s(s+1)}}\left(\frac{1}{s}\right)=0 \tag{4.58}$$

---

① 1 ft(英尺)=0.3048 m。——编者注

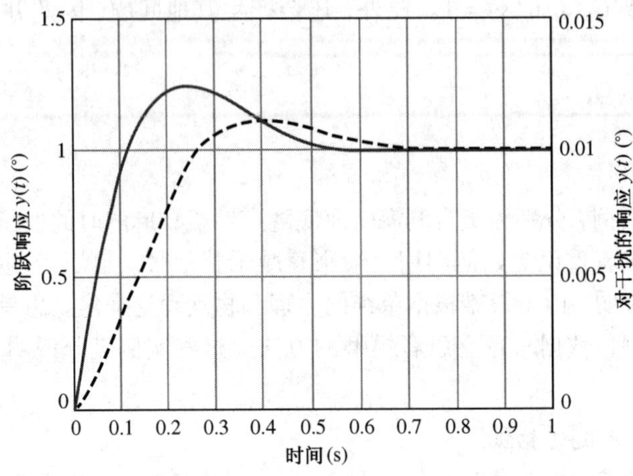

图 4.15 $K=100$ 时系统对单位阶跃输入信号 $r(t)$ 和单位阶跃干扰信号 $T_d(s)=1/s$ 的时间响应曲线 $y(t)$(分别以实线和虚线表示)

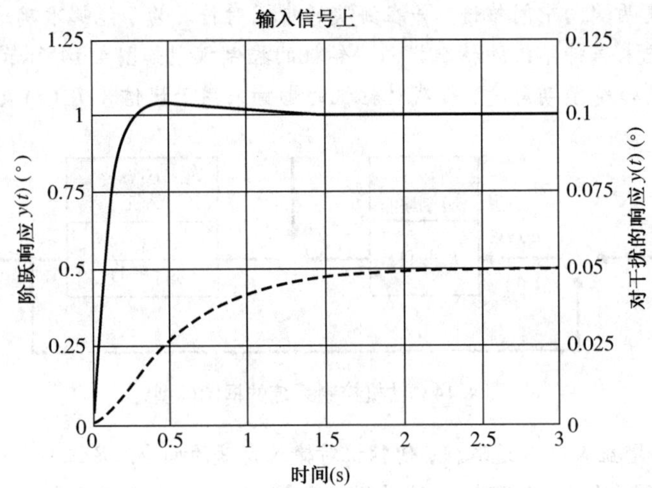

图 4.16 $K=20$ 时系统对单位阶跃输入信号 $r(t)$ 和单位阶跃干扰信号 $T_d(s)=1/s$ 的时间响应曲线 $y(t)$(分别以实线和虚线表示)

当干扰信号为单位阶跃信号 $T_d(s)=1/s$,且预期输入 $r(t)=0$ 时,系统响应 $y(t)$ 的稳态值为

$$\lim_{t\to\infty} y(t) = \lim_{s\to 0}\left[\frac{1}{s(s+12)+K}\right] = \frac{1}{K} \tag{4.59}$$

由此可以得到,当 $K=100$ 和 $K=20$ 时,系统对干扰信号的稳态响应值分别为 0.01 和 0.05。

最后,分析系统对受控对象 $G(s)$ 变化的灵敏度,由灵敏度定义式(4.12)可以得到

$$S_G^T = \frac{s(s+1)}{s(s+12)+K} \tag{4.60}$$

当系统工作在低频段($|s|<1$),且增益 $K\geqslant 20$ 时,灵敏度可以近似为

$$S_G^T \approx \frac{s}{K} \tag{4.61}$$

由此可见,增益 K 增加时,系统的灵敏度将会降低。因此,作为综合考虑了多方面因素的折中结果,最终应该选择增益 $K=20$。

例 4.3　麻醉过程中的血压控制

麻醉的目的是使患者暂时降低疼痛感、弱化意识和本能反应的能力，从而确保安全实施外科手术。早在 150 年前，人们就开始尝试采用酒精、鸦片和大麻等作为麻醉药物，但效果都不理想[23]。这些麻醉药物既无法完全缓解疼痛的强度，也不能缩减疼痛的持续时间。给药量过小，患者的疼痛无法缓解；给药量过大，患者可能进入昏迷状态，甚至死亡。直到 19 世纪 50 年代，美国成功地将乙醚作为麻醉药品应用于拔牙过程；随后，人们又开发出了很多类似的麻醉药品，如氯仿和笑气(一氧化二氮)等，都取得了良好的麻醉效果。

目前的手术中，由麻醉师控制患者的麻醉深度。麻醉师根据一些关键的生理参数，如血压、心率、体温、血氧含量和呼出二氧化碳量等测量值，来确定麻醉的深度。为了确保患者的安全，在整个手术过程中，必须确保患者处于特定的麻醉深度。因此，如果能够设计出相关的控制设备，帮助麻醉师自动调节患者的麻醉深度，就可以降低麻醉师的工作强度。麻醉师也就能够用更多的精力去关注其他难以自动执行的工作。这对于确保患者的安全是非常有益的。这是一个全程人机交互的自动控制的例子。显然，最终的目标是确保患者的安全，因此控制目标是开发一个能够自动调节患者麻醉深度的控制系统，开发这样的系统是控制工程师的职责。而实际上，这个系统已经是临床中的常用设备之一[24, 25]。

接下来讨论如何度量麻醉深度。在许多麻醉师看来，平均动脉压(Mean Arterial Pressure，MAP)是麻醉深度最为可靠的表征指标[26]。麻醉师通过监控 MAP 的水平来确定患者应该注入的麻醉剂剂量。基于麻醉师的临床经验以及操作规程，可以将平均动脉压作为受控变量。

图 4.17 给出了血压控制系统设计的基本流程，并用阴影突出显示了本例重点强调的设计模块。从控制系统设计的角度出发，控制目标可以进一步具体定义如下。

控制目标　将 MAP 调节到任意预期设定的水平，并在存在干扰信号的情况下，将 MAP 维持在预期设定的水平。

由上述控制目标出发，我们可以得出本实例中的如下受控变量。

受控变量　MAP。

设计一个能够临床应用的麻醉深度控制系统，其基础性工作是首先提出一些符合实际的性能指标设计要求。而且总而言之，控制系统应该在满足设计指标要求的前提下，尽量降低系统的复杂程度。通常情况下，系统复杂度越低，设计成本就越低，而可靠性则越高。

闭环控制系统应该能够快速平稳地响应 MAP 设定水平的(由麻醉师设定)变化，并且不会出现过高的超调量。此外，闭环系统还应该能够将干扰信号的影响降至最低。在本例中，干扰信号分为两类，分别为手术干扰信号和测量误差。例如，表皮切口就是一种手术干扰信号，表皮上的一个切口能够使 MAP 快速地增加 10 mmHg①[26]；而仪器校准误差和随机误差等则为测量误差。需要指出的是，本例要求的是一个能够适用于不同患者的闭环控制系统，而实际上，我们无法针对每个患者都建立一个单独的模型，因此必须要求该闭环控制系统对受控对象(患者)的变化不灵敏，也就是说，针对不同的患者，该系统都必须满足性能指标设计要求。

根据临床经验[24]，我们将该系统的控制指标具体归纳为以下几点。

---

① 1 mmHg = 133.322 Pa。——编者注

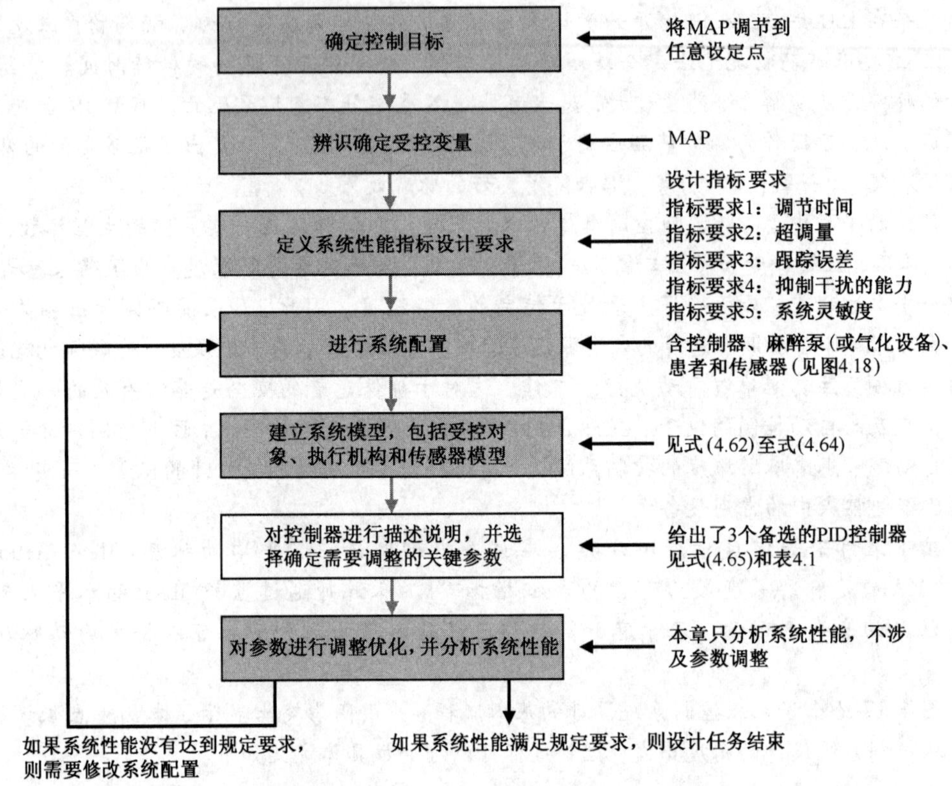

图 4.17　血压控制系统设计流程及重点强调的设计模块

设计指标要求

指标要求 1：当 MAP 的设定水平的变化量为阶跃信号，且幅值为设定水平的 10% 时，系统的调节时间小于 20 min。

指标要求 2：当 MAP 的设定水平的变化量为阶跃信号，且幅值为设定水平的 10% 时，系统的超调量小于 15%。

指标要求 3：当 MAP 的设定水平的变化量为阶跃信号时，系统的稳态跟踪误差为零。

指标要求 4：当手术干扰输入为阶跃信号(幅值为 $|d(t)|\leqslant 50$)时，系统的稳态误差为零，且最大响应范围在 MAP 的设定水平的 ±5% 之内。

指标要求 5：对受控对象(患者)参数变化的灵敏度保持最小。

第 5 章将深入讨论调节时间(指标要求 1)和超调量(指标要求 2)，它们都是系统的时域性能指标。本章关注的主题是指标要求 3、指标要求 4 和指标要求 5，它们分别涉及稳态跟踪误差、干扰抑制能力和系统对参数变化的灵敏度。指标要求 5 所提出的设计要求看起来比较模糊，这正是许多真正的实际系统中，制定系统的性能指标设计要求的特点。在图 4.18 所示的系统配置中，我们将系统分解为控制器、麻醉泵(或气化设备)、传感器和受控对象(患者)。

系统输入信号 $R(s)$ 为预期的 MAP 的变化量，输出 $Y(s)$ 为实际的 MAP 的变化量。控制器利用预期的 MAP 和传感器测量得到的 MAP 之差作为控制信号，以调整麻醉泵(或气化设备)向患者输入的麻醉剂的剂量。

麻醉泵(或气化设备)的控制模型由其机械结构决定。为了便于分析，此处采用一个非常简

单的麻醉泵(或气化设备)模型，其麻醉剂输出速率直接等于在输入端设定的阀门开度，即

$$\dot{u}(t) = v(t)$$

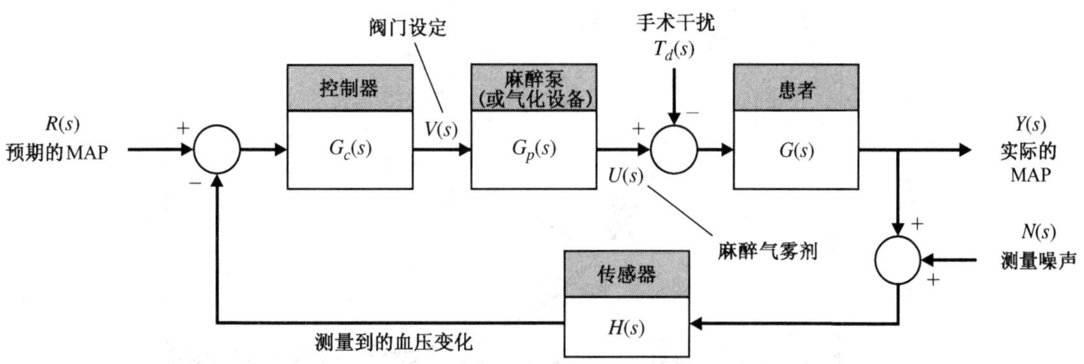

图 4.18　血压控制系统的配置

由此可以得到麻醉泵(或气化设备)的传递函数为

$$G_p(s) = \frac{U(s)}{V(s)} = \frac{1}{s} \tag{4.62}$$

这就意味着，从输入/输出的角度来看，麻醉泵(或气化设备)的脉冲响应为

$$h(t) = 1,\quad t \geqslant 0$$

相对于麻醉泵(或气化设备)建模，患者的建模过程就要复杂得多。主要原因在于很难获取患者(尤其是重症患者)的生理系统模型，也很难根据患者新陈代谢的物理规律进行建模。即使建立了类似的模型，那也一定是一种多输入-多输出的非线性时变模型。我们只研究单输入-单输出的线性时不变模型，在此前提下，这样的模型是不适用的。

换一个角度来思考，我们将患者视为一个物理系统，就可以利用脉冲响应的概念来建立其输入-输出关系。如果限定 MAP 只在其设定水平(例如 100 mmHg)附近微小波动，就可以认为 MAP 的变化量的波动规律将呈现出线性时不变特性。实际上，这一假设条件与系统的设计目标也是完全吻合的，即系统必须将患者的 MAP 维持在一定的水平。文献[27]已经成功利用脉冲响应方法建立了患者对麻醉气雾剂的响应模型。

假定我们已经利用黑箱方法获取了某个患者的脉冲响应曲线，如图 4.19 所示。需要指出的是，由于麻醉气雾剂在被患者吸收后，需要一定的时间才能发挥作用，因此患者的脉冲响应其实还会存在一定的时延。我们暂时忽略时延环节，但必须时刻记住，系统的确存在时延环节，并需要在合适的时机将其加入系统设计中。后续章节将讨论如何处理系统的时延环节。

对于图 4.19 所示的测量数据，理想的脉冲响应拟合曲线为

$$y(t) = t\mathrm{e}^{-pt} \qquad t \geqslant 0$$

其中 $p=2$，时间 t 的单位为 min。参数 p 与患者有关，不同患者的参数 p 也不同。对上式进行拉普拉斯变换，可以得到系统的传递函数为

$$G(s) = \frac{1}{(s+p)^2} \tag{4.63}$$

假定传感器处于理想工作状态，无测量噪声，其传递函数为

$$H(s) = 1 \tag{4.64}$$

于是，我们得到了一个单位负反馈控制系统。

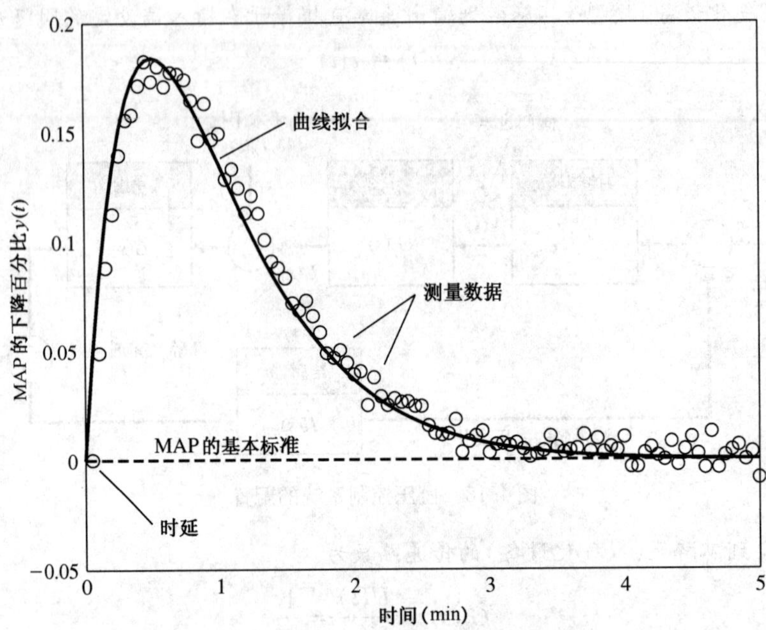

图 4.19 某个病人的 MAP 脉冲响应曲线

对于该系统而言，采用比例-积分-微分(PID)控制器较为合适，其传递函数为

$$G_c(s)=K_P+sK_D+\frac{K_I}{s}=\frac{K_Ds^2+K_Ps+K_I}{s} \tag{4.65}$$

其中，K_P，K_D 和 K_I 为控制器的增益，需要根据控制系统设计指标要求来确定。这些增益的选择确定过程如下所示。

选择关键的调节参数 控制器增益 K_P，K_D 和 K_I

首先考虑系统的稳态误差。系统的跟踪误差为[见图 4.18，并令 $T_d(s)=0$，$N(s)=0$]

$$E(s)=R(s)-Y(s)=\frac{1}{1+G_c(s)G_p(s)G(s)}R(s)$$

或

$$E(s)=\frac{s^4+2ps^3+p^2s^2}{s^4+2ps^3+(p^2+K_D)s^2+K_Ps+K_I}R(s)$$

其中，$R(s)$ 为幅值为 R_0 的阶跃输入信号，即 $R(s)=R_0/s$。由终值定理，可以得到系统的稳态跟踪误差为

$$\lim_{s\to 0}sE(s)=\lim_{s\to 0}\frac{R_0(s^4+2ps^3+p^2s^2)}{s^4+2ps^3+(p^2+K_D)s^2+K_Ps+K_I}=0$$

即有

$$\lim_{t\to\infty}e(t)=0$$

由此可见，对于 PID 控制器而言，只要增益 K_P，K_D 和 K_I 的值不为零，在阶跃输入条件下，系统的稳态跟踪误差就总是为零。是 PID 控制器中的积分环节 K_I/s 保证了系统对单位阶跃输入的稳态跟踪误差为零。这样就自然满足了指标要求 3。

再来考虑阶跃干扰信号的影响。要求系统对阶跃干扰信号的稳态响应 $Y(s)$ 为零。令 $R(s)=N(s)=0$，可以得到系统输出响应 $Y(s)$ 与干扰信号 $T_d(s)$ 之间的传递函数为

$$Y(s)=\frac{-G(s)}{1+G_c(s)G_p(s)G(s)}T_d(s)=\frac{-s^2}{s^4+2ps^3+(p^2+K_D)s^2+K_Ps+K_I}T_d(s)$$

干扰信号 $T_d(s)$ 是幅值为 D_0 的阶跃信号，即

$$T_d(s)=\frac{D_0}{s}$$

于是，由终值定理可以得到

$$\lim_{s\to 0}sY(s)=\lim_{s\to 0}\frac{-D_0s^2}{s^4+2ps^3+(p^2+K_D)s^2+K_Ps+K_I}=0$$

因此，有

$$\lim_{t\to\infty}y(t)=0$$

由此可见，当干扰信号为 D_0 的阶跃信号时，系统的稳态输出为零，指标要求 4 得到了满足。

闭环传递函数 $T(s)$ 对参数 p 变化的灵敏度为

$$S_p^T=S_G^TS_p^G$$

其中

$$S_p^G=\frac{\partial G(s)}{\partial p}\cdot\frac{p}{G(s)}=\frac{-2p}{s+p}$$

$$S_G^T=\frac{1}{1+G_c(s)G_p(s)G(s)}=\frac{s^2(s+p)^2}{s^4+2ps^3+(p^2+K_D)s^2+K_Ps+K_I}$$

故有

$$S_p^T=S_G^TS_p^G=-\frac{2p(s+p)s^2}{s^4+2ps^3+(p^2+K_D)s^2+K_Ps+K_I}\tag{4.66}$$

我们必须分析系统在不同工作频率点上的灵敏度 S_p^T。当系统工作在低频段时，系统的灵敏度 S_p^T 可以近似为

$$S_p^T\approx\frac{2p^2s^2}{K_I}$$

在低频段，当参数 p 给定之后，增大 PID 控制器的积分项增益 K_I 能够降低灵敏度 S_p^T。表 4.1 给出了 PID 增益的 3 组取值，当参数 $p=2$ 时，利用这 3 组 PID 增益，图 4.20 分别绘制了控制器灵敏度 S_p^T 的幅值与系统频率的曲线。可以看出，当采用增益为 $K_P=6$，$K_D=4$ 和 $K_I=4$ 的 PID 3 时，该控制器的积分项增益 K_I 最大，而低频段的灵敏度 S_p^T 最小。此外，随着频率的增加，系统灵敏度的幅值也随之增大，而且控制器 PID 3 的峰值灵敏度也是最大的。

表 4.1 PID 控制器增益和系统性能指标结果

PID	K_P	K_D	K_I	输入响应的超调量(%)	调节时间(min)	干扰响应的超调量(%)
1	6	4	1	14.0	10.9	5.25
2	5	7	2	14.2	8.7	4.39
3	6	4	4	39.7	11.1	5.16

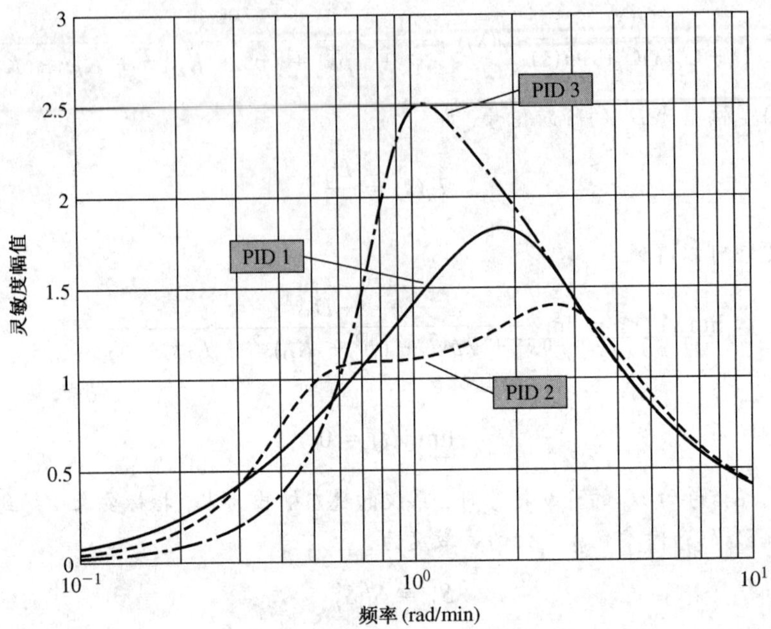

图 4.20 系统对参数 p 变化的灵敏度

接下来分析系统的瞬态响应。假定患者的 MAP 水平需要降低 10%，则系统输入 $R(s)$ 是幅值为 10 的阶跃信号，即

$$R(s) = \frac{R_0}{s} = \frac{10}{s}$$

针对这个阶跃输入信号，采用表 4.1 给出的 3 个 PID 控制器之后，系统的响应如图 4.21 所示。可以看出，PID 1 和 PID 2 能够满足调节时间(指标要求 1)和超调量(指标要求 2)的指标要求，而 PID 3 的超调量较大，超过了指标要求。所谓超调量，是指系统输出中超出预期稳态响应的部分。此处，系统的预期稳态响应为在 MAP 设定水平上降低的 10%。当超调量为 15% 时，MAP 将在设定水平的基础上降低 11.5%，如图 4.21 所示。调节时间是指系统输出达到并维持在预期稳态输出幅值的某个百分比(如 2%)容许范围之内所需要的时间。第 5 章将深入讨论这两个概念。表 4.1 分别给出了与这 3 个 PID 控制器对应的超调量和调节时间。

最后讨论分析系统的干扰响应。前面已建立了系统输出 $Y(s)$ 与干扰信号 $T_d(s)$ 之间的传递函数:

$$Y(s) = \frac{-G(s)}{1 + G_c(s)G_p(s)G(s)} T_d(s)$$
$$= \frac{-s^2}{s^4 + 2ps^3 + (p^2 + K_D)s^2 + K_P s + K_I} T_d(s)$$

为了验证是否满足指标要求 4，取干扰信号为

$$T_d(s) = \frac{D_0}{s} = \frac{50}{s}$$

并分析计算系统对阶跃干扰的响应。上式表明，干扰信号的最大幅值为 50($|T_d(t)| = D_0 = 50$)。由于阶跃干扰的幅值越小($|T_d(t)| = D_0 < 50$)，其输出响应的最大值也就越小，因此，我们只需要考察幅值最大的阶跃干扰信号，就能够确定系统是否满足了指标要求 4 。

采用表 4.1 给出的 3 个 PID 控制器之后，系统对干扰信号的输出响应如图 4.22 所示。可以看出，控制器 PID 2 的最大响应在 MAP 设定水平的 ±5% 的范围内波动，因此能够满足指标要求 4 的要求；而 PID 1 和 PID 3 则稍稍超出了指标要求 4 的要求。这 3 个控制器输出响应的最大值可参见表 4.1。

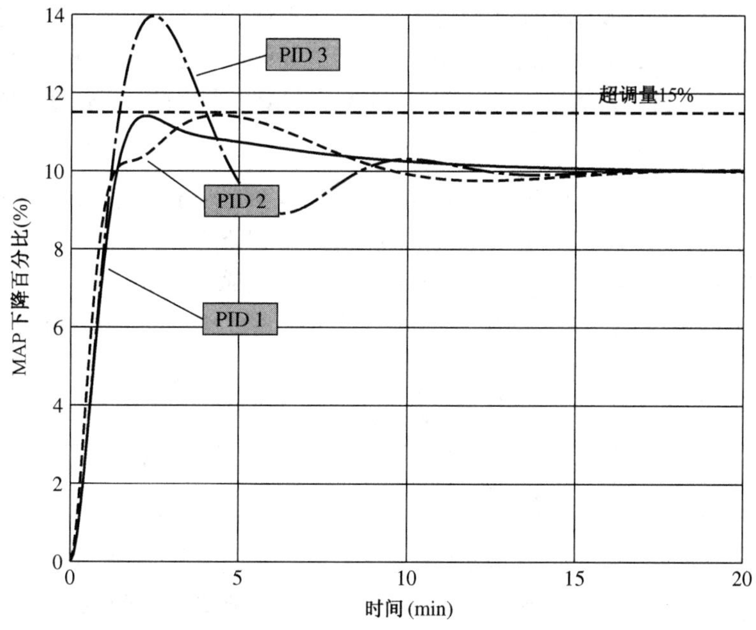

图 4.21　系统对阶跃输入信号 $R(s)=10/s$ 的输出响应（MAP 的变化百分比）

综上所述，在这 3 个 PID 控制器中，只有 PID 2 满足了所有的指标要求，并且对受控对象参数变化的灵敏度也比较合适，因此我们选择 PID 2 作为麻醉深度控制系统的控制器。

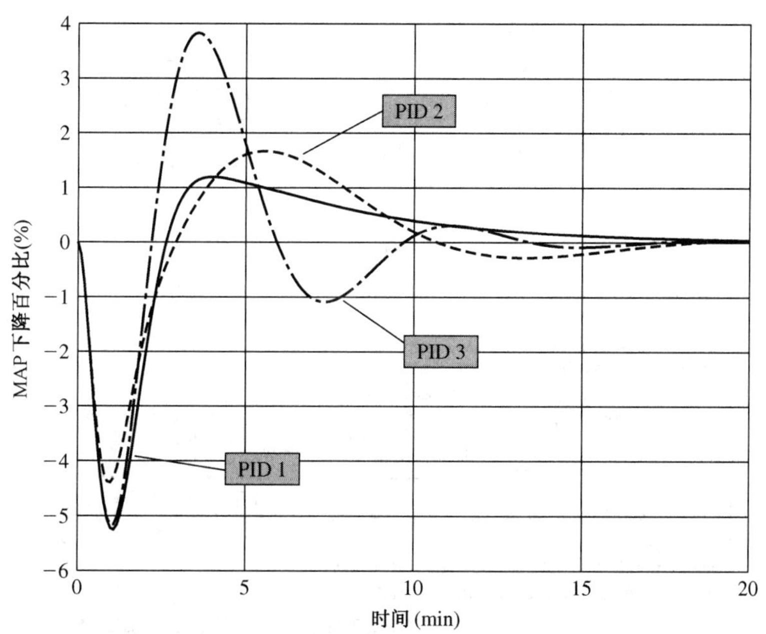

图 4.22　系统对阶跃干扰信号的输出响应（MAP 的变化百分比）

4.9 利用控制系统设计软件分析控制系统的特性

本节用两个实例来说明反馈控制系统的优点。第一个例子是4.5节提到的转速控制系统，用于演示说明引入反馈可以抑制干扰信号；第二个例子是4.8节中的英吉利海峡海底隧道钻机，用于演示说明反馈控制在降低系统灵敏度、调节瞬态响应和减小系统稳态误差方面的优势。

例4.4 转速控制系统

电枢控制式直流电机的开环框图模型如图4.8所示，其中包括了负载扭矩干扰信号 $T_d(s)$。各个元件的参数值则由表4.2给出。该系统有两个输入信号，分别为 $V_a(s)$ 和 $T_d(s)$。根据线性系统的叠加原理，我们可以单独分析其中的每个信号。当分析干扰信号对系统的影响时，可以令 $V_a(s)=0$，只考虑系统在干扰信号 $T_d(s)$ 的作用下的输出；反之，当分析参考输入信号对系统的影响时，可以令 $T_d(s)=0$，只考虑参考输入信号 $V_a(s)$。

表4.2 转速计控制系统的参数

R_a	K_m	J	b	K_b	K_a	K_t
1 Ω	10 Nm/A	2 kg·m²	0.5 N·m·s	0.1 V·s	54	1 V·s

闭环转速控制系统的框图模型如图4.9所示，其中参数 K_a 和 K_t 的取值由表4.2给出。

如果系统具有良好的干扰抑制能力，就可以期待干扰信号 $T_d(s)$ 对输出 $\omega(s)$ 只有很小的影响。首先考虑图4.8所示的开环系统，利用控制系统分析软件计算 $T_d(s)$ 与 $\omega(s)$ 之间的传递函数，并在干扰为单位阶跃信号，即 $T_d(s)=1/s$ 时，计算系统的输出响应。开环系统对单位阶跃干扰的响应曲线如图4.23(a)所示，所用的m脚本程序如图4.23(b)所示。

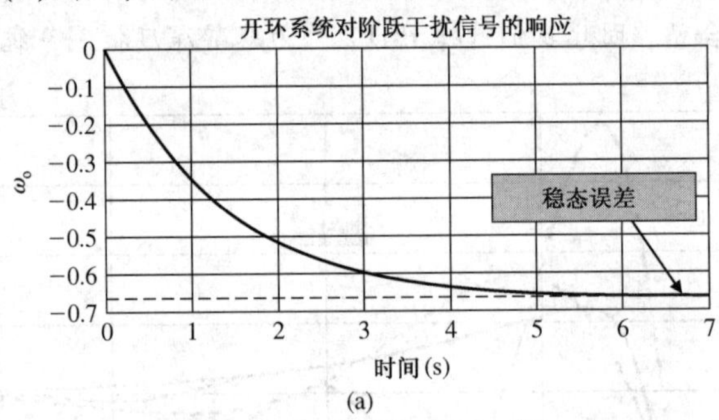

(a)

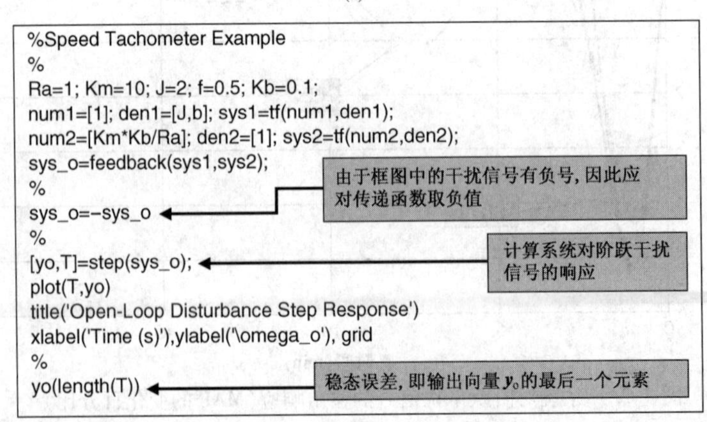

```
%Speed Tachometer Example
%
Ra=1; Km=10; J=2; f=0.5; Kb=0.1;
num1=[1]; den1=[J,b]; sys1=tf(num1,den1);
num2=[Km*Kb/Ra]; den2=[1]; sys2=tf(num2,den2);
sys_o=feedback(sys1,sys2);
%
sys_o=-sys_o
%
[yo,T]=step(sys_o);
plot(T,yo)
title('Open-Loop Disturbance Step Response')
xlabel('Time (s)'),ylabel('\omega_o'), grid
%
yo(length(T))
```


(b)

图4.23 开环转速控制系统性能分析。(a) 系统响应曲线；(b) m脚本程序

由式(4.26)得到的系统的开环传递函数为

$$\frac{\omega(s)}{T_d(s)} = \frac{-1}{2s+1.5} = \text{sys\_o}$$

在 m 脚本程序中，sys_o 表示开环传递函数对象。由于参考输入信号 $V_a(s)=0$，系统输出响应 $\omega(t)$ 中的预期成分应该为零，因此开环系统响应 $\omega(t)$ 的终值就是干扰导致的系统稳态误差，此处将其记为$\omega_o(t)$，下标“o”表示开环系统。图 4.23(a) 所示的干扰响应曲线表明，系统的稳态误差近似等于 $t=7$ s 时的转速。绘制图 4.23(a) 所示的干扰响应曲线时，m 脚本程序已经计算得出了输出向量$\boldsymbol{y}_o$，因此系统稳态误差的近似值就是输出向量的最后一个元素。$\omega_o(t)$ 近似的稳态值为

$$\omega_0(\infty) \approx \omega_0(7) = -0.66 \text{ rad/s}$$

由图 4.23(a) 可以看出，系统的确达到了稳态值。

类似地，针对闭环系统，也是先计算 $T_d(s)$ 与 $\omega(s)$ 之间的传递函数，再计算系统对单位阶跃干扰信号的输出响应 $\omega(t)$。系统的干扰响应曲线与所用的 m 脚本程序如图 4.24 所示。由式(4.30)得到的闭环系统传递函数为

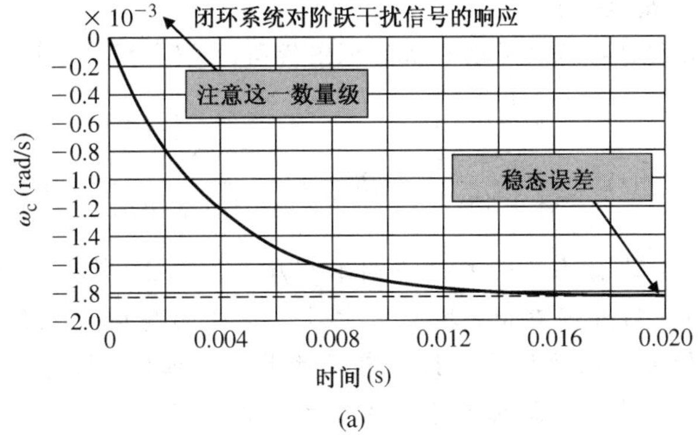

(a)

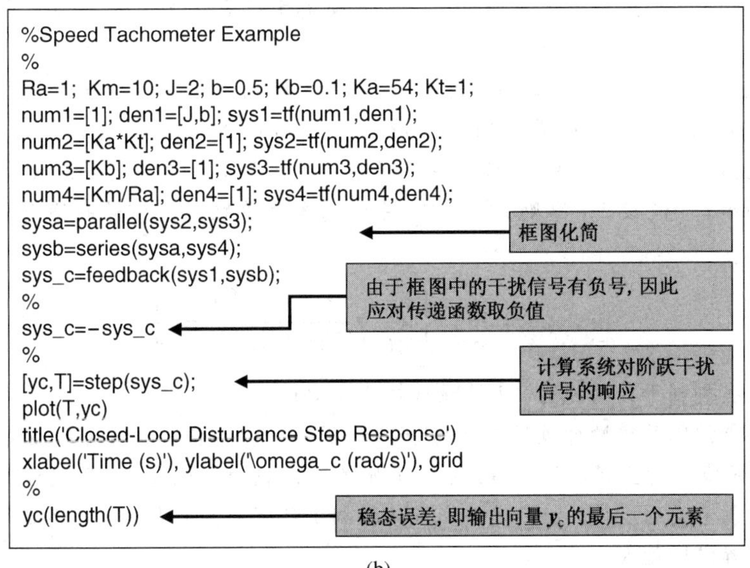

```
%Speed Tachometer Example
%
Ra=1; Km=10; J=2; b=0.5; Kb=0.1; Ka=54; Kt=1;
num1=[1]; den1=[J,b]; sys1=tf(num1,den1);
num2=[Ka*Kt]; den2=[1]; sys2=tf(num2,den2);
num3=[Kb]; den3=[1]; sys3=tf(num3,den3);
num4=[Km/Ra]; den4=[1]; sys4=tf(num4,den4);
sysa=parallel(sys2,sys3);
sysb=series(sysa,sys4);
sys_c=feedback(sys1,sysb);
%
sys_c=-sys_c
%
[yc,T]=step(sys_c);
plot(T,yc)
title('Closed-Loop Disturbance Step Response')
xlabel('Time (s)'), ylabel('\omega_c (rad/s)'), grid
%
yc(length(T))
```


(b)

图 4.24　闭环转速控制系统的性能分析。(a) 系统响应曲线；(b) m 脚本程序

$$\frac{\omega(s)}{T_d(s)}=\frac{-1}{2s+541.5}=\text{sys\_c}$$

同样，$\omega(t)$的终值即为系统的稳态误差。记系统的干扰响应为 $\omega_c(t)$，下标“c”表示闭环系统。于是，可以得到图4.24(a)中的虚线表示的系统稳态误差。绘制图4.24(a)所示的干扰响应曲线时，m脚本程序已经计算了输出向量$\boldsymbol{y}_c$，因此系统稳态误差的近似值同样就是输出向量的最后一个元素。ω_c 的近似稳态值为

$$\omega_c(\infty)\approx\omega_c(0.02)=-0.002\ \text{rad/s}$$

通常，我们希望有$\omega_c(\infty)/\omega_o(\infty)<0.02$。在本例中，闭环系统与开环系统对单位阶跃干扰信号的输出响应的稳态值之比为

$$\frac{\omega_c(\infty)}{\omega_o(\infty)}=0.003$$

由此可见，在开环系统中引入负反馈环节，显著地降低了干扰对输出的影响。这说明闭环反馈系统具备良好的干扰抑制能力。

例4.5 英吉利海峡海底隧道钻机

图4.14给出了英吉利海峡海底隧道钻机的框图模型，式(4.57)给出了涉及两个输入信号的系统传递函数：

$$Y(s)=\frac{K+11s}{s^2+12s+K}R(s)+\frac{1}{s^2+12s+K}T_d(s)$$

控制器增益K对瞬态响应的影响及所用的m脚本程序如图4.25所示。对比分析图4.25(a)和图4.25(b)中的两条曲线后可以看出，增益K越小，系统的超调量也就越小。另一个结论在图4.25中并不明显，但可以利用程序运行的中间结果予以证实，即增益K越小，系统的调节时间越大。这说明反馈控制增益K的确能够调节系统的瞬态响应特性。仅仅从瞬态响应的角度出发，我们认为$K=20$更为合理。但是，在最终确定增益K之前，还必须考虑其他方面的影响因素。

在最终确定增益K之前，有必要分析图4.26给出的系统对单位阶跃干扰信号的响应。可以看出，增大增益K，可以减小系统对单位阶跃干扰的稳态响应$y(t)$。当$K=20$和$K=100$时，$y(t)$的稳态值分别为0.05和0.01。在不同增益下，表4.3总结了系统干扰响应的稳态误差、超调量和调节时间(按2%准则)。其中，系统对单位阶跃干扰信号的稳态响应由终值定理给出：

$$\lim_{t\to\infty}y(t)=\lim_{s\to 0}s\left\{\frac{1}{s(s+12)+K}\right\}\frac{1}{s}=\frac{1}{K}$$

如果仅仅考虑系统抑制干扰的能力，则应该选择$K=100$。

这样就面临着控制系统设计过程常见的“两难”困境。在本例中，增大增益K意味着能够更好地抑制干扰，而减小增益则能改善瞬态性能(如降低系统的超调量)。虽然控制系统设计软件能够辅助完成控制系统的设计，但终究不能代替控制工程师的判断和决策，还必须由设计者根据具体情况来最终确定增益K。

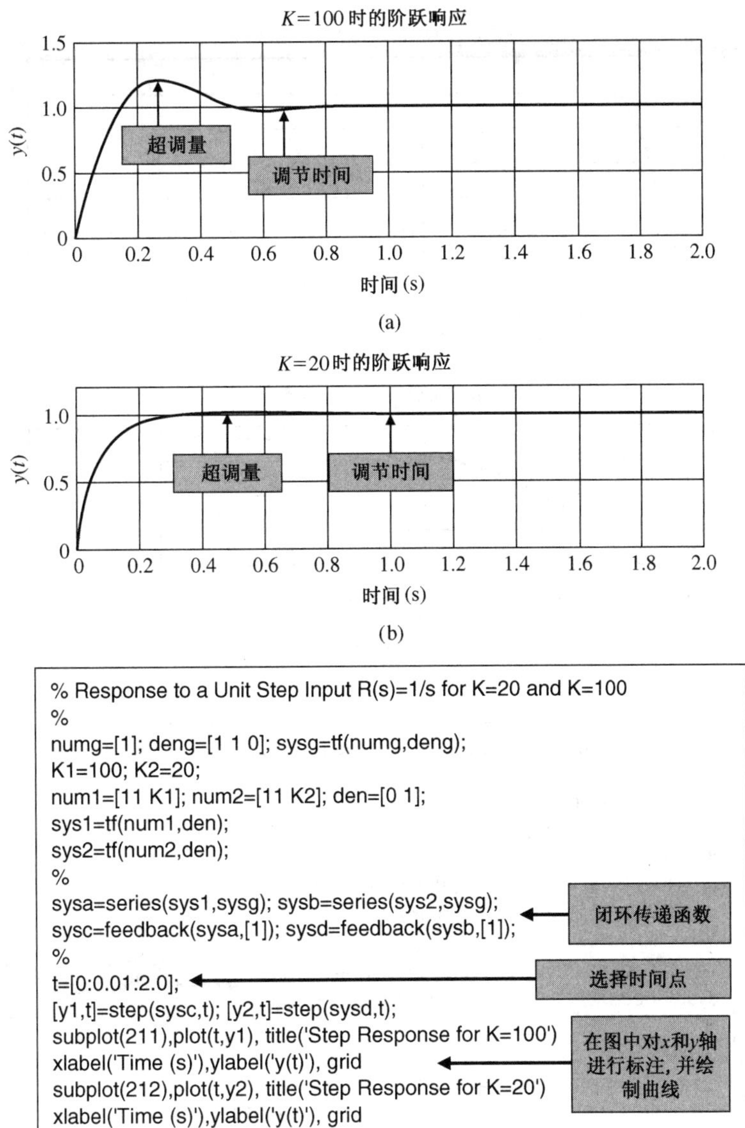

图 4.25　增益 K 取不同值时的系统响应。(a) $K=100$；(b) $K=20$；(c) m 脚本程序

表 4.3　$K=20$ 和 $K=100$ 时钻机控制系统的响应

	$K=20$	$K=100$
阶跃响应：		
超调量 P.O.	4%	22%
调节时间 T_s	1.0 s	0.7 s
干扰响应：		
稳态误差 e_{ss}	5 %	1 %

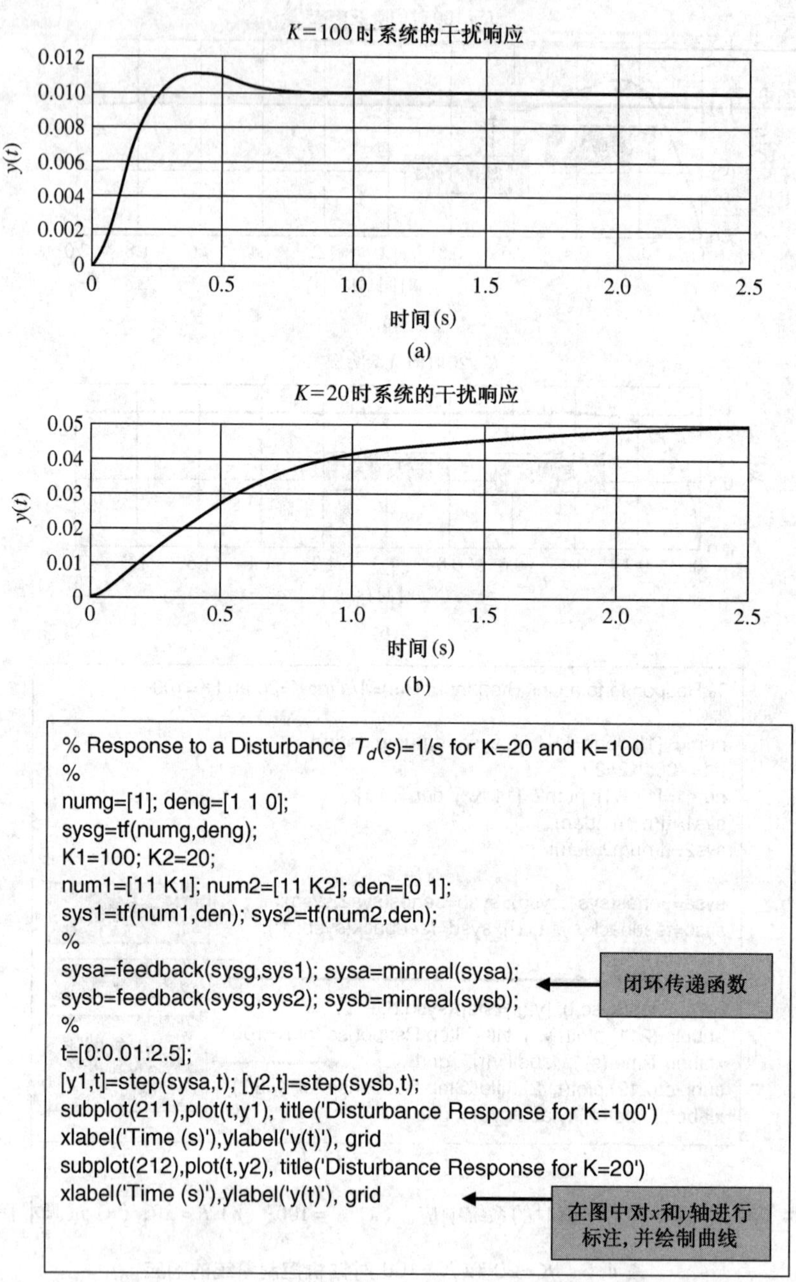

图 4.26 增益 K 取不同值时系统的干扰响应。(a) $K=100$; (b) $K=20$; (c) m 脚本程序

最后,分析系统对受控对象变化的灵敏度,式(4.60)已经给出了系统的灵敏度:

$$S_G^T = \frac{s(s+1)}{s(s+12)+K}$$

利用上式可以计算不同的 s 值所对应的灵敏度 $S_G^T(s)$,并绘制频率-灵敏度曲线。在低频段,系统的灵敏度近似为

$$S_G^T(s) \approx \frac{s}{K}$$

由此可见，增大增益 K 能够降低系统的灵敏度。当 $K=20$ 且 $s=\mathrm{j}\omega$ 时，图 4.27 给出了系统的灵敏度与频率 ω 的之间的关系曲线。

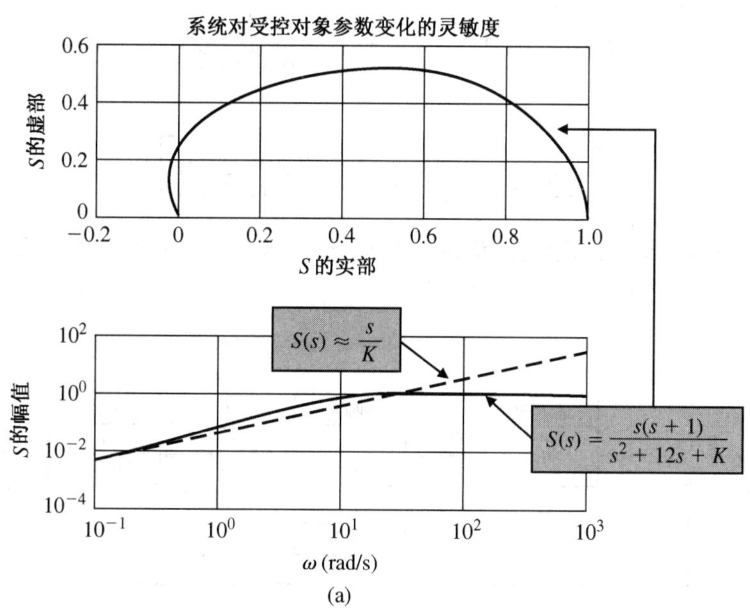

(a)

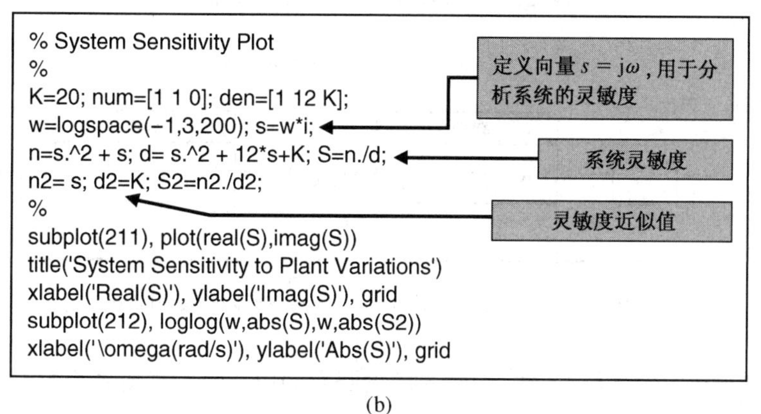

```
% System Sensitivity Plot
%
K=20; num=[1 1 0]; den=[1 12 K];
w=logspace(-1,3,200); s=w*i;
n=s.^2 + s; d= s.^2 + 12*s+K; S=n./d;
n2= s; d2=K; S2=n2./d2;
%
subplot(211), plot(real(S),imag(S))
title('System Sensitivity to Plant Variations')
xlabel('Real(S)'), ylabel('Imag(S)'), grid
subplot(212), loglog(w,abs(S),w,abs(S2))
xlabel('\omega(rad/s)'), ylabel('Abs(S)'), grid
```


(b)

图 4.27　(a) 系统对受控对象参数变化的灵敏度($s=\mathrm{j}\omega$)；(b) m 脚本程序

4.10　循序渐进设计实例——磁盘驱动器读取系统

磁盘驱动器读取系统设计就是一个折中与优化的实例。磁盘驱动器必须能够对磁头进行精确定位，并尽可能降低由于参数变化和外部振动对磁头定位精度造成的影响。机械臂和支撑簧片可能会与外部振动(如笔记本电脑可能受到的振动)产生共振。驱动器可能受到的干扰主要包括物理振动、磁盘转轴轴承的磨损和摆动，以及元器件老化引起的参数变化等。本节将讨论磁盘驱动器对干扰和系统参数变化的响应特性，当调整放大器增益 K_a 时，分析系统对阶跃输入信号的瞬态响应和稳态误差。

考虑图 4.28 给出的闭环系统，该系统的控制器是一个增益可调的放大器。各部件的传递函数如图 4.29 所示。首先，当输入为单位阶跃信号 $R(s)=1/s$，干扰信号为 $T_d(s)=0$ 时，计算磁盘驱动器读取系统的稳态误差。当反馈回路 $H(s)=1$ 时，可以得到跟踪误差 $E(s)$ 为

$$E(s) = R(s) - Y(s) = \frac{1}{1 + K_a G_1(s) G_2(s)} R(s)$$

于是

$$\lim_{t \to \infty} e(t) = \lim_{s \to 0} s \left[\frac{1}{1 + K_a G_1(s) G_2(s)} \right] \frac{1}{s} \tag{4.67}$$

由此可见，系统对阶跃输入的稳态跟踪误差为零，即 $e(\infty)=0$。这个结论与系统参数无关，无论参数取何值，结论都成立。

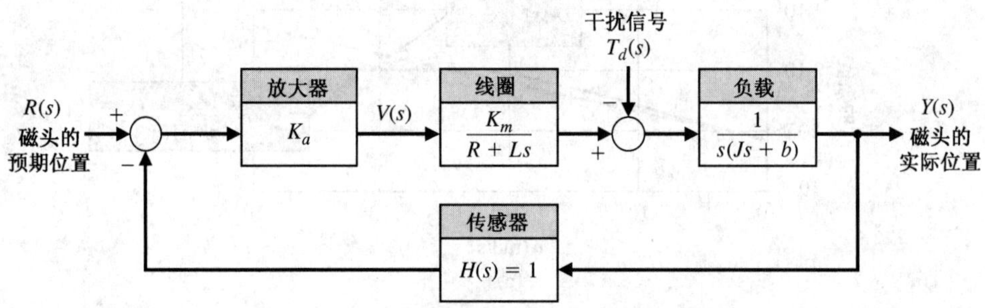

图 4.28 磁盘驱动器的磁头控制系统

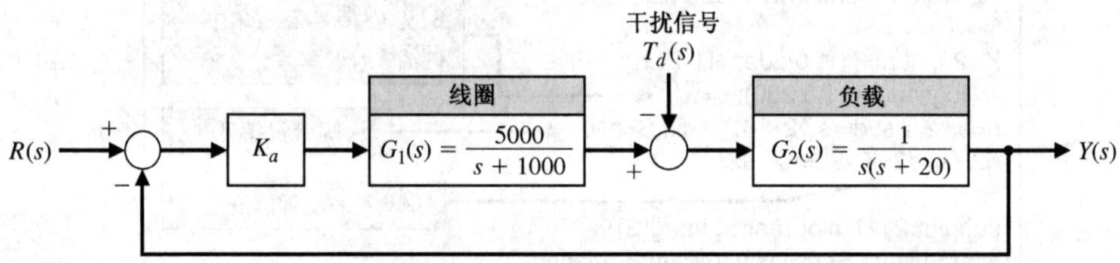

图 4.29 利用典型参数值确定了传递函数的磁头控制系统

接下来，当调整放大器增益 K_a 时，分析系统的瞬态响应。令干扰信号 $T_d(s)=0$，系统的闭环传递函数为

$$T(s) = \frac{Y(s)}{R(s)} = \frac{K_a G_1(s) G_2(s)}{1 + K_a G_1(s) G_2(s)} = \frac{5000\,K_a}{s^3 + 1020s^2 + 20\,000s + 5000K_a} \tag{4.68}$$

运行图 4.30(a)所示的 m 脚本程序，当 $K_a=10$ 和 $K_a=80$ 时，可以分别得到系统的瞬态响应，如图 4.30(b)所示。可以看出，当 $K_a=80$ 时，系统对输入指令的响应速度明显更快，但响应过程中出现了不可接受的振荡。

再来分析单位阶跃干扰信号 $T_d(s)=1/s$ 对系统的影响，我们希望干扰不会明显地影响到系统性能。令参考输入 $R(s)=0$，$K_a=80$，利用图 4.29，可以得到闭环系统对 $T_d(s)$ 的响应 $Y(s)$ 为

$$Y(s) = \frac{G_2(s)}{1 + K_a G_1(s) G_2(s)} T_d(s) \tag{4.69}$$

运行图 4.31(a)的 m 脚本程序，当 $K_a = 80$ 且 $T_d(s) = 1/s$ 时，系统的瞬态响应曲线如图 4.31(b)所示。为了进一步降低干扰对系统的影响，必须将 K_a 增大到 80 以上。但是，这将导致系统的单位阶跃响应中出现不可接受的振荡。下一章将给出增益 K_a 的最优值，确保系统响应既快速又不会出现振荡。

```
Ka=10;          ← 选择 Ka
nf=[5000]; df=[1 1000]; sysf=tf(nf,df);
ng=[1]; dg=[1 20 0]; sysg=tf(ng,dg);
sysa=series(Ka*sysf,sysg);
sys=feedback(sysa,[1]);
t=[0:0.01:2];
y=step(sys,t); plot(t,y)
ylabel('y(t)'), xlabel('Time (s)'), grid
```

(a)

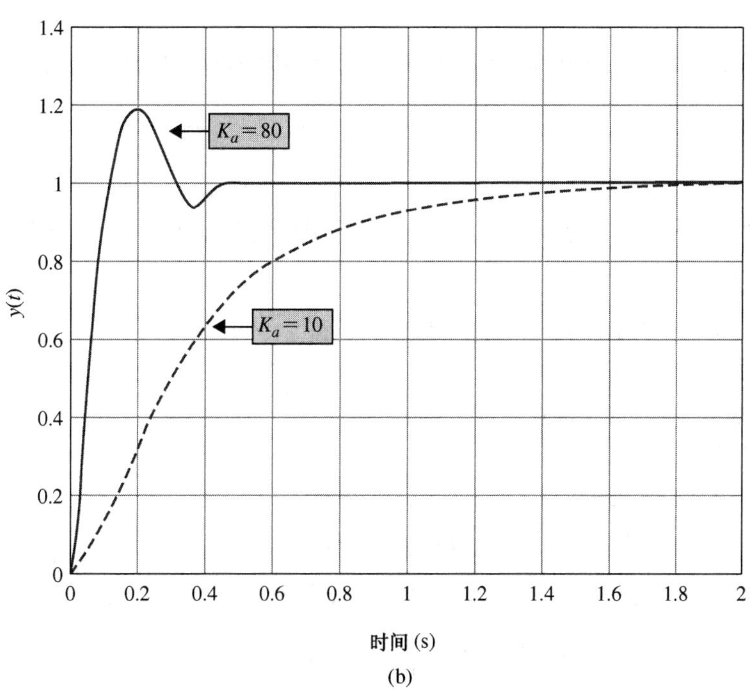

(b)

图 4.30　不同增益下闭环系统的阶跃响应。
(a) m脚本程序；(b) $K_a = 10$和$K_a = 80$

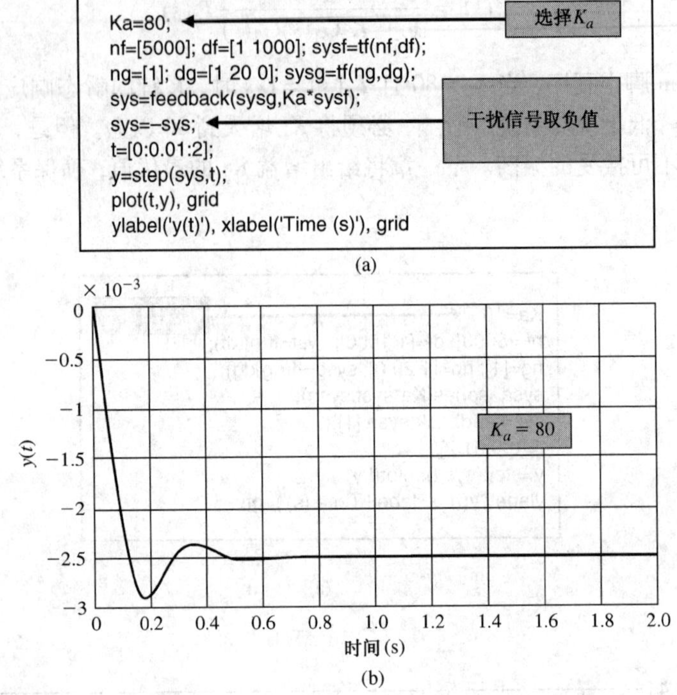

图 4.31 (a) m 脚本程序;(b) $K_a = 80$ 时,系统对阶跃干扰的响应曲线

4.11 小结

尽管反馈控制提高了控制系统的成本,并增加了系统的复杂程度,但它还是在控制系统设计中得到了广泛的应用,其主要原因在于:

1. 能够降低对受控对象参数变化的灵敏度。
2. 能够提高系统抑制干扰的能力。
3. 能够提高系统衰减测量噪声的能力。
4. 能够减小系统的稳态误差。
5. 便于调节系统的瞬态响应。

在控制系统分析中,开环传递函数(环路增益)$L(s) = G_c(s)G(s)$是一个非常基本的概念。在这个概念的基础上,可以分别定义系统的灵敏度函数$S(s)$和补灵敏度函数$C(s)$:

$$S(s) = \frac{1}{1 + L(s)}, \qquad C(s) = \frac{L(s)}{1 + L(s)}$$

而系统跟踪误差$E(s)$为

$$E(s) = S(s)R(s) - S(s)G(s)T_d(s) + C(s)N(s)$$

因此,为了使跟踪误差$E(s)$最小化,应该同时使$S(s)$和$C(s)$尽可能小。但是,由于灵敏度函数和补灵敏度函数之间满足如下约束:

$$S(s) + C(s) = 1$$

这样一来,在控制系统设计过程中,必须进行适当的折中处理。一方面,需要提高系统抑制干扰的能力,并降低系统对受控对象参数变化的灵敏度;另一方面,还需要提高系统衰减测量噪声的能力。

正是由于反馈控制具有以上诸多优点，它在工业系统、政府管理和自然系统中得到广泛应用，也就顺理成章了。

技能自测

本节提供三类题目来测试你对本章知识的掌握情况：正误判断题、多项选择题，以及术语和概念匹配题。为了直接地反馈学习效果，请及时对照每章最后给出的答案。必要时，可参考图 4.32 给出的框图来确认下面各题中的陈述。

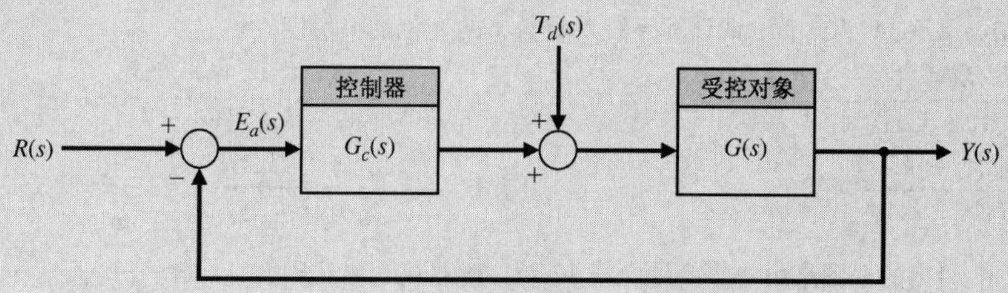

图 4.32　技能自测参考框图

在下面的正误判断题和多项选择题中，圈出正确的答案。

1. 控制系统的重要特性之一是它们的瞬态响应。　对　或　错
2. 系统灵敏度是指，当变化量为微小增量时，系统传递函数的变化率与受控对象传递函数(或参数)的变化率之比。　对　或　错
3. 开环控制系统的一个基本优点是具有降低系统灵敏度的能力。　对　或　错
4. 干扰信号是系统希望出现的且能够影响系统输出的输入信号。　对　或　错
5. 采用反馈的一个基本优点是降低系统对受控对象(或参数)变化的灵敏度。　对　或　错
6. 图 4.32 中的开环传递函数为

$$G_c(s)G(s) = \frac{50}{\tau s + 10}$$

则闭环系统对参数 τ 的微量变化的灵敏度为

a. $S_\tau^T(s) = -\frac{\tau s}{\tau s + 60}$　　b. $S_\tau^T(s) = \frac{\tau}{\tau s + 10}$

c. $S_\tau^T(s) = \frac{\tau}{\tau s + 60}$　　d. $S_\tau^T(s) = -\frac{\tau s}{\tau s + 10}$

7. 考虑图 4.33 给出的两个系统。

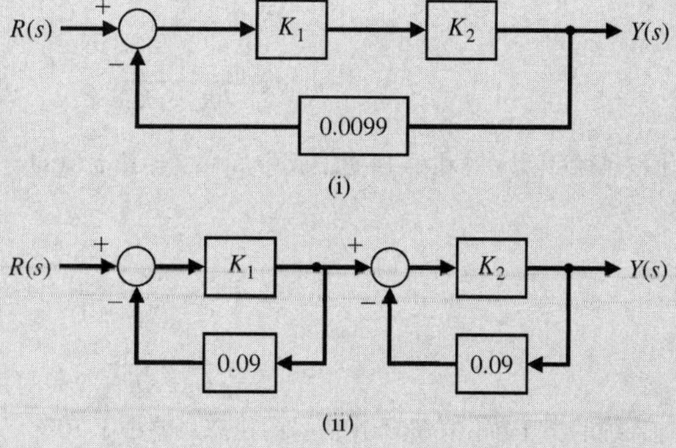

图 4.33　具有增益 K_1 和 K_2 的两个反馈系统

当 $K_1=K_2=100$ 时，这两个系统具有相同的传递函数，其中哪一个系统对参数 K_1 的变化更灵敏？利用标称值 $K_1=K_2=100$ 来计算系统的灵敏度。

a. 系统(i)更灵敏且 $S_{K_1}^T=0.01$　　b. 系统(ii)更灵敏且 $S_{K_1}^T=0.1$

c. 系统(ii)更灵敏且 $S_{K_1}^T=0.01$　　d. 两个系统对参数 K_1 的变化同样灵敏

8. 考虑闭环传递函数

$$T(s)=\frac{A_1+kA_2}{A_3+kA_4}$$

其中 A_1，A_2，A_3 和 A_4 为常数，请计算系统对参数 k 的变化的灵敏度。

a. $S_k^T=\dfrac{k(A_2A_3-A_1A_4)}{(A_3+kA_4)(A_1+kA_2)}$　　b. $S_k^T=\dfrac{k(A_2A_3+A_1A_4)}{(A_3+kA_4)(A_1+kA_2)}$

c. $S_k^T=\dfrac{k(A_1+kA_2)}{(A_3+kA_4)}$　　d. $S_k^T=\dfrac{k(A_3+kA_4)}{(A_1+kA_2)}$

借助图 4.32 给出的框图来解答第 9 题至第 12 题，其中 $G_c(s)=K_1$，$G(s)=\dfrac{K}{s+K_1K_2}$

9. 系统的闭环传递函数为

a. $T(s)=\dfrac{KK_1^2}{s+K_1(K+K_2)}$　　b. $T(s)=\dfrac{KK_1}{s+K_1(K+K_2)}$

c. $T(s)=\dfrac{KK_1}{s-K_1(K+K_2)}$　　d. $T(s)=\dfrac{KK_1}{s^2+K_1Ks+K_1K_2}$

10. 闭环系统对参数 K_1 的变化的灵敏度 $S_{K_1}^T$ 为

a. $S_{K_1}^T(s)=\dfrac{Ks}{(s+K_1(K+K_2))^2}$　　b. $S_{K_1}^T(s)=\dfrac{2s}{s+K_1(K+K_2)}$

c. $S_{K_1}^T(s)=\dfrac{s}{s+K_1(K+K_2)}$　　d. $S_{K_1}^T(s)=\dfrac{K_1(s+K_1K_2)}{(s+K_1(K+K_2))^2}$

11. 闭环系统对参数 K 的变化的灵敏度 S_K^T 为

a. $S_K^T(s)=\dfrac{s+K_1K_2}{s+K_1(K+K_2)}$　　b. $S_K^T(s)=\dfrac{Ks}{(s+K_1(K+K_2))^2}$

c. $S_K^T(s)=\dfrac{s+KK_1}{s+K_1K_2}$　　d. $S_K^T(s)=\dfrac{K_1(s+K_1K_2)}{(s+K_1(K+K_2))^2}$

12. 系统对单位阶跃输入 $R(s)=1/s$ 的稳态跟踪误差为($T_d(s)=0$)

a. $e_{ss}=\dfrac{K}{K+K_2}$　　b. $e_{ss}=\dfrac{K_2}{K+K_2}$

c. $e_{ss}=\dfrac{K_2}{K_1(K+K_2)}$　　d. $e_{ss}=\dfrac{K_1}{K+K_2}$

借助图 4.32 给出的框图来解答第 13 题和第 14 题，其中 $G_c(s)=K_1$，$G(s)=\dfrac{b}{s+1}$。

13. 灵敏度 S_b^T 为

a. $S_b^T=\dfrac{1}{s+Kb+1}$　　b. $S_b^T=\dfrac{s+1}{s+Kb+1}$

c. $S_b^T=\dfrac{s+1}{s+Kb+2}$　　d. $S_b^T=\dfrac{s}{s+Kb+2}$

14. 计算 K 的最小值，使得系统的源于单位阶跃干扰信号的稳态误差小于 10%。

a. $K=1-1/b$　　b. $K=b$

c. $K=10-1/b$　　d. 对任意的 K，都有稳态误差为 $+\infty$

15. 将受控对象设计为满足下面的预期规律：

$$r(t) = (5 - t + 0.5t^2)u(t)$$

其中，$r(t)$为预期输出，$u(t)$为单位阶跃函数。考察图 4.32 给出的单位反馈系统，给定系统的开环传递函数为

$$L(s) = G_c(s)G(s) = \frac{10(s+1)}{s^2(s+5)}$$

计算系统的稳态误差(误差为 $E(s) = R(s) - Y(s)$，且有 $T_d(s) = 0$)。

a. $e_{ss} = \lim_{t\to+\infty} e(t) \to \infty$　　b. $e_{ss} = \lim_{t\to+\infty} e(t) = 1$

c. $e_{ss} = \lim_{t\to+\infty} e(t) = 0.5$　　d. $e_{ss} = \lim_{t\to+\infty} e(t) = 0$

在下面的术语和概念匹配题中，在空格中填写正确的字母，将术语和概念与它们的定义联系起来。

术语	定义	
a. 不稳定性	不希望出现的，且能够影响系统输出的输入信号。	______
b. 稳态误差	预期输出信号 $R(s)$ 与实际输出信号 $Y(s)$ 之差。	______
c. 系统灵敏度	没有反馈环节，由输入信号直接激励产生输出响应的系统。	______
d. 部件	运行时间足够长，系统瞬态响应消失之后，持续偏离预期响应的偏差值。	______
e. 干扰(扰动)信号	当变化量为微小增量时，系统传递函数的变化率与受控对象传递函数(或参数)的变化率之比。	______
f. 瞬态响应	随时间变化的系统响应，是时间的函数。	______
g. 复杂性	将输出的测量值与预期输出值相比较，产生偏差信号并将该信号作用于执行机构的系统。	______
h. 偏差(误差)信号	从系统结构、布局和行为等方面来衡量系统不同部件之间的交互和关联程度的属性。	______
i. 闭环系统	用于构成整个系统的元器件、子系统和分组件。	______
j. 增益损失	系统的一种属性，用于描述当初始状态出现偏离时，系统具有离开原有平衡态的趋势。	______
k. 开环系统	输入信号通过某个系统之后，输出信号和输入信号幅值之比出现的减小，通常以分贝(dB)为单位来衡量。	______

基础练习题

E4.1　图 E4.1 所示的数字音响系统旨在降低干扰噪声的影响。受控对象 $G(s)$可以近似为 $G(s) = K_2$。

(a) 计算系统对 K_2 变化的灵敏度。

(b) 计算干扰噪声 $T_d(s)$对 $V_o(s)$的影响。

(c) K_1 取何值时，才能使干扰对系统的影响最小?

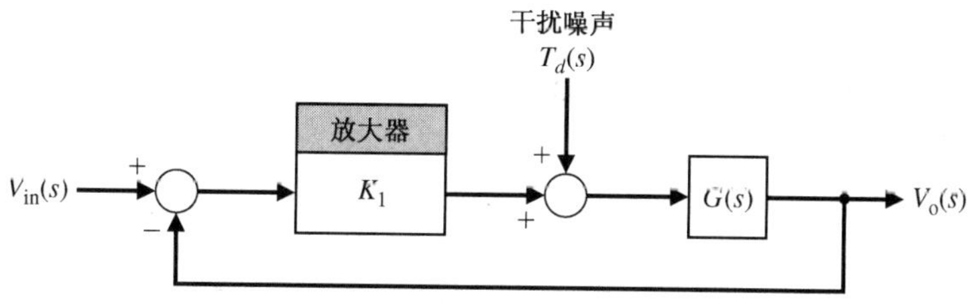

图 E4.1　数字音响系统

E4.2 通常采用闭环控制系统来跟踪太阳的方位，以使太阳能电池阵列的功率最大。闭环跟踪系统可以视为单位负反馈系统，并有

$$G(s) = \frac{100}{\tau s + 1}$$

且参数的标称值为$\tau = 3$ s。试求

(a) τ发生微小变化时，系统的灵敏度 S。

(b) 闭环系统响应的时间常数。

答案：$S = -3s/(3s+101)$；$\tau_c = 3/101$ s

E4.3 考虑图 E4.3(a)所示的果实采摘机器人，它通过机械臂和摄像机的相互配合，完成采摘水果的工作。摄像机用于提供水果的位置信号。位置信号通过反馈后，再由微机来控制机械臂[8,9]。受控对象的传递函数为

$$G(s) = \frac{K}{(s+10)^2}$$

(a) 试计算在阶跃指令 A 的作用下，采摘机器人的采摘器的稳态误差(以 K 为可变参数)。

(b) 列举一种可能的干扰信号。

答案：(a) $e_{ss} = \frac{A}{1+K/100}$

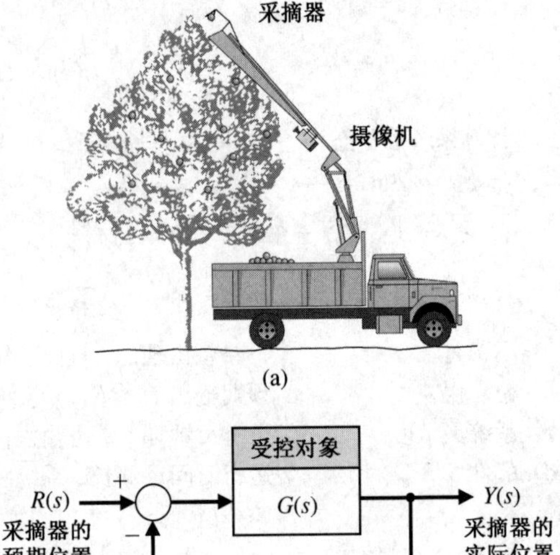

图 E4.3 果实采摘机器人

E4.4 如图 E4.4 所示，磁盘驱动器利用电机驱动读/写磁头，以便使磁头在旋转的磁盘上能够准确定位到预定的磁道。电机和磁头的组合可以表示为

$$G(s) = \frac{100}{s(\tau s + 1)}$$

其中，$\tau = 0.001$ s。控制器将磁头的实际位置与预期位置之差，即偏差信号作为控制信号。这一偏差信号再由放大器放大了 K 倍。

(a) 当预期输入发生阶跃性变化时，试求磁头位置的稳态误差。

(b) 选择 K 的合适取值，在斜坡输入指令的幅值为 $A = 10$ cm/s 时，使磁头的稳态位置误差小于 0.1 mm。

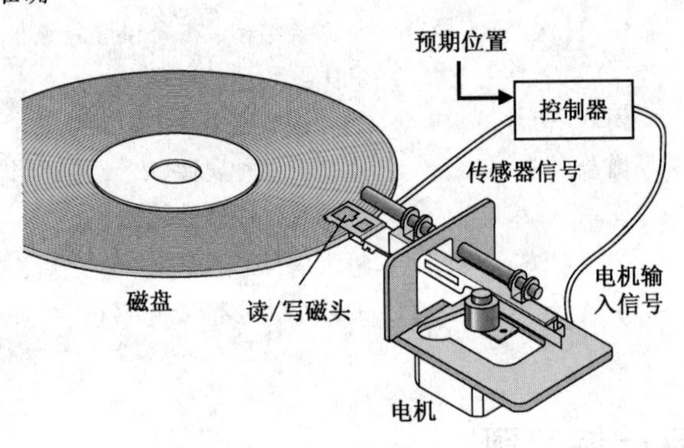

图 E4.4 磁盘驱动器的控制

答案：$e_{ss} = 0$；$K = 10$

E4.5 单位负反馈系统的开环传递函数为

$$L(s) = G_c(s)G(s) = \frac{100K}{s(s+b)}$$

确定系统对斜坡输入信号的稳态误差与增益 K 和参数 b 之间的关系式。当 K 和 b 取何值时，能够保证系统对斜坡输入信号的稳态误差小于 0.1?

E4.6 反馈系统的闭环传递函数为

$$T(s) = \frac{s^2 + ps + 10}{s^3 + 2ps^2 + 4s + (3-p)}$$

当 $p > 0$ 时，计算闭环传递函数对 p 的灵敏度，并以 p 为参数，计算系统对阶跃输入的稳态误差。

E4.7 很多人都遇到过幻灯片投影机不能聚焦的情况，这是系统存在稳态误差的实例之一。投影机配备了

自动聚焦装置之后，能够不受幻灯片位置的变化和环境温度的干扰而使投影机保持聚焦[11]。试据此绘制自动聚焦系统的框图，并阐述系统的工作原理。

E4.8 冬天，很多地区的路面都被冰雪覆盖，汽车在这样的路面上行驶经常打滑。在这些地区，四轮驱动汽车很受欢迎。四轮驱动汽车带有的防抱死刹车装置，通过传感器来保持每个车轮的转速，以保持牵引力。单个车轮控制系统的简要框图如图 E4.8 所示。如果预期转速为维持恒速，当输入信号为 $R(s)=A/s$ 时，确定系统的闭环响应。

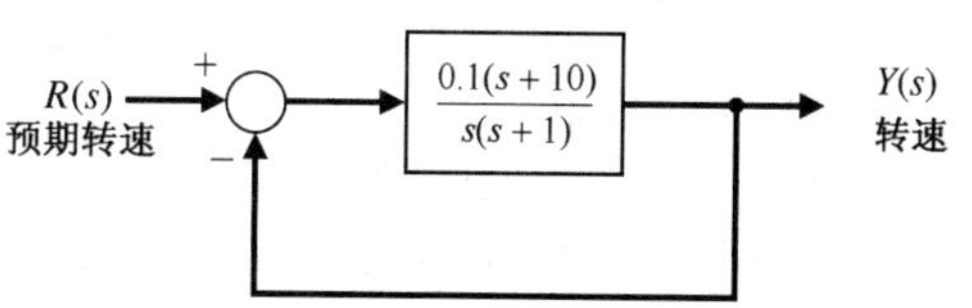

图 E4.8　四轮驱动汽车的车轮控制系统

E4.9 带有透明塑料外壳的潜水艇可能会给水下休闲带来革命性的变化。这种小型潜水艇的下潜深度控制系统如图 E4.9 所示。

(a) 确定系统的闭环传递函数 $T(s)=Y(s)/R(s)$。

(b) 计算系统的灵敏度 $S_{K_1}^T$ 和 S_K^T。

(c) 计算由干扰 $T_d(s)=1/s$ 导致的稳态误差。

(d) 当输入为阶跃信号 $R(s)=1/s$，系统参数为 $K=K_2=1$，$1<K_1<10$ 时，试求系统响应 $y(t)$，并选择 K_1 的合适取值，使系统的响应速度最快。

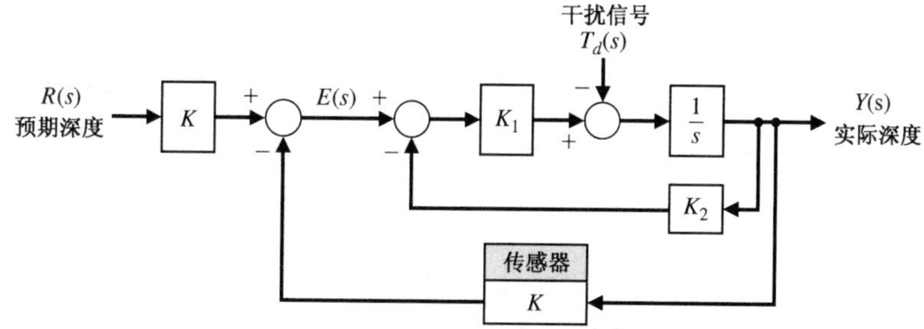

图 E4.9　下潜深度控制系统

E4.10 考虑图 E4.10 所示的反馈控制系统，

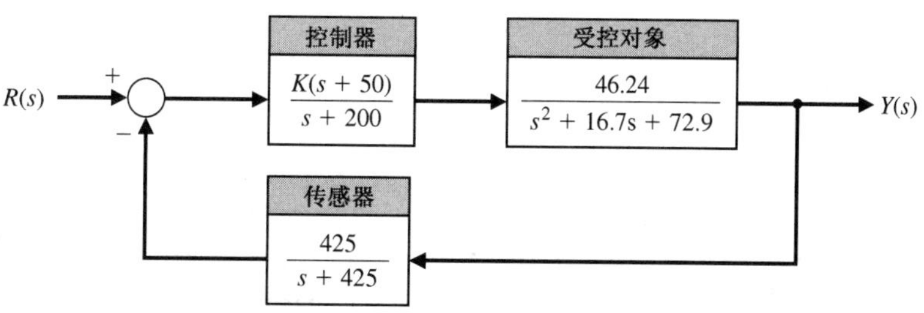

图 E4.10　反馈控制系统

(a) 试求系统对单位阶跃输入的稳态误差(以增益 K 为可变参数)。

(b) 当 $40\leqslant K\leqslant 400$ 时，计算系统对单位阶跃输入的超调量。

(c) 当增益 K 变化时，绘制超调量和稳态误差随 K 的变化曲线。

E4.11 考虑图 E4.11 所示的闭环系统，其中

$$G(s)=\frac{K}{s+10},\qquad H(s)=\frac{14}{s^2+5s+6}$$

(a) 试求系统的闭环传递函数 $T(s)=Y(s)/R(s)$。

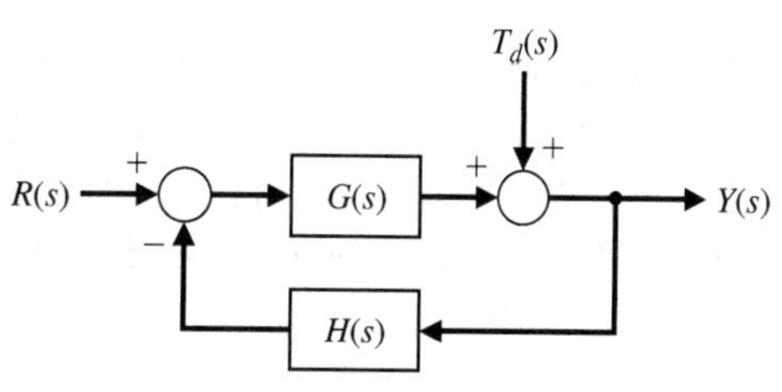

图 E4.11　闭环反馈系统

(b) 定义跟踪误差为 $E(s)=R(s)-Y(s)$，试求系统对单位阶跃输入信号 $R(s)=1/s$ 的跟踪误差 $E(s)$ 及其稳态值。

(c) 试求系统的传递函数 $Y(s)/T_d(s)$，当干扰信号为单位阶跃信号，即 $T_d(s)=1/s$ 时，计算系统的稳态误差。

(d) 试求系统的灵敏度 S_K^T。

E4.12 考虑图 E4.12 所示的闭环系统，其中包含有测量噪声 $N(s)$，并且有

$$G(s)=\frac{100}{s+100},\qquad G_c(s)=K_1,\qquad H(s)=\frac{K_2}{s+5}$$

在下面的分析中有 $E(s)=R(s)-Y(s)$。

(a) 试求系统的闭环传递函数 $T(s)=Y(s)/R(s)$；假定 $N(s)=0$，试求系统对单位阶跃输入信号 $R(s)=1/s$ 的稳态跟踪误差。

(b) 试求系统的传递函数 $T(s)=Y(s)/N(s)$；假定 $R(s)=0$，试求系统对单位阶跃噪声信号 $N(s)=1/s$ 的稳态跟踪误差；需要注意的是，此时系统的预期输出为零。

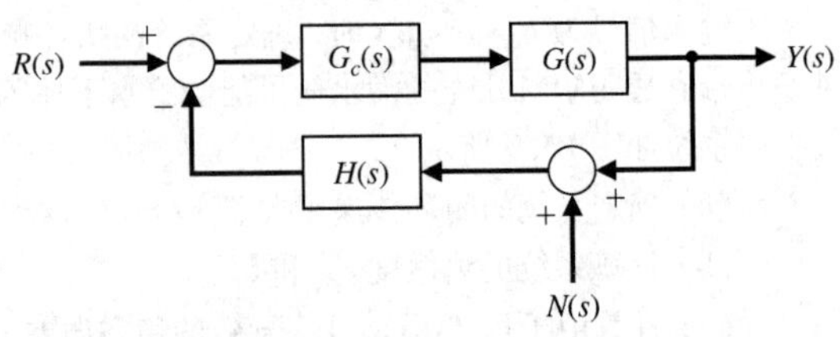

图 E4.12 含有测量噪声的非单位反馈的闭环系统

(c) 如果系统的目标在于既跟踪系统输入，又尽可能地衰减测量噪声的影响，即使噪声 $N(s)$ 对系统输出的影响最小化，那么应该如何选择参数 K_1 和 K_2 的值?

E4.13 高速轧钢机采用闭环控制系统来精确控制板材的厚度。该系统的框图模型如图 E4.13 所示，其中受控对象 $G(s)$ 的传递函数为 $G(s)=\dfrac{1}{s(s+50)}$，试求该闭环系统对控制器增益 K 变化的灵敏度。

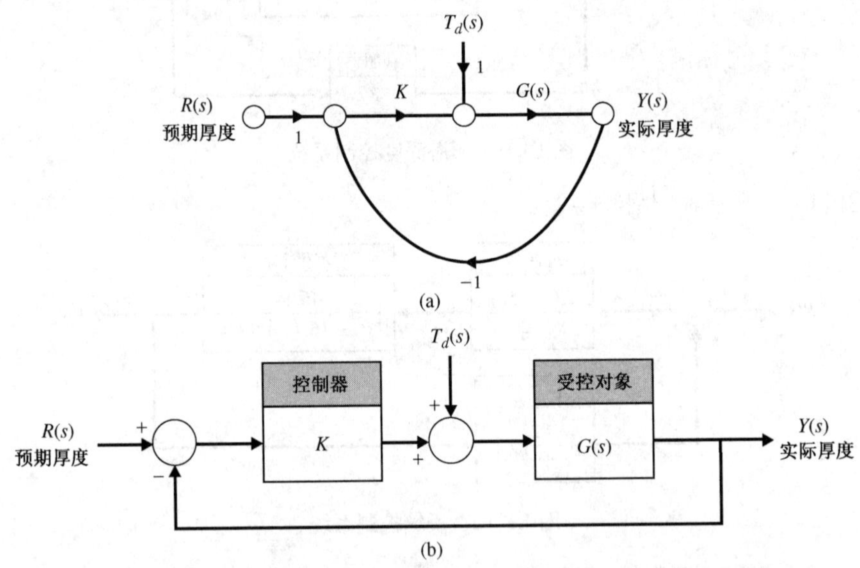

图 E4.13 高速轧钢机的厚度控制系统。(a) 信号流图；(b) 框图模型

E4.14 考虑图 E4.14 所示的单位反馈系统，系统中存在两个参数，分别为控制器增益 K 和受控对象中的 K_1。

(a) 试求闭环系统对参数 K_1 变化的灵敏度。

(b) 参数 K 取何值时，才能使外部干扰 $T_d(s)$ 的影响最小?

E4.15 继续考虑图 E4.14 所示的单位反馈系统，并取参数 $K=100$，$K_1=50$，如图 E4.15 所示。

(a) 定义跟踪误差为 $E(s)=R(s)-Y(s)$，令 $T_d(s)=0$，试求闭环系统对单位阶跃输入信号 $R(s)=1/s$ 的稳态误差。

(b) 令 $R(s)=0$，试求闭环系统对单位阶跃干扰信号 $T_d(s)=1/s$ 的稳态误差 $y_{ss}=\lim\limits_{t\to+\infty}y(t)$。

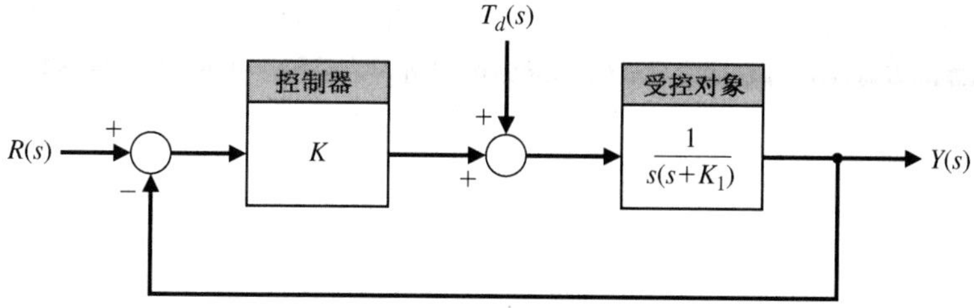

图 E4.14　含有 K 和 K_1 两个参数的闭环控制系统

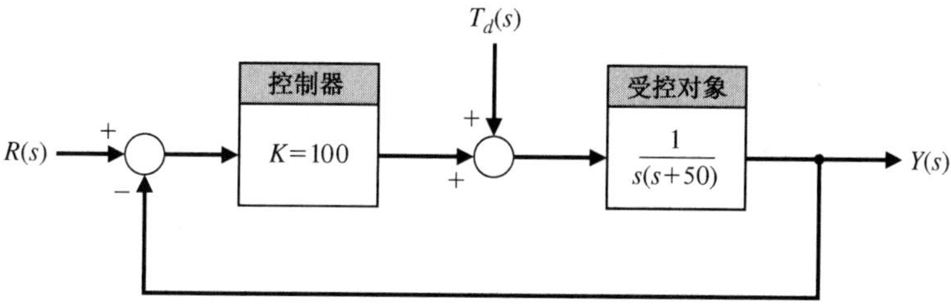

图 E4.15　参数 $K=100$ 和 $K_1=50$ 确定后的闭环控制系统

一般习题

P4.1　某液流控制系统的开环传递函数为

$$G(s)=\frac{\Delta Q_2(s)}{\Delta Q_1(s)}=\frac{1}{\tau s+1}$$

其中，$\tau=RC$，R 是出水孔的阻力常数，故有 $1/R=\frac{1}{2}kH_0^{-1/2}$；$C$ 是水箱的截面积。由于 $\Delta H=R\Delta Q_2$，因此可以得到水位高度变化量与注水流量变化量之间的开环传递函数为

$$G_1(s)=\frac{\Delta H(s)}{\Delta Q_1(s)}=\frac{R}{RCs+1}$$

如图 P4.1 所示，为系统配备浮球式水位传感器和捷联式阀门之后，就构成了闭环反馈液流控制系统。假设浮球的质量可以忽略，通过控制阀门可以使注水流量的减小量 ΔQ_1 与液面高度的增加量 ΔH 之间成比例，即 $\Delta Q_1=-K\Delta H$。试据此绘制闭环系统的信号流图或框图。此外，试从以下几个方面，计算并比较开环系统和闭环系统的性能：

(a) 对参数 R 和反馈系数 K 的灵敏度。

(b) 降低干扰对 $\Delta H(s)$ 的影响能力。

(c) $\Delta Q_1(s)$ 为阶跃信号时，液面高度的稳态误差。

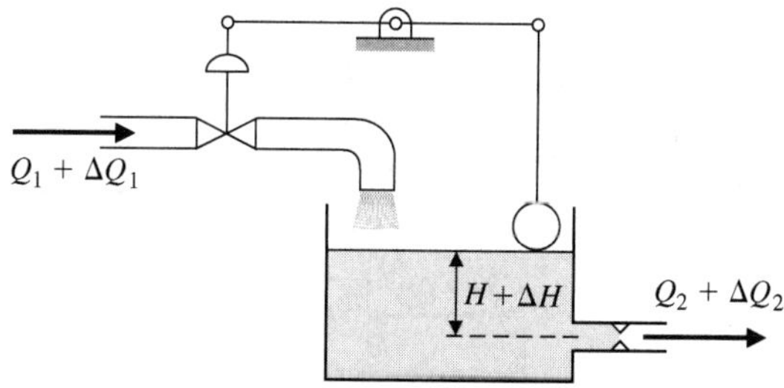

图 P4.1　液流控制系统

P4.2 为了提高旅客乘船时的舒适度，必须减小船体因波浪而产生的晃动[13]。大多数轮船都采用了安装鳍或喷射水流的方式来设计稳定系统，它们能够产生所需要的稳定力矩。图 P4.2 提供了一个轮船稳定系统的简要框图。轮船的晃动可以等价为单摆的振荡，其垂直偏离角为 $\theta(t)$，摆动周期一般为 3 s。普通轮船自身的传递函数为

$$G(s)=\frac{\omega_n^2}{s^2+2\zeta\omega_n s+\omega_n^2}$$

其中，$\omega_n=3.5$ rad/s，$\zeta=0.25$。由于阻尼比 ζ 较小，因此，如果不加以控制，轮船的晃动将要持续几个周期；即使在正常的海浪情况下，晃动的幅度也可以高达 18°。试从以下两个方面，计算并比较开环系统和闭环系统的特性：

(a) 对执行机构常数 K_a 和传感器常数 K_1 的灵敏度。

(b) 降低阶跃干扰影响的能力，需要注意的是，此时的预期晃动角为 $\theta_d(s)=0$。

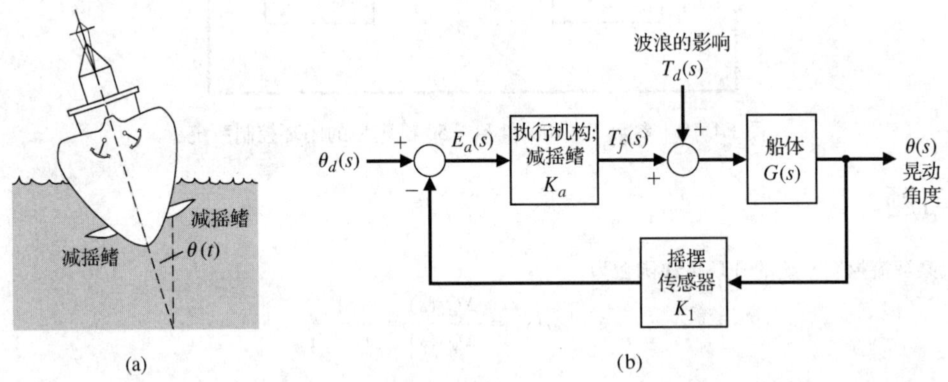

图 P4.2 轮船稳定系统，波浪的效应是作用在轮船上的干扰力矩 $T_d(s)$

P4.3 在工业系统，尤其是化工系统中，温度是最需要重点控制的变量之一。图 P4.3 给出了一个简单的温度控制系统框图[14]，该系统利用电阻为 R 的加热器来控制受控对象的温度 $\mathcal{T}$。在温差只有小幅变化，且加热器和管壁吸收的热量可以忽略时，可以近似认为受控对象所损失的热量与温度差 $\mathcal{T}-\mathcal{T}_e$ 之间呈线性关系。此外，假设 $E_a(s)=k_aE_bE(s)$，其中 k_a 为执行机构常数。因此，经过线性化近似之后，得到的温度控制系统的开环响应为

$$\mathcal{T}(s)=\frac{k_1k_aE_b}{\tau s+1}E(s)+\frac{\mathcal{T}_e(s)}{\tau s+1}$$

其中，$\tau=MC/(\rho A)$，M 为容器内介质的质量，A 为容器的内表面积，ρ 为热传导常数，C 为介质的热力系数，k_1 为量纲转换常数。

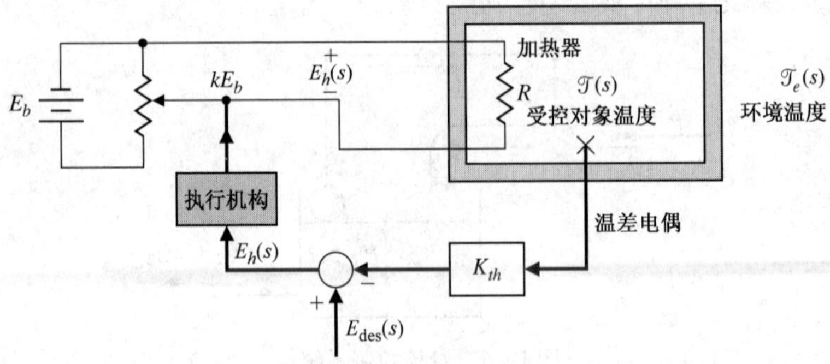

图 P4.3 温度控制系统

在所给条件下，试从以下 3 个方面计算并比较开环系统和闭环系统的性能：

(a) 对参数 $K=k_1k_aE_b$ 的变化的灵敏度。

(b) 当环境温度干扰 $\Delta\mathcal{T}_e(s)$ 为单位阶跃信号时，系统抑制干扰的能力。

(c) 当预期输入 $E_{des}(s)$ 为单位阶跃信号时，温度控制器的稳态误差。

P4.4 图 P4.4 所示的控制系统有两条前向通路。

(a) 确定整个系统的传递函数 $T(s)=Y(s)/R(s)$。

(b) 利用式(4.16)，计算系统的灵敏度 S_G^T。

(c) 分析灵敏度是否依赖于 $U(s)$ 或 $M(s)$。

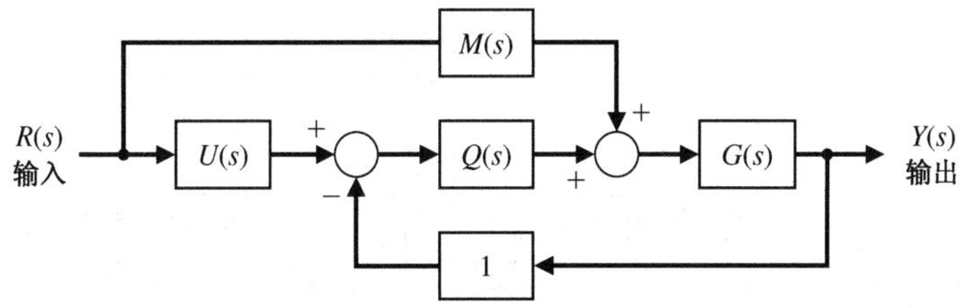

图 P4.4　具有两条前向通路的系统

P4.5 在射电天文学和卫星跟踪等领域，大型微波天线变得越来越重要。风产生的扭矩能够对大型天线(如直径超过 60 ft 的天线)产生不利影响。对天线精度建设的设计要求为，当风速为 35 mph① 时，天线的指向误差应小于 0.10°。实验表明，当风速为 35 mph 时，天线所承受的干扰扭矩最大可以达到 200 000 ft·lb，这相当于电机放大器承受高达 10 V 的干扰输入信号 $T_d(s)$。大型天线存在的另一个问题是，系统中存在产生结构性共振的隐患。大型天线的伺服机构如图 P4.5 所示，天线、驱动电机和电机放大器的传递函数近似为

$$G(s)=\frac{\omega_n^2}{s(s^2+2\zeta\omega_n s+\omega_n^2)}$$

其中，$\zeta=0.707$，$\omega_n=15$。功率放大器的传递函数近似为

$$G_1(s)=\frac{k_a}{\tau s+1}$$

其中，$\tau=0.15$ s。

(a) 确定系统对 k_a 的灵敏度。

(b) 当干扰信号为 $T_d(s)=1/s$，输入为 $R(s)=0$ 时，选择 k_a 的合适取值，使系统的稳态误差小于 0.10°。

(c) 当系统工作在开环状态下(即 $k_s=0$)，且输入为 $R(s)=0$ 时，试计算干扰信号 $T_d(s)=10/s$ 导致的系统误差。

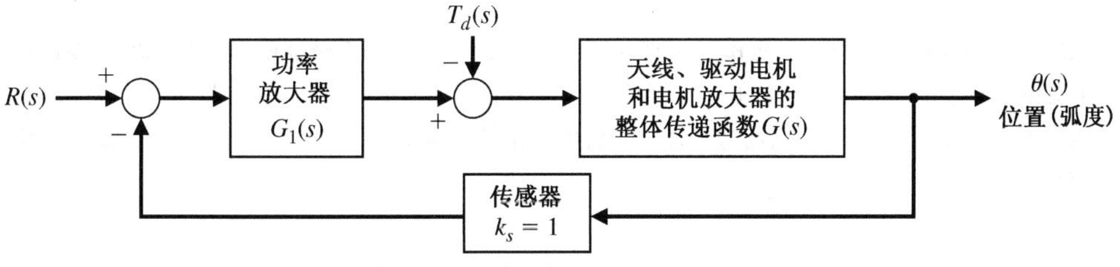

图 P4.5　天线控制系统

① 1 mph(迈) = 1.609 344 km/h。——编者注

P4.6 未来，行驶在未来的自动高速公路上的汽车，必须配备车速自动控制系统。这样一种典型的车速反馈控制系统如图 P4.6 所示，其中将负载视为干扰 $\Delta T_d(s)$，其强度采用负载占汽车自重的比例来表示。对于不同型号的汽车，发动机增益 K_e 的取值在 10 到 1000 之间；发动机时间常数 $\tau_e=20$ s。

(a) 试求系统对发动机增益 K_e 的灵敏度。

(b) 分析负载干扰力矩对汽车行驶速度的影响。

(c) 假定 $R(s)=30/s$(单位为 km/h)，$K_eK_1\gg1$，$K_g/K_1=2$，负载干扰力矩为 $\Delta T_d(s)=\Delta d/s$，试以各增益值为参数，分析可能导致汽车失速[即 $V(s)=0$]的负载干扰力矩的幅值 Δd。由于一旦装上负载，汽车所承受的负载干扰强度便保持不变，所以本题只需要考虑稳态解。

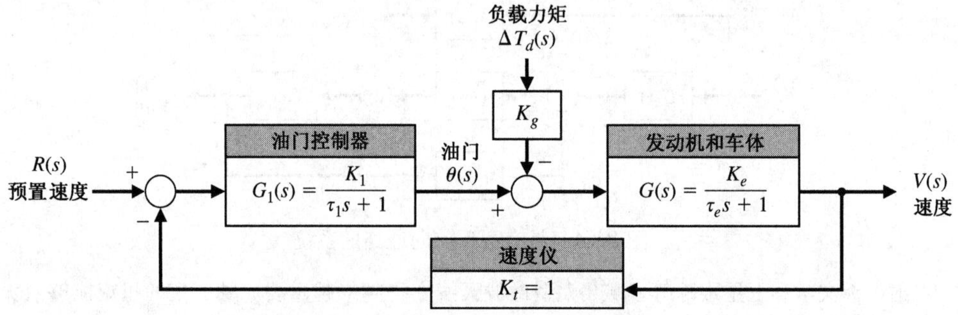

图 P4.6 汽车速度反馈控制系统

P4.7 机器人应用反馈原理来控制每个关节的方向。由于负载的不同及机械臂伸展位置的变化，负载对机器人的影响也随之变化。例如，机械手抓持负载后，就可能使机器人系统产生偏差。机器人关节指向控制系统如图 P4.7 所示，其中负载力矩为 $T_d(s)=D/s$。

(a) 令 $R(s)=0$，试求 $T_d(s)$ 对 $Y(s)$ 的影响。

(b) 试求闭环系统对 k_2 的灵敏度。

(c) 当 $R(s)=1/s$，$T_d(s)=0$ 时，试求系统的稳态误差。

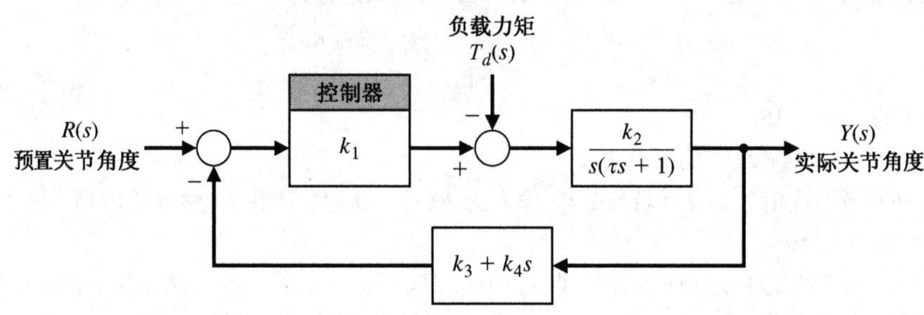

图 P4.7 机器人控制系统

P4.8 温度变化过于剧烈可能会导致电路出现故障[1]。温度反馈控制系统能够利用加热器来降低户外低温的影响，减小电路温度的变化幅度。温度控制系统的框图如图 P4.8 所示，其中，可以将环境温度的降低看成一个负的阶跃干扰信号 $T_d(s)$，而电路的实际温度则记为 $Y(s)$。若电路温度变化的动态模型为

$$G(s)=\frac{200}{s^2+25s+200}$$

试求

(a) 系统对 K 的灵敏度。

(b) 干扰 $T_d(s)$ 对输出 $Y(s)$ 的影响。

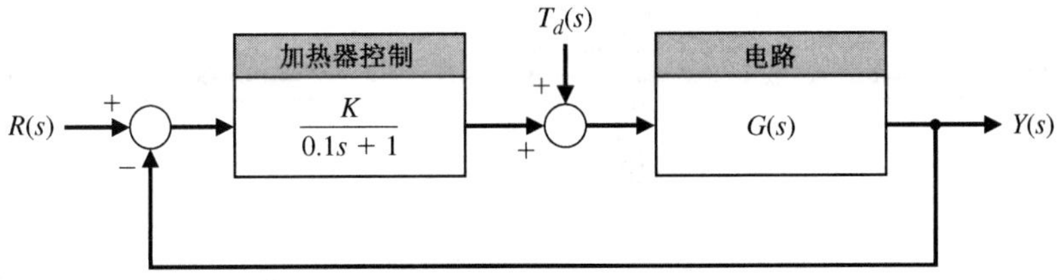

图 P4.8　温度控制系统

P4.9　光电传感器是一种用途非常广泛的单向传感器[15]。光电传感器的光源对电流非常敏感，并能够及时改变另一侧光电导体的电阻。光源和光电导体都封装在一个四端口装置内，构成一个具有较大增益且完全隔离的系统。图 P4.9(a)给出了一个反馈电路，其中应用了光电传感器，且非线性阻流特性如图 P4.9(b)所示，该非线性特性的公式为

$$\log R = \frac{0.175}{(i-0.005)^{1/2}}$$

其中，i 为光源灯的电流。该电路的标称工作参数是 $v_o=35$ V，$v_{in}=2.0$ V。针对该反馈电路系统，试求

(a) 系统的闭环传递函数。

(b) 系统对增益 K 的灵敏度。

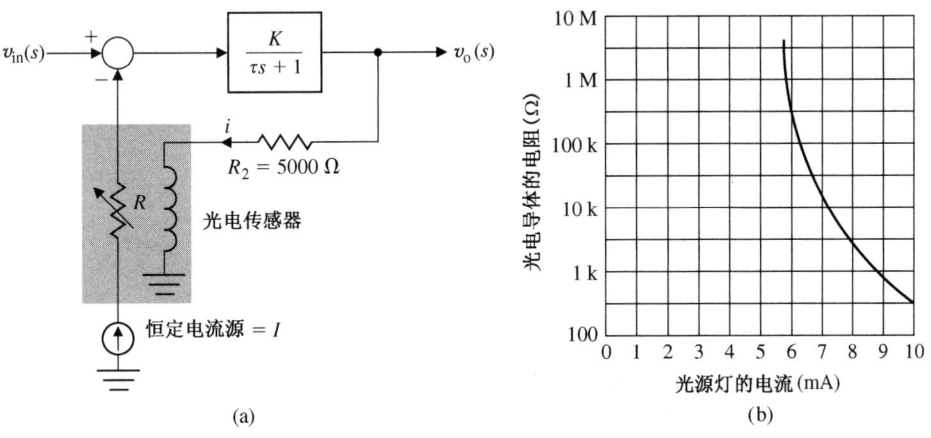

图 P4.9　光电传感器

P4.10　在造纸厂的卷纸过程中，纸张在卷开轴和卷进轴之间承受的张力应该保持恒定。而随着纸卷厚度的变化，纸上的张力将会发生变化，因此必须调整电机的转动速度，如图 P4.10 所示。如果不对卷进电机的转速进行控制，当纸张不断地从卷开轴向卷进轴运动时，线速度 $v_0(t)$ 将下降，而纸张所承受的张力也会相应地减小[10, 14]。通常利用由三个滑轮和一个弹簧组成的系统来测量纸上的张力。记弹簧弹力为 $k_1y(t)$，因此张力可以表示为 $2T(t)=k_1y(t)$，其中 $y(t)$ 为弹簧偏离平衡位置的距离，$T(t)$ 是张力增量的垂直分量。此外，假设线性偏差转换器、整流器和放大器合在一起后，可以表示为 $E_0(s)=-k_2Y(s)$，电机的时间常数为 $\tau=L_a/R_a$，卷进轴的线速度是电机角转速的两倍，即 $v_0(t)=2\omega_0(t)$，于是可以得到电机的运动方程为

$$E_0(s)=\frac{1}{K_m}[\tau s\omega_0(s)+\omega_0(s)]+k_3\Delta T(s)$$

其中，$\Delta T(s)$ 为张力的干扰增量。

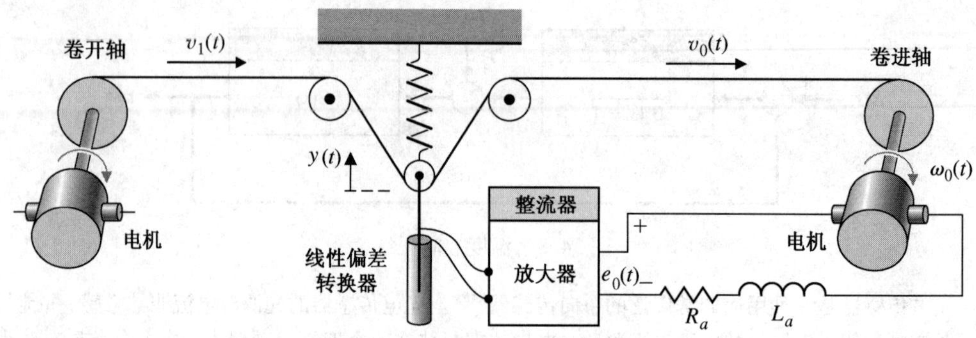

图 P4.10　卷纸过程中的张力控制

(a) 绘制闭环系统的框图，其中应该包含干扰信号 $\Delta T(s)$。

(b) 考虑卷开轴转速干扰 $\Delta V_1(s)$ 对系统的影响，进一步完善框图。

(c) 确定系统对电机常数 K_m 的灵敏度。

(d) 当输入为阶跃干扰 $\Delta V_1(s)=A/s$ 时，计算张力的稳态误差。

P4.11　保持一定的纸浆浓度是造纸过程中的重要控制目标之一。只有纸浆浓度保持恒定，才能顺利地烘干并成卷。纸浆浓度控制系统如图 P4.11(a)所示，纸浆的浓度取决于兑水量。系统的框图如图 P4.11(b)所示，其中 $H(s)=1$，

$$G_c(s)=\frac{K}{10s+1},\qquad G(s)=\frac{1}{2s+1}$$

(a) 试求系统的闭环传递函数 $T(s)=Y(s)/R(s)$。

(b) 试求闭环系统对参数 K 变化的灵敏度 S_K^T。

(c) 当预期浓度为阶跃信号 $R(s)=A/s$ 时，求系统的稳态误差。

(d) 选择 K 的合适取值，使系统的稳态误差小于 2%。

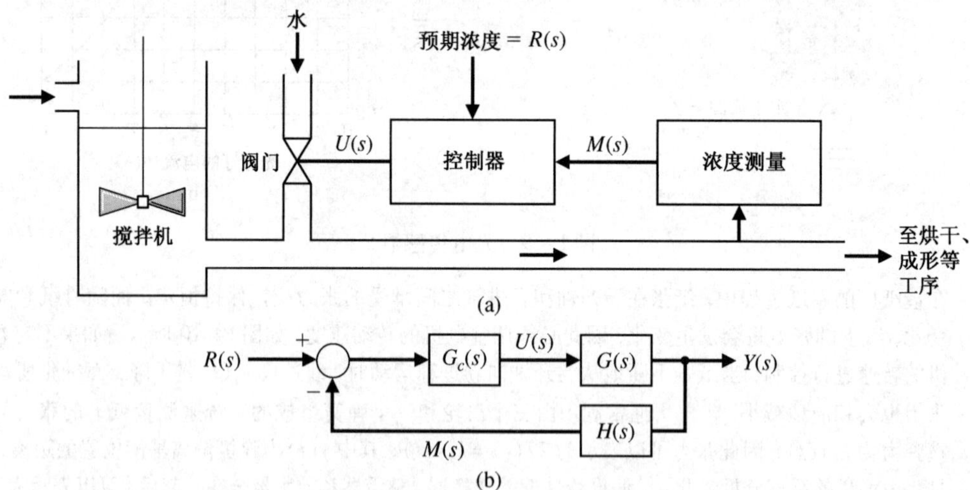

图 P4.11　纸浆浓度控制系统

P4.12　图 P4.12(a)和图 P4.12(b)提供了两个反馈系统的框图。

(a) 试分别求这两个系统的闭环传递函数 $T_1(s)$ 和 $T_2(s)$。

(b) 参数的标称值为 $K_1=K_2=1$，试比较这两个系统对参数 K_1 的灵敏度。

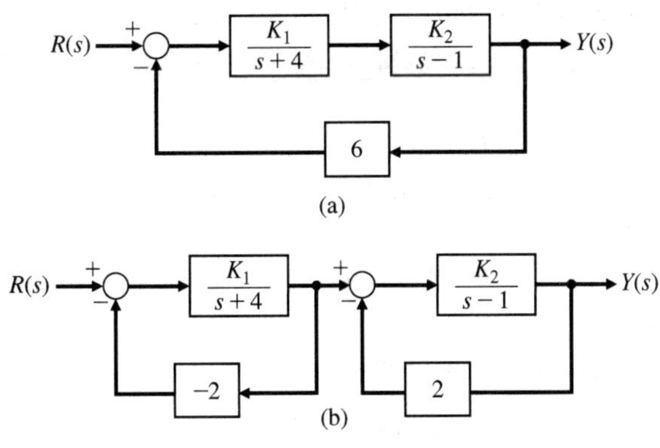

图 P4.12　两个反馈系统的框图

P4.13 已知闭环传递函数为

$$T(s)=\frac{G_1(s)+kG_2(s)}{G_3(s)+kG_4(s)}$$

(a) 利用式(4.16)证明[1]

$$S_k^T=\frac{k(G_2G_3-G_1G_4)}{(G_3+kG_4)(G_1+kG_2)}$$

(b) 利用(a)的结论，计算图 P4.13 所示系统的灵敏度。

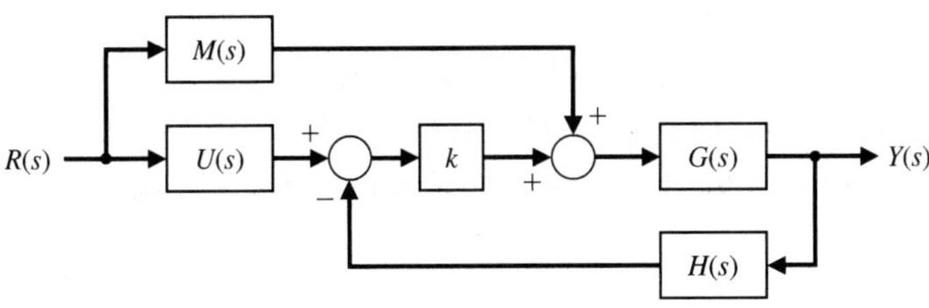

图 P4.13　闭环系统

P4.14 一种新概念超音速飞机的爬高要达到 100 000 ft，飞行速度要达到 3800 mph，因此它穿越太平洋只需 2 h。飞机的速度控制模型如图 P4.14 所示。试求闭环传递函数$T(s)$对参数 a 的灵敏度。

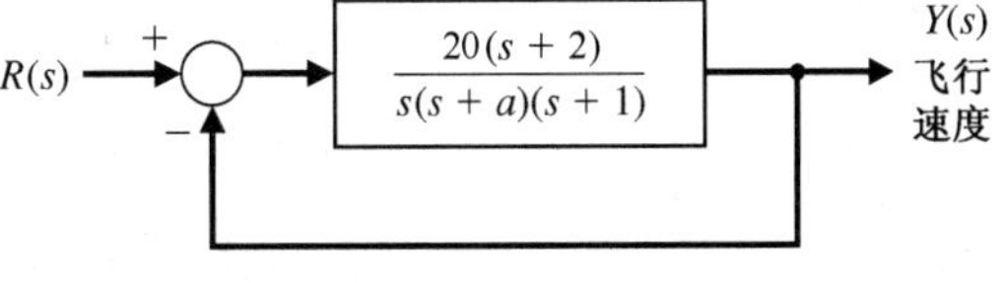

图 P4.14　超音速飞机的速度控制

P4.15 某系统配有两个存储罐，用于存储加热后的液体。该系统的模型如图 P4.15 所示，其中 $T_0(s)$为流入第一个存储罐的液体的温度，$T_2(s)$是第二个存储罐的流出液体的温度。在第二个存储罐内装配有加热器，能提供可以控制的热量 $Q(s)$。系统的时间常数为$\tau_1=10$ s 和$\tau_2=50$ s。

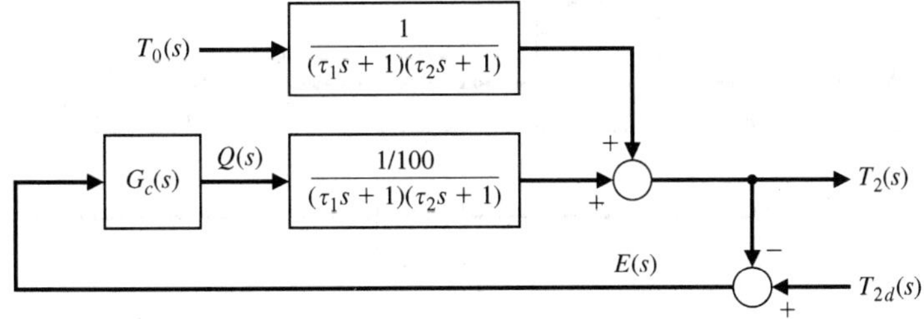

图 P4.15　双存储罐温控系统

(a) 输出为 $T_2(s)$，输入为 $T_0(s)$ 和 $T_{2d}(s)$ 时，试求系统的传递函数。

(b) 如果预期输出温度 $T_{2d}(s)$ 发生剧烈变化，从 A/s 变成 $2A/s$，且 $T_0(s)=A/s$，当 $G_c(s)=K=500$ 时，试求系统的瞬态响应。

(c) 求(b)的稳态误差 e_{ss}，其中 $E(s)=T_{2d}(s)-T_2(s)$。

P4.16 现代船舶的航向控制系统如图 P4.16 所示[16, 20]。可以将持续不断的风力视为阶跃干扰信号 $T_d(s)=1/s$，并设增益为 $K=8$ 和 $K=22$。

(a) 在方向舵的输入为 $R(s)=0$，系统没有任何其他干扰或其他调节措施的前提下，分析风力对船舶航向的稳态影响。

(b) 验证操纵方向舵能使航向偏差重新归零。

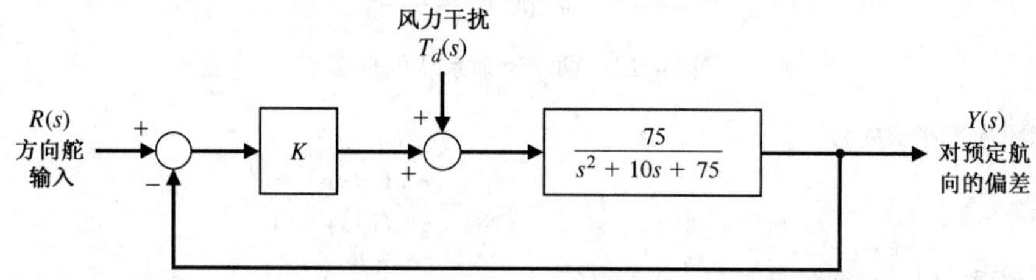

图 P4.16 船舶航向控制系统

P4.17 图 P4.17(a)给出了一种机器人手爪示意图，它由直流电机驱动，以改变两个手指间的夹角 $\theta(t)$。手爪的控制系统模型如图 P4.17(b)所示，对应的框图如图 P4.17(c)所示，其中 $K_m=60$，$R_f=2\ \Omega$，$K_f=K_i=1$，$J=0.2$，$b=1$。

(a) 当 $K=20$，输入 $\theta_d(t)$ 为阶跃信号时，确定系统的响应 $\theta(t)$。

(b) 当 $\theta_d(t)=0$，$T_d(s)=A/s$ 时，试分析负载对系统的影响。

(c) 当输入为 $r(t)=t$，$t>0$，且 $T_d(s)=0$ 时，试求系统的稳态误差 e_{ss}。

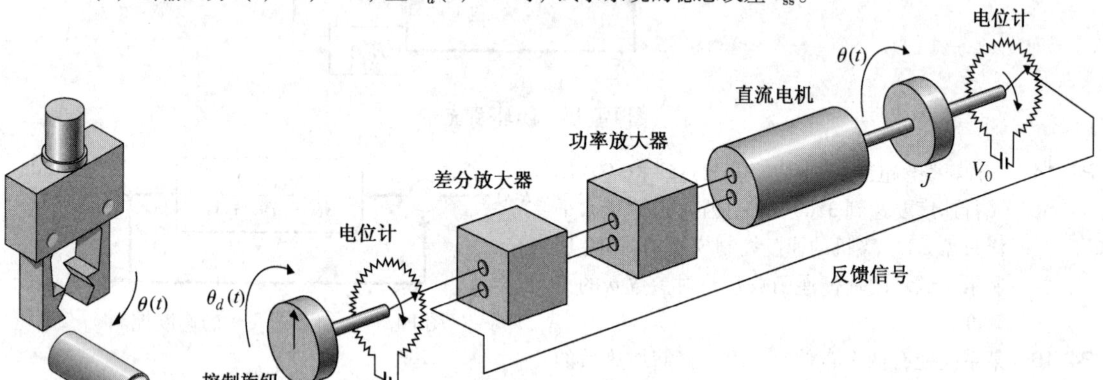

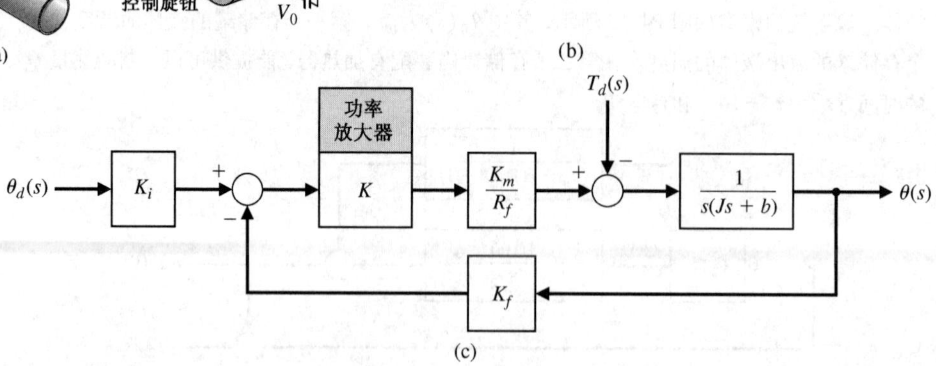

(a) (b) (c)

图 P4.17 机器人手爪控制系统

难题

AP4.1　水箱的液面调节装置如图 AP4.1(a)所示。我们希望在存在干扰 $Q_3(s)$时，仍能基本保持恒定的液面高度 $H(s)$。以液面高度偏离平衡态的微小增量为控制变量，相应的控制系统框图模型如图 AP4.1(b)所示，其中预期输入为 $H_d(s)=0$。试确定跟踪误差 $E(s)$的表达式，分别针对 $G(s)=K$ 和 $G(s)=K/s$ 这两种情况，计算系统在单位阶跃干扰下的稳态误差。

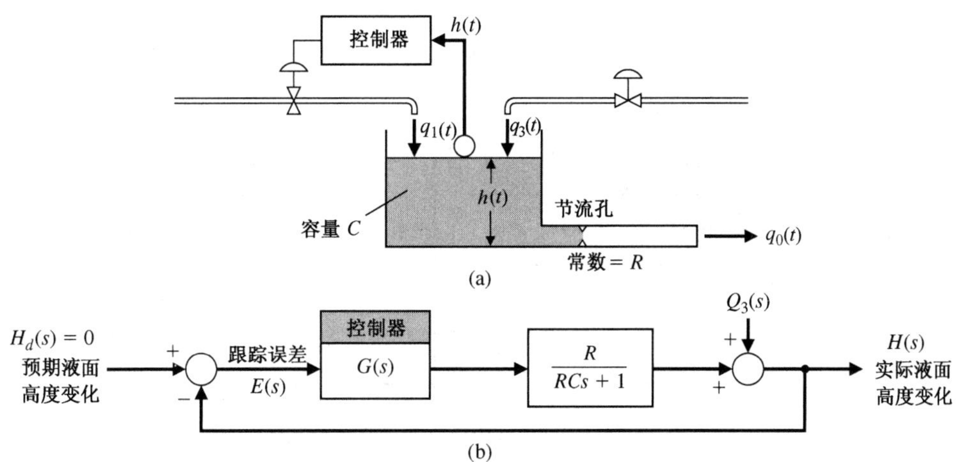

图 AP4.1　水箱液面调节器

AP4.2　机械臂的肩关节中装有一个电枢控制式直流电机，电机的输出轴上装有一组齿轮。肩关节的控制系统模型如图 AP4.2 所示，其中干扰力矩 $T_d(s)$表示负载的影响。若转动角的预期输入为阶跃信号 $\theta_d(s)=A/s$，$G_c(s)=K$，且干扰输入为零，试确定系统的稳态误差。若另取预期输入为 $\theta_d(s)=0$，负载干扰为 $T_d(s)=M/s$，试分别针对 $G_c(s)=K$ 和 $G_c(s)=K/s$ 这两种情况，计算系统的稳态误差。

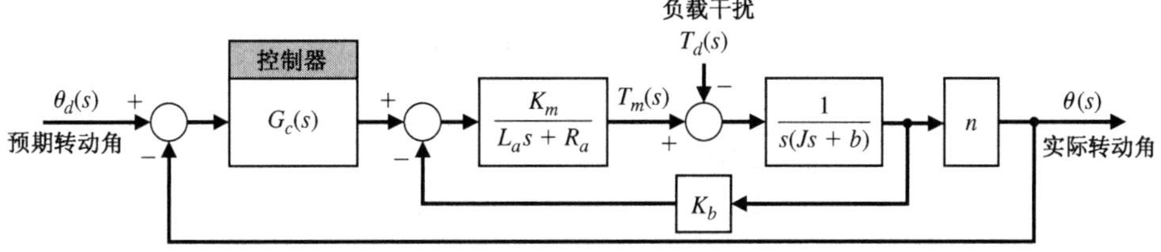

图 AP4.2　机器人肩关节控制系统

AP4.3　希望机床刀具能够按照下面预定的路径运动，即

$$r(t)=(1-t)u(t)$$

其中，$u(t)$为单位阶跃函数。机床的控制系统如图 AP4.3 所示。

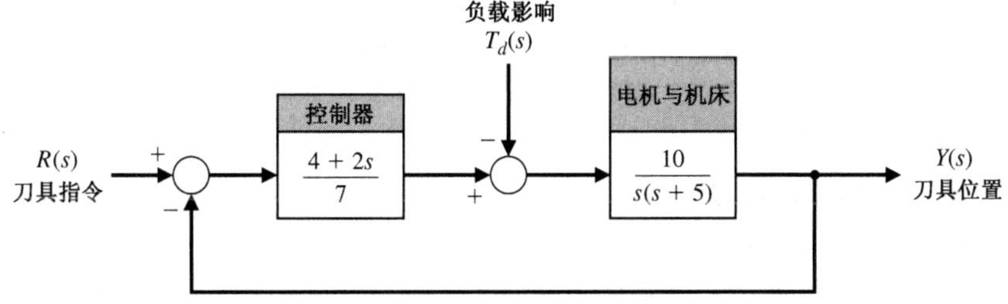

图 AP4.3　机床反馈控制系统

(a) 输入为预定路径 $r(t)$，且干扰信号 $T_d(s)=0$ 时，试求系统的稳态误差。

(b) 条件同(a)，在 $0<t\leqslant 10$ 范围内(t 的单位为 s)，绘制系统的误差响应曲线 $e(t)$。

(c) 当预期输入为 $r(t)=0$，而干扰为 $T_d(s)=1/s$ 时，试求系统的稳态误差。

(d) 条件同(c)，在 $0<t\leqslant 10$ 范围内(t 的单位为 s)，绘制系统的误差响应曲线 $e(t)$。

AP4.4 图 AP4.4 提供了带有转速反馈的电枢控制式直流电机的框图模型，其中 $K_m=10$，$J=1$，$R=1$。定义跟踪误差为 $E(s)=V(s)-K_t\omega(s)$。

(a) 试选择增益 K 的合适取值，使系统对斜坡输入 $v(t)=t$，$t>0$ 的稳态误差不大于 0.1，干扰信号 $T_d(s)=0$。

(b) 对(a)中所选定的增益值，当干扰信号为斜坡信号时，试在 $0\leqslant t\leqslant 5$ 范围内(t 的单位为 s)，试绘制系统的误差响应曲线 $e(t)$。

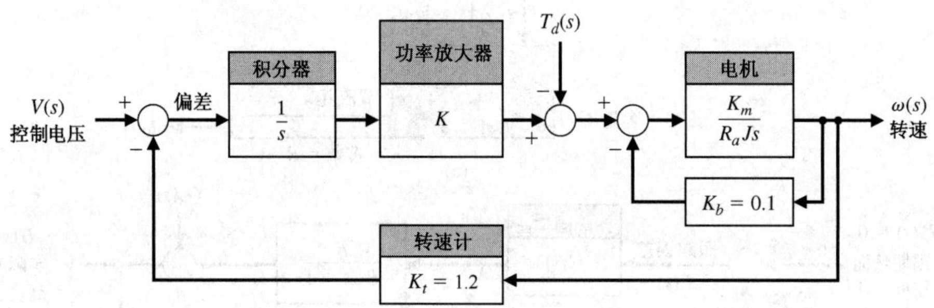

图 AP4.4 带有转速反馈的直流电机

AP4.5 人们设计了一种能够通过监控平均动脉压(MAP)来调节麻醉深度的控制系统[12]。平均动脉压是外科手术时的麻醉深度的主要表征指标。该控制系统的框图模型如图 AP4.5 所示，其中干扰信号 $T_d(s)$代表了手术过程中对麻醉深度可能的影响。

(a) 当干扰为 $T_d(s)=1/s$，$R(s)=0$ 时，计算系统的稳态误差。

(b) 当输入为斜坡信号 $r(t)=t$，$t>0$，$T_d(s)=0$ 时，计算系统的稳态误差。

(c) 在(0, 10]的区间内，为增益 K 选择一个合适的值，在干扰输入为单位阶跃信号，$r(t)=0$ 时，绘制系统的响应曲线 $y(t)$。

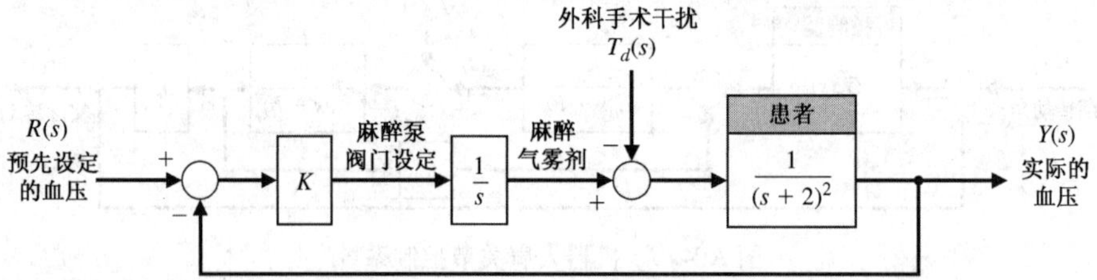

图 AP4.5 血压控制系统

AP4.6 如图 AP4.6 所示的超前校正器的用途非常广泛，第 10 章将详细介绍这种电路。

(a) 试求该超前校正器的传递函数 $G(s)=V_0(s)/V(s)$。

(b) 确定 $G(s)$对电容 C 的灵敏度。

(c) 当输入为阶跃信号 $V(s)=1/s$ 时，绘制该超前校正器的响应曲线 $v_0(t)$。

AP4.7 图 AP4.7 给出了一个典型的反馈控制系统，其中包含了测量噪声和干扰输入。我们希望能够降低测量噪声和干扰的影响。令 $R(s)=0$，

(a) 分析干扰对 $Y(s)$的影响。

(b) 分析测量噪声对 $Y(s)$的影响。

(c) 假设干扰和测量噪声均为阶跃信号，即 $T_d(s)=A/s$，$N(s)=B/s$，且增益 K 满足 $1\leqslant K\leqslant 100$，试确定 K 的最佳取值，使由干扰和测量噪声导致的稳态误差为最小。

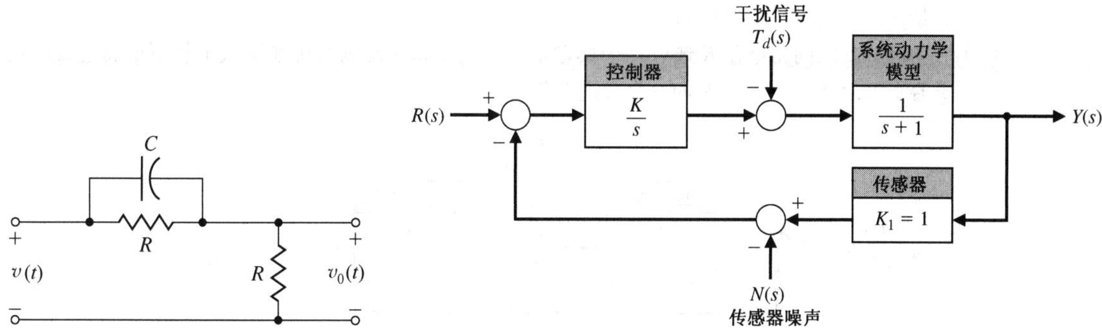

图 AP4.6　超前校正器　　图 AP4.7　反馈控制系统(含有测量噪声和干扰信号)

AP4.8　某机床控制系统的框图模型如图 AP4.8 所示。

(a) 确定传递函数 $T(s)=Y(s)/R(s)$。

(b) 确定灵敏度 S_b^T。

(c) 在 $1 \leqslant K \leqslant 50$ 的范围内，确定 K 的最佳取值，使干扰对系统的影响和灵敏度 S_b^T 最小。

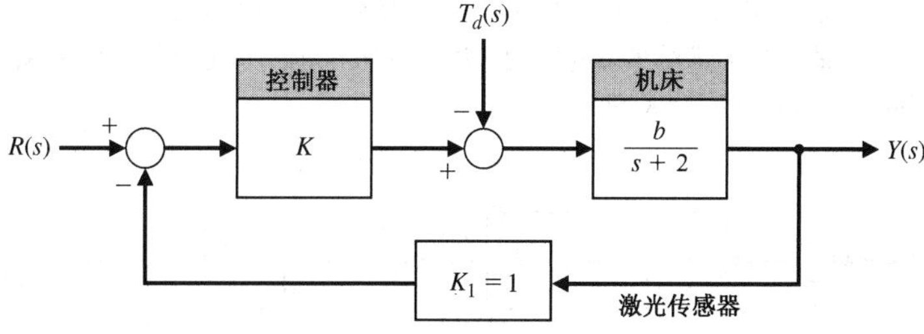

图 AP4.8　机床控制

设计题

CDP4.1　设计题 CDP2.1 介绍了用于平移加工工件的铰盘驱动系统。如图 CDP4.1 所示，该系统采用电容传感器来测量工件的位移，所得到的测量值的线性度高，精确度好。试确定该反馈系统的框图模型。当控制器取为放大器，且反馈回路 $H(s)=1$ 时，计算系统的响应。另外，试为放大器增益 $G_c(s)=K_a$ 选择几个典型值，分别计算系统的单位阶跃响应。

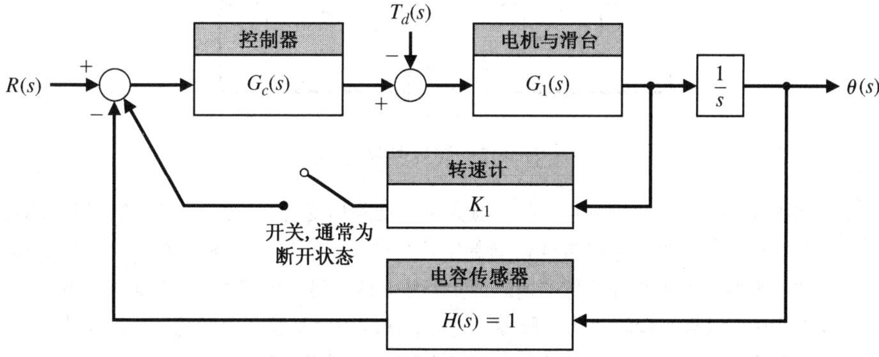

图 CDP4.1　带电容传感器的反馈系统，转速计装在电机轴上(可选)，开关通常为断开状态

DP4.1　如图 DP4.1 所示，闭环转速控制系统经常受到负载干扰的影响。若预期转速为 $\omega_d(t)=100$ rad/s，负载干扰为单位阶跃信号 $T_d(s)=1/s$，并假定系统在加上负载之前已经处于稳定状态，运行转速为 100 rad/s。

(a) 分析负载干扰对系统的稳态影响。

(b) 在10到25之间为增益 K 选取几个典型值，分别计算并绘制系统在阶跃干扰下的转速 $\omega(t)$，并在此基础上确定增益 K 的一个合适取值。

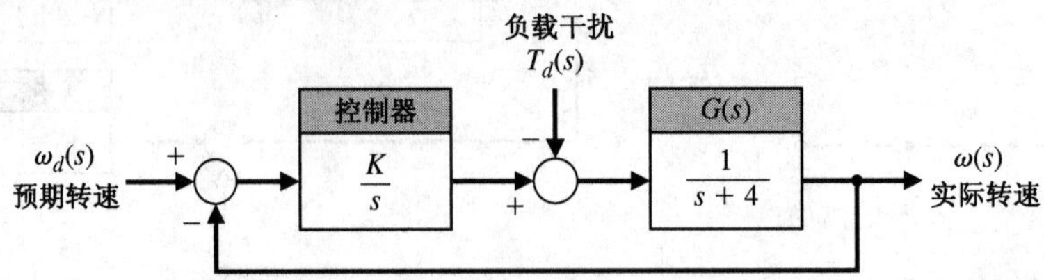

图 DP4.1 转速控制系统

DP4.2 利用副翼产生的扭矩可以控制飞机的横滚角。小型试验机横滚控制系统的线性化模型如图 DP4.2 所示，其中

$$G(s) = \frac{1}{s^2 + 4s + 9}$$

控制目标在于抑制干扰的影响，使飞机保持较小的横滚角 $\theta(t)$。当 $\theta_d(t) = 0$ 时，试选择增益 KK_1 的合适取值，尽量减小干扰对稳态的影响，并使系统对阶跃干扰产生预期的瞬态响应。提示：为了获得预期的瞬态响应，要求 $KK_1 < 35$。

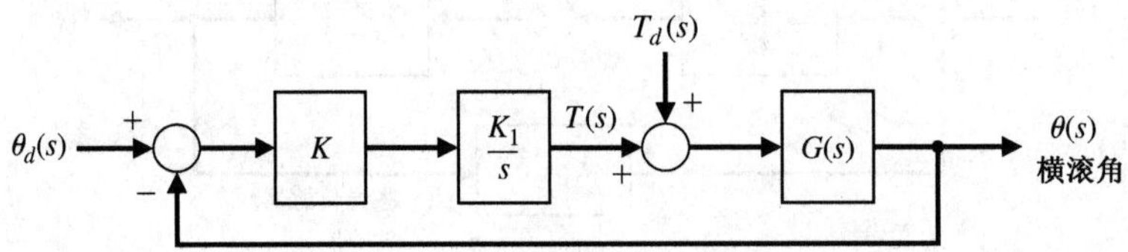

图 DP4.2 小型试验机横滚控制系统

DP4.3 考虑图 DP4.3 所示的系统。

(a) 试确定增益 K_1 的取值范围，使稳态误差 $e_{ss} \leqslant 1\%$。

(b) 确定 K_1 和 K 的合适取值，当干扰 $T_d(t) = 2t$ mrad/s，$0 \leqslant t < 5$ s 时，使系统的稳态误差不超过 0.1 mrad。

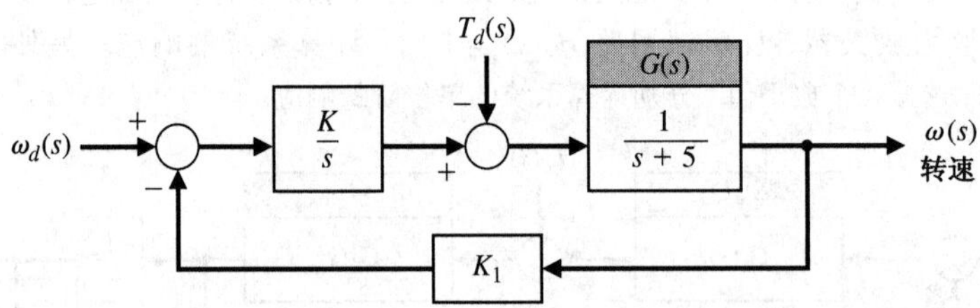

图 DP4.3 转速控制系统

DP4.4 激光已在眼外科手术中应用多年。利用激光可以切除病变组织，也可以帮助受损组织愈合[17]。眼科医生可以利用受控激光对眼睛进行局部定位加热，以便进行手术。绝大多数手术都是在视网膜上进行的。视网膜位于眼球后部的内表面上，是一种很薄的传感组织。实际上，视网膜是眼睛的能量转换器，它可以将光能转化为电脉冲。有时，视网膜会从眼球上脱落下来，导致脱落区域失血而使眼睛部分失明，这时就可以用激光将视网膜“焊接”到眼球的内表面上。

眼科医生可以利用位置控制系统，将需要修补的受损部位指示给控制器，然后由控制器来监控视网膜，并控制激光的位置，以使受损部位得到合适的修补，如图 DP4.4(a)所示。为监控视网膜的运动，位置控制系统配置了一个广角视频摄像机。如果在激光照射过程中，患者的眼睛出现了移位，医生就必须关闭激光器或者重新调整激光器的位置指向。该位置控制系统的框图模型如图 DP4.4(b)

所示。当输入 $r(t)$ 为阶跃信号时，试选择增益 K 的合适取值，使系统具有满意的瞬态响应特性，且干扰信号 $T_d(s)=A/s$ 对系统的影响最小，并保证稳态误差为零。提示：为使系统获得满意的瞬态响应特性，要求 $K<10$。

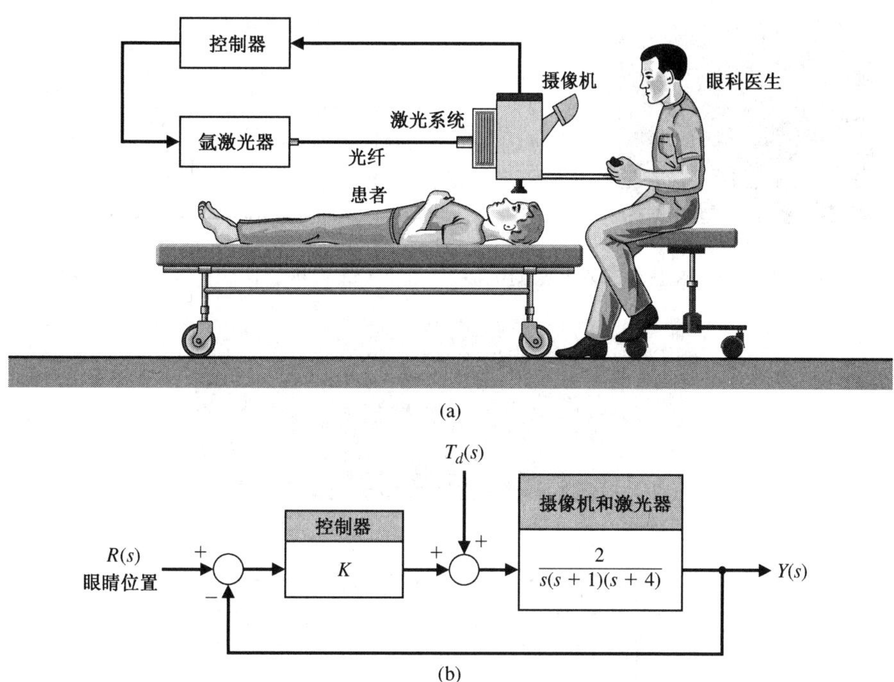

图 DP4.4　眼外科手术使用的激光系统

DP4.5　图 DP4.5 所示的运算放大电路可以产生窄脉冲信号[6]，假定放大器工作在理想状态，当输入 $v(t)$ 为单位阶跃信号时，试选择合适的电阻值和电容值，使电路产生的输出窄脉冲信号为 $v_o(t)=5e^{-100t}$，$t>0$。

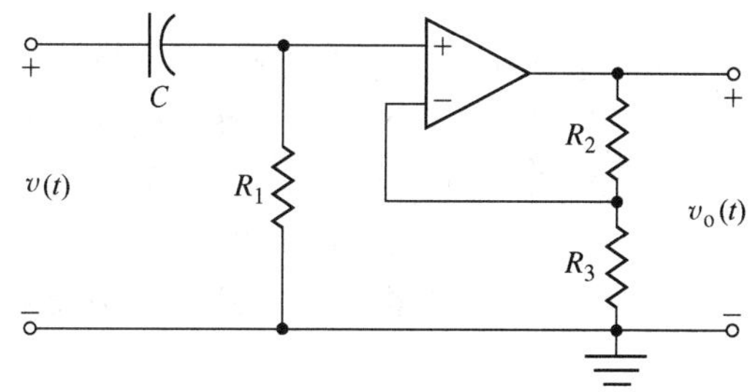

图 DP4.5　运算放大电路

DP4.6　木卫二(Europa)是木星的卫星之一。正在计划研究的一种新型机器人，将会用于木卫二冰层下面的探测，图 DP4.6(a)给出了这一探测任务的想象图。该机器人实际上是能够自行推进的水下机动车，它将通过分析其中水的成分来寻找可能的生命痕迹。垂直深度控制系统是其中最重要的部分，它能够在存在水流干扰的情况下，控制机器人的下潜深度。该反馈控制系统的简化框图如图 DP4.6(b)所示，其中 $J>0$ 为俯仰力矩惯量。

(a) 当控制器 $G_c(s)=K$ 时，试确定 K 的取值范围，使系统保持稳定。

(b) 当控制器 $G_c(s)=K$ 时，试求系统对单位阶跃干扰的稳态误差。

(c) 令控制器 $G_c(s)=K_p+K_Ds$，试确定 K_p 和 K_D 的取值范围，使系统保持稳定。

(d) 当控制器 $G_c(s)=K_p+K_Ds$ 时，试求系统对单位阶跃干扰的稳态误差。

DP4.7　近来，无人驾驶潜航器(UUV)吸引了越来越多的研究，它有着广阔的应用前景，可以用于情报收集、矿藏探测和水下警戒等任务，但无论它执行什么任务，都需要对它进行可靠而且鲁棒的控制。无人驾驶潜航器的示意图如图 DP4.7(a)所示[28]，它的长度为 30 ft，其头部有一个垂直的脊鳍。我们希望能够在多种应用场合控制潜航器，因此，作为控制输入，尾部的尾翼、舵和推进转轴分别控制了潜航器在三个方向上的运动。这里只考虑用尾翼来控制潜艇的横滚运动。图 DP4.7(b)给出了横滚控制系统的框图模型，其中预期的横滚角为 $R(s)=0$，而且有 $T_d(s)=1/s$，$G_c(s)=K(s+2)$。

(a) 确定控制增益 K 的合适取值，使得源于单位阶跃扰动的最大横滚角偏差小于 0.05。

(b) 计算源于扰动的横滚角稳态误差，并讨论你的结果。

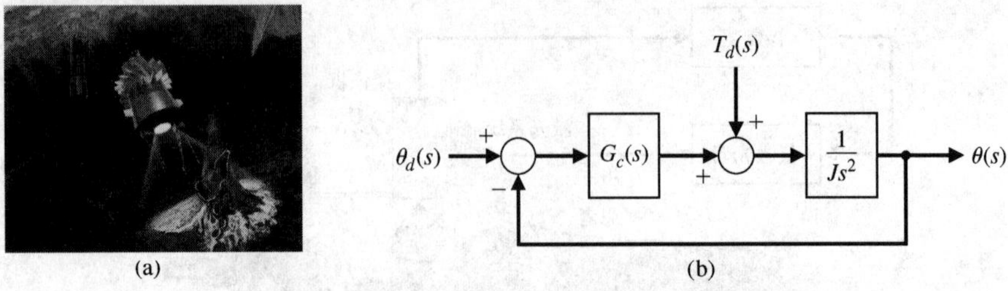

图 DP4.6 (a) 木卫二的冰下探测机器人(经 NASA 许可后使用)；(b) 反馈系统

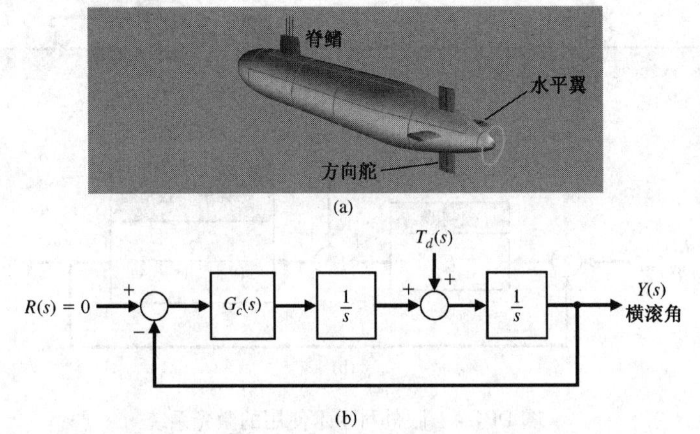

图 DP4.7 无人驾驶潜航器控制系统

DP4.8 一种悬挂在空中的新型遥控移动摄像系统如图 DP4.8(a)所示[29]，它用于直播全美职业橄榄球联赛。摄像机系统能够覆盖整个运动场，摄像机自身还能上下移动。每个滑轮的电机控制系统框图模型如图 DP4.8(b)所示，其中的参数标称值为 $\tau_1=20$ ms，$\tau_2=2$ ms。

(a) 计算系统灵敏度 $S_{\tau_1}^T$ 和 $S_{\tau_2}^T$。

(b) 确定控制增益 K 的合适取值，使得源于单位阶跃扰动的稳态误差小于 0.05。

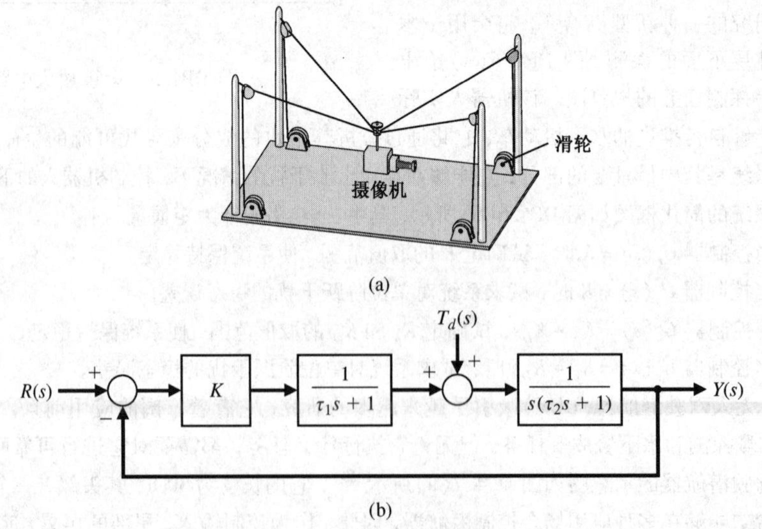

图 DP4.8 遥控移动摄像机

计算机辅助设计题

CP4.1　单位负反馈系统的开环传递函数为

$$G(s) = \frac{12}{s^2 + 2s + 10}$$

确定系统的单位阶跃响应和超调量。系统的稳态误差是多少？

CP4.2　若开环系统的传递函数为

$$G(s) = \frac{4}{s^2 + 2s + 20}$$

当输入为单位阶跃信号时，系统的预期稳态输出值为 1。利用函数 step，验证该系统对单位阶跃输入的稳态误差为 0.8。

CP4.3　考虑闭环传递函数

$$T(s) = \frac{5K}{s^2 + 15s + K}$$

分别计算 $K=10$，$K=200$ 和 $K=500$ 时系统的阶跃响应，并在同一个图上绘制它们的曲线。此外，试采用表格形式，在这三种情况下，比较系统的超调量、调节时间和稳态误差。

CP4.4　考虑图 CP4.4 所示的闭环控制系统，其中的控制器为

$$G_c(s) = K = 10$$

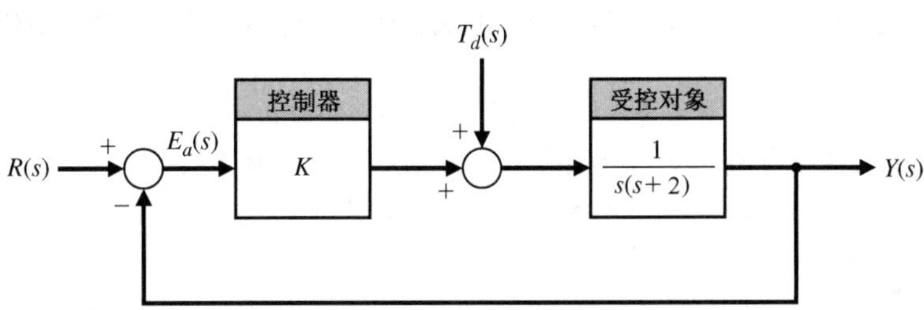

图 CP4.4　含有控制器增益 K 的单位反馈系统

(a) 编写 m 脚本程序，计算闭环传递函数 $T(s)=Y(s)/R(s)$，并绘制系统的单位阶跃响应曲线。

(b) 在同一个 m 脚本程序中，编写程序计算由 $T_d(s)$ 到输出 $Y(s)$ 的传递函数，并绘制系统对单位阶跃干扰的响应曲线。

(c) 利用(a)和(b)得到的曲线，估计系统对单位阶跃输入的稳态跟踪误差，以及系统源于单位阶跃干扰信号的稳态跟踪误差。

(d) 利用(a)和(b)得到的曲线，估计系统对单位阶跃输入的最大跟踪误差，以及系统源于单位阶跃干扰信号的最大跟踪误差。分别近似估计上述最大误差的发生时间。

CP4.5　考虑图 CP4.5 所示的闭环控制系统，试编写一个 m 脚本程序，用于确定参数 k 的取值，使系统对单位阶跃输入的超调量在 1% ~10% 之间。m 脚本程序应该计算闭环传递函数 $T(s)=Y(s)/R(s)$，以及系统的阶跃响应。最后，试利用阶跃响应的曲线图，验证系统对单位阶跃输入的稳态误差为零。

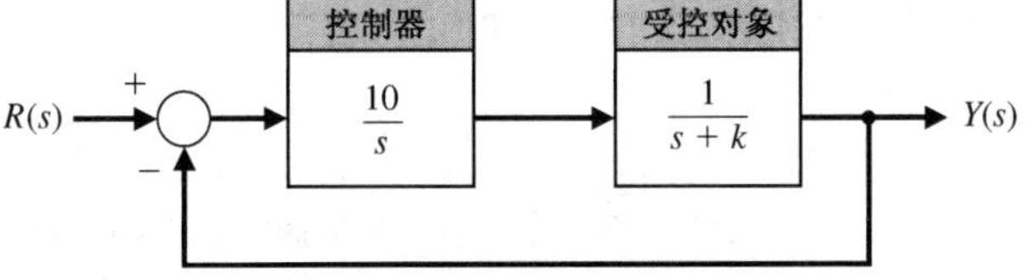

图 CP4.5　闭环负反馈系统

CP4.6 考虑图 CP4.6 所示的闭环控制系统，其中控制器增益为 $K=2$，受控对象中参数 a 的标称值为 $a=1$，这只是设计时的理论值，并不能确切知道其实际值。本题的目的就是要研究闭环系统对参数 a 的灵敏度。

(a) 用解析方法证明，当 $a=1$，输入 $R(s)$ 为单位阶跃信号时，系统响应 $Y(s)$ 的稳态值为 2，基于 2% 准则的调节时间为 4 s。

(b) 改变参数 a 的取值，观察系统瞬态响应的变化，可以分析系统对参数 a 的灵敏度。当 $a=0.5$，$a=2$ 和 $a=5$ 时，试分别绘制系统的单位阶跃响应，并结合所得的结果展开讨论。

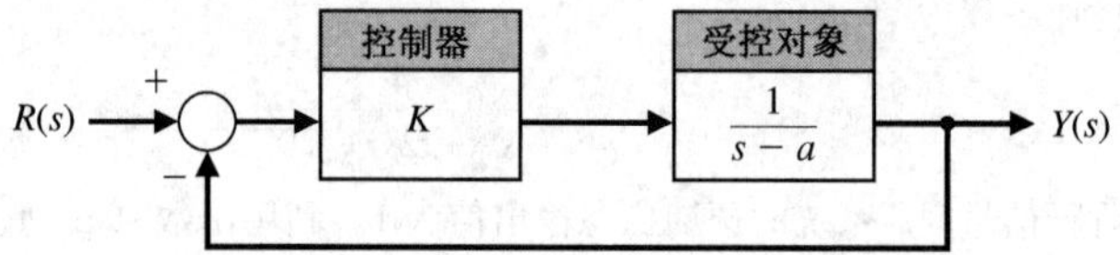

图 CP4.6 含有可变参数 a 的闭环控制系统

CP4.7 考虑图 CP4.7(a)所示的机械转盘系统。转盘旋转产生的力矩为 $-k\theta(s)$，制动器产生的阻尼力矩为 $-b\,\dot{\theta}(s)$，干扰力矩为 $T_d(s)$，输入力矩为 $R(s)$，系统的转动惯量为 J。机械转盘系统的传递函数为

$$G(s)=\frac{1/J}{s^2+(b/J)s+k/J}$$

其闭环控制系统如图 CP4.7(b)所示。若角度的预期值为 $\theta_d=0°$，其他参数的取值为 $k=5$，$b=0.9$ 和 $J=1$。

(a) 令输入 $r(s)=0$，计算系统对单位阶跃干扰的开环响应 $\theta(s)$。

(b) 若控制器增益为 $K_0=50$，计算系统对单位阶跃干扰的闭环响应 $\theta(s)$。

(c) 在同一个图上绘制系统对干扰输入的开环和闭环响应曲线，并结合所得的结果，讨论比较闭环反馈控制在抑制干扰方面的优势。

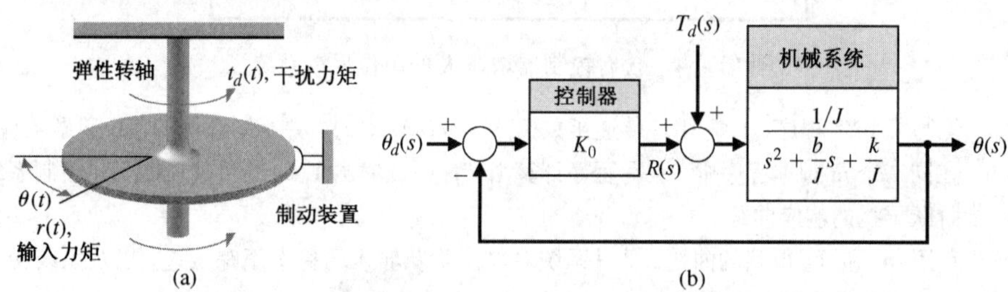

图 CP4.7 (a) 机械转盘系统；(b) 机械转盘系统的反馈控制

CP4.8 图 CP4.8 所示为一个简单的负反馈控制系统，其中设计目标是采用简单的控制器 $G_c(s)$，使闭环系统对单位阶跃输入的稳态跟踪误差为零。

(a) 首先，考虑采用最简单的比例控制器 $G_c(s)=K$，其中 K 为增益常数。若取 $K=2$，试绘制闭环系统的单位阶跃响应曲线，并由此求出系统的稳态误差。

(b) 其次，考虑较为复杂的比例积分控制器(PI)，即

$$G_c(s)=K_0+\frac{K_1}{s}$$

其中，$K_0=2$，$K_1=20$。试绘制系统的单位阶跃响应曲线，并由此求出系统的稳态误差。

(c) 比较(a)和(b)的结果，讨论应该如何兼顾控制器的复杂程度和系统的稳态跟踪误差。

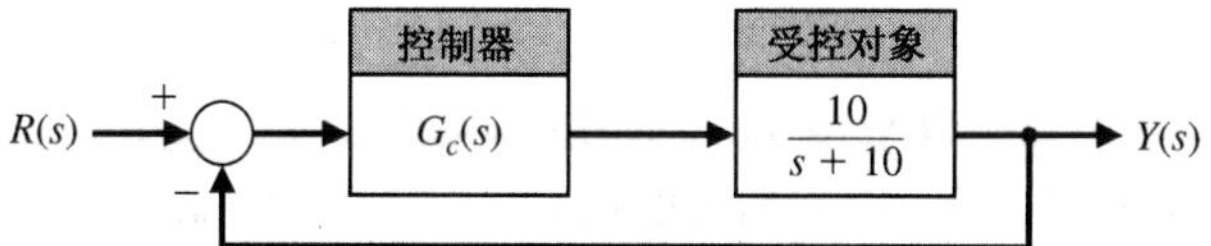

图 CP4.8　简单的单环反馈控制系统

CP4.9　考虑图 CP4.9 所示的闭环系统，传递函数 $G(s)$ 和 $H(s)$ 分别为

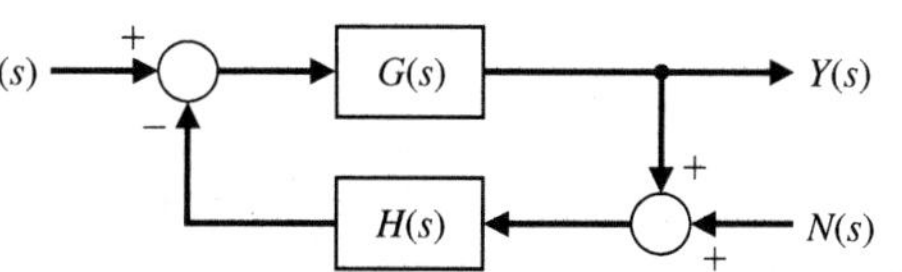

图 CP4.9　含有测量噪声的闭环系统

$$G(s)=\frac{10s}{s+100},\qquad H(s)=\frac{5}{s+50}$$

(a) 试求系统的闭环传递函数 $T(s)=Y(s)/R(s)$，令 $R(s)=1/s$，$N(s)=0$，计算系统的单位阶跃响应。

(b) 当测量噪声 $N(s)=\dfrac{100}{s^2+100}$，$R(s)=0$ 时，计算系统的输出响应；此时，测量噪声是一个频率 $\omega=10$ rad/s 的正弦信号。

(c) 系统到达稳态后，计算(b)所得到的输出响应的最大幅值和对应频率。

CP4.10　考虑图 CP4.10 所示的闭环系统，通过调整增益 K 的取值，可以使系统满足设计指标要求。

(a) 试求系统的闭环传递函数 $T(s)=Y(s)/R(s)$。

(b) 当 $K=5$，$K=10$ 和 $K=50$，并且 $T_d(s)=0$ 时，分别绘制闭环系统的单位阶跃响应。

(c) 当 $K=10$，$T_d(s)=1/s$ 和 $R(s)=0$ 时，求解系统输出响应 $y(t)$ 的稳态值。

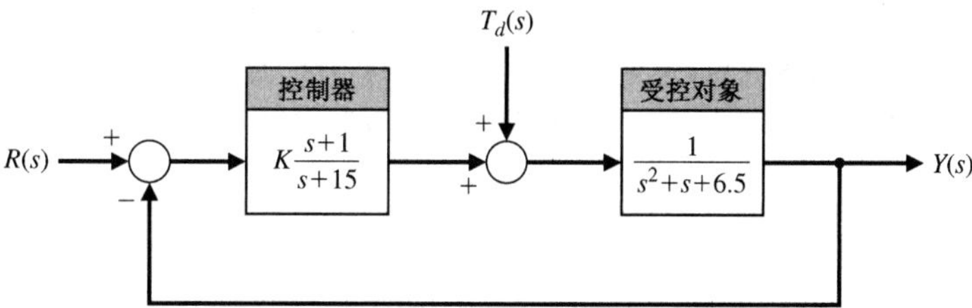

图 CP4.10　含有外部干扰的闭环反馈系统

CP4.11　考虑图 CP4.11 所示的非单位反馈闭环系统，试编制一个 m 脚本程序，能够实现以下功能：

(a) 计算系统的闭环传递函数 $T(s)=Y(s)/R(s)$。

(b) 当 $K=10$，$K=12$ 和 $K=15$ 时，在同一张图上绘制系统的单位阶跃响应曲线，确定系统的稳态误差和调节时间。

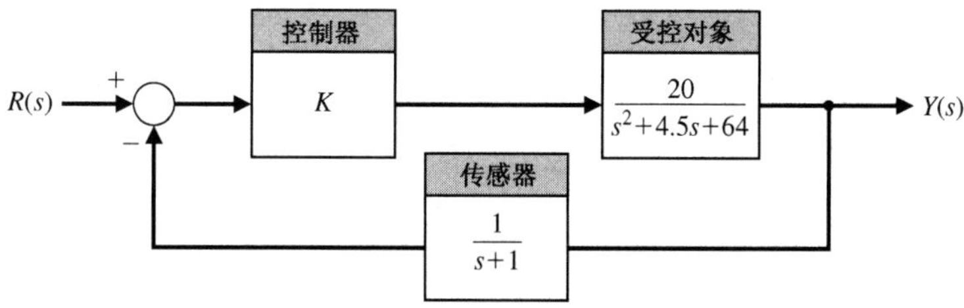

图 CP4.11　反馈回路含有传感器的闭环控制系统

技能自测答案

正误判断题：(1) 对　(2) 对　(3) 错　(4) 错　(5) 对

多项选择题：(6) a　(7) b　(8) a　(9) b　(10) c　(11) a　(12) b　(13) b　(14) c　(15) c

术语和概念匹配题(自上向下)：e　h　k　b　c　f　i　g　d　a　j

术语和概念

closed-loop system	闭环系统	将输出的测量值与预期输出值相比较，产生偏差信号并将该信号作用于执行机构的系统。
complexity	复杂性	从系统结构、布局和行为等方面来衡量系统不同部件之间的交互和关联程度的属性。
component	部件	用于构成整个系统的元器件、子系统和分组件。
disturbance signal	干扰(扰动)信号	不希望出现且能够影响系统输出的输入信号。
error signal	偏差(误差)信号	预期输出信号 $R(s)$ 和实际输出信号 $Y(s)$ 之差，即 $E(s)=R(s)-Y(s)$。
instability	不稳定性	系统的一种属性，用于描述当初始状态出现偏离时，系统具有离开原有平衡态的趋势。
loop gain	开环传递函数(环路增益)	反馈信号的拉普拉斯变换与控制器激励信号的拉普拉斯变换之比。对单位负反馈系统而言，将有 $L(s)=G_c(s)G(s)$。
loss of gain	增益损失	输入信号通过某个系统之后，输出信号和输入信号幅值之比出现的减小，通常以分贝(dB)为单位来衡量。
open-loop system	开环系统	没有反馈环节，由输入信号直接激励产生输出响应的系统。
steady-state error	稳态误差	指系统瞬态响应消失之后，持续偏离预期响应的差值。
system sensitivity	系统灵敏度	当变化量为微小增量时，系统传递函数的变化率与受控对象传递函数(或参数)的变化率之比。
tracking error	跟踪误差信号	参见偏差(误差)信号(error signal)。
transient response	瞬态响应	到达稳态之前，随时间变化的系统响应。

第5章　反馈控制系统的性能

提要

精心设计反馈控制系统，能够取得调节系统的瞬态响应和稳态响应的效果，这是一件非常有益的事情。本章首先介绍一些常用的时域性能指标，讨论利用特定的输入信号来测试控制系统的响应。接下来讨论系统性能与系统传递函数在 s 平面上的零点和极点的位置分布之间的关系。针对二阶系统，本章建立了固有(自然)频率和阻尼比等系统参数与性能指标之间的定量关系。通过引入主导极点的概念，将二阶系统的性能指标扩展到了高阶系统。此外，本章还专门讨论了系统性能的定量综合度量问题，引入了一组能够充分反映控制系统性能的常用的、定量的综合性能指标。最后，本章分析了循序渐进设计实例——磁盘驱动器读取系统的性能。

预期收获

完成第5章的学习之后，学生应该：

- 理解控制系统中常用的重要测试信号，掌握二阶系统对这些测试信号的瞬态响应特性。
- 掌握二阶系统的极点位置与瞬态响应特性之间的直接关系。
- 熟悉二阶系统的极点位置与系统性能指标，如超调量、调节时间、上升时间和峰值时间等之间的关系式。
- 理解零点和第三个极点对二阶系统响应的影响。
- 理解基于综合性能指标的最优控制的概念。

5.1　引言

反馈控制系统的一个显著优点就是能够方便地调节系统的瞬态和稳态性能。为了分析和设计控制系统，我们必须明确定义系统的性能度量方式，并且能够定量计算系统的性能指标。在明确了控制系统性能指标设计要求的基础上，就可以通过调节控制器参数来获得预期响应。由于控制系统本质上是动态的，因此通常需要从瞬态响应和稳态响应两个方面来衡量其性能。**瞬态响应**是指系统响应中随着时间的推移会消失的部分，而**稳态响应**则是在输入信号激励之后，系统响应中将长期存在的部分。

控制系统的**性能指标设计要求**一般包括对指定输入信号产生的瞬态时域响应的多个指标提出的设计要求，以及预期的稳态精度指标设计要求。在实际控制系统设计过程中，能够实现的指标设计要求总是某种折中的结果，所以说，性能指标设计要求并不是一组刚性要求，而是对所要达到的系统性能的定量描述。对多个指标设计要求的有效折中和调整过程如图5.1所示，当参数 p 很小时，可以使性能指标 M_2 达到极小，但却使 M_1 很大，这是我们不希望的情形。如果这两个性能指标同等重要，则交叉点 $p_{\min}$ 是最好的折中点。控制系统设计过程中常常会遇到这种折中。显然，如果初始的指标设计要求是希望 M_1 和 M_2 均为零，那么这两个指标设计要求就不可能同时得到满足，这就需要将其更改为 $p_{\min}$ 点所对应的折中结果[1, 10, 15, 20]。

对设计者来说，性能指标设计要求意味着所设计系统的质量。也就是说，性能指标可以帮助回答这样的问题：所设计的系统完成任务时的性能如何?

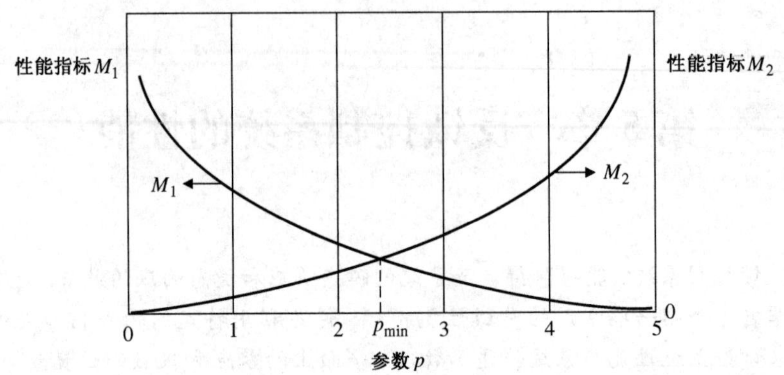

图 5.1　参数 p 与两个性能指标之间的关系

5.2　测试输入信号

控制系统本质上是时域系统，因此，对控制系统而言，确定时域性能指标是非常重要的。也就是说，应该注重控制系统的瞬态性能，即时域性能。首先，必须确定系统是否稳定，而稳定性的分析和确定方法将留待后续章节加以讨论。如果系统是稳定的，那么就可以用多个性能指标来衡量系统对特定输入信号的响应。然而，系统的实际输入信号通常是未知的，因此需要选用标准测试输入信号。系统对标准测试输入信号的响应，通常会与正常工作条件下的系统性能存在合理的联系。正因为如此，采用标准**测试输入信号**是合适的。利用标准测试输入信号，还可以比较不同设计方案的优劣，而且幸运的是，许多控制系统的实际输入信号与标准测试信号非常类似。

如图 5.2 所示，常用的标准测试信号有阶跃信号、斜坡信号和抛物线信号等。表 5.1 给出了这些测试信号的表达式，相应的拉普拉斯变换可以参见表 2.3。本书在线附录 D 包括更多的拉普拉斯变换对。斜坡信号是阶跃信号的积分，而抛物线信号是斜坡信号的积分。我们也经常采用**单位脉冲函数**作为测试信号。单位脉冲函数是基于矩形函数$f_\varepsilon(t)$定义的，矩形函数为

$$f_\varepsilon(t)=\begin{cases}1/\varepsilon, & -\dfrac{\varepsilon}{2}\leqslant t\leqslant\dfrac{\varepsilon}{2}\\ 0, & \text{其他}\end{cases}$$

其中，$\varepsilon>0$。当 ε 趋近于零时，矩形函数 $f_\varepsilon(t)$ 就会趋近于单位脉冲函数 $\delta(t)$。单位脉冲函数具有如下特性：

$$\int_{-\infty}^{\infty}\delta(t)\,\mathrm{d}t=1\,,\qquad \int_{-\infty}^{\infty}\delta(t-a)g(t)\,\mathrm{d}t=g(a) \tag{5.1}$$

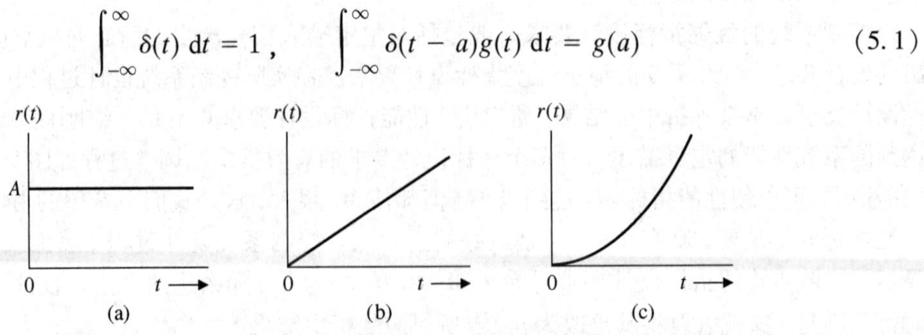

图 5.2　测试输入信号。(a) 阶跃信号；(b) 斜坡信号；(c) 抛物线信号

表 5.1　测试输入信号

测试信号	$r(t)$	$R(s)$
阶跃信号	$r(t)=A,\ t>0$ $=0,\ t<0$	$R(s)=A/s$
斜坡信号	$r(t)=At,\ t>0$ $=0,\ t<0$	$R(s)=A/s^2$
抛物线信号	$r(t)=At^2,\ t>0$ $=0,\ t<0$	$R(s)=2A/s^3$

在计算卷积时，脉冲输入格外有用。系统输出 $y(t)$ 可以写为输入信号 $r(t)$ 的卷积：

$$y(t)=\int_{-\infty}^{t}g(t-\tau)r(\tau)\,\mathrm{d}\tau=\mathscr{L}^{-1}\{G(s)R(s)\}\tag{5.2}$$

上式表示了开环系统 $G(s)$ 的输入−输出关系。如果输入为单位脉冲信号，则有

$$y(t)=\int_{-\infty}^{t}g(t-\tau)\delta(\tau)\,\mathrm{d}\tau\tag{5.3}$$

只有当 $\tau=0$ 时，积分式(5.3)才会取得非零的值，因此系统 $G(s)$ 的脉冲响应为

$$y(t)=g(t)$$

脉冲响应测试信号适用于分析受到面积为 A、幅度大但脉宽窄的信号驱动的动态系统。

常用测试信号的一般形式为

$$r(t)=t^n\tag{5.4}$$

其拉普拉斯变换为

$$R(s)=\frac{n!}{s^{n+1}}\tag{5.5}$$

针对式(5.4)所示的这一类测试输入信号，从控制系统对一种测试信号的输出响应出发，可以很容易地得到它对另一种测试信号的输出响应。由于阶跃信号最容易产生，也最易于分析计算，所以常被选用来作为性能测试输入信号。

考虑系统 $G(s)$ 对单位阶跃输入 $R(s)=1/s$ 的响应

$$G(s)=\frac{9}{s+10}$$

则输出为

$$Y(s)=\frac{9}{s(s+10)}$$

过渡阶段的动态响应为

$$y(t)=0.9(1-\mathrm{e}^{-10t})$$

其中的稳态响应部分为

$$y(\infty)=0.9$$

如果将误差定义为 $E(s)=R(s)-Y(s)$，则稳态误差为

$$e_{\mathrm{ss}}=\lim_{s\to 0}sE(s)=\lim_{s\to 0}\frac{s+1}{s+10}=0.1$$

5.3 二阶系统的性能

本节将考虑单环二阶反馈系统并分析其对单位阶跃输入信号的响应。图 5.3 给出了一个典型的二阶闭环反馈控制系统，其输入-输出关系为

$$Y(s) = \frac{G(s)}{1 + G(s)} R(s) \tag{5.6}$$

将 $G(s)$ 的表达式代入式(5.6)中，可以得到

$$\boxed{Y(s) = \frac{\omega_n^2}{s^2 + 2\zeta\omega_n s + \omega_n^2} R(s)} \tag{5.7}$$

当输入为单位阶跃信号时，系统的输出为

$$Y(s) = \frac{\omega_n^2}{s(s^2 + 2\zeta\omega_n s + \omega_n^2)} \tag{5.8}$$

根据表 2.3 提供的拉普拉斯变换对，对式(5.8)进行拉普拉斯逆变换，可以得到系统的动态输出响应为

$$y(t) = 1 - \frac{1}{\beta} e^{-\zeta\omega_n t} \sin(\omega_n \beta t + \theta) \tag{5.9}$$

其中，$\beta = \sqrt{1 - \zeta^2}$，$\theta = \arccos \zeta$，$0 < \zeta < 1$，稳态响应为 $y(\infty) = 1$。令阻尼比 ζ 取若干不同的典型值，图 5.4 给出了该二阶系统的动态响应曲线簇。阻尼比 ζ 越小，闭环特征根就越接近虚轴，而系统瞬态响应的振荡就越厉害。

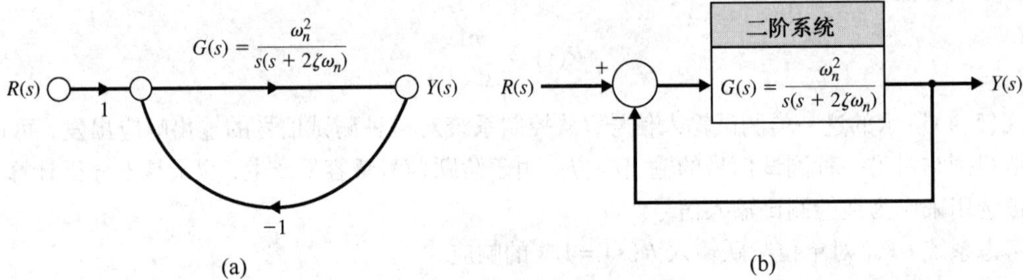

图 5.3 二阶闭环控制系统

单位脉冲函数的拉普拉斯变换为 $R(s) = 1$，因此系统的单位脉冲响应为

$$Y(s) = \frac{\omega_n^2}{s^2 + 2\zeta\omega_n s + \omega_n^2} \tag{5.10}$$

其中，闭环系统的传递函数为 $T(s) = Y(s)/R(s)$。系统对脉冲输入信号的瞬态响应为

$$y(t) = \frac{\omega_n}{\beta} e^{-\zeta\omega_n t} \sin(\omega_n \beta t) \tag{5.11}$$

可以看出，这实际上是阶跃响应的导函数。令阻尼比 ζ 取若干不同的典型值，图 5.5 给出了二阶系统的单位脉冲响应曲线簇。至此，我们可以以系统的阶跃或脉冲瞬态响应为基础，定义多个性能指标来衡量系统的性能。

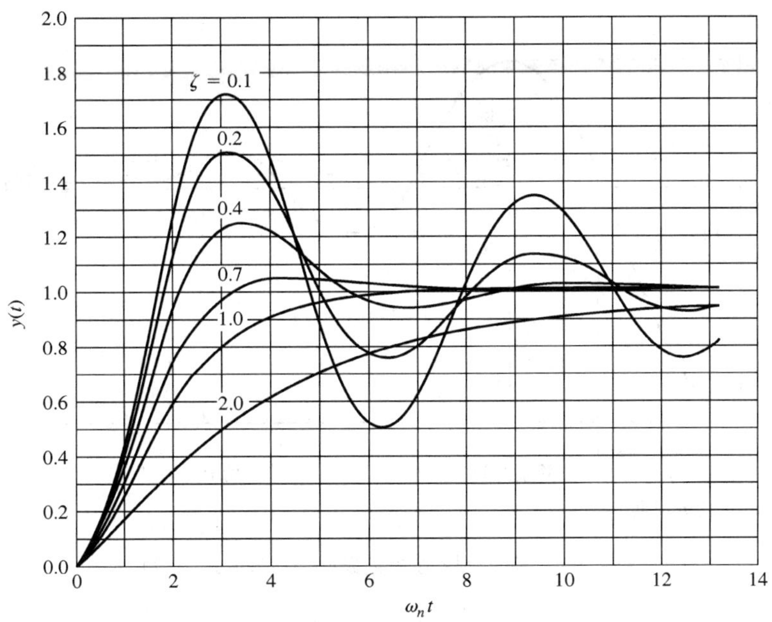

图 5.4　二阶系统的阶跃响应

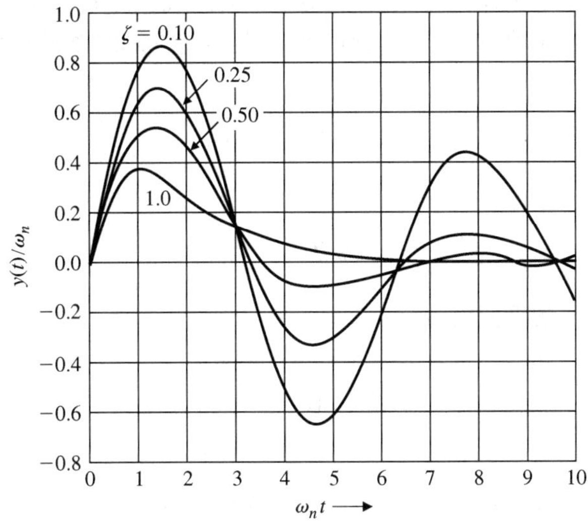

图 5.5　二阶系统的脉冲响应

通常情况下，总是根据图 5.6 所示的闭环系统的阶跃响应来定义系统的基本性能指标。首先定义**上升时间** T_r 和**峰值时间** T_p，以便度量系统响应的快速性。对有超调的欠阻尼系统而言，将幅值的 0 ~ 100% 变化时间定义为上升时间 T_r 比较合适；而对于过阻尼系统而言，无法定义峰值时间 T_p，而上升时间 T_{r_1} 一般会定义为幅值的 10% ~ 90% 变化时间。其次，要定义超调量 P.O.和调节时间 T_s，以便度量实际响应和阶跃输入的匹配程度。对于单位阶跃响应而言，**超调量**的定义为

$$\text{P.O.} = \frac{M_{pt} - f_v}{f_v} \times 100\% \tag{5.12}$$

其中，M_{pt} 为时间响应的峰值，f_v 为时间响应的终值。通常情况下，f_v 会与输入信号有相等的幅值，但也有很多系统，其终值与预期输入的幅值存在很大差异。在式(5.8)中，单位阶跃响应的终值等于参考输入的幅值，即 $f_v = 1$。

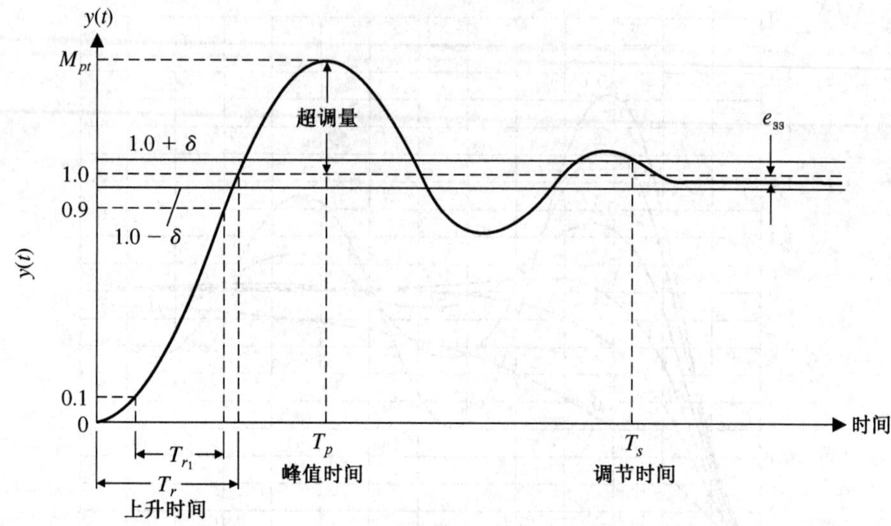

图 5.6　二阶控制系统的阶跃响应，参见式(5.9)

所谓**调节时间** T_s，指的是系统响应达到并维持在稳态值的某个误差百分比 δ 范围内($\pm\delta$ 容许带)所需的时间，$\pm\delta$ 容许带如图 5.6 所示。对于二阶系统，当闭环阻尼系数 $\zeta\omega_n$ 保持恒定时，根据阶跃响应式(5.9)，我们来计算响应达到并维持在终值的 ±2% 容许带内所需的调节时间 T_s。调节时间 T_s 应该满足

$$e^{-\zeta\omega_n T_s} < 0.02$$

即

$$\zeta\omega_n T_s \approx 4$$

于是就得到了调节时间 T_s 的近似值为

$$\boxed{T_s = 4\tau = \frac{4}{\zeta\omega_n}} \tag{5.13}$$

由此可见，调节时间 T_s 可以定义为与特征方程主导根对应的时间常数($\tau = 1/\zeta\omega_n$)的 4 倍。此外，利用图 5.6 所示的单位阶跃响应曲线，我们还可以计算系统的稳态误差。

系统的瞬态响应性能主要体现在以下两个方面：

1. 响应的快速性，由上升时间和峰值时间表征。
2. 实际响应对预期响应的逼近程度，由超调量和调节时间表征。

实际上，这两个方面的指标往往是彼此冲突的，必须进行折中处理。对式(5.9)求微分，并令其为零，可以求得峰值 M_{pt} 和峰值时间 T_p 与阻尼比 ζ 之间的函数关系。于是有

$$\dot{y}(t) = \frac{\omega_n}{\beta} e^{-\zeta\omega_n t}\sin(\omega_n\beta t) = 0$$

可以看出，当 $\omega_n\beta t = n\pi$，$n = 0, 1, 2, \cdots$ 时，$dy(t)/dt = 0$，且首次时间 $n = 1$，由此可以得到二阶系统阶跃响应的峰值时间 T_p 为

$$\boxed{T_p = \frac{\pi}{\omega_n\sqrt{1-\zeta^2}}} \tag{5.14}$$

将上式代入式(5.9)中，可以得到响应峰值为

$$M_{pt} = 1 + \mathrm{e}^{-\zeta\pi/\sqrt{1-\zeta^2}} \tag{5.15}$$

而超调量 P.O.为

$$\boxed{\text{P.O.} = \mathrm{e}^{-\zeta\pi/\sqrt{1-\zeta^2}} \times 100\%} \tag{5.16}$$

图 5.7 给出了超调量 P.O.与阻尼比 ζ 之间的关系曲线，也给出了标准化峰值时间 $\omega_n T_p$ 与阻尼比 ζ 之间的关系曲线[见式(5.8)]。由图 5.7 可以明显看出，响应的快速性和较小的超调量之间存在冲突，必须进行折中处理。

由图 5.6 可以看出，阶跃响应的快速性可以利用输出从幅值终值的 10% 上升到 90% 所需的时间进行度量，实际上，这正是图 5.6 中过阻尼系统上升时间 T_{r_1} 的定义。图 5.8 给出了标准化上升时间 $\omega_n T_{r_1}$ 与阻尼比 $\zeta(0.05 \leqslant \zeta \leqslant 0.95)$ 之间的关系曲线。很难获取上升时间 T_{r_1} 的解析表达式，但通过线性化处理之后，可以得到 T_{r_1} 的近似式为

$$\boxed{T_{r_1} = \frac{2.16\zeta + 0.60}{\omega_n}} \tag{5.17}$$

当阻尼比满足 $0.3 \leqslant \zeta \leqslant 0.8$ 时，上式有足够的近似精确。图 5.8 给出了线性近似的示意图。

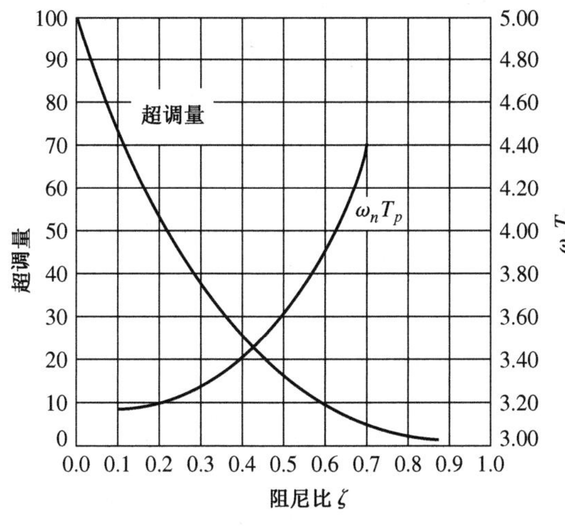

图 5.7　二阶系统的超调量 P.O.和标准化峰值时间与阻尼比ζ之间的关系

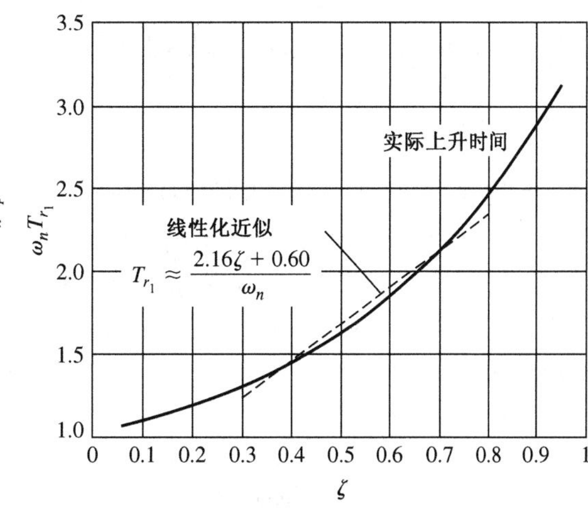

图 5.8　二阶系统的标准化上升时间与阻尼比ζ之间的关系

由式(5.17)可以看出，系统阶跃响应的快速性与阻尼比 ζ 和频率 ω_n 有关。当阻尼比 ζ 给定时，图 5.9 给出了 ω_n 取不同值时的阶跃响应曲线。可以看出，对于给定的阻尼比 ζ，当 ω_n 增加时，系统响应变快。同时应注意，超调量 P.O.不会随着 ω_n 的变化而发生变化。

当 ω_n 给定时，由图 5.10 可以看出，阻尼比 ζ 越小，系统的响应速度越快。但是，系统的响应速度要受到最大容许超调量的制约。

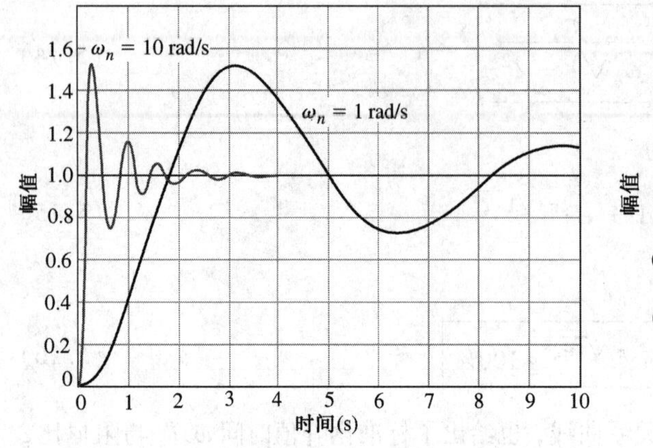

图 5.9　阻尼比 $\zeta=0.2$，$\omega_n=1$ rad/s 和 $\omega_n=10$ rad/s时，系统的阶跃响应

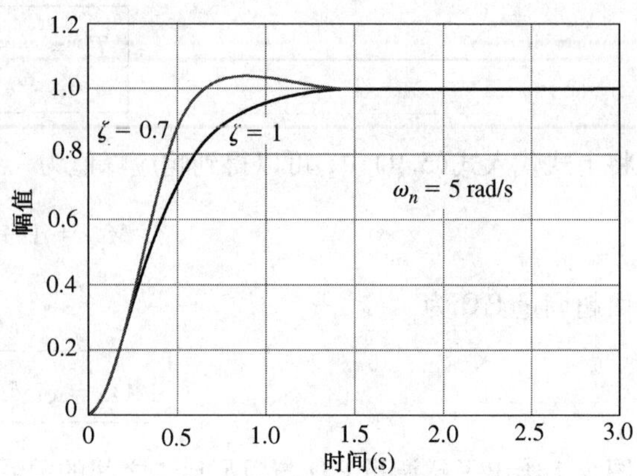

图 5.10　$\omega_n=5$ rad/s，阻尼比 $\zeta=0.7$ 和 $\zeta=1$ 时，系统的阶跃响应

5.4　零点和第三个极点对二阶系统响应的影响

严格地讲，图 5.7 所示的关系曲线只适用于式(5.8)描述的二阶系统的响应，但其提供了非常重要的信息。由于很多高阶系统都存在一对主导极点，因此我们可以将这一曲线关系推广应用到高阶系统，以它为基础来估算高阶系统阶跃响应的性能。在计算超调量 P.O.和其他性能指标时，这种近似方法能够避免进行复杂的拉普拉斯逆变换。例如，某三阶系统的闭环传递函数为

$$T(s)=\frac{1}{(s^2+2\zeta s+1)(\gamma s+1)} \tag{5.18}$$

其闭环特征根在 s 平面上的分布如图 5.11 所示。这是一个标准化的三阶系统，$\omega_n=1$。可以验证，若下式成立：

$$|1/\gamma| \geqslant 10|\zeta\omega_n|$$

则该系统的性能指标，如超调量 P.O.和调节时间 T_s 等，可以基于二阶系统的曲线进行精确的估算[4]。也就是说，当主导根实部绝对值仅仅是第三个根实部绝对值的 1/10，甚至更小时，可以用由**主导根**决定的二阶系统的响应来近似三阶系统的响应[15, 20]。

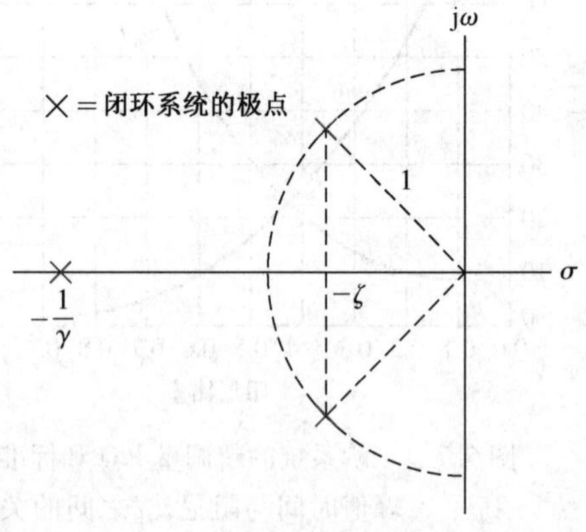

图 5.11　三阶系统闭环特征根在 s 平面上的分布图

考虑三阶系统：

$$T(s)=\frac{1}{(s^2+2\zeta\omega_n s+1)(\gamma s+1)}$$

其中，$\omega_n=1.0$，$\zeta=0.45$ 且 $\gamma=1.0$。此时不满足 $|1/\gamma|\geqslant 10\zeta\omega_n$，系统的闭环极点为 $s_{1,2}=-0.45\pm j0.89$ 和 $s_3=-1.0$。如图 5.12 所示，系统的超调量 P.O.= 10.9%，调节时间 $T_s=8.84$ s(按 2% 准则)，上升时间 $T_{r_1}=2.16$ s。假定有另一组参数，$\omega_n=1.0$，$\zeta=0.45$ 且 $\gamma=0.22$，此时有 $|1/\gamma|\geqslant 10\zeta\omega_n$，系统的闭环极点为 $s_{1,2}=-0.45\pm j0.89$(与第一种情况相同)和 $s_3=-4.5$。此时，如图 5.12 所示，系统的超调量 P.O.= 20%，调节时间 $T_s=8.56$ s(按 2% 准则)，上升时间 $T_{r_1}=1.6$ s。当共轭复极点确实是主导极点时，可以得到近似度良好的二阶系统：

$$T(s)=\frac{1}{(s^2+2\zeta\omega_n s+1)}=\frac{1}{s^2+0.9s+1}$$

正如我们所预期的，该近似二阶系统的的超调量 P.O.= $e^{-\zeta\pi/\sqrt{1-\zeta^2}}\times 100\% = 20.5\%$，调节时间 $T_s=4/\zeta\omega_n=8.89$ s，上升时间 $T_{r_1}=(2.16\zeta+0.6)/\omega_n=1.57$ s。从图 5.12 也可以明显看出，满足条件 $|1/\gamma|\geqslant 10\zeta\omega_n$ 时，三阶系统的阶跃响应与二阶系统的阶跃响应拟合得更加贴近。

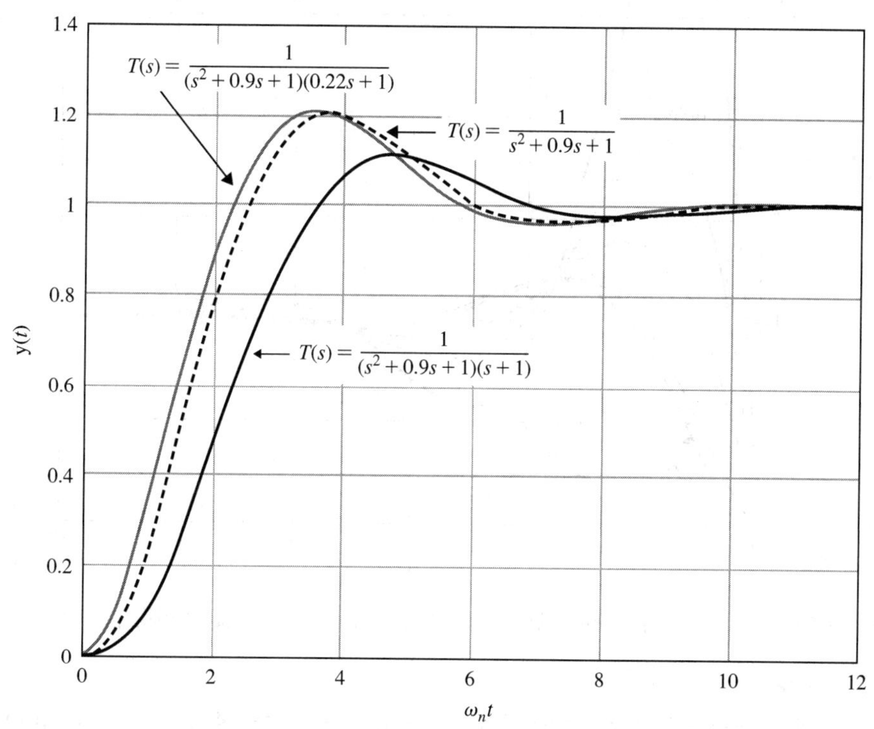

图 5.12　满足条件 $|1/\gamma|\geqslant 10\zeta\omega_n$ 时，为说明主导极点的概念，比较两个三阶系统和二阶系统（虚线）的阶跃响应

还需要指出，只有在传递函数不存在有限零点的情况下，按照式(5.10)定义的二阶系统的性能指标才会精确成立。如果传递函数存在有限零点，且位于主导复极点附近，那么系统的瞬态响应将会受到零点的显著影响。

也就是说，具有一个零点和两个极点的系统的瞬态响应，会受到零点位置的影响[5]。例如，考虑下式所示的二阶系统：

$$T(s)=\frac{(\omega_n^2/a)(s+a)}{s^2+2\zeta\omega_n s+\omega_n^2}$$

我们可以比较研究它的阶跃响应，与没有有限零点的标准二阶系统的阶跃响应的差异。假定 $\zeta=0.45$，$a/\zeta\omega_n$ 分别取值为 0.5，1，2 和 10。图 5.13 给出了上述情况下的系统阶跃响应，当 $a/\zeta\omega_n$ 增大时，有限零点将移至左半平面更远离虚轴的地方，也更远离系统极点，正如我们所预期的，系统的阶跃响应更逼近标准二阶系统的阶跃响应。

系统的时域响应特性与闭环传递函数在 s 平面上的极点位置分布密切相关，这是理解闭环系统性能的关键概念。

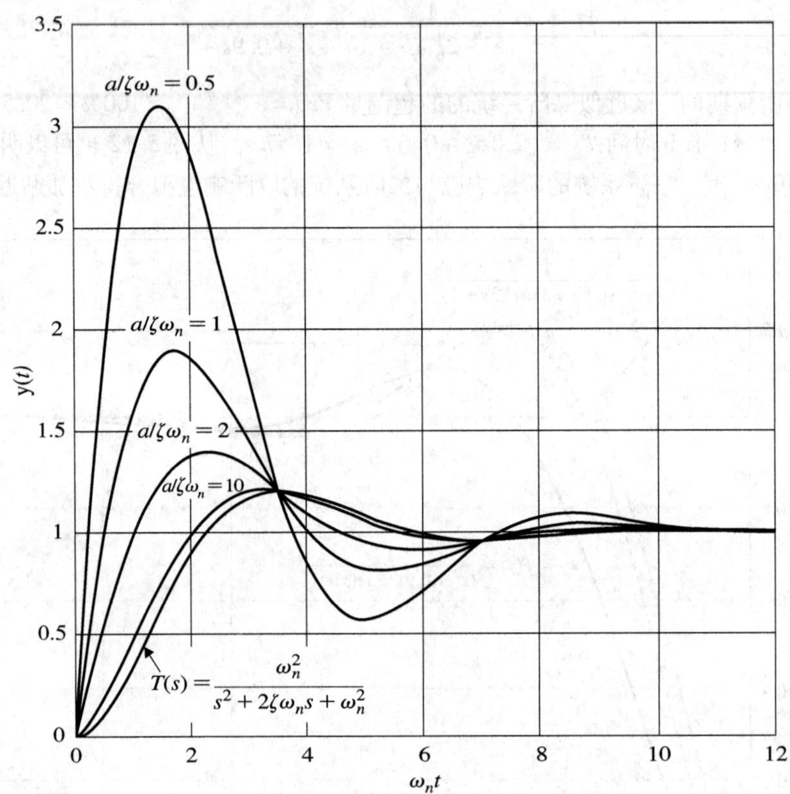

图 5.13 具有一个零点的二阶系统的阶跃响应曲线，其中 $\zeta = 0.45$，$a/\zeta\omega_n$ 分别取值为 0.5，1，2 和 10

例 5.1 参数选择

图 5.14 给出了一个单环负反馈控制系统，我们希望选择控制器增益 K 和参数 p 的合适取值，使系统能够满足时域性能指标设计要求。具体的指标要求为，在阶跃响应的超调量 P.O.≤5% 的前提下，系统具有尽可能快速的动态响应，按 2% 准则的调节时间 $T_s \leq 4$ s。

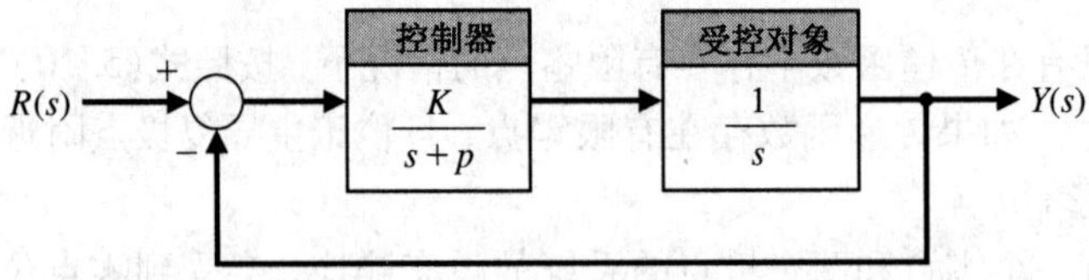

图 5.14 单环负反馈控制系统

就二阶系统而言，由式(5.16)可知超调量 P.O.与 ζ 的关系，由式(5.13)可知调节时间 T_s 与 $\zeta\omega_n$。P.O.≤5% 时求解可得 $\zeta \geq 0.69$，$T_s \leq 4$ s 时求解可得 $\zeta\omega_n \geq 1$。

同时满足这两个时域性能指标设计要求的可以配置闭环极点的可行区域如图 5.15 所示。为了满足设计要求，可以具体选择 $\zeta = 0.707$(P.O.= 4.3%)和 $\zeta\omega_n = 1$($T_s = 4$ s)。于是配置的预期极点为 $r_1 = -1 + \mathrm{j}1$ 和 $\hat{r}_1 = -1 - \mathrm{j}1$，系统参数 $\zeta = 1/\sqrt{2} = 0.707$，$\omega_n = 1/\zeta = \sqrt{2}$。因此，闭环传递函数为

$$T(s) = \frac{G_c(s)G(s)}{1 + G_c(s)G(s)} = \frac{K}{s^2 + ps + K} = \frac{{\omega_n}^2}{s^2 + 2\zeta\omega_n s + {\omega_n}^2}$$

这表明应该将控制器增益 K 和参数 p 选为 $K = \omega_n^2 = 2$，$p = 2\zeta\omega_n = 2$。由于这是一个形如式(5.7)的二阶系统，因此能够精确地满足性能指标设计要求。

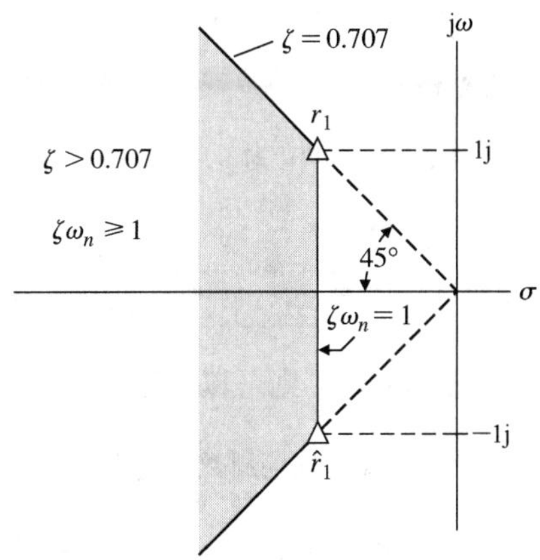

图 5.15　性能指标设计要求与 s 平面上特征根的位置(可行域)

例 5.2　附加零点和附加实极点的影响

考虑某三阶控制系统，其闭环传递函数为

$$\frac{Y(s)}{R(s)} = T(s) = \frac{\dfrac{\omega_n^2}{a}(s+a)}{(s^2+2\zeta\omega_n s+\omega_n^2)(1+\tau s)}$$

附加实零点和附加实极点都会影响系统的动态响应。只有当 $a \gg \zeta\omega_n$ 且 $\tau \ll 1/\zeta\omega_n$ 时，实极点和实零点对阶跃响应的影响才会比较小。

考虑闭环传递函数

$$T(s) = \frac{10(s+2.5)}{(s^2+6s+25)(0.16s+1)}$$

注意到直流增益为 1，即 $T(0)=1$，因此系统对阶跃输入的预期稳态误差为零。由上式可知，此时有 $\zeta\omega_n=3$，$\tau=0.16$，$a=2.5$，系统在 s 平面上的零-极点分布图如图 5.16 所示。如果直接忽略实极点和零点，可以尝试将系统的闭环传递函数近似为

$$aT(s) \approx \frac{25}{s^2+6s+25}$$

可以看出，二阶近似系统有一对与 $\zeta=0.6$ 和 $\omega_n=5$ 对应的"主导"极点，该二阶近似系统的基于 2% 准则的调节时间和超调量分别为

$$T_s = \frac{4}{\zeta\omega_n} = 1.33\ \text{s},\ \text{P.O.} = \mathrm{e}^{-\pi\zeta/\sqrt{1-\zeta^2}} \times 100\% = 9.5\%$$

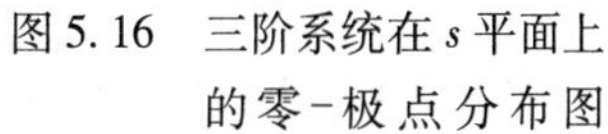

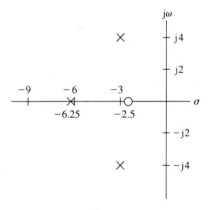

图 5.16　三阶系统在 s 平面上的零-极点分布图

对实际的三阶系统进行计算机仿真，得到的超调量 P.O.= 38%，调节时间 $T_s=1.6$ s。由此可见，不能忽略 $T(s)$ 的第三个极点和零点对系统的作用，其原因在于不满足条件 $a \gg \zeta\omega_n$ 和 $\tau \ll 1/\zeta\omega_n$。

阻尼比是决定闭环系统性能指标的关键参数。在调节时间、超调量、峰值时间和上升时间等性能指标的计算公式中，阻尼比都起着重要作用。而且，对于二阶系统而言，阶跃响应的超调量仅仅由阻尼比决定。接下来将会看到，可以根据系统的实际阶跃响应来辨识估计阻尼比[12]。二阶系统的单位阶跃响应由式(5.9)给出，于是当 $\zeta<1$ 时，阻尼正弦振荡的频率为

$$\omega = \omega_n(1 - \zeta^2)^{1/2} = \omega_n\beta$$

阶跃响应中每秒的振荡周数为 $\omega/(2\pi)$。

指数衰减项的时间常数为 $\tau = 1/(\zeta\omega_n)$(单位为 s)。在一个时间常数间隔内，阻尼正弦振荡的周数为

$$(\text{周数}/\text{时间}) \times \tau = \frac{\omega}{2\pi\zeta\omega_n} = \frac{\omega_n\beta}{2\pi\zeta\omega_n} = \frac{\beta}{2\pi\zeta}$$

如果阶跃响应在 n 倍时间常数的间隔内衰减，则可以观察到的响应的振荡周数为

$$\text{可观测振荡周数} = \frac{n\beta}{2\pi\zeta} \tag{5.19}$$

对于二阶系统而言，在经历了 4 倍于时间常数(4τ)的振荡之后，系统响应的误差将保持在稳态值的 2% 容许带内。因此，将 $n=4$ 代入式(5.19)中，可以得到二阶系统在调节时间(过渡期)之内可以观测到的振荡周数为

$$\text{可观测振荡周数} = \frac{4\beta}{2\pi\zeta} = \frac{4(1-\zeta^2)^{1/2}}{2\pi\zeta} \approx \frac{0.6}{\zeta} \tag{5.20}$$

其中，$0.2 \leqslant \zeta \leqslant 0.6$。根据阶跃响应曲线可以看出过渡过程期间的振荡周数，再利用式(5.20)即可得到阻尼比 ζ 的估计值。

估计阻尼比 ζ 的另一种方法是先确定系统阶跃响应的超调量 P.O.，再利用式(5.16)完成估计。

5.5 s 平面上特征根的位置与系统的瞬态响应

闭环反馈控制系统的瞬态响应特性可以用传递函数极点(即特征根)的位置分布来表征。闭环传递函数的一般形式为

$$T(s) = \frac{Y(s)}{R(s)} = \frac{\sum P_i(s)\,\Delta_i(s)}{\Delta(s)}$$

其中，$\Delta(s)=0$ 为系统的特征方程。对单位负反馈系统而言，特征方程即为 $1+G_c(s)G(s)=0$。由前面的讨论可知，闭环传递函数 $T(s)$ 的零点和极点决定了系统的瞬态响应，而 $T(s)$ 的极点是特征方程 $\Delta(s)=0$ 的根。当特征方程没有重根时，系统(取增益为 1)的单位阶跃响应可以展开为部分分式形式，即

$$Y(s) = \frac{1}{s} + \sum_{i=1}^{M}\frac{A_i}{s+\sigma_i} + \sum_{k=1}^{N}\frac{B_k s + C_k}{s^2 + 2\alpha_k s + (\alpha_k^2 + \omega_k^2)} \tag{5.21}$$

其中，A_i，B_k 和 C_k 是常数。系统的特征根为实单根 $s=-\sigma_i$ 或者共轭复根 $s=-\alpha_k \pm j\omega_k$。因此，经过拉普拉斯逆变换，系统的整个动态响应为

$$y(t) = 1 + \sum_{i=1}^{M} A_i e^{-\sigma_i t} + \sum_{k=1}^{N} D_k e^{-\alpha_k t}\sin(\omega_k t + \theta_k) \tag{5.22}$$

其中，D_k 是与 B_k，C_k，α_k 和 ω_k 有关的常数。整个动态响应由稳态值、指数项和受到阻尼的正弦项组成，后面各项构成了系统的瞬态响应。如果响应是稳定的，则阶跃响应该有界，所有特征根均位于 s 平面的左半部分(即实部 $-\sigma_i$ 和 $-\alpha_k$ 为负)。当系统特征根位于不同区域时，图 5.17 给出了对应的脉冲响应曲线，由此可见，特征根的位置蕴含和描述了丰富的系统瞬态响应特性信息。

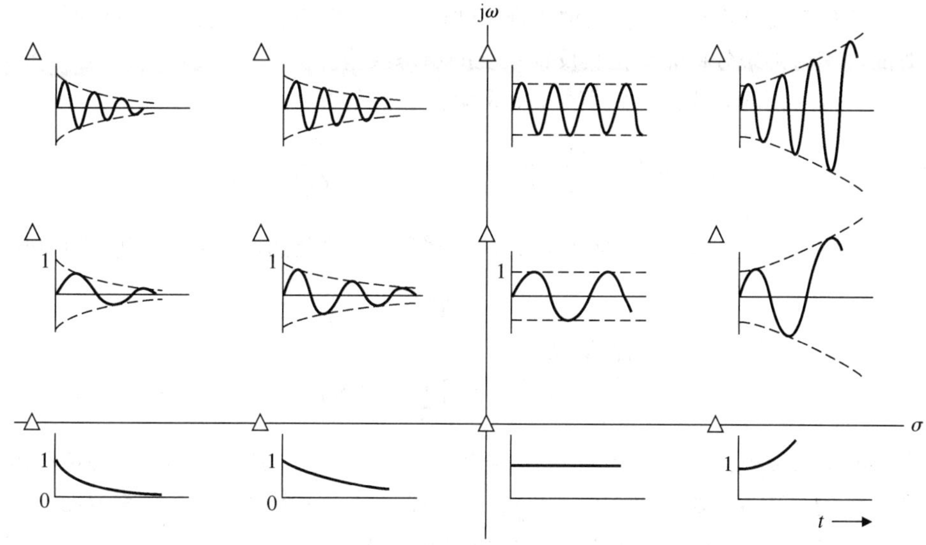

图 5.17　不同位置的特征根对应的脉冲响应曲线

对于控制系统工程师而言，理解并掌握线性系统的复频率表示、传递函数的零点和极点，以及系统的时域响应（对阶跃信号和其他类型输入信号）这三者之间的关系是非常重要的。在信号处理和控制等领域中，很多分析和设计工作都在复 s 平面上进行，所使用的系统模型由传递函数 $T(s)$ 及其零点和极点表示。而另一方面，系统性能分析，特别是控制系统性能分析，却往往要在时间域内通过分析时域响应来实现。

经验丰富的设计者能够洞察增删 $T(s)$ 的极点和零点，或者移动它们在 s 平面上的位置，将会如何改变系统的阶跃和/或脉冲响应。类似地，为了改进系统的阶跃和/或脉冲响应，设计者要知道如何改变 $T(s)$ 的极点和零点的位置。

经验丰富的设计者同时不会忽视零点的位置的影响。总体而言，$T(s)$ 极点的位置决定了系统的瞬态响应模态，而 $T(s)$ 的零点则确定每个模态函数的相对权重。换句话说，零点直接影响式(5.22)中 A_i 和 D_k 的取值。例如，如果在极点 $s=-\sigma_i$ 的附近有零点，则与之对应的 A_i 将会比较小。

5.6　反馈控制系统的稳态误差

虽然引入反馈会提高系统成本并增加系统的复杂性，但它能够明显地减小系统的稳态误差，这是在系统中引入反馈的基本原因之一。闭环系统的稳态误差将比开环系统的稳态误差小几个数量级。系统执行机构的驱动信号，就是跟踪误差信号的测量值，记为 $E_a(s)$。考察单位负反馈系统，当测量噪声 $N(s)=0$，干扰信号 $T_d(s)=0$ 时，系统的跟踪误差 $E(s)$ 为

$$E(s)=\frac{1}{1+G_c(s)G(s)}R(s)$$

根据终值定理，可以得到系统的稳态跟踪误差为

$$\lim_{t\to\infty}e(t)=e_{ss}=\lim_{s\to 0}s\frac{1}{1+G_c(s)G(s)}R(s) \tag{5.23}$$

本节首先针对单位负反馈系统，分析三种典型测试信号下的系统稳态误差，这对控制系统分析也是非常重要的。稍后再来分析非单位负反馈系统的稳态误差。

阶跃输入 输入幅度为 A 的阶跃信号时，系统稳态误差为

$$e_{ss}=\lim_{s\to 0}\frac{s(A/s)}{1+G_c(s)G(s)}=\frac{A}{1+\lim\limits_{s\to 0}G_c(s)G(s)}$$

由此可见，稳态误差完全由开环传递函数 $G_c(s)G(s)$ 确定。开环传递函数 $G_c(s)G(s)$ 的一般形式为

$$G_c(s)G(s)=\frac{K\prod\limits_{i=1}^{M}(s+z_i)}{s^N\prod\limits_{k=1}^{Q}(s+p_k)} \tag{5.24}$$

其中，Π 表示因子的乘积；$z_i\neq 0$，$1\leqslant i\leqslant M$；$p_k\neq 0$，$1\leqslant k\leqslant Q$。当 s 趋于零时，开环传递函数的取值依赖于积分器的个数 N。如果 $N>0$，则 $\lim\limits_{s\to 0}G_c(s)G(s)$ 趋于无穷大，稳态误差因而趋于零。积分器的个数 N 称为系统的**型数**，相应的系统称为 N 型系统。

因此，零型系统的型数为 $N=0$，稳态误差为

$$e_{ss}=\frac{A}{1+G_c(0)G(0)}=\frac{A}{1+K\prod\limits_{i=1}^{M}z_i/\prod\limits_{k=1}^{Q}p_k} \tag{5.25}$$

常数 $G_c(0)G(0)$ 通常记为 K_p，称为**位置误差常(系)数**，它由下式给出：

$$\boxed{K_p=\lim_{s\to 0}G_c(s)G(s)}$$

因此，零型系统对幅度为 A 的阶跃输入的稳态跟踪误差为

$$\boxed{e_{ss}=\frac{A}{1+K_p}} \tag{5.26}$$

而对 $N\geqslant 1$ 的各型系统，其阶跃响应的稳态误差为零，即

$$e_{ss}=\lim_{s\to 0}\frac{A}{1+K\prod z_i/(s^N\prod p_k)}=\lim_{s\to 0}\frac{As^N}{s^N+K\prod z_i/\prod p_k}=0 \tag{5.27}$$

斜坡输入 输入斜率为 A 的斜坡(速度)信号时，系统稳态误差为

$$e_{ss}=\lim_{s\to 0}\frac{s(A/s^2)}{1+G_c(s)G(s)}=\lim_{s\to 0}\frac{A}{s+sG_c(s)G(s)}=\lim_{s\to 0}\frac{A}{sG_c(s)G(s)} \tag{5.28}$$

同样，稳态误差取决于系统的积分器的个数 N。对于零型系统，$N=0$，稳态误差为无穷大。对于Ⅰ型系统，$N=1$，误差为

$$e_{ss}=\lim_{s\to 0}\frac{A}{sK\prod(s+z_i)/[s\prod(s+p_k)]}$$

即

$$\boxed{e_{ss}=\frac{A}{K\prod z_i/\prod p_k}=\frac{A}{K_v}} \tag{5.29}$$

其中，K_v 称为**速度误差常(系)数**，其值为

$$K_v = \lim_{s \to 0} sG_c(s)G(s)$$

如果传递函数有两个以上的积分器，即 $N \geqslant 2$，则稳态误差为零。而当 $N=1$ 时，系统存在有界且定常的稳态位置误差，读者很快会看到，稳态输出的变化速度却等于输入的变化速度。

加速度输入　当输入信号为 $r(t)=At^2/2$ 时，系统的稳态误差为

$$e_{ss} = \lim_{s \to 0} \frac{s(A/s^3)}{1+G_c(s)G(s)} = \lim_{s \to 0} \frac{A}{s^2 G_c(s)G(s)} \tag{5.30}$$

Ⅰ型系统的稳态误差为无穷大。若系统含两个积分器，即 $N=2$，则可以得到

$$\boxed{e_{ss} = \frac{A}{K\prod z_i / \prod p_k} = \frac{A}{K_a}} \tag{5.31}$$

其中，K_a 为**加速度误差常(系)数**，它由下式给出：

$$\boxed{K_a = \lim_{s \to 0} s^2 G_c(s)G(s)}$$

积分器个数等于或超过 3，即 $N \geqslant 3$ 时，系统的稳态误差为零。

经常利用型数和稳态误差常(系)数 K_p，K_v 和 K_a 来刻画控制系统的稳态性能。针对不同型数的系统，表 5.2 归纳总结了三种不同输入下的稳态误差及其稳态误差常数。接下来，用一个实例来说明稳态误差常数的作用。

表 5.2　稳态误差小结

$G_c(s)G(s)$ 中积分器的个数，即系统的型数	输入信号		
	阶跃 $r(t)=A$，$R(s)=A/s$	斜坡 $r(t)=At$，$R(s)=A/s^2$	抛物线 $r(t)=At^2/2$，$R(s)=A/s^3$
0	$e_{ss}=\dfrac{A}{1+K_p}$	∞	∞
1	$e_{ss}=0$	$\dfrac{A}{K_v}$	∞
2	$e_{ss}=0$	0	$\dfrac{A}{K_a}$

例 5.3　移动机器人驾驶控制

一种移动机器人旨在帮助严重残障人士行走[7]。这种机器人的驾驶控制系统的框图如图 5.18 所示，驾驶控制器的传递函数 $G_c(s)$ 为

$$G_c(s) = K_1 + K_2/s \tag{5.32}$$

当 $K_2=0$，即 $G_c(s)=K_1$ 时，系统对阶跃输入信号的稳态误差为

$$e_{ss} = \frac{A}{1+K_p} \tag{5.33}$$

其中，$K_p=KK_1$。当 $K_2>0$ 时，就得到了一个Ⅰ型系统

$$G_c(s) = \frac{K_1 s + K_2}{s}$$

系统对阶跃输入信号的稳态误差为零。

如果驾驶指令为斜坡输入信号，则系统的稳态误差为

$$e_{ss} = \frac{A}{K_v} \tag{5.34}$$

其中，$K_v=\lim\limits_{s\to 0} sG_c(s)G(s)=K_2K$。

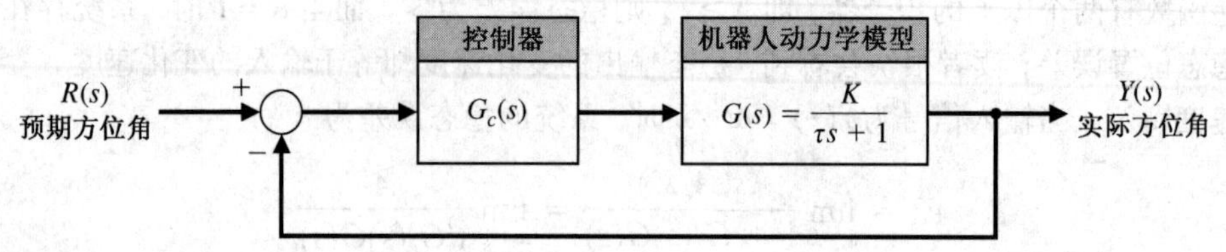

图 5.18 移动机器人驾驶控制系统的框图

当输入为锯齿波信号，控制器为 $G_c(s)=(K_1s+K_2)/s$ 时，系统的动态响应如图 5.19 所示。从图中可看出，输出的变化速度跟上了输入的变化速度，但的确存在明显的有界且定常的稳态位置误差。不过，当 K_v 足够大时，稳态误差的影响是可以忽略的。

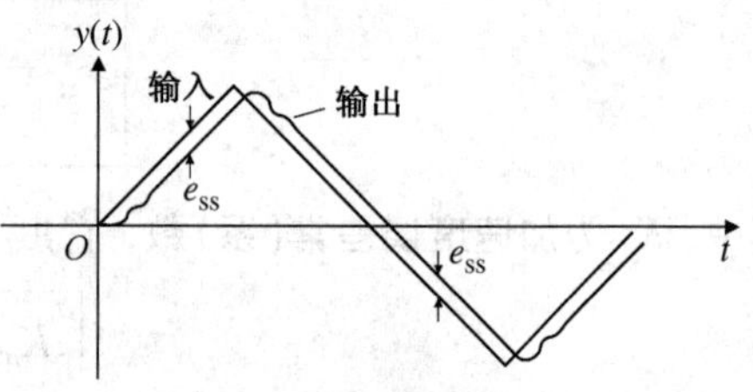

图 5.19 锯齿波响应

控制系统的误差常(系)数 K_p, K_v 和 K_a 能够表征系统减小或消除稳态误差的能力，因此它们可以作为稳态性能的度量指标。针对给定的系统，设计者首先要确定其稳态误差常数，然后在维持较好的瞬态性能的同时，寻求增大稳态误差常数的方法，以便减小稳态误差。就本例而言，一方面，我们可以通过增大增益因子 KK_2，也就是增大 K_v 来减小稳态误差；但是，另一方面，KK_2 的增大会减小阻尼比 ζ，使系统阶跃响应产生更为严重的振荡。因此，折中的做法是，在保证阻尼比 ζ 不小于容许值的前提下，尽量选择较大的 K_v。

在前面的讨论中，我们只考虑了单位负反馈系统。接下来考虑非单位负反馈系统。在这类系统中，系统的输出 $Y(s)$ 与传感器的输出往往是具有不同量纲的物理量，反馈回路非单位传递函数可能起着量纲转换的作用。例如，在图 5.20 所示的转速控制系统中，$H(s)=K_2$，常数 K_1 和 K_2 就起到了量纲转换的作用(此处是将 rad/s 转换为 V)。由于 K_1 的取值可调，因此可以取 $K_1=K_2$，再将 K_1 和 K_2 的方框移过求和结点，就可以获得图 5.21 所示的等效框图。因此，可将非单位负反馈系统转换成单位负反馈系统。

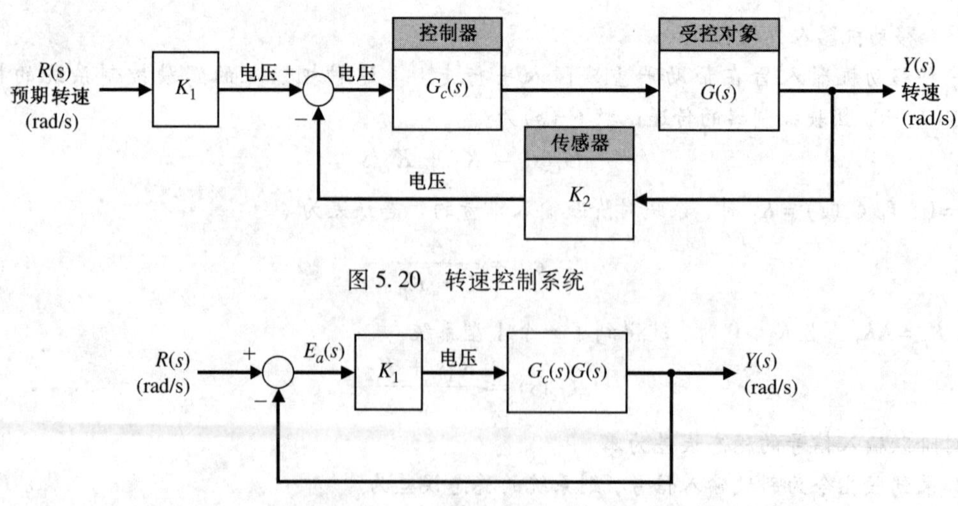

图 5.20 转速控制系统

图 5.21 当 $K_1=K_2$ 时，图 5.20 所示系统的等效框图

考虑非单位负反馈系统，令反馈回路 $H(s)$ 为

$$H(s)=\frac{K_2}{\tau s+1}$$

因此，$H(s)$ 的直流增益为

$$\lim_{s\to 0}H(s)=K_2$$

如果选定 $K_1=K_2$，系统就转换成了图 5.21 所示的单位负反馈系统。在此基础上，就能够非常方便地计算系统的稳态误差。由于 $Y(s)=T(s)R(s)$，因此系统的跟踪误差 $E(s)$ 为

$$E(s)=R(s)-Y(s)=[1-T(s)]R(s) \tag{5.35}$$

注意到闭环传递函数 $T(s)$ 为

$$T(s)=\frac{K_1G_c(s)G(s)}{1+H(s)G_c(s)G(s)}=\frac{(\tau s+1)K_1G_c(s)G(s)}{\tau s+1+K_1G_c(s)G(s)}$$

于是有

$$E(s)=\frac{1+\tau s(1-K_1G_c(s)G(s))}{\tau s+1+K_1G_c(s)G(s)}R(s)$$

再假定 $\lim\limits_{s\to 0}sG_c(s)G(s)=0$，因此系统对单位阶跃输入的稳态误差为

$$e_{ss}=\lim_{s\to 0}s\,E(s)=\frac{1}{1+K_1\lim\limits_{s\to 0}G_c(s)G(s)} \tag{5.36}$$

例 5.4　稳态误差

本例针对图 4.4 所示的系统，先确定 K_1 的合适取值，再在输入为单位阶跃信号时，计算系统的稳态误差。令

$$G_c(s)=40,\quad G(s)=\frac{1}{s+5},\quad H(s)=\frac{2}{0.1s+1}$$

选择 $K_1=K_2=2$，由式(5.36)可得

$$e_{ss}=\frac{1}{1+K_1\lim\limits_{s\to 0}G_c(s)G(s)}=\frac{1}{1+2(40)(1/5)}=\frac{1}{17}$$

即稳态误差为阶跃输入信号幅值的 5.9%。

例 5.5　非单位反馈控制系统

考虑图 5.22 所示的系统，但假定不能像图 5.20 那样，在输入 $R(s)$ 后面马上插入增益为 K_1 的控制器。该系统不能简单地转换为单位负反馈系统。根据式(5.35)可得系统的实际跟踪误差为

$$E(s)=[1-T(s)]R(s)$$

接下来，选择增益 K 的合适取值，使系统对阶跃输入的稳态误差最小。系统的稳态误差为

$$e_{ss}=\lim_{s\to 0}s[1-T(s)]\frac{1}{s}$$

其中

$$T(s)=\frac{G_c(s)G(s)}{1+G_c(s)G(s)H(s)}=\frac{K(s+4)}{(s+2)(s+4)+2K}$$

故有

$$T(0)=\frac{4K}{8+2K}$$

系统对单位阶跃输入的稳态误差为

$$e_{ss}=1-T(0)$$

因此，为了使系统的稳态误差为零，必须满足

$$T(0)=\frac{4K}{8+2K}=1$$

即有 $8+2K=4K$。由此可以得到，当 $K=4$ 时，系统对单位阶跃输入的稳态误差为零。反馈控制系统只需满足稳态误差的设计要求，这种情况基本上不会出现，因此只选择和调节比例控制器增益这一个参数，实际上是不现实的。

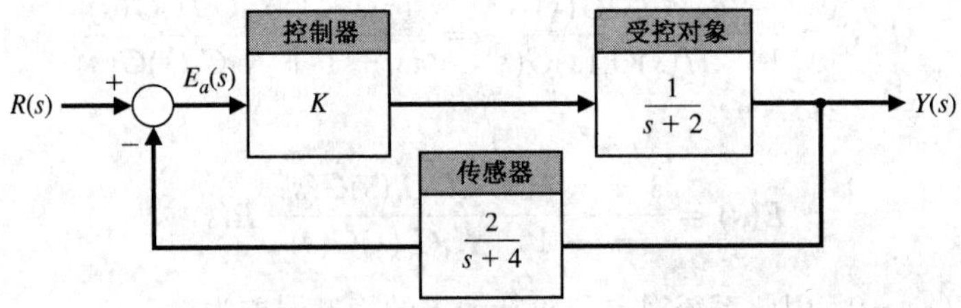

图 5.22 带有反馈 $H(s)$ 的系统

相对而言，确定单位负反馈系统的稳态误差更为简便。通过调整控制系统框图，可以将非单位负反馈系统转换为等效的单位负反馈系统，从而将误差常数的概念推广到非单位负反馈系统。需要注意的是，只有对于稳定的系统，才能应用终值定理来求解稳态误差。再以图 5.20 所示的非单位负反馈系统为例，并令增益 $K_1=1$，则闭环传递函数为

$$\frac{Y(s)}{R(s)}=T(s)=\frac{G_c(s)G(s)}{1+H(s)G_c(s)G(s)}$$

适当整理系统框图，可以得到等效的单位负反馈系统为

$$\frac{Y(s)}{R(s)}=T(s)=\frac{Z(s)}{1+Z(s)}$$

其中，等效的单位负反馈系统的开环传递函数 $Z(s)$ 为

$$Z(s)=\frac{G_c(s)G(s)}{1+G_c(s)G(s)(H(s)-1)}$$

于是，得到了非单位负反馈系统的 3 个误差常数为

$$K_p=\lim_{s\to 0}Z(s),\quad K_v=\lim_{s\to 0}sZ(s),\quad K_a=\lim_{s\to 0}s^2Z(s)$$

而当 $H(s)=1$ 时，开环传递函数为 $Z(s)=G_c(s)G(s)$，我们又得到了单位负反馈系统的 3 个误差常数。例如，位置误差常数仍旧是 $K_p=\lim_{s\to 0}Z(s)=\lim_{s\to 0}G_c(s)G(s)$。

5.7 综合性能指标

现代控制理论认为，我们应该能够对系统性能进行定量描述。因此，系统的性能指标必须能够定量计算或估计，并能够用于系统性能的评估。对控制系统的设计和运行而言，系统性能的定量评估都非常有价值。

综合性能指标是对系统性能的定量描述，应该能够综合反映各项重要的具体性能指标。

概念强调说明 5.1

最优控制系统是通过调整系统参数，使综合性能指标达到极值（通常为极小值）的系统。从实用的角度出发，综合性能指标的取值应该大于或等于零，因此综合性能指标达到极小值的系统通常就是最优系统。

误差平方积分（Integral of the Square of the Error，ISE）是一个比较合适和常用的综合性能指标，其定义为

$$\mathrm{ISE} = \int_0^T e^2(t)\,\mathrm{d}t \tag{5.37}$$

其中，积分上限 T 是由控制系统设计者选定的有限时间。而实际上，我们通常将 T 取为调节时间 T_s。图 5.23（b）给出的是某个反馈控制系统的阶跃响应曲线，图 5.23（c）为误差信号，图 5.23（d）为误差的平方，图 5.23（e）为误差平方积分。误差平方积分可以区分出极度的过阻尼系统和欠阻尼系统，只有当阻尼比适中时，它才会取得较小的值。式（5.37）给出的综合性能指标，即误差平方积分还非常便于进行解析分析和数值计算。

另外 3 种值得考虑的综合性能指标定义如下：

1. 误差绝对值积分（Integral of the Absolute magnitude of the Error，IAE）

$$\mathrm{IAE} = \int_0^T |e(t)|\,\mathrm{d}t \tag{5.38}$$

2. 时间与误差绝对值之积的积分（Integral of Time multiplied by Absolute Error，ITAE）

$$\mathrm{ITAE} = \int_0^T t|e(t)|\,\mathrm{d}t \tag{5.39}$$

3. 时间与误差平方之积的积分（Integral of Time multiplied by Squared Error，ITSE）

$$\mathrm{ITSE} = \int_0^T te^2(t)\,\mathrm{d}t \tag{5.40}$$

ITAE 指标能够降低初始误差的影响，强调系统响应末段误差的权重[6]。ITAE 是相对最好的综合性能指标。这是因为当系统参数变化时，我们能够很容易地辨识出 ITAE 的极小值。

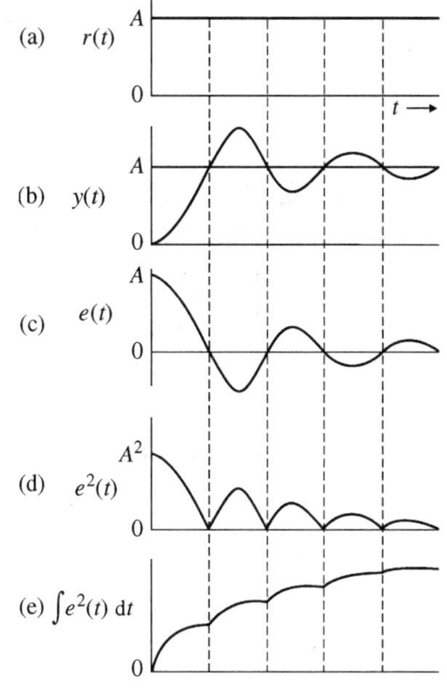

图 5.23　误差平方积分的计算

积分型综合性能指标的一般形式为

$$I = \int_0^T f(e(t), r(t), y(t), t)\,\mathrm{d}t \tag{5.41}$$

其中，f 为误差、输入、输出和时间的函数。因此，通过系统变量和时间的不同组合，就能够获得不同的综合性能指标。

例 5.6　太空望远镜定向控制系统

太空望远镜定向控制系统的信号流图和框图模型如图 5.24 所示[9]。希望通过选择增益 K_3 的合适取值，使干扰 $T_d(s)$ 对系统的影响最小。干扰信号到干扰输出之间的闭环传递函数为

$$\frac{Y(s)}{T_d(s)} = \frac{s(s + K_1K_3)}{s^2 + K_1K_3s + K_1K_2K_p} \tag{5.42}$$

系统各个参数分别取为典型值，$K_1 = 0.5$，$K_1K_2K_p = 2.5$。本例的目的是最小化干扰输出 $y(t)$。当干扰为单位阶跃信号时，可以用解析方法得到 ISE 的极小值。姿态定向角 $y(t)$ 为

$$y(t) = \frac{\sqrt{10}}{\beta}\left[\mathrm{e}^{-0.25K_3t}\sin\left(\frac{\beta}{2}t + \psi\right)\right] \tag{5.43}$$

其中，$\beta = \sqrt{10 - K_3^2/4}$。对 $y(t)$ 的平方进行积分，可得

$$\begin{aligned} I &= \int_0^\infty \frac{10}{\beta^2}\mathrm{e}^{-0.5K_3t}\sin^2\left(\frac{\beta}{2}t + \psi\right)\mathrm{d}t \\ &= \int_0^\infty \frac{10}{\beta^2}\mathrm{e}^{-0.5K_3t}\left(\frac{1}{2} - \frac{1}{2}\cos(\beta t + 2\psi)\right)\mathrm{d}t \\ &= \frac{1}{K_3} + 0.1K_3 \end{aligned} \tag{5.44}$$

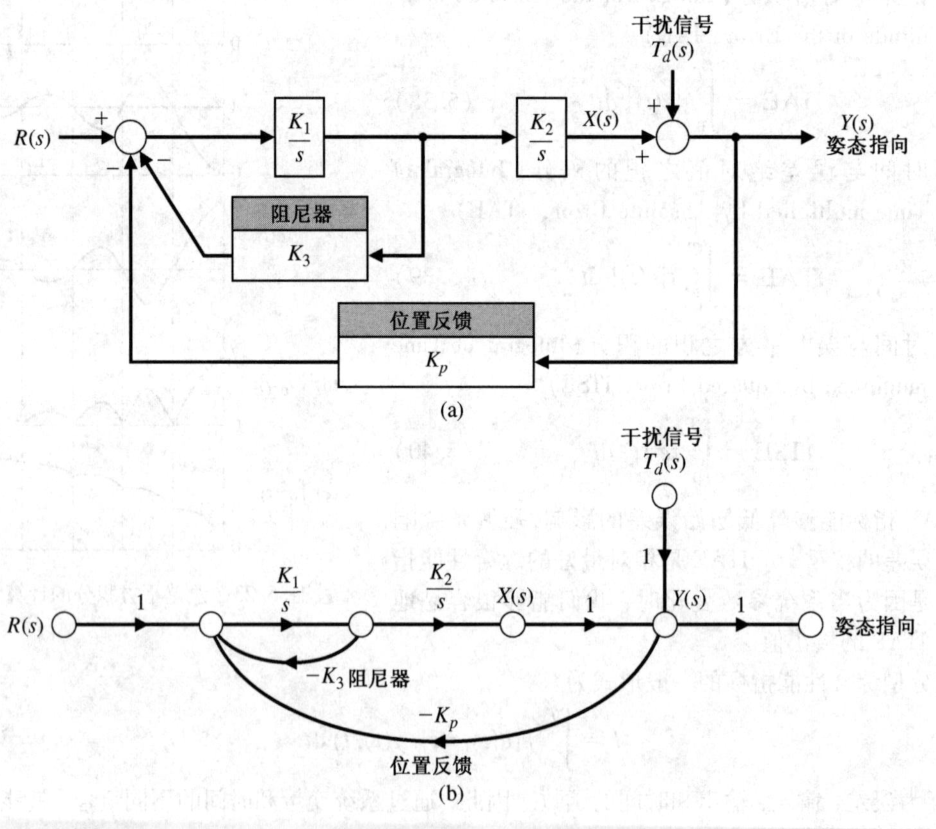

图 5.24　太空望远镜定向控制系统。(a) 框图模型；(b) 信号流图

将 I 求导，并令其等于零，有

$$\frac{dI}{dK_3} = -K_3^{-2} + 0.1 = 0 \tag{5.45}$$

由此可以得到，当 $K_3=\sqrt{10}=3.2$ 时，ISE 取得极小值，对应的阻尼比为 $\zeta=0.5$。系统的 ISE 和 IAE 指标随参数 K_3 变化的曲线如图 5.25 所示。可以看出，当 $K_3=4.2$ 时，IAE 性能指标达到极小值，对应的阻尼比为 $\zeta=0.665$。与采用 ISE 指标可以得到解析解不同，我们无法用解析方法获得 IAE 的极小值，只能针对参数 K_3 的不同取值，分别计算 IAE 的值，并找出其极小值。

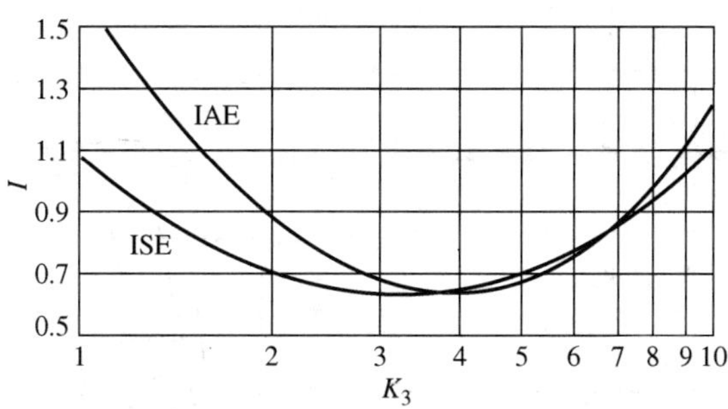

图 5.25　K_3 取不同值时，望远镜定向控制系统的综合性能指标

当所选用的综合性能指标达到极小值时，就称控制系统为最优的。因此，可以说参数的最优值完全依赖于“最优系统”的定义，即综合性能指标的定义。通过例 5.6 可以看出，采用不同的综合性能指标，就会有不同的参数最优值。

当系统具有式(5.46)所示的典型闭环传递函数时，为了使系统阶跃响应的 ITAE 指标最小，人们已经确定了 $T(s)$ 的最优系数[6]：

$$T(s) = \frac{Y(s)}{R(s)} = \frac{b_0}{s^n + b_{n-1}s^{n-1} + \cdots + b_1 s + b_0} \tag{5.46}$$

该传递函数有 n 个极点，没有有限零点，而且系统阶跃响应的稳态误差为零。基于 ITAE 指标的最优系数如表 5.3 所示。分别采用 ISE，IAE 和 ITAE 这 3 种指标，当 $T(s)$ 具有相应的最优系数时，图 5.26 给出了系统的阶跃响应曲线，其中的时间尺度为标准化时间 $\omega_n t$。同样，也可以针对其他类型的系统，采用不同的综合性能指标，事先确定传递函数最优系数，在执行具体的控制系统设计任务时，这可以帮助设计者确定传递函数系数的合理取值区间。

表 5.3　当输入为阶跃信号时，基于 ITAE 指标的 $T(s)$ 的最优系数

$s + \omega_n$
$s^2 + 1.4\omega_n s + \omega_n^2$
$s^3 + 1.75\omega_n s^2 + 2.15\omega_n^2 s + \omega_n^3$
$s^4 + 2.1\omega_n s^3 + 3.4\omega_n^2 s^2 + 2.7\omega_n^3 s + \omega_n^4$
$s^5 + 2.8\omega_n s^4 + 5.0\omega_n^2 s^3 + 5.5\omega_n^3 s^2 + 3.4\omega_n^4 s + \omega_n^5$
$s^6 + 3.25\omega_n s^5 + 6.60\omega_n^2 s^4 + 8.60\omega_n^3 s^3 + 7.45\omega_n^4 s^2 + 3.95\omega_n^5 s + \omega_n^6$

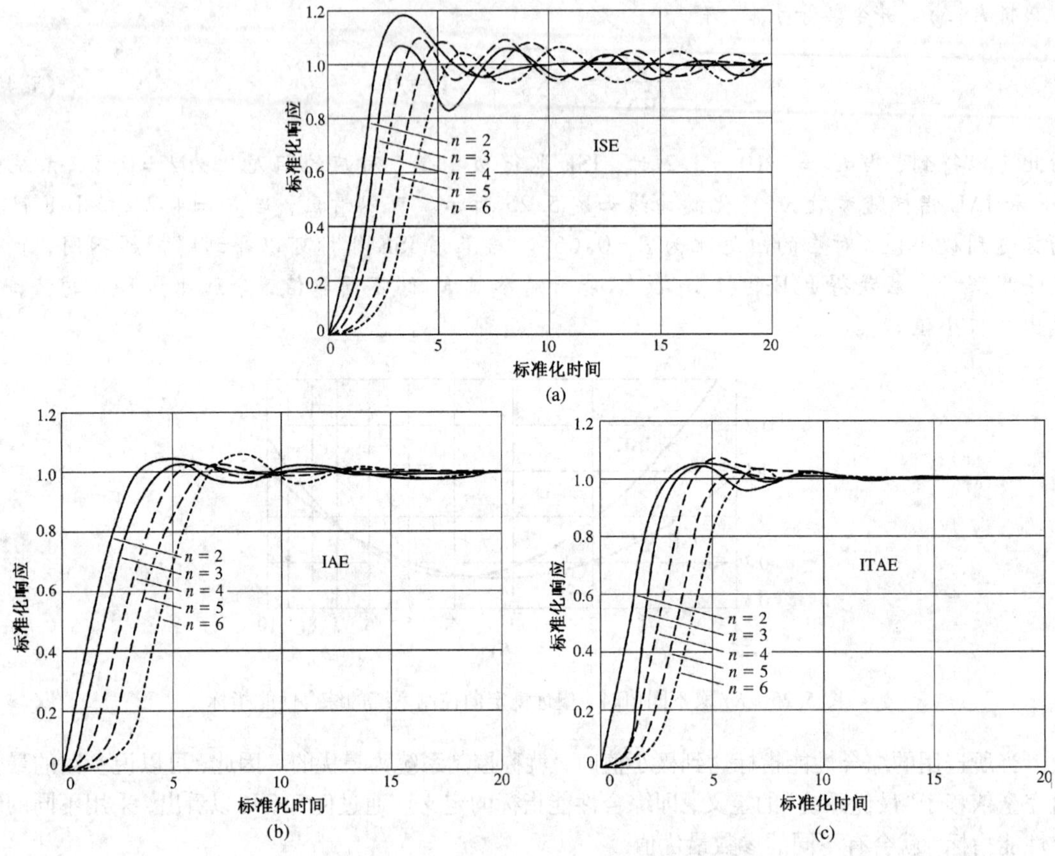

图 5.26 典型的传递函数具有最优系数时，系统的阶跃响应曲线（时间为标准化时间$\omega_n t$）。(a) ISE；(b) IAE；(c) ITAE

当输入为斜坡信号时，如果系统具有式(5.50)所示的典型的闭环传递函数，那么使 ITAE 指标最小的闭环传递函数如表 5.4 所示[6]。

$$T(s) = \frac{b_1 s + b_0}{s^n + b_{n-1}s^{n-1} + \cdots + b_1 s + b_0} \tag{5.47}$$

这类系统对斜坡输入的稳态误差为零。式(5.47)隐含的事实是，受控对象 $G(s)$ 有两个或者两个以上的纯积分环节，只有这样，才能使斜坡稳态误差为零。

表 5.4 当输入为斜坡信号时，基于 ITAE 指标的 $T(s)$ 的最优系数

$s^2 + 3.2\omega_n s + \omega_n^2$
$s^3 + 1.75\omega_n s^2 + 3.25\omega_n^2 s + \omega_n^3$
$s^4 + 2.41\omega_n s^3 + 4.93\omega_n^2 s^2 + 5.14\omega_n^3 s + \omega_n^4$
$s^5 + 2.19\omega_n s^4 + 6.50\omega_n^2 s^3 + 6.30\omega_n^3 s^2 + 5.24\omega_n^4 s + \omega_n^5$

5.8 线性系统的简化

利用低阶近似模型研究具有高阶传递函数的复杂系统，是一种行之有效的处理方式。有多种方法可以对系统传递函数进行降阶处理。相对简单的方法是直接删除高阶传递函数中的某些不显著极点。与其他极点相比，这些极点负实部的绝对值应该非常大，因而对系统动态响应没有显著的影响。

例如，如果系统的传递函数为

$$G(s) = \frac{K}{s(s+2)(s+30)}$$

就可以忽略极点 $s=-30$ 的影响。但要注意，为了维持系统稳态响应性能(保持开环增益)，应该将系统简化为

$$G(s) = \frac{(K/30)}{s(s+2)}$$

更为精细的降阶方法是，使降阶前后的系统频率响应尽可能地匹配。第 8 章才会详细讨论频率响应方法，但由于只涉及代数运算，我们不妨在这里先简单介绍有关的近似方法。设高阶系统的传递函数为

$$G_H(s) = K\frac{a_m s^m + a_{m-1}s^{m-1} + \cdots + a_1 s + 1}{b_n s^n + b_{n-1}s^{n-1} + \cdots + b_1 s + 1} \tag{5.48}$$

其中，系统闭环极点均位于左半平面，且 $m \leqslant n$。令待定的低阶近似系统的传递函数为

$$G_L(s) = K\frac{c_p s^p + \cdots + c_1 s + 1}{d_g s^g + \cdots + d_1 s + 1} \tag{5.49}$$

其中，$p \leqslant g < n$。需要注意的是，为了保证降阶前后系统有相同的稳态响应，降阶前后的增益因子 K 必须保持一致。例 5.7 所用的方法的基本思路是，选择合适的系数 c_i 和 d_i，使 $G_L(s)$ 的频率响应(见第 8 章)尽可能逼近 $G_H(s)$ 频率响应，也就是说，在不同的频率点上，使 $G_H(j\omega)/G_L(j\omega)$ 的值都尽量等于或者接近 1。确定系数 c_i 和 d_i 时，需要用到

$$M^{(k)}(s) = \frac{d^k}{ds^k}M(s) \tag{5.50}$$

$$\Delta^{(k)}(s) = \frac{d^k}{ds^k}\Delta(s) \tag{5.51}$$

其中，$M(s)$ 和 $\Delta(s)$ 分别是 $G_H(s)/G_L(s)$ 的分子多项式和分母多项式。定义

$$M_{2q} = \sum_{k=0}^{2q}\frac{(-1)^{k+q}M^{(k)}(0)M^{(2q-k)}(0)}{k!(2q-k)!}, \qquad q=0,1,2,\cdots \tag{5.52}$$

类似地，再定义 Δ_{2q}，并建立如下的方程式，即可求得系数 c_i 和 d_i：

$$M_{2q} = \Delta_{2q} \tag{5.53}$$

其中，$q=1,2,\cdots$，直到能联立求出所有的系数 c_i 和 d_i。

下面用一个例子来具体说明上述方法。

例 5.7 简化模型

考虑三阶系统

$$G_H(s) = \frac{6}{s^3+6s^2+11s+6} = \frac{1}{1+\frac{11}{6}s+s^2+\frac{1}{6}s^3} \tag{5.54}$$

并打算用如下二阶模型来近似：

$$G_L(s) = \frac{1}{1 + d_1 s + d_2 s^2} \tag{5.55}$$

于是有

$$M(s) = 1 + d_1 s + d_2 s^2, \quad \Delta(s) = 1 + \frac{11}{6}s + s^2 + \frac{1}{6}s^3$$

故有

$$M^{(0)}(s) = 1 + d_1 s + d_2 s^2 \tag{5.56}$$

以及 $M^{(0)}(0)=1$。类似地,有

$$M^{(1)} = \frac{\mathrm{d}}{\mathrm{d}s}(1 + d_1 s + d_2 s^2) = d_1 + 2d_2 s \tag{5.57}$$

故有 $M^{(1)}(0)=d_1$。继续上述过程，可得

$$\begin{aligned} M^{(0)}(0) &= 1, & \Delta^{(0)}(0) &= 1 \\ M^{(1)}(0) &= d_1, & \Delta^{(1)}(0) &= \frac{11}{6} \\ M^{(2)}(0) &= 2d_2, & \Delta^{(2)}(0) &= 2 \\ M^{(3)}(0) &= 0, & \Delta^{(3)}(0) &= 1 \end{aligned} \tag{5.58}$$

令 $M_{2q}=\Delta_{2q}$, $q=1, 2$。当 $q=1$ 时，可得

$$\begin{aligned} M_2 &= (-1)\frac{M^{(0)}(0)M^{(2)}(0)}{2} + \frac{M^{(1)}(0)M^{(1)}(0)}{1} + (-1)\frac{M^{(2)}(0)M^{(0)}(0)}{2} \\ &= -d_2 + {d_1}^2 - d_2 = -2d_2 + {d_1}^2 \end{aligned} \tag{5.59}$$

类似地，可以得到 Δ_2 的方程

$$\begin{aligned} \Delta_2 &= (-1)\frac{\Delta^{(0)}(0)\ \Delta^{(2)}(0)}{2} + \frac{\Delta^{(1)}(0)\ \Delta^{(1)}(0)}{1} + (-1)\frac{\Delta^{(2)}(0)\ \Delta^{(0)}(0)}{2} \\ &= -1 + \frac{121}{36} - 1 = \frac{49}{36} \end{aligned} \tag{5.60}$$

由于当 $q=1$ 时，式(5.53)即为 $M_2=\Delta_2$，于是有

$$-2d_2 + d_1^2 = \frac{49}{36} \tag{5.61}$$

继续这一过程，当 $q=2$ 时，由 $M_4=\Delta_4$，可得

$$d_2^2 = \frac{7}{18} \tag{5.62}$$

联立求解方程(5.61)和方程(5.62)，可以得到 $d_1=1.615$, $d_2=0.625$(舍弃了会导致二阶系统出现不稳定极点的其他解)。因此，近似二阶系统的传递函数为

$$G_L(s) = \frac{1}{1 + 1.615s + 0.624s^2} = \frac{1.60}{s^2 + 2.590s + 1.60} \tag{5.63}$$

三阶系统 $G_H(s)$ 的极点为 $s=-1$, $s=-2$ 和 $s=-3$，二阶系统 $G_L(s)$ 的极点为 $s=-1.024$ 和 $s=-1.565$。低阶近似系统有两个实极点，因此可以预料，该系统的阶跃响应有轻微的过阻尼，按2%准则的调节时间 T_s 约为3 s。

我们有时会希望，在低阶系统中保留高阶系统 $G_H(s)$ 的主导极点。此时，可以直接将 $G_L(s)$ 的分母取为 $G_H(s)$ 的主导极点项，再通过调整 $G_L(s)$ 的分子来实现高阶系统的降阶近似。

另一种行之有效的降阶方法是劳斯近似法。其基本思路是对系统稳定性判据的劳斯表进行截尾处理。通过有限次递归运算就能够得到降阶系统的系数[19]。

5.9　设计实例

本节提供两个实例来进一步说明本章的有关知识。第一个实例是简化了的哈勃太空望远镜定向控制问题，重点说明如何选择合适的控制器增益，使系统的超调量和稳态误差都能够满足性能指标设计要求。第二个实例为飞机倾斜角的控制问题。这个飞机姿态控制实例涉及一些更加深入的控制系统设计问题。为此，采用了四阶模型来描述飞机的侧向运动，再利用 5.8 节的模型简化方法，将它降阶近似为二阶模型，最后以降阶模型为基础，深入研究了控制器的设计问题和控制器关键参数对系统动态响应的影响。

例 5.8　哈勃太空望远镜的定向控制

在轨运行的哈勃太空望远镜是迄今为止人类制造的，最复杂和昂贵的科学仪器。望远镜镜头的直径为 2.4 m，拥有最光滑的镜头表面，其定向系统能够将视场定位于 400 mi 之外的一个小硬币上[18, 21]。哈勃太空望远镜定向系统的框图模型如图 5.27(a)所示。

本例的设计目标是，选择 K_1 和 K 的合适取值，使定向系统：(1) 在阶跃指令 $r(t)$ 的作用下，输出的超调量 P.O.≤10%；(2) 在斜坡输入作用下，稳态误差达到最小；(3) 尽可能降低阶跃干扰的影响。图 5.27(a) 中存在内回路，通过框图化简可以得到图 5.27(b)所示的简化框图模型。

在参考输入信号和干扰信号的共同作用下，图 5.27(b)所示系统的输出为

$$Y(s) = T(s)R(s) + [T(s)/K]T_d(s) \tag{5.64}$$

其中，

$$T(s) = \frac{KG(s)}{1 + KG(s)} = \frac{L(s)}{1 + L(s)}$$

跟踪误差 $E(s)$ 为

$$E(s) = \frac{1}{1 + L(s)}R(s) - \frac{G(s)}{1 + L(s)}T_d(s) \tag{5.65}$$

首先确定增益 K 和 K_1 的取值范围，以便满足超调量 P.O.的设计要求。输入为阶跃信号 $R(s) = A/s$，干扰为 $T_d(s) = 0$ 时，系统输出 $Y(s)$ 为

$$Y(s) = \frac{KG(s)}{1 + KG(s)}R(s) = \frac{K}{s^2 + K_1 s + K}\left(\frac{A}{s}\right) \tag{5.66}$$

由式(5.16)可以得到，当阻尼比 $\zeta = 0.6$ 时，系统的超调量 P.O.= 9.5%，能够满足超调量 P.O.≤10% 的设计要求，因此可以选择阻尼比为 $\zeta = 0.6$。再来考察输入为斜坡信号 $r(t) = Bt$，$t \geqslant 0$ 时系统的稳态误差。由式(5.28)可得

$$e_{ss} = \lim_{s \to 0}\left\{\frac{B}{sKG(s)}\right\} = \frac{B}{K/K_1} \tag{5.67}$$

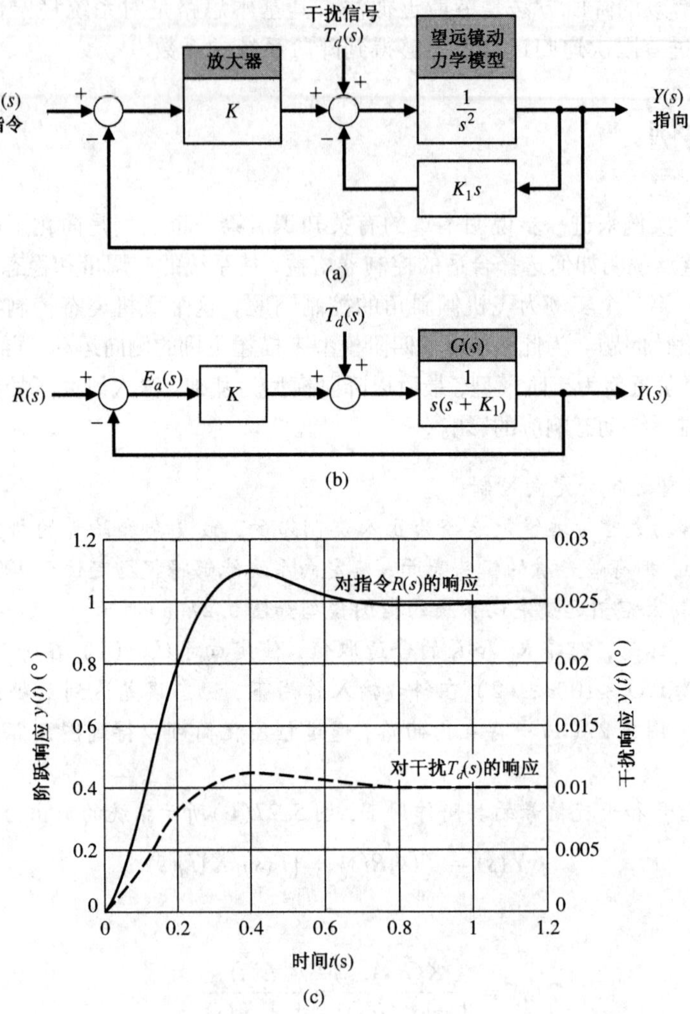

图 5.27 (a) 哈勃太空望远镜定向系统的框图模型;(b) 简化框图模型;(c)系统对单位阶跃输入信号和单位阶跃干扰信号的响应曲线

增大 K/K_1 可以减小由于斜坡输入导致的稳态误差,而由单位阶跃干扰引起的稳态误差为 $-1/K$,因此增大 K 可以减小由于单位阶跃干扰导致的响应误差。总之,我们必须选择较大的 K,同时使 K/K_1 也保持较大的取值,才能够保证系统对阶跃干扰和斜坡输入信号都具有较小的稳态误差。此外,还必须确保阻尼比为 $\zeta=0.6$,使系统能够满足对超调量 P.O.的设计要求。

现在来确定增益 K 的取值。当阻尼比为 $\zeta=0.6$ 时,系统的特征方程为

$$s^2 + 2\zeta\omega_n s + \omega_n^2 = s^2 + 2(0.6)\omega_n s + K \tag{5.68}$$

于是 $\omega_n=\sqrt{K}$,将其与式(5.66)分母多项式的第二项对比后可得 $K_1=2(0.6)\omega_n$,即 $K_1=1.2\sqrt{K}$,因此比值 K/K_1 成为

$$\frac{K}{K_1} = \frac{K}{1.2\sqrt{K}} = \frac{\sqrt{K}}{1.2}$$

所以,如果取 $K=100$,则有 $K_1=12$,$K/K_1=8.33$。该系统对单位阶跃输入和单位阶跃干扰的响应曲线如图 5.27(c)所示,可以看出,干扰信号的影响非常微弱。

最后，系统对斜坡输入信号的稳态误差为

$$e_{ss} = \frac{B}{8.33} = 0.12B$$

由此可见，当 $K=100$ 时，我们设计了一个性能可接受的系统。

例 5.9　飞机姿态控制

每次乘坐商用客机旅行，我们都在享受自动控制系统带来的好处。在各种飞行条件下，飞行员都能够借助这些系统提升飞行品质，在加班飞行时，飞行员还能够借助这些自动控制系统缓解飞行压力(如离开岗位上厕所等)。自动控制技术与飞行技术的联姻始于莱特兄弟的早期工作。在风洞试验的基础上，莱特兄弟利用系统化的设计技术，使第一次动力飞行梦想成真。系统化的设计技术让莱特兄弟的成功受益匪浅。

莱特兄弟的实践的另一个显著特点是强调对飞行的控制，他们坚持认为飞机应该由飞行员控制。看到鸟类通过扇动翅膀来控制身体的横滚运动，莱特兄弟为飞机设计了可转动的机翼，通过转动机翼来控制机身的横滚。当然，现在的飞机已经不再采用这种方式，而是采用活动副翼来控制机身的横滚，如图 5.28 所示。此外，莱特兄弟将升降舵配置在机头位置来控制机身的纵向运动(俯仰)，利用方向舵来实现横向运动(偏航)控制。而且，现在的飞机仍然在采用升降舵和方向舵来实现俯仰和偏航控制，区别之处仅仅在于，升降舵不再配置在机头，而是通常配置在尾翼位置。

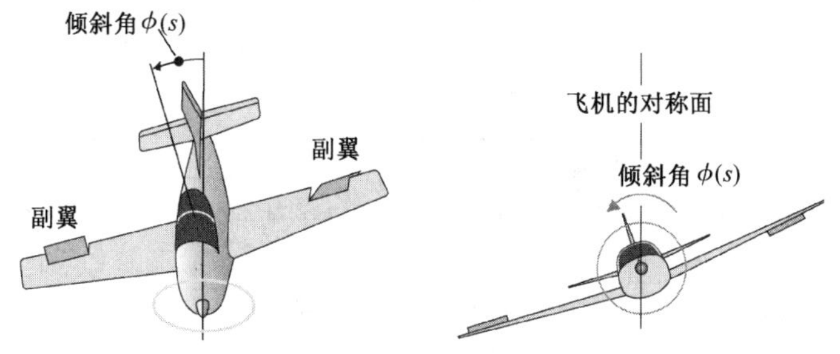

图 5.28　利用副翼偏差的微分对飞机倾斜角实施控制

1903 年，世界上第一架完全由飞行员控制，依靠自身动力飞行的飞机，即莱特飞行者 I 号，亦称雏鹰号正式起飞。第一架真正具有实用价值的飞机，飞行者 III 号，能够在空中做 8 字飞行，留空时间达到了半小时。三轴飞行控制技术是莱特兄弟的主要贡献(常常被忽视)，这方面的历史发展情况详见文献[24]。人类对飞得更快、更轻、更远的渴求，孕育了飞行控制系统的丰硕成果。

本例旨在设计控制飞机横滚运动的自动控制系统。图 5.29 给出了飞机姿态控制系统设计的基本流程，并用阴影突出显示了本例重点强调的设计模块。

首先需要考虑飞机沿稳定水平航迹飞行时的侧向运动动力学建模问题。所谓侧向(横滚和偏航)运动状态，是指飞机的与前向速度有关的姿态运动。而描述飞机运动(含平动和转动)的精确模型其实是一组高度非线性的时变耦合微分方程，模型方程的推导过程参见文献[25]。

对本例而言，设计飞机自动控制系统(自动驾驶仪)需要建立一个简化的动力学模型。该模型要给出副翼偏转角(输入信号)和飞机倾斜角(输出信号)之间的传递函数。只有基于非线性、高精度的原始模型，进行大量的合理简化工作，才能够获得简化后的传递函数模型。

首先，假定飞机是完全刚性和左右对称的。再假定飞机的巡航速度为亚音速或者低超音速(小于 3 马赫①)，于是可以将地球表面视为平面。此外，还要忽略由于飞机上的自旋质量体(例

① 1 马赫≈340.3 m/s。—编者注

如,推进器或者涡轮发动机等)导致的转子陀螺效应。基于这些假设,我们可以将飞机的纵向运动(俯仰)和横向运动(横滚或偏航)解耦。

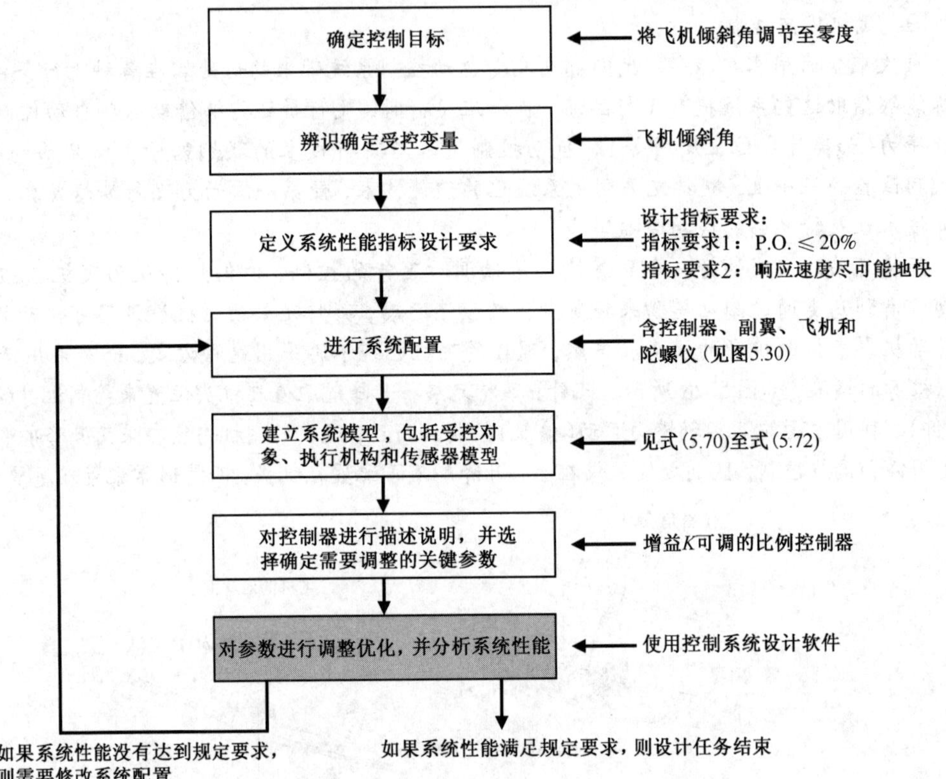

图 5.29 飞机姿态控制系统设计流程及重点强调的设计模块

此外,还必须考虑对非线性运动方程进行线性化处理。为此,我们只能考虑飞机的稳定飞行状态,例如

- 稳定水平飞行状态
- 稳定转弯飞行状态
- 稳定对称拉升状态
- 稳定横滚状态

本例假定飞机处于低速稳定水平飞行状态,目的是设计一个自动驾驶仪,用来控制飞机的横滚运动。因此,具体控制目标可以确定如下。

控制目标 将飞机的倾斜角调节为0°(即稳定水平飞行状态),并在受到未知干扰信号的影响时,飞机仍然能够维持稳定水平飞行状态。

由此可以得到系统的如下受控变量。

受控变量 飞机的倾斜角ϕ。

确定飞机控制系统的性能指标设计要求是一项非常复杂的工作,此处无法详述。确定合理实用的设计要求,本质上还具有主观性的特点,工程人员们已经为此付出了大量艰辛的努力。原则上讲,控制系统的设计目的,就是使主导闭环系统的极点能够导致满意的固有频率和阻尼比[24]。为此，就必须选择合适的测试信号，并严格定义“满意”的内涵。

Cooper-Harper 公司的飞行员调查表涉及到了一些关于飞机操控品质的选项，利用该调查表，就可以从机组人员的主观感受出发来分析系统的设计要求[26]。绝大部分与飞行品质有关的设计要求都是由美国空军等政府部门规定的[27]。例如，美国空军的 MIL-F-8785C 文件就是飞机控制系统时域性能设计要求的主要来源。

作为例子，在稳定水平状态下，我们可以将自动驾驶仪控制系统的初始设计要求规定为：输入为阶跃信号时，系统的超调量 P.O.≤20%，尽可能降低系统响应的振荡，并尽可能提高系统的响应速度(即缩短峰值时间)。接下来，就需要按照这一性能指标设计要求，设计开发控制器，然后在飞行试验或者逼真的计算机仿真之后，通过咨询飞行员来确认飞机的实际性能是否令人满意。如果飞机性能仍然不能令人满意，就需要调整系统性能的时域指标设计要求(此处为超调量 P.O.)，然后重新设计控制器，直到飞机性能达到令人(飞行员和最终用户)满意的程度为止。上述过程看似简单，而且经过了多年的努力，但是迄今为止，人们还是没有能够制定出一套能够普遍适用、精确表述的飞机控制系统设计要求[24]。

本例给出的两个指标要求是比较“理想化”的。在实际应用中，飞机的性能指标设计要求丰富得多，也可能无法精确定义。但是，我们总是要找到一个出发点，从而启动控制系统的设计过程，记住这一点，就可以从这组简单的设计要求出发，展开反复修改迭代的设计过程。因此，将设计要求明确如下。

设计指标要求

指标要求 1：输入为单位阶跃信号时，超调量 P.O.≤20%。

指标要求 2：响应速度尽可能地快，即峰值时间 T_p 尽可能小。

在合理的假设，以及对稳定和水平航迹飞行状态下的模型进行线性化处理的基础上，我们得到的飞机倾斜角输出$\phi(s)$与副翼偏转角 $\delta_a(s)$之间的传递函数为

$$\frac{\phi(s)}{\delta_a(s)} = \frac{k(s - c_0)(s^2 + b_1 s + b_0)}{s(s + d_0)(s + e_0)(s^2 + f_1 s + f_0)} \tag{5.69}$$

飞机的侧向运动(横滚和偏航)有 3 种主要模式，分别为荷兰滚模式、盘旋模式和衰减横滚模式。荷兰滚模式兼有横滚和偏航运动，处于该模式时，飞机的重心运动轨迹几乎为一条直线。这与速滑运动非常类似，故得名荷兰滚。方向舵脉冲能够激发出这一模式。盘旋模式以偏航运动为主，横滚运动的比重较小。这种模式通常比较轻微，但也有可能导致飞机进入危险的大角度盘旋俯冲状态。衰减横滚模式几乎是纯粹的横滚运动。本例主要针对衰减横滚模式设计控制器。在传递函数式(5.69)中，分母包含了两个一阶环节和一个二阶环节，其中一阶环节分别表征了盘旋模式和衰减横滚模式，二阶环节表征了荷兰滚模式。

通常，式中的各个参数 c_0，b_0，b_1，d_0，e_0，f_0 和f_1 以及增益 k，都是由稳定性派生而来的复杂函数，而稳定性又与飞行条件和飞机配置密切相关，因此它们会随着飞机型号的不同而不同，横滚和偏航之间的耦合关系可由式(5.69)表示。

在传递函数式(5.69)中，极点 $s=-d_0$ 与盘旋模式相关；极点 $s=-e_0$ 与衰减横滚模式相关，而且通常有 $e_0 \gg d_0$。例如，对于一架 F16 战机而言，当飞行速度为 500 ft/s，且处于稳定水平飞行状态时，$e_0=3.57$，$d_0=0.0128$[24]。而 $s^2+f_1 s+f_0$ 环节对应的共轭复极点则与荷兰滚模式相关。

当飞机攻角较小(处于稳定水平飞行状态)时，荷兰滚模式环节 $s^2+f_1 s+f_0$ 通常可以近似地对消掉传递函数分子中的 $s^2+b_1 s+b_0$ 项。这一近似处理所需要的假设条件与已有的假设条件是一致的。此外，由于盘旋模式的主要成分为偏航运动，与横滚运动只有轻度耦合，因此还可以在传

递函数中忽略盘旋模式环节。零点 $s=c_0$ 表示的是由于地球引力的影响，飞机横滚时可能出现的侧滑。由于在慢速横滚机动中，允许积累一定的侧滑，因此可以假定这种侧滑非常小，或者为零，从而忽略零点 $s=c_0$ 的影响。因此，就可以简化传递函数式(5.69)，得到单自由度的传递函数模型：

$$\frac{\phi(s)}{\delta_a(s)}=\frac{k}{s(s+e_0)} \tag{5.70}$$

此处，选定 $e_0=1.4$，增益 $k=11.4$。衰减横滚模式的时间常数为 $\tau=1/e_0=0.7$ s。这表示飞机有相当快的横滚响应。

通常采用下式所示的一阶传递函数作为副翼执行机构的模型：

$$\frac{\delta_a(s)}{e(s)}=\frac{p}{s+p} \tag{5.71}$$

其中，$e(s)=\phi_d(s)-\phi(s)$，并选定参数 $p=10$，对应的时间常数为 $\tau=1/p=0.1$ s。这是副翼执行机构能够快速响应的典型参数取值，以保证由主动控制产生的动力学响应，能够在系统的整个响应中占据主导地位。慢速执行机构的时延将导致飞机的性能或者稳定性出现问题。

为了实施高精度仿真，还必须为陀螺仪建立精确的数学模型。飞机上使用的陀螺仪一般为捷联惯性陀螺，具有非常快的响应速度。采用与前面一致的假设条件，忽略陀螺仪的动力学特性，认为陀螺仪(传感器)能够精确地测量飞机的倾斜角。于是，陀螺仪的数学模型就是单位传递函数，即

$$K_g=1 \tag{5.72}$$

整个系统的物理模型由式(5.70)至式(5.72)给出。

将控制器选为比例控制器，即 $G_c(s)=K$ 就得到了图5.30所示的系统配置。待调节的重要参数如下所示。

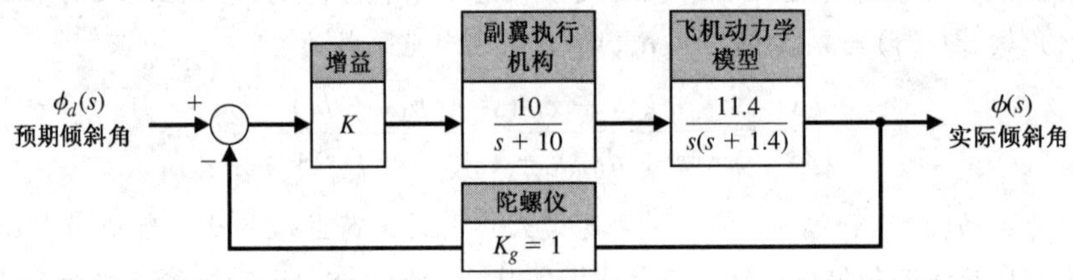

图5.30　飞机倾斜角控制系统

选择关键的调节参数　控制器增益 K

由图5.30可以得到，系统的闭环传递函数为

$$T(s)=\frac{\phi(s)}{\phi_d(s)}=\frac{114K}{s^3+11.4s^2+14s+114K} \tag{5.73}$$

我们需要分析确定增益 K 的取值，使系统产生预期的响应，即在保证超调量 P.O.≤20% 的前提下，尽可能缩短峰值时间 T_p。如果闭环系统为二阶系统，分析设计工作就会简单得多(因为有调节时间、超调量、固有频率和阻尼比等性能指标之间的关系式)，但遗憾的是，式(5.73)表示的是三阶闭环系统 $T(s)$。因此，我们考虑将三阶系统降阶近似为二阶系统，这通常是一条行之有效的工程化的分析思路。有很多降阶近似方法可供选择，此处采用5.8节中的代数方法对系统进行降阶，目的是使降阶后的二阶系统与原来的三阶系统有尽可能一样的频域响应。

将 $T(s)$ 的分子和分母同时除以常数项 $114K$，可得

$$T(s)=\frac{1}{1+\frac{14}{114K}s+\frac{11.4}{114K}s^2+\frac{1}{114K}s^3}$$

假定系统降阶后的近似二阶传递函数为

$$G_L(s)=\frac{1}{1+d_1s+d_2s^2}$$

再来确定参数 d_1 和 d_2。与5.8节一样，令 $M(s)$ 和 $\Delta(s)$ 分别表示 $T(s)/G_L(s)$ 的分子和分母，并分别定义 M_{2q} 和 Δ_{2q} 为

$$M_{2q}=\sum_{k=0}^{2q}\frac{(-1)^{k+q}M^{(k)}(0)M^{(2q-k)}(0)}{k!(2q-k)!},\quad q=1,2,\cdots \tag{5.74}$$

$$\Delta_{2q}=\sum_{k=0}^{2q}\frac{(-1)^{k+q}\,\Delta^{(k)}(0)\,\Delta^{(2q-k)}(0)}{k!(2q-k)!},\quad q=1,2,\cdots \tag{5.75}$$

接下来，按下式(5.76)构造方程组：

$$M_{2q}=\Delta_{2q},\quad q=1,2,\cdots \tag{5.76}$$

以求解待定参数 d_1 和 d_2。其中，q 的取值不断递增，直到方程式的数量足够求解参数 d_1 和 d_2 为止。此处，只要 $q=1$ 和 $q=2$，即可求得参数 d_1 和 d_2。

展开后有

$$M(s)=1+d_1s+d_2s^2$$
$$M^{(1)}(s)=\frac{\mathrm{d}M}{\mathrm{d}s}=d_1+2d_2s$$
$$M^{(2)}(s)=\frac{\mathrm{d}^2M}{\mathrm{d}s^2}=2d_2$$
$$M^{(3)}(s)=M^4(s)=\cdots=0$$

令 $s=0$，可得

$$M^{(1)}(0)=d_1$$
$$M^{(2)}(0)=2d_2$$
$$M^{(3)}(0)=M^{(4)}(0)=\cdots=0$$

类似地，可得

$$\Delta(s)=1+\frac{14}{114K}s+\frac{11.4}{114K}s^2+\frac{s^3}{114K}$$
$$\Delta^{(1)}(s)=\frac{\mathrm{d}\Delta}{\mathrm{d}s}=\frac{14}{114K}+\frac{22.8}{114K}s+\frac{3}{114K}s^2$$
$$\Delta^{(2)}(s)=\frac{\mathrm{d}^2\Delta}{\mathrm{d}s^2}=\frac{22.8}{114K}+\frac{6}{114K}s$$
$$\Delta^{(3)}(s)=\frac{\mathrm{d}^3\Delta}{\mathrm{d}s^3}=\frac{6}{114K}$$
$$\Delta^{(4)}(s)=\Delta^5(s)=\cdots=0$$

令 $s=0$，可得

$$\Delta^{(1)}(0)=\frac{14}{114K}$$
$$\Delta^{(2)}(0)=\frac{22.8}{114K}$$
$$\Delta^{(3)}(0)=\frac{6}{114K}$$
$$\Delta^{(4)}(0)=\Delta^{(5)}(0)=\cdots=0$$

于是，当 $q=1$ 和 $q=2$ 时，由式(5.74)有

$$M_2 = -\frac{M(0)M^{(2)}(0)}{2} + \frac{M^{(1)}(0)M^{(1)}(0)}{1} - \frac{M^{(2)}(0)M(0)}{2} = -2d_2 + d_1^2$$

$$M_4 = \frac{M(0)M^{(4)}(0)}{0!\,4!} - \frac{M^{(1)}(0)M^{(3)}(0)}{1!\,3!} + \frac{M^{(2)}(0)M^{(2)}(0)}{2!\,2!} - \frac{M^{(3)}(0)M^{(1)}(0)}{3!1!} + \frac{M^{(4)}(0)M(0)}{4!\,0!} = d_2^2$$

当 q 分别取值为 1 和 2 时，由式(5.75)有

$$\Delta_2 = \frac{-22.8}{114K} + \frac{196}{(114K)^2}, \qquad \Delta_4 = \frac{101.96}{(114K)^2}$$

按照式(5.76)构建的方程组为

$$M_2 = \Delta_2, \qquad M_4 = \Delta_4$$

即

$$-2d_2 + d_1^2 = \frac{-22.8}{114K} + \frac{196}{(114K)^2}, \qquad d_2^2 = \frac{101.96}{(114K)^2}$$

解这个方程组，可得

$$d_1 = \frac{\sqrt{196 - 296.96K}}{114K} \tag{5.77}$$

$$d_2 = \frac{10.097}{114K} \tag{5.78}$$

参数 d_1 和 d_2 只能取正数，以确保 $G_L(s)$ 的极点都分布在 s 平面的左半平面。将 d_1 和 d_2 代入 $G_L(s)$ 中，并整理后得到

$$G_L(s) = \frac{11.29K}{s^2 + \sqrt{1.92 - 2.91K}s + 11.29K} \tag{5.79}$$

增益 K 必须满足 $K<0.65$，以确保分母中 s 项的系数为实数(我们不希望传递函数分母的系数出现复数)。

二阶系统传递函数的标准形式为

$$G_L(s) = \frac{\omega_n^2}{s^2 + 2\zeta\omega_n s + \omega_n^2} \tag{5.80}$$

比较式(5.79)和式(5.80)得到

$$\omega_n{}^2 = 11.29K, \qquad \zeta^2 = \frac{0.043}{K} - 0.065 \tag{5.81}$$

指标要求 1 表明，超调量 P.O.≤20%，这意味着阻尼比 ζ 必须满足 $\zeta \geq 0.45$。令 $\zeta = 0.45$，并将其代入式(5.81)，可以得到增益K 为

$$K = 0.16$$

进一步有

$$\omega_n = \sqrt{11.29K} = 1.34$$

而根据式(5.14)求得的系统峰值时间 T_p 为

$$T_p = \frac{\pi}{\omega_n\sqrt{1-\zeta^2}} = 2.62\ \text{s}$$

我们可能会尝试使阻尼比 $\zeta>0.45$，进一步将系统的超调量降低到 20% 以下。但是，系统的其他性能指标会发生什么变化呢？接下来我们对此进行分析。首先，由式(5.81)可以看出，当阻尼比 ζ 增大时，增益 K 将减小。同时，由于

$$\omega_n = \sqrt{11.29K}$$

因此，当 K 减小时，ω_n 也将随之减小。由峰值时间 T_p 的计算公式

$$T_p = \frac{\pi}{\omega_n\sqrt{1-\zeta^2}}$$

由此可知，当 ω_n 减小时，峰值时间 T_p 将增大。由于控制目标是在满足超调量 P.O.≤20% 的前提下，尽可能减小系统的峰值时间 T_p，因此应选择阻尼比为 $\zeta=0.45$，达到既能够满足超调量的设计要求，也不会无谓地增大峰值时间 T_p 的目的。

利用降阶后的二阶近似系统，我们在增益 K 与超调量及峰值时间等系统性能指标之间建立了联系。但是，对于本例而言，确定 $K=0.16$ 只是系统设计的起步，而不是终点。由于系统实际上为三阶系统，因此还必须考虑第三个极点对系统性能的影响(至今为止，我们一直忽略了该极点的影响)。

式(5.73)所示的三阶系统和式(5.79)所示的二阶近似系统的单位阶跃响应曲线如图 5.31 所示。可以看出，二阶系统的阶跃响应与实际三阶系统的阶跃响应非常接近，因此可以期待，分析简单的二阶近似系统，可以得到比较精确的关于该三阶实际系统的参数 K 与超调量及峰值时间之间的关系的结论。

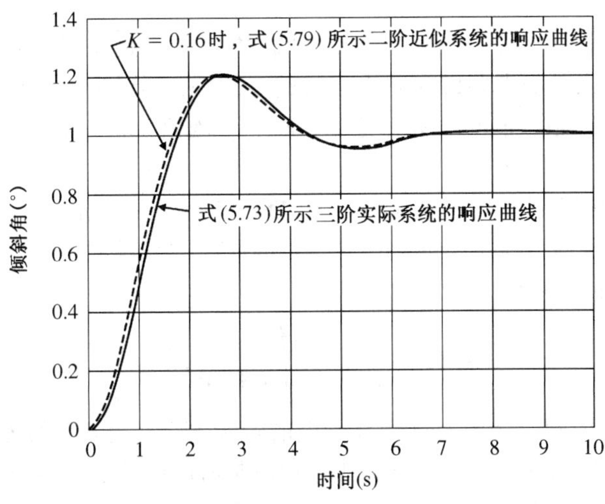

图 5.31　三阶实际系统和二阶近似系统的阶跃响应曲线

基于二阶近似系统，从系统的指标要求出发，我们选定了增益 $K=0.16$，此时系统的超调量 P.O.=20%，峰值时间 $T_p=2.62$ s。从图 5.32 中可以看出，当增益 $K=0.16$ 时，三阶实际系统的超调量 P.O.=20.5%，峰值时间 $T_p=2.73$ s。由此可见，降阶近似系统能够很好地预测实际系统的响应及性能。为了进行比较将增益 K 取不同的值，并观察三阶系统的响应及性能。当 $K=0.1$ 时，

系统响应的超调量 P.O.=9.5%，峰值时间 $T_p=3.74$ s；当 $K=0.2$ 时，系统响应的超调量 P.O.=26.5%，峰值时间 $T_p=2.38$ s。很明显，当 K 减小时，阻尼比 ζ 增大，导致超调量降低，同时峰值时间增大，这与前面理论推导的结果完全一致。

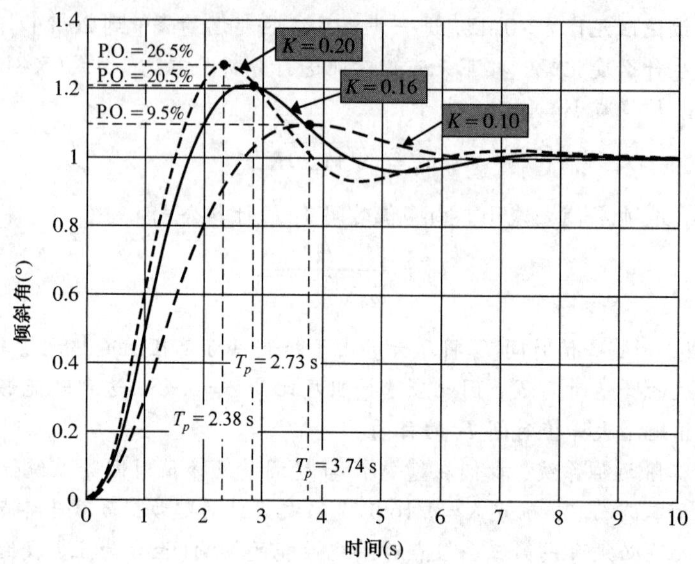

图 5.32 当 $K=0.1$，$K=0.16$ 和 $K=0.20$ 时，飞机的三阶系统的阶跃响应曲线。可以看出，当 K 减小时，系统响应的超调量 P.O. 随之减小，但峰值时间 T_p 增大了

5.10 利用控制系统设计软件分析系统性能

本节利用控制系统设计软件来分析系统的时域性能指标，这些指标是依据系统对特定的测试输入信号的瞬态响应及其稳态跟踪误差来定义的。此外，还讨论了线性系统模型的降阶化简问题。本节引入了新的函数 impulse，并讨论如何将它与函数 lsim 结合运用，可以对线性系统进行仿真。

时域性能指标 依据系统对给定的输入信号的瞬态响应，我们定义了系统的时域性能指标。通常情况下，我们无法确知系统的实际输入信号，因此经常采用的是标准测试输入信号。考虑图 5.3 的二阶系统，其闭环输出为

$$Y(s)=\frac{\omega_n^2}{s^2+2\zeta\omega_n s+\omega_n^2}R(s) \tag{5.82}$$

前面已经讨论了如何利用函数 step 计算系统的阶跃响应。此处介绍另外一种测试信号——脉冲信号，它与阶跃信号同等重要，系统的脉冲响应是阶跃响应关于时间的导函数。利用函数 impulse 可以直接计算系统的脉冲响应，该函数的使用说明参见图 5.33。

如图 5.34 所示，利用函数 step 可以得到与图 5.4(a)类似的阶跃响应曲线；利用函数 impulse 可以得到与图 5.5 类似的脉冲响应曲线。图 5.35 给出了某二阶系统的脉冲响应曲线及其对应的 m 脚本程序。在该 m 脚本程序中，自然频率 ω_n 设定为 $\omega_n=1$，这相当于以 $\omega_n t$ 为自变量来计算系统的脉冲响应，因而是对所有 $\omega_n>0$ 都成立的一条通用曲线。

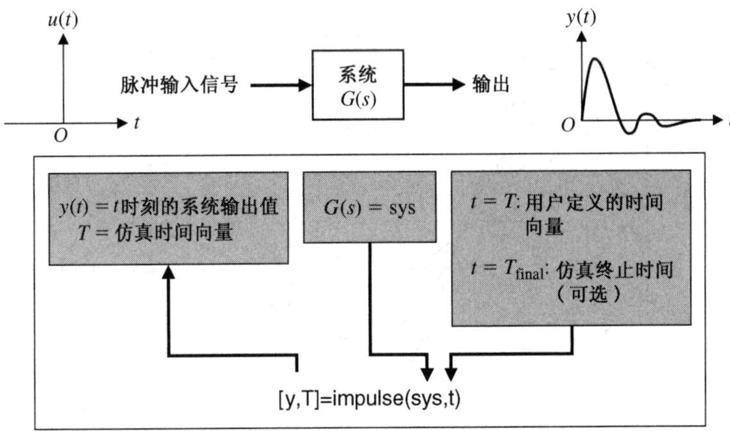

图 5.33　函数 impulse 使用说明

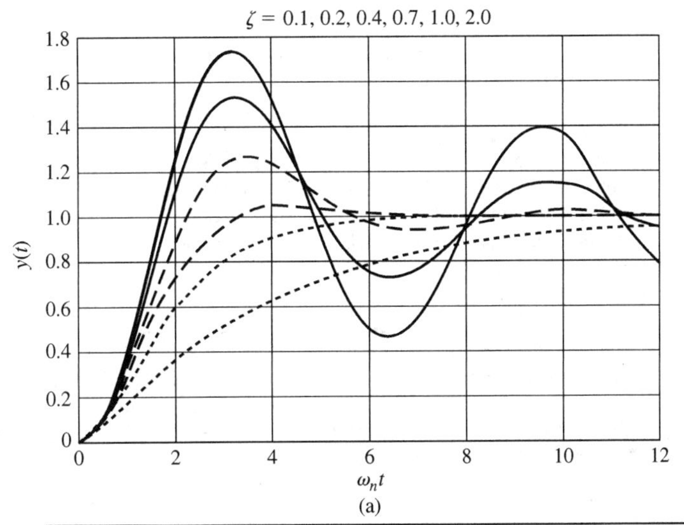


```
%Compute step response for a second-order system
%Duplicate Figure 5.5 (a)
%
t=[0:0.1:12]; num=[1];
zeta1=0.1; den1=[1 2*zeta1 1]; sys1=tf(num,den1);
zeta2=0.2; den2=[1 2*zeta2 1]; sys2=tf(num,den2);
zeta3=0.4; den3=[1 2*zeta3 1]; sys3=tf(num,den3);
zeta4=0.7; den4=[1 2*zeta4 1]; sys4=tf(num,den4);
zeta5=1.0; den5=[1 2*zeta5 1]; sys5=tf(num,den5);
zeta6=2.0; den6=[1 2*zeta6 1]; sys6=tf(num,den6);
%
[y1,T1]=step(sys1,t); [y2,T2]=step(sys2,t);
[y3,T3]=step(sys3,t); [y4,T4]=step(sys4,t);
[y5,T5]=step(sys5,t); [y6,T6]=step(sys6,t);
%
plot(T1,y1,T2,y2,T3,y3,T4,y4,T5,y5,T6,y6)
xlabel(' \omega_n t'), ylabel('y(t)')
title('\zeta = 0.1, 0.2, 0.4, 0.7, 1.0, 2.0'), grid
```

计算系统阶跃响应

绘制阶跃响应曲线并为 x 轴和 y 轴加注标签

(b)

图 5.34　(a) 二阶系统的阶跃响应；(b) m 脚本程序

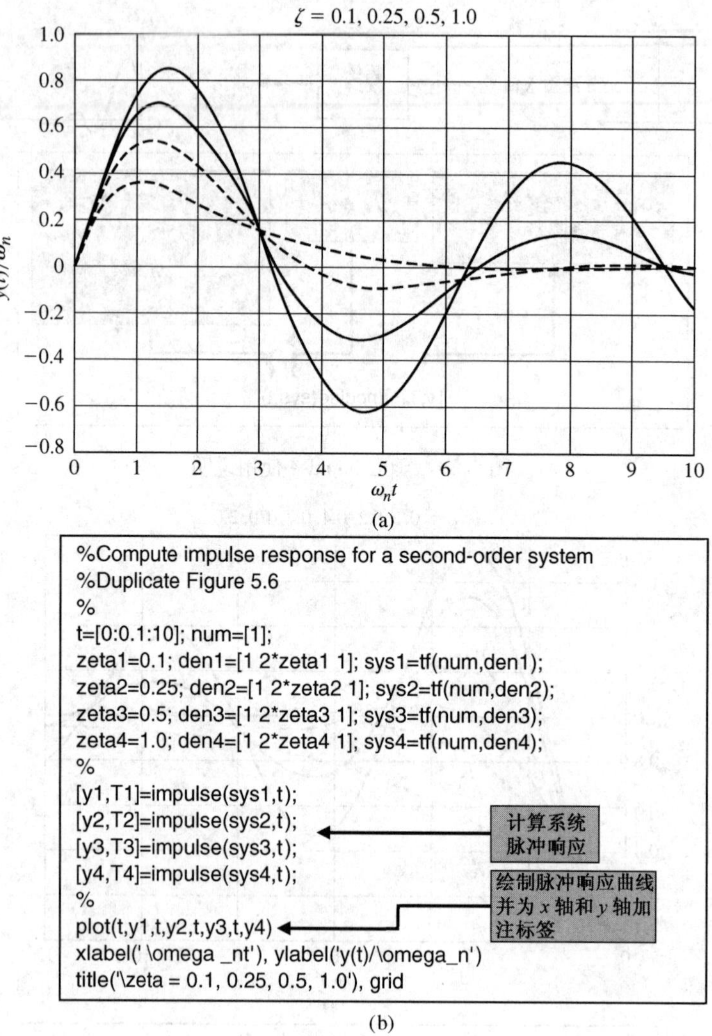


```
%Compute impulse response for a second-order system
%Duplicate Figure 5.6
%
t=[0:0.1:10]; num=[1];
zeta1=0.1; den1=[1 2*zeta1 1]; sys1=tf(num,den1);
zeta2=0.25; den2=[1 2*zeta2 1]; sys2=tf(num,den2);
zeta3=0.5; den3=[1 2*zeta3 1]; sys3=tf(num,den3);
zeta4=1.0; den4=[1 2*zeta4 1]; sys4=tf(num,den4);
%
[y1,T1]=impulse(sys1,t);
[y2,T2]=impulse(sys2,t);
[y3,T3]=impulse(sys3,t);
[y4,T4]=impulse(sys4,t);
%
plot(t,y1,t,y2,t,y3,t,y4)
xlabel(' \omega _nt'), ylabel('y(t)/\omega_n')
title('\zeta = 0.1, 0.25, 0.5, 1.0'), grid
```

图 5.35 （a）二阶系统的脉冲响应；（b）m 脚本程序

很多时候还需要仿真计算系统在任意输入下的动态响应。此时，可以采用函数 lsim 来解决这一问题，函数 lsim 的使用说明见图 5.36。

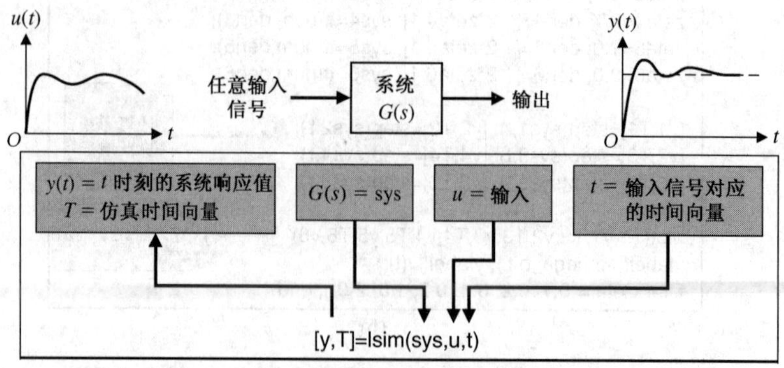

图 5.36 函数 lsim 使用说明

例 5.10 移动机器人驾驶控制

移动机器人驾驶控制系统的框图如图 5.18 所示。令驾驶控制器的传递函数 $G_c(s)$ 为

$$G_c(s) = K_1 + \frac{K_2}{s}$$

当输入为斜坡信号时，系统的稳态误差为

$$e_{ss} = \frac{A}{K_v} \tag{5.83}$$

其中，$K_v = K_2 K$。

由式(5.83)可以明显看出，控制器参数 K_2 能够影响到系统的稳态误差。当 K_2 较大时，稳态误差较小。

利用函数 lsim 可以仿真计算闭环系统在锯齿波信号输入下的响应。在编写 m 脚本程序时，可以将控制器增益 K_1 和 K_2，以及系统增益 K 设置为可调参数，以命令行的形式赋值，这样就可以选择不同的参数值进行多次仿真。当 $K_1 = K = 1$，$K_2 = 2$ 且 $\tau = 1/10$ 时，图 5.37 给出了系统的锯齿波输入信号及其动态响应曲线。

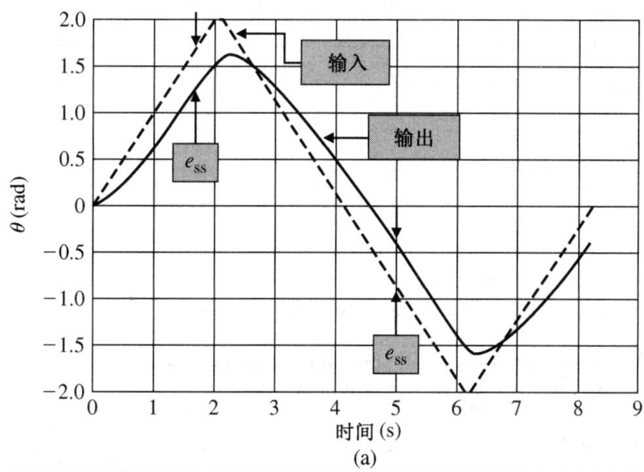

(a)

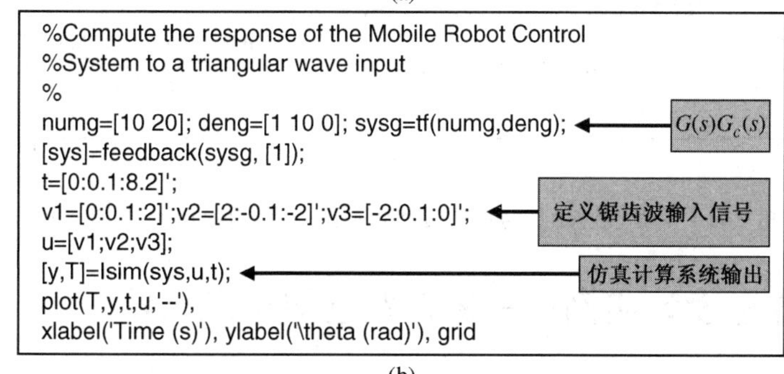

```
%Compute the response of the Mobile Robot Control
%System to a triangular wave input
%
numg=[10 20]; deng=[1 10 0]; sysg=tf(numg,deng);
[sys]=feedback(sysg, [1]);
t=[0:0.1:8.2]';
v1=[0:0.1:2]';v2=[2:-0.1:-2]';v3=[-2:0.1:0]';
u=[v1;v2;v3];
[y,T]=lsim(sys,u,t);
plot(T,y,t,u,'--'),
xlabel('Time (s)'), ylabel('\theta (rad)'), grid
```


(b)

图 5.37 （a）移动机器人驾驶控制系统对锯齿波输入信号的响应；（b）m 脚本程序

线性系统的化简 可以对高阶模型进行降阶处理，简化的低阶模型与高阶模型有非常接近的输入-输出特性。5.8 节已经讨论了这一问题，并给出了相关的算法。下面用一个简单的实例，说明用控制系统设计软件来比较降阶前后的系统动态响应。

例 5.11 简化模型

某三阶系统的传递函数为

$$G_H(s) = \frac{6}{s^3 + 6s^2 + 11s + 6}$$

对应的二阶近似传递函数为(见例 5.7)

$$G_L(s) = \frac{1.60}{s^2 + 2.590s + 1.60}$$

系统简化前后的阶跃响应如图 5.38 所示，其中图 5.38(a)给出了阶跃响应曲线，图 5.38(b)为对应的 m 脚本程序。

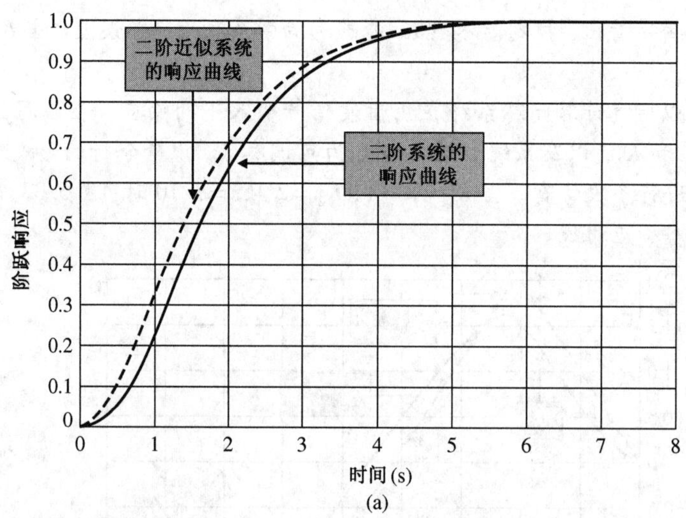

(a)

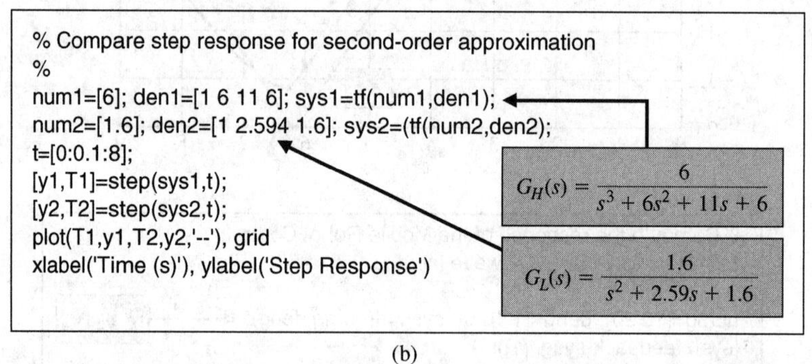

(b)

图 5.38 (a) 实际传递函数与近似传递函数的阶跃响应曲线；(b) m 脚本程序

5.11 循序渐进设计实例——磁盘驱动器读取系统

本节延续控制系统的设计流程，继续深入讨论磁头控制系统。首先确定系统预期的性能指标设计要求，然后调整放大器增益 K_a，尽可能使系统具有优良的性能。

控制目标在于使系统对阶跃输入信号 $r(t)$ 的响应速度尽可能地快，同时，(1) 限制阶跃响应的超调量 P.O.和固有振荡；(2) 降低干扰对磁头输出位置的影响。具体的性能指标设计要求参见表 5.5。

表 5.5　瞬态响应的性能指标设计要求

性能指标	预期值
超调量 P.O.	小于 5%
调节时间 T_s	小于 250 ms
对单位阶跃干扰的最大响应值	小于 5×10^{-3}

此处忽略线圈感应的影响，只考虑电机和机械臂的二阶模型。因此，可以得到图 5.39 所示的闭环系统。当干扰信号 $T_d(s)=0$ 时，系统输出为

$$Y(s)=\frac{5K_a}{s(s+20)+5K_a}R(s)=\frac{5K_a}{s^2+20s+5K_a}R(s)=\frac{\omega_n^2}{s^2+2\zeta\omega_n s+\omega_n^2}R(s) \quad (5.84)$$

于是有 $\omega_n^2=5K_a$，$2\zeta\omega_n=20$。利用控制系统设计软件计算得到的系统响应如图 5.40 所示。K_a 取不同值时，系统性能指标的计算结果如表 5.6 所示。

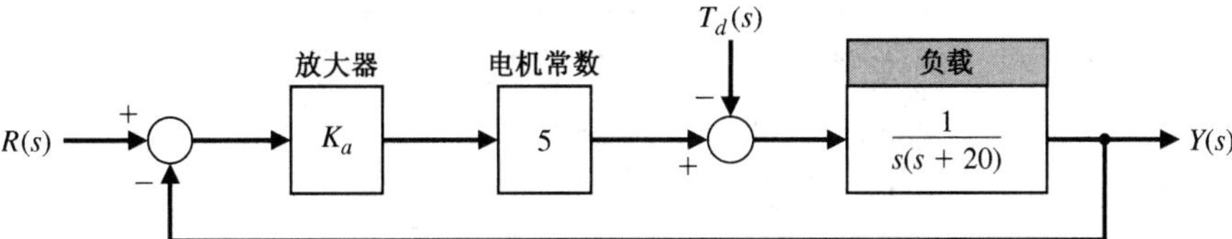

图 5.39　考虑电机和负载的二阶控制系统模型

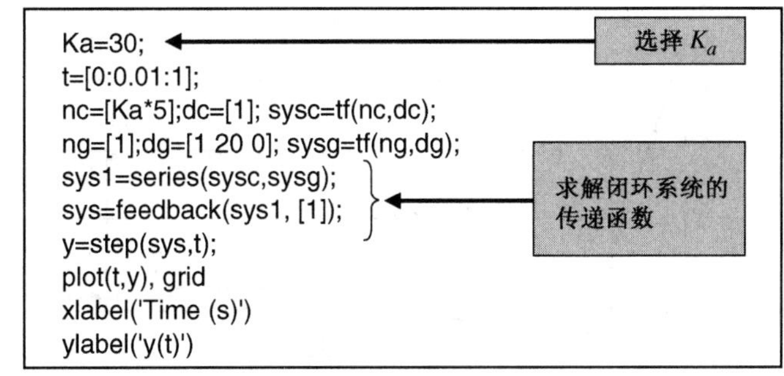
```
Ka=30;
t=[0:0.01:1];
nc=[Ka*5];dc=[1]; sysc=tf(nc,dc);
ng=[1];dg=[1 20 0]; sysg=tf(ng,dg);
sys1=series(sysc,sysg);
sys=feedback(sys1, [1]);
y=step(sys,t);
plot(t,y), grid
xlabel('Time (s)')
ylabel('y(t)')
```


(a)

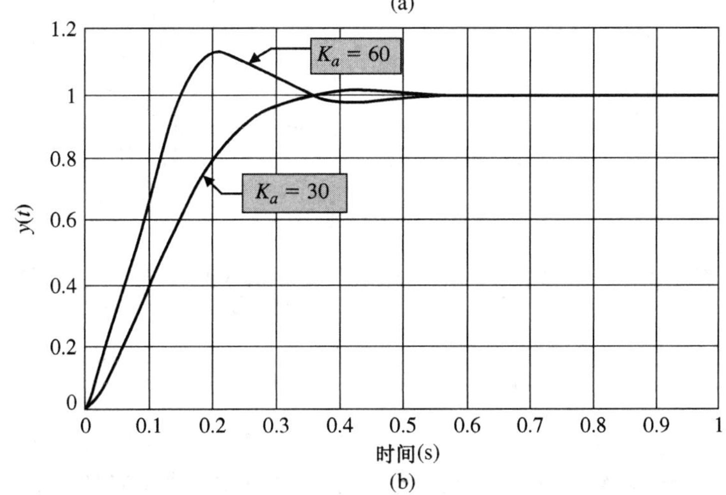

(b)

图 5.40　系统对单位阶跃输入 $r(t)=1$，$t>0$ 的响应。(a) m 脚本程序；(b) K_a 分别为 30 和 60

表 5.6 二阶系统的单位阶跃响应

K_a	20	30	40	60	80
超调量 P.O.	0	1.2%	4.3%	10.8%	16.3%
调节时间 T_s(s)	0.55	0.40	0.40	0.40	0.40
阻尼比	1	0.82	0.707	0.58	0.50
对单位阶跃干扰的响应 $y(t)$ 的最大值	-10×10^{-3}	-6.6×10^{-3}	-5.2×10^{-3}	-3.7×10^{-3}	-2.9×10^{-3}

当 $K_a=30$ 和 $K_a=60$ 时，图 5.41 给出了系统对单位阶跃干扰信号的瞬态输出 $y(t)$ 的曲线，当 K_a 从 30 增大到 60 时，干扰作用的影响已经降低了一半。与此同时，当 K_a 增大时，系统对单位阶跃输入信号的超调量也随之增大。因此，为了使系统性能满足设计要求，必须折中选择合适的增益 K_a，此处最后选择了 $K_a=40$。还需要指出的是，这样并不能保证系统性能满足所有的指标设计要求。下一章将延续磁头控制系统的设计流程，并尝试调整控制系统的系统配置。

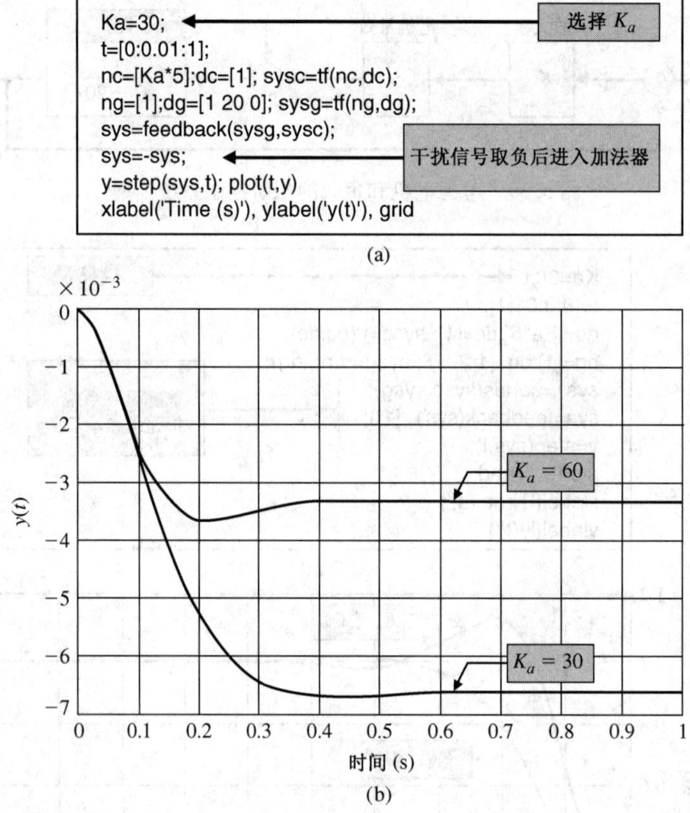

图 5.41 系统对单位干扰 $T_d(s)=1/s$ 的响应。(a) m 脚本程序；(b) K_a 分别为 30 和 60

5.12 小结

本章讨论了如何定义和衡量反馈控制系统的性能。介绍了性能指标的概念和测试输入信号的用途，并以单位阶跃测试信号为基础，详细讨论了几种性能指标，如系统阶跃响应的超调量、峰值时间和调节时间等。通常情况下，预期的性能指标设计要求是彼此冲突的，因而提出了折中设计的概念。本章还讨论了系统传递函数在 s 平面上的极点位置分布与系统响应之间的关系。系统性能最重要的指标之一是对测试输入信号的稳态误差，因此，本章利用终值定理分析了稳态误差同系统参数之间的联系。本章最后介绍了系统定量综合性能指标的概念，用实例实现了综合性能指标的极小化。这样，本章就全面地讨论了反馈控制系统性能的定义、度量方法及其应用。

技能自测

本节提供三类题目来测试你对本章知识的掌握情况：正误判断题、多项选择题，以及术语和概念匹配题。为了直接地反馈学习效果，请及时对照每章最后给出的答案。必要时，请借助图 5.42 给出的框图来确认下面各题中的陈述。

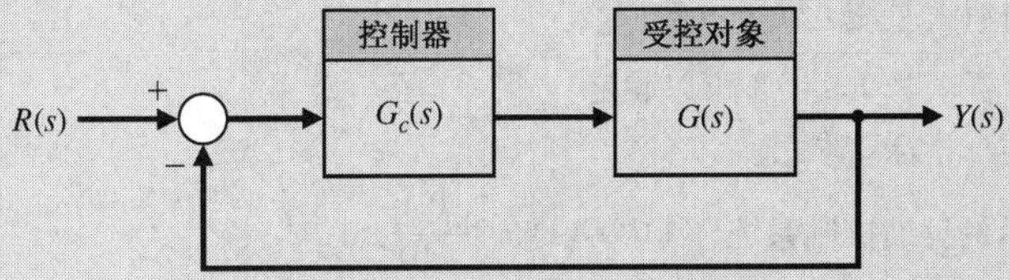

图 5.42　技能自测参考框图

在下面的正误判断题和多项选择题中，圈出正确的答案。

1. 如果三阶系统的一对主导极点的实部绝对值小于第三个极点实部绝对值的 1/10，那么，此三阶系统可以用由主导极点决定的对应的二阶系统来近似。　对 或 错
2. 前向通路传递函数位于原点处的零点重数称为系统的型数。　对 或 错
3. 上升时间定义为系统响应进入并维持在输入幅值的指定百分比容许范围内所需的时间。　对 或 错
4. 对于不含零点的二阶系统，其单位阶跃响应的超调量只是阻尼比的函数。　对 或 错
5. Ⅰ型系统对于斜坡输入的稳态跟踪误差为零。　对 或 错

借助图 5.42 给出的框图来解答第 6 题和第 7 题，其中

$$L(s) = G_c(s)G(s) = \frac{6}{s(s+3)}$$

6. 系统对单位阶跃输入 $R(s)=1/s$ 的稳态误差为

   a. $e_{ss} = \lim\limits_{t\to+\infty} e(t) = 1$　　b. $e_{ss} = \lim\limits_{t\to+\infty} e(t) = 1/2$

   c. $e_{ss} = \lim\limits_{t\to+\infty} e(t) = 1/6$　　d. $e_{ss} = \lim\limits_{t\to+\infty} e(t) = \infty$

7. 系统单位阶跃响应的超调量 P.O.为

   a. P.O.=9%　　b. P.O.=1%

   c. P.O.=20%　　d. 没有超调

借助图 5.42 给出的框图来解答第 8 题和第 9 题，其中

$$L(s) = G_c(s)G(s) = \frac{K}{s(s+10)}$$

8. 选择参数 K 的取值，使得系统在 ITAE 指标下具有最优响应。

   a. $K=1.10$　　b. $K=12.56$　　c. $K=51.02$　　d. 104.7

9. 计算系统单位阶跃响应的超调量 P.O.。

   a. P.O.=1.4%　　b. P.O.=4.6%　　c. P.O.=10.8%　　d. 没有超调

10. 某系统的闭环传递函数 $T(s)$ 为

$$T(s) = \frac{Y(s)}{R(s)} = \frac{2500}{(s+20)(s^2+10s+125)}$$

利用主导极点的概念，估计系统的超调量P.O.。

a. P.O.≈5% b. P.O.≈20% c. P.O.≈50% d. 没有超调

11. 考虑图5.42所示的单位反馈控制系统，其中

$$L(s) = G_c(s)G(s) = \frac{K}{s(s+5)}$$

设计指标要求为：

(1)峰值时间 $T_p \leqslant 1.0$；(2)超调量 P.O.≤10%。如果 K 是待设计参数，那么

a. 两个指标要求都可以满足。

b. 只有第一个指标要求 $T_p \leqslant 1.0$ 可以满足。

c. 只有第二个指标要求 P.O.≤10% 可以满足。

d. 无法同时满足两个指标要求。

12. 考虑如图5.43所示的反馈控制系统，其中 $G(s)=\dfrac{K}{s+10}$。

参数的标称值为 $K=10$，按2%准则，计算系统对单位阶跃干扰 $T_d(s)=1/s$ 的调节时间 T_s。

a. $T_s=0.02$ s b. $T_s=0.19$ s c. $T_s=1.03$ s d. $T_s=4.83$ s

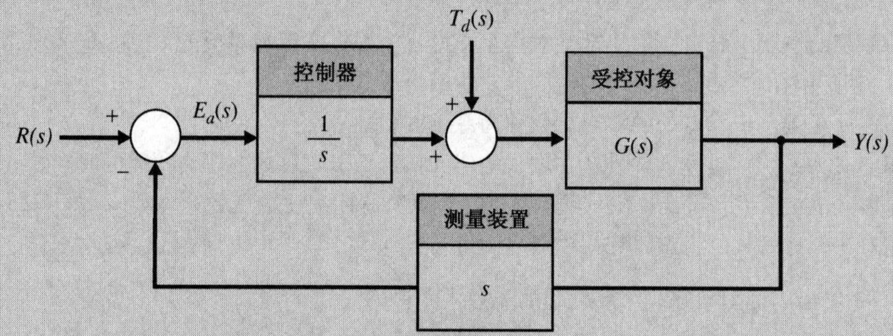

图5.43 具有积分控制器和微分测量装置的反馈系统

13. 某设备的传递函数为

$$G(s) = \frac{1}{(1+s)(1+0.5s)}$$

在图5.42所示的框图中，采用合适的比例控制器 $G_c(s)=K$ 加以控制。欲使单位阶跃输入时的稳态误差 $E(s)=Y(s)-R(s)$ 的幅值等于0.01，参数 K 的取值应该为

a. $K=49$ b. $K=99$ c. $K=169$ d. 以上都不对。

借助图5.42给出的框图来解答第14题和第15题，其中

$$G(s) = \frac{6}{(s+5)(s+2)}, \quad G_c(s) = \frac{K}{s+50}$$

14. 开环传递函数的二阶近似模型为

a. $\hat{G}_c(s)\hat{G}(s) = \dfrac{(3/25)K}{s^2+7s+10}$ b. $\hat{G}_c(s)\hat{G}(s) = \dfrac{(1/25)K}{s^2+7s+10}$

c. $\hat{G}_c(s)\hat{G}(s) = \dfrac{(3/25)K}{s^2+7s+500}$ d. $\hat{G}_c(s)\hat{G}(s) = \dfrac{6K}{s^2+7s+10}$

15. 利用习题14中得到的二阶近似系统，选择 K 的取值，使得系统的超调量为 P.O.≈15%。

a. $K=10$ b. $K=300$ c. $K=1000$ d. 以上都不对。

在下面的术语和概念匹配题中，在空格中填写正确的字母，将术语和概念与它们的定义联系起来。

术语	定义	
a. 单位脉冲	从系统开始对阶跃输入信号做出响应，到上升至峰值所需的时间。	______
b. 上升时间	决定系统瞬态响应的主导成分的特征根。	______
c. 调节时间	开环传递函数 $G_c(s)G(s)$ 在原点处的重数 N。	______
d. 型数	极限 $\lim_{s\to 0} sG_c(s)G(s)$ 对应的常数。	______
e. 超调量	用于测试系统响应性能的标准输入信号。	______
f. 位置误差常数，K_p	系统的输出进入并维持在参考输入信号幅值的指定百分比容许范围内所需要的时间。	______
g. 速度误差常数，K_v	一组预先规定的性能指标值。	______
h. 稳态响应	调整参数之后，综合性能指标达到了极值的系统。	______
i. 峰值时间	衡量系统性能的定量指标。	______
j. 主导极点	系统对阶跃输入的响应首次达到参考输入幅值的指定百分比所需要的时间。	______
k. 测试输入信号	系统的输出响应超出预期响应的部分。	______
l. 加速度误差常数，K_a	极限 $\lim_{s\to 0} s^2G_c(s)G(s)$ 对应的常数。	______
m. 瞬态响应	极限 $\lim_{s\to 0} G_c(s)G(s)$ 对应的常数。	______
n. 设计指标要求	在输入信号激励下，系统响应中长期存在的成分。	______
o. 性能指标	系统响应中将随时间消失的成分。	______
p. 最优控制系统	幅值为无穷大，宽度为零，面积为单位 1 的一种输入测试信号。	______

基础练习题

E5.1 计算机磁盘驱动器的电机驱动定位控制系统必须能够降低干扰信号或参数变化对磁头位置的影响，能够减小磁头定位的稳态误差。

(a) 如果要求定位稳态误差为零，系统应该是几型系统（即包含几个纯积分环节）？

(b) 如果输入为斜坡信号，并要求系统的稳态跟踪误差为零，系统又应该是几型系统？

E5.2 发动机、车体和轮胎都能够影响赛车的加速能力和运行速度[9]。赛车速度控制系统模型如图 E5.2 所示。当速度指令为阶跃信号时，试求

(a) 车速的稳态误差。

(b) 车速的超调量 P.O.。

答案：(a) $e_{ss}=A/5.2$　　(b) P.O.= 21%

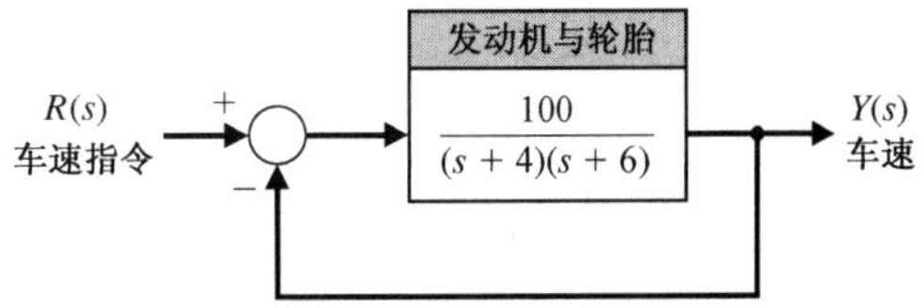

图 E5.2　赛车速度控制系统

E5.3 为了与航空业竞争，铁路公司一直在发展新的旅客营运系统，法国的 TGV 和日本的新干线系统是其中的两个典型代表，它们的时速都达到了 160 mph[17]。磁悬浮列车 Transrapid 是另外一种新型旅客营运系统，如图 E5.3(a)所示。

Transrapid 采用了与普通列车完全不同的磁悬浮技术和电磁推进技术，在正常运行时，它不与轨道直接接触。在轮轨式系统中，列车车厢的底部是常见的轮式底盘，而在磁悬浮系统中，车厢底部的转向架模块却“拥抱”着轨道，转向架模块底部的“抱轨”部分附有磁铁，能与轨道产生吸引力，将车厢向上抬起至感应轨道。

磁悬浮控制系统的框图如图 E5.3(b)所示。若输入为阶跃信号，

(a) 确定增益 K 的值，使系统成为 ITAE 指标意义下的最优系统。

(b) 确定系统对阶跃输入 $I(s)$ 的超调量 P.O.。

答案：(a) $K=100$ (b) P.O.=4.6%

(a)

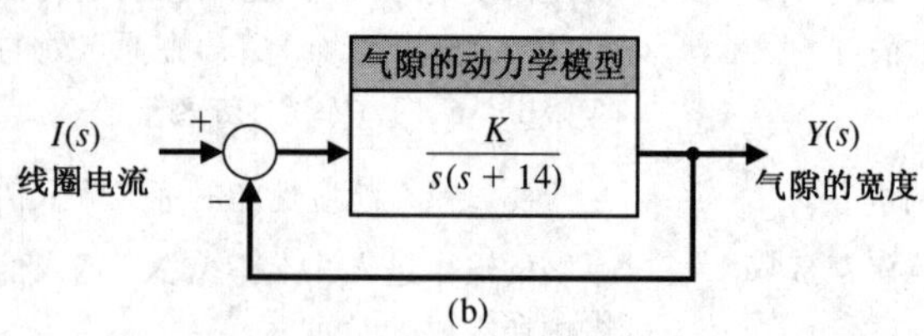

(b)

图 E5.3 磁悬浮列车控制系统

E5.4 某单位负反馈系统的开环传递函数为

$$L(s) = G_c(s)G(s) = \frac{2(s+8)}{s(s+4)}$$

(a) 确定系统的闭环传递函数 $T(s)=Y(s)/R(s)$。

(b) 当输入为阶跃信号 $r(t)=A$，$t>0$ 时，计算系统的时间响应 $y(t)$。

(c) 确定阶跃响应的超调量 P.O.。

(d) 利用终值定理，确定 $y(t)$ 的稳态值。

答案：(b) $y(t)=1-1.07\mathrm{e}^{-3t}\sin(\sqrt{7}t+1.2)$

E5.5 考虑图 E5.5 所示的反馈控制系统，选择 K 的取值，使得系统在阶跃信号激励下，ITAE 性能准则达到最小。

E5.6 考虑图 E5.6 所示的框图模型[16]。

(a) 计算系统对斜坡输入的稳态误差。

(b) 选择增益 K 的合适取值，使系统阶跃响应的超调量 P.O.=0，同时使响应速度尽可能地快。

绘制系统在 s 平面上的零-极点分布图，讨论复极点的主导性，并由此估计系统的超调量 P.O.。

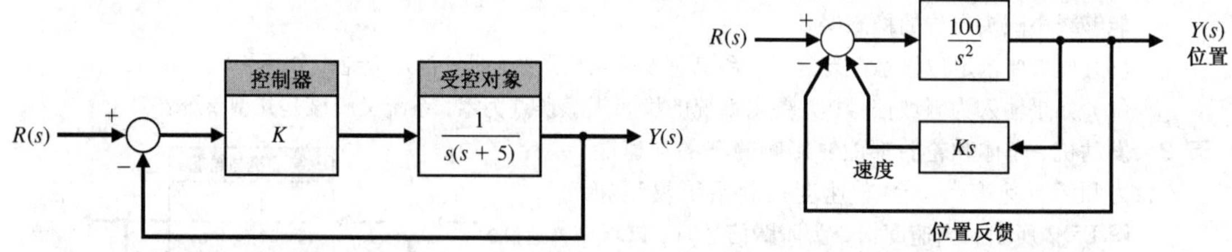

图 E5.5 具有比例控制器 $G_c(s)=K$ 的反馈控制系统

图 E5.6 具有位置和速度反馈的框图模型

E5.7 有效的胰岛素注射自动控制系统能够改善糖尿病患者的生活质量，该系统由注射泵和测量血糖水平的传感器构成，其反馈控制系统的框图模型如图 E5.7 所示，其中 $R(s)$ 为预期血糖水平，$Y(s)$ 为实际血糖水平。假定药物注射产生的输入为阶跃信号，在此条件下，试选择增益 K 的合适取值，使系统的超调量 P.O.≈7%。

答案：$K=1.67$

E5.8 软盘驱动器配有读/写磁头位置控制系统，该系统的闭环传递函数为

$$T(s) = \frac{11.1(s+18)}{(s+20)(s^2+4s+10)}$$

试绘制系统在 s 平面上的零-极点分布图，讨论复极点的主导性，并据此估计系统阶跃响应的超调量 P.O.。

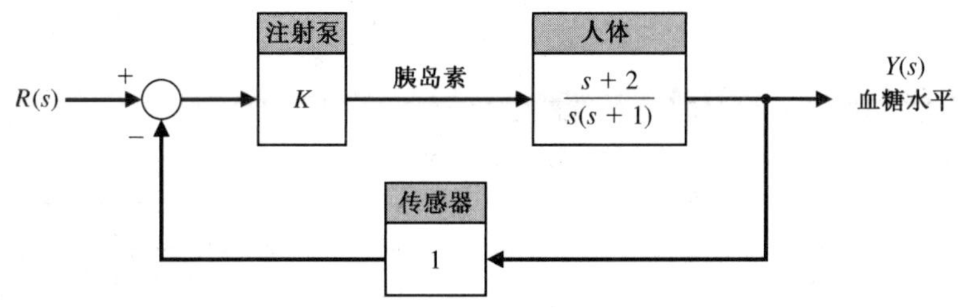

图 E5.7　血糖水平控制系统

E5.9　某单位负反馈系统的开环传递函数为

$$L(s) = G_c(s)G(s) = \frac{K}{s\left(s + \sqrt{2K}\right)}$$

试求

(a) 系统单位阶跃响应的超调量 P.O.和调节时间 T_s(按 2% 准则)。

(b) 当调节时间 $T_s \leqslant 1$ s 时，确定增益 K 的取值范围。

E5.10　二阶系统的闭环传递函数为 $T(s)=Y(s)/R(s)$，系统阶跃响应的设计指标要求如下：

(1) 超调量 P.O.≤5%。

(2) 调节时间 $T_s < 4$ s(按 2% 准则)。

(3) 峰值时间 $T_p < 1$ s。

试确定 $T(s)$ 的极点配置的可行范围，以便获得预期的响应。

E5.11　考虑图 E5.11 所示的单位负反馈系统，其受控对象 $G(s)$ 为

$$G(s) = \frac{16(s+2)}{s(s+1)(s+4)(s+8)}$$

试求系统阶跃响应和斜坡响应的稳态误差。

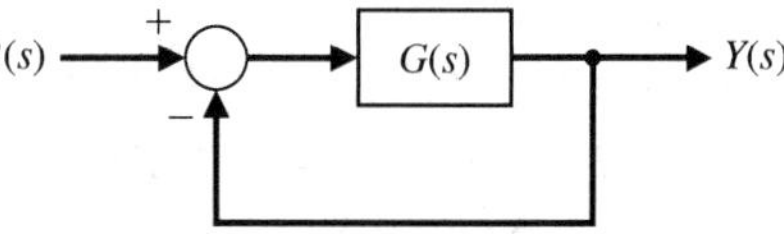

图 E5.11　单位负反馈系统

E5.12　在大型博览会和狂欢节上，Ferris 转轮是标志性的娱乐项目。这种转轮的发明人是 George Ferris，他于 1859 年出生在伊利诺斯州的盖尔斯堡，后来搬到内华达州。Ferris 先生于 1881 年毕业于伦斯勒理工学院。到 1891 年，他在钢铁和桥梁建筑等方面已积累了相当丰富的经验，由此构思建造了著名的 Ferris 转轮，并于 1893 年在芝加哥哥伦比亚博览会上首次公开展出[8]。Ferris 转轮的速度控制系统如图 E5.12 所示，考虑将速度稳态误差控制在预期速度的 5% 以内。

(a) 试选择增益 K 的合适取值，以满足系统稳态运行时的速度要求。

(b) 利用(a)中确定的增益 K，计算由于单位阶跃干扰信号 $T_d(s)=1/s$ 导致的响应误差 $e(t)$，并绘制误差曲线，确定速度的变化是否超过了 5%[为便于计算，令 $R(s)=0$，并请留意 $E(s)=R(s)-Y(s)$]。

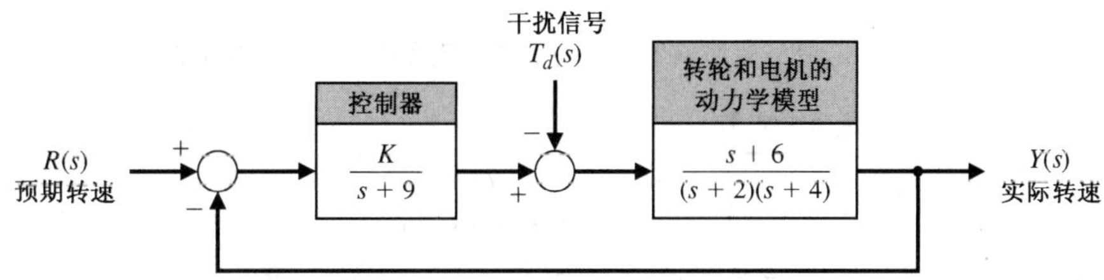

图 E5.12　Ferris 转轮的速度控制系统

E5.13　重新考虑图 E5.11 所示的单位负反馈系统，令其受控对象 $G(s)$ 为

$$G(s)=\frac{20}{s^2+14s+50}$$

试确定系统对阶跃输入和斜坡输入的稳态误差。

答案：对阶跃输入，$e_{ss}=0.71$；对斜坡输入，$e_{ss}=\infty$。

E5.14 考虑图 E5.14 所示的反馈系统。

(a) 当 $K=0.4$，$G_p(s)=1$ 时，试求系统单位阶跃响应的稳态误差。

(b) 选择合适的 $G_p(s)$，使系统单位阶跃响应的稳态误差为零。

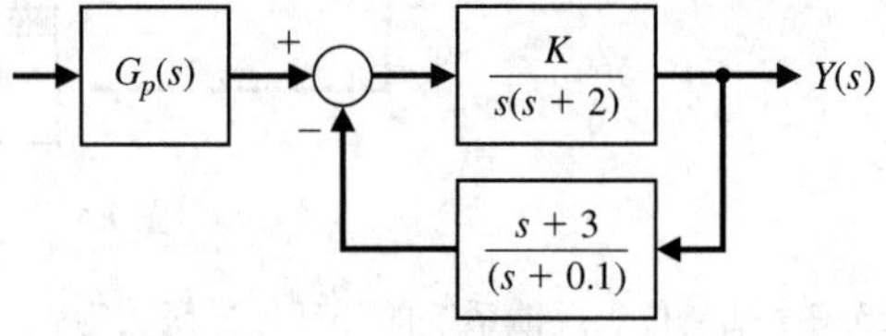

图 E5.14 反馈系统

E5.15 某闭环控制系统的闭环传递函数 $T(s)$ 为

$$\frac{Y(s)}{R(s)}=T(s)=\frac{2500}{(s+50)(s^2+10s+50)}$$

试分别使用以下两种方法，计算系统对单位阶跃输入 $R(s)=1/s$ 的时间响应 $y(t)$，并绘制响应曲线，对计算结果进行比较。

(a) 利用实际的传递函数 $T(s)$。

(b) 利用主导复极点近似方法。

E5.16 某二阶系统的闭环传递函数为

$$\frac{Y(s)}{R(s)}=T(s)=\frac{(10/z)(s+z)}{(s+1)(s+8)}$$

其中，$1<z<8$。当 $z=2$，$z=4$ 和 $z=6$ 时，求 $T(s)$ 的部分分式展开形式，并分别绘制系统的阶跃响应曲线 $y(t)$。

E5.17 某闭环控制系统的闭环传递函数 $T(s)$ 有 1 对共轭的主导复极点。试根据下列各组设计指标要求，在 s 左半平面上分别勾画出主导复极点配置的可行区域。

(a) $0.6\leqslant\zeta\leqslant0.8$，$\omega_n\leqslant10$　(b) $0.5\leqslant\zeta\leqslant0.707$，$\omega_n\geqslant10$

(c) $\zeta\geqslant0.5$，$5\leqslant\omega_n\leqslant10$　(d) $\zeta\leqslant0.707$，$5\leqslant\omega_n\leqslant10$

(e) $\zeta\geqslant0.6$，$\omega_n\leqslant6$

E5.18 考虑图 E5.18(a)所示的反馈系统，当 $K=1$ 时，系统的单位阶跃响应曲线如图 E5.18(b)所示。试确定 K 的合适取值，使系统的稳态误差为零。

答案：$K=1.25$

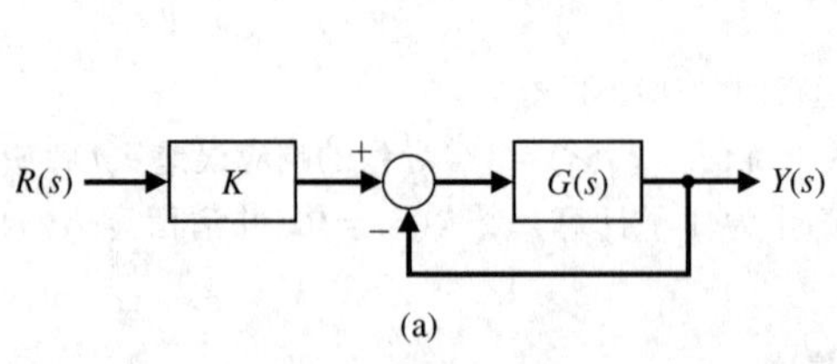

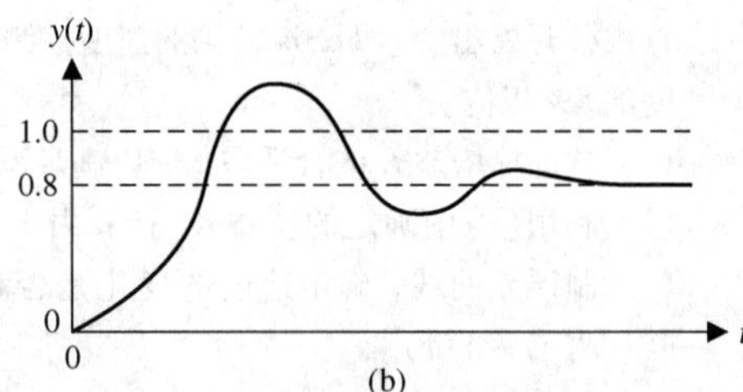

图 E5.18 带有前置滤波的反馈系统及其单位阶跃响应曲线

E5.19 某二阶系统的闭环传递函数为

$$T(s)=\frac{Y(s)}{R(s)}=\frac{\omega_n^2}{s^2+2\zeta\omega_n s+\omega_n^2}=\frac{7}{s^2+3.175s+7}$$

(a) 试根据传递函数估算系统单位阶跃响应 $R(s)=1/s$ 的超调量 P.O.、峰值时间 T_p 和调节时间 T_s(按 2% 准则)。

(b) 计算系统的单位阶跃响应，并以此对(a)的结果进行验证。

E5.20　考虑图 E5.20 所示的闭环系统，其中

$$L(s)=\frac{s+1}{s^2+3s}K_a$$

(a) 试求系统的闭环传递函数 $T(s)=Y(s)/R(s)$。

(b) 当输入为单位斜坡信号，即 $R(s)=1/s^2$ 时，试求闭环系统的稳态误差。

(c) 选择 K_a 的合适取值，使系统单位阶跃响应 $R(s)=1/s$ 的稳态误差为零。

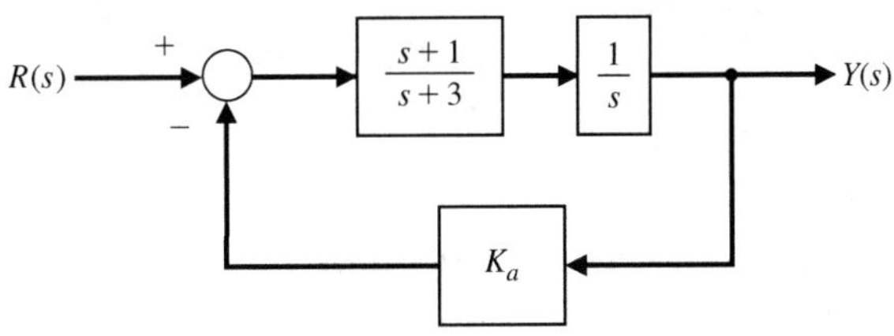

图 E5.20　非单位闭环反馈系统（反馈回路增益为 K_a）

一般习题

P5.1　电视摄像中的一个重要问题是摄像机的移动会造成画面的跳跃或晃动。在运动的车辆和飞机上进行拍摄时，就会出现这个问题。为了降低这种不利影响，人们发明了图 P5.1(a)所示的 Dynalens 系统。若摄像机拍摄时允许的最大扫描速度是 25°/s，$K_g=K_t=1$，且τ_g 可以忽略不计，

(a) 试求系统的误差 $E(s)$。

(b) 试确定开环增益 $K_aK_mK_t$ 的合适取值，使系统的稳态误差为 1°/s。

(c) 若电机的时间常数$\tau_m=0.40$ s，试确定开环增益 $K_aK_mK_t$ 的合适取值，使输出 v_b 的调节时间 $T_s\leq 0.03$ s（按 2% 准则）。

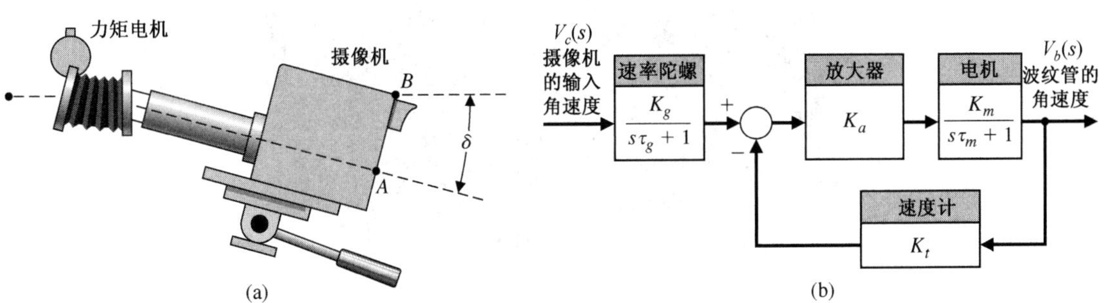

图 P5.1　摄像机晃动控制系统

P5.2　要求设计一个闭环控制系统，使系统对阶跃输入的响应具有欠阻尼特性，且满足下面的设计要求：超调量满足 10% ≤P.O.≤20%；调节时间 $T_s\leq 0.6$ s，那么

(a) 试确定系统主导极点配置的可行区域。

(b) 如果希望系统的共轭复极点为主导极点，试确定第三个实极点 r_3 的最小值。

(c) 如果希望系统是三阶单位负反馈系统，按 2% 准则的调节时间 $T_s=0.6$ s，超调量 P.O.= 20%，试求系统的前向通路传递函数 $G(s)=Y(s)/E(s)$。

P5.3　如图 P5.3(a)所示，激光束可以用来对金属进行焊接、钻孔、蚀刻、切割、标记等操作[14]。激光束闭环控制系统如图 P5.3(b)所示，若要求在工件上标记抛物线，即激光束的运动轨迹为 $r(t)=t^2$ cm，试选择增益 K 的合适取值，使系统的稳态误差为 5 mm。

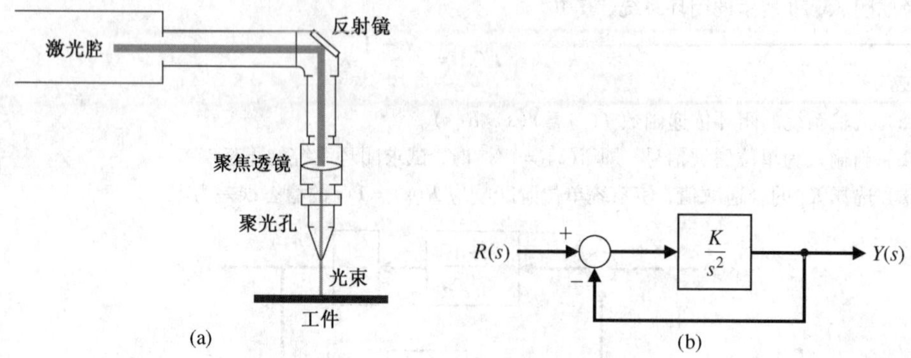

图 P5.3 激光束控制系统

P5.4 某单位负反馈系统的开环传递函数为

$$L(s) = G_c(s)G(s) = \frac{K}{s(s+2)}$$

对系统阶跃响应的设计指标要求为：峰值时间 $T_p = 1.1$ s，超调量 P.O.= 5% 。

(a) 判断系统能否同时满足这两个指标的设计要求。

(b) 如果不能同时满足上述要求，按相同的比例放宽设计要求后，试折中选择增益 K 的取值，使系统能够同时满足设计指标要求。

P5.5 太空望远镜将被发射到太空中去执行天文观测任务[8]，它的定向控制系统的精度可以达到 0.01′(角分)，跟踪太阳的速度可以达到 0.21′/s。太空望远镜如图 P5.5(a)所示，其定向控制系统的框图如图 P5.5(b)所示。令 $\tau_1 = 1$ s，$\tau_2 = 0$ s(近似值)。

(a) 确定增益 $K = K_1K_2$ 的合适取值，使系统阶跃响应的超调量 P.O.≤5%，并保持适当的响应速度；

(b) 确定系统阶跃响应和斜坡响应的稳态误差。

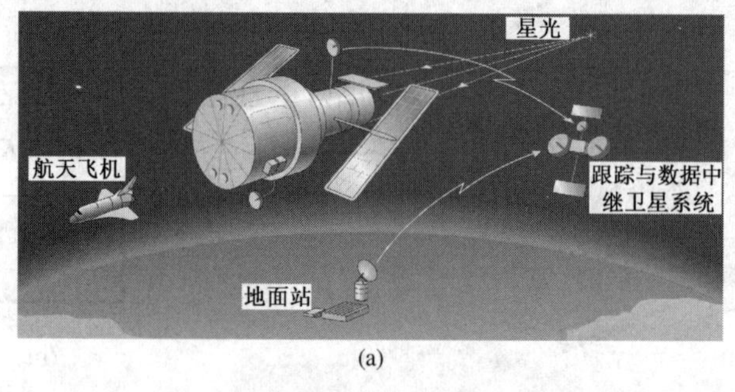

(a)

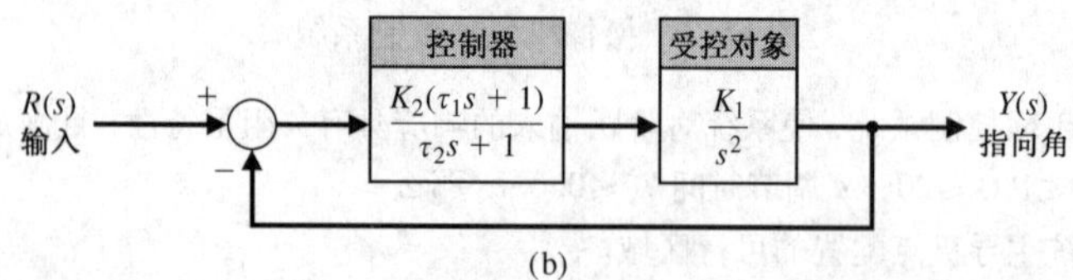

(b)

图 P5.5 (a) 太空望远镜；(b) 太空望远镜定向控制系统

P5.6 对机器人进行程序控制，可使工具或焊接头沿设想的路径运行[7, 11]。如果工具的预期路径为图 P5.6(a)所示的锯齿波，则图 P5.6(b)所示的闭环系统的开环传递函数为

$$L(s) = G_c(s)G(s) = \frac{75(s+1)}{s(s+5)(s+25)}$$

试计算系统的稳态误差。

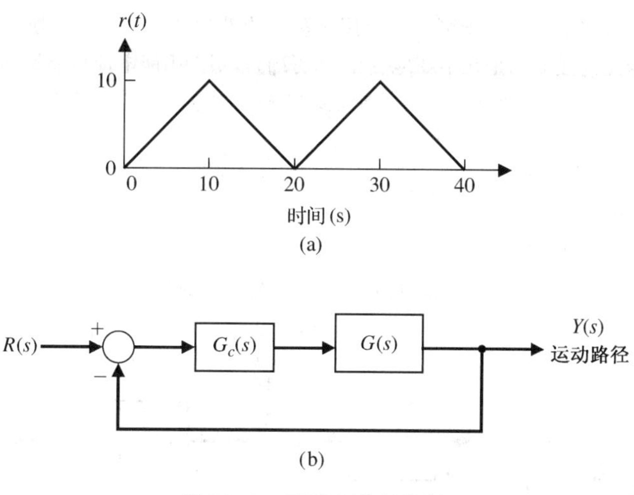

图 P5.6　机器人路径控制

P5.7 如图 P5.7(a)所示，1984 年 2 月 7 日，宇航员 Bruce McCandless II 利用手持的喷气推进装置，完成了人类历史上的首次太空行走。宇航员机动控制系统的框图如图 P5.7(b)所示，其中手持式喷气推进控制器可以用增益 K_2 表示，宇航员及自身装备的整体转动惯量 $I=25\ \text{kg}\cdot\text{m}^2$。

(a) 当输入为单位斜坡信号 $r(t)=t$(单位为 m)时，试确定增益 K_3 的合适取值，使系统的稳态误差小于 1 cm。

(b) 沿用(a)中确定的增益 K_3，试确定 K_1K_2 的取值，使系统的超调量 P.O.≤10%。

(a)

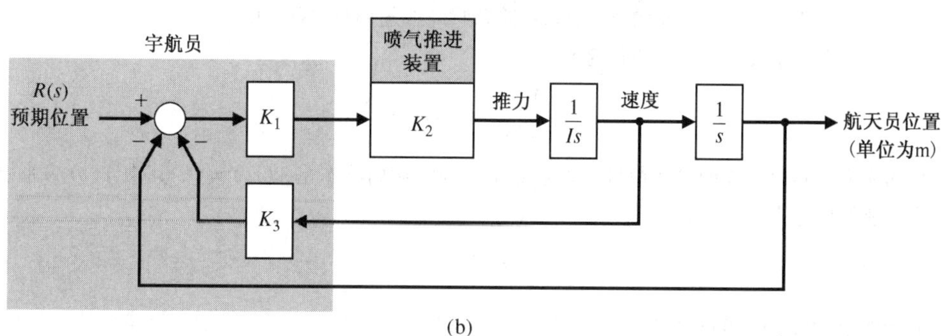

(b)

图 P5.7 (a) 宇航员 Bruce McCandless II 在太空中行走，与运行在地球轨道上的航天飞机仅相距数米。他使用了称为手控机动单元的手控氮气推动装置(NASA友情提供)；(b) 控制系统的框图

P5.8 太阳能电池板产生的直流电，既可以直接用于驱动直流电机，也可以转换成交流电输入电网使用。一天中，太阳的照射强度总是在不断地变化，但我们希望太阳能电池板能始终对准太阳，以获得最大的可用输出功率。图P5.8所示的闭环控制系统能够实现这一功能，其受控对象的传递函数为

$$G(s)=\frac{K}{s+20}$$

其中，$K=20$。试求：

(a) 闭环系统的时间常数。

(b) 当存在单位阶跃干扰时，系统的调节时间 T_s(按2%准则)。

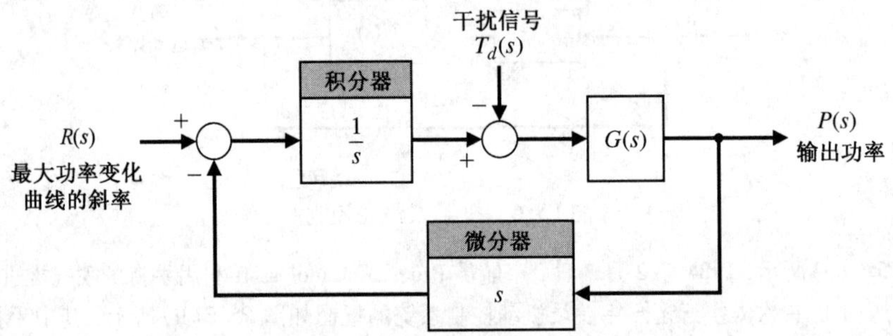

图P5.8 太阳能板控制系统

P5.9 图P5.9所示的地面天线能够接收和发送Telstar通信卫星的信号，它是目前最大的犄角形天线。该微波天线长177 ft，重达340 t，并且可以沿底座上的圆形轨道做全方位旋转。而Telstar通信卫星的直径为34 in，运行速度为16 000 mph(英里/小时)，运行高度为2500 mi。微波波束长距离传输要承受衰减，其波束宽度只有0.2°，而天线的定向精度必须达到0.1°。试确定 K_v 的取值范围，使天线能正常跟踪卫星运动。

图P5.9 坐落于缅因州安多佛的Telstar通信卫星跟踪系统天线模型(Alcatel-Lucent Technologies公司友情提供)

P5.10 在电枢控制式直流电机的速度控制系统中，反馈信号为电机的反电动势电压。

(a) 试绘制系统的框图模型(见例2.5)。

(b) 当输入为阶跃指令(即调整电机转速)时，试求系统的稳态误差；假定 $R_a=L_a=J=b=1$，电机常数为 $K_m=1$ 和 $K_b=1$。

(c) 试选择合适的反馈放大器增益，使系统阶跃响应的超调量P.O.≤15%。

P5.11 某单位反馈控制系统的前向通路传递函数为

$$\frac{Y(s)}{E(s)}=G(s)=\frac{K}{s}$$

系统的输入是幅值为 A 的阶跃信号，系统在 t_0 时刻的初始状态是 $y(t_0)=Q$，其中 $y(t)$ 为系统的输出。性能指标定义为

$$I=\int_0^{\infty}e^2(t)\,\mathrm{d}t$$

(a) 试证明，$I=(A-Q)^2/(2K)$。

(b) 试选择增益 K 的合适取值，使性能指标 I 最小，并分析该增益值是否符合实际。

(c) 选择一个符合实际的增益值，并计算此时系统的性能指标。

P5.12 随着火车的不断提速，在中心城市之间旅行时，乘坐火车和飞机所花费时间将相差无几，因此将有更多的人选择乘坐火车旅行。日本国立铁路公司开通了名为 Shinkansen（子弹快车）的城际列车，平均时速达到了 320 km/h[17]。为了保持火车运行的预期速度，需要设计车速控制系统，以使火车车速对斜坡输入的稳态误差为零。用三阶模型足以描述整个系统，试确定系统的闭环传递函数 $T(s)$，使其成为 ITAE 指标意义下的最优闭环系统；当 $\omega_n=10$ 时，估计系统阶跃响应的调节时间 T_s（按 2% 准则）和超调量 P.O.。

P5.13 常常希望利用低阶模型来近似四阶系统。若某四阶系统的传递函数为

$$G_H(s)=\frac{s^3+7s^2+24s+24}{s^4+10s^3+35s^2+50s+24}=\frac{s^3+7s^2+24s+24}{(s+1)(s+2)(s+3)(s+4)}$$

试验证，若采用 5.8 节的方法来求取二阶近似模型，且不事先指定二阶模型 $G_L(s)$ 的零点和极点，则二阶近似系统的传递函数 $G_L(s)$ 应为

$$G_L(s)=\frac{0.2917s+1}{0.399s^2+1.375s+1}=\frac{0.731(s+3.428)}{(s+1.043)(s+2.4)}$$

P5.14 继续考察习题 P5.13 给出的四阶系统。若将二阶近似系统 $G_L(s)$ 的极点指定为 -1 和 -2，且近似系统 $G_L(s)$ 还存在一个未定零点，试验证，二阶近似系统的传递函数应该为

$$G_L(s)=\frac{0.986s+2}{s^2+3s+2}=\frac{0.986(s+2.028)}{(s+1)(s+2)}$$

P5.15 考虑某单位负反馈控制系统，其开环传递函数为

$$L(s)=G_c(s)G(s)=\frac{K(s+2)}{(s+5)(s^2+s+10)}$$

试确定增益 K 的取值，使得系统单位阶跃响应的超调量最小。

P5.16 将低输出阻抗的磁放大器与低通滤波器及前置放大器串联，所构成的反馈放大器如图 P5.16 所示，其中前置放大器具有较高的输入阻抗，增益为 1，其作用是对输入的信号进行累加。试选择电容 C 的合适取值，使传递函数 $V_o(s)/V_{in}(s)$ 的阻尼系数为 $1/\sqrt{2}$。若磁放大器的时间常数等于 1 s，增益 $K=10$，试求系统的调节时间 T_s（按 2% 准则）。

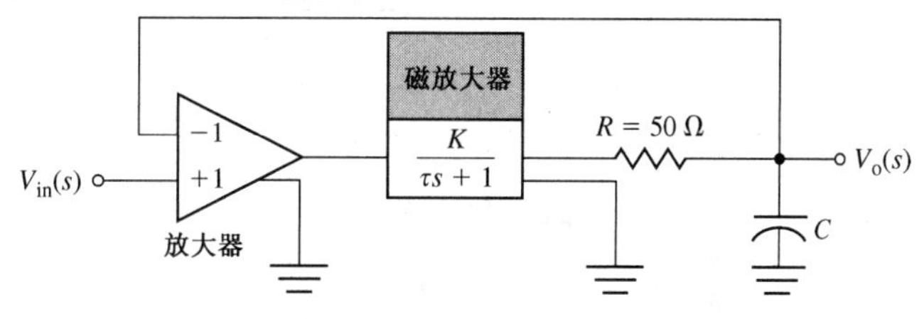

图 P5.16　反馈放大器

P5.17 心脏电子起搏器可以用于调节患者的心率。图 P5.17 提供了一种电子起搏器系统的闭环设计方案，它包括起搏器和心率测量仪[2, 3]。其中，心脏和起搏器的传递函数为

$$G(s)=\frac{K}{s(s/12+1)}$$

(a) 试确定 K 的取值范围，使系统对单位阶跃干扰的调节时间 $T_s\leqslant 1$ s，且当心率的预期输入为阶跃信号时，系统的超调量 P.O.$\leqslant$10%。

(b) 当增益 K 的标称值 $K=10$ 时，试求系统对 K 的灵敏度。

(c) 当 $s=0$ 时，在(b)的基础上，计算系统对 K 的灵敏度的值。

(d) 当预期的标准心率为 60 次/分时，计算系统对 K 的灵敏度的幅值。

P5.18 考虑例 5.7 所示的三阶系统，试用一阶模型来近似三阶系统，而且要求该一阶模型没有零点，只有 1 个极点。

P5.19 考虑某单位负反馈闭环控制系统，其开环传递函数为

$$L(s)=G_c(s)G(s)=\frac{8}{s(s^2+6s+12)}$$

(a) 试求系统的闭环传递函数 $T(s)$。

(b) 求 $T(s)$的二阶近似系统。

(c) 绘制原系统 $T(s)$和二阶近似系统的单位阶跃响应曲线，并加以比较。

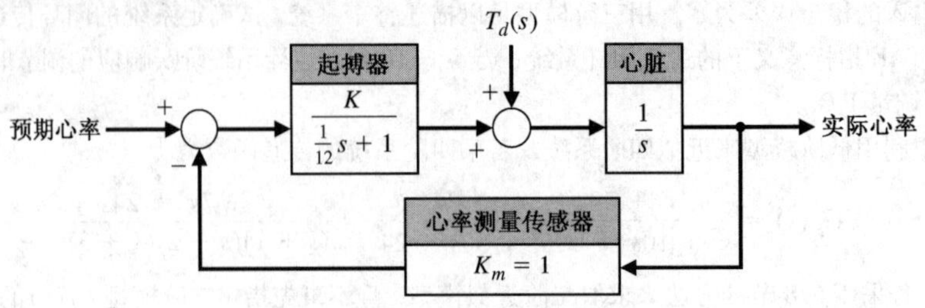

图 P5.17　心脏起搏器系统

P5.20　考虑图 P5.20 所示的反馈系统，

(a) 确定系统对单位阶跃输入的稳态误差 $E(s)=R(s)-Y(s)$，其中 K 和 K_1 为可变参数。

(b) 选择 K_1 的取值，使系统的稳态误差为零。

P5.21　考虑图 P5.21 所示的闭环系统，试确定参数 k 和 a 的合适取值，使

(a) 闭环系统单位阶跃响应的稳态误差为零。

(b) 闭环系统单位阶跃响应的超调量 P.O.≤5%。

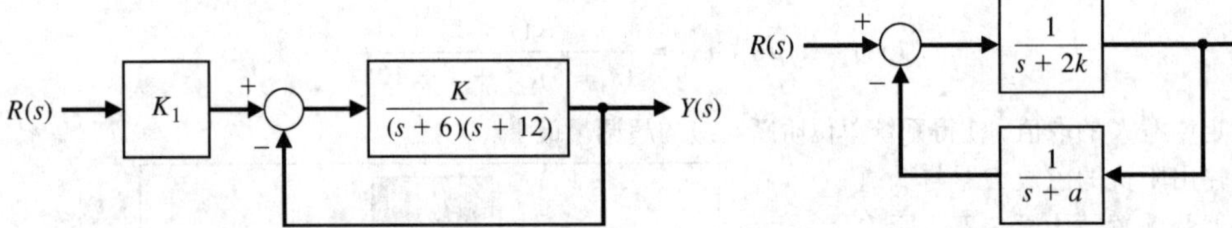

图 P5.20　带有前置增益 K_1 的反馈系统　　图 P5.21　带有可调参数 k 和 a 的闭环系统

P5.22　考虑图 P5.22 所示的闭环系统，其中，

$$G_c(s)G(s)=\frac{2}{s+0.2K},\qquad H(s)=\frac{2}{2s+\tau}$$

(a) 当 $\tau=2.43$ 时，试确定 K 的合适取值，使闭环系统对单位阶跃输入 $R(s)=1/s$ 的响应的稳态误差为零。

(b) 沿用(a)得到的 K 值，试求闭环系统单位阶跃响应的超调量 P.O.和峰值时间 T_p。

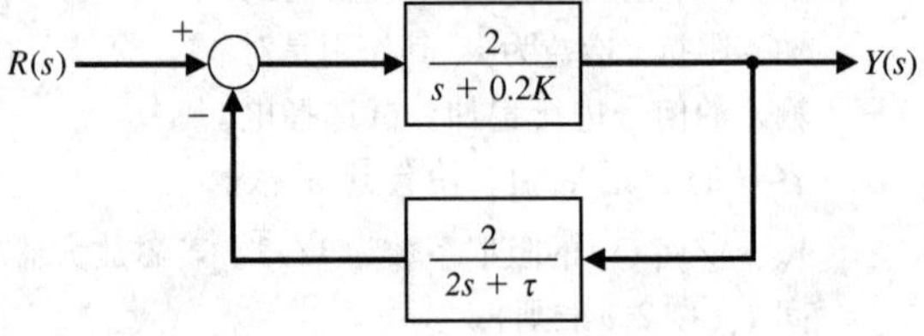

图 P5.22　非单位闭环反馈控制系统

难题

AP5.1　某系统的闭环传递函数为

$$T(s)=\frac{Y(s)}{R(s)}=\frac{108(s+3)}{(s+9)(s^2+8s+36)}$$

(a) 确定系统对单位阶跃输入 $R(s)=1/s$ 的稳态误差。

(b) 将共轭复极点视为主导极点，估计系统的超调量 P.O.和调节时间 T_s(按 2% 准则)。

(c) 绘制系统的实际响应曲线，并与(b)的结果相比较。

AP5.2　考虑图 AP5.2 所示的闭环系统，当$\tau_z=0$，$\tau_z=0.05$，$\tau_z=0.1$ 和$\tau_z=0.5$ 时，试分别计算系统的单位阶跃响应，并绘制相应的响应曲线。在此基础上，计算系统的超调量 P.O.，上升时间 T_r 和调节时间 T_s(按 2% 准则)，并讨论τ_z 对它们的影响。此外，比较零点 $-1/\tau_z$ 和闭环极点的位置关系。

AP5.3　考虑图 AP5.3 所示的闭环系统，当$\tau_p=0$，$\tau_p=0.5$，$\tau_p=2$ 和$\tau_p=5$ 时，试分别计算系统的单位阶跃响应，并绘制相应的响应曲线。在此基础上，计算系统的超调量 P.O.、上升时间 T_r 和调节时间 T_s（按 2% 准则），并讨论τ_p 对它们的影响。此外，比较开环极点 $-1/\tau_p$ 和闭环极点的位置关系。

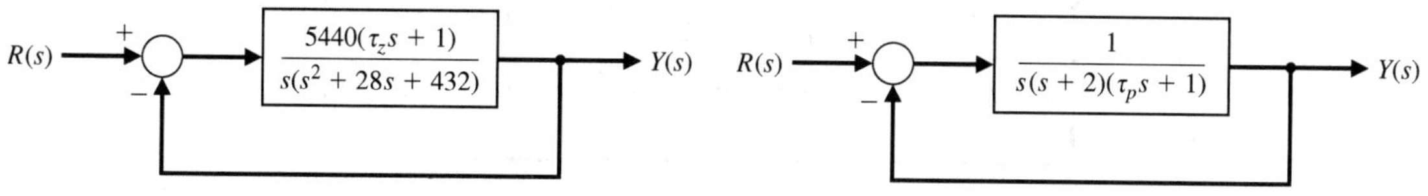

图 AP5.2　零点可变的系统　　图 AP5.3　极点可变的系统

AP5.4　高速列车的车速控制系统的框图如图 AP5.4 所示[17]。对单位阶跃输入 $r(t)$，试先求出系统响应稳态误差的表达式，然后分别针对 $K=1$，$K=10$ 和 $K=100$，

(a) 计算系统对单位阶跃输入的稳态误差。

(b) 试分别绘制系统对单位阶跃输入信号 $R(s)=1/s$ 和单位阶跃干扰信号 $T_d(s)=1/s$ 的响应曲线 $y(t)$。

(c) 针对 K 的以上 3 个不同取值，列表给出系统对单位阶跃输入的超调量 P.O.，调节时间 T_s（按 2% 准则）和稳态误差 e_{ss}，并给出对单位干扰的最大响应 $|y/t_d|_{max}$，在此基础上选择 K 的最佳折中值。

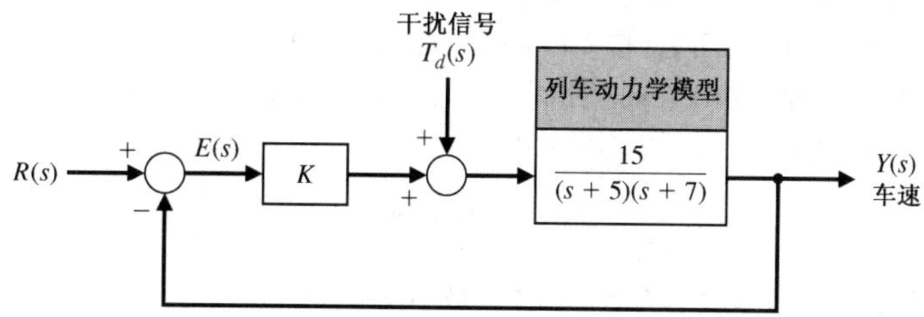

图 AP5.4　列车车速控制系统

AP5.5　考虑图 AP5.5 所示的闭环控制系统，其控制器的零点可变。

(a) 当 $\alpha=0$ 和 $\alpha\neq0$ 时，分别计算系统对阶跃输入 $r(t)$ 的稳态误差。

(b) 当 $\alpha=0$，$\alpha=10$ 和 $\alpha=100$ 时，分别绘制并比较系统对阶跃干扰的响应曲线，在此基础上，从中选择 α 的最佳值。

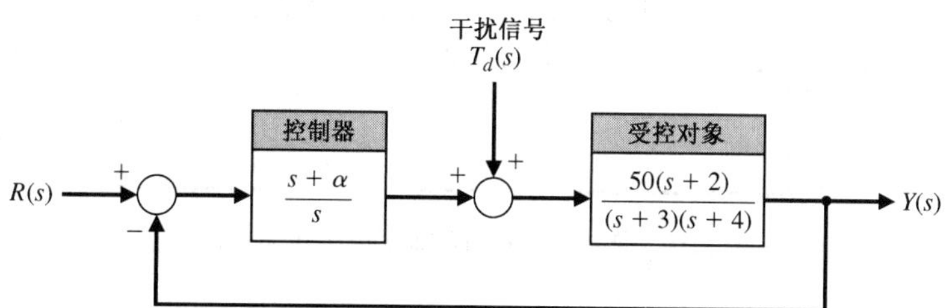

图 AP5.5　含有控制参数 α 的系统

AP5.6　某电枢控制式直流电机的框图如图 AP5.6 所示，

(a) 输入为斜坡信号 $r(t)=t$，$t\geqslant0$ 时，试推导系统稳态误差的表达式，其中 K，K_m 和 K_b 为未定参数。

(b) 若 $K_m=10$ 且 $K_b=0.05$，试选择 K 的合适取值，使(a)中的稳态误差等于 1。

(c) 在 $0<t<20$ s 的时间段内，绘制系统的单位阶跃响应曲线和单位斜坡响应曲线，并分析这两种响应是否可以接受。

AP5.7　考虑图 AP5.7 所示的闭环系统，控制器和受控对象的传递函数分别为

$$G_c(s)=\frac{100}{s+100},\qquad G(s)=\frac{K}{s(s+50)}$$

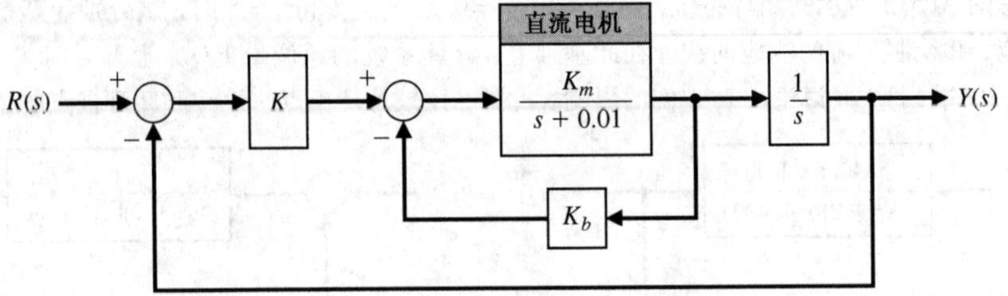

图 AP5.6 直流电机控制系统

其中，1000≤K≤5000。

(a) 假定闭环复极点为系统的主导极点，当K为1000，2000，3000，4000和5000时，试据此分别估计系统单位阶跃响应的调节时间T_s(按2%准则)和超调量P.O.。

(b) 当K为1000，2000，3000，4000和5000时，试分别计算实际系统单位阶跃响应的调节时间T_s(按2%准则)和超调量P.O.。

(c) 将(a)和(b)的结果绘制在同一张图上，并进行比较分析。

图 AP5.7 单位反馈闭环控制系统

AP5.8 某单位负反馈控制系统的开环传递函数为

$$L(s) = G_c(s)G(s) = \frac{K(s + 2)}{s^2 + \frac{2}{3}s + \frac{1}{3}}$$

试选择K的合适取值，使闭环系统的阻尼比最小，并求出该阻尼比ζ。

AP5.9 某单位负反馈控制系统如图 AP5.9 所示，其中受控对象为

$$G(s) = \frac{1}{s(s + 15)(s + 25)}$$

若采用比例积分控制器，且增益分别为K_P和K_I，试设计增益K_P和K_I，使得主导极点对应的阻尼比ζ为0.707，并计算此时系统单位阶跃响应的峰值时间T_p和调节时间T_s(按2%准则)。

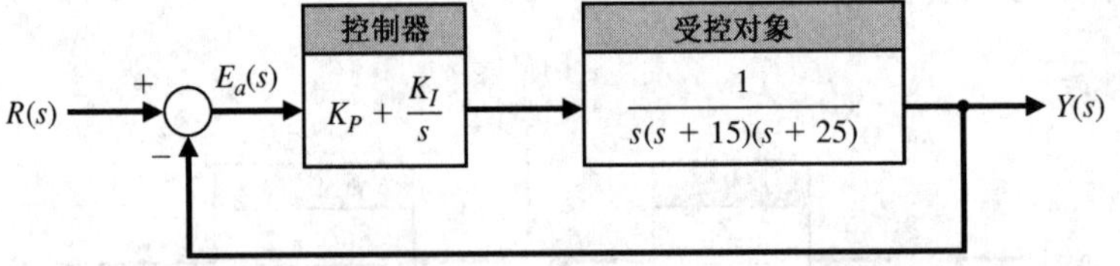

图 AP5.9 带有比例积分控制器的反馈控制系统

设计题

CDP5.1 前面4章都讨论了绞盘驱动装置(见设计题 CDP1.1 至 CDP4.1)。该装置总会面临由于加工工件状态改变，例如移除物料而带来的干扰。假定系统中的控制器仅仅是放大器，即$G_c(s) = K_a$，试分析单位阶跃干扰对系统的影响，并选择放大器增益K_a的合适取值，使系统对阶跃指令$r(t) = A$，$t > 0$的超调量P.O.≤5%，并尽可能减小干扰的影响。

DP5.1 飞机的自动驾驶仪中配置了横滚控制系统，其控制系统的框图如图 DP5.1 所示。此处旨在选择K的合适取值，使系统能够对阶跃指令$\phi_d(t) = A$，$t \geqslant 0$做出快速响应，且响应$\phi(t)$的超调量P.O.≤20%。

(a) 确定闭环传递函数$\phi(s)/\phi_d(s)$。

(b) 当$K=0.7$，$K=3$和$K=6$时，分别求解系统的闭环特征根。

(c) 基于(b)的结果，根据系统的主导根，确定横滚角控制系统的二阶近似系统，据此估计原来系统的超调量P.O.和峰值时间T_p。

(d) 绘制原有系统的实际响应曲线，计算实际的超调量P.O.和调节时间T_s，并与(c)中的近似结果进行比较。

(e) 选择K的合适取值，使系统的超调量P.O.= 16%，并计算此时的峰值时间T_p。

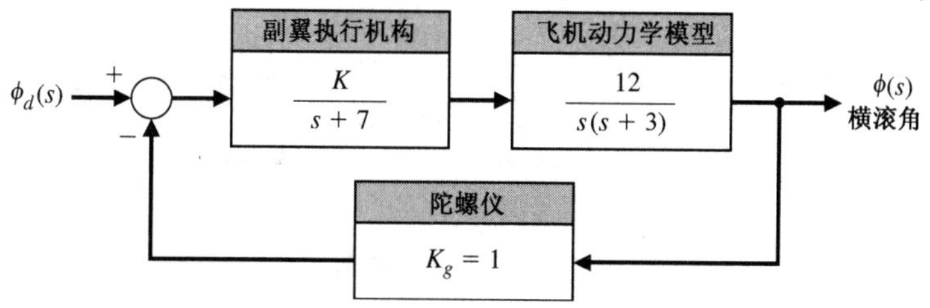

图 DP5.1　飞机横滚角控制系统

DP5.2　为焊接机器人长长的机械臂设计位置控制系统时，需要仔细地选择系统参数[13]。机械臂控制系统的框图如图DP5.2所示，其中$\zeta=0.6$，增益K和固有频率ω_n为待定参数。

(a) 确定K和ω_n的取值，使系统单位阶跃响应的峰值时间$T_p\leqslant 1$ s，且超调量P.O.≤5%。

(b) 绘制(a)中所得系统的阶跃响应曲线。

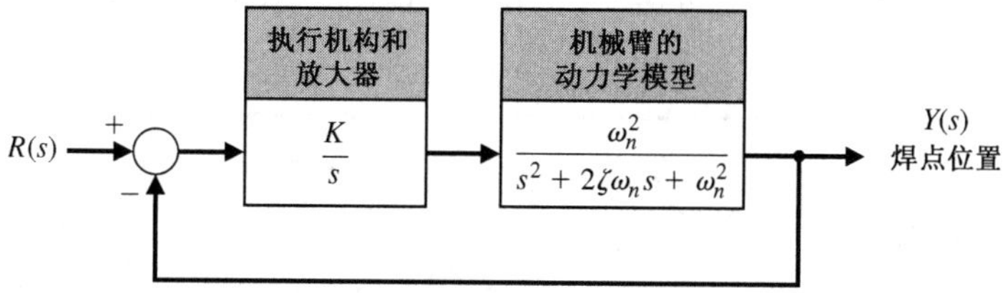

图 DP5.2　焊点位置控制系统

DP5.3　现代汽车的主动式悬挂减震系统可以使汽车驾驶变得更加稳当舒适。如图DP5.3所示，减震系统根据路面情况，用一个小的电机来调节减震器的阀门位置，从而达到减震的目的[13]。试选择K和q的合适取值，使系统对阶跃指令$R(s)$的ITAE指标尽可能小，并使调节时间$T_s\leqslant 0.5$ s(按2%准则)，在此基础上，估计系统的超调量P.O.。

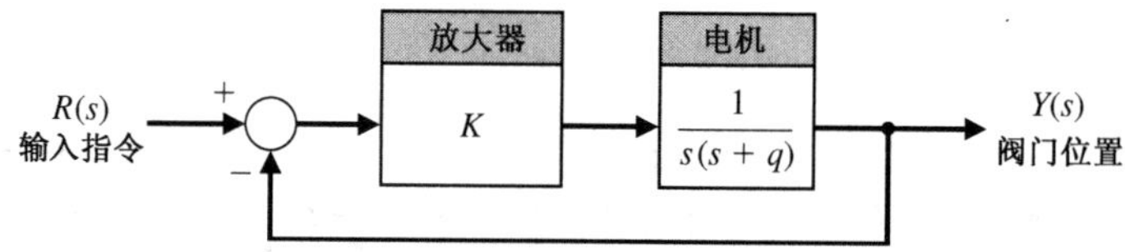

图 DP5.3　主动式悬挂减震系统

DP5.4　如图DP5.4(a)所示，卫星通常都装有定向控制系统，用于调整卫星方向。该控制系统的框图如图DP5.4(b)所示。

(a) 求该闭环系统的二阶近似模型。

(b) 应用二阶近似模型，选择增益K的合适取值，使系统对阶跃输入的超调量满足P.O.≤15%，稳态误差小于12%。

(c) 试求实际三阶系统的性能，确定(b)中选定的增益K是否合适。

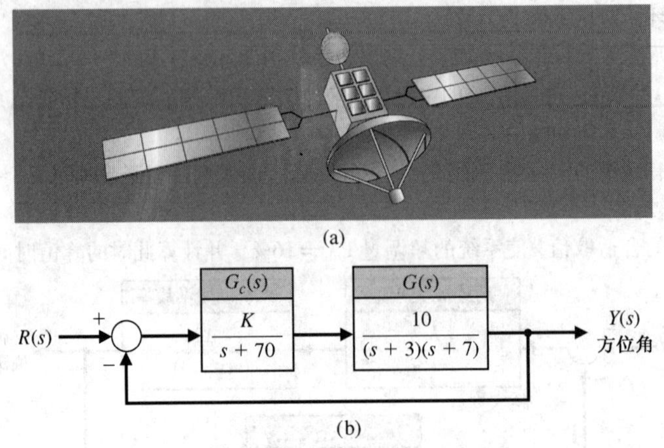

图 DP5.4　卫星定向控制系统

DP5.5　打磨机器人能够按照预先设计的路径(输入指令),对加工后的工件进行打磨抛光。实际应用中,机器人自身的偏差、机械加工误差及工具的磨损等因素,都会导致打磨过程中出现加工误差。利用力反馈及时修正机器人的运动路径,可以消除这些误差,提高抛光精度[8, 11]。

但是,利用力反馈可能导致更难解决的触点稳定性问题。例如,如果引入柔性腕力传感器构成力反馈控制闭环系统(最常见的力控制方式),就可能导致稳定性问题。

打磨机器人系统的框图模型如图 DP5.5 所示。若可调增益 K_1 和 K_2 均大于零,试确定 K_1 和 K_2 的取值范围,使系统保持稳定。

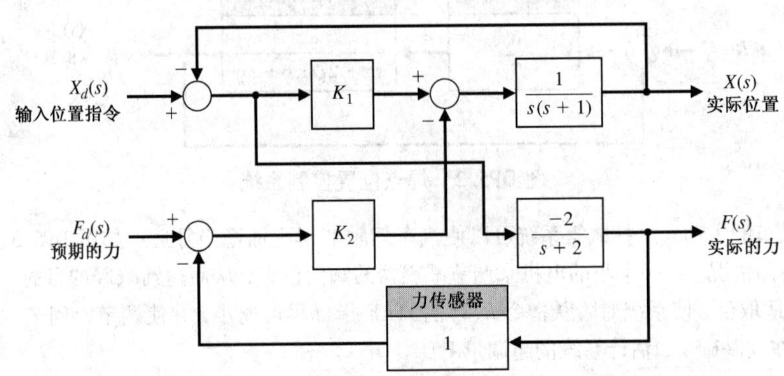

图 DP5.5　打磨机器人

DP5.6　考虑图 DP5.6 所示的位置控制系统,该系统采用直流电机驱动。试选择 K_1 和 K_2 的取值,使系统阶跃响应的峰值时间满足 $T_p \leqslant 0.5$ s,超调量满足 P.O.≤2%。

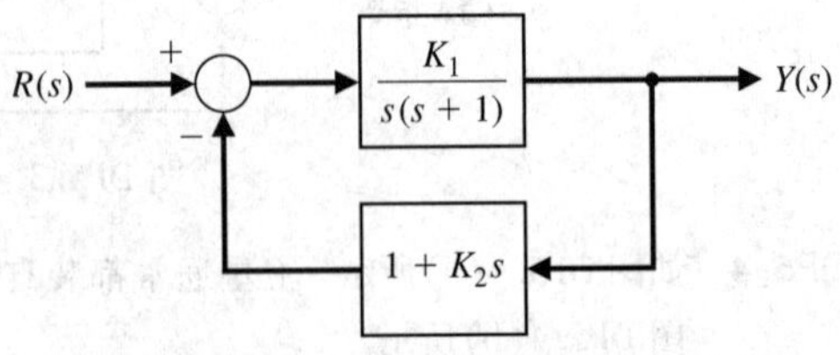

图 DP5.6　位置控制系统

DP5.7　图 DP5.7(a)给出了一个可以使两个变量遵循给定函数关系的三维凸轮机构,x 轴和 y 轴方向均可以通过位置控制系统实施控制[31]。其中,x 轴方向的控制通过直流电机和位置反馈来完成,如图 DP5.7(b)所示。假设直流电机和负载可以表示为

$$G(s)=\frac{K}{s(s+p)(s+4)}$$

其中,$K=2$,$p=2$。试设计比例微分控制器 $G_c(s)=K_p+K_D s$ 使系统单位阶跃响应的超调量 P.O.≤5%,调节时间 $T_s \leqslant 2$ s。

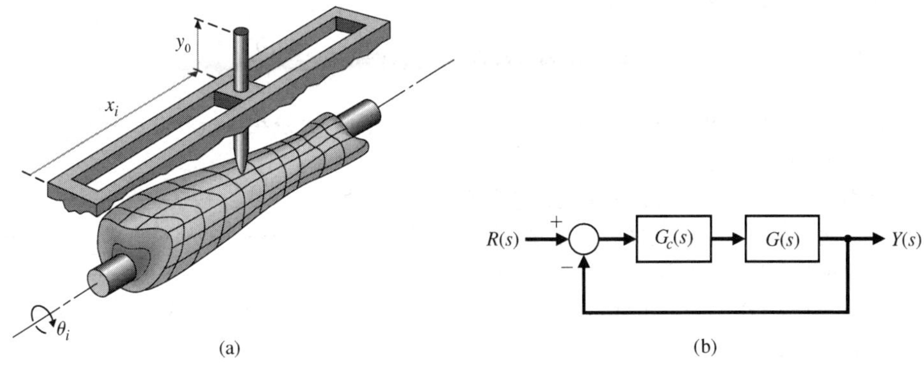

图 DP5.7　(a) 三维凸轮机构；(b) x 轴控制系统

DP5.8　由计算机控制的汽车自动喷漆机器人系统如图 DP5.8(a)所示[7]，实施反馈控制的框图模型如图 DP5.8(b)所示。

(a) 当 $K=1$，$K=10$ 和 $K=20$ 时，计算系统单位阶跃响应的超调量 P.O.，调节时间 T_s(按 2% 准则)和稳态误差，并将结果列表记录下来。

(b) 在 K 的三个取值中，选出一个使系统具有可接受的响应的取值。

(c) 对于(b)中选出的 K 值，计算当 $R(s)=0$ 时，系统对干扰 $T_d(s)=1/s$ 产生的输出 $y(t)$。

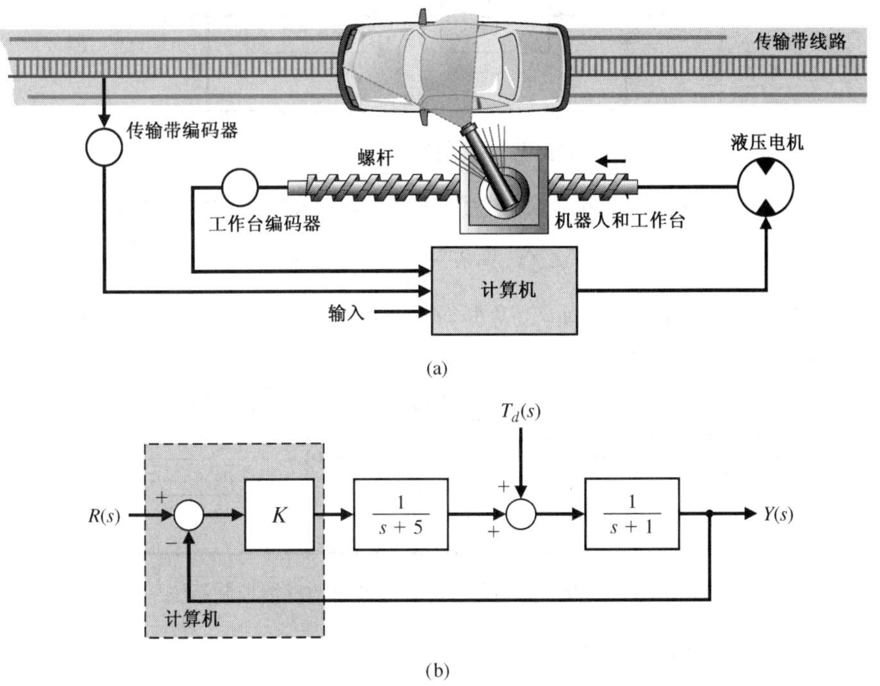

图 DP5.8　(a) 汽车自动喷漆机器人系统；(b) 框图模型

计算机辅助设计题

CP5.1　某闭环系统的传递函数为

$$T(s)=\frac{15}{s^2+8s+15}$$

试分别利用解析方法和函数 impulse，求系统的脉冲响应，并比较所得的结果。

CP5.2 某单位负反馈系统的开环传递函数为

$$L(s)=G_c(c)=G(s)=\frac{s+10}{s^2(s+15)}$$

当输入为斜坡信号 $R(s)=1/s^2$ 时，利用函数 lsim 仿真闭环系统在 $0\leqslant t\leqslant 50$ s 这一时间段内的动态响应，并计算系统的稳态误差。

CP5.3 考虑图 CP5.3 所示的二阶标准系统，它的极点位置同动态响应之间存在着紧密关联。对控制系统的设计而言，掌握这种关联关系是非常重要的。考虑如下 4 种情况：

(1) $\omega_n=2$, $\zeta=0$;　　(2) $\omega_n=2$, $\zeta=0.1$;

(3) $\omega_n=1$, $\zeta=0$;　　(4) $\omega_n=1$, $\zeta=0.2$。

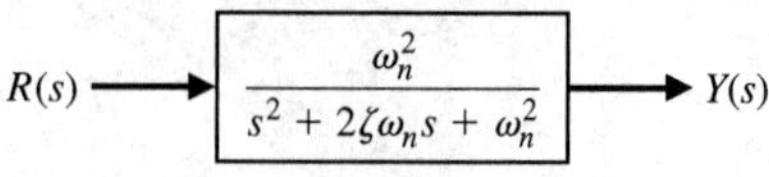

图 CP5.3 二阶系统标准

利用函数 impulse 和函数 subplot，将上述 4 种情况下的系统脉冲响应曲线绘制在同一张图中，将所得结果与 5.5 节的图 5.17 中的曲线进行比较，并加以讨论分析。

CP5.4 考虑图 CP5.4 所示的负反馈控制系统，

(a) 用解析方法验证，该闭环控制系统单位阶跃响应的超调量 P.O.≈50%。

(b) 编写 m 脚本程序，绘制该闭环系统的单位阶跃响应曲线，据此估计系统的超调量 P.O.，并与(a)的结果进行比较。

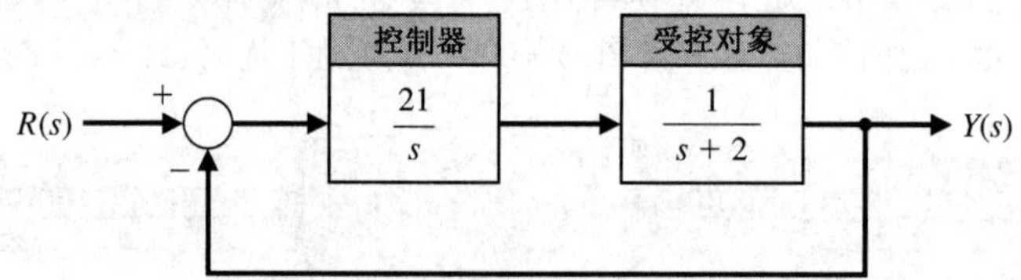

图 CP5.4 负反馈控制系统

CP5.5 考虑图 CP5.5 所示的反馈系统，通过编写 m 脚本程序来设计下面的控制器和前置滤波器：

$$G_c(s)=K\frac{s+z}{s+p},\qquad G_p(s)=\frac{K_p}{s+\tau}$$

使得 ITAE 性能准则最小化。当 $\omega_n=0.45$, $\zeta=0.59$ 时，绘制系统的单位阶跃响应曲线，并确定系统的超调量 P.O.和调节时间 T_s。

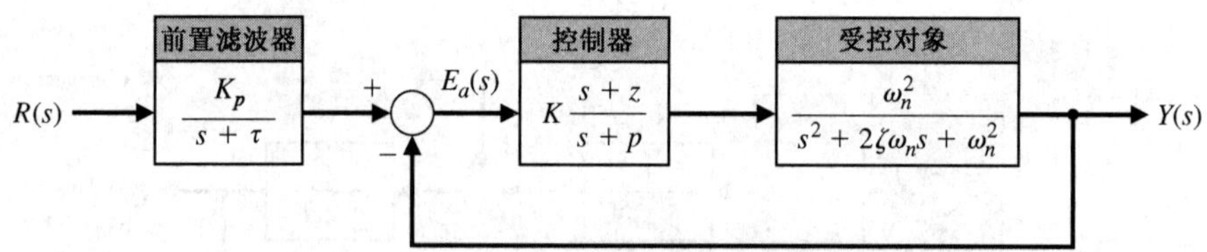

图 CP5.5 带有控制器和前置滤波器的反馈控制系统

CP5.6 某单位负反馈系统的开环传递函数为

$$L(s)=G_c(s)G(s)=\frac{25}{s(s+5)}$$

编写 m 脚本程序，绘制系统的单位阶跃响应曲线，据此确定系统的最大超调峰值 M_{pt}，峰值时间 T_p 和调节时间 T_s(按 2% 准则)，并在图中加以标注。

CP5.7 如图 CP5.7 所示的飞机自动驾驶仪旨在控制飞机的垂直和水平飞行。

(a) 假设图中的控制器是固定增益的比例控制器 $G_c(s)=2$，输入为斜坡信号 $\theta_d(t)=at$, $a=0.5°/s$，试利用函数 lsim 计算并绘制系统的斜坡响应曲线，在此基础上，求出 10 s 后的姿态角误差。

(b) 为了减小稳态跟踪误差，可以采用相对复杂的比例积分(PI)控制器，即

$$G_c(s) = K_1 + \frac{K_2}{s} = 2 + \frac{1}{s}$$

试重复(a)中的仿真计算，并比较这两种情况下的稳态跟踪误差。

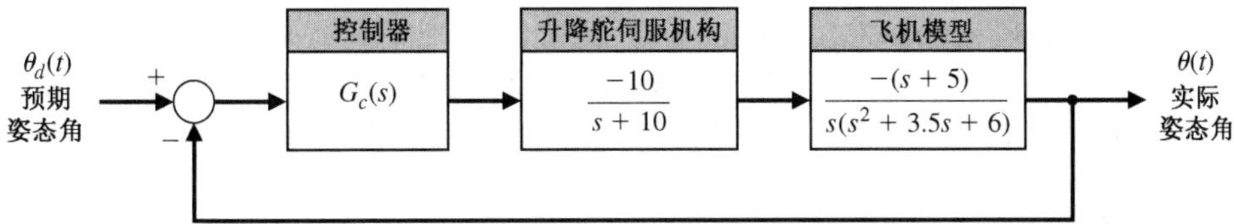

图 CP5.7 飞机自动驾驶仪的框图

CP5.8 导弹自动驾驶仪速度控制回路的框图模型如图 CP5.8 所示。先利用二阶系统近似方法，估计该系统单位阶跃响应的最大超调峰值 M_{pt}，峰值时间 T_p 和调节时间 T_s(按 2% 准则)，然后利用函数 step 计算实际系统的单位阶跃响应，据此分析计算实际的最大超调峰值 M_{pt}，峰值时间 T_p 和调节时间 T_s(按 2% 准则)。比较实际值和估计值，并解释产生差异的原因。

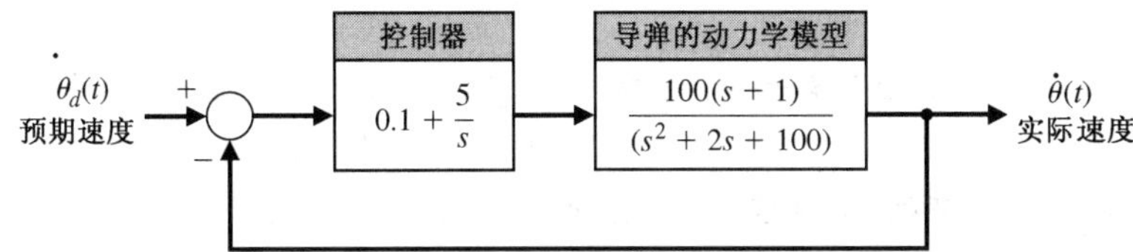

图 CP5.8 导弹自动驾驶仪速度控制回路的框图模型

CP5.9 考虑图 CP5.9 所示的闭环(非单位负反馈)系统，编写 m 脚本程序，计算并绘制该系统的单位阶跃响应曲线，并据此计算系统的调节时间 T_s(按 2% 准则)和超调量 P.O.。

CP5.10 考虑图 CP5.10 所示的单位负反馈控制系统，编写 m 脚本程序，仿真计算该闭环系统对单位斜坡输入信号 $R(s) = 1/s^2$ 的响应，绘制响应曲线并计算其稳态误差。

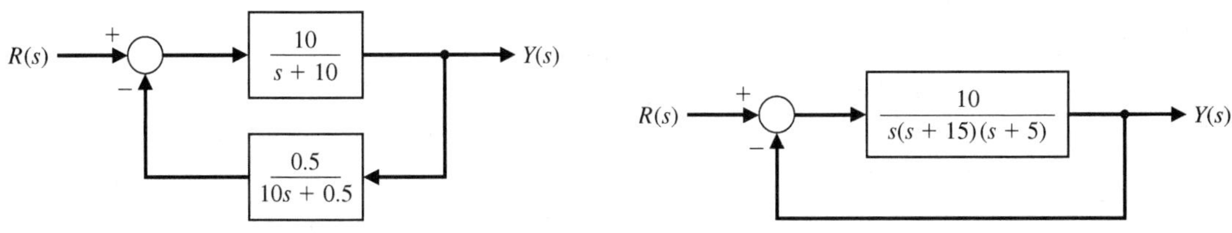

图 CP5.9 非单位负反馈系统

图 CP5.10 单位负反馈控制系统

CP5.11 考虑图 CP5.11 所示的闭环(单位负反馈)系统，编写 m 脚本程序，实现以下功能：

(a) 求系统的闭环传递函数 $T(s) = Y(s)/R(s)$。

(b) 分别绘制该系统对单位脉冲输入 $R(s) = 1$、单位阶跃输入 $R(s) = 1/s$ 和单位斜坡输入 $R(s) = 1/s^2$ 的响应，并利用函数 subplot 将三组响应曲线绘制在同一张图中。

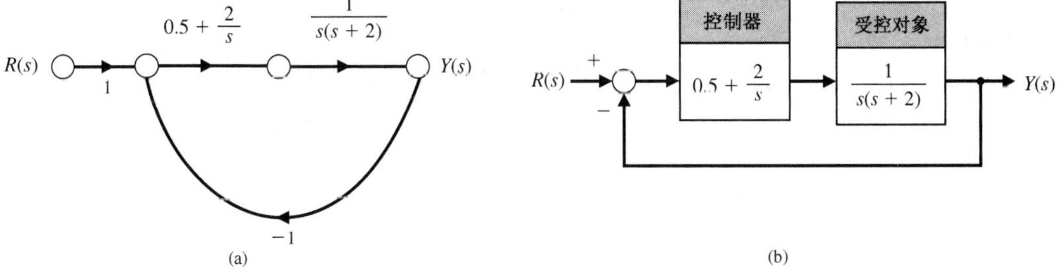

图 CP5.11 单位负反馈系统。(a) 信号流图；(b) 框图模型

CP5.12 某闭环系统的传递函数为

$$T(s)=\frac{Y(s)}{R(s)}=\frac{77(s+2)}{(s+7)(s^2+4s+22)}$$

(a) 计算该闭环系统的单位阶跃响应，并据此计算调节时间 T_s(按 2% 准则)和超调量 P.O.。

(b) 忽略实极点 $s=-7$，利用二阶近似系统，计算调节时间 T_s(按 2% 准则)和超调量 P.O.，并与(a)中的结果加以比较。根据比较结果，分析忽略实极点可能导致的问题。

技能自测答案

正误判断题：(1) 对 (2) 错 (3) 错 (4) 对 (5) 错

多项选择题：(6) a (7) a (8) c (9) b (10) b (11) a (12) b (13) b (14) a (15) b

术语和概念匹配题(自上向下)：i j d g k c n p o b e l f h m a

术语和概念

acceleration error constant, K_a	加速度误差常数 K_a	取值为 $\lim_{s\to0}[s^2G_c(s)G(s)]$ 的常数。当输入为抛物线信号 $r(t)=At^2/2$ 时，系统的稳态误差为 A/K_a。
design specification	指标设计要求	指一组规定的性能指标值。
dominant root	主导根	决定系统瞬态响应中的主导成分的特征根。
optimum control system	最优控制系统	调整参数之后，综合性能指标达到了极值的系统。
peak time	峰值时间	从系统开始对阶跃输入信号做出响应，到上升到峰值所需要的时间。
percent overshoot	超调量	系统输出响应超出预期响应的部分。
performance index	性能指标	衡量系统性能的定量指标。
position error constant, K_p	位置误差常数 K_p	取值为 $\lim_{s\to0}G_c(s)G(s)$ 的常数。当输入为幅值为 A 的阶跃信号时，系统的稳态误差为 $A/(1+K_p)$。
rise time	上升时间	系统的阶跃响应达到输入幅值的指定百分比所需的时间。其中，0～100% 的上升时间 T_r 定义为系统开始响应到达到输入幅值的 100% 所需的时间；而 T_{r_1} 则定义为系统的阶跃响应从输入幅值的 10% 开始，到达到 90% 所需的时间。
settling time	调节时间	指系统输出进入并维持在参考输入幅值的某个指定百分比容许范围内所需的时间。
steady-state response	稳态响应	在输入信号激励下，系统响应中长期存在的成分。
test input signal	测试输入信号	用于度量系统响应性能的标准输入信号。
transient response	瞬态响应	在输入信号激励下，系统动态响应中随着时间的流逝会逐渐消失的成分。
type number	型数	开环传递函数 $G_c(s)G(s)$ 在原点处的极点数 N。
unit impulse	单位脉冲信号	幅值为无限大，宽度为 0，面积为单位 1 的测试输入信号，主要用于计算系统的单位脉冲响应。
velocity error constant, K_v	速度误差常数 K_v	取值为 $\lim_{s\to0}[sG_c(s)G(s)]$ 的常数。当输入是斜率为 A 的斜坡信号时，系统的稳态误差为 A/K_v。

第 6 章　线性反馈系统的稳定性

提要

确保闭环控制系统稳定工作是控制系统设计的核心环节。当输入有界时，稳定的系统所产生的输出响应也应该是有界的，这称为有界输入-有界输出（或输入-输出有界）稳定性。反馈控制系统的稳定性与传递函数的特征根，或者状态空间模型中系统矩阵的特征值在 s 平面上的位置密切相关。本章介绍了劳斯-赫尔维茨（Routh-Hurwitz）稳定性判据，这是一种非常实用的系统稳定性分析方法。利用该方法判断系统是否稳定时，无须具体求出系统的特征根，就能够直接得到分布在 s 右半平面内的特征根的个数。利用劳斯-赫尔维茨稳定性判据，可以为系统的参数设计选择合适的取值，以保证闭环系统稳定。在此基础上，我们引入了相对稳定性的概念，用来表征稳定系统的稳定程度。最后，利用劳斯-赫尔维茨方法，为循序渐进设计实例——磁盘驱动器读取系统设计了一个稳定的控制器。

预期收获

完成第 6 章的学习之后，学生应该：

- 理解动态系统稳定性的基本概念。
- 理解绝对稳定性和相对稳定性这两个重要概念。
- 熟悉有界输入-有界输出稳定性定义。
- 掌握系统稳定性与传递函数模型中的极点，或者状态空间模型中系统矩阵的特征值在 s 平面上的位置分布的密切关联。
- 掌握如何构建劳斯判定表，并利用劳斯-赫尔维茨稳定性判据来分析系统的稳定性。

6.1　稳定性的概念

在设计和分析反馈控制系统时，**稳定性**是极其重要的系统特性。在实际应用中，不稳定的闭环反馈系统的实用价值不大。尽管还是会有一些例外，但总的来讲，我们所设计的控制系统都应该是闭环稳定的。许多物理系统原本是开环不稳定的，有的系统甚至被故意设计成开环不稳定的。例如，大部分现代战斗机最初都故意设计成开环不稳定的系统，如果不引入反馈系统来协助飞行员实施主动驾驶控制，这些战斗机就不能飞行。工程师们一般首先需要引入主动控制，使不稳定的系统变得稳定，然后才能考虑诸如瞬态性能指标等其他因素。飞机的设计就是如此。由此可见，我们需要利用反馈环节使不稳定系统变得稳定，然后再选择合适的控制器参数，来调节系统的瞬态性能。对于开环稳定的对象，我们当然也可以利用反馈来调节闭环性能，以便满足设计指标要求，如稳态跟踪误差、超调量、调节时间和峰值时间等。

一个闭环反馈系统或者是稳定的，或者是不稳定的，这里所说的“稳定”指的就是**绝对稳定性**，而具有绝对稳定性的系统称为稳定系统（常常省略“绝对”二字）。对于稳定系统，我们还可以进一步引入**相对稳定性**的概念，以便衡量其稳定程度。飞机设计的先行者们就已经意识到了相对稳定性的重要意义——飞行器越稳定，机动性就越差（例如，转弯）；反之亦然。现代战斗机的相对不稳定性追求的就是良好的机动性，因此，与商业运输机相比，战斗机的相对稳定性较差，但机动性较强。本节后面将提到，确定一个系统是否稳定(绝对稳定)的方法是，判断传递函数的所有极点或者系统矩阵 $\boldsymbol{A}$ 的特征值，是否都位于 s 平面的左半平面。如果所有极点(或特征值)均位于 s 平面的左半部分，即系统是稳定的，我们就可以进一步利用极点(或特征值)的相对位置来衡量系统的相对稳定性。

所谓**稳定系统**，是指输出响应有界的系统。也就是说，若系统在有界输入或干扰的作用下，其响应的幅度也总是有界的，则称系统是稳定的。

> 稳定系统是指在有界输入作用下，输出响应也有界的动态系统。

概念强调说明 6.1

我们首先用置于水平面上的正圆锥，形象地说明稳定性的另一个侧面的内涵。当圆锥体底部朝下置于水平面时，如果将它稍稍倾斜，它仍将返回到初始平衡位置。因此，当圆锥体处于这种姿态，产生恢复响应时，我们称其是稳定的。而当圆锥体侧面朝下平放于水平面时，如果稍稍移动其位置，它会滚动，但仍然保持侧面朝下平放于水平面的姿态。当圆锥体处于这种姿态时，我们称其为临界稳定。最后，当圆锥体尖端朝下立于水平面时，一旦将其释放，圆锥体将立即倾倒。当圆锥体处于这种姿态时，我们称其为不稳定的。这 3 种情况如图 6.1 所示。

可以采用多种类似或等效的方式来定义动态系统的稳定性。系统对位移或初始条件的响应，包括衰减、临界和放大共 3 种情况。特别地，由稳定性的定义可知，当且仅当脉冲响应 $g(t)$ 的绝对值在有限时间内的积分值有限时，线性系统才是稳定的。也就是说，当输入有界时，由式(5.2)的卷积计算可知，输出有界即意味着 $\int_0^\infty |g(t)|\,\mathrm{d}t$ 必须有界。

系统极点在 s 平面上的位置决定了相应的瞬态响应。如图 6.2 所示，位于 s 平面的左半部分的极点将对干扰信号产生衰减响应；而位于虚轴 $\mathrm{j}\omega$ 上和 s 平面的右半部分的极点，则分别对干扰输入产生临界响应和放大响应。显然，我们希望动态系统的极点均位于 s 平面的左半平面[1~3]。

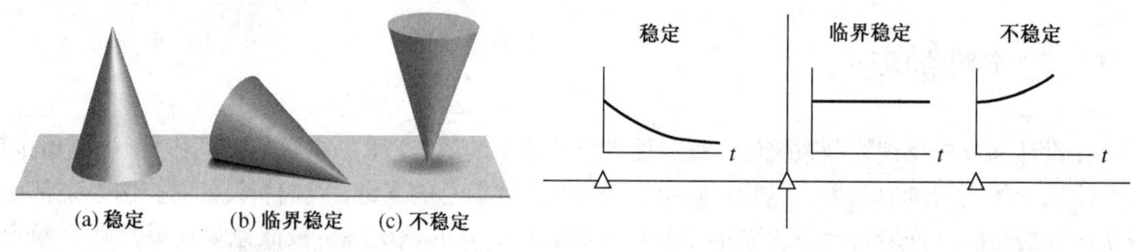

图 6.1 圆锥体的稳定性

图 6.2 s 平面上的稳定性

反馈也可能会导致系统失稳，一个最常见的例子是演播厅里的音响系统。在演播厅中，麦克风接收的音频信号，经过扩音器放大后由扬声器播出。除了正常录播的声音，麦克风也会接收到扬声器播出的声音。这一路回音信号的强度取决于扬声器与麦克风之间的距离。由于空气具有衰减效应，因此扬声器与麦克风相距越远，回音信号就越弱。此外，由于声波在空气中的传播需要一定的时间，因此扬声器播出的声音同麦克风接收的声音之间还存在时延。这样一来，通过反馈回路，扬声器输出的回音信号又成了麦克风的外部输入信号。这是一个典型的正反馈系统。

随着扬声器和麦克风的距离越来越近，我们发现，如果两者的距离过于接近，输出的音频信号可能出现过度放大、失真等问题，甚至出现啸叫声，即整个音响系统变得不稳定。

线性系统的稳定性与闭环传递函数极点的位置密切相关。系统闭环传递函数可以写为

$$T(s)=\frac{p(s)}{q(s)}=\frac{K\prod_{i=1}^{M}(s+z_i)}{s^N\prod_{k=1}^{Q}(s+\sigma_k)\prod_{m=1}^{R}[s^2+2\alpha_m s+(\alpha_m^2+\omega_m^2)]} \tag{6.1}$$

其中，$q(s)=\Delta(s)=0$ 为闭环系统的特征方程，其根即为闭环系统的极点。当 $N=0$ 时，系统的脉冲响应为

$$y(t)=\sum_{k=1}^{Q}A_k\mathrm{e}^{-\sigma_k t}+\sum_{m=1}^{R}B_m\left(\frac{1}{\omega_m}\right)\mathrm{e}^{-\alpha_m t}\sin(\omega_m t+\theta_m) \tag{6.2}$$

其中，A_k 和 B_m 是与 σ_k，z_i，α_m，K 和 ω_m有关的常数。为了保证输出 $y(t)$有界，闭环系统的极点必须位于 s 平面的左半部分，也就是说，**反馈系统稳定的充分必要条件是系统传递函数的所有极点均有负的实部**。如果系统传递函数的所有极点并不都位于 s 平面的左半部分，系统将是不稳定的。如果特征方程在虚轴（jω 轴）上只有简单的共轭根（即，它们不是重根），而其他根均位于 s 左半平面，那么对一般的有界输入，系统的稳态输出保持持续振荡；而当输入为正弦波，且正弦波的频率等于虚根的幅值时，系统的输出还会变成无界振荡。由于只对特定的有界输入（极点频率的正弦波）产生无界输出，这样的系统称为**临界稳定系统**。对于不稳定系统，特征方程或者至少有一个根位于 s 平面的右半部分，或者在 jω 轴上的共轭根为重根。在这种情况下，系统对任何类型的有界输入，都会产生无界输出。

例如，如果闭环系统的特征方程为

$$(s+10)(s^2+16)=0$$

则系统是临界稳定的。只有当输入信号是频率为 $\omega=4$ 的正弦波时，系统的输出才会变成无界输出。

在韩国首尔的一座 39 层高的购物中心，就发生过这种由于机械共振而导致大幅度位移的事例。如图 6.3所示的 Techno-Mart 购物中心除了提供购物服务，还提供有氧健身服务。当第 12 层的 20 余人跳起跆博健身操之后，大楼晃动了约 10 min，导致了一场为期两天的疏散[5]。专家组事后的分析鉴定结论是，这种高强度的运动诱发了大楼的机械共振。

图 6.3　第 12 层的高强度的运动引起了大楼的机械共振，导致了一场为期两天的疏散（Truth Leem / Reuters 友情提供）

显然，我们可以通过求解特征方程 $q(s)=0$ 的根来判断反馈控制系统的稳定性。但是，我们关注的首要问题是系统是否稳定。如果为了回答这个问题而具体求解所有的特征根，就会增加许多无谓的工作。针对这一问题，人们设计提出了多种无须求解特征方程的根即可判定系统稳定性的方法，常用的方法有 3 种，分别为时域法、s 平面法和频域（jω 平面）法。6.4 节将讨论时域法，第 7 章将介绍 s 平面法，第 9 章将介绍频域法。

工业机器人的销售量在 2013 年达到了有记录以来的最高年度销售量。事实上，自从 20 世纪 60 年代开发出工业机器人以来，截至 2013 年，美国已售出的工业机器人超过了 250 万套，而在世界范围内运行着的工业机器人的存量约为 130 ~ 160 万套。按当初的规划，2015 年至 2017 年间，工业机器人的保有量平均每年增加 12%[10]。显然，工业机器人的市场是在动态发展的。服

务机器人的世界市场也有着类似的活跃的发展模式，按当初的规划，2014 年至 2017 年间将有大约 3100 万套新的服务机器人投入个人服务(如真空扫地机器人和割草机器人)，还会有大约 134 500 万套新的服务机器人投入职业业务服务[10]。随着机器人性能的不断提升，未来将有更多的机器人投入实用。我们最感兴趣的是那种能够直立行走的类人机器人[21]。图 6.4 所示的 IHMC 机器人就完成了最近由美国国防部高级研究计划局(Defense Advanced Research Projects Agency，DARPA)举办的机器人挑战赛[24]。仔细查看图 6.4 给出的 IHMC 机器人，可以想像，它本身并非本质上就是稳定的，而是需要施加控制才能使其保持直立行走。下一节将讨论劳斯-赫尔维茨稳定性判据。无须具体求解特征根，就能利用该判据分析系统的稳定性。

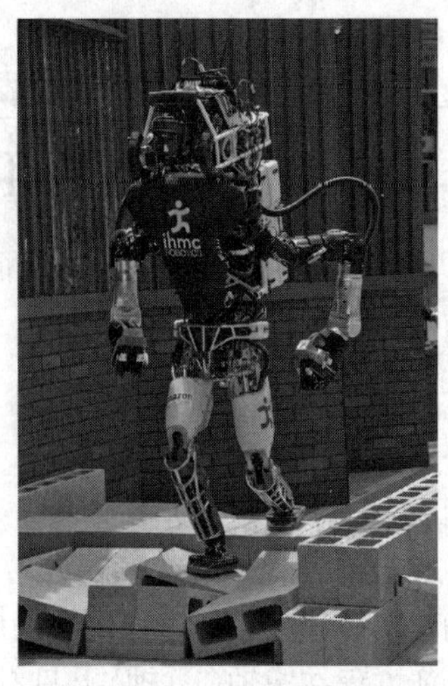

图 6.4 2015 DARPA 机器人挑战赛的第一天，IHMC 机器人在橡胶构件上(DARPA友情提供)

6.2 劳斯-赫尔维茨稳定性判据

很多工程师都研究过系统稳定性及其判定问题，Maxwell 和 Vyshnegradskii 是其中的先行者，他们最先研究了动态系统的稳定性问题。19 世纪后期，A. Hurwitz 和 E. J. Routh 分别独立地提出了一种同样的线性系统稳定性判定方法[6, 7]。这种称为劳斯-赫尔维茨稳定性判据的方法，通过分析系统特征方程的系数来判断系统的稳定性。可以将特征方程写为如下形式：

$$\Delta(s) = q(s) = a_n s^n + a_{n-1} s^{n-1} + \cdots + a_1 s + a_0 = 0 \tag{6.3}$$

其中，s 为拉普拉斯变量。为了判断系统是否稳定，必须确定特征方程(6.3)是否有根位于 s 右半平面。对 $q(s)$ 进行因式分解，方程(6.3)可以写为

$$a_n(s - r_1)(s - r_2)\cdots(s - r_n) = 0 \tag{6.4}$$

其中，r_i 为特征方程的第 i 个根。再将式(6.4)展开，可以得到

$$\begin{aligned} q(s) = a_n s^n &- a_n(r_1 + r_2 + \cdots + r_n)s^{n-1} + \\ &a_n(r_1 r_2 + r_2 r_3 + r_1 r_3 + \cdots)s^{n-2} - \\ &a_n(r_1 r_2 r_3 + r_1 r_2 r_4 \cdots)s^{n-3} + \cdots + \\ &a_n(-1)^n r_1 r_2 r_3 \cdots r_n = 0 \end{aligned} \tag{6.5}$$

也就是说，对于 n 阶方程，我们有

$$\begin{aligned} q(s) = a_n s^n &- a_n(\text{所有根之和})s^{n-1} + \\ &a_n(\text{所有根两两相乘之和})s^{n-2} - \\ &a_n(\text{不同组合的三个根乘积之和})s^{n-3} + \cdots + \\ &a_n(-1)^n(\text{所有}n\text{个根之积}) = 0 \end{aligned} \tag{6.6}$$

由式(6.5)可以看出，当所有根都位于 s 左半平面时，多项式的所有系数都将具有相同的符号；而且更进一步，对稳定系统而言，特征多项式的所有系数都不能为零。这两点是系统稳定性

的必要条件，但不是充分条件。也就是说，当不能完全满足上述条件时，我们能够立即判定系统是不稳定的；但当完全满足上述条件时，却不能确定系统是否稳定，还必须继续进行分析。例如，某系统的特征方程为

$$q(s) = (s + 2)(s^2 - s + 4) = (s^3 + s^2 + 2s + 8) \tag{6.7}$$

可看出，尽管多项式的系数均为正数，但系统的共轭根却位于系统右半平面，因此系统是不稳定的。

劳斯-赫尔维茨稳定性判据是线性系统稳定性的充分必要判据。这个方法最早是以行列式的形式给出的，此处将采用更加便于应用的判定表形式。

考虑特征方程

$$a_n s^n + a_{n-1}s^{n-1} + a_{n-2}s^{n-2} + \cdots + a_1 s + a_0 = 0 \tag{6.8}$$

劳斯-赫尔维茨稳定性判据首先将特征方程的系数按阶次的高低次序，写成阵列形式的判定表，即排成如下的由两行构成的顺序表[4]：

$$\begin{array}{c|cccc} s^n & a_n & a_{n-2} & a_{n-4} & \cdots \\ s^{n-1} & a_{n-1} & a_{n-3} & a_{n-5} & \cdots \end{array}$$

再发展后续各行，得到的整个判定表为

$$\begin{array}{c|cccc} s^n & a_n & a_{n-2} & a_{n-4} & \cdots \\ s^{n-1} & a_{n-1} & a_{n-3} & a_{n-5} & \cdots \\ s^{n-2} & b_{n-1} & b_{n-3} & b_{n-5} & \cdots \\ s^{n-3} & c_{n-1} & c_{n-3} & c_{n-5} & \cdots \\ \vdots & \vdots & \vdots & \vdots & \\ s^0 & h_{n-1} & & & \end{array}$$

其中，

$$b_{n-1} = \frac{a_{n-1}a_{n-2} - a_n a_{n-3}}{a_{n-1}} = \frac{-1}{a_{n-1}}\begin{vmatrix} a_n & a_{n-2} \\ a_{n-1} & a_{n-3} \end{vmatrix}$$

$$b_{n-3} = -\frac{1}{a_{n-1}}\begin{vmatrix} a_n & a_{n-4} \\ a_{n-1} & a_{n-5} \end{vmatrix}, \ \ldots$$

$$c_{n-1} = \frac{-1}{b_{n-1}}\begin{vmatrix} a_{n-1} & a_{n-3} \\ b_{n-1} & b_{n-3} \end{vmatrix}, \ \ldots$$

以此类推，可以参照上述的 b_{n-1} 的求解方式，计算得到整个判定表。

劳斯-赫尔维茨稳定性判据指出，特征方程 $q(s)=0$ 的正实部根的个数，等于劳斯判定表的第 1 列元素的正负符号的变化次数。由此可知，对于稳定系统而言，在相应的劳斯判定表的第 1 列中，各个元素的正负号不会发生变化。这是系统稳定的充分必要条件。

我们需要考虑劳斯判定表首列的 4 种不同的构成情形，并区别对待其中的每种情形。在必要时，还应该修改完善判定表的计算方式。这 4 种情形分别为：(1) 首列中不存在零元素；(2) 首列中有一个元素为零，但零元素所在行中存在非零元素；(3) 首列中有一个元素为零，且零元素所在行中，其他元素均为零(全零行)；(4) 其他条件同(3)，但是在虚轴 jω 上有重根。

接下来将针对上述 4 种情形，分别采用示例进行说明。

情形 1：首列中不存在零元素。

例 6.1　二阶系统

二阶系统的特征多项式为

$$q(s) = a_2 s^2 + a_1 s + a_0$$

其劳斯判定表为

$$\begin{array}{c|cc} s^2 & a_2 & a_0 \\ s^1 & a_1 & 0 \\ s^0 & b_1 & 0 \end{array}$$

其中,

$$b_1 = \frac{a_1 a_0 - (0) a_2}{a_1} = \frac{-1}{a_1}\begin{vmatrix} a_2 & a_0 \\ a_1 & 0 \end{vmatrix} = a_0$$

可见,稳定的二阶系统要求特征多项式的系数全为正,或者全为负。

例 6.2 三阶系统

三阶系统的特征多项式为

$$q(s) = a_3 s^3 + a_2 s^2 + a_1 s + a_0$$

其劳斯判定表为

$$\begin{array}{c|cc} s^3 & a_3 & a_1 \\ s^2 & a_2 & a_0 \\ s^1 & b_1 & 0 \\ s^0 & c_1 & 0 \end{array}$$

其中,

$$b_1 = \frac{a_2 a_1 - a_0 a_3}{a_2}, \qquad c_1 = \frac{b_1 a_0}{b_1} = a_0$$

由此可见,三阶系统稳定的充分必要条件是全部系数同号,且 $a_2 a_1 > a_0 a_3$。当 $a_2 a_1 = a_0 a_3$ 时,系统是临界稳定的,即在 s 平面的虚轴上有一对共轭根。当 $a_2 a_1 = a_0 a_3$ 时,首列中出现了零元素,这属于情形 3,稍后将进行详细讨论。

最后考虑情形 1 的一个具体系统,其特征多项式为

$$q(s) = \left(s - 1 + \mathrm{j}\sqrt{7}\right)\left(s - 1 - \mathrm{j}\sqrt{7}\right)(s + 3) = s^3 + s^2 + 2s + 24 \tag{6.9}$$

多项式的所有系数都非零且为正数,即系统满足了稳定的必要条件。因此,构建劳斯判定表,进一步分析系统是否稳定,劳斯判定表为

$$\begin{array}{c|rr} s^3 & 1 & 2 \\ s^2 & 1 & 24 \\ s^1 & -22 & 0 \\ s^0 & 24 & 0 \end{array}$$

由于首列元素出现了两次符号变化,因此可以判定 $q(s) = 0$ 有两个根在 s 右半面上,即系统是不稳定的。由方程(6.9)可以看出,系统的确在 s 右半平面有一对共轭复根,这与劳斯-赫尔维茨稳定性判据的结论是一致的。

情形 2:首列中出现零元素,且零元素所在的行中存在非零元素。如果首列中只有一个元素为零,我们可用一个很小的正数 ε 来代替零元素参与计算,在完成判定表的计算之后,再令 ε 趋向于 0,就可以得到真正的判定表。例如,考虑如下的特征多项式:

$$q(s) = s^5 + 2s^4 + 2s^3 + 4s^2 + 11s + 10 \tag{6.10}$$

其劳斯判定表为

$$\begin{array}{c|ccc} s^5 & 1 & 2 & 11 \\ s^4 & 2 & 4 & 10 \\ s^3 & \varepsilon & 6 & 0 \\ s^2 & c_1 & 10 & 0 \\ s^1 & d_1 & 0 & 0 \\ s^0 & 10 & 0 & 0 \end{array}$$

其中，

$$c_1 = \frac{4\varepsilon - 12}{\varepsilon} = 4 + \frac{-12}{\varepsilon}, \qquad d_1 = \frac{6c_1 - 10\varepsilon}{c_1} \to 6$$

由于 $c_1 = 4 - (12/\varepsilon)$ 是一个绝对值很大的负数，它的存在将导致首列元素出现两次符号变化，所以系统是不稳定的，且有两个根位于 s 右半平面。

例 6.3　不稳定系统

作为情形 2 的最后的例子，考虑特征多项式

$$q(s) = s^4 + s^3 + s^2 + s + K \tag{6.11}$$

希望能选择增益 K 的合适取值，使系统至少达到临界稳定。构建劳斯判定表得到

$$\begin{array}{c|ccc} s^4 & 1 & 1 & K \\ s^3 & 1 & 1 & 0 \\ s^2 & \varepsilon & K & 0 \\ s^1 & c_1 & 0 & 0 \\ s^0 & K & 0 & 0 \end{array}$$

其中，

$$c_1 = \frac{\varepsilon - K}{\varepsilon} \to 1 + \frac{-K}{\varepsilon}$$

可以看出，当 $K>0$ 时，首列元素将出现两次符号变化，因此系统是不稳定的。同时，因为首列的最后一项为 K，即使 K 为负值，也将导致首列元素出现一次符号变化，也会使系统不稳定。因此，无论 K 取何值，系统都是不稳定的。

情形 3：首列中有零元素，且零元素所在行的其他元素均为零（全零行）。在这种情形下，劳斯判定表中存在某行，其所有元素都为零，或者它仅有一个元素，而该元素为零。当特征根关于零点对称时，即特征多项式包含形如 $(s+\sigma)(s-\sigma)$ 或 $(s+j\omega)(s-j\omega)$ 的因式时，就会出现这种情形。可以引入辅助多项式的概念来解决这个问题。**辅助多项式** $U(s)$ 总是偶数次多项式，其系数由零元素行的上一行决定，其阶次表明了对称根的个数。

为了具体说明此方法，考虑一个三阶系统的例子，其特征多项式为

$$q(s) = s^3 + 2s^2 + 4s + K \tag{6.12}$$

其中，K 为可调的开环增益。劳斯判定表为

$$\begin{array}{c|cc} s^3 & 1 & 4 \\ s^2 & 2 & K \\ s^1 & \dfrac{8-K}{2} & 0 \\ s^0 & K & 0 \end{array}$$

为了保证系统稳定，增益 K 应该满足

$$0<K<8$$

当 $K=8$ 时，虚轴 $j\omega$ 上有两个根，此时系统是临界稳定的，而且劳斯判定表中也的确出现了一个零元素行(情形3)。辅助多项式 $U(s)$ 由零元素行上面的一行，即 s^2 行决定，由于该行给出的是 s 的偶数幂次项的系数，因此可以得到

$$U(s)=2s^2+Ks^0=2s^2+8=2(s^2+4)=2(s+j2)(s-j2) \tag{6.13}$$

由此可见，当 $K=8$ 时，特征多项式因式分解的结果是

$$q(s)=(s+2)(s+j2)(s-j2) \tag{6.14}$$

此时，临界系统具有持续振荡的响应，这是无法接受的。

情形4：特征方程在虚轴 $j\omega$ 上有重根。如果特征方程在虚轴 $j\omega$ 上的共轭根是单根，则系统的脉冲响应模态是持续的正弦振荡，此时系统既不是稳定的，也不是不稳定的，而是临界稳定的。如果在虚轴 $j\omega$ 上的共轭根是重根，则系统响应至少具有 $t\sin(\omega t+\phi)$ 的形式，因此系统是不稳定的。劳斯-赫尔维茨稳定性判据不能发现这种形式的不稳定[20]。

某系统的特征多项式为

$$q(s)=(s+1)(s+j)(s-j)(s+j)(s-j)=s^5+s^4+2s^3+2s^2+s+1$$

则劳斯判定表为

$$\begin{array}{c|ccc}
s^5 & 1 & 2 & 1 \\
s^4 & 1 & 2 & 1 \\
s^3 & \varepsilon & \varepsilon & 0 \\
s^2 & 1 & 1 & \\
s^1 & \varepsilon & 0 & \\
s^0 & 1 & &
\end{array}$$

当 $0<\varepsilon\ll 1$ 时，首列元素的符号不会发生变化，但是当 ε 趋于零时出现了 s^3 行和 s^1 行这两个全零行。与 s^2 行对应的辅助多项式为 s^2+1，与 s^4 行对应的辅助多项式为 $s^4+2s^2+1=(s^2+1)^2$，这说明特征方程在虚轴 $j\omega$ 上有重根。于是，系统是不稳定的。

例6.4 在虚轴 $j\omega$ 上存在特征根的五阶系统

考虑某五阶系统，其特征多项式为

$$q(s)=s^5+s^4+4s^3+24s^2+3s+63 \tag{6.15}$$

劳斯判定表为

$$\begin{array}{c|ccc}
s^5 & 1 & 4 & 3 \\
s^4 & 1 & 24 & 63 \\
s^3 & -20 & -60 & 0 \\
s^2 & 21 & 63 & 0 \\
s^1 & 0 & 0 & 0
\end{array}$$

可以构建辅助多项式 $U(s)$ 为

$$U(s)=21s^2+63=21(s^2+3)=21\left(s+j\sqrt{3}\right)\left(s-j\sqrt{3}\right) \tag{6.16}$$

可以看出，$U(s)=0$ 在虚轴上有两个根。为了确定系统特征方程其他根的位置，用特征多项式除以辅助多项式，得到

$$\frac{q(s)}{s^2+3} = s^3 + s^2 + s + 21$$

对这个新的多项式，建立劳斯判定表，可以得到

$$\begin{array}{c|cc} s^3 & 1 & 1 \\ s^2 & 1 & 21 \\ s^1 & -20 & 0 \\ s^0 & 21 & 0 \end{array}$$

由此可见，首列元素出现了两次符号变化，这说明系统特征方程还有两个根位于 s 右半平面，因此系统是不稳定的。经计算可以得到，位于右半平面的根为 $s = +1 \pm \mathrm{j}\sqrt{6}$。

例 6.5　焊接控制

目前，汽车制造厂已经广泛应用了大型焊接机器人。焊接头要在车身的不同部位之间移动，需要做出快速精确的响应。焊接头定位控制系统的框图如图 6.5 所示。我们要做的是，确定参数 K 和 a 的范围，使系统保持稳定。系统的特征方程为

$$1 + G(s) = 1 + \frac{K(s+a)}{s(s+1)(s+2)(s+3)} = 0$$

整理后，可以得到

$$q(s) = s^4 + 6s^3 + 11s^2 + (K+6)s + Ka = 0$$

针对 $q(s)$ 构建劳斯判定表，于是有

$$\begin{array}{c|ccc} s^4 & 1 & 11 & Ka \\ s^3 & 6 & K+6 & \\ s^2 & b_3 & Ka & \\ s^1 & c_3 & & \\ s^0 & Ka & & \end{array}$$

其中，

$$b_3 = \frac{60-K}{6}, \qquad c_3 = \frac{b_3(K+6) - 6Ka}{b_3}$$

由 $b_3 > 0$ 可以得到，K 必须满足 $K < 60$；与此同时，c_3 决定了 K 和 a 的取值范围。由 $c_3 \geqslant 0$ 可得

$$(K-60)(K+6) + 36Ka \leqslant 0$$

因此，K 和 a 之间应该满足关系

$$a \leqslant \frac{(60-K)(K+6)}{36K}$$

其中，a 必须为正数。因此，如果选择 $K = 40$，则参数 a 必须满足 $a \leqslant 0.639$。

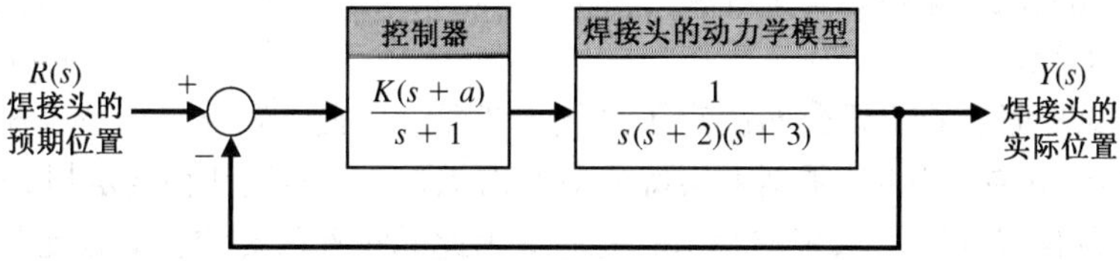

图 6.5　焊接头定位控制系统

n 阶系统特征方程的一般形式为

$$s^n + a_{n-1}s^{n-1} + a_{n-2}s^{n-2} + \cdots + a_1 s + \omega_n^n = 0$$

将上式等号左右同时除以 ω_n^n，并定义替代变量 $\overset{*}{s} = s/\omega_n$，可以得到特征方程的一种标准形式：

$$\overset{*}{s}^n + b\overset{*}{s}^{n-1} + c\overset{*}{s}^{n-2} + \cdots + 1 = 0$$

例如，某三阶系统的特征方程为

$$s^3 + 5s^2 + 2s + 8 = 0$$

将等号左右同时除以 $8 = \omega_n^3$，可以得到

$$\frac{s^3}{\omega_n^3} + \frac{5}{2}\frac{s^2}{\omega_n^2} + \frac{2}{4}\frac{s}{\omega_n} + 1 = 0$$

于是，标准化后的特征方程为

$$\overset{*}{s}^3 + 2.5\overset{*}{s}^2 + 0.5\overset{*}{s} + 1 = 0$$

其中，$\overset{*}{s} = s/\omega_n$。此时有 $b = 2.5$，$c = 0.5$。基于特征方程的标准形式，我们总结了六阶以内特征方程的稳定性判据，所得结果如表 6.1 所示。注意，此例中有 $bc = 1.25$，根据表 6.1(三阶系统)可知，该系统是稳定的。

表 6.1　劳斯-赫尔维茨稳定性判据

阶次 n	特征方程	稳定性判据
2	$s^2 + bs + 1 = 0$	$b > 0$
3	$s^3 + bs^2 + cs + 1 = 0$	$bc - 1 > 0$
4	$s^4 + bs^3 + cs^2 + ds + 1 = 0$	$bcd - d^2 - b^2 > 0$
5	$s^5 + bs^4 + cs^3 + ds^2 + es + 1 = 0$	$bcd + b - d^2 - b^2e > 0$
6	$s^6 + bs^5 + cs^4 + ds^3 + es^2 + fs + 1 = 0$	$(bcd + bf - d^2 - b^2e)e + b^2c - bd - bc^2f - f^2 + bfe + cdf > 0$

注：特征方程经过了标准化处理，即除以 ω_n^n。

6.3　反馈控制系统的相对稳定性

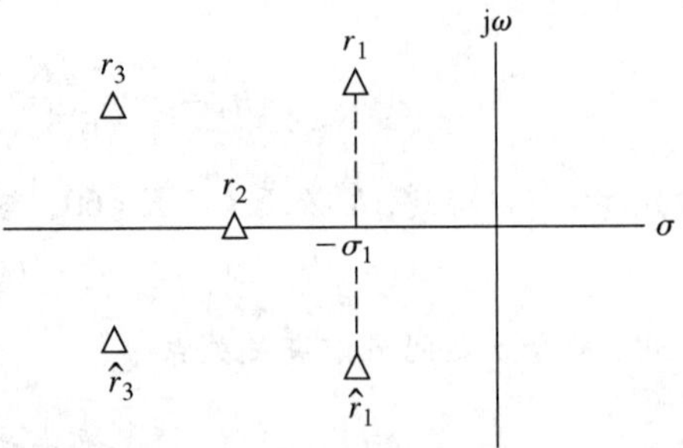

图 6.6　s 平面上根的位置

劳斯-赫尔维茨稳定性判据通过分析特征根是否全部位于 s 左半平面，由此来判断系统是否稳定，但这只解决了系统稳定性的部分问题。如果已经用劳斯-赫尔维茨稳定性判据确定了系统是绝对稳定系统，我们还希望进一步分析系统的**相对稳定性**，也就是说，有必要知道特征方程每个根的相对阻尼强度。系统的相对稳定性特性可以用特征方程的实根，或者共轭复根的实部来刻画。例如，在图 6.6 中，相对于共轭复根 r_1 和 $\hat{r}_1$ 而言，实根 r_2 就更稳定一些。也可以采用共轭复根的相对阻尼系数 ζ 来刻画相对稳定性，这相当于用响应速度和超调量代替调节时间来衡量系统的相对稳定性。

闭环极点在 s 平面上的位置分布决定了系统的性能，因此，研究每个特征根的相对稳定性(位置)也变得相当重要。为此，重新考察特征多项式 $q(s)$，并研究几种确定相对稳定性的方法。

由于特征根的位置确定了系统的相对稳定性，因此，分析系统的相对稳定性的第一种方法是，通过在 s 平面进行简单的坐标变换，扩展利用劳斯-赫尔维茨稳定性判据来确定特征根的位置。其中，最简单的坐标(变量)变换方式为移动 s 平面的虚轴，然后利用劳斯-赫尔维茨稳定性

判据来分析系统的相对稳定性。以图 6.6 为例，如果将 s 平面的虚轴移动到 $-\sigma_1$ 的位置，那么根 r_1 和 $\hat{r}_1$ 将位于移动后的虚轴上。可以用试凑的方法得到虚轴应该移动的距离，这样一来，无须求解五阶特征方程 $q(s)=0$，也可以得到主导极点 r_1 和 $\hat{r}_1$ 的实部。

例 6.6　虚轴的移动

某三阶系统的特征方程为

$$q(s) = s^3 + 4s^2 + 6s + 4 \tag{6.17}$$

令虚轴向左平移 1 个单位，即 $s_n = s+1$，代入式(6.17)中，可以得到

$$(s_n - 1)^3 + 4(s_n - 1)^2 + 6(s_n - 1) + 4 = s_n^3 + s_n^2 + s_n + 1 \tag{6.18}$$

构建劳斯判定表

$$\begin{array}{c|cc} s_n^3 & 1 & 1 \\ s_n^2 & 1 & 1 \\ s_n^1 & 0 & 0 \\ s_n^0 & 1 & 0 \end{array}$$

劳斯判定表中第 3 行的元素全部为零，对应于情形 3，这说明在移动后的虚轴上出现了特征根。利用辅助多项式就可以得到这些根，即

$$U(s_n) = s_n^2 + 1 = (s_n + \mathrm{j})(s_n - \mathrm{j}) = (s + 1 + \mathrm{j})(s + 1 - \mathrm{j}) \tag{6.19}$$

在实际应用中，这种通过移动虚轴来分析系统相对稳定性的方法非常有用。尤其对于存在多对闭环共轭复根的高阶系统而言，这种方法更为实用有效。

6.4　状态变量系统的稳定性

检验采用状态变量流图模型描述的系统的稳定性，也是比较简单的。如果考察的系统是用信号流图模型描述的，就可以根据信号流图特征式来构建特征方程；如果考察的系统是用框图描述的，就可以利用框图化简方法来构建系统的特征方程。

例 6.7　二阶系统的稳定性

某二阶系统由如下的两个一阶微分方程描述：

$$\dot{x}_1 = -3x_1 + x_2\,, \qquad \dot{x}_2 = +1x_2 - Kx_1 + Ku \tag{6.20}$$

其中，$u(t)$为输入信号。由上述微分方程可以得到系统的信号流图和框图模型，分别如图 6.7(a)和图 6.7(b)所示。

利用梅森公式来求解信号流图的特征式。信号流图中的 3 个回路分别为

$$L_1 = s^{-1}, \qquad L_2 = -3s^{-1}, \qquad L_3 = -Ks^{-2}$$

其中，L_1 和 L_2 没有公共节点。因此，可以得到信号流图的特征式为

$$\Delta = 1 - (L_1 + L_2 + L_3) + L_1L_2 = 1 - (s^{-1} - 3s^{-1} - Ks^{-2}) + (-3s^{-2})$$

令 $\Delta=0$，并在等号左右同时乘以 s^2，就得到了系统的特征方程为

$$s^2 + 2s + (K - 3) = 0$$

对于二阶系统而言，当且仅当特征方程的系数全部同号时，系统才是稳定的，因此当且仅当 $K>3$ 时，该系统是稳定的。也可以利用图 6.7(b)所示的框图模型进行类似的分析。首先，框图中两个闭

环内回路的传递函数 $G_1(s)$ 和 $G_2(s)$ 分别为

$$G_1(s)=\frac{1}{s-1},\qquad G_2(s)=\frac{1}{s+3}$$

因此，整个闭环系统的传递函数 $T(s)$ 为

$$T(s)=\frac{KG_1(s)G_2(s)}{1+KG_1(s)G_2(s)}$$

由此得到的特征方程为

$$\Delta(s)=1+KG_1(s)G_2(s)=0$$

即

$$\Delta(s)=(s-1)(s+3)+K=s^2+2s+(K-3)=0 \tag{6.21}$$

这与基于信号流图得到的结果是一致的。

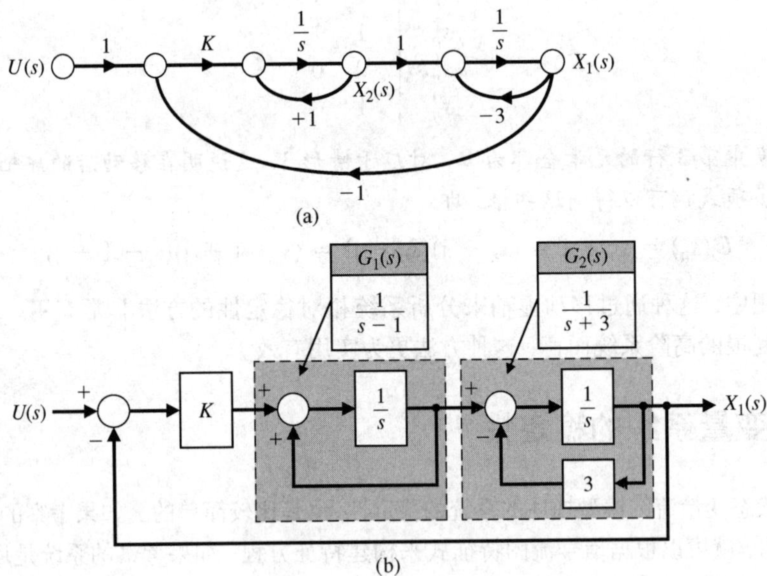

图 6.7　例 6.7 状态变量微分方程对应的(a) 信号流图模型和(b) 框图模型

对于状态变量系统而言，也可以根据状态向量微分方程直接得到特征方程，这需要用到下述结论，即线性系统的零输入响应是指数函数。设系统状态方程为

$$\dot{\boldsymbol{x}}(t)=\boldsymbol{A}\boldsymbol{x}(t) \tag{6.22}$$

其中，$\boldsymbol{x}(t)$ 为状态向量。由于方程的解具有指数形式，因此可以找到常数 λ，使系统状态具有形如 $x_i(t)=k_i\mathrm{e}^{\lambda_i t}$ 的解，其中 λ_i 称为系统的特征根或系统矩阵 $\boldsymbol{A}$ 的特征值，其实也就是特征方程的根。令 $\boldsymbol{x}(t)=\boldsymbol{k}\mathrm{e}^{\lambda t}$，并代入式(6.22)，可得

$$\lambda\boldsymbol{k}\mathrm{e}^{\lambda t}=\boldsymbol{A}\boldsymbol{k}\mathrm{e}^{\lambda t} \tag{6.23}$$

或

$$\lambda\boldsymbol{x}(t)=\boldsymbol{A}\boldsymbol{x}(t) \tag{6.24}$$

整理式(6.24)可得

$$(\lambda\boldsymbol{I}-\boldsymbol{A})\boldsymbol{x}(t)=\boldsymbol{0} \tag{6.25}$$

其中，$\boldsymbol{I}$ 为单位矩阵，$\boldsymbol{0}$ 为零矩阵。当且仅当行列式 $\lambda\boldsymbol{I}-\boldsymbol{A}$ 为零，即

$$\det(\lambda\boldsymbol{I}-\boldsymbol{A})=0 \tag{6.26}$$

时，方程(6.25)才有非零解。这样一来，就得到了关于 λ 的 n 阶方程，这与通过传递函数 $T(s)$ 得到的特征方程是一致的。得到特征方程之后，判断系统的稳定性就很容易了。

例 6.8　传染病传播的闭环系统

传染病传播系统的向量微分方程如下：

$$\frac{\mathrm{d}\boldsymbol{x}(t)}{\mathrm{d}t}=\begin{bmatrix}-\alpha & -\beta & 0\\ \beta & -\gamma & 0\\ \alpha & \gamma & 0\end{bmatrix}\boldsymbol{x}(t)+\begin{bmatrix}1 & 0\\ 0 & 1\\ 0 & 0\end{bmatrix}\begin{bmatrix}u_1(t)\\ u_2(t)\end{bmatrix}$$

根据式(6.26)，可以得到系统的特征方程为

$$\begin{aligned}\det(\lambda\boldsymbol{I}-\boldsymbol{A})&=\det\left\{\begin{bmatrix}\lambda & 0 & 0\\ 0 & \lambda & 0\\ 0 & 0 & \lambda\end{bmatrix}-\begin{bmatrix}-\alpha & -\beta & 0\\ \beta & -\gamma & 0\\ \alpha & \gamma & 0\end{bmatrix}\right\}\\ &=\det\begin{bmatrix}\lambda+\alpha & \beta & 0\\ -\beta & \lambda+\gamma & 0\\ -\alpha & -\gamma & \lambda\end{bmatrix}\\ &=\lambda[(\lambda+\alpha)(\lambda+\gamma)+\beta^2]\\ &=\lambda[\lambda^2+(\alpha+\gamma)\lambda+(\alpha\gamma+\beta^2)]=0\end{aligned}$$

于是可以得到系统的特征方程。多出的根 $\lambda=0$ 是由状态变量 $x_3(t)$ 造成的。$x_3(t)$ 为 $\alpha x_1(t)+\gamma x_2(t)$ 的积分，它并不影响其他状态变量，根 $\lambda=0$ 代表与 $x_3(t)$ 对应的积分环节。特征方程表明，当 $\alpha+\gamma>0$ 且 $\alpha\gamma+\beta^2>0$ 时，系统是临界稳定的。

6.5　设计实例

本节将提供两个说明性实例。第一个实例为履带车辆的转向控制系统，将利用劳斯-赫尔维茨稳定性判据来分析系统的稳定性，并确定系统的两个参数的对应取值范围。第二个实例为机器人自主驾驶摩托车，利用劳斯-赫尔维茨稳定性判据为控制器选择合适的增益。按照控制系统设计流程来设计合适的控制器时，重点研究了控制器参数对稳定性的影响。

例 6.9　履带车辆的转向控制

履带车辆的转向控制系统涉及两个参数的选择问题[8]。图 6.8(a)给出了双侧履带车辆转向控制系统的结构图，对应的框图模型如图 6.8(b)所示。两侧的履带以不同的速度运行，从而实现车辆的转向。本例的设计目标是为参数 K 和 a 选择合适的取值，使系统稳定，并使系统对斜坡输入指令的稳态误差小于或等于输入信号斜率的 24%。

转向控制反馈系统的特征方程为

$$1+G_cG(s)=0$$

即

$$1+\frac{K(s+a)}{s(s+1)(s+2)(s+5)}=0 \tag{6.27}$$

整理后可得

$$s(s+1)(s+2)(s+5)+K(s+a)=0$$

展开后，有

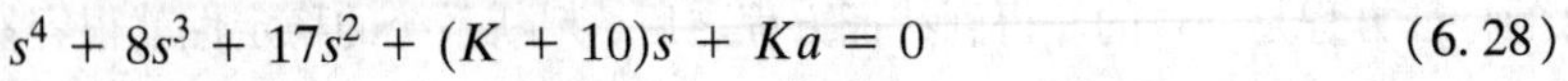

$$s^4 + 8s^3 + 17s^2 + (K + 10)s + Ka = 0 \tag{6.28}$$

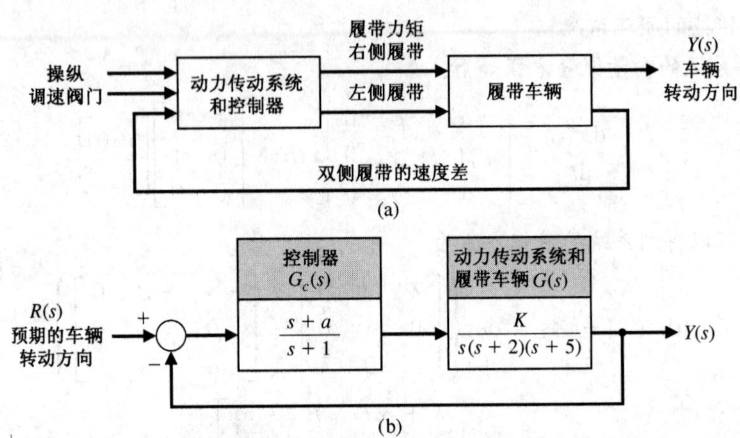

图 6.8 (a) 双侧履带车辆的转向控制系统；(b) 框图模型

为了确定参数 K 和 a 的取值范围，以使系统保持稳定，构建劳斯判定表如下：

$$\begin{array}{c|ccc} s^4 & 1 & 17 & Ka \\ s^3 & 8 & K+10 & 0 \\ s^2 & b_3 & Ka & \\ s^1 & c_3 & & \\ s^0 & Ka & & \end{array}$$

其中，

$$b_3 = \frac{126 - K}{8}, \quad c_3 = \frac{b_3(K + 10) - 8Ka}{b_3}$$

由劳斯-赫尔维茨稳定性判据可知首列元素必须全部同号，因此 Ka，b_3 和 c_3 都应为正数，故有

$$K < 126$$
$$Ka > 0 \tag{6.29}$$
$$(K + 10)(126 - K) - 64Ka > 0$$

由于系统增益 K 必须满足 $K>0$，因此，结合式(6.29)，可以得到保证系统稳定的参数 K 和 a 的取值范围，如图 6.9 所示。系统对斜坡输入信号 $r(t) = At$，$t>0$ 的稳态误差为

$$e_{ss} = A/K_v$$

其中，K_v 为速度误差常数，且有

$$K_v = \lim_{s\to 0} sG_cG = Ka/10$$

于是，系统的稳态误差为

$$e_{ss} = \frac{10A}{Ka} \tag{6.30}$$

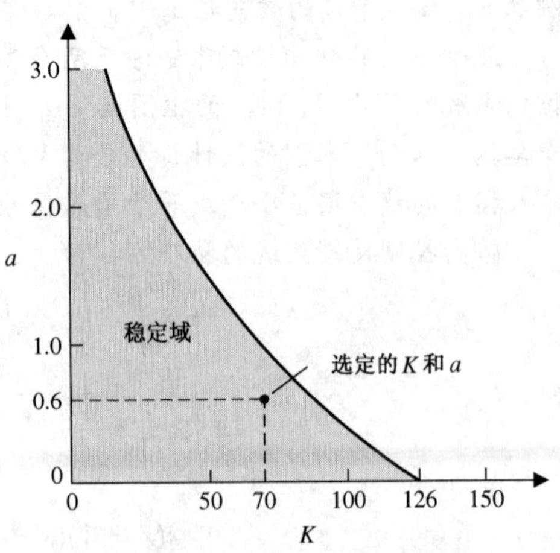

图 6.9 系统稳定的 K-a 可行区域

当稳态误差 e_{ss} 等于输入信号斜率 A 的 23.8% 时，我们需要所选参数满足 $Ka = 42$。如图 6.9 所示，在参

数可行区域内选择 $K=70$ 且 $a=0.6$，就能满足要求。$K=50$ 且 $a=0.84$ 是另一种可接受的选择。实际上，在 $Ka=42$ 这一约束条件下，我们还可以在参数可行区域内得到参数 K 和 a 的一系列组合。需要指出的是，要保证所选参数落在可行区域内，而且 K 不能超过 126。

例 6.10　机器人自主驾驶摩托车

考虑图 6.10 所示的机器人自主驾驶摩托车系统。假定摩托车以速度 v 匀速直线前进。令 $\phi(t)$ 表示摩托车对称面与垂直面之间的夹角，控制目标是使这一夹角为零，即预期夹角 $\phi_d(t)$ 为

$$\phi_d(t) = 0$$

图 6.11 给出了机器人自主驾驶摩托车控制系统设计的基本流程，并用阴影突出显示了本例重点强调的设计模块。本实例的核心内容是利用劳斯-赫尔维茨稳定性判据，在确保闭环控制系统稳定的同时，为控制器增益选择合适的取值。

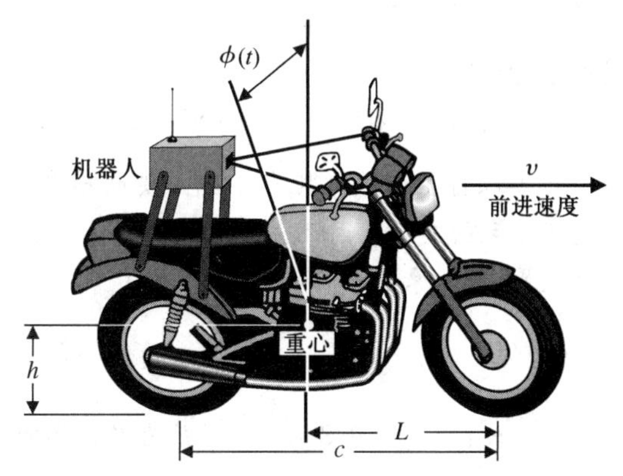

图 6.10　机器人自主驾驶摩托车

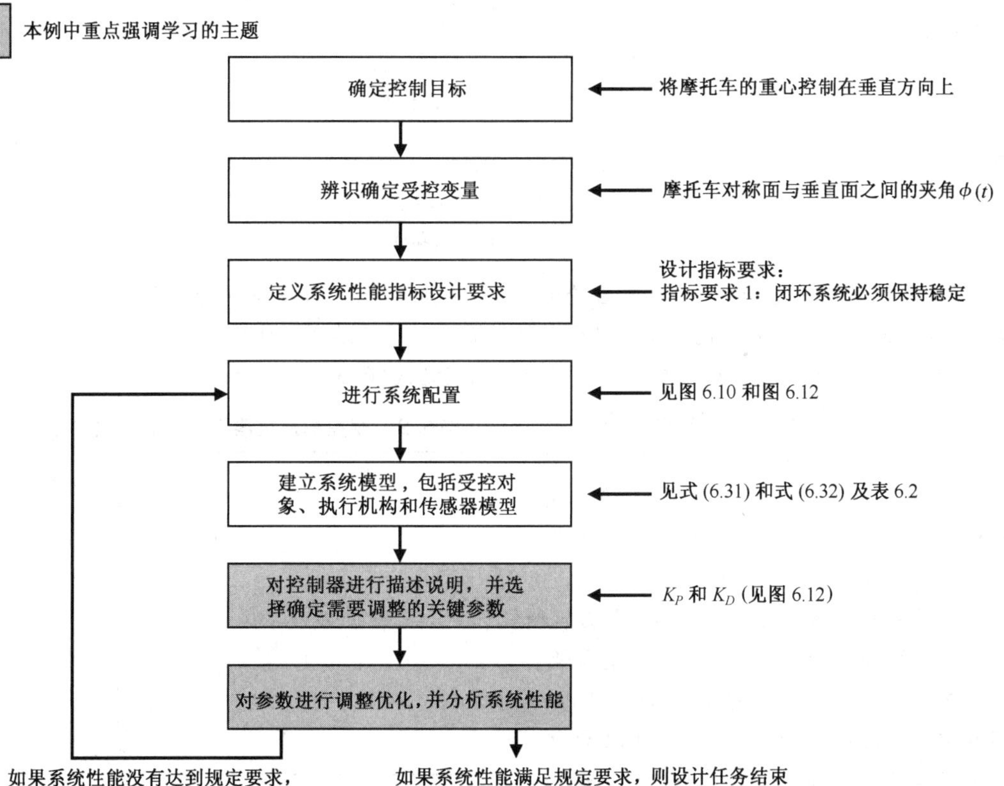

图 6.11　机器人自主驾驶摩托车控制系统设计流程及重点强调的设计模块

由此可以得到，该实例的控制目标如下。

控制目标　将摩托车控制在预定的垂直面上，在存在干扰信号的情况下，摩托车仍能保持预定位置。

因此，系统的受控变量如下。

受控变量 摩托车对称面偏离垂直面的角度$\phi(t)$。

本实例重点在于分析系统的稳定性而非瞬态响应特性，因此这里仅考虑与系统稳定性相关的设计指标要求。当系统的稳定性得到满足之后，再深入考虑系统的瞬态响应性能。因此，系统的设计指标要求如下。

设计指标要求

指标要求1：闭环系统必须保持稳定。

机器人自主驾驶摩托车系统主要包括摩托车、机器人、控制器和反馈测量装置。本章的研究主题不是系统建模，因此并不讨论摩托车动力学模型的建模过程，而是直接借用其他研究人员的研究成果[22]。摩托车的动力学模型为

$$G(s) = \frac{1}{s^2 - \alpha_1} \tag{6.31}$$

其中，$\alpha_1 = g/h$，$g = 9.806\ \text{m/s}^2$，h为摩托车重心离地面的高度，如图6.10所示。可以看出，摩托车自身的传递函数有两个极点，分别为$s = \pm\sqrt{\alpha_1}$，有一个极点位于s右半平面，因此摩托车自身是不稳定的，必须为摩托车增加机器人控制器和反馈环节，才能构建一个稳定的闭环系统。机器人控制器的传递函数为

$$G_c(s) = \frac{\alpha_2 + \alpha_3 s}{\tau s + 1} \tag{6.32}$$

其中，

$$\alpha_2 = v^2/(hc)$$
$$\alpha_3 = vL/(hc)$$

v为摩托车的常值前进速度，c为前后轮的轴距，L为摩托车前轮轮轴与车体重心之间的水平距离。τ为机器人控制器的时间常数，用于表征机器人的响应速度，时间常数τ越小，响应速度越快。只有对原系统做了大量假设之后，才能得到简化模型式(6.31)和式(6.32)。

机器人通过转动车把对摩托车实施控制，而在摩托车和机器人控制器的传递函数中，并没有考虑到前轮绕垂直方向的旋转运动。此外，我们假定摩托车以速度v匀速前进，这就意味着必须另有一个速度控制系统，用于实时调节车速。表6.2提供了在摩托车和机器人控制器模型中，系统参数的典型取值。

表6.2 摩托车及机器人控制器模块参数的典型值

参 数	典 型 值
τ	0.2 s
α_1	9 1/s^2
α_2	2.7 1/s^2
α_3	1.35 1/s
h	1.09 m
v	2.0 m/s
L	1.0 m
c	1.36 m

为系统增加反馈控制器之后，可以得到图6.12所示的系统框图模型。可以看出，机器人控制器的传递函数模型与摩托车自身结构(参数h, c和L)、工作条件(摩托车车速v)和机器人控制器时间常数(τ)有关。因此，除非改变摩托车的物理参数或者前进速度，否则机器人控制器模块的模型参数无法调整。这样一来，我们将着眼于调整反馈控制器模块的参数，以使系统满足设计指标要求。

选择关键的调节参数 反馈增益K_P和K_D

需要调节的关键参数并不一定要位于前向通路，实际上，它们可以位于框图中的任何一个子系统中。

我们利用劳斯-赫尔维茨稳定性判据来分析闭环系统的稳定性，即增益 K_P 和 K_D 何时能够保证系统稳定？接下来的另一个问题是，如果已经确定了增益 K_P 和 K_D 的合适取值，使典型闭环系统稳定(即系统参数 α_1，α_2，α_3 和 τ 都取表6.2中的典型值)，那么还能容许这些系统参数发生怎样的变化，而仍能保持闭环系统稳定呢？

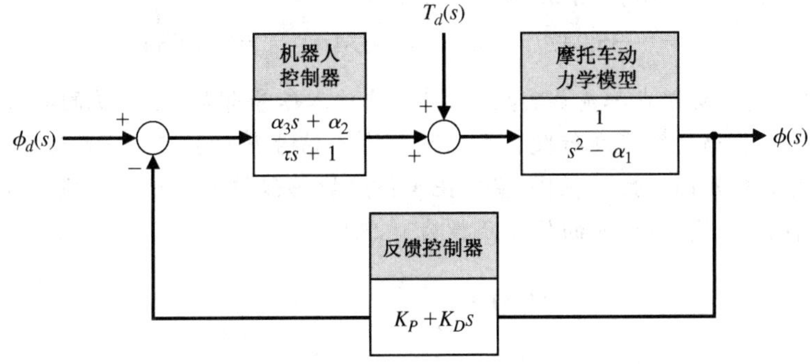

图6.12　机器人自主驾驶摩托车反馈控制系统的框图模型

由图6.12可知，闭环系统输入 $\phi_d(s)$ 到输出 $\phi(s)$ 之间的传递函数 $T(s)$ 为

$$T(s) = \frac{\alpha_2 + \alpha_3 s}{\Delta(s)}$$

其中，

$$\Delta(s) = \tau s^3 + (1 + K_D\alpha_3)s^2 + (K_D\alpha_2 + K_P\alpha_3 - \tau\alpha_1)s + K_P\alpha_2 - \alpha_1$$

而特征方程为

$$\Delta(s) = 0$$

我们需要分析当 K_P 和 K_D 怎样取值时，上述特征方程的根才会全部位于 s 左半平面。

首先，构建劳斯判定表如下：

$$\begin{array}{c|cc} s^3 & \tau & K_D\alpha_2 + K_P\alpha_3 - \tau\alpha_1 \\ s^2 & 1 + K_D\alpha_3 & K_P\alpha_2 - \alpha_1 \\ s & a & \\ 1 & K_P\alpha_2 - \alpha_1 & \end{array}$$

其中，

$$a = \frac{(1 + K_D\alpha_3)(K_D\alpha_2 + K_P\alpha_3 - \tau\alpha_1) - \tau(\alpha_2 K_P - \alpha_1)}{1 + K_D\alpha_3}$$

由劳斯-赫尔维茨稳定性判据可知，为了使系统保持稳定，劳斯判定表的首列元素应该满足

$$\tau > 0, \quad K_D > -1/\alpha_3, \quad K_P > \alpha_1/\alpha_2, \quad a > 0$$

由于 $\alpha_3 > 0$，因此 $K_D > 0$ 能够确保第二个不等式成立。如果控制器的时间常数 $\tau = 0$，就必须重新构建系统的特征方程及其劳斯判定表。在此，可以认为 $\tau > 0$ 也一定成立。

在以上四个不等式中，需要根据第四个不等式 $a > 0$ 来确定 K_P 和 K_D 的取值范围。$a > 0$ 意味着下面的不等式必须成立，即

$$\alpha_2\alpha_3 K_D^2 + (\alpha_2 - \tau\alpha_1\alpha_3 + \alpha_3^2 K_P)K_D + (\alpha_3 - \tau\alpha_2)K_P > 0 \tag{6.33}$$

将表6.2中参数 α_1，α_2，α_3 和 τ 的典型值代入上式并求解，结合不等式 $K_P > \alpha_1/\alpha_2$，可以得到 K_P

和 K_D 的容许取值范围为 $K_D>0$, $K_P>3.33$。

在容许取值范围内, K_P 和 K_D 任意取值, 都能够保证闭环系统稳定。例如, 将 K_P 和 K_D 取为

$$K_P = 10, \quad K_D = 5$$

就可以保证闭环系统稳定。此时, 系统的闭环极点为

$$s_1 = -35.2477, \quad s_2 = -2.4674, \quad s_3 = -1.0348$$

可以看出, 系统的所有闭环极点都是负实数。因此, 当输入信号有界时, 系统的输出也一定有界。

我们期望摩托车能够持续直立行驶, 因此预期输入信号$\phi_d(t)$应该一直为零, 即$\phi_d(t)=0$。同时, 当存在干扰信号 $T_d(s)$时, 我们希望摩托车仍然能够保持直立状态。没有反馈时, 摩托车的输出$\phi(s)$与干扰信号 $T_d(s)$之间的传递函数为

$$\phi(s) = \frac{1}{s^2 - \alpha_1} T_d(s)$$

相应的特征方程为

$$q(s) = s^2 - \alpha_1 = 0$$

该方程有两个实根, 分别为

$$s_1 = -\sqrt{\alpha_1}, \quad s_2 = +\sqrt{\alpha_1}$$

由于 s_2 位于 s 右半平面, 因此摩托车本身是不稳定的。如果不为摩托车增加反馈控制环节, 那么任何外部干扰都将导致摩托车倾倒。因此, 必须为摩托车增加反馈控制器(通常由驾驶者提供), 以使系统保持稳定。在配置了机器人控制器和反馈控制器之后, 整个系统输出$\phi(s)$与干扰信号$T_d(s)$之间的闭环传递函数变成

$$\frac{\phi(s)}{T_d(s)} = \frac{\tau s + 1}{\tau s^3 + (1 + K_D\alpha_3)s^2 + (K_D\alpha_2 + K_P\alpha_3 - \tau\alpha_1)s + K_P\alpha_2 - \alpha_1}$$

当干扰为单位阶跃信号, 即 $T_d(s)=1/s$ 时, 系统的瞬态响应曲线如图 6.13 所示, 可以看出, 系统的单位阶跃干扰响应是稳定的。尽管系统的稳态误差将保持为$\phi=0.055$ rad $=3.18°$, 即车身将倾斜 3.18°, 但可以认为, 机器人和反馈控制器能够使摩托车保持直立状态。

还有一个重要的问题是, 如何使机器人能够稳定地控制不同车速的摩托车。当选定了反馈控制器的增益($K_P=10$, $K_D=5$)之后, 如果车速发生变化, 那么机器人能否一直稳定驾驶摩托车呢? 日常经验告诉我们, 骑自行车时, 车速越慢, 控制起来就越困难。摩托车也应该存在类似的现象。只要有可能, 我们都应该将手头的工程问题与实践经验联系起来, 直觉经验知识可以用来验证我们的结论。

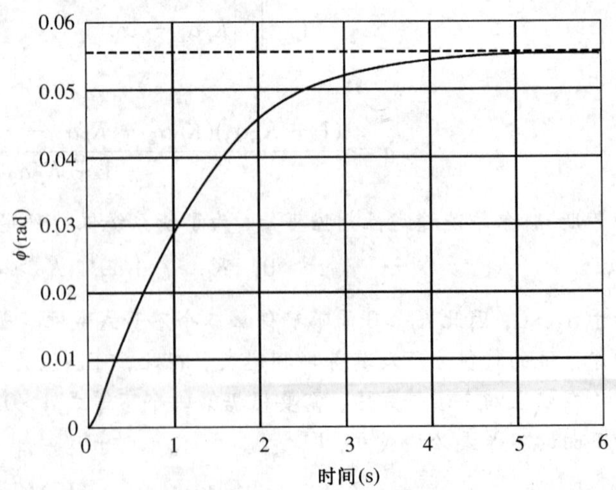

图 6.13 当 $K_P=10$, $K_D=5$ 时, 系统的干扰响应

当车速 v 发生变化时, 图 6.14 给出了闭环系统特征根的变化曲线。此时, 闭环系统的其他参数都取表 6.2 中的典型值, 反馈控制器增益为 $K_P=10$ 和

$K_D=5$，这是在车速 v 取典型值 $v=2$ m/s 时选定的。从图 6.14 中可以看出，当车速大于典型值 2 m/s 时，闭环特征方程的 3 个根都是负实数，因此系统是稳定的；当车速小于典型值 2 m/s 时，随着车速越来越小，有一个特征根逐渐接近于零，而当车速低至 1.15 m/s 时，特征方程出现了正实数根，即闭环系统不再稳定。

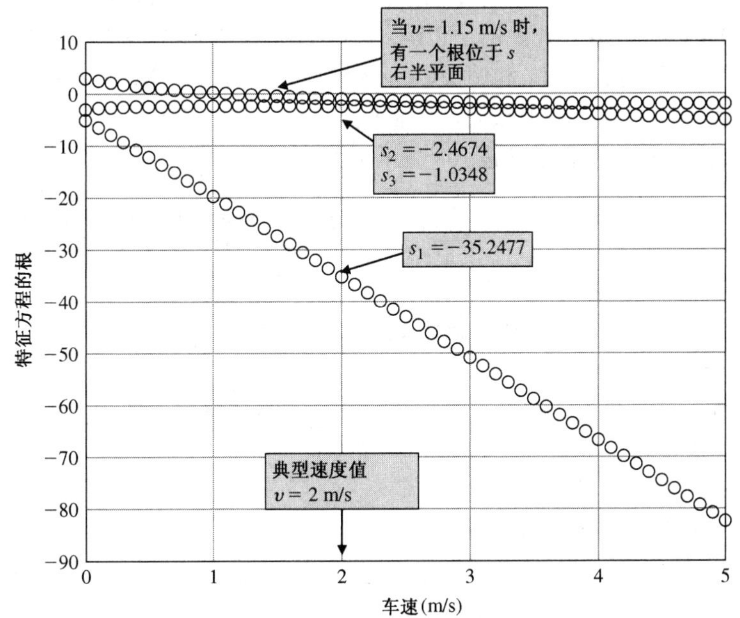

图 6.14 摩托车车速变化时，特征根的运动轨迹

6.6 利用控制系统设计软件分析系统的稳定性

本节介绍利用计算机简捷准确地求解特征根，以此来分析系统的稳定性。如果特征方程包含了一个可变参数，还可以绘制出特征根随参数变化的运动轨迹。最后用一个实例结束本节。

本节将引入的函数是 for 函数，它能够按照给定的次数重复运行一段语句。

劳斯-赫尔维茨稳定性分析 前已提及，劳斯-赫尔维茨稳定性判据是系统稳定性的充分必要条件。如果特征方程的系数均已知，就能够通过劳斯-赫尔维茨稳定性判据来确定 s 右半平面上特征根的个数，从而判断系统是否稳定。例如，考虑图 6.15 所示的闭环控制系统，其特征方程为

$$q(s)=s^3+s^2+2s+24=0$$

根据劳斯-赫尔维茨稳定性判据，可以构建图 6.16 所示的劳斯-赫尔维茨判定表。可以看出，首列元素出现了两次符号变化，这说明 s 右半平面上有两个特征根，因此闭环系统是不稳定的。调用函数 pole 可以直接求解系统的闭环极点(即特征方程的根)，以此来验证基于劳斯-赫尔维茨判定表得到的结果，具体说明及运算结果如图 6.17 所示。可以看到，s 右半平面上确实存在一对共轭极点。

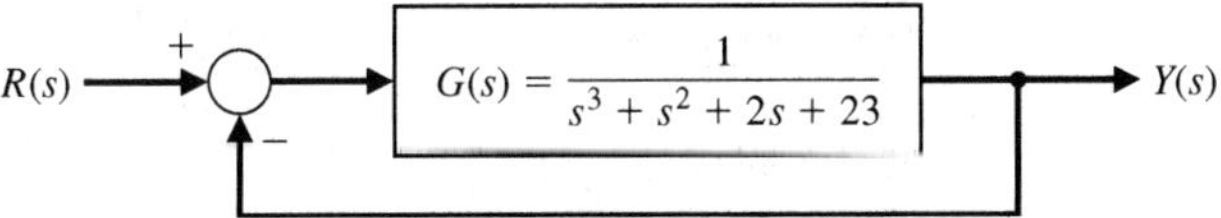

图 6.15 闭环控制系统，闭环传递函数为 $T(s)=Y(s)/R(s)=1/(s^3+s^2+2s+24)$

如果特征方程中包含一个可变参数，那么可利用劳斯-赫尔维茨稳定性判据，确定使系统保持稳定的参数取值范围。考虑图6.18所示的闭环反馈系统，其特征方程为

$$q(s) = s^3 + 2s^2 + 4s + K = 0$$

利用劳斯-赫尔维茨稳定性判据可以得知，为了使系统保持稳定，应该有$0 < K < 8$，见式(6.12)。可以用图示化方法验证这一结果。首先，如图6.19(b)所示，在m脚本程序中定义参数K的取值向量，然后在参数K取不同的值时，利用函数roots求解特征方程的根。计算结果如图6.19(a)所示。可以看出，随着K的增大，特征根向s右半平面移动；当$K=8$时，有一对共轭根恰好移动到虚轴上；当$K>8$之后，特征根将最终进入s右半平面。

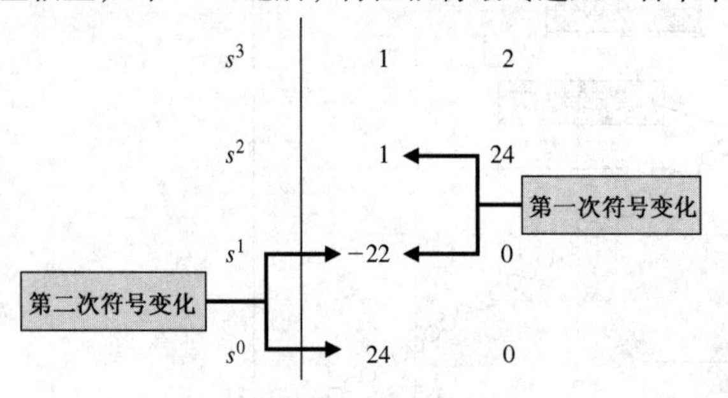

图6.16 图6.15所示闭环控制系统的劳斯判定表

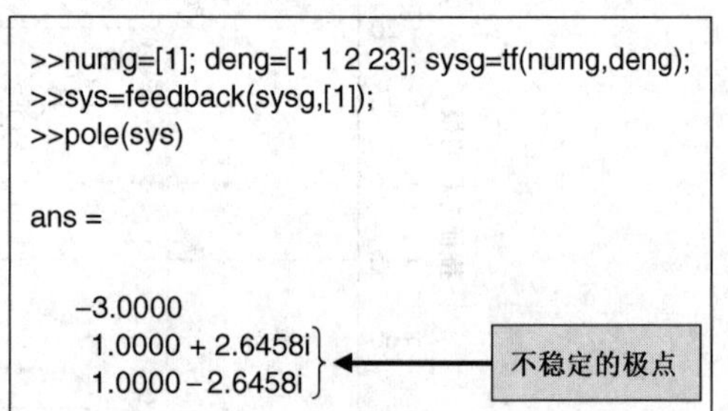

```
>>numg=[1]; deng=[1 1 2 23]; sysg=tf(numg,deng);
>>sys=feedback(sysg,[1]);
>>pole(sys)

ans =

  -3.0000
   1.0000 + 2.6458i
   1.0000 - 2.6458i
```


图6.17 利用函数pole求解图6.15所示系统的闭环极点

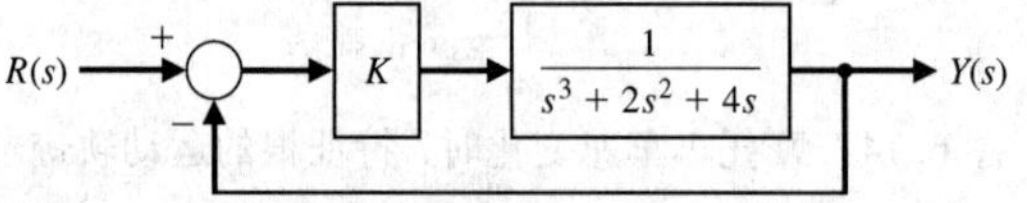

图6.18 闭环系统，闭环传递函数为$T(s) = Y(s)/R(s) = K/(s^3 + 2s^2 + 4s + K)$

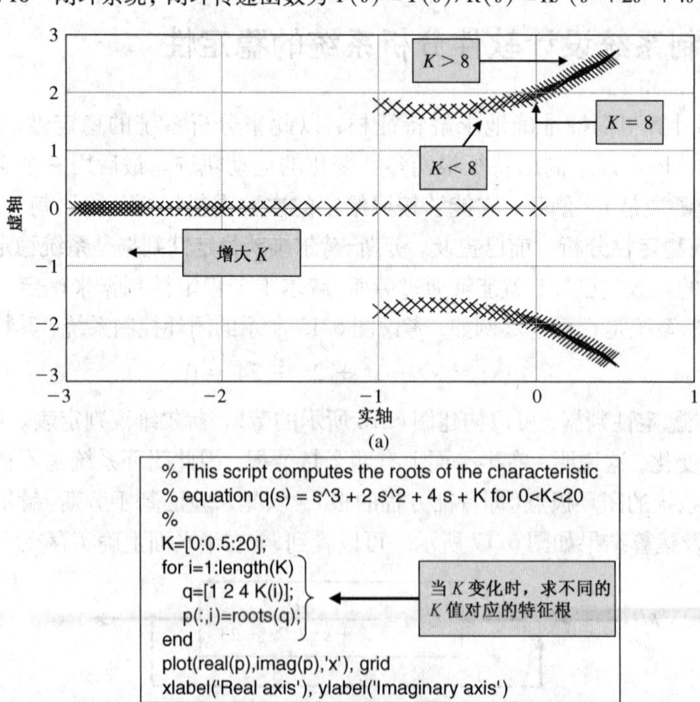


```
% This script computes the roots of the characteristic
% equation q(s) = s^3 + 2 s^2 + 4 s + K for 0<K<20
%
K=[0:0.5:20];
for i=1:length(K)
   q=[1 2 4 K(i)];
   p(:,i)=roots(q);
end
plot(real(p),imag(p),'x'), grid
xlabel('Real axis'), ylabel('Imaginary axis')
```

图6.19 (a)当$0 \leqslant K \leqslant 20$时，方程$q(s) = s^3 + 2s^2 + 4s + K = 0$的根的运动轨迹；(b)m脚本程序

图 6.19(b)所示的 m 脚本程序使用了函数 for，它可以按给定的次数重复运行一段语句。函数 for 和语句 end 一起构成了一个循环体。图 6.20 给出了函数 for 的使用说明和演示示例。在该示例中，循环体内的语句将重复运行 10 次，在第 i 次（$1 \leqslant i \leqslant 10$）运行时，为向量 $\boldsymbol{a}$ 的第 i 个元素赋值 20，并重新计算标量 b。

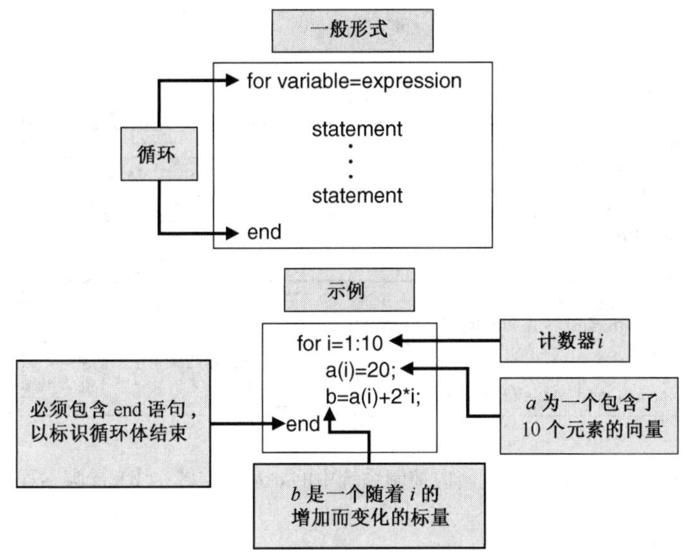

图 6.20　函数 for 的用法说明及示例

利用劳斯-赫尔维茨稳定性判据可以准确判定线性系统的绝对稳定性，但不能分析相对稳定性。相对稳定性与特征根的位置密切相关。劳斯-赫尔维茨稳定性判据只能告诉我们 s 右半平面上闭环极点的数量，但不能给出极点的具体位置分布。而利用控制系统设计软件，能够很容易地求解闭环极点，因而便于评估系统的相对稳定性。

例 6.11　履带车辆的转向控制

履带车辆转向控制系统的框图如图 6.8 所示。本例的设计目标是选择参数 a 和 K 的合适取值，以保证系统稳定，并使系统对斜坡输入的稳态响应误差小于或等于输入信号斜率的 24%。

利用劳斯-赫尔维茨稳定性判据，可以搜索得到保证系统稳定的参数 a 和 K 的取值范围。系统的闭环特征方程为

$$q(s) = s^4 + 8s^3 + 17s^2 + (K + 10)s + aK = 0$$

于是应该要求

$$K < 126, \qquad \frac{126 - K}{8}(K + 10) - 8aK > 0, \qquad aK > 0$$

由于增益 $K>0$，因此可将 K 和 a 的取值范围初步限定为 $0<K<126$ 和 $a>0$。接下来，利用控制系统设计软件，针对 K 的不同取值，分别计算能够保证系统稳定的 a 的取值，这样就可以在 a 和 K 的容许取值范围内，找到一组参数(a,K)，既保证满足系统稳定性的要求，又满足稳态误差的要求。具体过程与实现代码如图 6.21 所示，包括了参数 a 和 K 的取值范围，以及在给定参数之后计算系统的特征根。首先定义 a 和 K 的取值向量，再针对 K 的每个值，依次计算 a 取不同值时的特征根，直到找到至少有一个根出现在 s 右半平面时的 a 的取值。重复执行这一过程，直到穷尽 a 和 K 的取值向量。这样一来，所得到的(a,K)数组就定义了稳定区域和不稳定区域的分界线。图 6.21 中 a-K 关系曲线的左边即为使系统稳定的参数容许域。

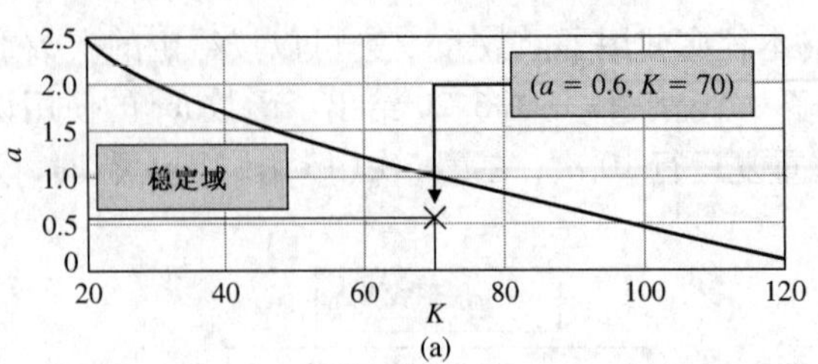

(a)

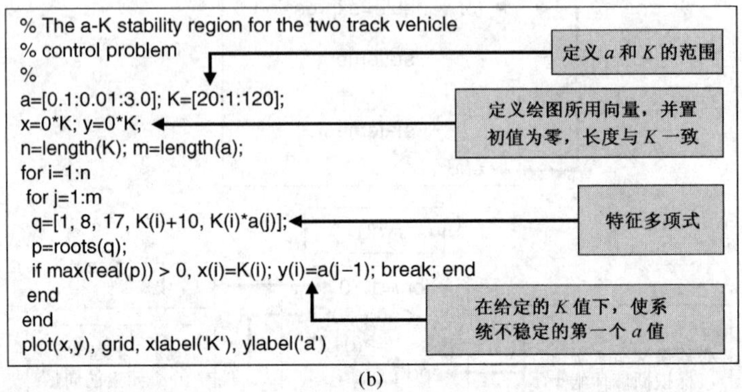

(b)

图 6.21 (a) 履带车辆转向控制系统中的 a-K 稳定域；(b) m 脚本程序

由于系统的跟踪误差为

$$E(s) = \frac{1}{1 + G_cG(s)}R(s) = \frac{s(s+1)(s+2)(s+5)}{s(s+1)(s+2)(s+5) + K(s+a)}R(s)$$

因此，当输入为斜坡信号 $r(t) = At$，$t > 0$ 时，根据终值定理，可以得到系统的稳态误差为

$$e_{ss} = \lim_{s\to 0} s \cdot \frac{s(s+1)(s+2)(s+5)}{s(s+1)(s+2)(s+5) + K(s+a)} \cdot \frac{A}{s^2} = \frac{10A}{aK}$$

稳态误差的设计要求为 $e_{ss} < 0.24A$，因此有

$$\frac{10A}{aK} < 0.24A$$

即

$$aK > 41.67 \tag{6.34}$$

在图 6.21(a)所示的稳定域内，任何满足式(6.34)的 a 和 K 的取值，都能够同时满足稳定性和稳态误差的设计要求。例如，$K = 70$ 和 $a = 0.6$ 就满足了设计要求，此时的闭环传递函数为

$$T(s) = \frac{70s + 42}{s^4 + 8s^3 + 17s^2 + 80s + 42}$$

系统的闭环极点为

$$s = -7.0767$$
$$s = -0.5781$$
$$s = -0.1726 + 3.1995\mathrm{i}$$
$$s = -0.1726 - 3.1995\mathrm{i}$$

显然，所有的闭环极点都位于 s 左半平面。闭环系统的单位斜坡响应曲线如图 6.22 所示，其稳态误差小于 0.24，满足了设计要求。

状态变量系统的稳定性 接下来介绍如何分析状态变量系统的稳定性。考虑式(6.22)所示的状态空间模型，与系统矩阵 $\boldsymbol{A}$ 有关的**特征方程**决定了系统的稳定性。系统的特征方程为

$$\det(s\boldsymbol{I} - \boldsymbol{A}) = 0 \tag{6.35}$$

上式的左边是 s 的多项式。如果特征方程的所有根都有负的实部，即 $\mathrm{Re}(s_i) < 0$，则系统是稳定的。

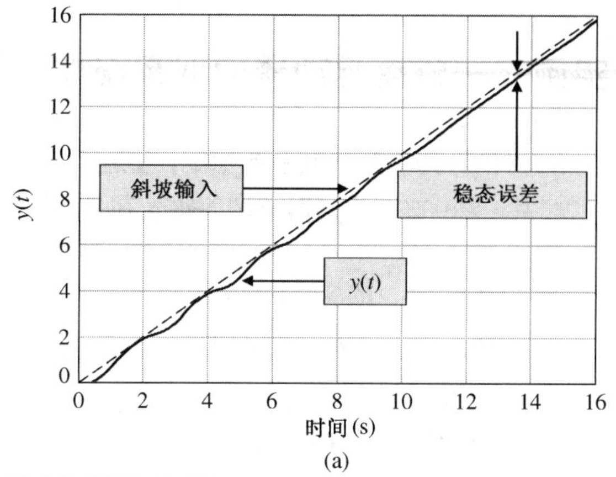

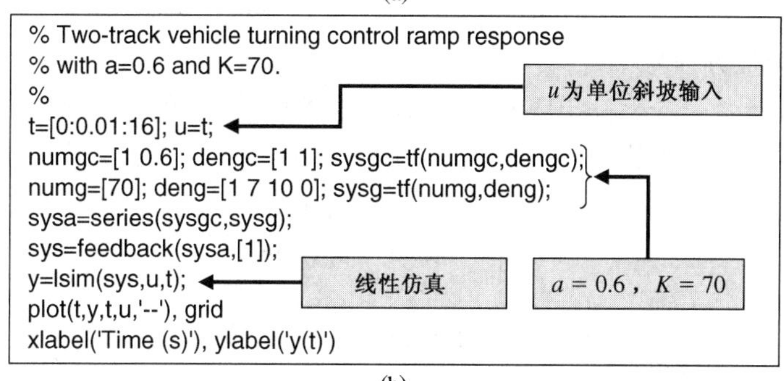

图 6.22　(a) $a=0.6$ 且 $K=70$ 时，系统的斜坡响应；(b) m 脚本程序

系统采用状态空间模型描述时，必须计算系统矩阵 $\boldsymbol{A}$ 的特征多项式 $\det(s\boldsymbol{I}-\boldsymbol{A})$，得到了特征多项式后，就可以直接构建系统的特征方程[见式(6.35)]。然后，既可以利用函数 roots 求解系统的特征根，从而判断系统是否稳定；也可以利用劳斯-赫尔维茨稳定性判据来手工分析系统的稳定性。当系统矩阵 $\boldsymbol{A}$ 的维数较低时，可以采用手工方式计算 $s\boldsymbol{I}-\boldsymbol{A}$ 的行列式。但是，当 $\boldsymbol{A}$ 的维数较高时，手工计算过程将非常烦琐，因此应尽量避免采用人工方式，而是尽可能利用计算机辅助方式来确定特征多项式。

函数 poly 可以由根向量出发重构多项式。如图 6.23 所示，函数 poly 的另一个用途是用来计算矩阵 $\boldsymbol{A}$ 的特征多项式，其中系统矩阵 $\boldsymbol{A}$ 为

$$\boldsymbol{A}=\begin{bmatrix}-8 & -16 & -6\\ 1 & 0 & 0\\ 0 & 1 & 0\end{bmatrix}$$

于是有对应的特征多项式为

$$s^3+8s^2+16s+6=0$$

当 $\boldsymbol{A}$ 为 $n\times n$ 矩阵时，poly($\boldsymbol{A}$)的输出是一个 $n+1$ 维的行向量，其元素分别为特征方程 $\det(s\boldsymbol{I}-\boldsymbol{A})=0$ 中的特征多项式的系数，按降幂顺序排列。

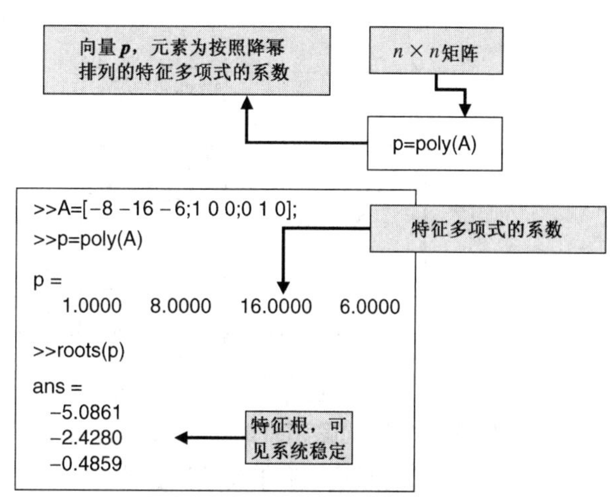

图 6.23　利用函数 poly 计算系统矩阵 $\boldsymbol{A}$ 的特征多项式

6.7 循序渐进设计实例——磁盘驱动器读取系统

本节通过调整放大器增益 K_a 讨论保持磁头读取系统稳定，并适当地调整系统配置。

考虑图 6.24 所示的系统。首先，考虑速度传感器反馈回路断开时的情况，此时的闭环传递函数为

$$\frac{Y(s)}{R(s)} = \frac{K_a G_1(s) G_2(s)}{1 + K_a G_1(s) G_2(s)} \tag{6.36}$$

其中，

$$G_1(s) = \frac{5000}{s + 1000}, \quad G_2(s) = \frac{1}{s(s + 20)}$$

由此可以得到闭环特征方程为

$$s^3 + 1020s^2 + 20\,000s + 5000K_a = 0 \tag{6.37}$$

在此基础上，构建劳斯判定表为

$$\begin{array}{c|cc} s^3 & 1 & 20\,000 \\ s^2 & 1020 & 5000K_a \\ s^1 & b_1 & \\ s^0 & 5000K_a & \end{array}$$

其中，

$$b_1 = \frac{(20\,000)1020 - 5000K_a}{1020}$$

当 $K_a = 4080$ 时，将有 $b_1 = 0$，这会导致系统临界稳定。辅助方程为

$$1020s^2 + 5000(4080) = 0$$

据此可知，系统在虚轴 $j\omega$ 上的根为 $s = \pm j141.4$。因此，为了确保系统稳定，放大器增益 K_a 应该满足 $K_a < 4080$。

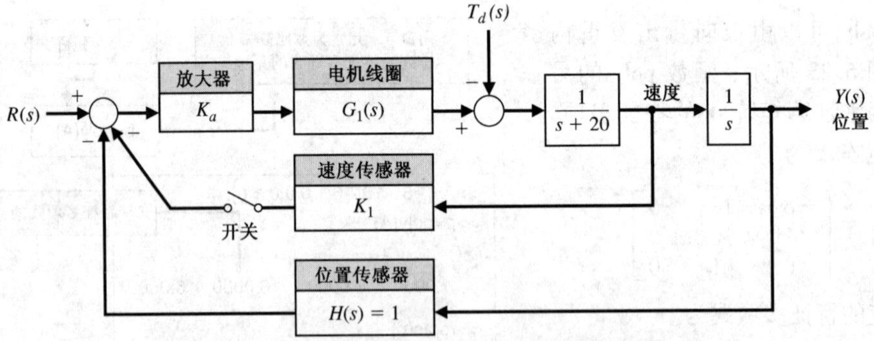

图 6.24　带速度反馈的磁盘驱动器磁头读取系统

当速度传感器反馈回路闭合时，相当于为系统添加了速度反馈。此时，图 6.24 所示的系统等价于图 6.25 所示的系统，由于反馈因子为 $1 + K_1 s$，系统的闭环传递函数为

$$\frac{Y(s)}{R(s)} = \frac{K_a G_1(s) G_2(s)}{1 + [K_a G_1(s) G_2(s)](1 + K_1 s)} \tag{6.38}$$

闭环特征方程为

$$1 + [K_a G_1(s) G_2(s)](1 + K_1 s) = 0$$

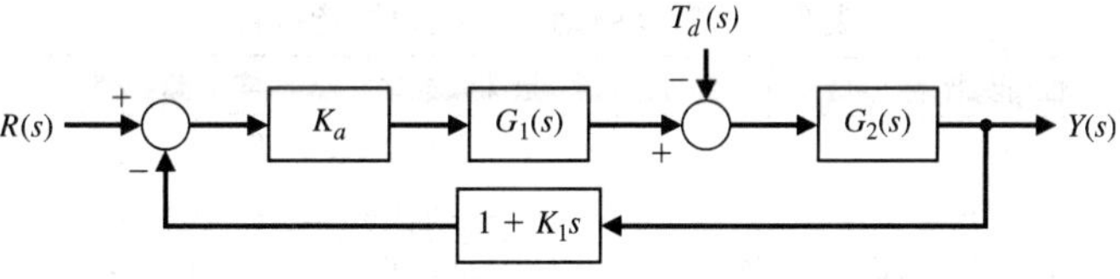

图 6.25　速度反馈开关闭合时的等价系统

将 $G_1(s)$ 和 $G_2(s)$ 分别代入后，可得

$$s(s+20)(s+1000)+5000K_a(1+K_1s)=0$$

展开后，可得

$$s^3+1020s^2+[20\,000+5000K_aK_1]s+5000K_a=0$$

对应的劳斯判定表为

$$\begin{array}{c|cc} s^3 & 1 & 20\,000+5000K_aK_1 \\ s^2 & 1020 & 5000K_a \\ s^1 & b_1 & \\ s^0 & 5000K_a & \end{array}$$

其中，
$$b_1=\frac{1020\,(20\,000+5000K_aK_1)-5000K_a}{1020}$$

由劳斯-赫尔维茨稳定性判据可知，为确保系统稳定，(K_a, K_1)的取值必须同时使得 $K_a>0$ 和$b_1>0$。$K_1=0.05$ 和 $K_a=100$ 能够满足上述要求，运行图 6.26(a)所示的 m 脚本程序，可以得到闭环系统的单位阶跃响应曲线，如图 6.26(b)所示。由此可见，系统阶跃响应的调节时间约为 $T_s=260$ ms(按 2%准则)，超调量 P.O.=0%。具体的性能指标参见表 6.3，从中可以看出，这种参数选择方案能够基本满足性能指标的设计要求。如果严格要求调节时间 $T_s\leqslant 250$ ms，就应该重新选择 K_1 的取值。

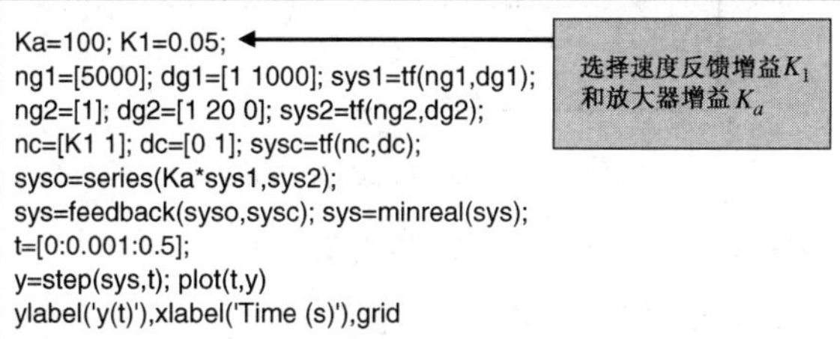

```
Ka=100; K1=0.05;
ng1=[5000]; dg1=[1 1000]; sys1=tf(ng1,dg1);
ng2=[1]; dg2=[1 20 0]; sys2=tf(ng2,dg2);
nc=[K1 1]; dc=[0 1]; sysc=tf(nc,dc);
syso=series(Ka*sys1,sys2);
sys=feedback(syso,sysc); sys=minreal(sys);
t=[0:0.001:0.5];
y=step(sys,t); plot(t,y)
ylabel('y(t)'),xlabel('Time (s)'),grid
```


(a)

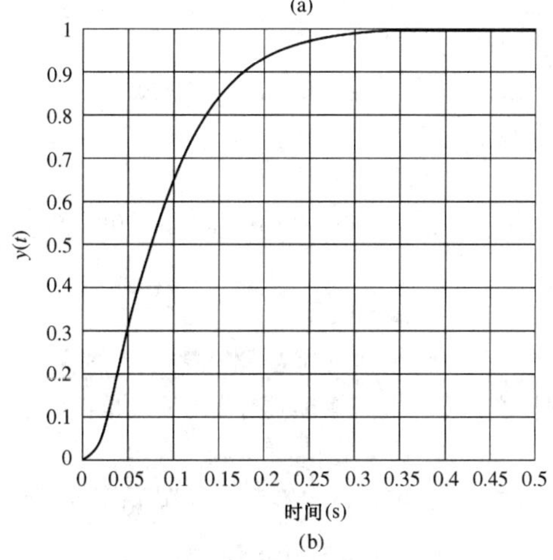

(b)

图 6.26　速度反馈开关闭合时，系统的单位阶跃响应。(a) m 脚本程序；(b) $K_1=0.05$ 和 $K_a=100$ 时，系统的单位阶跃响应

表6.3 磁盘驱动器系统的性能指标

性能指标	指标要求	实际值
超调量	小于5%	0%
调节时间	小于250 ms	260 ms
单位扰动的最大响应	小于 5×10^{-3}	2×10^{-3}

6.8 小结

本章讨论了反馈控制系统稳定性的概念，给出了系统输入-输出有界稳定性的定义，分析了系统稳定性与传递函数极点在 s 平面上的位置分布之间的关系。

本章介绍了劳斯-赫尔维茨稳定性判据，并利用一些实例，分情况讨论了劳斯-赫尔维茨稳定性判据的应用。本章进一步讨论了反馈控制系统的相对稳定性，这与系统传递函数的零点和极点在s 平面上的具体位置有关。此外，本章还讨论了状态变量系统的稳定性。

技能自测

本节提供三类题目来测试你对本章知识的掌握情况：正误判断题、多项选择题，以及术语和概念匹配题。为了直接地反馈学习效果，请及时对照每章最后给出的答案。必要时，请借助图6.27给出的框图来确认下面各题中的结论。

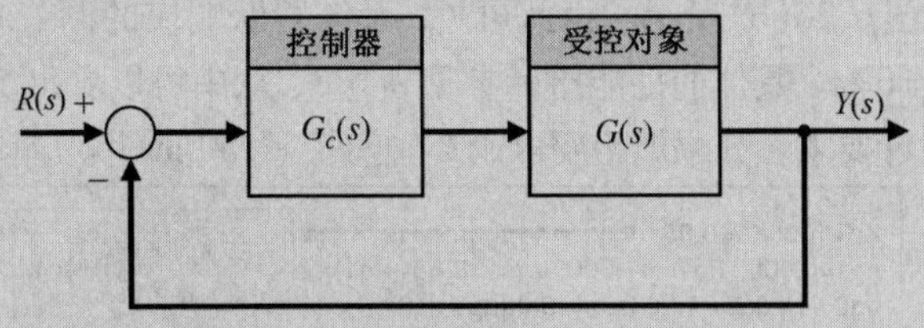

图6.27 技能自测参考框图

在下面的正误判断题和多项选择题中，圈出正确的答案。

1. 稳定系统是指对任意输入均产生有界输出响应的动态系统。 对 或 错
2. 临界稳定系统在 $j\omega$ 轴上有极点。 对 或 错
3. 如果所有的极点均位于 s 右半平面，则系统稳定。 对 或 错
4. 劳斯-赫尔维茨稳定性判据是判定线性系统稳定性的充分必要判据。 对 或 错
5. 相对稳定性表示了系统的稳定程度。 对 或 错
6. 如果系统的特征方程为

$$q(s) = s^3 + 4Ks^2 + (5 + K)s + 10 = 0$$

则系统稳定时 K 的取值范围为

a. $K>0.46$　　b. $K<0.46$

c. $0<K<0.46$　　d. 对所有的 K，系统都不可能稳定

7. 利用劳斯-赫尔维茨稳定性判据，判断如下特征多项式对应的系统是否稳定：

$$p_1(s) = s^2 + 10s + 5 = 0,$$

$$p_2(s) = s^4 + s^3 + 5s^2 + 20s + 10 = 0$$

a. $p_1(s)$稳定，$p_2(s)$也稳定　　b. $p_1(s)$不稳定，$p_2(s)$稳定

c. $p_1(s)$稳定，$p_2(s)$不稳定　　d. $p_1(s)$不稳定，$p_2(s)$也不稳定

8. 考虑图 6.27 所示的反馈控制系统框图，若 $G_c(s)=K(s+1)$，$G(s)=\dfrac{1}{(s+2)(s-1)}$，当 $K=1$ 和 $K=3$ 时，分析闭环系统的稳定性。

a. $K=1$ 时不稳定，$K=3$ 时稳定　　b. $K=1$ 时不稳定，$K=3$ 时也不稳定

c. $K=1$ 时稳定，$K=3$ 时不稳定　　d. $K=1$ 时稳定，$K=3$ 时也稳定

9. 考虑图 6.27 所示的单位负反馈控制系统，其中的开环传递函数为

$$L(s)=G_c(s)G(s)=\frac{K}{(1+0.5s)(1+0.5s+0.25s^2)}$$

确定闭环系统临界稳定时 K 的取值。

a. $K=10$　　b. $K=3$

c. 对所有的 K，系统均不稳定　　d. 对所有的 K，系统都是稳定的

10. 某系统可以用状态微分方程表示为 $\dot{\boldsymbol{x}}(t)=\boldsymbol{AX}(t)$，其中

$$\mathbf{A}=\begin{bmatrix}0 & 1 & 0\\ 0 & 0 & 1\\ -5 & -K & 10\end{bmatrix}$$

则系统稳定时，参数 K 的取值为

a. $K<1/2$　　b. $K>1/2$　　c. $K=1/2$　　d. 对所有的 K 系统均稳定

11. 借助劳斯表求解如下特征方程的根：

$$q(s)=2s^3+2s^2+s+1=0$$

a. $s_1=-1;\ s_{2,3}=\pm\dfrac{\sqrt{2}}{2}\mathrm{j}$　　b. $s_1=1;\ s_{2,3}=\pm\dfrac{\sqrt{2}}{2}\mathrm{j}$

c. $s_1=-1;\ s_{2,3}=1\pm\dfrac{\sqrt{2}}{2}\mathrm{j}$　　d. $s_1=-1;\ s_{2,3}=1$

12. 考虑图 6.27 所示的单位反馈控制系统，其中

$$G(s)=\frac{1}{(s-2)(s^2+10s+45)},\quad G_c(s)=\frac{K(s+0.3)}{s}$$

系统稳定时，K 的取值范围为

a. $K<260.68$　　b. $50.06<K<123.98$

c. $100.12<K<260.68$　　d. 对所有的 $K>0$，系统均不稳定

在第 13 题和第 14 题中，考虑由下面的状态空间模型描述的系统：

$$\dot{\boldsymbol{x}}(t)=\begin{bmatrix}0 & 1 & 0\\ 0 & 0 & 1\\ -5 & -10 & -5\end{bmatrix}\boldsymbol{x}(t)+\begin{bmatrix}0\\ 0\\ 20\end{bmatrix}u(t)$$

$$y(t)=\begin{bmatrix}1 & 0 & 1\end{bmatrix}\boldsymbol{x}(t)$$

13. 对应的特征方程为

a. $q(s)=s^3+5s^2-10s-6$　　b. $q(s)=s^3+5s^2+10s+5$

c. $q(s)=s^3-5s^2+10s-5$　　d. $q(s)=s^2-5s+10$

14. 应用劳斯-赫尔维茨稳定性判据，确定系统是稳定的、不稳定的或临界稳定的。

a. 稳定　　b. 不稳定

c. 临界稳定　　d. 以上都不对

15. 系统的框图模型如图 6.27 所示，其中 $G(s)=\dfrac{10}{(s+15)^2}$，$G_c(s)=\dfrac{K}{s+80}$，且 $K>0$。试确定增益 K 的取值范围，使得系统稳定。

a. $0 < K < 28875$　　b. $0 < K < 27075$

c. $0 < K < 25050$　　d. 对所有的 $K > 0$，系统都稳定

在下面的术语和概念匹配题中，在空格中填写正确的字母，将术语和概念与它们的定义联系起来。

a. 劳斯-赫尔维茨稳定性判据	系统的性能衡量指标之一。	____
b. 辅助多项式	当输入有界时，输出响应也有界的动态系统。	____
c. 临界稳定	用特征方程的实根或者共轭复根的实部的相对大小来度量的系统的稳定程度。	____
d. 稳定系统	一种通过研究传递函数的特征方程来确定系统稳定性的判据。	____
e. 稳定性	借助劳斯表中零元素行的上一行构建的多项式。	____
f. 相对稳定性	一个只描述系统稳定与否的概念，不涉及诸如稳定程度等其他系统特征。	____
g. 绝对稳定性	系统稳定性的一种类型，当 t 趋于无穷大时，这种系统的零输入响应保持有界。	____

基础练习题

E6.1 某系统的特征方程为 $s^3+Ks^2+(1+K)s+6=0$，试确定 K 的取值范围，以保证该系统稳定。

答案：$K>2$

E6.2 某系统的特征方程为 $s^3+15s^2+2s+40=0$，试利用劳斯-赫尔维茨稳定性判据证明，该系统是不稳定的。

E6.3 某系统的特征方程为 $s^4+10s^3+32s^2+37s+10=0$，试利用劳斯-赫尔维茨稳定性判据确定该系统是否稳定。

E6.4 某控制系统的框图如图 E6.4 所示，试确定将会导致该系统失稳的增益 K 的取值范围。

答案：$K=20/7$

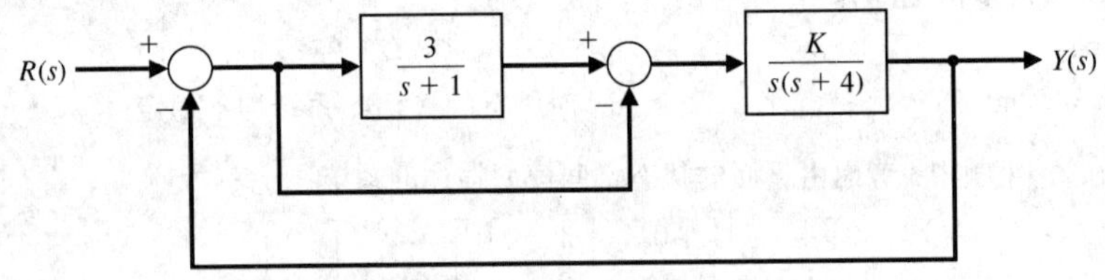

图 E6.4　前馈系统

E6.5 某单位负反馈系统的开环传递函数为

$$L(s)=\frac{K}{(s+1)(s+3)(s+6)}$$

其中，$K=20$，试求该系统的闭环特征根。

E6.6 某单位负反馈系统的开环传递函数为

$$L(s)=G_c(s)G(s)=\frac{K(s+2)}{s(s-1)}$$

(a) 当闭环系统的阻尼系数为 $\zeta=0.707$ 时，求增益 K 的值。

(b) 当闭环系统在虚轴上有两个特征根时，求增益 K 的值。

E6.7 继续考虑习题 E6.5 中给出的反馈系统，若该系统在虚轴上有两个特征根，试确定 K 的取值，并求出与此对应的三个特征根。

答案：$s=-10,\ \pm j5.2$

E6.8 工程师们发明了一种小型战斗机，它能够快速机动，垂直起飞，且不会被雷达发现（即隐形飞机）。这种战斗机采用快速转动的喷管来控制航向[16]，其航向控制系统如图E6.8所示。试确定能使系统保持稳定的最大增益值。

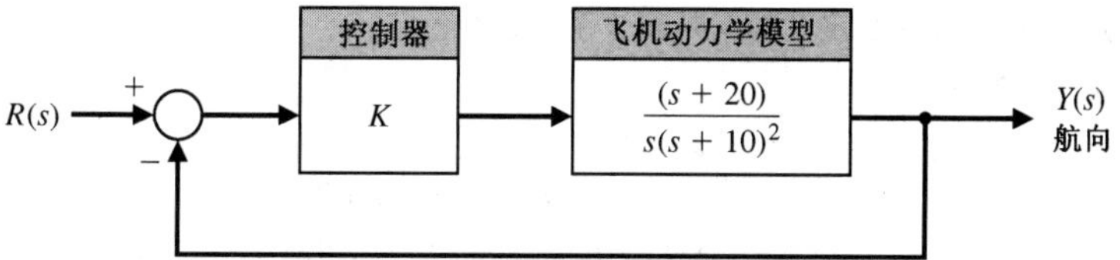

图E6.8 隐形飞机航向控制系统

E6.9 某系统的特征方程为

$$s^3 + 5s^2 + (K+1)s + 10 = 0$$

试确定 K 的取值范围，以保证系统稳定。

答案：$K > 1$

E6.10 考虑闭环控制系统的闭环传递函数

$$T(s) = \frac{4}{s^3 + 4s^2 + s + 4}$$

系统是否稳定？

E6.11 某系统的传递函数为

$$\frac{Y(s)}{R(s)} = \frac{10(s+1)}{s^4 + 6s^3 + 2s^2 + s + 3}$$

试确定系统单位阶跃响应的稳态误差，并判断系统是否稳定。

E6.12 某系统具有二阶特征方程

$$s^2 + as + b = 0$$

其中，a 和 b 均为常数。试确定系统稳定的充分必要条件，并说明能否只通过考察其特征方程的系数，来判断二阶系统的稳定性。

E6.13 考虑图E6.13所示的反馈系统，试确定参数 K_P 和 K_D 的取值范围，使得闭环系统稳定。

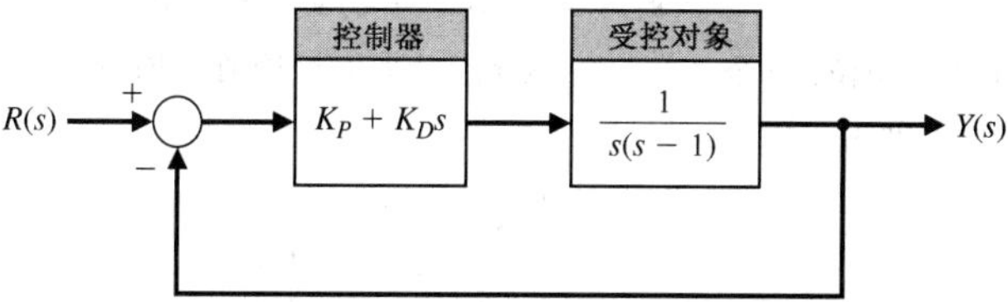

图E6.13 带有比例微分控制器 $G_c(s) = K_P + K_D s$ 的闭环系统

E6.14 采用磁浮轴承后，转子可以不与轴承直接接触。因此，在轻工业和重工业生产中，这种无接触支撑技术的应用都越来越广泛[14]。磁浮轴承系统的矩阵微分方程为

$$\dot{\boldsymbol{x}}(t) = \begin{bmatrix} 0 & 1 & 0 \\ -3 & -1 & 0 \\ -2 & -1 & -2 \end{bmatrix} \boldsymbol{x}(t)$$

其中，$\boldsymbol{x}^{\mathrm{T}}(t) = [y(t),\ \dot{y}(t),\ i(t)]$，$y(t)$ 为轴承间隙，$i(t)$ 为磁场电流。试判断该系统是否稳定。

答案：稳定。

E6.15 某系统的特征方程为

$$q(s) = s^6 + 9s^5 + 31.25s^4 + 61.25s^3 + 67.75s^2 + 14.75s + 15 = 0$$

(a) 利用劳斯-赫尔维茨判据判断该系统是否稳定。

(b) 求特征方程的根。

答案:(a) 临界稳定。 (b) $s=-3, -4, -1\pm j2, \pm j0.5$

E6.16 某系统的特征方程为

$$q(s)=s^4+9s^3+45s^2+87s+50=0$$

(a) 利用劳斯-赫尔维茨稳定性判据判断该系统是否稳定。

(b) 求特征方程的根。

E6.17 某系统状态变量模型为

$$\dot{\boldsymbol{x}}(t)=\begin{bmatrix}0 & 1 & -1\\ -8 & -12 & 8\\ -8 & -12 & 5\end{bmatrix}\boldsymbol{x}(t)$$

(a) 确定系统的特征方程。

(b) 判断系统是否稳定。

(c) 求特征方程的根。

答案:(a) $q(s)=s^3+7s^2+36s+24=0$

E6.18 某系统的特征方程为

$$q(s)=s^3+20s^2+5s+100=0$$

(a) 利用劳斯-赫尔维茨稳定性判据判断该系统是否稳定。

(b) 求特征方程的根。

E6.19 考虑如下三个特征方程,试分别判断所对应的系统是否稳定。

(a) $s^3+3s^2+5s+75=0$ (b) $s^4+5s^3+10s^2+10s+80=0$

(c) $s^2+6s+3=0$

E6.20 试求下列特征方程的根:

(a) $s^3+5s^2+8s+4=0$ (b) $s^3+9s^2+27s+27=0$

E6.21 某系统的传递函数为 $Y(s)/R(s)=T(s)=1/s$。

(a) 判断该系统是否稳定。

(b) 如果输入 $r(t)$ 为单位阶跃信号,试求系统的响应 $y(t)$。

E6.22 某系统的特征方程为

$$q(s)=s^3+10s^2+29s+K=0$$

若将虚轴向左平移两个单位,即令 $s=s_n-2$,试确定增益 K 的取值,使得原方程有共轭复根 $s=-2\pm j$。

E6.23 某系统的状态变量模型为

$$\dot{\boldsymbol{x}}(t)=\begin{bmatrix}0 & 1 & 0\\ 0 & 0 & 1\\ -8 & -k & -4\end{bmatrix}\boldsymbol{x}(t)$$

试确定 k 的取值范围,以保证系统稳定。

E6.24 某系统的状态空间模型为

$$\dot{\boldsymbol{x}}(t)=\boldsymbol{A}\boldsymbol{x}(t)+\boldsymbol{B}u(t)$$
$$y(t)=\boldsymbol{C}\boldsymbol{x}(t)+\boldsymbol{D}u(t)$$

其中,

$$\boldsymbol{A}=\begin{bmatrix}0 & 1 & 0\\ 0 & 0 & 1\\ -k & -k & -k\end{bmatrix},\quad \boldsymbol{B}=\begin{bmatrix}0\\ 0\\ 1\end{bmatrix}$$

$$\boldsymbol{C}=[1\quad 0\quad 0],\quad \boldsymbol{D}=[0]$$

(a) 试求系统的传递函数。

(b) 试确定 k 的取值范围,以保证系统稳定。

E6.25 考虑图 E6.25 所示的闭环反馈系统,试确定参数 K 和 p 的取值范围,以保证闭环系统稳定。

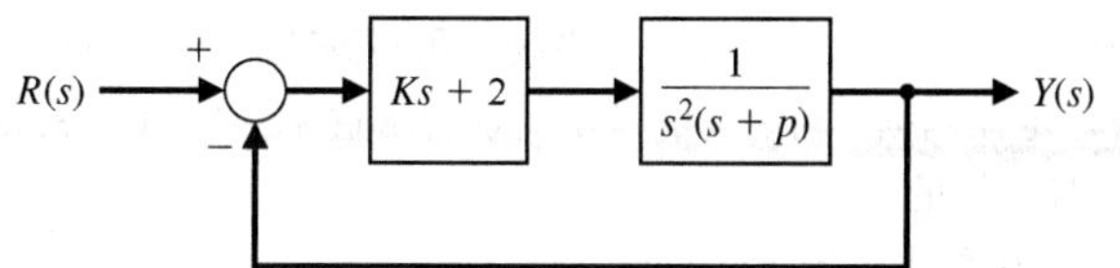

图 E6.25　闭环系统，参数 K 和 p 可调

E6.26　考虑图 E6.26 所示的闭环系统，其中受控对象 $G(s)$ 和控制器 $G_c(s)$ 分别为

$$G(s) = \frac{4}{s-1},\quad G_c(s) = \frac{1}{2s+K}$$

(a) 试求闭环系统的特征方程。

(b) 试确定 K 的取值范围，以保证闭环系统稳定。

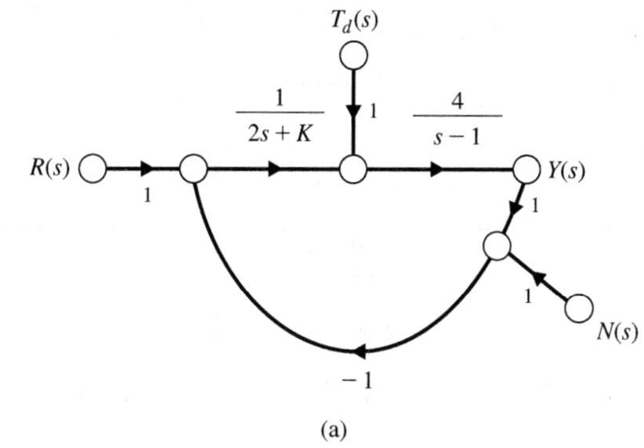

(a)

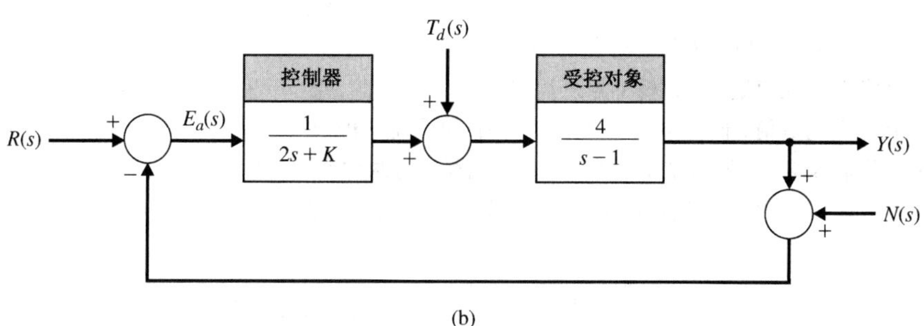

(b)

图 E6.26　闭环反馈控制系统，参数 K 可调

一般习题

P6.1　考虑下列特征方程：

(a) $s^2+5s+2=0$

(b) $s^3+4s^2+8s+4=0$

(c) $s^3+2s^2-6s+20=0$

(d) $s^4+s^3+2s^2+12s+10=0$

(e) $s^4+s^3+3s^2+2s+K=0$

(f) $s^5+s^4+2s^3+s+6=0$

(g) $s^5+s^4+2s^3+s^2+s+K=0$

利用劳斯-赫尔维茨稳定性判据，分别分析它们的稳定性。当这些特征多项式对应的特征方程在 s 右半面有根时，试确定位于 s 右半面的根的个数。就包含参数 K 的多项式而言，试进一步确定 K 的取值范围，以保证系统稳定。

P6.2　习题 P4.5 曾经分析了大型天线的控制系统，并得出了如下结论：为了减小风力干扰的影响，应该使得放大器增益 k_a 尽可能大。

(a) 试确定增益 k_a 的取值范围，以保证系统稳定。

(b) 假设闭环系统的复极点为主导极点，且系统的预期调节时间为 1.5 s，试应用平移虚轴方法和劳斯-赫尔维茨稳定性判据，确定能够满足要求的增益 k_a 的取值。并说明在这种情况下，复极点能否有效地主导系统的瞬态响应。

P6.3 电弧焊是工业机器人最重要的应用领域之一[11]。在很多实际应用场合，由于工件的尺寸偏差、焊接线的几何形状及焊接过程本身的误差等原因，可能将导致焊接点烧结起球或虚焊。因此，需要为机器人配置合适的传感器，以保证焊接质量。如图 P6.3 所示，在该焊接系统中，焊条的熔化速度保持恒定，并采用计算机视觉系统来监测金属烧结体的几何形状。

(a) 确定能够使系统稳定的 K 的最大值。

(b) 当 K 取(a)所得结果的 1/2 时，求解特征方程的根。

(c) 在(b)所得结果的基础上，估算系统阶跃响应的超调量。

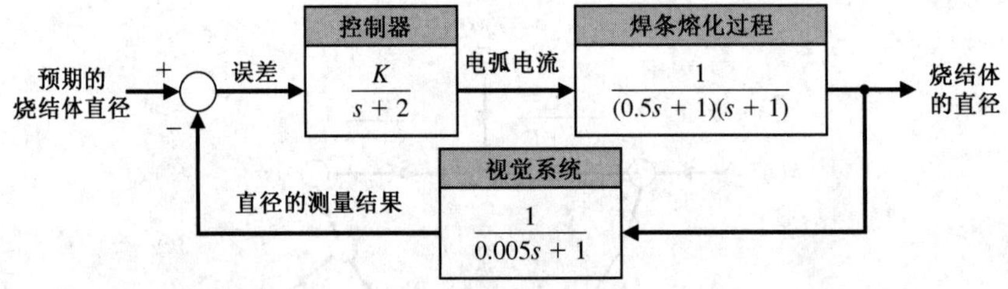

图 P6.3 焊接控制

P6.4 考虑图 P6.4 所示的反馈控制系统，其中控制器 $G_c(s)$ 和受控对象 $G(s)$ 分别为

$$G_c(s) = K, \quad G(s) = \frac{s+40}{s(s+10)}$$

反馈回路的传递函数为 $H(s)=1/(s+20)$。

(a) 确定 K 的取值范围，以保证系统稳定。

(b) 确定 K 的取值，使得系统临界稳定，并计算系统的虚根。

(c) 当增益 K 取(b)所得结果的 1/2 时，分别利用这两种方法分析系统的相对稳定性：(1) 移动虚轴和劳斯-赫尔维茨稳定性判据，(2) 估计特征根在 s 平面的位置。并证明，系统的根位于 -1 和 -2 之间。

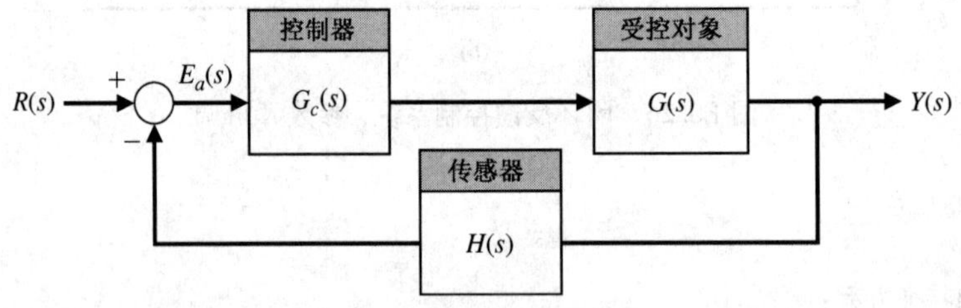

图 P6.4 非单位反馈系统

P6.5 考虑三个控制系统，其特征方程如下：

(a) $s^3+3s^2+6s+2=0$ (b) $s^4+9s^3+30s^2+42s+20=0$

(c) $s^3+20s^2+100s+200=0$

试分别利用下列两种方法分析这些系统的相对稳定性：(1) 移动虚轴和劳斯-赫尔维茨稳定性判据，(2) 估计复特征根在 s 平面的位置。

P6.6 考虑图 P6.6 所示的单位负反馈系统，系统的开环传递函数分别为

(a) $G_c(s)G(s)=\dfrac{10s+2}{s^2(s+1)}$ (b) $G_c(s)G(s)=\dfrac{24}{s(s^3+10s^2+35s+50)}$

(c) $G_c(s)G(s)=\dfrac{(s+2)(s+3)}{s(s+4)(s+6)}$

试通过估计闭环特征根在 s 平面的位置，分析这些反馈系统的相对稳定性。

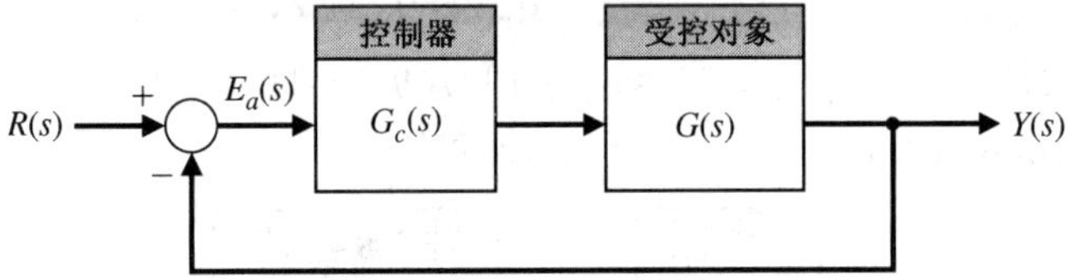

图 P6.6　单位负反馈系统

P6.7　某相位检测器(锁相环)的线性模型如图 P6.7 所示[9]。锁相环的作用在于使压控振荡器的输出与输入载波信号保持相位同步。在某个具体应用中，锁相环中的滤波器传递函数为

$$F(s)=\frac{10(s+10)}{(s+1)(s+100)}$$

当相位的变换规律为斜坡信号时，我们希望系统响应的稳态误差尽可能小。

(a) 确定增益 $K_aK=K_v$ 的取值范围，以保证系统稳定。

(b) 假定系统的指标设计要求为，当斜坡输入信号的变化率为 100 rad/s 时，系统的稳态误差为 1°。选择增益 K_v 的合适取值，使得系统性能满足这个指标设计要求，并计算此时的系统特征根。

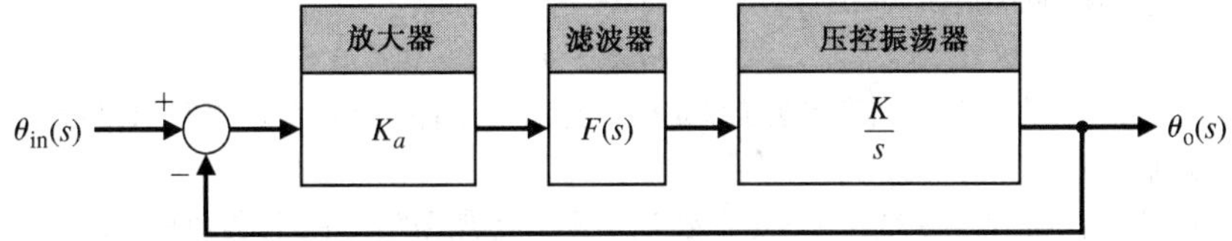

图 P6.7　锁相环系统

P6.8　工程师们设计了一种新型的轮椅速度控制系统。该系统在轮椅乘坐者的头盔上，以 90°的间隔安装了 4 个速度传感器，分别用来接收来自前、后、左、右的 4 个方向的指令，头盔传感系统的输出与头部运动的幅度成正比。该控制系统的框图模型如图 P6.8 所示，其中时间常数分别为 $\tau_1=0.5$ s，$\tau_3=1$ s 和 $\tau_4=1/4$ s。

(a) 确定 $K=K_1K_2K_3$ 的取值范围，以保证系统稳定。

(b) 当 K 的取值是使系统临界稳定时的临界值的 1/3 时，分析系统的调节时间满足 $T_s\leqslant 4$ s(按 2% 准则)是否成立。

(c) 选择增益 K 的合适取值，使系统的调节时间满足 $T_s\leqslant 4$ s，并计算此时的系统特征根。

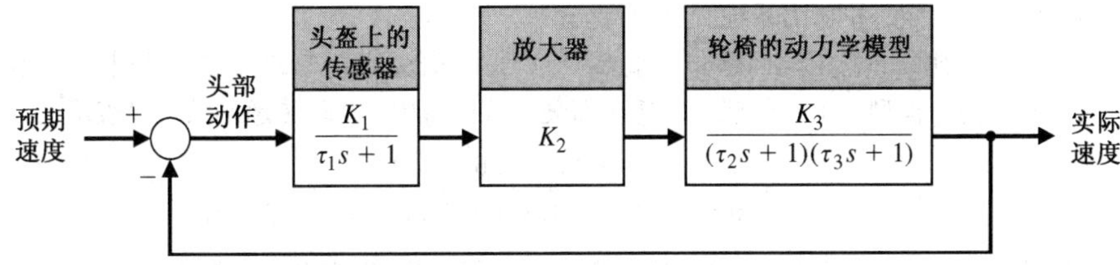

图 P6.8　轮椅速度控制系统

P6.9　盒式磁带存储器是一种大容量的存储装置[1]，在记录和读取数据时，必须精确地控制磁带的运行速度。磁带驱动器的速度控制系统如图 P6.9 所示。

(a) 确定增益 K 的取值范围，以保证系统稳定。

(b) 确定增益 K 的合适取值，使系统阶跃响应的超调量约为 5%。

P6.10　机器人在执行制造和装配任务时，必须能够快速准确地完成各种操作[10, 11]。其中，某型直接驱动机械臂的开环传递函数近似为

$$G(s)H(s) = \frac{K(s+10)}{s(s+3)(s^2+4s+8)}$$

(a) 选择增益 K 的合适取值，使得系统响应处于振荡状态(即临界稳定)。

(b) 在(a)中所求 K 值的基础上，求解闭环系统的特征根。

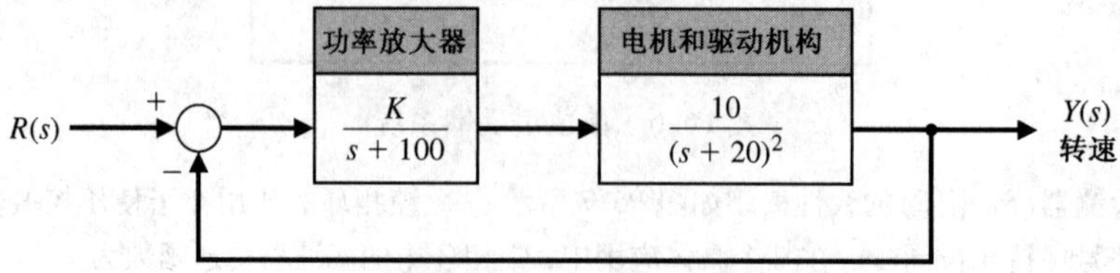

图 P6.9 磁带驱动器控制系统

P6.11 某反馈控制系统的特征方程为

$$s^3 + (1+K)s^2 + 3s + (1+7K) = 0$$

其中，$K>0$。试确定系统失稳之前 K 的最大取值，此时系统输出将出现持续振荡，试求系统输出的振荡频率。

P6.12 某系统具有三阶特征方程：

$$s^3 + as^2 + bs + c = 0$$

其中，a，b 和 c 均为常数。试确定系统稳定的充分必要条件，并说明能否只通过考察其特征方程的系数，来判断三阶系统的稳定性。

P6.13 考虑图 P6.13 所示的反馈系统，试确定参数 K，p 和 z 应满足的条件，使得闭环系统稳定。假设 $K>0$，$\zeta>0$，且 $\omega_n>0$。

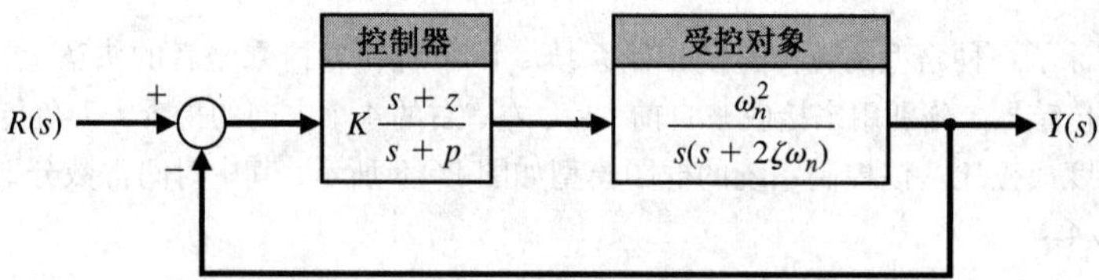

图 P6.13 含有可调参数 K，p 和 z 的控制系统

P6.14 某反馈控制系统的特征方程为

$$s^6 + 2s^5 + 13s^4 + 16s^3 + 56s^2 + 32s + 80 = 0$$

试判断系统是否稳定，并求出系统所有的特征根。

P6.15 研究摩托车和驾驶员的稳定性问题非常重要[12, 13]。在研究摩托车的驾驶特性时，必须同时考虑驾驶员模型和摩托车模型。在一种整个摩托车驾驶系统模型中，开环传递函数可以表示为

$$L(s) = \frac{K(s^2+30s+1125)}{s(s+20)(s^2+10s+125)(s^2+60s+3400)}$$

(a) 忽略分子多项式(零点项)和分母多项式中($s^2+60s+3400$)的项，根据近似模型，确定 K 的取值范围，以保证单位负反馈系统稳定。

(b) 考虑所有零点和极点，即根据原有模型，确定 K 的取值范围，以保证系统稳定。

P6.16 某系统的闭环传递函数为

$$T(s) = \frac{1}{s^3 + 5s^2 + 20s + 6}$$

(a) 判断系统是否稳定。

(b) 求解特征方程的根。

(c) 绘制系统的单位阶跃响应曲线。

P6.17　在日本横滨 70 层的摩天大楼 Landmark Tower 里，电梯的运行峰值速度为 45 km/h(28 mph)。在如此高的运行速度下，为了不使乘客感到由失重导致的不适，电梯不能骤然加速，而只能缓慢加速。实际上，在上行时，电梯要升到 27 层时才达到峰值运行速度；而在下行时，在 15 层时就开始减速。同大多数摩天大楼中的电梯一样，Landmark Tower 中电梯的最大加速度也应该比重力加速度的 1/10 还要稍微小一些。

电梯设计的令人佩服的独到之处，保证了电梯的安全性和乘客的舒适度。例如，电梯采用的是陶瓷制动片而非铁质制动片，而铁质制动片可能熔化；电梯采用了计算机控制系统来降低振动程度；要将电梯的外形设计为流线型，以减小电梯高速上下运动时产生的风噪声，等等[19]。电梯垂直方向上的位移控制系统如图 P6.17 所示，试确定 K 的取值范围，以便保证系统稳定。

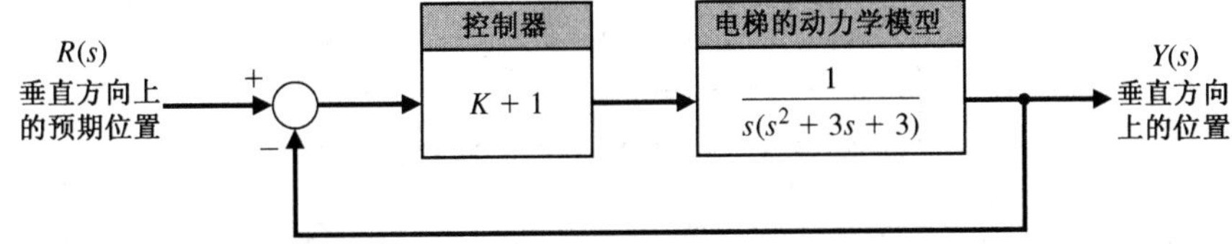

图 P6.17　电梯控制系统

P6.18　考虑描述澳洲大陆上的兔子和狐狸数量关系的种群模型。当仅仅考虑兔子的数量 x_1 时，种群模型为

$$\dot{x}_1 = kx_1$$

由此可见，兔子数量将会无限地增长(直到食物供应枯竭)。但随着狐狸的出现，兔子的种群模型将修改为

$$\dot{x}_1 = kx_1 - ax_2$$

其中，x_2 为狐狸的数量。狐狸必须依赖于兔子才能生存，因此又得到狐狸的种群模型为

$$\dot{x}_2 = -hx_2 + bx_1$$

试分析：

(a) 系统是否稳定？

(b) 当 $t \to +\infty$ 时，是否会有 $x_1(t) = x_2(t) = 0$？

(c) 为了使系统稳定，a，b，h 和 k 必须满足何种关系？

(d) 当 $k > h$ 时，将会导致何种结果？

P6.19　垂直起降(Vertical Takeoff and Landing，VTOL)飞机能够在相对狭小的机场上起降，而在水平飞行时，其操控性能与普通飞机一样[16]。垂直起降飞机的起飞过程与导弹升空有些类似，本质上是不稳定的。因此，设计人员为这类飞机设计了图 P6.19 所示的起飞控制系统，它利用可调喷气发动机来控制飞机。

(a) 确定增益 K 的取值范围，以保证系统稳定。

(b) 确定增益 K 的取值，以便使系统临界稳定，并求此时的系统特征根。

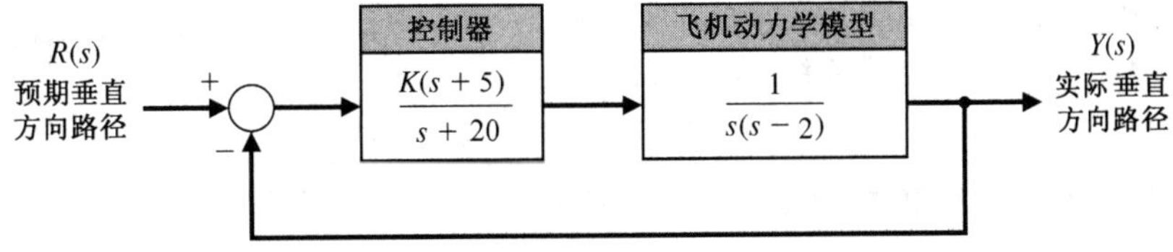

图 P6.19　垂直起降喷气式飞机的起飞控制系统

P6.20　图 P6.20(a)所示为一种个人用垂直起降飞机的图片。飞机高度控制系统的一种可能方案见图 P6.20(b)。

(a) 当 $K = 6$ 时，判断系统是否稳定。

(b) 如果 $K > 0$ 时系统有可能稳定，确定能使系统稳定的 K 的取值范围。

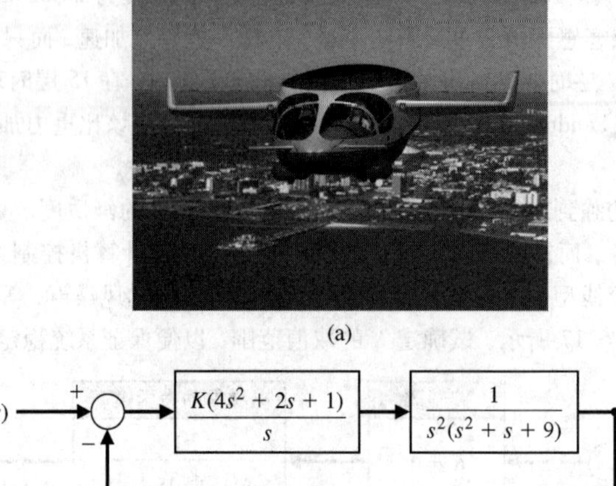

图 P6.20 (a) 一种个人用垂直起降飞机(Mirror Image Aerospace 版权所有);(b) 控制系统

P6.21 某系统的状态空间模型为

$$\dot{\boldsymbol{x}}(t) = \boldsymbol{A}\boldsymbol{x}(t) + \boldsymbol{B}u(t)$$

$$y(t) = \boldsymbol{C}\boldsymbol{x}(t)$$

其中,

$$\boldsymbol{A} = \begin{bmatrix} 0 & 1 \\ -k_1 & -k_2 \end{bmatrix}, \quad \boldsymbol{B} = \begin{bmatrix} 0 \\ 1 \end{bmatrix}, \quad \boldsymbol{C} = [1 \quad -1]$$

k_1 和 k_2 都为实数, 且 $k_1 \neq k_2$。

(a) 试求系统的状态转移矩阵 $\boldsymbol{\Phi}(t,0)$。

(b) 试求系统矩阵 $\boldsymbol{A}$ 的特征值。

(c) 试求系统特征方程的根。

(d) 从系统稳定性的角度, 讨论(a) ~ (c)中得到的结果。

难题

AP6.1 遥操作控制系统涉及操作员和远程机器。一般情况下, 遥操作系统只能实现人向机器的单向通信, 限制了机器对操作员的反馈。实现双向通信后, 人与机器之间的信息交换将更为充分, 这有助于更好地完成操作任务[18]。在远程控制过程中, 机器的力反馈和位置反馈都非常重要。图 AP6.1 所示的遥操作系统的特征方程为

图 AP6.1 遥操作系统模型

$$s^4 + 20s^3 + K_1 s^2 + 4s + K_2 = 0$$

其中, K_1 和 K_2 是反馈增益因子。试确定 K_1 和 K_2 的取值范围, 以保证系统稳定, 并绘制出K_1-K_2的稳定域。

AP6.2 海军飞行员驾驶飞机在航空母舰上降落, 这个任务可以分解为三个基本任务, 分别为引导飞机沿跑道的中轴线接近航空母舰、保持合适的滑翔角和保持恰当的飞行速度。飞机侧向位置控制系统的模型如图 AP6.2 所示, 当 $K \geqslant 0$ 时, 试确定 K 的取值范围, 以保证系统稳定。

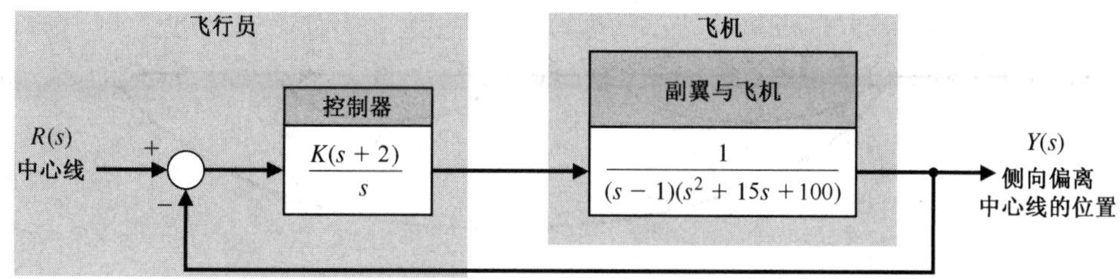

图 AP6.2　在航空母舰上降落时，飞机的侧向位置控制系统

AP6.3　考虑图 AP6.3 所示控制系统，当要求系统稳定，且对单位阶跃输入的响应稳态误差小于或等于 5% 时，

(a) 试确定 α 的取值范围，以满足稳态误差设计要求。

(b) 试确定 α 的取值范围，以保证系统稳定。

(c) 选择 α 的合适取值，使得既能满足稳态误差设计要求，又能保证系统稳定。

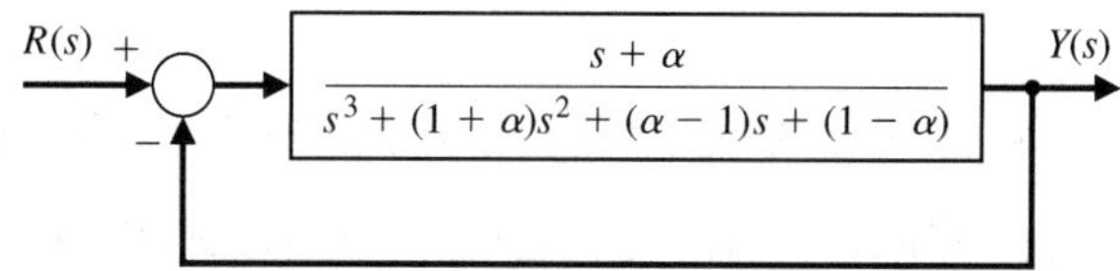

图 AP6.3　三阶单位负反馈系统

AP6.4　如图 AP6.4 所示，饮料灌装流水线采用了螺旋给进机构。系统采用速度计反馈来准确地控制流水线的速度。试确定 K 和 p 的取值范围，以保证系统稳定，并绘制 K-p 的稳定域。

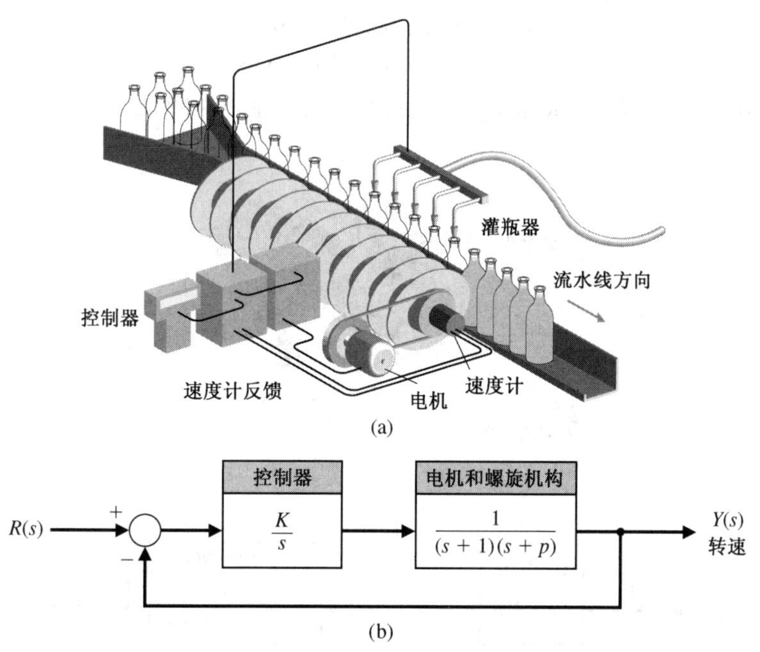

图 AP6.4　灌装流水线的速度控制。(a) 系统布局；(b) 框图模型

AP6.5　考虑图 AP6.5 所示闭环系统，假定所有增益都为正值，即 $K_1>0$，$K_2>0$，$K_3>0$，$K_4>0$ 和 $K_5>0$，

(a) 试求系统的闭环传递函数 $T(s)=Y(s)/R(s)$。

(b) 确定 K_1，K_2，K_3，K_4 和 K_5 的取值范围，以保证系统稳定。

(c) 根据(b)求得的取值范围，选择一组合适的增益值，并绘制此时的系统单位阶跃响应曲线。

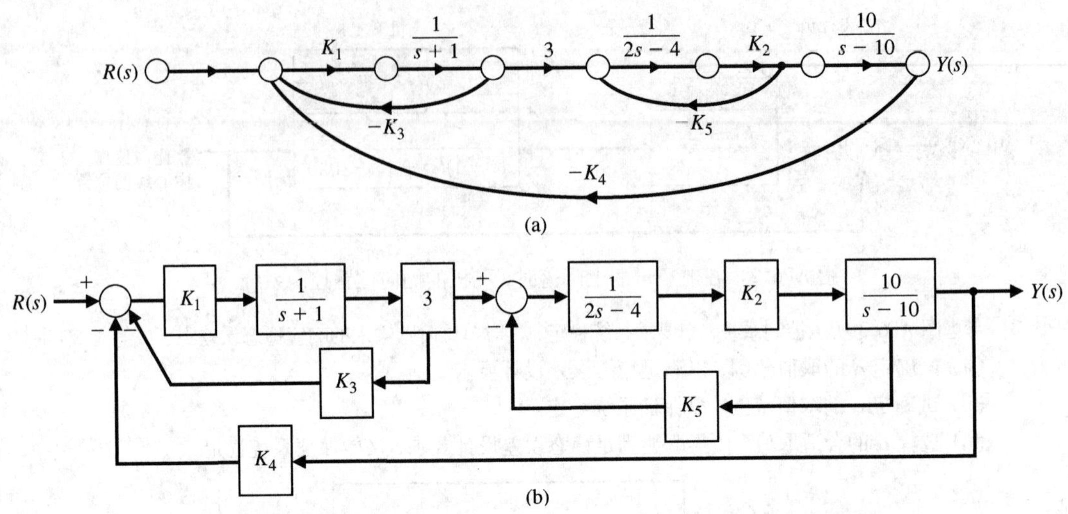

图 AP6.5 多环反馈控制系统。(a) 信号流图；(b) 框图模型

AP6.6 带有摄像机的宇宙飞船如图 AP6.6(a)所示。在与基座相对倾斜的平面上，摄像机可以在大约 16° 的幅度内旋转定向。反射式喷嘴用于对消摄像机定向旋转发动机产生的扭矩，从而使得基座保持稳定。假设摄像机旋转的转速控制的受控对象具有如下传递函数：

$$G(s) = \frac{1}{(s+2)(s+3)(s+4)}$$

并且如图 AP6.6(b)所示，采用了比例微分控制器，其中，

$$G_c(s) = K_P + K_D s$$

且 $K_P > 0$, $K_D > 0$。请分析 K_P和 K_D之间的约束关系，保证闭环系统稳定，并绘制约束关系曲线。

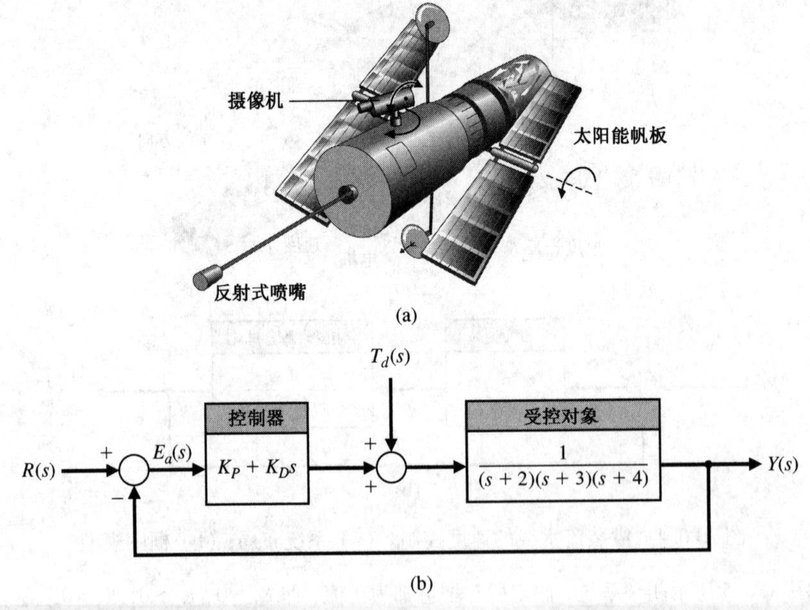

图 AP6.6 (a) 带有摄像机的宇宙飞船；(b) 反馈控制系统

AP6.7 人类从事体力劳动的能力主要受限于人的体力，而不是受限于人的智力。在适当的环境下，可以用某种装置将机械力与人的手臂力量紧密地结合在一起，再由人脑来控制这种装置。与人和自动化机器的松散结合相比较，这种人和机械紧密结合的系统将具有更大的优势。

延伸臂的定义是：在仍然由人来控制和执行任务的前提下，可以放大人的手臂力量的一组机械手装置[23]。这个定义概括了延伸臂的主要特征，即可以同时传输控制信号和力量信息。实际应用中，人将延伸臂套在手臂上，通过手臂与延伸臂之间的物理接触直接传输机械力和控制信号。由于采用了这种独特的交互方式，将不再需要其他的操纵杆、键盘或主-从系统来控制延伸臂的运动轨迹。人直接对延伸臂实施控制，而延伸臂的执行机构则负责提供执行任务所需的主要力量，人因而成为了延伸臂的一个有机组成部分，所"感知"的搬运负载也轻了下来。这种延伸臂与通常的主-从结构系统有着显著的区别。在主-从结构系统中，人或者远离机器，或者近距离操纵机器，但都不通过物理接触直接向从动设备传递力量信息。延伸臂实例如图 AP6.7(a)所示[23]，对应的框图模型如图 AP6.7(b)所示。若采用比例积分控制器来控制整个系统，即

$$G_c(s) = K_p + \frac{K_I}{s}$$

试确定控制器增益 K_p 和 K_I 的取值范围，以确保闭环系统稳定。

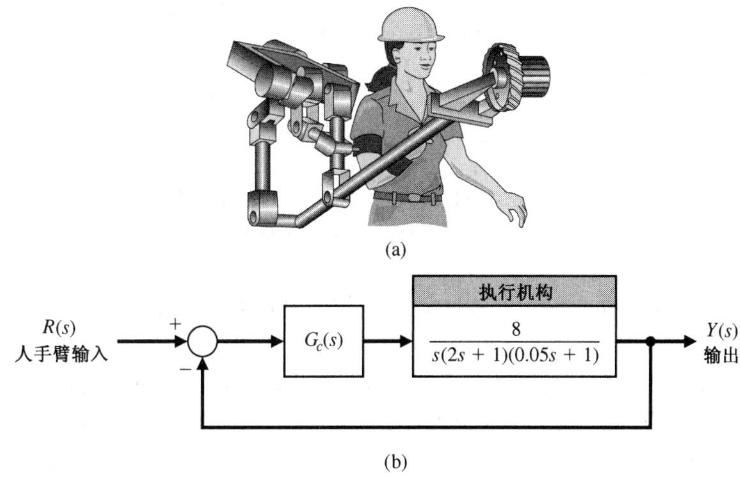

图 AP6.7　延伸臂控制系统

设计题

CDP6.1　在设计题 CDP5.1 研究的绞盘驱动系统中，如果选择放大器作为控制器，试确定保证系统稳定时的增益 K_a 的最大值。

DP6.1　汽车发动机点火控制系统应该在很宽的参数变化范围内，保持性能的稳定[15]。点火控制系统如图 DP6.1 所示，其中增益 K 为待定参数。在绝大多数汽车中，参数 p 的取值为 $p=2$；只有在少数高性能汽车中，$p=0$。试确定增益 K 的取值，使得 p 取 0 和 2 时，系统都是稳定的。

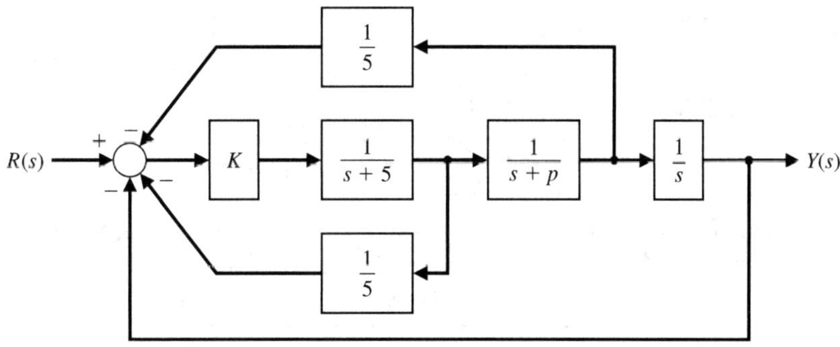

图 DP6.1　汽车发动机点火控制系统

DP6.2 火星自主漫游车的导向控制系统如图 DP6.2 所示。该系统在漫游车的前部和后部都装有一个导向轮，其反馈回路传递函数为 $H(s) = Ks + 1$。

(a) 确定 K 的取值范围，以保证系统稳定。

(b) 若系统的一个闭环特征根为 $s = -5$，试求 K 的取值。

(c) 在(b)所得结果的基础上，求出系统另外两个特征根。

(d) 在(b)所得结果的基础上，计算系统的阶跃响应。

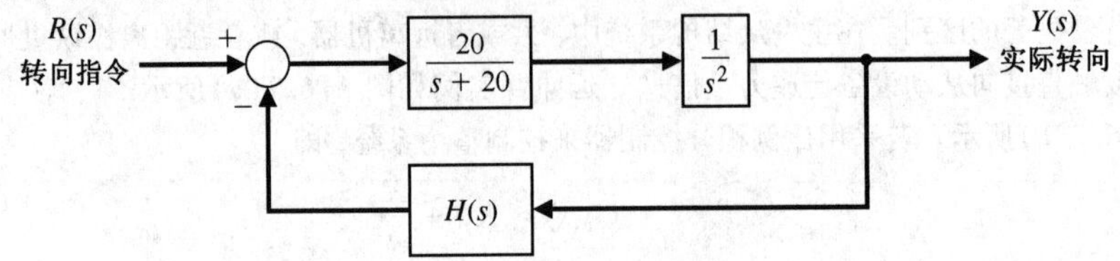

图 DP6.2 火星自主漫游车的导向控制系统

DP6.3 某单位负反馈系统的开环传递函数为

$$L(s) = G_c(s)G(s) = \frac{K(s+2)}{s(1+\tau s)(1+2s)}$$

其中，K 和 τ 为两个待定参数。

(a) 确定参数 K 和 τ 的取值区域，以保证系统稳定，并绘制 K-τ 的容许域。

(b) 在容许域的范围内，确定 K 和 τ 的取值，使系统斜坡响应的稳态误差小于或等于输入信号斜率的 25%。

(c) 在(b)所得结果的基础上，计算系统阶跃响应的超调量。

DP6.4 火箭的姿态控制系统如图 DP6.4 所示[17]。

(a) 确定增益 K 和参数 m 的取值范围，以保证系统稳定，并绘制 K-m 的容许域。

(b) 在容许域的范围内，选择 K 和 m 的合适取值，使系统斜坡响应的稳态误差小于或等于输入信号斜率的 10%。

(c) 在(b)所得结果的基础上，计算系统阶跃响应的超调量。

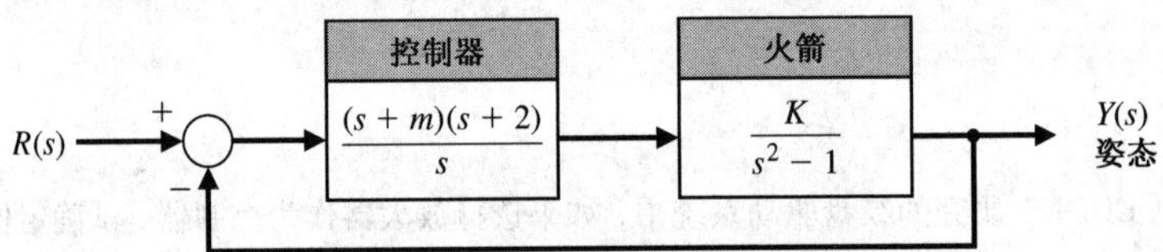

图 DP6.4 火箭的姿态控制系统

DP6.5 交通控制系统旨在控制车辆之间的距离，其框图模型如图 DP6.5 所示[15]。

(a) 确定增益 K 的取值范围，以保证系统稳定。

(b) 如果系统失稳之前的最大增益为 K_m，则当 $K = K_m$ 时，系统将有特征根位于虚轴之上。若取 $K = K_m/N$，其中 $6 < N < 7$，试在该范围内选择 N 的合适取值，使得系统阶跃响应的峰值时间满足 $T_p \leqslant 2$ s，超调量满足 P.O. $\leqslant 18\%$。

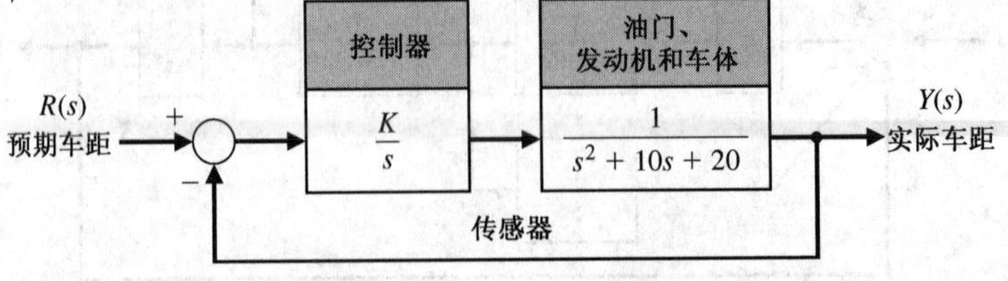

图 DP6.5 交通控制系统

DP6.6 考虑如下所示的单输入-单输出系统：

$$\dot{\boldsymbol{x}}(t) = \boldsymbol{A}\boldsymbol{x}(t) + \boldsymbol{B}u(t)$$
$$y(t) = \boldsymbol{C}\boldsymbol{x}(t)$$

其中，

$$\boldsymbol{A} = \begin{bmatrix} 0 & 1 \\ 2 & -2 \end{bmatrix},\quad \boldsymbol{B} = \begin{bmatrix} 0 \\ 1 \end{bmatrix},\quad \boldsymbol{C} = [1 \quad 0]$$

假定输入包含了系统状态的线性组合，即

$$u(t) = -\boldsymbol{K}\boldsymbol{x}(t) + r(t)$$

其中，$r(t)$为系统的参考输入，矩阵 $\boldsymbol{K} = [K_1, K_2]$为增益矩阵。将 $u(t)$代入状态空间模型，可以得到闭环反馈系统的状态空间模型为

$$\dot{\boldsymbol{x}}(t) = [\boldsymbol{A} - \boldsymbol{B}\boldsymbol{K}]\boldsymbol{x}(t) + \boldsymbol{B}r(t)$$
$$y(t) = \boldsymbol{C}\boldsymbol{x}(t)$$

试确定矩阵 $\boldsymbol{K}$ 中的元素的取值范围，以保证系统稳定；若系统的指标设计要求为，单位阶跃响应 $R(s) = 1/s$的超调量满足 P.O. ≤5%，调节时间满足 $T_s \le 4$ s。为了满足上述要求，试确定系统闭环特征根在 s 左半平面的容许分布区域，并选择合适的矩阵 $\boldsymbol{K}$，使系统性能能够满足设计要求。

DP6.7 考虑图 DP6.7 所示的反馈控制系统，该系统包括内环和外环，要求内环必须稳定，且响应速度尽可能快。

(a) 首先考虑系统的内环，试确定 K_1 的取值范围，保证系统内环，即传递函数 $Y(s)/U(s)$稳定。

(b) 在(a)所得的取值范围内，选择 K_1 的合适取值，使得内环响应速度尽可能快。

(c) 在(b)所得 K_1 的基础上，确定 K_2 的取值范围，使得整个闭环系统 $T(s) = Y(s)/R(s)$稳定。

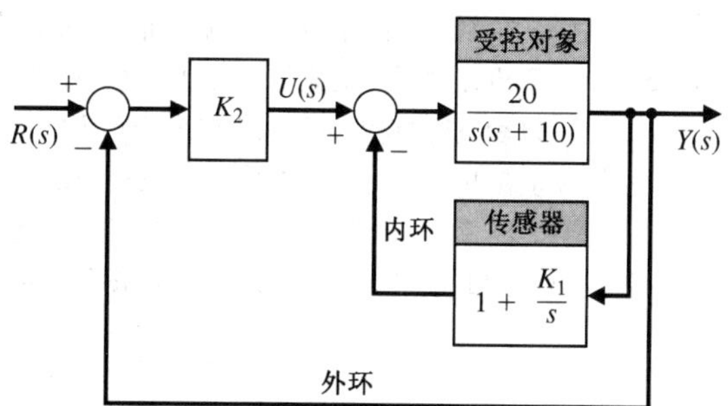

图 DP6.7　含内环和外环的反馈系统

DP6.8 考虑图 DP6.8 所示的反馈控制系统，受控对象本身是临界稳定的，控制器为比例微分(PD)控制器：

$$G_c(s) = K_P + K_D s$$

是否能够找到 K_P 和 K_D 的合适取值，保证闭环系统稳定？如果能，则选择 K_P 和 K_D 的一组合适取值，使得闭环系统单位阶跃响应的跟踪误差，即 $E(s) = R(s) - Y(s)$的稳态值 $e_{ss} = \lim_{t \to +\infty} e(t) \le 0.1$，且阻尼比为 $\zeta = \sqrt{2}/2$。

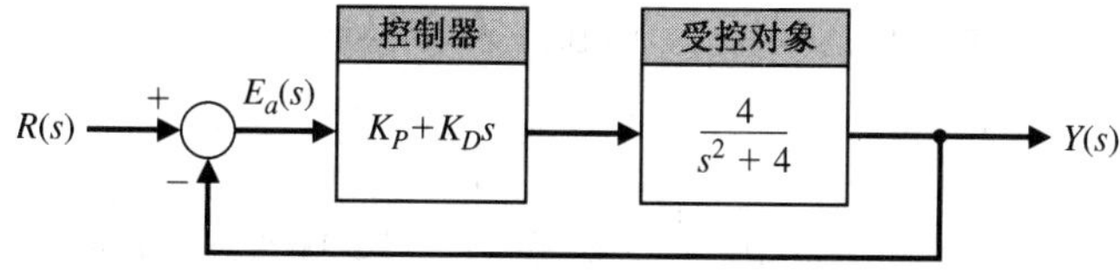

图 DP6.8　某反馈控制系统，受控对象临界稳定，控制器为 PD 控制器

计算机辅助设计题

CP6.1 求下列特征方程的根：

(a) $q(s) = s^3 + 2s^2 + 20s + 10 = 0$　　(b) $q(s) = s^4 + 8s^3 + 24s^2 + 32s + 16 = 0$

(c) $q(s) = s^4 + 2s^2 + 1 = 0$

CP6.2 某单位负反馈系统的控制器和受控对象分别为

$$G_c(s) = K, \quad G(s) = \frac{s^2 - 2s + 4}{s^2 + 4s + 2}$$

编写 m 脚本程序，当 $K=1$, $K=2$ 和 $K=5$ 时，分别计算闭环传递函数的特征根，并指出使闭环系统稳定的 K 的取值。

CP6.3 某单位负反馈系统的开环传递函数为

$$L(s) = G_c(s)G(s) = \frac{s+1}{s^3 + 4s^2 + 6s + 10}$$

编写 m 脚本程序，确定系统的闭环传递函数，并验证闭环传递函数的特征根为 $s_1 = -2.89$, $s_{2,3} = -0.55 \pm j1.87$。

CP6.4 某系统的闭环传递函数为

$$T(s) = \frac{1}{s^5 + 2s^4 + 2s^3 + 4s^2 + s + 2}$$

(a) 利用劳斯-赫尔维茨稳定性判据，判断系统是否稳定。如果不稳定，则指出闭环系统在 s 右半平面上的极点数。

(b) 利用计算机辅助软件求解 $T(s)$ 的极点，并据此验证(a)的结果。

(c) 绘制系统的单位阶跃响应曲线，并讨论所得到的结果。

CP6.5 在飞机控制系统的设计和分析过程中，我们常用"虚拟(纸上)飞行员"模型来代替回路中的飞行员。飞机和飞行员构成的回路如图 CP6.5 所示，其中变量τ表示飞行员的时延，$\tau=0.6$ 意味着飞行员的反应较慢，而$\tau=0.1$ 则意味着飞行员的反应较快。飞行员模型的其他参数分别为 $K=1$, $\tau_1=2$ 和$\tau_2=0.5$。编写 m 脚本程序，分别针对反应较快和反应较慢的飞行员，计算闭环系统的极点，并讨论所得到的结果。另外，为了保证系统稳定，试分析飞行员的最大允许时延。

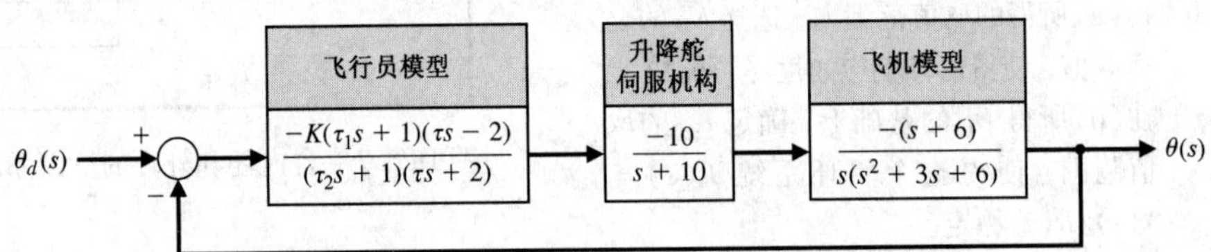

图 CP6.5 飞行员在回路中的飞机控制系统

CP6.6 考虑图 CP6.6 所示的反馈控制系统，

(a) 编写 m 脚本程序，调用函数 for，当 $0 \leqslant K \leqslant 5$ 时，计算闭环系统传递函数的极点，并绘制极点随 K 变化的运动轨迹。注意：采用"×"表示 s 平面上的极点。

(b) 利用劳斯-赫尔维茨稳定性判据，确定 K 的取值范围，以保证系统稳定。

(c) 当 K 在(b)所得的取值范围中取最小值时，求系统特征方程的根。

CP6.7 若系统的状态方程为

$$\dot{\boldsymbol{x}}(t) = \begin{bmatrix} 0 & 1 & 0 \\ 0 & 0 & 1 \\ -12 & -14 & -10 \end{bmatrix} \boldsymbol{x}(t) + \begin{bmatrix} 0 \\ 0 \\ 12 \end{bmatrix} u(t)$$

$$y(t) = [1 \quad 1 \quad 0]\boldsymbol{x}(t)$$

(a) 利用函数 poly，确定系统的特征方程。

(b) 计算系统的特征根，并据此判断系统是否稳定。

(c) 当系统的初始状态 $u(t)$ 为零时，求系统的单位阶跃响应 $y(t)$，并绘制响应曲线。

CP6.8 考虑图 CP6.8 所示的反馈系统，

(a) 利用劳斯-赫尔维茨稳定性判据，确定 K_1 的取值范围，以保证系统稳定。

(b) 编写 m 脚本程序，当 $0 < K_1 < 30$ 时，绘制闭环系统极点在 s 平面上的运动轨迹并讨论所得结果。

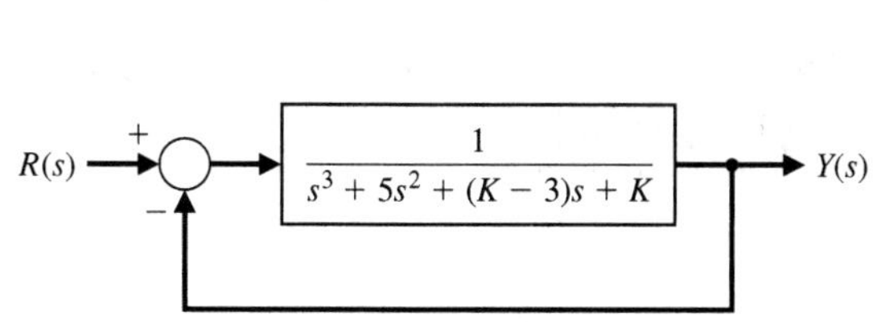

图 CP6.6　单环反馈控制系统，参数 K 可调

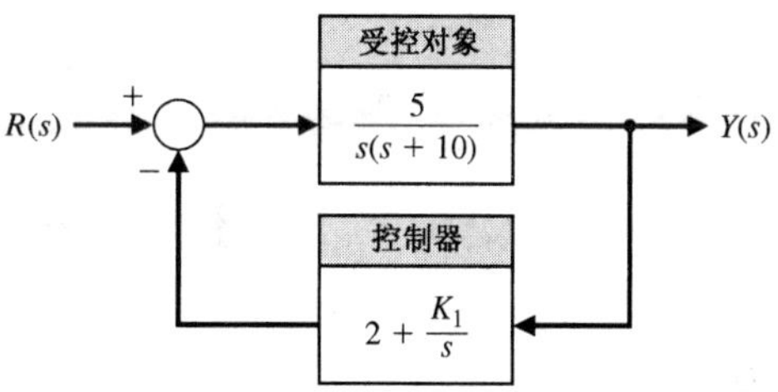

图 CP6.8　非单位反馈系统，参数 K_1 可调

CP6.9　某系统的状态空间模型为

$$\dot{\boldsymbol{x}}(t) = \boldsymbol{A}\boldsymbol{x}(t) + \boldsymbol{B}u(t)$$
$$y(t) = \boldsymbol{C}\boldsymbol{x}(t) + \boldsymbol{D}u(t)$$

其中

$$\boldsymbol{A} = \begin{bmatrix} 0 & 1 & 0 \\ 2 & 0 & 1 \\ -k & -3 & -2 \end{bmatrix}, \quad \boldsymbol{B} = \begin{bmatrix} -1 \\ 0 \\ 1 \end{bmatrix}$$
$$\boldsymbol{C} = [1 \quad 2 \quad 0], \quad \boldsymbol{D} = [0]$$

(a) 确定 k 的取值范围，以保证系统稳定。

(b) 编写 m 脚本程序，当 $0 < k < 10$ 时，绘制闭环系统极点在 s 平面上的运动轨迹，并讨论所得结果。

技能自测答案

正误判断题：(1) 错　(2) 对　(3) 错　(4) 对　(5) 对

多项选择题：(6) a　(7) c　(8) a　(9) b　(10) b　(11) a　(12) a　(13) b　(14) a　(15) b

术语和概念匹配题(自上向下)：e　d　f　a　b　g　c

术语和概念

absolute stability	**绝对稳定性**	一个只描述系统稳定与否的概念，不涉及诸如稳定程度等其他系统特性。
auxiliary polynomial	**辅助多项式**	借助劳斯判定表中零元素行的上一行，可以直接构建的多项式。
marginally stable	**临界稳定**	当且仅当在 t 趋于无穷大时，系统的零输入响应依然有界时，系统是临界稳定的。
relative stability	**相对稳定性**	用特征方程的实根或者共轭复根的实部的相对大小度量的系统的稳定程度。
Routh-Hurwitz criterion	**劳斯-赫尔维茨稳定性判据**	一种通过研究传递函数的特征方程来确定系统稳定性的判据。该判据指出，特征方程中实部为正的根的个数，等于劳斯判定表中首列元素符号改变的次数。
stability	**稳定性**	系统的性能指标之一。如果传递函数的极点都具有负实部，则系统是稳定的。
stable system	**稳定系统**	当输入有界时，输出响应也有界的动态系统。

第7章　根轨迹法

提要

反馈系统的性能可以通过闭环特征根在 s 平面上的位置分布来刻画。当一个参数变化时，闭环特征根在 s 平面上的变化轨迹称为系统的根轨迹。根轨迹是分析设计反馈控制系统的一种有力的工具。本章将讨论如何手工绘制根轨迹草图，如何用计算机绘制根轨迹，以及根轨迹在设计中的作用。当系统有两个或两个以上参数变化时，也可以用根轨迹法设计控制器，通过调整控制器参数来使闭环反馈控制系统达到预期的性能要求。本章还介绍了应用广泛的PID控制器的结构，即有3个可变参数的实例。本章还定义了根灵敏度，用来衡量某个根对系统参数的微小变化的敏感性。本章最后用根轨迹法为循序渐进设计实例——磁盘驱动器读取系统设计了控制器。

预期收获

完成第7章的学习之后，学生应该：

- 理解根轨迹的概念及其在控制系统设计中的作用。
- 掌握手工绘制根轨迹草图的方法，以及如何用计算机绘制根轨迹。
- 熟悉在反馈控制系统中应用广泛的关键部件：PID控制器。
- 理解根轨迹在参数设计和系统灵敏度分析中的作用。
- 能够用根轨迹法设计控制器，使系统满足预期的性能指标设计要求。

7.1　引言

闭环控制系统的相对稳定性及瞬态性能与闭环特征根在 s 平面上的位置密切相关。常常需要调整一个或多个系统参数，以便将特征根配置在合适的位置。因此，当给定系统的参数发生变化时，研究其特征根在 s 平面上的变化规律（即研究参数变化时 s 平面上闭环特征根的**轨迹**）是很有意义的。**根轨迹法**由Evans在1948年最先提出，随后就在控制工程实践中得到了迅速的发展和广泛的应用[1~3]。根轨迹法是一种图示化方法，需要在一个参数变化时，绘制特征根在 s 平面上的变化轨迹。事实上，根轨迹法还可以让控制工程师把握特征根对参数变化的灵敏度。将根轨迹法和劳斯-赫尔维茨稳定性判据结合起来，能够发挥更大的作用。

根轨迹法提供了图示化信息，因此根轨迹草图就可以提供关于系统稳定性和其他性能的定性信息。而且，单回路控制系统的根轨迹法可以方便地扩展到多回路系统。如果特征根的位置不符合要求，则根据根轨迹很容易确定应该怎样调整参数[4]。

7.2　根轨迹的概念

闭环控制系统的动态性能可以用闭环传递函数来描述：

$$T(s)=\frac{Y(s)}{R(s)}=\frac{p(s)}{q(s)} \tag{7.1}$$

其中，$p(s)$ 和 $q(s)$ 为 s 的多项式。特征方程 $q(s)$ 的根决定了系统响应的模式。当系统为图7.1

所示的简单单回路控制系统时，其特征方程为

$$\boxed{1 + KG(s) = 0} \tag{7.2}$$

其中，K 为可变参数，且满足 $0 \leqslant K < +\infty$。s 平面上的闭环特征根满足式(7.2)。由于 s 是复变量，式(7.2)可改写为如下的极坐标形式：

$$|KG(s)|\angle KG(s) = -1 + j0 \tag{7.3}$$

也就是说同时满足

$$\boxed{|KG(s)| = 1}$$

和

$$\boxed{\angle KG(s) = 180^\circ + k360^\circ} \tag{7.4}$$

其中，$k = 0, \pm 1, \pm 2, \pm 3, \cdots$。

根轨迹是当系统的某个参数从 0 变化到 $+\infty$ 时，闭环特征方程的根在 s 平面上的变化轨迹。

概念强调说明 7.1

考察图 7.2 所示的简单二阶系统，该系统的特征方程为

$$\Delta(s) = 1 + KG(s) = 1 + \frac{K}{s(s+2)} = 0$$

等价于

$$\Delta(s) = s^2 + 2s + K = s^2 + 2\zeta\omega_n s + \omega_n^2 = 0 \tag{7.5}$$

于是，当增益 K 变化时，根轨迹一定同时满足下面两个条件：

$$|KG(s)| = \left|\frac{K}{s(s+2)}\right| = 1 \tag{7.6}$$

和

$$\angle KG(s) = \pm 180^\circ, \pm 540^\circ, \cdots \tag{7.7}$$

其中，增益 K 在 0 到 $+\infty$ 之间变化。二阶系统的闭环特征根为

$$s_1, s_2 = -\zeta\omega_n \pm \omega_n\sqrt{\zeta^2 - 1} \tag{7.8}$$

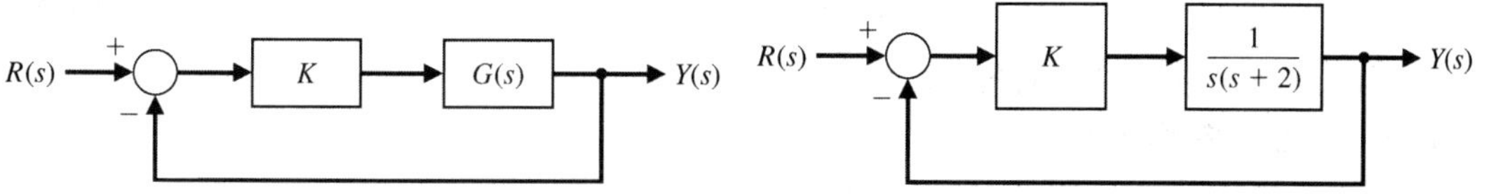

图 7.1　具有可变参数 K 的闭环控制系统　　　图 7.2　单位负反馈控制系统，增益 K 为可调参数

当 $\zeta < 1$ 时，阻尼角 $\theta = \arccos\zeta$。系统的两个开环极点的位置如图 7.3 所示，那么当 $\zeta \leqslant 1$ 时，为了满足式(7.7)给出的相角条件，闭环特征根的轨迹应是一条垂直于横轴的直线。例如，在图 7.4 中，当特征根位于 s_1 处时，它到两个开环极点的相角为

$$\left.\angle\frac{K}{s(s+2)}\right|_{s=s_1} = -\angle s_1 - \angle(s_1 + 2) = -[(180^\circ - \theta) + \theta] = -180^\circ \tag{7.9}$$

事实上，实轴上 0 到 −2 之间垂直平分线上的每一点都满足这个相角条件。而与某个点 s_1 对应的增益 K 的匹配值，则需要由式(7.6)求出，即

$$\left.\left|\frac{K}{s(s+2)}\right|\right|_{s=s_1} = \frac{K}{|s_1||s_1 + 2|} = 1 \tag{7.10}$$

故有

$$K = |s_1||s_1 + 2| \tag{7.11}$$

其中，$|s_1|$表示从原点到 s_1 的向量的幅值，$|s_1+2|$表示从 -2 到 s_1 的向量的幅值。

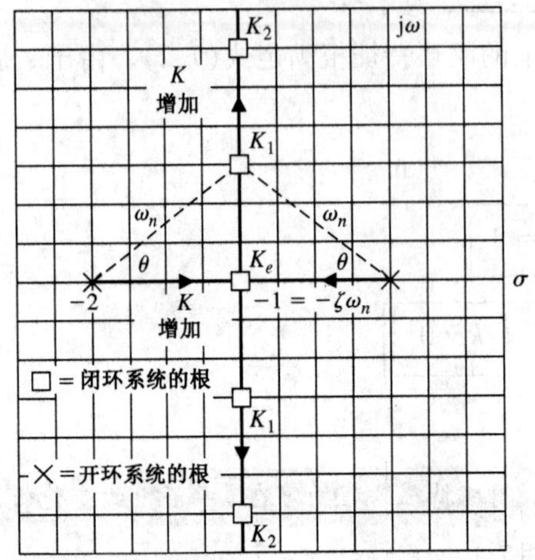

图 7.3 二阶系统的根轨迹，$K_e < K_1 < K_2$。图中的粗线表示根轨迹，箭头表示K增大的方向，根轨迹上的特征根用□表示

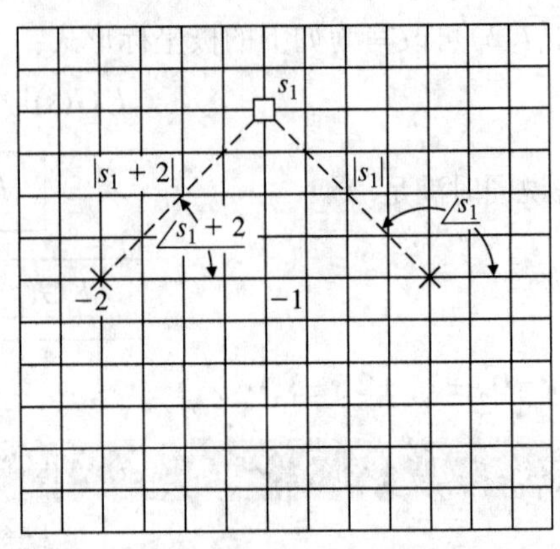

图 7.4 特征根 s_1 处的相角和增益，$K = K_1$

对多回路的闭环系统，由梅森信号流图增益公式可以得到

$$\Delta(s) = 1 - \sum_{n=1}^{N} L_n + \sum_{\substack{n,\,m \\ \text{不接触回路}}} L_n L_m - \sum_{\substack{n,\,m,\,p \\ \text{不接触回路}}} L_n L_m L_p + \cdots \tag{7.12}$$

其中 L_n 为第 n 个回路的传输增益。于是，特征多项式可写为

$$q(s) = \Delta(s) = 1 + F(s) \tag{7.13}$$

为了得到系统的闭环特征根，令式(7.13)等于0，即有

$$1 + F(s) = 0 \tag{7.14}$$

或者

$$F(s) = -1 + \text{j}0 \tag{7.15}$$

这是每个闭环特征根都要满足的条件。

函数 $F(s)$的一般形式为

$$F(s) = \frac{K(s - z_1)(s - z_2)(s - z_3)\cdots(s - z_M)}{(s - p_1)(s - p_2)(s - p_3)\cdots(s - p_n)}$$

于是，根轨迹应该满足的幅值条件为

$$|F(s)| = \frac{K|s - z_1||s - z_2|\cdots}{|s - p_1||s - p_2|\cdots} = 1 \tag{7.16}$$

相角条件为

$$\begin{aligned}\angle F(s) &= (\angle s - z_1 + \angle s - z_2 + \cdots) - \\ &(\angle s - p_1 + \angle s - p_2 + \cdots) = 180^\circ + k360^\circ\end{aligned} \tag{7.17}$$

其中，k 为整数。利用幅值条件式(7.16)，可以确定与给定的特征根 s_1 对应的匹配增益 K。而 s 平面上的任意点 s_1，只要满足式(7.17)，它就是根轨迹上的点，其中相角从水平线开始度量，以逆时针方向为正。

为了进一步扩展说明如何绘制根轨迹，考察图 7.5(a)所示的二阶系统。通过改写特征方程，将关心的参数写成 $F(s)$分子中的乘性因子 $a(a>0)$，还可以得到参数 a 变化时的根轨迹。由框图可知，系统特征方程为

$$1 + KG(s) = 1 + \frac{K}{s(s+a)} = 0$$

等价于

$$s^2 + as + K = 0$$

方程两边同时除以因子(s^2+K)，可以得到

$$1 + \frac{as}{s^2+K} = 0 \tag{7.18}$$

因而，特征根 s_1 应该满足的幅值条件和相角条件分别为

$$\frac{a|s_1|}{|s_1^2+K|} = 1 \tag{7.19}$$

$$\angle s_1 - \left(\angle s_1 + \mathrm{j}\sqrt{K} + \angle s_1 - \mathrm{j}\sqrt{K}\right) = \pm 180°, \pm 540°, \cdots$$

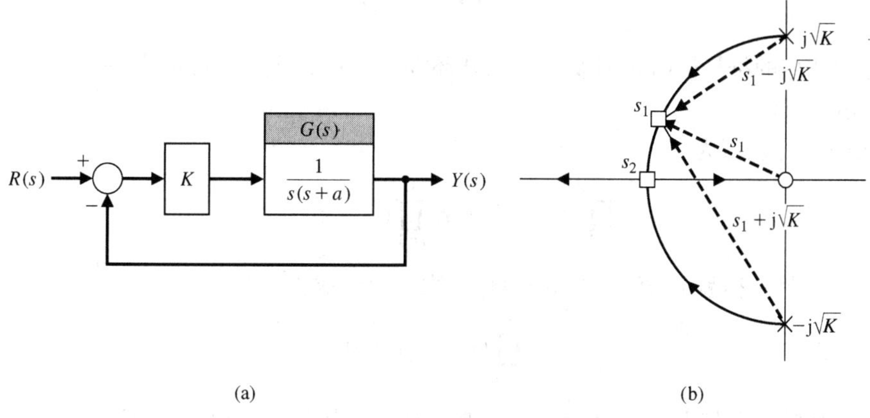

图 7.5　(a) 单回路系统；(b) 参数 a 变化时的根轨迹，$a>0$

从原则上讲，只要利用相角条件就能得到根轨迹。下一节将详细给出绘制根轨迹草图的步骤。特征方程(7.18)所对应的根轨迹如图 7.5(b)所示。特别地，在根轨迹上的点 s_1 处，可以由式(7.19)得到参数 a 的匹配值，即

$$a = \frac{|s_1 - \mathrm{j}\sqrt{K}||s_1 + \mathrm{j}\sqrt{K}|}{|s_1|} \tag{7.20}$$

而在点 s_2 处，根轨迹与实轴汇合，该点表明，系统对阶跃输入信号的响应处于临界阻尼状态。令 $s_2 = -\sigma_2$，则该点所对应的参数 a 的匹配值为

$$a = \frac{|\sigma_2 - \mathrm{j}\sqrt{K}||\sigma_2 + \mathrm{j}\sqrt{K}|}{\sigma_2} = \frac{1}{\sigma_2}(\sigma_2^2 + K) = 2\sqrt{K} \tag{7.21}$$

其中，σ_2 为 s 平面上向量 s_2 的幅值，且 $\sigma_2 = \sqrt{K}$。当 a 超出该临界值后，系统有两个不同的实根：一个大于 $-\sigma_2$，一个小于 $-\sigma_2$。

一般情况下，我们希望能够按照一定的方法步骤来确定参数变化时的根轨迹。下一节将给出手工绘制根轨迹的具体步骤。

7.3 绘制根轨迹

闭环系统的特征根可以反映系统响应的内在的有价值的信息。为了能用图解方法确定特征根在 s 平面上的轨迹，下面给出手工绘制根轨迹草图的 7 个步骤。

第 1 步：绘制根轨迹的准备工作。将特征方程写成下面的形式

$$1 + F(s) = 0 \tag{7.22}$$

必要时，需要将感兴趣的参数 K 改写成乘积因子形式，即

$$1 + KP(s) = 0 \tag{7.23}$$

大多数情况下，我们关心的是 K 从 0 变化到 $+\infty$ 时的根轨迹。7.7 节还将讨论当 K 从 $-\infty$ 变化到 0 时的根轨迹。

将因式 $P(s)$ 写成零点和极点形式，可以得到

$$1 + K\frac{\prod_{i=1}^{M}(s - z_i)}{\prod_{j=1}^{n}(s - p_j)} = 0 \tag{7.24}$$

在 s 平面上用相应的符号标出开环极点 p_j 和开环零点 z_i 的位置。一般的做法是，用"×"表示极点，"○"表示零点。

再将式(7.24)改写为

$$\prod_{j=1}^{n}(s - p_j) + K\prod_{i=1}^{M}(s - z_i) = 0 \tag{7.25}$$

这是特征方程的另一种表示方法。当 $K=0$ 时，式(7.25)成为

$$\prod_{j=1}^{n}(s - p_j) = 0$$

由此可知，闭环特征根与 $P(s)$ 的极点重合。与之对应，当 $K\to+\infty$ 时，闭环特征根与 $P(s)$ 的零点重合。为说明这一点，将式(7.25)两边同时除以 K，得到

$$\frac{1}{K}\prod_{j=1}^{n}(s - p_j) + \prod_{j=1}^{M}(s - z_j) = 0$$

于是当 $K\to+\infty$ 时，方程变成

$$\prod_{j=1}^{M}(s - z_j) = 0$$

这说明，此时的闭环特征根与 $P(s)$ 的零点重合。由此可以得出结论：**当 K 从 0 到 $+\infty$ 增加时，特征方程 $1+KP(s)=0$ 的根轨迹起始于 $P(s)$ 的极点，终止于 $P(s)$ 的零点。**大部分 $P(s)$ 函数的极点数多于零点数，因此 $P(s)$ 会有一些零点位于 s 平面的无穷远处。于是，当 $P(s)$ 有 n 个极点和 M 个零点并且 $n>M$ 时，就会有 $n-M$ 条根轨迹分支趋向于无穷远处的开环零点。

第 2 步：确定实轴上的根轨迹段。实轴上的根轨迹段总是位于奇数个开环零点和极点的左侧。用式(7.17)的相角条件可以验证这个结论。下面用例子来说明绘制根轨迹的前两个步骤。

例 7.1　二阶系统

某单回路反馈控制系统的特征方程为

$$1+G_c(s)G(s)=1+\frac{K\left(\frac{1}{2}s+1\right)}{\frac{1}{4}s^2+s}=0 \tag{7.26}$$

第1步：将特征方程写成

$$1+K\frac{2(s+2)}{s^2+4s}=0$$

其中，
$$P(s)=\frac{2(s+2)}{s^2+4s}$$

将开环传递函数$P(s)$改写成零-极点形式，则闭环特征方程为

$$1+K\frac{2(s+2)}{s(s+4)}=0 \tag{7.27}$$

其中，K是根轨迹增益。为了确定增益K变化时($0\leqslant K\leqslant\infty$)的根轨迹，如图7.6(a)所示，我们先将开环传递函数$P(s)$的零点和极点标注在实轴上。

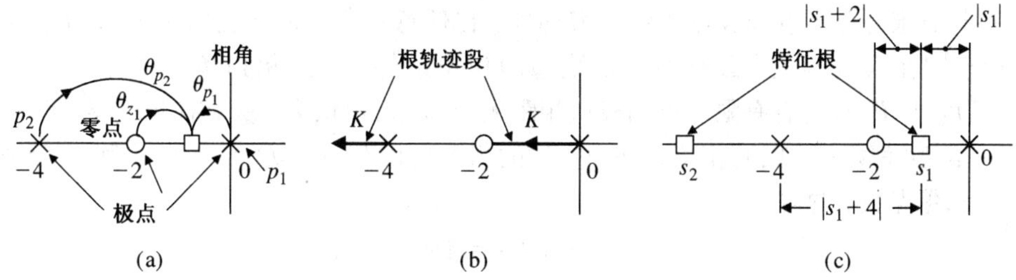

图7.6 (a) 二阶系统的开环零点和极点；(b) 实轴上的根轨迹段；(c) s_1处各个向量的幅值

第2步：实轴上的区间(-2, 0)满足相角条件，是一段根轨迹。不妨取该区间内的任意一点s_1作为测试点。可以看出，从开环极点$p_1=0$出发，终止于s_1的向量的相角为180°，从开环零点$z=-2$和开环极点$p_2=-4$出发，终止于s_1的向量的相角均为0°，因此该区间内的任意一点均满足相角条件。又因为根轨迹起始于开环极点，终止于开环零点，于是实轴上根轨迹段的形状如图7.6(b)所示，其中箭头表示K增大时的根轨迹方向。注意，在实轴上有两个开环极点和一个开环零点，因此实轴上的第二条根轨迹段趋向于负无穷远处的无限零点。应用式(7.16)的幅值条件，还可以估计与根轨迹上某个特定的特征根相对应的匹配增益K。例如，在根$s=s_1=-1$处，增益K满足幅值条件：

$$\frac{(2K)|s_1+2|}{|s_1||s_1+4|}=1$$

于是有
$$K=\frac{|-1||-1+4|}{2|-1+2|}=\frac{3}{2} \tag{7.28}$$

如图7.6(c)所示，也可以利用几何关系求出匹配增益K。当增益$K=3/2$时，系统的另一个闭环特征根为$s=-6$，它位于开环极点-4左侧的根轨迹段上，如图7.6(c)所示。

下面来确定独立根轨迹分支的条数。由于根轨迹起始于开环极点，终止于开环零点，而开环极点数通常都大于或等于开环零点数，因此，**根轨迹分支的条数等于开环极点数**。例如，图7.6中就有两条根轨迹，因为系统中有两个开环极点和一个开环零点。

如果闭环系统存在共轭复根，则它们必然会关于实轴对称地成对出现。因此，**根轨迹的分支必然是关于实轴对称的。**

接下来研究绘制根轨迹的后续步骤。

第 3 步：根轨迹沿渐近线趋向于无穷远处的开环零点，渐近线与实轴的交角为ϕ_A，与实轴有公共的交点，即渐近中心 σ_A。当 $P(s)$ 的有限开环零点数 M 小于开环极点数 n 时，记$N=n-M$，则系统将有 N 条根轨迹的分支趋向于无穷远处的零点。也就是说，当K 趋于正无穷时，这些根轨迹分支将沿一组**渐近线**趋向于无穷远点，而这组渐近线与实轴的公共交点，即**渐近中心**为

$$\sigma_A = \frac{P(s)\text{的极点之和} - P(s)\text{的零点之和}}{P(P(s)\text{的极点数} - P(s)\text{的零点数}} = \frac{\sum_{j=1}^{n}(p_j) - \sum_{i=1}^{M}(z_i)}{n-M} \tag{7.29}$$

渐近线与实轴的交角为

$$\phi_A = \frac{2k+1}{n-M}180^\circ \qquad k = 0, 1, 2, \cdots, (n-M-1) \tag{7.30}$$

其中，k 为整数[3]。对绘制根轨迹的大致形状而言，这条规则是非常有用的。下面解释式(7.30)的由来。在与有限开环零点和极点相距无穷远处，在任意一条趋向于无穷远的根轨迹分支上选取一点，由于它在根轨迹上，必然满足根轨迹的相角条件，因此相角条件中右边的主值应为180°；又因为它与 $P(s)$所有有限零点和极点相距无穷远，可以认为，从所有开环零点和极点到该点的向量的相角ϕ都相等，因而相角条件中左边的相角之和为$(n-M)\phi$，其中 n 和 M 分别是有限开环极点数和零点数。这样就有

$$(n-M)\phi = 180^\circ$$

或者

$$\phi = \frac{180^\circ}{n-M}$$

考虑 s 平面上所有趋向于无穷远的根轨迹分支，就得到了式(7.30)。

考察式(7.24)的特征方程，可以得到这组渐近线的中心，即**渐近中心**的位置。当 s 取值很大时，只需考虑分子、分母中的最高阶项，于是特征方程可以近似为

$$1 + \frac{Ks^M}{s^n} = 0$$

无穷远处的根轨迹应该满足的这个近似方程表明，$(n-M)$条渐近线的中心为原点 $s=0$。为了得到更好的近似，将 s 很大时的特征方程简化为下列形式：

$$1 + \frac{K}{(s-\sigma_A)^{n-M}} = 0$$

其中，待定的渐近中心为 σ_A。

再来考虑式(7.24)中分子和分母的前两项，以便确定渐近中心的位置。将式(7.24)展开，可以得到关系式：

$$1 + \frac{K\prod_{i=1}^{M}(s-z_i)}{\prod_{j=1}^{n}(s-p_j)} = 1 + K\frac{s^M + b_{M-1}s^{M-1} + \cdots + b_0}{s^n + a_{n-1}s^{n-1} + \cdots + a_0}$$

再注意到

$$b_{M-1} = -\sum_{i=1}^{M} z_i\,, \quad a_{n-1} = -\sum_{j=1}^{n} p_j$$

若只保留展开式的前两项，则可以得到

$$1+\frac{K}{s^{n-M}+(a_{n-1}-b_{M-1})s^{n-M-1}}=0$$

另一方面，将待定的特征方程的近似式

$$1+\frac{K}{(s-\sigma_A)^{n-M}}=0$$

的分母展开，仅保留前两项，有

$$1+\frac{K}{s^{n-M}-(n-M)\sigma_A s^{n-M-1}}=0$$

比较其中 s^{n-M-1}项的系数，于是有

$$a_{n-1}-b_{M-1}=-(n-M)\sigma_A$$

即

$$\sigma_A=\frac{\sum_{i=1}^{n}(p_i)-\sum_{i=1}^{M}(z_i)}{n-M}$$

这便是渐近中心的表达式(7.29)。

作为例子，重新讨论7.2节中图7.2所对应的系统，该系统的特征方程为

$$1+\frac{K}{s(s+2)}=0$$

因为 $n-M=2$，系统有两条根轨迹趋向于无穷远处的零点。渐近线的中心为

$$\sigma_A=\frac{-2}{2}=-1$$

与实轴的交角为

$$\phi_A=90^\circ\quad(k=0),\qquad \phi_A=270^\circ\quad(k=1)$$

于是，很容易绘制出图7.3所示的根轨迹。下面的例子将进一步说明如何应用渐近线绘制根轨迹。

例 7.2 四阶系统

某单位负反馈控制系统的特征方程为

$$1+G_c(s)G(s)=1+\frac{K(s+1)}{s(s+2)(s+4)^2} \tag{7.31}$$

希望通过绘制根轨迹来掌握增益 K 对系统的影响。s 平面上的开环零-极点分布图见图7.7(a)。图中还用粗线标明了实轴上的根轨迹段，它们都位于奇数个开环零点和极点的左侧。由于 $n-M=3$，所以根轨迹有3条渐近线，渐近线与实轴的交点为

$$\sigma_A=\frac{(-2)+2(-4)-(-1)}{4-1}=\frac{-9}{3}=-3 \tag{7.32}$$

渐近线与实轴的交角分别为

$$\begin{aligned}\phi_A&=60^\circ\quad(k=0)\\ \phi_A&=180^\circ\quad(k=1)\\ \phi_A&=300^\circ\quad(k=2)\end{aligned}$$

注意，每个开环极点都是根轨迹的起始点，因此有两条根轨迹分支起始于双重极点 $s=-4$。在绘制渐近线之后，就可以得到根轨迹的大致形状，如图 7.7(b) 所示。必要时，还应该详细计算并准确绘制根轨迹在渐近中心 σ_A 附近的实际形状。

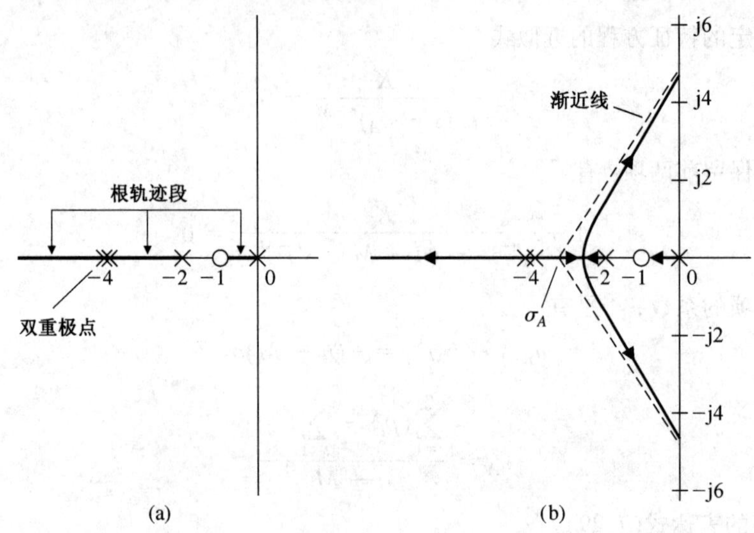

图 7.7 四阶系统的根轨迹。(a) 零-极点分布图；(b) 根轨迹

接下来继续研究绘制根轨迹的后续步骤。

第 4 步：如果根轨迹通过虚轴，则用劳斯-赫尔维茨稳定性判据确定根轨迹与虚轴的交点。

第 5 步：确定实轴上的分离点(如果有)。在例 7.2 中，根轨迹就在**分离点**处离开了实轴。当闭环特征方程在实轴上有多重根(通常为双重)时，根轨迹就会在此重根处与实轴分离。简单二阶系统的分离点如图 7.8(a) 所示，作为四阶系统的特例，其分离点如图 7.8(b) 所示。根据相角条件，在分离点处，各条根轨迹分支的切线将均分 360°。于是，在图 7.8(a) 中，我们看到两条根轨迹分支在分离点处彼此相隔 180°，而图 7.8(b) 中的 4 条根轨迹分支依次相隔 90°。

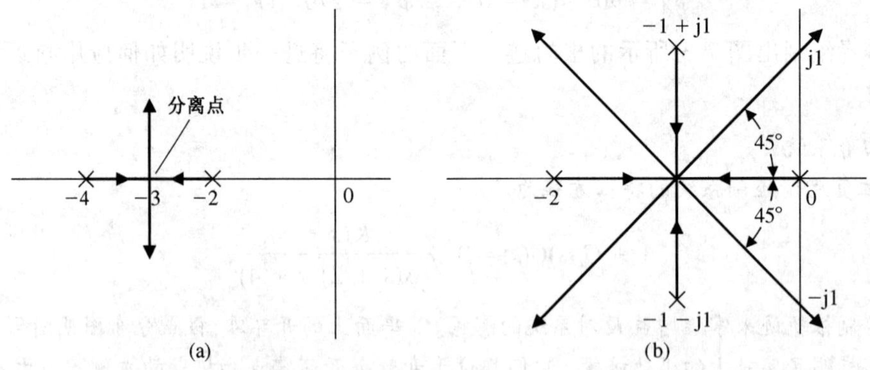

图 7.8 分离点示意图。(a) 简单二阶系统；(b) 四阶系统

可以用图解法和解析法得到实轴上的分离点。最直接的方法是从特征方程中分离出乘性因子 K，将特征方程整理成下面的形式：

$$p(s) = K \tag{7.33}$$

例如，考虑开环传递函数为

$$L(s) = KG(s) = \frac{K}{(s+2)(s+4)}$$

的单位反馈闭环系统，其特征方程为

$$1+KG(s)=1+\frac{K}{(s+2)(s+4)}=0 \tag{7.34}$$

然后，将该特征方程改写为

$$K=p(s)=-(s+2)(s+4) \tag{7.35}$$

其根轨迹如图7.8(a)所示，可以预测，分离点位于 $s=-\sigma=-3$ 处，而在该点附近，$p(s)|_{s=-\sigma}$ 曲线如图7.9所示。可以看出，$p(s)$ 在开环极点 $s=-2$ 和 $s=-4$ 处的值为零，其曲线关于 $s=-\sigma$ 对称。在分离点 $s=-\sigma=-3$处，将取得最大值。

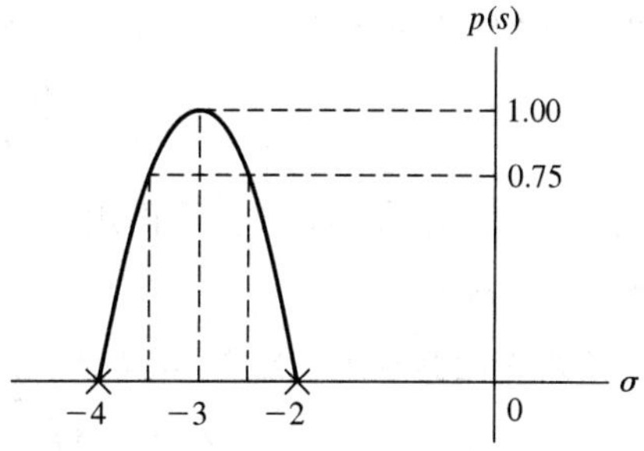

图7.9 分离点的图解法

与图解法对应，解析法通过求解 $K=p(s)$ 的极大值来求得分离点。为此，只需对 $p(s)$ 取微分并令其为零，求解该方程的根就能得到分离点。也就是说，通过求解如下方程：

$$\frac{\mathrm{d}K}{\mathrm{d}s}=\frac{\mathrm{d}p(s)}{\mathrm{d}s}=0 \tag{7.36}$$

即可得到分离点。式(7.36)是图7.9所示图解方法的解析表示，所得方程的阶次为 $n+M-1$，仅比零点和极点总数少1。

为了推导式(7.36)，考虑特征方程的一般形式

$$1+F(s)=1+\frac{KY(s)}{X(s)}=0$$

上式可简化为

$$X(s)+KY(s)=0 \tag{7.37}$$

当 K 有微小增量 ΔK 时，有

$$X(s)+(K+\Delta K)Y(s)=0$$

再将上式除以 $X(s)+KY(s)$，便可以得到

$$1+\frac{\Delta KY(s)}{X(s)+KY(s)}=0 \tag{7.38}$$

此时的分母即为原来的特征方程，它在分离点处应该有 m 重根，因而有

$$\frac{Y(s)}{X(s)+KY(s)}=\frac{C_i}{(s-s_i)^m}=\frac{C_i}{(\Delta s)^m} \tag{7.39}$$

于是可将式(7.38)改写为

$$1+\frac{\Delta KC_i}{(\Delta s)^m}=0 \tag{7.40}$$

或者

$$\frac{\Delta K}{\Delta s}=\frac{-(\Delta s)^{m-1}}{C_i} \tag{7.41}$$

最后令 $\Delta s\to 0$，可以得到，在分离点处应有

$$\frac{\mathrm{d}K}{\mathrm{d}s}=0 \tag{7.42}$$

重新考虑前面的例子，其中开环传递函数为

$$L(s) = KG(s) = \frac{K}{(s+2)(s+4)}$$

将K分离出来，可以得到$p(s)$的表达式为

$$p(s) = K = -(s+2)(s+4) = -(s^2+6s+8) \tag{7.43}$$

对$p(s)$微分，可以得到

$$\frac{\mathrm{d}p(s)}{\mathrm{d}s} = -(2s+6) = 0 \tag{7.44}$$

由此可得分离点为$s=-3$。下面用一个更复杂的例子，说明如何用图解方法来确定分离点。

例7.3 三阶系统

某反馈控制系统如图7.10所示，其特征方程为

$$1 + G(s)H(s) = 1 + \frac{K(s+1)}{s(s+2)(s+3)} = 0 \tag{7.45}$$

开环极点数n与零点数M之差为2，于是根轨迹有两条渐近线，且渐近中心为$\sigma_A=-2$，渐近线与实轴的交角为±90°。渐近线和实轴上的根轨迹段如图7.11(a)所示，从图中可以看出，分离点应在$s=-2$和$s=-3$之间。

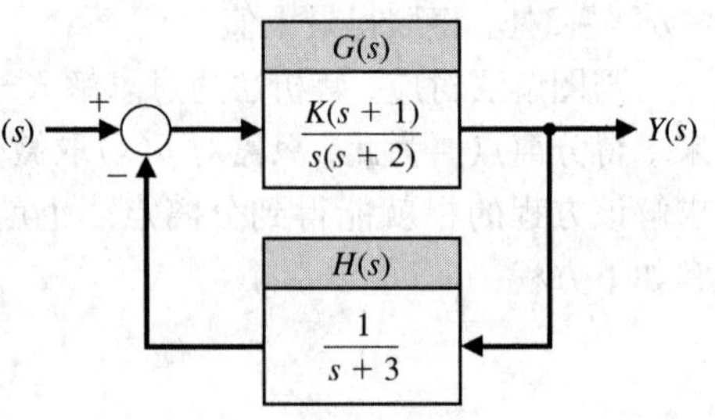

图7.10 闭环系统

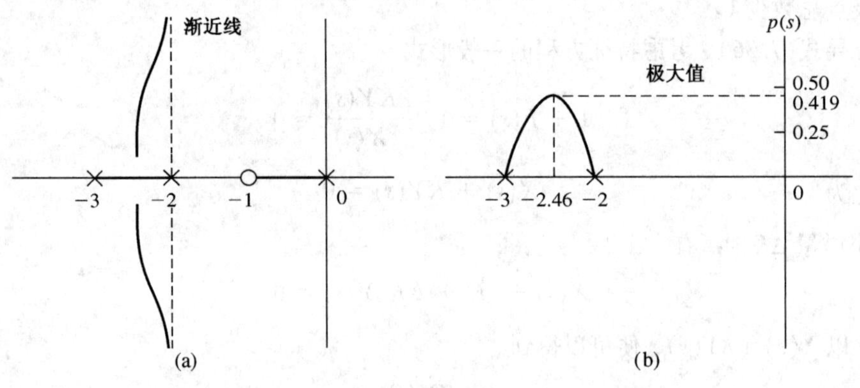

图7.11 图解法计算。(a) 渐近线；(b) 分离点

为了确定分离点，改写特征方程，将K从方程中分离出来，可得

$$s(s+2)(s+3) + K(s+1) = 0$$

即

$$p(s) = \frac{-s(s+2)(s+3)}{s+1} = K \tag{7.46}$$

在$s=-2$和$s=-3$之间的不同点处，$p(s)$取值的计算结果见表7.1，并如图7.11(b)所示。等效地，对式(7.46)微分并令其为零，可得

$$\frac{\mathrm{d}}{\mathrm{d}s}\left(\frac{-s(s+2)(s+3)}{(s+1)}\right) = \frac{(s^3+5s^2+6s)-(s+1)(3s^2+10s+6)}{(s+1)^2} = 0$$

整理后，可得

$$2s^3 + 8s^2 + 10s + 6 = 0 \tag{7.47}$$

解方程(7.47)确定 $p(s)$ 的极值点，可以得到一组解 $s=-2.46$，$-0.77\pm j0.79$，由于只有 $s=-2.46$ 位于 $s=-2$ 和 $s=-3$ 之间，因此该点就是所求的分离点。表 7.1 也表明，$p(s)$ 在该点处取得了极大值。这个例子说明，在分离点附近计算 $p(s)$ 的值，也可以有效地确定分离点。

表 7.1 分离点附近 $p(s)$ 的值

$p(s)$	0	0.411	0.419	0.417	+0.390	0
s	−2.00	−2.40	−2.46	−2.50	−2.60	−3.0

第 6 步：应用相角条件，确定根轨迹离开开环复极点的出射角和进入开环复零点的入射角。根轨迹离开开环复极点的出射角等于相角差的主值。该相角差等于各开环零点到该极点的向量的相角之和，减去其他开环极点到该开环复极点的向量的相角之和，主值用 $\pm(2k+1)180°$ 调整得到。类似地，可以求得进入开环复零点的入射角。要完整地绘制根轨迹，尤其需要准确计算根轨迹在开环复极点的出射角和开环复零点的入射角。例如，考虑三阶开环传递函数

$$L(s)=G(s)H(s)=\frac{K}{(s-p_3)(s^2+2\zeta\omega_n s+\omega_n^2)} \tag{7.48}$$

其开环极点分布及与开环复极点 p_1 有关的各个向量的相角如图 7.12(a)所示。在开环极点 p_1 的近旁取根轨迹上的一点 s_1 作为测试点，由于 s_1 为根轨迹上的点，因此到该点的所有相角必然满足相角条件。又由于点 s_1 与点 p_1 非常近，故有 $\theta_2=90°$，于是可以得到

$$\theta_1+\theta_2+\theta_3=\theta_1+90°+\theta_3=+180°$$

所以，开环极点 p_1 处的出射角为

$$\theta_1=90°-\theta_3$$

如图 7.12(b)所示。又因为点 p_1 和点 p_2 是一对共轭复极点，所以点 p_2 处的出射角是对点 p_1 处的出射角取负的结果。另一个确定出射角的例子如图 7.13 所示，此时出射角可由下式给出：

$$\theta_2-(\theta_1+\theta_3+90°)=180°+k360°$$

再记 $\theta_2-\theta_3=\gamma$，则出射角为 $\theta_1=90°+\gamma$。

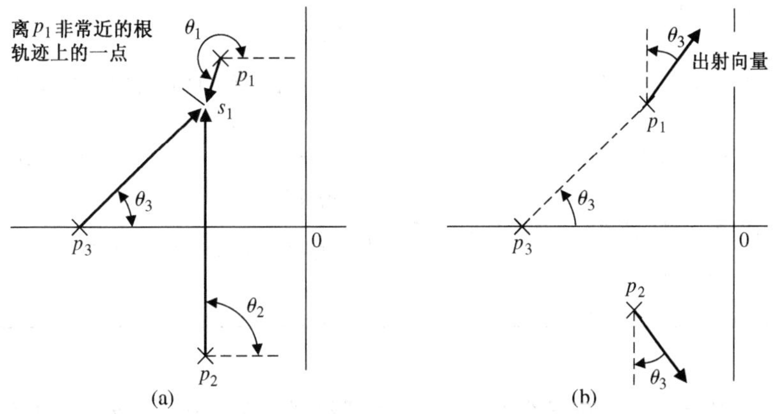

图 7.12 确定出射角的图解说明。(a) 离点 p_1 很近的测试点；(b) 点 p_1 处的出射向量

第 7 步：最后一步是完成整个根轨迹的绘制，主要是补足前面 6 个步骤中没有涉及的部分。如果需要绘制精准的根轨迹，则建议利用计算机辅助软件(见 7.9 节)。

在某些情况下，需要确定某些点 s_x 是否在根轨迹上以及所对应的匹配增益 K_x。这时，可以首先用根轨迹的相角条件来验证 s_x，$x=1,2,\cdots,n$ 是否为闭环根。如式(7.17)所示的相角条件为

$\underline{/P(s)} = 180° + k360°, \quad k = 0, \pm1, \pm2, \cdots$

然后，应用幅值条件式(7.16)，确定与闭环根 s_x 对应的增益 K_x 的匹配取值，即

$$K_x = \left.\frac{\prod_{j=1}^{n}|s-p_i|}{\prod_{i=1}^{M}|s-z_i|}\right|_{s=s_x}$$

至此，我们已经给出了绘制根轨迹的全部7个步骤。我们将其归纳于表7.2中，再用一个完整的例子加以说明。

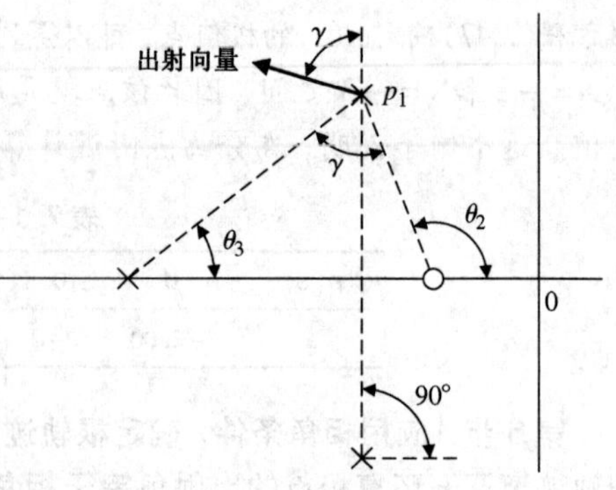

图7.13 出射角的确定

表7.2 绘制根轨迹的7个步骤

步骤	相关的方程或规则
1. 绘制根轨迹的准备工作。	
(a) 列写出闭环特征方程，并将感兴趣的参数 K 改写为乘性因子。	$1+KP(s)=0$
(b) 将 $P(s)$ 分解成有 M 个零点，n 个极点的分式形式。	$1+K\frac{\prod_{i=1}^{M}(s-z_i)}{\prod_{j=1}^{n}(s-p_j)}=0$
(c) 在 s 平面上用特定的符号标识 $P(s)$ 的零点和极点，即开环零点和开环极点。	× = 极点，○ = 零点
(d) 确定根轨迹分支的条数。	根轨迹起始于开环极点，终止于开环零点
(e) 根轨迹分支关于实轴对称。	当 $n \geqslant M$ 时，独立根轨迹分支条数 $= n$，其中 n 为有限开环极点数，M 为有限开环零点数
2. 确定实轴上的根轨迹段。	根轨迹段位于奇数个有限零点和极点的左侧
3. 根轨迹沿渐近线趋向于无穷远处的开环零点。渐近中心为 σ_A，渐近线与实轴的交角为 ϕ_A。	$\sigma_A = \frac{\sum(p_j)-\sum(z_i)}{n-M}$ $\phi_A = \frac{2k+1}{n-M}180°,\ k=0,1,2,\cdots,(n-M-1)$
4. 确定根轨迹穿越虚轴的点(如果存在)。	应用劳斯-赫尔维茨稳定性判据(见6.2节)
5. 确定实轴上的分离点(如果存在)。	(a) 令 $K=p(s)$； (b) 确定 $\mathrm{d}p(s)/\mathrm{d}s=0$ 的根或者利用图解方法找到 $p(s)$ 的最大值点。
6. 应用相角条件，确定根轨迹离开开环复极点的出射角和进入开环复零点的入射角。	当 $s=p_j$ 或 $s=z_i$ 时，$\underline{/P(s)}=180°+k360°$
7. 完成根轨迹的绘制。	

例7.4 四阶系统

1. (a)某系统的特征方程如下式所示，我们希望绘制当 K 从0到 $+\infty$ 变化时的根轨迹。

$$1+\frac{K}{s^4+12s^3+64s^2+128s}=0$$

(b) 确定开环零点和极点，由于

$$1+\frac{K}{s(s+4)(s+4+\mathrm{j}4)(s+4-\mathrm{j}4)}=0 \tag{7.49}$$

可以看出，该系统没有有限的开环零点，有4个开环极点。

(c) 开环极点在 s 平面上的分布如图 7.14(a)所示。

(d) 开环极点数 $n=4$，系统有 4 条根轨迹分支。

(e) 根轨迹分支关于实轴对称。

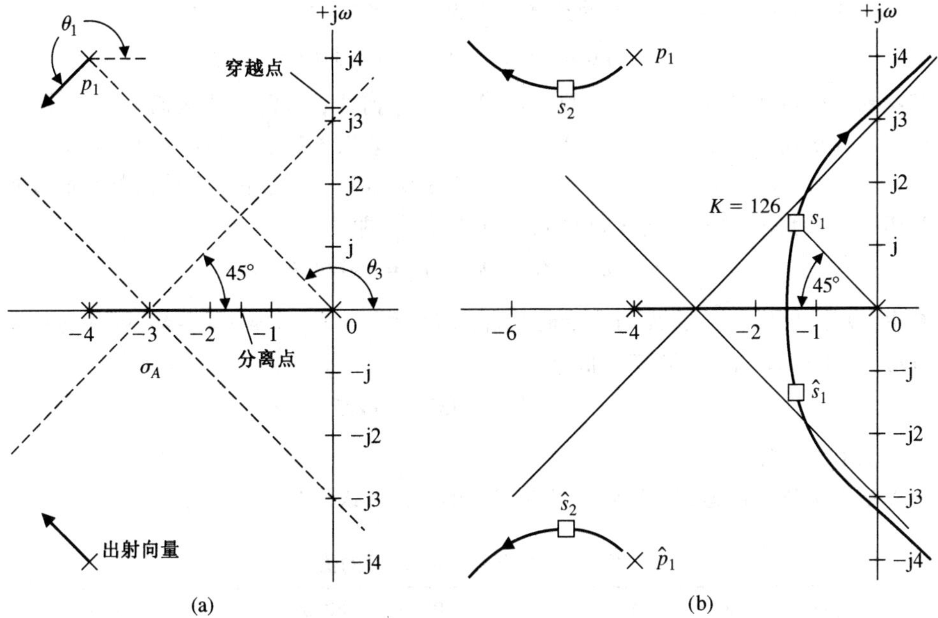

图 7.14　例 7.4 的根轨迹。(a) 开环极点分布；(b) 渐近线

2. 实轴上的根轨迹段位于 $s=0$ 到 $s=-4$ 之间。

3. 渐近线与实轴的交角为

$$\phi_A = \frac{(2k+1)}{4}180°, \qquad k = 0, 1, 2, 3$$

$$\phi_A = +45°, 135°, 225°, 315°$$

渐近中心为

$$\sigma_A = \frac{-4-4-4}{4} = -3$$

于是，可以绘制图 7.14(a)所示的渐近线。

4. 将特征方程改写为

$$s(s+4)(s^2+8s+32) + K = s^4 + 12s^3 + 64s^2 + 128s + K = 0 \tag{7.50}$$

据此可列写如下所示的劳斯判定表：

s^4	1	64	K
s^3	12	128	
s^2	b_1	K	
s^1	c_1		
s^0	K		

其中，
$$b_1 = \frac{12(64)-128}{12} = 53.33, \quad c_1 = \frac{53.33(128)-12K}{53.33}$$

于是，能保证系统稳定的最小增益值为 $K=568.89$，而辅助方程的根可由下式得到：

$$53.33s^2 + 568.89 = 53.33(s^2 + 10.67) = 53.33(s + \mathrm{j}3.266)(s - \mathrm{j}3.266) \tag{7.51}$$

据此可以确定根轨迹穿越虚轴的交点，如图7.14(a)所示。当 $K = 568.89$ 时，根轨迹在 $s = \pm\mathrm{j}3.266$ 处穿越 $\mathrm{j}\omega$ 轴。

5. 根轨迹在 $s=-4$ 和 $s=0$ 之间的分离点可由下式确定：

$$K = p(s) = -s(s+4)(s+4+\mathrm{j}4)(s+4-\mathrm{j}4)$$

可以判定分离点应位于 $s=-3$ 和 $s=-1$ 之间。因此，只需在此区间内搜索 $p(s)$ 的最大值。在此区间内选取一些 s 点，对应的 $p(s)$ 值如表7.3所示。可以看出，在 $s=-1.577$ 附近，$p(s)$ 存在极大值，图7.14(a)标出了该分离点。通常无须求取特别精确的分离点。

6. 开环复极点 p_1 处的出射角可以由相角条件得到，即

$$\theta_1 + 90° + 90° + \theta_3 = 180° + k360°$$

其中，θ_3 为从极点 p_3 出发的向量的相角，而从极点 $s=-4$ 和 $s=-4-\mathrm{j}4$ 出发的向量的相角均为90°。由 $\theta_3 = 135°$ 可以推知

$$\theta_1 = -135° \equiv +225°$$

如图7.14(a)所示。

7. 完成整个根轨迹的绘制，绘制结果如图7.14(b)所示。

表7.3 分离点附近 $p(s)$ 的值

$p(s)$	0	51.0	68.44	80.0	83.57	75.0	0
s	-4.0	-3.0	-2.5	-2.0	-1.577	-1.0	0

利用根轨迹法的7个步骤所得到的信息，再借助于观察判断，便可以比较准确地绘制完整的根轨迹。本例中，系统的完整根轨迹如图7.14(b)所示。如果闭环系统靠近原点的共轭特征根的阻尼系数 $\xi=0.707$，利用图7.14(b)中的等阻尼线，就能用图解方法确定特征根 s_1 的位置并求出对应的增益 K。估计出每个开环极点到 s_1 的向量的幅值，就能得到与 s_1 对应的增益为

$$K = |s_1||s_1+4||s_1-p_1||s_1-\hat{p}_1| = (1.9)(2.9)(3.8)(6.0) = 126 \tag{7.52}$$

当 $K=126$ 时，记闭环系统的另一对复特征根为 s_2 和 $\hat{s}_2$，那么与 s_1 和 $\hat{s}_1$ 引起的瞬态响应相比，s_2 和 $\hat{s}_2$ 引起的瞬态响应可以忽略不计。用这两对特征根导致的阻尼衰减可以验证这一结论。与 s_1 和 $\hat{s}_1$ 对应的瞬态响应的阻尼衰减为

$$\mathrm{e}^{-\zeta_1\omega_{n_1}t} = \mathrm{e}^{-\sigma_1 t}$$

与 s_2 和 $\hat{s}_2$ 对应的瞬态响应的阻尼衰减为

$$\mathrm{e}^{-\zeta_2\omega_{n_2}t} = \mathrm{e}^{-\sigma_2 t}$$

σ_2 大约是 σ_1 的5倍。于是，与 s_1 引起的瞬态响应相比，由 s_2 引起的瞬态响应将会很快衰减。因此，系统的单位阶跃响应可以近似为

$$\begin{aligned} y(t) &= 1 + c_1\mathrm{e}^{-\sigma_1 t}\sin(\omega_1 t + \theta_1) + c_2\mathrm{e}^{-\sigma_2 t}\sin(\omega_2 t + \theta_2) \\ &\approx 1 + c_1\mathrm{e}^{-\sigma_1 t}\sin(\omega_1 t + \theta_1) \end{aligned} \tag{7.53}$$

在所有闭环极点，即系统的特征根中，最接近于 s 平面原点的复共轭根称为系统的**主导极点**，它们对瞬态响应的影响最大。如果三阶系统有一对复极点，则可以用实根与复根实部之比来衡量复极点的相对主导性，当比值超过5时，就能够将复极点视为主导极点。

严格来讲，式(7.53)中第二项的主导性还依赖于系数 c_1 和 c_2 的相对大小。这些系数是衡量复极点是否为主导极点时应该考虑的另一类因素，其值依赖于 s 平面上零点的位置。主导极点的概念有利于近似估计系统的瞬态响应，但必须以理解基本假设为前提并谨慎小心。

7.4　应用根轨迹法进行参数设计

绘制根轨迹法的初衷是研究当系统增益 K 由零到无穷大变化时，系统闭环特征根的轨迹。而实际上，我们也能够方便地利用根轨迹法考察其他参数对系统的影响。从根本上讲，根轨迹是从特征方程式(7.22)推出的：

$$1 + F(s) = 0 \tag{7.54}$$

如果能将系统的特征方程改写为上式所示的标准形式，就能利用前面给出的步骤来绘制根轨迹，进而分析和设计控制系统。根轨迹法看起来是一种单参数方法，那么它能否用于分析两个参数，如 α 和 β 对系统的影响呢？幸运的是，答案是肯定的。我们可以扩展前述的根轨迹法，用它来研究两个或两个以上参数对系统的影响，进而得到基于根轨迹法的**参数设计**方法。

动态系统特征方程的基本形式为

$$a_n s^n + a_{n-1}s^{n-1} + \cdots + a_1 s + a_0 = 0 \tag{7.55}$$

如果要研究系数 a_1 对系统的影响，则可将特征方程等效为对应的根轨迹方程的形式，即

$$1 + \frac{a_1 s}{a_n s^n + a_{n-1}s^{n-1} + \cdots + a_2 s^2 + a_0} = 0 \tag{7.56}$$

如果所关注的参数 α 不是一个独立的系数，则需要将它分离出来。为此，可以将特征方程改写为

$$a_n s^n + a_{n-1}s^{n-1} + \cdots + (a_{n-q} - \alpha)s^{n-q} + \alpha s^{n-q} + \cdots + a_1 s + a_0 = 0 \tag{7.57}$$

例如，某三阶系统的特征方程为

$$s^3 + (3 + \alpha)s^2 + 3s + 6 = 0 \tag{7.58}$$

为了分析参数 α 对系统的影响，首先将式(7.58)整理为

$$s^3 + 3s^2 + \alpha s^2 + 3s + 6 = 0 \tag{7.59}$$

整理后，可得对应的根轨迹方程为

$$1 + \frac{\alpha s^2}{s^3 + 3s^2 + 3s + 6} = 0 \tag{7.60}$$

这样，参数 α 就被分离出来了，特征方程被改写成了式(7.60)所示的根轨迹方程。

如果要同时研究两个参数 α 和 β 对系统的影响，则可以重复运用根轨迹法。假定可变参数 α 和 β 已经进行了分离处理，那么特征方程的一般形式为

$$\begin{aligned} a_n s^n + a_{n-1}s^{n-1} + \cdots + (a_{n-q} - \alpha)s^{n-q} + \alpha s^{n-q} + \cdots + \\ (a_{n-r} - \beta)s^{n-r} + \beta s^{n-r} + \cdots + a_1 s + a_0 = 0 \end{aligned} \tag{7.61}$$

可以首先研究参数 α 对系统的影响，然后再研究 β 对系统的影响。例如，考虑式(7.61)的特例，一个同时包含两个未知参数 α 和 β 的三阶特征方程为

$$s^3 + s^2 + \beta s + \alpha = 0 \tag{7.62}$$

参数 α 和 β 正好就是特征方程的系数。为了考察参数 β 从0变到 $+\infty$ 时对系统的影响，应该考察根轨迹特征方程

$$1 + \frac{\beta s}{s^3 + s^2 + \alpha} = 0 \tag{7.63}$$

注意，式(7.63)的分母是$\beta = 0$时的系统特征方程，因此可以首先利用下式研究当α从0变到$+\infty$时对系统的影响：

$$s^3 + s^2 + \alpha = 0$$

上式又可进一步改写为根轨迹方程的形式

$$1 + \frac{\alpha}{s^2(s+1)} = 0 \tag{7.64}$$

此时，式(7.62)中的β已经被赋值为0。这样，我们可以通过分析α的影响，选择α的合适取值，再应用到式(7.63)中，就可以研究β对系统的影响。由此可见，为了研究α和β双参数对系统的影响，应在不同阶段计算不同的根轨迹。首先求得以α为可变参数的根轨迹，并确定与合适的闭环根对应的α取值。然后在取定α后，求得以β为可变参数的根轨迹，并最终确定β的取值。另外，值得注意的是，式(7.63)的开环极点就是式(7.64)中选定的闭环根。上述参数设计方法有较大的局限性，因为我们得到的特征方程未必总是待定参数(例如α)的线性方程，因此不一定总是能够用根轨迹法完成参数设计。

为了直观地说明上述参数设计过程，我们绘制了α和β变动时，与式(7.62)有关的根轨迹。图7.15(a)给出的是与式(7.64)对应的根轨迹，此时$\beta = 0$，而α为可变参数。图中还标明了α取两个不同的值时，所对应的两组闭环特征根。如果选定$\alpha = \alpha_1$，则与α_1对应的特征根就成了式(7.63)的开环极点。图7.15(b)给出的则是与式(7.63)对应的根轨迹，此时$\alpha = \alpha_1$，而β是可变参数。依据所期望的系统闭环根位置，可以确定β的合适取值。

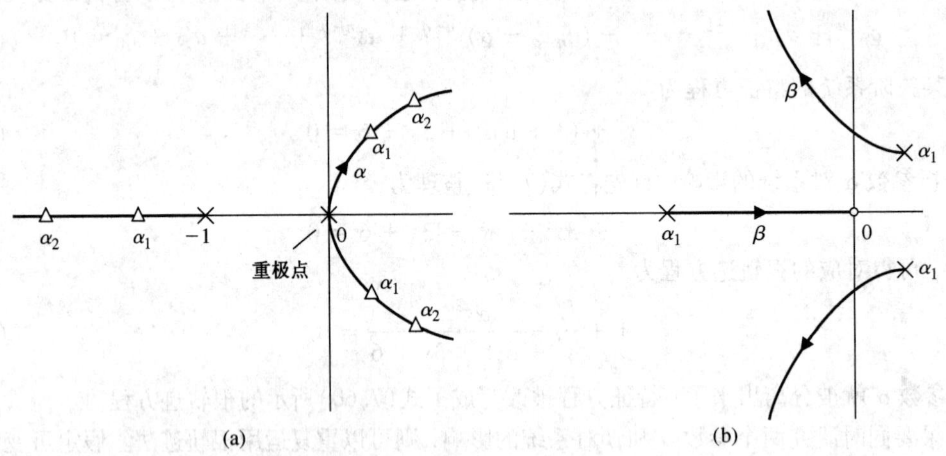

图7.15 以α和β为可变参数的根轨迹。(a) α变化时的根轨迹；(b) 取$\alpha = \alpha_1$，β变化时的根轨迹

下面用一个设计实例来进一步说明这种参数设计方法。

例7.5 焊接头控制

自动焊接头需要一个精确的定位控制系统[4]。本例设计的反馈控制系统要满足如下设计指标要求：

指标要求1：对斜坡输入响应的稳态误差e_{ss}小于或等于斜坡斜率的35%；

指标要求2：主导极点的阻尼比$\zeta \geqslant 0.707$；

指标要求3：按2%准则的调节时间$T_s \leqslant 3$ s。

该反馈控制系统的框图如图 7.16 所示，其中放大器增益 K_1 和微分反馈增益 K_2 都是待定参数。由框图可知，系统的稳态误差为

$$e_{ss}=\lim_{t\to\infty}e(t)=\lim_{s\to 0}sE(s)=\lim_{s\to 0}\frac{s(|R|/s^2)}{1+G_2(s)} \tag{7.65}$$

其中，$G_2(s)=G(s)/(1+G(s)H_1(s))$。于是，由稳态误差的设计要求可得

$$\frac{e_{ss}}{|R|}=\frac{2+K_1K_2}{K_1}\leqslant 0.35 \tag{7.66}$$

由此可知，为了获得较小的稳态误差，我们应该选择较小的 K_2。根据阻尼比的设计要求可知，系统的闭环主导特征根应该位于 s 左半平面的 ±45°线之间。再由调节时间的设计要求可知，主导极点实部的绝对值 σ 应该满足：

$$T_s=\frac{4}{\sigma}\leqslant 3\ \text{s} \tag{7.67}$$

因此应该有 $\sigma\geqslant 4/3$。满足上述具体要求的闭环极点配置的可行区域如图 7.17 的阴影区域所示。还应注意，$\sigma\geqslant 4/3$ 意味着主导极点也必须位于直线 $\sigma=-4/3$ 的左侧。因此，为了满足设计指标要求，所有的闭环极点都必须位于图 7.17 所示的阴影区域之内。

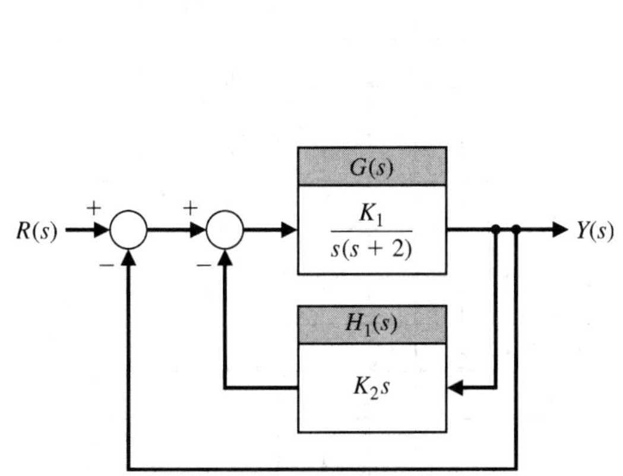

图 7.16　焊接头反馈控制系统的框图模型

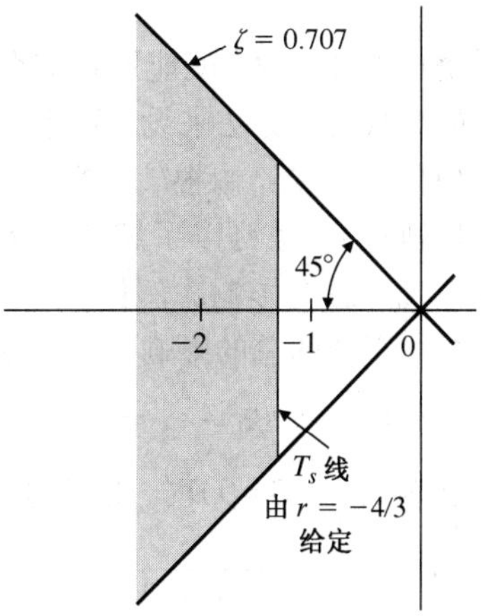

图 7.17　s 平面上闭环特征根配置的可行区域

令 $\alpha=K_1$，$\beta=K_2K_1$，则系统的特征方程为

$$1+GH(s)=s^2+2s+\beta s+\alpha=0 \tag{7.68}$$

$\alpha=K_1$ 变化时（令 $\beta=0$）的根轨迹取决于方程：

$$1+\frac{\alpha}{s(s+2)}=0 \tag{7.69}$$

所得到的根轨迹如图 7.18(a) 所示，图中标明了与增益 $K_1=\alpha=20$ 对应的特征根 $s=-1\pm j4.36$。在此基础上，参数 $\beta=20K_2$ 变化时的根轨迹则取决于方程：

$$1+\frac{\beta s}{s^2+2s+20}=0 \tag{7.70}$$

式 (7.70) 对应的根轨迹如图 7.18(b) 所示。当取 $\beta=4.3=20K_2$，即 $K_2=0.215$ 时，就得到了满足 $\zeta=0.707$ 的一对闭环特征根。它们的实部为 $-\sigma=-3.15$，因此 2% 准则下的调节时间为 $T_s=1.27$ s，满足了 $T_s\leqslant 3$ s 的设计要求。

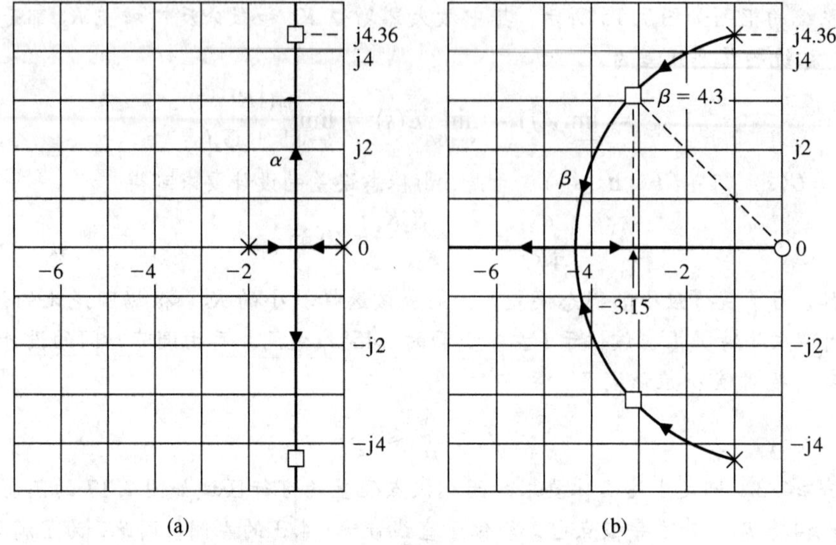

图 7.18 根轨迹。(a) α 为可变参数;(b) β 为可变参数

只要增加设计步骤,就能用本节介绍的基于根轨迹的参数设计方法来设计两个以上的系统参数。如果进一步绘制根轨迹簇(而不仅仅绘制两组根轨迹),也可以了解两个参数同时变化时对系统的总的影响。例如,为了确定 α 和 β 变化时对系统的总的影响,考虑特征方程

$$s^3 + 3s^2 + 2s + \beta s + \alpha = 0 \qquad (7.71)$$

当 α 为可变参数(令 $\beta = 0$)时,根轨迹方程为

$$1 + \frac{\alpha}{s(s+1)(s+2)} = 0 \qquad (7.72)$$

当 β 为可变参数时,根轨迹方程为

$$1 + \frac{\beta s}{s^3 + 3s^2 + 2s + \alpha} = 0 \qquad (7.73)$$

式(7.72)关于 α 的根轨迹如图 7.19 所示(实线部分),这组根轨迹上的特征根用"×"表示,它们同时也是式(7.73)对应的根轨迹的开环极点。于是,可以接着在图 7.19 中绘制式(7.73)的根轨迹(虚线部分),其中只针对 α 的几个特定取值,具体给出了 β 变化时的根轨迹。当 α 取更多不同的值时,便可得到根轨迹簇。根轨迹簇又称为**根的轮廓线**,它表明了 α 和 β 变化时,对系统闭环特征根的总体影响[3]。

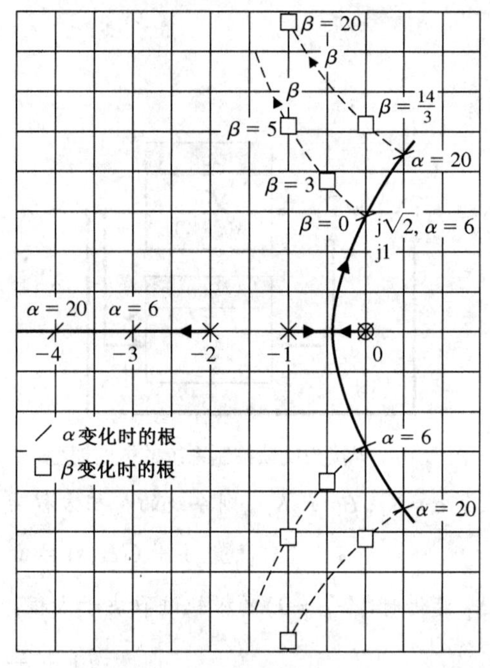

图 7.19 随两个参数变化的根轨迹,α 变化时的根轨迹为实线,β 变化时的根轨迹为虚线

7.5 灵敏度与根轨迹

在控制系统中应用负反馈的一个重要动机是要减小参数变化对系统性能的影响。参数变化引起的影响可以用系统性能对参数变化的**灵敏度**来表示。我们曾经给出了最先由伯德(Bode)提

出的**对数灵敏度**的定义，即

$$S_K^T = \frac{\partial \ln T}{\partial \ln K} = \frac{\partial T/T}{\partial K/K} \tag{7.74}$$

其中，$T(s)$为系统的闭环传递函数，K为待考察的参数。

也可以尝试用特征根的位置分布来定义灵敏度[7~9]。特征根表征了系统瞬态响应的主要模态，因此参数变化对特征根位置影响的大小是一种重要且有效的灵敏度度量方式。系统 $T(s)$的**根灵敏度**可以定义为

$$\boxed{S_K^{r_i} = \frac{\partial r_i}{\partial \ln K} = \frac{\partial r_i}{\partial K/K}} \tag{7.75}$$

其中，r_i 表示系统的第 i 个特征根，K 为我们关心且影响特征根位置分布的参数，而传递函数 $T(s)$可以写成

$$T(s) = \frac{K_1 \prod_{j=1}^{M}(s - z_j)}{\prod_{i=1}^{n}(s - r_i)} \tag{7.76}$$

由此可见，根灵敏度与 s 平面上特征根的位置变化密切相关，而特征根的位置变化则是由参数变化引起的。

如果 $T(s)$的零点与参数 K 无关，即

$$\frac{\partial z_j}{\partial \ln K} = 0$$

那么根灵敏度与系统的对数灵敏度的关系可以简化为

$$S_K^T = \frac{\partial \ln K_1}{\partial \ln K} + \sum_{i=1}^{n} \frac{\partial r_i}{\partial \ln K} \cdot \frac{1}{s - r_i} \tag{7.77}$$

显然，只要用式(7.76)给出的 $T(s)$对 K 求导数，就得到了系统的对数灵敏度。而当系统增益 K_1 与参数 K 无关时，还可以将式(7.77)进一步简化为

$$S_K^T = \sum_{i=1}^{n} S_K^{r_i} \cdot \frac{1}{s - r_i} \tag{7.78}$$

由此可见，根灵敏度和系统的对数灵敏度是直接相关的。

利用根轨迹法可以直接估算控制系统的根灵敏度，其基本思路是，利用参数 K 变化时特征根 r_i 的根轮廓线来估计根灵敏度 $S_K^{r_i}$。考虑参数 K 的小增量 ΔK，并记与 $K+\Delta K$ 对应的特征根为 $(r_i+\Delta r_i)$，则由式(7.75)可以得到

$$S_K^{r_i} \approx \frac{\Delta r_i}{\Delta K/K} \tag{7.79}$$

当 $\Delta K \to 0$ 时，式(7.79)趋于根灵敏度的准确值，因此，式(7.79)给出了根灵敏度的一种近似计算方法。接下来，我们用一个例子说明根灵敏度的估算过程。

例 7.6 控制系统的根灵敏度

图 7.20 所示的反馈控制系统的特征方程为

$$1 + \frac{K}{s(s+\beta)} = 0$$

或
$$s^2 + \beta s + K = 0 \tag{7.80}$$

将参数 α 选定为要考察的增益 K，则参数 α 和 β 的变化可以描述为

$$\alpha = \alpha_0 \pm \Delta\alpha \ , \quad \beta = \beta_0 \pm \Delta\beta$$

其中，α_0 和 β_0 为标称值或预期值。若给定 $\beta_0 = 1$，$\alpha_0 = K = 0.5$，则当只有 $\alpha = K$ 变化时，根轨迹取决于方程

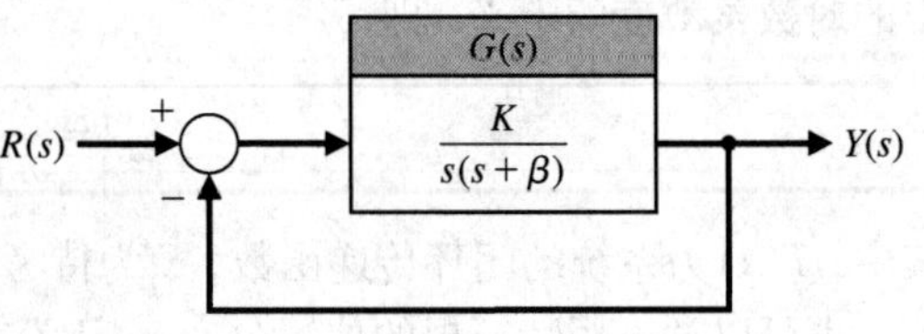

图 7.20 反馈控制系统

$$1 + \frac{K}{s(s+\beta_0)} = 1 + \frac{K}{s(s+1)} = 0 \tag{7.81}$$

所得到的根轨迹如图 7.21 所示。与标称值 $K = \alpha_0 = 0.5$ 对应的特征根为一对共轭复根，即 $r_1 = -0.5 + \mathrm{j}0.5$和 $r_2 = \hat{r}_1$。为了研究增益 K 发生变化时对系统的影响，令 $\alpha = \alpha_0 \pm \Delta\alpha$，则系统的特征方程变为

$$s^2 + s + \alpha_0 \pm \Delta\alpha = s^2 + s + 0.5 \pm \Delta\alpha \tag{7.82}$$

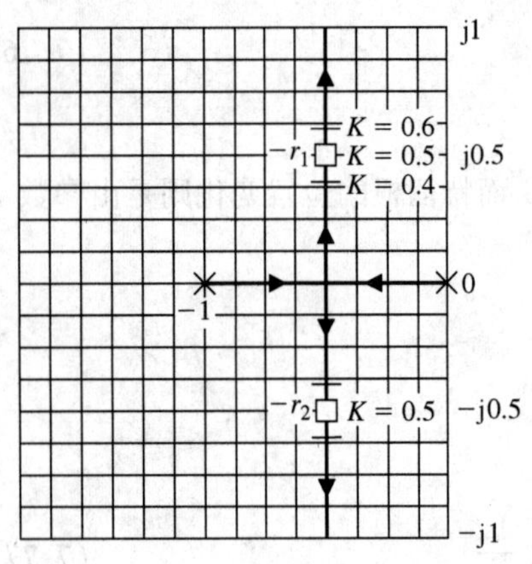

图 7.21 K 变化时的根轨迹

利用图 7.21 给出的根轨迹，可以看出增益变化对系统的影响。当 α 的变化幅度为 20%，即 $\Delta\alpha = \pm 0.1$ 时，我们可以方便地得到分别与 $\alpha = 0.4$ 和 $\alpha = 0.6$ 对应的特征根的位置，并将它们标注在图 7.21 中。例如，当 $\alpha = K = 0.6$ 时，s 平面第二象限上的特征根为

$$r_1 + \Delta r_1 = -0.5 + \mathrm{j}0.59$$

特征根的变化量为 $\Delta r_1 = +\mathrm{j}0.09$。当 $\alpha = K = 0.4$ 时，第二象限上的特征根为

$$r_1 + \Delta r_1 = -0.5 + \mathrm{j}0.387$$

特征根的变化量约为 $\Delta r_1 = -\mathrm{j}0.11$。于是，当增益 K 发生正向变化时，r_1 对 K 的根灵敏度为

$$S_{K+}^{r_1} = \frac{\Delta r_1}{\Delta K/K} = \frac{+\mathrm{j}0.09}{+0.2} = \mathrm{j}0.45 = 0.45\angle{+90^\circ} \tag{7.83}$$

当增益 K 发生负向变化时，r_1 对 K 的根灵敏度为

$$S_{K-}^{r_1} = \frac{\Delta r_1}{\Delta K/K} = \frac{-\mathrm{j}0.11}{+0.2} = -\mathrm{j}0.55 = 0.55\angle{-90^\circ}$$

参数增量 ΔK 趋于零时，无论 K 增加还是减小，两个根灵敏度的幅值都将趋于相等。当参数变化时，特征根的变化方向由根灵敏度的相角符号决定。在 $\alpha = \alpha_0$ 附近，向 $+\Delta\alpha$ 方向和向 $-\Delta\alpha$ 方向变化的相角相差 180°。

极点 β 也会随着环境而变化，这种变化可以表示为 $\beta = \beta_0 + \Delta\beta$，其中 $\beta_0 = 1$。于是闭环极点的变化取决于特征方程

$$s^2 + s + \Delta\beta s + K = 0$$

写成根轨迹方程形式，可以得到

$$1 + \frac{\Delta\beta s}{s^2 + s + K} = 0 \tag{7.84}$$

当 $\Delta\beta = 0$ 时，上式第二项的分母就是系统的特征方程，在此条件下，系统关于 K 的根轨迹如图 7.21

所示。如果要求阻尼比$\zeta=0.707$，则满足条件的共轭复根为

$$r_1 = -0.5 + \mathrm{j}0.5\ , \qquad r_2 = \hat{r}_1 = -0.5 - \mathrm{j}0.5$$

由于这两个根是共轭对称的，相应地，关于r_1和$\hat{r}_1=r_2$的根灵敏度也会是一对共轭复数。应用前面介绍的参数根轨迹法，又可以得到图7.22所示的关于$\Delta\beta$的根轨迹。我们关注的是参数变化对系统闭环根的影响，因此需要考虑$\beta=\beta_0\pm\Delta\beta$的情况。当$\beta$减小时，关于$\Delta\beta$的根轨迹将由下面的根轨迹方程决定：

$$1 + \frac{-(\Delta\beta)s}{s^2 + s + K} = 0$$

注意，上式相当于

$$1 - \Delta\beta P(s) = 0$$

与7.3节的式(7.23)相比，增益$\Delta\beta$前面的符号变成了负号。与7.3节类似，可以得到此时的根轨迹应该满足的幅值条件和相角条件分别为

$$|\Delta\beta P(s)| = 1\ , \qquad \angle P(s) = 0^\circ \pm k360^\circ$$

其中，k是整数。与前面研究的180°根轨迹不同，这种根轨迹称为零度根轨迹。只要把7.3节绘制根轨迹的规则中的相角条件改为零度，就仍能利用与7.3节类似的方法来绘制零度根轨迹。β减小时的零度根轨迹如图7.22中虚线所示，以便区别于用实线表示的β增加时的180°根轨迹。图7.22标出了与$\Delta\beta=\pm0.20$对应的特征根。至此，我们可以求得特征根r_1对参数β的根灵敏度为

$$S_{\beta+}^{r_1} = \frac{\Delta r_1}{\Delta\beta/\beta} = \frac{0.16\angle -128^\circ}{0.20} = 0.80\angle -128^\circ$$

$$S_{\beta-}^{r_1} = \frac{\Delta r_1}{\Delta\beta/\beta} = \frac{0.125\angle 39^\circ}{0.20} = 0.625\angle +39^\circ$$

它们分别对应于β增加和减小的情况。当相对变化量$\Delta\beta/\beta$减小时，两个方向的根灵敏度$S_{\beta+}^{r_1}$和$S_{\beta-}^{r_1}$的幅值将趋于相等，而相角相差180°。于是，当相对变化量$\Delta\beta/\beta\leqslant0.10$时，两个方向的根灵敏度具有如下的近似关系式：

$$|S_{\beta+}^{r_1}| = |S_{\beta-}^{r_1}|$$

和

$$\angle S_{\beta+}^{r_1} = 180^\circ + \angle S_{\beta-}^{r_1}$$

根灵敏度是针对参数的微小变化增量定义的。当参数的相对变化量小到$\Delta\beta/\beta=0.10$的量级时，利用$\Delta\beta$根轨迹上由出射角θ_d决定的出射线，就能近似估计特征根相应的变化增量，因而可以避免绘制完整的根轨迹。但只有当变化量$\Delta\beta$的确相对较小时，才能保持这种方法有足够的精度。图7.22给出了图示说明。当$\Delta\beta/\beta=0.10$时，用根轨迹出射线进行线性近似，可以求得根灵敏度为

$$S_{\beta+}^{r_1} = \frac{0.075\angle -132^\circ}{0.10} = 0.075\angle -132^\circ \tag{7.85}$$

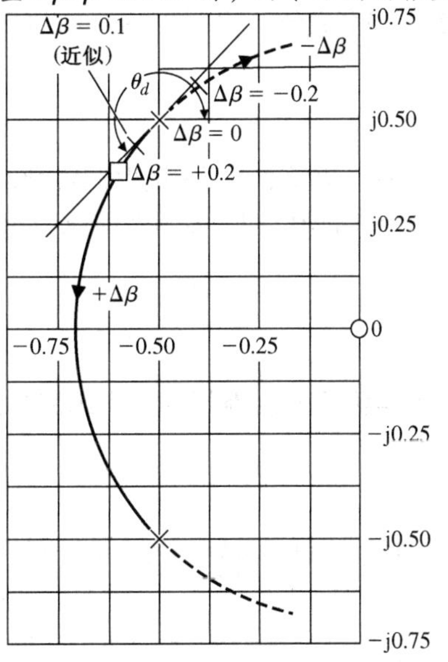

图7.22　参数β变化时的根轨迹

利用特征根对可变参数的根灵敏度指标，可以比较系统对不同参数，以及特征根的不同位置的敏感性。比较式(7.85)给出的特征根r_1对参数β的根灵敏度和式(7.83)给

出的对参数 α 的根灵敏度，可以发现，特征根 r_1 对参数 β 的根灵敏度的幅值要高出约 50%；而 $S_{\beta-}^{r_1}$ 的相角也表明，β 减小时，系统的闭环特征根 r_1 更容易接近虚轴。由此可知，系统对参数 β 的精确性要求，要比对参数 α 的要求更为严格。这就提供了所需要的信息，以便设计者衡量比较系统对每个参数的精确性或容错性要求。

应用根灵敏度分析和设计控制系统，必须针对由开环传递函数及其零点和极点决定的闭环特征根的可能分布情况进行大量的计算。可以看出，这种方法有两个方面的局限性：(1)需要大量的计算，(2)没有明确的参数调整方向以便减小根灵敏度。尽管如此，根灵敏度方法还是可以提供所需的信息，帮助设计者比较候选系统的容错性能。根灵敏度方法能够在 s 平面上直观地描述系统对参数变化的敏感性，其缺点是过于依赖闭环特征根对系统性能的描述能力。正如我们已经看到的，在大多数情况下，闭环特征根的位置分布足以表征系统的性能，但还是有一些场合，需要另外适当地考虑闭环传递函数中的零点对系统性能的影响，以及相关特征根的主导性。总之，根灵敏度可以恰当地衡量系统对参数变化的敏感性，从而能够有效地应用于系统分析和设计。

7.6 PID 控制器

PID 控制器又称为三项控制器，是工业过程控制中广泛采用的一种控制器[4, 10]，其传递函数为

$$\boxed{G_c(s) = K_p + \frac{K_I}{s} + K_D s}$$

其时域输出方程为

$$u(t) = K_p e(t) + K_I \int e(t)\,\mathrm{d}t + K_D \frac{\mathrm{d}e(t)}{\mathrm{d}t}$$

该控制器传递函数的三个组成项分别是比例项(P，即 Proportional 的首字母)、积分项(I，即 Integral 的首字母)和微分项(D，即 Dervative 的首字母)，故称为 **PID 控制器**。实际上微分项的传递函数应该为

$$G_d(s) = \frac{K_D s}{\tau_d s + 1}$$

但在通常情况下，其中的时间常数 τ_d 远远小于受控对象的时间常数，因而常常将它忽略不计。

令 $K_D = 0$，PID 控制器即成为**比例积分控制器(PI)**：

$$\boxed{G_c(s) = K_p + \frac{K_I}{s}}$$

令 $K_I = 0$，PID 控制器即成为**比例微分控制器(PD)**：

$$\boxed{G_c(s) = K_p + K_D s}$$

PID 控制器可以视为由 PI 控制器和 PD 控制器串联构成的控制器。由于 PI 控制器为

$$G_{PI}(s) = \hat{K}_P + \frac{\hat{K}_I}{s}$$

PD 控制器为

$$G_{PD}(s) = \overline{K}_P + \overline{K}_D s$$

其中，$\hat{K}_P$和$\hat{K}_I$是 PI 控制器的增益，而$\overline{K}_P$和$\overline{K}_D$是 PD 控制器的增益。将两个控制器串联起来可得

$$\begin{aligned} G_c(s) &= G_{PI}(s)G_{PD}(s) \\ &= \left(\hat{K}_P + \frac{\hat{K}_I}{s}\right)(\overline{K}_P + \overline{K}_D s) \\ &= (\overline{K}_P\hat{K}_P + \hat{K}_I\overline{K}_D) + \hat{K}_P\overline{K}_D s + \frac{\hat{K}_I\overline{K}_D}{s} \\ &= K_P + K_D s + \frac{K_I}{s} \end{aligned}$$

其中，PI 和 PD 控制器及最终的 PID 控制器的增益之间满足如下关系：

$$\begin{aligned} K_P &= \overline{K}_P\hat{K}_P + \hat{K}_I\overline{K}_D \\ K_D &= \hat{K}_P\overline{K}_D \\ K_I &= \hat{K}_I\overline{K}_D \end{aligned}$$

再将 PID 控制器的传递函数形式进行转换，可以得到

$$\begin{aligned} G_c(s) = K_P + \frac{K_I}{s} + K_D s &= \frac{K_D s^2 + K_P s + K_I}{s} \\ = \frac{K_D(s^2 + as + b)}{s} &= \frac{K_D(s - z_1)(s - z_2)}{s} \end{aligned}$$

其中，$a = K_P/K_D$，$b = K_I/K_D$。因此，PID 控制器实际上对应的是这样一类传递函数：在原点有一个极点，在 s 左半平面有两个可以任意配置位置的零点。

再考虑图 7.23 所示的系统，其中采用了两个复零点为 $z_1 = -3 + \mathrm{j}1$ 和 $z_2 = \hat{z}_1$ 的 PID 控制器，再绘制如图 7.24 所示的参数 K_D 变化时的根轨迹。当控制器增益 K_D 增加时，系统的共轭特征根将趋向于 PID 控制器提供的开环零点。该系统的闭环传递函数为

$$T(s) = \frac{G(s)G_c(s)}{1 + G(s)G_c(s)} = \frac{K_D(s - z_1)(s - \hat{z}_1)}{(s - r_2)(s - r_1)(s - \hat{r}_1)}$$

可以验证，该系统具有很好的性能，其阶跃响应的 P.O.$\leqslant 2\%$，稳态误差 $e_{ss} = 0$，调节时间 T_s 接近于 1 s。如果要求更短的调节时间，我们可以让 s 左半平面的零点 z_1 和 z_2 进一步向左移动，并选择合适的 K_D，使所对应的闭环特征根进一步靠近开环复零点 z_1 和 z_2。

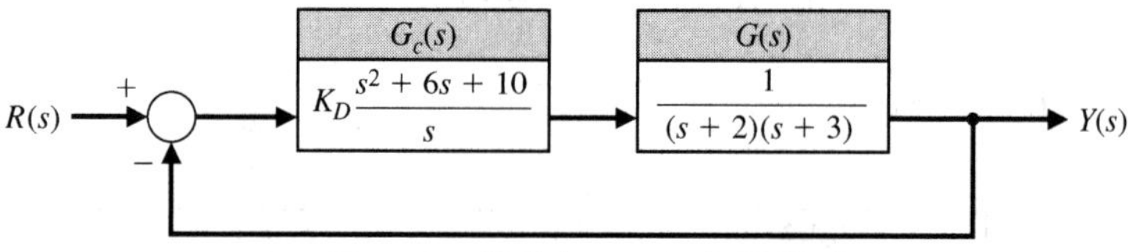

图 7.23　带控制器的闭环系统

PID 控制器在工业生产过程中的应用非常广泛，其原因可以部分归结为 PID 控制器能够在相当广泛的工作条件下保持较好的工作性能；还可以部分归结为 PID 功能简单，便于使用。为了实现 PID 控制器，必须针对不同的控制对象确定以下 3 个增益的合适取值：比例环节增益 K_P、积分环节增益 K_I和微分环节增益 K_D[10]。

确定这 3 个增益的合适取值的过程通常称为 **PID 参数整定**。目前，有很多方法可以用于 PID

参数整定，其中一种较为常见的方法是 **PID 参数手工整定**。该方法采用需要反复测试的“试错”策略，很少用到解析手段。为此，需要不断仿真或实际测试系统的阶跃响应，然后根据观察结果以及工程经验，来确定 PID 参数的合适取值。另一种方法是用到了较多解析手段的**齐格勒**(John G. Ziegler)-**尼科尔斯**(Nathaniel B. Nichols)**参数整定**。实际上，齐格勒-尼科尔斯方法有多种不同的变种。本节将讨论两类齐格勒-尼科尔斯方法，它们分别以系统开环阶跃响应和闭环阶跃响应为基础。

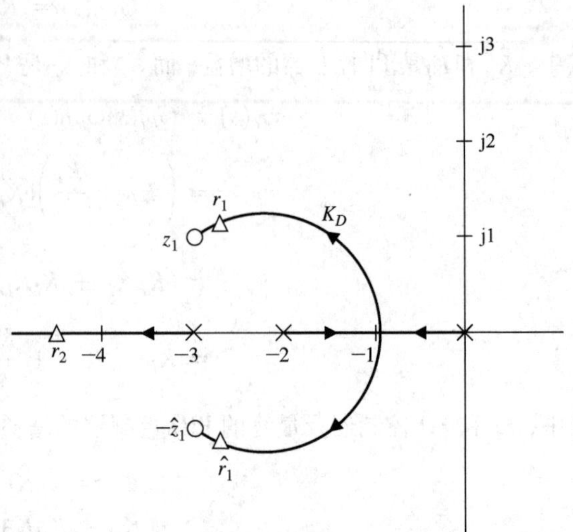

图 7.24 带 PID 控制器的系统根轨迹

在 PID 参数手工整定方法中，一种策略是，首先令 $K_I=0$ 和 $K_D=0$；接下来，缓慢增大比例增益 K_P 的取值，直到闭环系统的输出出现振荡，即系统到达不稳定的边缘。这通常可以利用仿真手段完成，但如果系统无法离线运行，就只能对实际系统进行在线测试。在掌握了比例增益 K_P 的这个取值之后，再来减小 K_P 的取值，以使系统输出达到所谓的 **25%超调幅值衰减状态**。也就是说，闭环系统输出能够在一个振荡周期内，使超调幅值减小到最大超调幅值的约 25%。根据经验，可以先将比例增益 K_P 减小至临界稳定增益值的一半。接下来的步骤就是增大 K_I 和 K_D 的取值，以使闭环系统产生预期的阶跃响应。表 7.4 定性地给出了增大 K_P、K_I 和 K_D 的取值对系统阶跃响应性能的影响效果。

表 7.4 增大 K_P、K_I 和 K_D 对系统阶跃响应性能的影响效果

PID 增益系数	超调量	调节时间	稳态误差
增大 K_P	增大	影响小	减小
增大 K_I	增大	增大	稳态误差为零
增大 K_D	减小	减小	没有影响

例 7.7 PID 参数的手工整定

考虑图 7.25 所示的闭环系统，受控对象的传递函数为

$$G(s)=\frac{1}{s(s+b)(s+2\zeta\omega_n)}$$

其中，$b=10$，$\zeta=0.707$，$\omega_n=4$。

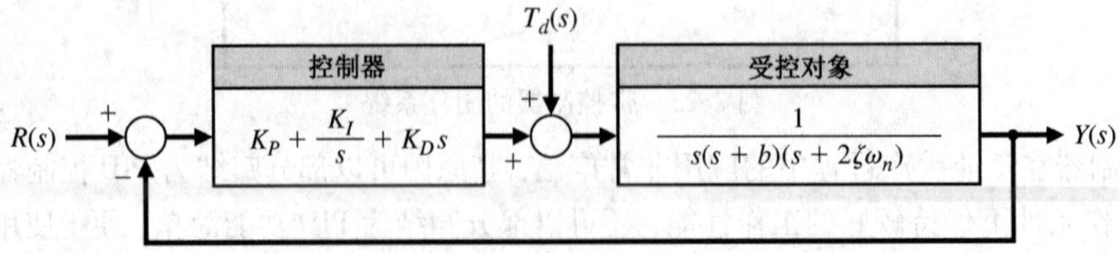

图 7.25 配置有 PID 控制器的单位负反馈控制系统

进行手工整定时，首先令 $K_D=0$ 和 $K_I=0$，并增大 K_P 的值，直到闭环系统的输出出现持续振

荡。由图7.26(a)可以看出，当 $K_P = 885.5$ 时，闭环系统的输出为幅值 $A = 1.9$ 和周期 $P = 0.83$ s 的持续振荡。以

$$1 + K_P\left[\frac{1}{s(s + 10)(s + 5.66)}\right] = 0$$

为特征方程绘制的根轨迹如图7.26(b)所示，从中可以看出，当 $K_P = 885.5$ 时，闭环系统的极点为 $s = \pm 7.5\text{j}$，这导致系统的阶跃响应出现振荡，如图7.26(a)所示。

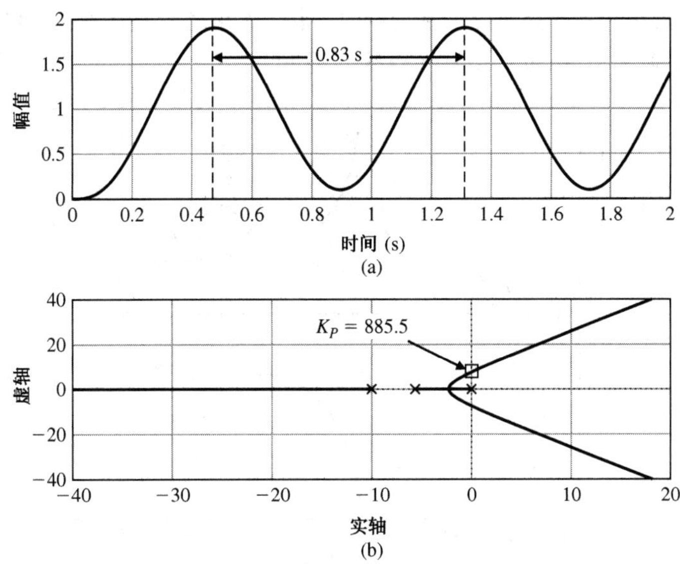

图7.26 (a) $K_P = 885.5$，$K_D = 0$，$K_I = 0$ 时，系统的阶跃响应；(b) 系统对参数 K_P 的根轨迹表明，当 $K_P = 885.5$ 时，系统进入临界稳定，对应的极点为 $s = \pm 7.5\text{j}$

先将 K_P 减小到原来的一半，即 $K_P = 442.75$，以期产生具有25%的超调幅值衰减特性的阶跃响应。我们可能需要以 $K_P = 442.75$ 为中心，不断地加以调整测试，才能找出最合适的 K_P。图7.27给出了我们所需要的系统阶跃响应，其超调幅值在一个振荡周期内下降到了最大超调幅值的25%左右。为了实现这一点，需要缓慢地将 K_P 从442.75减小至370。

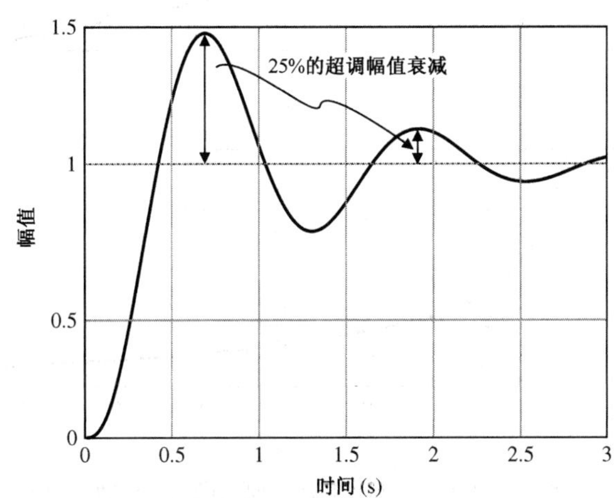

图7.27 $K_P = 370$ 时的闭环阶跃响应曲线表明，产生了25%的超调幅值衰减现象

当 $K_P=370$，$K_I=0$ 时，再令 K_D 在 0 和 $+\infty$ 之间变化，此时，以

$$1+K_D\left[\frac{s}{(s+10)(s+5.66)+K_P}\right]=0$$

为特征方程的根轨迹如图 7.28 所示。从图中可以看出，随着 K_D 开始增大，系统的一对闭环复极点向 s 平面的左侧移动，因此对应的阻尼比随之增大，超调量减小。同时，$\zeta\omega_n$ 也随之增大，从而减小了调节时间。K_D 的变化所产生的上述影响与表 7.4 给出的结论是一致的。当 K_D 持续增大直至 $K_D>75$ 后，系统闭环实根开始主导系统的响应，表 7.4 中的结论也开始变得不再特别准确了。系统的超调量和调节时间随 K_D 的变化曲线如图 7.29 所示。

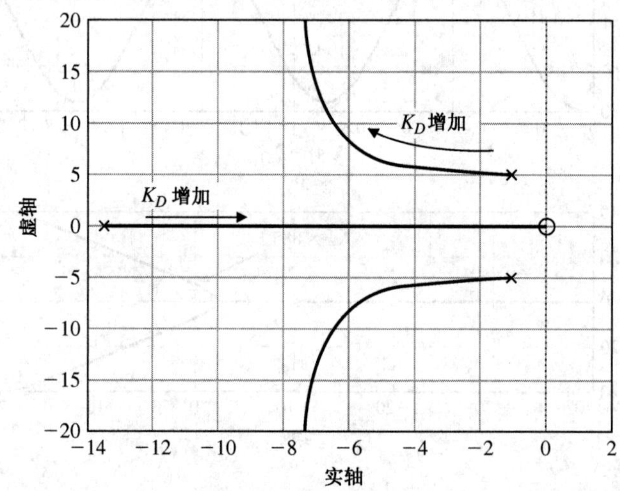

图 7.28 当 $K_P=370$，$K_I=0$，$0\leqslant K_D<+\infty$ 时，系统的根轨迹

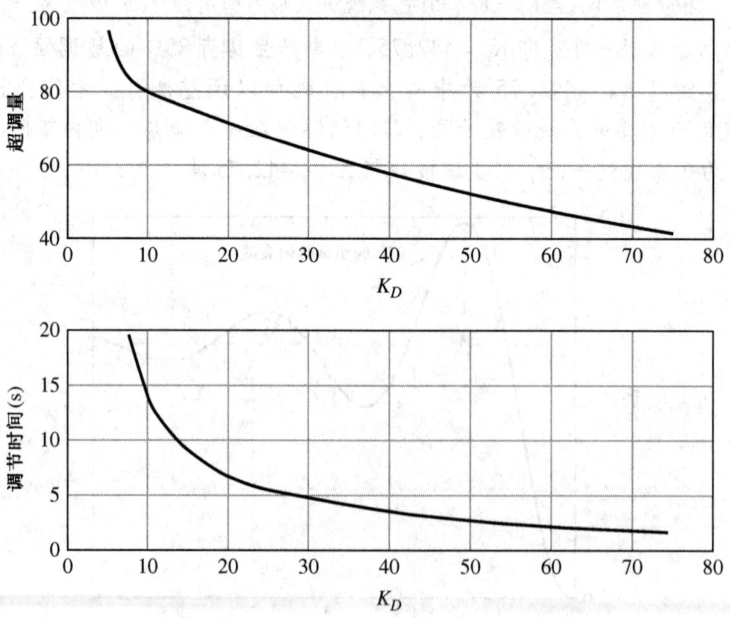

图 7.29 $K_P=370$，$K_I=0$ 时，超调量和调节时间随 $K_D(5\leqslant K_D<75)$ 的变化曲线

当 $K_P=370$，$K_D=0$ 时，再令 K_I 在 0 和 $+\infty$ 之间变化，此时，以

$$1 + K_I\left[\frac{1}{s\left(s(s+10)(s+5.66)+K_P\right)}\right] = 0$$

为特征方程的根轨迹如图 7.30 所示。由图中可以看出，随着 K_I 开始增大，闭环系统的一对复极点向 s 平面的右侧移动。这将导致减小阻尼系数，从而增大了超调量。实际上，当 $K_I = 778.2$ 时，系统滑向临界稳定，闭环复极点变成 $s = \pm 4.86\mathrm{j}$。与此同时，$\zeta\omega_n$ 随之减小，调节时间增大。超调量和调节时间随 K_I 的变化曲线如图 7.31 所示。这与表 7.4 给出的结论是一致的。

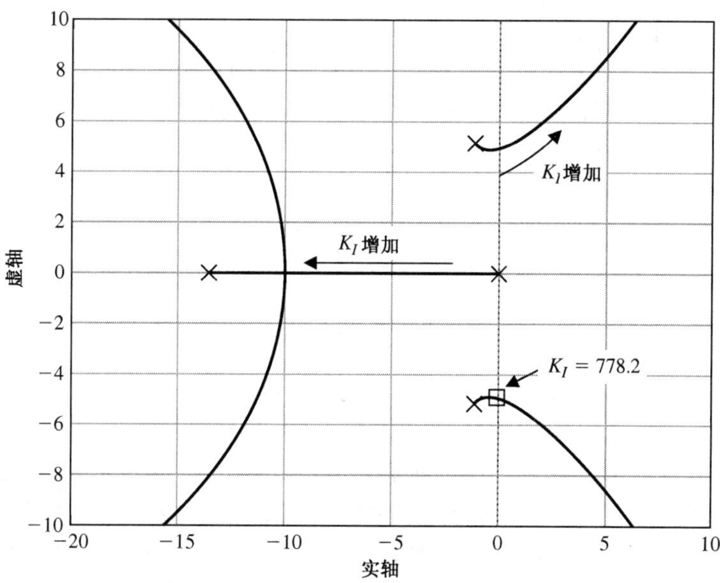

图 7.30　$K_P = 370$，$K_D = 0$ 时，K_I 从 0 增加到 $+\infty$ 时系统的根轨迹

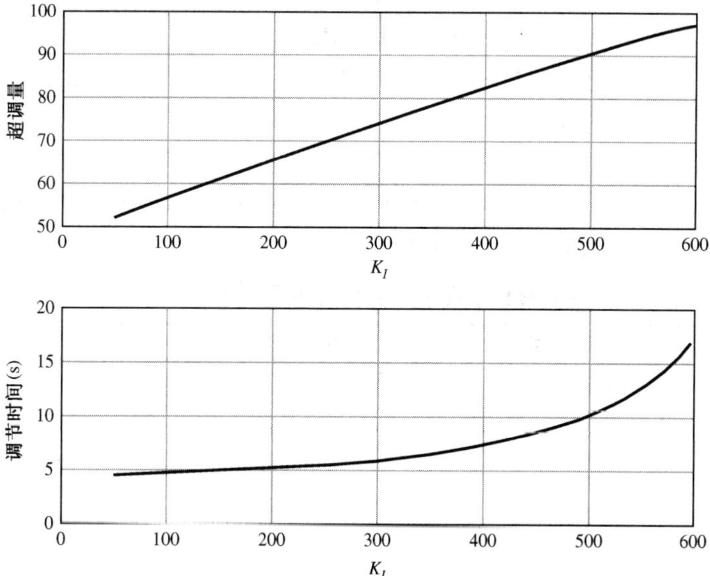

图 7.31　$K_P = 370$，$K_D = 0$ 时，超调量和调节时间随 $K_I(50 \leqslant K_I < 600)$ 的变化曲线

为了同时满足超调量和调节时间的设计要求，可以将 PID 控制器的增益参数整定取为：$K_P=370$，$K_D=60$，$K_I=100$。图 7.32 所示的阶跃响应曲线表明，调节时间 $T_s=2.4$ s，超调量 P.O.= 12.8%，参数整定的结果满足了指标设计要求。

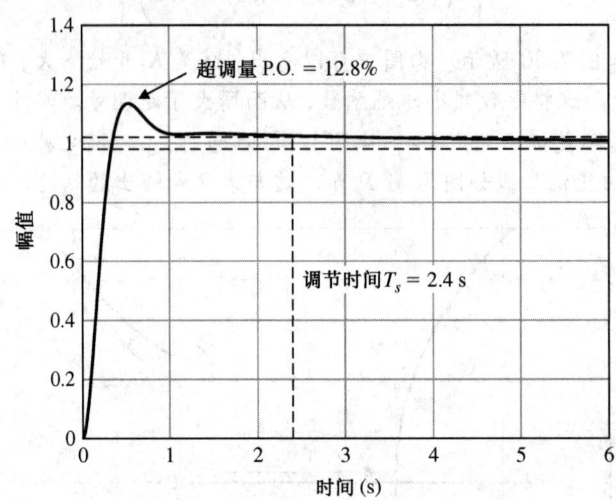

图 7.32　当 $K_P=370$，$K_D=60$，$K_I=100$ 时(最终整定结果)，系统的超调量和调节时间

1942 年，齐格勒和尼科尔斯发表了两种重要的 PID 控制器参数整定方法，通过选择 PID 参数的合适取值，希望使闭环系统具有快捷的阶跃响应，不会出现太强的振荡，并且有很强的扰动抑制能力。这两种方法统称为齐格勒-尼科尔斯整定方法。第一种方法以闭环系统为基础，需要计算**终极增益**和**终极周期**。第二种方法以开环系统为基础，需要分析系统的**响应曲线**(开环)。在应用齐格勒-尼科尔斯整定方法时，首先需要假定受控对象符合一定类型的模型，但并不需要建立特别精确的模型。这一特点使得该方法非常实用。我们建议首先利用齐格勒-尼科尔斯整定方法来获取 PID 控制器的初始参数，然后再不断地迭代和改进参数设计结果。需要指出的是，齐格勒-尼科尔斯整定方法并不适用于所有的受控对象。

闭环齐格勒-尼科尔斯整定方法将 PID 控制器串联到系统回路中，以系统针对阶跃输入(或阶跃扰动)的闭环响应为基础，为 PID 控制器选定合适的参数。首先将微分增益 K_D 和积分增益 K_I 设定为零，再逐渐增大比例增益 K_P 的取值，直到系统的闭环阶跃响应进入临界稳定。这可以利用仿真方式完成，也可以在实际系统中完成。将此时 K_P 的取值记为 K_U，称为终极增益，而此时的输出为持续振荡，将其周期记为 T_U，即终极周期。一旦确定了 K_U 和 T_U，就可以利用表 7.5 给出的齐格勒-尼科尔斯关系式来计算 PID 增益参数。

表 7.5　利用终极增益 K_U 和终极周期 T_U 的 PID 参数整定方法

控制器类型	K_P	K_I	K_D
比例控制器(P) $G_c(s)=K_P$	$0.5K_U$	–	–
比例-积分控制器(PI) $G_c(s)=K_P+\frac{K_I}{s}$	$0.45K_U$	$\frac{0.54K_U}{T_U}$	–
比例-积分-微分控制器(PID) $G_c(s)=K_P+\frac{K_I}{s}+K_Ds$	$0.6K_U$	$\frac{1.2K_U}{T_U}$	$\frac{0.6K_UT_U}{8}$

例 7.8　PID 参数的闭环齐格勒-尼科尔斯整定过程

重新考虑例 7.7 中的控制系统，利用表 7.5 提供的方法来计算 PID 参数 K_P，K_D和 K_I。根据例 7.7 中的计算结果可知，终极增益 $K_U=885.5$，终极周期 $T_U=0.83$ s。根据表 7.5 中的关系式，可得

$$K_P = 0.6K_U = 531.3, \qquad K_I = \frac{1.2K_U}{T_U} = 1280.2, \qquad K_D = \frac{0.6K_UT_U}{8} = 55.1$$

对比图 7.32 和图 7.33 所示的阶跃响应曲线，可以发现，两者的调节时间非常接近。但是，前者的超调量要小于后者。也就是说，利用手工整定方法得到 PID 控制器与利用齐格勒-尼科尔斯方法得到 PID 控制器，能够使系统的调节时间基本相同，但超调量有所不同。其原因在于齐格勒-尼科尔斯方法的目标偏重于使系统具有更好的扰动抑制能力，而不是使系统具有更好的输入响应性能。

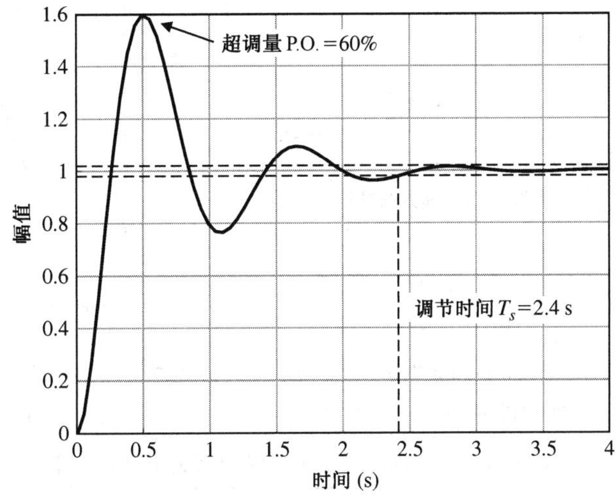

图 7.33　当 $K_P=531.3$，$K_I=1280.2$，$K_D=55.1$ 时(由闭环齐格勒-尼科尔斯方法得出)，系统的时间响应，以及超调量和调节时间

从图 7.34 中可以看出，相对于由手工整定方法得到 PID 控制器，由齐格勒-尼科尔斯方法设计的 PID 控制器能够使系统具有更好的抑制阶跃扰动的能力。齐格勒-尼科尔斯方法提供了一种获取 PID 控制器增益的结构化方法，但是，该方法的适用性还取决于具体的问题。

开环齐格勒-尼科尔斯整定方法以系统的响应曲线(开环)为基础，所谓的响应曲线(开环)，是指当 PID 控制器离线运行(即不在回路中)，激励为阶跃输入信号(或阶跃扰动)时，系统的输出响应曲线。该方法在过程控制系统中的应用格外广泛，所依据的观测信息就是响应曲线，并且假定它们具有图 7.35 所示的形状。图 7.35 所示的响应曲线意味着受控对象(过程)近似为带有传输延迟的一阶系统。如果实际系统的响应曲线并非如此，就不能使用本方法，而是需要选用其他的 PID 整定方法。如果所考察的系统是线性的，且响应缓慢(或响应迟钝，可以用时延来加以刻画)，那么，一阶系统模型的假定条件足以保证开环齐格勒-尼科尔斯方法的可用性，进而选定 PID 增益的合适取值。

图 7.35 所示的响应曲线可以用传输时延 ΔT 和响应速率 R 来刻画。通常情况下，我们需要对响应过程加以记录，然后利用数值方法来估计参数 ΔT 和 R。具有如图 7.35 所示的响应曲线的系统，可以用如下的一阶系统(含传输时延)加以描述：

$$G(s) = M\left[\frac{p}{\tau s + 1}\right]e^{-\Delta T s}$$

其中，M 为稳态响应的幅值，ΔT 为传输时延，τ 为响应曲线的上升时间。可以根据系统的开环阶跃响应曲线，估计得出参数 M, τ 和 ΔT，并根据关系式 $R = M/\tau$ 估计得到参数 R。一旦估计得出上述参数，就可以利用表 7.6 计算得到 PID 增益。从表 7.6 可以看出，我们还可以利用开环齐格勒-尼科尔斯方法来设计比例控制器或比例-积分控制器。

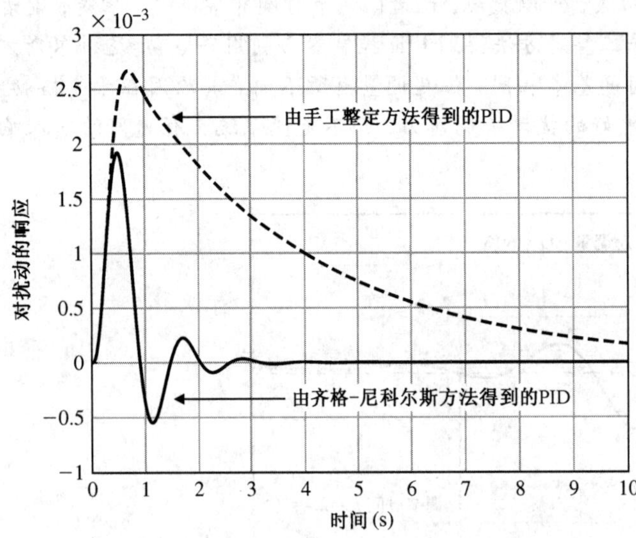

图 7.34　分别用闭环齐格勒-尼科尔斯方法和手动整定方法得到的PID控制器的扰动响应

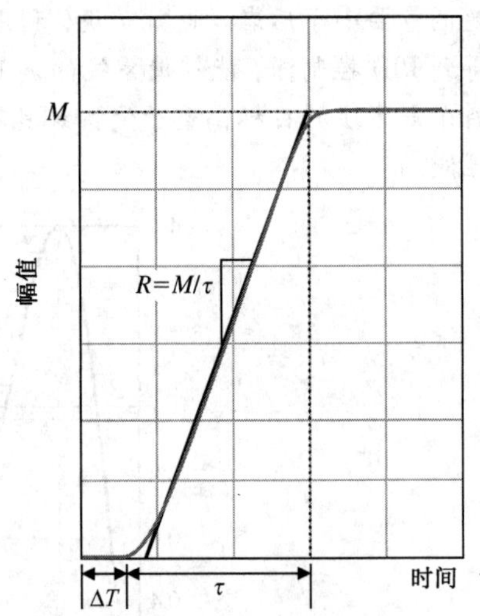

图 7.35　响应曲线，标明了齐格勒-尼科尔斯方法所需要的参数R和ΔT

表 7.6　基于以时延 ΔT 和响应速率 R 为特征参数的响应曲线的开环齐格勒-尼科尔斯 PID 参数整定

控制器类型	K_P	K_I	K_D
比例控制器(P) $G_c(s) = K_P$	$\frac{1}{R\Delta T}$	–	–
比例-积分控制器(PI) $G_c(s) = K_P + \frac{K_I}{s}$	$\frac{0.9}{R\Delta T}$	$\frac{0.27}{R\Delta T^2}$	–
比例-积分-微分控制器(PID) $G_c(s) = K_P + \frac{K_I}{s} + K_D s$	$\frac{1.2}{R\Delta T}$	$\frac{0.6}{R\Delta T^2}$	$\frac{0.6}{R}$

例 7.9　利用开环齐格勒-尼科尔斯方法的 PI 控制器参数整定

考虑图 7.36 所示的响应曲线，估计结果为：传输时延 $\Delta T = 0.1$ s，响应速率 $R = 0.8$。利用开环齐格勒-尼科尔斯方法为 PI 控制器参数选择的合适取值为(见表 7.6)

$$K_P = \frac{0.9}{R\Delta T} = 11.25, \qquad K_I = \frac{0.27}{R\Delta T^2} = 33.75$$

假定系统为单位负反馈系统，则系统的闭环阶跃响应曲线如图 7.37 所示。可以看出，调节时间 $T_s = 1.28$ s，超调量 P.O.= 78%。正如我们所期望的，引入 PI 控制器之后，系统的稳态误差为零。

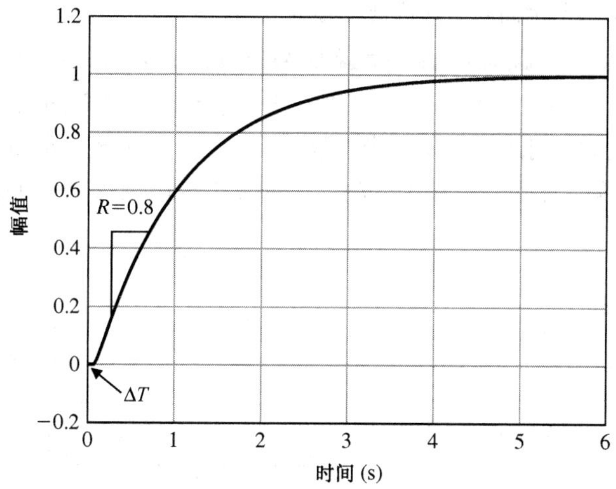

图 7.36　响应曲线($\Delta T = 0.1$ s 和 $R = 0.8$)

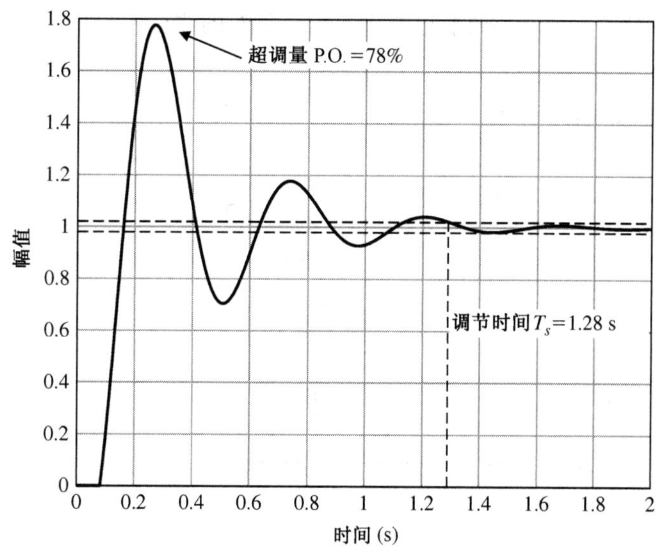

图 7.37　当 $K_P = 11.25$ 和 $K_I = 33.75$ 时(由齐格勒-尼科尔斯方法得出)，闭环系统的阶跃响应

需要指出的是，本节介绍的 PID 手工整定方法和两种齐格勒-尼科尔斯整定方法，并不能总是导致系统达到预期的闭环性能。尽管这三种方法都提供了结构化的流程，确实能够非常方便地选定 PID 增益的取值，但是只应该将它视为整个迭代设计过程中的第一步。目前，PID 控制器(包括 PD 和 PI 控制器)广泛应用于很多场合，因此，熟悉掌握控制器的多种设计方法是非常重要的。本章最后将在循序渐进设计实例中(见 7.10 节)，设计 PD 控制器来控制磁盘驱动器。

7.7　负增益控制

7.2 节已经讨论指出，利用闭环传递函数，或闭环系统的极点和零点，可以描述闭环控制系统的动态性能。根轨迹就是这样一种图示化的描述方式，它描述当系统中某个参数变化时，系统特征方程的根的变化轨迹，而特征方程的根与系统的闭环极点其实是完全相同的。对于图 7.1 所

示的单环单位负反馈控制系统而言，其特征方程为

$$1 + KG(s) = 0 \tag{7.86}$$

其中，K 为可变参数。当 $0 \leqslant K < +\infty$ 时，7.3 节给出了绘制根轨迹草图的 7 个有序的步骤，并用表 7.2 进行了总结。我们有时还需要用到当参数 K 取负值，即 $-\infty < K \leqslant 0$ 时的根轨迹。这种根轨迹称为负增益根轨迹。与 7.2 节类似，7.7 节的目的是讨论得到绘制**负增益根轨迹**的有序步骤。

将式(7.86)重写为

$$G(s) = -\frac{1}{K}$$

由于 K 为负值，因此有

$$|KG(s)| = 1, \qquad \boxed{\angle KG(s) = 0^\circ + k360^\circ} \tag{7.87}$$

其中，$k = 0, \pm 1, \pm 2, \pm 3, \cdots$。式(7.87)就是负增益根轨迹的幅值条件和相角条件。注意，式(7.87)给出了与式(7.4)不同的相角条件。正是由于新的相角条件，导致负增益根轨迹的绘制过程必须对表 7.2 总结的根轨迹的绘制过程做出一些重要的改进。

例 7.10　负增益根轨迹

考虑图 7.38 所示的系统，开环传递函数为

$$L(s) = KG(s) = K\frac{s-20}{s^2+5s-50}$$

特征方程为

$$1 + K\frac{s-20}{s^2+5s-50} = 0$$

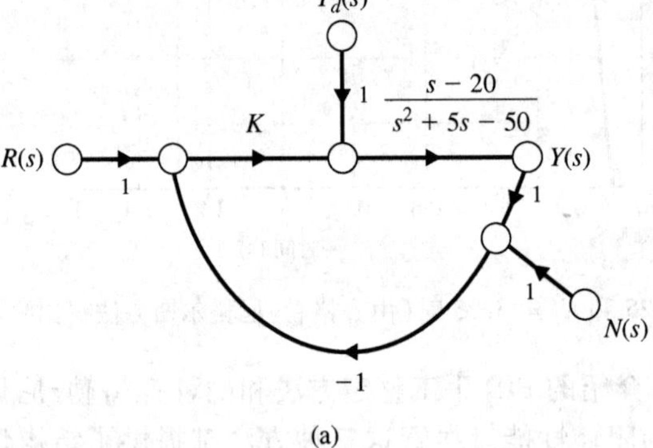

(a)

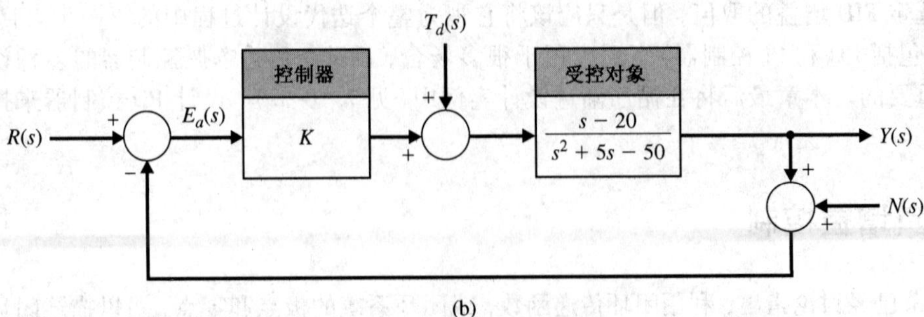

(b)

图 7.38　单位负反馈控制系统(比例控制器增益为 K)。(a) 信号流图；(b) 框图模型

当 K 在 0 到 $+\infty$ 之间变化时，可以绘制出图 7.39(a) 所示的闭环系统根轨迹，从中可以看出，系统始终是不稳定的。负增益根轨迹如图 7.39(b) 所示，从中可以看出，使得系统稳定的参数取值范围为 $-5.0<K<-2.5$。因此，只有当增益 K 取负值时，我们才可能使图 7.38 给出的系统稳定。

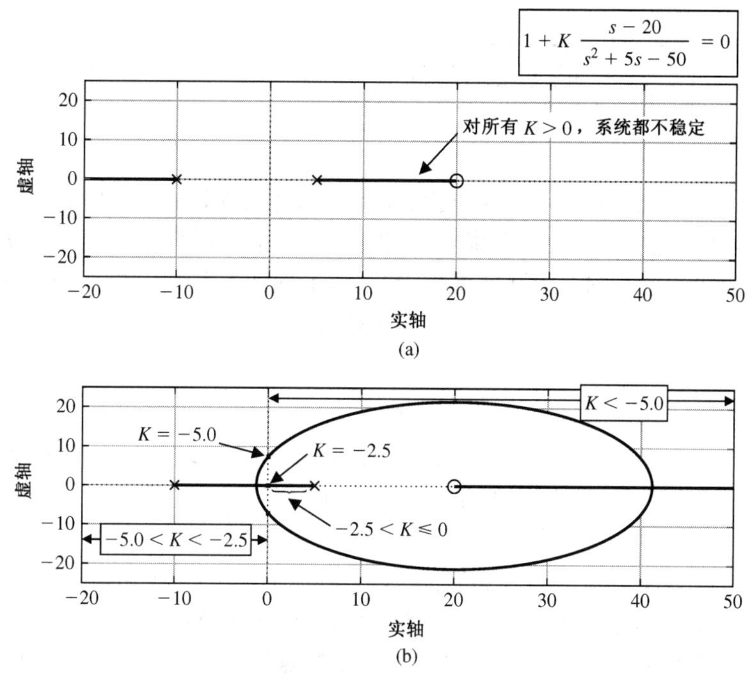

图 7.39 (a) $0\leqslant K<\infty$ 时的根轨迹；(b) $-\infty<K\leqslant 0$ 时的根轨迹

当可变参数为负值时，为了能够在 s 平面上绘制特征方程的根轨迹，我们将回顾参照表 7.2 中给出的根轨迹绘制步骤，讨论得出负增益根轨迹的绘制步骤。

第 1 步： 绘制负增益根轨迹的准备工作。首先需要列写形如式(7.88)的根轨迹形式的特征方程。必要时，还需要整理特征方程，将可变参数 K 作为乘性因子分离出来。

$$1+KP(s)=0 \tag{7.88}$$

负增益根轨迹关注的是当 K 从 0 变化到 $-\infty$ 时，特征方程根的变化轨迹。与式(7.24)类似，将因式 $P(s)$ 改写为极点和零点的形式，然后将零、极点添加到 s 平面上，用符号"×"表示极点，符号"○"表示零点。

当 $K=0$ 时，特征方程的根就是 $P(s)$ 的极点；当 $K\to-\infty$，特征方程的根就是 $P(s)$ 的零点。因此，特征方程的根轨迹起始于 $P(s)$ 的极点($K=0$)，终止于 $P(s)$ 的零点($K\to-\infty$)。如果 $P(s)$ 有 n 个极点，M 个零点，且 $n>M$，则有 $n-M$ 条根轨迹分支将趋向于无穷远处的开环零点。根轨迹的分支条数就是极点数。由于特征方程的复数根总是成对出现的共轭根，因此，根轨迹是关于实轴对称的。

第 2 步： 确定实轴上的根轨迹段。实轴上的根轨迹段总是位于偶数个开环零点和极点的左侧。这可以用式(7.87)给出的相角条件加以验证。

第 3 步： 当 $n>M$ 时，随着 $K\to-\infty$，有 $n-M$ 条根轨迹分支沿着渐近线趋向于无穷远处的开环零点。渐近线与实轴的交角为 ϕ_A，与实轴的公共交点，即渐近中心为 σ_A。渐近中心 σ_A 的计算公式为

$$\sigma_A = \frac{P(s)\text{的极点之和} - P(s)\text{的零点之和}}{n - M} = \frac{\sum_{j=1}^{n}(p_j) - \sum_{i=1}^{M}(z_i)}{n - M} \tag{7.89}$$

ϕ_A 的计算公式为

$$\boxed{\phi_A = \frac{2k+1}{n-M}360^\circ} \quad k = 0, 1, 2, \cdots, (n - M - 1) \tag{7.90}$$

其中，k 为整数。

第 4 步：利用劳斯-赫尔维茨稳定性判据，确定根轨迹与虚轴的交点(如果存在)。

第 5 步：确定根轨迹在实轴上的分离点(如果存在)。根据相角条件可知，分离点处根轨迹的切线平分 360°。可以直接在图上估算分离点，也可以准确计算得出分离点。将特征方程

$$1 + K\frac{n(s)}{d(s)} = 0$$

改写为

$$p(s) = K$$

其中，$p(s) = -d(s)/n(s)$。那么，$p(s)$最大值点就是分离点。这可以通过求解方程

$$n(s)\frac{\mathrm{d}[d(s)]}{\mathrm{d}s} - d(s)\frac{\mathrm{d}[n(s)]}{\mathrm{d}s} = 0 \tag{7.91}$$

得到。经整理后可以发现，式(7.91)实际上是一个一元 $n+M-1$ 次方程，其中，n 为开环极点数，M 为开环零点数。因此，解的数量为 $n+M-1$ 个，位于根轨迹上的解就是分离点。

第 6 步：利用相角条件，确定根轨迹离开开环复极点的出射角和进入开环复零点的入射角。根轨迹离开开环极点的出射角等于相角差的主值。该相角差等于各开环零点到该极点的向量的相角之和，减去其他开环极点到该极点的向量的相角之和，主值用 $\pm k360^\circ$ 调整得到。与之类似，可以得到入射角。

第 7 步：最后一步补足完善了前面 6 个步骤中没有涉及到的部分。

表 7.7 归纳总结了绘制负增益根轨迹的上述 7 个步骤。

表 7.7　绘制负增益根轨迹草图的 7 个步骤(着色文字表示了与表 7.2 的不同)

步骤	相关的方程或规则
1. 绘制根轨迹的准备工作 (a) 列写闭环特征方程，并将感兴趣的参数 K 改写为乘性因子 (b) 将 $P(s)$分解成有 M 个零点，n 个极点的分式形式 (c) 在 s 平面上用特定的符号标识 $P(s)$的零点和极点，即开环零点和极点 (d) 确定根轨迹分支的条数 (e) 根轨迹分支关于实轴对称	(a) $1 + KP(s) = 0$ (b) $1 + K\frac{\prod_{i=1}^{M}(s - z_i)}{\prod_{j=1}^{n}(s - p_j)} = 0$ (c) × = 极点，○ = 零点 (d) 根轨迹起始于开环极点，终止于开环零点 当 $n \geqslant M$ 时，独立根轨迹分支条数 = n，其中 n 为有限开环极点数，M 为有限开环零点数
2. 确定实轴上的根轨迹段	根轨迹段位于偶数个有限开环零点和极点的左侧
3. 根轨迹沿渐近线趋向于无限开环零点。渐近中心为 σ_A，渐近线与实轴的交角为 ϕ_A	$\sigma_A = \frac{\sum_{j=1}^{n}(p_j) - \sum_{i=1}^{M}(z_i)}{n - M}$ $\phi_A = \frac{2k+1}{n-M}360^\circ, k = 0, 1, 2, \cdots, (n - M - 1)$

（续表）

步骤	相关的方程或规则
4. 确定根轨迹穿越虚轴的点（如果存在）	应用劳斯-赫尔维茨稳定性判据
5. 确定实轴上的分离点（如果存在）	(a) 令 $K=p(s)$ (b) 确定 $dp(s)/ds=0$ 的根，或者利用图解方法找到 $p(s)$ 的最大值点
6. 应用相角条件，确定根轨迹离开开环复极点的出射角和到达开环复零点的入射角	当 $s=p_j$ 或 z_i 时，$\angle P(s) = \pm k360°$
7. 完成根轨迹的绘制	

7.8 设计实例

本节给出了两个设计实例。第一个实例为风力发电机控制系统，该反馈控制系统利用 PI 控制器实施控制，使得发电机系统对阶跃输入信号的响应具有较小的调节时间和上升时间，具有受到限制的超调量。第二个例子讨论了汽车速度的自动控制问题，将原本针对 1 个可变参数的根轨迹法扩展应用到研究有 3 个可变参数的情形，从而确定了 PID 控制器的 3 个增益的合适取值，其中重点考虑了控制系统设计流程中的设计目标、控制变量、指标设计要求等设计模块，以及如何用根轨迹法来设计 PID 控制器等问题。

例 7.11 风力发电机风力机转速控制

风力发电机系统通过与其相连的风力机来接收风能，并将风能转换为电能。特别令人感兴趣的是图 7.40 所示的海上风力机[33]。这种安装方式蕴含的新概念是，让风力机漂浮在海面上，而不是安装在一个深深固定在海底的塔状机构上。这样一来，可以将风力机安装在远离海岸 100 mi 的深海中，却不会因为人造结构而破坏整个海岸的景观[34]。而且，开阔海面上的风力通常要更强大，发电机功率可以高达 5 MW，而不是陆上风力发电机常见的 1.5 MW 的功率。由于风向和风力大小没有规律可循，因此，需要为风力机桨叶设计合适的控制系统，确保发电机能够提供稳定可靠的电能。控制系统的设计目标是降低风的间歇性与风向变化的影响。通过调节桨叶的节距角，可以控制转子和发电机的转速。

图 7.40 离岸风力机有助于缓和能源需求（Alamy Images友情提供）

图 7.41 给出了风力发电机转速控制系统的基本模型[35]。桨叶总距与发电机转速之间的线性化模型①为

$$G(s) = \frac{4.2158(s - 827.1)(s^2 - 5.489s + 194.4)}{(s + 0.195)(s^2 + 0.101s + 482.6)} \tag{7.92}$$

这一模型描述的是一个功率为 600 kW 的风力发电机，风力机轮毂安装高度为 36.6 m，转子直径为 40 cm，转子额定转速为 41.7 rpm，发电机额定转速为 1800 rpm，节距角的最大变化率为 18.7 °/s。注意到传递函数式(7.92)有 3 个位于 s 右半平面的零点，分别为 $s_1=827.1$ 和 $s_{2,3}=0.0274 \pm 0.1367j$，因此，这是一个非最小相位系统（关于非最小相位系统的更多信息见第 8 章）。

① 由 Lucy Pao 博士和 Jason Laks 在私人通信中提供。

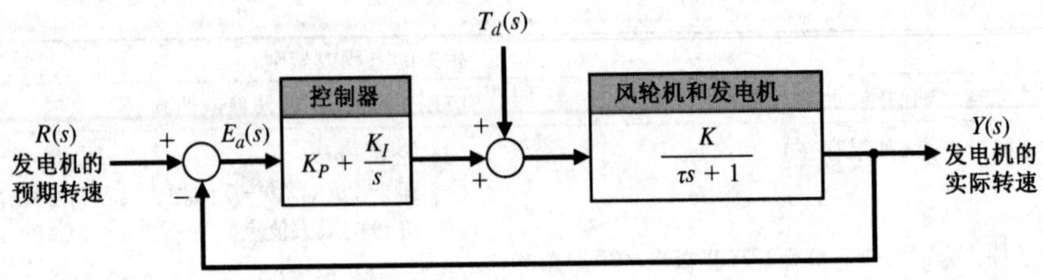

图 7.41 风力发电机转速控制系统

传递函数式(7.92)的简化形式为

$$G(s) = \frac{K}{\tau s + 1} \tag{7.93}$$

其中，$\tau = 5$ s，$K = -7200$。接下来，我们以式(7.93)给出的风力发电机的一阶近似模型为基础，为其设计一个 PI 控制器，使得在式(7.92)和式(7.93)条件下，都可以满足指标设计要求。PI 控制器 $G_c(s)$ 为

$$G_c(s) = K_P + \frac{K_I}{s} = K_P\left[\frac{s + \tau_c}{s}\right]$$

其中，$\tau_c = K_I/K_P$，增益 K_P 和 K_I 待定。对系统进行稳定性分析后可知，当 $K_P < 0$，$K_I < 0$ 时，即负增益能够使系统稳定。系统的主要指标设计要求是：系统对单位阶跃输入信号的调节时间 $T_s < 4$ s。此外，希望能够在保证调节时间满足设计要求的前提下，使超调量尽可能小(P.O.≤25%)，上升时间尽可能短($T_r < 1$ s)。最后，期望主导极点的阻尼比满足 $\zeta > 0.4$，系统固有频率满足 $\omega_n > 2.5$ rad/s。

将闭环系统的特征方程改写为

$$1 + \hat{K}_P\left[\frac{s + \tau_c}{s}\frac{7200}{5s + 1}\right] = 0$$

其中，$\tau_c = 2$，$\hat{K}_P = -K_P > 0$。据此可以绘制出图 7.42 所示的闭环系统根轨迹。首先将控制器的零点配置为 $s = -\tau_c = -2$，其中 τ_c 是一个设计参数。然后，选择 $\hat{K}_P = 0.0025$，使得闭环系统复极点的阻尼比为 $\zeta = 0.707$。由 $\hat{K}_P = 0.0025$ 和 $\tau_c = K_I/K_P$，可以推知 $K_P = -0.0025$，$K_I = -0.005$。故 PI 控制器为

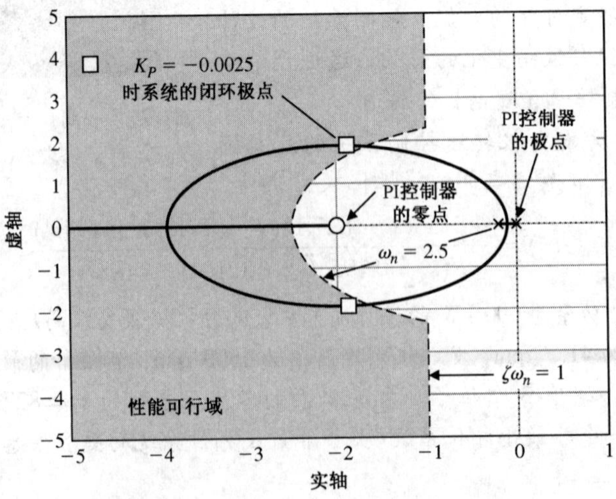

图 7.42 引入 PI 控制器后，风力发电机的根轨迹

$$G_c(s) = K_P + \frac{K_I}{s} = -0.0025\left[\frac{s+2}{s}\right]$$

受控对象采用式(7.93)所示的一阶近似模型时，系统的闭环阶跃响应如图 7.43 所示。可以看出，调节时间为 $T_s = 1.8$ s，上升时间为 $T_r = 0.34$ s，阻尼比为 $\zeta = 0.707$，超调量为 P.O.= 19%。这个 PI 控制器能够满足所有的设计指标要求。受控对象采用式(7.92)所示的三阶系统模型时，系统的闭环阶跃响应曲线如图 7.44 所示，从中可以看出，基于一阶近似模型进行设计时，被忽略部分的影响是在输出转速中导致轻微的振荡。闭环系统对脉冲干扰信号的响应如图 7.45 所示，从中可以看出，当干扰为节距角发生 1°的改变时，系统能够在 3 s 内快速精确地消除干扰的影响。

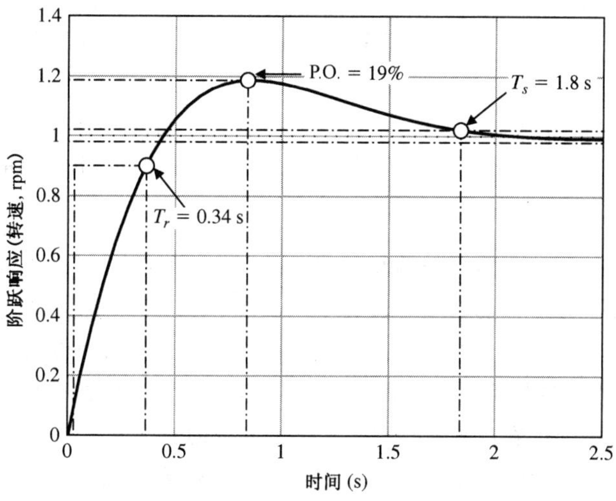

图 7.43 采用风力发电机转速控制系统一阶近似模型[见式(7.93)]得到的阶跃响应曲线，可以看出，引入PI控制器后，P.O.= 19%，T_s = 18 s，T_r = 0.34 s，满足了所有的设计指标要求

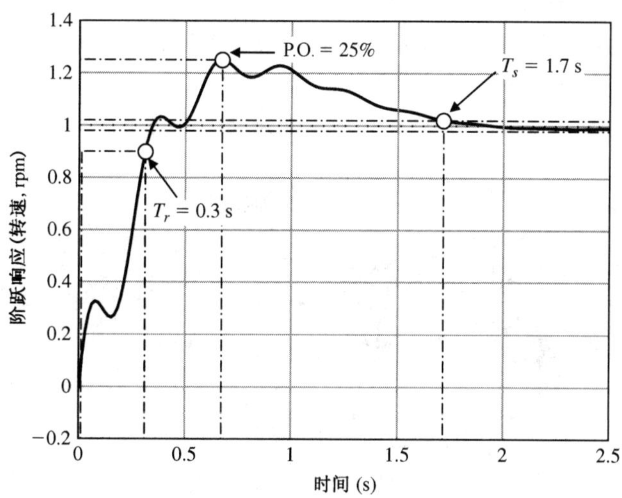

图 7.44 采用风力发电机转速控制系统三阶模型[见式(7.92)]得到的阶跃响应曲线，可以看出，引入PI控制器后，P.O.= 25%，T_s = 1.7 s，T_r = 0.3 s，满足了所有的设计指标要求

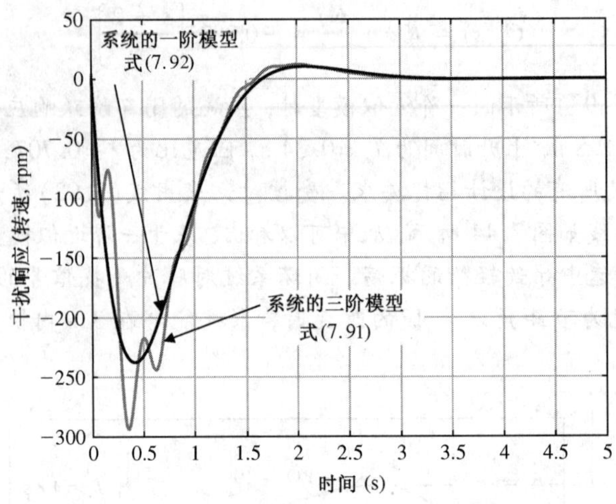

图 7.45　引入 PI 控制器后，风力发电机转速控制系统对脉冲干扰信号的响应曲线。可以看出，系统具有很强的干扰抑制能力

例 7.12　汽车速度控制

之前曾经预测过，汽车电子市场的销售额到 2020 年在 3000 亿美元左右，而在此之前，电动刹车、电动驾驶及驾驶信息等产品的销售额每年约有 7% 的增长。计算能力的日益提高，促进了一些新的技术领域，如智能汽车、智能道路系统(Intelligent Vehicle/Highway Systems, IVHS)的发展进步[14, 30, 31]。未来的一些新的汽车车载系统将会进一步支持半自动驾驶、安全提升、尾气减排、智能定速巡航，以及替代液压的电传刹车系统等其他的诸多功能[32]。

智能道路系统是一个广义的概念，它指的是众多可以为驾驶员和交通监管人员提供实时信息(例如交通事故、交通堵塞及路旁的服务设施)的电子产品，还包括一些可以使汽车行驶更加智能化的设备，例如帮助司机避免事故的自主防撞系统、实现自动驾驶的车道跟踪系统等。

图 7.46 给出了一个智能高速公路系统的示意图，而图 7.47 则给出了一个能够保持适当车距的汽车速度控制系统的框图模型。输出 $Y(s)$ 是两辆汽车之间的相对速度，输入 $R(s)$ 是期望的相对速度。我们的目标是设计一个控制器，能够控制后面的汽车，使前后两车之间保持期望的相对速度。图 7.48 给出了汽车速度控制系统设计的基本流程，并用阴影突出显示了本例重点强调的设计模块。

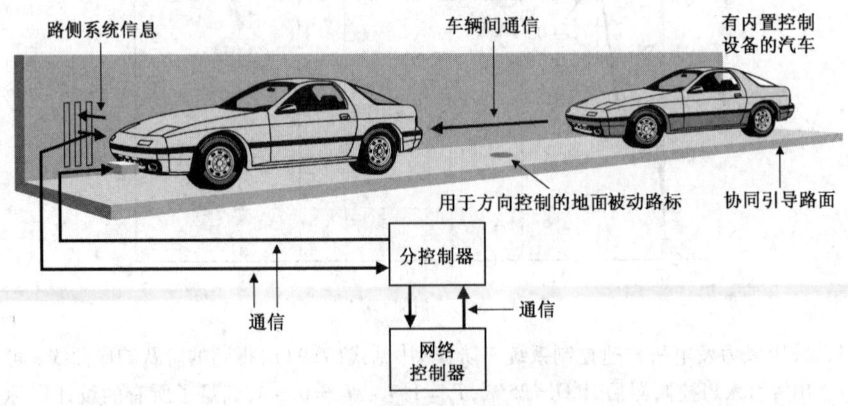

图 7.46　智能高速公路系统

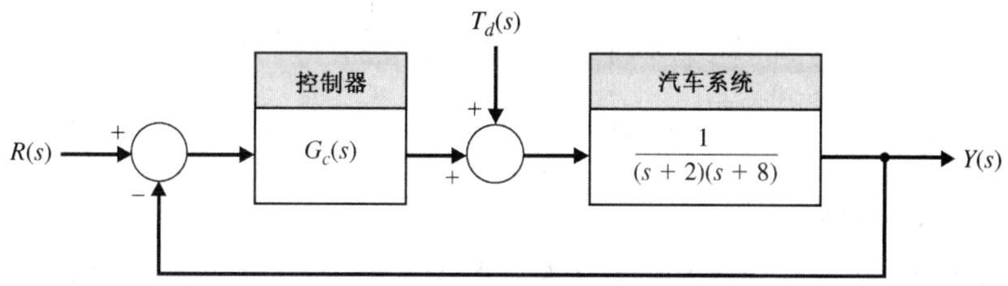

图 7.47　汽车速度控制系统模型

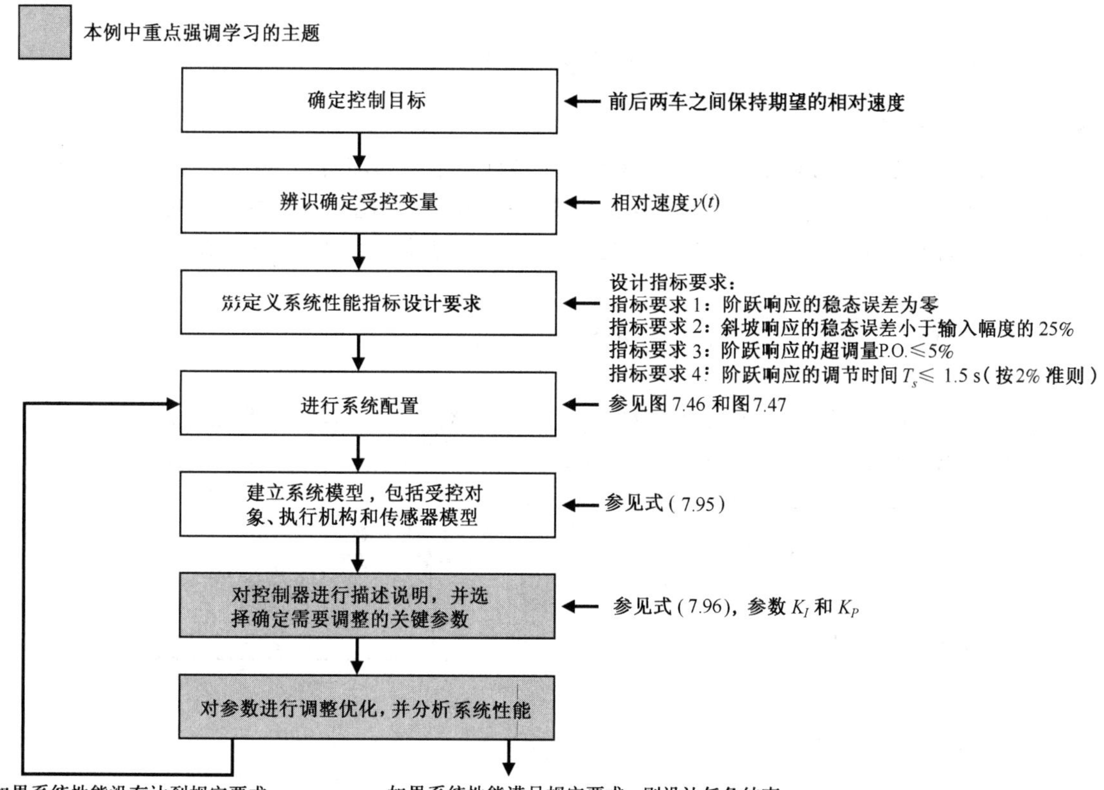

图 7.48　汽车速度控制系统设计流程及重点强调的设计模块

控制目标　控制后面车辆的车速，使两车之间的相对速度保持给定的值。

受控变量　两车之间的相对速度，记为 $y(t)$。

设计指标要求

指标要求 1：阶跃响应的稳态误差为零。

指标要求 2：斜坡响应的稳态误差 e_{ss} 小于输入幅度的 25%。

指标要求 3：阶跃响应的超调量 P.O.≤5%。

指标要求 4：阶跃响应的调节时间 $T_s \leq 1.5$ s（按 2% 准则）。

分析指标设计要求可知，我们需要一个I型系统才能保证阶跃响应的稳态误差为零。现有的开环系统是 0 型系统，因此待设计的控制器必须使系统的型数至少变为 1，这样的I型（即包含一个积分环节）控制器能够满足指标要求 1 的要求。对于指标要求 2，要求速度误差常数为

$$K_v = \lim_{s\to 0} sG_c(s)G(s) \geqslant \frac{1}{0.25} = 4 \tag{7.94}$$

其中，
$$G(s) = \frac{1}{(s+2)(s+8)} \tag{7.95}$$

而 $G_c(s)$ 是待设计的控制器。

利用指标要求3，即对超调量的设计要求，可以给出阻尼比的范围。具体而言，根据超调量 P.O.≤5% 的要求，可得阻尼比应该满足 $\zeta \geqslant 0.69$。

类似地，利用指标要求4 对调节时间的要求可以给到

$$T_s \approx \frac{4}{\zeta\omega_n} \leqslant 1.5$$

因此要求 $\zeta\omega_n \geqslant 2.6$。

根据上面的分析，可以绘制出能够满足性能指标要求的闭环传递函数极点配置的可行域，如图 7.49 中的阴影所示。由于在原点处至少要有一个极点才能对斜坡输入实现无差跟踪，采用比例控制器 $G_c(s)=K_P$ 将不能满足指标要求 2。接下来考虑采用 PI 控制器

$$G_c(s) = \frac{K_P s + K_I}{s} = K_P\frac{s + \dfrac{K_I}{K_P}}{s} \tag{7.96}$$

这样，控制器的设计问题就变成了如何配置零点 $s=-K_I/K_P$，以满足性能指标的要求。

我们先来研究能使系统稳定的 K_I 和 K_P 的取值范围。由框图可知，系统的闭环传递函数为

$$T(s) = \frac{K_P s + K_I}{s^3 + 10s^2 + (16+K_P)s + K_I}$$

相应的劳斯判定表为

s^3	1	$16+K_P$
s^2	10	K_I
s	$\dfrac{10(K_P+16)-K_I}{10}$	0
1	K_I	

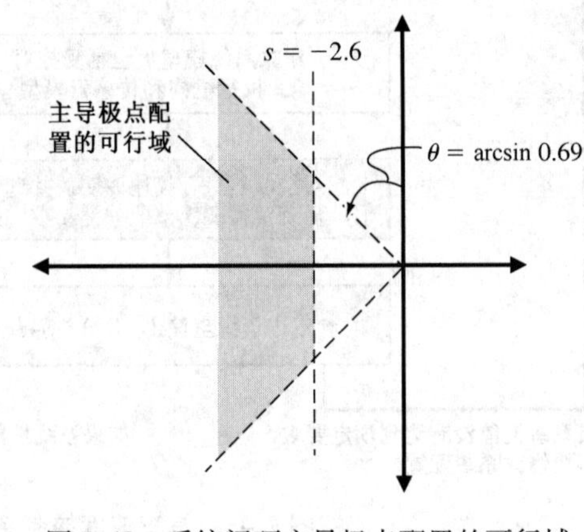

图 7.49 系统闭环主导极点配置的可行域

系统稳定的第一个条件(表中第一列，第四行)是

$$K_I > 0 \tag{7.97}$$

考察表中第一列、第三行，又可以得到下列不等式：

$$K_P > \frac{K_I}{10} - 16 \tag{7.98}$$

从指标要求 2 出发，还可以得到

$$K_v = \lim_{s\to 0} sG_c(s)G(s) = \lim_{s\to 0} s\frac{K_P\left(s+\dfrac{K_I}{K_P}\right)}{s}\frac{1}{(s+2)(s+8)} = \frac{K_I}{16} > 4$$

因此，积分环节的增益 K_I 必须满足

$$K_I > 64 \tag{7.99}$$

当 $K_I > 64$ 时，不等式(7.97)自然可以得到满足。参数 K_P 的取值范围由式(7.98)给出。

我们再来考虑指标要求4，即希望主导极点位于垂线 $s=-2.6$ 的左侧。由于系统有3个开环极点(分别是 $s=0$，$s=-2$ 和 $s=-8$)和1个开环零点($s=-K_I/K_P$)，依据绘制根轨迹的经验，可以预测将会有两条根轨迹分支沿渐近线趋向无穷远，且渐近线与实轴的夹角为 $\phi=-90°$ 和 $\phi=+90°$，渐近中心位于

$$\sigma_A = \frac{\sum(p_i) - \sum(z_i)}{n_p - n_z}$$

其中，$n_p=3$，$n_z=1$。代入上式后可得

$$\sigma_A = \frac{-2-8-\left(-\dfrac{K_I}{K_P}\right)}{2} = -5 + \frac{1}{2}\frac{K_I}{K_P}$$

我们希望 $\sigma_A < -2.6$，以保证两条根轨迹分支趋于预期主导极点配置的可行域。因此有

$$-5 + \frac{1}{2}\frac{K_I}{K_P} < -2.6$$

或者

$$\frac{K_I}{K_P} < 4.7 \tag{7.100}$$

至此，可以先将 K_I 和 K_P 的取值条件归纳为

$$K_I > 64, \qquad K_P > \frac{K_I}{10} - 16, \qquad \frac{K_I}{K_P} < 4.7$$

选择 $K_I/K_P=2.5$，此时系统的闭环特征方程为

$$1 + K_P\frac{s+2.5}{s(s+2)(s+8)} = 0$$

根轨迹如图7.50所示。分析根轨迹可知，为了满足 $\zeta=0.69$(由指标要求3导出)的要求，应该选择 $K_P<30$。为慎重起见，我们尽量在极点配置的可行域的边界附近(见图7.50)来确定参数的具体取值。

如果选择 $K_P=26$，$K_I/K_P=2.5$，则 $K_I=65$。由于 $K_I=65>64$，可以满足指标要求2，即满足了对跟踪斜坡信号的稳态误差要求。

这样，最终得到的PI控制器为

$$G_c(s) = 26 + \frac{65}{s} \tag{7.101}$$

其阶跃响应曲线如图7.51所示。

从图中可以看出，超调量 P.O.=8%，调节时间 $T_s=1.45$ s。显然，超调量指标还没有完全满足要求。前面已经提到过，确定控制器的参数仅仅是控制器设计的第一步。这样看来，式(7.101)所示的PI控制器已经是一个非常好的起点，接下来需要在这一设计的基础上，不断地迭代修正。由于在设计过程中没有考虑控制器零点的影响，因此，尽管将闭环极点配置在性能可行域中，但系统的实际响应还是无法完全满足指标要求。同时，用二阶系统来近似三阶闭

环系统也是造成这一现象的原因之一。针对这一点，我们可以将控制器零点移至 $s=-2$，即选择 $K_I/K_P=2$，以对消 $s=-2$ 处的系统开环极点，这样就能使整个闭环系统成为二阶系统。

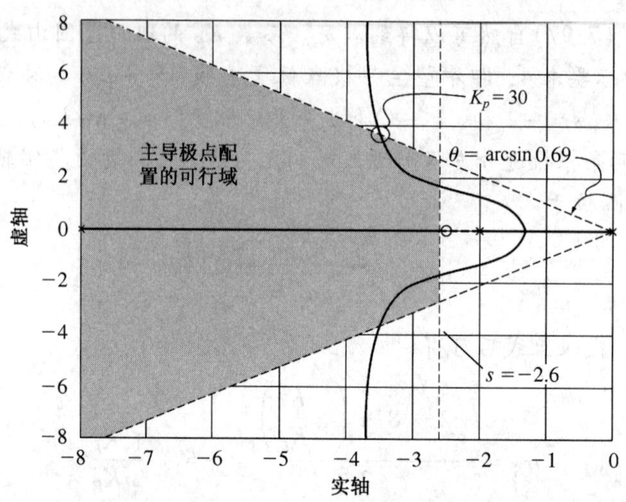

图 7.50 $K_I/K_P=2.5$ 时的根轨迹

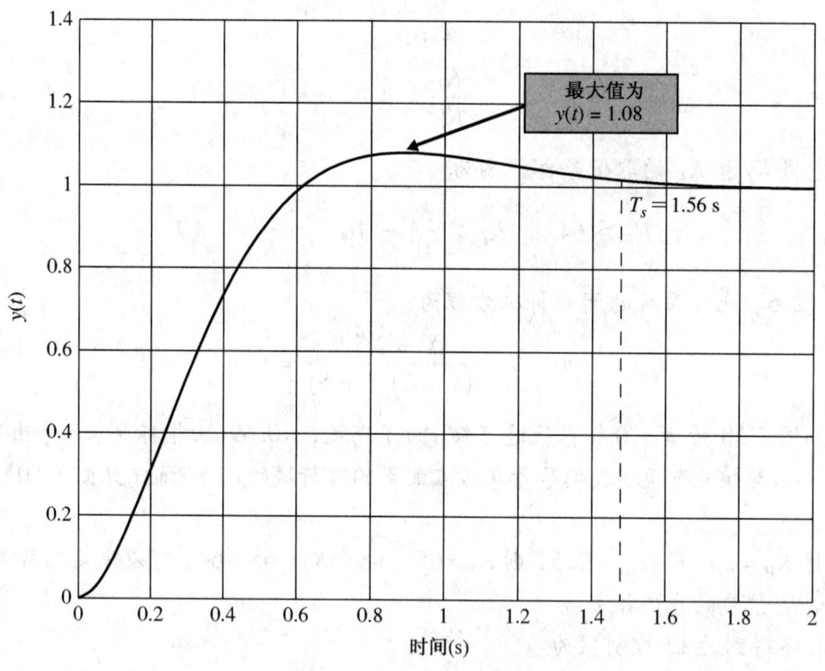

图 7.51 采用式(7.101)给出的 PI 控制器后，系统的阶跃响应

7.9 利用控制系统设计软件分析根轨迹

根据表 7.2 给出的绘制根轨迹的步骤，可以手工绘制根轨迹草图，而利用控制设计软件可以精确地绘制出系统的根轨迹。但是，我们不能因此就仅仅依赖于计算机而忽略了手工绘制根轨迹草图的重要性。根轨迹的基本概念蕴含在手工绘图的过程中，通过手工绘图根轨迹草图是全面理解和应用根轨迹法的基本途径。

本节先讨论如何应用计算机绘制根轨迹，然后讨论部分分式展开、主导极点及闭环系统响应之间的联系，最后讨论根灵敏度。

本节介绍的函数包括 rlocus，rlocfind 和 residue，其中函数 rlocus 和 rlocfind 用于绘制和分析根轨迹，函数 residue 则用于求有理函数的部分分式展开式。

绘制根轨迹 考虑图 7.10 所示的闭环控制系统，其闭环传递函数为

$$T(s)=\frac{Y(s)}{R(s)}=\frac{K(s+1)(s+3)}{s(s+2)(s+3)+K(s+1)}$$

其特征方程为

$$1+K\frac{s+1}{s(s+2)(s+3)}=0 \tag{7.102}$$

调用函数 rlocus 绘制根轨迹，必须将特征方程改写为这种根轨迹方程的形式，也就是说，要在调用函数 rlocus 绘制根轨迹之前，将特征方程改写为如下的标准格式：

$$1+KG(s)=1+K\frac{p(s)}{q(s)}=0 \tag{7.103}$$

其中，K 为可变参数，变化范围为 0 到 $+\infty$。

函数 rlocus 的使用说明如图 7.52 所示，其中的 sys 定义系统的开环传递函数对象 $G(s)$。图 7.53 给出了绘制式(7.102)对应的根轨迹的步骤，以及相应的根轨迹。调用函数 rlocus 时，如果左边没有输出变量说明，将直接生成根轨迹。如果左边定义了输出变量，则返回闭环根的位置矩阵及相应的增益向量。

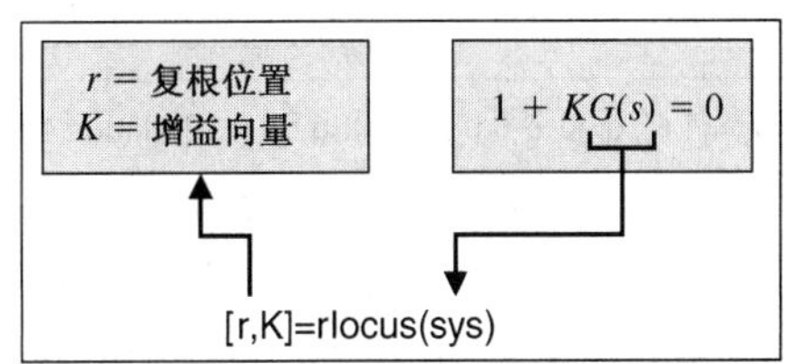

图 7.52 函数 rlocus 使用说明

利用计算机绘制根轨迹的步骤如下：

1. 将系统的特征方程改写为形如式(7.103)的标准格式，其中 K 为所关心的可变参数。
2. 调用函数 rlocus 绘制根轨迹。

在图 7.53 中，当 K 增加时，有两条根轨迹分支从实轴上分离出来。这意味着，当 K 大于某个值后，闭环特征方程将有两个复根。如果想确定与特定的复根对应的增益 K 的取值，可以调用函数 rlocfind。但是，只有在运行了函数 rlocus 并得到了根轨迹以后，才能调用函数 rlocfind。运行函数 rlocfind 之后，将在根轨迹上产生“ + ”标记，将标记移动到根轨迹上感兴趣的位置，然后按回车键，就会在命令行中显示出所选闭环根的位置坐标及对应的参数 K 的取值。函数 rlocfind 的使用说明见图 7.56。

在图像交互方式方面，不同的控制系统设计软件之间会存在一些差异。图 7.54 给出的是 MATLAB 中调用函数 rlocfind 之后得到的运行结果。其他控制软件包的更多信息参见本书在线附录 B。

继续讨论这个三阶系统的根轨迹。当 $K=20.5775$ 时，闭环传递函数有三个极点和两个零点，分别是

$$\textbf{极点}: s=\begin{pmatrix}-2.0505+\text{j}4.3227\\-2.0505-\text{j}4.3227\\-0.8989\end{pmatrix};\qquad \textbf{零点}: s=\begin{pmatrix}-1\\-3\end{pmatrix}$$

如果只考虑闭环系统的极点，我们会认为实极点 $s=-0.8989$ 是主导极点。为了证实这一判断是否正确，我们需要分析当输入为单位阶跃信号 $R(s)=1/s$ 时，如下闭环系统的响应：

$$Y(s)=\frac{20.5775(s+1)(s+3)}{s(s+2)(s+3)+20.5775(s+1)}\cdot\frac{1}{s} \tag{7.104}$$

为了计算时域响应 $y(t)$，通常需要先对式(7.104)进行部分分式展开。可以利用函数 residue 来求式(7.104)的部分分式展开式，如图 7.55 所示，而函数 residue 的使用说明见图 7.56。

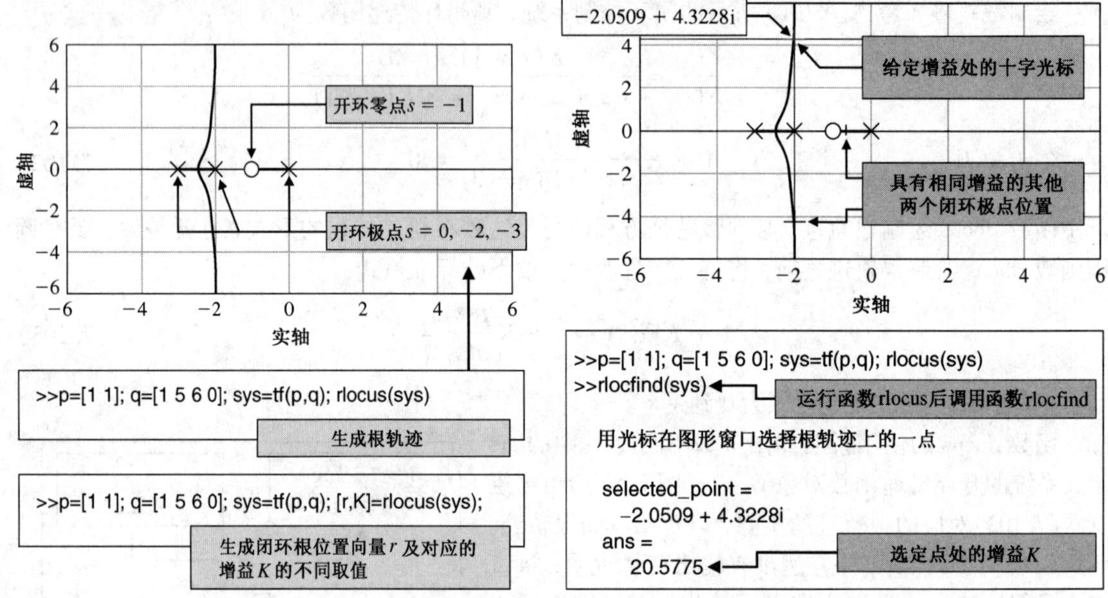

图 7.53　与特征方程(7.102)对应的根轨迹　　图 7.54　调用函数 rlocfind

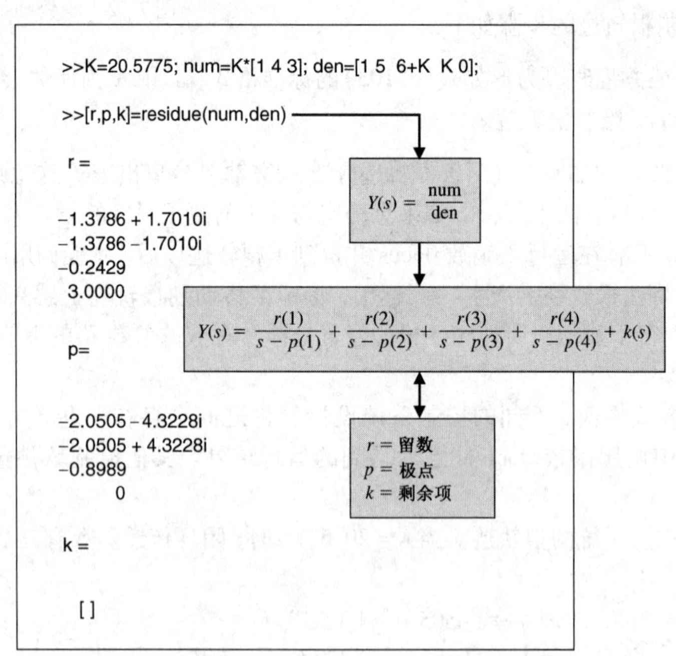

图 7.55　式(7.104)的部分分式展开

式(7.104)的部分分式展开式为

$$Y(s)=\frac{-1.3786+\mathrm{j}1.7010}{s+2.0505+\mathrm{j}4.3228}+\frac{-1.3786-\mathrm{j}1.7010}{s+2.0505-\mathrm{j}4.3228}+\frac{-0.2429}{s+0.8989}+\frac{3}{s}$$

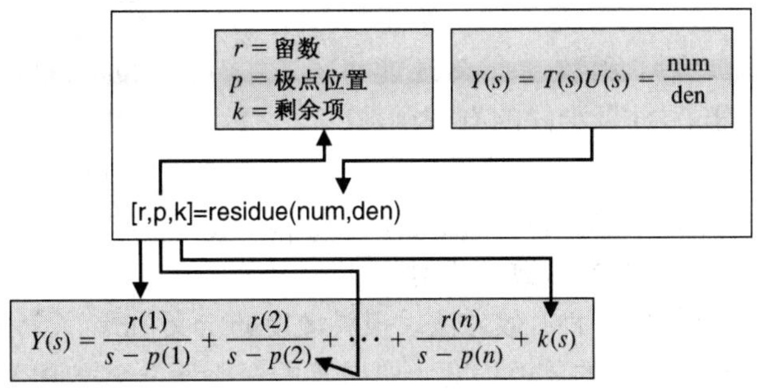

图 7.56 函数 residue

比较所得留数可以看出，与复极点 $s=-2.0505\pm j4.3227$ 对应的留数相比，极点 $s=-0.8989$ 对应留数的幅值要小得多。由此可以推知，极点 $s=-0.8989$ 并不能对输出响应 $y(t)$ 产生主导性的影响。系统按2%准则的调节时间主要由复极点决定，复极点为 $s=-2.0505\pm j4.3227$，相应的阻尼比为 $\zeta=0.4286$，固有频率为 $\omega_n=4.7844$，因此系统的调节时间可以按下式近似估计得到：

$$T_s \approx \frac{4}{\zeta\omega_n} = 1.95\ \text{s}$$

调用函数 step 得到的阶跃响应曲线如图 7.57 所示。从图中可以看出调节时间为 $T_s=1.6$ s，近似结果 $T_s\approx1.95$ s 已经与之非常接近了。$T(s)$ 的零点 $s=-3$ 将影响系统的响应，估计得到的超调量 P.O.= 60%。而从图 7.57 中可以看出，实际超调量 P.O.= 50%。

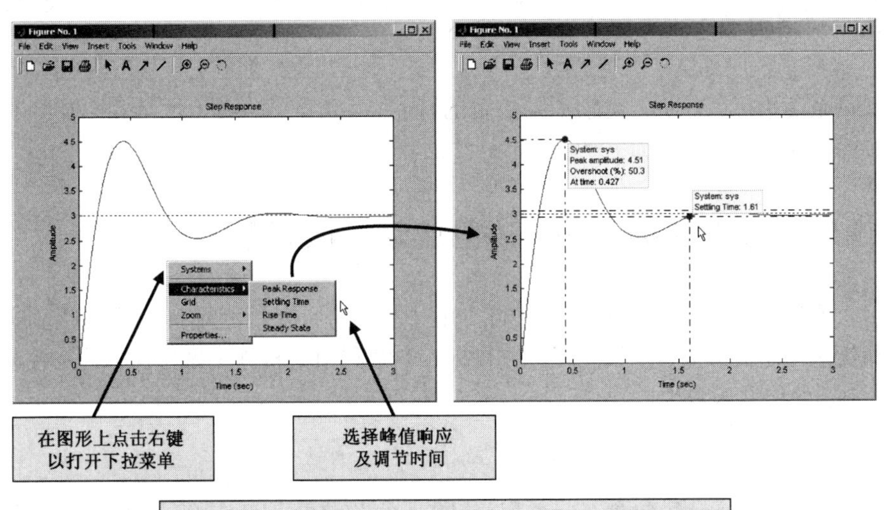

图 7.57 $K=20.5775$ 时，图 7.10 所示的闭环系统的阶跃响应

在调用函数 step 得到阶跃响应曲线图之后，可以在图形上点击鼠标右键，得到一个下拉菜单，从中可以确定阶跃响应的调节时间及响应峰值等精确值。在下拉菜单上选择“Characteristics”，再选择“Settling time”，将会在响应曲线的调节时间点上出现一个圆点，将光标移动至该点即可确定调节时间，如图 7.57 所示。

通过本例的演示，可以很清楚地看出，系统零点的确会影响瞬态响应。由于零点 $s=-1$ 和极点 $s=-0.8989$ 非常接近，极点 $s=-0.8989$ 对瞬态响应的影响被明显削弱。影响瞬态响应的主要因素变成了复极点 $s=-2.0505\pm j4.3228$ 和零点 $s=-3$。

最后对函数 residue 做一点补充说明。给定留数 r、极点 p 和剩余项 k 之后，函数 residue 还能将部分分式展开式恢复成分子/分母形式的有理函数，调用说明如图 7.58 所示。

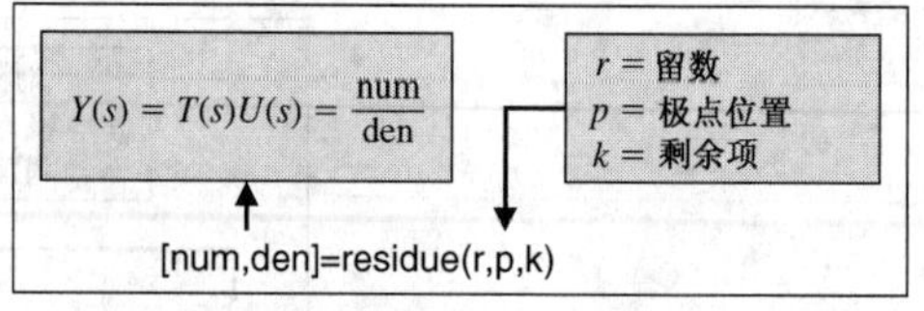

图 7.58 将部分分式展开式转换成有理函数

根灵敏度与根轨迹 闭环系统的特征根对系统的瞬态响应起着重要的作用。考察参数变化对特征根的影响也是衡量系统敏感性的一种有效方法。根灵敏度的定义由式(7.75)给出，利用式(7.75)可以考察特征根对参数 K 的变化的灵敏程度。如果 K 的变化量为小增量 ΔK，与变化后的参数对应的特征根为 $r_i+\Delta r_i$，则根灵敏度 $S_K^{r_i}$ 可以近似为式(7.79)。

所得到的根灵敏度 $S_K^{r_i}$ 为复数。仍然以图 7.10[见式(7.102)]给出的三阶系统为例，如果 K 的相对变化为 5%，可以看出，当 K 从 20.5775 增加到 21.6064 时，主导复极点 $s=-2.0505+j4.3228$ 相应的变化量为

$$\Delta r_i = -0.0025 - j0.1168$$

根据式(7.79)可以得到

$$S_K^{r_i} = \frac{-0.0025 - j0.1168}{1.0289/20.5775} = -0.0494 - j2.3355$$

上式中的 $S_K^{r_i}$ 也可以写为幅值和相角的形式：

$$S_K^{r_i} = 2.34\angle 268.79^\circ$$

幅值和相角具体刻画了根的灵敏程度。计算这个根灵敏度的 m 脚本程序如图 7.59 所示。

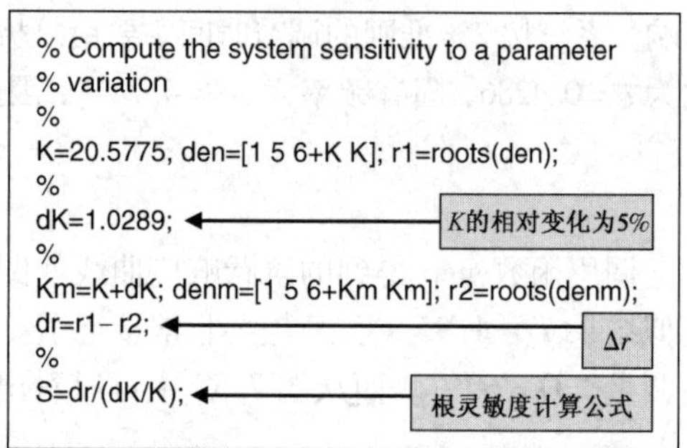
```
% Compute the system sensitivity to a parameter
% variation
%
K=20.5775, den=[1 5 6+K K]; r1=roots(den);
%
dK=1.0289;
%
Km=K+dK; denm=[1 5 6+Km Km]; r2=roots(denm);
dr=r1- r2;
%
S=dr/(dK/K);
```


图 7.59 $K=20.5775$ 并有 5% 的相对变化时，根轨迹上的根灵敏度

计算根灵敏度指标，有助于比较不同位置的特征根对系统参数变化的敏感性。

7.10 循序渐进设计实例——磁盘驱动器读取系统

本章引入 PID 控制器来实现预期的性能。针对系统的原有模型选择合适的控制器，并分析系统性能和优选控制器参数，可望实现这一目标。本章利用根轨迹法来设计和选定控制器参数。

PID 控制器的传递函数为

$$G_c(s) = K_P + \frac{K_I}{s} + K_D s$$

由于受控对象模型 $G_1(s)$ 已经包含有一个积分环节，可以考虑取 $K_I=0$。因此，实际上引入的是 PD 控制器，即

$$G_c(s) = K_P + K_D s$$

本例的设计目标是为 K_P 和 K_D 选择合适的取值，以使系统能够满足性能指标设计要求。系统的框图如图 7.60 所示，系统的闭环传递函数为

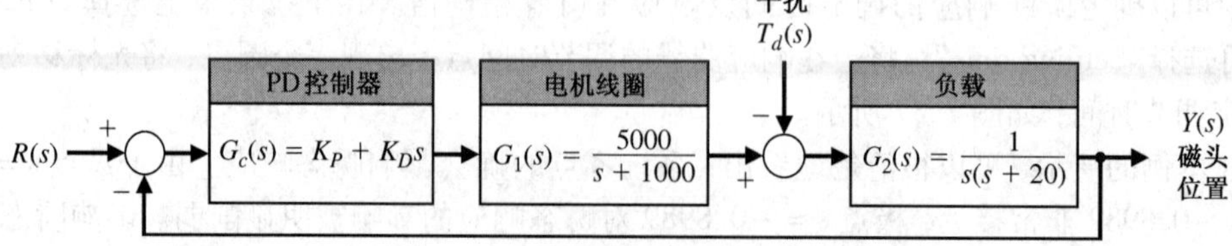

图 7.60 带 PD 控制器的磁盘驱动器控制系统

$$\frac{Y(s)}{R(s)} = T(s) = \frac{G_c(s)G_1(s)G_2(s)}{1 + G_c(s)G_1(s)G_2(s)}$$

在绘制系统的根轨迹之前，首先将 $G_c(s)G_1(s)G_2(s)$ 改写为

$$G_c(s)G_1(s)G_2(s) = \frac{5000(K_P + K_D s)}{s(s + 20)(s + 1000)} = \frac{5000K_D(s + z)}{s(s + 20)(s + 1000)}$$

其中，$z = K_P/K_D$。于是，可以先用 K_P 来选择开环零点 z 的位置，再绘制 K_D 变化时的根轨迹。令 $z = 1$，于是有

$$G_c(s)G_1(s)G_2(s) = \frac{5000K_D(s + 1)}{s(s + 20)(s + 1000)}$$

由于极点数比零点数多2，因而根轨迹有两条渐近线，它们与实轴的交角为$\phi_A = \pm 90°$，渐近中心为

$$\sigma_A = \frac{-1020 + 1}{2} = -509.5$$

于是，可以很快绘制出图7.61所示的根轨迹。此处，我们使用了由计算机生成的精确根轨迹，来确定不同增益 K_D 所对应的特征根位置。例如，图7.61就标出了与 $K_D = 91.3$ 对应的特征根。利用计算机，我们还能得到系统的实际响应曲线，表7.8列出了系统实际响应的性能指标计算结果。从中可以看出，我们设计的系统能够满足所有的指标要求。系统在经历20 ms的调节时间以后，可以认为已经达到了终值。实际上，系统响应会迅速达到终值的97%，然后再非常缓慢地趋向于终值。

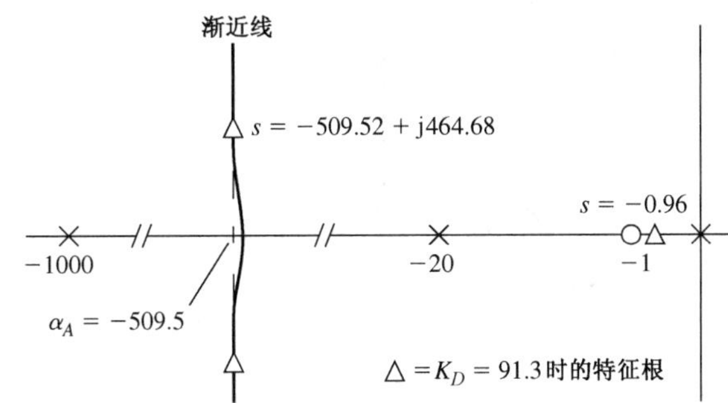

图7.61　根轨迹

表7.8　磁盘驱动器控制系统的指标要求和实际性能指标

性能指标	预期值	实际响应值
超调量	小于5%	0%
调节时间	小于250 ms	20 ms
对单位干扰的最大响应值	小于 5×10^{-3}	2×10^{-3}

7.11　小结

闭环控制系统的相对稳定性和瞬态响应性能都与闭环特征根的位置密切相关。本章用根轨迹法研究了当系统关键参数(如控制器增益)变化时，闭环特征根在 s 平面上的移动轨迹。根轨迹和负增益根轨迹都是当某个参数变化时，闭环特征根移动轨迹的行之有效的图示化表示。依据绘制根轨迹和负增益根轨迹草图的步骤，可以手工快速绘制根轨迹草图，并用于分析系统的初始设计，确定系统的合适结构和参数取值。而利用计算机绘制出的精确的根轨迹，则可以用于系统的最终设计和分析。表7.9总结了15种典型系统的根轨迹。

此外，本章讨论了如何用根轨迹法设计闭环控制系统的多个可变参数。本章还定义了根灵敏度，讨论了特征根对参数变化的灵敏程度。很显然，在现代控制系统的分析和设计中，根轨迹法是一种重要而且实用的方法。作为控制工程中最重要的方法之一，根轨迹法必将获得持续而广泛的应用。

表 7.9 典型传递函数的根轨迹

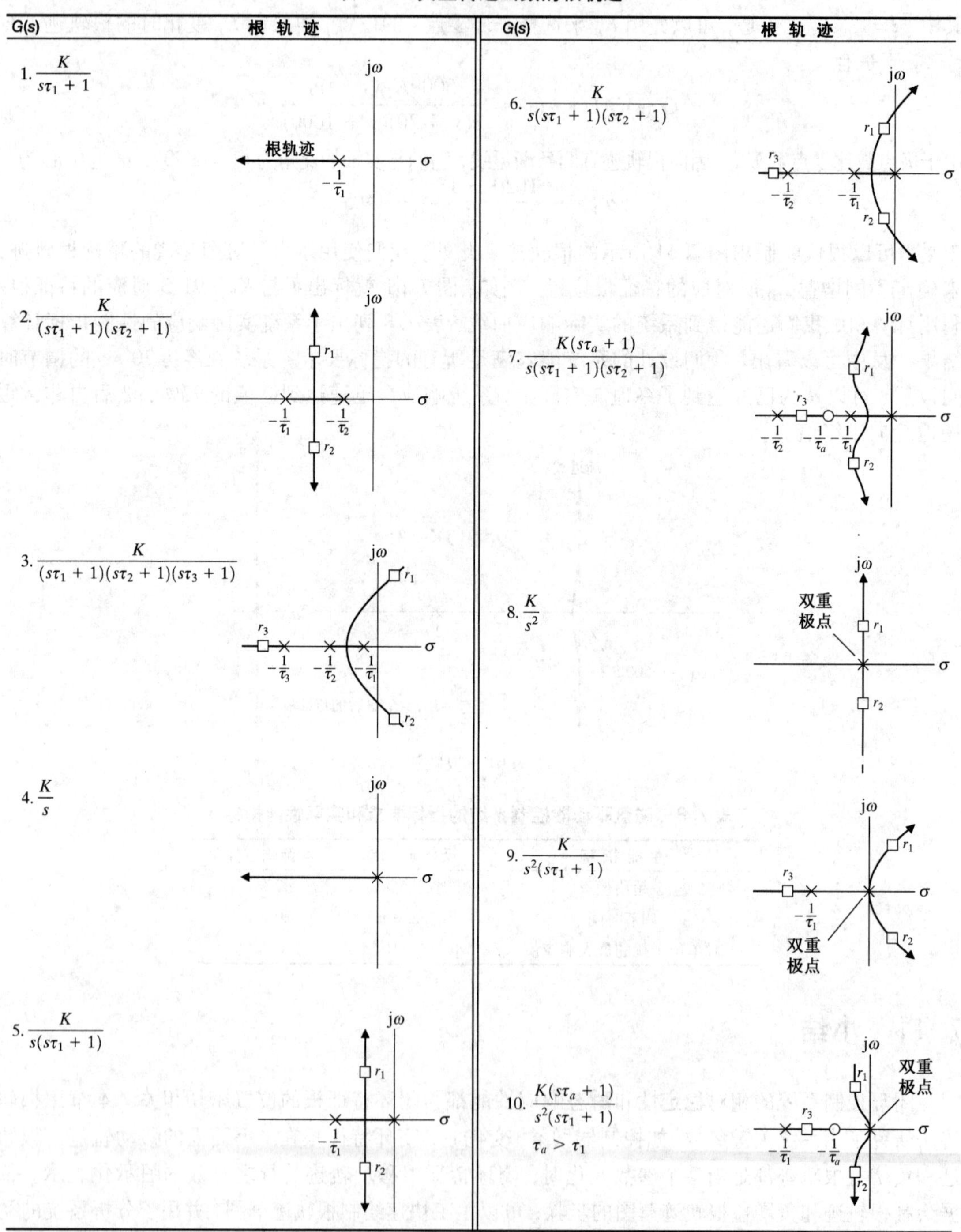

（续表）

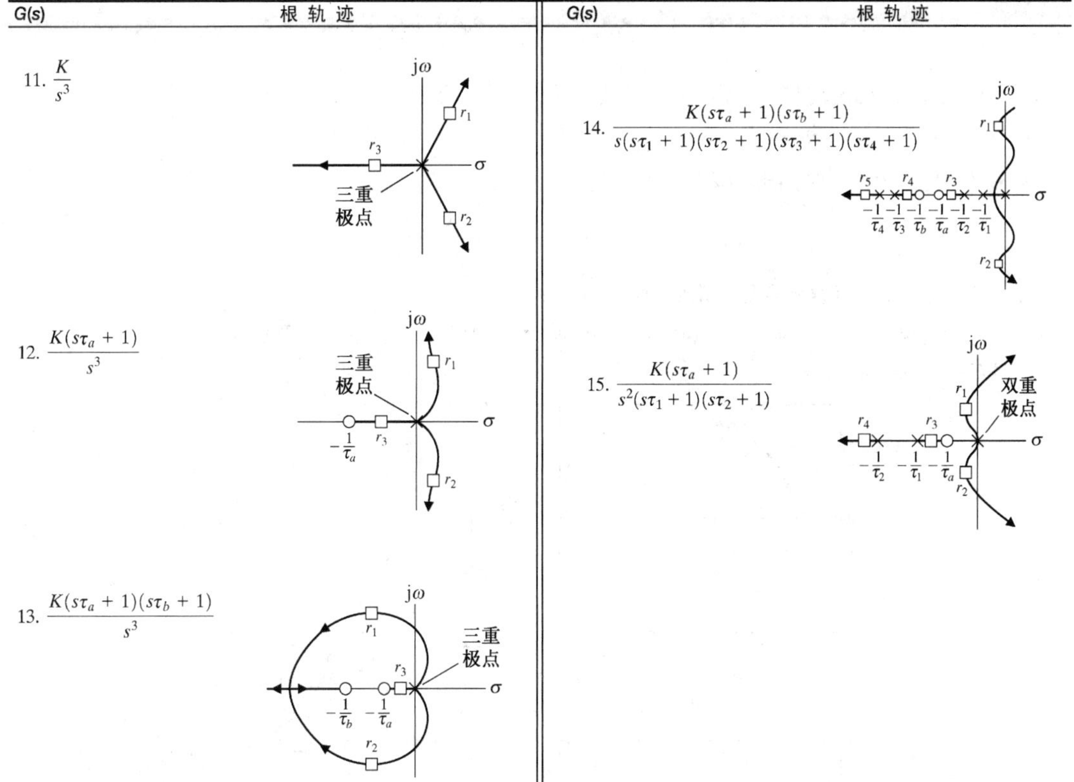

G(s)	根轨迹	G(s)	根轨迹
11. $\frac{K}{s^3}$		14. $\frac{K(s\tau_a+1)(s\tau_b+1)}{s(s\tau_1+1)(s\tau_2+1)(s\tau_3+1)(s\tau_4+1)}$	
12. $\frac{K(s\tau_a+1)}{s^3}$		15. $\frac{K(s\tau_a+1)}{s^2(s\tau_1+1)(s\tau_2+1)}$	
13. $\frac{K(s\tau_a+1)(s\tau_b+1)}{s^3}$			

技能自测

本节提供三类题目来测试你对本章知识的掌握情况：正误判断题、多项选择题，以及术语和概念匹配题。为了直接地反馈学习效果，请及时对照每章最后给出的答案。必要时，请借助图7.62给出的框图来确认下面各题中的结论。

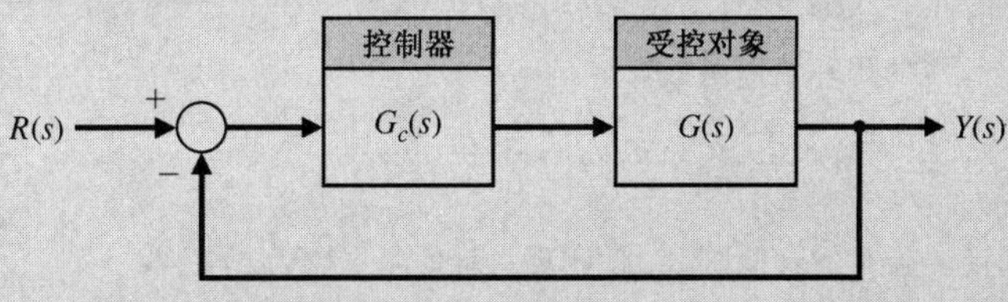

图7.62 技能自测参考框图

在下面的正误判断题和多项选择题中，圈出正确的答案。

1. 根轨迹是特征方程 $1+KG(s)=0$ 的根随着系统参数 K 从0增加到 $+\infty$ 时在 s 平面上的变化轨迹。 对 或 错
2. 根轨迹的条数等于 $G(s)$ 中的极点数。 对 或 错
3. 根轨迹总是起始于 $G(s)$ 的零点，终止于 $G(s)$ 的极点。 对 或 错
4. 根轨迹为控制系统设计师提供了关于系统闭环极点对参数变化的灵敏程度的度量。 对 或 错
5. 根轨迹提供了关于系统对不同测试输入信号的响应的有价值的信息。 对 或 错

6. 考虑图 7.62 所示的控制系统，其开环传递函数为

$$L(s) = G_c(s)G(s) = \frac{K(s^2+5s+9)}{s^2(s+3)}$$

利用根轨迹法，确定增益 K 的合适取值，使得系统主导极点的阻尼比为 $\zeta=0.5$。

a. $K=1.2$　　b. $K=4.5$　　c. $K=9.7$　　d. $K=37.4$

完成第 7 题和第 8 题时，图 7.62 所示系统的开环传递函数为

$$L(s) = G_c(s)G(s) = \frac{K(s+1)}{s^2+5s+17.33}$$

7. 系统根轨迹中，开环复极点处的出射角约为

a. $\phi_d=\pm180°$　　b. $\phi_d=\pm115°$　　c. $\phi_d=\pm205°$　　d. 以上都不对

8. 系统的根轨迹应该为

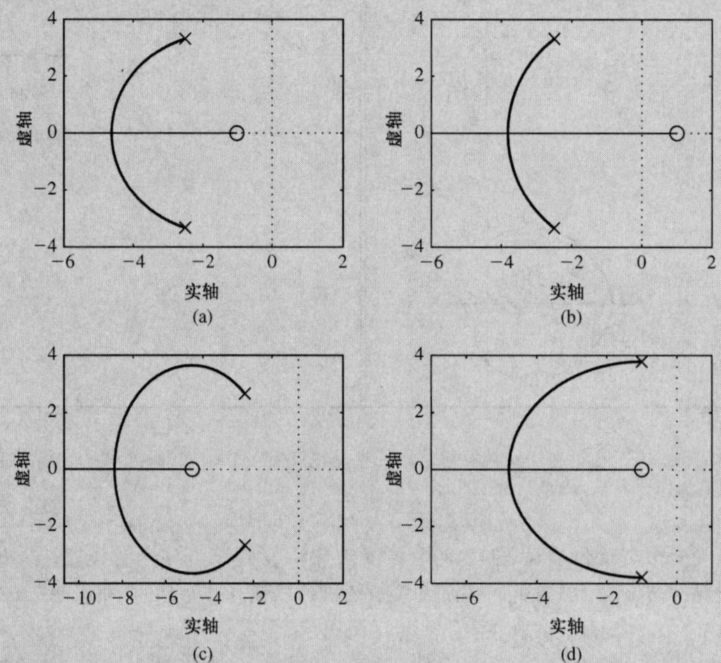

9. 某单位负反馈控制系统的闭环传递函数为

$$T(s) = \frac{K}{(s+45)^2+K}$$

利用根轨迹法，确定增益 K 的合适取值，使闭环系统的阻尼比为 $\zeta=\sqrt{2}/2$。

a. $K=5$　　b. $K=1250$　　c. $K=2025$　　d. $K=10\,500$

10. 图 7.62 所示的单位负反馈控制系统的开环传递函数为

$$L(s) = G_c(s)G(s) = \frac{10(s+z)}{s(s^2+4s+8)}$$

利用根轨迹法，确定能够使闭环系统稳定的 z 的最大值。

a. $z=7.2$　　b. $z=12.8$

c. $z>0$ 时，系统不可能稳定　　d. $z>0$ 时，系统始终稳定

完成第 11 题和第 12 题时，图 7.62 所示系统的受控对象为

$$G(s) = \frac{7500}{(s+1)(s+10)(s+50)}$$

11. 假定控制器为

$$G_c(s) = \frac{K(1 + 0.2s)}{1 + 0.025s}$$

利用根轨迹法，确定能够使闭环系统稳定的最大增益 K。

a. $K=2.13$　　b. $K=3.88$　　c. $K=14.49$　　d. $K>0$ 时，系统始终稳定

12. 假定采用的是最简单的比例控制器 $G_c(s)=K$，利用根轨迹法，确定能够使闭环系统稳定的最大增益 K。

a. $K=0.50$　　b. $K=1.49$　　c. $K=4.49$　　d. $K>0$ 时，系统不可能稳定

13. 图 7.62 所示单位负反馈控制系统的开环传递函数为

$$L(s) = G_c(s)G(s) = \frac{K}{s(s+5)(s^2+6s+17.76)}$$

试确定根轨迹在实轴上的分离点以及对应的匹配增益 K。

a. $s=-1.8$，$K=58.75$　　b. $s=-2.5$，$K=4.59$

c. $s=1.4$，$K=58.75$　　d. 以上都不对

完成第 14 题和第 15 题时，图 7.62 所示系统的开环传递函数为

$$L(s) = G_c(s)G(s) = \frac{K(s+1+\mathrm{j})(s+1-\mathrm{j})}{s(s+2\mathrm{j})(s-2\mathrm{j})}$$

14. 下面 4 组根轨迹中，哪一组是该系统的根轨迹？

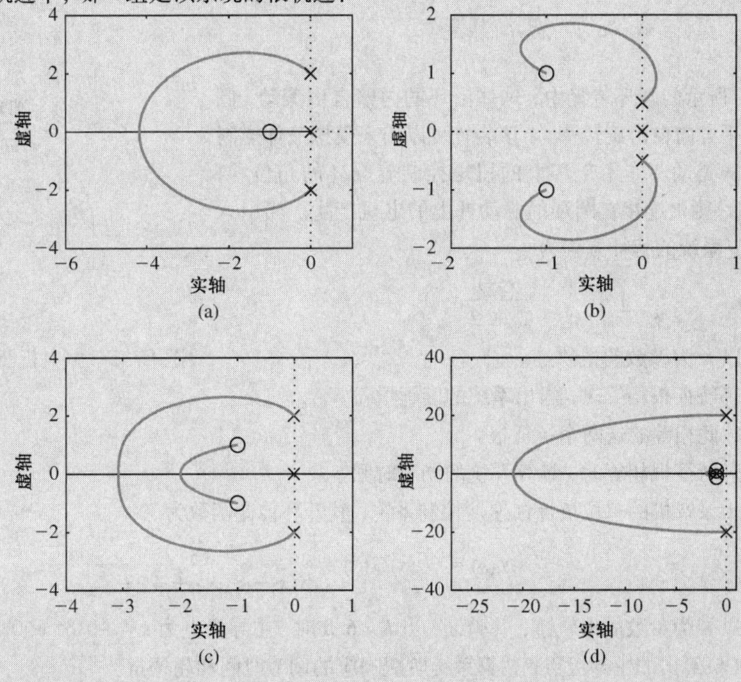

15. 复极点处的出射角和复零点处的入射角分别为

a. $\phi_D=\pm180°$，$\phi_A=0°$　　b. $\phi_D=\pm116.6°$，$\phi_A=\pm198.4°$

c. $\phi_D=\pm45.8°$，$\phi_A=\pm116.6°$　　d. 以上都不对

在下面的术语和概念匹配题中，在空格中填写正确的字母，将术语和概念与它们的定义联系起来。

a. 参数设计　　系统闭环响应的超调幅值在一个振荡周期内减小到约为最大超调幅值的 1/4。＿＿＿＿

b. 根灵敏度　　参数很大直至趋于正无穷时，系统根轨迹所趋近于的路径。＿＿＿＿

c. 根轨迹　　渐近线的中心 σ_A。＿＿＿＿

d. 实轴上的根轨迹段	一种以开环或闭环阶跃响应为基础，借助解析方法确定 PID 控制器参数的参数整定方法。	______
e. 根轨迹法	利用根轨迹确定 1 到 2 个系统参数取值的方法。	______
f. 渐近中心	在奇数个零点和极点的左侧，位于实轴上的根轨迹段。	______
g. 分离点	当可变参数在 $-\infty$ 到 0 之间变化时，系统的根轨迹。	______
h. 轨迹	根轨迹离开 s 平面上开环复极点的角度。	______
i. 出射角	随着可变参数的变化而变化的路径。	______
j. 根轨迹分支的条数	随着参数的变化，系统的闭环特征根在 s 平面上的变化轨迹。	______
k. 渐近线	系统的闭环特征根对参数偏离正常值的灵敏度。	______
l. 负增益根轨迹	当 K 在 0 到 $+\infty$ 之间变化时，用于确定特征方程 $1+KG(s)=0$ 的根的变化轨迹的方法。	______
m. PID 参数整定	确定 PID 控制器增益的过程。	______
n. 25% 超调幅值衰减	s 平面上根轨迹离开实轴的点。	______
o. 齐格勒-尼科尔斯 PID 参数整定方法	与开环传递函数的极点数相等，前提是开环传递函数极点数大于或等于零点数。	______

基础练习题

E7.1 在图 E7.1 所示的圆环装置中，球体沿环的内壁自由滚动，圆环沿着水平方向自由旋转[11]。该装置可以用来模拟液体燃料在火箭中的晃动。作用于环上的扭矩控制着圆环的角位移，而扭矩 $T(t)$ 则由连接在圆环的驱动杆上的电机产生。当引入负反馈后，系统的特征方程为

$$1+\frac{Ks(s+4)}{s^2+2s+2}=0$$

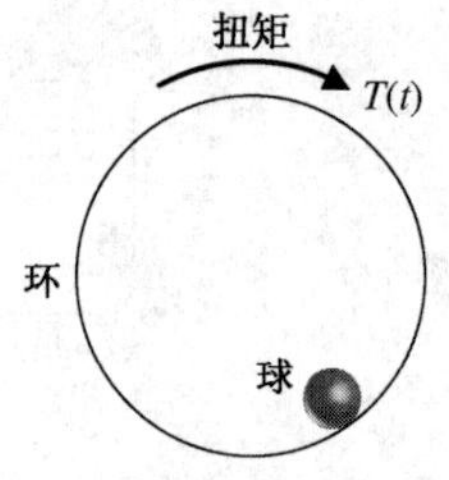

图 E7.1 由电机驱动旋转的圆环

(a) 绘制以 K 为参数的根轨迹。

(b) 当闭环特征根相等时，求出系统的匹配增益 K。

(c) 求出彼此相等的这两个特征根。

(d) 当闭环特征根相等时，计算系统的调节时间。

E7.2 考虑某磁带录音机的单位负反馈速度控制系统，其开环传递函数为

$$L(s)=G_c(s)G(s)=\frac{K}{s(s+2)(s^2+4s+5)}$$

(a) 绘制以 K 为参数的根轨迹，并验证，当 $K=6.5$ 时，主导极点为 $s=-0.35\pm j0.80$。

(b) 根据(a)给出的主导极点，估算系统阶跃响应的调节时间和超调量。

E7.3 假设汽车悬挂检测装置的控制系统具有单位负反馈，且开环传递函数为[12]

$$L(s)=G_c(s)G(s)=\frac{K(s^2+4s+8)}{s^2(s+4)}$$

当系统主导极点的阻尼比为 $\zeta=0.5$ 时，试利用根轨迹验证，此时有 $K=7.35$，且对应的主导极点为 $s=-1.3\pm j2.2$。

E7.4 考虑某个单位负反馈系统，其开环传递函数为

$$L(s)=G_c(s)G(s)=\frac{K(s+1)}{s^2+4s+5}$$

(a) 求根轨迹离开开环复极点的出射角。

(b) 求根轨迹进入实轴的汇合点。

答案: (a) ±225°　　(b) −2.4

E7.5　考虑某单位负反馈系统，其开环传递函数为

$$L(s) = G_c(s)G(s) = \frac{1}{s^3 + 50s^2 + 500s + 1000}$$

(a) 求实轴上的根轨迹分离点。

(b) 确定渐近中心。

(c) 计算分离点处的匹配增益 K。

E7.6　某空间站如图 E7.6 所示[28]。为了能够充分利用太阳能和保持对地通信，保持空间站对太阳和地球的正确指向非常重要。可以采用带有执行机构和控制器的单位负反馈系统来描述空间站的定向控制系统，其开环传递函数为

$$L(s) = G_c(s)G(s) = \frac{15K}{s(s^2 + 15s + 75)}$$

当 K 从 0 变为 +∞ 时，试绘制系统的根轨迹，并求出导致系统失稳的 K 值。

答案: $K = 75$

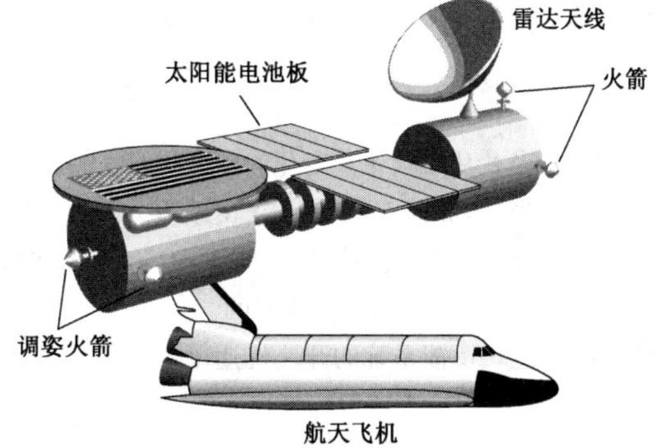

图 E7.6　空间站

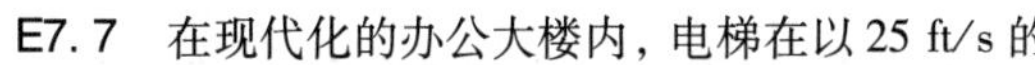

E7.7　在现代化的办公大楼内，电梯在以 25 ft/s 的速度高速运行的同时，仍能以 1/8 in 的精度停靠在指定的楼层。可以用单位负反馈系统来描述电梯位置控制系统，其开环传递函数为

$$L(s) = G_c(s)G(s) = \frac{K(s + 8)}{s(s + 4)(s + 6)(s + 9)}$$

当复根的阻尼比为 $\zeta = 0.8$ 时，试确定增益 K 的取值。

E7.8　单位负反馈系统的开环传递函数为

$$L(s) = G_c(s)G(s) = \frac{K(s + 1)}{s^2(s + 9)}$$

绘制系统的根轨迹草图，并且

(a) 当 3 个特征根均为实数且彼此相等时，求匹配增益 K。

(b) 求出(a)中的 3 个彼此相等的闭环特征根。

答案: (a) $K = 27$　　(b) $s = -3$

E7.9　某大型望远镜的主镜由 36 片六角形的镜片镶嵌而成，直径高达 10 m。望远镜能够对每个镜片的方位进行主动控制。假设单个镜片的控制由单位负反馈系统实现，且开环传递函数为

$$L(s) = G_c(s)G(s) = \frac{K}{s(s^2 + 2s + 5)}$$

(a) 在 s 平面上绘制闭环系统根轨迹的渐近线。

(b) 求离开复极点的出射角。

(c) 确定增益 K 的取值，使系统有两个特征根位于虚轴之上。

(d) 绘制系统的根轨迹。

E7.10　某单位负反馈系统的开环传递函数为

$$L(s) = KG(s) = \frac{K(s + 2)}{s(s + 1)}$$

(a) 求实轴上的分离点和汇合点。

(b) 当复特征根的实部为 -2 时，求出系统的增益和特征根。

(c) 绘制系统的根轨迹。

答案：(a) -0.59，-3.41　　(b) $K=3$，$s=-2\pm \mathrm{j}\sqrt{2}$

E7.11 某机器人的力控制系统为单位负反馈系统[6]，其开环传递函数为

$$L(s)=KG(s)=\frac{K(s+2.5)}{(s^2+2s+2)(s^2+4s+5)}$$

(a) 绘制系统的根轨迹，当主导极点的阻尼比为 0.707 时，求出匹配增益 K。

(b) 利用(a)得到的增益 K，估算系统的超调量和峰值时间。

E7.12 某单位负反馈系统的开环传递函数为

$$L(s)=KG(s)=\frac{K(s+1)}{s^2+s+2}$$

(a) 当 K 从 0 到 $+\infty$ 变化时，绘制系统的根轨迹。

(b) 当 $K=2$ 和 $K=3$ 时，求出系统的闭环特征根。

(c) 当输入为单位阶跃信号，$K=2$ 和 $K=3$ 时，分别计算系统响应从零到稳态值的上升时间、超调量和按 2% 准则的调节时间。

E7.13 某单位负反馈系统的开环传递函数为

$$L(s)=G_c(s)G(s)=\frac{4(s+z)}{s(s+1)(s+3)}$$

(a) 当 z 从 0 变到 100 时，绘制闭环系统的根轨迹。

(b) 当输入为阶跃信号，$z=0.6$，$z=2$ 和 $z=4$ 时，试利用系统的根轨迹，分别估算系统的超调量和按 2% 准则的调节时间。

(c) 当 $z=0.6$，$z=2$ 和 $z=4$ 时，分别计算系统实际的超调量和调节时间。

E7.14 某单位负反馈系统的开环传递函数为

$$L(s)=G_c(s)G(s)=\frac{K(s+10)}{s(s+5)}$$

(a) 确定根轨迹与实轴的分离点和汇合点，当 $K>0$ 时，绘制闭环系统的根轨迹。

(b) 当两个复特征根的阻尼比为 $\zeta=1/\sqrt{2}$ 时，确定匹配增益 K。

(c) 计算(b)中的闭环特征根。

E7.15 某单位负反馈系统的开环传递函数为

$$L(s)=G_c(s)G(s)=\frac{K(s+10)(s+2)}{s^3}$$

(a) 绘制闭环系统的根轨迹。

(b) 确定 K 的取值范围，使系统稳定。

(c) 估算系统对斜坡输入响应的稳态误差。

答案：(a) $K>1.67$　　(b) $e_{ss}=0$

E7.16 某单位负反馈系统的开环传递函数为

$$L(s)=G_c(s)G(s)=\frac{K\mathrm{e}^{-sT}}{s+1}$$

其中，$T=0.1$ s。验证时延项可以用下式近似：

$$\mathrm{e}^{-sT}\approx\frac{\frac{2}{T}-s}{\frac{2}{T}+s}$$

试利用

$$\mathrm{e}^{-0.1s}=\frac{20-s}{20+s}$$

当 $K>0$ 时，绘制闭环系统的根轨迹图，并确定 K 的取值范围，使系统稳定。

E7.17　某控制系统如图 E7.17 所示，其中受控对象为

$$G(s)=\frac{1}{s(s-2)}$$

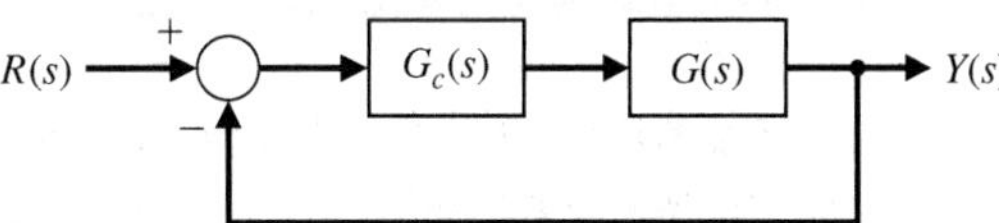

图 E7.17　反馈控制系统

(a) 当 $G_c(s)=K$ 时，利用根轨迹证明系统总是不稳定的。

(b) 当 $G_c(s)=\frac{K(s+2)}{s+10}$ 时，绘制系统的根轨迹，首先确定 K 的取值范围，使系统稳定。然后，确定 K 的取值，使系统有两个特征根位于虚轴之上，并计算此时的纯虚根。

E7.18　某飞机的偏航控制系统采取了单位负反馈形式，其中的开环传递函数为

$$L(s)=G_c(s)G(s)=\frac{K}{s(s+3)(s^2+2s+2)}$$

(a) 确定根轨迹和实轴的分离点。

(b) 确定虚轴上的一对复根及其对应的增益值，并绘制系统的根轨迹。

答案：(a) 分离点：$s=-2.29$　　(b) 虚轴：$s=\pm j1.09$，$K=8$

E7.19　某单位负反馈系统的开环传递函数为

$$L(s)=G_c(s)G(s)=\frac{K}{s(s+3)(s^2+6s+64)}$$

(a) 确定根轨迹在开环复极点处的出射角。

(b) 绘制系统的根轨迹。

(c) 确定增益 K 的取值，使闭环复极点位于虚轴上，并求出此时的闭环复极点。

E7.20　某单位负反馈系统的开环传递函数为

$$L(s)=G_c(s)G(s)=\frac{K(s+1)}{s(s-2)(s+6)}$$

(a) 确定使系统稳定的 K 的取值范围。

(b) 绘制系统的根轨迹。

(c) 保证系统稳定的前提下，确定复根的最大阻尼比 ζ。

答案：(a) $K>16$　　(b) $\zeta=0.25$

E7.21　某单位负反馈系统的开环传递函数为

$$L(s)=G_c(s)G(s)=\frac{Ks}{s^3+8s^2+12}$$

绘制系统的根轨迹，并确定增益 K 的取值，使闭环复根的阻尼比 $\zeta=0.6$。

E7.22　用来发射卫星的高性能火箭配置有一个单位负反馈系统，其开环传递函数为

$$L(s)=G_c(s)G(s)=\frac{K(s^2+18)(s+2)}{(s^2-2)(s+12)}$$

当 K 在 0 到 $+\infty$ 之间变化时，试绘制系统的根轨迹。

E7.23　某单位负反馈系统的开环传递函数为

$$L(s)=G_c(s)G(s)=\frac{4(s^2+1)}{s(s+a)}$$

当 a 在 0 到 $+\infty$ 之间变化时，试绘制系统的根轨迹。

E7.24　考虑用如下状态变量模型表示的系统：

$$\dot{\boldsymbol{x}}(t)=\boldsymbol{A}\boldsymbol{x}(t)+\boldsymbol{B}u(t)$$

$$y(t)=\boldsymbol{C}\boldsymbol{x}(t)+\boldsymbol{D}u(t)$$

其中，

$$\boldsymbol{A}=\begin{bmatrix}0 & 1\\ -4 & -k\end{bmatrix},\quad \boldsymbol{B}=\begin{bmatrix}0\\ 1\end{bmatrix}$$

$$\boldsymbol{C}=[1\quad 0],\quad \boldsymbol{D}=[0]$$

确定系统的特征方程，当 k 在 0 到 $+\infty$ 之间变化时，绘制系统的根轨迹。

E7.25 某闭环反馈控制系统如图 E7.25。当 $0<K<\infty$ 变化时，绘制系统的根轨迹，并确定参数 K 的取值范围，以保证系统稳定。

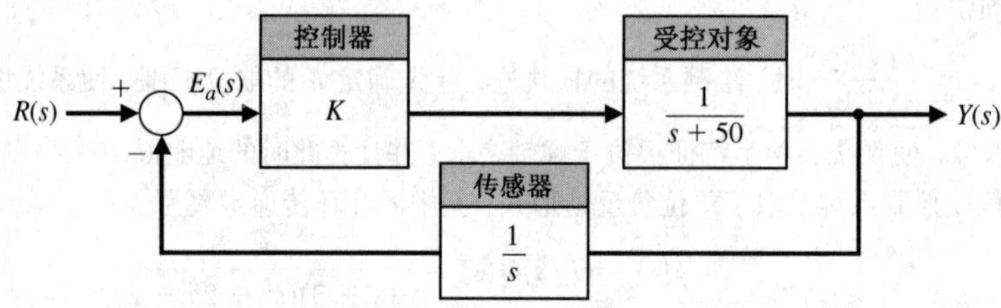

图 E7.25 含有参数 K 的非单位负反馈系统

E7.26 考虑由如下模型描述的单输入-单输出系统：

$$\dot{\boldsymbol{x}}(t)=\boldsymbol{A}\boldsymbol{x}(t)+\boldsymbol{B}u(t)$$
$$y(t)=\boldsymbol{C}\boldsymbol{x}(t)$$

其中，
$$\boldsymbol{A}=\begin{bmatrix}0 & 1\\ 3-K & -2-K\end{bmatrix},\quad \boldsymbol{B}=\begin{bmatrix}0\\ 1\end{bmatrix},\quad \boldsymbol{C}=[1\quad -1]$$

计算系统的特征多项式，当 K 在 0 到 $+\infty$ 之间变化时，绘制系统的根轨迹，并确定 K 的取值范围，以保证系统稳定。

E7.27 考虑图 E7.27 所示的单位负反馈系统。当 p 在 0 到 $+\infty$ 之间变化时，绘制系统的根轨迹。

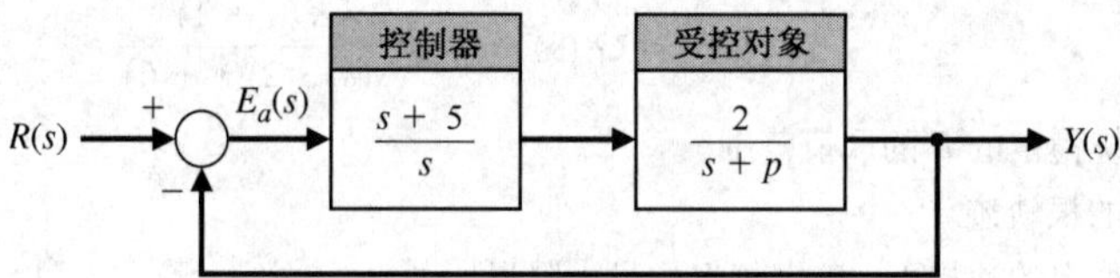

图 E7.27 含有参数 p 的单位负反馈系统

E7.28 考虑图 E7.28 所示的反馈控制系统，当 K 在 $-\infty$ 到 0 之间变化时，试绘制系统的负增益根轨迹，并确定能够使系统稳定的 K 的取值范围。

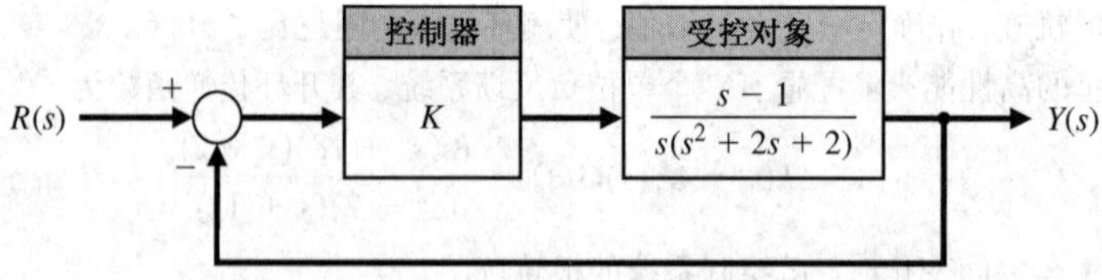

图 E7.28 某反馈控制系统

一般习题

P7.1 当 K 在 0 到 $+\infty$ 之间变化时，绘制图 P7.1 所示闭环系统的根轨迹，其中开环传递函数分别为

(a) $L(s)=G_c(s)G(s)=\dfrac{K}{s(s+5)(s+20)}$　　(b) $L(s)=G_c(s)G(s)=\dfrac{K}{(s^2+2s+2)(s+2)}$

(c) $L(s)=G_c(s)G(s)=\dfrac{K(s+10)}{s(s+1)(s+20)}$　　(d) $L(s)=G_c(s)G(s)=\dfrac{K(s^2+4s+8)}{s^2(s+1)}$

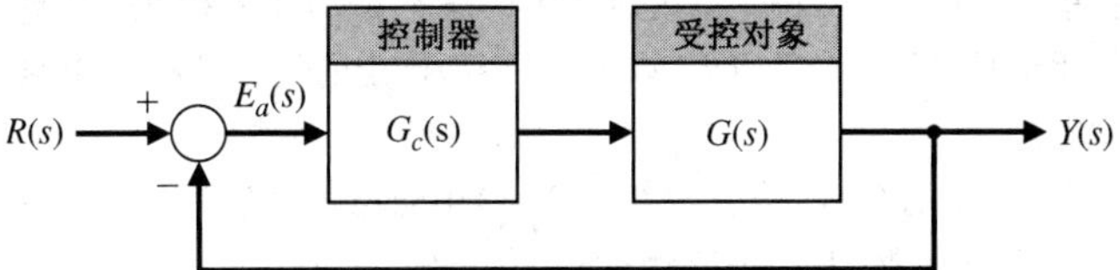

图 P7.1　某反馈控制系统

P7.2　锁相环系统的开环传递函数为

$$L(s)=G_c(s)G(s)=K_aK\frac{10(s+10)}{s(s+1)(s+100)}$$

以增益 $K_v=K_aK$ 为可变参数，绘制系统的根轨迹。确定 K_v 的取值，使系统复极点对应的阻尼系数为0.6[13]。

P7.3　某单位负反馈系统的开环传递函数为

$$L(s)=G_c(s)G(s)=\frac{K}{s(s+2)(s+5)}$$

试求：

(a) 实轴上的分离点及与该点对应的匹配增益 K。

(b) 位于虚轴上的特征根及对应的匹配增益 K。

(c) $K=6$ 时的闭环特征根。

(d) 绘制系统根轨迹。

P7.4　大型天线系统的开环传递函数为

$$L(s)=G_c(s)G(s)=\frac{k_a}{\tau s+1}\frac{\omega_n^2}{s(s^2+2\zeta\omega_n s+\omega_n^2)}$$

其中，$\tau=0.155$，$\zeta=0.707$，$\omega_n=0.5$ rad/s。当 k_a 在0到 $+\infty$ 之间变化时，绘制系统的根轨迹，并确定能够使系统稳定的放大器增益 k_a 的最大值。

P7.5　与固定机翼飞机具有一定程度的自稳定性不同，直升机自身很不稳定，因此直升机必须配置稳定控制系统。直升机稳定控制系统包括一个自动的稳定控制系统和飞行员通过控制杆进行控制的控制环节，如图 P7.5 所示。当飞行员不使用控制杆时，我们认为开关是断开的。假设直升机的动力学模型可用下面的传递函数表示：

$$G(s)=\frac{25(s+0.03)}{(s+0.4)(s^2-0.36s+0.16)}$$

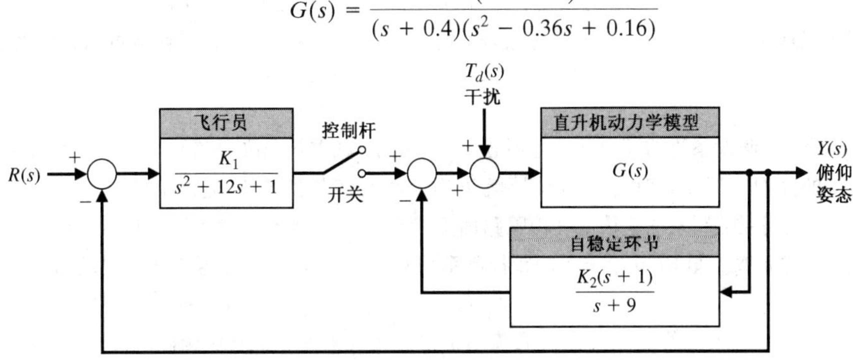

图 P7.5　直升机控制系统

(a) 当飞行员控制回路断开时(不进行手动控制)，绘制自动稳定控制系统的根轨迹，并确定增益 K_2 的取值，使复根的阻尼比为 $\zeta = 0.707$。

(b) 利用(a)中得到的增益 K_2，确定系统对阵风干扰 $T_d(s) = 1/s$ 的稳态误差。

(c) 考虑飞行员手动控制回路，并将 K_2 取为(a)中所确定的值，当 K_1 在 0 到 $+\infty$ 之间变化时，试绘制系统的根轨迹。

(d) 根据根轨迹确定 K_1 的合适取值，重新计算(b)中的稳态误差。

P7.6 考虑在大气层内运行的卫星，其姿态控制系统如图 P7.6 所示。

(a) 当 K 在 0 到 $+\infty$ 之间变化时，绘制系统的根轨迹。

(b) 确定增益 K 的取值，使系统的调节时间 $T_s \leqslant 12$ s(按 2% 准则)，且复根的阻尼比 $\xi > 0.50$。

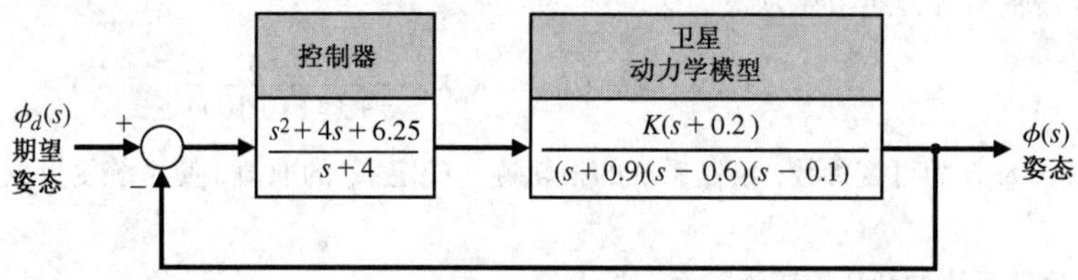

图 P7.6　卫星姿态控制

P7.7 图 P7.7 所示为独立发电机组的转速控制系统，它根据电网中负载扭矩的变化量 $\Delta L(s)$，用阀门控制涡轮机的蒸汽输入流量。为了保持平衡状态的工作转速，涡轮发电机的预期工作转速取为 60 cps(转/秒)，有效转动惯量取为 $J = 4000$，摩擦系数为 $b = 0.75$。此外，稳态转速调节因子可以近似取为 $R \approx (\omega_0 - \omega_r)/\Delta L$，其中 ω_r 为有额定负载时发电机的转速，ω_0 为空载时发电机的转速。在理想情况下，我们希望 R 尽可能小，一般要求 $R \leqslant 0.1$。

(a) 当系统闭环复根的阻尼比大于 0.6 时，利用根轨迹法确定调节因子 R 的取值。

(b) 当 $R \leqslant 0.1$，负载扭矩的变化量为 $\Delta L(s) = \Delta L/s$ 时，试验证：系统的稳态转速偏差近似等于 $R\Delta L$。

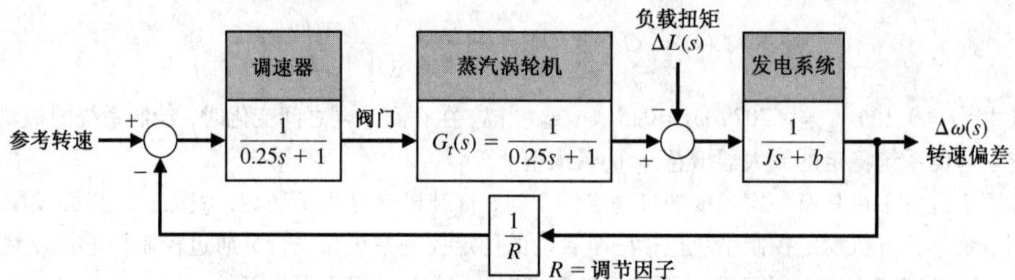

图 P7.7　发电机组转速控制系统

P7.8 继续考虑习题 P7.7 给出的发电机组转速控制系统，但用水轮机来代替蒸汽涡轮机。对水轮机而言，由于水流具有较大的惯量，从而会导致较大的时间常数。水轮机的传递函数可以近似表示为

$$G_t(s) = \frac{-\tau s + 1}{(\tau/2)s + 1}$$

其中 $\tau = 1$ s。假设系统的其余部分与习题 P7.7 相同，试重新完成习题 P7.7 的(a)和(b)。

P7.9 在未来的大型工厂中，对各种自动导航车辆的间距实施安全有效的控制，是一项非常重要的工作[14, 15]。间距控制系统应该能够消除路面上的油迹等各类干扰对系统的影响，在导轨上准确保持车辆之间的距离。图 P7.9 给出了间距控制系统的框图，其中，自主导航车辆的动力学模型可描述为

$$G(s) = \frac{(s+0.1)(s^2+2s+289)}{s(s-0.4)(s+0.8)(s^2+1.45s+361)}$$

(a) 绘制系统的根轨迹。

(b) 当增益 $K = K_1K_2 = 4000$ 时，确定系统的所有闭环根。

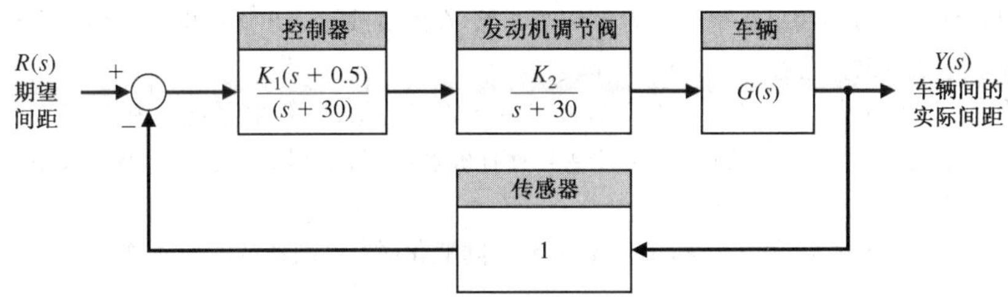

图 P7.9 自主导航车辆的间距控制系统

P7.10 民航客机设计中出现了一些新的概念，包括不间断地飞越太平洋，提高飞行效率以提高经济效益等[16, 29]。这些新的概念要求设计使用耐热性好、质量轻的材料，以及配备先进的计算机控制系统等。大多数机场都对噪音有严格的限制，因此，在现代飞机设计中，噪音控制也是一个非常重要的问题。波音音速巡航者就是这样一种新概念飞机，如图 P7.10(a)所示。这种飞机预计可容纳 200 ~ 250 名乘客，巡航速度稍低于音速。

飞机的飞行控制系统应该提供良好的操作性能和舒适的飞行环境。针对新一代飞机设计的一种自动飞行控制系统如图 P7.10(b)所示，其主导极点的理想特征参数为 $\zeta=0.707$。而飞机自身的特征参数为 $\omega_n=2.5$，$\zeta=0.3$，$\tau=0.1$。此外，增益因子 K_1 的可调范围较大，当飞机飞行条件由中等负载巡航变成轻负载降落时，K 可以从 0.02 变到 0.2。

(a) 绘制系统随增益 K_1K_2 变化时的根轨迹。

(b) 当飞机以中等负载巡航时，确定 K_2 的取值，使系统的阻尼比为 $\zeta=0.707$。

(c) 利用(b)中得出的 K_2，且 K_1 为轻负载降落时的增益，试确定系统的阻尼比 ζ。

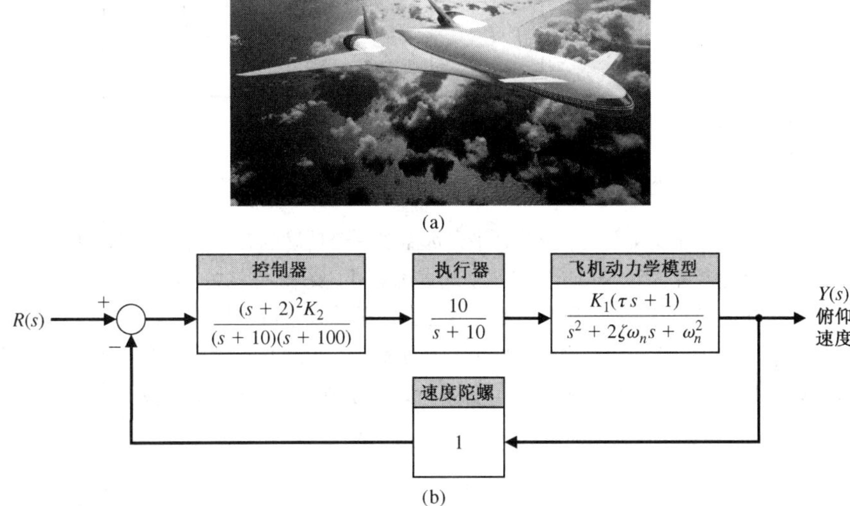

图 P7.10 (a) 未来的喷气式民航客机(经波音公司授权许可)；(b) 控制系统

P7.11 某计算机系统需要有高性能的磁带传动系统[17]。磁带传动系统的工作环境条件非常苛刻，这是对控制系统设计的重大考验。作用于磁带轴的直流电机系统的框图如图 P7.11 所示，其中 r 为轴半径，J 为轴与转子的转动惯量。将磁带轴的转动方向完全倒转需要 6 ms，磁带轴执行阶跃指令的时间应小于或等于3 ms。磁带正常运行的线速度为 100 in/s，系统电机和元件的其他参数为

$$K_b=0.4 \qquad r=0.2$$
$$K_p=1 \qquad K_1=2$$
$$\tau_1=\tau_a=1\text{ ms} \qquad K_2\text{ 可调}$$
$$K_T/(LJ)=2$$

轴和电机转子的转动惯量在空载时为2.5×10^{-3}，在满负载时为5.0×10^{-3}。系统用光电管作为误差传感器。电机的时间常数为$L/R=0.5$ ms。

(a) 当$K_2=10$，$J=5.0\times10^{-3}$，当K_a在0到$+\infty$之间变化时，绘制系统的根轨迹。

(b) 要求系统有较好的阻尼特性，例如要求所有极点的阻尼比均满足$\zeta\geqslant0.60$；试确定此时增益K_a的取值。

(c) 对于(b)给出的K_a值，当K_2在0到$+\infty$之间变化时，绘制系统的根轨迹。

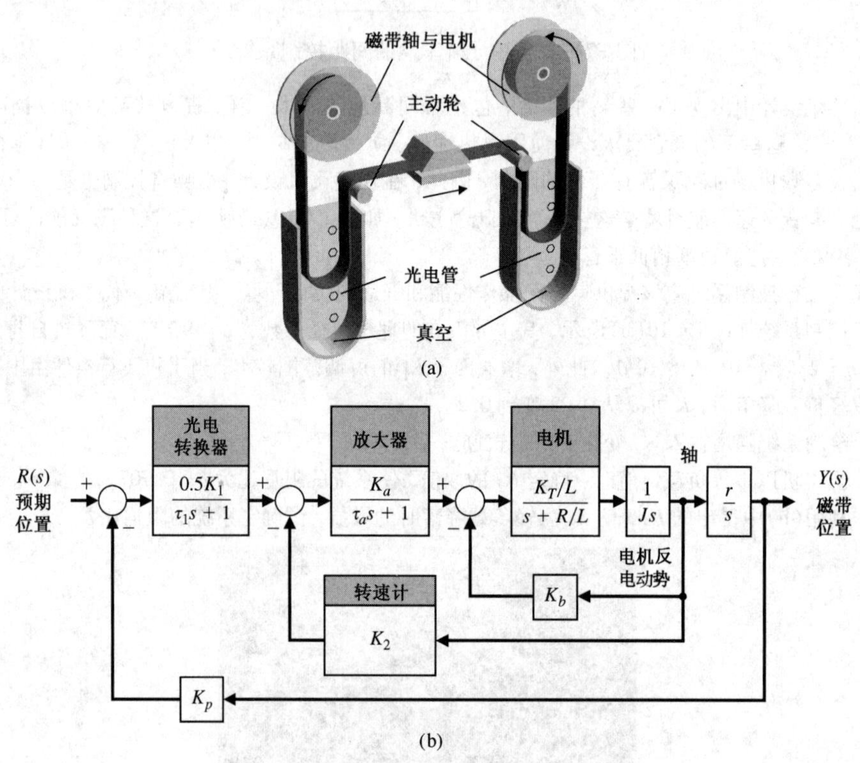

图 P7.11 (a) 磁带控制系统；(b) 框图模型

P7.12 如图 P7.12 所示，陀螺仪和惯性系统测试平台都需要一个精确的转速控制系统，保证它们以完全可控的转速工作。转速控制系统采用了直接驱动式直流电机，要求它提供：(1) 0.01～600 °/s 范围的转速；(2) 阶跃输入下不超过0.1%的稳态误差。由于直接驱动式直流电机具有高扭矩、高效率和小时延等优点，它还有利于克服齿轮传动引起的后坐力和摩擦力。电机增益常数的标称值为$K_m=1.8$，在一般情况下，其变化范围可以达到±50%，而放大器增益K_a通常大于10，变化范围为±10%。

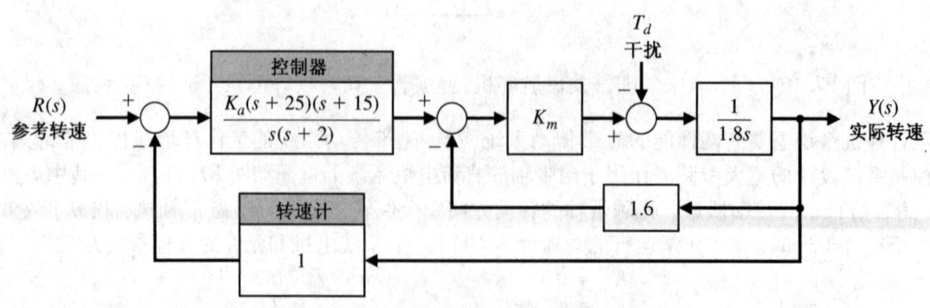

图 P7.12 转速控制系统

(a) 确定满足稳态误差要求的最小开环增益。

(b) 当系统临界稳定时，确定对应的增益值。

(c) 当 K_a 在 0 到 $+\infty$ 之间变化时，绘制系统的根轨迹。

(d) 当 $K_a=40$ 时，确定系统的闭环极点，并计算系统的阶跃响应。

P7.13 某单位负反馈系统的开环传递函数为

$$L(s)=G_c(s)G(s)=\frac{K}{s(s+3)(s^2+4s+7.84)}$$

(a) 求实轴上的分离点，以及在该点处的匹配增益。

(b) 当距虚轴最近的两个复根的阻尼比 $\xi=0.707$ 时，求匹配增益 K 的取值。

(c) (b)中的两个闭环根是主导极点吗?

(d) 增益由(b)给出，试确定系统的调节时间(按 2% 准则)。

P7.14 某单回路负反馈系统的开环传递函数为

$$L(s)=G_c(s)G(s)=\frac{K(s+2)(s+3)}{s^2(s+1)(s+15)(s+20)}$$

只有当增益 K 满足 $k_1<K<k_2$ 时，系统才是稳定的，这一类系统称为**条件稳定**系统。利用劳斯-赫尔维茨稳定性判据和根轨迹法，分别确定使系统稳定的增益取值范围，当 K 在 0 到 $+\infty$ 之间变化时，绘制系统的根轨迹。

P7.15 假设摩托车和驾驶员的动力学模型可以用开环传递函数表示为

$$G_c(s)G(s)=\frac{K(s^2+30s+625)}{s(s+20)(s^2+20s+200)(s^2+60s+3400)}$$

试绘制系统的根轨迹，并在 $K=3\times10^4$ 时，确定主导极点的阻尼比 ζ。

P7.16 在带钢热轧过程中，用于保持恒定张力的控制系统称为“环轮”。一个典型的轧钢机控制系统如图 P7.16 所示，环轮是一个 2 ~ 3 ft(英尺)长的臂，其末端有一轧辊。利用电机抬起环轮，就能挤压带钢[18]。带钢通过环轮时的典型线速度为 2000 ft/min。假设环轮上下位移的变化量同带钢张力的变化量成正比，于是可以将与环轮位移增量成正比的测量电压，同参考电压相减，并进行积分用于控制。此外，与系统的其他时间常数相比，还假定滤波器的时间常数τ可以忽略不计。

(a) 当 K_a 在 0 到 $+\infty$ 之间变化时，绘制系统的根轨迹。

(b) 确定增益 K_a 的取值，使系统闭环极点的阻尼比满足 $\zeta\geqslant0.707$。

(c) 当τ从可以忽略的值逐渐增大时，分析它对系统性能的影响。

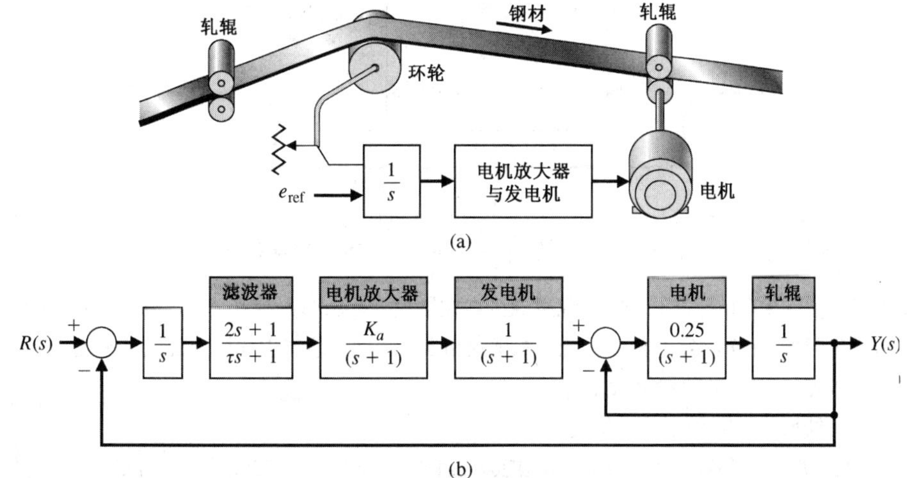

图 P7.16　轧钢机控制系统

P7.17 考虑图 P7.17 给出的减震器。假定 $M_1=1$, $k_1=1$, $b=1$, $k_{12}<1$, 且 k_{12}^2 项可以忽略不计。

(a) 利用根轨迹法，确定参数 M_2 和 k_{12} 对系统的影响。

(b) 当 $F(t)=a\sin(\omega_0 t)$ 时，确定参数 M_2 和 k_{12} 的取值，保证质量块 M_1 不发生振荡。

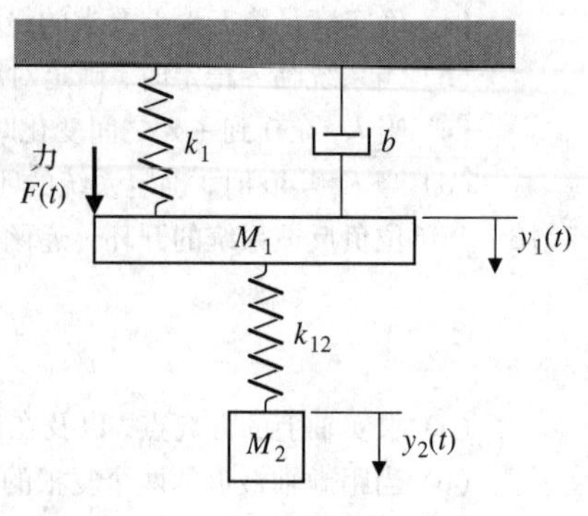

图 P7.17 减震器

P7.18 在图 P7.18 所示的反馈控制系统中，滤波器 $G_c(s)$ 通常称为校正器，其设计问题可以归结为，为参数 α 和 β 选择合适的取值。利用根轨迹法，确定参数变化对系统的影响，并选择适当的滤波器，使系统按 2% 准则的调节时间 $T_s\leqslant 4$ s，主导极点的阻尼比 $\zeta>0.60$。

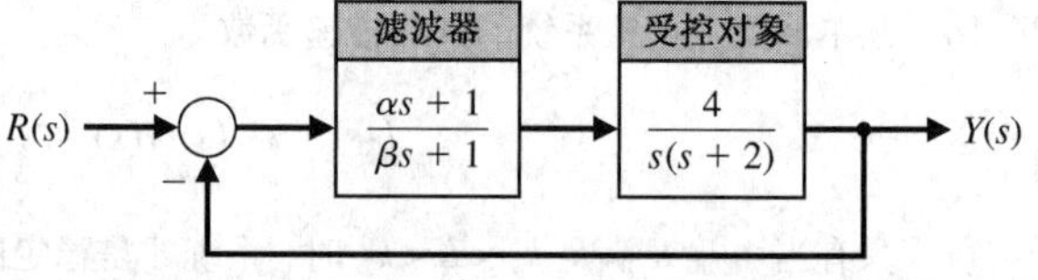

图 P7.18 滤波器设计

P7.19 近年来，很多工厂都采用了导航控制系统，引导机动的生产设备。其中的一种系统利用埋在地下的磁条来引导机动设备沿规定路线运行[10, 15]。借助安装在地面的应答标记器，可以在关键地点为自动导航车辆规划特定的任务(如加速或减速)。图 P7.19(a)给出了某工厂使用的导航车辆。试绘制系统的根轨迹，并确定 K_a 的取值，使复极点的阻尼比 $\zeta>0.707$。

(a)

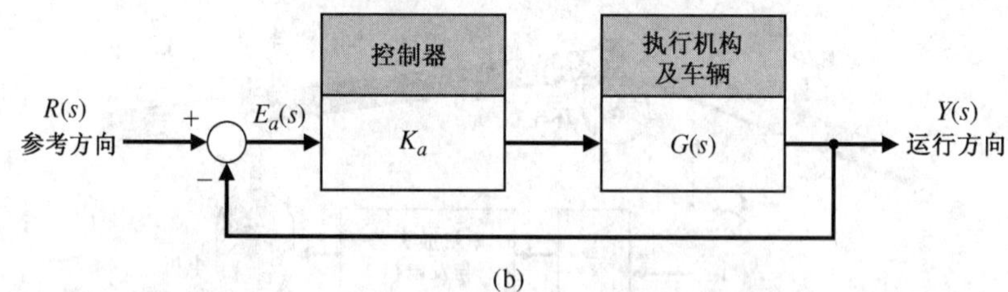

(b)

图 P7.19 (a) 自动导航车辆(Jervis B. Webb 公司友情提供)；(b) 框图模型

P7.20 重新考虑习题 P7.18，分别确定系统主导极点在增益 $K=4\alpha/\beta$ 处和极点 $s=-2$ 处的根灵敏度。

P7.21 重新考虑习题 P7.7 的发电机组系统。在下述情况下，确定系统主导极点的根灵敏度：

(1) 在极点 $s=-4$ 处的根灵敏度。

(2) 对反馈增益 $1/R$ 的参数灵敏度。

P7.22 重新考虑习题 P7.1(a)。假设 K 的标称值能够使阻尼比 $\zeta=0.707$，在此条件下，确定系统主导极点的根灵敏度。当 $L(s)=G_c(s)G(s)$ 的零点和极点发生微小变化时，估计并比较系统主导极点根灵敏度的变化。

P7.23　利用习题 P7.1(c)中的开环传递函数 $G_c(s)G(s)$，重新回答习题 P7.22。

P7.24　高阶系统根轨迹的形状一般是难以预测的。图 P7.24 给出了 4 种三阶或三阶以上反馈系统的根轨迹，图中包括了开环传递函数 $KG(s)$的零点和极点，以及 K 从 0 到 +∞ 变化时系统的根轨迹。试验证图 P7.24 给出的这些根轨迹。

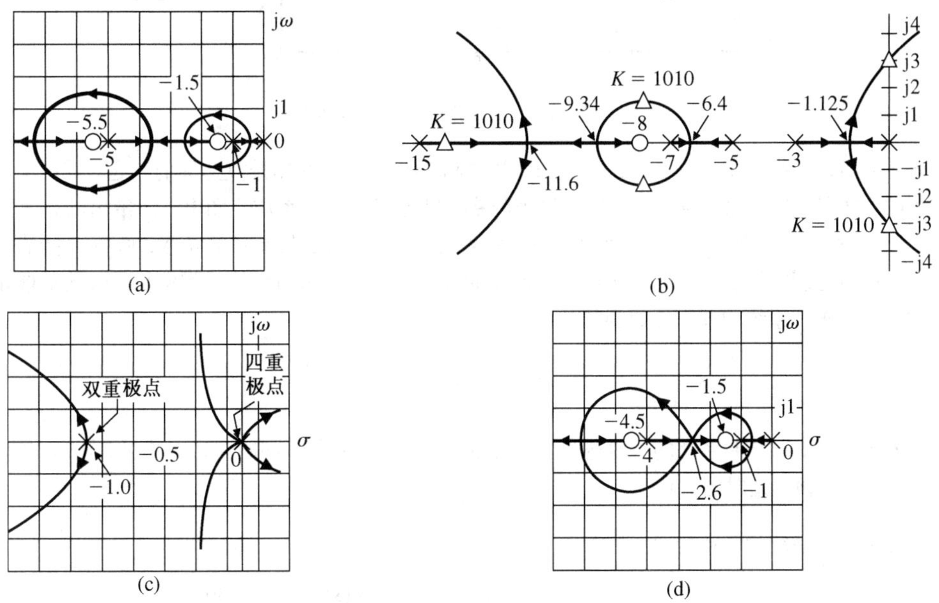

图 P7.24　4 个系统的根轨迹

P7.25　固态集成电路由分布式的电阻元件 R 和电容元件 C 集成而成，因此，研究集成电路中的反馈回路就必须获取分布式 RC 网络的传递函数。已有的研究结果表明，分布式 RC 网络幅频特性中，衰减曲线的斜率为 $10n$ dB/十倍频程，其中 n 为滤波器的阶次[13]，而常见的集总参数式 RC 网络的幅频衰减斜率为 $20n$ dB/十倍频程。由此可见，这两种 RC 网络是有差别的(第 8 章将介绍幅频衰减曲线的斜率。如果读者不熟悉这一概念，可以在学完第 8 章后再考虑本题)。一种很有意思的情况是，将分布式 RC 网络应用到晶体管放大器的串-并联反馈回路中。在此条件下，系统的开环传递函数为

$$L(s) = G_c(s)G(s) = \frac{K(s-1)(s+3)^{1/2}}{(s+1)(s+2)^{1/2}}$$

(a) 应用根轨迹法，当 K 在 0 到 +∞ 之间变化时，绘制系统的根轨迹。

(b) 系统临界稳定时，计算匹配增益 K 的取值，以及系统此时的振荡频率。

P7.26　某单回路负反馈系统的开环传递函数为

$$L(s) = G_c(s)G(s) = \frac{K(s+2)^2}{s(s^2+2)(s+10)}$$

(a) 当 K 从 0 变化到 +∞ 时，绘制系统的根轨迹，并标明根轨迹的重要特征点。

(b) 确定使系统稳定的增益 K 的取值范围。

(c) 闭环系统有纯虚根时，确定 K 的取值($K \geqslant 0$)，并求出这些纯虚根。

(d) 当增益很大时(如 $K>50$)，能否用主导极点来近似估计系统的调节时间?

P7.27　某单位负反馈系统的开环传递函数为

$$L(s) = G_c(s)G(s) = \frac{K(s^2+0.1)}{s(s^2+1)}$$

绘制以 K 为参数的根轨迹图，详细计算进入和离开实轴的那部分根轨迹段。

P7.28　为了符合美国的现行汽车尾气排放标准，通常的做法是用汽车废气管内的催化转换器来控制碳氢化

合物(HC)和一氧化碳(CO)的排放。而对氧氮化合物(NO_x)的排放，则主要采用废气再循环技术来处理。

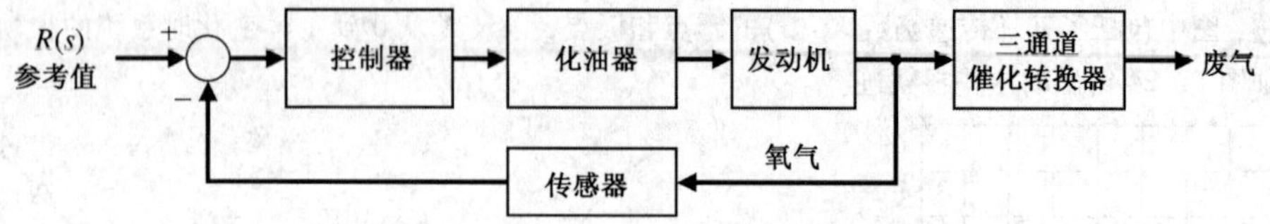

图 P7.28 发动机自动控制系统

研究人员已经提出了多种方案来解决 HC、CO 和 NO_x 这 3 种气体排放达标的问题，其中最有应用前景的方案是，将催化转换装置与发动机控制系统结合起来一并考虑。图 P7.28 给出的就是这种闭环控制方案[19, 23]。废气传感器检测废气的浓度，并将测量结果与参考值相减，所得偏差信号再由控制器进行处理。控制器的输出将调整化油器的真空度，从而达到最佳的燃空比，以满足催化转换器的最佳要求。系统的开环传递函数为

$$L(s) = \frac{Ks^2 + 12s + 20}{s^3 + 10s^2 + 25s}$$

当 K 变化时，试绘制系统的根轨迹，求进入和离开实轴的那部分根轨迹段，并在 $K=2$ 时，计算系统的闭环根，预测此时的阶跃响应。

P7.29 单位负反馈系统的开环传递函数为

$$L(s) = L(s) = G_c(s)G(s) = \frac{K(s^2 + 10s + 30)}{s^2(s+10)}$$

假设要求主导极点的阻尼比为 $\zeta = 0.707$，试确定满足条件的匹配增益 K 的取值，并验证此时的闭环复极点为 $s = -3.56 \pm j3.56$。

P7.30 某 RLC 网络如图 P7.30 所示，网络元件的标称值为 $L = C = 1$，$R = 2.5$。试证明：输入阻抗 $Z(s)$ 的两个特征根对 R 的变化的根灵敏度相差 4 倍。

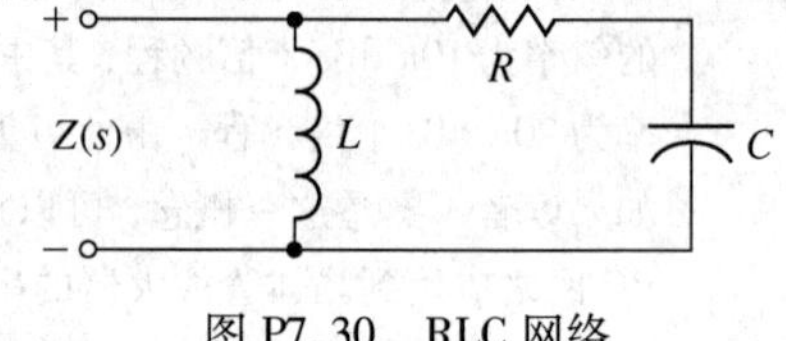

图 P7.30 RLC 网络

P7.31 研制高速飞机和导弹需要知道超高速状态下的气动力参数，可以利用风洞试验测定这些参数。风洞以非常高的压强来压缩空气，然后经由阀门加以释放，从而能产生试验用风。随着空气的流出，气压也会随之下降，因此需要控制闸门的开度以保持确定的试验风速。为此，人们为风洞设计了一个控制风速的单位负反馈控制系统，其开环传递函数为

$$L(s) = G_c(s)G(s) = \frac{K(s + 4)}{s(s + 0.2)(s^2 + 15s + 150)}$$

试绘制系统的根轨迹，并标明与 $K = 1391$ 对应的闭环根。

P7.32 适合于担任夜间警戒值勤任务的移动机器人已经问世。这种机器人卫兵从不睡觉，能够不知疲倦地巡视大型仓库及户外场地。用于控制机器人运动的单位负反馈控制系统的开环传递函数为

$$L(s) = G_c(s)G(s) = \frac{K(s + 1)(s + 5)}{s(s + 1.5)(s + 2)}$$

(a) 求出实轴上所有的分离点和汇合点，以及与它们对应的匹配增益 K 的取值。

(b) 当闭环复根的阻尼比为 0.707 时，确定对应的匹配增益 K 的取值。

(c) 求复根阻尼比的最小值，以及相应的匹配增益 K 的取值。

(d) 假设输入为单位阶跃信号，增益 K 分别取(b)和(c)得到的值，求超调量和调节时间(按 2% 准则)。

P7.33 贝尔–波音 V-22 倾斜旋翼鱼鹰运输机兼具固定翼飞机和直升机的优点。如图 P7.33(a)所示。其优点

突出表现为：在起飞和着陆时，发动机可以旋转 90°，使飞机像直升机一样垂直起降；而在巡航飞行过程中，又可以切换到水平位置，从而像普通飞机那样飞行[20]。直升机模式下的高度控制系统如图 P7.33(b)所示。

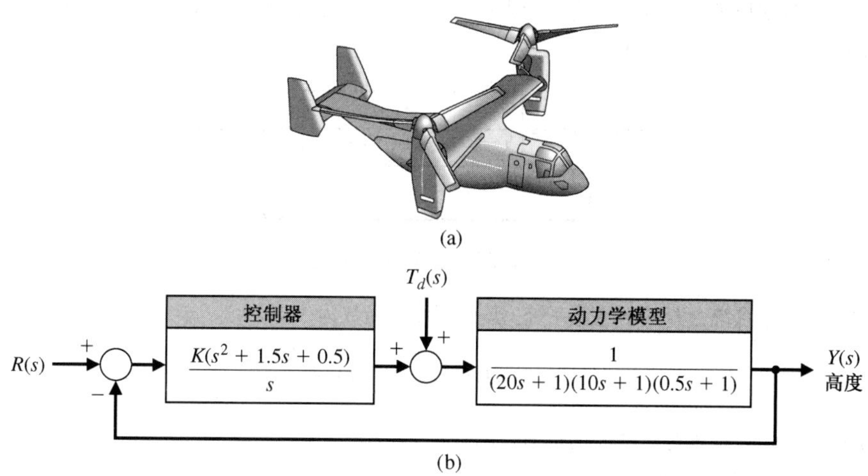

图 P7.33　(a) 倾斜旋翼鱼鹰运输机；(b) 控制系统

(a) 当 K 变化时，绘制系统的根轨迹，并确定使系统稳定的 K 的取值范围。

(b) 当 $K=280$ 时，求系统对单位阶跃输入 $r(t)$ 的实际输出 $y(t)$，以及超调量和调节时间(按 2% 准则)。

(c) 当 $K=280$，$r(t)=0$ 时，求系统对单位阶跃干扰 $T_d(s)=1/s$ 的输出 $y(t)$。

P7.34　车用柴油发动机的燃油控制系统是一个单位负反馈控制系统，它容易受到参数变化的影响。设开环传递函数为

$$L(s)=G_c(s)G(s)=\frac{K(s+2)}{(s+1)(s+2.5)(s+4)(s+10)}$$

(a) 当 K 从 0 变到 2000 时，绘制系统的根轨迹。

(b) 当 $K=400$，$K=500$ 和 $K=600$ 时，分别求出系统的闭环根。

(c) 利用系统的主导极点，预测阶跃响应的超调量随 K 变化的情况。

(d) 针对(b)中的三个不同增益值，分别计算实际的阶跃响应，并比较超调量的实际值和估计值。

P7.35　用于建筑工地的大功率电力液压铲车，能够将重达数吨的托盘举到 35 ft 高的脚手架上。其单位负反馈系统的开环传递函数为

$$L(s)=G_c(s)G(s)=\frac{K(s+1)^2}{s(s^2+1)}$$

(a) 当 K 从 0 变化到 $+\infty$ 时，绘制系统的根轨迹。

(b) 当两个复根的阻尼比为 $\zeta=0.707$ 时，求匹配增益 K 的取值，并计算所有的闭环根。

(c) 找出根轨迹与实轴的汇合点。

(d) 估计阶跃响应的超调量，并与用计算机求得的实际超调量相比较。

P7.36　配有高性能操纵器的微型机器人，可以用来检测极小的粒子，如简单生物的细胞等[6]。其单位负反馈控制系统的开环传递函数为

$$L(s)=G_c(s)G(s)=\frac{K(s+1)(s+2)(s+3)}{s^3(s-1)}$$

(a) 当 K 从 0 变化到 $+\infty$ 时，绘制系统的根轨迹。

(b) 当特征方程存在两个纯虚根时，求匹配增益 K 的取值和此时的闭环根。

(c) 当 $K=20$ 和 $K=100$ 时，分别确定系统的闭环特征根。

(d) 当 $K=20$ 时，估计阶跃响应的超调量，并与用计算机求得的实际超调量相比较。

P7.37 考虑图 P7.37 所示的控制系统。当输入为单位阶跃信号时，系统的输出响应存在超调，但最终将达到终值 1。当输入为斜坡信号时，其输出响应能够以有限的稳态误差跟踪斜坡输入。当增益增加到 $2K$ 时，系统对脉冲输入的响应是周期为 0.314 s 的等幅振荡。试根据以上条件，确定系统的参数 K，a 和 b。

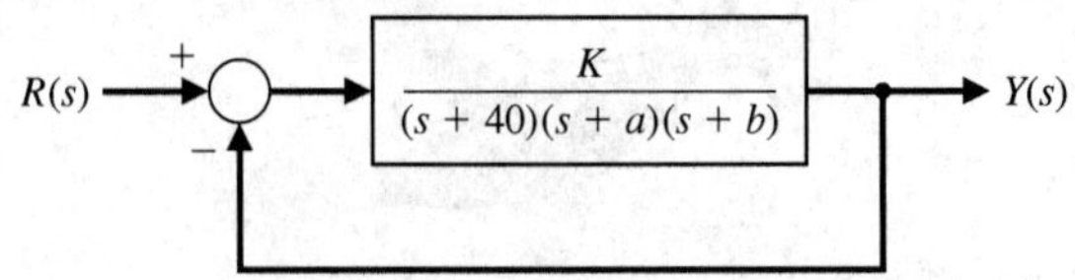

图 P7.37 反馈控制系统

P7.38 某单位负反馈系统为开环不稳定系统，其开环传递函数为

$$L(s)=G_c(s)G(s)=\frac{K(s+1)}{s(s-3)}$$

(a) 确定使闭环系统稳定的 K 的取值范围。

(b) 绘制系统的根轨迹。

(c) 当 $K=10$ 时，计算系统所有的闭环特征根。

(d) 当 $K=10$ 时，预测系统阶跃响应的超调量。

(e) 绘制阶跃响应曲线，确定系统实际的超调量。

P7.39 美国的高速列车有时候也必须在弯曲的叉道和弯道上运行。普通列车的前、后轮轴安装在同一个钢制结构，即转向架上。当列车驶入弯道时，转向架也随之转动。尽管前轮轴有转向的趋势，但是由于前、后轮轴安装在固定的转向架上，因此，前、后轮仍然在平行地沿着同一方向运动[24]。这种配置方式的一个缺点是，当列车速度很快时，甚至可能发生出轨事故。针对这个问题的解决方案之一是，为前、后轮轴分别配置转向架，使它们能够独立地转向。为了平衡列车在弯道上产生的巨大离心力，高速列车配备了一套计算机控制的液压系统。它能够使驶入弯道的每一节车厢自动地倾斜。车上的传感器能够感应列车的速度和弯道的曲率，并将这些信息反馈到每个车厢底部的液压泵。这些泵使车厢以适当的倾斜度驶入弯道，就像赛车在弯道上行驶一样。

该倾斜控制系统如图 P7.39 所示。试绘制系统的根轨迹；当闭环系统复根的阻尼比最大时，确定匹配增益 K 的取值；预测系统对阶跃输入 $R(s)$ 的响应。

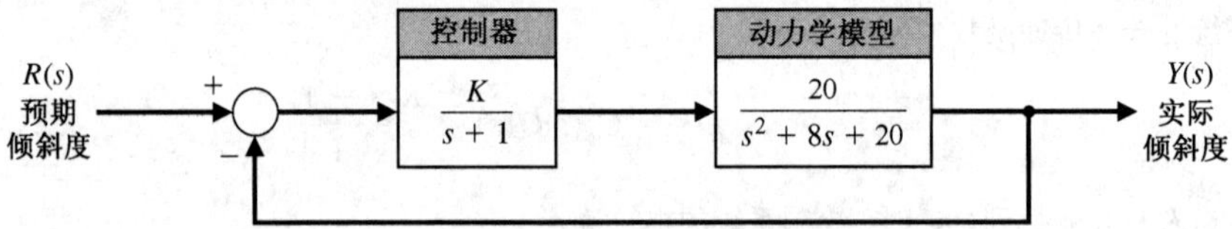

图 P7.39 高速列车的倾斜控制系统

难题

AP7.1 高性能喷气式飞机的俯视图如图 AP7.1(a)所示[20]，利用图 AP7.1(b)给出的框图模型。

(a) 绘制系统的根轨迹，并确定增益 K 的取值，使靠近虚轴的复极点的阻尼比 ζ 达到最大。

(b) 计算与(a)中的 K 值对应的闭环根，并预测系统的阶跃响应。

(c) 计算系统的实际阶跃响应，并与预测值相比较。

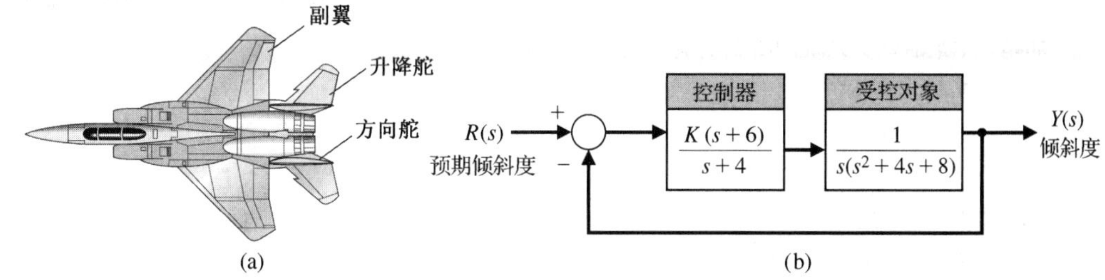

图 AP7.1 (a) 高性能飞机；(b) 俯仰控制系统

AP7.2 如图 AP7.2(a)所示，高速磁悬浮列车以较小的气隙在轨道上“飞行”[24]。气隙控制系统可以视为单位负反馈控制系统，如图 AP7.2(b)所示，其开环传递函数为

$$L(s)=G_c(s)G(s)=\frac{K(s+1)(s+3)}{s(s-1)(s+4)(s+8)}$$

该系统的设计目标是，选择 K 的合适取值，使系统单位阶跃响应具有合适的阻尼比，并且调节时间 $T_s \leqslant 3$ s。试绘制系统的根轨迹，确定 K 的取值，使所有复根的阻尼比 $\zeta \geqslant 0.6$，并计算此时系统的实际阶跃响应和超调量。

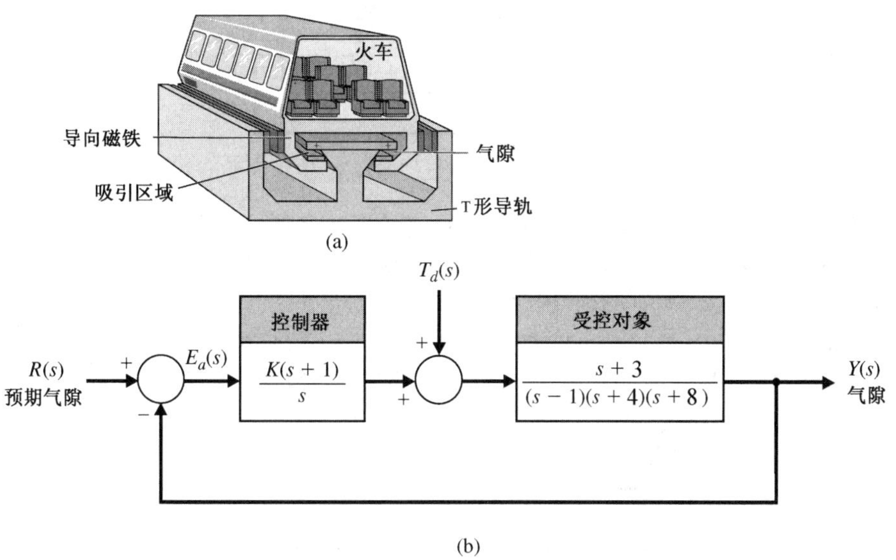

图 AP7.2 (a) 高速磁悬浮列车；(b) 反馈控制系统

AP7.3 便携式 CD 播放机应该具有良好的抗干扰能力，并能准确定位光学读取传感器。传感器的位置控制系统是一个单位负反馈系统，其开环传递函数为

$$L(s)=G_c(s)G(s)=\frac{10}{s(s+1)(s+p)}$$

其中，参数 p 取决于控制系统中的直流电机。当 p 变化时，试绘制系统的根轨迹，并确定参数 p 的取值，使闭环复特征根的阻尼比 ζ 近似为 $1/\sqrt{2}$。

AP7.4 遥操作控制系统采用的是单位负反馈系统，其开环传递函数为

$$L(s)=G_c(s)G(s)=\frac{(s+\alpha)}{s^3+(1+\alpha)s^2+(\alpha-1)s+1-\alpha}$$

我们期望系统阶跃响应的稳态位置误差小于或等于 10%。当参数 α 变化时，试绘制系统的根轨迹，

确定满足稳态误差要求的 α 的取值范围，针对 α 的取值范围，在根轨迹上标出所对应的特征根的分布范围，最后估算系统的阶跃响应。

AP7.5 某单位负反馈系统的开环传递函数为

$$L(s)=G_c(s)G(s)=\frac{K}{s^3+10s^2+8s-15}$$

(a) 绘制系统的根轨迹，当稳定系统的闭环复根的阻尼比为 $\zeta=1/\sqrt{2}$ 时，确定 K 的取值。

(b) 针对(a)中得到的复根，计算系统的根灵敏度。

(c) 确定 K 的取值应该增加或减小的百分比，使闭环根位于虚轴上。

AP7.6 某单位负反馈系统的开环传递函数为

$$L(s)=G_c(s)G(s)=\frac{K(s^2+3s+6)}{s^3+2s^2+3s+1}$$

当 K 从 0 到 +∞ 变化时，绘制系统的根轨迹，并确定 K 的取值，使闭环系统阶跃响应的调节时间 $T_s\leqslant 1$ s。

AP7.7 某正反馈系统如图 AP7.7 所示。当 $K>0$ 时，根轨迹必须满足如下条件：

$$KG(s)=1\angle\pm k360^\circ,\ k=0,1,2,\cdots$$

试绘制 K 从 0 到 +∞ 变化时系统的根轨迹。

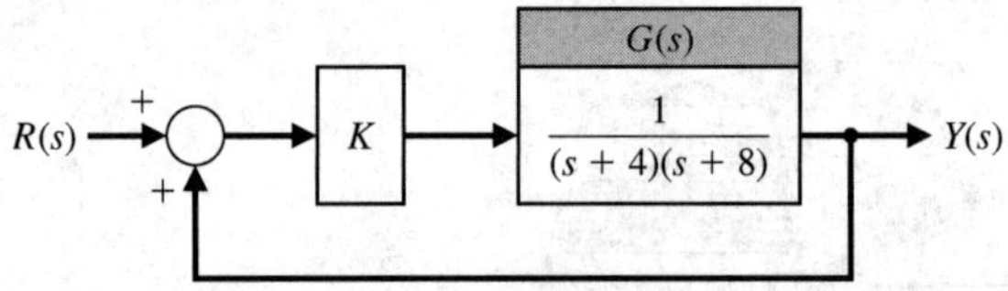

图 AP7.7 正反馈闭环系统

AP7.8 某直流电机的位置控制系统如图 AP7.8 所示。当速度反馈常数 K 变化时，试绘制系统的根轨迹，并选择增益 K 的取值，使特征方程所有的根均为实根，且存在一对双重实根。采用所选的 K 值，估计系统的阶跃响应，并与实际响应相比较。

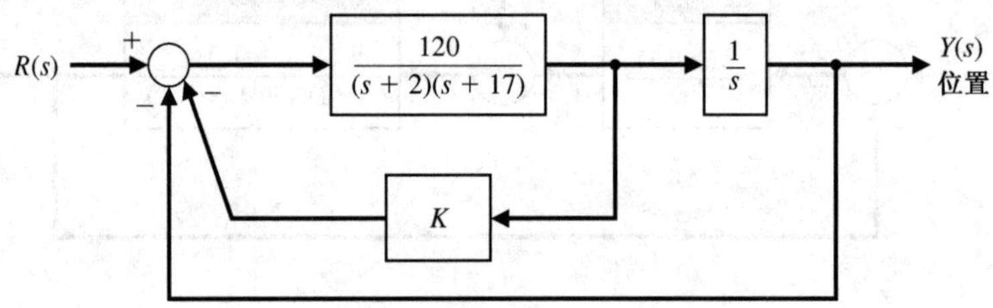

图 AP7.8 带有速度反馈的位置控制系统

AP7.9 某控制系统如图 AP7.9 所示。控制器的传递函数 $G_c(s)$ 如下所示，试分别绘制各系统的根轨迹。

(a) $G_c(s)=K$ (b) $G_c(s)=K(s+3)$

(c) $G_c(s)=\dfrac{K(s+1)}{s+20}$ (d) $G_c(s)=\dfrac{K(s+1)(s+4)}{s+10}$

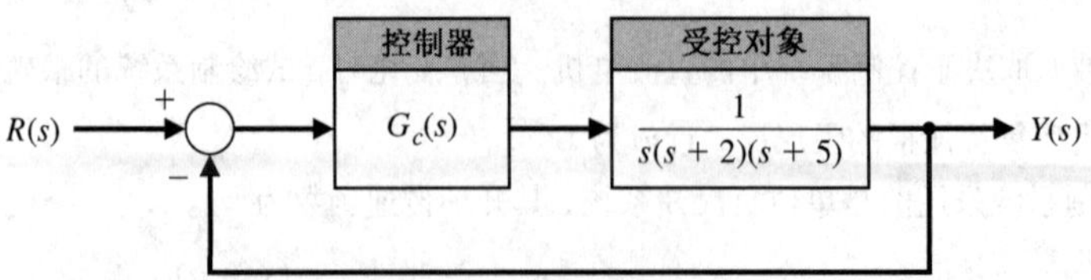

图 AP7.9 单位反馈控制系统

AP7.10 某反馈系统如图 AP7.10 所示。绘制 K 变化时（$K \geqslant 0$）的根轨迹，并确定 K 的取值，使系统阶跃响应的超调量 P.O.≤5%，且调节时间 $T_s \leqslant 2.5$ s（按 2% 准则）。

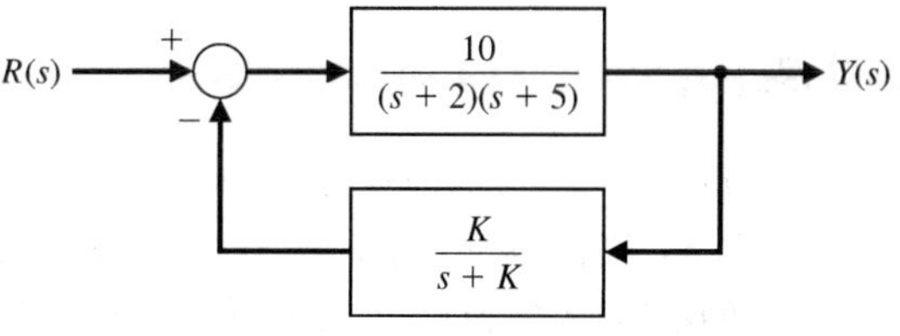

图 AP7.10 非单位反馈控制系统

AP7.11 某控制系统如图 AP7.11 所示，试绘制系统的根轨迹，并选择 K 的合适取值，使系统阶跃响应的超调量 P.O.≤10%，且调节时间 $T_s \leqslant 4$ s（按 2% 准则）。

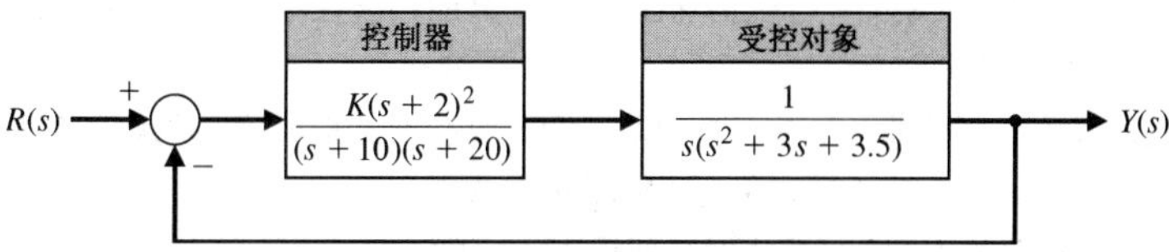

图 AP7.11 含有参数 K 的控制系统

AP7.12 一个带有 PI 控制器的控制系统如图 AP7.12 所示。

(a) 设 $K_I/K_P = 0.2$，确定 K_P 的取值，使闭环复根的阻尼比达到最大。

(b) 根据(a)中 K_P 的取值，预测系统的阶跃响应。

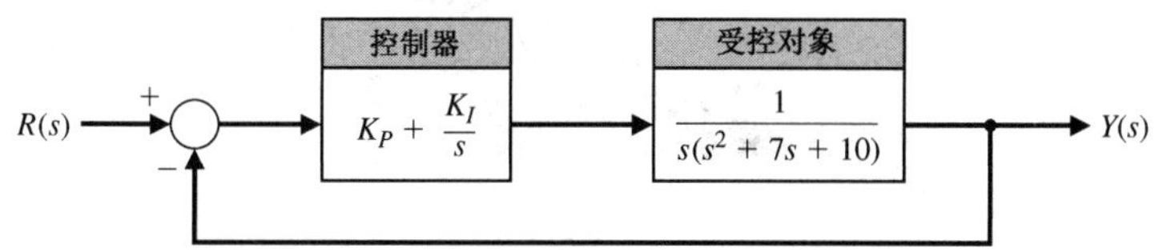

图 AP7.12 带有 PI 控制器的控制系统

AP7.13 图 AP7.13 所示的反馈系统有两个未知参数 K_1 和 K_2，而受控对象的传递函数是不稳定的。试绘制 $0 \leqslant K_1, K_2 < +\infty$ 时的根轨迹，预测闭环系统对单位阶跃输入 $R(s) = 1/s$ 的最小调节时间，并对结果加以解释。

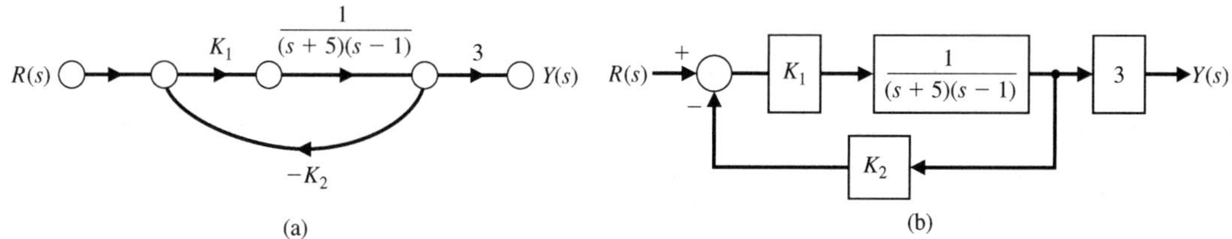

图 AP7.13 含有两个参数 K_1 和 K_2 的不稳定受控对象的系统

AP7.14 考虑图 AP7.14 所示的单位反馈控制系统，其受控对象的传递函数为

$$G(s) = \frac{10}{s(s + 10)(s + 7.5)}$$

利用齐格勒-尼科尔斯方法为该系统设计一个 PID 控制器。计算系统的单位阶跃响应和单位脉冲扰动的响应。当输入为单位阶跃信号时，计算系统输出的最大超调量和调节时间。

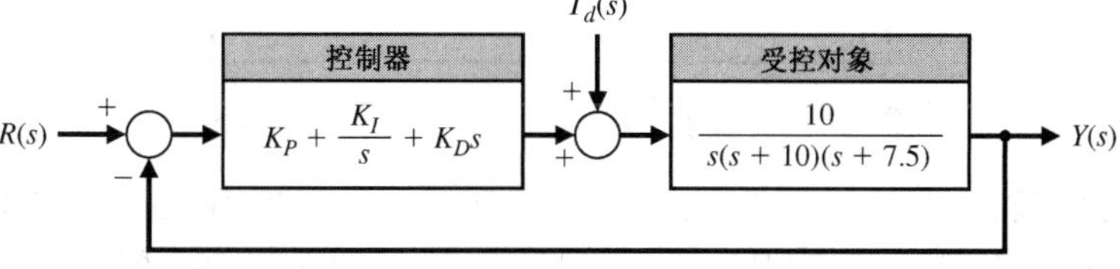

图 AP7.14 带有 PID 控制器的单位反馈控制系统

设计题

CDP7.1 在图 CDP4.1 所示的驱动电机与滑动台面系统中，使用了由转速计提供的输出信号作为一路反馈信号(当开关为闭合状态时)。转速计的输出电压为 $v_T = K_1\theta$，并据此实现了具有可调增益 K_1 的速度反馈。试选择反馈增益 K_1 和放大器增益 K_a 的最佳值，使系统瞬态阶跃响应的超调量 P.O.≤5%，且调节时间 $T_s \leq 300$ ms(按 2% 准则)。

DP7.1 图 DP7.1(a)所示的高性能战斗机，使用副翼、升降舵和方向舵来控制飞机，从而保证了飞机在三维空间中按预定的路线飞行[20]。战斗机以 0.9 马赫的速度在 10 000 m 高空飞行，其俯仰速率控制系统如图 DP7.1(b)所示。

(a) 如果控制器为比例环节，即 $G_c(s) = K$，绘制 K 变化时的根轨迹，并确定 K 的取值，在 $\omega_n > 2$ 时，使系统闭环根的阻尼比 $\zeta \geq 0.15$(并找出 ζ 的最大值)。

(b) 采用(a)所选取的 K，绘制系统对阶跃输入 $r(t)$ 的响应 $q(t)$。

(c) 有设计者建议将控制器改为 $G_c(s) = K_1 + K_2 s = K(s+2)$，在此条件下，试绘制系统以 K 为参数的根轨迹，并确定 K 的取值，使所有闭环根的阻尼比均满足 $\zeta > 0.8$。

(d) 采用(c)所选取的 K 值，绘制系统对阶跃输入 $r(t)$ 的响应 $q(t)$。

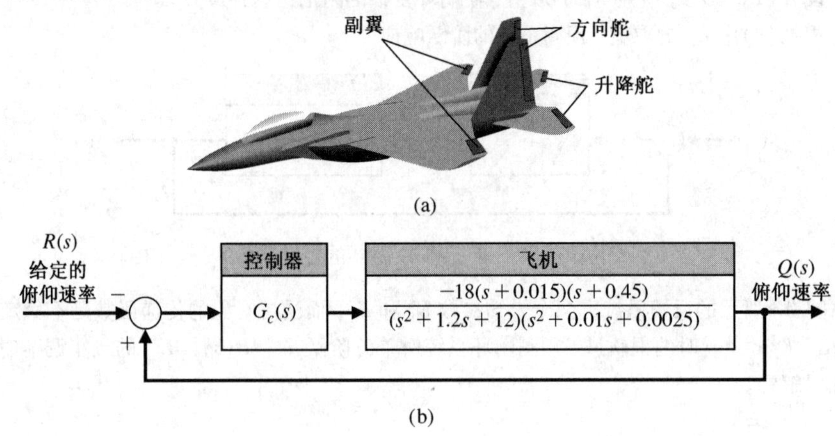

图 DP7.1 (a) 高性能战斗机；(b) 俯仰速率控制系统

DP7.2 如图 P7.33(a)所示，某大型直升机有两个串联的主从水平旋翼，它们以相反的方向旋转。用控制器调节主旋翼的倾斜角，就可以产生由图 DP7.2 描述的前向运动。

(a) 绘制系统的根轨迹，当复根的阻尼比为 $\zeta = 0.6$ 时，确定 K 的取值。

(b) 采用(a)中的 K 值，绘制系统对阶跃输入 $r(t)$ 的响应，并计算响应的调节时间(按 2% 准则)、超调量及稳态误差。

(c) 当复根的阻尼比为 $\zeta = 0.41$ 时，重复(a)和(b)，并与(a)和(b)的结果进行比较。

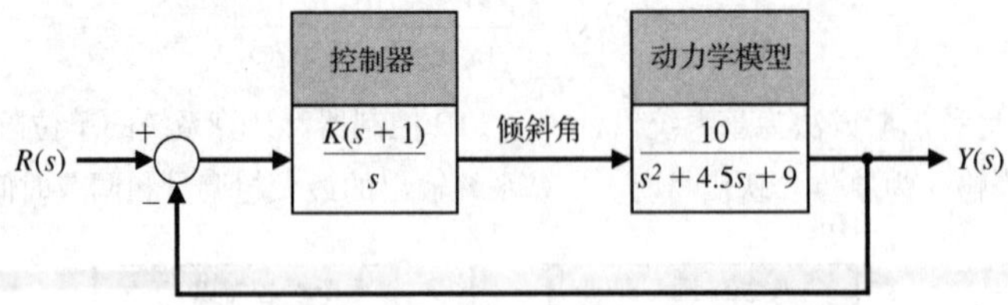

图 DP7.2 双水平旋翼直升机的速度控制系统

DP7.3 火星探测器“漫游者”号在火星表面的运动速度是 0.25 mph(英里/小时)。火星距地球 1.89×10^8 mi，因此探测器与地球的通信时延高达 40 min 左右[22, 27]，这就要求“漫游者”号不得不独立可靠地自主工作。漫游者号既像小型平板卡车，又与带顶篷的吉普车类似，它由三个部分组成，每个部分自己都有一对，独立的轮轴轴承和直径为 1 m 的锥形轮。一对取样机械臂像钳子一样从前端伸出，其中的一条臂用于切和钻，另一条臂对目标进行操作。取样机械臂的控制系统如图 DP7. 3 所示。

(a) 绘制系统以 K 为参数的根轨迹，当 $K=4.1$ 和 $K=41$ 时，分别求出系统的闭环根。

(b) 确定增益 K 的取值，使阶跃响应的超调量 P.O.约为 1%。

(c) 保持超调量 P.O.≤1%，确定增益 K 的取值，使调节时间 T_s 达到最小(按 2% 准则)。

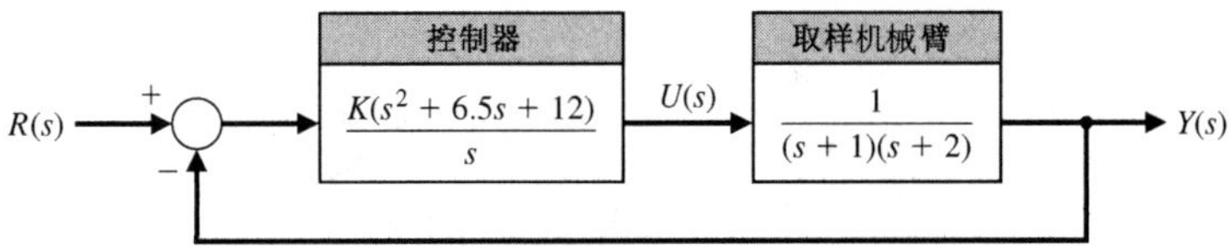

图 DP7. 3　火星探测器取样机械臂控制系统

DP7. 4　在危险多变的工作环境下，需要用远程控制的方式保证焊接头有很高的定位精度[21]。焊接头位置控制模型如图 DP7. 4 所示，其中干扰输入 $T_d(s)$ 代表了环境的变化。

(a) 当 $T_d(s)=0$ 时，选择 K_1 和 K 的取值，使控制系统具有较高的性能。试自行选择一组性能指标要求，并检验你的设计结果。

(b) 对(a)得到的系统，令 $R(s)=0$，通过求响应 $y(t)$ 来确定单位阶跃干扰 $T_d(s)=1/s$ 对系统的影响。

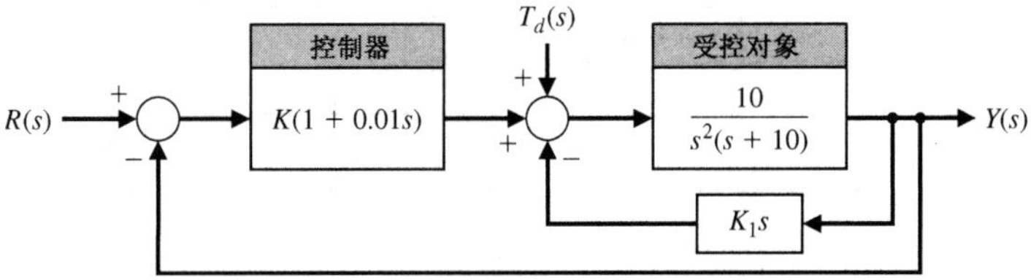

图 DP7. 4　焊接头远程控制

DP7. 5　某种高性能喷气式飞机的自动驾驶仪为单位负反馈系统，其框图如图 DP7. 5 所示。试绘制系统的根轨迹，并选择合适的增益 K，使系统出现主导极点。在这一增益 K 下，基于主导极点估计系统的阶跃响应，并与实际阶跃响应进行对比。

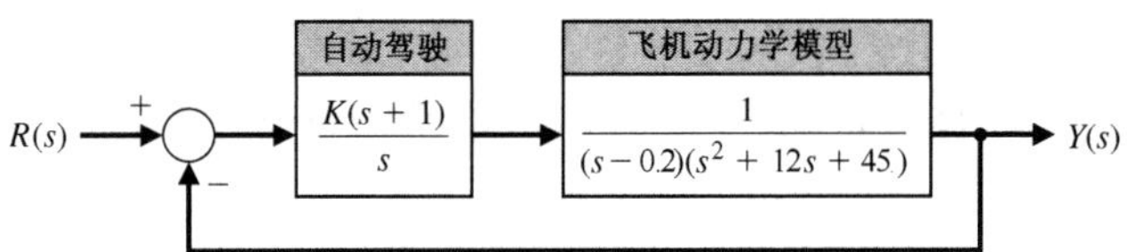

图 DP7. 5　高性能喷气式飞机的自动驾驶系统

DP7. 6　行走自动控制系统可以用来辅助和部分地控制残障人士的行走过程[25]。一个开环不稳定的行走自动控制系统的例子如图 DP7. 6 所示，试利用根轨迹，选择 K 的取值，使闭环根的阻尼比 ζ 达到最大；预测系统的阶跃响应，并与真实的阶跃响应进行对比。

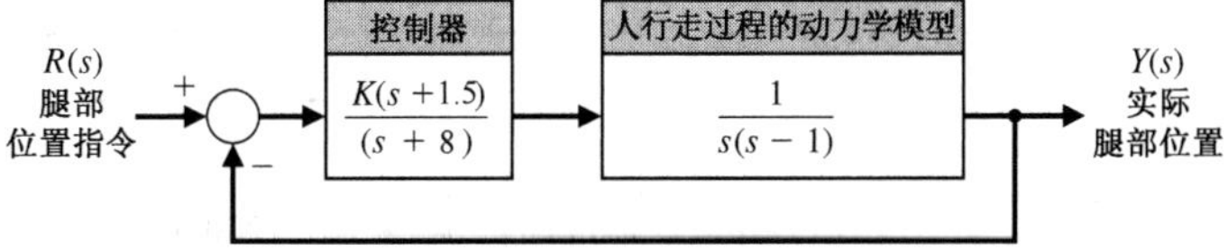

图 DP7. 6　行走自动控制系统

DP7. 7　如图 DP7. 7(a)所示，移动机器人大多采用视觉系统作为测量设备[36]。其控制系统如图 DP7. 7(b)所示

$$G(s)=\frac{1}{(s+1)(0.5s+1)}$$

控制器 $G_c(s)$ 选用 PI 控制器

$$G_c(s) = K_P + \frac{K_I}{s}$$

首先要求闭环系统阶跃响应的稳态误差为零。试为上述 PI 控制器选择合适的参数，使得：

（a）阶跃响应的超调量 P.O.≤5%；

（b）按 2% 准则的调节时间 $T_s \leq 6$ s；

（c）系统的速度误差常数 $K_v > 0.9$；

（d）阶跃响应的峰值时间 T_p 最小。

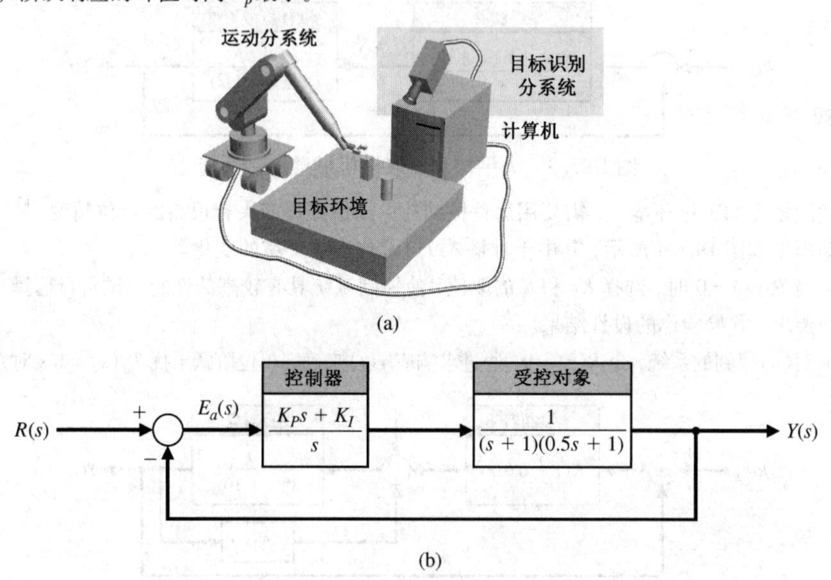

图 DP7.7 （a）机器人和视觉系统；（b）反馈控制系统

DP7.8 绝大多数商用运算放大器都是单位增益稳定的[26]，也就是说，当按照单位增益配置时，它们都是稳定的。为了提高带宽，一些运算放大器放松了对单位增益稳定性的要求。有一种这样的放大器，其直流增益为 10^5，带宽为 10 kHz，将这种放大器 $G(s)$ 连接到图 DP7.8(a)所示的反馈电路中，所得到的闭环放大器可以用图 DP7.8(b)所示的模型表示，其中 $K_a = 10^5$。当 K 变化时，试绘制系统的根轨迹，求出直流增益的最小值，使闭环放大器稳定。选择一个直流增益取值，然后求出相应的电阻 R_1 和 R_2。

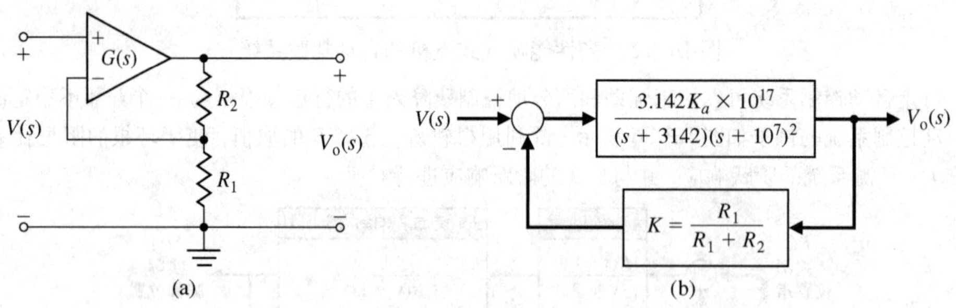

图 DP7.8 （a）闭环运算放大器电路；（b）控制系统框图模型

DP7.9 由肘关节驱动的机械臂如图 DP7.9(a)所示。驱动器的控制系统如图 DP7.9(b)所示。当 $K \geq 0$ 时，绘制系统的根轨迹，并选择合适的 $G_p(s)$，使系统阶跃响应的稳态误差为零。采用所选定的 $G_p(s)$，当 $K=1$，$K=1.75$ 和 $K=3.0$ 时，分别绘制系统的阶跃响应曲线 $y(t)$，并记录系统的上升时间、调节时间（按 2% 准则）和超调量。最后，为 $K(1 \leq K \leq 3.0)$ 选择合适的取值，使系统的上升时间尽可能短，且超调量 P.O.≤6%。

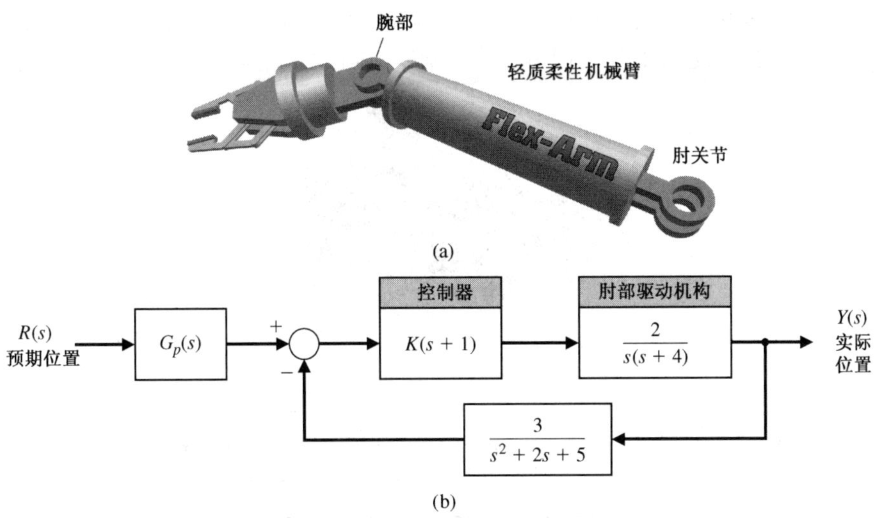

图 DP7.9　(a) 由肘关节驱动的机械臂；(b) 控制系统框图模型

DP7.10　四轮驱动汽车有许多优点。例如，它可以让司机有更大的操作自由度，可以在更恶劣的条件下行驾。四轮驱动汽车能适应不同的路面状况，可以平稳地急速变道，可以防止汽车偏驶，降低突然加速或减速过程中的尾部摆动。此外，四轮控制行驶系统增加了汽车的可操纵性，司机可以方便地将它停在极度狭小的地方。

增加特定的计算机闭环控制系统之后，还可以避免汽车在结冰和湿滑的路面上打滑。该系统的工作原理是，根据前轮行驶角度来控制后轮的移动，即控制系统获取前轮的行驶角度信息，并将信息传递给后轮驱动器，然后由该驱动器适当地移动后轮。

当后轮获得了前轮的相对行驶角度信息时，汽车侧向加速度的传递函数为

$$L(s)=G_c(s)G(s)=K\frac{1+(1+\lambda)T_1s+(1+\lambda)T_2s^2}{s[1+(2\zeta/\omega_n)s+(1/\omega_n^2)s^2]}$$

其中，$\lambda=2q/(1-q)$，q 是后轮控制角与前轮行驶角之比[14]。假定 $T_1=T_2=1$ s，$\omega_n=4$。设计一个单位负反馈系统，为参数组合(λ, K, ζ)选择合适的取值，使该系统具有快速的控制响应和适当的超调量。注意，q 必须在 0 到 1 之间。

DP7.11　考虑图 DP7.11(a)所示的行车控制系统，输入信号 $F(t)$ 可以移动行车，从而控制变量 $x(t)$ 和 $\phi(t)$[13]。该系统的框图模型如图 DP7.11(b)所示。试设计一个比例控制器 $G_c(s)=K$，使系统能够有效地控制 $x(t)$ 和 $\phi(t)$。

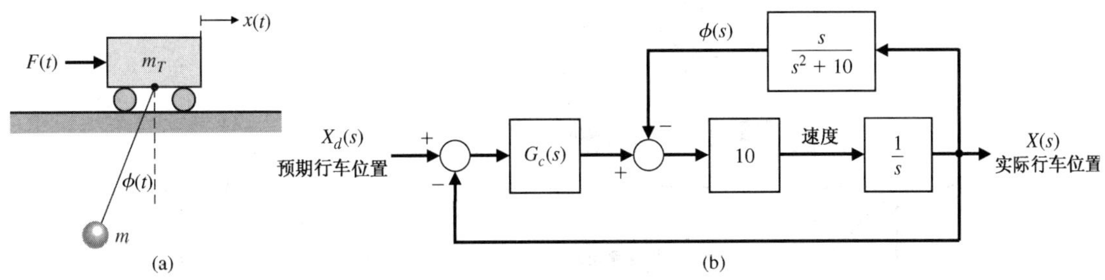

图 DP7.11　(a) 行车系统；(b) 框图模型

DP7.12　能够在月球和其他行星上行走的探测器如图 DP7.12(a)所示[21]。探测器行驶控制系统的框图如图 DP7.12(b)所示。

(a) 当 $G_c(s)=K$，$0\leqslant K\leqslant 1000$ 时，绘制系统的根轨迹，并在 $K=100$，$K=300$ 和 $K=600$ 时，分别计算系统的闭环根。

(b) 利用主导极点，预测系统阶跃响应的超调量 P.O.、调节时间 T_s(按 2% 准则)及稳态误差 e_{ss}。
(c) 针对(a)中增益 K 的三个不同取值，分别计算实际的阶跃响应，并与预测结果进行比较。

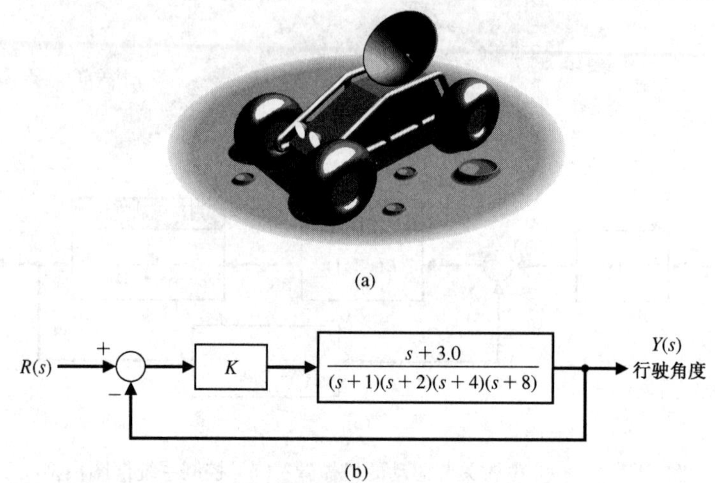

(a)

(b)

图 DP7.12 (a) 行星漫游探测器；(b) 行驶控制系统

DP7.13 飞机自动控制系统是一个多变量反馈的应用实例。在图 DP7.13(a)所示的系统中，由其外部的升降舵、方向舵和副翼等三个装置控制飞机的姿态。操纵这些装置，飞行员可以驾驶飞机按预期的路线飞行[20]。

本题考虑的自动驾驶仪是一个通过调节副翼表面来控制横滚角$\phi(t)$的自动控制系统。由于副翼表面存在气压差，因此当偏转一个角度$\theta(t)$时，副翼将产生一个力矩，从而引起飞机的横滚。副翼通过一个液压执行机构实施控制，其传递函数为 $1/s$。

液压执行机构的输入测量得到的横滚角$\phi(t)$与预期横滚角$\phi_d(t)$的偏差，以此来调节副翼表面的偏转角。

假定横滚运动与其他运动解耦，所得到的横滚运动的简化框图模型如图 DP7.13(b)所示。令 $K_1=1$，横滚角速度由速率陀螺反馈，而且要求阶跃响应的超调量 P.O.≤10%，调节时间 $T_s \leqslant 9$ s(按 2% 准则)。在上述条件下，确定参数 K_a 和 K_2 的取值。

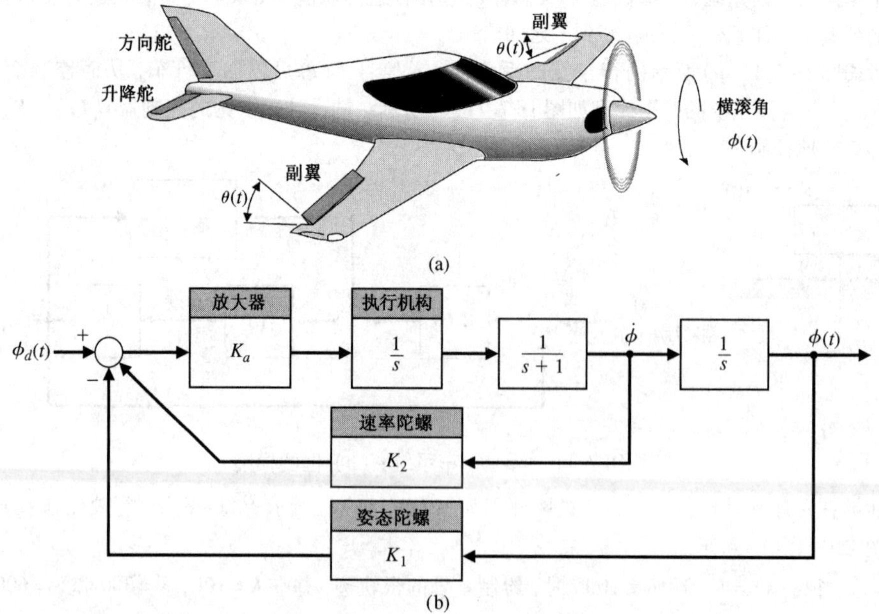

(b)

图 DP7.13 (a) 具有一组副翼的飞机；(b) 飞机横滚角自动控制系统框图模型

DP7.14　考虑图 DP7.14 所示的反馈系统，其中的受控对象为临界稳定系统。控制器采用比例微分(PD)控制器：

$$G_c(s) = K_P + K_D s$$

(a) 确定系统的闭环特征方程。

(b) 令$\tau = K_P/K_D$，将特征方程改写为

$$\Delta(s) = 1 + K_D \frac{n(s)}{d(s)}$$

(c) 当$\tau=6$，当K_D在0到$+\infty$之间变化时，绘制系统的根轨迹。

(d) 当$0<\tau<\sqrt{10}$时，τ对根轨迹有何影响？

(e) 试设计一个PD控制器，使系统满足这些指标要求：(1) 超调量 P.O. ≤5%，(2) 调节时间$T_s \leq 1$ s。

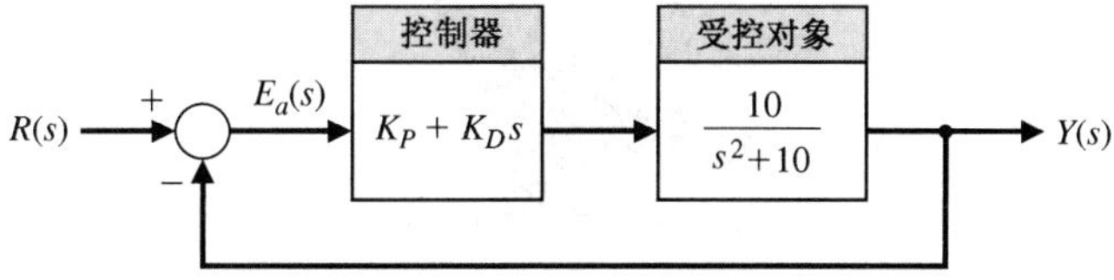

图 DP7.14　采用 PD 控制器对临界稳定系统实施控制

计算机辅助设计题

CP7.1　考虑图 CP7.1 所示的系统，其开环传递函数为

(a) $G(s) = \dfrac{25}{s^3+10s^2+40s+25}$

(b) $G(s) = \dfrac{s+10}{s^2+2s+10}$

(c) $G(s) = \dfrac{s^2+2s+4}{s(s^2+5s+10)}$

(d) $G(s) = \dfrac{s^5+6s^4+6s^3+12s^2+6s+4}{s^6+4s^5+5s^4+s^3+s^2+12s+1}$

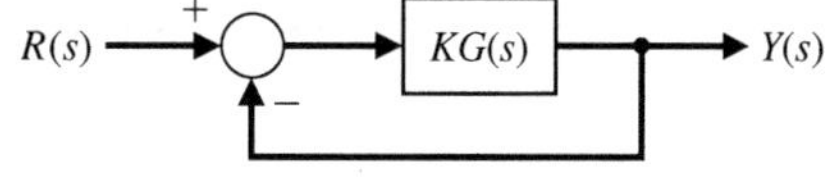

图 CP7.1　含有参数 K 的单回路反馈控制系统

试利用函数 rlocus，当K在0到$+\infty$之间变化时，分别绘制各系统的根轨迹。

CP7.2　某单位负反馈系统的开环传递函数为

$$KG(s) = K\frac{s^2-2s+2}{s(s^2+3s+2)}$$

编写 m 脚本程序绘制系统的根轨迹，并用函数 rlocfind 验证，保证系统稳定时K的最大值为$K=0.79$。

CP7.3　对下式进行部分分式展开，并用函数 residue 验证所得的结果。

$$Y(s) = \frac{s+6}{s(s^2+6s+5)}$$

CP7.4　某单位负反馈系统的开环传递函数为

$$L(s) - G_c(s)G(s) = \frac{(1+p)s-p}{s^2+4s+10}$$

编写 m 脚本程序，绘制p变化时($0<p<+\infty$)系统的根轨迹，并确定使闭环系统稳定的p的取值范围。

CP7.5　考虑图 CP7.1 所示的反馈系统，其中

$$G(s) = \frac{s+2}{s^2}$$

当闭环主导极点的阻尼比为$\zeta=0.707$时，确定K的取值。

CP7.6 图 CP7.6(a)所示的大型天线用于接收卫星信号，为此，它必须能够对太空中运行的卫星进行精确跟踪。如图 CP7.6(b)所示，天线的控制系统中包括一个电枢控制式电机和一个待定的控制器 $G_c(s)$。系统性能设计指标要求为：(1) 对斜坡输入信号 $r(t)=Bt$ 的稳态误差小于等于 $0.01B$(B 为常数)；(2) 针对阶跃输入信号的超调量 P.O.≤5%，调节时间 $T_s\leqslant 2$ s。

(a) 利用根轨迹法，编写 m 脚本程序，来辅助设计合适的控制器 $G_c(s)$；

(b) 针对所设计的控制器，绘制系统的单位阶跃响应曲线，计算超调量和调节时间，并在图上标注出来；

(c) 分析扰动 $T_d(s)=Q/s$(Q 为常数)对于输出 $Y(s)$的影响。

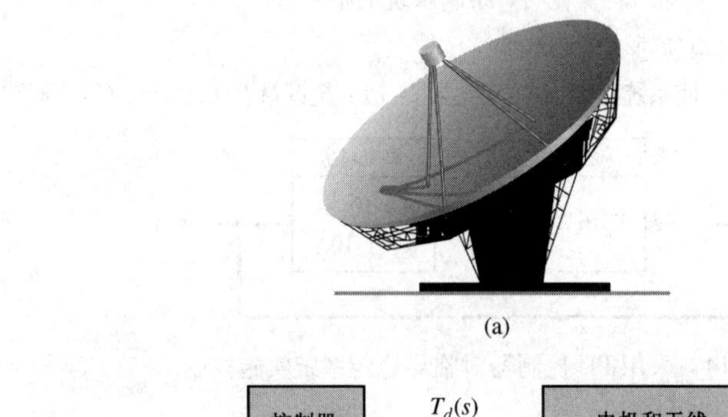

(a)

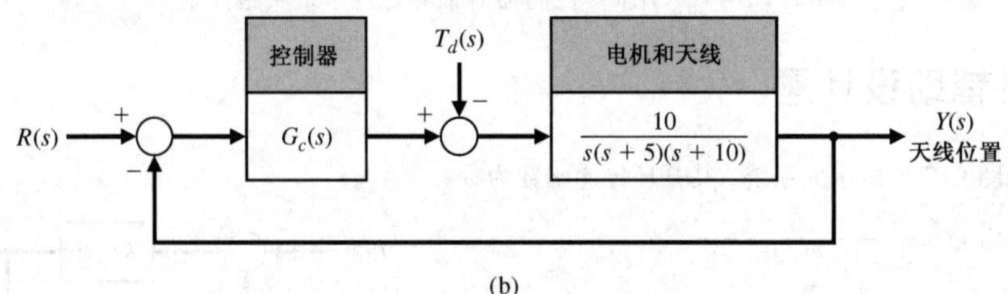

(b)

图 CP7.6 天线位置控制系统

CP7.7 考虑图 CP7.7 所示的反馈系统，并考虑下面三个可选的控制器：

(1) $G_c(s)=K$(比例控制器)；

(2) $G_c(s)=K/s$(积分控制器)；

(3) $G_c(s)=K(1+1/s)$(比例积分控制器，即 PI 控制器)。

设系统的设计指标要求为：单位阶跃响应的调节时间 $T_s\leqslant 10$ s，超调量 P.O.≤10%。

(a) 当采用比例控制器时，编写 m 脚本程序，绘制 $0<K<+\infty$ 时的根轨迹，并确定 K 的取值，使系统能满足设计指标要求。

(b) 当采用积分控制器时，重复(a)的问题。

(c) 当采用 PI 控制器时，重复(a)的问题。

(d) 考虑(a)~(c)中所设计的闭环系统，在同一张图中绘制它们的单位阶跃响应曲线。

(e) 以稳态误差和瞬态性能为重点，讨论比较(a)~(c)所得的结果。

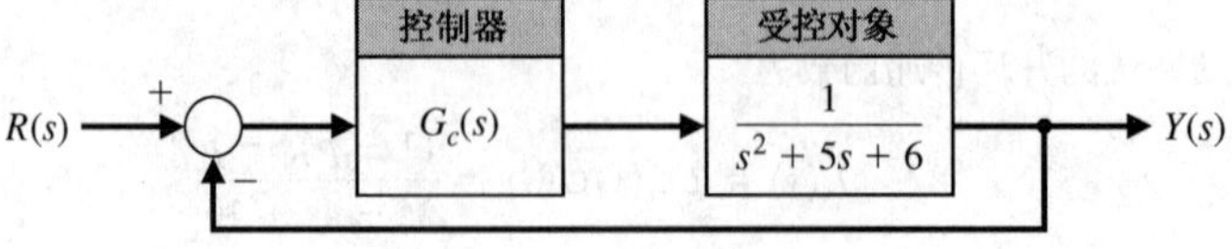

图 CP7.7 带有控制器 $G_c(s)$的单回路反馈控制系统

CP7.8 考虑图 CP7.8 所示的飞行器单轴姿态控制系统，其中比例微分控制器(PD)的 $K_P/K_D=5$。编写 m 脚本程序绘制根轨迹，并求出 K_D/J 和 K_P/J 的值，使系统单位阶跃响应的调节时间 $T_s\leqslant 4$ s(按 2% 准则)，超调量 P.O.≤10%。

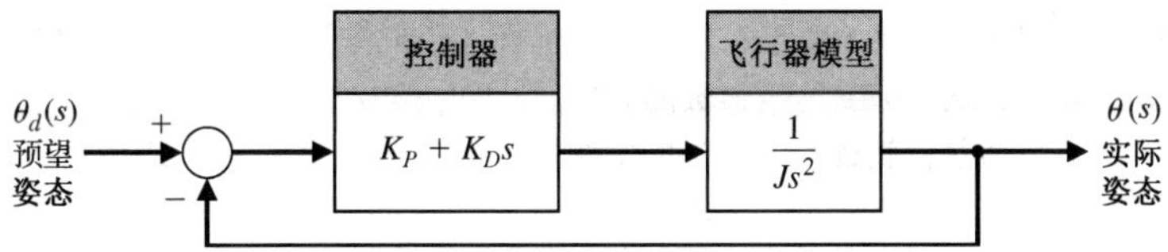

图 CP7.8 带有 PD 控制器的飞行器姿态控制系统

CP7.9 考虑图 CP7.9 所示的控制系统，编写 m 脚本程序，当 $0 < K < +\infty$ 时，绘制系统的根轨迹，当闭环根的阻尼比 $\zeta = 0.707$ 时，确定 K 的取值。

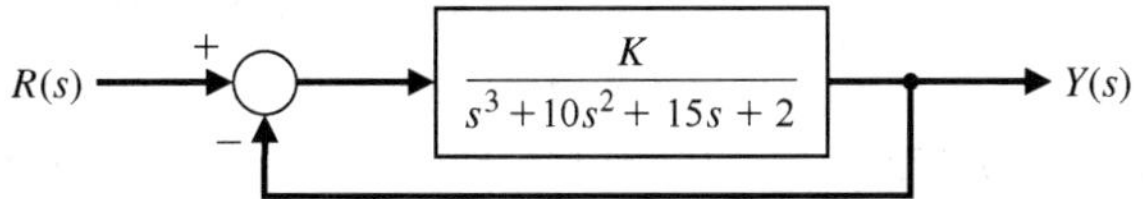

图 CP7.9 含有参数 K 的单位负反馈系统

CP7.10 某系统的状态空间模型为

$$\dot{\boldsymbol{x}}(t) = \boldsymbol{A}\boldsymbol{x}(t) + \boldsymbol{B}u(t)$$
$$y(t) = \boldsymbol{C}\boldsymbol{x}(t) + \boldsymbol{D}u(t)$$

其中，

$$\boldsymbol{A} = \begin{bmatrix} 0 & 1 & 0 \\ 0 & 0 & 1 \\ -1 & -5 & -2-k \end{bmatrix}, \quad \boldsymbol{B} = \begin{bmatrix} 1 \\ 0 \\ 4 \end{bmatrix}$$
$$\boldsymbol{C} = [1 \quad -9 \quad 12], \qquad \boldsymbol{D} = [0]$$

(a) 确定系统的特征方程。

(b) 使用劳斯-赫尔维茨稳定性判据，确定 k 的取值范围，以保证系统稳定。

(c) 编写 m 脚本程序，绘制系统的根轨迹，并与(b)中得到的结论进行比较。

技能自测答案

正误判断题：(1) 对 (2) 对 (3) 错 (4) 对 (5) 对

多项选择题：(6) b (7) c (8) a (9) c (10) a (11) b (12) c (13) a (14) c (15) b

术语和概念匹配题(自上向下)：n k f o a d l i h c b e m g j

术语和概念

angle of departure	**出射角**	根轨迹离开 s 平面上开环复极点的角度。
angle of the asymptotes	**渐近线的夹角**	渐近线与实轴之间的夹角 ϕ_A。
asymptote	**渐近线**	当可变参数非常大并趋向无穷时，根轨迹所趋近的直线。渐近线的条数等于开环极点数与开环零点数之差。
asymptote centroid	**渐近中心**	线性渐近线与实轴的公共交点的坐标，即中心 σ_A。
breakaway point	**分离点**	根轨迹离开 s 平面实轴的点。
dominant root	**主导极点**	能够代表或主导闭环系统瞬态响应的闭环特征根。
locus	**轨迹**	随着可变参数变化的路径。
logarithmic sensitivity	**对数灵敏度**	系统性能对参数变化的敏感程度的度量，可以用 $S_K^T(s) = \frac{\partial T(s)/T(s)}{\partial K/K}$ 来表示，其中 $T(s)$ 是系统的闭环传递函数，而 K 是感兴趣的可变参数。

manual PID tuning methods	PID 参数手工整定方法	以很小的解析计算工作量，通过反复试算来选择 PID 控制器参数的方法。
negative gain root locus	负增益根轨迹	当可变参数 K 取负值，即在 $-\infty$ 到 0 之间变化时，系统的根轨迹。
number of separate loci	根轨迹的分支条数	在闭环传递函数的极点数大于或等于零点数的条件下，根轨迹的分支条数等于传递函数的极点数。
parameter design	参数设计	用根轨迹法来确定一个或两个系统参数的设计方法。
PID controller	PID 控制器	工业上应用广泛的一类控制器，可以表示为 $G_c(s)=K_P+K_I/s+K_Ds$，其中 K_P 是比例环节增益，K_I 是积分环节增益，K_D 是微分环节增益。
PID tuning	PID 参数整定	为 PID 控制器增益参数选择合适取值的过程。
proportional plus derivative(PD) controller	比例微分控制器	形如 $G_c(s)=K_P+K_Ds$，含有两个组成项的控制器，其中 K_P 是比例环节增益，K_D 是微分环节增益。
proportional plus integral(PI) controller	比例积分控制器	形如 $G_c(s)=K_P+K_I/s$，含有两个组成项的控制器，其中 K_P 是比例环节增益，K_I 是积分环节增益。
quarter amplitude decay	25%幅值衰减	系统闭环输出的超调幅值在一个振荡周期内降低到最大超调幅值的 1/4 左右。
reaction curve	响应曲线(开环)	断开控制器(离线)时，系统的阶跃响应。受控对象假定是带有传输时延的一阶系统。
root contours	根轨迹轮廓线	能够同时揭示两个可变参数对特征根的影响的根轨迹簇。
root locus	根轨迹	系统某个参数变化时，闭环特征根在 s 平面上的变化轨迹或路径。
root locus method	根轨迹法	当增益 K 从 0 变到 $+\infty$ 时，确定特征方程 $1+KP(s)=0$ 的根轨迹的方法。
root locus segments on the real axis	实轴上的根轨迹段	在实轴上位于奇数个有限零点和极点左侧的根轨迹段。
root sensitivity	根灵敏度	参数从标称值发生变化时，特征根的位置对参数变化的敏感程度。可以用 $S_K^r=\dfrac{\partial r}{\partial K/K}$表示，即根的变化增量除以参数的变化比例。
ultimate gain	终极增益	当 PID 控制器的微分增益 $K_D=0$，积分增益 $K_I=0$ 时，使得系统临界稳定的比例增益 K_P的值。
ultimate period	终极周期	当 PID 控制器的微分增益 $K_D=0$，积分增益 $K_I=0$，比例增益 K_P为最终增益时，系统输出的振荡周期。
Ziegler-Nichols PID tuning method	齐格勒-尼科尔斯 PID 参数整定方法	一种以开环或闭环阶跃响应为基础，借助解析方法确定 PID 控制器参数的参数整定方法。

第 8 章　频率响应法

提要

本章将研究系统对正弦输入信号的稳态响应。可以看到，线性定常系统对正弦输入信号的响应是一个具有相同频率的正弦信号，只是输出响应的幅值和相角与正弦输入信号有所不同，而且这种变化是输入信号频率的函数。因此，本章将研究在输入正弦信号的频率变化时，系统稳态响应的变化情况。

本章首先介绍系统的频率特性函数，即 $s=\mathrm{j}\omega$ 时的传递函数 $G(\mathrm{j}\omega)$，然后研究如何用图示化方法来表示频率特性函数 $G(\mathrm{j}\omega)$ 随 ω 的变化情况。伯德图方法就是其中一种便于分析和设计控制系统的，非常有效的频率特性图示化方法，本章将会着重研究这一方法。与此同时，本章还将讨论频率特性的极坐标图和对数幅相图。此外，本章还将从系统的频率响应出发，重新讨论系统的几种时域指标，并引入系统带宽的概念。最后，本章继续研究了循序渐进设计实例——磁盘驱动器读取系统，分析了它的频率响应。

预期收获

完成第 8 章的学习之后，学生应该：

- 理解频率响应的基本概念及其在控制系统设计中的作用。
- 掌握手工绘制伯德图的方法和用计算机绘制伯德图的方法。
- 了解对数幅相图。
- 理解频域的性能指标，以及用增益裕度和相角裕度表示的系统的相对稳定性。
- 能够用频率响应方法设计控制器，并满足预期的指标要求。

8.1　引言

前面各章利用复变量 s 及 s 平面上的零点和极点分布来刻画系统的响应和性能。**频率响应法**是一种非常重要而且实用的系统分析和设计方法。

系统的频率响应的定义是，系统对正弦输入信号的稳态响应。正弦信号是一种独特的输入信号，在它的激励下，线性系统的输出信号在达到稳态时也是正弦信号，而与输入信号相比，它们的频率相同，只有幅值和相角不同。

概念强调说明 8.1

为了说明上述结论，考虑 $Y(s)=T(s)R(s)$，当输入为 $r(t)=A\sin(\omega t)$时，我们有

$$R(s)=\frac{A\omega}{s^2+\omega^2}$$

假定 $-p_i$ 是 $T(s)$的不同极点，则又有

$$T(s)=\frac{m(s)}{q(s)}=\frac{m(s)}{\prod_{i=1}^{n}(s+p_i)}$$

于是，可以得到 $Y(s)$的部分分式展开式为

$$Y(s)=\frac{k_1}{s+p_1}+\cdots+\frac{k_n}{s+p_n}+\frac{\alpha s+\beta}{s^2+\omega^2}$$

对上式进行拉普拉斯逆变换，可以得到系统的时间响应为

$$y(t)=k_1\mathrm{e}^{-p_1t}+\cdots+k_n\mathrm{e}^{-p_nt}+\mathscr{L}^{-1}\left\{\frac{\alpha s+\beta}{s^2+\omega^2}\right\}$$

其中 α 和 β 为常数，并取决于所给的问题。如果系统是稳定的，则所有的 p_i 都具有正实部，这样，当 $t\to+\infty$ 时，每一个指数项 $k_i\mathrm{e}^{-p_it}$ 都将衰减到零。于是有

$$\lim_{t\to\infty}y(t)=\lim_{t\to\infty}\mathscr{L}^{-1}\left\{\frac{\alpha s+\beta}{s^2+\omega^2}\right\}$$

也就是说，当 $t\to+\infty$ 时，$y(t)$ 的极限(即稳态响应)为

$$y(t)=\mathscr{L}^{-1}\left[\frac{\alpha s+\beta}{s^2+\omega^2}\right]=\frac{1}{\omega}\left|A\omega T(\mathrm{j}\omega)\right|\sin(\omega t+\phi)=A|T(\mathrm{j}\omega)|\sin(\omega t+\phi)\tag{8.1}$$

其中，$\phi=\underline{/T(\mathrm{j}\omega)}$。

因此，系统的稳态输出信号只取决于函数 $T(\mathrm{j}\omega)$ 在特定频率 ω 上的幅值和相角。应特别注意，式(8.1)给出的稳态响应仅仅适用于稳定系统 $T(s)$。

频率响应方法的一个突出优点是，由于可以方便地得到具有各种频率和幅值的正弦输入信号，因此我们能够用试验的手段精确地得到系统的频率响应。当系统传递函数未知时，可以用试验的方法，通过测量频率响应来推导系统的传递函数[1,2]。此外，在频率域内进行系统设计时，还能够有效地控制系统带宽，从而达到控制噪声和干扰的目的。

频率响应方法的另一个优点是，只要用 $\mathrm{j}\omega$ 替换复变量 s，就能够由传递函数 $T(s)$ 直接得到系统的频率特性函数 $T(\mathrm{j}\omega)$。$T(\mathrm{j}\omega)$ 表示了系统正弦稳态响应的特性，是一个以 ω 为自变量的复函数，因而包含了幅值和相角两个要素。我们经常用图形或曲线来表示 $T(\mathrm{j}\omega)$ 的幅值和相角随频率变化的情况，这些图形和曲线能够深刻地揭示控制系统分析和设计的内涵。

频率响应法的不足之处是频率域和时间域之间没有直接的联系。在系统的频率响应和时间响应之间，只存在着相当微妙而且难以把握的联系。但在实际设计工作中，我们还是研究出了一些近似设计准则，根据这些准则来调节系统的频率响应，可以得到满意的时域瞬态响应性能。

2.4 节曾经给出了**拉普拉斯变换对**的定义，即

$$F(s)=\mathscr{L}\{f(t)\}=\int_0^\infty f(t)\mathrm{e}^{-st}\,\mathrm{d}t\tag{8.2}$$

$$f(t)=\mathscr{L}^{-1}\{F(s)\}=\frac{1}{2\pi\mathrm{j}}\int_{\sigma-\mathrm{j}\infty}^{\sigma+\mathrm{j}\infty}F(s)\mathrm{e}^{st}\,\mathrm{d}s\tag{8.3}$$

其中，复变量为 $s=\sigma+\mathrm{j}\omega$。类似地，也给出了**傅里叶变换对**的定义，即

$$F(\omega)=\mathscr{F}\{f(t)\}=\int_{-\infty}^{\infty}f(t)\mathrm{e}^{-\mathrm{j}\omega t}\,\mathrm{d}t\tag{8.4}$$

$$f(t)=\mathscr{F}^{-1}\{F(\omega)\}=\frac{1}{2\pi}\int_{-\infty}^{\infty}F(\omega)\mathrm{e}^{\mathrm{j}\omega t}\,\mathrm{d}\omega\tag{8.5}$$

当 $\int_{-\infty}^{\infty}|f(t)|\,\mathrm{d}t<\infty$ 时，才会存在 $f(t)$ 的**傅里叶变换** $F(\omega)$。

由式(8.2)和式(8.4)可以看出，傅里叶变换和拉普拉斯变换是密切相关的。此外，由于$f(t)$通常都只在$t\geqslant 0$时有定义，因此式(8.2)和式(8.4)的积分下限也是相同的，它们仅有的区别是积分变量不同。这样，如果已知函数$f_1(t)$的拉普拉斯变换为$F_1(s)$，只要令$s=\mathrm{j}\omega$，我们就能够得到它的傅里叶变换[3]。

既然拉普拉斯变换与傅里叶变换如此相似，读者可能会问，为什么不一直使用拉普拉斯变换而还要重新引入傅里叶变换呢？其实，拉普拉斯变换与傅里叶变换各有所长，各有侧重。由第 7 章可知，由拉普拉斯变换可以导出系统的传递函数$T(s)$，基于拉普拉斯变换的s平面方法侧重于分析系统的零点和极点分布。而由傅里叶变换可以导出系统的频率特性函数$T(\mathrm{j}\omega)$。基于傅里叶变换的频率响应方法则将研究重点转向了系统的幅频特性和相频特性。在控制系统的分析和设计中，掌握系统的幅频、相频特性方程及有关的曲线，也是非常有用的。

考察闭环系统的频率响应时，应该要求输入信号$r(t)$是可以进行傅里叶变换的函数。这样，可以在频域内将$r(t)$表示为

$$R(\mathrm{j}\omega)=\int_{-\infty}^{\infty}r(t)\mathrm{e}^{-\mathrm{j}\omega t}\,\mathrm{d}t$$

若单回路闭环控制系统的输出为$Y(s)=T(s)R(s)$，则以$s=\mathrm{j}\omega$代入，可以得到闭环系统输出的频率响应为

$$Y(\mathrm{j}\omega)=T(\mathrm{j}\omega)R(\mathrm{j}\omega)=\frac{G_c(\mathrm{j}\omega)G(\mathrm{j}\omega)}{1+G_c(\mathrm{j}\omega)G(\mathrm{j}\omega)}R(\mathrm{j}\omega) \tag{8.6}$$

再对上式进行傅里叶逆变换，则可以求出系统的时间响应为

$$y(t)=\mathscr{F}^{-1}\{Y(\mathrm{j}\omega)\}=\frac{1}{2\pi}\int_{-\infty}^{\infty}Y(\mathrm{j}\omega)\mathrm{e}^{\mathrm{j}\omega t}\,\mathrm{d}\omega \tag{8.7}$$

除了最简单的系统，我们通常很难直接求出傅里叶逆变换的积分，而需要采用一些图解方法来分析系统的时间响应。此外，本章后面还将指出，在一定的条件下，可以找到几个与频率响应特性直接相关的时域性能指标，并将它们用于频域内的系统设计。

8.2　频率响应图

在频率域内，可以将系统的传递函数$G(s)$改写成频率特性函数，即

$$G(\mathrm{j}\omega)=G(s)|_{s=\mathrm{j}\omega}=R(\omega)+\mathrm{j}X(\omega) \tag{8.8}$$

其中，
$$R(\omega)=\mathrm{Re}[G(\mathrm{j}\omega)]\,,\quad X(\omega)=\mathrm{Im}[G(\mathrm{j}\omega)]$$

关于复数的知识，可参阅本书在线附录 G。

此外，频率特性函数还可以用幅值$|G(\mathrm{j}\omega)|$和相角$\phi(\mathrm{j}\omega)$表示为

$$G(\mathrm{j}\omega)=|G(\mathrm{j}\omega)|\mathrm{e}^{\mathrm{j}\phi(\omega)}=|G(\mathrm{j}\omega)|\underline{/\phi(\omega)} \tag{8.9}$$

其中，
$$\phi(\omega)=\arctan\frac{X(\omega)}{R(\omega)},\qquad |G(\mathrm{j}\omega)|^2=[R(\omega)]^2+[X(\omega)]^2$$

利用式(8.8)或式(8.9)，都可以得到系统频率特性函数$G(\mathrm{j}\omega)$的图示化表示。其中，由式(8.8)可以直接得到图 8.1 所示的频率响应的**极坐标图**，其坐标轴分别用来表示$G(\mathrm{j}\omega)$的实部和虚部。下面，我们用例子来说明极坐标图的绘制方法。

例 8.1 RC 滤波器的频率响应

简单的 RC 滤波器如图 8.2 所示，其传递函数为

$$G(s)=\frac{V_2(s)}{V_1(s)}=\frac{1}{RCs+1} \tag{8.10}$$

这样，关于正弦信号的稳态输出的频率特性函数为

$$G(j\omega)=\frac{1}{j\omega(RC)+1}=\frac{1}{j(\omega/\omega_1)+1} \tag{8.11}$$

其中，

$$\omega_1=\frac{1}{RC}$$

利用下面的关系式，就可以得到系统的极坐标图：

$$G(j\omega)=R(\omega)+jX(\omega)=\frac{1-j(\omega/\omega_1)}{(\omega/\omega_1)^2+1}=\frac{1}{1+(\omega/\omega_1)^2}-\frac{j(\omega/\omega_1)}{1+(\omega/\omega_1)^2} \tag{8.12}$$

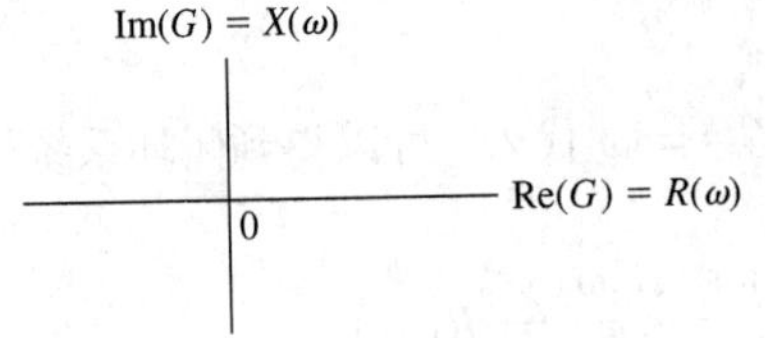

图 8.1 极坐标平面

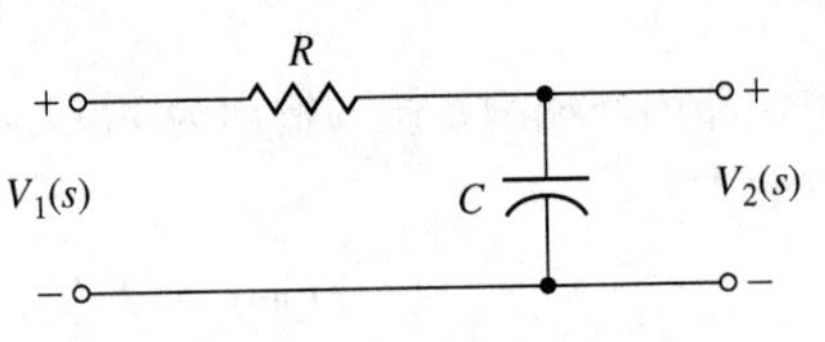

图 8.2 RC 滤波器

在绘制极坐标图时，首先应该确定当 $\omega=0$ 和 $\omega=+\infty$ 时，$R(\omega)$和 $X(\omega)$的取值。在本例中，当 $\omega=0$ 时，我们有 $R(\omega)=1$，$X(\omega)=0$；当 $\omega=+\infty$ 时，则有 $R(\omega)=0$，$X(\omega)=0$。图 8.3 给出了完整的极坐标图，并在图中标出了这两个特殊点。从图中可以看出，RC 滤波器的极坐标图是一个以(1/2, 0)为圆心的圆。当 $\omega=\omega_1$ 时，频率响应的实部和虚部有相同的幅值，其相角为$\phi(\omega)=-45°$。由式(8.9)也可以绘制该极坐标图，此时有

$$G(j\omega)=|G(j\omega)|\angle\phi(\omega) \tag{8.13}$$

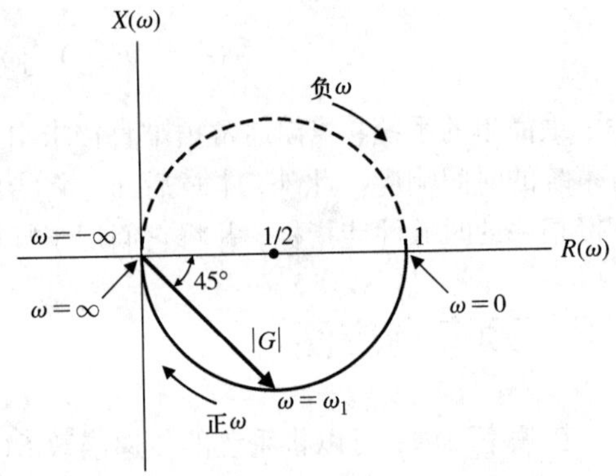

图 8.3 RC 滤波器的极坐标图

其中，

$$|G(j\omega)|=\frac{1}{[1+(\omega/\omega_1)^2]^{1/2}},\qquad \phi(\omega)=-\arctan(\omega/\omega_1)$$

于是，当 $\omega=\omega_1$ 时，$|G(j\omega_1)|=1/\sqrt{2}$，$\phi(\omega_1)=-45°$。当 ω 趋于 $+\infty$ 时，$|G(j\omega)|\to 0$，$\phi(\omega)=-90°$；当 $\omega=0$ 时，$|G(j\omega)|=1$，$\phi(\omega)=0$。

例 8.2 某频率特性函数的极坐标图

研究系统的稳定性时，频率特性函数的极坐标图非常有用，因此有必要再用例子说明极坐标图的绘制方法。

考虑频率特性函数

$$G(s)|_{s=j\omega}=G(j\omega)=\frac{K}{j\omega(j\omega\tau+1)}=\frac{K}{j\omega-\omega^2\tau} \tag{8.14}$$

其幅值和相角分别为

$$|G(\mathrm{j}\omega)| = \frac{K}{(\omega^2 + \omega^4\tau^2)^{1/2}},\qquad \phi(\omega) = -\arctan\frac{1}{-\omega\tau}$$

在 $\omega=0$，$\omega=1/\tau$和 $\omega=+\infty$ 时，可以分别计算出系统频率响应的幅值$|G(\omega)|$和相角$\phi(\omega)$，对应的极坐标图如图 8.4 所示。

还可以通过计算 $G(\mathrm{j}\omega)$的实部和虚部来绘制极坐标图。将 $G(\mathrm{j}\omega)$写成实部和虚部之和，于是有

$$G(\mathrm{j}\omega) = \frac{K}{\mathrm{j}\omega - \omega^2\tau} = \frac{K(-\mathrm{j}\omega - \omega^2\tau)}{\omega^2 + \omega^4\tau^2} = R(\omega) + \mathrm{j}X(\omega) \tag{8.15}$$

其中，$R(\omega) = -K\omega^2\tau/M(\omega)$，$X(\omega) = -\omega K/M(\omega)$且 $M(\omega) = \omega^2 + \omega^4\tau^2$。于是，由式(8.15)可得：当 $\omega=+\infty$ 时，$R(\omega)=0$ 且 $X(\omega)=0$。当 $\omega=0$ 时，$R(\omega) = -K\tau$且$X(\omega) = -\infty$。而当 $\omega = 1/\tau$时，则有 $R(\omega) = -K\tau/2$ 和 $X(\omega) = -K\tau/2$，如图 8.4 所示。

沿着 s 平面的虚轴，在取定的频率点处估算向量 $G(\mathrm{j}\omega)$的值，也可以绘制出极坐标图。这是绘制极坐标图的另一种方法。考虑有两个极点的系统

$$G(s) = \frac{K/\tau}{s(s + 1/\tau)}$$

其极点分布如图 8.5 所示。

于是，当 $s=\mathrm{j}\omega$ 时，应该有

$$G(\mathrm{j}\omega) = \frac{K/\tau}{\mathrm{j}\omega(\mathrm{j}\omega + p)}$$

其中，$p=1/\tau$。利用从极点出发的向量，可以在 $\mathrm{j}\omega$ 轴的特定的频率点 ω_1 处，计算得到 $G(\mathrm{j}\omega)$的幅值和相角，如图 8.5 所示。例如，在 $\omega=\omega_1$ 处，$G(\mathrm{j}\omega)$的幅值和相角分别为

$$|G(\mathrm{j}\omega_1)| = \frac{K/\tau}{|\mathrm{j}\omega_1||\mathrm{j}\omega_1 + p|}$$

$$\phi(\omega) = -\underline{/(\mathrm{j}\omega_1)} - \underline{/(\mathrm{j}\omega_1 + p)} = -90^\circ - \arctan(\omega_1/p)$$

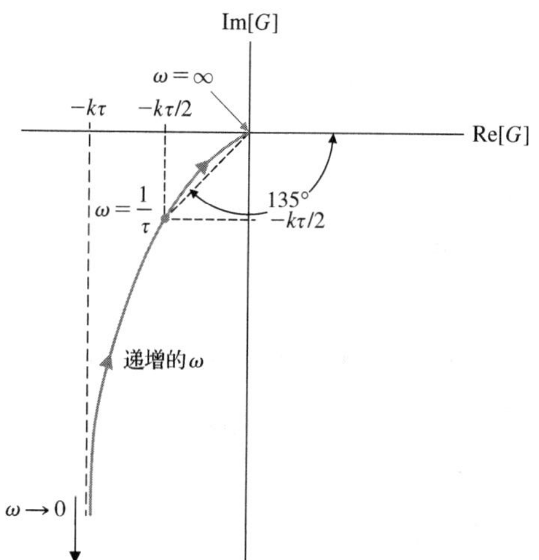

图 8.4　$G(\mathrm{j}\omega) = k/(\mathrm{j}\omega(\mathrm{j}\omega\tau+1))$的极坐标图。注意在原点处有$\omega=+\infty$

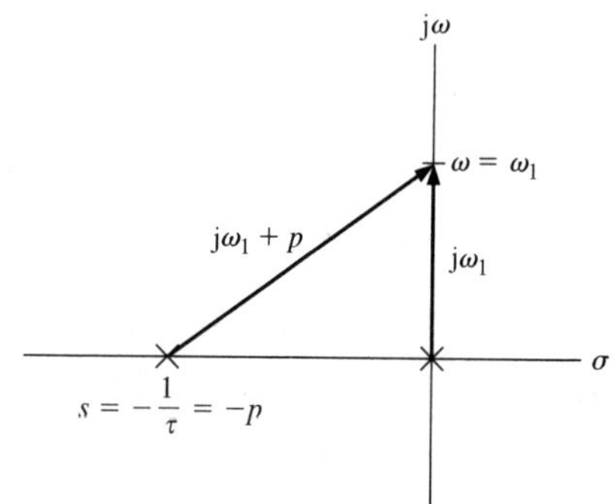

图 8.5　用 s 平面上的两个向量计算$G(\mathrm{j}\omega_1)$的值

可以采用多种坐标系来图示化地表示系统的频率特性。利用式(8.8)得到的极坐标图就表示了系统的频率特性。但极坐标图有明显的不足，主要表现为：当系统增添了新的零点或极点时，

只有重新计算系统的频率响应才能得到新的极坐标图，例 8.1 和例 8.2 已清楚地说明了这一点。另外，极坐标图的计算非常烦琐，而且无法明显地看出每个零点和极点对极坐标图的影响。

接下来介绍另一种频率特性图，即**对数坐标图**，通常称为**伯德图**(Bode plots)。这种图示化表示方法可以简化系统频率特性的图解分析过程。伯德(H. W. Bode)在研究反馈放大器时，就曾多次使用过这种图示化方法[4, 5]，伯德图的名称就是由此而来的。

设系统**在频率域内的频率特性函数**为

$$G(\mathrm{j}\omega) = |G(\mathrm{j}\omega)|\mathrm{e}^{\mathrm{j}\phi(\omega)} \tag{8.16}$$

在对数坐标图中，我们通常用以 10 为底的对数①来表示频率响应的幅值，即将幅值表示为

$$\boxed{\text{对数幅值} = 20\log_{10}|G(\mathrm{j}\omega)|} \tag{8.17}$$

对数幅值的度量单位称为**分贝**(dB)，本书在线附录 F 给出了分贝数的换算表。考虑以 dB 为单位的对数幅值 $L(\omega)$ 和以度为单位的相角 $\phi(\omega)$，它们随频率 ω 的变化情况可以有多种具体的表现形式。最常见的就是图 8.6 所示的伯德图，它将对数幅值 $L(\omega)$ 和相角 $\phi(\omega)$ 随 ω 的变化曲线分别绘制在两个坐标系中。作为例子，我们来绘制例 8.1 给出的频率特性函数的伯德图。

例 8.3 RC 滤波器的伯德图

例 8.1 给出的频率特性函数为

$$G(\mathrm{j}\omega) = \frac{1}{\mathrm{j}\omega(RC) + 1} = \frac{1}{\mathrm{j}\omega\tau + 1} \tag{8.18}$$

其中，$\tau = RC$ 为 RC 滤波器的时间常数。由式(8.18)可知，$G(\mathrm{j}\omega)$ 的对数幅值为

$$20\log|G(\mathrm{j}\omega)| = 20\log\left(\frac{1}{1 + (\omega\tau)^2}\right)^{1/2} = -10\log(1 + (\omega\tau)^2) \tag{8.19}$$

在低频段，即 $\omega \ll 1/\tau$ 时，对数幅值可以近似为

$$20\log|G(\mathrm{j}\omega)| = -10\log(1) = 0\ \mathrm{dB} \tag{8.20}$$

在高频段，即 $\omega \gg 1/\tau$ 时，对数幅值又可近似为

$$20\log G(\mathrm{j}\omega) = -20\log(\omega\tau) \tag{8.21}$$

而当 $\omega = 1/\tau$ 时，由式(8.19)可以得到

$$20\log|G(\mathrm{j}\omega)| = -10\log 2 = -3.01\ \mathrm{dB}$$

根据以上分析，便可以得到图 8.6(a)所示的对数幅频特性图。$G(\mathrm{j}\omega)$ 的相角方程为

$$\phi(\omega) = -\arctan(\omega\tau) \tag{8.22}$$

由此，又可以得到图 8.6(b)所示的相频特性图，其中 $\omega = 1/\tau$ 称为**转折频率**或**转角频率**。

在绘制实用的伯德图时，频率轴通常采用对数坐标均匀尺度，而不采用常见的线性坐标均匀尺度。采用对数坐标尺度的好处可以用式(8.21)加以说明。当 $\omega \gg 1/\tau$ 时，式(8.21)可以改写为

$$20\log|G(\mathrm{j}\omega)| = -20\log(\omega\tau) = -20\log\tau - 20\log\omega \tag{8.23}$$

由式(8.23)可知，若将水平轴取为 $\log\omega$ 轴，即在频率轴上采用对数坐标尺度，则当 $\omega \gg 1/\tau$ 时，对数幅值曲线就近似变成了直线，如图 8.7 所示。此外，由式(8.21)还可以得到该直线的斜率。这里，我们将两个频率点之间相差 10 倍记为 1 个**十倍频程**，因此，当频率从 ω_1 变到 ω_2，而且

① 本书通常省略了下标的底数 10。——编者注

$\omega_2=10\omega_1$时，我们就说频率变化了 1 个十倍频程。在前面的例子中，当$\omega \gg 1/\tau$，且频率变化了 1 个十倍频程时，$G(j\omega)$的对数幅值的近似变化量为

$$\begin{aligned}20\log|G(j\omega_1)| - 20\log|G(j\omega_2)| &= -20\log(\omega_1\tau) - (-20\log(\omega_2\tau))\\ &= -20\log\frac{\omega_1\tau}{\omega_2\tau}\\ &= -20\log\frac{1}{10} = +20\text{ dB}\end{aligned} \tag{8.24}$$

因此，如图 8.7 所示，这个一阶系统的伯德图近似线的斜率应为 -20 dB/十倍频程(dB/dec)。在此，还要就伯德图的坐标标注方式补充说明如下：在绘制实用的伯德图时，固然可以用$\log\omega$的值来均匀地标注水平轴的对数坐标刻度，但在通常的情况下，我们更愿意在对数坐标纸上，直接用频率ω本身的值来非均匀地标注水平轴的对数坐标刻度，以 dB 为单位来均匀地标注垂直轴的坐标刻度。为了避免计算响应幅值的对数，也可以用幅值和频率来同时非均匀地标注水平轴和垂直轴的对数坐标刻度。

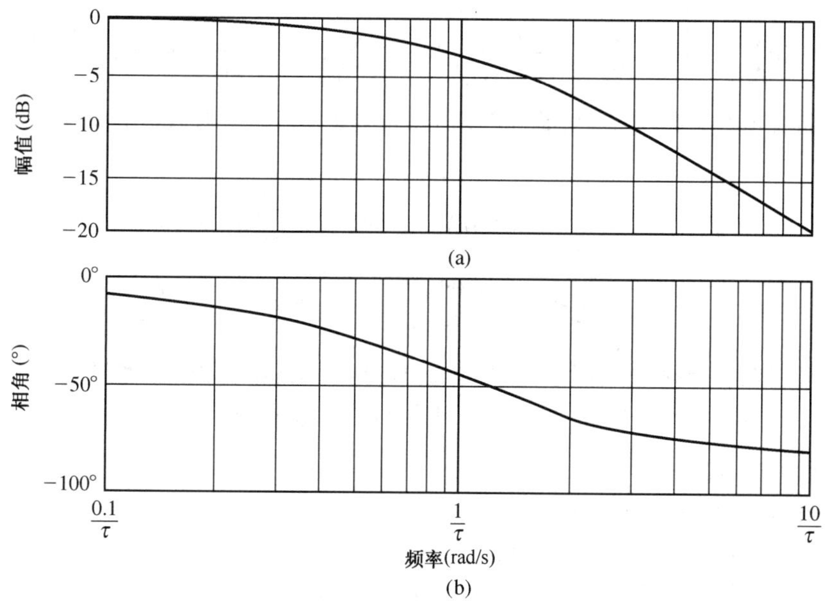

图 8.6 $G(j\omega)=1/(j\omega\tau+1)$的伯德图。(a) 对数幅频特性图；(b) 相频特性图

类似地，所谓**二倍频程**是指两个频率之间相差 2 倍，即$\omega_2=2\omega_1$。仍然考虑前面的例子，当$\omega \gg 1/\tau$，且频率变化 1 个二倍频程时，对数幅值的近似变化量为

$$\begin{aligned}20\log|G(j\omega_1)| - 20\log|G(j\omega_2)| &= -20\log\frac{\omega_1\tau}{\omega_2\tau}\\ &= -20\log\frac{1}{2}\\ &= 6.02\text{ dB}\end{aligned} \tag{8.25}$$

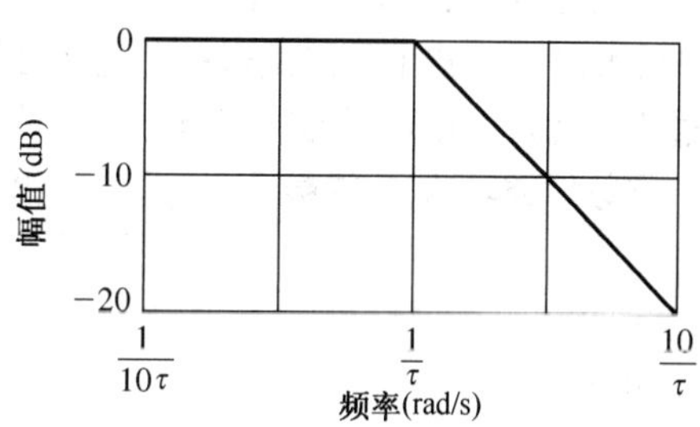

图 8.7 $(j\omega\tau+1)^{-1}$对数幅值曲线的近似线

因此，图 8.7 中近似线的斜率又可以记为 -6 dB/二倍频程(dB/oct)。

通过引入对数幅值可以看到，频率特性函数中的乘性因子$|j\omega\tau+1|$变成了加性因子 20log

$|j\omega\tau+1|$，这是对数幅频图或伯德图的主要优点。考虑频率特性函数的一般形式，可以更清楚地看到这一点。频率特性函数的一般形式为

$$G(j\omega)=\frac{K_b\prod_{i=1}^{Q}(1+j\omega\tau_i)\prod_{l=1}^{P}[(1+(2\zeta_l/\omega_{n_l})j\omega+(j\omega/\omega_{n_l})^2)]}{(j\omega)^N\prod_{m=1}^{M}(1+j\omega\tau_m)\prod_{k=1}^{R}[(1+(2\zeta_k/\omega_{n_k})j\omega+(j\omega/\omega_{n_k})^2)]} \tag{8.26}$$

其中有 Q 个实零点，在原点处的 N 重极点，M 个非零实极点，P 对共轭复零点，以及 R 对共轭复极点。要得到该频率特性函数的极坐标图，将会面临极其烦琐的计算工作，而采用伯德图就会方便得多。$G(j\omega)$ 的对数幅值为

$$\begin{aligned}20\log|G(j\omega)| &= 20\log K_b+20\sum_{i=1}^{Q}\log|1+j\omega\tau_i| \\ &\quad -20\log|(j\omega)^N|-20\sum_{m=1}^{M}\log|1+j\omega\tau_m| \\ &\quad +20\sum_{l=1}^{P}\log\left|1+\frac{2\zeta_l}{\omega_{n_l}}j\omega+\left(\frac{j\omega}{\omega_{nl}}\right)^2\right|-20\sum_{k=1}^{R}\log\left|1+\frac{2\zeta_k}{\omega_{n_k}}j\omega+\left(\frac{j\omega}{\omega_{n_k}}\right)^2\right|\end{aligned} \tag{8.27}$$

这样，只需要将各项的对数幅值曲线叠加起来，就得到了 $G(j\omega)$ 的对数幅值曲线。又由于 $G(j\omega)$ 的相角方程为

$$\begin{aligned}\phi(\omega) &= +\sum_{i=1}^{Q}\arctan(\omega\tau_i)-N(90^\circ)-\sum_{m=1}^{M}\arctan(\omega\tau_m) \\ &\quad -\sum_{k=1}^{R}\arctan\frac{2\zeta_k\omega_{n_k}\omega}{\omega_{n_k}^2-\omega^2}+\sum_{l=1}^{P}\arctan\frac{2\zeta_l\omega_{n_l}\omega}{\omega_{n_l}^2-\omega^2}\end{aligned} \tag{8.28}$$

同样，只需要将各项的相频特性曲线叠加起来，便得到了 $G(j\omega)$ 的相频特性曲线。

一般来讲，在频率特性函数中，共有如下 4 种不同的基本因子项。

1. 常数增益项：K_b
2. 原点处的极点或零点项：$(j\omega)$
3. 实轴上的极点或零点项：$(j\omega\tau+1)$
4. 共轭复极点或复零点项：$[1+(2\zeta/\omega_n)j\omega+(j\omega/\omega_n)^2]$

掌握了这 4 种基本环节的对数幅值曲线和相频特性曲线之后，就可以得到任意形式的频率特性函数所对应的伯德图。也就是说，先得到每一个环节的伯德图曲线，然后在图上将它们叠加起来，就可以得到整个传递函数的伯德图曲线。而且，利用曲线的近似线进行近似，还可以简化叠加过程，只需要在重要的频率点上计算曲线的实际取值。

常数增益项 K_b。常数项 K_b 的对数幅值为

$$\boxed{20\log K_b=\text{常数, 以dB为单位}}$$

其相角为

$$\boxed{\phi(\omega)=0}$$

因此，在伯德图上，其对数幅值曲线是一条水平线。

当常数增益为负值，即 $-K_b$ 时，其对数幅值仍为 $20\log K_b$，而负号使相角变成了 $-180°$。

原点处的极点或零点项$(j\omega)$。考虑原点处的极点项，它对应的对数幅值为

$$20\log\left|\frac{1}{j\omega}\right| = -20\log\omega\ \text{dB} \tag{8.29}$$

对应的相角为

$$\phi(\omega) = -90^\circ$$

因此，在伯德图上，原点处的极点项对应的对数幅值曲线的斜率为 -20 dB/dec。类似地，对于原点处的多重极点有

$$20\log\left|\frac{1}{(j\omega)^N}\right| = -20N\log\omega \tag{8.30}$$

其相角为

$$\phi(\omega) = -90^\circ N$$

此时，由于存在多重极点，对数幅值曲线的斜率变成了 $-20N$ dB/dec。对于位于原点处的零点项，其对数幅值为

$$20\log|j\omega| = +20\log\omega \tag{8.31}$$

因此对数幅值曲线的斜率为 +20 dB/dec，其相角为

$$\phi(\omega) = +90^\circ$$

图 8.8 表示了当 $N=1$ 和 $N=2$ 时，$(j\omega)^{\pm N}$的对数幅值和相角的伯德图。

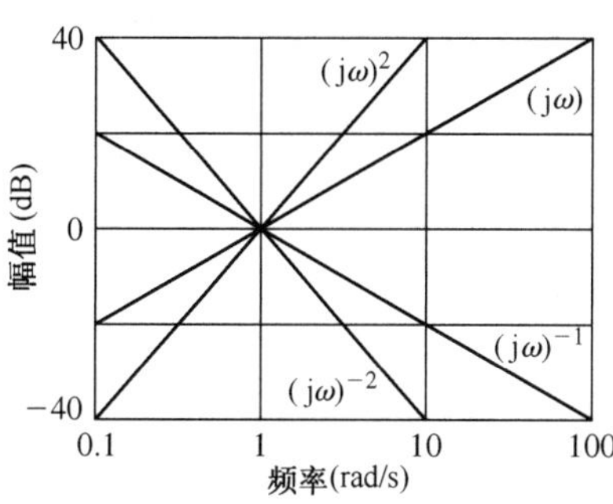

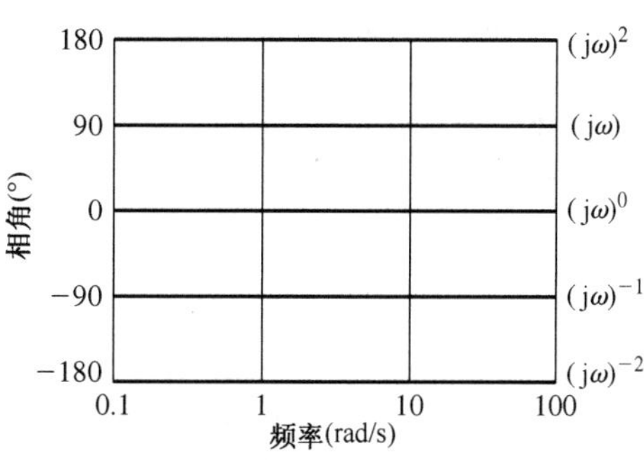

图 8.8　$(j\omega)^{\pm N}$的伯德图

实轴上的极点或零点项。我们已经研究了实轴上的极点项$(1+j\omega\tau)^{-1}$的伯德图，其对数幅值为

$$20\log\left|\frac{1}{1+j\omega\tau}\right| = -10\log(1+\omega^2\tau^2) \tag{8.32}$$

因此当$\omega \ll 1/\tau$时，对数幅值曲线的近似线为直线 $20\log 1 = 0$ dB；而当$\omega \gg 1/\tau$时，对数幅值曲线的近似线为斜线 $-20\log(\omega\tau)$，斜率为 -20 dB/dec。这两条近似线在交点处满足：

$$20\log 1 = 0\ \text{dB} = -20\log(\omega\tau)$$

其中，$\omega = 1/\tau$称为**转折频率**。在$\omega = 1/\tau$处，实极点项的实际对数幅值为 -3 dB。实极点项相角的

表达式为$\phi(\omega) = -\arctan(\omega\tau)$，完整的伯德图如图 8.9 所示。

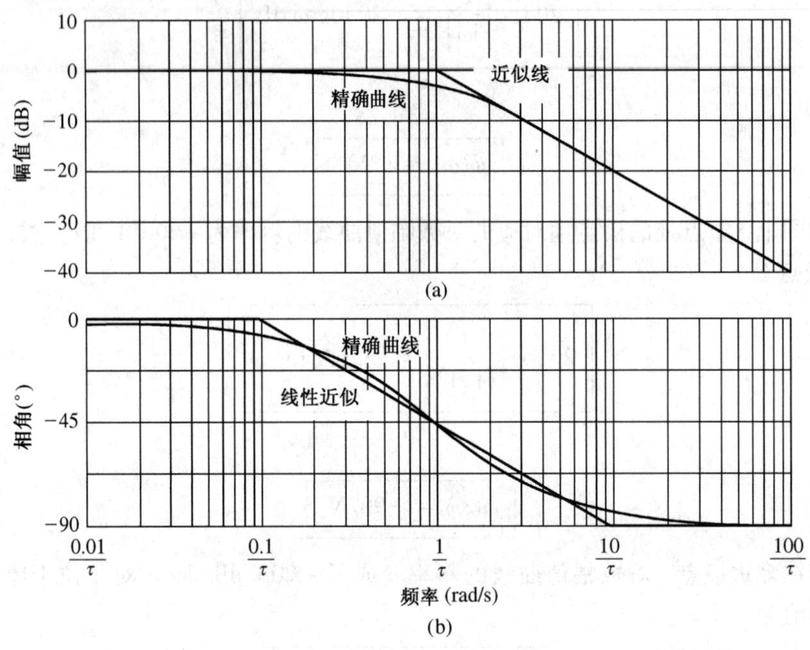

图 8.9 $(1+\mathrm{j}\omega\tau)^{-1}$的伯德图

类似地，我们也可以得到实零点项$(1+\mathrm{j}\omega\tau)$的伯德图。与$(1+\mathrm{j}\omega\tau)^{-1}$的伯德图相比，其不同之处在于，近似线的斜率变成了 +20 dB/dec，而相角变成了$\phi(\omega) = \arctan(\omega\tau)$。

图 8.9 还绘制了相角曲线的分段线性近似，可以看出，近似线与实际相角曲线在转折频率处相交，而在其他频率点上，两条曲线之间存在6°以内的误差。因此，实际中常用近似线来确定传递函数 $G(s)$的相角曲线的大致形状。如果还想得到精确的相角曲线，就需要用计算机程序来完成计算。

共轭复极点或复零点项$[1+(2\zeta/\omega_n)\mathrm{j}\omega+(\mathrm{j}\omega/\omega_n)^2]$。与共轭复极点对应的二阶基本因子项的典型形式为

$$[1+\mathrm{j}2\zeta u - u^2]^{-1} \tag{8.33}$$

其中，$u=\omega/\omega_n$。共轭复极点项的对数幅值为

$$\boxed{20\log|G(\mathrm{j}\omega)| = -10\log((1-u^2)^2+4\zeta^2u^2)} \tag{8.34}$$

相角为

$$\boxed{\phi(\omega) = -\arctan\frac{2\zeta u}{1-u^2}} \tag{8.35}$$

于是，当 $u \ll 1$ 时，对数幅值为

$$20\log|G(\mathrm{j}\omega)| = -10\log 1 = 0\ \mathrm{dB}$$

相角则趋于0°。此时，共轭复极点项对数幅值曲线的近似线为 0 dB 线。当 $u \gg 1$ 时，对数幅值近似为

$$20\log|G(\mathrm{j}\omega)| = -10\log u^4 = -40\log u$$

对应于一条斜率为 -40 dB/dec 的斜线。当 $u \gg 1$ 时，相角则趋近于 -180°。对数幅值曲线的两条近似线在频率点 $u=\omega/\omega_n=1$ 处相交。事实上，实际的对数幅值曲线和近似线之间的误差是阻尼比的函数，而且当 $\zeta<0.707$ 时，不能忽略这项误差。共轭复极点项的精确伯德图如图 8.10 所示。从图中可看出，频率响应的幅度有一个最大值 $M_{p\omega}$，它出现在**谐振频率** ω_r 处。当阻尼比趋于零时，谐振频率 ω_r 趋于**固有频率** ω_n。将式(8.33)的幅值对归一化频率 u 求导，并令导数为零，可以得到谐振频率为

$$\boxed{\omega_r=\omega_n\sqrt{1-2\zeta^2},}\qquad \zeta<0.707 \tag{8.36}$$

与此频率对应，幅值 $|G(j\omega)|$ 的最大值为

$$\boxed{M_{p\omega}=|G(j\omega_r)|=\left(2\zeta\sqrt{1-\zeta^2}\right)^{-1},}\qquad \zeta<0.707 \tag{8.37}$$

可以看到，共轭复极点项频率响应的峰值 $M_{p\omega}$ 和谐振频率 ω_r 都是阻尼比 ζ 的函数，它们之间的关系曲线如图 8.11 所示。当共轭复极点是系统的主导极点时，利用图 8.11 中的曲线，可以方便地从系统频率响应的实验结果中估计得到系统的阻尼系数。

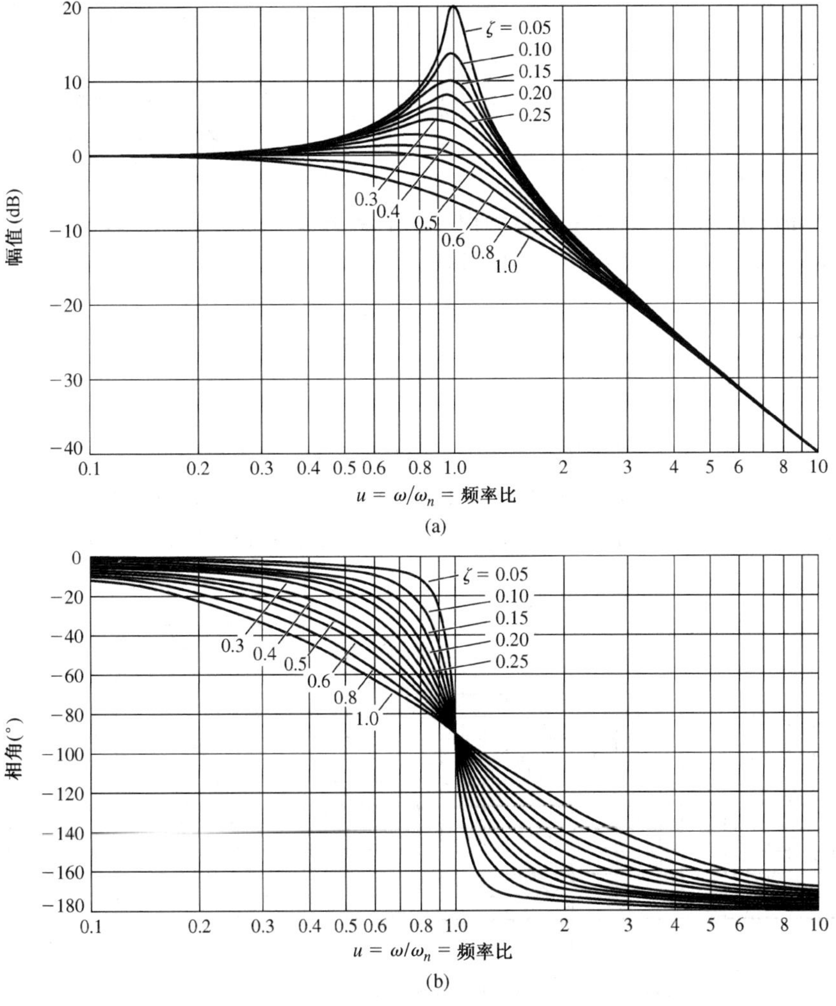

图 8.10　$G(j\omega)=[1+(2\zeta/\omega_n)j\omega+(j\omega/\omega_n)^2]^{-1}$ 的伯德图

接下来再讨论绘制频率响应曲线的另一种方法，即 s 平面法。沿 s 平面的虚轴($s=j\omega$)取定不同的频率点，确定从零点和极点到该频率点的向量的长度和相角，就可以得到系统的频率响应曲线。例如，考虑与共轭复极点对应的二阶因子项：

$$G(s)=\frac{1}{(s/\omega_n)^2+2\zeta s/\omega_n+1}=\frac{\omega_n^2}{s^2+2\zeta\omega_n s+\omega_n^2} \tag{8.38}$$

当 ζ 变化时，系统的极点分布在以原点为圆心，以 ω_n 为半径的圆周上，图 8.12(a)表示了某一 ζ 对应的一对共轭复极点 s_1 和 $\hat{s}_1$。由这一对极点出发，令 $s=j\omega$，就可以得到系统的频率特性函数为

$$G(j\omega)=\left.\frac{\omega_n^2}{(s-s_1)(s-\hat{s}_1)}\right|_{s=j\omega}=\frac{\omega_n^2}{(j\omega-s_1)(j\omega-\hat{s}_1)} \tag{8.39}$$

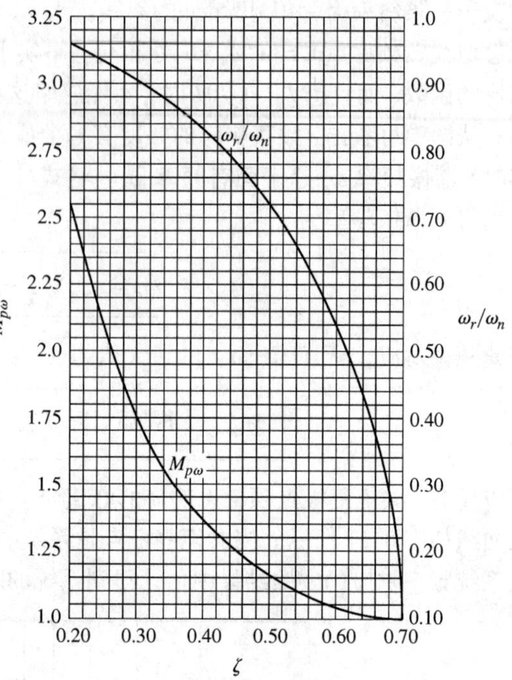

图 8.11 共轭复极点项的频率响应中，谐振峰值 $M_{p\omega}$，谐振频率 ω_r 和 ζ 之间的关系曲线

向量 $j\omega-s_1$ 和 $j\omega-\hat{s}_1$ 表示从共轭复极点到指定频率点 $j\omega$ 的向量，如图 8.12(a)所示。而在各个指定频率点上，可以计算出 $G(j\omega)$ 的幅值和相角分别为

$$|G(j\omega)|=\frac{\omega_n^2}{|j\omega-s_1||j\omega-\hat{s}_1|} \tag{8.40}$$

和

$$\phi(\omega)=-\angle(j\omega-s_1)-\angle(j\omega-\hat{s}_1)$$

在三个特殊的频率点 $\omega=0$，$\omega=\omega_r$ 和 $\omega=\omega_d$ 上，图 8.12(b)至图 8.12(d)分别给出了求频率响应的幅值和相角的向量计算过程，图 8.13 则给出了用 s 平面法得到的伯德图，其中标出了与这三个频率对应的幅值和相角。

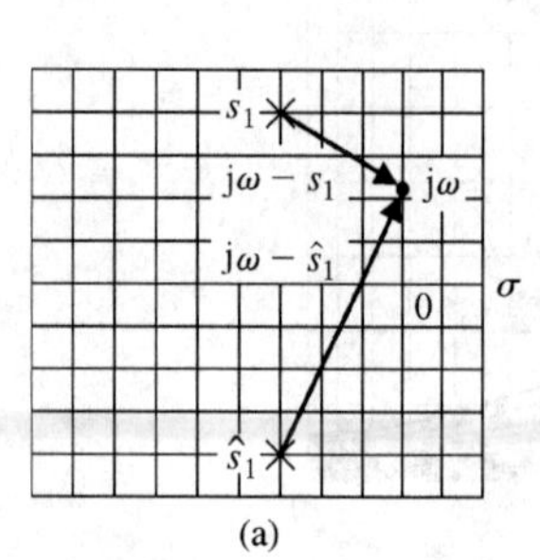

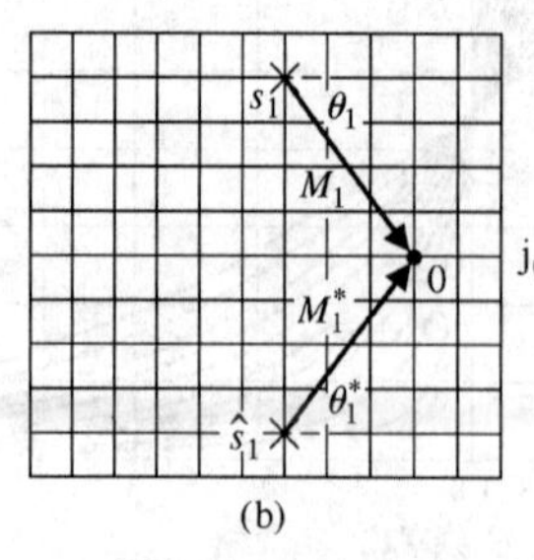

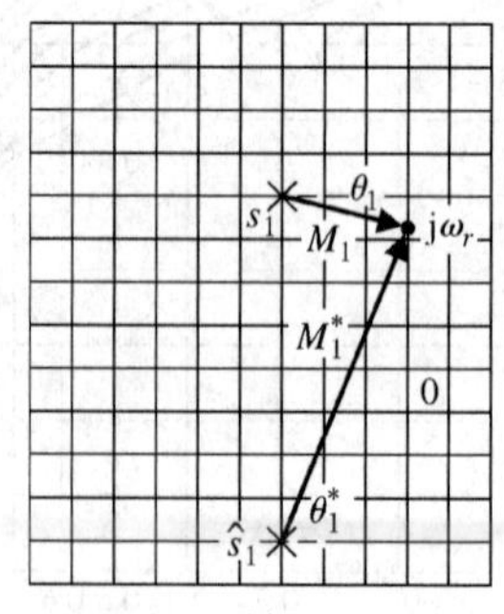

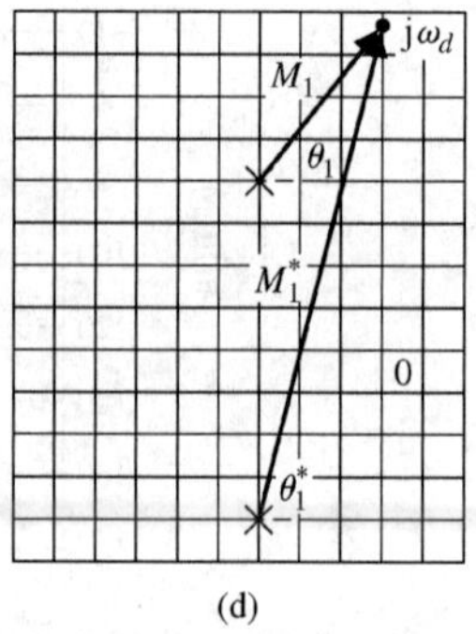

图 8.12 对指定的 ω，求频率响应的向量计算示意图

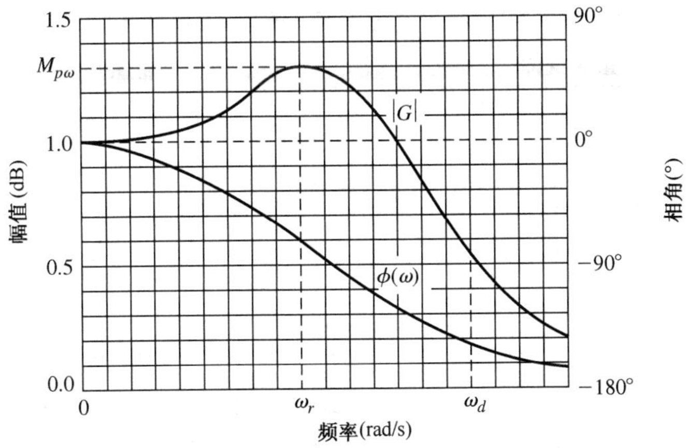

图 8.13　共轭复极点基本因子项的伯德图

例 8.4　双 T 网络的伯德图

考察图 8.14 所示的双 T 网络[6]，我们用上面所讲的零-极点分布图和指向 jω 的向量来求系统的频率特性。该网络的频率特性函数为

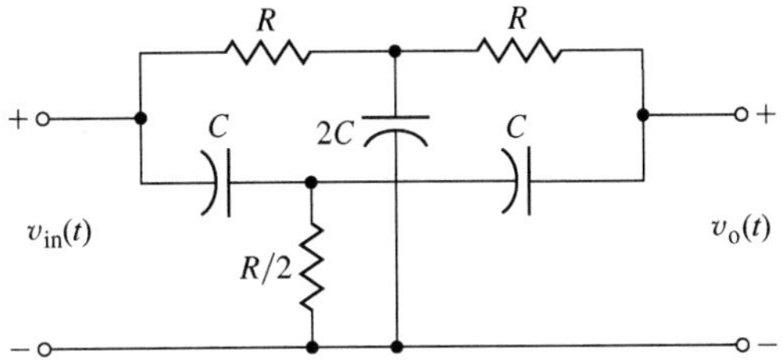

$$G(s)=\frac{V_o(s)}{V_{in}(s)}=\frac{(s\tau)^2+1}{(s\tau)^2+4s\tau+1} \tag{8.41}$$

图 8.14　双 T 网络

其中，$\tau=RC$。如图 8.15(a)所示，$G(s)$在 s 平面上的零点为 $\pm \mathrm{j}1/\tau$，极点为$(-2\pm\sqrt{3})/\tau$。根据从零点和极点出发的向量可以得到，当 $\omega=0$ 时，有$|G(\mathrm{j}\omega)|=1$，$\phi(\omega)=0°$；当 $\omega=1/\tau$时，指定的频率点恰好是零点 $s=\mathrm{j}1/\tau$，因此有$|G(\mathrm{j}\omega)|=0$，而相角有 180°的跳跃；当 $\omega\to+\infty$ 时，又有$|G(\mathrm{j}\omega)|=1$，$\phi(\omega)=0°$。若再选定几个中间频率点，并计算 $G(\mathrm{j}\omega)$的幅值和相角，就可以得到图 8.15(b)所示的频率特性曲线。

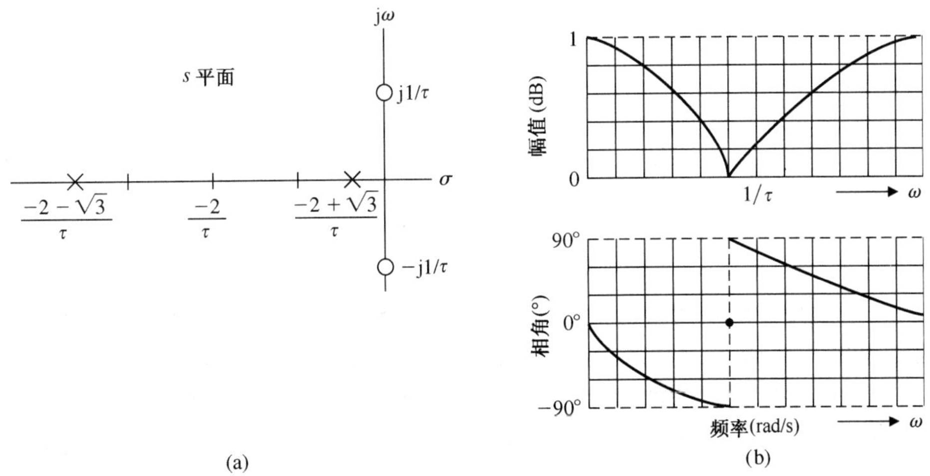

图 8.15　双 T 网络。(a) 零-极点分布图；(b) 频率响应

表 8.1 总结了频率特性函数中的上述各类基本因子项的频率特性近似线。

表 8.1　频率特性函数基本因子项的频率特性近似线

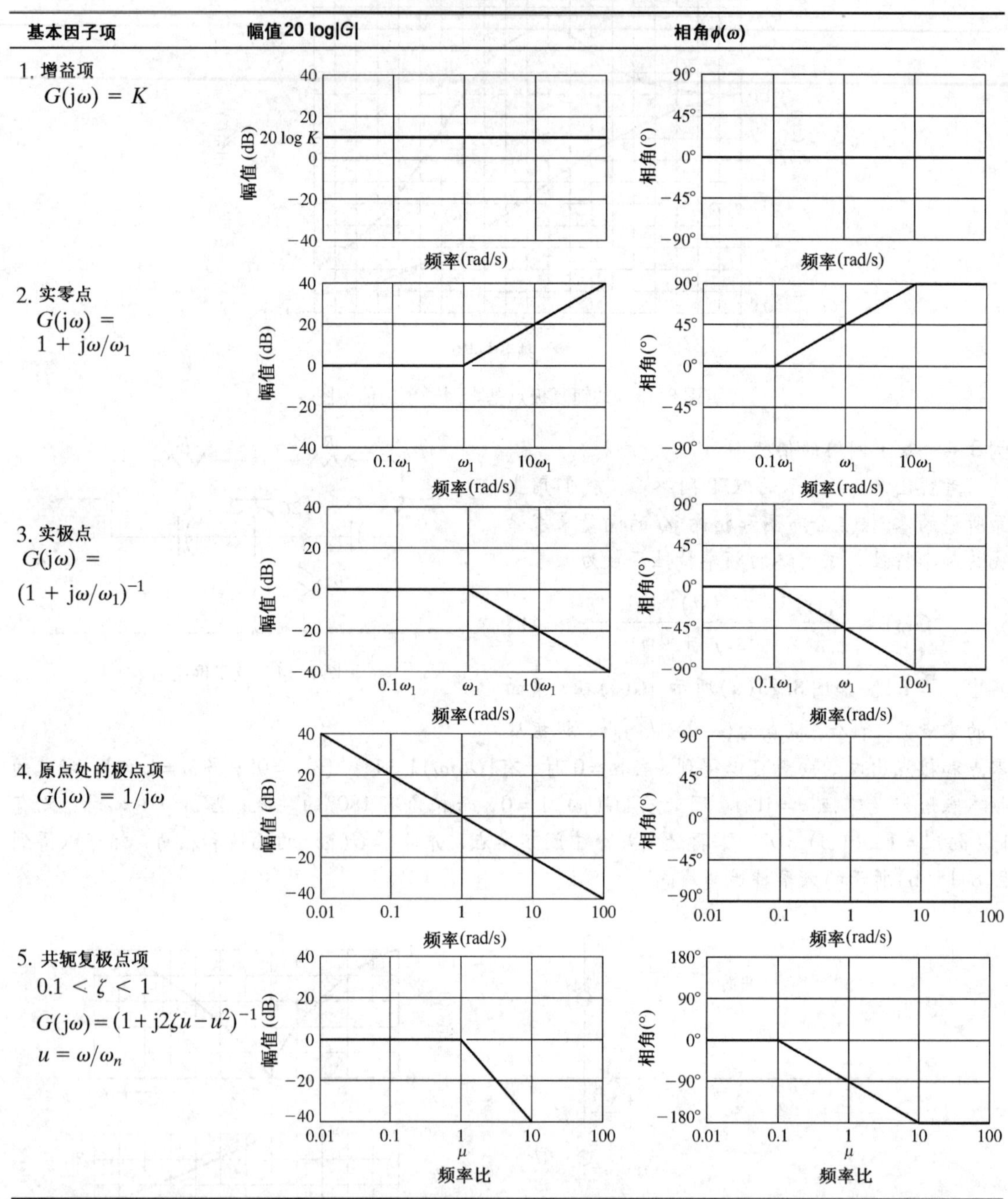

在前述各例中，$G(s)$的零点和极点都处在 s 左半平面。但实际上，一个系统也可能有位于 s 右半平面的零点，此时系统仍然可能是稳定的。在 s 右半平面有零点的传递函数称为**非最小相位传递函数**。如果将传递函数的所有零点置换成关于虚轴的对称点，则新的传递函数只改变了相角特性，幅频特性并没有改变。比较这两个传递函数的相角特性，不难看出，若系统的零点全部在 s 左半平面，则频率从零变到无穷大时，系统的净相移比较小。正因如此，我们把零点全部位于 s 左半平面的传递函数 $G_1(s)$ 称为**最小相位传递函数**，将 $G_1(s)$ 的全部零点关于虚轴($j\omega$ 轴)对称地映射到 s 右半平面且保持 $|G_2(j\omega)| = |G_1(j\omega)|$，得到的传递函数 $G_2(s)$ 就

是非最小相位传递函数。其实，将最小相位传递函数的任意一个或一对零点对称地映射到 s 右半平面，都会导致非最小相位传递函数。

> 所有零点都在 s 平面左半平面的传递函数称为最小相位传递函数。有零点在 s 平面右半平面的传递函数称为非最小相位传递函数。

概念强调说明 8.2

图 8.16(a) 和图 8.16(b) 表示的是两个系统的零-极点分布图，从向量的长度可以知道，这两个系统的幅频特性相同，而相频特性不同。图 8.17 则同时给出了两个系统的相频特性曲线，从中可以清楚地看到，最小相位系统

$$G_1(s) = \frac{s+z}{s+p}$$

的相移范围小于 180°，而

$$G_2(s) = \frac{s-z}{s+p}$$

的相移范围超过了 180°。图 8.17 直观地说明了**最小相位**这个名称的意义。对给定的幅频特性而言，最小相位传递函数提供了最小的相移范围，而非最小相位传递函数则提供了较大的相移范围。

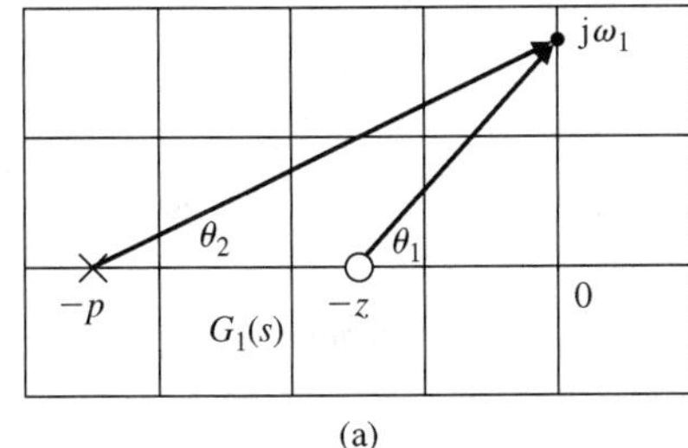

(a)

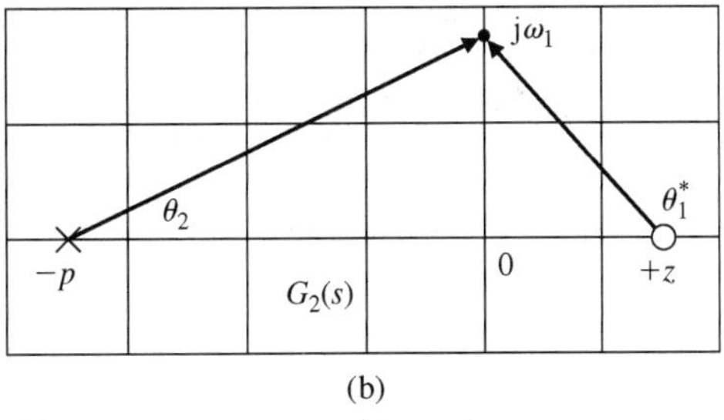

(b)

图 8.16　具有相同幅频特性、不同相频特性的零-极点分布图

图 8.18 所示的**全通网络**就是一个有趣的非最小相位系统，它具有对称的网络结构[8]。图 8.18(a) 给出了它的对称的零-极点分布图，由此可知，全通网络的零-极点配置是对称的，其幅值 $|G(j\omega)|$ 恒为 1，而相角在 0° 到 −360° 之间变化。由于 $\theta_2 = 180° - \theta_1$ 且 $\hat{\theta}_2 = 180° - \hat{\theta}_1$，所以其相角也可以表示为 $\phi(\omega) = -2(\theta_1 + \hat{\theta}_1)$。据此，可以得到图 8.18(b) 所示的全通网络的频率特性曲线，其网络结构图则如图 8.18(c) 所示。

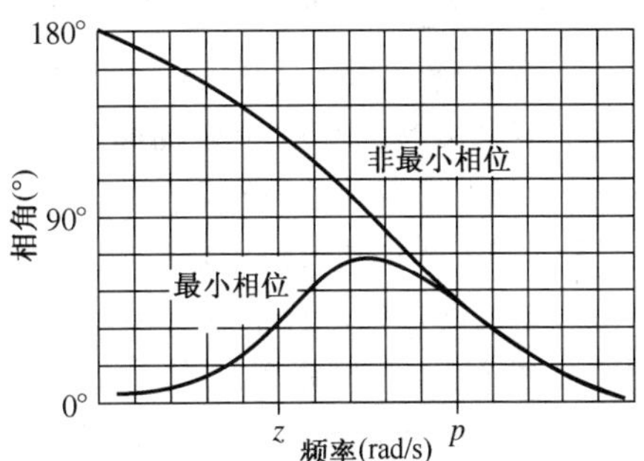

图 8.17　最小相位系统和非最小相位系统的相频特性曲线

例 8.5　绘制伯德图

将每个零点和极点因子项的伯德图叠加起来，就可以得到含有多个零点和极点的传递函数 $G(s)$ 的完整伯德图。本段将举例说明伯德图的这种绘制方法。

考虑包含了所有基本因子项的频率特性函数：

$$G(j\omega) = \frac{5(1 + j0.1\omega)}{j\omega(1 + j0.5\omega)(1 + j0.6(\omega/50) + (j\omega/50)^2)} \tag{8.42}$$

按转折频率递增的顺序，可以将各个基本因子项依次排列为

1. 常数增益项：$K=5$
2. 原点处的极点项
3. $\omega=2$ 处的极点项
4. $\omega=10$ 处的零点项
5. $\omega=\omega_n=50$ 处的共轭复极点项

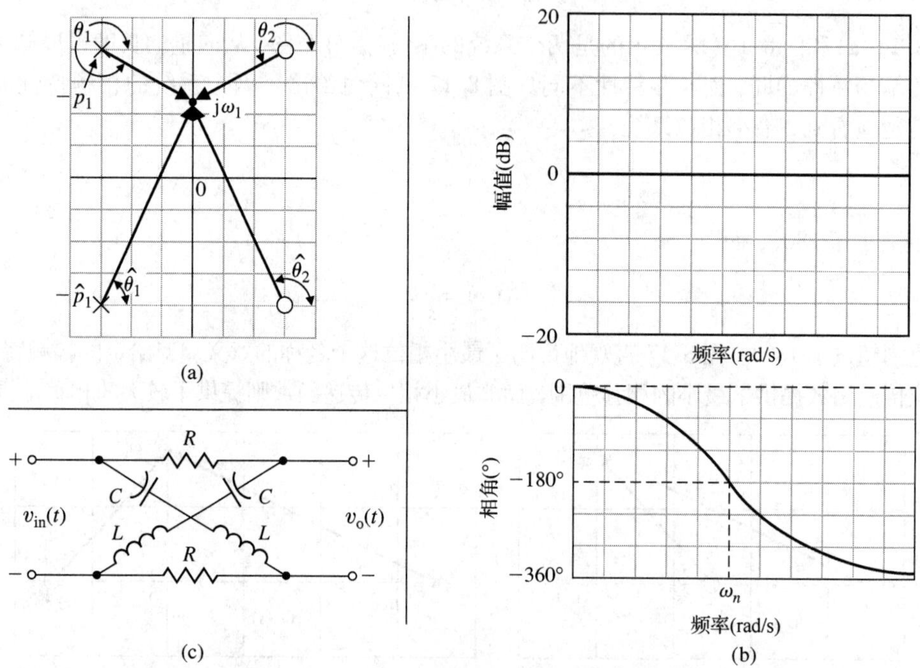

图 8.18　全通网络。(a) 零-极点分布图；(b) 频率响应；(c) 结构图

首先，绘制各个零点和极点项，以及常数增益项的对数幅频特性近似线。

1. 常数增益项的对数幅值恒为 $20\log 5=14$ dB，如图 8.19 中①所示。
2. 原点处极点项的对数幅频特性近似线从零频率延伸至无穷大频率，始终是一条斜率为 -20 dB/dec的斜线。在 $\omega=1$ 时，近似线与 0 dB 线相交，如图 8.19 中②所示。
3. $\omega=2$ 处极点项的对数幅频特性近似线由两条不同的斜线构成：当 ω 大于转折频率 $\omega=2$ 时，近似线是斜率为 -20 dB/dec 的斜线；当 ω 小于转折频率时，近似线是 0 dB 线，如图 8.19 中③所示。
4. $\omega=10$ 处零点项的对数幅频特性近似线由两条不同的斜线构成：当 ω 大于转折频率 $\omega=10$ 时，近似线是斜率为 20 dB/dec 的斜线，如图 8.19 中④所示。
5. $\omega=\omega_n=50$ 处的共轭复极点项，其对应的对数幅频特性近似线是斜率为 -40 dB/dec 的斜线，转折频率为 $\omega=\omega_n=50$，如图 8.19 中⑤所示。由于系统的阻尼比仅为 $\zeta=0.3$，因此在转折频率附近，近似线有较大的近似偏差，必须加以修正，如图 8.20 所示。

接下来，利用上面得到的各因子项的对数幅频特性近似线，可以叠加得到总的对数幅频特性近似线，如图 8.20 中的实线部分所示。考察近似线的叠加过程可以发现，只要注意了转折频率的递增顺序，就能够直接绘制出整个系统的幅频特性近似线。在刚才的例子中，由于存在 $K(j\omega)^{-1}$项，第一段近似线是斜率为 -20 dB/dec 的斜线，而且在 $\omega=1$ 处与 14 dB 线相交；再考虑 $\omega=2$ 处，由于实极点项的影响，在 $\omega=2$ 之后，近似线变成了斜率为 -40 dB/dec 的斜线；而由于

$\omega=10$ 处实零点项的影响，在 $\omega=10$ 之后，近似线又变成了斜率为 -20 dB/dec 的斜线；最后，由于 $\omega_n=50$ 处的共轭复极点项的影响，在 $\omega>50$ 之后，近似线变成了斜率为 -60 dB/dec 的斜线。

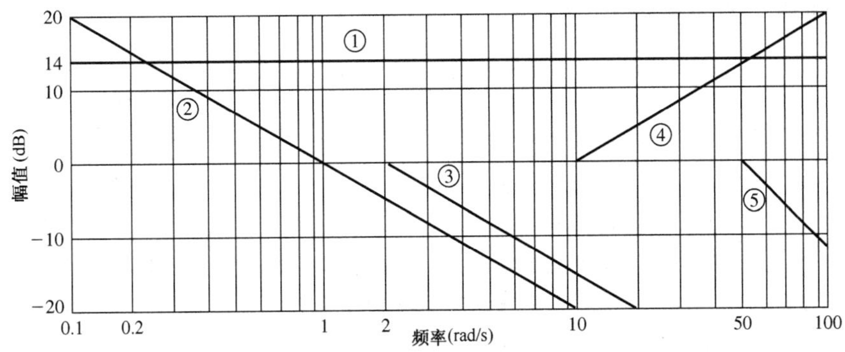

图 8.19　例子中零点和极点基本因子项的对数幅频特性近似线

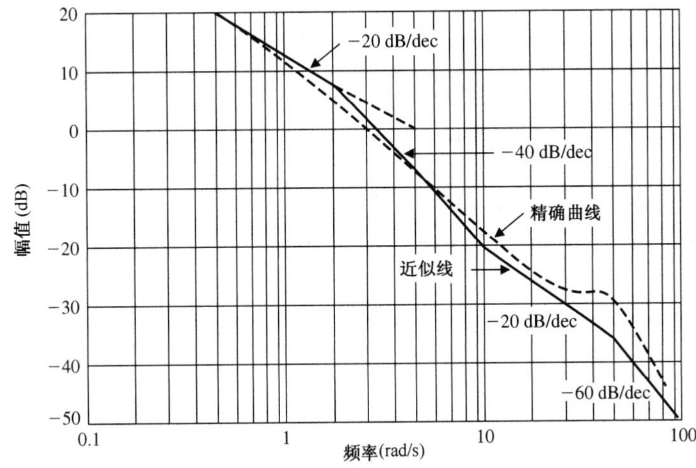

图 8.20　对数幅频特性曲线

图 8.9 给出了单个极点项的实际对数幅频特性曲线与对数幅频特性近似线的偏差，可以据此加以修正。单个零点项的实际对数幅频特性曲线与对数幅频特性近似线的偏差与之类似，只是在转折频率附近为正值，在转折频率处为 +3 dB。共轭复极点项的实际对数幅频特性曲线则由图 8.10(a)给出。由此对近似线进行分段修正，可以得到 $G(\mathrm{j}\omega)$ 的比较精确的对数幅频特性曲线，如图 8.20 中的虚线所示。

同样，也可以将各因子项的相频特性曲线叠加而得到系统的相频特性曲线。一般而言，相频特性曲线的近似线只能用于初步的分析和设计。为此，我们先绘制各基本因子项的相频特性近似线，如图 8.21 中的实线部分所示，其中：

1. 常数增益项的相频特性曲线为 0°线。
2. 原点处极点项的相频特性曲线为 −90°线。
3. $\omega=2$ 处实极点项的相频特性近似线如图 8.21 所示，在 $\omega=2$ 处的相角为 −45°。
4. $\omega=10$ 处实零点项的相频特性近似线如图 8.21 所示，在 $\omega=10$ 处的相角为 +45°。
5. 可以从图 8.10 中得到共轭复极点项的精确相频特性曲线，也绘制在图 8.21 中。

再将各个基本因子项的相频特性近似线叠加起来，就得到了相频特性函数 $\phi(\omega)$ 的近似线，如图 8.21 中的虚线部分所示。尽管这只是近似线，但也能够为确定系统相频特性提供有益的帮助。在一些值得特别关注的频率点上,例如,在下一节将要讨论的$\phi(\omega)=-180°$线的穿越频率上,就需要特别注意其相频特性的精确值。在本例中,观察$\phi(\omega)$的近似线,可以估计得到该$-180°$线的穿越频率约为$\omega=46$。而当$\omega=46$时,实际的相角应该为

$$\phi(\omega)=-90°-\arctan\omega\tau_1+\arctan\omega\tau_2-\arctan\frac{2\zeta u}{1-u^2} \tag{8.43}$$

其中,$\tau_1=0.5$,$\tau_2=0.1$,$2\zeta=0.6$,$u=\omega/\omega_n=\omega/50$。于是,当$\omega=46$时,则有

$$\phi(46)=-90°-\arctan 23+\arctan 4.6-\arctan 3.55=-175° \tag{8.44}$$

由此可见,当$\omega=46$时,近似线的相角误差约为5°。不过,只要从相频特性近似线得到了感兴趣的频率点的近似值,再利用精确的相角关系式(8.43),就很容易确定出邻近频率点的精确相角。当只考虑几个十倍频程的频率范围时,我们更倾向于用这种方法直接计算精确相角。综上所述,在实际绘制伯德图时,通常的做法是,先用$G(j\omega)$的对数幅频、相频特性近似线,确定重要的频率点或频率段,然后再在较小的频率范围内,用公式[例如式(8.43)]准确计算系统的实际幅值和相角。

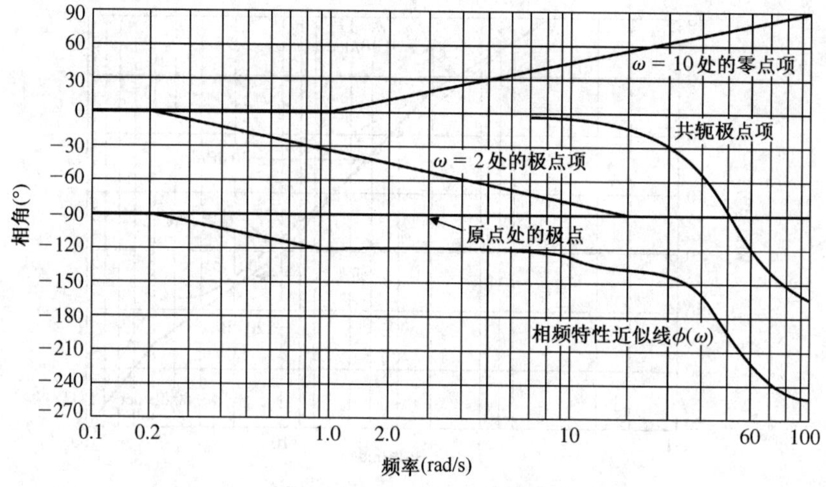

图 8.21 相频特性曲线

图 8.22 给出了式(8.42)所示频率特性函数的$G(j\omega)$的伯德图,频率变化范围为4个十倍频程,图中还标出了0 dB线和−180°线。从图中可知,当$\omega=0.1$时,对数幅值为34 dB,相角为−92.36°;当$\omega=100$时,对数幅值为−43 dB,相角为−243°;当对数幅值为0 dB时,对应的频率为$\omega=3.0$;当相角为−180°时,对应的频率为$\omega=50$。

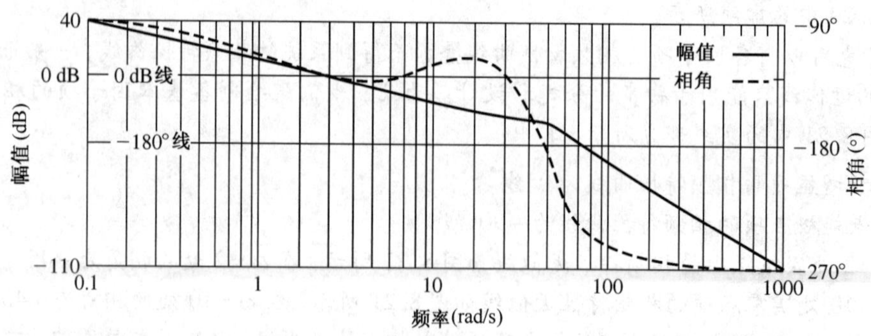

图 8.22 式(8.42)所给$G(j\omega)$的伯德图

8.3 频率响应测量

正弦信号可以用来测量控制系统的开环频率响应，实际的测量结果通常是幅值和相角随频率的变化曲线[1,3,6]。利用这两条曲线，就可以导出系统的开环频率特性函数 $G_c(\mathrm{j}\omega)G(\mathrm{j}\omega)$。同样，也可以测量系统的闭环频率响应，从而导出闭环频率特性函数 $T(\mathrm{j}\omega)$。

当改变输入正弦信号的频率时，可以用频谱分析仪测量输出信号的幅值和相角随频率的变化情况，传递函数分析仪则可以直接测定系统的开环或闭环频率特性函数[6]。

典型的信号分析仪可以在从直流到 100 kHz 的频率范围内测量频率响应。内置的分析和建模功能可以直接从频率响应的测量数据中分析确定系统的零点和极点；可以按照用户选定的模型，自行生成系统的频率响应图；还可以根据给定的系统模型合成相应的频率响应，从而与实测的频率响应进行比较。

考虑图 8.23 给出的实测频率特性曲线，下文以此为例说明如何由伯德图确定系统的传递函数。

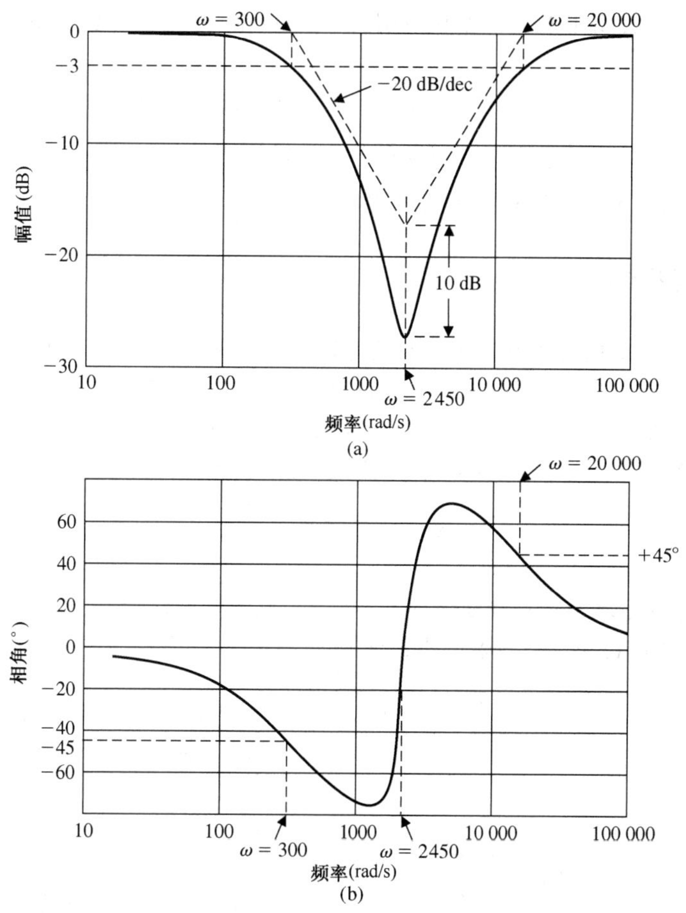

图 8.23　某待定系统的实测伯德图

该系统实际上是一个含有电阻和电容的稳定的电路网络。由图 8.23 可知，当 ω 从 100 增加到 1000 时，对数幅频特性曲线的近似线是斜率为 −20 dB/dec 的直线，而且在 $\omega=300$ rad/s 处，

系统相角为 -45°, 对数幅值为 -3 dB。由此可以推断, 系统应该有一个与 $p_1=300$ 对应的实极点项。接下来, 注意到系统在 $\omega_n=2450$ 处的相角为 0°, 相频特性曲线在附近急剧变化了约 +180°, 而且对数幅频特性曲线在该频率处出现转折, 近似线的斜率由 -20 dB/dec 变成了 +20 dB/dec, 因此可以推断出系统有一对共轭复零点, 其转折频率为 $\omega_n=2450$。再者, 当 $\omega>50\,000$ 之后, 对数幅频特性曲线的近似线的斜率又回到 0 dB/dec, 因此可以断定存在第二个实极点。由于系统在 $\omega=20\,000$ 处的对数幅值为 -3 dB, 相角为 +45°(第一个实极点处的相角为 -90°, 共轭复零点处的相角为 +180°, 第二个实极点处的相角为 -45°), 于是在该实极点处有 $p_2=20\,000$。这样, 我们绘制出了该系统对数幅频特性曲线的近似线, 如图 8.23(a)中的虚线所示, 同时也得到了系统的传递函数表达式:

$$T(s)=\frac{(s/\omega_n)^2+(2\zeta/\omega_n)s+1}{(s/p_1+1)(s/p_2+1)} \tag{8.45}$$

再考察对数幅频特性近似线的近似误差。在转折频率($\omega_n=2450$)处, 该近似误差约为 10 dB, 于是, 由式(8.37)可以估计得到与共轭复零点对应的阻尼比 $\zeta=0.16$。(比较图 8.10 中共轭复极点项和共轭复零点项可知, 将共轭复极点项的频率特性曲线上下倒置, 就可以得到共轭复零点项的频率特性曲线, 此时相角的变化范围由 0°到 -180°变成了 0°到 +180°。)因此, 整个系统的传递函数为

$$T(s)=\frac{(s/2450)^2+(0.32/2450)s+1}{(s/300+1)(s/20\,000+1)}$$

该频率特性曲线其实是从双 T 网络实测得到的。

8.4 频域性能指标

接下来的问题是: 如何将系统的频域响应与时域响应联系起来? 换句话说, 在给定一组时域指标的设计要求之后, 怎样确定对系统频域响应的设计要求? 或者反其道而行之。当系统为简单的二阶系统时, 我们可以给出比较圆满的答案, 此时涉及的时域性能指标有超调量、调节时间及平方积分误差, 等等。考虑图 8.24 所示的二阶系统, 其闭环传递函数为

$$T(s)=\frac{\omega_n^2}{s^2+2\zeta\omega_n s+\omega_n^2} \tag{8.46}$$

图 8.25 给出了该反馈系统幅频特性曲线的基本形状, 从图中可以看出, 对二阶系统而言, 谐振峰值 $M_{p\omega}$ 出现在谐振频率 ω_r 处, 它与阻尼比 ζ 有关。

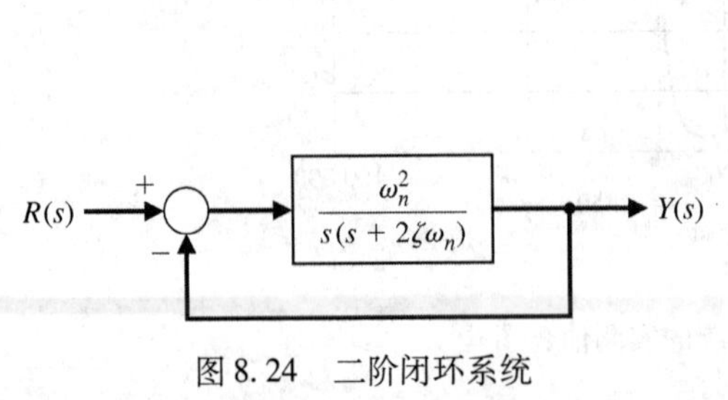

图 8.24 二阶闭环系统

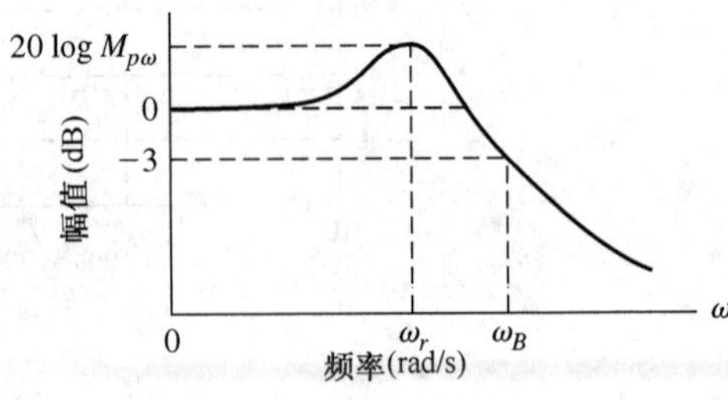

图 8.25 二阶系统的幅频特性

> 谐振峰值 $M_{p\omega}$ 是频率响应的最大幅值, 它出现在谐振频率 ω_r 处。

概念强调说明 8.3

系统带宽 ω_B 衡量了系统复现输入信号的能力。

带宽 ω_B 定义为在幅频特性曲线上，对数幅值从低频值下降 3 dB 时所对应的频率。大致相当于下降到低频幅值的 $1/\sqrt{2}$ 倍时所对应的频率。

概念强调说明 8.4

谐振频率 ω_r 和 -3 dB **带宽** ω_B 与瞬态时间响应的速度有关。当 ω_B 增大时，系统的上升时间将随之减小。谐振峰值 $M_{p\omega}$ 则通过阻尼比 ζ 与超调量有关。图 8.11 中的曲线就揭示了二阶系统的谐振峰值、谐振频率和阻尼比之间的关系，据此可以估计与谐振峰值对应的 ζ 的取值，并估算相应的超调量。在通常情况下，谐振峰值 $M_{p\omega}$ 增大时，阶跃输入的超调量将随之增大。此外，谐振峰值 $M_{p\omega}$ 的大小还能反映系统的相对稳定性。

频率响应的系统带宽 ω_B 与固有频率 ω_n 之间近似存在着线性回归的关系。对于式(8.46)所示的标准二阶系统而言，图 8.26 给出了其归一化带宽 ω_B/ω_n 与阻尼比 ζ 之间的关系曲线。考虑标准二阶系统的单位阶跃响应：

$$y(t) = 1 + Be^{-\zeta\omega_n t}\cos(\omega_1 t + \theta) \tag{8.47}$$

于是，当给定 ζ 之后，ω_n 越大，系统达到稳态值的速度越快。通常，我们对频域性能指标的要求是：

1. 谐振峰值相对较小，例如，可以要求 $M_{p\omega} < 1.5$。
2. 系统带宽相对较大，从而使系统的时间常数 $\tau = 1/(\zeta\omega_n)$ 足够小。

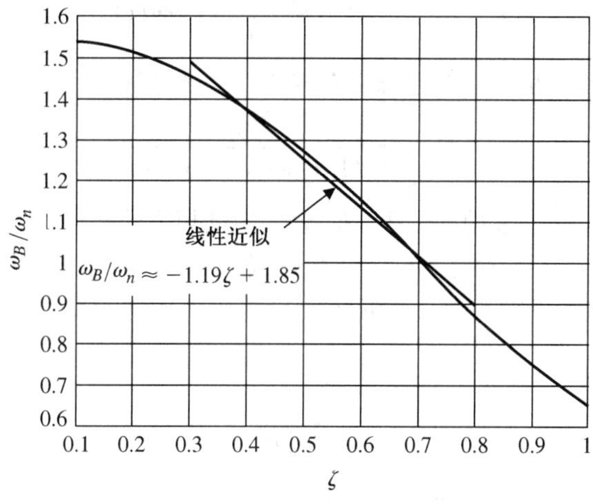

图 8.26　二阶系统标准化带宽 ω_B/ω_n 与阻尼比 ζ 的关系曲线[见式(8.46)]。当 $0.3 \leqslant \zeta \leqslant 0.8$ 时，线性近似关系为 $\omega_B/\omega_n = -1.19\zeta + 1.85$

对于一般的高阶系统而言，上面给出的频域性能指标与时域性能指标之间的关系的结论是否有效，取决于高阶系统能否用具有一对共轭**主导极点**的二阶系统来近似。当共轭复极点能够主导系统的频率响应时，本节给出的频域性能指标与时域性能指标之间的关系就会非常有效。幸运的是，大部分实际控制系统都有二阶主导极点，因而能够用二阶系统降阶近似。

还可以将闭环系统的稳态误差指标与它的频域响应联系起来。系统对典型输入信号的稳态误差，与系统开环增益和系统开环传递函数中积分环节(原点处的极点)的个数有关。考虑图 8.24 所示的 I 型系统，它对于斜坡输入的稳态误差由速度误差常数 K_v 决定。其稳态误差可表示为

$$\lim_{t\to\infty} e(t) = \frac{A}{K_v}$$

其中，A 是斜坡输入信号的斜率，而该系统的速度误差常数 K_v 为

$$K_v = \lim_{s\to 0} sG(s) = \lim_{s\to 0} s\left(\frac{\omega_n^2}{s(s+2\zeta\omega_n)}\right) = \frac{\omega_n}{2\zeta} \tag{8.48}$$

若将开环传递函数写成伯德图形式(即时间常数形式)，则有

$$G(s) = \frac{\omega_n/(2\zeta)}{s(s/(2\zeta\omega_n)+1)} = \frac{K_v}{s(\tau s+1)} \tag{8.49}$$

由此可见，I 型系统的常数增益就是速度误差常数 K_v。我们来重新考察例 8.5，该 I 型系统的开环频率特性函数为

$$G(j\omega) = \frac{5(1+j\omega\tau_2)}{j\omega(1+j\omega\tau_1)(1+j0.6u-u^2)} \tag{8.50}$$

其中 $u=\omega/\omega_n$。于是，由前面的结论可知，该 I 型系统的速度误差常数为 $K_v=5$。一般地，若反馈系统的开环频率特性函数可以写成如下的伯德图形式：

$$G(j\omega) = \frac{K\prod_{i=1}^{M}(1+j\omega\tau_i)}{(j\omega)^N\prod_{k=1}^{Q}(1+j\omega\tau_k)} \tag{8.51}$$

则该系统是 N 型系统，K 就是相应的稳态误差常数。考虑具有两个极点的 0 型系统，即

$$G(j\omega) = \frac{K}{(1+j\omega\tau_1)(1+j\omega\tau_2)} \tag{8.52}$$

其位置误差常数就是 $K=K_p$。在伯德图中，K_p 表现为低频段的幅值。

当系统为 I 型系统时，在伯德图中，常数增益项 $K=K_v$ 主要表现为低频段的幅频特性。再次考察式(8.50)给出的 I 型系统，在低频段只需要考虑系统的常数增益项和原点处的极点项，于是近似地有

$$G(j\omega) = \frac{5}{j\omega} = \frac{K_v}{j\omega}, \quad \omega < 1/\tau_1 \tag{8.53}$$

由此可知，在低频段的伯德图中，K_v 近似等于对数幅频特性曲线与 0 dB 线的穿越频率。在图 8.20中，$K_v/j\omega$ 的对数幅频特性曲线就正好在 $\omega=5$ 处与 0 dB 线相交。

综上所述，频率响应特性从各个方面反映了系统的性能。因此，在反馈控制系统的分析和设计中，频率性能指标也得到了广泛的应用。

8.5 对数幅相图

可以用多种图示化方法表示传递函数 $G(j\omega)$ 的频率响应特性。前面已经介绍了频率响应特性的两种图示方法，即(1)极坐标图法和(2)伯德图法，本节介绍频率响应特性的另一种图示方法，即对数幅相图。在一定的频率变化范围内，直接绘制对数幅值随相角的变化曲线，所得到的图形就称为对数幅相图。在对数幅相图中，对数幅值的单位仍为 dB。

下面还是用例子来说明对数幅相图的绘制方法。考虑频率特性函数

$$G_1(j\omega) = \frac{5}{j\omega(0.5j\omega + 1)(j\omega/6 + 1)} \tag{8.54}$$

图 8.27 便是它的对数幅相图，图中沿曲线标注的数据是与该点对应的频率参数 ω。

8.2 节曾经研究过频率特性函数

$$G_2(j\omega) = \frac{5(0.1j\omega + 1)}{j\omega(0.5j\omega + 1)(1 + j0.6(\omega/50) + (j\omega/50)^2)} \tag{8.55}$$

其对数幅相图如图 8.28 所示。利用图 8.20 和图 8.21 给出的伯德图，将相角和对数幅值的计算结果作为曲线的坐标，就能够方便地得到图 8.28。可以看到，由于式(8.54)和式(8.55)彼此不同，图 8.27和图 8.28 也彼此不同，这些曲线和它们之间的差异提供了系统的重要信息。特别地，当相角接近 -180°和对数幅值接近 0 dB 时，对数幅相曲线的形状格外重要。而且，一旦在系统的瞬态响应和对数幅相图的形状之间建立了联系，就得到了另一种有用的频率响应特性的图示方法。第 9 章将研究系统在频域内的稳定性，届时就会用到对数幅相图，并用它来研究闭环反馈控制系统的相对稳定性。

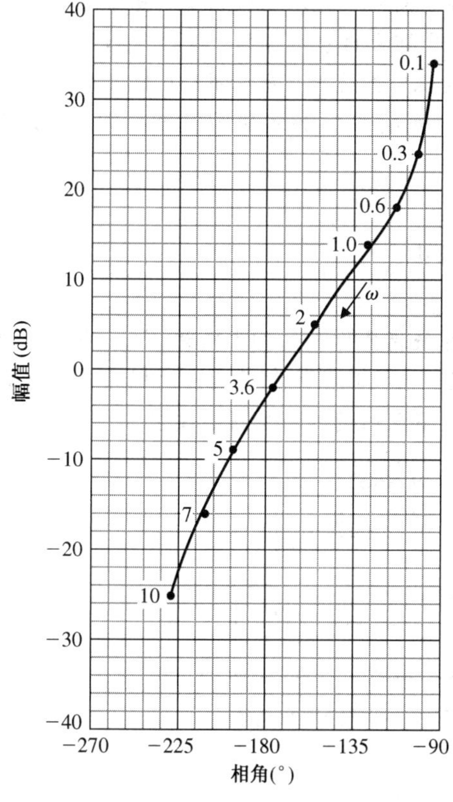

图 8.27　$G_1(j\omega)$的对数幅相图

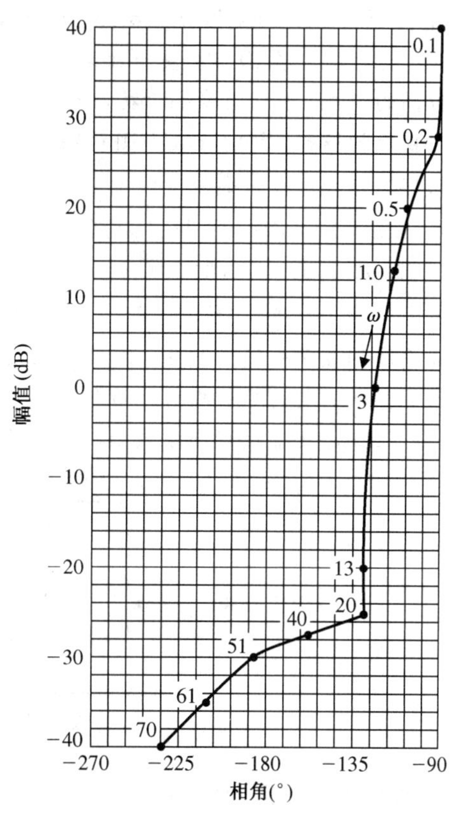

图 8.28　$G_2(j\omega)$的对数幅相图

8.6　设计实例

本节将通过两个例子来说明如何用频率响应方法设计控制器。第一个例子表明当太阳光随时间变化时，如何控制光伏发电机以获得最大输出功率。第二个例子考虑了六足机器人的单足

控制，提出的性能指标设计要求涉及时域指标(超调量和调节时间)和频域指标(带宽)，设计的结果是利用一个 PID 控制器满足了这些指标要求。

例 8.6 光伏发电机的最大功率点跟踪

绿色工程的目标之一是设计有利于减小污染和保护环境的产品。利用太阳能产生清洁能源的一种途径是，利用光伏发电机将太阳光直接转变成电能。但是，光伏发电机的输出功率会随着可用太阳光、温度以及外部负载的变化而变化。本例中，我们将讨论如何利用反馈控制来调整光伏发电机系统的输出电压[24]。在此将通过设计控制器，使得系统达到期望的性能指标。

考虑图 8.29 所示的反馈控制系统，受控对象的传递函数为

$$G(s) = \frac{K}{s(s+p)}$$

其中 $K=300\,000$，$p=360$。该模型可以代表配有 182 块太阳能电池板，输出功率超过 1100 W 的光伏发电机[24]。假定采用如下形式的控制器：

$$G_c(s) = K_c\left[\frac{\tau_1 s + 1}{\tau_2 s + 1}\right] \tag{8.56}$$

其中 K_c，τ_1和τ_2均是待定参数。式(8.56)所表示的控制器是超前或滞后校正器，具体类型将取决于τ_1和τ_2的大小。第 10 章将更详细地讨论这一点。通过前面的分析可知，控制器如果在低频段提供较高的增益，就能够减小干扰以及受控对象参数变化对系统产生的影响；控制器如果在高频段提供较低的增益，就能够减小测量噪声对系统产生的影响[24]。为了同时兼顾这些目标，我们给出的性能指标设计要求如下：

1. 当 $\omega \leqslant 10$ rad/s 时，$|G_c(j\omega)G((j\omega))| \geqslant 20$ dB
2. 当 $\omega \geqslant 1000$ rad/s 时，$|G_c(j\omega)G((j\omega))| \leqslant -20$ dB
3. 相角裕度 P.M.$\geqslant 60°$

未校正系统的相角裕度为 P.M.= 36.3°，因此，校正后系统需要增加的相角约为 25°。我们利用控制器来提供所需要的超前相角。而在 $\omega = 1000$ rad/s 处，未校正系统频率响应的幅频特性达到了 −11 dB，因此，还需要进一步减小高频段的幅值，才能满足性能指标的设计要求。

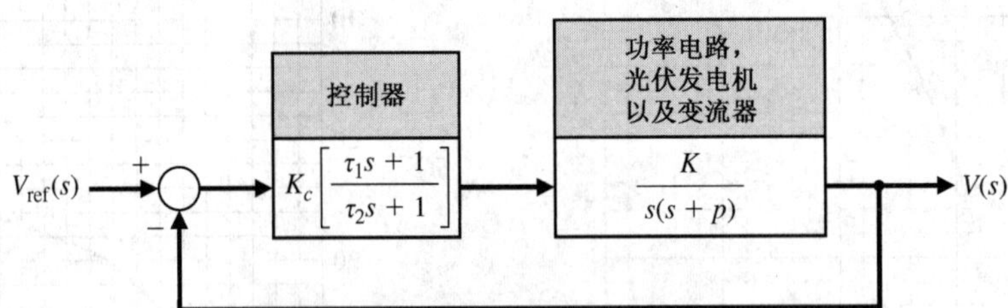

图 8.29 跟踪输入参考电压的光伏发电机反馈控制系统

这里给出一种可行的控制器

$$G_c(s) = 250\left[\frac{0.04s + 1}{100s + 1}\right]$$

由图 8.30 可知，校正后系统的相角裕度为 P.M.= 60.4°，并同时满足了低频段具有较高幅值和高频段具有较低幅值的性能指标设计要求。闭环系统的单位阶跃响应曲线如图 8.31 所示，可以看到，其调节时间 $T_s = 0.11$ s，超调量 P.O.= 19.4%，这些表明，针对光伏发电机输出电压所设计的控制器是可以接受的。

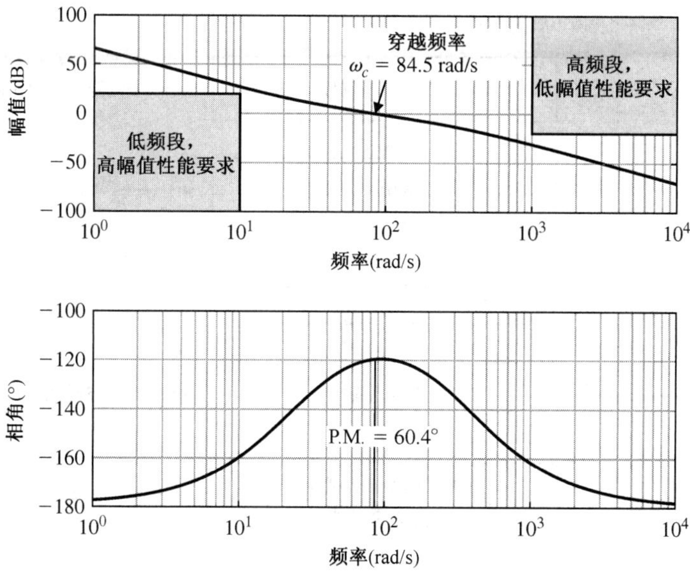

图8.30　校正后系统的伯德图，校正器为 $G_c(s)=250\left[\frac{0.04s+1}{100s+1}\right]$

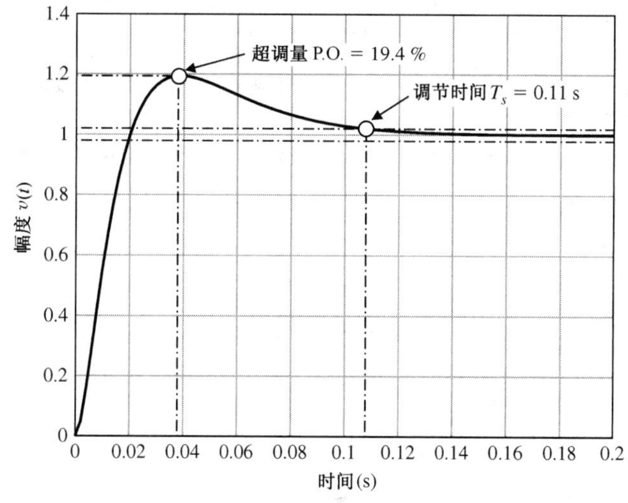

图8.31　闭环系统的阶跃响应

例8.7　六足步行机器人的单足控制

漫步者是卡内基-梅隆大学研发的一台六足步行机器人[23]。漫步者的概念设计图如图8.32所示。

本例考虑漫步者的单足位置控制。图8.33给出了六足步行机器人控制系统设计的基本流程，并用阴影突出显示了本例重点强调的设计模块。

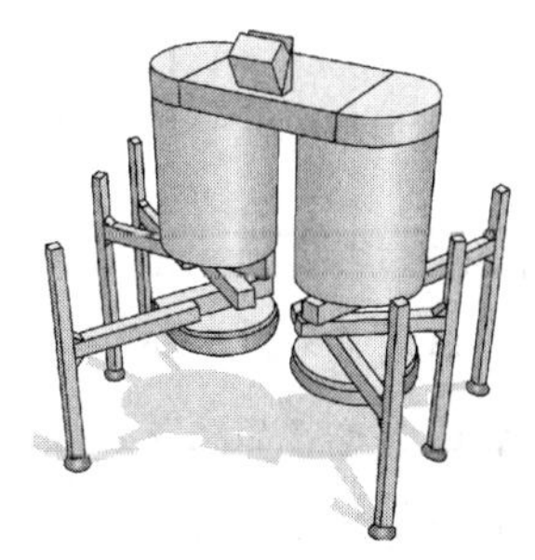

图8.32　漫步者的概念设计图

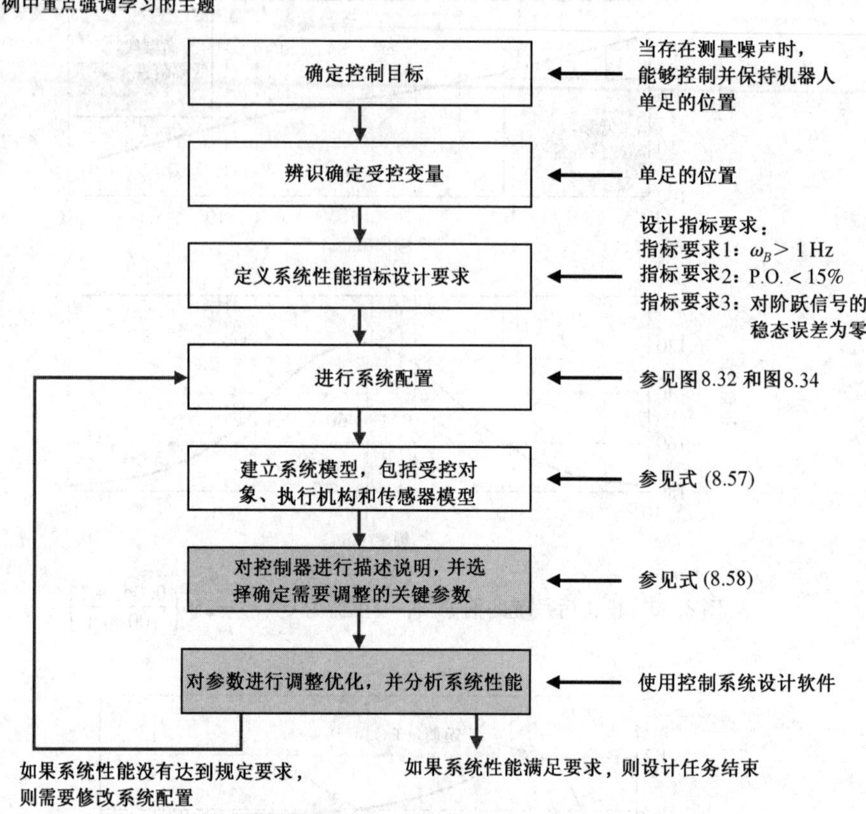

图 8.33　六足步行机器人控制系统设计流程及重点强调的设计模块

执行机构和单足的传递函数给定为

$$G(s) = \frac{1}{s(s^2 + 2s + 10)} \tag{8.57}$$

该系统的输入信号是输入给执行机构的电压信号，输出信号是单足的位置(只考虑垂直方向)。系统的框图如图 8.34 所示，控制目标如下所示。

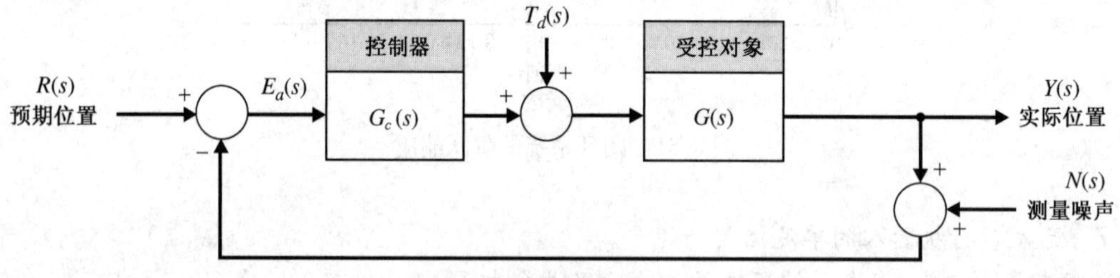

图 8.34　单足的控制系统

控制目标　当存在测量噪声时，能够控制并保持机器人单足的位置。

受控变量如下所示。

受控变量　单足的位置，$Y(s)$

我们希望机器人的单足能够尽快地移动到预期的位置并具有较小的超调。实际设计研制工作的第一步目标是，首先让系统动起来。在此阶段，系统可以运动得比较慢，也就是说，可以将初始的带宽设计要求提得比较小。

整个控制系统的设计指标要求如下所示。

设计指标要求

指标要求 1：闭环带宽 $\omega_B > 1$ Hz。

指标要求 2：阶跃响应的超调量 P.O.≤15%。

指标要求 3：阶跃响应的稳态跟踪误差为零。

指标要求 1 和指标要求 2 保证了系统具有良好的跟踪性能。受控对象(执行机构/单足)的传递函数是 I 型传递函数，可以保证系统对阶跃输入的稳态跟踪误差为零。因此，在本例中，只要在添加控制器以后，$G_c(s)G(s)$ 仍然至少还是 I 型系统，就能自然而然地满足指标要求 3。

考虑如下的控制器：

$$G_c(s) = \frac{K(s^2 + as + b)}{s + c} \tag{8.58}$$

当 $c \to 0$ 时，就得到了 PID 控制器，其参数为 $K_P = K_a$，$K_D = K$ 和 $K_I = K_b$。这里假定 c 为可以调节的参数，例如可以令参数取值为 $c \neq 0$，以便考察增加参数选择的自由度是否有益于整个设计。也可以直接令 $c = 0$，即采用 PID 形式的控制器。本例中需要调节的关键参数如下所示。

选择关键的调节参数　K，a，b 和 c

这里还要说明一下，式(8.58)并非唯一可用的控制器。例如，我们还可以考虑

$$G_c(s) = K\frac{s + z}{s + p} \tag{8.59}$$

其中，K，z 和 p 都是重要的调节参数。设计式(8.59)给出的控制器，将留做本章最后的习题。

闭环控制系统的响应主要由主导极点的位置决定。因此，我们的设计思路就是首先利用二阶系统性能指标的近似计算公式，从设计指标要求出发，确定系统主导极点的位置。一旦得到了控制器的一些参数，保证了系统具有期望的主导极点，就可以通过恰当地配置其他极点，使这些非主导极点对整个系统的影响可以忽略不计。

对二阶系统而言，系统带宽 ω_B 和固有频率 ω_n 之间的近似计算公式为

$$\frac{\omega_B}{\omega_n} \approx -1.1961\zeta + 1.8508 \qquad (0.3 \leq \zeta \leq 0.8)$$

考虑指标要求 1，我们希望

$$\omega_B = 1\ \text{Hz} = 6.28\ \text{rad/s} \tag{8.60}$$

考虑指标要求 2，根据对超调量的设计要求，可以确定阻尼比 ζ 的最小值，具体到 P.O.≤15%，有 $\zeta = 0.52$。因此可以取 $\zeta = 0.52$。尽管本例没有将调节时间作为设计指标，提出明确的设计要求，但在保证满足现有设计要求的前提下，系统的响应还是越快越好。由图 8.26 和式(8.60)可得

$$\omega_n = \frac{\omega_B}{-1.1961\zeta + 1.8508} = 5.11\ \text{rad/s} \tag{8.61}$$

这样，根据 $\omega_n = 5.11$ rad/s 和 $\zeta = 0.52$，再利用式(8.36)，可得 $\omega_r = 3.46$ rad/s。

因此，如果系统是二阶系统，就能确定出控制器的增益，使系统同时满足 $\omega_n = 5.11$ rad/s 和 $\zeta = 0.52$，也就是说，同时满足了 $M_{p\omega} = 1.125$ 和 $\omega_r = 3.46$ rad/s。

但是，本例中的闭环系统是一个四阶系统，并非上面所说的二阶系统。因此，有效的设计思路就是通过选择参数 K, a, b 和 c 的取值，使系统有两个极点成为主导极点，而且能够满足设计指标的要求。接下来的设计就按照这样的思路展开。

还有一种设计思路就是直接用二阶系统来近似这里的四阶系统。在近似传递函数中，将参数 K, a, b 和 c 都视为变量，得到一个近似的传递函数 $T_L(s)$，使它的频率特性函数和原有系统的频率特性函数非常接近。

原有系统的开环传递函数为

$$L(s)=G_c(s)G(s)=\frac{K(s^2+as+b)}{s(s^2+2s+10)(s+c)}$$

对应的闭环传递函数为

$$T(s)=\frac{K(s^2+as+b)}{s^4+(2+c)s^3+(10+2c+K)s^2+(10c+Ka)s+Kb} \tag{8.62}$$

对应的特征方程为

$$s^4+(2+c)s^3+(10+2c+K)s^2+(10c+Ka)s+Kb=0 \tag{8.63}$$

此时，特征多项式是四阶的。我们希望把它分解成因式连乘形式，即

$$P_d(s)=(s^2+2\zeta\omega_n s+\omega_n^2)(s^2+d_1s+d_0)$$

并且通过选择 ζ 和 ω_n 的取值，使系统满足性能指标的设计要求，也就是说，使方程 $s^2+2\zeta\omega_n s+\omega_n^2=0$ 的根就是主导极点。与此同时，我们还希望 $s^2+d_1s+d_0=0$ 的根是非主导极点。主导极点应当位于复平面的同一条垂线上，其到虚轴的距离为 $s=-\zeta\omega_n$。另一方面，令

$$d_1=2\alpha\zeta\omega_n$$

那么，如果方程 $s^2+d_1s+d_0=0$ 有共轭复根或实重根，它们就应该位于复平面的垂线 $s=-\alpha\zeta\omega_n$ 上。选择 $\alpha>1$，可以有效地将这一对共轭复根移到主导极点的左侧。α 越大，非主导极点离主导极点的距离越远。α 的一个合理取值为 $\alpha=12$，如果再要求

$$d_0=\alpha^2\zeta^2\omega_n^2$$

就得到了两个实或实重根

$$s^2+d_1s+d_0=(s+\alpha\zeta\omega_n)^2=0$$

不过，$d_0=\alpha^2\zeta^2\omega_n^2$ 并不是必须的选择。如果希望将非主导极点对整个系统响应的影响尽快地衰减掉并且不产生振荡，这样的选择就足够合理了。

于是，我们期望的特征多项式成为

$$\begin{aligned}s^4&+[2\zeta\omega_n(1+\alpha)]s^3+[\omega_n{}^2(1+\alpha\zeta^2(\alpha+4))]s^2+\\&[2\alpha\zeta\omega_n{}^3(1+\zeta^2\alpha)]s+\alpha^2\zeta^2\omega_n^4=0\end{aligned} \tag{8.64}$$

令式(8.63)和式(8.64)中的系数相等，可以产生如下 4 个包含 K, a, b, c 和 α 的等式：

$$2\zeta\omega_n(1+\alpha)=2+c$$
$$\omega_n^2(1+\alpha\zeta^2(4+\alpha))=10+2c+K$$

$$2\alpha\zeta\omega_n^3(1+\zeta^2\alpha)=10c+Ka$$
$$\alpha^2\zeta^2\omega_n^4=Kb$$

由于 $\zeta=0.52$，$\omega_n=5.11$，$\alpha=12$，因此

$$c=67.13$$
$$K=1239.2$$
$$a=5.17$$
$$b=21.48$$

这样得到的控制器为

$$G_c(s)=1239\frac{s^2+5.17s+21.48}{s+67.13} \tag{8.65}$$

采用式(8.65)给出的控制器之后，闭环系统的阶跃响应如图 8.35 所示，超调量为 P.O.= 14%，调节时间为 $T_s=0.96$ s。

整个闭环系统的幅频特性曲线如图 8.36 所示，可以看出，系统带宽是 $\omega_B=27.2$ rad/s $=4.33$ Hz，这满足了指标要求1，而且大于额定指标 $\omega_B=1$ Hz(因为这个系统其实并不是二阶系统)，更高的带宽可以带来更短的调节时间。谐振峰值的期望值是 $M_{p\omega}=1.125$，系统实际的谐振峰值是 $M_{p\omega}=1.21$。

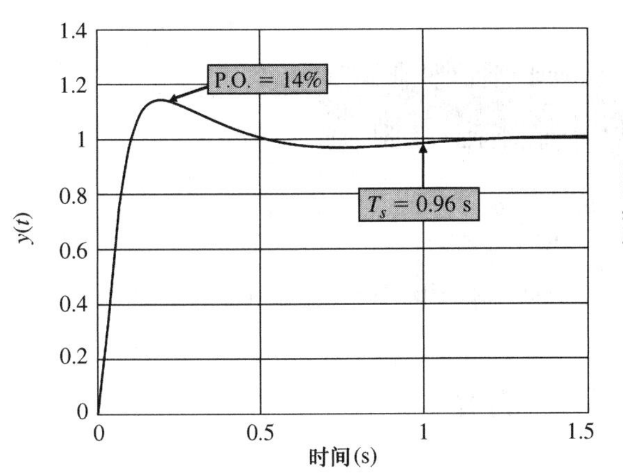

图 8.35　采用式(8.65)给出的控制器时,闭环系统的阶跃响应

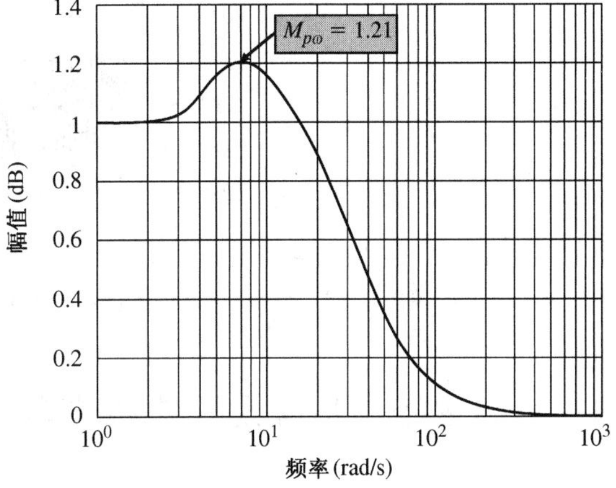

图 8.36　采用式(8.65)给出的控制器时,闭环系统的幅频特性曲线

再来考察闭环系统对正弦输入信号的稳态时域响应。从前面的结果可以预料，当输入信号的频率增大时，输出信号的幅值应该会减小。我们来看两个特例。在图 8.37 中，输入信号的频率是 $\omega=1$ rad/s 时，输出信号的稳态幅值约为 1。在图 8.38 中，输入信号的频率为 $\omega=500$ rad/s 时，输出信号的稳态幅值略小于 0.005。这验证了我们的直觉，即增大输入正弦信号的频率会减小系统响应的稳态幅值。

利用简单的解析分析方法，我们得到了移动机器人控制器参数的一组初始值，基本满足了设计要求。如果希望很准确地满足性能指标设计要求，还需要更加精细地调整控制器参数。

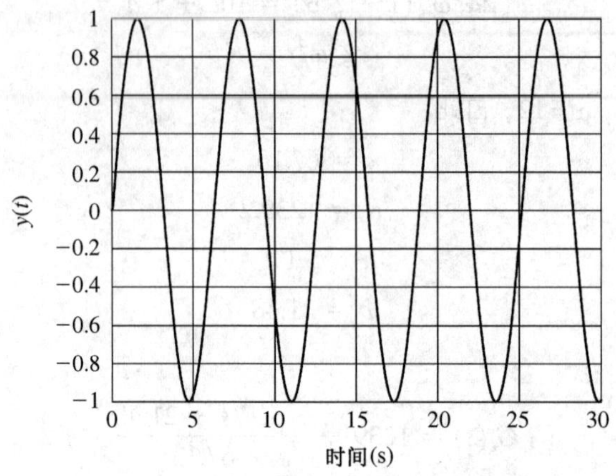

图 8.37　输入正弦信号的频率为 $\omega = 1$ rad/s 时，闭环系统的输出响应

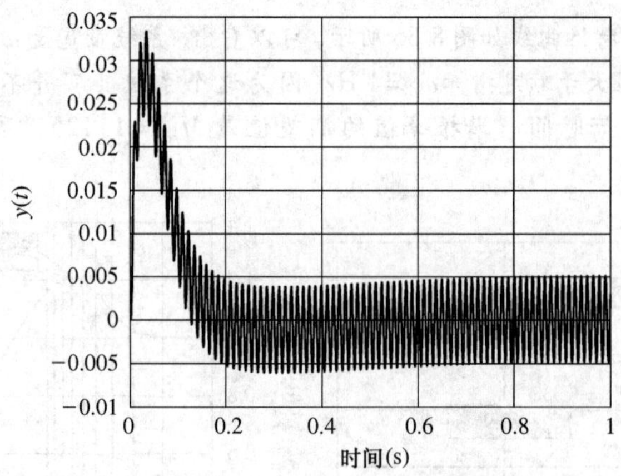

图 8.38　输入正弦信号的频率为 $\omega = 500$ rad/s 时，闭环系统的输出响应

8.7　利用控制系统设计软件的频率响应方法

本节介绍函数 bode 和 logspace。其中，函数 bode 用于绘制伯德图，函数 logspace 用于生成对数刻度的频率点向量，可供函数 bode 使用。

考虑如下传递函数：

$$G(s) = \frac{5(1 + 0.1s)}{s(1 + 0.5s)(1 + (0.6/50)s + (1/50^2)s^2)} \tag{8.66}$$

其伯德图如图 8.39 所示，包含了两幅图，一幅是对数幅值随频率 ω 变化的对数幅频特性曲线，另一幅是相位$\phi(\omega)$随频率 ω 变化的相频特性曲线。与绘制根轨迹时的情况类似，由于用控制系统设计软件可以绘制出精确的伯德图，我们很容易产生完全依赖软件的心理。这里要强调的是，我们只能将控制系统设计软件视为设计工具。在学习过程中，培养手工绘制伯德图的能力才是最基础、最重要的工作，勤于动手才能深入理解和掌握控制系统的理论和方法。

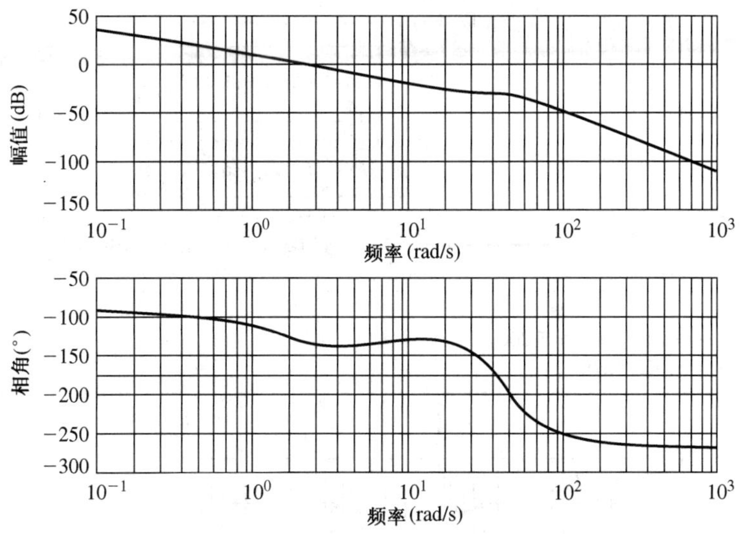

图 8.39　式(8.66)对应的伯德图

图 8.40 给出了用函数 bode 生成的伯德图。在调用函数 bode 时，如果省略了左边的变量说明，将自动生成完整的伯德图；否则，将只计算幅值和相角，并将结果分别存放在工作空间的向量 mag 和 phase 中。在此情况下，只有再调用函数 plot 或 semilogx，利用已有的向量 mag，phase 和 ω，才能绘制出伯德图。向量 ω 以 rad/s 为单位，给出了绘制伯德图所用到的频率点。当没有事先给定向量 ω 时，函数 bode 将自动选取参与运算的频率点，并能够在频率响应变化较快时，自动加大频率点的选取密度。当指定了向量 ω 时，可以用函数 logspace 来生成所需的频率数据向量。图 8.41 给出了函数 logspace 的使用说明。

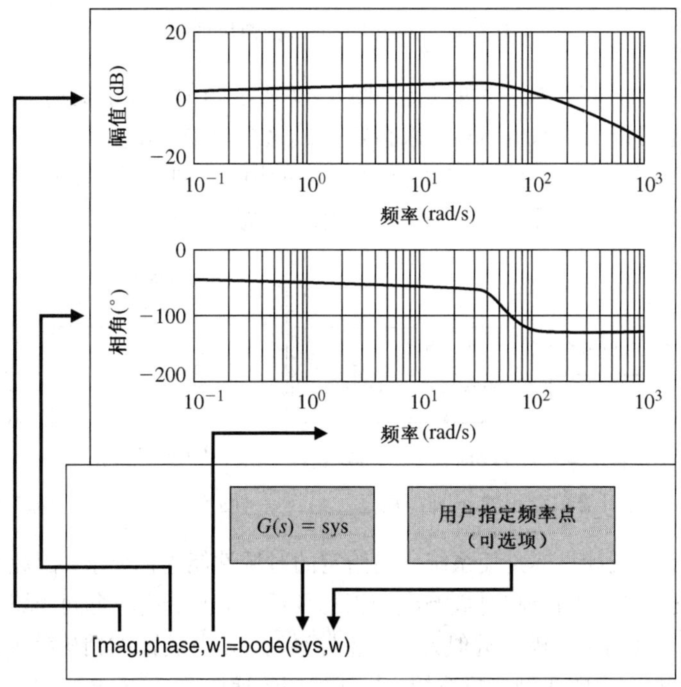

图 8.40　给定 $G(s)$ 时函数 bode 的使用说明

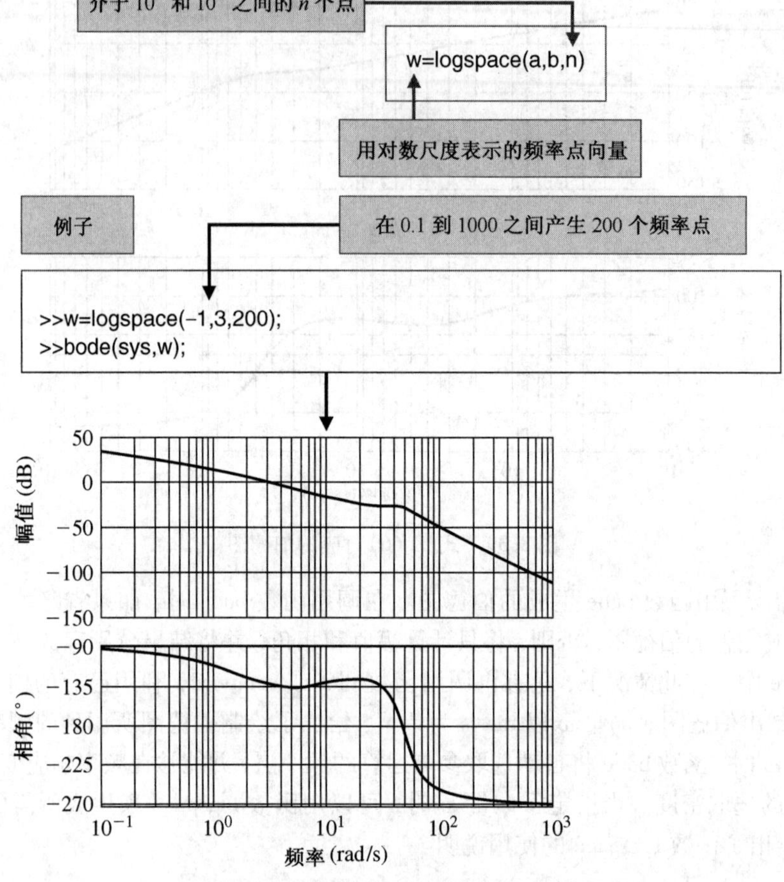

图8.41 函数logspace的使用说明

运行图8.39给出的m脚本程序可以得到图8.42所示的伯德图。此时，函数bode自动选择了频率变化范围，也可以用函数logspace来指定生成这个范围。函数bode同样适用于用状态空间模型表示的系统，图8.43给出了相应的函数bode的用法，可以看到，这与用于传递函数模型时基本相同，仅有的区别是，函数bode的输入对象是状态空间模型，而不是传递函数。

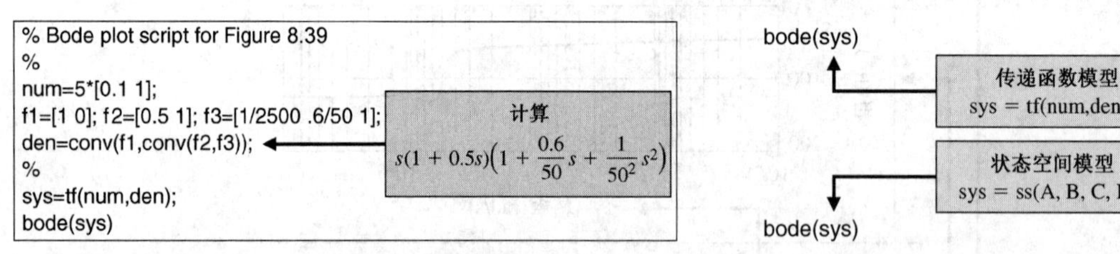

图8.42 图8.39中计算伯德图的m脚本程序

图8.43 适用于状态空间模型的函数bode

通常，控制系统的设计目标是使系统满足给定的时域性能指标要求，因此在频域内设计控制系统时，应该首先建立频率响应和时域响应的相互联系。而且，这两个问题域中的指标之间的联系完全取决于系统能否用主导极点近似为二阶主导系统，以及近似的精确程度。

再次考虑图8.24所示的典型二阶系统，与其闭环传递函数式(8.46)对应的伯德图如图8.25所示。利用图8.44(b)给出的m脚本程序，可以再次得到二阶系统的谐振频率ω_r，谐振峰值

$M_{p\omega}$，阻尼比 ζ 及固有频率 ω_n 之间的关系曲线(也可参见图 8.11)。要在频域内设计出满足时域指标要求的控制系统，图 8.44 提供的信息是非常有用的。

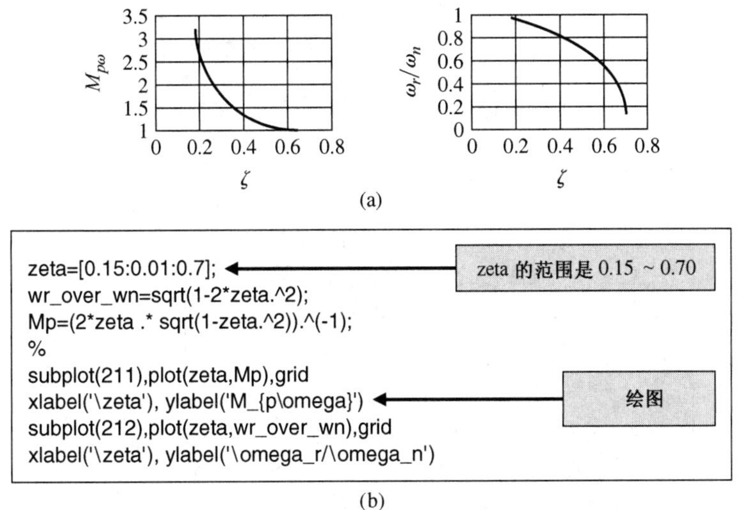

$M_{p\omega}$
ζ
ω_r/ω_n
ζ
(a)
zeta=[0.15:0.01:0.7];
wr_over_wn=sqrt(1-2*zeta.^2);
Mp=(2*zeta .* sqrt(1-zeta.^2)).^(-1);
%
subplot(211),plot(zeta,Mp),grid
xlabel('\zeta'), ylabel('M_{p\omega}')
subplot(212),plot(zeta,wr_over_wn),grid
xlabel('\zeta'), ylabel('\omega_r/\omega_n')
zeta 的范围是 0.15 ~ 0.70
绘图
(b)

图 8.44　(a) 二阶系统中($M_{p\omega}$, ω_r)和(ζ, ω_n)之间的关系曲线；(b) m 脚本程序

例 8.8　雕刻机系统

雕刻机采用两个驱动电机和配套的驱动螺杆在预期的方向上驱动和定位雕刻刀具[7]。图 8.45 给出了位置控制的框图模型。本例的设计目标是：选择增益 K 的合适取值，使闭环系统阶跃响应的各项时域指标保持在可以接受的范围内。图 8.46 给出了在频域内设计该控制系统的流程图，首先取定增益 K 的初始值为 $K=2$，如果系统不能满足性能要求，就需要更新 K 的取值，并重复所给的设计过程。图 8.47 为设计中用到的 m 脚本程序，其中 K 的取值直接由命令行给定。运行该 m 脚本程序，就能够得到所需要的闭环伯德图，并能够从中估计出 $M_{p\omega}$ 和 ω_r 的取值；根据图 8.44 给出的关系曲线，又可以估计出阻尼比 ζ 和固有频率 ω_n 的取值。

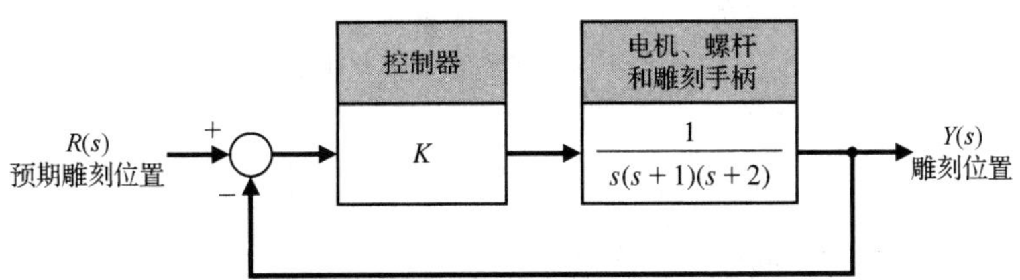

图 8.45　雕刻机系统框图模型

确定了阻尼比 ζ 和固有频率 ω_n 以后，就可以估算出调节时间和超调量等时域性能指标。如果不能满足设计指标要求，则调整 K，并重复前面的步骤。

当 $K=2$ 时，运行所给的 m 脚本程序，得到的系统的阻尼比为 $\zeta=0.29$，固有频率为 $\omega_n=0.88$，进而估计得到的超调量为 P.O.=37%，调节时间为 $T_s=15.7$ s。图 8.48 给出了雕刻机系统的实际阶跃响应，从中可以看出，本例的估算结果是相当精确的，整个闭环系统的响应令人满意。

对雕刻机系统而言，二阶系统模型是合理的近似模型，因此我们在频域内得到了满意的设计结果。但一定要注意，二阶系统近似并不是总会导致一个好的设计结果。幸运的是，控制系统设计软件能够提供便利的交互式设计能力，减小手工计算的负担，让我们更加方便地利用经典和现代的设计手段达到设计目标。

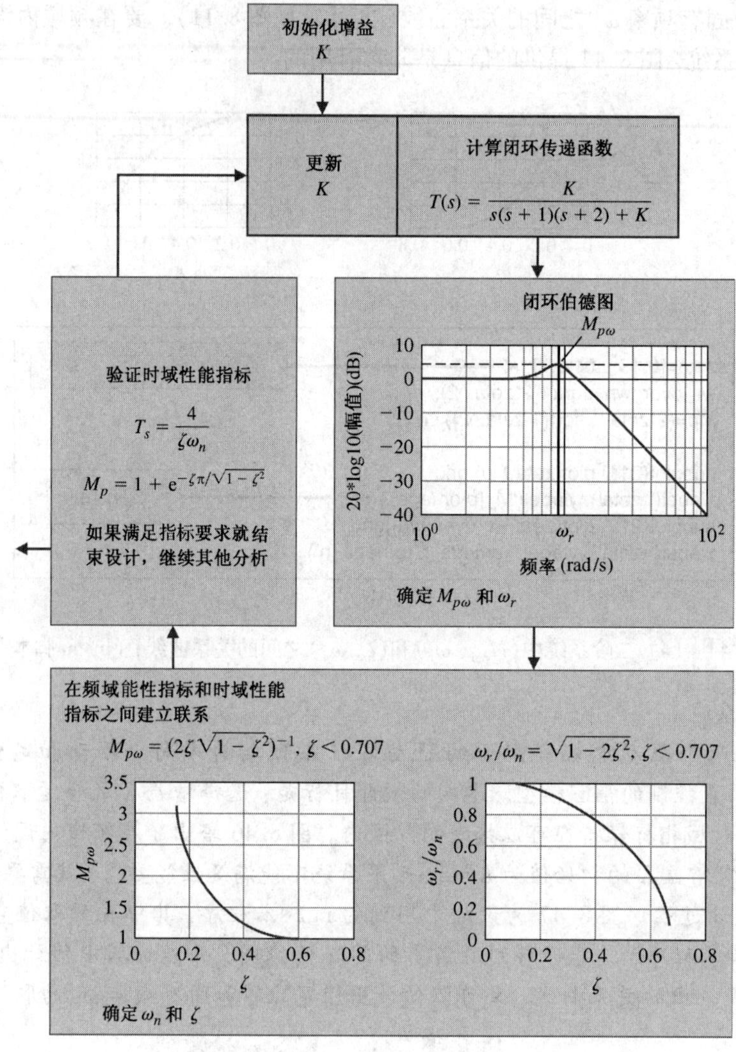

图 8.46 雕刻机系统的频域设计流程

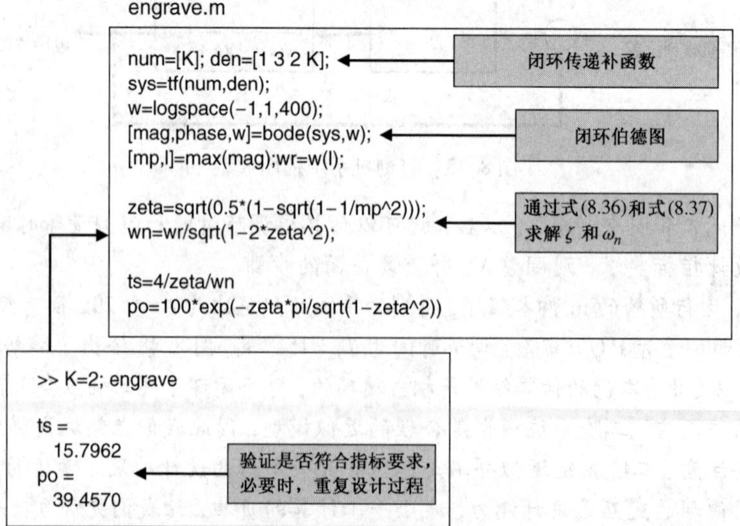

图 8.47 设计雕刻机系统的 m 脚本程序

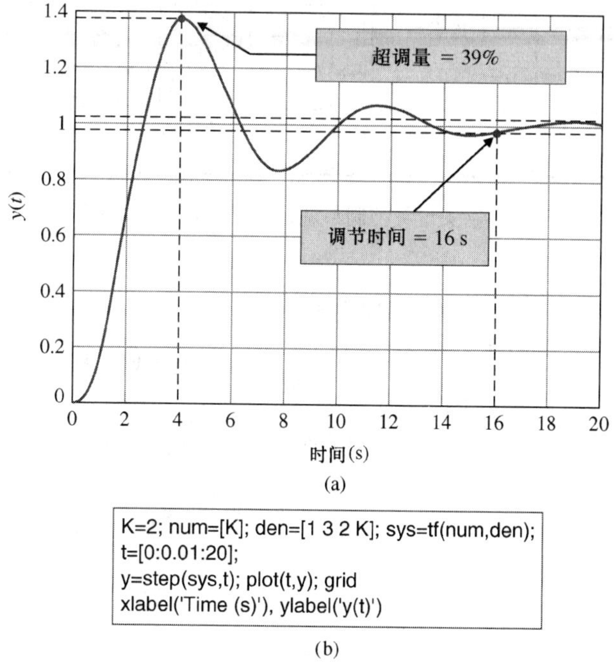

(a)

```
K=2; num=[K]; den=[1 3 2 K]; sys=tf(num,den);
t=[0:0.01:20];
y=step(sys,t); plot(t,y); grid
xlabel('Time (s)'), ylabel('y(t)')
```

(b)

图 8.48　(a) $K=2$ 时，雕刻机的阶跃响应；(b) m 脚本程序

8.8　循序渐进设计实例——磁盘驱动器读取系统

磁盘驱动器用一个弹性簧片来悬挂磁头，这一弹性装置可以用弹簧和质量块来建模。本章研究簧片对整个电机-负载系统模型的影响[22]。

图 8.49 给出了含有弹性簧片的模型，其中包括质量块 M、弹簧 k 和滑动摩擦 b。这里假定外力$u(t)$由机械臂施加于簧片。质量块-弹簧-阻尼器系统的传递函数为

$$\frac{Y(s)}{U(s)} = G_3(s) = \frac{\omega_n^2}{s^2 + 2\zeta\omega_n s + \omega_n^2} = \frac{1}{1 + (2\zeta s/\omega_n) + (s/\omega_n)^2}$$

图 8.50 给出了簧片和磁头系统模型的典型参数值，即 $\zeta=0.3$，固有频率$f_n=3000$ Hz，即 $\omega_n = 18.85\times10^3$ rad/s。

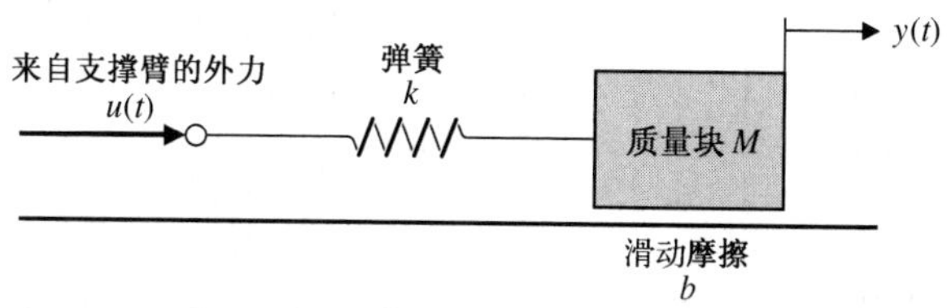

图 8.49　描述磁头与簧片的质量块-弹簧-阻尼器系统模型

为了考虑包括了簧片的弹性影响的磁盘驱动器读取系统的频率特性，取 $K=400$，可以首先绘制图 8.51 所示的开环对数幅频特性略图和近似线图。可以看出，在谐振频率 $\omega=\omega_n$ 处，对数幅频特性略图比近似线高出了约 10 dB。在系统设计和系统工作时，应尽量避开谐振频率。

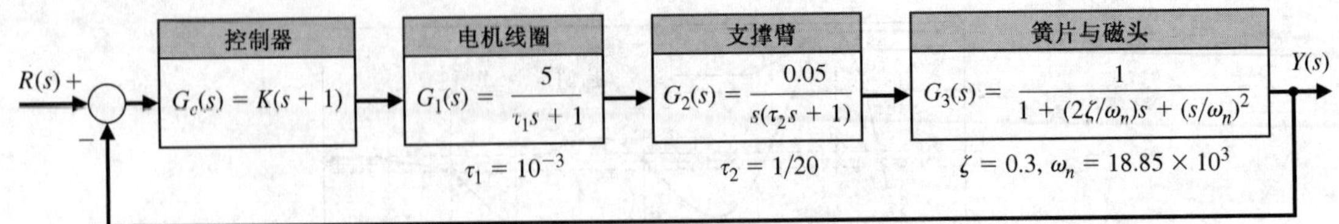

图 8.50　磁头位置控制系统,包括了簧片的弹性影响

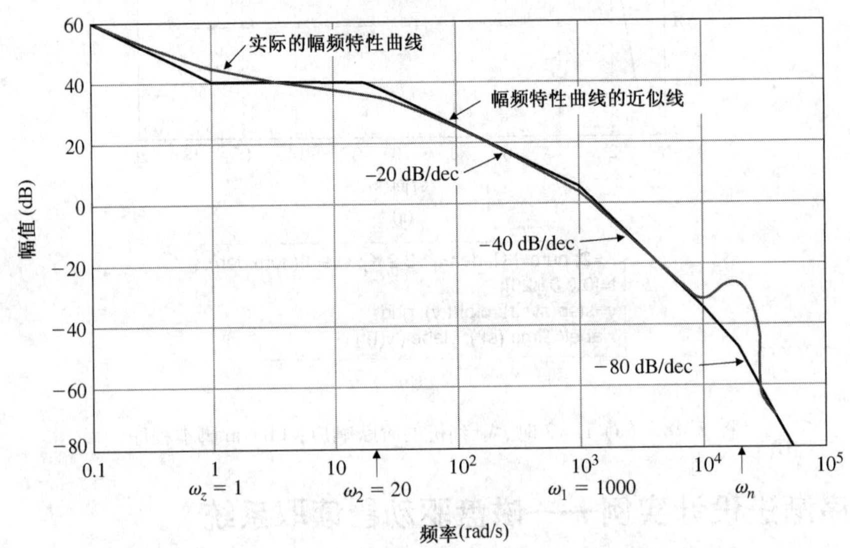

图 8.51　图 8.50 所示系统的开环伯德图的略图与近似线图

接下来考虑磁盘驱动器读取系统的精确的伯德图,其开环和闭环幅频特性曲线如图 8.52 所示。从图中可以看出,闭环系统的带宽为 $\omega_B = 2000$ rad/s。当 $\zeta \approx 0.8$,$\omega_n \approx \omega_B = 2000$ rad/s 时,由

$$T_s = \frac{4}{\zeta\omega_n}$$

可以估计得到图 8.50 所示闭环系统的调节时间(按 2% 准则)为 $T_s = 2.5$ ms。此外,只要 $K \leqslant 400$,谐振频率点就会处于系统带宽之外。

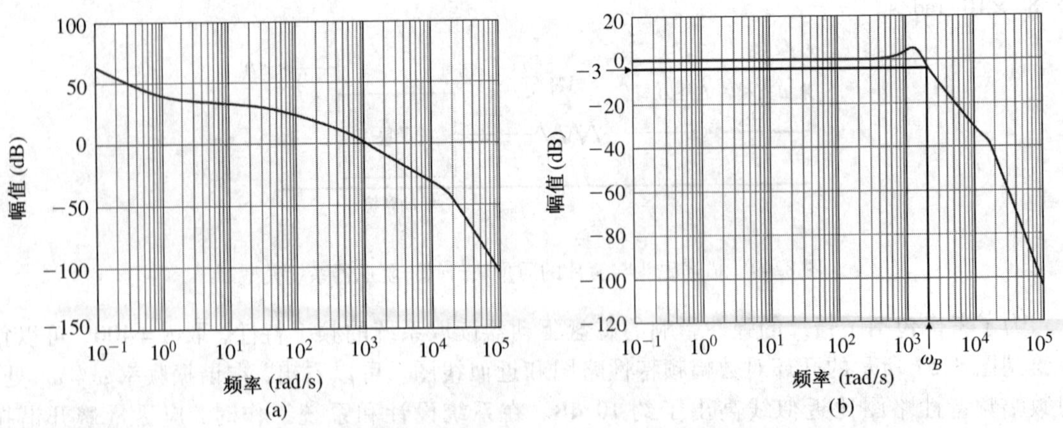

图 8.52　幅频特性伯德图。(a) 开环系统;(b) 闭环系统

8.9　小结

本章讨论了用频率响应特性来表征反馈控制系统。系统的频率响应定义为系统对正弦输入信号的稳态响应，可以用多种图示化方法表示系统的频率响应特性，包括频率响应特性的极坐标图、对数坐标图（即伯德图）等，并详细说明了对数坐标尺度。本章强调了传递函数的基本因子项的伯德图的简便绘制方法，以及系统伯德图近似线的近似绘制方法。近似线近似方法大大减轻了计算强度。表 8.2 归纳总结了 15 种典型传递函数的伯德图。此外，本章还讨论了系统的频域性能指标，如谐振峰值 $M_{p\omega}$ 和谐振频率 ω_r 等，也讨论了伯德图与系统稳态误差常数，如 K_p 和 K_v 之间的关系。最后，讨论了系统频率响应特性的另一种表示方法：对数幅相曲线。

表 8.2　典型传递函数的伯德图

G(s)	伯　德　图	G(s)	伯　德　图
1. $\frac{K}{s\tau_1+1}$	0°; −45°; −90°; ϕ; 0 dB/dec; K_{dB}; M; 0 dB; $\frac{1}{\tau_1}$; log ω; −20 dB/dec	6. $\frac{K}{s(s\tau_1+1)(s\tau_2+1)}$	−90°; ϕ; −20; $1/\tau_2$; −180°; 0 dB; $\frac{1}{\tau_1}$; −40; log ω; −270°; −60 dB/dec; M
2. $\frac{K}{(s\tau_1+1)(s\tau_2+1)}$	0°; ϕ; −20 dB/dec; K_{dB}; −180°; 0 dB; $\frac{1}{\tau_1}$; $\frac{1}{\tau_2}$; M; log ω; −40 dB/dec	7. $\frac{K(s\tau_a+1)}{s(s\tau_1+1)(s\tau_2+1)}$	−20 dB/dec; −90°; −40; ϕ; $1/\tau_2$; −180°; 0 dB; $\frac{1}{\tau_1}$; $\frac{1}{\tau_a}$; −20; log ω; M; −40 dB/dec
3. $\frac{K}{(s\tau_1+1)(s\tau_2+1)(s\tau_3+1)}$	0°; ϕ; −20 dB/dec; M; K_{dB}; −40 dB/dec; −180°; 0 dB; $\frac{1}{\tau_1}$; $\frac{1}{\tau_2}$; $\frac{1}{\tau_3}$; log ω; −270°; −60 dB/dec	8. $\frac{K}{s^2}$	−40 dB/dec; M; ϕ; −180°; 0 dB; log ω
4. $\frac{K}{s}$	ϕ; −90°; M; 0 dB; log ω; −20 dB/dec	9. $\frac{K}{s^2(s\tau_1+1)}$	−40 dB/dec; M; −180°; 0 dB; $\frac{1}{\tau_1}$; log ω; −270°; ϕ; −60 dB/dec
5. $\frac{K}{s(s\tau_1+1)}$	−20 dB/dec; −90°; ϕ; −180°; 0 dB; $\frac{1}{\tau_1}$; log ω; M; −40 dB/dec	10. $\frac{K(s\tau_a+1)}{s^2(s\tau_1+1)}$ $\tau_a>\tau_1$	−40 dB/dec; M; ϕ; $1/\tau_1$; 180°; 0 dB; $\frac{1}{\tau_a}$; −20 dB/dec; log ω; −40 dB/dec

（续表）

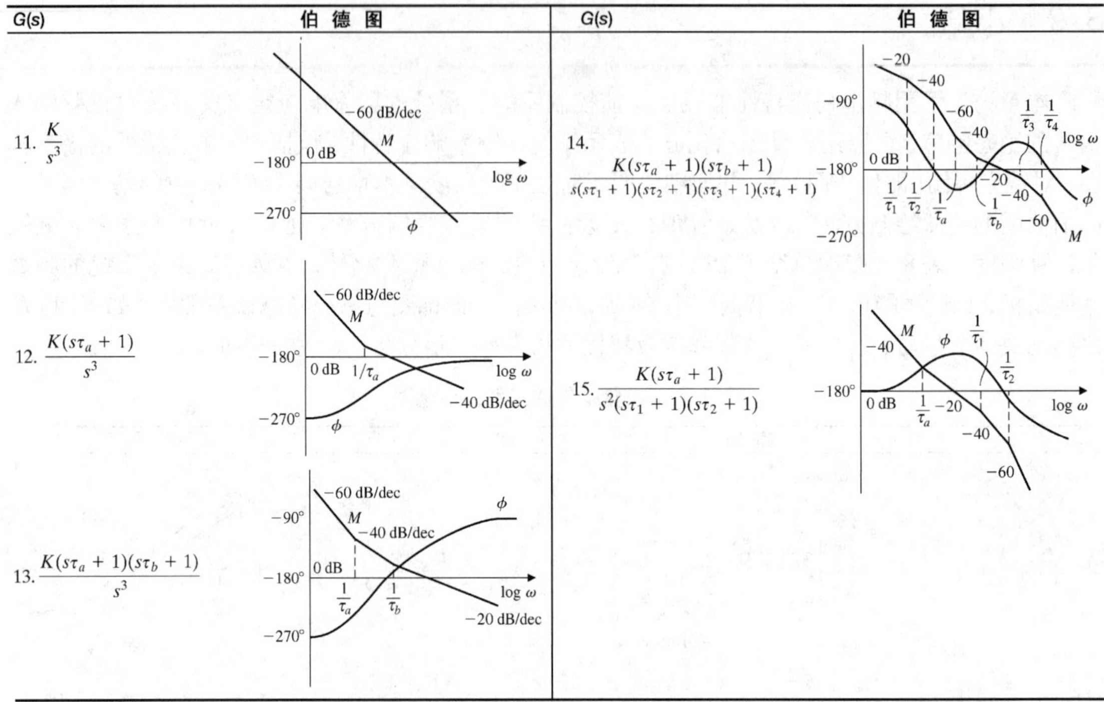

G(s)	伯德图	G(s)	伯德图
11. $\frac{K}{s^3}$		14. $\frac{K(s\tau_a+1)(s\tau_b+1)}{s(s\tau_1+1)(s\tau_2+1)(s\tau_3+1)(s\tau_4+1)}$	
12. $\frac{K(s\tau_a+1)}{s^3}$		15. $\frac{K(s\tau_a+1)}{s^2(s\tau_1+1)(s\tau_2+1)}$	
13. $\frac{K(s\tau_a+1)(s\tau_b+1)}{s^3}$			

技能自测

本节提供3类题目来测试你对本章知识的掌握情况：正误判断题、多项选择题，以及术语和概念匹配题。为了直接地反馈学习效果，请及时对照每章最后给出的答案。必要时，请借助图8.53给出的框图来确认下面各题中的陈述。

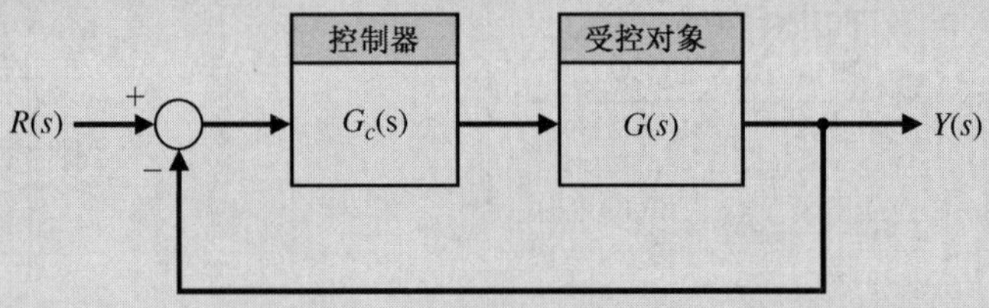

图8.53 技能自测参考框图

在下面的正误判断题和多项选择题中，圈出正确的答案。

1. 频率响应表示了稳定系统对不同频率的正弦输入信号的稳态响应。 对 或 错
2. 依照 $G(j\omega)$ 的实部与虚部之间的关系绘制的图形称为伯德图。 对 或 错
3. 如果传递函数的所有零点均位于 s 平面的右半平面，则称该系统为最小相位系统。 对 或 错
4. 谐振频率和带宽均与瞬态响应的速度有关。 对 或 错
5. 频率响应法的一个优点是，可以很方便地获得具有不同频率和幅值的正弦测试信号。 对 或 错
6. 考虑如下微分方程描述的稳定系统

$$\dot{x}(t) + 3x(t) = u(t)$$

其中，$u(t) = \sin 3t$。试确定该系统的滞后相角。

a. $\phi = 0°$　　b. $\phi = -45°$　　c. $\phi = -60°$　　d. $\phi = -180°$

完成第 7 题和第 8 题时，考虑图 8.53 给出的闭环系统，其中，开环传递函数为

$$L(s) = G(s)G_c(s) = \frac{8(s+1)}{s(2+s)(2+3s)}$$

7. 图 8.54 中的哪一组是闭环系统的伯德图？

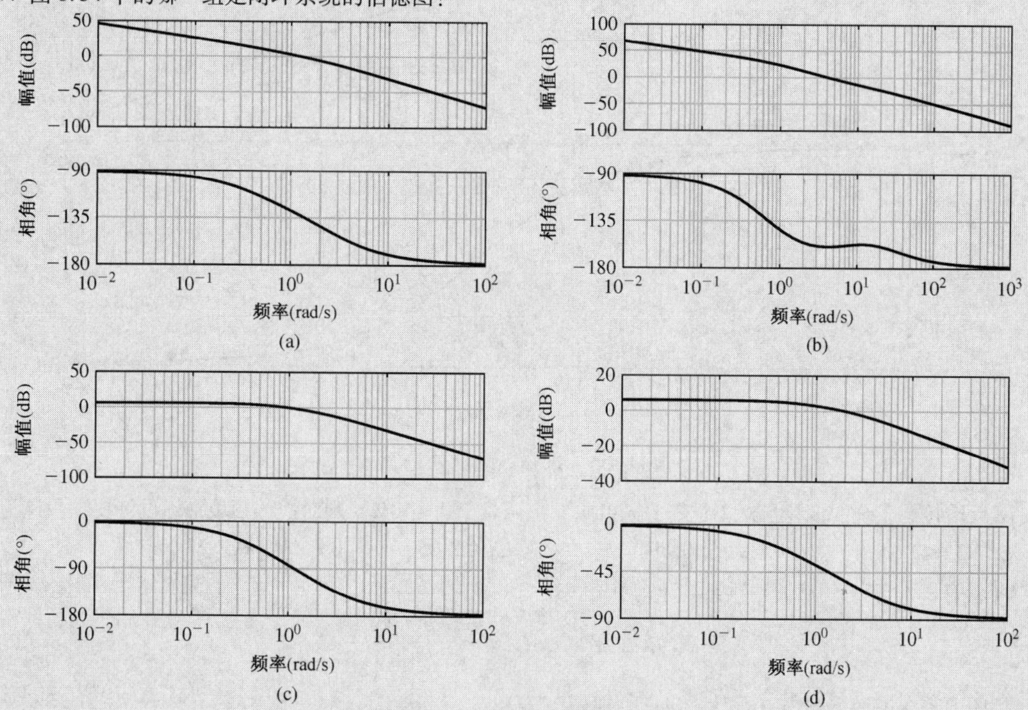

图 8.54　可供选择的伯德图

8. 确定闭环系统响应具有单位幅值时对应的频率，以及该频率对应的相角。
   a. $\omega = 1$ rad/s，$\phi = -82°$　　b. $\omega = 1.26$ rad/s，$\phi = -133°$
   c. $\omega = 1.26$ rad/s，$\phi = 133°$　　d. $\omega = 4.2$ rad/s，$\phi = -160°$

完成第 9 题和第 10 题时，考虑图 8.53 给出的闭环系统，其中，开环传递函数为

$$L(s) = G(s)G_c(s) = \frac{50}{s^2 + 12s + 20}$$

9. 开环传递函数伯德图的转折频率分别是
   a. $\omega = 1$ rad/s 和 $\omega = 12$ rad/s　　b. $\omega = 2$ rad/s 和 $\omega = 10$ rad/s
   c. $\omega = 20$ rad/s 和 $\omega = 1$ rad/s　　d. $\omega = 12$ rad/s 和 $\omega = 20$ rad/s
10. 开环传递函数伯德图低频段($\omega \ll 1$)和高频段($\omega \gg 10$)近似线的斜率分别是
   a. 低频段的斜率是 20 dB/十倍频程，高频段的斜率也是 20 dB/十倍频程
   b. 低频段的斜率是 0 dB/十倍频程，高频段的斜率是 −20 dB/十倍频程
   c. 低频段的斜率是 0 dB/十倍频程，高频段的斜率是 −40 dB/十倍频程
   d. 低频段的斜率是 −20 dB/十倍频程，高频段的斜率也是 −20 dB/十倍频程
11. 图 8.55 所示的伯德图是下列哪个回路传递函数的伯德图？
   a. $L(s) = G_c(s)G(s) = \dfrac{100}{s(s+5)(s+6)}$　　b. $L(s) = G_c(s)G(s) = \dfrac{24}{s(s+2)(s+6)}$
   c. $L(s) = G_c(s)G(s) = \dfrac{24}{s^2(s+6)}$　　d. $L(s) = G_c(s)G(s) = \dfrac{10}{s^2 + 0.5s + 10}$

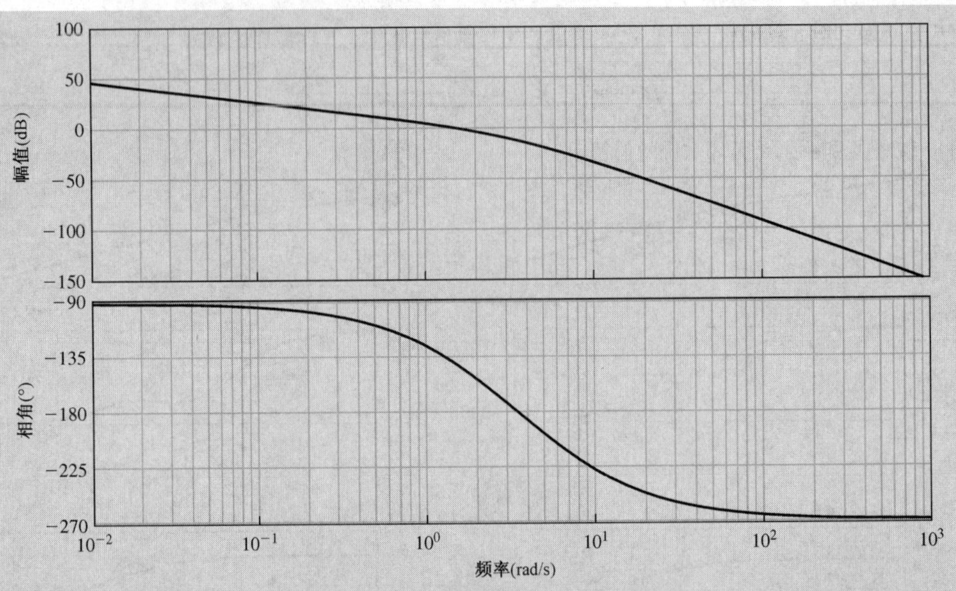

图 8.55 未知系统的伯德图

12. 某反馈控制系统的设计指标要求若为阶跃响应超调量 P.O.≤10%，则对应的频域指标设计要求应该为

 a. $M_{p\omega} \leqslant 0.55$ b. $M_{p\omega} \leqslant 0.59$ c. $M_{p\omega} \leqslant 1.05$ d. $M_{p\omega} \leqslant 1.27$

13. 考虑图 8.53 所示的反馈控制系统，其中

$$L(s) = G_c(s)G(s) = \frac{100}{s(s + 11.8)}$$

 则闭环系统的谐振频率 ω_r 和带宽 ω_b 分别为

 a. $\omega_r = 1.59$ rad/s，$\omega_B = 1.86$ rad/s b. $\omega_r = 3.26$ rad/s，$\omega_B = 16.64$ rad/s

 c. $\omega_r = 12.52$ rad/s，$\omega_B = 3.25$ rad/s d. $\omega_r = 5.49$ rad/s，$\omega_B = 11.6$ rad/s

完成第 14 题和第 15 题时，考虑图 8.56 所示的系统 $G(j\omega)$ 的频率响应特性图。

14. 试确定该系统的型别(即积分器的个数 N)

 a. $N=0$ b. $N=1$ c. $N=2$ d. $N>2$

15. 图 8.56 所示伯德图对应的传递函数为

 a. $G(s) = \dfrac{100(s + 10)(s + 5000)}{s(s + 5)(s + 6)}$ b. $G(s) = \dfrac{100}{(s + 1)(s + 20)}$

 c. $G(s) = \dfrac{100}{(s + 1)(s + 50)(s + 200)}$ d. $G(s) = \dfrac{100(s + 20)(s + 5000)}{(s + 1)(s + 50)(s + 200)}$

在下面的术语和概念匹配题中，在空格中填写正确的字母，将术语和概念与它们的定义联系起来。

a. 拉普拉斯变换对	以频率 ω 的对数为横坐标绘制的，频率传递(特性)函数对数幅值和相角的关系图。	______
b. 分贝(dB)	频率特性函数幅值的对数，通常表示为 $20\log_{10}\lvert G(j\omega)\rvert$。	______
c. 傅里叶变换	以 $G(j\omega)$ 的实部为横坐标绘制的，$G(j\omega)$ 虚部的变化关系图。	______
d. 伯德图	系统对正弦输入信号的稳态响应。	______
e. 频率传递(特性)函数	传递函数的所有零点均位于 s 平面的左半平面。	______
f. 十倍频程	频率响应从低频段幅值下降了 3 dB 所对应的频率。	______
g. 主导极点	共轭复极点项的频率响应达到最大幅值时所对应的频率。	______

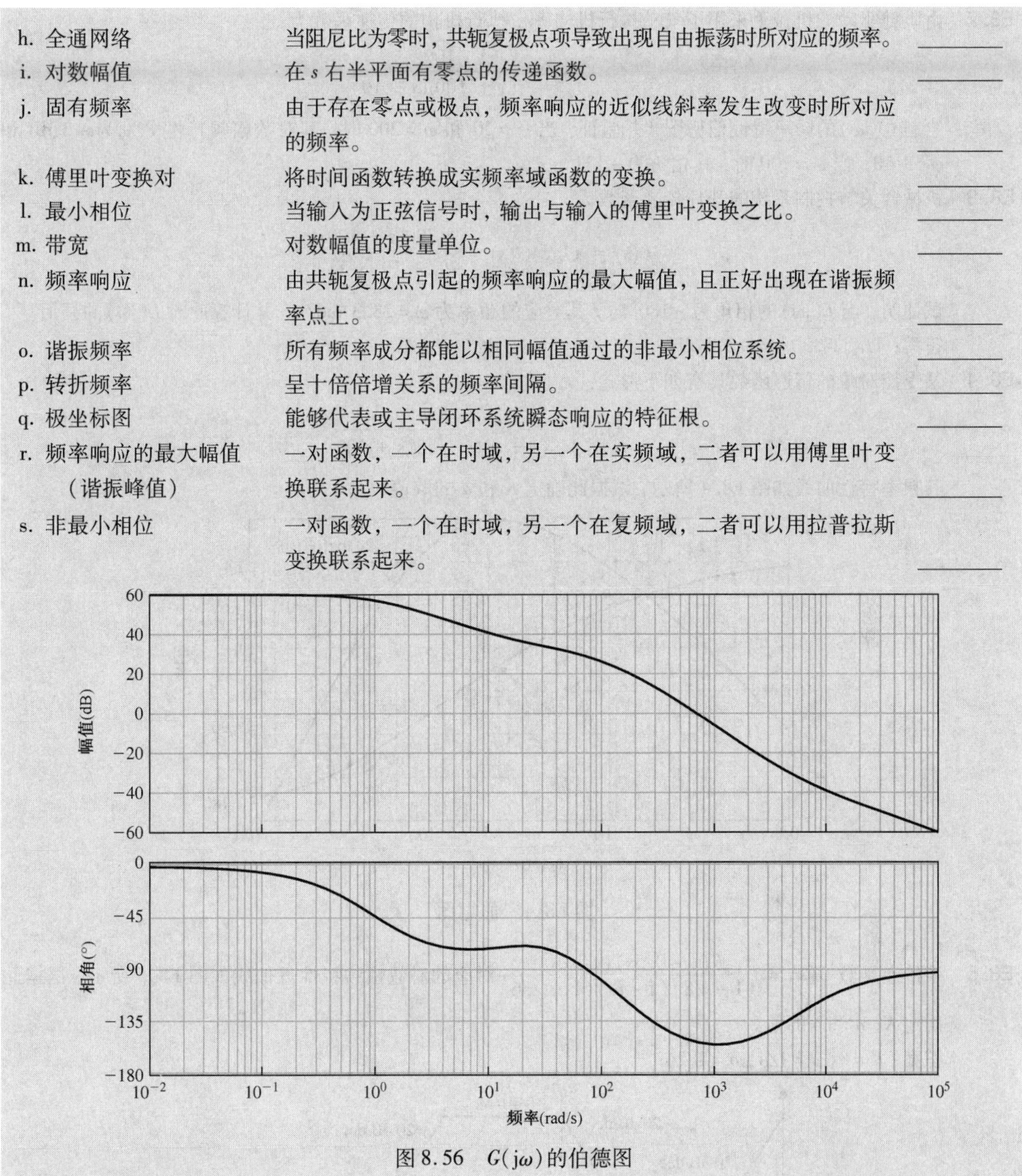

h. 全通网络	当阻尼比为零时，共轭复极点项导致出现自由振荡时所对应的频率。	______
i. 对数幅值	在 s 右半平面有零点的传递函数。	______
j. 固有频率	由于存在零点或极点，频率响应的近似线斜率发生改变时所对应的频率。	______
k. 傅里叶变换对	将时间函数转换成实频率域函数的变换。	______
l. 最小相位	当输入为正弦信号时，输出与输入的傅里叶变换之比。	______
m. 带宽	对数幅值的度量单位。	______
n. 频率响应	由共轭复极点引起的频率响应的最大幅值，且正好出现在谐振频率点上。	______
o. 谐振频率	所有频率成分都能以相同幅值通过的非最小相位系统。	______
p. 转折频率	呈十倍倍增关系的频率间隔。	______
q. 极坐标图	能够代表或主导闭环系统瞬态响应的特征根。	______
r. 频率响应的最大幅值（谐振峰值）	一对函数，一个在时域，另一个在实频域，二者可以用傅里叶变换联系起来。	______
s. 非最小相位	一对函数，一个在时域，另一个在复频域，二者可以用拉普拉斯变换联系起来。	______

图 8.56　$G(j\omega)$ 的伯德图

基础练习题

E8.1　计算机磁盘磁道密度在持续增大，从而要求更仔细地设计计算机磁盘驱动器的磁头位置控制系统[1]。设磁头位置控制系统的开环传递函数为

$$L(s) = G_c(s)G(s) = \frac{K}{(s+2)^2}$$

当 $K=4$ 时，绘制系统的频率特性图，并在 $\omega=0.5$，$\omega=1$，$\omega=2$，$\omega=4$ 和 $\omega=+\infty$ 时，分别计算频率特性函数的幅值和相角。

答案：$|L(j0.5)|=0.94$，　$\angle L(j0.5)=-28.1°$

E8.2 由肌腱驱动的机械手采用了气动执行机构[8]，执行机构的传递函数为

$$G(s)=\frac{1000}{(s+100)(s+10)}$$

绘制 $G(j\omega)$ 的频率特性伯德图，并验证：当 $\omega=10$ 和 $\omega=200$ 时，其对数幅频特性分别为 -3 dB 和 -33 dB；当 $\omega=700$ 时，其相角为 $-171°$。

E8.3 机械臂关节控制系统的开环传递函数为

$$L(s)=G_c(s)G(s)=\frac{300(s+100)}{s(s+10)(s+40)}$$

试证明，当 $L(j\omega)$ 的相角为 $-180°$ 时，其对应的频率为 $\omega=28.3$ rad/s。并计算此时 $L(j\omega)$ 的幅值。

答案：$|L(j28.3)|=-2.5$ dB

E8.4 某受控对象的传递函数具有如下形式：

$$G(s)=\frac{Ks}{(s+a)(s^2+20s+100)}$$

其频率特性曲线如图 E8.4 所示，试据此确定 K 和 a 的取值。

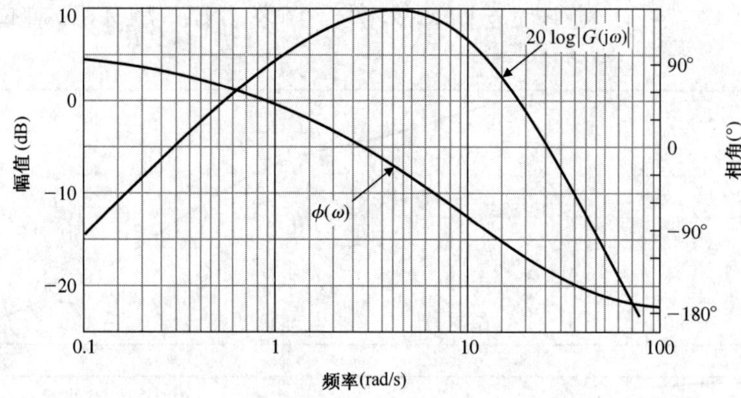

图 E8.4 伯德图

E8.5 某传递函数 $G(s)=\dfrac{K(1+0.5s)(1+as)}{s(1+s/8)(1+bs)(1+s/36)}$ 对应的对数幅频特性近似线如图 E8.5 所示，试据此确定 K, a 和 b 的值。

答案：$K=8$, $a=1/4$, $b=1/24$

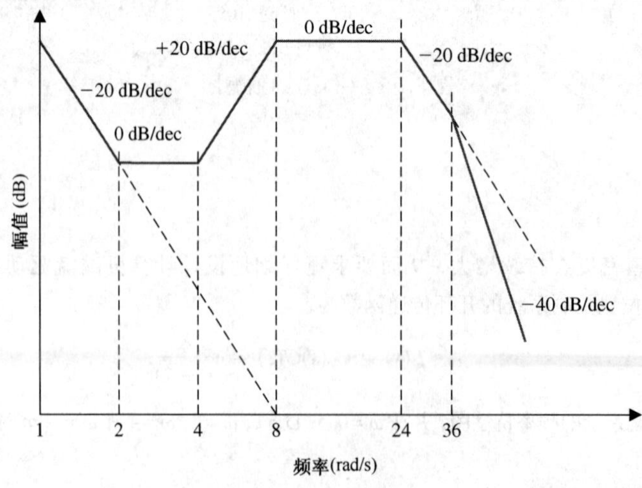

图 E8.5 伯德图

E8.6　多项研究报告建议开发一种具有超强机动性的机器人，使之能够围绕 NASA 的空间站自主行走，并能够在不同的环境中完成操作[9]。这种机器人的手臂控制采用了单位负反馈控制，相应的开环传递函数为

$$L(s) = G_c(s)G(s) = \frac{K}{s(s/8+1)(s/120+1)}$$

当 $K=20$ 时，试绘制手臂控制系统的伯德图，并求出使 $20\log|L(j\omega)|$ 等于 0 dB 时的频率。

E8.7　某系统的闭环传递函数为

$$T(s) = \frac{Y(s)}{R(s)} = \frac{4}{(s^2+s+1)(s^2+0.4s+4)}$$

假定该系统对阶跃输入无稳态误差。

(a) 绘制频率特性伯德图，注意幅频响应有两个峰值；

(b) 估算系统的时域阶跃响应。注意，该系统有 4 个极点，而且不能用主导二阶系统来代替；

(c) 绘制阶跃响应曲线。

E8.8　某反馈系统的开环传递函数为

$$L(s) = G_c(s)G(s) = \frac{100(s-1)}{s^2+25s+100}$$

(a) 确定伯德图上的转折频率；

(b) 确定低频段和高频段近似线的斜率；

(c) 绘制伯德图。

E8.9　某系统的伯德图如图 E8.9 所示，试确定其传递函数 $G(s)$。

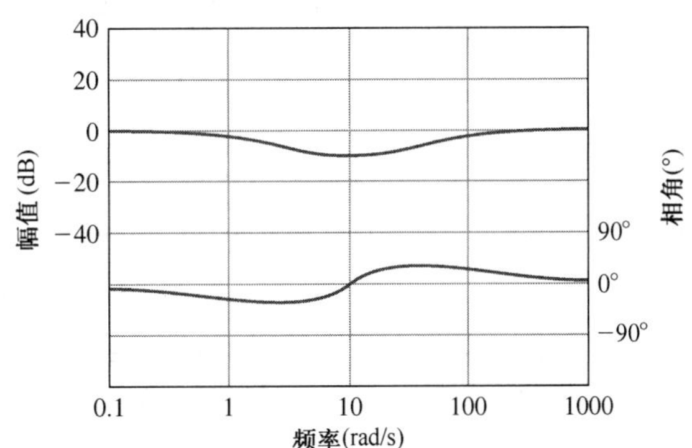

图 E8.9　伯德图

E8.10　图 E8.10(a)所示的动态分析仪可以分析给定系统的频率响应。图中还给出了利用信号分析仪检测汽车驾驶室机械振动的情况。图 E8.10(b)给出了某系统的实际频率响应，试估算该系统的极点和零点。注意，第一个标记对应于 X = 1.37 kHz，两个标记之间的频率差为 ΔX = 1.257 kHz。

(a)

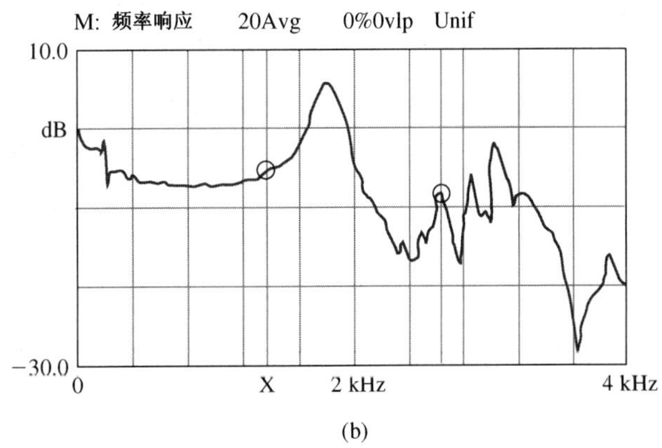

(b)

图 E8.10　(a) 分析汽车驾驶室机械振动情况的 35670A 信号分析仪；(b) 频率响应

E8.11　考虑图 E8.11 所示的反馈控制系统。绘制 $G(s)$ 的伯德图，并确定系统的 0 dB 线穿越频率，即 $20\log|G(j\omega)| = 0$ dB 时的频率。

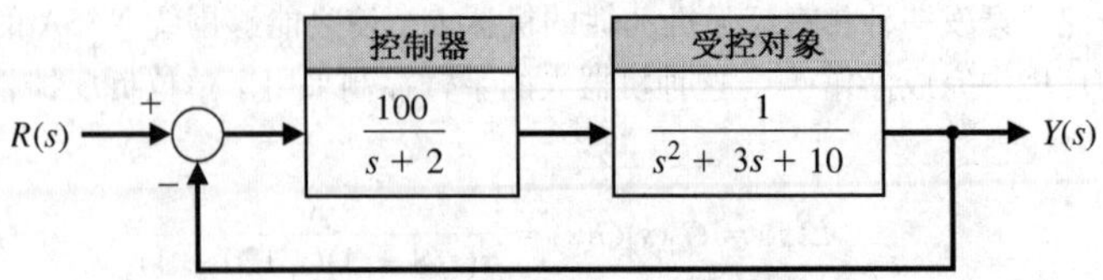

图 E8.11 单位反馈控制系统

E8.12 考虑如下用状态变量模型表示的系统：

$$\dot{\boldsymbol{x}}(t) = \begin{bmatrix} 0 & 1 \\ -2 & -3 \end{bmatrix}\boldsymbol{x}(t) + \begin{bmatrix} 0 \\ 5 \end{bmatrix}u(t)$$

$$y(t) = [1 \quad -1]\boldsymbol{x}(t) + [0]u(t)$$

(a) 确定系统的传递函数；

(b) 绘制系统的伯德图。

E8.13 试确定图 E8.13 所示反馈控制系统的带宽。

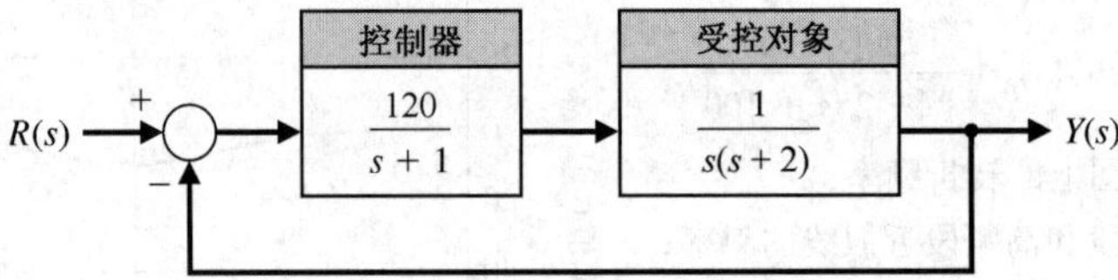

图 E8.13 三阶反馈控制系统

E8.14 考虑图 E8.14 所示的非单位反馈系统，其中控制器的增益选为 $K=2$。试绘制开环传递函数所对应的伯德图，并确定使开环幅频特性 $20\log|L(\mathrm{j}\omega)|=0$ dB 的相角。注意，开环传递函数为 $L(s)=G_c(s)G(s)H(s)$。

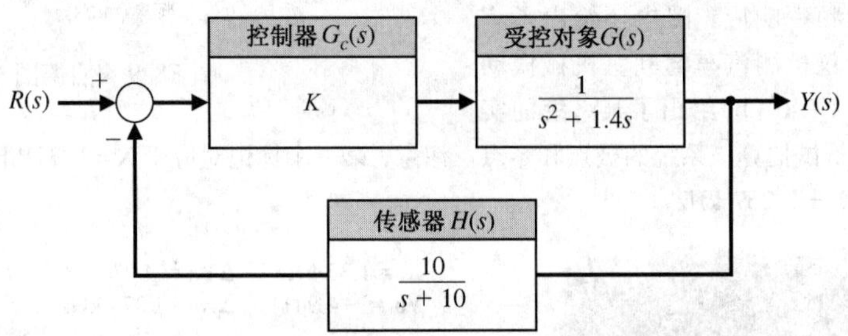

图 E8.14 控制器增益为 K 的非单位反馈系统

E8.15 考虑如下模型描述的单输入-单输出系统：

$$\dot{\boldsymbol{x}}(t) = \boldsymbol{A}\boldsymbol{x}(t) + \boldsymbol{B}u(t)$$

$$y(t) = \boldsymbol{C}\boldsymbol{x}(t)$$

其中，

$$\boldsymbol{A} = \begin{bmatrix} 0 & 1 \\ -(6+K) & -1 \end{bmatrix}, \quad \boldsymbol{B} = \begin{bmatrix} 0 \\ 1 \end{bmatrix}, \quad \boldsymbol{C} = [5 \quad 3]$$

当 $K=1$, $K=2$ 和 $K=10$ 时，确定系统的带宽。当 K 增加时，带宽是增大还是减小?

一般习题

P8.1 绘制下列传递函数的频率特性极坐标图。

(a) $L(s) = G_c(s)G(s) = \dfrac{1}{(1+0.25s)(1+3s)}$ (b) $L(s) = G_c(s)G(s) = \dfrac{5(s^2+1.4s+1)}{(s-1)^2}$

(c) $L(s)=G_c(s)G(s)=\dfrac{s-8}{s^2+6s+8}$　　(d) $L(s)=G_c(s)G(s)=\dfrac{20(s+8)}{s(s+2)(s+4)}$

P8.2　绘制习题 P8.1 中所有传递函数的伯德图。

P8.3　如图 P8.3 所示的 T 型电桥网络的传递函数为

$$G(s)=\frac{s^2+\omega_n^2}{s^2+2(\omega_n/Q)s+\omega_n^2}$$

其中，$\omega_n^2=2/LC$，$Q=\omega_n L/R_1$，R_2 的值可以调整为 $(\omega_n L)^2/4R_1$[3]。

(a) 确定其零点和极点；

(b) 绘制其伯德图。

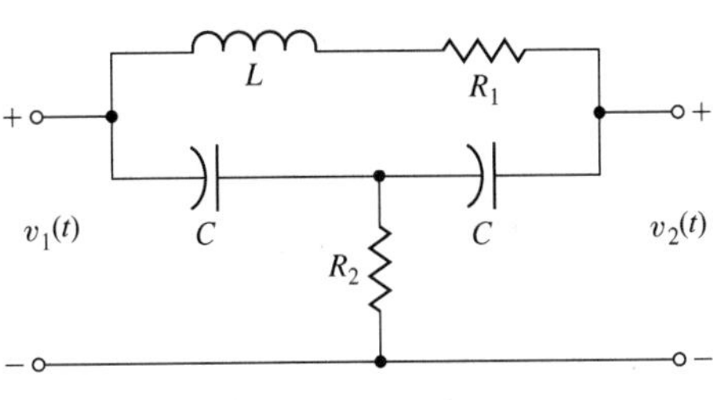

图 P8.3　T 型电桥网络

P8.4　控制密闭舱内压力的控制系统如图 P8.4 所示，其测量环节的传递函数为

$$H(s)=\frac{150}{s^2+15s+150}$$

调节阀的传递函数为

$$G_1(s)=\frac{1}{(0.1s+1)(s/20+1)}$$

控制器的传递函数为 $G_c(s)=2s+1$，试绘制系统开环传递函数 $G_c(s)G_1(s)H(s)\cdot[1/s]$ 的频率特性伯德图。

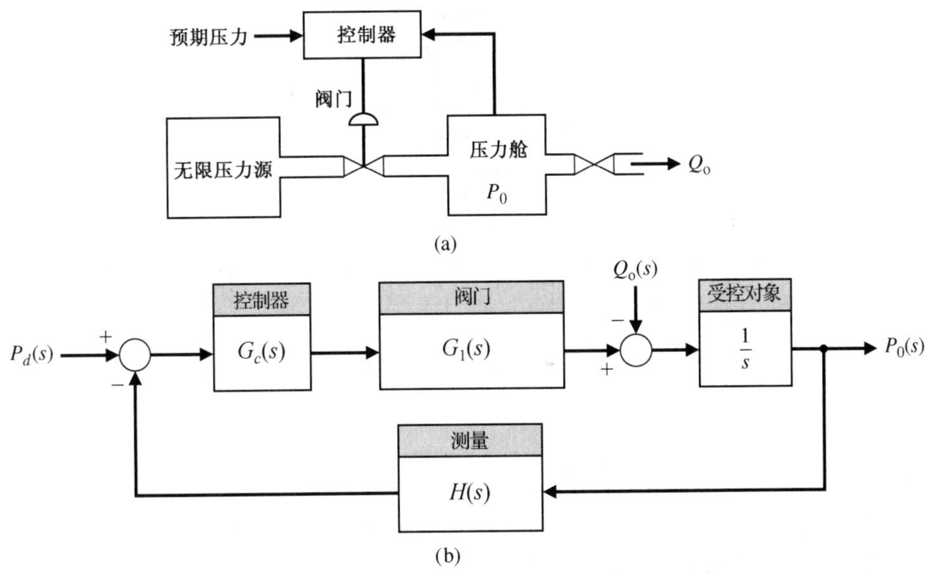

图 P8.4　(a) 压力控制器；(b) 框图模型

P8.5　全球的机器人工业每年都在快速增长[8]。典型的工业机器人有多个自由度。配有力敏感功能的关节采用了单位反馈位置控制系统，其开环传递函数为

$$G_c(s)G(s)=\frac{K}{(1+s/4)(1+s)(1+s/20)(1+s/80)}$$

其中，$K=10$。试绘制该系统的开环伯德图。

P8.6　图 P8.6 给出了两个传递函数的对数幅频近似线。假设这两个系统都有最小相位传递函数，试绘制相应的相频特性近似线，并确定每个系统的传递函数。

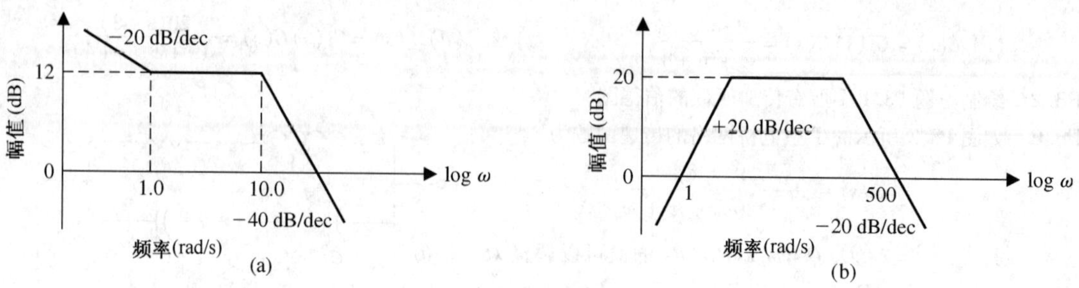

图 P8.6　对数幅频近似线

P8.7　无人小车广泛应用于仓库、机场和很多其他场合。如图 P8.7(a)所示，这种小车能够沿着嵌在地面上的线路自动调节前轮，从而保持小车行驶的方向[10]。安装在前轮上的感应线圈可以检测到小车的方向偏差，并据此来调节行驶方向。小车车轮控制系统的框图如图 P8.7(b)所示，其开环传递函数为

$$L(s)=\frac{K}{s(s+\pi)^2}=\frac{K_v}{s(s/\pi+1)^2}$$

并要求其闭环系统带宽大于 2π rad/s。

(a) 当 $K_v=\pi$ 时，绘制对应的开环伯德图；

(b) 利用开环伯德图，确定在转折频率处的相角。

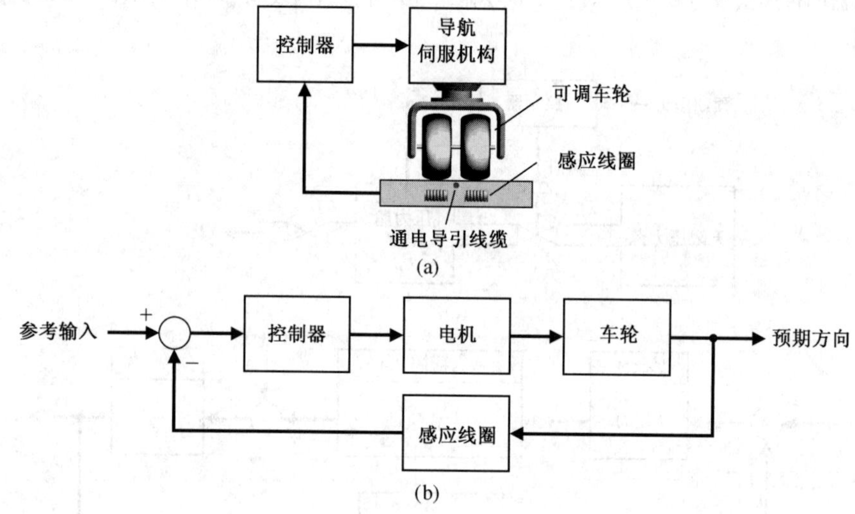

图 P8.7　无人小车车轮控制系统

P8.8　某反馈控制系统如图 P8.8 所示。若要求闭环系统阶跃响应的超调量 P.O.≤5%，

(a) 确定闭环频率特性函数 $Y(j\omega)/R(j\omega)=T(j\omega)$ 的频域谐振峰值 $M_{p\omega}$。

(b) 确定谐振频率 ω_r。

(c) 确定闭环系统的带宽。

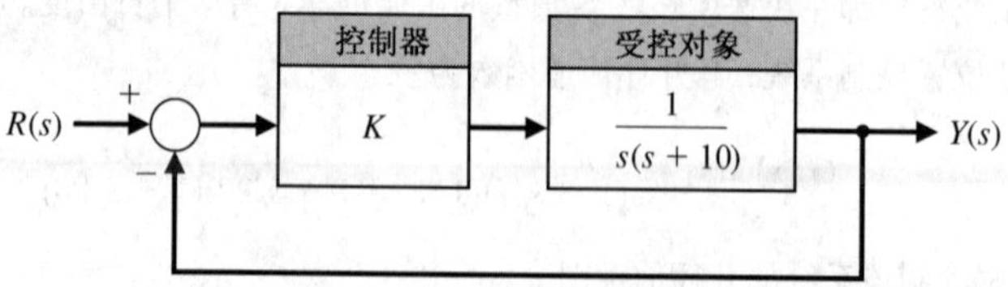

图 P8.8　二阶单位负反馈控制系统

P8.9 考虑习题 P8.1 给出的(a)和(b)两个传递函数，绘制它们的对数幅相图。

P8.10 在图 P8.10 所示的系统中，采用线性执行机构来控制质量块 M 的位置。该机构用一个滑动电阻来测量质量块的实际位置，并且有 $H(s)=1.0$。选择放大器增益可以使系统的稳态误差小于位置参考信号 $R(s)$ 幅值的 1%。执行机构中的感应线圈的电阻 $R_f=0.1\ \Omega$，电感 $L_f=0.2\ \mathrm{H}$。此外，负载的质量 $M=0.1\ \mathrm{kg}$，摩擦系数 $b=0.2\ \mathrm{N\cdot s/m}$，弹性系数为 0.4 N/m。在上述条件下，

(a) 确定增益 K 的取值，使系统对阶跃输入的稳态误差小于 1%；

(b) 绘制开环传递函数 $L(s)=G(s)H(s)$ 的伯德图；

(c) 绘制闭环传递函数的伯德图；

(d) 确定闭环传递函数的 $M_{p\omega}$，ω_r 和带宽 ω_B。

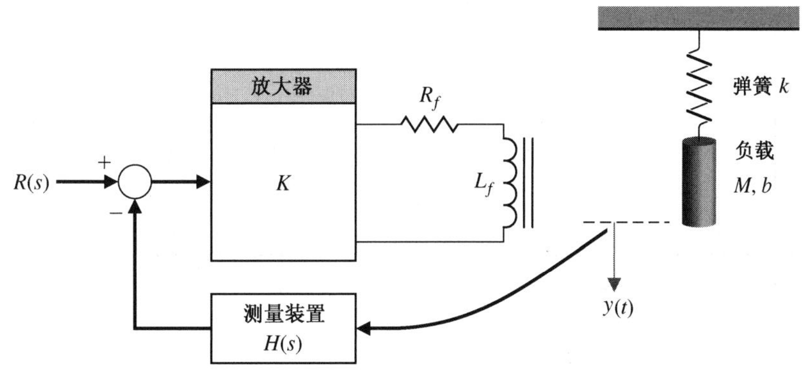

图 P8.10 采用线性执行机构的控制系统

P8.11 航船的自动驾驶系统是反馈控制理论的典型应用[20]。在交通拥挤的海域，保持航船的正确航向是至关重要的。和人工驾驶需要频繁修正航向相比较，自动驾驶系统更有可能产生较小的航向偏差。在航船以小的航向偏差匀速运行时，可以得到自动驾驶系统的数学模型。以大型油轮为例，其传递函数为

$$G(s)=\frac{E(s)}{\delta(s)}=\frac{0.164(s+0.2)(-s+0.32)}{s^2(s+0.25)(s-0.009)}$$

其中，$E(s)$ 是油轮偏航角的拉普拉斯变换，$\delta(s)$ 是舵机纠偏角的拉普拉斯变换。试验证，该系统 $E(\mathrm{j}\omega)/\delta(\mathrm{j}\omega)$ 的频率特性伯德图如图 P8.11 所示。

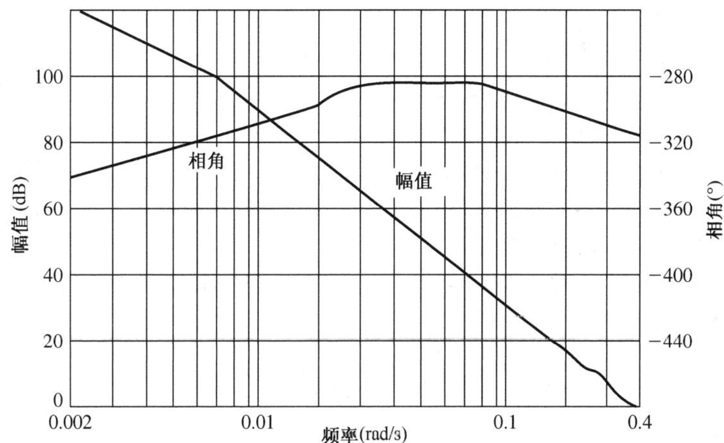

图 P8.11 油轮航向控制系统的频率特性伯德图

P8.12 某反馈控制系统的框图如图 P8.12(a)所示，其传递函数的频率特性曲线如图 P8.12(b)所示。假设系统具有最小相位传递函数，

(a) 当 $G_3(s)$断开时，计算系统的阻尼比ζ。

(b) 当 $G_3(s)$闭合时，计算系统的阻尼比ζ。

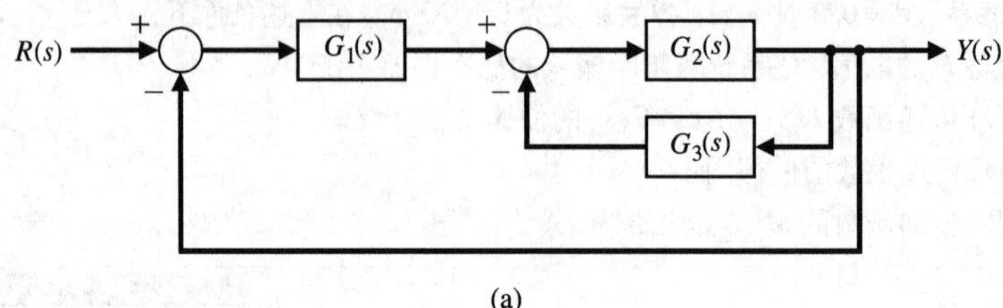

(a)

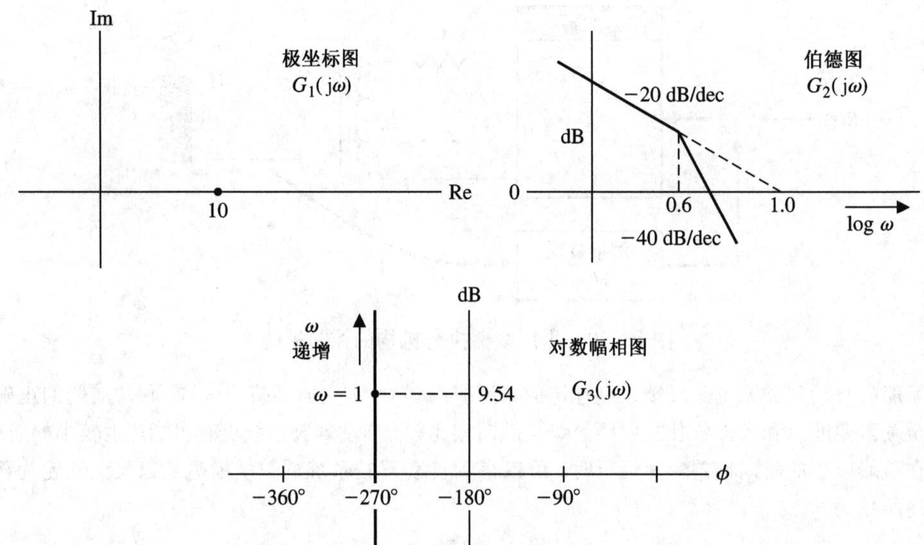

(b)

图 P8.12 反馈控制系统

P8.13 如图 P8.13 所示，某位置控制系统由交流电机和交流元器件构成。其中，同步发生器和控制变压器都可以看成带有转动绕组的变换器，同步位置检测器的转子随着负载转动，转动角为 θ_0。同步电机由 115 V 的 60 Hz 交流参考电压驱动，而输入信号 $R(s)=\theta_{in}(s)$则用于驱动控制变压器的转子转动。交流两相电机起着放大偏差信号的作用。采用交流控制系统的优点在于：(1) 避免了直流漂移的影响；(2) 元器件组成简单。为了测量系统的开环频率响应，我们只需要分别将 X-Y 和 X′-Y′断开，而在 Y-Y′上施加正弦激励信号，然后测量 X-X′间的响应[在施加激励信号之前，必须使偏差$(\theta_0-\theta_i)$为零]。假设系统是最小相位系统，实际测量的开环传递函数 $L(j\omega)=G_c(j\omega)G(j\omega)H(j\omega)$的频率响应如图 P8.13(b)所示，试确定传递函数 $L(j\omega)$。

P8.14 图 P8.14 所给的电路是一种带通放大器[3]。当 $R_1=R_2=1\ \text{k}\Omega$，$C_1=100\ \text{pF}$，$C_2=1\ \mu\text{F}$，$K=100$ 时，试验证电路的传递函数为

$$G(s)=\frac{10^9 s}{(s+1000)(s+10^7)}$$

并完成下列任务：

(a) 绘制 $G(j\omega)$的伯德图。

(b) 计算系统在中频带的幅值(以 dB 为单位)。

(c) 在高频带和低频带，找出幅值为 −3 dB 的频率。

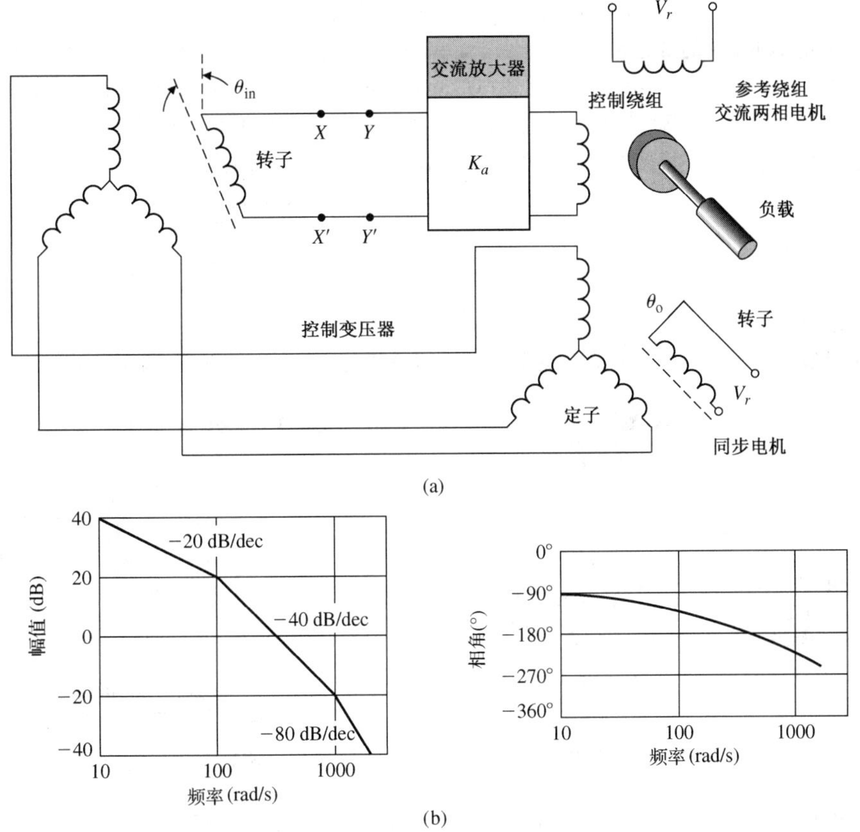

图 P8.13　(a) 交流电机控制；(b) 闭环传递函数的伯德图

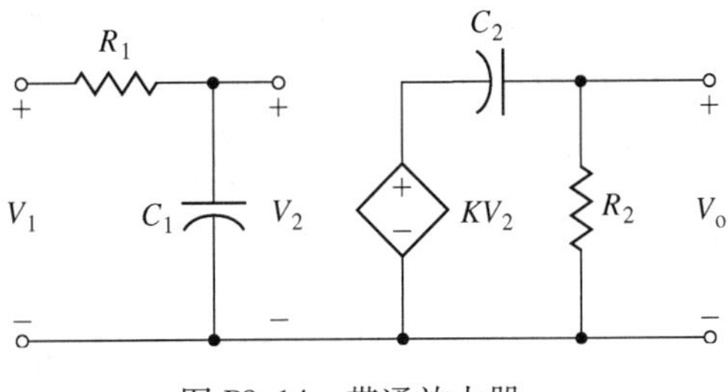

图 P8.14　带通放大器

P8.15　用正弦信号激励系统并测量它的频率响应，就可以求得系统的传递函数 $G(s)$。设某系统的测试数据见右侧，试确定对应的传递函数 $G(s)$。

ω(rad/s)	$\lvert G(j\omega)\rvert$	相角(°)
0.1	50	−90
1	5.02	−92.4
2	2.57	−96.2
4	1.36	−100
5	1.17	−104
6.3	1.03	−110
8	0.97	−120
10	0.97	−143
12.5	0.74	−169
20	0.13	−245
31	0.026	−258

P8.16　航天飞机成功地完成过检修卫星的任务。图 P8.16 说明了一个机组成员的工作情况。宇航员的脚固定在机械臂末端的工作台上，这样他就能用双手来阻止卫星转动。机械臂控制系统的闭环传递函数为

$$\frac{Y(s)}{R(s)} = \frac{59.8}{s^2 + 13.7s + 59.8}$$

(a) 确定闭环系统对单位阶跃输入信号 $R(s)=1/s$ 的响应 $y(t)$。

(b) 确定闭环系统的带宽。

P8.17 如图 P8.17 所示，试验中的旋转翼飞机(Oblique Wing Aircraft，OWA)装有一个可以旋转的机翼。在飞行速度较低时，机翼将处在正常位置，而在飞行速度较高时，机翼将旋转到一个合适的位置，以便改善飞机的超音速飞行品质[11]。假定飞机控制系统的开环传递函数为

$$L(s)=G_c(s)G(s)=\frac{4(0.5s+1)}{s(2s+1)\left[\left(\frac{s}{8}\right)^2+\left(\frac{s}{20}\right)+1\right]}$$

(a) 绘制系统的伯德图。

(b) 计算对数幅值为 0 dB 时的穿越频率 ω_1，以及相角 $\phi(\omega)=-180°$时的穿越频率 ω_2。

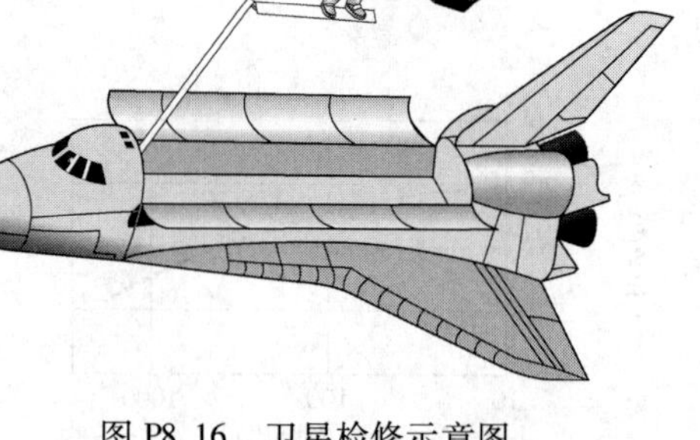

图 P8.16 卫星检修示意图

图 P8.17 旋转翼飞机的顶视图和侧视图

P8.18 遥操作将在恶劣的环境中发挥重要的作用。工程师们正在尝试通过反馈大量的现场感应信息，来帮助机器人实施遥操作。这种理念称为远程现实或远程现场[9]。

远程现场主/从系统包括一个能够感应现场，具有视听功能的主导系统、计算机控制系统，以及处于从属地位的类人型机器人系统。这种机器人装有一个 7 自由度的手臂，并且具有自主移动的功能。主导系统一方面负责感知操作员的头部、手臂、手和其他辅助部位的运动。另一方面，安装在从属机器人颈部并且经过了特别设计的视觉和听觉输入系统，则负责感知远程现场的环境综合信息，然后将这些信息反馈给特别设计的显示系统，从而让操作员感知远程现场的信息。该机器人移动控制系统的开环传递函数为

$$L(s)=G_c(s)G(s)=\frac{25(s+1)}{s^2+15s+20}$$

试绘制 $G_c(j\omega)G(j\omega)$ 的伯德图，并确定 $20\log|G_c(j\omega)G(j\omega)|=0$ dB 时的穿越频率。

P8.19 图 P8.19(a)所示为汽车上常用的直流电机控制器，测量得到的 $\Theta(s)/I(s)$ 的伯德图如图 P8.19(b)所示，试确定传递函数 $\Theta(s)/I(s)$。

P8.20 机器人与自动化是成功开发空间项目的关键技术。在众多的航天任务中，自主、灵活的空间机器人可以减轻宇航员的工作负担，提高他们的工作效率。图 P8.20 给出了自由飞行机器人的概念图[9, 13]。与地球上的机器人相比，空间机器人的主要特点在于它没有固定的平台，因此机械臂的任何操作都会导致出现反作用力和动量，而这种反作用力和动量会对机器人的位置和姿态产生不利影响。

某空间机器人单关节控制的开环传递函数为

$$L(s)=G_c(s)G(s)=\frac{825(s+10)}{s^2+14s+475}$$

(a) 绘制 $L(j\omega)$ 的伯德图。

(b) 确定 $20\log|L(j\omega)|$ 的最大值，并计算相应的频率和相角。

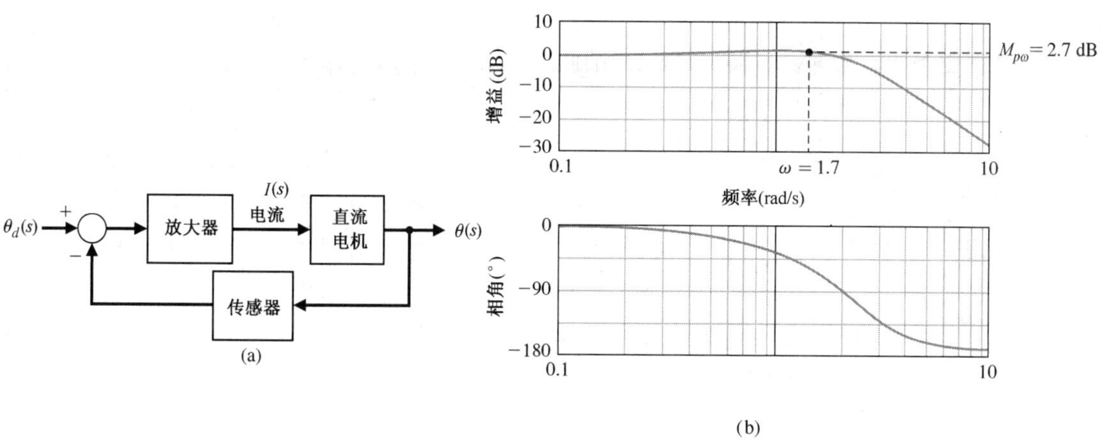

图 P8.19 （a）电机控制器；（b）实测频率特性伯德图

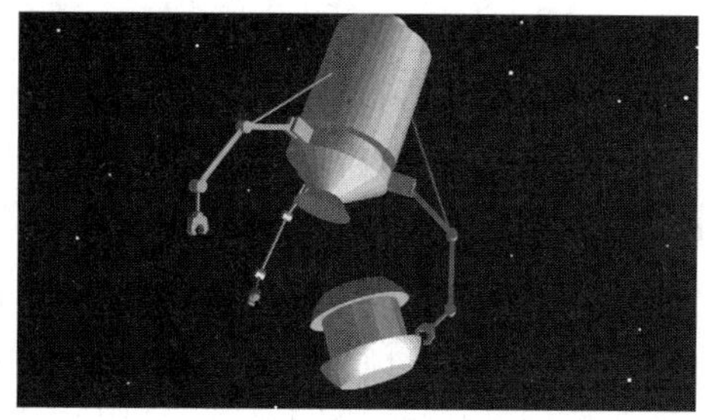

图 P8.20 三臂空间机器人正在捕获一颗卫星

P8.21 在美国，出现在低空的剪切风是引发飞行事故的主要原因之一，大多数飞行事故的直接原因或者是雷阵雨(即小范围、低高度但高强度的阵雨，这种雨能够严重影响地面气流，导致风面的强烈分流)或者是暴雨前沿的狂风。对正在起降的飞机而言，由于飞机的飞行高度较低，飞行速度仅比失速速度(stall speed)高出25%，因此，遭遇雷阵雨是一种非常严重的威胁[12]。

飞机在起飞过程中遭遇了剪切风时，飞机的稳定控制问题通常被提炼为爬升速度的稳定控制问题，因此所采用的防剪切风控制器仅仅利用了飞机的爬升速度信息。

在图 8.24 给出的单位负反馈系统中，将传递函数取为

$$L(s) = G_c(s)G(s) = \frac{-200s^2}{s^3 + 14s^2 + 44s + 40}$$

[注意 $G_c(s)G(s)$ 中的负增益]就能够代表飞机爬升速度的稳定控制系统。试绘制该系统的开环伯德图，并计算相角为 $\phi(\omega) = -180°$ 时的对数幅值(以 dB 为单位)。

P8.22 $G(j\omega)$ 的频率特性如图 P8.22 所示。由此确定传递函数 $G(s)$。

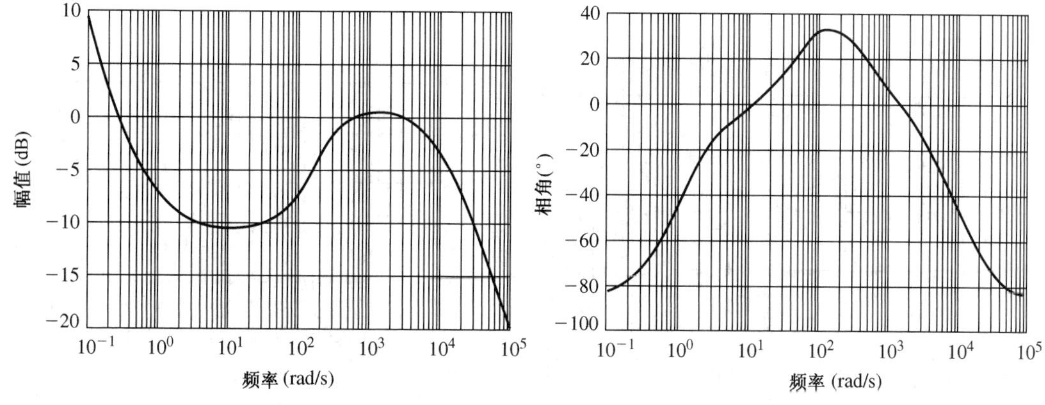

图 P8.22 $G(s)$ 的伯德图

P8.23 图 P8.23 所示为某受控对象 $G(j\omega)$ 的频率特性伯德图。试确定系统的型数(即积分环节的数目)，确定系统的传递函数 $G(s)$，并计算相应的单位闭环系统对单位阶跃输入信号的误差。

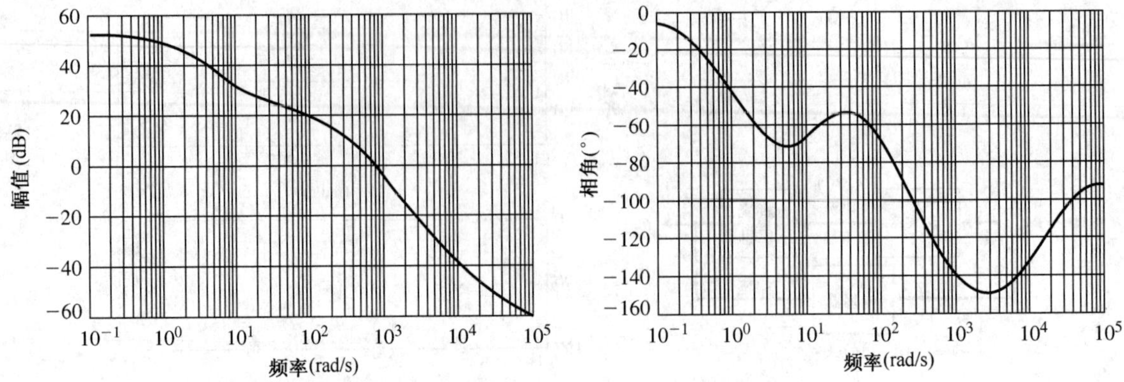

图 P8.23 $G(j\omega)$的频率特性伯德图

P8.24 薄膜传输闭环系统 $T(s)$的伯德图如图 P8.24 所示[17]，假设 $T(s)$有两个主导共轭极点。

(a) 确定系统的最佳二阶近似模型;

(b) 确定系统的带宽;

(c) 求系统对阶跃输入信号的超调量和调节时间(按 2% 准则)。

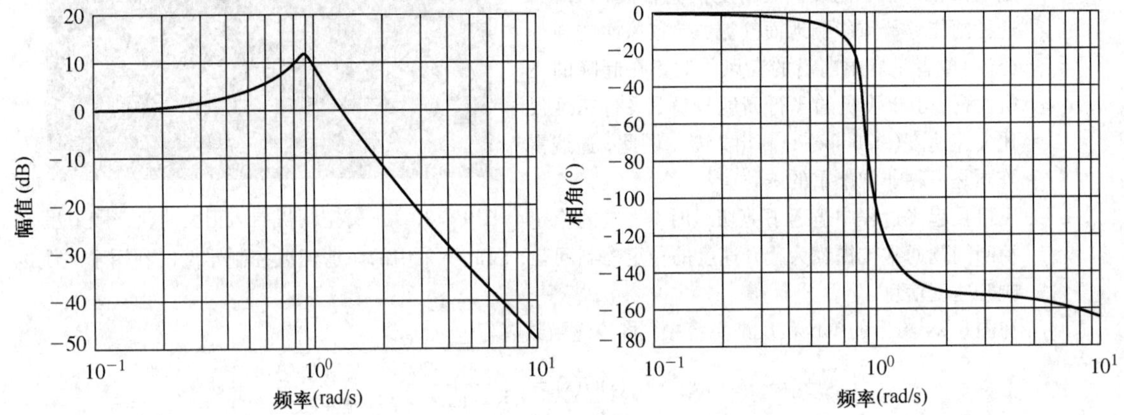

图 P8.24 薄膜传输闭环系统的伯德图

P8.25 某单位反馈闭环系统对输入信号 $r(t) = At^2/2$ 的稳态误差为 $A/10$。$G(j\omega)$的开环伯德图如图 P8.25 所示，试确定传递函数 $G(s)$。

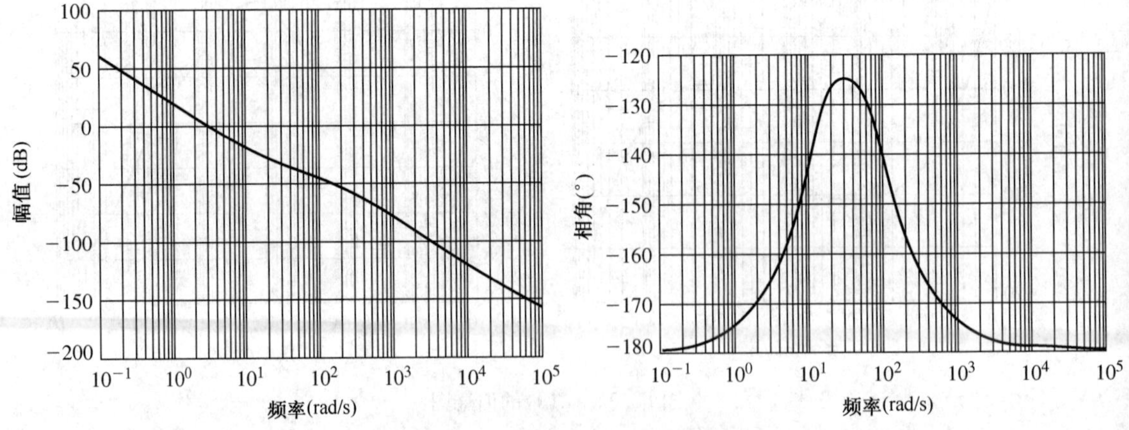

图 P8.25 单位反馈闭环系统的开环伯德图

P8.26 图 P8.26 所示为理想的运算放大器，试确定其传递函数。当 $R=10\ \text{k}\Omega$，$R_1=9\ \text{k}\Omega$，$R_2=1\ \text{k}\Omega$，$C=1\ \mu\text{F}$ 时，绘制频率特性的伯德图。

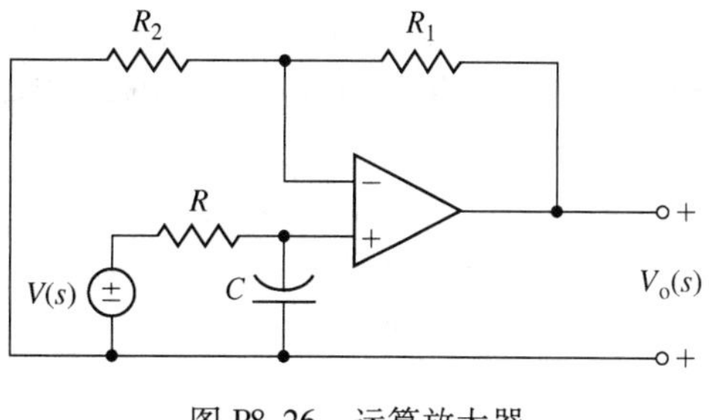

图 P8.26　运算放大器

P8.27 某单位反馈控制系统的开环传递函数为

$$L(s)=G_c(s)G(s)=\frac{K(s+50)}{s^2+10s+25}$$

试绘制相应的伯德图，并说明对数幅频特性曲线 $20\log|L(j\omega)|$ 如何随 K 的变化而变化。当 $K=0.75$，$K=2$ 和 $K=10$ 时，列表说明与每个 K 相应的穿越频率（当 $20\log|L(j\omega)|=0$ dB 时的频率 ω_c），低频段的对数幅值（当 $\omega\ll 1$ 时的对数幅值 $20\log|L(j\omega)|$），并确定闭环带宽。

难题

AP8.1 某质量块-弹簧-阻尼器系统如图 AP8.1(a) 所示，在正弦输入力的作用下，用实验方法测得的系统闭环伯德图如图 AP8.1(b) 所示，试确定 m，b 和 k 的值。

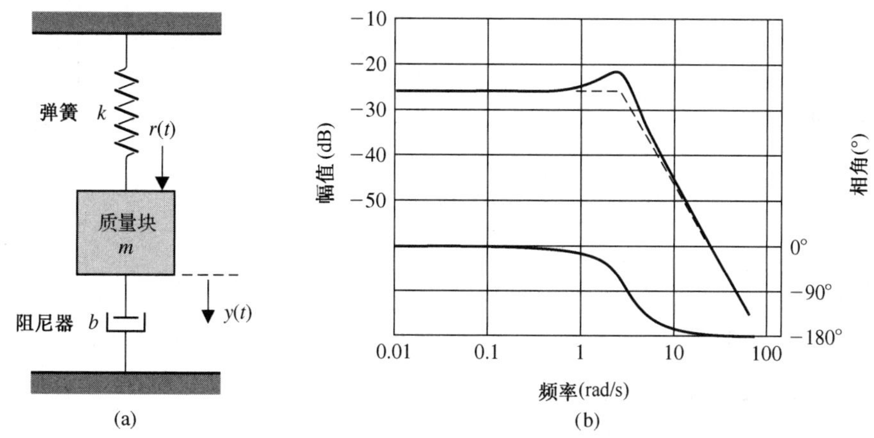

图 AP8.1　质量块-弹簧-阻尼器系统

AP8.2 某系统如图 AP8.2 所示，b 的额定值为 4.0，试求参数灵敏度 S_b^T，当 $K=5$ 时，绘制 $20\log|S_b^T(j\omega)|$ 的对数幅频特性曲线。

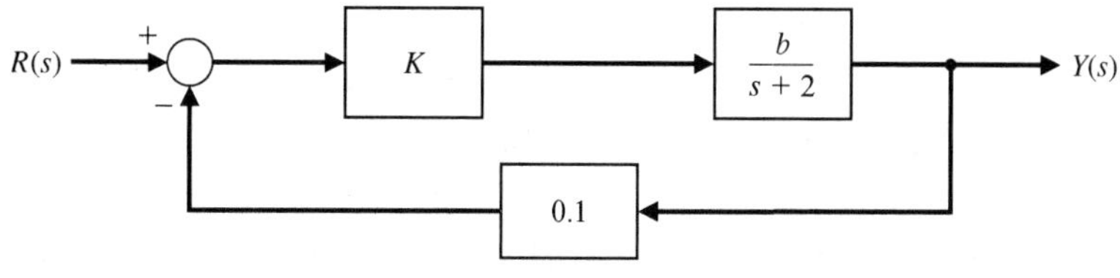

图 AP8.2　含有参数 b 的反馈系统

AP8.3 在汽车行驶过程中，轮胎的垂直位移相当于对汽车悬挂减震系统的输入激励[16]。图 AP8.3 是简化的汽车悬挂减震系统示意图，假定输入激励是正弦信号。当 $M=1$ kg，$b=4$ N·s/m，$k=18$ N/m 时，求系统的传递函数 $X(s)/R(s)$，并绘制其伯德图。

AP8.4 如图 AP8.4(a) 所示，在直升机缆绳的终端加有负载，其位置控制系统如图 AP8.4(b) 所示，其中 $H(s)$ 表示飞行员的视觉反馈，试绘制 $L(j\omega)=G(j\omega)H(j\omega)$ 的伯德图。

AP8.5 某单位负反馈闭环控制系统的传递函数为

$$T(s)=\frac{10(s+1)}{s^2+9s+10}$$

(a) 确定其开环传递函数 $L(s)=G_c(s)G(s)$。

(b) 绘制与图 8.27 类似的开环对数幅相图，并在图上标出对应于 $\omega=1$，$\omega=10$，$\omega=50$，$\omega=110$ 和 $\omega=500$ 的频率点。

(c) 判断开环系统是否稳定？闭环系统是否稳定？

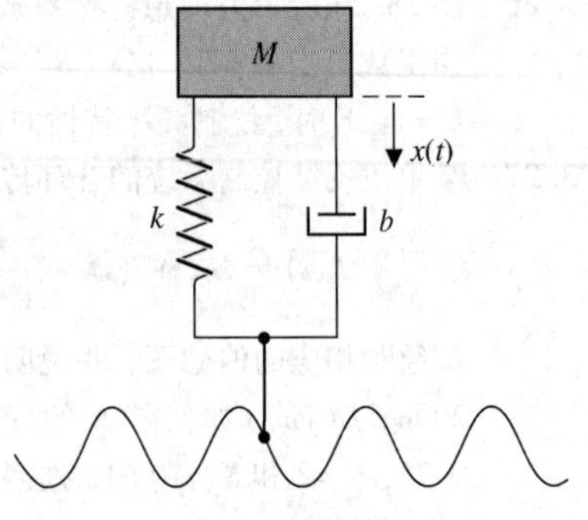

图 AP8.3 汽车悬挂减震系统模型

AP8.6 考虑图 AP8.6 所示的弹簧-质量块系统。当输入是 $u(t)$，输出是$x(t)$，质量块的质量 $M=2$ kg 时，试确定描述质量块运动的传递函数模型。再假定初始条件为 $x(0)=0$，$\dot{x}(0)=0$，对于任意频率 ω，要求系统对正弦输入信号 $u(t)=\sin(\omega t)$ 的稳态响应幅值均小于 1，试确定 k 和 b 的取值。利用所选取的 k 和 b，稳态响应出现峰值时的频率是多少？

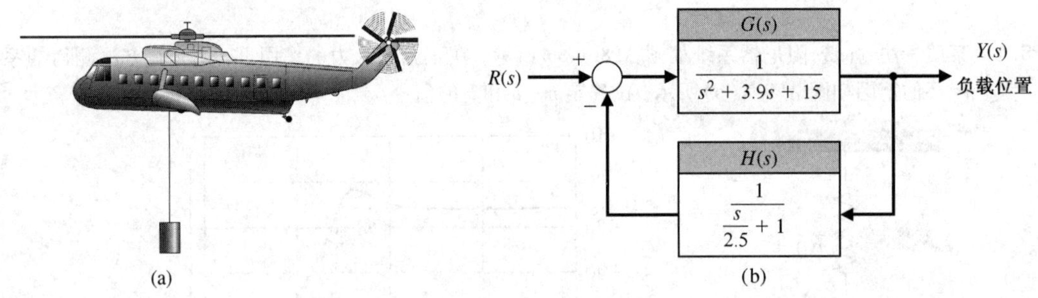

图 AP8.4 直升机负载位置控制系统

AP8.7 某运算放大器电路如图 AP8.7 所示。该电路其实是一个超前校正器。

(a) 确定该电路的传递函数；

(b) 当 $R_1=10\ \mathrm{k\Omega}$，$R_2=10\ \Omega$，$C_1=0.1\ \mu\mathrm{F}$，$C_2=1$ mF 时，绘制电路的频率特性伯德图。

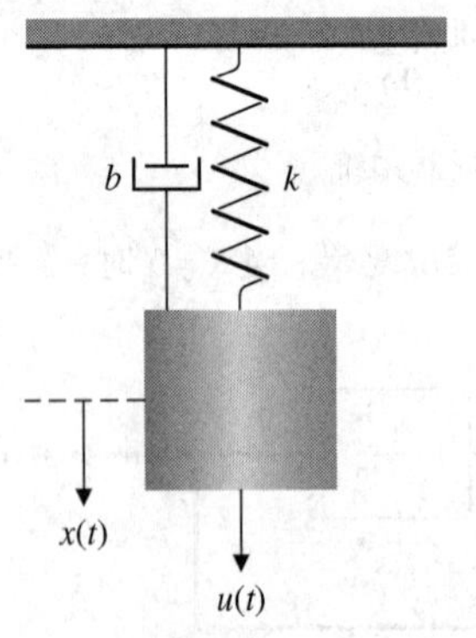

图 AP8.6 悬挂的弹簧-质量块系统，参数为k和b

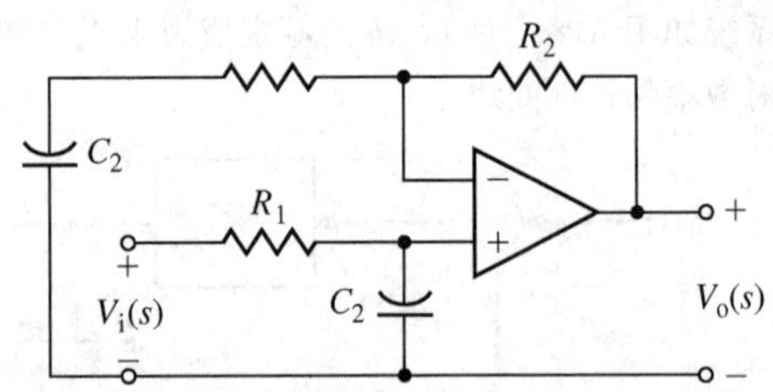

图 AP8.7 运算放大器，超前校正电路

设计题

CDP8.1 考虑图 CDP4.1 所示的模型。若断开该模型中的速度反馈回路(不再使用速度计)，并将控制器取为 PD 控制器，即 $G_c(s)=K(s+2)$。当 $K=40$ 时，试绘制系统的开环伯德图，并估计系统阶跃响应的超调量和调节时间(按 2% 准则)。

DP8.1　研究人类驾驶汽车时的行为是一个非常有趣的课题[14~16,21]。四轮驱动系统、主动减震系统、自主制动系统和"线操纵"等新技术的出现，为提高汽车的驾驶性能提供了更多的选择。

汽车和驾驶员的模型如图 DP8.1 所示，其中，驾驶员负责预测汽车偏离中心线的情况。

(a) 当 $K=1$ 时，绘制开环传递函数 $L(s)=G_c(s)G(s)$ 的伯德图。

(b) 当 $K=1$ 时，绘制闭环传递函数 $T(s)$ 的伯德图。

(c) 当 $K=50$ 时，重新绘制(a)和(b)中的伯德图。

(d) 为了使闭环系统的 $M_{p\omega}\leq 2$，带宽达到最大值，试确定增益 K 的取值。

(e) 求系统对斜坡输入 $r(t)=t$ 的响应的稳态误差。

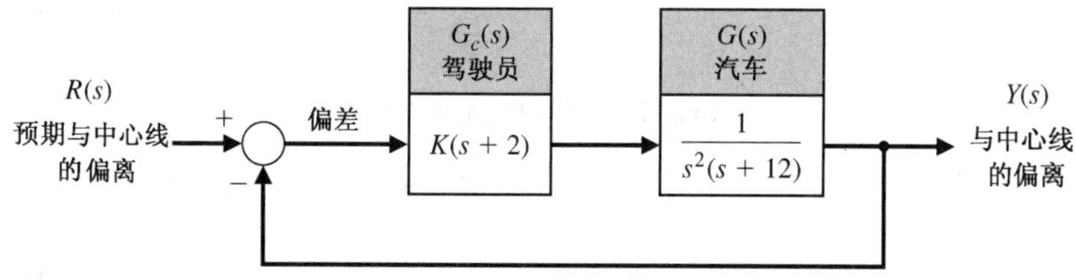

图 DP8.1　人类驾驶汽车时的控制系统

DP8.2　在空间机器人与地面测控站之间存在着较大的通信时延。因此，对远距离行星进行星际探测时，要求空间机器人有很高的自主性。空间机器人的自主性要求将影响到整个系统的各个方面，包括任务规划、感知系统和机械结构等。只有当机器人配备了完善的感知系统，能够可靠地构建并维持环境模型时，星际探测系统才能具备所需要的自主性。该感知系统与任务规划、机械系统一起构成一个完整的星际探测系统。如图 DP8.2(a)所示，NASA 喷气推进实验室研发了一个蜘蛛形四足行走的机器人[18]。图 DP8.2(b)给出的是该机器人单足控制系统的框图。

(a) 当 $K=20$ 时，绘制开环传递函数 $L(s)=G_c(s)G(s)$ 的伯德图，并在相角 $\phi(\infty)=-180°$ 和 $20\log|G_c(s)G(s)|=0$ dB时，分别求出对应的穿越频率。

(b) 当 $K=20$ 时，绘制闭环传递函数 $T(s)$ 的伯德图。

(c) 当 $K=22$ 和 $K=25$ 时，分别计算闭环系统的 $M_{p\omega}$，ω_r 和 ω_B。

(d) 在 $K=22$ 和 $K=25$ 中，确定 K 的一个最佳取值，使系统对阶跃信号 $r(t)$ 响应的超调量 P.O.≤5%，而且调节时间尽可能地短。

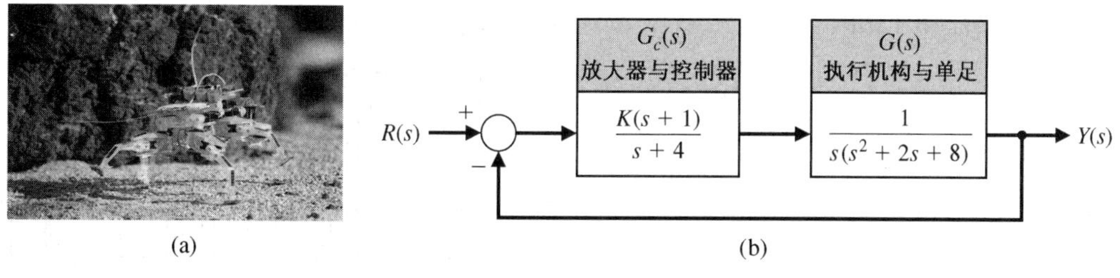

图 DP8.2　(a) 火星探测的蜘蛛形机器人(NASA 友情提供)；(b) 单足控制系统的框图模型

DP8.3　如图 DP8.3(a)所示，可以用移动的台面来实现为配药器下方的药瓶定位。为了减少药水外溢，台面应该能够快速、准确而且平稳地移动。台面位置控制系统的框图如图 DP8.3(b)所示。为了使系统的阶跃响应具有较小的超调量和调节时间，将闭环系统 $T(j\omega)$ 的谐振峰值限制为 $20\log M_{p\omega}=3$ dB。试选择 K 的取值，使闭环系统稳定，并绘制对应的闭环伯德图；再进一步调节 K 的取值，使得恰好有 $20\log M_{p\omega}=3$ dB，计算此时的闭环系统带宽和阶跃响应稳态误差。

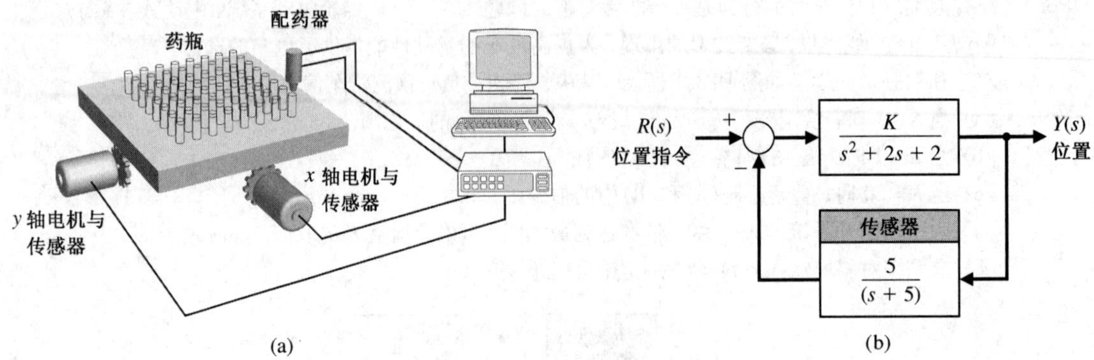

图 DP8.3 可移动台面和配药器

DP8.4 可以用控制系统来自动实施麻醉。为了保证合适的手术条件，需要给患者注射肌肉放松剂，从而阻止肌肉的无意识运动。

传统的注射方法是，麻醉师先根据经验来确定肌肉放松剂的注射用药量，等到需要时再加以补充。引入自动控制系统之后，可以减少肌肉放松剂的总用药量，并且已经取得了显著的效果[19]。

麻醉过程的模型如图 DP8.4 所示，试确定增益 K 的合适取值，使谐振峰值满足 $M_{p\omega} \leqslant 1.5$ 时，闭环系统的带宽达到最大，并确定此时的带宽。

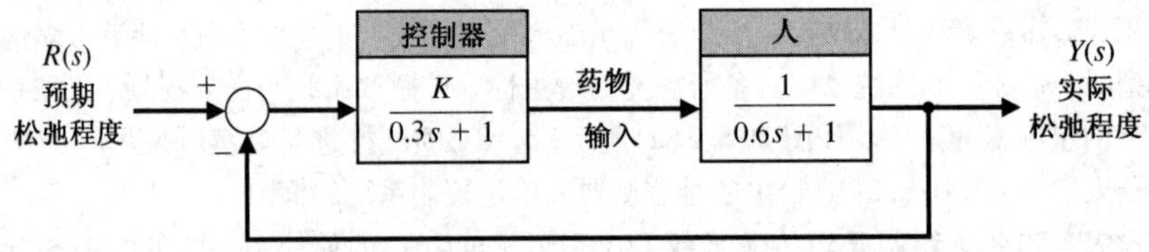

图 DP8.4 麻醉控制系统模型

DP8.5 在图 DP8.5(a)所描述的控制系统中，受控对象的数学模型是未知的，通常用“黑箱”来代表。关于受控对象的仅有信息，是图 DP8.5(b)所示的频率特性曲线。试设计控制器 $G_c(s)$，使整个系统满足如下设计要求：

(1) 穿越频率在 10 ~ 50 rad/s 之间；

(2) 当 $\omega < 0.1$ rad/s 时，$L(s) = G_c(s)G(s)$ 的对数幅值大于 20 dB。

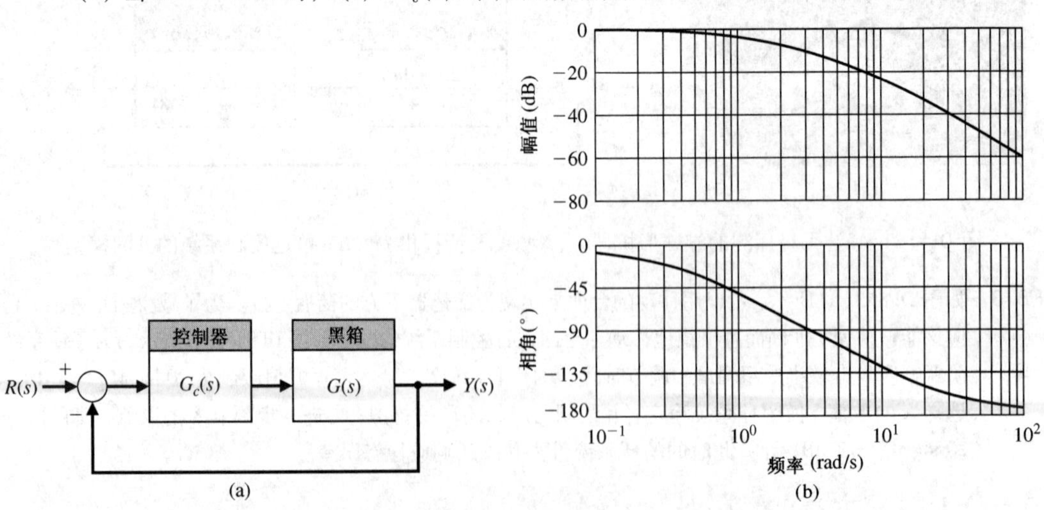

图 DP8.5 (a) 含有黑箱的反馈系统；(b) 黑箱 $G(s)$ 的频率特性伯德图

DP8. 6　某单输入-单输出系统的状态空间模型为

$$\dot{\boldsymbol{x}}(t)=\begin{bmatrix}0 & 1\\ -1 & -p\end{bmatrix}\boldsymbol{x}(t)+\begin{bmatrix}K\\ 0\end{bmatrix}u(t)$$
$$y(t)=[0\quad 1]\boldsymbol{x}(t)$$

(a) 确定 p 和 K 的取值，使单位阶跃响应的稳态误差为零，且超调量满足 P.O.≤5%。

(b) 利用(a)中确定的 p 和 K，确定系统的阻尼比 ζ 和固有频率 ω_n。

(c) 利用(a)中确定的 p 和 K，绘制系统的伯德图，并确定系统的带宽 ω_B。

(d) 利用图 8.26 中的近似公式，用 ζ 和 ω_n 估算系统带宽，并和(c)中得到的实际带宽进行比较。

DP8. 7　考虑图 DP8.7 所示的控制系统，其中的控制器采用比例-积分-微分(PID)控制器。控制器的传递函数为

$$G_c(s)=K_P+K_Ds+\frac{K_I}{s}$$

试设计确定该控制器的各项系数，使得系统满足：

(a) 加速度误差常数 $K_a=2$；

(b) 相角裕度 P.M.≥45°；

(c) 系统带宽 $\omega_b\geq 3.0$。

绘制闭环系统对单位阶跃输入信号的响应。

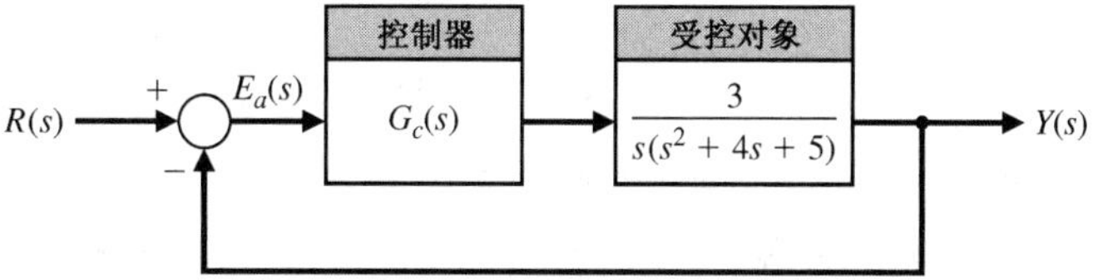

图 DP8.7　闭环反馈系统

计算机辅助设计题

CP8. 1　考虑闭环传递函数 $T(s)=\dfrac{30}{s^2+s+30}$，用 m 脚本程序绘制系统的伯德图，并验证其谐振频率为 5.44 rad/s，谐振峰值 $M_{p\omega}$ 为 14.8 dB。

CP8. 2　先手工绘制下列传递函数的伯德图，然后用函数 bode 加以验证。

(a) $G(s)=\dfrac{2000}{(s+10)(s+200)}$　(b) $G(s)=\dfrac{s+100}{(s+2)(s+30)}$

(c) $G(s)=\dfrac{200}{s^2+2s+100}$　(d) $G(s)=\dfrac{s-5}{(s+3)(s^2+12s+50)}$

CP8. 3　绘制下列所有传递函数的伯德图，并确定其 0 dB 线穿越频率(即 $20\log_{10}|G(\mathrm{j}\omega)|=0$ dB 所对应的频率)。

(a) $G(s)=\dfrac{2500}{(s+10)(s+100)}$　(b) $G(s)=\dfrac{50}{(s+1)(s^2+10s+2)}$

(c) $G(s)=\dfrac{30(s+100)}{(s+1)(s+30)}$　(d) $G(s)=\dfrac{100(s^2+14s+50)}{(s+1)(s+2)(s+200)}$

CP8. 4　某单位负反馈系统的开环传递函数为

$$L(s)=G_c(s)G(s)=\frac{60}{s(s+6)}$$

确定闭环系统的带宽，再用函数 bode 绘制闭环系统的伯德图，并在图上标出带宽。

CP8.5 某二阶系统的框图如图 CP8.5 所示。

(a) 在 $\omega=0.1$ rad/s 到 $\omega=1000$ rad/s 之间，用函数 logspace 生成闭环系统的伯德图。根据该伯德图，估计系统的谐振峰值 $M_{p\omega}$，谐振频率 ω_r 和带宽 ω_B。

(b) 估算系统的阻尼比 ζ 和固有频率 ω_n。

(c) 根据闭环传递函数，计算实际的 ζ 和 ω_n，并与(b)的结果进行比较。

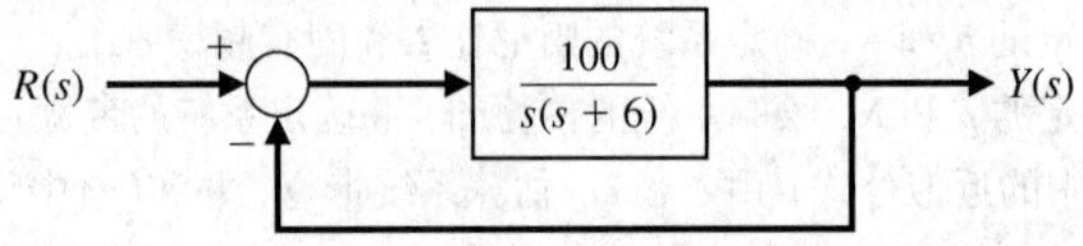

图 CP8.5 二阶反馈控制系统

CP8.6 考虑图 CP8.6 给出的闭环反馈系统，用 m 脚本程序绘制系统的开环和闭环伯德图。

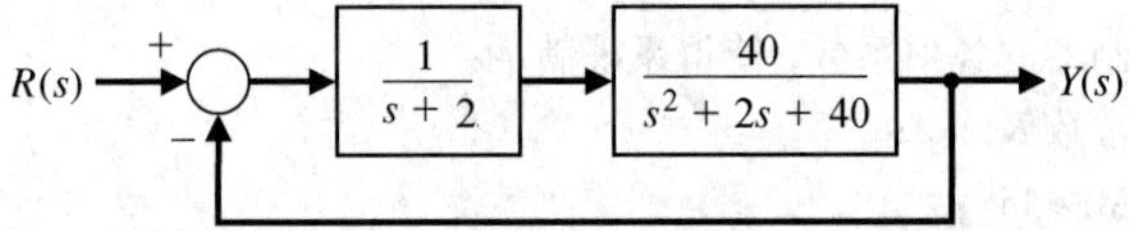

图 CP8.6 闭环反馈系统

CP8.7 某单位反馈的开环传递函数为

$$L(s)=G_c(s)G(s)=\frac{1}{s(s+2p)}$$

当 $0<p<1$ 时，绘制带宽与参数 p 的关系曲线。

CP8.8 安置在移动底座上的倒立摆控制系统如图 CP8.8(a)所示，其中倒立摆的传递函数为

$$G(s)=\frac{-1/(M_bL)}{s^2-(M_b+M_s)g/(M_bL)}$$

设计目标是：当系统存在干扰输入时，倒立摆仍然能够保持平衡，即 $\theta(t)\approx 0$。系统的框图模型如图 CP8.8(b)所示。假设 $M_s=10$ kg，$M_b=100$ kg，$L=1$ m，$g=9.81$ m/s^2，$a=5$，$b=10$。当存在单位阶跃干扰时，系统的设计指标要求如下：

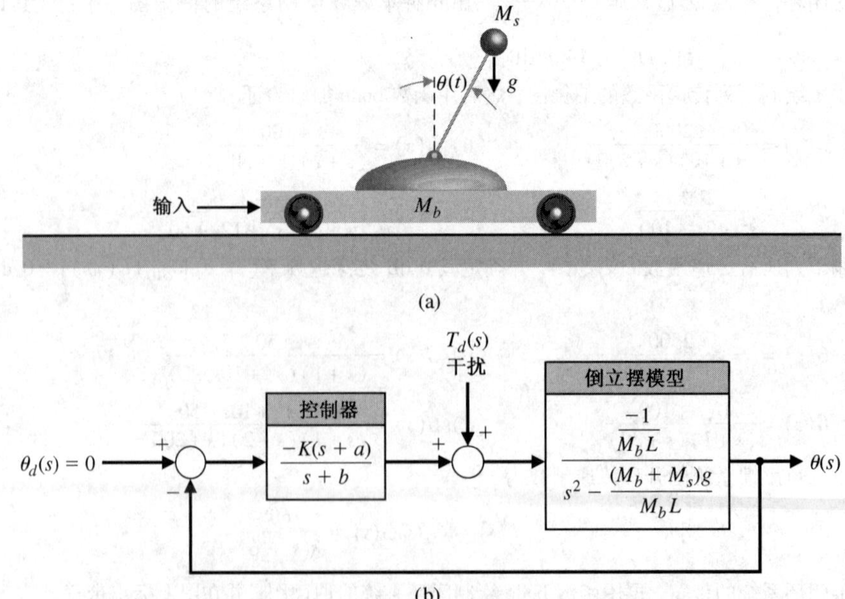

图 CP8.8 (a) 基于移动底座的倒立摆；(b) 框图模型

(1) 调节时间 $T_s \leq 10$ s(按 2% 准则);

(2) 超调量 P.O.≤40%;

(3) 稳态跟踪误差小于 0.1°。

试设计一套交互式 m 脚本程序来辅助控制系统的设计。第一部分脚本至少应该完成:

(1) 将 K 作为可调参数,计算从干扰到输出的闭环传递函数;

(2) 绘制闭环系统的伯德图;

(3) 自动计算并输出 $M_{p\omega}$ 和 ω_r 的值。

作为中间步骤,利用 8.2 节的式(8.36)和式(8.37),由 $M_{p\omega}$ 和 ω_r 估算系统的 ζ 和 ω_n。接下来,第二部分脚本至少应该完成:将 ζ 和 ω_n 作为输入变量,估算系统的超调量和调节时间。如果估算结果不能够满足设计要求,则调整 K 的取值,并用上面的 m 脚本程序重新设计。完成上面的两项工作之后,最后要仿真验证设计结果,因此第三部分脚本应该完成:

(1) 将 K 作为可调参数,绘制 $\theta(t)$ 对单位阶跃干扰的响应曲线;

(2) 适当地标注响应曲线图。

利用上述交互式 m 脚本程序,试用伯德图方法设计控制器,使系统满足给定的设计要求。建议在运行文本之前,先确定满足稳态误差要求的 K 的最小值,并将它作为 K 的设计初值。

CP8.9　设计一个滤波器,要求其具有如下的频率特性:

(1) 当 $\omega < 1$ rad/s 时,对数幅频特性满足 $20\log|G(j\omega)| < 0$ dB;

(2) 当 $1 < \omega < 1000$ rad/s 时,对数幅频特性满足 $20\log|G(j\omega)| \geq 0$ dB;

(3) 当 $\omega > 1000$ rad/s 时,对数幅频特性满足 $20\log|G(j\omega)| < 0$ dB;

尽可能在频率 $\omega = 40$ rad/s 附近,使对数幅频特性取得大的峰值。

技能自测答案

正误判断题:(1) 对　(2) 错　(3) 错　(4) 对　(5) 对

多项选择题:(6) a　(7) a　(8) b　(9) b　(10) c　(11) b　(12) c　(13) d　(14) a　(15) d

术语和概念匹配题(自上向下):d　i　q　n　l　m　o　j　s　p　c　e　b　r　h　f　g　k　a

术语和概念

all-pass network	**全通网络**	所有的频率成分都能以相同幅值特性通过的非最小相位系统。
bandwidth	**带宽**	频率响应从低频段幅值下降了 3 dB 时所对应的频率。
Bode plot	**伯德图**	传递函数的对数幅值与对数频率之间的关系图,以及传递函数的相角 ϕ 与对数频率之间的关系图。
break frequency	**转折频率**	由于零点或极点的影响,对数幅频特性近似线改变斜率时的频率。
corner frequency	**转角频率**	参见转折频率(break frequency)。
decade	**十倍频程**	频率间呈十倍因子关系(例如,频率从 1 rad/s 到 10 rad/s 的变化范围就是一个十倍频程)。
decibel(dB)	**分贝(dB)**	对数幅值的度量单位。
dominant root	**主导极点**	能够代表或主导闭环系统瞬态响应的特征方程的特征根。
Fourier transform	**傅里叶变换**	一种将时间函数 $f(t)$ 变换成为实频域函数的变换。
Fourier transform pair	**傅里叶变换对**	一对函数,一个是时域函数 $f(t)$,另一个是实频域函数 $F(\omega)$,二者用傅里叶变换联系在一起,即 $F(\omega) = \mathscr{F}\{f(t)\}$,其中 $\mathscr{F}$ 代表傅里叶变换。
frequency response	**频率响应**	系统对正弦输入信号的稳态响应。

Laplace transform pair	拉普拉斯变换对	一对函数，一个是时域函数 $f(t)$，另一个是复频域函数 $F(s)$，二者用拉普拉斯变换联系在一起，即 $F(s)=\mathscr{L}\{f(t)\}$，其中$\mathscr{L}$代表拉普拉斯变换。
logarithmic magnitude	对数幅值	频率特性函数幅值的对数，通常以 dB 为单位表示，即 $20\log_{10}\|G\|$。
logarithmic plot	对数坐标图	参见伯德图(Bode plot)。
maximum value of the frequency response	频率响应的最大幅值(谐振峰值)	由共轭复极点项引起的频率响应的最大幅值，且正好出现在谐振频率点上。
minimum phase transfer function	最小相位传递函数	所有零点都位于 s 左半平面的传递函数。
natural frequency	固有频率	当阻尼比为零时，共轭复极点会导致出现的持续振荡的频率。
nonminimum phase transfer function	非最小相位传递函数	在 s 右半平面有零点的传递函数。
octave	二倍频程	呈二倍因子关系 $\omega_2=2\omega_1$ 的频率间隔(例如，频率从 $\omega_1=100$ rad/s到 $\omega_2=200$ rad/s 的变化范围就是一个二倍频程)。
polar plot	极坐标图	$G(j\omega)$的实部与虚部的关系图。
resonant frequency	谐振频率	由共轭复极点引起的，频率响应幅值取得最大值时所对应的频率 ω_r。
transfer function in the frequency domain	频率(特性)函数	当输入为正弦信号时，输出与输入的傅里叶变换之比，常记为$G(j\omega)$。

第9章　频域稳定性

提要

前面有关章节已经讨论了系统的稳定性，介绍了多种判断系统稳定性和估计系统相对稳定性的方法。本章将运用频率响应法，进一步讨论系统的稳定性。为此，本章结合伯德图、奈奎斯特图和尼科尔斯图，介绍了增益裕度、相角裕度和带宽等概念，研究了频域内的稳定性判别方法——奈奎斯特稳定性判据，并用几个有趣的实例演示了奈奎斯特稳定性判据的应用。本章还讨论了纯时延环节对控制系统稳定性和性能指标的影响。时延环节引入了附加的滞后相角，因而有可能导致条件稳定系统失稳。在本章最后，继续研究了循序渐进设计实例——磁盘驱动器读取系统，并用频率响应法分析了该系统的稳定性。

预期收获

完成第9章的学习之后，学生应该：

- 掌握奈奎斯特稳定性判据和奈奎斯特图的作用。
- 熟悉系统时域性能的频域表示方法。
- 理解在反馈控制系统设计中，考虑时延环节的重要性。
- 能够使用频率响应法分析反馈控制系统的相对稳定性和性能，包括利用伯德图、奈奎斯特图和尼科尔斯图等工具，估计系统的增益裕度、相角裕度和带宽等。

9.1　引言

稳定性是反馈控制系统的关键特性。如果系统稳定，则还应该进一步考察它的相对稳定性。前几章已经给出了几种绝对稳定性的判定方法和相对稳定性的估计方法。其中，劳斯-赫尔维茨方法可以根据系统的特征方程来判断系统稳定性，根轨迹法还可以用来研究系统的相对稳定性。这两种方法都是基于复变量 $s=\sigma+j\omega$ 的复频域分析方法。本章则要在实频域中研究系统的稳定性，即采用频率响应法。

系统的频率特性函数描述了系统对正弦输入的稳态响应，它所包含的信息足以确定系统的相对稳定性。通过实验，用不同频率的正弦信号激励系统，可以方便地得到系统的频率特性函数。因此，频率响应法适用于分析含有未知参数的系统的稳定性。此外，根据频域内的稳定性判据，还能够方便地调整系统参数，从而提高系统的相对稳定性。

早在1932年，奈奎斯特就提出了频域内的稳定性判据。时至今日，**奈奎斯特稳定性判据**仍然是研究线性控制系统相对稳定性的基本方法[1,2]，它的理论基础是复变函数理论中的柯西(Cauchy)定理。柯西定理给出了关于 s 复平面上围线映射的结论，幸好，无须进行严格的理论推导也能理解柯西定理的基本内涵。

为了研究闭环控制系统的相对稳定性，需要考察闭环系统特征方程的一般形式：

$$F(s)=1+L(s)=0 \tag{9.1}$$

其中，$L(s)$代表s的有理函数。考虑图9.1所示的单位反馈控制系统，$L(s)=G_c(s)G(s)$。当系统为多回路反馈控制系统时，根据信号流图的结论，闭环系统的特征方程应该为

$$F(s)=\Delta(s)=1-\Sigma L_n+\Sigma L_m L_q\cdots=0$$

其中，$\Delta(s)$是信号流图的特征式，于是，可以用式(9.1)一般性地表示单回路或者多回路反馈控制系统的特征方程。为了保证系统的稳定性，必须要求$F(s)$的零点全部位于s左半平面。为了在频域内验证这一点，奈奎斯特将s平面右半平面映射到了$F(s)$平面。因此，为了理解和应用奈奎斯特(稳定性)判据，下面先简要介绍复平面上的围线映射。

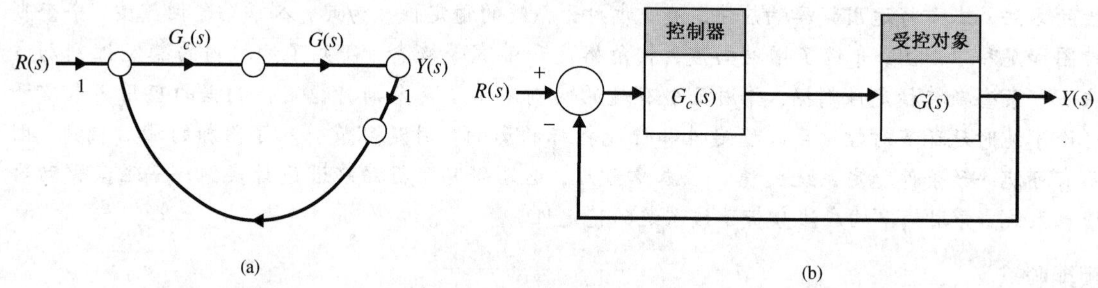

图9.1 单位反馈控制系统

9.2 s平面上的围线映射

我们关心s平面上由函数$F(s)$诱导的围线映射。**围线映射**是指，利用关系函数$F(s)$，将一个复平面(即s平面)上的闭合曲线或轨迹映射转换到另一个平面，即$F(s)$平面上。由于$s=\sigma+j\omega$是复变量，所以函数值$F(s)$本身也是复变量。将$F(s)$写成$F(s)=u+jv$，就可以在$F(s)$复平面上用坐标(u,v)来表示围线映射的结果。作为例子，考虑变换函数$F(s)=2s+1$，s平面上的单位正方形闭合曲线如图9.2(a)所示，函数$F(s)$将s平面上的闭合曲线映射到了$F(s)$平面上，于是有

$$u+jv=F(s)=2s+1=2(\sigma+j\omega)+1 \tag{9.2}$$

可以得到

$$u=2\sigma+1 \tag{9.3}$$

$$v=2\omega \tag{9.4}$$

由此可知，映射到$F(s)$平面上的像曲线仍然是一个正方形闭合曲线，其中心右移了1个单位，边长是原来的2倍，如图9.2(b)所示。可以看出，s平面的围线被映射到$F(s)$平面上之后，围线上的角度保持不变，这种映射又称为**保角映射**。从图中可以看出，s平面的闭合围线被映射成了$F(s)$平面上的闭合围线。

s平面上正方形的A，B，C和D这4个点，分别被映射成了$F(s)$平面上的A，B，C和D这4个点。而且，当s平面上的围线按照$ABCD$的方向发展时，$F(s)$平面上的围线也按照$ABCD$的方向发展(如图中箭头所示)。为了方便起见，本书将顺时针方向定义为闭合曲线的正方向，并将闭合曲线正方向右侧的区域称为围线的包围区域，即内部。需要注意的是，关于复平面上闭合曲线的正负运动方向，控制系统理论与复变函数理论采用了恰恰相反的约定，但这并不会影响理论和应用。这可以形象地记为：当你沿顺时针方向行走时，右侧的区域就是围线的包围区域，即“顺时针、向右看”。

典型的映射函数$F(s)$都是有理函数。我们再举一个围线映射的例子。若s平面上的闭合曲线仍为单位正方形曲线，如图9.3(a)所示，但将变换函数取为

$$F(s) = \frac{s}{s+2} \tag{9.5}$$

当 s 在单位正方形的闭合曲线上变化时，函数 $F(s)$ 的几个典型取值见表 9.1，图 9.3(b) 则给出了 $F(s)$ 平面上的映射像围线。从中可以看出，映射像围线包围了 $F(s)$ 平面的原点。

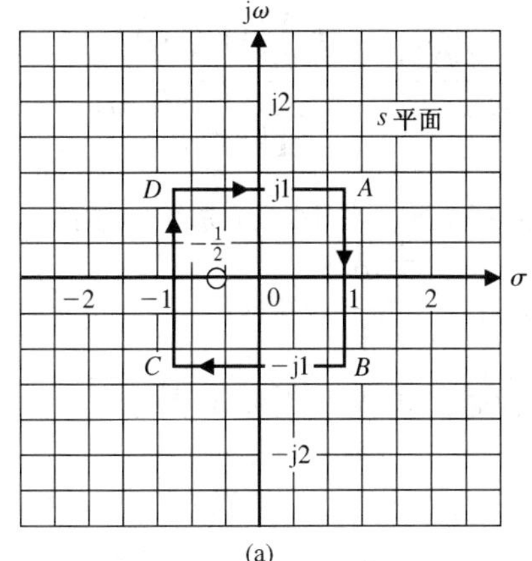

(a)

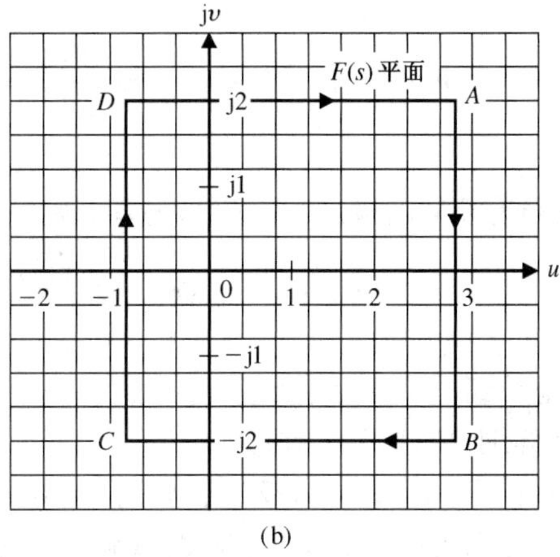

(b)

图 9.2　基于 $F(s)=2s+1=2(s+1/2)$ 的映射，闭合曲线为正方形曲线

表 9.1　$F(s)$ 的典型取值

	点 A		点 B		点 C		点 D	
$s=\sigma+j\omega$	$1+j1$	1	$1-j1$	$-j1$	$-1-j1$	-1	$-1+j1$	$j1$
$F(s)=u+jv$	$(4+2j)/10$	$1/3$	$(4-2j)/10$	$(1-2j)/5$	$-j$	-1	$+j$	$(1+2j)/5$

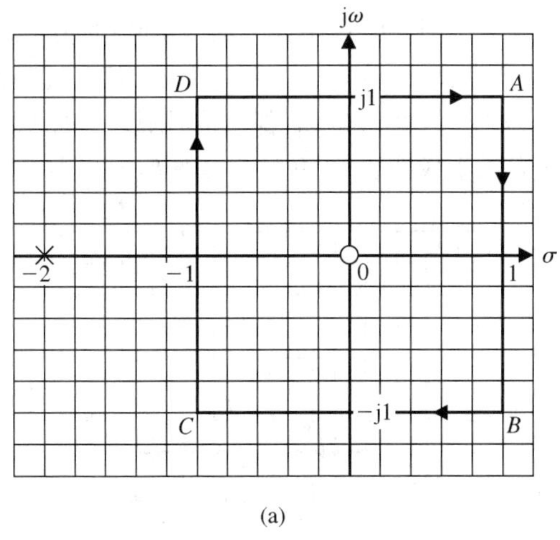

(a)

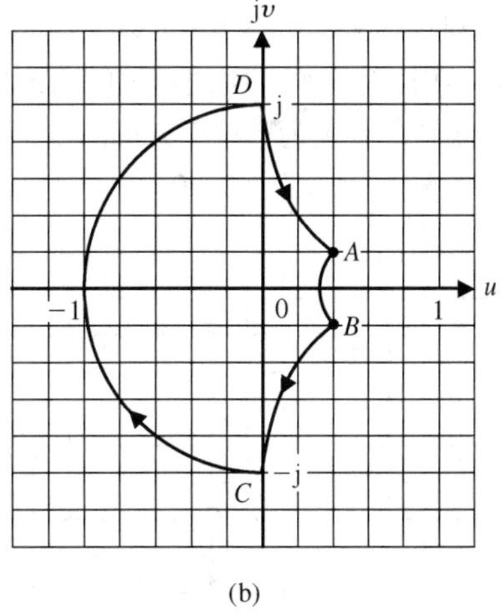

(b)

图 9.3　$F(s)=s/(s+2)$ 的围线映射

柯西定理关注的是 $F(s)$ 在 s 平面闭合曲线内只有有限个零点和极点的情形。于是，变换函数 $F(s)$ 可以表示为

$$F(s) = \frac{K\prod_{i=1}^{n}(s+z_i)}{\prod_{k=1}^{M}(s+p_k)} \tag{9.6}$$

其中 $-z_i$ 和 $-p_k$ 分别是 $F(s)$ 的零点和极点。当 $F(s)$ 为系统特征函数时，有

$$F(s) = 1 + L(s) \tag{9.7}$$

其中，

$$L(s) = \frac{N(s)}{D(s)}$$

于是又有

$$F(s) = 1 + L(s) = 1 + \frac{N(s)}{D(s)} = \frac{D(s) + N(s)}{D(s)} = \frac{K\prod_{i=1}^{n}(s + z_i)}{\prod_{k=1}^{M}(s + p_k)} \tag{9.8}$$

$L(s)$与$F(s)$有相同的极点，而$F(s)$的零点则是系统的特征根。回忆一下系统的输出，即

$$Y(s) = T(s)R(s) = \frac{\sum P_k \Delta_k}{\Delta(s)}R(s) = \frac{\sum P_k \Delta_k}{F(s)}R(s) \tag{9.9}$$

可以清楚地看到，$F(s)$的零点完全决定了系统的响应模态。式(9.9)中，Δ_k 是余因子，P_k 是前向通路增益(详细说明见2.7节)。

再来看看 $F(s)=2(s+1/2)$的例子。如图9.2所示，$F(s)$只有一个零点 $s=-1/2$，s 平面上的单位正方形围线包围了该零点。类似地，当$F(s)=s/(s+2)$时，s 平面闭合曲线包围了$F(s)$在原点处的零点 $s=0$，但没有包围极点 $s=-2$。柯西定理考察了 s 平面上的闭合曲线包围$F(s)$零点和极点的情况，也考察了映射到 $F(s)$平面上的像曲线包围 $F(s)$平面原点的周数，并揭示了它们之间的联系。**柯西定理**通常也称为**相角原理**，其结论是[3,4]：

如果闭合曲线Γ_s以顺时针方向为正方向，在 s 平面上包围了 $F(s)$的 Z 个零点和 P 个极点，但不经过任何一个 $F(s)$的零点或极点，那么对应的映射像曲线 Γ_F 也以顺时针方向为正向，且在 $F(s)$平面上包围原点 $N=Z-P$ 周。

重新观察图9.2和图9.3可以发现，由于 $N=Z-P=1$，$F(s)$平面上的两条映射像曲线都只包围了原点一周，这正好与柯西定理的结论相吻合。再考虑 $F(s)=s/(s+1/2)$，如图9.4(a)所示，s 平面上的闭合曲线仍为单位正方形曲线，而映射到 $F(s)$平面上的闭合像曲线(围线)如图9.4(b)所示。在此情况下，$N=Z-P=0$，于是 $F(s)$平面上的映射像曲线 Γ_F 并没有包围 $F(s)$平面上的原点。

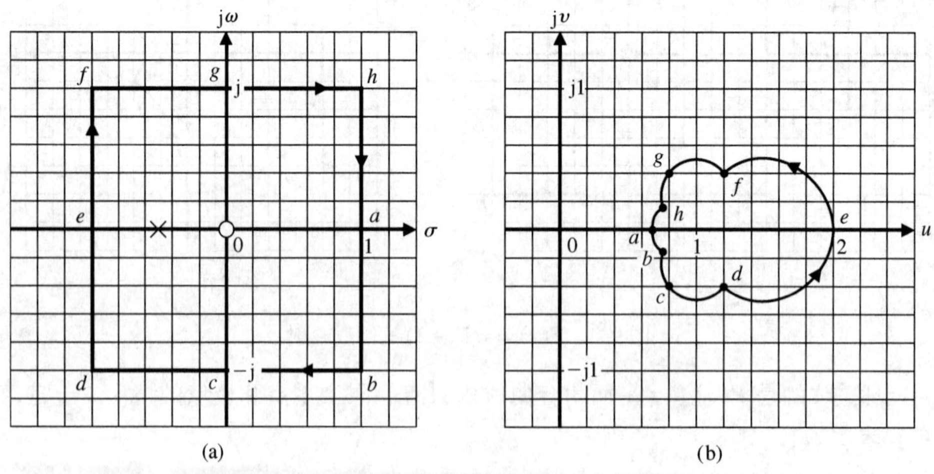

图9.4 $F(s)=s/(s+1/2)$的围线映射

s 平面上的点 s 沿着闭合曲线 Γ_s 顺时针移动时，由于零点和极点的影响，$F(s)$的相角将会发生不同的变化。仔细考察这种变化，可以帮助我们更好地理解柯西定理。为此，考虑变换函数

$$F(s)=\frac{(s+z_1)(s+z_2)}{(s+p_1)(s+p_2)} \tag{9.10}$$

其中，$-z_i$ 是 $F(s)$ 的零点，$-p_k$ 是 $F(s)$ 的极点。于是，式(9.10)可以改写成

$$\begin{aligned}F(s)&=|F(s)|\angle F(s)\\&=\frac{|s+z_1||s+z_2|}{|s+p_1||s+p_2|}\left(\angle s+z_1+\angle s+z_2-\angle s+p_1-\angle s+p_2\right)\\&=|F(s)|(\phi_{z_1}+\phi_{z_2}-\phi_{p_1}-\phi_{p_2})\end{aligned} \tag{9.11}$$

再考察图 9.5(a)所给的闭合曲线和向量，当 s 沿 Γ_s 移动一周(360°)时，相角 ϕ_{p_1}，ϕ_{p_2} 与 ϕ_{z_2} 的净变化量都是 0，只有 ϕ_{z_1} 沿顺时针方向变化了 360°，于是，$F(s)$ 相角总的净变化量也是 360°。究其原因，这是因为 Γ_s 只包围了 $F(s)$ 的一个零点。如果 Γ_s 包围了 $F(s)$ 的 Z 个零点，则可以推知，在 $F(s)$ 的像曲线 Γ_F 上，相角总的净变化量将为 $\phi_z=2\pi Z$。同理，若 Γ_s 包围了 $F(s)$ 的 Z 个零点和 P 个极点，$F(s)$ 的像曲线 Γ_F 的总的相角净变化量就会是 $2\pi Z-2\pi P$。这样，当 s 沿 Γ_s 移动一周时，映射像曲线 Γ_F 的总的相角变化量为

$$\phi_F=\phi_Z-\phi_P$$

或

$$2\pi N=2\pi Z-2\pi P \tag{9.12}$$

因此，像曲线(围线)Γ_F 包围原点的次数应该为 $N=Z-P$。在图 9.5(a)中，闭合曲线 Γ_s 包围了 $F(s)$ 的 1 个零点，因此图 9.5(b)中的像围线 Γ_F 只是沿顺时针方向包围了原点 1 周。

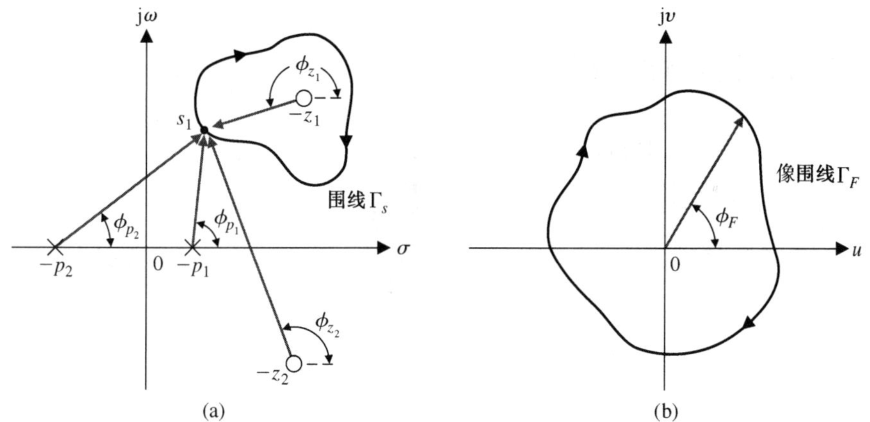

图 9.5　Γ_F 的相角变化量

下面再用两个例子来说明柯西定理。首先考察图 9.6(a)所示的零点和极点分布及 s 平面闭合曲线，围线 Γ_s 包围了 $F(s)$ 的 3 个零点和 1 个极点，因此有

$$N=3-1=+2$$

于是，$F(s)$ 平面上的闭合像围线 Γ_F 沿顺时针方向包围了原点 2 周，如图 9.6(b)所示。

再考察图 9.7(a)所示的零点和极点分布及 s 平面闭合曲线，曲线 Γ_s 包围了 $F(s)$ 的 1 个极点，但不包围零点，因此有

$$N=Z-P=-1$$

N 为负数，这意味着像围线 Γ_F 沿逆时针方向包围了原点 1 周，如图 9.7(b)所示。

至此，我们已经了解了基于函数 $F(s)$ 的围线映射和柯西定理的基本内容。这为学习奈奎斯特稳定性判据奠定了基础。

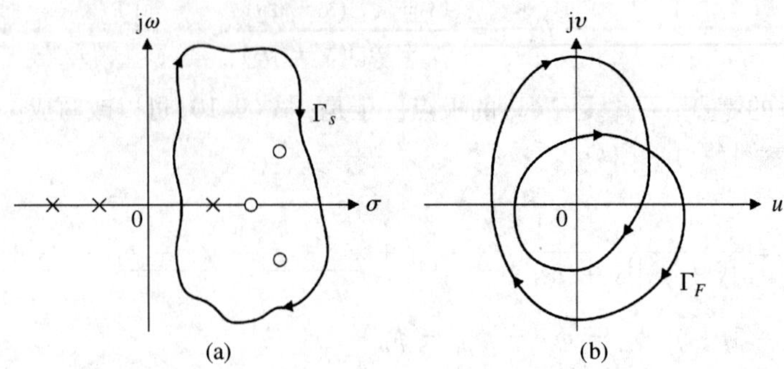

图 9.6 柯西定理的例子，围线 Γ_s 包围 3 个零点和 1 个极点

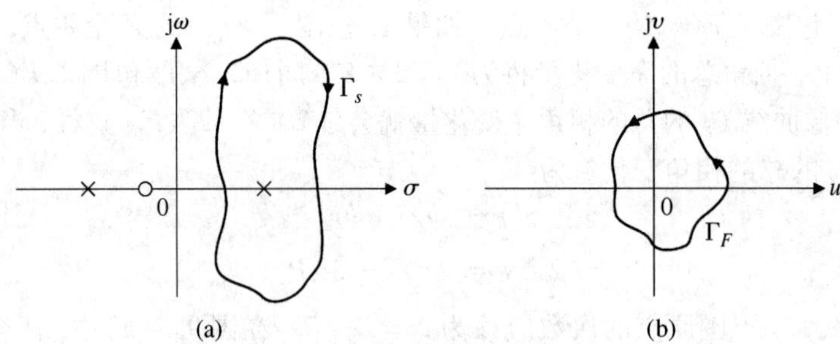

图 9.7 柯西定理的例子，围线 Γ_s 包围 1 个极点

9.3 奈奎斯特稳定性判据

判定控制系统稳定性的出发点是系统的特征方程 $F(s)=0$，即

$$F(s) = 1 + L(s) = \frac{K\prod_{i=1}^{n}(s+z_i)}{\prod_{k=1}^{M}(s+p_k)} = 0 \tag{9.13}$$

而系统稳定的充要条件是，$F(s)$所有的零点都处在 s 平面的左半平面。也就是说，稳定系统的特征根，即 $F(s)$的零点，应该全部处在 jω 轴的左侧。为此，将 s 平面闭合曲线 Γ_s 取成包围了整个 s 右半平面的围线，并运用柯西定理来判断 Γ_s 是否包围了 $F(s)$的零点，因而需要在 $F(s)$平面上，绘制映射像围线 Γ_F 并确定它包围 $F(s)$平面原点的周数 N，而 Γ_s 内部 $F(s)$的零点数，即$F(s)$不稳定零点数就是

$$\boxed{Z = N + P} \tag{9.14}$$

于是，若 $P=0$(这种情况是很常见的)，则系统不稳定特征根数 Z 就等于像围线 Γ_F 包围原点的周数 N。

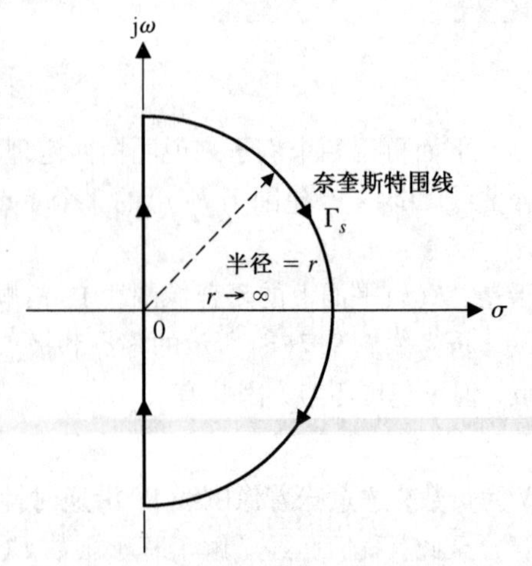

图 9.8 实线所示为奈奎斯特围线

包围 s 平面的整个右半平面的围线 Γ_s 如图 9.8 所示，又称为奈奎斯特围线。围线 Γ_s 包含了从 $-\mathrm{j}\infty$ 到 $+\mathrm{j}\infty$ 的整个虚轴，当 s 在虚轴上运动时，映射像的取值就是通常意

义下的频率特性函数 $F(\mathrm{j}\omega)$。围线 Γ_s 还包含了半径为 r 且 $r\to+\infty$ 的半圆周，这一部分的映射像的取值通常会退化为 $F(s)$ 平面上的一个点。所得到的映射像围线 Γ_F，称为奈奎斯特图。

迄今为止，奈奎斯特稳定性判据关注的是基于特征函数

$$F(s) = 1 + L(s) \tag{9.15}$$

的围线映射，以及映射像围线 Γ_F 在 $F(s)$ 平面上包围原点的周数。等价地，也可以将映射函数定义为

$$F'(s) = F(s) - 1 = L(s) \tag{9.16}$$

式(9.16)的这种改变将带来很大的便利。因为在很多情况下，开环传递函数 $L(s)$ 本身就具有因式乘积的形式，而 $1+L(s)$ 的分子还需要重新进行因式分解，才能确定其零点，这正是我们要解决的难题。这样一来，s 平面上的围线 Γ_s 将通过函数 $F'(s)=L(s)$，映射到 $L(s)$ 平面上。由于 $F'(s)=F(s)-1$，原来关注的映射像围线包围 $F(s)$ 平面原点的周数，就变成了映射像围线 $F'(s)=L(s)$ 包围 $L(s)$ 平面上的点 $(-1,0)$ 的周数。于是，**奈奎斯特稳定性判据**又可以表述如下：

> 当 $L(s)$ 在 s 右半面内没有极点时 $(P=0)$，闭环反馈控制系统稳定的充要条件是：$L(s)$ 平面上的映射像围线 Γ_L 不包围点 $(-1,0)$。

概念强调说明 9.1

如果 $L(s)$ 在 s 右半平面上有极点，则奈奎斯特稳定性判据又可以一般地表示如下：

> 闭环反馈控制系统稳定的充要条件是：$L(s)$ 在 s 平面上的映射像围线 Γ_L 沿逆时针方向包围点 $(-1,0)$ 的周数，等于 $L(s)$ 在 s 右半面内的极点数。

概念强调说明 9.2

上述结论的基础是：考虑基于 $F'(s)=L(s)$ 的围线映射时，$1+L(s)$ 在 s 右半平面的根数(零点数)是

$$Z = N + P$$

因此，当 $L(s)$ 在 s 右半面内没有极点时 $(P=0)$，稳定的闭环反馈控制系统自然就会要求 $N=0$，即 $L(s)$ 平面上的映射像围线 Γ_L 不包围点 $(-1,0)$。如果 P 不等于零，并且稳定的闭环反馈控制系统同样要求 $Z=0$，则必须有 $N=-P$，即 $L(s)$ 平面上的映射像围线 Γ_L 逆时针包围点 $(-1,0)$ P 周。

通过一些例子来演示奈奎斯特稳定性判据，可能是加深理解的最好办法。

例 9.1　有 2 个实极点的系统

考虑图 9.1 所示的单位反馈控制系统，其中

$$L(s) = \frac{K}{(\tau_1 s + 1)(\tau_2 s + 1)} \tag{9.17}$$

此时其实有 $L(s)=G_c(s)G(s)$。下面在 $L(s)$ 平面上考察映射像围线 Γ_L。s 平面上的奈奎斯特围线 Γ_s 如图 9.9(a)所示，当 $\tau_1=1$，$\tau_2=1/10$，$K=100$ 时，得到的映射像围线 Γ_L 如图 9.9(b)所示。

图 9.9 标明了奈奎斯特围线 Γ_s 各个部分的映射像，其中正虚轴 $+\mathrm{j}\omega$ 部分的映射像是 $L(s)$ 平面上的实线部分，负虚轴 $-\mathrm{j}\omega$ 部分的映射像是 $L(s)$ 平面上的虚线部分，而 $r\to+\infty$ 的半圆周部分则被映射成了 $L(s)$ 平面的原点。

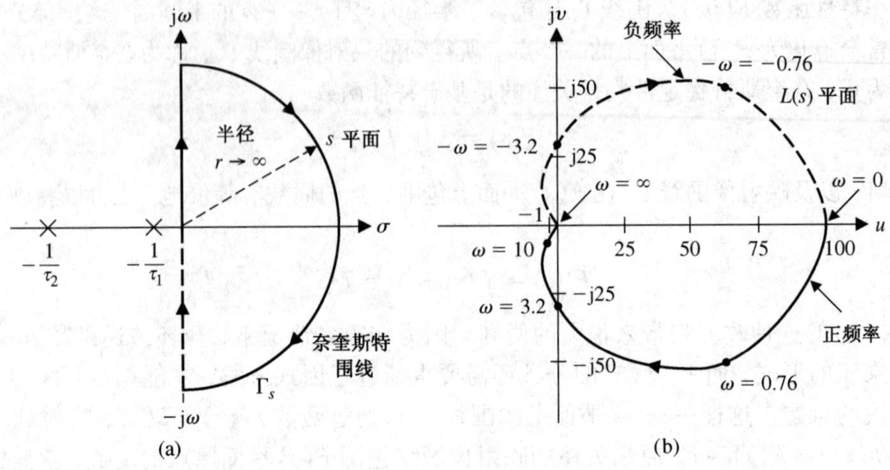

图 9.9 奈奎斯特围线和基于 $L(s)=100/((s+1)(s/10+1))$ 的映射像

$L(s)$ 在 s 右半平面没有极点，即 $P=0$。因此，要使系统稳定，应该有 $N=Z=0$，这就要求在 $L(s)$ 平面上，奈奎斯特映射像围线 Γ_L 不能包围点$(-1, 0)$。由图 9.9(b)和式(9.17)可知，无论 K 如何取值，围线 Γ_L 都不包围点$(-1, 0)$。因此，当 $K>0$ 时，闭环系统总是稳定的。

例 9.2 在原点处有 1 个极点的系统

继续考察图 9.1 所示的单位反馈控制系统，但此时取

$$L(s)=\frac{K}{s(\tau s+1)}$$

此时仍然是 $L(s)=G_c(s)G(s)$，并继续在 $L(s)$ 平面上考察映射像围线 Γ_L。根据柯西定理的要求，s 平面上的奈奎斯特围线 Γ_s 不能经过 $L(s)$ 在原点处的极点，因此用半径为 ε 且 $\varepsilon\to 0$ 的半圆周来绕过原点，所得到的奈奎斯特围线 Γ_s 如图 9.10(a)所示。Γ_s 在 $L(s)$ 平面上的映射像围线 Γ_L 如图 9.10(b)所示，当 ω 从 0_+ 变到 $+\infty$ 时，Γ_L 的对应部分就是系统的开环极坐标图 $L(j\omega)=u(\omega)+jv(\omega)$。下面，根据奈奎斯特围线 Γ_s，分段讨论 $L(s)$ 平面上的映射像围线 Γ_L 的构成。

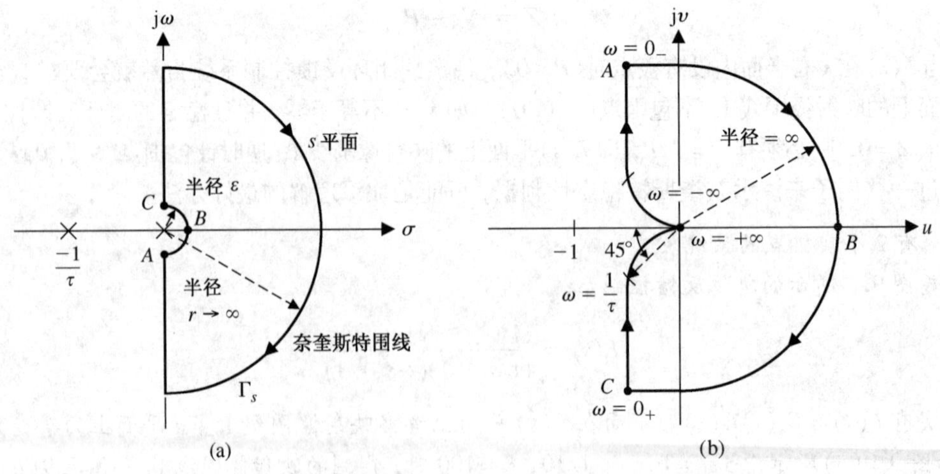

图 9.10 奈奎斯特围线和基于 $L(s)=K/(s(\tau s+1))$ 的映射像

(a) **s 平面原点**。围绕 s 平面原点的小半圆周可以表示为 $s=\varepsilon e^{j\phi}$，当 ω 从 0_- 变到 0_+ 时，ϕ 从 $-90°$ 变化到 $+90°$，由于 $\varepsilon\to 0$，故有

$$\lim_{\varepsilon\to 0} L(s) = \lim_{\varepsilon\to 0}\frac{K}{\varepsilon e^{j\phi}} = \lim_{\varepsilon\to 0}\frac{K}{\varepsilon}e^{-j\phi} \tag{9.18}$$

由此可见，映射像曲线的相角从 $\omega=0_-$ 处的 90°变到了 $\omega=0$ 处的 0°，又变到了 $\omega=0_+$ 处的 -90°，幅值半径则为无穷大。因此，如图 9.10(b)所示，s 平面原点在 $L(s)$平面上的映射像曲线是半径为无穷大的半圆周，图 9.10(a)中的 A，B 和 C 点分别被映射成了图 9.10(b)中的 A，B 和 C 点。

（b）$\boldsymbol{\omega=0_+}$ **到** $\boldsymbol{\omega=+\infty}$。由于 $s=j\omega$，并且

$$L(s)|_{s=j\omega} = L(j\omega) \tag{9.19}$$

Γ_s 的这一部分的映射像曲线就是 $L(s)$的实频率极坐标图，如图 9.10(b)所示。当 $\omega\to+\infty$ 时有

$$\lim_{\omega\to+\infty} L(j\omega) = \lim_{\omega\to+\infty}\frac{K}{+j\omega(j\omega\tau+1)} = \lim_{\omega\to\infty}\left|\frac{K}{\tau\omega^2}\right|\angle -(\pi/2)-\arctan(\omega\tau) \tag{9.20}$$

因此，当 $\omega\to+\infty$ 时，映射像曲线的幅值和相角分别趋近于 0°和 -180°。

（c）$\boldsymbol{\omega=+\infty}$ **到** $\boldsymbol{\omega=-\infty}$。$\Gamma_s$ 的这一部分被函数 $L(s)$映射到 $L(s)$平面的原点。这是因为

$$\lim_{r\to\infty} L(s)|_{s=re^{j\phi}} = \lim_{r\to\infty}\left|\frac{K}{\tau r^2}\right|e^{-2j\phi} \tag{9.21}$$

于是，当 ω 从 $+\infty$ 变到 $-\infty$ 时，ϕ 从 +90°变成了 -90°，而 $L(s)$的相角也就从 -180°变成了 +180°。又由于半径 $r\to+\infty$，因此，$L(s)$的幅值为零或者某个常数。

（d）$\boldsymbol{\omega=-\infty}$ **到** $\boldsymbol{\omega=0_-}$。Γ_s 的这一部分被函数 $L(s)$映射成

$$L(s)|_{s=-j\omega} = L(-j\omega) \tag{9.22}$$

由于 $L(-j\omega)$与 $L(j\omega)$为共轭复数，因此，当 ω 从 $-\infty$ 变到 0_- 时，如图 9.10(b)所示，其映射像曲线与(b)的结果关于实轴对称。

再来考察这个二阶系统的稳定性。首先注意到 $L(s)$在 s 右半平面无极点($P=0$)，因此，要保证系统稳定，应该有 $N=Z=0$，即围线 Γ_L 不包围点(-1，0)。由图 9.10(b)不难发现，无论增益 K 和时间常数τ如何取值，围线 Γ_L 都不包围点(-1，0)，因此系统总是稳定的。还应该注意到，我们只考虑了 K 取正值的情况。如果增益为负值，则应该将增益写成 $-K(K\geqslant 0)$。

根据上面的例子，可以得出下面两点一般性结论：

1. 当 $-\infty<\omega<0_-$ 和 $0_+<\omega<+\infty$ 时，它们对应的频率特性函数为共轭复变函数，而它们在 $L(s)$平面上的奈奎斯特映射像曲线则关于实轴 u 对称。利用这个结论，**在考察系统稳定性时，只需要绘制与 $\boldsymbol{0_+<\omega<+\infty}$ 对应的映射像曲线**。还应该注意，当 s 平面原点为 $L(s)$的极点时，Γ_s 应该绕过原点。
2. 当 $s=re^{j\phi}$，且 $r\to+\infty$ 时，$L(s)=G_c(s)G(s)$的幅值通常趋于零或某个常数。

例 9.3　有 3 个极点的系统

再来考察图 9.1 给出的单位反馈控制系统，但此时取

$$L(s) = G_c(s)G(s) = \frac{K}{s(\tau_1 s+1)(\tau_2 s+1)} \tag{9.23}$$

s 平面上的奈奎斯特围线 Γ_s 仍然如图 9.10(a)所示。由于 $L(-j\omega)$ 与 $L(j\omega)$ 共轭，映射像曲线关于实轴对称，只需要在 $0_+<\omega<+\infty$ 时讨论 $L(j\omega)$ 的轨迹。与例 9.2 类似，s 平面上原点处的小半圆周，被映射成 $L(s)$ 平面上的半径为无穷大的半圆周，而当 $r\to+\infty$ 时，s 平面上的半圆周 $s=re^{j\phi}$ 被映射成 $L(s)=0$ 的原点。记 $s=+j\omega$，于是有

$$L(j\omega)=\frac{K}{j\omega(j\omega\tau_1+1)(j\omega\tau_2+1)}=\frac{-K(\tau_1+\tau_2)-jK(1/\omega)(1-\omega^2\tau_1\tau_2)}{1+\omega^2(\tau_1^2+\tau_2^2)+\omega^4\tau_1^2\tau_2^2}$$
$$=\frac{K}{[\omega^4(\tau_1+\tau_2)^2+\omega^2(1-\omega^2\tau_1\tau_2)^2]^{1/2}}\times\underline{/-\arctan(\omega\tau_1)-\arctan(\omega\tau_2)-(\pi/2)} \tag{9.24}$$

当 $\omega=0_+$ 时，$L(j\omega)$ 的幅值为无穷大，相角为 $-90°$，当 $\omega\to+\infty$ 时，由于

$$\lim_{\omega\to\infty}L(j\omega)=\lim_{\omega\to\infty}\left|\frac{1}{\omega^3\tau_1\tau_2}\right|\underline{/-(\pi/2)-\arctan(\omega\tau_1)-\arctan(\omega\tau_2)}$$
$$=\lim_{\omega\to\infty}\left|\frac{1}{\omega^3\tau_1\tau_2}\right|\underline{/-3\pi/2} \tag{9.25}$$

因此，$L(j\omega)$ 的幅值趋于零而相角趋近于 $-270°$[29]。如图 9.11 所示，要实现 Γ_L 的相角由 $-90°$ 变成 $-270°$，Γ_L 必须要穿过 $L(s)$ 平面的实轴 u，因而有可能包围点 $(-1,0)$。在图 9.11 中，Γ_L 的确包围了点 $(-1,0)$ 两周，于是对应的闭环系统在 s 右半平面内有两个闭环极点，因而是不稳定系统。令 $L(j\omega)=u+jv$ 的虚部为 0，可以求得围线 Γ_L 与实轴的交点，于是由式(9.24)可以得到

$$v=\frac{-K(1/\omega)(1-\omega^2\tau_1\tau_2)}{1+\omega^2(\tau_1^2+\tau_2^2)+\omega^4\tau_1^2\tau_2^2}=0 \tag{9.26}$$

故有 $1-\omega^2\tau_1\tau_2=0$，即 $\omega=1/(\tau_1\tau_2)^{1/2}$。在该频率处，$L(j\omega)$ 的实部为

$$u=\left.\frac{-K(\tau_1+\tau_2)}{1+\omega^2(\tau_1^2+\tau_2^2)+\omega^4\tau_1^2\tau_2^2}\right|_{\omega^2=1/\tau_1\tau_2}=\frac{-K(\tau_1+\tau_2)\tau_1\tau_2}{\tau_1\tau_2+(\tau_1^2+\tau_2^2)+\tau_1\tau_2}=\frac{-K\tau_1\tau_2}{\tau_1+\tau_2} \tag{9.27}$$

因此，只有在

$$\frac{-K\tau_1\tau_2}{\tau_1+\tau_2}\geqslant-1$$

或

$$K\leqslant\frac{\tau_1+\tau_2}{\tau_1\tau_2} \tag{9.28}$$

时，系统才是稳定的。

考虑 $\tau_1=\tau_2=1$ 时的特例，此时有

$$L(s)=G_c(s)G(s)=\frac{K}{s(s+1)^2}$$

由式(9.28)可知，只有当 $K\leqslant2$ 时，系统才会稳定。

K 取 3 个不同的值时，所对应的奈奎斯特图如图 9.12 所示。

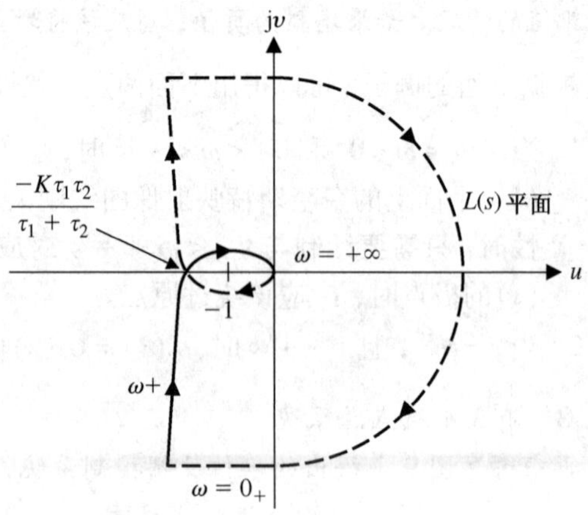

图 9.11　$L(s)=K/(s(\tau_1 s+1)(\tau_2 s+1))$ 的奈奎斯特图

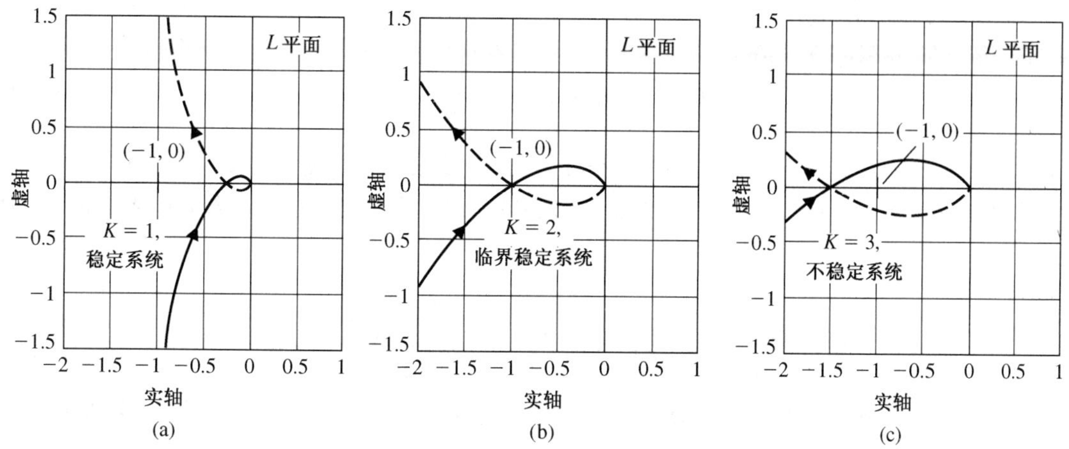

图 9.12　$L(s)=G_c(s)G(s)=K/s(s+1)^2$ 的奈奎斯特图。(a) $K=1$；(b) $K=2$；(c) $K=3$

例 9.4　原点处有双重极点的系统

继续考虑图 9.1 所示的单位反馈控制系统，但此时取

$$L(s)=G_c(s)G(s)=\frac{K}{s^2(\tau s+1)} \tag{9.29}$$

当 $s=j\omega$ 时，正实频段的极坐标图由下式决定：

$$L(j\omega)=\frac{K}{-\omega^2(j\omega\tau+1)}=\frac{K}{[\omega^4+\tau^2\omega^6]^{1/2}}\angle -\pi-\arctan(\omega\tau) \tag{9.30}$$

注意到 $L(j\omega)$ 的相角始终小于或等于 $-180°$，因此可以断言，当 $0_+<\omega<+\infty$ 时，Γ_L 将始终位于实轴 u 的上方。当 $\omega\to 0_+$ 时，有

$$\lim_{\omega\to 0+}L(j\omega)=\lim_{\omega\to 0+}\left|\frac{K}{\omega^2}\right|\angle -\pi \tag{9.31}$$

当 $\omega\to+\infty$ 时，又有

$$\lim_{\omega\to+\infty}L(j\omega)=\lim_{\omega\to+\infty}\frac{K}{\omega^3}\angle -3\pi/2 \tag{9.32}$$

而在 s 平面原点附近的小半圆周 $s=\varepsilon e^{j\phi}$ 上，则有

$$\lim_{\varepsilon\to 0}L(s)=\lim_{\varepsilon\to 0}\frac{K}{\varepsilon^2}e^{-2j\phi} \tag{9.33}$$

其中，$-\pi/2\leqslant\phi\leqslant\pi/2$。由此可知，在小半圆周的两端，当 ω 从 0_- 变到 0_+ 时，Γ_L 的相角由 $+\pi$ 变成了 $-\pi$，从而构成了一个完整的圆周。完整的 Γ_L 围线如图 9.13 所示，由于它包围了点 $(-1,0)$ 两周，所以闭环系统在 s 右半平面上有两个极点，无论增益 K 如何取值，系统总是不稳定的。

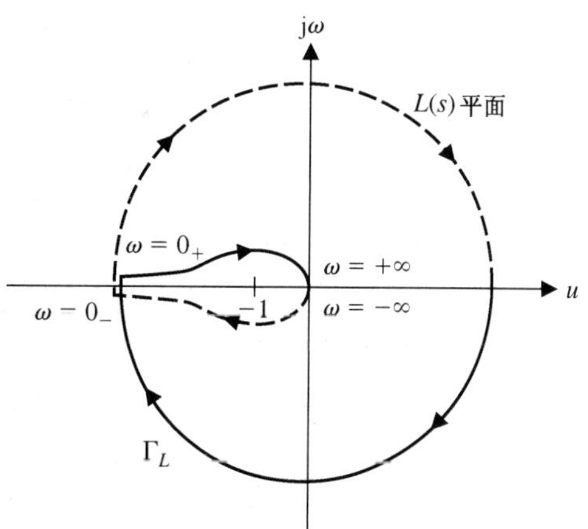

图 9.13　$L(s)=K/(s^2(\tau s+1))$ 的奈奎斯特图

例 9.5　在 s 右半平面有 1 个极点的系统

考虑图 9.14 所示的控制系统及其稳定性。首先，我们暂时不考虑微分反馈回路，即 $K_2=0$。于

是，系统的开环传递函数为

$$L(s) = G_c(s)G(s) = \frac{K_1}{s(s-1)} \tag{9.34}$$

$L(s)$在 s 右半平面内有 1 个极点，因而有 $P=1$。此时，要使系统稳定，就必须有 $N=-P=-1$，这要求映射像围线 Γ_L 按逆时针方向包围点$(-1, 0)$一周。在围绕 s 平面原点的小半圆周上，即当$s=\varepsilon e^{j\phi}$，$-\pi/2 \leqslant \phi \leqslant \pi/2$ 时，有

$$\lim_{\varepsilon \to 0} L(s) = \lim_{\varepsilon \to 0} \frac{K_1}{-\varepsilon e^{j\phi}} = \lim_{\varepsilon \to 0} \left|\frac{K_1}{\varepsilon}\right| \angle -180° - \phi \tag{9.35}$$

由此可见，映射像围线 Γ_L 的对应部分是$L(s)$左半平面上的半径为无穷大的半圆周，如图 9.15 所示。当 $s=j\omega$ 时，又有

$$\begin{aligned} L(j\omega) = G_c(j\omega)G(j\omega) = \frac{K_1}{j\omega(j\omega-1)} &= \frac{K_1}{(\omega^2+\omega^4)^{1/2}} \angle (-\pi/2) - \arctan(-\omega) \\ &= \frac{K_1}{(\omega^2+\omega^4)^{1/2}} \angle +\pi/2 + \arctan\omega \end{aligned} \tag{9.36}$$

最后，考察 s 平面上半径 $r \to +\infty$ 的半圆周，此时有

$$\lim_{r \to \infty} L(s)|_{s=re^{j\phi}} = \lim_{r \to \infty} \left|\frac{K_1}{r^2}\right| e^{-2j\phi} \tag{9.37}$$

其中，沿顺时针方向，ϕ由$\pi/2$ 变到 $-\pi/2$。于是，在 $L(s)$平面的原点附近，Γ_L 的相角沿逆时针方向变化了 2π。Γ_L 按顺时针方向包围了点$(-1, 0)$一周，因此有 $N=+1$，又由于$L(s)$有 1 个右半平面的极点为 $s=1$，因此 $P=1$，于是有

$$Z = N + P = 2 \tag{9.38}$$

由此可见，无论增益 K_1 如何取值，系统总有两个极点位于 s 右半平面，因而总是不稳定的。

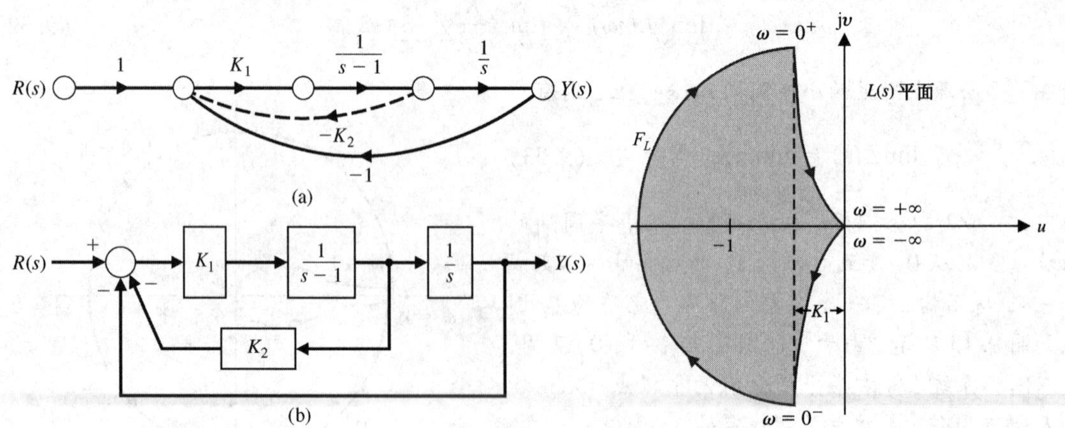

图 9.14 二阶反馈控制系统。(a) 信号流图；(b) 框图模型　　图 9.15 $L(s)=K_1/(s(s-1))$的奈奎斯特图

接下来，我们再来考虑图 9.14 中的系统包含虚线所示的微分反馈回路的情形，并且假定 $K_2>0$。此时，系统的开环传递函数变成了

$$L(s)=G_c(s)G(s)=\frac{K_1(1+K_2s)}{s(s-1)} \tag{9.39}$$

如图 9.16 所示，与 $s=\varepsilon e^{j\phi}$ 对应的部分映射像 Γ_L，与没有微分反馈回路时的映射像是一样的 ($K_2>0$)。而当 $s=re^{j\phi}$ 且 $r\to+\infty$ 时，有

$$\lim_{r\to\infty}L(s)|_{s=re^{j\phi}}=\lim_{r\to\infty}\left|\frac{K_1K_2}{r}\right|e^{-j\phi} \tag{9.40}$$

s 平面大半圆周的映射像也是 $L(s)$ 平面的原点，但 Γ_L 的相角只是按顺时针方向变化了π弧度。最后，我们来求 Γ_L 与实轴 $L(j\omega)$ 的交点，为此将 $L(s)$ 写成实部和虚部的形式，于是有

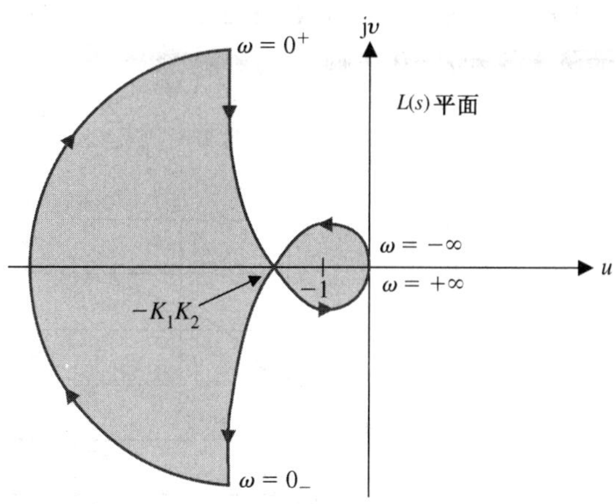

图 9.16　$L(s)=K_1(1+K_2s)/(s(s-1))$ 的奈奎斯特图

$$L(j\omega)=G_c(j\omega)G(j\omega)=\frac{K_1(1+K_2j\omega)}{-\omega^2-j\omega}=\frac{-K_1(\omega^2+\omega^2K_2)+j(\omega-K_2\omega^3)K_1}{\omega^2+\omega^4} \tag{9.41}$$

求解实轴 u 交点，只需要令 $L(j\omega)$ 的虚部为 0，于是有

$$\omega-K_2\omega^3=0$$

在此交点频率上，$L(j\omega)$ 的取值为

$$u|_{\omega^2=1/K_2}=\left.\frac{-\omega^2K_1(1+K_2)}{\omega^2+\omega^4}\right|_{\omega^2=1/K_2}=-K_1K_2 \tag{9.42}$$

因此，当 $-K_1K_2<-1$，即 $K_1K_2>1$ 时，Γ_L 按逆时针方向包围点 $(-1,0)$ 一周，即 $N=-1$。此时，闭环系统在 s 右半平面上的极点数为

$$Z=N+P=-1+1=0$$

这说明，当 $K_1K_2>1$ 时系统是稳定的。通常情况下，可以利用计算机绘制奈奎斯特图来辅助我们开展分析工作[5]。

例 9.6　在 s 右半平面有 1 个零点的系统

再次回到图 9.1 所示的反馈控制系统，但此时取 $L(s)$ 为

$$L(s)=G_c(s)G(s)=\frac{K(s-2)}{(s+1)^2}$$

则频率特性函数为

$$L(j\omega)=\frac{K(j\omega-2)}{(j\omega+1)^2}=\frac{K(j\omega-2)}{(1-\omega^2)+j2\omega} \tag{9.43}$$

当 $\omega\to+\infty$ 时，有

$$\lim_{\omega\to+\infty}L(j\omega)=\lim_{\omega\to+\infty}\frac{K}{\omega}\angle-\pi/2$$

当 $\omega=\sqrt{5}$ 时，有 $L(j\omega)=K/2$；当 $\omega=0_+$ 时，有 $L(j\omega)=-2K$。$L(j\omega)/K$ 的奈奎斯特图如图 9.17 所示。从图中可以看出，当 $K=1/2$ 时，围线 Γ_L 与实轴相交于点 $(-1,0)$。因此，只有当 $0<K\leqslant1/2$

时，系统才是稳定的。当 $K>1/2$ 时，围线 Γ_L 围绕点$(-1,0)$的周数为 $N=1$，$L(s)$在 s 右半平面上的极点数为 $P=0$，因此

$$Z = N + P = 1$$

系统是不稳定的。

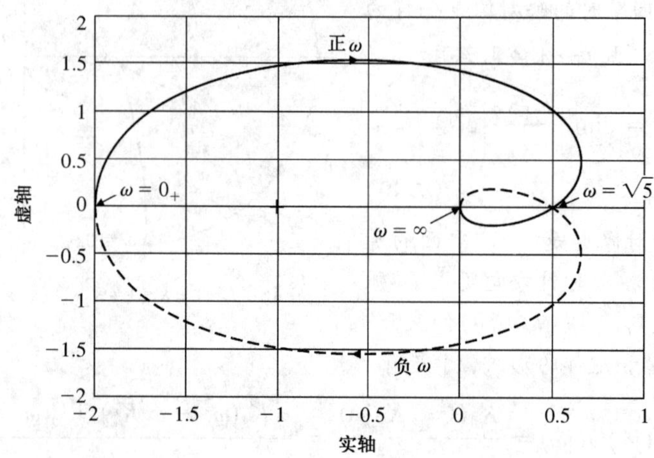

图 9.17　例 9.6 中 $L(j\omega)/K$ 的奈奎斯特图

9.4　相对稳定性与奈奎斯特稳定性判据

在 s 平面上，用每个或者每对闭环特征根的相对调节时间(或衰减因子，或实部绝对值)，来衡量系统的相对稳定性。系统的调节时间越短，相对稳定性就越好。本节将类似地定义系统的相对稳定性，所给定义更适于用频率响应方法来研究相对稳定性。可以看到，奈奎斯特稳定性判据提供的信息既能用于判断闭环系统的绝对稳定性，也能用于定义和评价系统的相对稳定性。

在奈奎斯特稳定性判据中，关注的焦点是开环传递函数极坐标图中的点$(-1,0)$，或者伯德图上的 0 dB 线和 $-180°$线。显然，可以用 $L(j\omega)$极坐标图与这个临界稳定特征点的接近程度，来衡量闭环系统的相对稳定性。考虑频率特性函数

$$L(j\omega) = G_c(j\omega)G(j\omega) = \frac{K}{j\omega(j\omega\tau_1 + 1)(j\omega\tau_2 + 1)} \tag{9.44}$$

在 K 取几个不同值时，极坐标曲线 $L(j\omega)$如图 9.18 所示。从中可以看出，当 K 不断增加时，极坐标曲线 $L(j\omega)$将逐渐接近点$(-1,0)$，并最终像在 $K=K_3$ 时一样，包围该点。9.3 节给出了极坐标曲线 $L(j\omega)$与实轴 u 的交点，为

$$u = \frac{-K\tau_1\tau_2}{\tau_1 + \tau_2} \tag{9.45}$$

于是，当

$$u = -1 \quad 或 \quad K = \frac{\tau_1 + \tau_2}{\tau_1\tau_2}$$

成立时，系统的特征根就会在虚轴 $j\omega$ 上。对应的 K 的取值称为临界值，K 越小于临界值，系统就越稳定。这提示我们，临界值 $K=\frac{\tau_1+\tau_2}{\tau_1\tau_2}$与 $K=K_2$ 的差异，是系统相对稳定性的一种度量指标。这个相对稳定性指标称为系统的**增益裕度**，它定义为**当 $L(j\omega)$ 的相角为 $-180°$ 时**(此时有虚部

$v=0$)，**幅值 $|L(j\omega)|$ 的倒数**。增益裕度给出的是，为了使极坐标曲线 $L(j\omega)$ 恰好经过 $u=-1$ 点，系统增益允许的最大放大倍数。以图 9.18 中的 $K=K_2$ 为例，增益裕度等于 $v=0$ 时的幅值 $|L(j\omega)|$ 的倒数。由于相角为 $-180°$ 时，相应地有 $\omega=1/\sqrt{\tau_1\tau_2}$，于是增益裕度为

$$\frac{1}{|L(j\omega)|}=\left[\frac{K_2\tau_1\tau_2}{\tau_1+\tau_2}\right]^{-1}=\frac{1}{d} \tag{9.46}$$

常常用**对数形式**(dB，分贝)将增益裕度表示为

$$\boxed{20\log\frac{1}{d}=-20\log d\ \text{dB}} \tag{9.47}$$

例如，当 $\tau_1=\tau_2=1$ 时，$K\leqslant 2$ 保证了系统的绝对稳定，而 $K=K_2=0.5$ 时，系统的增益裕度为

$$\frac{1}{d}=\left[\frac{K_2\tau_1\tau_2}{\tau_1+\tau_2}\right]^{-1}=4 \tag{9.48}$$

或者

$$20\log 4=12\ \text{dB} \tag{9.49}$$

这个结果表明，在系统到达临界稳定之前，还可以将系统增益放大 4 倍(即 12 dB)。

> 增益裕度是指，在系统到达临界稳定之前，系统增益容许的放大倍数。系统到达临界稳定时，奈奎斯特图将在相角为 $-180°$ 时，与实轴相交于 $-1+j0$ 点。

概念强调说明 9.3

相对稳定性的另一个指标是相角裕度，它表示了指定的系统与临界稳定系统在稳定性特征点处的相角差异。**相角裕度**定义为：**为了使极坐标曲线的单位幅值点($|L(j\omega)|=1$)通过 $L(j\omega)$ 平面上的点(-1，0)，极坐标曲线 $L(j\omega)$ 绕原点旋转所需要的旋转相角**。实际上，相角裕度给出了避免系统失稳的最大冗余(滞后)相角。利用图 9.18 给出的奈奎斯特图，可以得到各自的相角裕度，当 $K=K_2$ 时，在系统失稳之前，还可以引入的附加滞后相角(即相角裕度)为 ϕ_2；而当 $K=K_1$ 时，相角裕度为 ϕ_1。

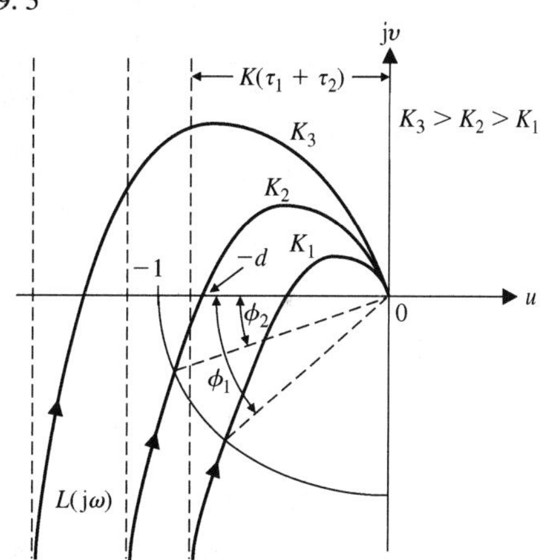

图 9.18　3 种不同增益下，$L(j\omega)$ 的奈奎斯特图

> 相角裕度是指，在系统到达临界稳定之前，$L(j\omega)$ 的单位幅值点所允许的相移量。系统到达临界稳定时，奈奎斯特图将在相角为 $-180°$ 时，与实轴相交于 $-1+j0$ 点。

概念强调说明 9.4

与极坐标曲线相比较，我们更愿意使用开环伯德图，而且利用伯德图也可以方便地得到增益裕度和相角裕度。下面研究如何利用伯德图来估计系统的相对稳定性指标。这需要留意，在 $L(j\omega)$ 平面上，$u=-1$，$v=0$ 的点是临界稳定点；而在伯德图上，与之等效的临界稳定特征量是 0 dB 对数幅值曲线和 $\pm180°$ 相角曲线。因此，根据幅频特性曲线与 0 dB 幅值线的交点(幅值穿越频率)，就可以在相频特性曲线的对应频率点上，估计得到系统的相角裕度；观察相频特性曲线与 $\pm180°$ 相角曲线的交点(相角穿越频率)，就可以在幅频特性曲线的对应点上，估计得到系统的增益裕度[①]。

---

① 此段为译者所加。——译者注

当系统为最小相位系统时，可以相对简单地直接考察奈奎斯特图(极坐标曲线)来判定系统的稳定性指标。而当系统为非最小相位系统时，就必须谨慎小心一些，只有考察完整的奈奎斯特图，才能确定系统的稳定性指标。

作为例子，考虑频率特性函数

$$L(j\omega) = G_c(j\omega)G(j\omega) = \frac{1}{j\omega(j\omega + 1)(0.2j\omega + 1)} \tag{9.50}$$

其伯德图如图 9.19 所示。从中可以看出，当对数幅值为 0 dB 时，相应的相角为 −137°，因此系统的相角裕度为 180° − 137° = 43°，而当相角为 −180°时，相应的对数幅值为 −15 dB，于是系统的增益裕度为 15 dB。

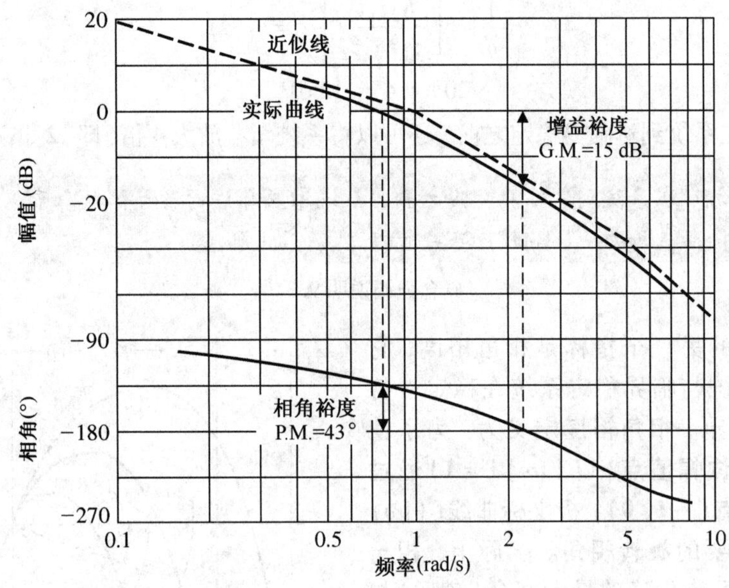

图 9.19 $L(j\omega) = 1/[j\omega(j\omega+1)(0.2j\omega+1)]$ 的伯德图

我们还可以用对数幅相图来表示系统的频率特性。在对数幅相图中，临界稳定点变成了点(−180°, 0 dB)，于是，利用对数幅相图，可以在一张图中同时估计得到增益裕度和相角裕度。仍然考虑式(9.50)给出的频率特性函数，其对数幅相图如图 9.20 所示，得到的系统的相对稳定性指标为：相角裕度 P.M.= 43°，增益裕度 G.M.= 15 dB。作为比较，我们再考察频率特性函数

$$L_2(j\omega) = G_c(j\omega)G(j\omega) = \frac{1}{j\omega(j\omega + 1)^2} \tag{9.51}$$

其对数幅相图也在图 9.20 中给出，$L_2(j\omega)$的增益裕度 G.M.= 5.7 dB，相角裕度 P.M.= 20°。显然，系统 $L_1(j\omega)$比系统 $L_2(j\omega)$更稳定。不过，依然还存在需要弄清楚的问题：与系统 $L_1(j\omega)$相比，系统 $L_2(j\omega)$的稳定性到底差多少？接下来，我们针对二阶系统回答这个问题。需要指出的是，所建立的关系和得到的结论能否推广到二阶以上的系统，取决于系统是否存在主导极点。

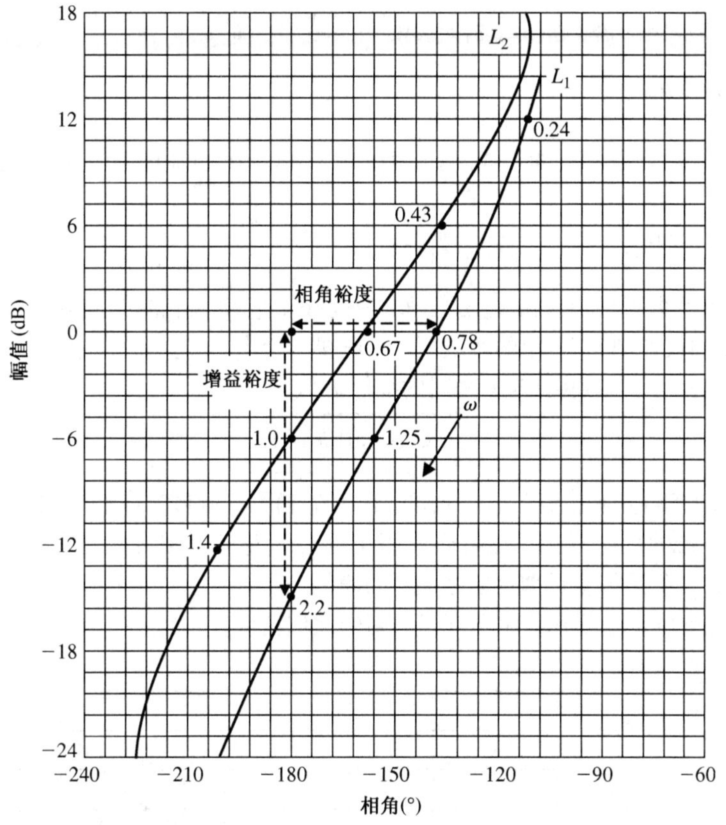

图 9.20　$L_1(\mathrm{j}\omega)$ 和 $L_2(\mathrm{j}\omega)$ 的对数幅相图

下面来研究二阶系统，并建立欠阻尼系统的相角裕度与阻尼系数 ζ 之间的关系。考虑图 9.1 所示的单位反馈控制系统，并设其开环传递函数为

$$L(s) = G_c(s)G(s) = \frac{\omega_n^2}{s(s + 2\zeta\omega_n)} \tag{9.52}$$

于是，二阶系统的闭环特征方程为

$$s^2 + 2\zeta\omega_n s + \omega_n^2 = 0 \tag{9.53}$$

相应的闭环特征根为

$$s = -\zeta\omega_n \pm \mathrm{j}\omega_n\sqrt{1-\zeta^2}$$

再将式(9.52)改写成频率特性函数，于是有

$$L(\mathrm{j}\omega) = \frac{\omega_n^2}{\mathrm{j}\omega(\mathrm{j}\omega + 2\zeta\omega_n)} \tag{9.54}$$

若在穿越频率 ω_c 处，$L(\mathrm{j}\omega)$ 的幅值为 1，则应该有

$$\frac{\omega_n^2}{\omega_c(\omega_c^2 + 4\zeta^2\omega_n^2)^{1/2}} = 1 \tag{9.55}$$

经整理后可以得到

$$(\omega_c^2)^2 + 4\zeta^2\omega_n^2(\omega_c^2) - \omega_n^4 = 0 \tag{9.56}$$

解出 ω_c，于是又有

$$\frac{\omega_c^2}{\omega_n^2}=(4\zeta^4+1)^{1/2}-2\zeta^2$$

由此得到系统的相角裕度为

$$\begin{aligned}\phi_{\mathrm{pm}}&=180^\circ-90^\circ-\arctan\frac{\omega_c}{2\zeta\omega_n}=90^\circ-\arctan\left(\frac{1}{2\zeta}[(4\zeta^4+1)^{1/2}-2\zeta^2]^{1/2}\right)\\&=\arctan\frac{2}{[(4+1/\zeta^4)^{1/2}-2]^{1/2}}\end{aligned}\tag{9.57}$$

式(9.57)便是阻尼系数ζ与相角裕度ϕ_{pm}之间的关系式，它将系统的频域响应和时域响应联系起来。对应的ϕ_{pm}-ζ曲线如图9.21中的实线所示，虚线则给出了该关系曲线的线性近似。近似线的斜率约为0.01，因此可以得到ϕ_{pm}与ζ之间的线性近似关系为

$$\boxed{\zeta=0.01\phi_{\mathrm{pm}}}\tag{9.58}$$

当$\zeta\leqslant0.7$时，式(9.58)具有很高的近似精度，因而的确可将频域响应和时域瞬态响应联系起来。式(9.58)是二阶系统的良好近似，也同样适用于具有一对欠阻尼的主导共轭极点的高阶系统。用含有主导极点的二阶系统来近似高阶系统，的确是一个好主意。尽管还需要小心行事，但由于这种降阶近似方法非常简单实用，而且有相当高的近似精度，控制工程师还是常常用它来分析系统和确定系统的性能指标。

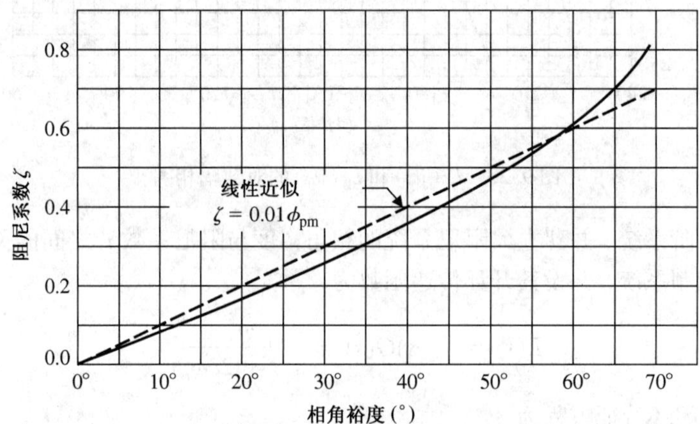

图9.21 二阶系统阻尼系数与相角裕度的关系曲线

不妨继续考察式(9.50)给出的频率特性函数及其系统，$L(\mathrm{j}\omega)$的相角裕度P.M.=43°，于是闭环系统的阻尼系数近似为

$$\zeta\approx0.01\phi_{\mathrm{pm}}=0.43\tag{9.59}$$

系统阶跃响应的超调量因而约为

$$\mathrm{P.O.}=22\%\tag{9.60}$$

其实，在给定$L(\mathrm{j}\omega)$之后，可以方便地计算并绘制相角裕度和增益裕度随增益K的变化曲线。继续考虑图9.1所示的系统，但此时取开环传递函数为

$$L(s)=G_c(s)G(s)=\frac{K}{s(s+4)^2}\tag{9.61}$$

该系统临界稳定时，增益为$K=K^*=128$。图9.22(a)和图9.22(b)分别给出了增益裕度和相角裕度随增益K的变化曲线，图9.22(c)则给出了增益裕度与相角裕度的关系曲线。尽管增益裕度和相角裕度同样是系统的性能指标，但我们通常更多地使用相角裕度。

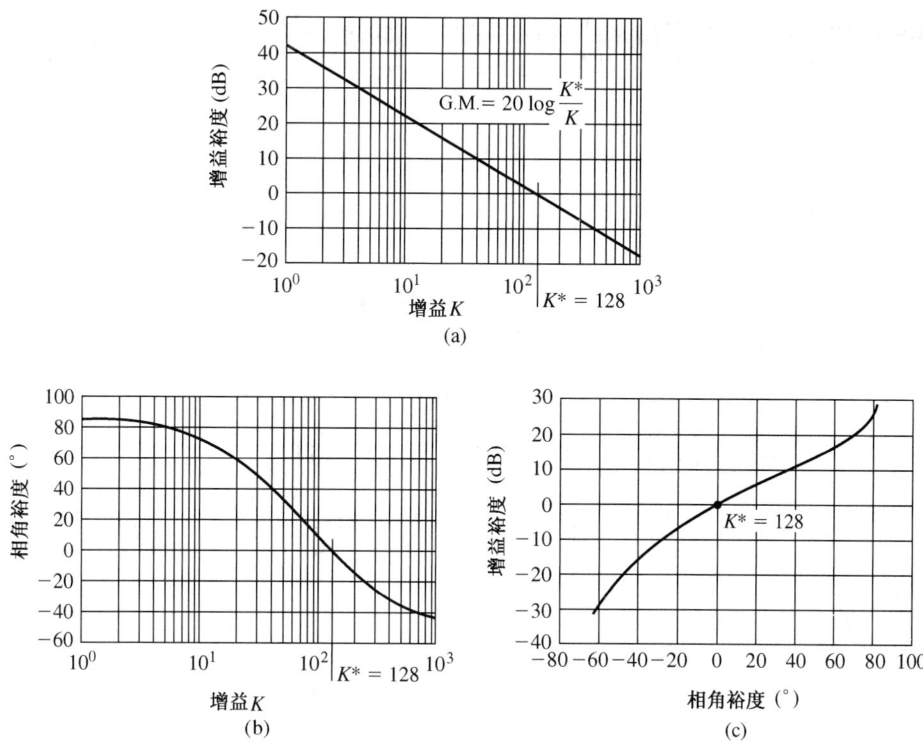

图 9.22　(a) 增益裕度变化曲线；(b) 相角裕度变化曲线；(c) 增益裕度与相角裕度的关系曲线

相角裕度这一频域指标与时域瞬态性能有比较直接的联系。还有一个频域指标，即闭环频率响应的最大幅值 $M_{p\omega}$，也能够发挥类似的作用。下一节将讨论这个指标。

9.5 利用频域方法确定系统的时域性能指标

根据反馈系统的闭环频率响应，可以估计出闭环系统的时域瞬态性能指标。**闭环频率特性**是指闭环传递函数 $T(j\omega)$ 的频率特性。单回路单位负反馈控制系统的开环和闭环频率特性函数满足关系式：

$$\frac{Y(j\omega)}{R(j\omega)} = T(j\omega) = M(\omega)e^{j\phi(\omega)} = \frac{G_c(j\omega)G(j\omega)}{1 + G_c(j\omega)G(j\omega)} \qquad (9.62)$$

奈奎斯特稳定性判据和相角裕度等闭环性能指标，都是用开环频率特性函数 $L(j\omega) = G_c(j\omega)G(j\omega)$ 定义的。但正如 8.2 节所给出的，二阶系统闭环频率特性的谐振峰值 $M_{p\omega}$ 也与阻尼系数 ζ 有如下关系：

$$\boxed{M_{p\omega} = |T(\omega_r)| = \left(2\zeta\sqrt{1-\zeta^2}\right)^{-1}} \qquad \zeta < 0.707 \qquad (9.63)$$

由于这个关系式建立了系统的闭环频率响应与时域响应之间的联系，因此，我们希望在运用奈奎斯特判据得到的极坐标图中，就可以确定 $M_{p\omega}$，也就是说，希望能够由开环频率特性方便地得到闭环频率特性。我们当然可以求出闭环特征函数 $1 + L(s)$ 的根，再绘制闭环频率特性曲线。但是，一旦倾注全力得到了闭环特征根，也就不再需要计算闭环频率特性了。

考虑单位负反馈控制系统的情形，可以用幅相图来建立开环频率特性与闭环频率特性的关系。在单位负反馈的情况下，利用闭环频率特性的等幅值圆，在开环幅相图中就可以确定 $M_{p\omega}$ 和 ω_r 等关键的闭环频率域性能指标。闭环频率响应的等幅值圆又称为等 M 圆。

利用 $L(s)$ 平面上的复变量，可以方便地得到 $T(j\omega)$ 与 $L(j\omega)$ 的关系。记 $L(s)$ 平面上的坐标为 u 和 v，于是有

$$L(j\omega) = G_c(j\omega)G(j\omega) = u + jv \tag{9.64}$$

闭环频率特性的幅值为

$$M(\omega) = \left|\frac{G_c(j\omega)G(j\omega)}{1 + G_c(j\omega)G(j\omega)}\right| = \left|\frac{u + jv}{1 + u + jv}\right| = \frac{(u^2 + v^2)^{1/2}}{[(1 + u)^2 + v^2]^{1/2}} \tag{9.65}$$

两边平方并整理后可以得到

$$(1 - M^2)u^2 + (1 - M^2)v^2 - 2M^2u = M^2 \tag{9.66}$$

式(9.66)两边除以 $1 - M^2$，并且加上 $(M^2/(1-M^2))^2$，可以得到

$$u^2 + v^2 - \frac{2M^2u}{1 - M^2} + \left(\frac{M^2}{1 - M^2}\right)^2 = \left(\frac{M^2}{1 - M^2}\right) + \left(\frac{M^2}{1 - M^2}\right)^2 \tag{9.67}$$

于是最终有

$$\left(u - \frac{M^2}{1 - M^2}\right)^2 + v^2 = \left(\frac{M}{1 - M^2}\right)^2 \tag{9.68}$$

在 (u, v) 平面上，式(9.68)表示了圆心为

$$u = \frac{M^2}{1 - M^2}, \quad v = 0$$

半径为 $|M/(1-M^2)|$ 的圆。于是，给定 M 的不同取值，就可以在 $L(s)$ 平面上绘制得到不同的圆。图 9.23 给出了几个不同的等 M 圆；当 $M>1$ 时，等 M 圆在直线 $u=-1/2$ 的左侧；当 $M<1$ 时，等 M 圆在直线 $u=-1/2$ 的右侧；而当 $M=1$ 时，等 M 圆变成了直线 $u=-1/2$，由式(9.66)可以直接得到这个结果。

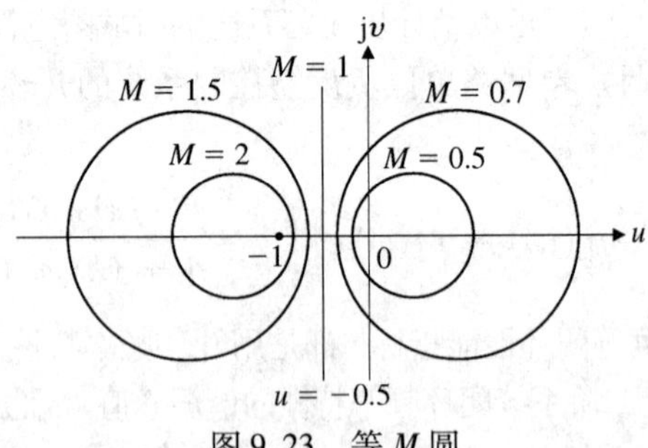

图 9.23 等 M 圆

图 9.24 给出了某系统在不同增益条件下的两条开环极坐标图，其中 $K_2 > K_1$。当增益为 K_1 时，开环频率特性曲线在频率 ω_{r_1} 处与 M_1 圆相切。类似地，当增益为 K_2 时，开环频率特性曲线在频率 ω_{r_2} 处与 M_2 圆相切。于是，可以估计得到图 9.25 所示的系统闭环幅频特性近似线。这样一来，就在 $L(s)$ 平面得到了系统的闭环频率特性曲线。如果只需要确定谐振峰值 $M_{p\omega}$，还可以直接在极坐标图上完成这个任务。实际上，如果开环频率特性极坐标图 $L(j\omega)$ 与某个等 M 圆相切，则该 M 就是闭环谐振峰值 $M_{p\omega}$，对应的频率 ω_r 就是系统的谐振频率。通过与极坐

标图$L(\mathrm{j}\omega)$在不同频率点上相交的其他等 M 圆，读出幅值 M，就可以比较完整地得到闭环频率响应幅频特性。例如，由图 9.24 可知，当增益为 $K=K_2$ 时，系统在频率 ω_1 和 ω_2 处的闭环响应幅值都是 M_1。图 9.25所示的系统闭环幅频特性近似线也说明了这一点。图中还标注了增益为 K_1 时，闭环系统的**带宽** ω_{B1}。

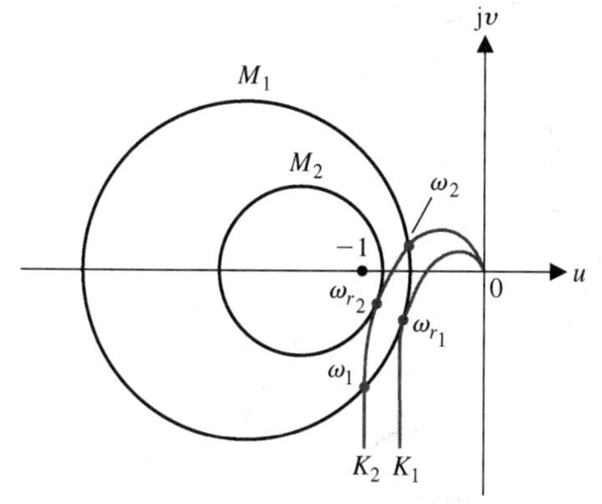

图 9.24　与两个增益值对应的 $L(\mathrm{j}\omega)$ 曲线，$K_2>K_1$

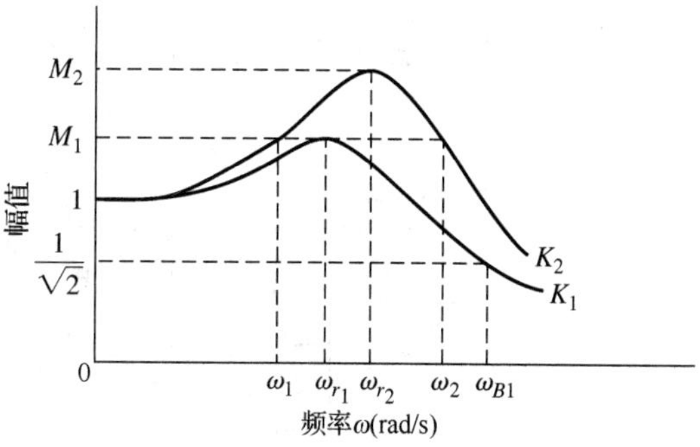

图 9.25　$T(\mathrm{j}\omega)=G_c(\mathrm{j}\omega)G(\mathrm{j}\omega)/(1+G_c(\mathrm{j}\omega)G(\mathrm{j}\omega))$的闭环频率响应，$K_2>K_1$

此外，当$0.2\leqslant\zeta\leqslant0.8$ 时，开环伯德图上的 0 dB 线穿越频率 ω_c，与闭环系统带宽 ω_B 近似地满足如下经验公式：

$$\boxed{\omega_B=1.6\omega_c} \tag{9.69}$$

类似地，我们可以推导闭环相角为常值的等 N 圆。由式(9.62)可知，闭环响应的相角为

$$\phi=\underline{/T(\mathrm{j}\omega)}=\underline{/(u+\mathrm{j}v)/(1+u+\mathrm{j}v)}$$
$$=\arctan\left(\frac{v}{u}\right)-\arctan\left(\frac{v}{1+u}\right) \tag{9.70}$$

两边取正切并经整理后可以得到

$$u^2+v^2+u-\frac{v}{N}=0 \tag{9.71}$$

其中，$N=\tan\phi$，两边加上$\frac{1}{4}(1+1/N^2)$并化简，得到

$$\left(u+\frac{1}{2}\right)^2+\left(v-\frac{1}{2N}\right)^2=\frac{1}{4}\left(1+\frac{1}{N^2}\right) \tag{9.72}$$

在 $L(s)$平面上，式(9.72)表示的是圆心为 $u=-1/2$，$v=1/(2N)$，半径为 $r=\frac{1}{2}[1+1/N^2]^{1/2}$的圆。于是，与等 M 圆方法类似，在指定了闭环响应的相角(N 的取值因而给定)之后，可以得到 $L(s)$平面上不同的等 N 圆。

等 M 圆和等 N 圆适用于在 $L(s)$平面上分析和设计控制系统。由于更容易得到系统的开环伯德图或对数幅相图，因此，我们更愿意将等 M 圆和等 N 圆转换成对数幅值的形式。如图 9.26 所示，尼科尔斯(N. B. Nichols)将等 M 圆和等 N 圆转换成了对数幅相图中的等 M 曲线和等 N 曲线，该对数幅相图的坐标与 8.5 节的定义一致，又常常称为**尼科尔斯图**[3,7]。在图 9.26 中，可以看到层次分明的等 M 曲线和等 N 曲线，其中，等 M 曲线使用的单位为 dB，等 N 曲线使用的单位为度(°)。下面用例子来说明，如何用尼科尔斯图求取系统的闭环频率特性。

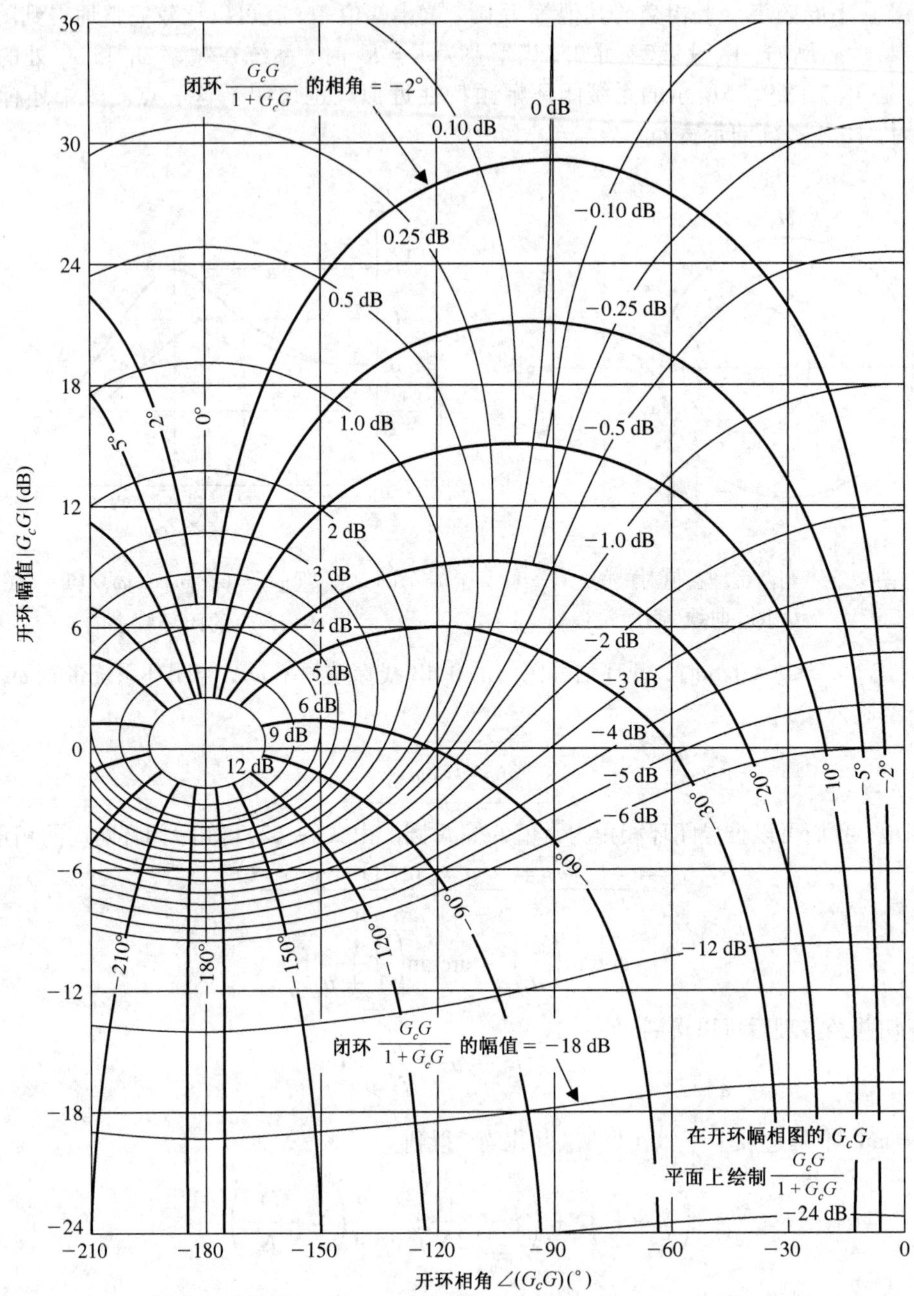

图 9.26 尼科尔斯图。闭环系统的等 N 线为较粗的曲线

例 9.7 利用尼科尔斯图估计相对稳定性

考虑单位反馈控制系统，其开环频率特性函数由式(9.50)给出。图 9.27 给出了绘有开环对数幅相曲线 $L(j\omega)$ 的尼科尔斯图。从中可以看出，闭环系统的谐振峰值为 $M_{p\omega}=+2.5$ dB，谐振频率为 $\omega_r=0.8$ rad/s，在 ω_r 处的闭环相角为 $-72°$。当系统的对数幅值为 -3 dB时，对应的频率正好为闭环系统的带宽，因此有 $\omega_B=1.33$ rad/s，对应的相角为 $-142°$。

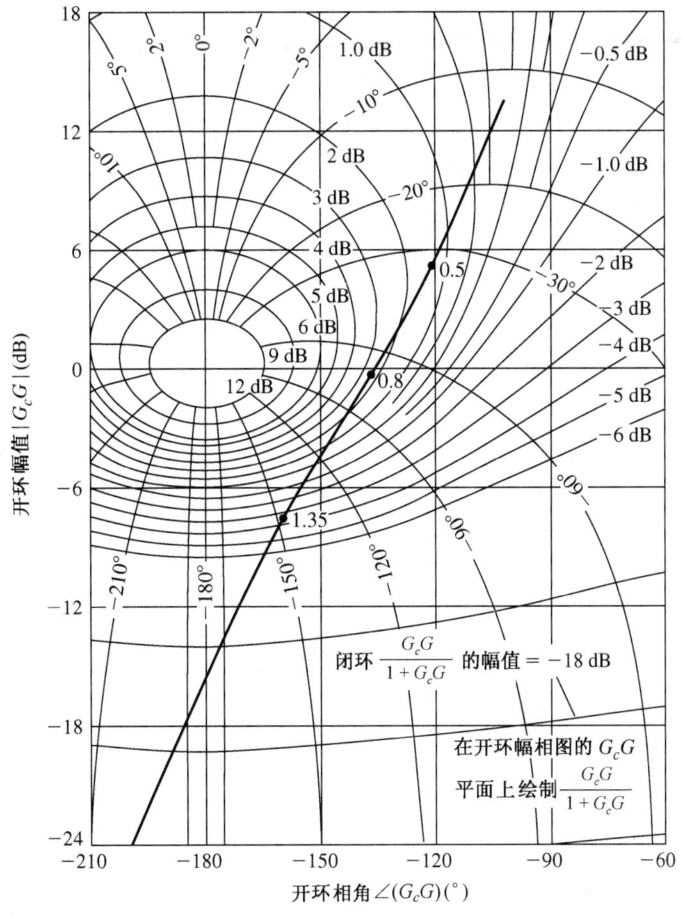

图 9.27　$L(j\omega)=1/[j\omega(j\omega+1)(0.2j\omega+1)]$ 的尼科尔斯图，对数幅相曲线上的3个点分别对应于 $\omega=0.5$ rad/s，0.8 rad/s 和 1.35 rad/s

例 9.8　三阶系统

考虑某个单位反馈闭环系统，其开环频率特性函数为

$$L(j\omega)=G_c(j\omega)G(j\omega)=\frac{0.64}{j\omega[(j\omega)^2+j\omega+1]} \tag{9.73}$$

与共轭极点对应的开环阻尼系数为 $\zeta=0.5$。图 9.28 给出了系统的尼科尔斯图，从中可以读出，闭环系统的相角裕度为 30°，根据式(9.58)，由此估计出的闭环阻尼系数为 $\zeta=0.3$。另一方面，从图中还可以得到闭环系统在谐振频率 $\omega_r=0.88$ rad/s 处达到的谐振峰值为 +9 dB，因此有

$$20\log M_{p\omega}=9\,\text{dB},\quad 或\quad M_{p\omega}=2.8$$

再利用式(9.63)，我们又可以估计得到闭环阻尼系数为 $\zeta=0.18$。我们面临了这样一个困境：分别由相角裕度和谐振峰值估计得到了不同的阻尼系数 ζ。这个事实说明，频域指标和时域指标之间的联系并不是完全清晰和准确的。在本例中，由于 $L(j\omega)$ 频率特性曲线的形状比较特殊，它从 0 dB 线迅速滑向了 −180°等 N 曲线，从而导致了有显著差异的估计结果。如果直接求闭环特征方程 $1+L(s)$ 的根，即考虑方程

$$q(s)=(s+0.77)(s^2+0.225s+0.826)=0 \tag{9.74}$$

则可以得到与闭环共轭复根对应的阻尼系数仅为0.124，这说明共轭复根不是闭环系统的主导极点，不能主导系统的响应。因此，我们不能忽略实根对阻尼的影响，不能直接用相角裕度来估计闭环阻尼系数，此时用等M曲线和$M_{p\omega}$估计闭环阻尼系数比较准确，即有$\zeta=0.18$。本例的结果表明，尽管我们推导了频域指标和时域指标之间的多种近似关系，但设计师在使用这些结果时，仍然需要小心谨慎。不过，当主要用于控制系统的初始分析与设计时，使用由相角裕度或者谐振峰值$M_{p\omega}$等频域指标估计出来的较小的阻尼系数，还是比较准确和安全的。

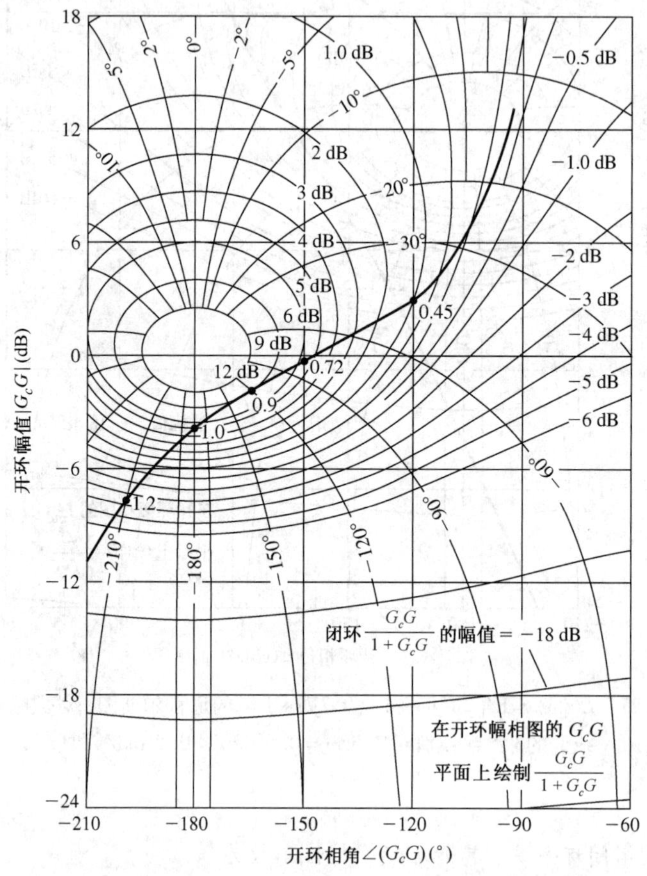

图9.28 $L(j\omega)=0.64/(j\omega[(j\omega)^2+j\omega+1])$的尼科尔斯图

通过改变对数幅相曲线$L(j\omega)$的形状，尼科尔斯图也可以用于系统设计，确定所需要的相角裕度和谐振峰值$M_{p\omega}$。调整K的取值，就能够方便地在尼科尔斯图上得到预期的相角裕度和谐振峰值$M_{p\omega}$。重新考察例9.8，其开环频率特性函数为

$$L(j\omega)=G_c(j\omega)G(j\omega)=\frac{K}{j\omega[(j\omega)^2+j\omega+1]} \tag{9.75}$$

当$K=0.64$时，图9.28在尼科尔斯图上给出了系统的对数幅相曲线$L(j\omega)$。现在来调整K的取值，使阻尼系数大于或等于0.30。由式(9.63)知，这等价于要求$M_{p\omega}$小于1.75(4.9 dB)。再考察图9.28，为了使对数幅相曲线$L(j\omega)=G_c(j\omega)G(j\omega)$与4.9 dB的等$M$曲线相切，对数幅相曲线应该向下平移2.2 dB，于是K的取值也应该减少2.2 dB，即减少为原值的$1/10^{2.2/20}=1/1.28$。因此，为了使闭环系统的阻尼系数$\zeta\geqslant0.30$，必须使$K\leqslant0.64/1.28$，即$k\leqslant0.5$。

9.6　系统带宽

闭环控制系统的带宽 ω_B 是度量系统的信号复现能力的最好参数。对于低频段增益为 0 dB 的系统，其带宽定义为对数幅值下降至 -3 dB 时的对应频率。在通常情况下，系统带宽 ω_B 与系统的阶跃响应速度成正相关，与调节时间成反相关。因此，在保证系统合理构成的前提下，我们总是希望系统具有较大的带宽[12]。

考虑两个二阶闭环系统：

$$T_1(s)=\frac{100}{s^2+10s+100},\quad T_2(s)=\frac{900}{s^2+30s+900} \tag{9.76}$$

这两个系统的阻尼系数均为 $\zeta=0.5$，固有频率分别为 10 和 30。它们的频率特性和阶跃响应分别如图 9.29(a)和图 9.29(b)所示。从图中可以看出，系统 $T_1(s)$ 和 $T_2(s)$ 的带宽分别为 12.7 和 38.1。两个系统的超调量均为 P.O.= 16%，但系统 $T_2(s)$ 的峰值时间只有 $T_p=0.12$ s，而系统 $T_1(s)$ 的峰值时间为 $T_p=0.36$ s；系统 $T_2(s)$ 的调节时间只有 $T_s=0.27$ s，而系统 $T_1(s)$ 的调节时间为 $T_s=0.8$ s。这些结果同样说明，系统带宽越大，时域响应的速度就越快。

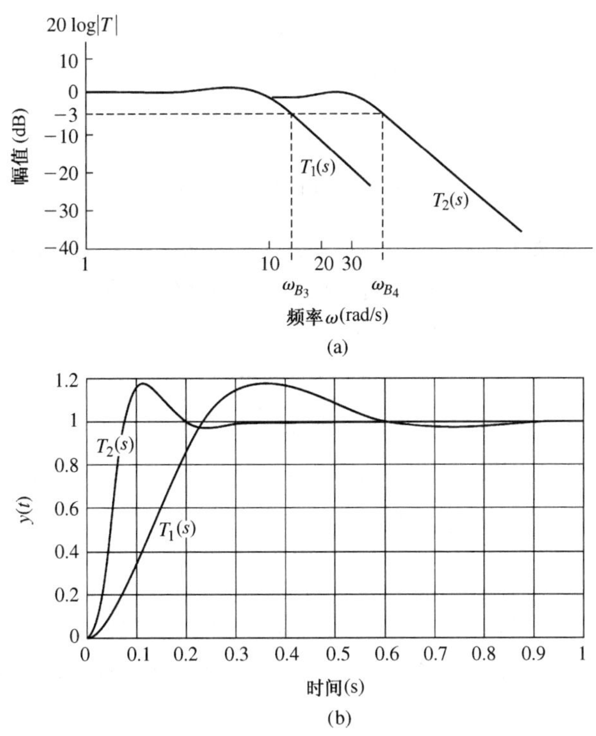

图 9.29　两个二阶系统的响应

9.7　时延系统的稳定性

很多控制系统都含有时延环节，它们会影响系统的稳定性。所谓**时延**，指的是系统中某点所发生的事件与它在另一点所产生的效应之间的时间间隔。幸运的是，可以用奈奎斯特稳定性判据来确定时延环节对反馈系统稳定性的影响。

可以用下面的传递函数来表示无衰减的纯时延环节：

$$G_d(s) = e^{-sT} \tag{9.77}$$

其中，T 为时延。e^{-sT}没有在围线内部引入新的零点或极点，不会改变原有系统的幅频特性曲线，而只会导致一个附加的相移。正是由于这一特点，使得我们在分析含有时延的反馈系统的相对稳定性时，奈奎斯特稳定性判据仍然有效。

这种时延环节常常出现在需要移动物料的系统中，将物料从输入或控制点移动到输出或测量点，需要耗费一定的时间[8, 9]。例如，图 9.30 所示的轧钢机控制系统就是这样的系统。它利用电机来调整轧辊的工作间距，以便减小板材的厚度偏差。如果板材的移动速度为 v，轧辊与测量点间的距离为 d，在厚度测量(测量点)和轧辊间距调整(控制点)之间，就会有时延，$T = d/v$。由此可见，要想使时延的影响可以忽略不计，就必须减小控制点与测量点之间的距离，或者加快板材的移动速度。而在实际生产中，我们常常做不到这一点，因而无法忽略时延对系统的影响。在这种情况下，系统的开环传递函数为[10]

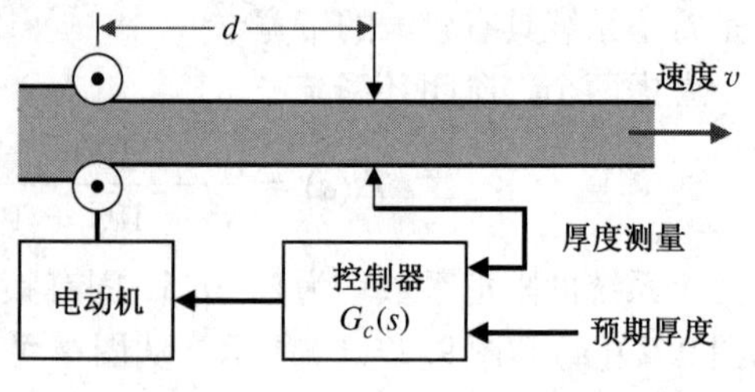

图 9.30 轧钢机控制系统

$$L(s) = G_c(s)G(s)e^{-sT} \tag{9.78}$$

而系统的频率响应由下面的开环频率特性函数决定：

$$L(j\omega) = G_c(j\omega)G(j\omega)e^{-j\omega T} \tag{9.79}$$

与前面类似，可以在 $L(s)$ 平面上绘制出包含时延系统的开环极坐标图，再考察它与 -1 点的相对关系，从而可以确定系统的稳定性。同样，我们也可以绘制出时延系统的伯德图，并通过分析它与临界稳定特征点，即点(0 dB, -180°)的相对关系，来研究系统的稳定性。时延因子 $e^{-j\omega T}$ 导致的相移为

$$\boxed{\phi(\omega) = -\omega T} \tag{9.80}$$

只要调整 $L(j\omega) = G_c(j\omega)G(j\omega)$ 的相频特性曲线，就可以在伯德图中体现这个附加的相移。需要说明的是，式(9.80)中的角度是以弧度(rad)为单位的。下面用例子来说明伯德图方法的简洁性。

例 9.9 液位控制系统

某液位控制系统如图 9.31(a)所示，图 9.31(b)给出了对应的框图[11]。在调节阀门和液体出口之间，存在时延 $T = d/v$。因此，如果流速为 5 m^3/s，管子截面积为 1 m^2，距离 $d = 5$ m，则系统的时延 $T = 1$ s。设系统的开环传递函数为

$$L(s) = G_A(s)G(s)G_f(s)e^{-sT} = \frac{31.5}{(s+1)(30s+1)[(s^2/9)+(s/3)+1]}e^{-sT} \tag{9.81}$$

由此可以得到图 9.32 所示的伯德图。作为比较，图 9.32 中同时给出了无时延系统的伯德图，它们的幅频特性曲线相同，但相频特性曲线各不相同。从中可以看出，幅频特性曲线在 $\omega = 0.8$ (rad/s)处穿过 0 dB 线，因此无时延系统的相角裕度 P.M.= 40°，但有时延系统的相角裕度 P.M.= -3°。时延因子导致了不稳定的系统，为了得到合适的相角裕度，使系统稳定，必须减小系统增益。在本例中，为了使系统的相角裕度达到 P.M.= 30°，就必须将增益减小 5 dB，即应有 $K = 31.5/1.78 = 17.7$。

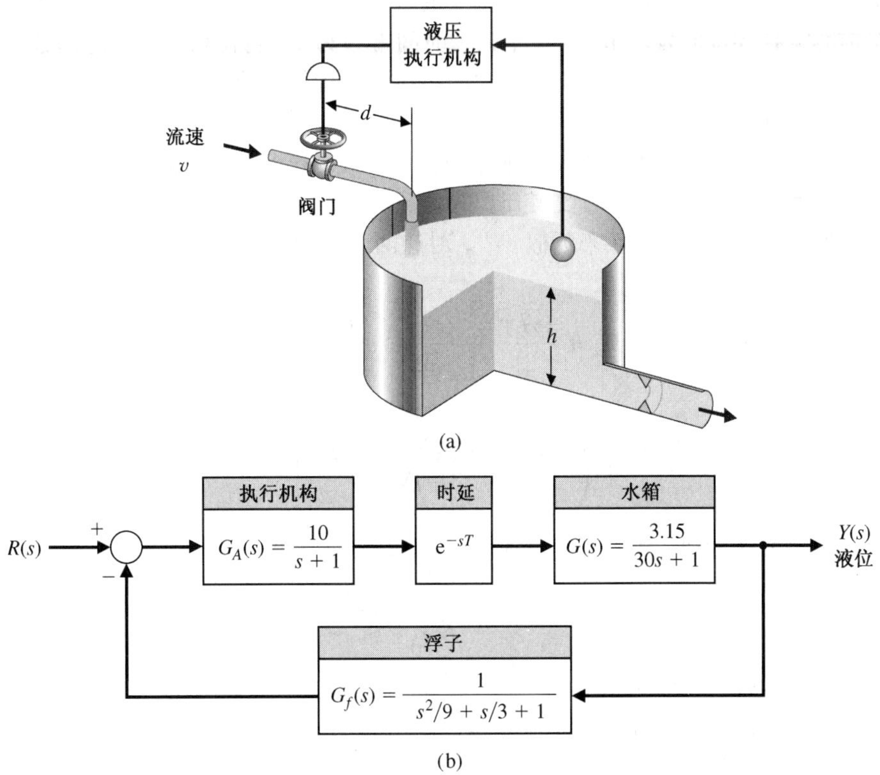

图 9.31　(a) 液位控制系统；(b) 框图模型

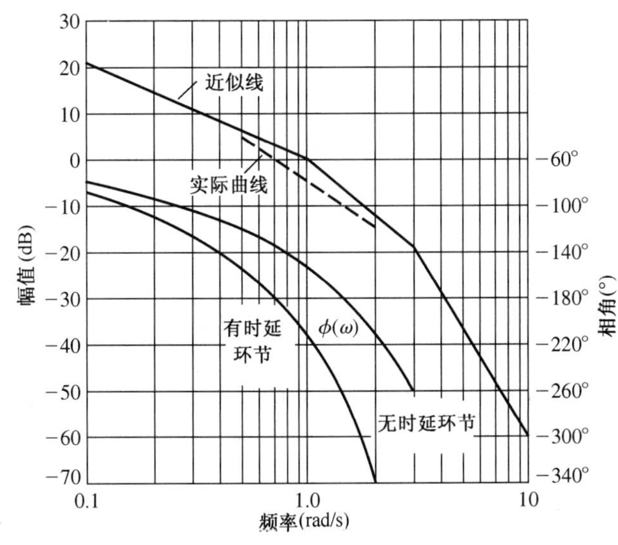

图 9.32　液位控制系统的伯德图

时延因子 e^{-sT}将引入附加的滞后相角，从而会降低系统的稳定性。由于实际的反馈系统难免含有时延环节，因此为了确保系统稳定，必须减小系统增益。但减小增益将会增大系统的稳态误差，因此在增强时延系统稳定性的同时，我们付出了增大稳态误差的代价。

大多数分析工具都假定系统的传递函数是 s 的有理函数，或者说，这样的动态系统可以用有限个常微分方程来描述。时延环节为 e^{-sT}，其中时间常数为 T，它在系统的传递函数中引入了非有理项。如果能够用有理函数来近似时延环节，将会使分析得以简化，也就能够方便地使用框图来进行系统的分析和设计。

帕德(Padé)近似利用了超越函数 e^{-sT} 的幂级数展开式，它指定一个给定阶次的待定有理函数来近似 e^{-sT}，并使该有理函数的幂级数展开式的系数，与 e^{-sT} 的幂级数展开式的系数尽可能多地匹配。例如，为了用一阶有理函数来近似 e^{-sT}，对这两个函数进行幂级数展开，实际上就是麦克劳林(Maclaurin)级数①，于是有

$$e^{-sT} = 1 - sT + \frac{(sT)^2}{2!} - \frac{(sT)^3}{3!} + \frac{(sT)^4}{4!} - \frac{(sT)^5}{5!} + \cdots \tag{9.82}$$

和

$$\frac{n_1 s + n_0}{d_1 s + d_0} = \frac{n_0}{d_0} + \left(\frac{d_0 n_1 - n_0 d_1}{d_0^2}\right)s + \left(\frac{d_1^2 n_0}{d_0^3} - \frac{d_1 n_1}{d_0^2}\right)s^2 + \cdots$$

对于这个一阶有理分式近似，我们希望找到 n_0，n_1，d_0 和 d_1，使

$$e^{-sT} \approx \frac{n_1 s + n_0}{d_1 s + d_0}$$

让 s 各幂次项的系数相等，可以得到

$$\frac{n_0}{d_0} = 1, \quad \frac{n_1}{d_0} - \frac{n_0 d_1}{d_0^2} = -T, \quad \frac{d_1^2 n_0}{d_0^3} - \frac{d_1 n_1}{d_0^2} = \frac{T^2}{2}, \quad \cdots$$

解得

$$n_0 = d_0, \qquad d_1 = \frac{d_0 T}{2}, \qquad n_1 = -\frac{d_0 T}{2}$$

令 $d_0 = 1$，得到

$$e^{-sT} \approx \frac{n_1 s + n_0}{d_1 s + d_0} = \frac{-\frac{T}{2}s + 1}{\frac{T}{2}s + 1} \tag{9.83}$$

式(9.83)的级数展开式为

$$\frac{n_1 s + n_0}{d_1 s + d_0} = \frac{-\frac{T}{2}s + 1}{\frac{T}{2}s + 1} = 1 - Ts + \frac{T^2 s^2}{2} - \frac{T^3 s^3}{4} + \cdots \tag{9.84}$$

比较式(9.84)和式(9.82)可以发现，前3项是相同的。因此，对于较小的 s，时延因子的一阶帕德近似已经比较准确了。当然，也可以确定时延因子的高阶有理分式近似。

9.8 设计实例

本节将介绍3个实例。在第一个实例中，我们将讨论绿色能源设施——大型风力发电机风力机桨叶桨距角的控制问题。当风力过大时，风力机桨叶的桨距角必须加以适当的调整，以消除多余的风能，将输出的电能控制在规定的范围内。第二个实例是遥控侦察车，主要使用尼

① $f(s) = f(0) + \frac{s}{1!}\dot{f}(0) + \frac{s^2}{2!}\ddot{f}(0) + \cdots$

科尔斯图来设计控制器增益，以便满足给定的时域性能指标设计要求。第三个实例是一个工业用热钢锭搬运机器人，其设计目标是在存在时延和干扰的情况下，使跟踪误差最小。本节通过设计实例引出 PI 控制器，并演示了如何利用 PI 控制器来同时满足时域和频域的性能指标设计要求。

例 9.10　提供绿色能源的风力机的 PID 控制

风能在世界能源消耗中所占的比例正在快速增加。利用风能是解决能源短缺问题的一种费效比高、环境友好的方案。现代风力发电机的风力机具有体量大但又灵活的结构，适用于风向和风量持续变化的不确定性环境。对于风力发电机而言，为了有效捕捉风能和传输电能，需要解决众多控制问题。在本设计实例中，我们将讨论所谓“超额定”工作模式下的风力机控制问题。在这一工作模式下，由于风速过高，必须适当调节风力机桨叶的桨距角以消除多余的风能，将输出的电能控制在指定的范围内。在该模式下，可以直接应用线性控制理论来实现控制。

如图 9.33 所示，风力机通常采用垂直轴装配或水平轴装配方案。其中，水平轴装配方案更为常见。采用这种方案时，风力机安装在一个塔架上，在塔架的顶部装配有两三个桨叶，在风力的带动下旋转以便驱动发电机运行。采用水平轴装配的风力机的塔架通常比较高，其突出优点是能够充分利用较高的风速。采用垂直轴装配的风力机的尺寸通常要小一些，而且噪声也要小一些。

(a)

(b)

图 9.33　(a) 垂直轴装配的风力机(照片来自 Visions of America/SuperStock)；
(b) 水平轴装配的风力机(照片来自 Alamy 公司的 David Williams)

当风力足够大时，为了控制发电机转子轴的转速，可以利用桨距角电动机来同步调整所有桨叶的桨距角，如图 9.34(a) 所示。桨距角指令和转子转速之间的传递函数模型可以简化为一个三阶模型，即由一个一阶模型和一个二阶模型串联而成，其中，一阶模型表示“超额定”工作模式下的发电机，二阶模型表示传动系统[32]。该三阶模型的传递函数为

$$G(s) = \left[\frac{1}{\tau s + 1}\right]\left[\frac{K\omega_{n_g}^2}{s^2 + 2\zeta\omega_{n_g}s + \omega_{n_g}^2}\right] \tag{9.85}$$

其中，$K = -7000$，$\tau_g = 5$ s，$\zeta_g = 0.005$，$\omega_{n_g} = 20$ rad/s。该模型的输入为桨距角指令(单位为弧度)及扰动，输出为转子转速(单位为 rpm，转/分)。对于商用风力机而言，通常采用 PID 控制器来实施桨距角控制，如图 9.34(b) 所示。选择如下的 PID 控制器：

$$G_c(s) = K_p + \frac{K_I}{s} + K_D s$$

其中，K_P、K_I和 K_D分别为待定参数，其目标在于实施快速精确的控制。频域性能指标设计要求为：增益裕度 G.M.≥6 dB，相角裕度 30°≤P.M.≤60°。瞬态响应的时域性能指标要求为上升时间 T_{r_1} <4 s(按 90% 准则)，峰值时间 T_p <10 s。

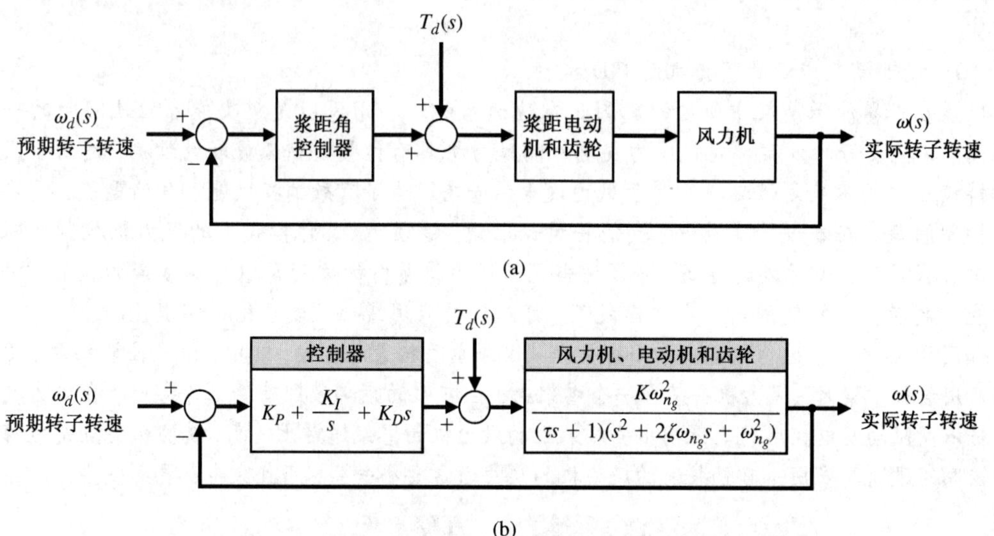

图 9.34 (a) 风力机框图模型；(b) 控制系统设计使用的框图模型

需要指出的是，图 9.34 中的输出 $\omega(s)$ 实际上是发电机实际转速与额定转速之间的偏差。通过调整桨叶的桨距角，希望将转子转速控制在额定水平。因此，在图 9.34 所示的线性模型中，输入的预期转子转速偏差为 $\omega_d(s)=0$，设计目标是在存在扰动的情况下，使得输出为零。

开环传递函数为

$$L(s) = K\omega_{n_g}^2 K_D \frac{s^2 + (K_P/K_D)s + (K_I/K_D)}{s(\tau s + 1)(s^2 + 2\zeta\omega_{n_g}s + \omega_{n_g}^2)}$$

我们需要选择参数 K_P，K_I和 K_D的合适取值，以满足指标要求。首先，利用相角裕度指标要求确定主导极点的阻尼比：

$$\zeta = \frac{\text{P.M.}}{100} = 0.3$$

其中，相角裕度指标要求为 P.M.= 30°。其次，利用上升时间设计公式

$$T_{r_1} = \frac{2.16\zeta + 0.6}{\omega_n} < 4\text{ s}$$

来确定主导极点的固有频率，当阻尼比 $\zeta=0.3$ 时，可以得到 $\omega_n>0.31$ rad/s。这样一来，可以将主导系统参数选择为固有频率 $\omega_n=0.4$ rad/s，阻尼比 $\zeta=0.3$。最后，验证该目标系统是否满足瞬态响应的时域性能指标要求，将 $\omega_n=0.4$ rad/s 和 $\zeta=0.3$ 代入上升时间和峰值时间的估算公式，可得

$$T_{r_1} = \frac{2.16\zeta + 0.6}{\omega_n} = 3\text{ s},\qquad T_p = \frac{\pi}{\omega_n\sqrt{1-\zeta^2}} = 8\text{ s}$$

很明显，它们满足了指标要求。根据 ω_n和 ζ 的目标值来确定 PID 零点配置的可行域，再通过指定比例 K_P/K_D和 K_I/K_D的取值，就可以将 PID 的零点配置在 s 平面的左半平面中的预期性能可行域中。然后，利用频率特性曲线(即伯德图)来选择增益 K_D的合适取值，以便满足相角裕度和增益裕度的设计要求。

当 $K_P/K_D=5$，$K_I/K_D=20$ 时，可得如图 9.35 所示的伯德图。观察增益 K_D 的变化对相角裕度和增益裕度的影响，可以得到，当增益 $K_D=-6.22\times10^{-6}$ 时，能够最大可能地满足设计指标要求。由此得到的 PID 控制器为

$$G_c(s)=-6.22\times10^{-6}\left[\frac{s^2+5s+20}{s}\right]$$

验证计算表明，最终的相角裕度 P.M.= 32.9°，增益裕度 G.M.= 13.9 dB。系统的阶跃响应曲线如图 9.36 所示，由图可知，上升时间 $T_{r_1}=3.2$ s，峰值时间为 $T_p=7.6$ s。所有的设计指标都得到了满足。闭环反馈系统主导极点的固有频率为 $\omega_n=0.41$，阻尼比为 $\zeta=0.29$，非常接近于目标值。这充分说明了设计公式的有效性，甚至当系统并非二阶系统时，这些公式仍然适用。

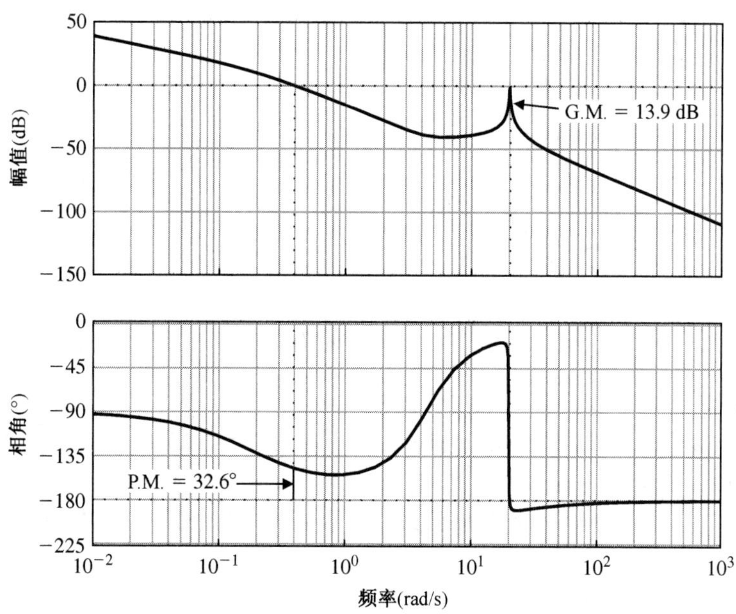

图 9.35　$K_P/K_D=5$，$K_I/K_D=20$ 且 $K_D=-6.22\times10^{-6}$ 时的系统伯德图

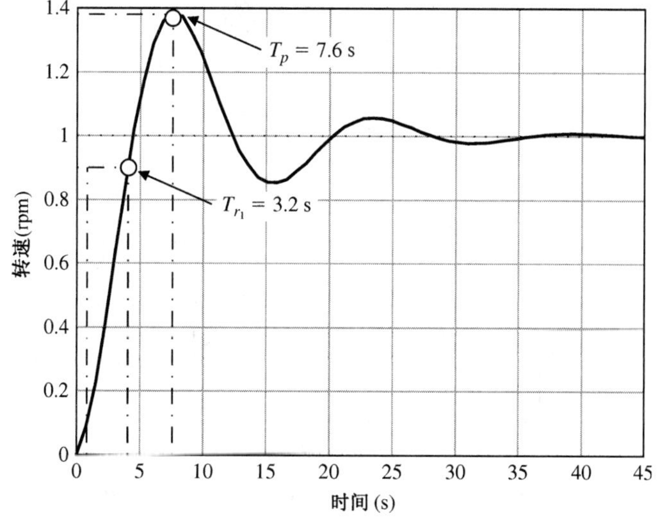

图 9.36　闭环系统的单位阶跃响应，其中标出了上升时间和峰值时间

风力机的脉冲扰动响应如图 9.37 所示。在计算机仿真中，我们假定扰动(可能为阵风)能够使风力机桨叶的桨距角产生阶跃变化。实际上，扰动可能会对各个桨叶产生不同的影响。出于演示的目的，我们将其简化为统一的阶跃扰动信号。这种扰动能够使转子转速偏离预期转速，但将在 25 s 内恢复正常。

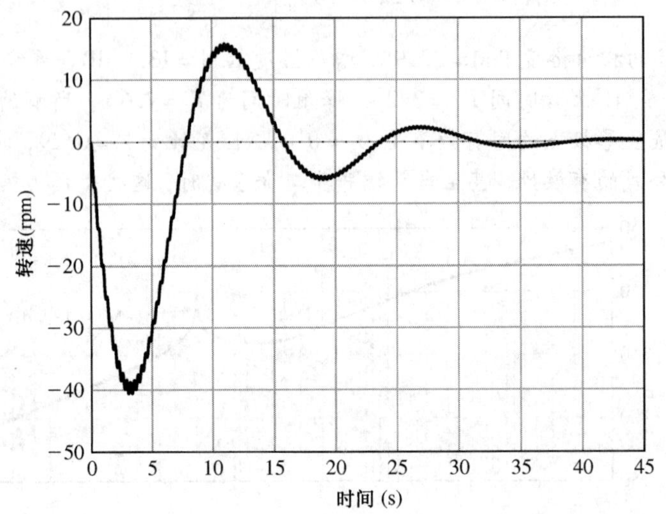

图 9.37 扰动响应表明了转子转速偏离额定值后的变化情况

例 9.11 遥控侦察车

图 9.38(a)给出了一种遥控侦察车的概念模型，其速度控制系统的框图如图 9.38(b)所示。其中，预期速度 $R(s)$ 由无线电传输给侦察车，干扰 $T_d(s)$ 来自路面上的颠簸冲击。本例的设计目标是构建一个性能良好的侦察车速度控制系统，使系统对单位阶跃信号 $R(s)$ 有较小的稳态误差和超调量[13]。

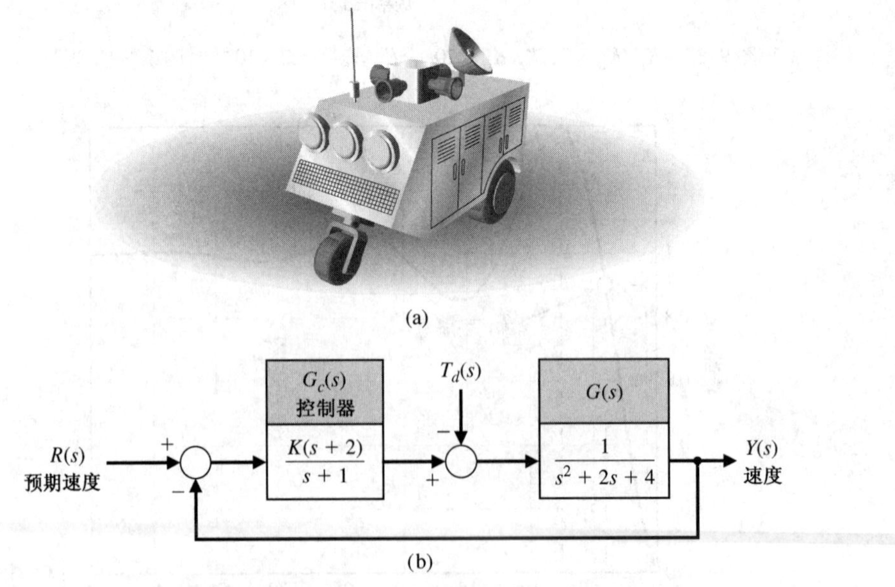

图 9.38 (a) 遥控侦察车；(b) 速度控制系统的框图模型

首先考虑单位阶跃响应的稳态误差，于是有

$$e_{ss} = \lim_{s\to 0} sE(s) = \lim_{s\to 0} s\left[\frac{R(s)}{1 + L(s)}\right] = \frac{1}{1 + L(s)} = \frac{1}{1 + K/2}$$

其中，$L(s) = G_c(s)G(s)$。当选取 $K=20$ 时，系统的稳态误差仅为输入幅值的 9%。为便于得到伯德图，将 $K=20$ 代入系统开环传递函数 $L(s) = G_c(s)G(s)$，并变换为以下形式：

$$L(s) = G_c(s)G(s) = \frac{10(1 + s/2)}{(1 + s)(1 + s/2 + s^2/4)} \tag{9.86}$$

图 9.39 给出了系统在 $K=20$ 时的尼科尔斯图。从中可以看出，系统的谐振峰值 $M_{p\omega}=12$ dB，相角裕度 P.M.= 15°，由此可以推知，系统的阶跃响应应为欠阻尼响应，由式(9.58)可以计算得到 $\zeta\approx 0.15$，进而估计出系统的超调量约为 P.O.= 61%。

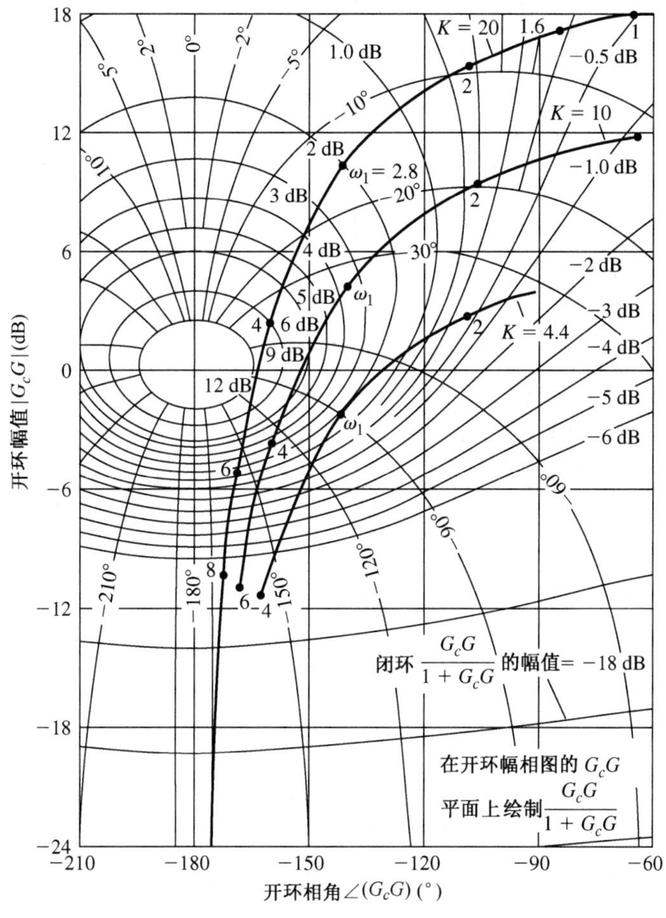

图 9.39　系统的尼科尔斯图，其中 K 取 3 个不同的值

减小系统的增益可以减小超调量，满足对超调量的设计要求。假定超调量的设计要求 P.O.= 25%。由式(9.63)可知，系统主导极点的阻尼系数应该为 0.4，谐振峰值应该为 $M_{p\omega}=1.35$ 或 $20\log M_{p\omega}=2.6$ dB。为此，在图 9.39 所示的尼科尔斯图中，需要将对数幅相曲线垂直向下平移。在 $\omega_1=2.8$ 处，新的对数幅相曲线与 2.6 dB 的闭环等 M 曲线相切。由平移后的曲线可以看出，幅值增益的下降幅度(垂直下移)应该为 13 dB，即减小为原值的 2/9，于是 $K=20/4.5\approx 4.44$。K 的取值减小之后，稳态误差却有所增加：

$$e_{ss}=\frac{1}{1+4.4/2}=0.31$$

即稳态误差 $e_{ss}=31\%$。

当 $K=4.44$ 时，系统的实际阶跃响应曲线如图 9.40 所示，超调量 P.O.= 32.4%。若取 $K=10$，则系统的超调量变为 P.O.=48.4%，稳态误差变为 $e_{ss}=16.7\%$。表 9.2 总结了系统的实际阶跃响应性能指标。综合考虑上述结果，我们应该将增益取为 $K=10$。在图 9.39 所示的尼科尔斯图中，需要将$K=20$时的对数幅相曲线再垂直向下平移 $20\log 2=6$ dB。

表 9.2　系统的实际阶跃响应指标

K	超调量(%)	调节时间(s)	峰值时间(s)	e_{ss}(%)
4.44	32.4	4.94	1.19	31
10	48.4	5.46	0.88	16.7
20	61.4	6.58	0.67	9.1

注：百分比超调量由式(5.12)定义。

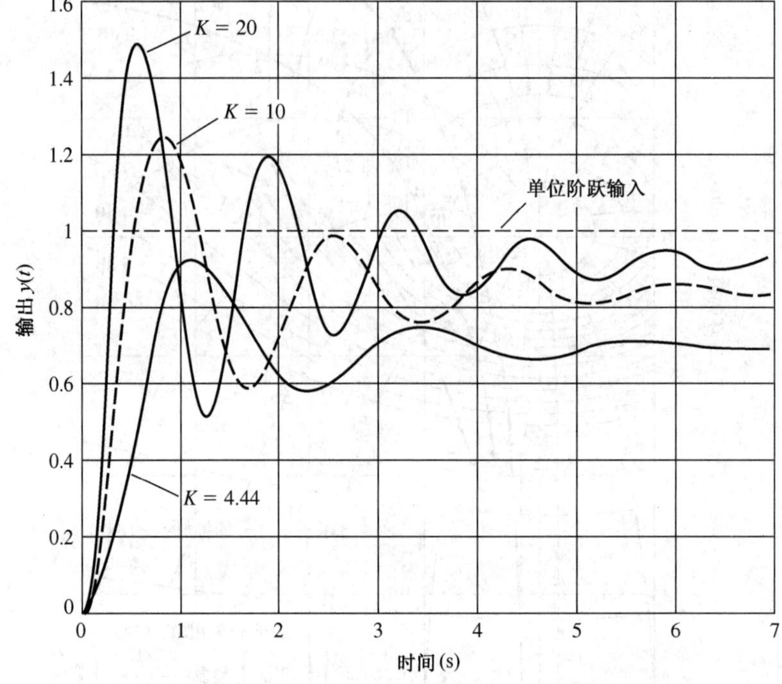

图 9.40　系统的单位阶跃响应，其中 K 取 3 个不同的值

考察 $K=10$ 时的尼科尔斯图，可以看出：$M_{p\omega}=7$ dB，相角裕度 P.M.=26°，由此估计得到的主导极点阻尼系数为 $\zeta=0.26$，导出的超调量应该为 P.O.=43%，带宽 $\omega_B=5.4$ rad/s，由于有

$$\omega_n=\frac{\omega_B}{-1.19\zeta+1.85}$$

因此调节时间(按 2% 准则)为

$$T_s=\frac{4}{\zeta\omega_n}\approx\frac{4}{(0.26)(3.53)}\approx 4.4\ \text{s}$$

由图 9.40 中的响应曲线可以看出，当 $K=10$ 时，系统的实际调节时间约为 $T_s=5.4$ s。令 $R(s)=0$，我们来考虑单位阶跃干扰对系统稳态响应的影响。为此，由终值定理可得

$$y(\infty) = \lim_{s\to 0} s\left[\frac{G(s)}{1+L(s)}\right]\left(\frac{1}{s}\right) = \frac{1}{4+2K} \tag{9.87}$$

由此可见，在系统的稳态响应中，单位阶跃干扰的影响被衰减为干扰输入的 $1/(4+2K)$。当 $K=10$ 时，$y(\infty)=1/24$，干扰的稳态后效被减小到只有干扰幅值的 4%。

综上所述，$K=10$ 是一个很好的折中设计结果，稳态误差被减小到 $e_{ss}=16.7\%$。如果认为上面的超调量和调节时间仍然不能满足设计要求，就需要对系统进行校正，在尼科尔斯图上改变对数幅相曲线的形状。

例 9.12　热钢锭搬运机器人控制

热钢锭搬运机器人控制系统的机械结构如图 9.41 所示。机器人夹起热钢锭，放入淬火槽。该系统有一个视觉传感器，能够测量热钢锭的位置，控制器利用测量的位置信息，将机器人移到热钢锭的上方(沿 x 轴)。视觉传感器还向控制器提供参考输入 $R(s)$，即热钢锭的预期位置。闭环系统的框图模型如图 9.42 所示。关于机器人和视觉系统的详细信息可参阅文献[15,30,31]。

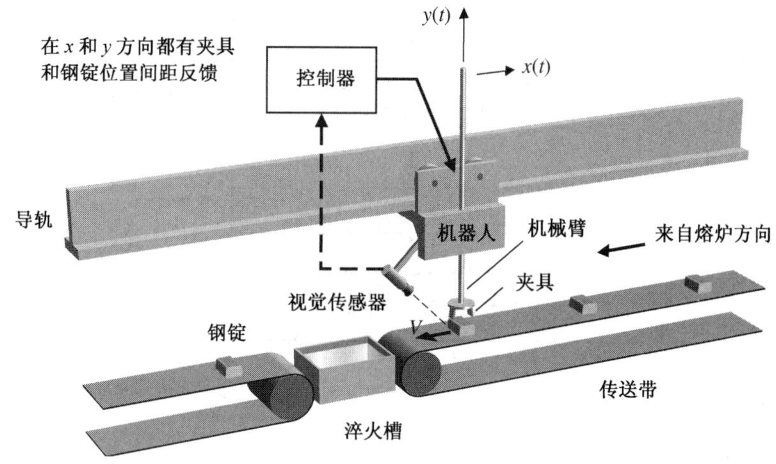

图 9.41　热钢锭搬运机器人控制系统的机械结构

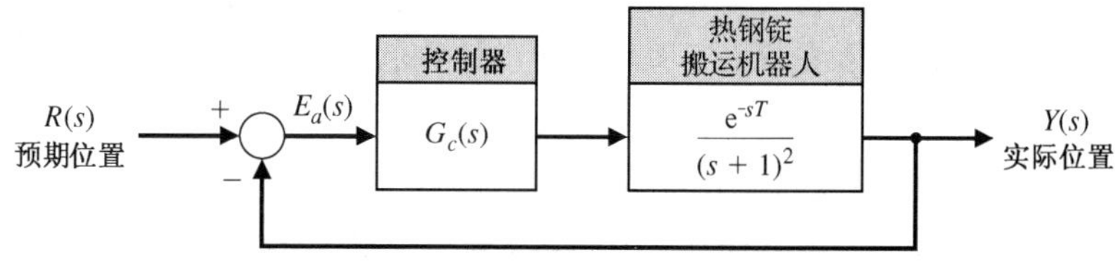

图 9.42　热钢锭搬运机器人控制系统的框图模型

系统还测量了(使用另外的传感器，而不是已有的视觉传感器)机器人自身在轨道上的位置，并反馈给控制器。在此，我们假设该位置测量是没有噪声的，这并不是一个苛刻的要求，因为现代的位置传感器已经具有很高的精度。例如，一个内置式激光二极管系统(包括电源、光纤和激光二极管)的测量精度可以达到 99.9%。

机器人可以用双重极点为 $s=-1$，时延环节时间常数为 $T=\pi/4$ s 的二阶系统来描述，即

$$G(s) = \frac{e^{-sT}}{(s+1)^2} \tag{9.88}$$

图 9.43 给出了控制系统设计的基本流程，并用阴影突出显示了本例重点强调的设计模块。本系统的控制目标如下所示。

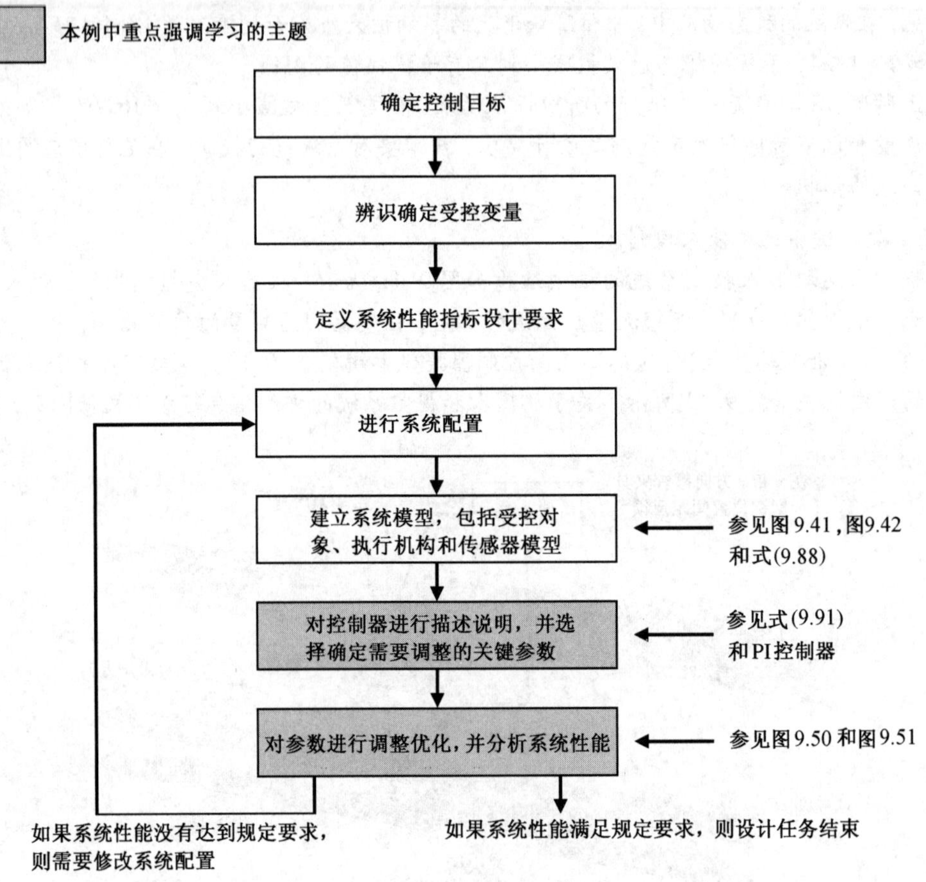

图 9.43 热钢锭搬运机器人控制系统设计流程及重点强调的设计模块

控制目标 存在附加干扰和考虑时延的情况下，使跟踪误差 $E(s)=R(s)-Y(s)$ 最小。

为了达到这个目标，系统需要满足下面的设计指标要求。

设计指标要求

指标要求 1：阶跃响应的稳态跟踪误差 $e_{ss}\leqslant 10\%$。

指标要求 2：存在 $T=\pi/4$ s 的时延环节时，相角裕度 P.M.$\geqslant 50°$。

指标要求 3：阶跃响应的超调量 P.O.$\leqslant 10\%$。

首先，我们考虑采用比例控制器对系统进行补偿校正，但是会发现，比例控制器不可能同时满足所有的设计指标要求。不过，采用比例控制器的系统为详细讨论时延环节的影响提供了基础，我们将主要借助奈奎斯特图来讨论时延环节的影响。最后的设计采用 PI 控制器对系统进行补偿校正，它可以实现满意的系统性能。也就是说，系统将能同时满足所有的性能指标设计要求。

先尝试考虑比例控制器，即 $G_c(s)=K$，如果忽略时延环节，则系统的开环传递函数为

$$L(s)=G_c(s)G(s)=\frac{K}{(s+1)^2}=\frac{K}{s^2+2s+1}$$

图 9.44 给出了该闭环控制系统的框图。这是一个 0 型系统，在阶跃输入情况下，稳态跟踪误差不可能是 0(见 5.6 节关于系统类型的总结)。系统的闭环传递函数为

$$T(s) = \frac{K}{s^2 + 2s + 1 + K}$$

跟踪误差定义为

$$E(s) = R(s) - Y(s)$$

在阶跃输入 $R(s) = a/s$ 的作用下(a 为输入信号的幅值)，误差为

$$E(s) = \frac{s^2 + 2s + 1}{s^2 + 2s + 1 + K}\frac{a}{s}$$

根据终值定理(K 取正值时，系统始终稳定，定理成立)，可以得到

$$e_{ss} = \lim_{s \to 0} sE(s) = \frac{a}{1 + K}$$

为了满足指标要求 1，也就是要求稳态误差小于 10%，应该有

$$e_{ss} \leqslant \frac{a}{10}$$

由此可以得知，增益应该满足 $K \geqslant 9$。取 $K = 9$，可以绘制如图 9.45 所示的伯德图。

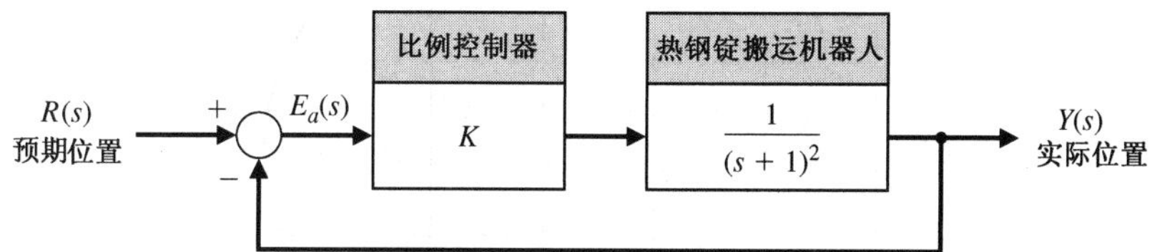

图 9.44　使用比例控制器的热钢锭搬运机器人系统的框图模型(不考虑时延环节)

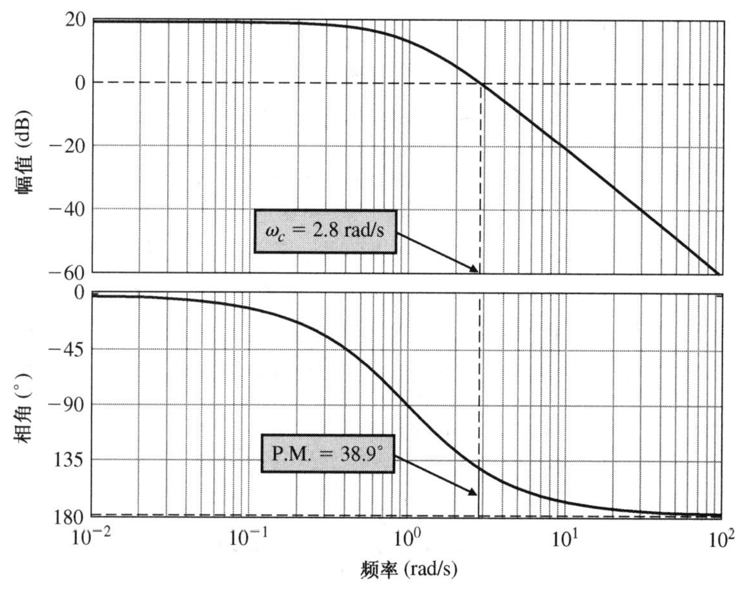

图 9.45　$K = 9$ 时系统的伯德图(不考虑时延环节)，系统的幅值裕度 G.M.= +∞，相角裕度 P.M.= 38.9°

从图 9.45 中可以看出，如果提高系统增益，使其大于 9，则幅频特性曲线与 0 dB 线的交点将会向右移动，也就是 ω_c 会增大，而相角裕度 P.M.会降低。注意，系统的时延环节虽然不会改变幅频特性曲线，但是会导致相位的滞后，于是需要进一步思考，当 $\omega = 2.8$ rad/s，P.M. = 38.9°时，如果考

虑了 $T=\pi/4$ s 的时延环节，那么系统还会稳定吗？本例中，在保证系统稳定的情况下，能够容许的最大时延满足$\phi=-\omega T$，这意味着

$$\frac{-38.9\pi}{180}=-2.8T$$

求解得到的时延为 $T=0.24$ s。也就是说，如果时延常数小于0.24 s，则闭环系统可以保持稳定。但是事实上，该系统的时延常数为 $T=\pi/4$ s，这会导致系统失稳。提高系统增益会导致进一步降低相角裕度，更加不利于系统稳定。而降低系统增益虽然能够提高相角裕度，但又会导致稳态跟踪误差超过设计指标所要求的10%。因此，该系统需要更加复杂的控制器。在进行这项工作前，我们先通过系统的奈奎斯特图，来分析时延环节到底造成了怎样的影响。不考虑时延环节的系统为

$$L(s)=G_c(s)G(s)=\frac{K}{(s+1)^2}$$

它的奈奎斯特图如图9.46所示，其中 $K=9$。开环传递函数 $L(s)=G_c(s)G(s)$ 在右半 s 平面上没有极点，即 $P=0$。从图9.46中可以看出，奈奎斯特曲线没有包围 -1 点，即 $N=0$。

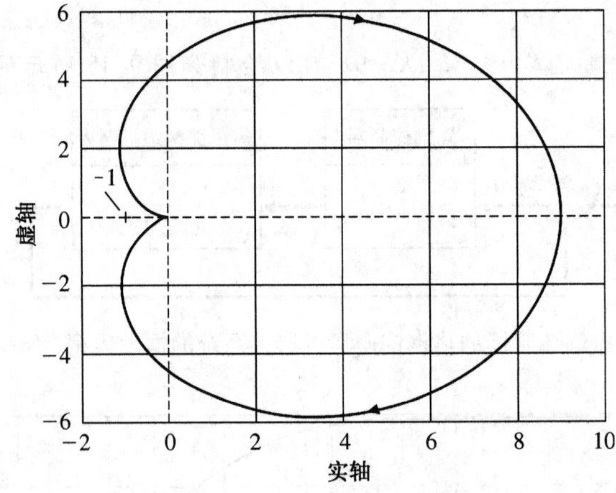

图9.46 $K=9$ 时系统奈奎斯特图(不考虑时延环节)，不包围 -1 点

根据奈奎斯特原理，我们可以得到闭环系统右半平面的极点数为

$$Z=N+P=0$$

既然 $Z=0$，闭环系统就是稳定的。更加值得注意的是，无论增大或者减小 K，奈奎斯特曲线都不会包围 -1 点，意味着系统的幅值裕度为∞。类似地，当不考虑时延环节时，系统的相角裕度始终为正值。也就是说，虽然系统的相角裕度P.M.会随着 K 的改变而改变，但它始终大于零。

如果考虑了时延环节，利用解析方法就能得到系统的奈奎斯特图。此时，开环传递函数为

$$L(s)=G_c(s)G(s)=\frac{K}{(s+1)^2}\mathrm{e}^{-sT}$$

利用欧拉公式

$$\mathrm{e}^{-\mathrm{j}\omega T}=\cos(\omega T)-\mathrm{j}\sin(\omega T)$$

并将 $s=\mathrm{j}\omega$ 代入 $L(s)$ 中，可以得到

$$\begin{aligned}L(\mathrm{j}\omega)&=\frac{K}{(\mathrm{j}\omega+1)^2}\mathrm{e}^{-\mathrm{j}\omega T}\\&=\frac{K}{\Delta}([(1-\omega^2)\cos(\omega T)-2\omega\sin(\omega T)]-\mathrm{j}[(1-\omega^2)\sin(\omega T)+2\omega\cos(\omega T)])\end{aligned}\tag{9.89}$$

其中，

$$\Delta = (1-\omega^2)^2 + 4\omega^2$$

对不同的 ω，计算 $L(\mathrm{j}\omega)$ 的实部 $\mathrm{Re}(L(\mathrm{j}\omega))$ 和虚部 $\mathrm{Im}(L(\mathrm{j}\omega))$，就可以绘制图 9.47 所示的奈奎斯特图。当 $K=9$ 时，曲线包围 -1 点的周数 $N=2$，这样就得到 $Z=N+P=2$，系统不稳定。

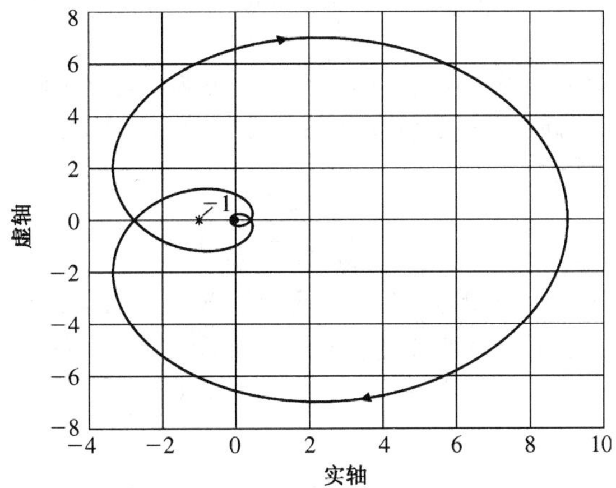

图 9.47　$K=9$，$T=\pi/4$ 时的系统奈奎斯特图，包围了 -1 点两周，$N=2$

当 $K=9$ 时，几种典型时延情况下（$T=0$ s，$T=0.1$ s，$T=0.24$ s，$T=\pi/4=0.78$ s）的系统奈奎斯特图如图 9.48 所示。当 $T=0$ 时，不管 K 如何取值，奈奎斯特曲线都不包围 -1 点（图 9.48 中的左上角），系统稳定。同样，当 $T=0.1$ s 时（右上角），有 $N=0$，系统依然稳定。当 $T=0.24$ s（左下角）时，系统临界稳定。而当 $T=\pi/4=0.78$ s 时（右下角），有 $N=2$，闭环系统就变得不稳定了。

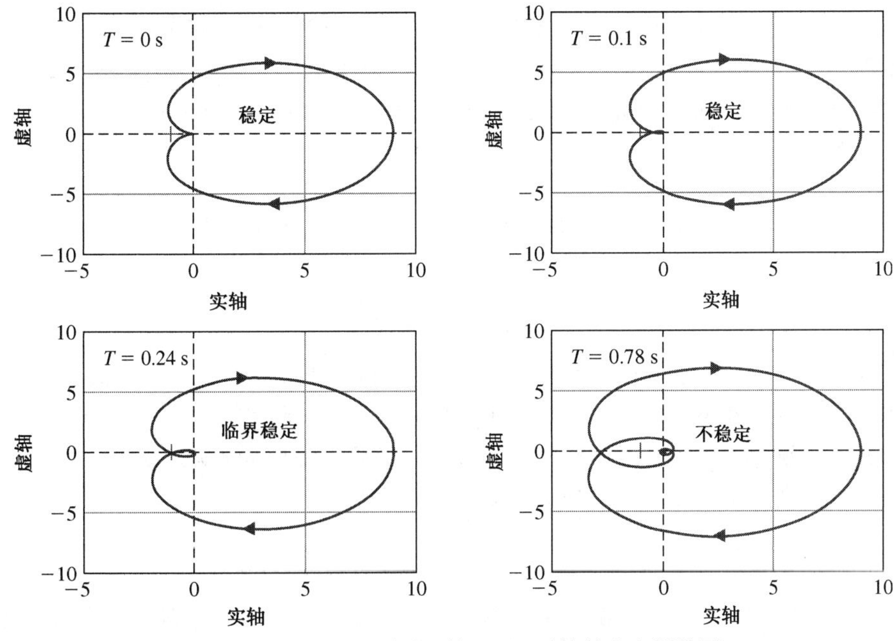

图 9.48　$K=9$，不同时延情况下，系统的奈奎斯特图

在本例中有 $T=\pi/4$ s，因此比例控制器不是一个有效的控制器，它不能在保证满足稳态误差设计要求的同时，又保证闭环系统稳定。在设计能够满足系统的所有性能指标的控制器之前，需要再仔细研究一下该系统的包含了时延环节影响的奈奎斯特图。

假设 $K=9$, $T=0.1$ s, 则系统的奈奎斯特图对应图 9.48 右上角的小图。当奈奎斯特图与 x 轴相交时, $L(j\omega)=G_c(j\omega)G(j\omega)$ 的虚部应该为 0, 即

$$(1-\omega^2)\sin(0.1\omega)+2\omega\cos(0.1\omega)=0$$

于是得到了实轴上的穿越频率 ω 应该满足的条件:

$$\frac{(1-\omega^2)\tan(0.1\omega)}{2\omega}=-1 \tag{9.90}$$

式(9.90)有无穷多个解, 第一个实轴穿越频率(左半平面离原点最远的解)为 $\omega=4.43$ rad/s。

幅值 $|L(j4.43)|$ 为 $0.0484K$, 为了使系统稳定, 要求 $|L(j\omega)|<1$ ($\omega=4.43$ rad/s), 这样就可以避免包围 -1 点, 于是应该有

$$K<\frac{1}{0.0484}=20.67$$

这表明, 当 $T=0.1$ s, $K=9$ 时, 该闭环系统是稳定的。如果系统增益 K 增加至原来的 2.3 倍, 即 $K=20.67$, 则系统将达到临界稳定。提高的倍数 δ 正是系统的幅值裕度, 即

$$\text{G.M.}=20\log 2.3=7.2\ \text{dB}$$

再来考虑采用 PI 控制器, 即

$$G_c(s)=K_P+\frac{K_I}{s}=\frac{K_Ps+K_I}{s} \tag{9.91}$$

系统的开环传递函数变为

$$L(s)=G_c(s)G(s)=\frac{K_Ps+K_I}{s}\frac{K}{(s+1)^2}e^{-sT}$$

系统变成了 Ⅰ 型系统, 系统阶跃响应的稳态误差将会为零, 满足了指标要求 1。下面只需要集中讨论怎样满足指标要求 3(P.O.≤10%)和考虑了时延环节($T=\pi/4$ s)时的稳定性指标要求 2。

根据超调量指标, 可以确定预期的阻尼系数的范围。由 P.O.≤10% 可得 $\zeta\geqslant 0.59$。由于采用了 PI 控制器, 系统增加了一个零点 $s=-K_I/K_P$。这个零点虽然不会影响闭环系统的稳定性, 但是会影响其瞬态性能。利用近似关系[在 ζ 比较小且 P. M.以度(°)为单位时]:

$$\zeta\approx\frac{\text{P.M.}}{100}$$

以及指标要求 3 已经要求的 $\zeta\geqslant 0.59$, 我们先将相角裕度的设计目标值定为 60°。PI 控制器还可以表示为

$$G_c(s)=K_I\frac{1+\tau s}{s}$$

其中, $1/\tau=K_I/K_P$, 这是该控制器的转折(零点)频率。PI 控制器实际上是一个低通滤波器, 在小于转折频率的低频段, 会给系统引入滞后相角。因此, 一般会要求转折频率小于系统的 0 dB 线穿越频率, 这样, 相角裕度就不会因为 PI 控制器引入的零点而发生太大的变化。

未校正系统的开环传递函数为($T=\pi/4$ s)

$$G(s)=\frac{9}{(s+1)^2}e^{-sT}$$

其伯德图如图 9.49 所示。在 0 dB 线穿越频率 $\omega_c=2.83$ rad/s 处, 未校正的相角裕度 P.M.= −88.34°。而系统需要的相角裕度为 60°, 所以需要通过补偿, 使校正后的系统在新的 0 dB 线穿越频率处的相角 $\phi=-120°$。从图 9.49 可以估计得到, 相角 $\phi=-120°$ 对应的频率为 $\omega\approx 0.87$ rad/s。对控制器设计而言, 这种近似的精度已经足够了。在 $\omega_c\approx 0.87$ rad/s 处, 未校正系统的幅值为 14.5 dB, 如果想要将0 dB线穿越频率移动到 $\omega=0.87$ rad/s 处, 需要将系统的增益减小 14.5 dB。使用

PI 控制器进行校正时，考虑到

$$G_c(s) = K_P \frac{s + \frac{K_I}{K_P}}{s}$$

因此，当 ω 取值较大时，可以近似地将 K_P 视为校正器的增益，由此可以得到

$$K_P = 10^{-(14.5/20)} = 0.188$$

最后，我们还需要确定系数 K_I。如前所述，我们期望控制器的转折频率小于系统的 0 dB 线穿越频率，这样就可以保证相角裕度不会因为 PI 控制器的零点而发生太大的变化。经常使用的经验规则是，使 $1/\tau = K_I/K_P = 0.1\omega_c$，即将控制器的转折频率选为系统 0 dB 线穿越频率的 1/10。于是有 $K_I = 0.1\omega_c K_P = 0.0164$，最终得到的 PI 控制器为

$$G_c(s) = \frac{0.188s + 0.0164}{s} \tag{9.92}$$

$L(j\omega) = G_c(s)G(s)e^{-sT}$ 的伯德图如图 9.50 所示，校正后系统的增益裕度和相角裕度分别为 G.M.= 5.3 dB 和 P.M.=56.5°。

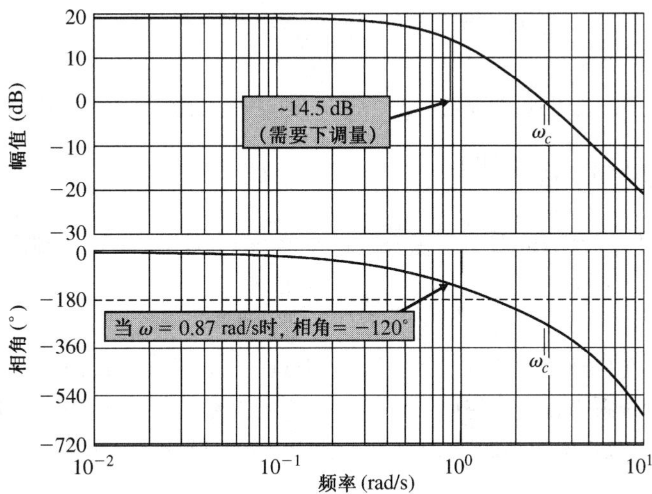

图 9.49　$K=9$，$T=\pi/4$ s 时，未校正系统的伯德图

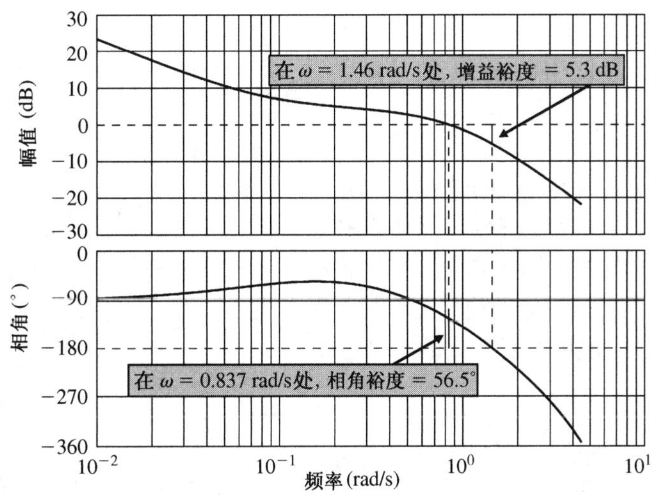

图 9.50　$K=9$，$T=\pi/4$ s 时，使用 PI 控制器校正之后，系统的伯德图

我们来验证校正后的系统是否满足了设计指标要求。由于系统是I型系统,自然满足了对稳态跟踪误差的指标要求1。相角裕度 P.M.=56.5°(存在时延),也满足了对相角裕度的指标要求2。校正后系统的阶跃响应如图9.51所示,超调量 P.O.≈4.2%。而设计指标要求是 P.O.=10%,也满足了指标要求3。由此可见,校正后的系统的确满足了给出的所有设计指标要求。

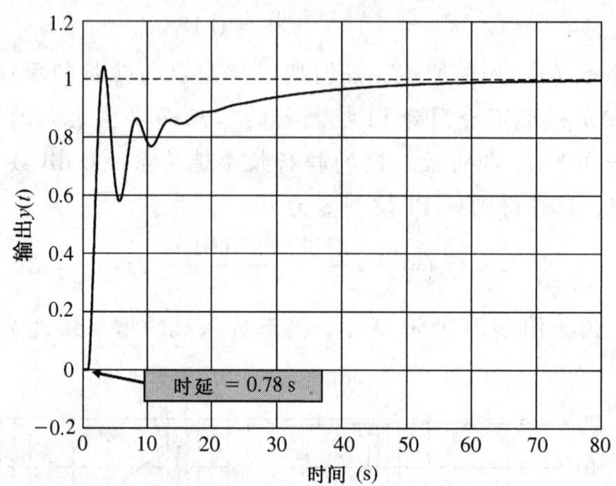

图9.51 使用PI控制器校正之后,热钢锭搬运机器人系统的阶跃响应

9.9 频域中的PID控制器

PID控制器包含1个比例环节、1个积分环节和1个微分环节。PID控制器完整的传递函数为

$$G_c(s) = K_P + \frac{K_I}{s} + K_D s \tag{9.93}$$

一般来说,当受控对象 $G(s)$ 只有1个或2个极点(或可用二阶系统近似)时,为了减小系统的稳态误差和改善系统瞬态性能,使用PID控制器进行系统校正的效果特别明显。

可以用频域方法来分析添加PID控制器的效果。PID控制器的传递函数,即式(9.93),可改写为

$$\begin{aligned} G_c(s) &= \frac{K_I\left(\dfrac{K_D}{K_I}s^2 + \dfrac{K_P}{K_I}s + 1\right)}{s} \\ &= \frac{K_I(\tau s + 1)\left(\dfrac{\tau}{\alpha}s + 1\right)}{s} \end{aligned} \tag{9.94}$$

图9.52给出了由式(9.94)决定的伯德图,其中 $K_I=2$, $\tau=1$, $\alpha=10$。从中可以看到,PID控制器是一类以 K_I 为可调变量的带阻滤波器。PID控制器也可能具有共轭复零点,对应的伯德图将与共轭复零点的 ζ 值有关。具有共轭复零点的PID控制器的频率特性函数为

$$G_c(\omega) = \frac{K_I[1 + (2\zeta/\omega_n)\mathrm{j}\omega - (\omega/\omega_n)^2]}{\mathrm{j}\omega} \tag{9.95}$$

其中,阻尼系数通常取为 $0.7<\zeta<0.9$。

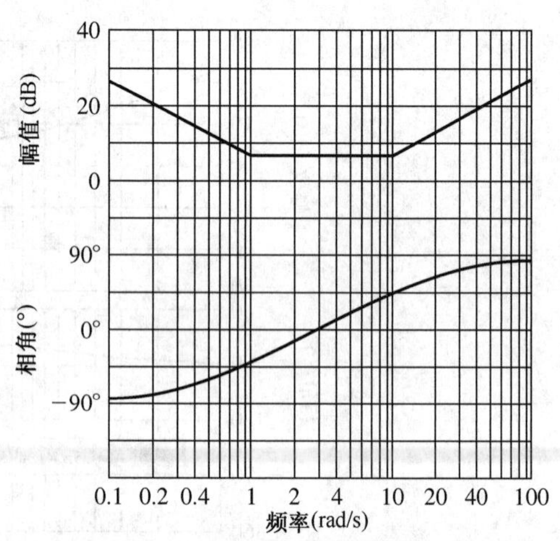

图9.52 PID控制器的伯德图,其中对数幅值曲线为近似线

9.10　利用控制系统设计软件分析频域稳定性

本节讨论如何运用计算机工具分析稳定性。在讨论频域稳定性时，我们重温了与之有关的奈奎斯特图、尼科尔斯图和伯德图，并用两个实例演示了控制系统设计的频域方法。其中，既使用了系统的闭环频率特性函数 $T(j\omega)$，也使用了开环频率特性函数 $L(j\omega)$。此外，本节通过举例演示了如何运用帕德近似公式来处理时延系统[6]。本节涉及的函数有 nyquist，nichols，margin，pade 和 ngrid 等。

与绘制伯德图相比，手工绘制奈奎斯特图是一项更困难的工作。幸运的是，我们还可以采用控制系统设计软件来绘制奈奎斯特图。如图 9.53 所示，绘制系统奈奎斯特图的函数是 nyquist。在输入指令中，如果左侧参数采用默认设置，则函数 nyquist 将直接生成奈奎斯特图；否则，函数 nyquist 将计算返回频率响应的实部和虚部（包括对应的频率点向量 ω）。函数 nyquist 的调用方式如图 9.54 所示。

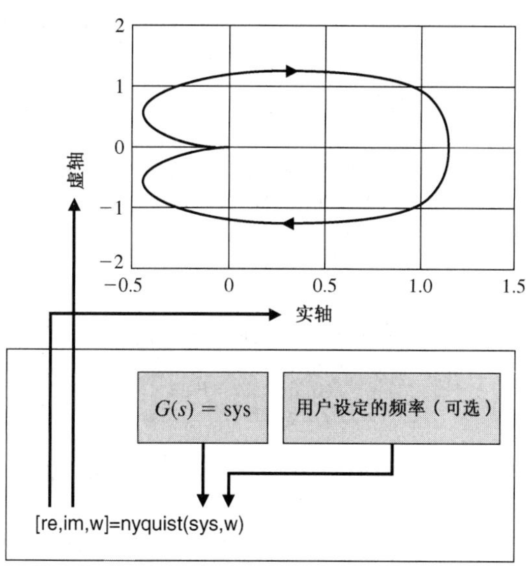

图 9.53　函数 nyquist 的使用说明

正如 9.4 节所指出的，利用奈奎斯特图或伯德图，可以直接求得系统的相对稳定性指标——**增益裕度**和**相角裕度**。增益裕度是指，在导致 $L(j\omega)$ 极坐标图通过 $-1+j0$ 点之前，系统增益容许增加的倍数。$L(j\omega)$ 极坐标图通过 $-1+j0$ 点将导致临界稳定系统。相角裕度是指，在导致系统失稳之前，容许附加的滞后相角。

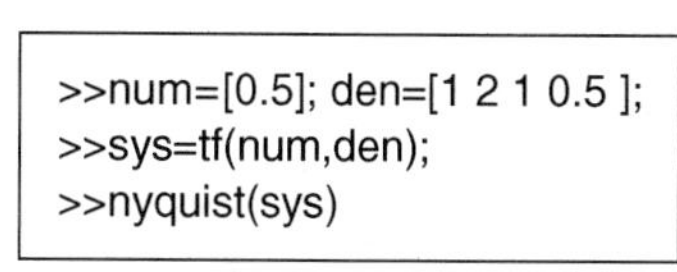

```
>>num=[0.5]; den=[1 2 1 0.5 ];
>>sys=tf(num,den);
>>nyquist(sys)
```

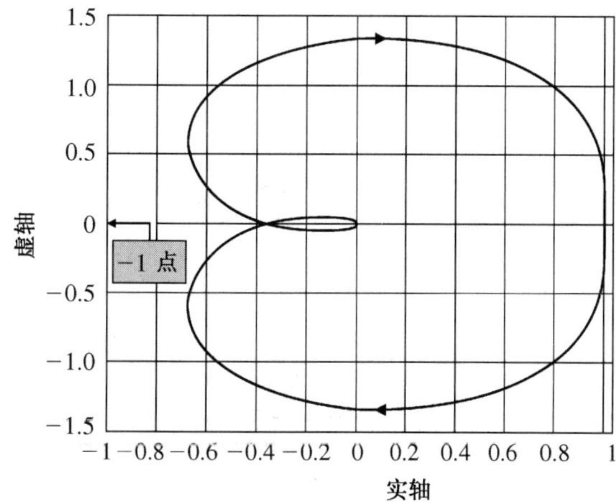

图 9.54　调用函数 nyquist 的示例

考虑图 9.55 给出的系统。如图 9.56 所示，运用函数 margin 能够直接在伯德图上确定系统的相对稳定性指标。如果左侧参数采用默认设置，则函数 margin 将自动产生伯德图，并对增益裕度和相角裕度加以标注，但不会返回数据。针对图 9.55 给出的系统的运行结果如图 9.57 所示。

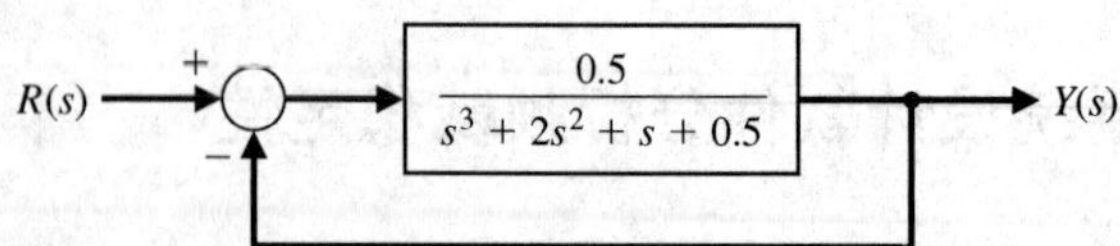

图 9.55　利用奈奎斯特图和伯德图确定系统相对稳定性的闭环控制系统示例

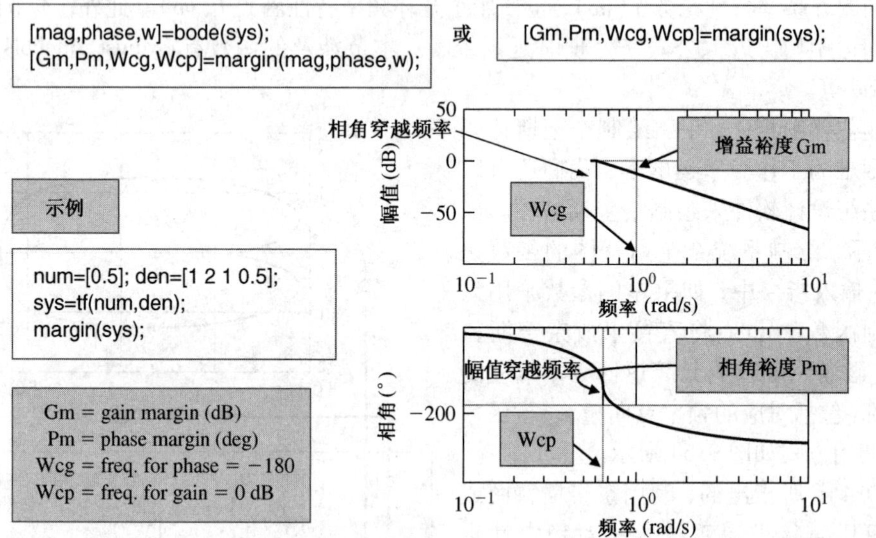

图 9.56　函数 margin 使用说明

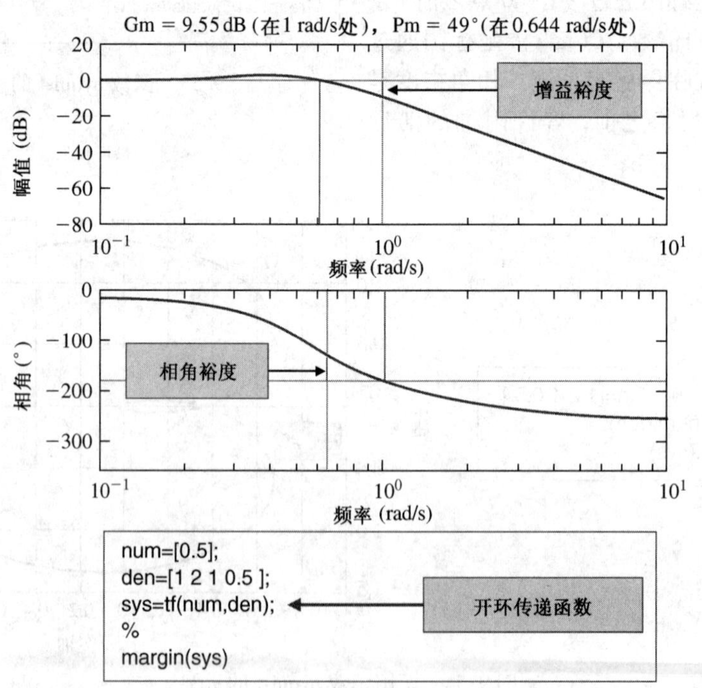

图 9.57　利用函数 margin 绘制的图 9.55 所示系统的伯德图，并标出了增益裕度和相角裕度

图 9.58 给出了图 9.55 所示系统的奈奎斯特图及绘制该图的 m 脚本程序。在这个例子中，开环传递函数 $L(s)=G_c(s)G(s)$ 具有正实部的极点数为 0，奈奎斯特曲线包围 −1 点的周数也是 0，所以闭环系统是稳定的。如图 9.58 所示，我们也能从中确定系统的增益裕度和相角裕度。

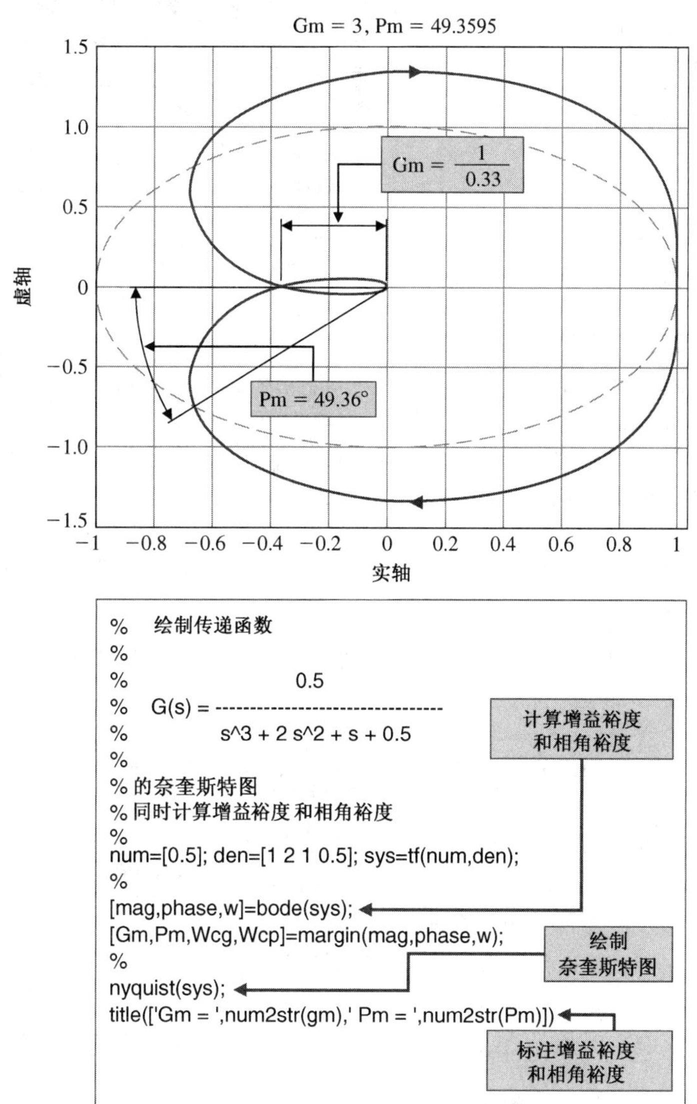

图 9.58　(a) 图 9.55 所示系统的奈奎斯特图，标注有增益裕度和相角裕度；(b) m 脚本程序

尼科尔斯图。如图 9.59 所示，利用函数 nichols 可以生成系统的尼科尔斯图。如果左侧参数采用默认设置，则函数 nichols 将自动生成尼科尔斯图；否则，函数 nichols 将计算返回频率响应的幅值和以度(°)为单位的相角(包括对应的频率点向量 ω)。此外，调用函数 ngrid 还可以在尼科尔斯图上绘制网格坐标。图 9.60 中给出的是系统

$$G(\mathrm{j}\omega)=\frac{1}{\mathrm{j}\omega(\mathrm{j}\omega+1)(0.2\mathrm{j}\omega+1)} \tag{9.96}$$

的尼科尔斯图。

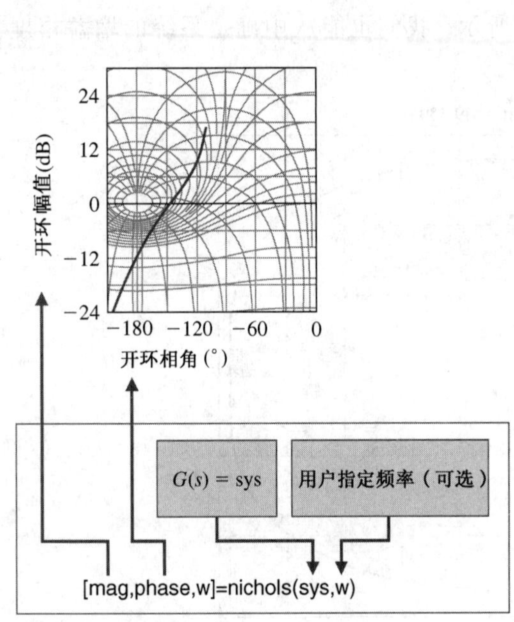

图 9.59　函数 nichols 使用说明

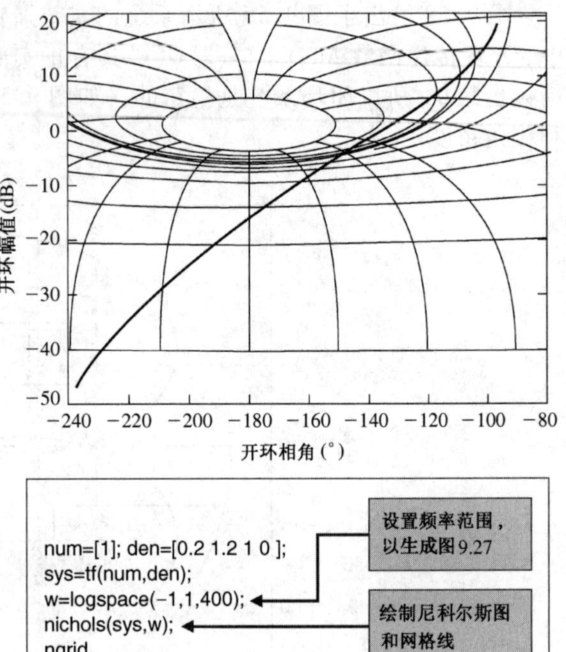

图 9.60　式(9.96)所示系统的尼科尔斯图

例 9.13　液位控制系统

考虑图 9.31 给出的液面高度控制系统的框图(见例 9.9)。该系统有一个时延环节，其开环传递函数为

$$L(s)=\frac{31.5\mathrm{e}^{-sT}}{(s+1)(30s+1)(s^2/9+s/3+1)} \tag{9.97}$$

先考虑改写式(9.97)，使传递函数 $L(s)$ 的分子和分母都变成 s 的多项式。为此，需要利用图 9.61 所示的函数 pade 来得到 e^{-sT} 的近似表达式。如果系统时延为 $T=1$ s，近似式的阶数取为 $n=2$，则运行函数 pade 后可以得到

$$\mathrm{e}^{-sT}\approx\frac{s^2-6s+12}{s^2+6s+12} \tag{9.98}$$

再将式(9.98)代入式(9.97)，于是有

$$L(s)\approx\frac{31.5(s^2-6s+12)}{(s+1)(30s+1)(s^2/9+s/3+1)(s^2+6s+12)}$$

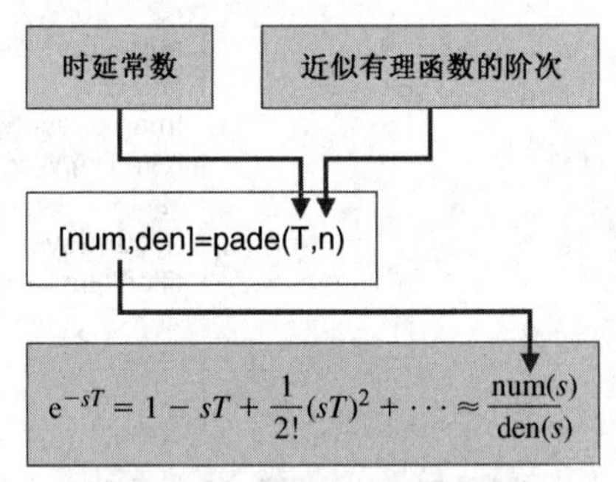

图 9.61　函数 pade 使用说明

至此，我们可以建立一个 m 脚本程序，利用伯德图来分析系统的相对稳定性，并要求系统的相角裕度达到 P.M.= 30°。系统的伯德图如图 9.62(a)所示，相应的 m 脚本程序如图 9.62(b)所示。该脚本将增益 K 的赋值命令设置为调用命令行，使 K 的取值可调(初值为 $K=31.5$)，从而提供了一定的交互功能。给 K 赋值并运行该脚本，就能够验证系统的相角裕度是否满足设计要求，如果有必要，还可以反复验证。经过多次运行，我们最终得到的设计值为 $K=16$。注意，本例采用了二阶帕德近似来处理时延环节。

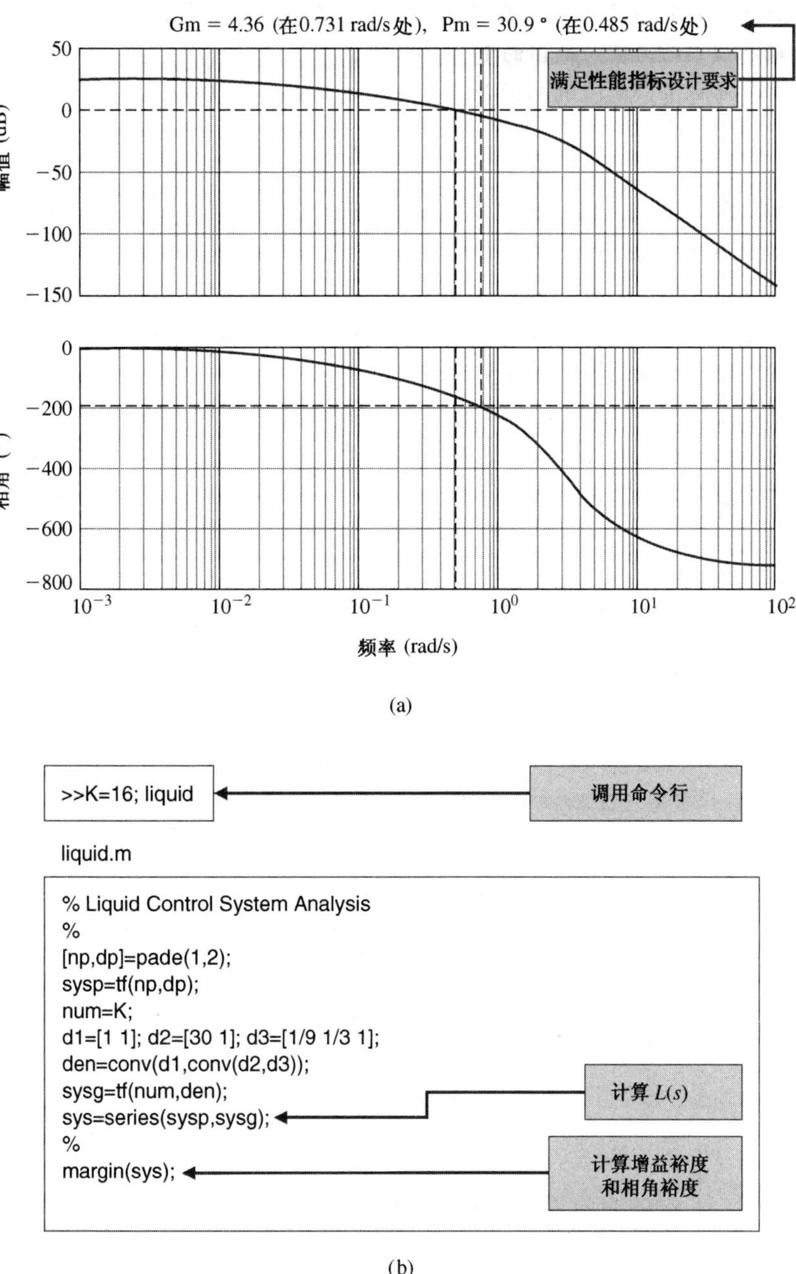

图 9.62　(a) 液位控制系统的伯德图；(b) m 脚本程序

例 9.14　遥控侦察车

考虑图 9.38 所示的遥控侦察车的速度控制系统。该系统的设计目标是，使系统的阶跃响应具有较小的稳态误差和超调量。编制一个 m 脚本程序可以快速、有效地反复进行交互性设计。首先考虑单位阶跃响应的稳态误差，即

$$e_{ss} = \frac{1}{1 + K/2} \tag{9.99}$$

式(9.99)清楚地表明了增益 K 对稳态误差的影响。当 $K=20$ 时，稳态误差约为输入幅值的 9%，当 $K=10$ 时，稳态误差约为输入幅值的 17%。

再用频域方法考虑阶跃响应的超调量。若要求超调量小于 50%，则近似地应该有

$$\text{P.O.} \approx 100\% \times \exp^{-\zeta\pi/\sqrt{1-\zeta^2}} \leqslant 50\%$$

于是应该有 $\zeta \geqslant 0.215$。利用式(9.63)可以推知，系统的谐振峰值应该满足 $M_{p\omega} \leqslant 2.45$。不过，我们要牢记，式(9.63)只严格适合于二阶系统，在此只能作为初步设计参考。接下来需要绘制出闭环系统的伯德图，并据此确定 $M_{p\omega}$ 的实际取值。按照频域设计原则，只要满足了 $M_{p\omega} \leqslant 2.45$，那么增益 K 的任何取值都应该能够满足超调量的设计要求。但实际上，我们还有必要仔细研究系统的时域阶跃响应，检验系统的实际超调量。图 9.63 给出的 m 脚本程序能够帮助我们完成这个任务。在此基础上，当增益 $K=20$，$K=10$ 和 $K=4.44$(尽管当 $K=20$ 时，$M_{p\omega}>2.45$)时，得到了图 9.64(a)所示的时域阶跃响应曲线，进而能够定量验证实际超调量。此外，还可以如图 9.65 所示，用尼科尔斯图来完成系统设计。

表 9.3 总结了当 $K=20$，$K=10$ 和 $K=4.44$ 时的分析和设计结果。据此，将增益的设计值选定为 $K=10$，再如图 9.66 所示，绘制系统的奈奎斯特图并确定系统的相对稳定性，最终得到的增益裕度 G.M.=∞，相角裕度 P.M.=26.1°。

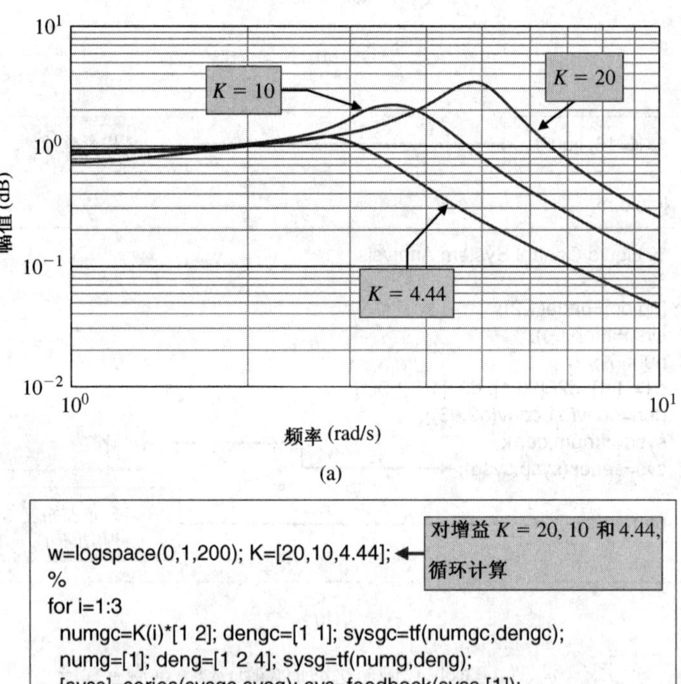

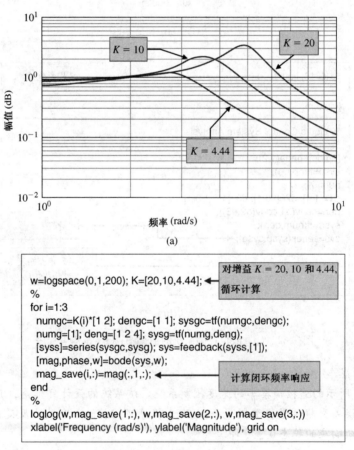

(a)

```
w=logspace(0,1,200); K=[20,10,4.44];   ← 对增益 K = 20, 10 和 4.44, 循环计算
%
for i=1:3
  numgc=K(i)*[1 2]; dengc=[1 1]; sysgc=tf(numgc,dengc);
  numg=[1]; deng=[1 2 4]; sysg=tf(numg,deng);
  [syss]=series(sysgc,sysg); sys=feedback(syss,[1]);
  [mag,phase,w]=bode(sys,w);
  mag_save(i,:)=mag(:,1,:);   ← 计算闭环频率响应
end
%
loglog(w,mag_save(1,:), w,mag_save(2,:), w,mag_save(3,:))
xlabel('Frequency (rad/s)'), ylabel('Magnitude'), grid on
```

(b)

图 9.63　遥控侦察车。(a) 闭环系统伯德图；(b) m 脚本程序

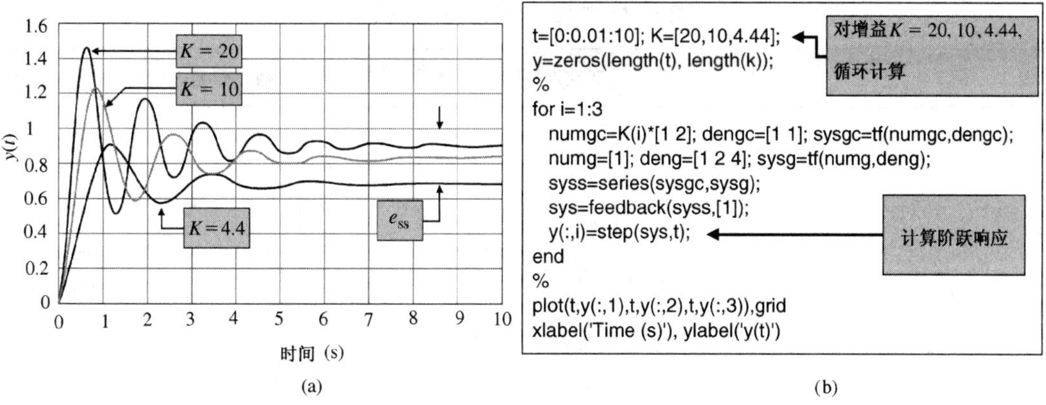

图 9.64　遥控侦察车。(a) 阶跃响应；(b) m 脚本程序

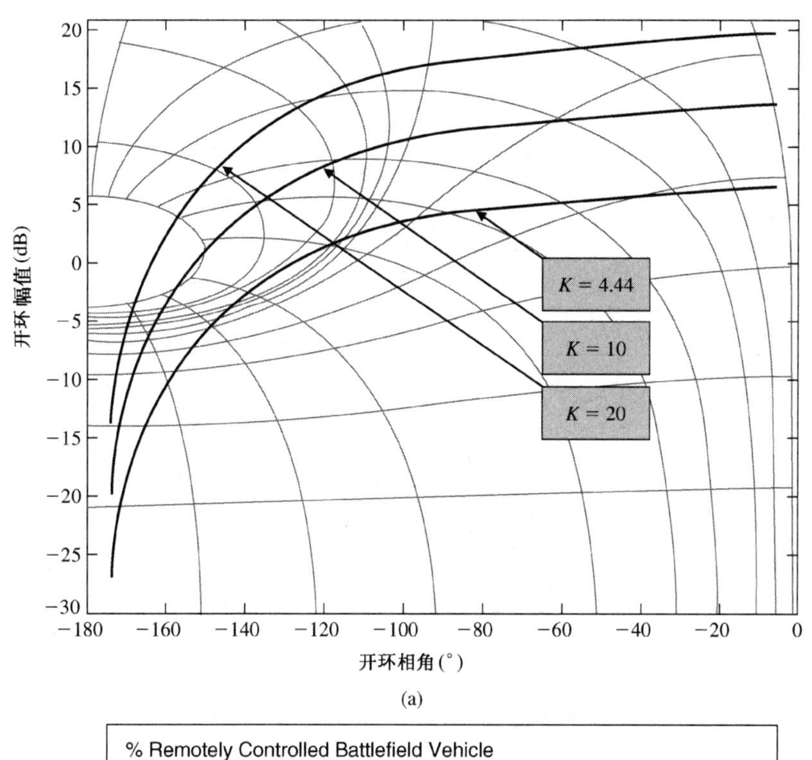

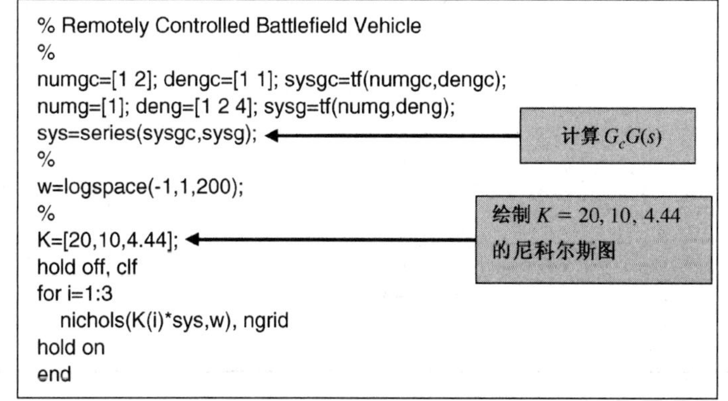

(b)

图 9.65　绘制遥控侦察车系统。(a) 尼科尔斯图；(b) m 脚本程序

表 9.3 典型开环传递函数图谱

$L(s)$	奈奎斯特图	伯德图

1. $\dfrac{K}{s\tau_1 + 1}$

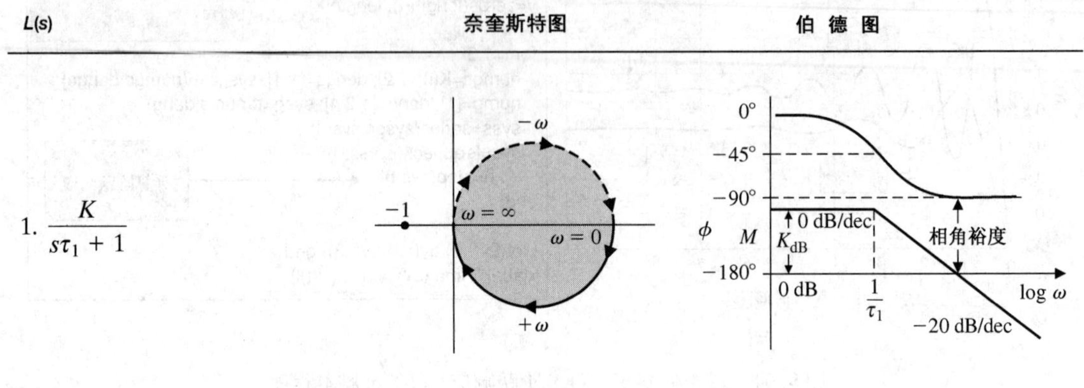

2. $\dfrac{K}{(s\tau_1 + 1)(s\tau_2 + 1)}$

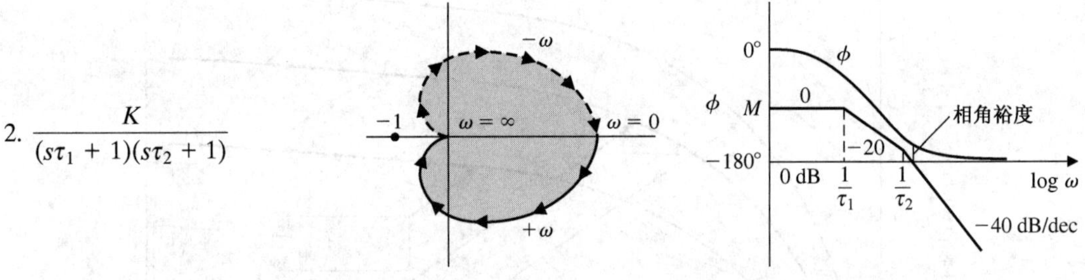

3. $\dfrac{K}{(s\tau_1 + 1)(s\tau_2 + 1)(s\tau_3 + 1)}$

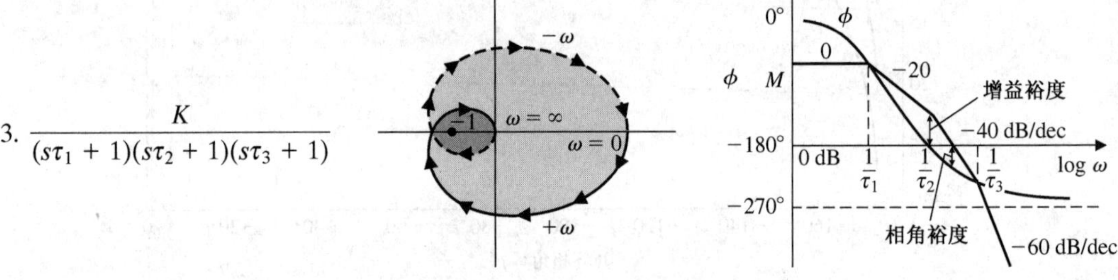

4. $\dfrac{K}{s}$

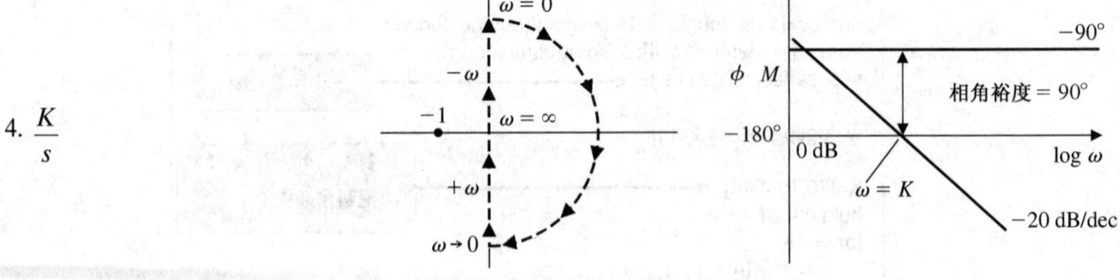

（续表）

尼科尔斯图	根　轨　迹	说　明
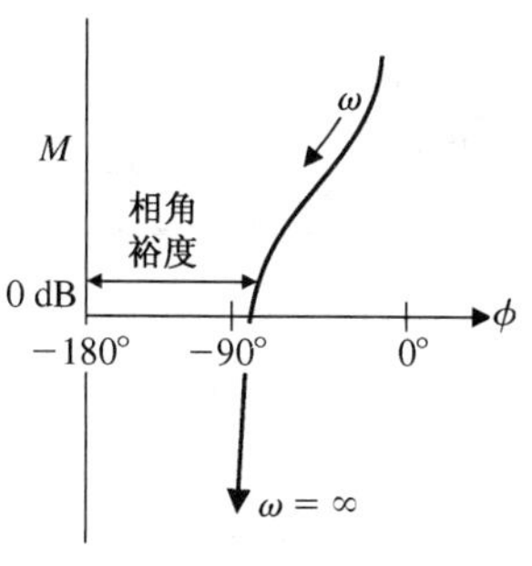	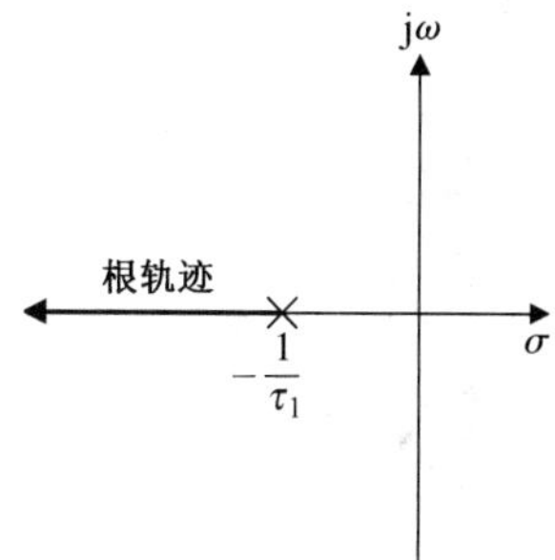	稳定，增益裕度 = ∞
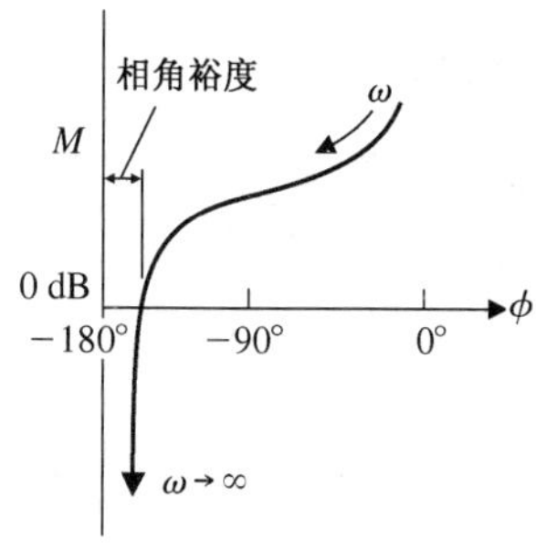	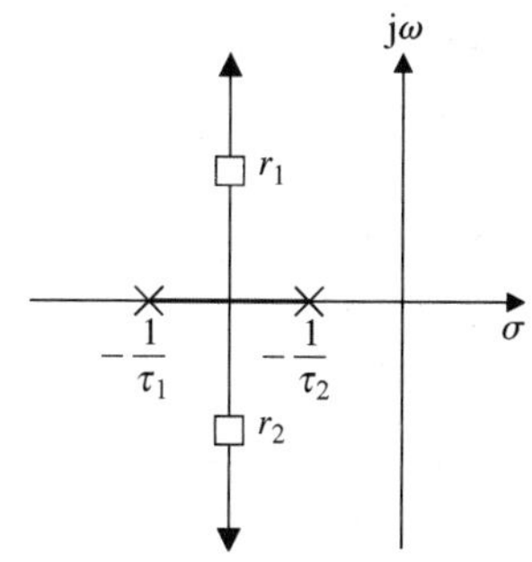	基本调节器，稳定，增益裕度= ∞
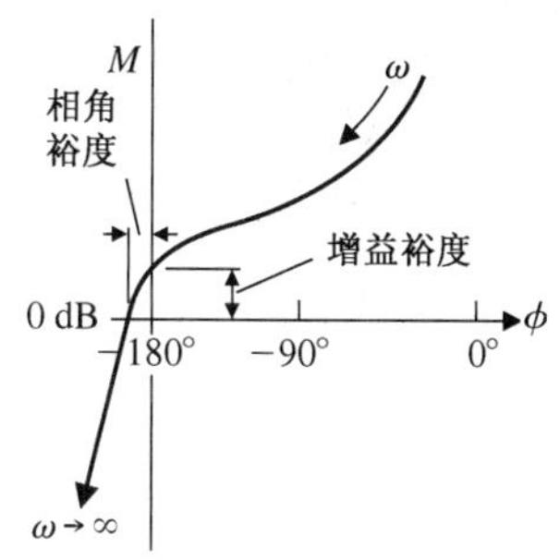	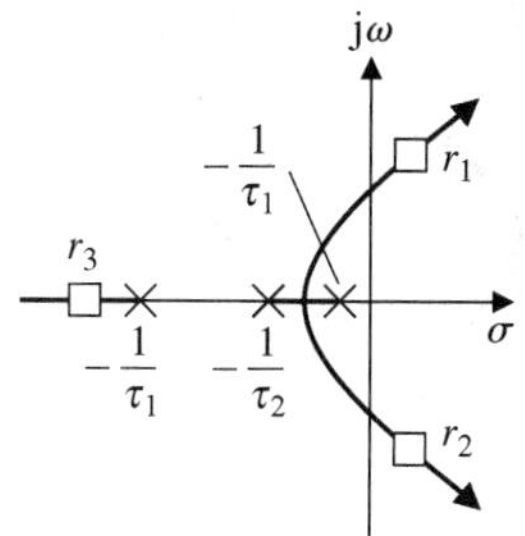	具有附加储能元件的调节器。图中的系统不稳定。减小增益可以使系统稳定
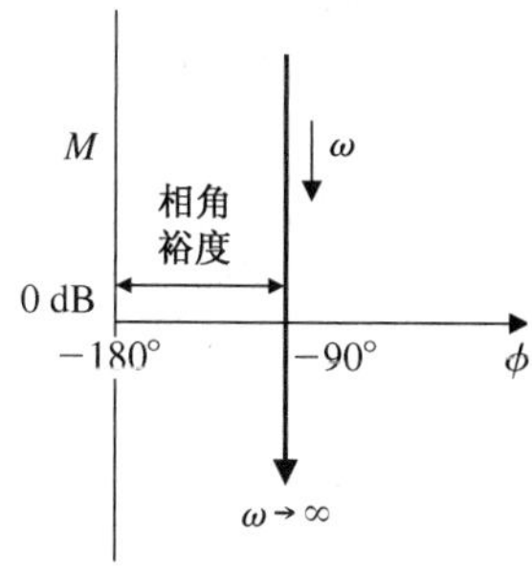	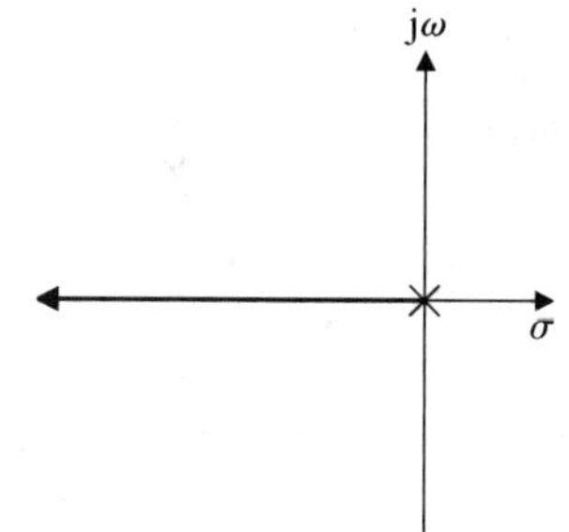	理想积分器，稳定

（续表）

$L(s)$	奈奎斯特图	伯 德 图
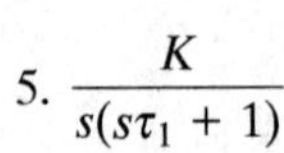 5. $\dfrac{K}{s(s\tau_1+1)}$	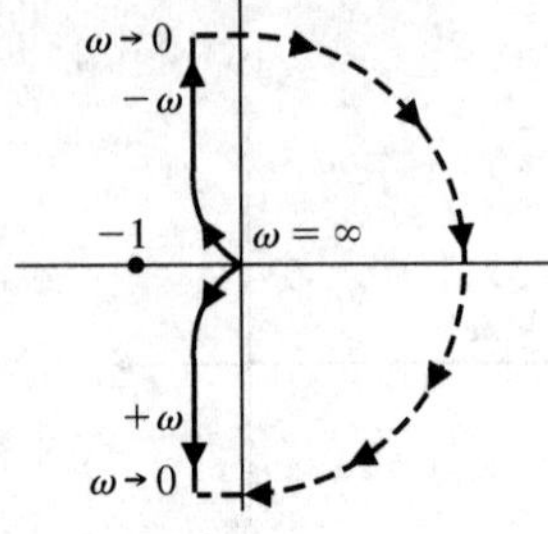	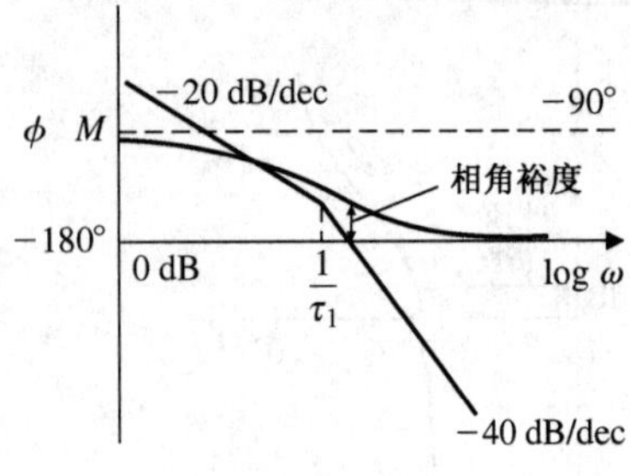
6. $\dfrac{K}{s(s\tau_1+1)(s\tau_2+1)}$	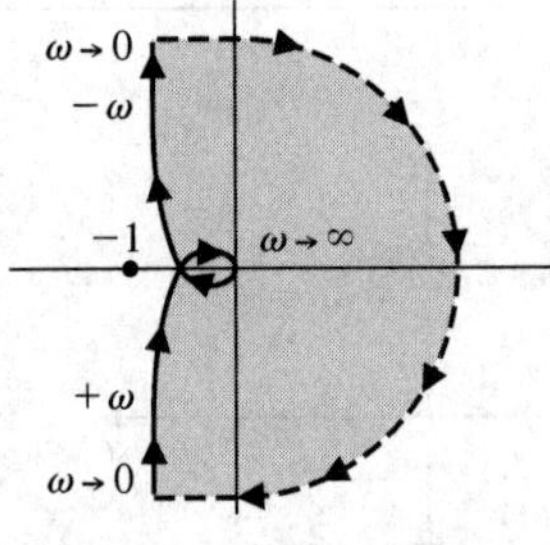	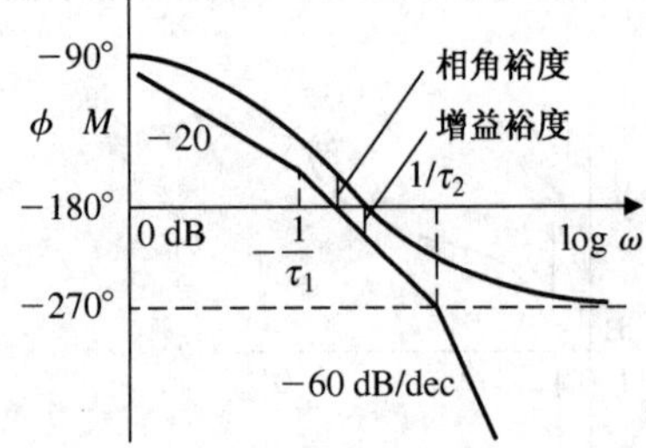
7. $\dfrac{K(s\tau_a+1)}{(s\tau_1+1)(s\tau_2+1)}$	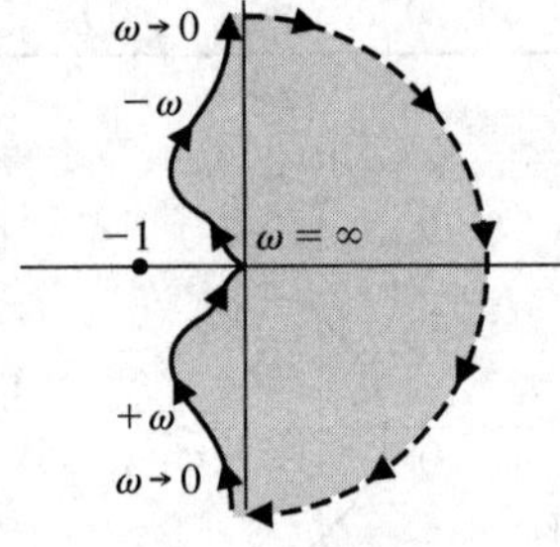	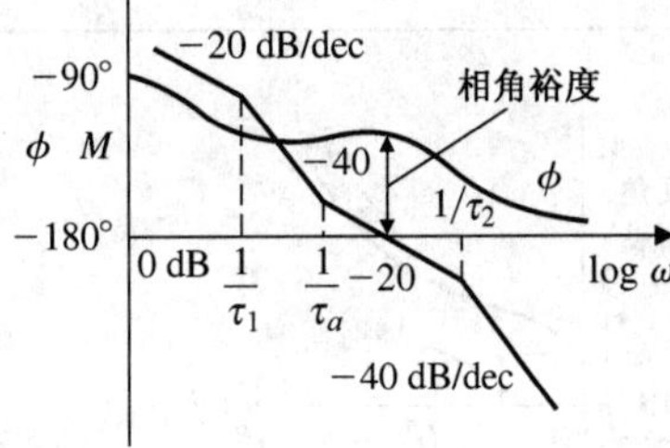
8. $\dfrac{K}{s^2}$	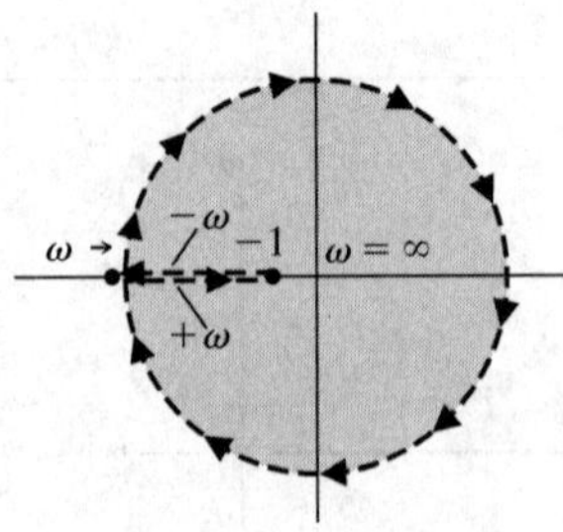	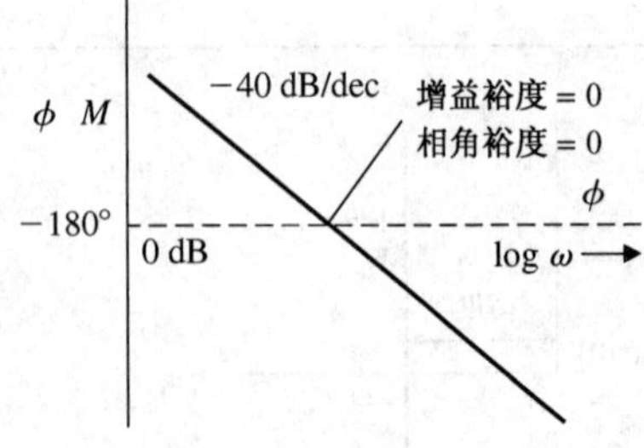

（续表）

尼科尔斯图	根轨迹	说明
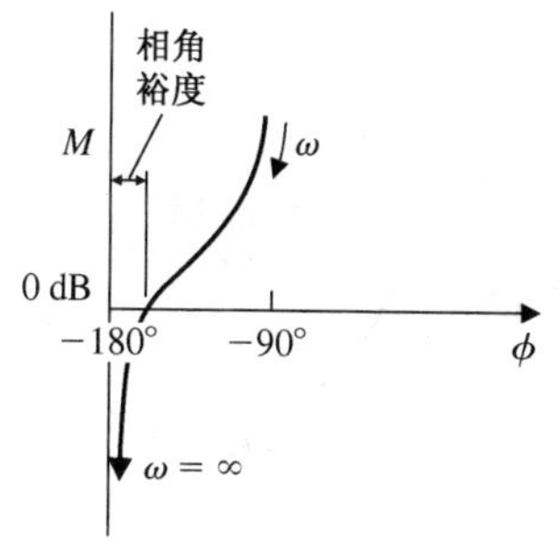	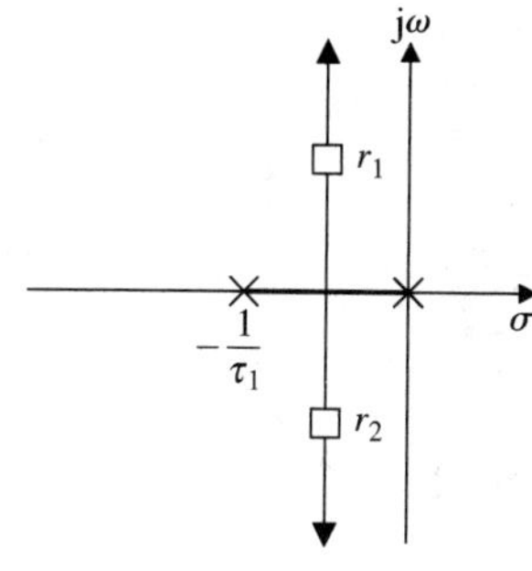	基本伺服机构，稳定，增益裕度 = ∞
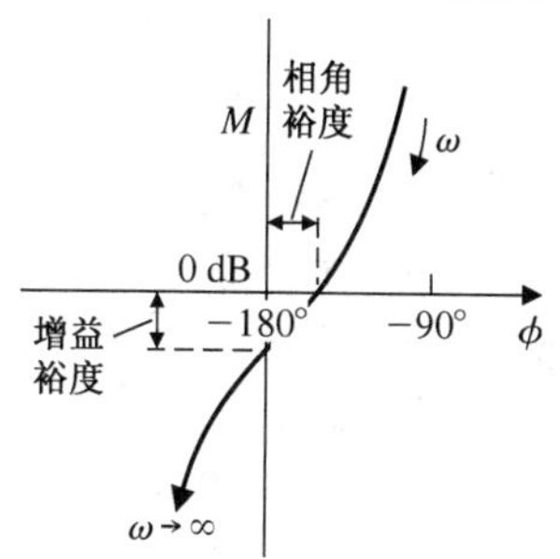	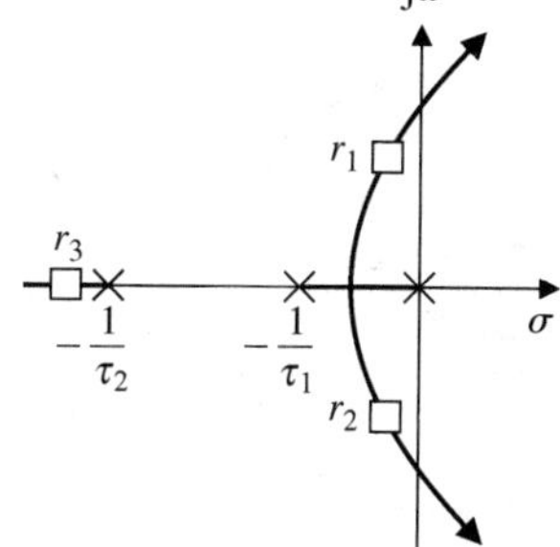	带有磁场控制电机的伺服机构，或者带有基本的 Wark-Leonard 驱动器的功率伺服机构。图中的系统稳定，但增大增益可以使系统失稳
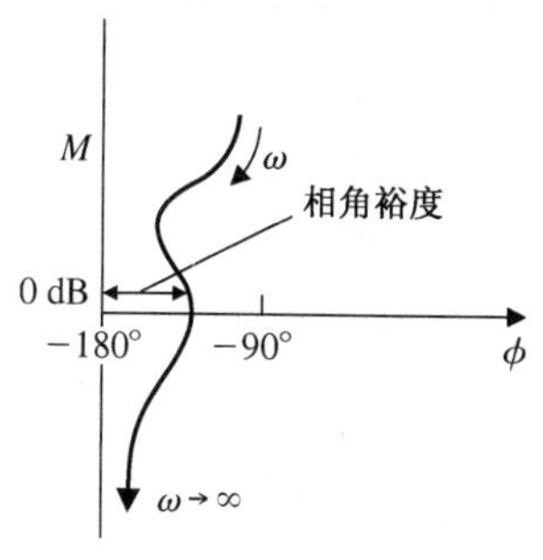	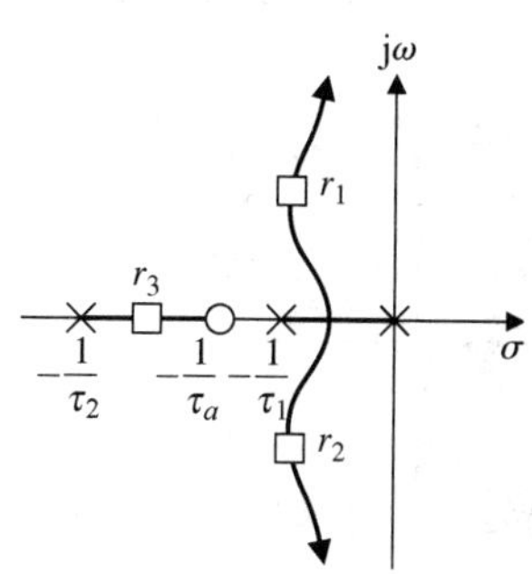	带有相角超前（微分型）校正网络的基本伺服机构，稳定
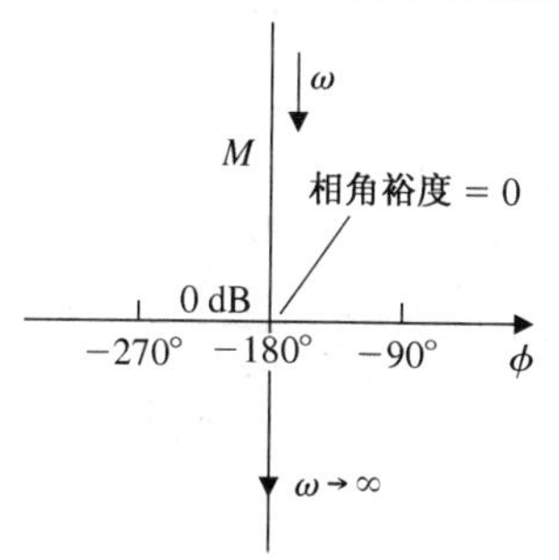	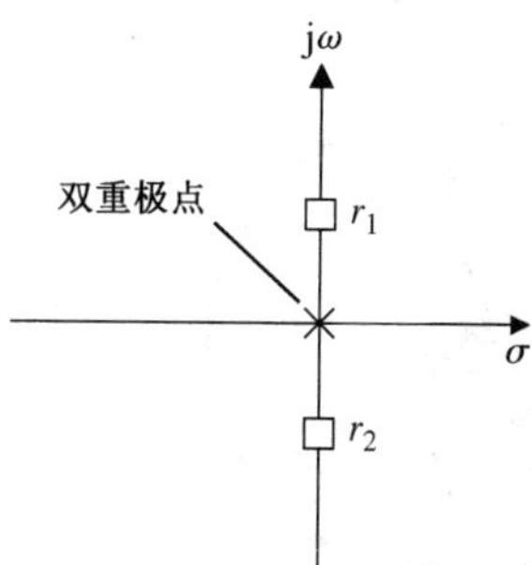	本质上临界稳定，必须加以校正

（续表）

<table>
<tr><th>$L(s)$</th><th>奈奎斯特图</th><th>伯德图</th></tr>
<tr><td>9. 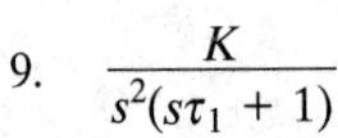 $\frac{K}{s^2(s\tau_1+1)}$</td><td>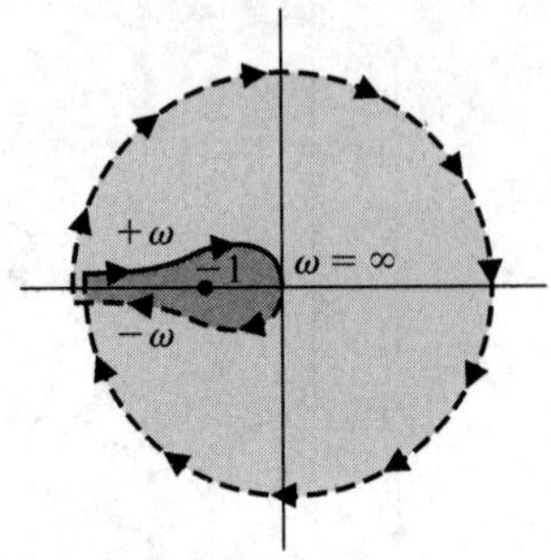</td><td>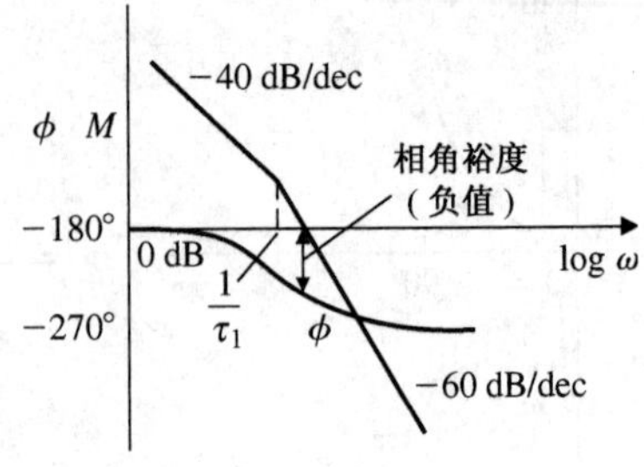</td></tr>
<tr><td>10. $\frac{K(s\tau_a+1)}{s^2(s\tau_1+1)}$
$\tau_a > \tau_1$</td><td>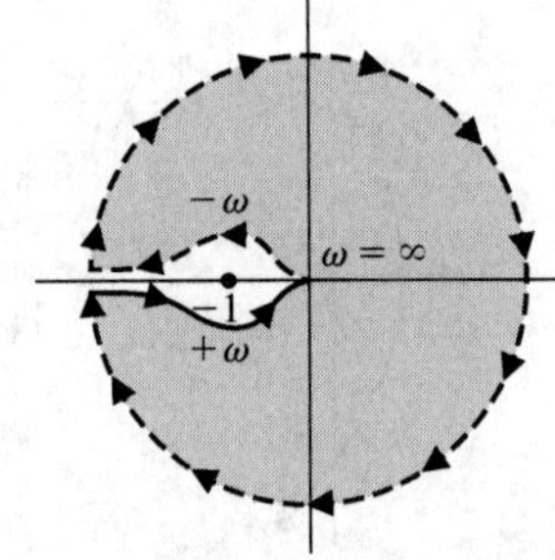</td><td>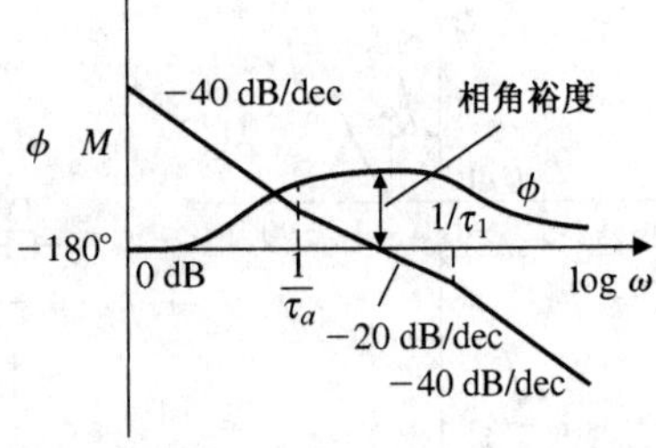</td></tr>
<tr><td>11. $\frac{K}{s^3}$</td><td>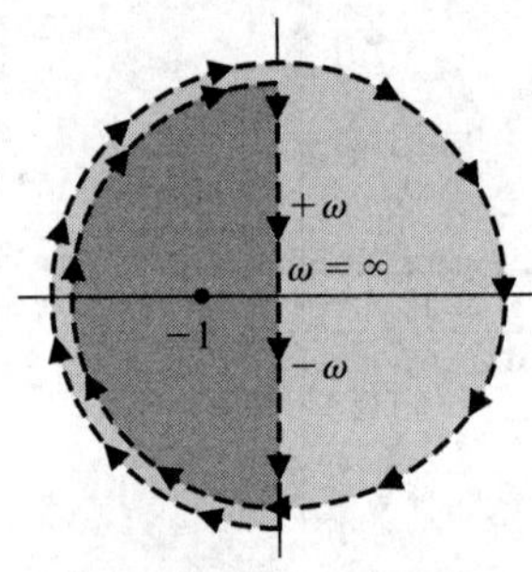</td><td>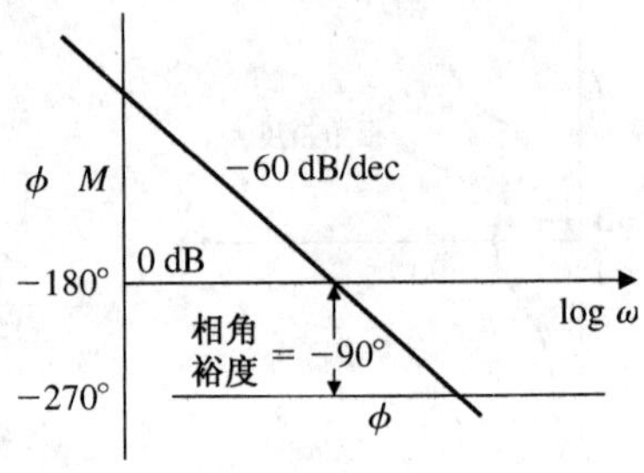</td></tr>
<tr><td>12. $\frac{K(s\tau_a+1)}{s^3}$</td><td>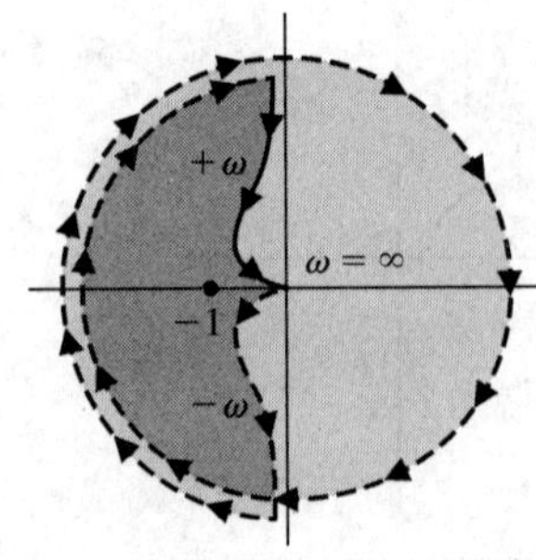</td><td>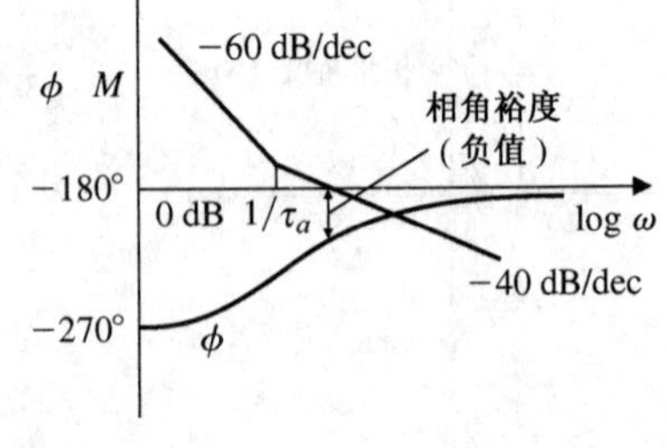</td></tr>
</table>

（续表）

尼科尔斯图	根　轨　迹	说　明
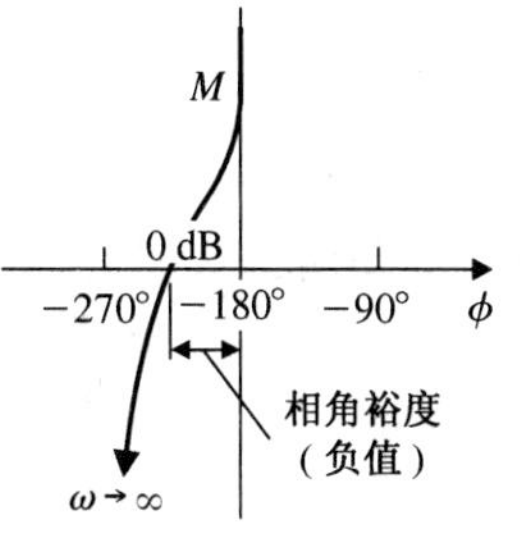	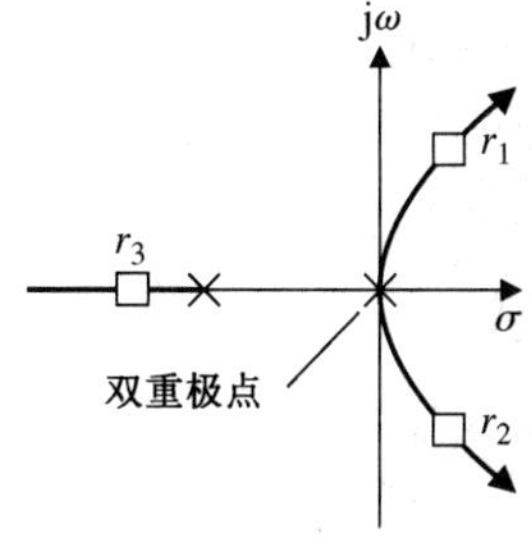	本质上不稳定，必须加以校正
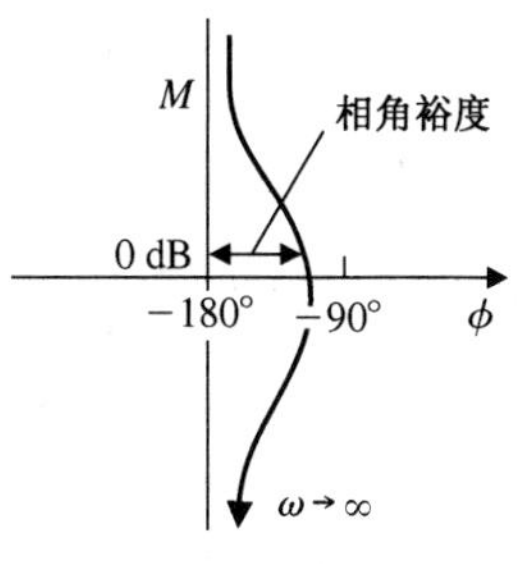	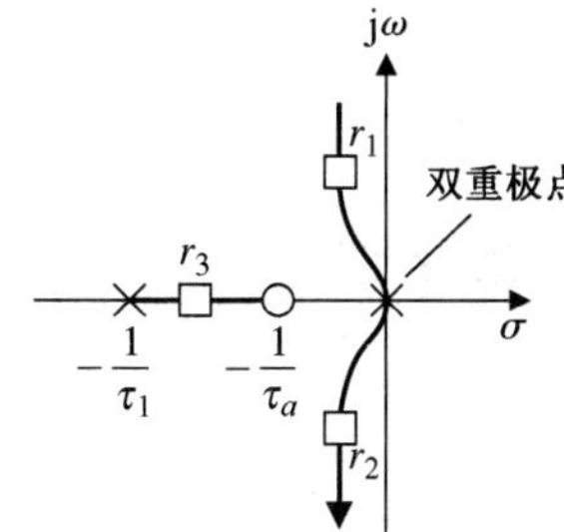	绝对稳定
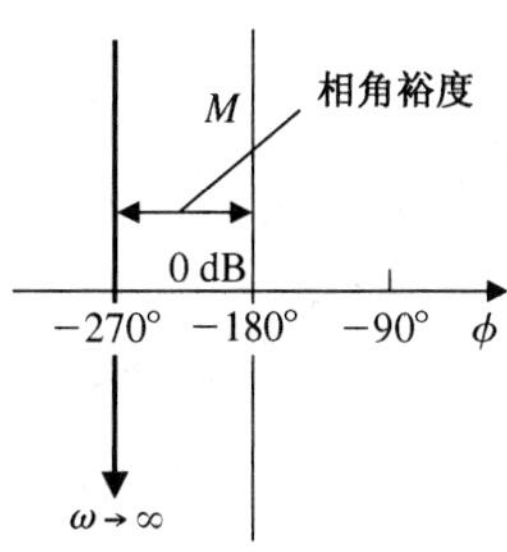	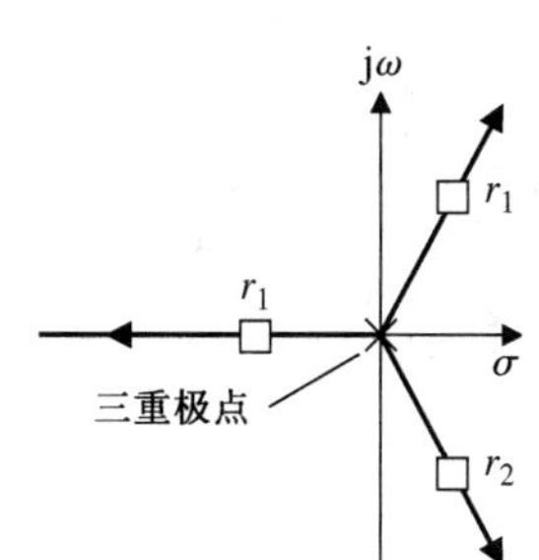	本质上不稳定
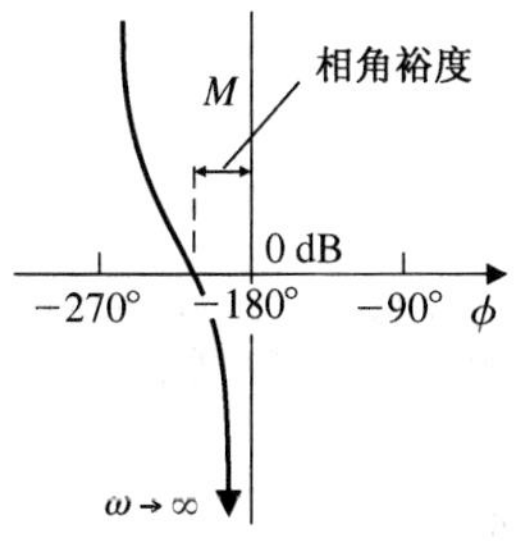	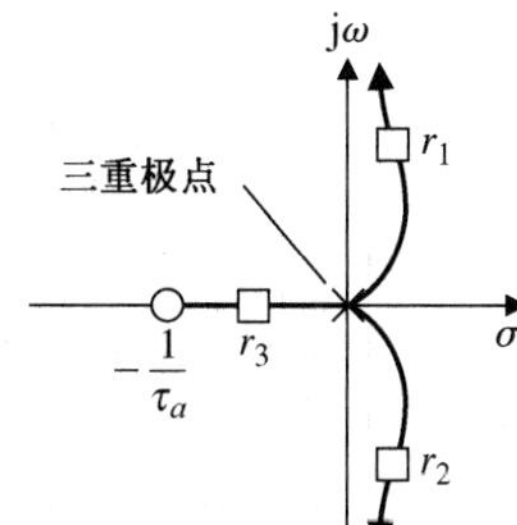	本质上不稳定

（续表）

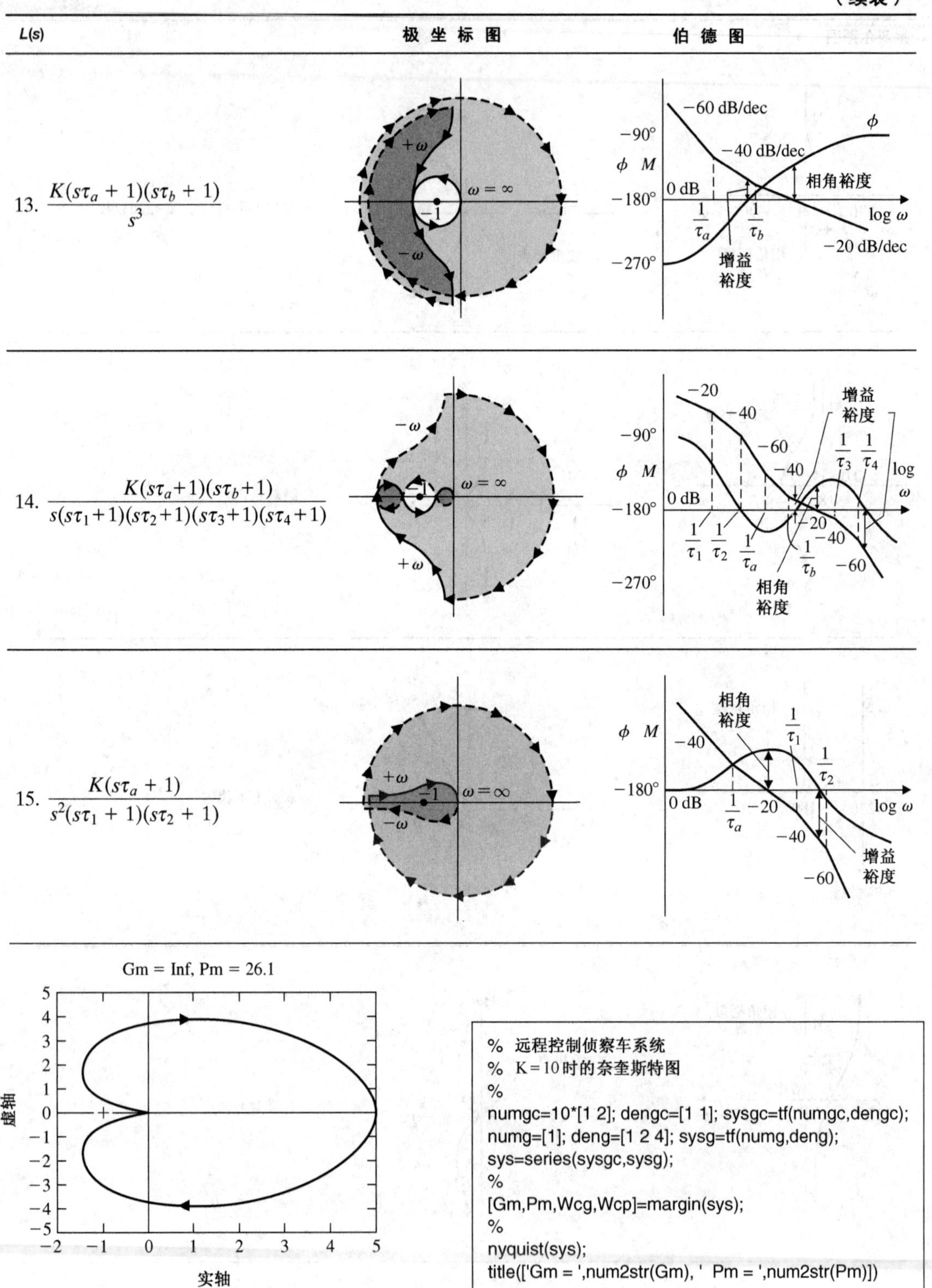

$L(s)$	极坐标图	伯德图
13. $\dfrac{K(s\tau_a+1)(s\tau_b+1)}{s^3}$		
14. $\dfrac{K(s\tau_a+1)(s\tau_b+1)}{s(s\tau_1+1)(s\tau_2+1)(s\tau_3+1)(s\tau_4+1)}$		
15. $\dfrac{K(s\tau_a+1)}{s^2(s\tau_1+1)(s\tau_2+1)}$		


```
% 远程控制侦察车系统
% K=10时的奈奎斯特图
%
numgc=10*[1 2]; dengc=[1 1]; sysgc=tf(numgc,dengc);
numg=[1]; deng=[1 2 4]; sysg=tf(numg,deng);
sys=series(sysgc,sysg);
%
[Gm,Pm,Wcg,Wcp]=margin(sys);
%
nyquist(sys);
title(['Gm = ',num2str(Gm), '  Pm = ',num2str(Pm)])
```

图 9.66 （a）$K=10$ 时的远程控制侦察车系统的奈奎斯特图；（b）m 脚本程序

（续表）

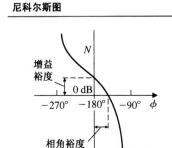

尼科尔斯图	根　轨　迹	说　明
N 增益裕度 0 dB $-270°$　$-180°$　$-90°$　ϕ 相角裕度 $\omega\to\infty$	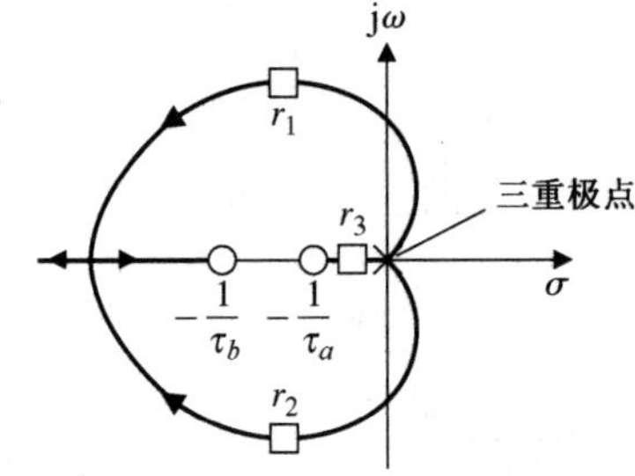	条件稳定，如果增益太小，就会
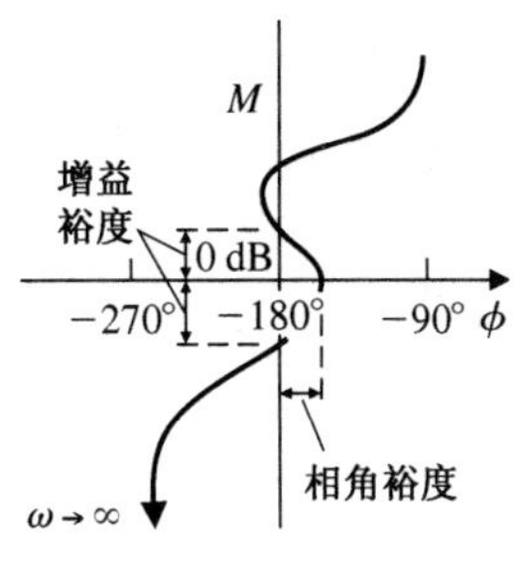	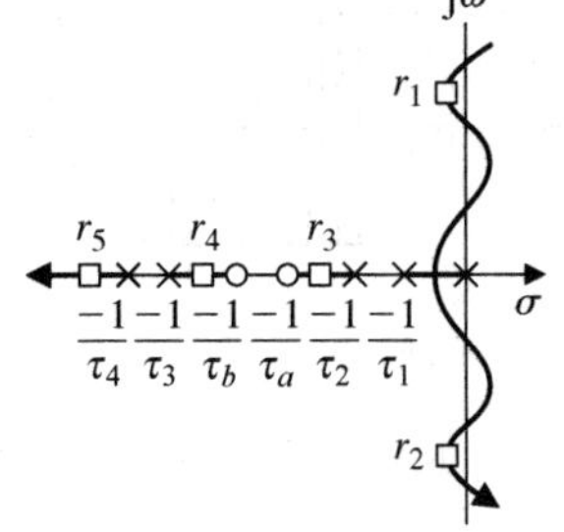	条件稳定。增益较小时是稳定的；增益增大后失稳；增益继续增大后又恢复稳定；增益特别大后再次失稳
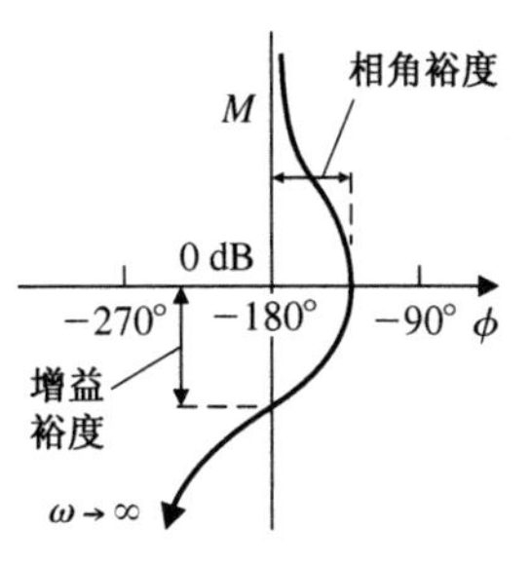	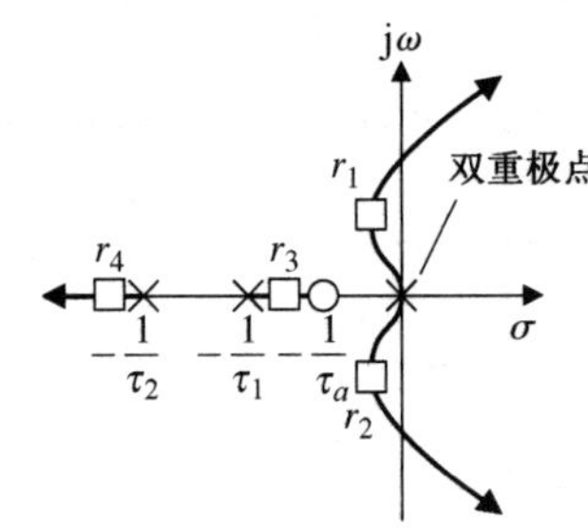	条件稳定，增益大时失稳

9.11　循序渐进设计实例——磁盘驱动器读取系统

本章继续研究磁盘驱动器读取系统。系统模型考虑了弹性簧片的振动影响，并增添了一个零点为 $s=-1$ 的 PD 控制器。当 $K=400$ 时，本节确定了磁盘驱动器读取系统的增益裕度和相角裕度。

当 $K=400$ 时，磁盘驱动器读取系统的伯德图如图 9.67 所示，从中可以看出，系统的增益裕度 G.M.= 22.9 dB，相角裕度 P.M.= 37.2°。图 9.68 则给出了系统的单位阶跃响应，调节时间为 $T_s=9.6$ ms。

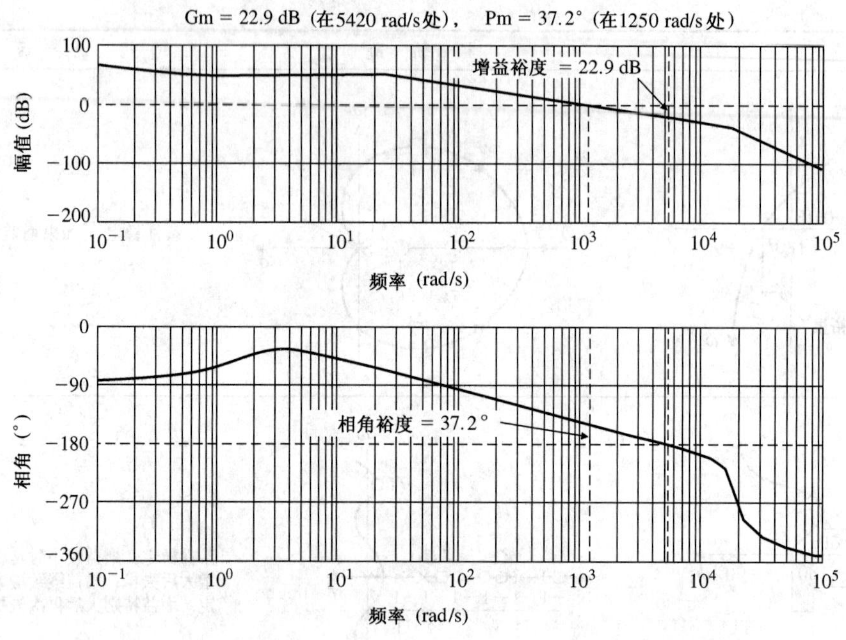

图 9.67 磁盘驱动器读取系统的伯德图

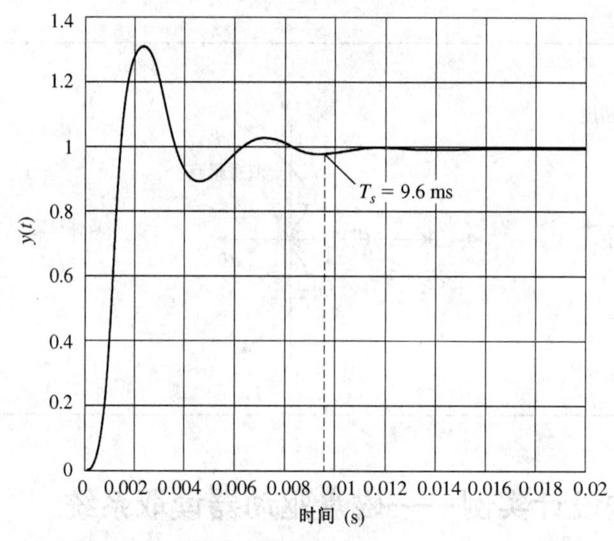

图 9.68 磁盘驱动器读取系统的单位阶跃响应

9.12 小结

利用奈奎斯特稳定性判据，可以在频域内判定反馈控制系统的稳定性。在此基础上，奈奎斯特稳定性判据还引入了两种相对稳定性指标，即(1)增益裕度和(2)相角裕度。在进一步研究了频域响应与瞬时响应的相互关系之后，这两种频域相对稳定性指标还能够用来表示系统的瞬态性能。利用开环频率特性极坐标图上的等 M 圆和等 N 圆，可以直接得到系统的闭环频率特性。类似地，利用绘制有等 M 曲线和等 N 曲线的开环对数幅相图(即尼科尔斯图)，也可以直接得到系统的闭环频率特性。在尼科尔斯图上，还可以估计得到另一个频域性能指标，即谐振峰值 $M_{p\omega}$。频域指标 $M_{p\omega}$ 可以与时域指标(阻尼系数)建立关联，因此 $M_{p\omega}$ 也可以用来推导系统的时域性能。本章最后讨论了具有时延环节的控制系统。采用与无时延系统类似的方法，我们着重研究了时延系统的稳定性问题。作为本章内容的总结，表9.3集中列出了典型传递函数的奈奎斯特图、伯德图、尼科尔斯图、根轨迹图、相对稳定性指标等信息及相应说明。

对控制系统的分析师和设计师而言，表9.3是非常有用的。在掌握了受控对象 $G(s)$ 和控制器 $G_c(s)$ 的模型之后，就可以确定 $L(s)=G_c(s)G(s)$，表9.3的第一列列出了共计15种典型的开环传递函数 $L(s)$ 的图谱。确定开环传递函数之后，利用表中的信息，设计师可以确定或预测闭环系统的性能，决定是否采纳或更改控制器 $G_c(s)$ 的设计。

技能自测

本节提供3类题目来测试你对本章知识的掌握情况：正误判断题、多项选择题，以及术语和概念匹配题。为了直接地反馈学习效果，请及时对照每章最后给出的答案。必要时，请借助图9.69给出的框图来确认下面各题中的陈述。

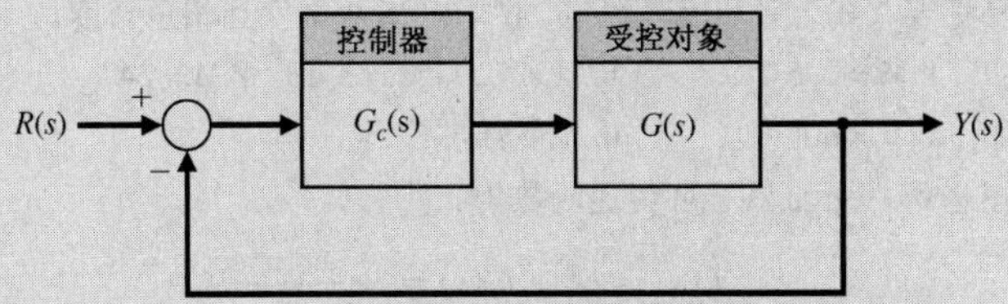

图9.69　技能自测参考框图

在下面的正误判断题和多项选择题中，圈出正确的答案。

1. 增益裕度是指当相角为 −180°，导致系统到达临界稳定时，系统增益的容许放大倍数。　对　或　错
2. 保角映射指的是在 s 平面和相应的 $F(s)$ 平面上，能够保持角度不变的映射。　对　或　错
3. 利用伯德图或奈奎斯特图，都可以方便地得到增益裕度和相角裕度。　对　或　错
4. 尼科尔斯图描述的是开环频率特性和闭环频率特性之间的关系。　对　或　错
5. 二阶系统(无零点)的相角裕度是阻尼比 ζ 和固有频率 ω_n 的函数。　对　或　错
6. 考虑图9.69所示的闭环系统，其开环传递函数为

$$L(s)=G_c(s)G(s)=\frac{3.25(1+s/6)}{s(1+s/3)(1+s/8)}$$

则0 dB线穿越频率和相角裕度分别为

a. $\omega=2.0$ rad/s，P.M.=37.2°　　b. $\omega=2.5$ rad/s，P.M.=54.9°

c. $\omega=5.3$ rad/s，P.M.=68.1°　　d. $\omega=10.7$ rad/s，P.M.=47.9°

7. 考虑图9.69所示的闭环系统框图，受控对象的传递函数为

$$G(s)=\frac{1}{(1+0.25s)(0.5s+1)}$$

控制器的传递函数为

$$G_c(s)=\frac{s+0.2}{s+5}$$

试利用奈奎斯特稳定性判据分析系统的稳定性。

a. 闭环系统稳定　　b. 闭环系统不稳定

c. 闭环系统临界稳定　　d. 以上都不对

完成第8题和第9题时，考虑图9.69给出的系统，其中，受控对象的传递函数为

$$G(s)=\frac{9}{(s+1)(s^2+3s+9)}$$

控制器为比例微分 PD 控制器

$$G_c(s) = K(1 + T_d s)$$

8. 当 $T_d = 0$ 时，PD 控制器退化为比例控制器，即 $G_c(s) = K$。在这种情况下，试利用奈奎斯特图，确定 K 的最大取值，使得系统闭环稳定。

a. $K = 0.5$ b. $K = 1.6$

c. $K = 2.4$ d. $K = 4.3$

9. 利用第 8 题得到的 K 的取值，当 $T_d = 0.2$ s 时，试求系统的增益裕度和相角裕度。

a. G.M.= 14 dB，P.M.= 27° b. G.M.= 20 dB，P.M.= 64.9°

c. G.M.= ∞ dB，P.M.= 60° d. 闭环系统不稳定

10. 图 9.69 所示控制系统的开环传递函数为

$$L(s) = G_c(s)G(s) = \frac{s+1}{s^2(4s+1)}$$

试确定系统是否闭环稳定。如果系统闭环稳定，试求其增益裕度和相角裕度。

a. 稳定，G.M.= 24 dB，P.M.= 2.5° b. 稳定，G.M.= 3 dB，P.M.= 24°

c. 稳定，G.M.= ∞ dB，P.M.= 60° d. 不稳定

11. 某闭环控制系统如图 9.69 所示，其开环传递函数为

$$L(s) = G_c(s)G(s) = \frac{K(s+4)}{s^2}$$

试选择增益 K 的合适取值，使得相角裕度 P.M.= 40°

a. $K = 1.64$ b. $K = 2.15$

c. $K = 2.63$ d. 当 $K > 0$ 时，闭环系统不稳定

12. 考虑图 9.69 所示的闭环反馈控制系统，其中

$$G_c(s) = K, \qquad G(s) = \frac{e^{-0.2s}}{s+5}$$

受控对象中包含了时滞环节，$T = 0.2$ s。试选择增益 K 的合适取值，使得系统的相角裕度为 P.M.= 50°，并计算此时的增益裕度。

a. $K = 8.35$，G.M.= 2.6 dB b. $K = 2.15$，G.M.= 10.7 dB

c. $K = 5.22$，G.M.= ∞ dB d. $K = 1.22$，G.M.= 14.7 dB

13. 考虑图 9.69 所示的控制系统，其开环传递函数为

$$L(s) = G_c(s)G(s) = \frac{1}{s(s+1)}$$

试求闭环系统的谐振峰值 $M_{p\omega}$ 和阻尼系数 ζ。

a. $M_{p\omega} = 0.37$，$\zeta = 0.707$ b. $M_{p\omega} = 1.15$，$\zeta = 0.5$

c. $M_{p\omega} = 2.55$，$\zeta = 0.5$ b. $M_{p\omega} = 0.55$，$\zeta = 0.25$

14. 可以使用图 9.69 所示的模型来简化分析人类驾驶汽车的反应时间和反馈控制过程，其中，驾驶员为控制器，汽车则为受控对象，传递函数分别为

$$G_c(s) = e^{-sT}, \qquad G(s) = \frac{1}{s(0.2s+1)}$$

正常驾驶员的响应时间通常为 $T = 0.3$ s。试确定该闭环系统的带宽。

a. $\omega_B = 0.5$ rad/s b. $\omega_B = 10.6$ rad/s

c. $\omega_B = 1.97$ rad/s d. $\omega_B = 200.6$ rad/s

15. 考虑图 9.69 所示的单位反馈控制系统，其开环传递函数为

$$L(s) = G_c(s)G(s) = \frac{(s+4)}{s(s+1)(s+5)}$$

试确定其增益裕度和相角裕度。

a. G.M.= ∞ dB，P.M.= 58.1°　　b. G.M.= 20.4 dB，P.M.= 47.3°

c. G.M.= 6.6 dB，P.M.= 60.4°　　d. 闭环系统不稳定

在下面的术语和概念匹配题中，在空格中填写正确的字母，将术语和概念与它们的定义联系起来。

a. 时延	闭环传递函数 $T(s)$ 的频率响应。	______
b. 柯西定理	描述控制系统开环频率特性和闭环频率特性关系的曲线图。	______
c. 带宽	在 s 平面和 $F(s)$ 平面上能够保持映射前后角度不变的映射。	______
d. 围线映射	如果 s 平面上的闭合曲线沿顺时针方向包围映射函数 $F(s)$ 的 Z 个零点和 P 个极点，那么在 $F(s)$ 平面上，相应的映射像曲线将沿顺时针方向包围 $F(s)$ 平面上的原点 $N=Z-P$ 周。	______
e. 尼科尔斯图	$G_c(j\omega)G(j\omega)$ 平面上的奈奎斯特曲线绕原点旋转，导致其单位幅值点与 $-1+j0$ 点重合，系统从稳定变为临界稳定时所容许的相角移动量。	______
f. 闭环频率响应	系统中某一处 t 时刻发生的事件，其后效在 $t+T$ 时刻才在系统的另一处出现。	______
g. 对数尺度	反馈系统稳定的充要条件是，当 $L(s)$ 在 s 右半平面的极点数为零时，$L(s)$ 平面上的映射像曲线不包围点 $(-1, 0)$；当 $L(s)$ 在 s 右半平面的极点数为 P 时，$L(s)$ 平面上的映射像曲线按逆时针方向包围点 $(-1, 0)$ P 周。	______
h. 增益裕度	一个平面上的围线（闭合曲线）通过关系函数 $F(s)$ 映射成另一个平面上的围线。	______
i. 奈奎斯特稳定性判据	系统到达临界稳定之前，系统增益的容许放大倍数。系统临界稳定时，相角为 $-180°$，奈奎斯特曲线经过点 $(-1, 0)$。	______
j. 相角裕度	系统频率响应的幅值由低频段幅值开始下降 3 dB 所对应的频率。	______
k. 保角映射	增益裕度的一种对数度量方式。	______

基础练习题

E9.1　某系统的开环传递函数为

$$L(s) = G_c(s)G(s) = \frac{2(1+s/10)}{s(1+5s)(1+s/9+s^2/81)}$$

绘制其伯德图，并验证增益裕度和相角裕度分别为 G.M.= 26.2 dB 和 P.M.= 17.5°。

E9.2　某系统的开环传递函数为

$$L(s) = G_c(s)G(s) = \frac{K(1+s/5)}{s(1+s/2)(1+s/10)}$$

其中，$K=10.5$。验证系统幅频曲线与 0 dB 线的穿越频率 $\omega_c = 5$ rad/s，相角裕度 P.M.= 40°。

E9.3　某集成电路可以用做反馈系统，以便调节电源的输出电压。该电路开环传递函数 $G_c(j\omega)G(j\omega)$ 的伯德图如图 E9.3 所示，试估算其相角裕度。

答案：P.M.= 75°

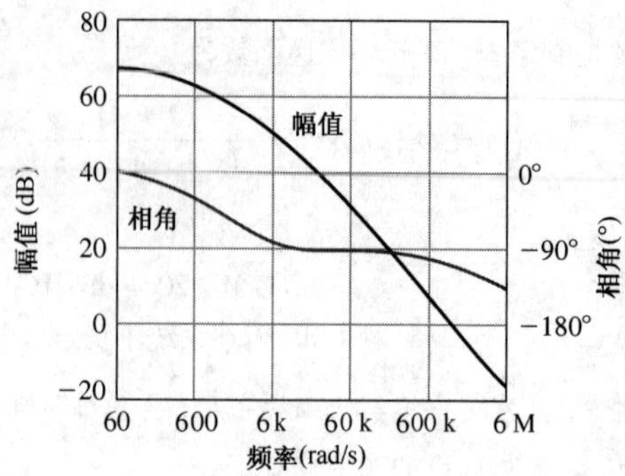

图 E9.3 电源调节器的伯德图

E9.4 某单位负反馈系统的开环传递函数为

$$G_c(s)G(s) = \frac{100}{s(s+10)}$$

若希望闭环谐振峰值达到 $M_{p\omega}=3.0$ dB，而现有系统的谐振频率处在 6～9 rad/s 之间，谐振峰值仅为 1.25 dB。在 6～15 rad/s 的频率范围内绘制系统的尼科尔斯图，并证明为了达到所需要的谐振峰值，应该将系统增益提高 4.6 dB，即提高到 171。最后，计算调整后系统的谐振频率。

答案：$\omega_r=11$ rad/s

E9.5 某 CMOS 集成电路的伯德图如图 E9.5 所示。

(a) 试求出增益裕度和相角裕度。

(b) 为了使相角裕度达到 P.M.= 60°，系统增益应该下降多少(dB)?

E9.6 某系统的开环传递函数为

$$L(s) = G_c(s)G(s) = \frac{K(s+75)}{s(s+10)(s+30)}$$

当 $K>342.8$ 时，系统是不稳定的。当 $K=25$ 时，求出系统此时的相角裕度和幅值裕度。

E9.7 某单位负反馈系统的开环传递函数为

$$L(s) = G_c(s)G(s) = \frac{K}{s-4}$$

试利用奈奎斯特图，确定使系统稳定的 K 的取值范围。

E9.8 某单位负反馈系统的传递函数为

$$L(s) = G_c(s)G(s) = \frac{K}{s(s+1)(s+4)}$$

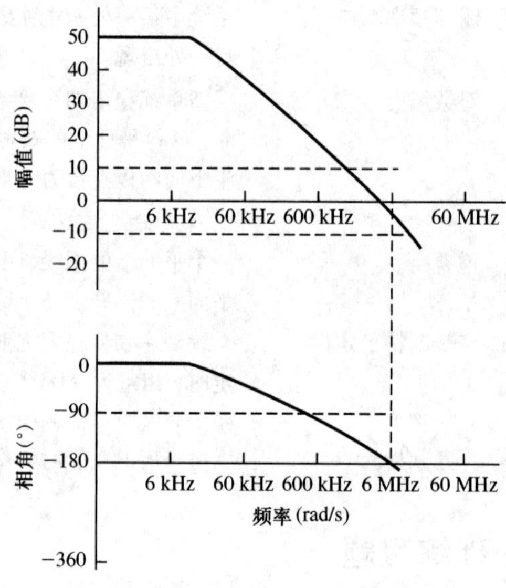

图 E9.5 某 CMOS 电路的伯德图

(a) 当 $K=5$ 时，验证系统的增益裕度 G.M.= 12 dB。

(b) 如果希望增益裕度为 G.M.= 20 dB，那么试求出对应的 K 值。

答案：(b) $K=2$

E9.9 考虑习题 E9.8 中给出的系统，当 $K=3$ 时，计算系统的相角裕度。

E9.10 某单位负反馈系统的开环传递函数为

$$L(s) = G_c(s)G(s) = \frac{300(s+4)}{s(s+0.16)(s^2+14.6s+149)}$$

绘制其伯德图，并验证闭环系统的相角裕度 P.M.= 23°，增益裕度 G.M.= 13 dB，系统带宽 $\omega_B=5.8$ rad/s。

E9.11 某单位负反馈系统的开环传递函数为

$$L(s) = G_c(s)G(s) = \frac{10(1+0.4s)}{s(1+2s)(1+0.24s+0.04s^2)}$$

（a）绘制伯德图。

（b）求出系统的增益裕度和相角裕度。

E9.12　单位负反馈控制系统的开环传递函数为

$$L(s) = G_c(s)G(s) = \frac{K}{s(\tau_1 s + 1)(\tau_2 s + 1)}$$

其中，$\tau_1 = 0.02$ s，$\tau_2 = 0.2$ s。

（a）确定 K 的取值，使系统对斜坡输入 $r(t) = At$，$t \geq 0$ 的稳态误差为斜坡输入幅度 A 的 10%。

（b）绘制 $G_c(s)G(s)$ 的伯德图，并求出系统的增益裕度和相角裕度。

（c）求出闭环系统的带宽 ω_B，谐振峰值 $M_{p\omega}$ 和谐振频率 ω_r。

答案：（a）$K=10$　（b）P.M.$=31.7°$，G.M.$=14.8$ dB　（c）$\omega_B = 10.2$ rad/s，$M_{p\omega} = 1.84$，$\omega_r = 6.4$ rad/s

E9.13　某单位负反馈系统的开环传递函数为

$$L(s) = G_c(s)G(s) = \frac{150}{s(s + 5)}$$

（a）计算闭环频率响应的最大幅值。

（b）求出闭环系统的带宽和谐振频率。

（c）用频域指标估计系统单位阶跃响应的超调量。

答案：（a）7.96 dB　（b）$\omega_B = 18.5$ rad/s，$\omega_r = 11.7$ rad/s

E9.14　图 E9.14 给出了系统 $G_c(j\omega)G(j\omega)$ 的尼科尔斯图，结合下表给出的频率数据，估算下列闭环系统指标：

	ω_1	ω_2	ω_3	ω_4
rad/s	1	3	6	10

（a）谐振峰值 $M_{p\omega}$（以 dB 计）。

（b）谐振频率 ω_r。

（c）3 dB 带宽 ω_B。

（d）相角裕度。

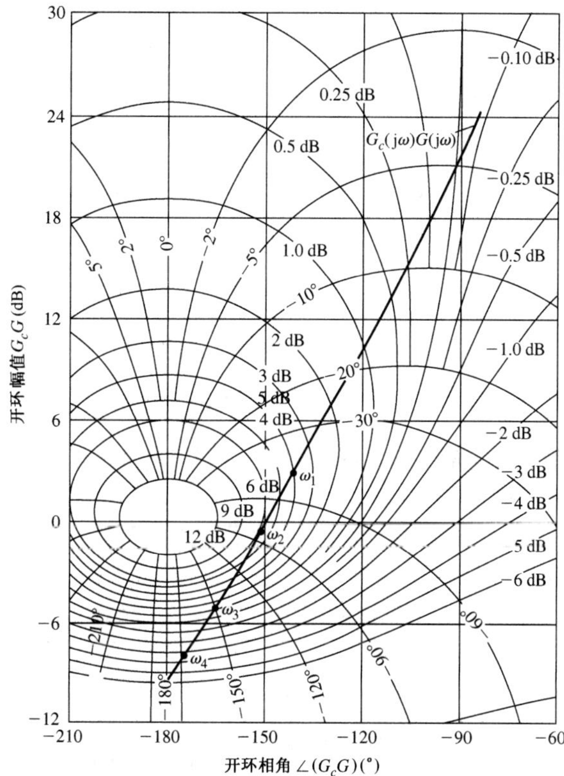

图 E9.14　$G_c(j\omega)G(j\omega)$ 的尼科尔斯图

E9.15 某单位负反馈系统的开环传递函数为

$$L(s) = G_c(s)G(s) = \frac{90}{s(s+15)}$$

求闭环系统带宽。

答案: $\omega_B = 8.37$ rad/s

E9.16 纯时延环节 e^{-sT} 的传递函数可以近似表示为

$$e^{-sT} \approx \frac{1 - Ts/2}{1 + Ts/2}$$

当 $T = 0.2$, 即 $0 < \omega < 10$ 时, 分别绘制实际传递函数和近似传递函数的伯德图。

E9.17 某单位负反馈系统的开环传递函数为

$$L(s) = G_c(s)G(s) = \frac{K(s+2)}{s^3 + 2s^2 + 15s}$$

(a) 绘制伯德图。

(b) 确定增益 K 的合适取值, 使系统的相角裕度达到 P.M.= 30°, 并计算此时系统斜坡响应的稳态误差。

E9.18 在磁盘驱动器的执行机构中, 常用防震支架来吸收频率为 60 Hz 左右的震荡能量[14]。若减震控制系统的开环传递函数 $G_c(s)G(s)$ 的伯德图如图 E9.18 所示。

(a) 估算闭环阶跃响应的超调量。

(b) 估算系统的闭环带宽。

(c) 估算系统的调节时间(按 2% 准则)。

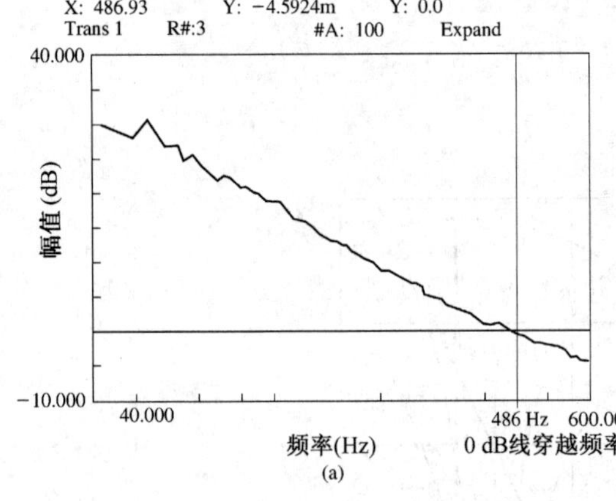

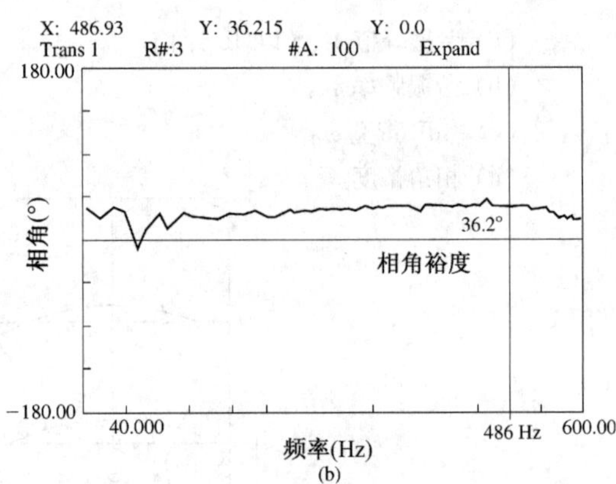

图 E9.18 磁盘驱动器的开环传递函数 $G_c(s)G(s)$ 的伯德图

E9.19 使用比例控制器 $G_c(s) = K$ 的单位负反馈系统的受控对象为

$$G(s) = \frac{e^{-0.1s}}{s+10}$$

确定 K 的取值, 使系统的相角裕度达到 P.M.= 50°, 并计算此时的增益裕度。

E9.20 在高速公路上, 一位司机驾驶汽车跟在另外一辆汽车后面。若将司机也考虑在内, 汽车系统的简化模型可以用图 E9.20 的框图表示, 该模型考虑了司机的反应时延 T。不同的司机具有不同的反应时延, 假设一个司机的反应时延为 $T = 1$ s, 另一个为 $T = 1.5$ s。当前面一辆汽车紧急刹车时, 司机获得阶跃输入 $R(s) = -1/s$, 分别确定不同司机驾驶的车辆的时域输出响应 $y(t)$(也就是汽车的动态刹车过程)。

E9.21 某单位负反馈控制系统的开环传递函数为

$$L(s) = G_c(s)G(s) = \frac{K}{s(s+2)(s+10)}$$

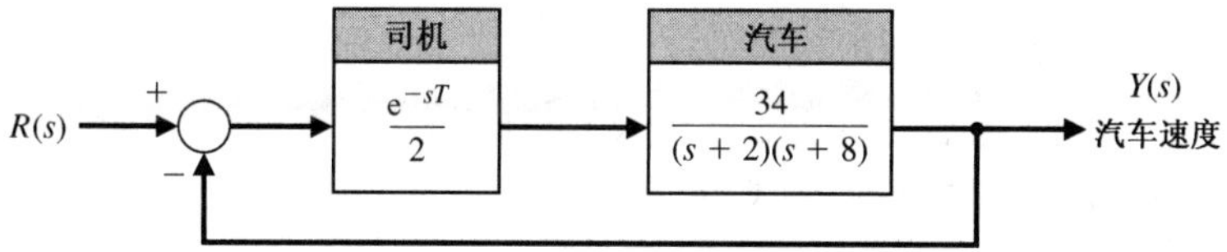

图 E9.20　汽车控制系统

当 $K=50$ 时，计算系统的 0 dB 线穿越频率、相角裕度和增益裕度。

答案：P.M.= 37.4°，$\omega_c=4.5$ rad/s，G.M.= 13.6 dB

E9.22　某单位负反馈系统的开环传递函数为

$$L(s)=G_c(s)G(s)=\frac{K}{(s+1)^2}$$

(a) 令 $K=10$，利用 $G_c(s)G(s)$ 的伯德图求出系统的相角裕度。

(b) 确定 K 的取值，使相角裕度 P.M.≥60°。

E9.23　再考虑习题 E9.21 中给出的系统，此时有 $K=100$。用尼科尔斯图求出系统的闭环带宽、谐振频率和谐振峰值 $M_{p\omega}$。

答案：$\omega_B=4.48$ rad/s，$\omega_r=2.92$ rad/s，$M_{p\omega}=2.98$

E9.24　某单位负反馈系统的开环传递函数为

$$L(s)=G_c(s)G(s)=\frac{K}{-1+\tau s}$$

其中 $K=1/2$，$\tau=1$。图 E9.24 给出了 $G_c(j\omega)G(j\omega)$ 的奈奎斯特图，用奈奎斯特稳定性判据判断闭环系统的稳定性。

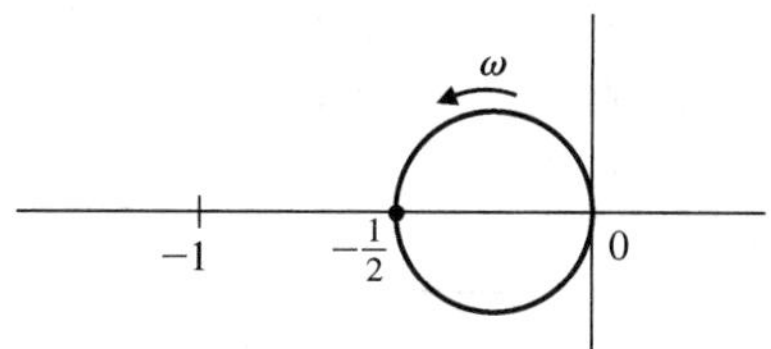

图 E9.24　$G_c(s)G(s)=K/(-1+\tau s)$ 的奈奎斯特图

E9.25　某单位负反馈系统的开环传递函数为

$$L(s)=G_c(s)G(s)=\frac{15}{s(1+0.01s)(1+0.1s)}$$

试估算系统的相角裕度和 0 dB 线穿越频率。

答案：P.M.= 38.1°，$\omega_c=10.4$ rad/s

E9.26　继续考察习题 E9.25 中所给的系统，利用尼科尔斯图估计闭环系统的 $M_{p\omega}$，ω_r 和 ω_B。

E9.27　某单位负反馈系统的开环传递函数为

$$L(s)=G_c(s)G(s)=\frac{K}{s(s+5)^2}$$

为了使系统的相角裕度 P.M.≥40°，增益裕度 G.M.≥6 dB，确定 K 的最大取值，并估算此时的增益裕度与相角裕度。

E9.28　某单位负反馈系统的开环传递函数为

$$L(s)=G_c(s)G(s)=\frac{K}{s(s+0.2)}$$

(a) 当 $K=0.16$ 时，计算系统的相角裕度。

(b) 用所得到的相角裕度，估计阻尼系数 ζ 和超调量。

(c) 计算该二阶系统的实际响应指标，并与(b)中的估计值相比较。

E9.29　若给定开环传递函数

$$L(s)=G_c(s)G(s)=\frac{1}{s+2}$$

再给定 s 平面上的闭合曲线(见图 E9.29)，试求出该曲线在 $F(s)$ 平面上的奈奎斯特映射像曲线($B=-1+\mathrm{j}$)。

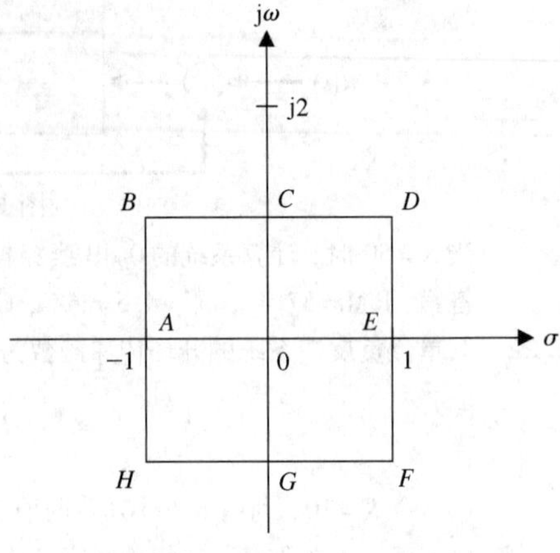

图 E9.29 s 平面上的围线

E9.30 假设系统的状态方程为

$$\dot{\boldsymbol{x}}(t)=\boldsymbol{A}\boldsymbol{x}(t)+\boldsymbol{B}u(t)$$
$$y(t)=\boldsymbol{C}\boldsymbol{x}(t)+\boldsymbol{D}u(t)$$

其中，

$$\boldsymbol{A}=\begin{bmatrix}0 & 1\\ -10 & -100\end{bmatrix},\quad \boldsymbol{B}=\begin{bmatrix}0\\ 1\end{bmatrix}$$

$$\boldsymbol{C}=[1000 \quad 0],\qquad \boldsymbol{D}=[0]$$

绘制其伯德图。

E9.31 考虑图 E9.31 所示的闭环控制系统，试绘制其伯德图并求出相角裕度。

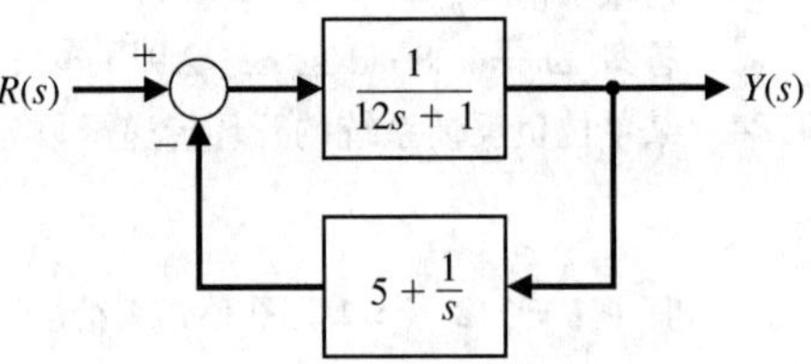

图 E9.31 非单位反馈控制系统

E9.32 假设系统的状态方程为

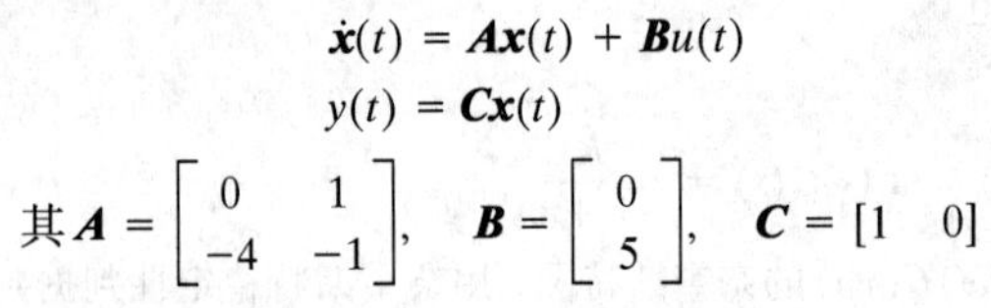

$$\dot{\boldsymbol{x}}(t)=\boldsymbol{A}\boldsymbol{x}(t)+\boldsymbol{B}u(t)$$
$$y(t)=\boldsymbol{C}\boldsymbol{x}(t)$$

其 $\boldsymbol{A}=\begin{bmatrix}0 & 1\\ -4 & -1\end{bmatrix},\quad \boldsymbol{B}=\begin{bmatrix}0\\ 5\end{bmatrix},\quad \boldsymbol{C}=[1 \quad 0]$

求其相角裕度。

E9.33 某控制系统的框图如图 E9.33 所示，计算开环传递函数 $L(s)$ 并绘制其伯德图。当控制器增益 $K=2$ 时，求出闭环系统的增益裕度和相角裕度。

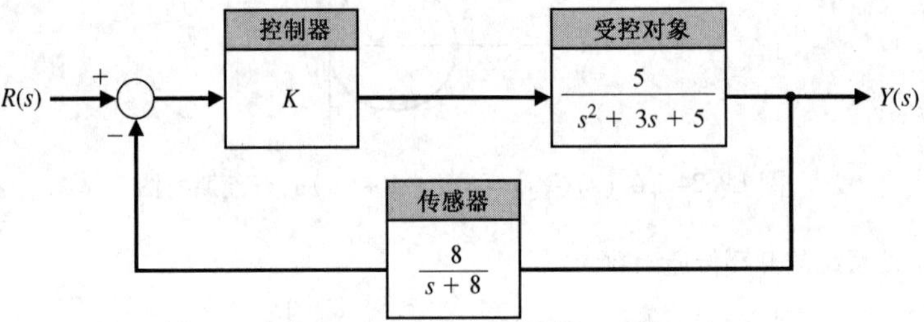

图 E9.33 带有比例控制器的非单位反馈控制系统

一般习题

P9.1 考虑习题 P8.1 给出的各个传递函数的奈奎斯特图，用奈奎斯特稳定性判据判断每个系统的稳定性，并指明 N, P 和 Z 的取值。

P9.2 考虑下面的两个开环传递函数 $L(s)=G_c(s)G(s)$，绘制其奈奎斯特略图，并用奈奎斯特稳定性判据判断闭环系统的稳定性。如果系统稳定，再通过考察奈奎斯特图与实轴的交点，确定 K 的最大取值。

(a) $L(s)=G_c(s)G(s)=\dfrac{K}{s(s^2+s+6)}$ (b) $L(s)=G_c(s)G(s)=\dfrac{K(s+1)}{s^2(s+6)}$

P9.3 (a) 在 s 平面上寻找一条合适的闭合曲线 Γ_s，利用该曲线，可以判断特征根的阻尼系数是否都大于给定值 ζ_1。

(b) 在 s 平面上寻找一条合适的闭合曲线 Γ_s，利用该曲线，可以判断特征根的实部是否都小于 $s=-\sigma_1$。

(c) 利用(b)中确定的闭合曲线和柯西定理，判断特征方程

$$q(s)=s^3+11s^2+56s+96$$

是否有实部小于 $s=-1$ 的特征根。

P9.4　某条件稳定系统的开环奈奎斯特图如图 P9.4 所示。

(a) 已知系统的开环传递函数 $G_c(s)G(s)$ 在 s 右半平面上无极点，试判断系统是否稳定，并确定闭环系统在 s 右半平面上的极点数(如果有)。

(b) 当图中黑点表示 −1 点时，判断系统是否稳定。

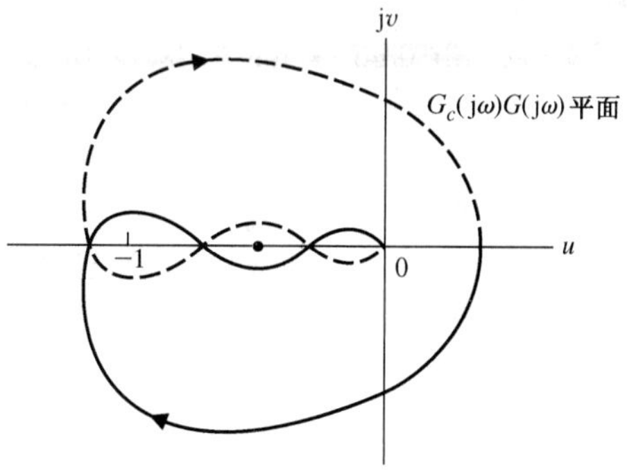

图 P9.4　某条件稳定系统的奈奎斯特图

P9.5　汽油发动机速度控制系统的框图如图 P9.5 所示。由于汽化器和减压管的能力受限，系统中存在 $\tau_t = 1$ s 的时延。若发动机的时间常数为 $\tau_e = J/b = 3$ s，速度计的时间常数为 $\tau_m = 0.4$ s，

(a) 确定 K 的取值，使系统的稳态速度误差小于参考速度的 10%。

(b) 利用求得的 K 值，用奈奎斯特稳定性判据判断系统的稳定性。

(c) 计算系统的增益裕度和相角裕度。

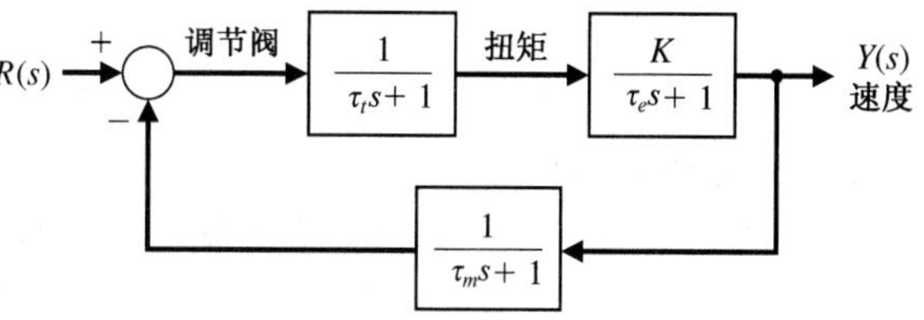

图 P9.5　汽油发动机速度控制系统

P9.6　直接驱动式机械臂是一种新型的机械臂，无须在电机和负载之间使用减速器。由于电机转子和负载直接相连，所以驱动系统不会产生后坐力，而且具有摩擦小、机械强度高等特点，当需要采用复杂的扭矩控制来实现机械臂的快速准确定位和灵巧操作时，这些特点就显得十分重要。

在麻省理工学院的直接驱动式机械臂研究计划中，希望机械臂的速度可达 10 m/s，扭矩可达 660 N·m(475 ft·lb)[15]。在机械臂中，每个关节电机都配有一组位置传感器和速度传感器，用来实现位置和速度反馈。机械臂上单个关节的频率响应如图 P9.6(a)所示，从中可以看出，系统在3.7 Hz 和 68 Hz 处各有一个开环极点。图 P9.6(b)给出了含有位置和速度反馈的闭环系统的阶跃响应，闭环系统的时间常数为82 ms。试确定该关节控制系统的框图并说明 82 ms 的合理性。

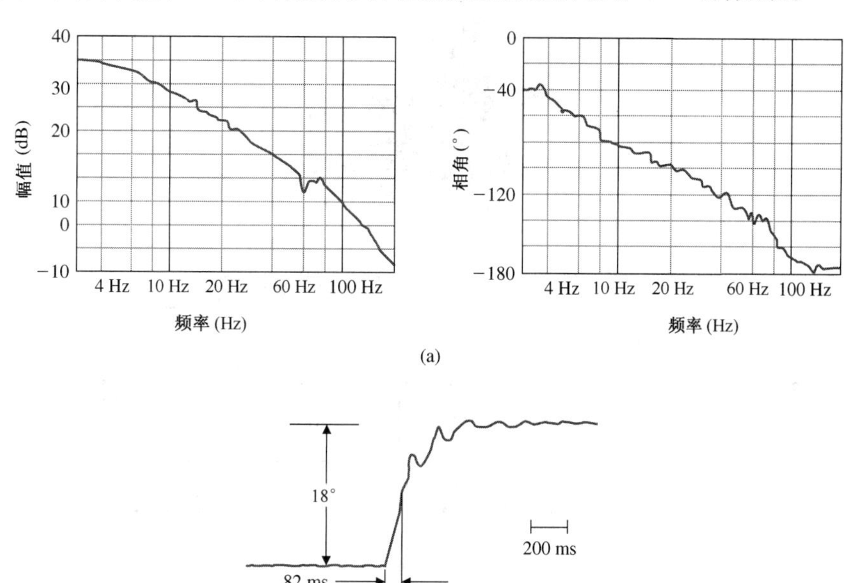

图 P9.6　直接驱动式机械臂系统的(a) 频率响应和(b) 位置响应

P9.7 垂直起降飞机(Vertical Takeoff, VTOL) 本质上是不稳定的系统，需要额外的稳定控制系统来保持稳定。例如，美国陆军的 K-16B 垂直起降飞机就设计有专门的姿态稳定系统，其相应的框图如图 P9.7 所示[16]。

(a) 当 $K=2$ 时，绘制开环传递函数 $L(s)=G_c(s)G(s)H(s)$ 的伯德图。

(b) 求闭环系统的相角裕度和增益裕度。

(c) 当风力干扰为 $T_d(s)=1/s$ 时，计算系统的稳态误差。

(d) 求闭环系统的谐振峰值和谐振频率。

(e) 分别用相角裕度和 $M_{p\omega}$ 估计系统的阻尼系数。

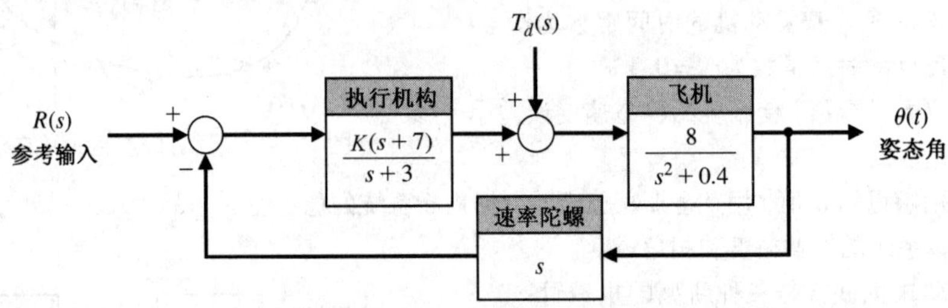

图 P9.7 VTOL 飞机的稳定控制系统

P9.8 电动液压伺服机构常用于应该能够对重型负载做出快速响应的控制系统中，并能够产生 100 kW 或更大的输出功率[17]。图 P9.8(a)是伺服阀和执行机构的照片。输出传感器负责测量执行机构的输出位置，并与预期输入 V_{in} 进行比较。利用经过放大后的误差信号控制液压阀的开启程度，从而能够控制执行机构中的液体流量。采用压力反馈来产生阻尼的闭环控制系统的框图如图 P9.8 (b)所示[17, 18]，其中的典型参数为 $\tau=0.02$ s；对液流部分有 $\omega_2=7(2\pi)$，$\zeta_2=0.05$；对机械部分有 $\omega_1=10(2\pi)$，$\zeta_1=0.05$。开环增益 $K_AK_1K_2=1.0$。

(a) 绘制系统的开环伯德图，并估算相角裕度。

(b) 在活塞上钻孔，可以使阻尼系数增加到 $\zeta_2=0.25$。在此条件下，绘制系统的开环伯德图，并估算此时的相角裕度。

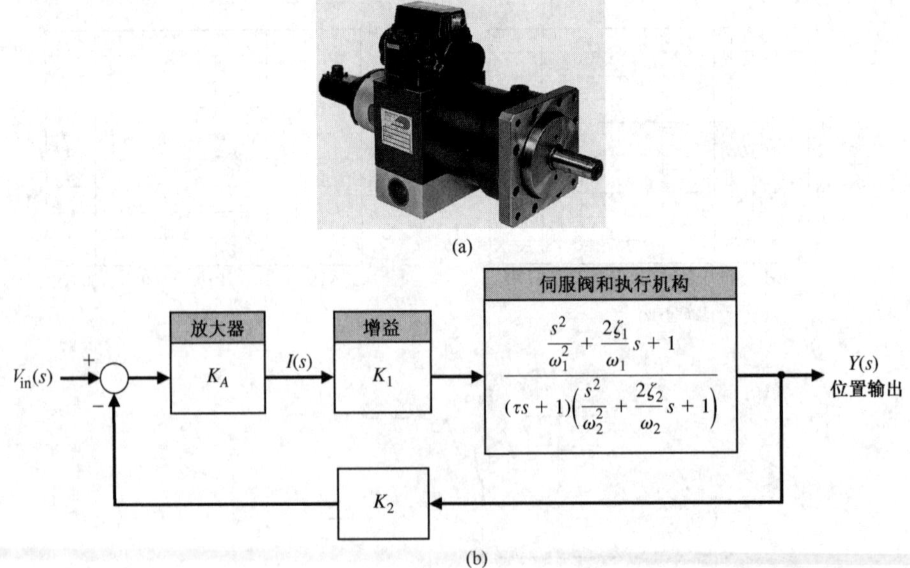

图 P9.8 (a) 伺服阀和执行机构(Moog Industrial Group 友情提供)；(b) 框图模型

P9.9 图 P9.9(a)所示的是航天飞机的照片，它可以向太空运送大量的有效载荷，还可以将它们运回地球重复使用[19]。该航天飞机在机翼后沿装有升降副翼，在尾部装有特制的制动装置，它利用这些装置来控制飞机再入大气层后的返回飞行。图 P9.9(b)给出了它的俯仰控制系统的框图，而控制器$G_c(s)$

可以取为最简单的增益放大器或者其他合适的控制器。

(a) 当 $G_c(s)=2$ 时，绘制系统开环伯德图的概略图，并估算闭环系统的稳定裕度。

(b) 当 $G_c(s)=K_P+k_I/s$ 且 $K_I/K_P=0.5$ 时，确定增益 K_P 的取值，使系统的增益裕度达到 10 dB，并绘制此时的开环伯德图。

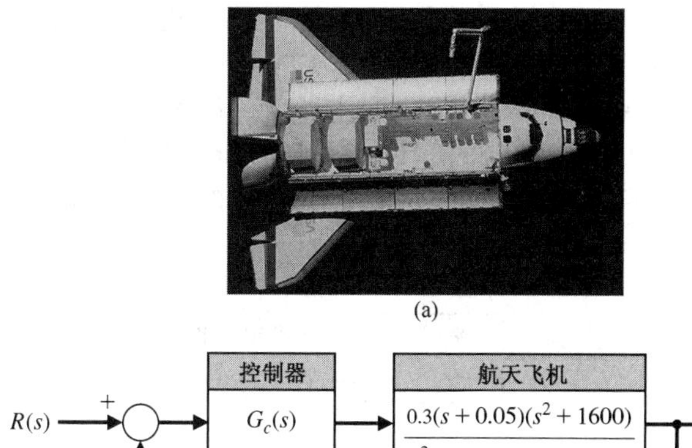

(a)

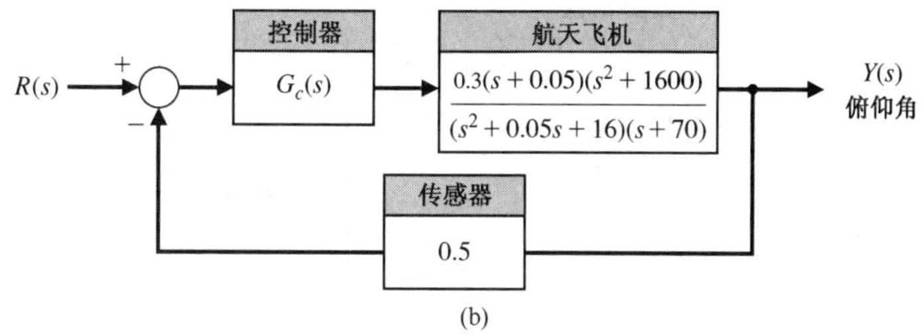

(b)

图 P9.9　(a) 卫星拍摄的以深色为背景的航天飞机，存放机械手的舱盖呈开启状态；(b) 俯仰角控制系统(由NASA提供)

P9.10　如图 P9.10 所示，现在的机床一般都实现了自动控制，通常称为数控机床[9]。考察单个轴的控制机理后可知，控制系统将机床刀具的预期位置和它的实际位置相比较，再用偏差信号来驱动感应线圈，进而驱动液压执行机构的活塞杆。假设执行机构的传递函数为

$$G_a(s)=\frac{X(s)}{Y(s)}=\frac{K_a}{s(\tau_a s+1)}$$

其中，$K_a=1$，$\tau_a=0.4$ s。偏差放大器的输出电压为

$$E_0(s)=K_1(X(s)-X_d(s))$$

其中，$x_d(t)$ 是刀具位置的预期输入。再假设作用在活塞杆上的力与电流 $i(t)$ 成正比，即 $F=K_2 i(t)$，且有 $K_2=3.0$，而其他参数为 $K_s=1.5$，$R=0.1$，$L=0.2$。

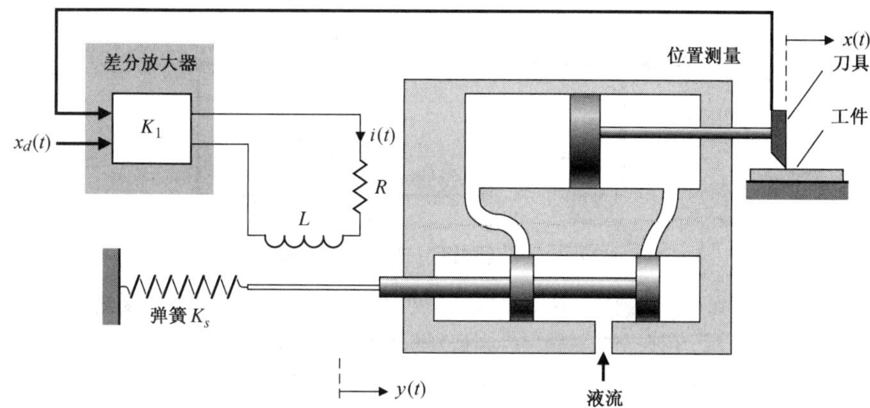

图 P9.10　数控机床控制原理示意图

在上述条件下，

(a) 确定增益 K_1 的取值，使系统的相角裕度达到 P.M.=30°。

(b) 利用(a)中得到的 K_1 值，估算闭环系统的 $M_{p\omega}$，ω_r 以及带宽。

(c) 当输入为阶跃信号，即 $X_d(s)=1/s$ 时，估算系统的超调量和调节时间(按2%准则)。

P9.11 某化学组分控制系统如图 P9.11 所示，该系统接收各种颗粒状的进料，并通过调节进料阀来控制进料量，以便保持恒定的产品组分配比，传送带的时延为 $T=1.5$ s。

(a) 当 $K_1=K_2=1$ 时，绘制系统的开环伯德图，并判断闭环系统的稳定性。

(b) 当 $K_1=0.1$，$K_2=0.04$ 时，绘制系统的开环伯德图，并判断闭环系统的稳定性。

(c) 当 $K_1=0$ 时，利用奈奎斯特稳定性判据，求出使系统稳定的增益 K_2 的最大容许值。

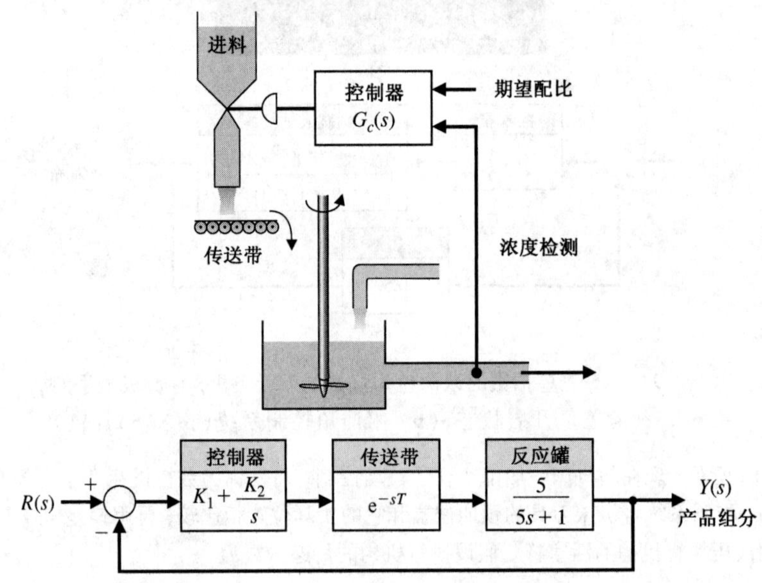

图 P9.11　化学反应组分控制系统

P9.12 调节人眼瞳孔大小的简化模型如图 P9.12 所示[20]。其中，K 表示瞳孔的放大增益。假定瞳孔的时间常数为 $\tau=0.4$ s，而且时延为 $T=0.5$ s，$K=1.9$。

(a) 在不考虑时延影响时，绘制系统的开环伯德图，并估算系统的相角裕度。

(b) 考虑时延的影响，再次估算系统的相角裕度。

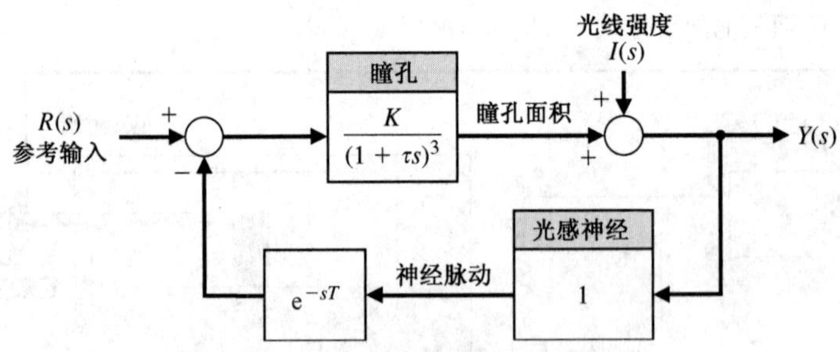

图 P9.12　人眼瞳孔大小控制系统

P9.13 如图 P9.13 所示，可以用控制器来调节模具的温度，以便加工塑料元件。假定受热过程的时延为1.2 s。

(a) 当 $K_a=K=1$ 时，用奈奎斯特稳定性判据判断系统是否稳定。

(b) 当 $K=1$ 时，确定 K_a 的取值，使系统稳定且相角裕度 P.M.≥50°。

P9.14 人们常用电子装置和计算机来控制汽车，图 P9.14 给出了一个试验汽车的驾驶控制系统的例子。其中，控制杆负责操纵车轮，并且假定司机的反应时间为 $T=0.2$ s。

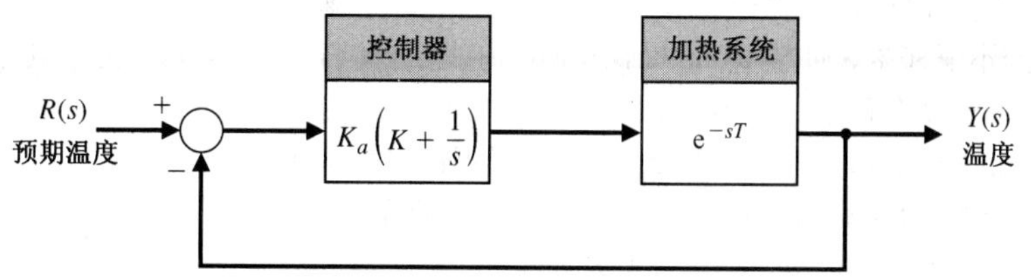

图 P9.13 模具温控系统

(a) 用尼科尔斯图确定增益 K 的取值，使闭环系统的谐振峰值 $M_{p\omega} \leqslant 2$ dB。

(b) 根据 $M_{p\omega}$ 或相角裕度，分别估计系统的阻尼系数，若所得的结果不同，则解释原因。

(c) 估算闭环系统的 3 dB 带宽。

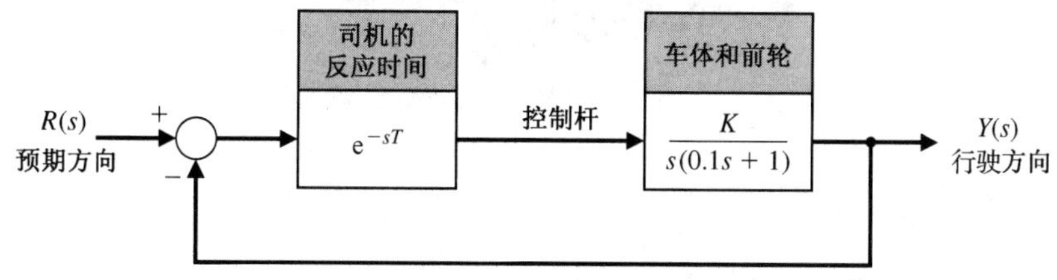

图 P9.14 汽车驾驶控制系统

P9.15 船舶自动驾驶系统的开环传递函数为

$$G(s) = \frac{-0.164(s+0.2)(s-0.32)}{s^2(s+0.25)(s-0.009)}$$

可以用雷达测量航行偏差，并用这个偏差信号 $\delta(s)$ 来控制舵的偏角。整个系统的框图如图 P9.15 所示。

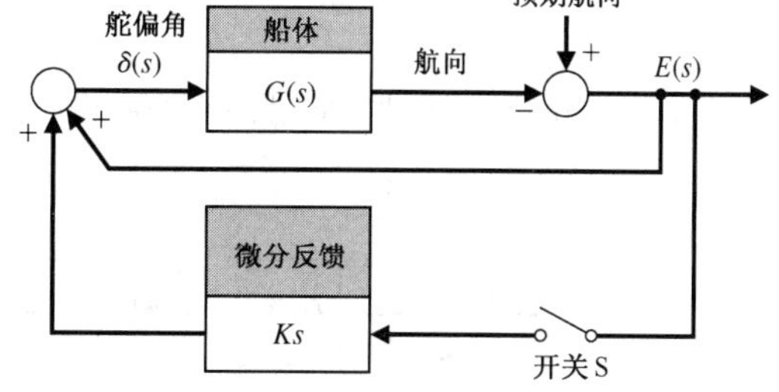

图 P9.15 船舶自动驾驶系统

(a) 该闭环系统是否稳定？利用系统的时域瞬态响应，讨论系统不稳定的表现形式。注意：航船的预期航线是一条直线。

(b) 通过降低 $G(s)$ 的增益 K，可以使系统稳定吗？

(c) 只使用微分反馈，可以使该系统稳定吗？

(d) 提出一个合适的校正装置的建议。

(e) 将开关 S 闭合，重新回答(a)和(b)问题。

P9.16 如图 P9.16(a)所示，电动小车沿工厂地面上的带状轨道运行。该系统采用闭环反馈来控制电动小车的方向和速度[15]。电动小车通过由 16 个光敏二极管组成的阵列来感知行驶偏差，其控制系统的框图模型如图 P9.16(b)所示。确定增益 K 的取值，使闭环系统的相角裕度达到 P.M.= 30°。

P9.17 对许多控制系统而言，其主要设计目标是：当系统受到干扰时，仍然能够将输出保持在期望的或允许的范围内[22]。图 P9.17 给出了一个典型的化学反应控制方案，其中干扰输入记为 $U(s)$，反应过程记为 G_3 和 G_4，控制器记为 G_1，阀门记为 G_2，反馈传感器记为 $H(s)$，并假定 $H(s)=1$。G_2，G_3 和 G_4 都具有

$$G_i(s) = \frac{K_i}{1+\tau_i s}$$

的形式，而且有 $\tau_3=\tau_4=4$ s，$K_3=K_4=0.1$，阀门系统中的参数为 $K_2=20$，$\tau_2=0.5$ s，在上述条件下，再要求闭环系统阶跃响应的稳态误差小于 5%。

(a) 若 $G_1(s)=K_1$，确定 K_1 的合适取值，使系统满足稳态误差的设计要求，并计算阶跃响应的超调量。

(b) 若控制器取为 PI 控制器，即有 $G_1(s)=K_1(1+1/s)$，确定 K_1 的合适取值，使系统的超调量大于 5% 而小于 30%。回答(a)和(b)两个问题时，假定 $U(s)=0$，并可以使用阻尼系数和相角裕度之间的近似关系式 $\zeta=0.01\,\phi_{\mathrm{pm}}$。

(c) 针对上述两种情况，求系统阶跃响应的调节时间(按 2% 准则)。

(d) 若系统受到了阶跃信号 $U(s)=A/s$ 的干扰，并设系统平稳之后，输入参考信号为 $r(t)=0$，在(b)所给的条件下，计算系统对干扰的响应。

(a)

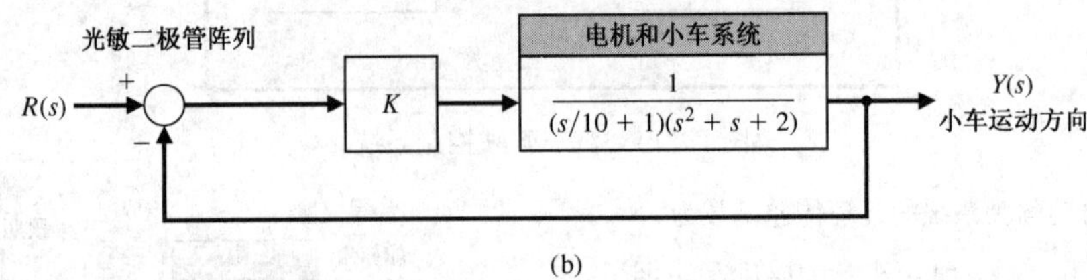

(b)

图 P9.16 (a) 电动小车(照片由 Control Engineering 公司提供)；(b) 电动小车控制系统框图模型

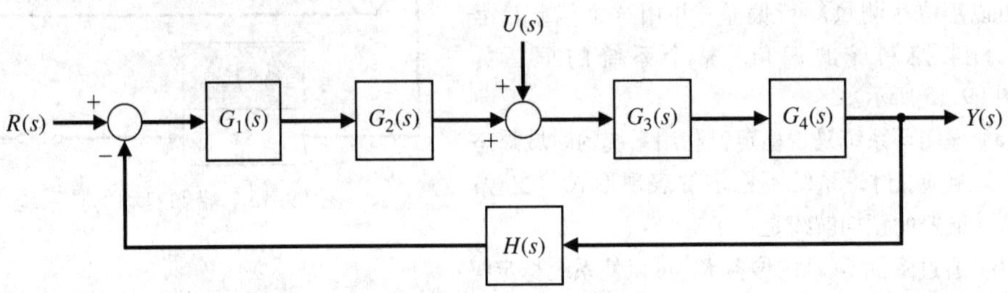

图 P9.17 化学反应控制

P9.18 司机驾驶汽车的模型如图 P9.18 所示，其中，$K=6.0$。

(a) 若反应时间 $T=0$，求出系统的开环频率响应、增益裕度和相角裕度。

(b) 当 $T=0.1$ s 时，估算系统的相角裕度。

(c) 为了使系统临界稳定(即相角裕度 P.M.=0°)，计算所对应的反应时间 T。

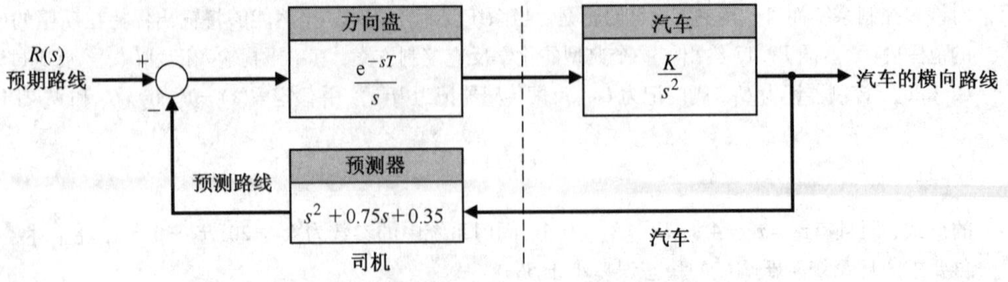

图 P9.18 汽车驾驶模型

P9.19　在美国，每年要花费数十亿美元收集和处理固体垃圾。图 P9.19 给出了垃圾收集系统的示意图，它采用遥控机械手来收集垃圾袋。若遥控机械手的开环传递函数为

$$L(s) = G_c(s)G(s) = \frac{0.5}{s(2s+1)(s+4)}$$

(a) 绘制系统的尼科尔斯图，并验证系统的增益裕度为 G.M.= 32 dB。

(b) 估算闭环系统的相角裕度、带宽和谐振峰值 $M_{p\omega}$。

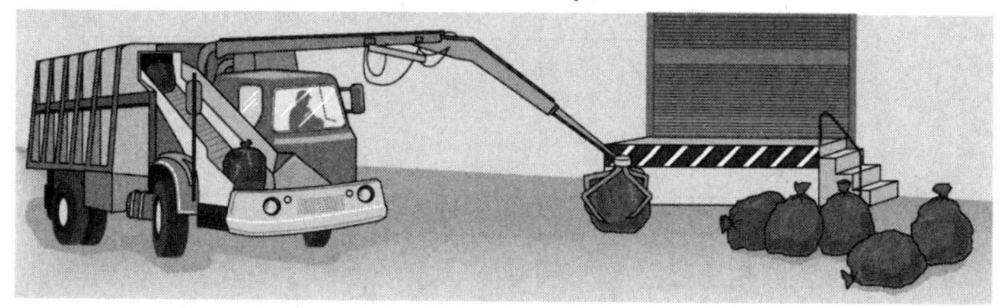

图 P9.19　垃圾收集系统

P9.20　贝尔-波音(Bell Boeing) V-22 鹗式旋转翼飞机既是一种普通飞机也是一种直升机。在起飞和着陆时，它可以将引擎旋转 90°，使引擎处于垂直方向，而在正常飞行时，引擎又会恢复到水平方向，如图 P7.33(a)所示。飞机处于直升机模式时的姿态控制系统如图 P9.20 所示。

(a) 当 $K=100$ 时，确定系统的频率响应。

(b) 估算系统的增益裕度和相角裕度。

(c) 从 $K>100$ 开始，下降选择 K 的合适取值，使系统的相角裕度达到 P.M.= 40°。

(d) 利用(c)中所取的 K 值，计算系统的时域响应 $y(t)$。

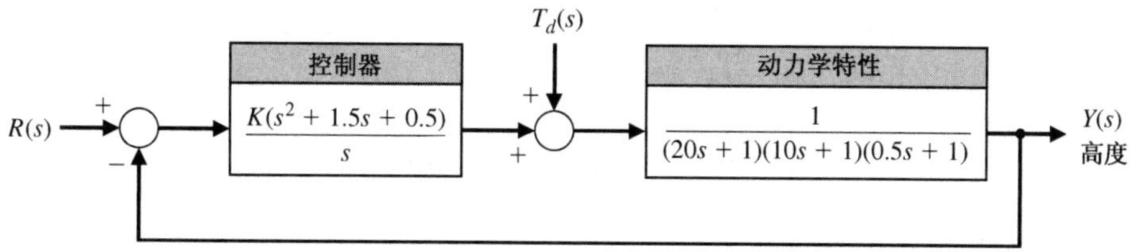

图 P9.20　旋转翼飞机的姿态控制系统

P9.21　单位负反馈系统的开环传递函数为

$$G_c(s)G(s) = \frac{K}{s(s+1)(s+4)}$$

(a) 当 $K=4$ 时，绘制系统的开环伯德图。

(b) 估算系统的增益裕度。

(c) 确定 K 的取值，使增益裕度达到 G.M.= 12 dB。

(d) 若输入为斜坡信号 $r(t)=At$，$t>0$，确定 K 的取值，使系统的稳态误差为输入幅度 A 的 25%。若采用该增益值，系统能获得满意的综合性能吗？

P9.22　$G_c(j\omega)G(j\omega)$ 的闭环系统的尼科尔斯图如图 P9.22 所示，图中各点的频率如下表所示。

数据点	1	2	3	4	5	6	7	8	9
ω	1	2.0	2.6	3.4	4.2	5.2	6.0	7.0	8.0

根据尼科尔斯图估算：

(a) 闭环系统的谐振频率、带宽、相角裕度和增益裕度。

(b) 阶跃响应的超调量与调节时间(按 2% 准则)。

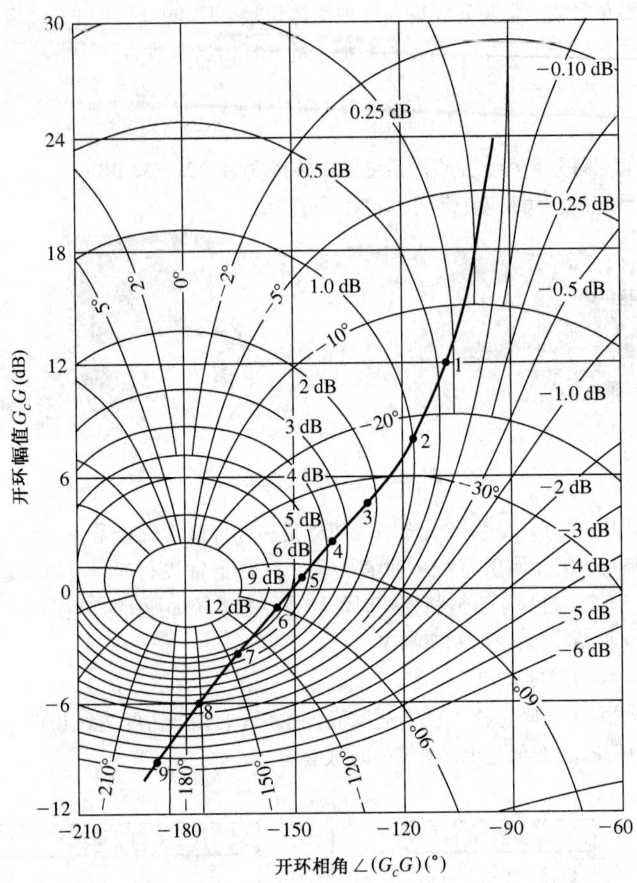

图 P9.22　某闭环系统的尼科尔斯图

P9.23　某闭环系统的开环传递函数为

$$L(s)=G_c(s)G(s)=\frac{K}{s(s+8)(s+12)}$$

(a) 当相角裕度 P.M.= 50°时，计算对应的增益 K。

(b) 估算此时的增益裕度。

P9.24　某单位负反馈系统的开环传递函数为

$$L(s)=G_c(s)G(s)=\frac{K(s+20)}{s^2}$$

(a) 确定增益 K 的取值，使相角裕度达到 P.M.= 45°。

(b) 计算此时的增益裕度。

(c) 估算系统的闭环带宽。

P9.25　某闭环系统的开环传递函数为

$$L(s)=G_c(s)G(s)=\frac{K\mathrm{e}^{-sT}}{s}$$

(a) 当 $T=0.2$ 时，确定增益 K 的取值，使系统的相角裕度达到 P.M.= 60°。

(b) 利用(a)给出的 K 值，绘制相角裕度与时延 T 的关系曲线。

P9.26　某机械厂正在努力提高抛光工作效率[21]。现在的抛光机似乎机械化程度很高，但实际上还是主要靠人工操作的。真正实现抛光机的自动化，不仅可以将操作人员解放出来，还可以提高产量和质量。图 P9.26(a)给出的是新开发的自动抛光机，它在 x，y 和 z 三个轴上都配备了电机和反馈系统，以便准确控制砂轮的位置，其中 y 轴方向的控制系统的框图如图 P9.26(b)所示。为了降低系统斜坡输入响应的稳态误差，取 $K=5$。在上述条件下，试绘制系统的开环伯德图及尼科尔斯图，并根据所得曲线估算系统的增益裕度、相角裕度和带宽，再估计系统的阻尼系数、超调量及调节时间(按 2% 准则)。

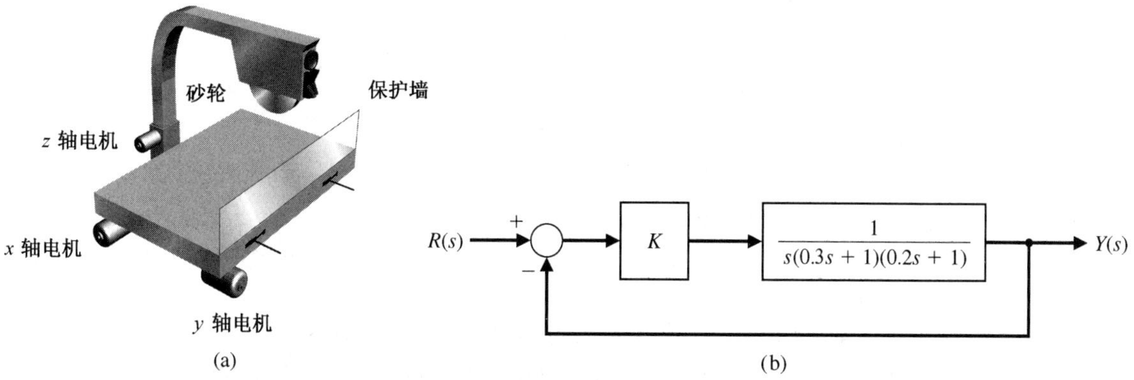

图 P9.26　抛光机控制系统

P9.27　在图 P9.27 给出的系统中，在保证系统稳定的条件下，试确定 K 的最大值 K_{max}，并在 $1 \leqslant K \leqslant K_{max}$ 范围内，绘制系统的增益裕度与 K 的关系曲线。说明当 K 趋近于 K_{max} 时，系统增益裕度的变化情况。

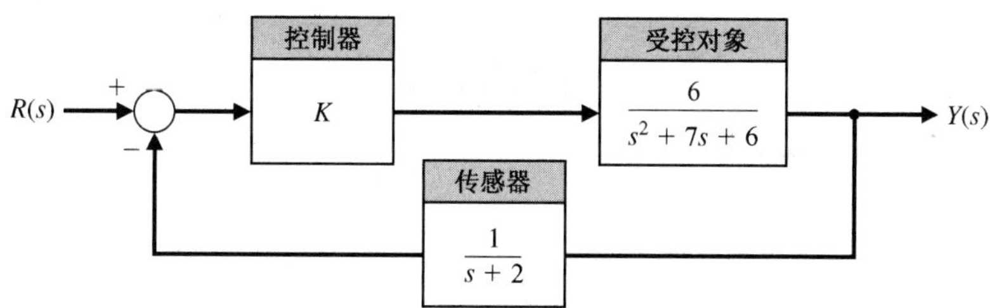

图 P9.27　带有比例控制器的非单位反馈控制系统

P9.28　考虑图 P9.28 给出的反馈控制系统

(a) 当系统相角裕度 P.M.=45°时，试确定比例控制器的参数 K_P。

(b) 利用相角裕度，估算单位负反馈闭环系统的超调量。

(c) 绘制系统的阶跃响应曲线，比较估计的超调量和真实的超调量。

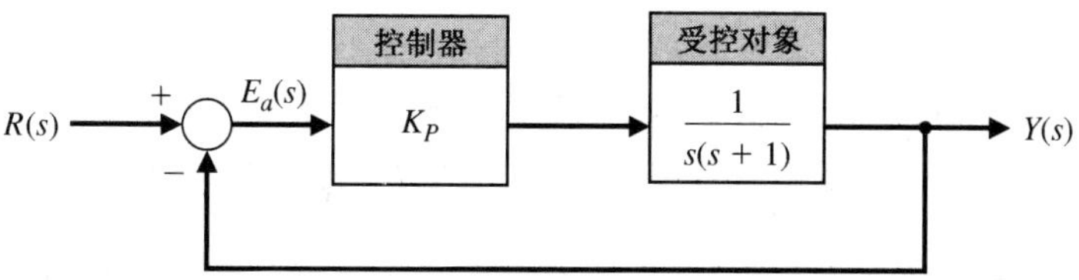

图 P9.28　带有比例控制器的单位负反馈控制系统

难题

AP9.1　在寿命周期内，现役空间飞行器的质量特性和结构都会发生很大的变化[25]。考虑图 AP9.1 给出的飞行器航向控制系统，

(a) 当 $\omega_n^2=15\,267$ 时，绘制系统的伯德图，并计算增益裕度和相角裕度。

(b) 当 $\omega_n^2=9500$ 时，重新解答(a)中的问题。注意 ω_n^2 减小 38% 对系统的影响。

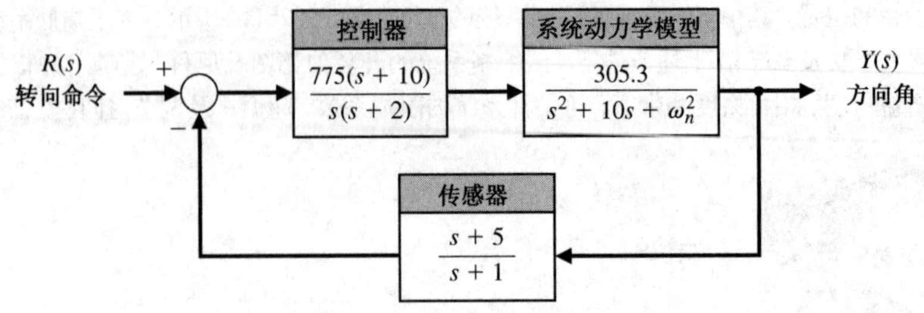

图 AP9.1 空间飞行器航向控制系统

AP9.2 在外科手术中，常常使用麻醉剂来使病人失去知觉。不同的病人对药物麻醉有不同的反应，而且这种反应在手术过程中还可能发生变化。图 AP9.2 给出了药物麻醉的控制模型，病人的麻醉反应程度由平均动脉压表示。

(a) 当 $T=0.05$ s 时，绘制系统的伯德图，确定系统的相角裕度和增益裕度。

(b) 当 $T=0.1$ s 时，重新解答(a)中的问题，并说明时延增大一倍对系统的影响。

(c) 在(a)和(b)情况下，用相角裕度估算系统阶跃响应的超调量。

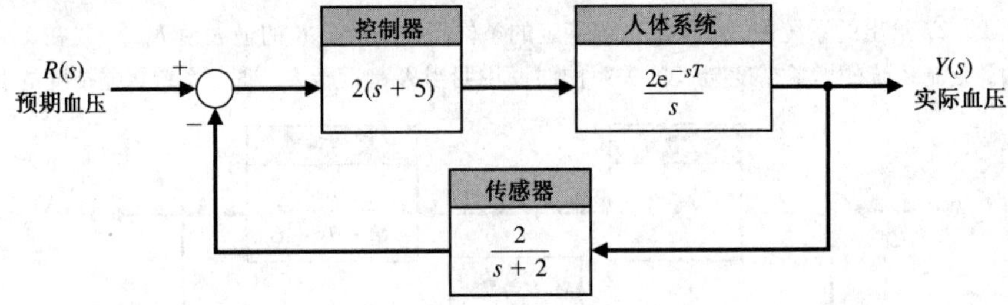

图 AP9.2 麻醉过程中的血压控制系统

AP9.3 近几十年来，焊接工艺逐步实现了自动化。但时至今日，典型的焊接质量特征，如焊成品的金相结构，实际焊接状态等，却无法在线测量，因此必须寻找控制焊接质量的间接控制方法。有效的焊接过程控制方法应该涉及：焊点的几何特性(如横截面的宽度、深度和高度)，焊接过程的热力特性(如受热区域和冷却率)等各个环节。焊点深度是影响焊接质量的主要几何特性，但又难以直接测量。幸运的是，现在有了通过温度测量来估计焊点深度的方法[26]。焊接控制系统的模型如图 AP9.3 所示。

(a) 当 $K=1$ 时，计算系统的增益裕度和相角裕度。

(b) 当 $K=1.5$ 时，重新解答问题(a)。

(c) 在上述两种情况下，用尼科尔斯图估算系统的带宽。

(d) 在上述两种情况下，分别估计系统阶跃响应的调节时间(按 2% 准则)。

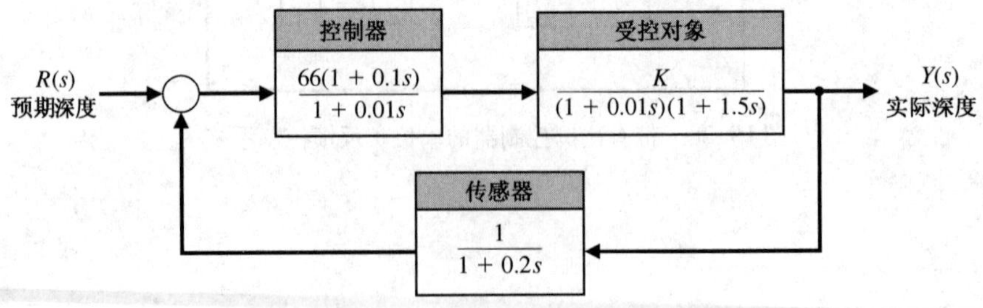

图 AP9.3 焊接深度控制系统

AP9.4 造纸机的控制相当复杂[27]。控制造纸机的控制目标在于，以合适的速度在滤布上均匀适量地沉淀纤维悬浮物(纤维浆)，然后经过脱水、轧平和干燥等工序，制造出高质量的纸张。控制单位面积上纸张的质量是造纸过程中重要的一环。该控制系统的框图如图 AP9.4 所示。试选择 K 的适当取值，使系统的相角裕度 P.M.≥45°，且增益裕度 G.M.≥10 dB，绘制此时的阶跃响应曲线，并计算系统的闭环带宽。

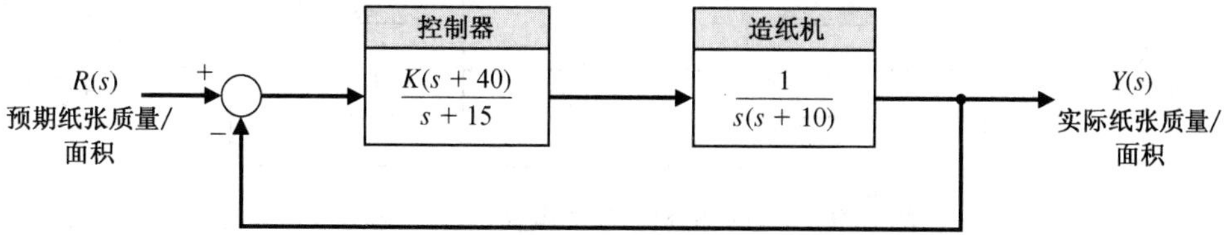

图 AP9.4　造纸机控制系统

AP9.5　典型的火星漫游车由地面测控站遥控，由太阳能电池板供电，配备有定位用的微型摄像头和测距用的激光测距仪，能够在干沙子上攀爬 30°的斜坡，还配备有光谱分析仪，用于分析火星表面岩石的化学成分。

火星漫游车的位置控制系统模型如图 AP9.5 所示。试确定增益 K 的取值，使闭环系统的相角裕度取得最大值，并估算此时阶跃响应的超调量。

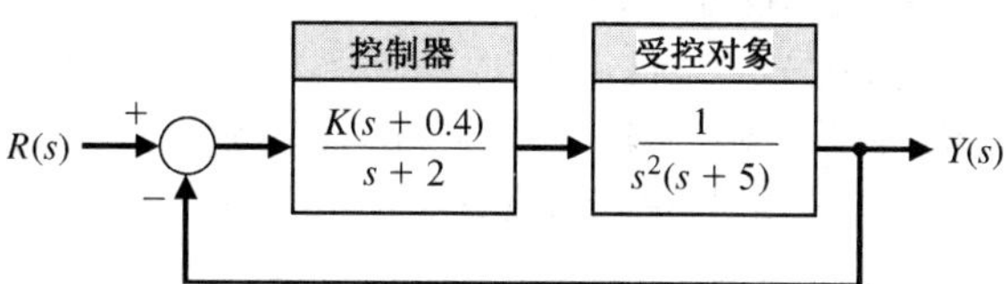

图 AP9.5　火星漫游车的位置控制系统

AP9.6　向水中添加石灰可以控制煤矿废水的酸度。在添加石灰时，通常用阀门来控制石灰添加量，并在下游配置有传感器。图 AP9.6 给出了矿井废水酸度控制系统模型。为了保证在取样测量之前，石灰已经充分溶入了废水中，我们要求距离 $D>2$ m。在此条件下，确定能使系统稳定的增益 K 和距离 D 的取值范围。

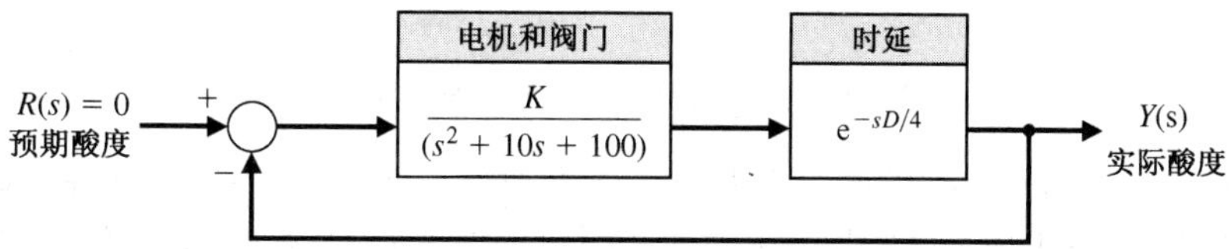

图 AP9.6　采矿废水酸度控制系统

AP9.7　室内电梯的高度限制为 800 m。超过限制高度之后，电梯的缆绳就会又粗又重，无法使用。突破高度限制的办法之一就是取消缆绳。开发无绳电梯的关键是直线电机，研制中的磁悬浮轨道运输系统也用到了这种电机。一种设计方案是，在轨道线圈和电梯轿箱磁场的交互作用下，利用直线同步电机推动电梯轿箱沿导轨上下移动[28]。

若忽略电机摩擦，电梯位置控制系统的模型如图 AP9.7 所示。试确定 K 的取值，使系统的相角裕度 P.M.= 45°，并计算此时的闭环系统带宽和单位阶跃干扰下的输出峰值。

AP9.8　考虑图 AP9.8 给出的控制系统，其中增益 K 的取值范围为 $500<K<4000$。试确定 K 的取值，使系统阶跃响应的超调量满足 P.O.≤20%，绘制相应的尼科尔斯图，并计算此时的相角裕度。

AP9.9　考虑单位负反馈系统，其中

$$G(s)=\frac{1}{s(s^2+3s+3.5)}，\quad G_c(s)=K_p+\frac{K_I}{s}$$

且有 $K_I/K_P=0.2$，试确定 K_P 的取值，使相角裕度达到最大值。

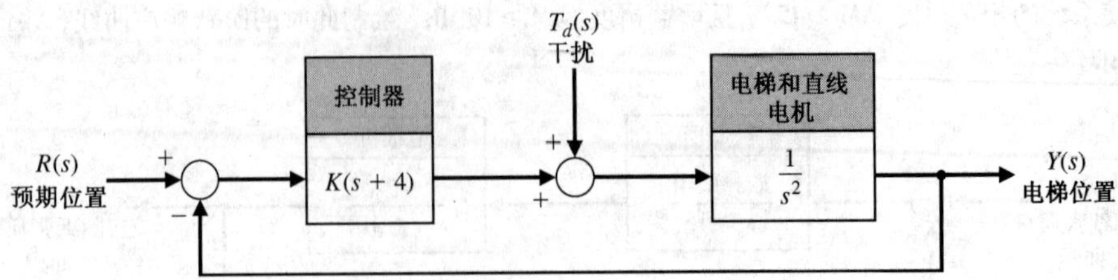

图 AP9.7 直线电机驱动的电梯位置控制系统

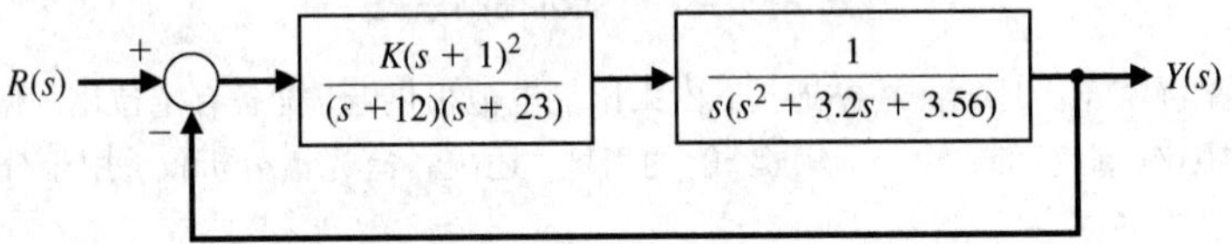

图 AP9.8 控制系统的增益选择

AP9.10 图 AP9.10 给出了一个多回路反馈控制系统,

(a) 求闭环系统的传递函数 $T(s)=Y(s)/R(s)$。

(b) 试确定 K 的取值,使系统对阶跃输入 $R(S)=1/s$ 的稳态跟踪误差为零,并绘制响应曲线。

(c) 利用(b)中得到的 K,求出闭环系统带宽 ω_B。

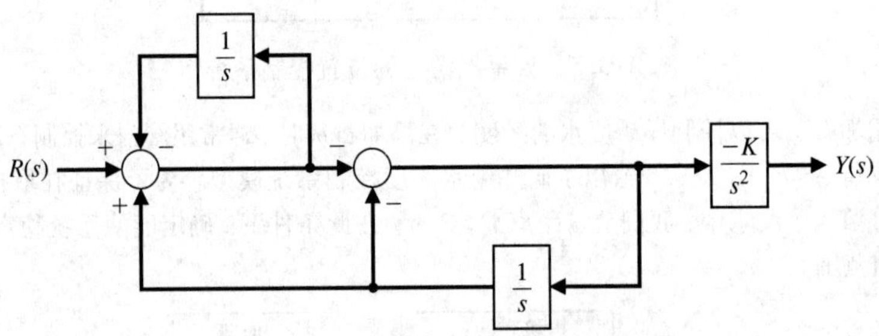

图 AP9.10 某多回路反馈控制系统的框图模型

AP9.11 心脏病人和心肌力量不足的患者可以使用一种新的辅助治疗设备,即电子心室辅助设备(Electric Ventricular Assist Device, EVAD)。它通过一个特制的平板推挤血囊,将电力转换为血流动力。在心脏收缩时,平板推挤血囊向外输出血液,而在心脏扩张时,平板放松以便让血囊中充满血液。如图 AP9.11(a)所示,EVAD 可以串联或并联的方式植入并连接到心脏,采用可充电电池作为驱动电源。供电方式是利用能量传输系统透过皮肤感应供电。由于电池和能量传输系统限制了电能储量和峰值功率,EVAD 的工作方式应该尽量减少能量消耗[33]。

EVAD 的单输入变量为电机电压,单输出变量为血液流速。EVAD 控制系统主要完成两项任务:调整电机电压,按照预期的脉搏驱动平板,以便改变 EVAD 中的血液流量,满足身体需要;血流控制器通过改变 EVAD 的预设脉搏来调整血液的流速。EVAD 反馈控制系统的模型如图 AP9.11(b)所示,其中,电泵和血囊被简化为 $T=1$ s 的时延环节。给定的设计指标要求为,系统阶跃响应的稳态误差为零。超调量满足 P.O.≤10%。

考虑如下的控制器:

$$G_c(s)=\frac{5}{s(s+10)}$$

当时延 T 取标称值,即 $T=1$ s 时,绘制系统的阶跃响应曲线,并检验稳态跟踪误差和超调量能够满足设计指标要求。在该控制器的作用下,试求出系统能够一直保持稳定的最大时延。最后,绘制相角裕度和时延之间的函数曲线,其中,时延的取值为零到最大允许值(即前面求出的最大时延)。

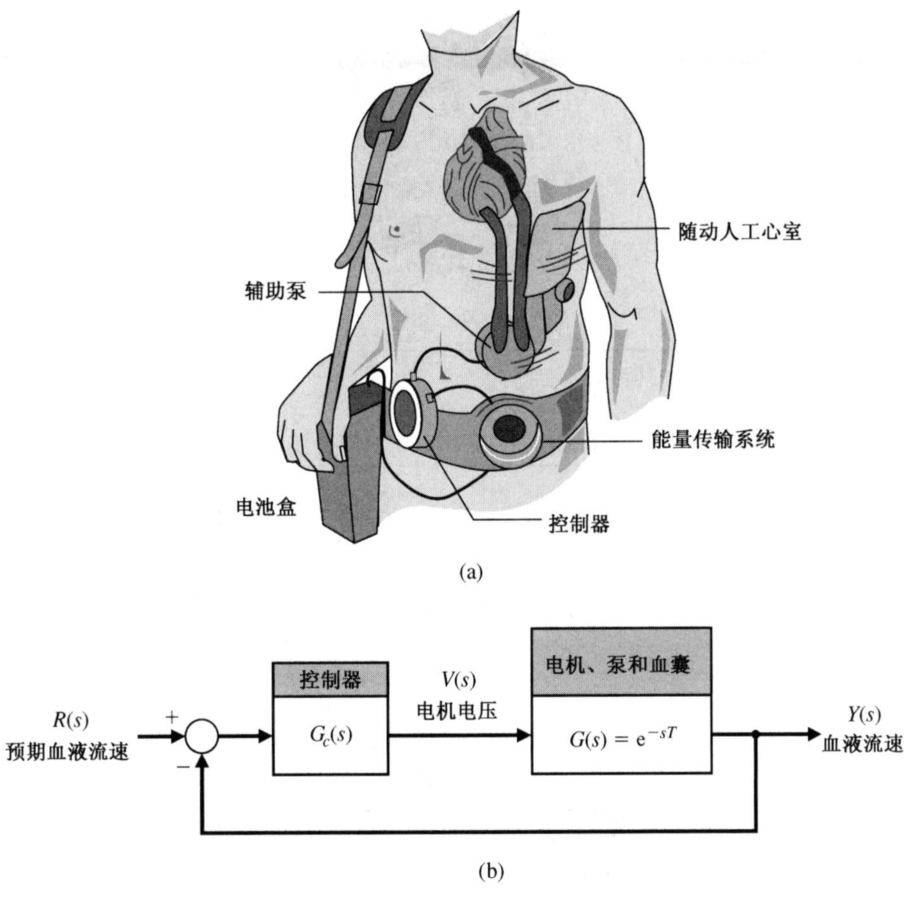

图 AP9.11　(a) 心脏病人的电子心室辅助设备；(b) 反馈控制系统

设计题

CDP9.1　在图 CDP4.1 给出的系统中，若选定控制器为 $G_c(s)=K_a$，试确定 K_a 的值，使系统的相角裕度达到 P.M.= 70°，并绘制此时系统的阶跃响应曲线。

DP9.1　一种清理有毒废物的机器人如图 DP9.1(a)所示[23]，其闭环速度控制系统为单位负反馈系统。图 DP9.1(b)所示的尼科尔斯图上绘有 $G_c(j\omega)G(j\omega)/K$ 与 ω 的关系曲线，图上标记点对应的频率由下表给出。

数据点	1	2	3	4	5
ω	2	5	10	20	50

(a) 当 $K=1$ 时，估算闭环系统的增益裕度和相角裕度。

(b) 当 $K=1$ 时，估算闭环系统的谐振峰值(以 dB 为单位)和谐振频率。

(c) 确定闭环系统带宽，并估计阶跃响应的调节时间(按 2% 准则)和超调量。

(d) 确定 K 的取值，使系统阶跃响应的超调量 P.O.= 30%，并估计此时的调节时间。

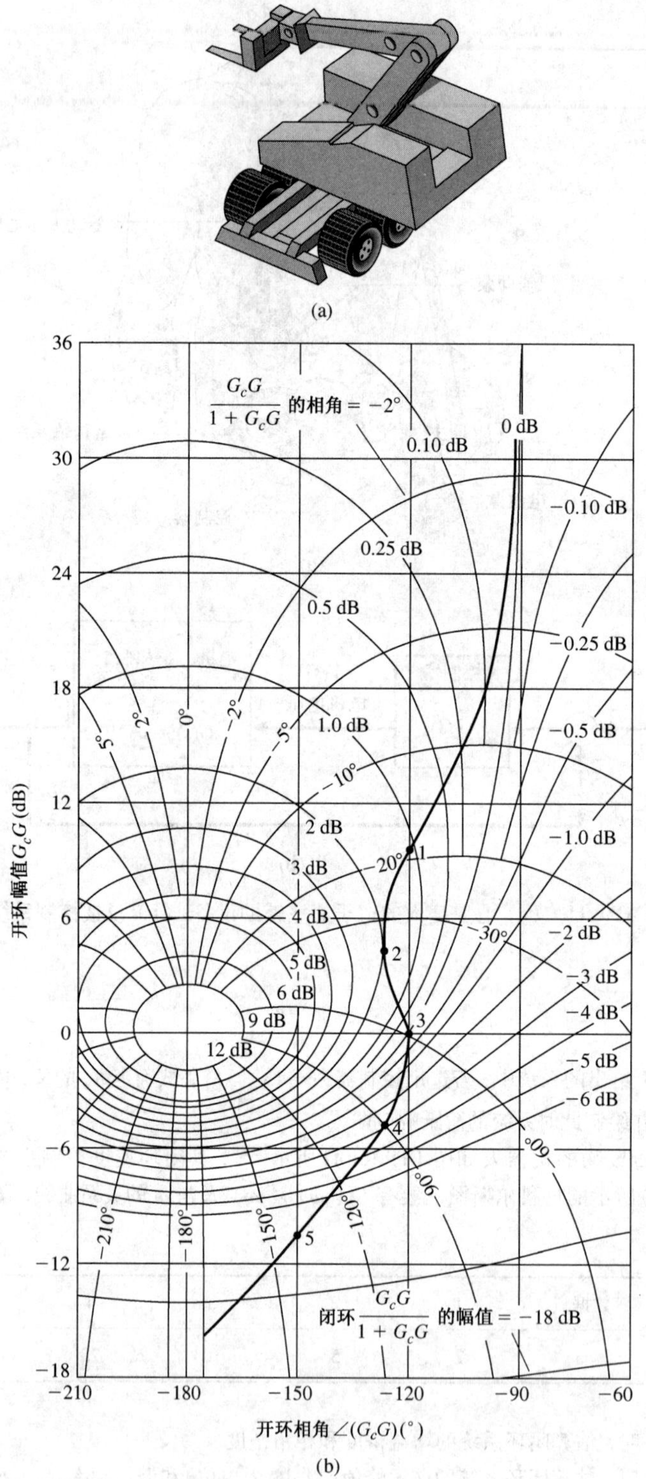

图 DP9.1 (a) 有毒废弃物清理机器人; (b) 控制系统的尼科尔斯图

DP9.2 由轻质材料构成的柔性机械手的开环动力特性具有较小的阻尼[15]。柔性机械手的闭环反馈控制系统如图 DP9.2 所示。

(a) 选择 K 的合适取值，使闭环系统的相角裕度达到最大。

(b) 根据所得的相角裕度，估算阶跃响应超调量，并与实际超调量比较。

(c) 估算系统的调节时间(按 2% 准则)，并与实际调节时间比较。

(d) 估算系统的闭环带宽，并讨论该控制系统的适用性。

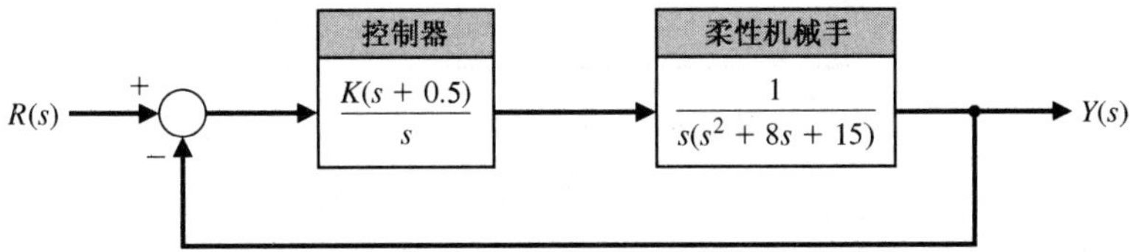

图 DP9.2　柔性机械手的闭环反馈控制系统

DP9.3　药物自动注射系统可以用来调节心力衰竭特护患者的用药量[24]，使患者维持稳定的状态。用于调节血压的药物自动注射反馈系统如图 DP9.3 所示。试选择增益 K 的合适取值，使血压的偏差保持在很小的范围内，同时还具有很好的动态响应性能。

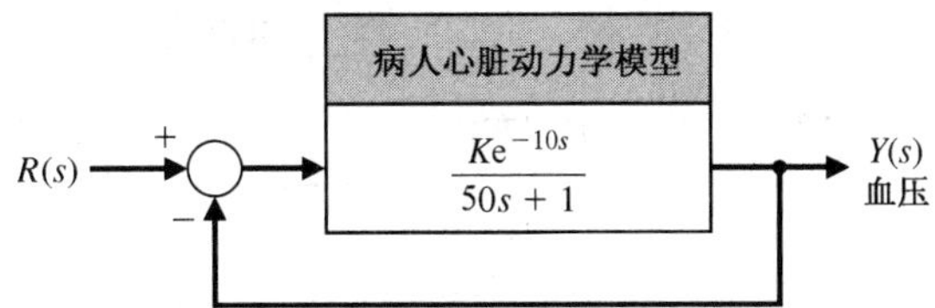

图 DP9.3　药物自动注射系统

DP9.4　双节机器人网球运动员如图 DP9.4(a)所示。角度 $\theta_2(t)$的控制系统的简化框图模型如图 DP9.4(b)所示。控制系统的设计目标是使机器人有最佳的阶跃响应，并具有较大的速度误差常数 K_v。当 $K_{v1}=0.4$ 和 $K_{v2}=0.75$ 时，分别求取闭环系统的相角裕度、增益裕度、带宽、超调量和调节时间，针对两种情况分别计算阶跃响应，并从中确定增益 K 的最佳取值。

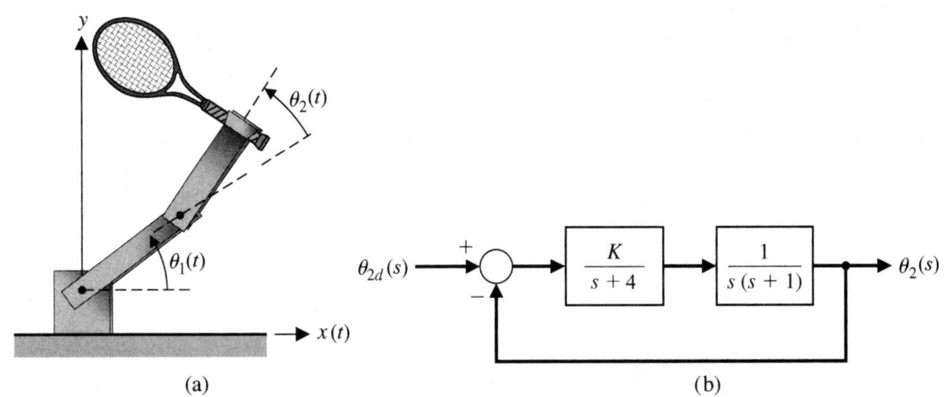

图 DP9.4　(a) 双节机器人网球运动员；(b) 控制系统的简化框图模型

DP9.5　图 DP9.5 所示的液/电执行机构可以用来驱动机械臂操纵大型负载[17]。若要求该机构阶跃响应的稳态误差最小，超调量满足 P.O.< 10%，在 $T=0.8$ s 的情况下，

(a) 当采用比例控制器 $G_c(s)=K$ 时，确定 K 的合适取值，并求出系统的实际超调量、调节时间(按 2% 准则)与稳态误差。

(b) 当采用 PI 控制器 $G_c(s)=K_1+K_2/s$ 时，确定 K_1 与 K_2 的合适取值，重新解答(a)中的问题，并绘制系统的尼科尔斯图。

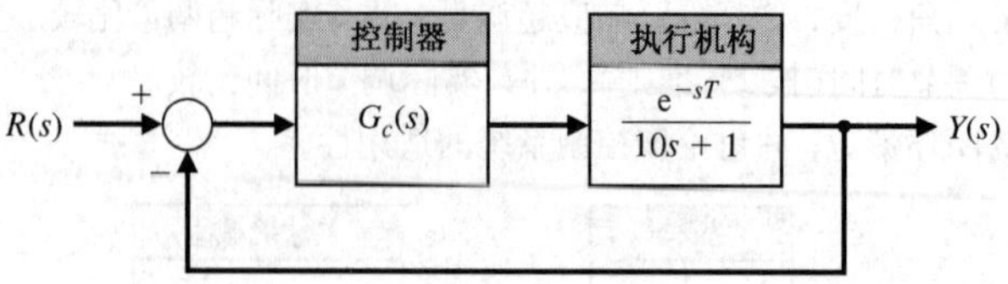

图 DP9.5　液/电执行机构

DP9.6 轧钢机可以用弹簧-阻尼器系统来模拟[8]。测量板材厚度的传感器放置在轧辊出口处，由距离引起的时延可以忽略不计。闭环控制系统的目标是尽量使板材厚度与设计值保持一致。输入板材的厚度变化可以视为对系统的干扰。轧钢机控制系统的框图如图 DP9.6 所示，它不是一个单位反馈系统。由于轧钢机维修保养的状态不同，参数 b 的变化范围为 $80\leqslant b<300$。

(a) 当 $K=170$ 时，在 $b=80$ 和 $b=300$ 两种极端情况下，确定系统的相角裕度和增益裕度。

(b) 在给定的 b 的取值范围内时，确定 K 的合适取值，使相角裕度 P.M.≥40°，增益裕度 G.M.≥8 dB。

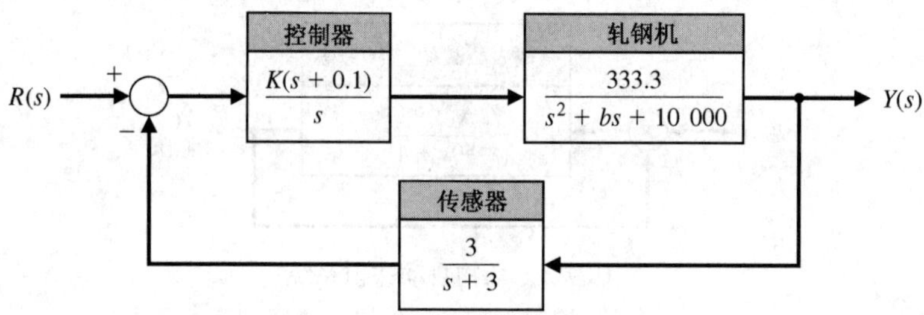

图 DP9.6　轧钢机控制系统

DP9.7 当月球车在月球上执行任务时，将会面临与地球上完全不同的环境，但它仍能受地面遥控。图 DP9.7 给出了月球车控制系统的框图。当时延 $T=0.5$ s 时，确定 K 的合适取值，使系统阶跃响应的超调量 P.O.≤20%，而且有尽可能快的响应速度。

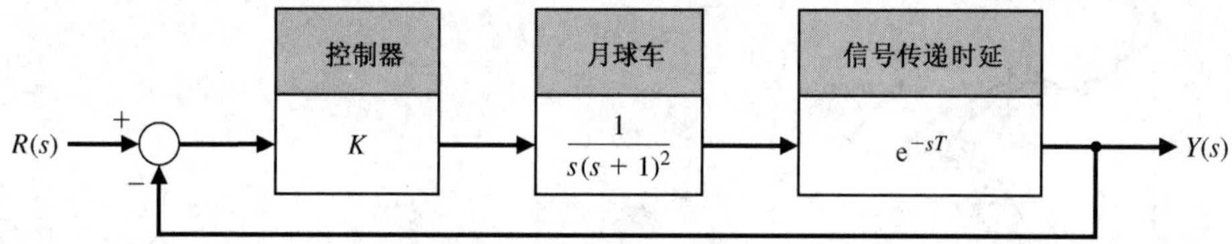

图 DP9.7　月球车控制系统

DP9.8 控制高速运动的轧钢机是一项富有挑战性的工作，要求轧钢机能够精确控制板材厚度，并且要易于调节。厚度控制系统的框图模型如图 DP9.8 所示。试用根轨迹法确定 K 的合适取值，使系统阶跃响应的超调量 P.O.≤0.5%，调节时间 $T_s\leqslant4$ s(按 2% 准则)。此外，还要求出此时的闭环特征根，明确系统的主导极点。

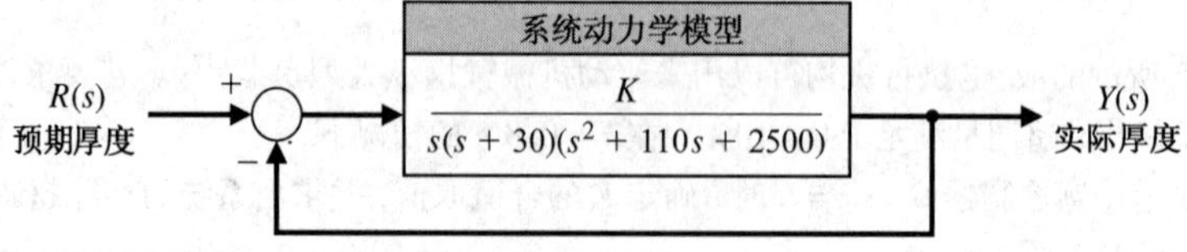

图 DP9.8　轧钢机控制系统

DP9.9 装有受热液体的双容器系统如图 DP9.9(a)所示，其中 $T_0(s)$是流入第一个容器的液体温度，$T_2(s)$是流出第二个容器的液体温度。在第一个容器中还装有加热装置，产生可调的加热热量输入 $Q(s)$。若整个系统的框图如图 DP9.9(b)所示，其中时间常数分别为$\tau_1=10$ s 和$\tau_2=50$ s，试完成下列各项任务：

(a) 用 $T_0(s)$ 与 $T_{2d}(s)$ 表示系统输出 $T_2(s)$。

(b) 假定系统处于稳定状态时，预期输出温度 $T_{2d}(s)$ 发生了突变，由 $T_{2d}(s)=A/s$ 变成了 $T_{2d}(s)=2A/s$。在此条件下，当 $G_c(s)=K=500$ 时，计算系统的瞬态响应 $T_2(t)$。

(c) 在(b)给出的条件下，计算系统误差 $E(s)=T_{2d}(s)-T_2(s)$ 的稳态值。

(d) 若将控制器改为 $G_c(s)=K/s$，选定 K 的合适取值，使系统阶跃响应的超调量 P.O.≤10%，并在此条件下，重新解答问题(b)和(c)。

(e) 若将控制器改为

$$G_c(s) = K_P + \frac{K_I}{s}$$

在保证系统稳态误差为零的情况下，确定 K_P 和 K_I 的合适取值，使系统阶跃响应的调节时间 $T_s \leqslant 150$ s(按 2% 准则)，超调量 P.O.≤10%。

(f) 列表给出问题(b)到(e)的结果，并比较系统的超调量、调节时间和稳态误差。

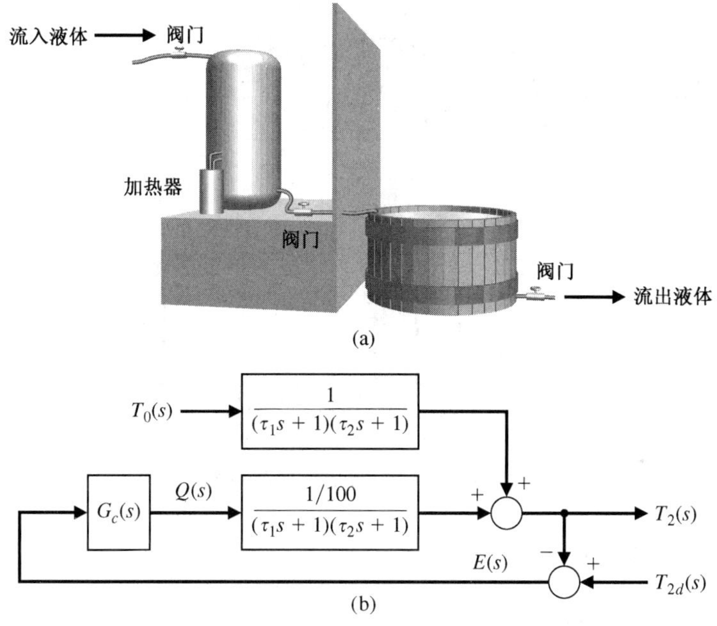

图 DP9.9　双容器的液体温度控制系统

DP9.10　某系统的状态方程为

$$\dot{\boldsymbol{x}}(t) = \boldsymbol{A}\boldsymbol{x}(t) + \boldsymbol{B}u(t)$$
$$y(t) = \boldsymbol{C}\boldsymbol{x}(t)$$

其中，

$$\boldsymbol{A} = \begin{bmatrix} 0 & 1 \\ 2 & 3 \end{bmatrix},\quad \boldsymbol{B} = \begin{bmatrix} 0 \\ 1 \end{bmatrix},\quad \boldsymbol{C} = [1 \quad 0]$$

假设系统输入是状态和参考输入 $r(t)$ 的线性组合

$$u(t) = -\boldsymbol{K}\boldsymbol{x}(t) + r(t)$$

其中，增益矩阵

$$\boldsymbol{K} = [K_1 \quad K_2]$$

将 $u(t)$ 代入状态方程，得到

$$\dot{\boldsymbol{x}}(t) = [\boldsymbol{A} - \boldsymbol{B}\boldsymbol{K}]\boldsymbol{x}(t) + \boldsymbol{B}r(t)$$
$$y(t) = \boldsymbol{C}\boldsymbol{x}(t)$$

(a) 求 $\boldsymbol{A}-\boldsymbol{B}\boldsymbol{K}$ 对应的特征方程。

(b) 设计增益矩阵 $\boldsymbol{K}$，使系统满足下列性能指标设计要求：

(i) 闭环系统稳定；(ii) 系统带宽 $\omega_B \geqslant 1$ rad/s，(iii) 单位阶跃输入 $R(s)=1/s$ 时，系统稳态误差为零。

DP9.11 如图 DP9.11 所示，核电站主控回路中存在一定的时延，其原因在于必须将液流从反应堆输送到温度测量点，才能测量液流温度。控制器的传递函数为

$$G_c(s) = K_P + \frac{K_I}{s}$$

反应堆及其时延的传递函数为

$$G(s) = \frac{e^{-sT}}{\tau s + 1}$$

其中，$T=0.4$ s，$\tau=0.2$ s。试利用频率响应方法，设计一个控制器，使系统的超调量 P.O.≤10%，并估计此时的超调量以及调节时间(按 2% 准则)。最后，试求出实际的超调量和调节时间，并与估计值进行比较。

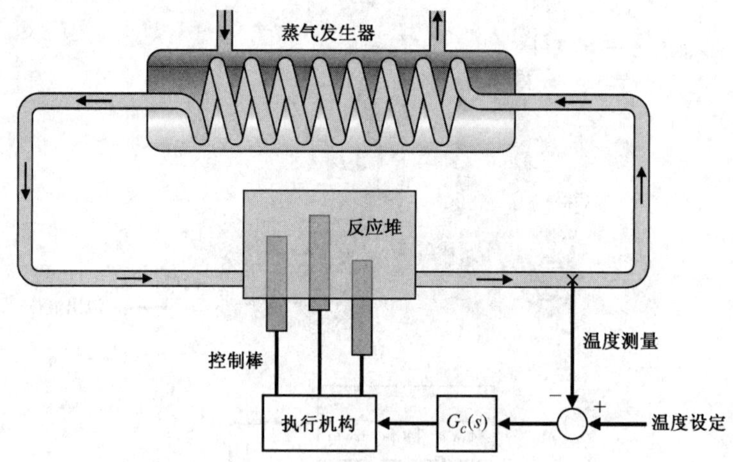

图 DP9.11 核反应堆控制系统

计算机辅助设计题

CP9.1 某单位负反馈系统的开环传递函数为

$$L(s) = G_c(s)G(s) = \frac{150}{s^2 + 2s + 15}$$

试验证该系统的增益裕度 G.M.= +∞，相角裕度 P.M.=9.8°。

CP9.2 利用函数 nyquist，绘制下列传递函数的奈奎斯特图：

(a) $G(s)=\dfrac{10}{s+10}$ (b) $G(s)=\dfrac{48}{s^2+8s+24}$ (c) $G(s)=\dfrac{10}{s^3+3s^2+3s+1}$

CP9.3 利用函数 nichols，绘制下列传递函数的带有网格的尼科尔斯图，从中估算并在图上标注系统的相角裕度和增益裕度。

(a) $G(s)=\dfrac{1}{s+0.5}$ (b) $G(s)=\dfrac{4}{s^2+4s+4}$ (c) $G(s)=\dfrac{6}{s^3+6s^2+11s+6}$

CP9.4 单位负反馈控制系统的开环传递函数为

$$L(s) = G_c(s)G(s) = \frac{K e^{-sT}}{s + 10}$$

(a) 当 $T=0.2$ s 时，利用函数 margin，确定 K 的取值，使相角裕度 P.M.=40°。

(b) 利用所得的增益 K，在 $0 \leqslant T \leqslant 0.3$ s 的范围内，绘制相角裕度与 T 的关系曲线。

CP9.5　重新考虑图 AP9.4 给出的造纸机控制系统，编写 m 脚本程序，绘制闭环带宽随 K 的变化曲线，其中 K 的变化范围取为 $1 \leqslant K \leqslant 50$。

CP9.6　bank-to-turn(BTT)导弹采用侧滑方式来改变飞行方向，其偏航加速度控制系统的框图如图 CP9.6 所示。其中，输入是偏航加速度指令(以 g 的倍数计)，输出是导弹的偏航加速度(以 g 的倍数计)，而控制器取为比例-积分控制器(PI)，参数 b_0 的标称值取为 0.5。在上述条件下，

(a) 利用函数 margin，计算系统的相角裕度、增益裕度和 0 dB 线穿越频率。

(b) 保持(a)中的增益裕度，计算使系统稳定的 b_0 的最大值。用劳斯-赫尔维茨稳定性判据验证你的结论。

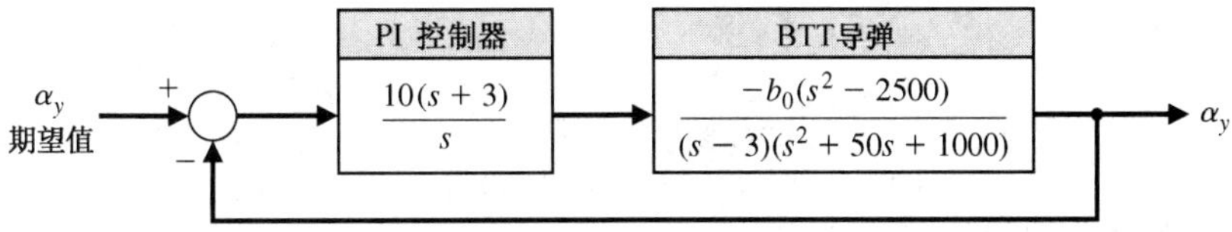

图 CP9.6　BTT 导弹的偏航加速度控制系统的框图模型

CP9.7　某工程试验室提出了用地面站来控制在轨卫星的方案，所设想的控制系统的框图模型如图 CP9.7 所示。其中，在地面站与卫星之间，上行测控信号和下行应答信号所需的传输时间均为 T(单位为 s)，地面站采用的控制器是比例-微分控制器(PD)，即

$$G_c(s) = K_P + K_D s$$

(a) 假设信号传输时延可以忽略不计(即 $T=0$)，试确定 K_P 和 K_D 的取值，使系统阶跃响应的超调量 P.O.$\leqslant 20\%$，峰值时间 $T_p \leqslant 30$ s。

(b) 在 $T=0$ 的条件下，计算系统的相角裕度。利用相角裕度的计算结果，估计能够保持系统稳定的最大允许时延。

(c) 当采用二阶系统来近似时延环节(帕德近似)时，利用函数 pade 编写 m 脚本程序，计算能够保持系统稳定的最大允许时延 T_{max}，求出闭环系统的极点，并与(b)中的结果相比较。

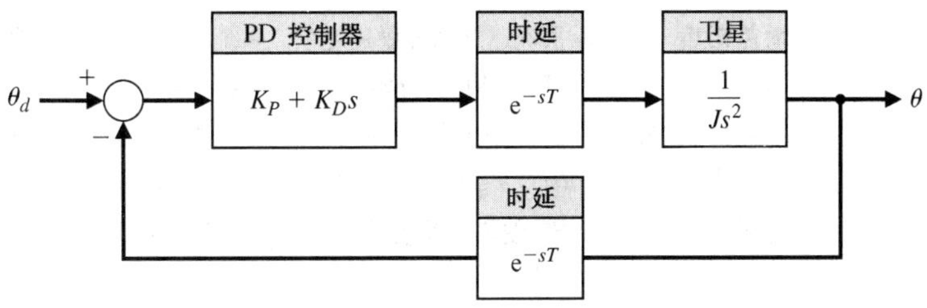

图 CP9.7　卫星的地面控制系统的框图模型

CP9.8　控制系统的状态方程为

$$\dot{\boldsymbol{x}}(t) = \begin{bmatrix} 0 & 1 \\ -1 & -15 \end{bmatrix} \boldsymbol{x}(t) + \begin{bmatrix} 0 \\ 30 \end{bmatrix} u(t)$$

$$y(t) = [8 \quad 0]\boldsymbol{x}(t) + [0]u(t)$$

利用函数 nyquist，绘制系统的极坐标图。

CP9.9　考虑习题 CP9.8 中的系统，利用函数 nichols，绘制系统的尼科尔斯图，并求出系统的增益裕度和相角裕度。

CP9.10　某闭环反馈控制系统如图 CP9.10 所示。

(a) 假设时延 $T=0$ s，绘制系统的奈奎斯特图，计算相角裕度。

(b) $T=0.05$ s 时，计算系统的相角裕度。

(c) 确定使闭环系统失稳的最小时延。

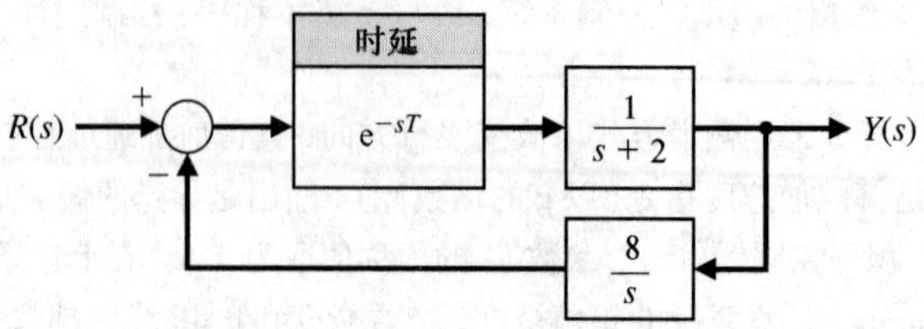

图 CP9.10 包含时延环节的非单位负反馈系统

技能自测答案

正误判断题：(1) 对 (2) 对 (3) 对 (4) 对 (5) 错

多项选择题： (6) b (7) a (8) d (9) a (10) d (11) b (12) a (13) b (14) c (15) a

术语和概念匹配题(自上向下)：f e k b j a i d h c g

术语和概念

bandwidth	带宽	从低频开始，系统响应幅值降低了 3 dB 时的频率。
Cauchy's theorem	柯西定理	如果 s 平面上的闭合曲线沿顺时针方向包围映射函数 $F(s)$ 的 Z 个零点和 P 个极点，那么在 $F(s)$ 平面上，相应的映射像曲线将沿顺时针方向包围 $F(s)$ 平面的原点 $N=Z-P$ 周。
closed-loop frequency response	闭环频率响应	闭环传递函数 $T(s)$ 的频率响应。
conformal mapping	保角映射	保持 s 平面和 $F(s)$ 平面上映射前后角度不变的映射。
contour map	围线映射	一个平面上的围线(闭合曲线)通过关系函数 $F(s)$ 映射成为另一个平面上的围线。
gain margin	增益裕度	系统达到临界稳定之前，系统增益的容许放大倍数，系统临界稳定时，相角为 $-180°$，奈奎斯特曲线将经过点 $-1+j0$。
logarithmic (decibel) gain margin measure	增益裕度的对数度量	增益裕度的一种对数度量方式，计算公式为 $20\log_{10}(1/d)$，其中 $1/d=1/\vert L(j\omega)\vert$，相角是 $-180°$。
Nichols chart	尼科尔斯图	描述控制系统开环频率特性和闭环频域特性相互关系的曲线图。
Nyquist stability criterion	奈奎斯特稳定性判据	反馈系统稳定的充要条件是，当开环传递函数 $L(s)$ 位于 s 右半平面中的极点数为零时，$L(s)$ 平面上的映射像曲线不包围点 $(-1, 0)$；当开环传递函数 $L(s)$ 在 s 右半平面的极点数为 P 时，$L(s)$ 平面上的映射像曲线按逆时针方向包围点 $(-1, 0)$ P 周。
phase margin	相角裕度	$L(j\omega)$ 平面上的奈奎斯特映射曲线绕原点旋转，使它的单位幅值点与点 $-1+j0$ 重合，导致系统从稳定变为临界稳定时所容许的相角移动量。
principle of the argument	幅角原理	参见柯西定理(Cauchy's theorem)。
time delay	时延	纯时延 T，使系统中某一处 t 时刻发生的事件，其后效到 $t+T$ 时刻，才在系统的另一处出现。

第 10 章　反馈控制系统设计

提要

本章讨论反馈控制系统校正器的设计问题。在前面各章的基础上，本章给出了反馈控制系统设计的频域校正方法，旨在获得预期的系统性能。本章引入了常用的超前校正器和滞后校正器，并结合一些设计实例加以应用，给出了设计超前校正器和滞后校正器的根轨迹法和伯德图法。为了提高控制系统的稳态跟踪精度，本章还重新讨论了比例-积分(PI)控制器。在结束本章之前，为循序渐进设计实例——磁盘驱动器读取系统设计了一个带有前置滤波器的比例-微分(PD)控制器。

预期收获

完成第 10 章的学习之后，学生应该能够：

- 熟练利用根轨迹法和伯德图法设计超前校正器和滞后校正器；
- 理解前置滤波器的作用，理解如何设计最小节拍响应系统；
- 深化对控制系统的各种设计方法的认识。

10.1　引言

在控制系统设计中，反馈控制系统的性能是一个最重要的问题。一个好的控制系统应该具有如下特性：稳定性好；能够对各类输入产生可接受的预期响应；对系统参数的扰动不敏感；有比较小的稳态跟踪误差；能够有效抑制外界干扰的影响，等等。在实际工程中，初步设计的控制系统不经过进一步的校正就具有优良的性能是非常罕见的。在通常情况下，控制系统设计常常需要折中兼顾那些彼此冲突而又必须满足的性能指标要求。当现有系统无法满足所有性能指标设计要求时，就必须通过调整系统参数和结构，使系统能够产生合适和可接受的性能。

通常情况下，可能只需要调整系统参数，就能够使闭环控制系统达到预期的性能。但我们也发现，还有很多场合，仅仅调节系统参数远远不能使闭环控制系统达到预期的性能，而是必须重新考察和修改控制系统的组成结构并重新完成设计，才能够综合出一个合适的系统。这就是说，**闭环控制系统的设计应该包括重新规划与调整系统结构、配置合适的校正器和选取适当的系统参数等多项工作**。例如，如果要求控制系统的多个指标都小于各自给定的预期设计值，就常常会发现，各个性能指标要求之间是相互冲突的。例如，如果要求二阶系统的超调量满足 P.O.$\leqslant$ 20%，同时要求 $\omega_n T_p = 3.3$，根据这两个性能指标要求计算出来的阻尼系数 ζ，其取值就会相互冲突。在这种情况下，如果不能放宽对系统性能指标的设计要求，就不得不以某种方式修改反馈控制系统的原有结构。为了实现预期性能而对控制系统结构进行的修改或调整称为**校正**。换句话说，校正就是为弥补系统的不足而进行的结构调整。

为了改善系统响应性能而重新设计和校正控制系统时，通常的做法是在原有的反馈系统结构中插入一个新元件，正是这种新插入的元件或装置可以弥补原有性能的不足。通常将这种新插入的元件称为**校正器**。

校正器是为了弥补控制系统性能的不足而引入的附加元件。

概念强调说明 10.1

通常将校正器的传递函数记为 $G_c(s)=E_o(s)/E_{in}(s)$，并且可以按照不同的形式将校正装置配置在闭环系统内的不同位置。以单环控制系统为例，图 10.1 给出了校正器的几种配置方式。在图 10.1(a)中，校正器配置在前向通路上，这种校正方式称为**串联**校正。类似地，图 10.1(b)至图 10.1(d)所示的校正方式，则分别称为反馈校正、输出(或负载)校正和输入校正。在选择校正方式时，应该综合考虑多种因素的影响。例如，闭环控制系统的性能要求、系统各个节点处信号的强弱、可供使用的校正器等，都会影响校正方式的选择。此外，由于控制系统的输出 $Y(s)$ 通常就是受控对象 $G(s)$ 的输出[见图 10.1(c)]，因此在上述校正方式中，输出校正是应用价值较小的一种校正方式。

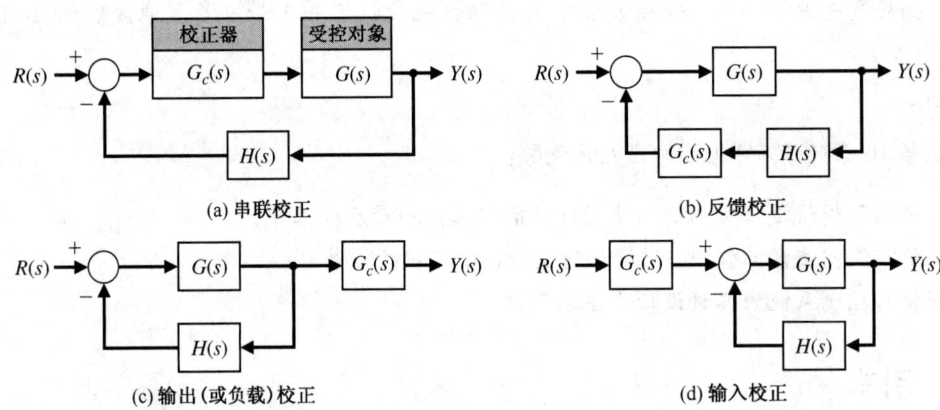

图 10.1 校正器的几种配置方式

10.2 系统设计方法

控制系统的性能既可以用时域性能指标来刻画，也可以用频域性能指标来刻画。当采用时域性能指标时，控制系统的设计指标要求就是给定的时域指标的预期值，如峰值响应时间 T_p、最大超调量 P.O.和允许调节时间 T_s 等的预期值。通常还需要指定控制系统对典型测试信号的稳态跟踪误差，也需要指定对干扰输入的稳态响应指标。控制系统的这些时域指标要求还可以方便地转化为对闭环传递函数 $T(s)$ 的零点和极点位置分布的配置要求，即转化为指定闭环零点和极点在 s 平面上的预期位置。当系统的某个参数变化时，可以得到闭环控制系统的根轨迹，如果根轨迹不能通过闭环零点和极点的预期位置，就需要为闭环控制系统引入合适的校正器(见图 10.1)，以便改变根轨迹的形状。由此可见，可以用根轨迹法来设计合适的校正器，使得校正后的 s 平面上的根轨迹能够通过预期的闭环零点和极点，从而校正原有的闭环控制系统。

类似地，当采用频域性能指标时，闭环控制系统的设计指标要求就是给定的频域指标的预期值，如系统的谐振峰值 $M_{p\omega}$、谐振频率 ω_r、带宽 ω_B、增益裕度 G.M.及相角裕度 P.M.等的预期值。当原有控制系统无法满足所给的频域指标要求时，同样需要为系统引入合适的校正器 $G_c(s)$，以改进系统性能。在频域内设计 $G_c(s)$ 的常用工具是系统的各种频率特性图，如极坐标图、伯德图和尼科尔斯图等，其中伯德图具有叠加特性，便于处理串联校正器，因此应用更为广泛。

综上所述，控制系统设计工作可以归结为，通过改变系统的频率特性或者根轨迹，使系统性能指标达到满意的设计要求。频率响应校正方法的基本思路是，按照预期的频率特性，设计合适的校正器，改变伯德图和尼科尔斯图上的频率特性曲线形状，使经过校正后的系统能够满足频域指标要求。

s 平面根轨迹校正方法的基本思路是，设计合适的校正器，改变 s 平面上根轨迹的形状，使系统的闭环极点处在预期的位置上。

在工程实践中，只要条件允许，应该尽可能地通过改进受控对象自身的品质特性，来提高控制系统的性能，这是最简单有效的办法。这意味着，如果能够确切地掌握并改进受控对象，并能够用传递函数 $G(s)$ 准确地表示受控对象，就能够最直接地改善反馈控制系统的性能。例如，为了提高位置伺服控制系统的瞬态性能，最好的办法是尽可能选用高性能的电机；而在飞行控制系统中，改进飞机自身的气动设计，能够最显著地改善飞机的瞬态飞行品质。这些都表明，作为一个控制系统设计人员，应该清醒地认识到，改进受控对象的品质特性，是提高反馈控制系统性能的基础性工作。然而，在控制系统设计的实践中，通常还会面临或者是受控对象无法更改，或者是受控对象已经经过了充分的改进，仍然得不到满意的系统性能的情况。在这样的情况下，为了提高系统性能，势在必行的措施就是引入附加的校正器。

本章后续内容将假定：受控对象已经得到了最大限度的改进，相应的传递函数 $G(s)$ 无法再修改。在这种前提下，首先介绍所谓的超前校正器，以及如何运用根轨迹法和频率响应法来设计超前校正器。然后在此基础上，讨论如何运用根轨迹法和频率响应法来设计积分型校正器，以使反馈控制系统具备合适的性能。

10.3　串联校正器

串联校正或反馈校正如图 10.1(a)和图 10.1(b)所示，本节讨论其中的校正器问题。在这两种校正方式中，校正器 $G_c(s)$ 都与受控对象 $G(s)$ 呈开环串联关系，校正的目的都是获得合适的开环传递函数 $L(s)=G_c(s)G(s)H(s)$。设计和选择校正器的依据是，需要改变闭环系统的根轨迹或频率特性。在这两种校正方式中，可以将校正器的传递函数选择为具有下面的通用形式：

$$G_c(s)=\frac{K\prod_{i=1}^{M}(s+z_i)}{\prod_{j=1}^{n}(s+p_j)} \tag{10.1}$$

于是，校正器的设计问题可以转化成校正器的零点和极点的合理配置问题。为了说明校正器的特性，我们首先考察一阶校正器。以一阶校正器为基础，可以拓展成高阶校正器。例如，可以将多个一阶校正器串联在一起。

在一般情况下，会首先将校正器 $G_c(s)$ 与受控对象 $G(s)$ 一并考虑，通过确定闭环系统的总增益，确保系统满足稳态跟踪误差的设计要求。然后，在不影响系统稳态误差的前提下，再单独考察校正器 $G_c(s)$，以便调整改善系统的动态性能。

一阶校正器的传递函数为

$$\boxed{G_c(s)=\frac{K(s+z)}{s+p}} \tag{10.2}$$

由式(10.2)可知，$G_c(s)$ 的设计问题变成了参数 K，z 和 p 的参数设计问题。当 $|z|<|p|$ 时，该校正器称为**超前校正器**，它在 s 平面上的零-极点分布图如图 10.2 所示。更进一步，当 $|p|\gg|z|$

时，超前校正器的极点可以忽略不计，而零点近似为 s 平面的原点，于是，式(10.2)可以近似为

$$G_c(s) \approx \frac{K}{p}s \tag{10.3}$$

由此可知，式(10.2)给出的超前校正器实质上是一种微分型的校正器。理想微分器[式(10.3)]的频率特性函数为

$$G_c(j\omega) = j\frac{K}{p}\omega = \left(\frac{K}{p}\omega\right)e^{+j90°} \tag{10.4}$$

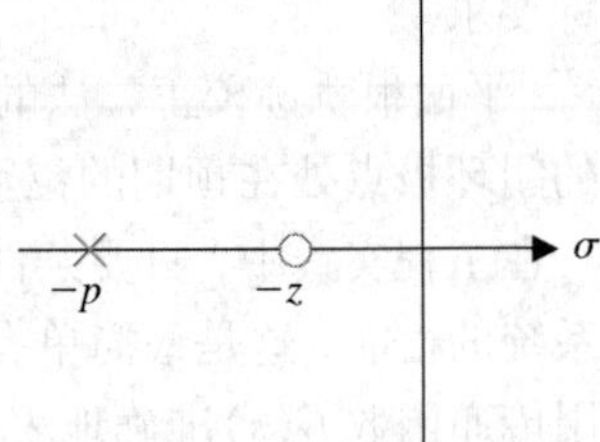

图 10.2 一阶相角超前校正器的零-极点分布图

对应的相角为 +90°。类似地，式(10.2)所示的微分型超前校正器的频率特性函数为

$$G_c(j\omega) = \frac{K(j\omega + z)}{j\omega + p} = \frac{(Kz/p)[j(\omega/z) + 1]}{j(\omega/p) + 1} = \frac{K_1(1 + j\omega\alpha\tau)}{1 + j\omega\tau} \tag{10.5}$$

其中，$\tau = 1/p$，$p = \alpha z$，$K_1 = K/\alpha$，而对应的相频特性函数为

$$\phi(\omega) = \arctan(\alpha\omega\tau) - \arctan(\omega\tau) \tag{10.6}$$

图 10.3 给出了超前校正器的伯德图。从中可以看出，由于首先出现零点转折频率，超前校正器的相角为正，对数幅值近似线的斜率为 20 dB/dec。

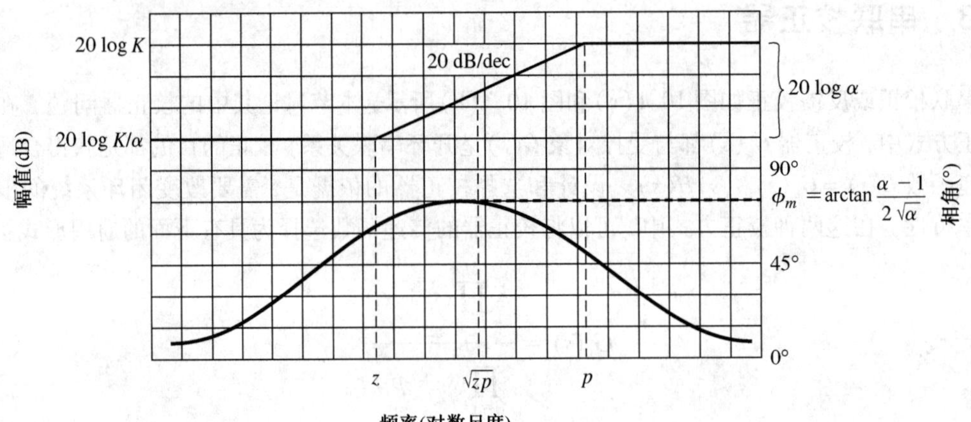

图 10.3 超前校正器的伯德图

超前校正器的传递函数可以一般地写为

$$\boxed{G_c(s) = \frac{K(1 + \alpha\tau s)}{\alpha(1 + \tau s)}} \tag{10.7}$$

其中，$\tau = 1/p$，$\alpha = p/z$ 且 $\alpha > 1$。记 ω_m 为极点频率 $p = 1/\tau$ 和零点频率 $z = 1/(\alpha\tau)$ 的几何平均，则最大超前相角出现在 ω_m 处。也就是说，在对数尺度的频率轴上，最大超前相角出现在极点频率和零点频率的中点处，即有

$$\boxed{\omega_m = \sqrt{zp} = \frac{1}{\tau\sqrt{\alpha}}} \tag{10.8}$$

为了得到最大超前相角的表达式，由式(10.5)可得

$$\boxed{\phi = \arctan \frac{\alpha\omega\tau - \omega\tau}{1 + (\omega\tau)^2\alpha}} \tag{10.9}$$

将最大相角频率 $\omega_m = 1/(\tau\sqrt{\alpha})$ 代入式(10.9)，于是有

$$\tan \phi_m = \frac{\alpha/\sqrt{\alpha} - 1/\sqrt{\alpha}}{1 + 1} = \frac{\alpha - 1}{2\sqrt{\alpha}} \tag{10.10}$$

使用三角函数关系 $\sin\phi = \tan\phi/\sqrt{1 + \tan^2\phi}$，又可得

$$\boxed{\sin \phi_m = \frac{\alpha - 1}{\alpha + 1}} \tag{10.11}$$

这便是最大超前相角的计算公式。在设计超前校正器时，如果事先给定了预期的最大超前相角，就可以利用式(10.11)来计算所需的校正器参数，即校正器的极点与零点之比 α。图 10.4 给出了 ϕ_m 与 α 的关系曲线。从中可以看出，易于实现的最大超前相角不会超过 70°，这是由于 $\alpha = (R_1 + R_2)/R_2$，α 的最大值受到了实际物理系统的限制。因此，如果想获得大于 70°的最大超前相角，就需要将两个或更多个一阶校正器串联起来。

另一种常用的串联校正器是滞后校正器，它会为原有的控制系统带来滞后相角。一阶滞后校正器的标准化传递函数为

$$\boxed{G_c(s) = K\alpha \frac{1 + \tau s}{1 + \alpha\tau s}} \tag{10.12}$$

其中，$\tau = 1/z$，$\alpha = z/p$，且 $\alpha > 1$。一阶滞后校正器的零−极点分布图如图 10.5 所示，由于 $\alpha > 1$，滞后校正器的极点更靠近 s 平面的原点。在我们感兴趣的频率范围内，滞后校正器与积分器有类似的频率特性，因此它实质上是一种积分型的校正器。一阶滞后校正器的频率特性函数为

$$G_c(j\omega) = K\alpha \frac{1 + j\omega\tau}{1 + j\omega\alpha\tau} \tag{10.13}$$

由此得到的伯德图如图 10.6 所示。比较图 10.3 和图 10.6，**滞后校正器**的伯德图与超前校正器的伯德图具有相似的形状，它们的不同之处在于，幅频特性由超前校正器的幅值放大，变成了滞后校正器的幅值衰减，而相角特性则由超前相角变成了滞后相角。最大滞后相角出现在频率 $\omega_m = \sqrt{zp}$ 处。

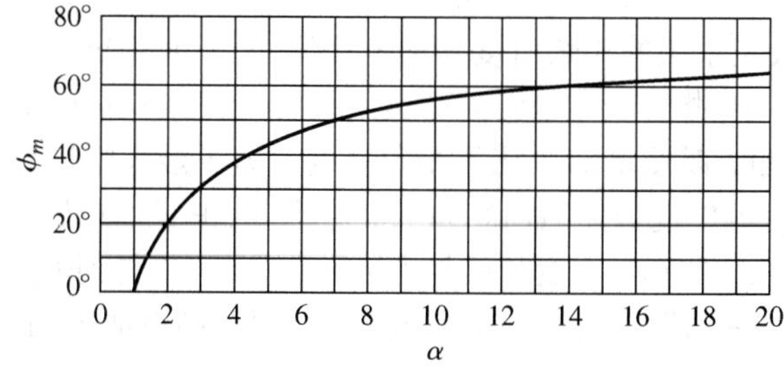

图 10.4　一阶超前校正器的最大超前相角 ϕ_m 与 α 的关系曲线

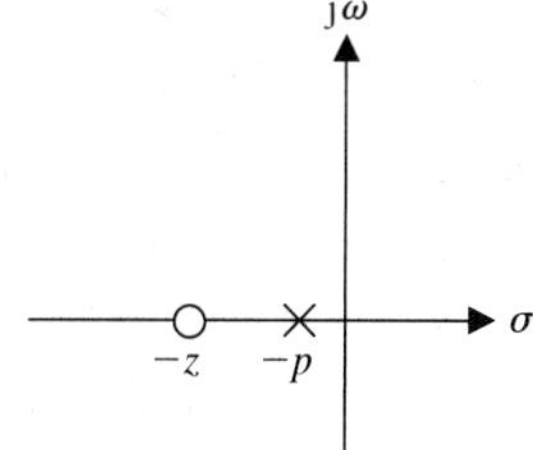

图 10.5　一阶滞后校正器的零−极点分布图

接下来，我们希望利用这些校正器，使闭环系统具有期望的频率特性或者期望的 s 平面极点分布。考虑频率特性时，**超前校正器**的主要作用在于提供一个超前相角，从而增大闭环系统的相

角裕度；而在 s 平面上，超前校正器的作用在于按照需要改变闭环系统根轨迹的形状，使闭环系统极点处在预期的位置。因此，超前校正器主要着眼于改善控制系统的瞬态性能。引入滞后校正器的真正目的不是为了提供一个滞后相角，而是主要着眼于适当衰减系统幅值，以便提高系统的稳态精度。滞后相角其实还会带来副作用：降低了系统的稳定性[3]。

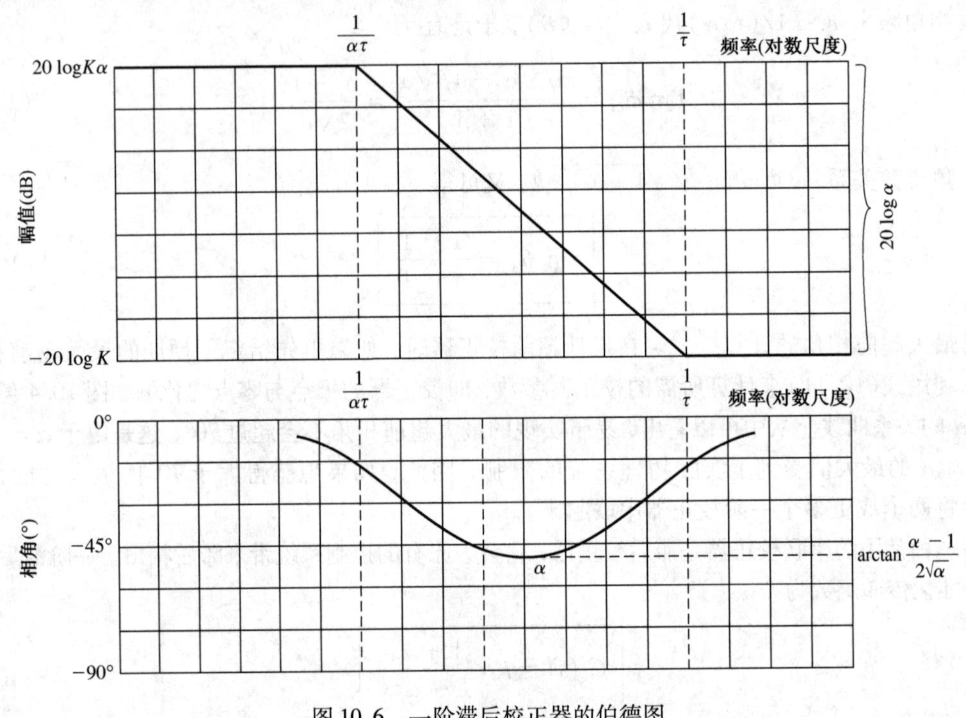

图 10.6 一阶滞后校正器的伯德图

10.4 用伯德图法设计超前校正器

与其他频率特性图相比，伯德图更适合于串联超前校正器的设计。利用伯德图的叠加特性，可以方便地在未校正系统的伯德图上叠加超前校正器的伯德图。由于图 10.1(a)给出的串联校正系统的开环特性函数为 $L(j\omega)=G_c(j\omega)G(j\omega)H(j\omega)$，首先可以绘制未校正系统 $G(j\omega)H(j\omega)$ 的伯德图，随后仔细考察该伯德图，确定合适的超前校正器 $G_c(j\omega)$ 的零点和极点，即确定 p 和 z 的取值，以便满足改变伯德图形状的需要。

绘制未校正系统 $G(j\omega)H(j\omega)$ 的伯德图时，应该选取合适的增益值，以便优先保证可接受的稳态精度；然后，应该在该伯德图上估算未校正系统的相角裕度和谐振峰值 $M_{p\omega}$，并判定它们是否满足了指标要求。若相角裕度不能满足(小于)指标要求，就需要引入超前校正器 $G_c(j\omega)$，在系统相频曲线的合适位置为系统添加超前相角，以便增加系统的相角裕度。为了最大限度地增加系统的相角裕度，我们应该调整校正器，使得出现最大超前相角的频率点 ω_m 正好处在校正后的系统的 0 dB 线穿越频率 ω_c 处。比较校正前系统的相角裕度和预期的相角裕度，可以得到需要添加的超前相角，再利用式(10.11)或图 10.4，进一步求得所需的 α。注意到，在对数频率轴上，最大超前相角出现在极点频率和零点频率的中点处，即有 $\omega_m=\sqrt{zp}$，据此又可以确定校正器的零点项 $z=1/(\alpha\tau)$。由于超前校正器的最后幅值为 20 log α，可以预计，在频率 $\omega_c=\omega_m$ 处，超前校正器带来的幅值增量应该为 10 log α(见图 10.3)。于是，遵循下面的设计步骤，可以设计得到所需的超前校正器。

1. 在保证稳态精度的前提下，计算未校正系统的相角裕度；
2. 为稳妥起见（弥补幅值增加带来的相角损失），在预留小幅冗余相角之后，计算确定所需补充添加的超前相角ϕ_m；
3. 根据式(10.11)，计算对应的 α；
4. 先认定式(10.7)中的 $G_c(s)$满足 $k/\alpha=1$。增益值的最后调整将在第 8 步完成；
5. 计算 $10\log\alpha$，在未校正系统的幅频特性曲线上，确定与幅值 $-10\log\alpha$（以 dB 计）对应的频率。由于超前校正器将会在 ω_m 处提供 $10\log\alpha$（以 dB 计）的幅值附加增量，因此这个频率就是新的 0 dB 线穿越频率 ω_c，同时也是校正器的最大超前相角出现频率 ω_m；
6. 计算校正器的极点参数 $p=\omega_m\sqrt{\alpha}$和零点参数 $z=p/\alpha$；
7. 绘制校正后的闭环系统伯德图，确认相角裕度是否满足了指标要求。若仍不满足指标要求，就必须重复上述设计步骤，直至相角裕度满足指标要求；
8. 最后，进一步将开环增益 K 提高 α 倍，以便抵消超前校正器带来的衰减$(1/\alpha)$，最终就得到了可接受的校正设计方案。

例 10.1　Ⅱ型系统的超前校正器

考察图 10.1(a)所示的单环反馈控制系统，并假定有

$$G(s)=\frac{10}{s^2} \tag{10.14}$$

和 $H(s)=1$。由式(10.14)可知，未校正的系统是一个Ⅱ型系统，从表面上看，它对阶跃输入和斜坡输入都应该有满意的稳态跟踪性能。但如果注意到

$$T(s)=\frac{Y(s)}{R(s)}=\frac{10}{s^2+10} \tag{10.15}$$

就会发现事实并非如此。该系统的响应其实是无阻尼的持续振荡。为此，本例考虑为未校正系统引入合适的超前校正器，使校正后的开环传递函数变成 $L(s)=G_c(s)G(s)$，以便修正原有的虚极点。

在时域内，给定的设计指标要求为：调节时间 $T_s\leqslant 4$ s，且系统闭环阻尼系数 $\zeta\geqslant 0.45$。为了在频域内完成设计，需要将时域指标要求转换成频域指标要求。对调节时间(按 2% 准则)，可以取

$$T_s=\frac{4}{\zeta\omega_n}=4$$

因此，闭环系统的固有频率应该满足

$$\omega_n=\frac{1}{\zeta}=\frac{1}{0.45}=2.22$$

如果要用频率特性数据验证校正后的 ω_n 是否满足上述要求，最简单的办法可能就是将 ω_n 与带宽 ω_B 联系起来，然后再验证闭环系统的 -3 dB 带宽是否满足相应的指标要求。当 $\zeta=0.45$ 时，相应的近似要求为 $\omega_B=(-1.19\zeta+1.85)\omega_n=3.00$，而闭环系统的带宽可以在校正后的尼科尔斯图上求得。

未校正系统

$$G(j\omega)=10/(j\omega)^2 \tag{10.16}$$

的开环伯德图如图 10.7 中的实线所示。再考虑对闭环阻尼系数的设计要求，闭环系统的相角裕度应该近似达到

$$\phi_{\rm pm} = \frac{\zeta}{0.01} = \frac{0.45}{0.01} = 45^\circ \tag{10.17}$$

而在未校正系统中，两个纯积分环节的相角恒为 -180°，其相角裕度仅为 P.M.=0°。因此，在校正后的幅频曲线 0 dB 线穿越频率处，需要用超前校正器提供 45°的超前相角。为此，校正器参数 α 应满足

$$\frac{\alpha - 1}{\alpha + 1} = \sin \phi_m = \sin 45^\circ \tag{10.18}$$

于是 $\alpha = 5.8$。为了更稳妥地提供足够的相角裕度，取 $\alpha = 6$，因而有 $10 \log \alpha = 7.78$ dB。于是，超前校正器在最大超前相角对应频率 ω_m 处，会带来 7.78 dB 的额外幅值增量。我们希望 ω_m 等于校正后的幅频特性近似线(图中虚线部分)的 0 dB 线穿越频率，因此在该频率点上，校正后的幅频特性近似线需要比未校正系统的幅频特性近似线高出 7.78 dB。如图 10.7 所示，在未校正系统的幅频特性近似线上，计算确定与增量 -7.78 dB 对应的频率点 $\omega = 4.95$，这也就是新的 0 dB 线穿越频率 ω_c，而最大超前相角也将添加在 $\omega_m = \omega = 4.95$ 处。最后，利用设计步骤的第 6 步，就可以确定所需的超前校正器的零点频率和极点频率分别为 $p = \omega_m\sqrt{\alpha} = 12.0$ 和 $z = p/\alpha = 2.0$。

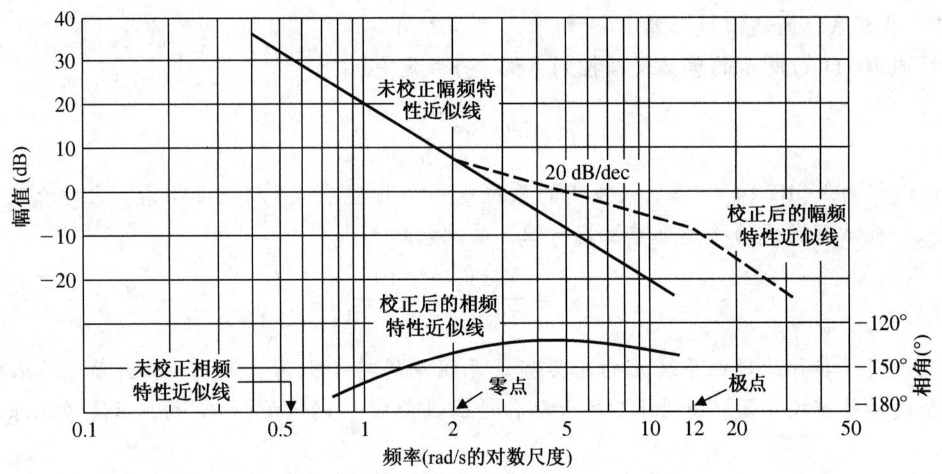

图 10.7 例 10.1 的伯德图

所得到的校正器的形如式(10.7)的传递函数为

$$G_c(s) = K\frac{1 + \alpha\tau s}{\alpha(1 + \tau s)} = \frac{K}{6}\frac{1 + s/2.0}{1 + s/12.0} \tag{10.19}$$

其中，参数取为 $K = 6$，可以保证全系统的开环增益保持为 10。在图 10.7 中添加校正后的系统的伯德图时，我们已经默许提高了 K 的值，以便对消 $1/\alpha$ 导致的衰减。

校正后的系统的开环传递函数为

$$L(s) = \frac{10(1 + s/2)}{s^2(1 + s/12)} = \frac{60(s + 2)}{s^2(s + 12)}$$

注意到 $H(s) = 1$，因此，闭环传递函数为

$$T(s) = \frac{60(s + 2)}{s^3 + 12s^2 + 60s + 120} \approx \frac{60(s + 2)}{(s^2 + 6s + 20)(s + 6)} \tag{10.20}$$

显然，零点 $s = -2$ 和实极点 $s = -6$ 会影响反馈控制系统的瞬态响应。校正后的系统的实际性能指标为：超调量 P.O.=34%，调节时间 $T_s = 1.4$ s，带宽 $\omega_B = 8.4$ rad/s，相角裕度 P.M.=45.6°。

例 10.2　二阶系统的超前校正器

考虑二阶反馈控制系统，其开环传递函数为

$$L(s)=\frac{40}{s(s+2)} \tag{10.21}$$

其中 $L(s)=G_c(s)G(s)$。我们首先希望系统斜坡响应的稳态误差 $e_{ss}=5\%$，因此系统的速度误差系数至少为

$$K_v=\frac{A}{e_{ss}}=\frac{A}{0.05A}=20 \tag{10.22}$$

式(10.21)满足了式(10.22)。进一步要求系统的相角裕度至少为 P.M.= 40°。未校正系统的开环频率特性函数因此为

$$G(\mathrm{j}\omega)=\frac{20}{\mathrm{j}\omega(0.5\mathrm{j}\omega+1)} \tag{10.23}$$

据此先来绘制未校正系统的伯德图，如图 10.8(a)所示。从中可以看出，在幅频特性曲线与 0 dB 线的交点处，对应的穿越频率为 $\omega_c=6.2$ rad/s，再根据相角计算公式

$$\underline{/G(\mathrm{j}\omega)}=\phi(\omega)=-90^\circ-\arctan(0.5\omega) \tag{10.24}$$

当 $\omega=\omega_c=6.2$ rad/s 时，可以得到未校正系统的相角为

$$\phi(\omega)=-162^\circ \tag{10.25}$$

由此可知，系统的相角裕度仅为 P.M.= 18°，不能满足给定的指标要求。因此，我们需要为系统引入超前校正器，以便将系统在新的穿越频率处的相角裕度提高到 40°。又由于新的 0 dB 线穿越频率将会增大，因而会损失一定的相角裕度，因此，所需添加的超前相角在 $40^\circ-18^\circ=22^\circ$ 的基础上，还需要按一定百分比加大超前相角的设计值，以弥补相角损失，于是我们要设计的校正器所能提供的最大超前相角应该达到 $\phi_m=22^\circ+8^\circ=30^\circ$，对应地有

$$\frac{\alpha-1}{\alpha+1}=\sin 30^\circ=0.5 \tag{10.26}$$

解上述方程可以得到 $\alpha=3$。

最大超前相角应该出现在 ω_m 处，并且 ω_m 应该与新的穿越频率重合。校正器在 ω_m 处有 $10\log\alpha=10\log 3=4.8$ dB，新的穿越频率就应该在 $G(\mathrm{j}\omega)$ 的幅频特性曲线上的 -4.8 dB 处，于是有 $\omega_m=\omega_c=8.4$ rad/s。绘制校正后的系统的幅频特性曲线，并使曲线在 $\omega_m=\omega_c=8.4$ rad/s 处与0 dB线相交，于是可得 $z=\omega_m/\sqrt{\alpha}=4.8$ 和 $p=\alpha z=14.4$，而超前校正器的传递函数则为

$$G_c(s)=\frac{K}{3}\frac{1+s/4.8}{1+s/14.4} \tag{10.27}$$

在对消了超前校正器带来的衰减($1/\alpha=1/3$，因而取 $K=3$)之后，可得校正后的系统开环传递函数为

$$L(s)=G_c(s)G(s)=\frac{20(s/4.8+1)}{s(0.5s+1)(s/14.4+1)} \tag{10.28}$$

为了验证校正后的相角裕度是否满足了设计要求，我们来计算 $\omega=\omega_c=8.4$ rad/s 时，$G_c(\mathrm{j}\omega)G(\mathrm{j}\omega)$ 的相角

$$\begin{aligned}\phi(\omega_c)&=-90^\circ-\arctan 0.5\omega_c-\arctan\frac{\omega_c}{14.4}+\arctan\frac{\omega_c}{4.8}\\&=-90^\circ-76.5^\circ-30.0^\circ+60.2^\circ=-136.3^\circ\end{aligned} \tag{10.29}$$

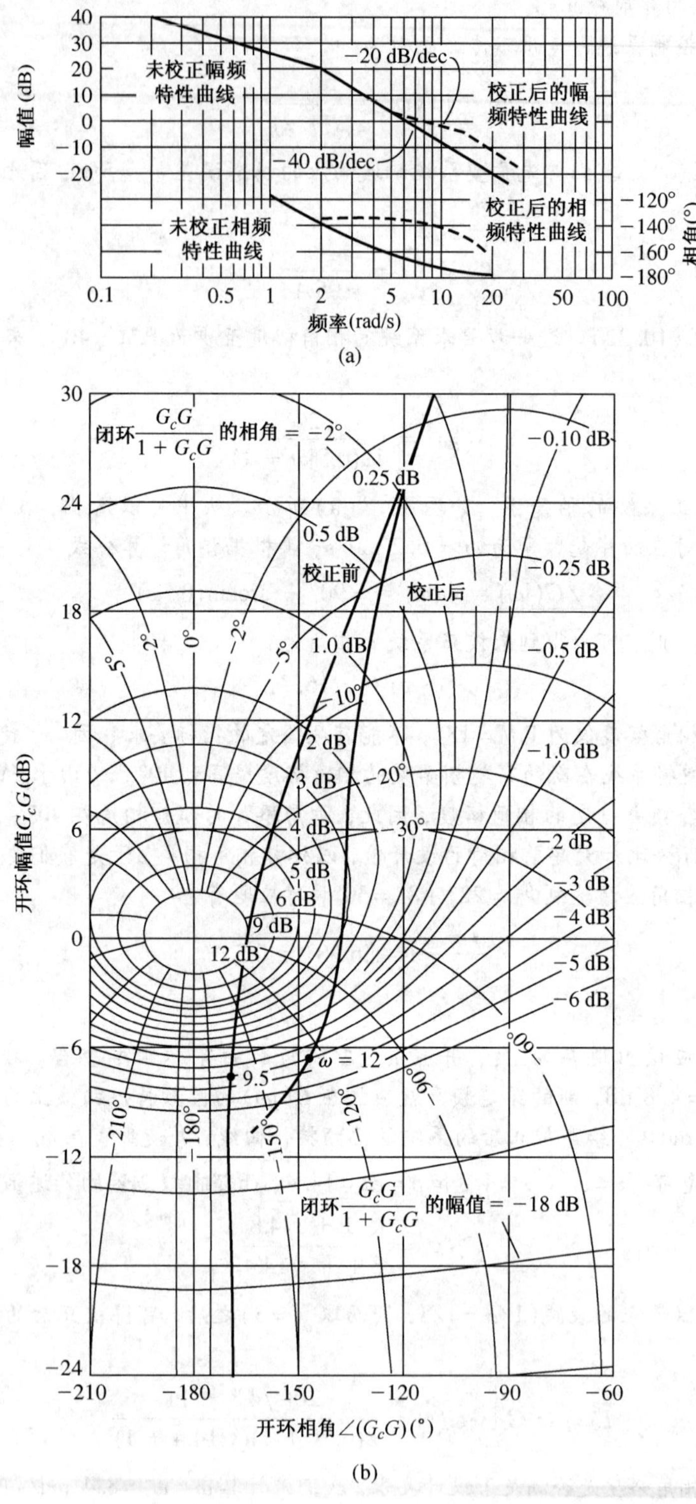

图 10.8 (a) 例 10.2 的伯德图;(b) 例 10.2 的尼科尔斯图

由此可知,校正后的相角裕度 P.M.= 43.7°,满足了设计要求。经过验证可知,校正后的其他时域指标为:超调量 P.O.= 28%,调节时间 $T_s = 0.9$ s。对斜坡输入的稳态精度为 5%。

图 10.8(b)给出了反馈控制系统校正前后的尼科尔斯图。从中可以看出，超前校正器明显地改变了系统的开环对数幅频特性曲线。对系统进行超前校正，可以增大系统的相角裕度，减小系统的谐振峰值 $M_{p\omega}$，增大系统的闭环带宽。本例中，校正前后的 $M_{p\omega}$ 分别为 12 dB 和 3.2 dB，闭环带宽则由校正前的 $\omega_B = 9.5$ rad/s 增加到校正后的 $\omega_B = 12$ rad/s。

10.5　用根轨迹法设计超前校正器

我们也可以用根轨迹法设计超前校正器。利用根轨迹法设计超前校正器的基本思路是，合理配置超前校正器的零点和极点，从而改变根轨迹的形状，使校正后的闭环系统具有满意的根轨迹。事先给定的设计要求决定了系统的预期主导极点，而理想的根轨迹应该通过这些预期主导极点。

采用 s 平面根轨迹法时，超前校正器的主要设计步骤可以归纳如下：

1. 根据系统的性能指标设计要求，导出主导极点的预期位置；
2. 将控制器取为比例控制器，$G_c(s) = K$，绘制未校正系统的根轨迹，验证只调整比例参数时，系统的根轨迹是否通过预期主导极点；
3. 如果需要校正原有系统，则先将超前校正器的零点直接配置在预期主导极点的下方（或配置在前两个开环实极点的左侧近旁）；
4. 配置确定超前校正器的极点，使得在预期主导极点处，根轨迹条件得以满足，即所要求的相角之和为 180°，以便确保校正过的根轨迹通过预期主导极点；
5. 在预期主导极点处，确定系统的总增益，计算系统的稳态误差常数；
6. 若稳态误差常数不能够满足指标要求，则重复上述设计过程。

如图 10.9(a)所示，首先应该根据对 ζ 和 ω_n 的设计要求，确定系统的预期主导极点。图 10.9(b)给出了未校正系统 $G_c(s) = K$ 的根轨迹。可以看出，此时系统的根轨迹并没有通过预期主导极点，系统需要校正。接下来，将校正器的零点配置在前两个开环实极点的左侧，以便提供超前相角。由于不希望校正器的零点改变预期主导极点的主导特性，因此需要注意，不能将网络零点配置得比第二个开环实极点更靠近原点，否则会导致出现更靠近原点的闭环实极点，因而该闭环实极点将主导系统的响应。如图 10.9(c)所示，预期主导极点正好位于第二个开环实极点上方，因此我们可以将超前校正器的零点 z 配置在第二个开环实极点的左侧近旁。

这样一来，校正后闭环系统的实极点将与实零点相距不远，对应的部分分式的留数较小，对系统最终响应的影响也相应较小，可以进一步保证预期主导极点的主导特性。无论如何，设计者始终要意识到，其他闭环零点和极点终究会影响校正后的系统响应，预期主导极点并不能自然而然地决定系统响应。因此，在实际设计工作中，明智的做法是留出足够的设计余量，并在完成设计之后，用计算机仿真来验证校正后的反馈控制系统的性能。

由于预期主导极点应该位于校正后的根轨迹上，因此在预期主导极点处，考虑从开环零点和极点出发的各个向量，它们的相角的代数和应该为 180°。据此，可以先求出由超前校正器的极点导致的相角 θ_p，再从主导极点出发，绘制与实轴夹角为 θ_p 的直线，该直线与实轴的交点即为超前校正器的极点 $-p$，如图 10.9(d)所示。

利用根轨迹法设计超前校正器的优点在于，设计人员可以尽早确定闭环控制系统主导极点的位置，从而可以尽早确定系统瞬态响应的主要特性。与伯德图法相比，根轨迹法的不足之处在于，它无法让设计人员直接得到系统的稳态误差常数（如速度误差常数 K_v），由于闭环系统的总的增益与超前校正器的零点 z 和极点 p 有关，因此只有在完成了超前校正器的设计之后，才能确定闭环系统最后的增益，并进一步确定系统的误差常数。如果校正后的误差常数不能满足设计要求，就不得不重复上面的设计过程，调整主导极点的预期位置，改变超前校正器的零点和极点配置。

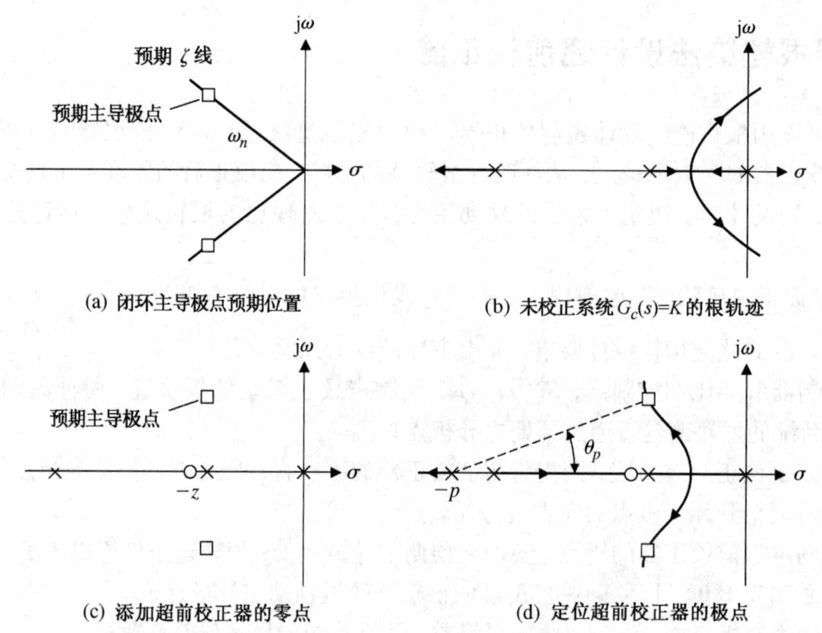

图 10.9 在 s 平面上设计超前校正器

例 10.3 用根轨迹法设计超前校正器

重新考虑例 10.1。未校正系统的开环传递函数为

$$L(s) = G_c(s)G(s) = \frac{10K}{s^2} \tag{10.30}$$

对应的特征方程为

$$1 + L(s) = 1 + \frac{10K}{s^2} = 0 \tag{10.31}$$

由此可知，未校正的闭环控制系统的根轨迹就是 s 平面的虚轴 $\mathrm{j}\omega$。为了改善控制系统的性能，考虑为系统引入一阶超前校正器。超前校正器传递函数为

$$G_c(s) = \frac{s+z}{s+p} \tag{10.32}$$

其中，$|z| < |p|$。

给定闭环控制系统的设计指标要求为：调节时间 $T_s \leqslant 4$ s(按 2% 准则)，且超调量 P.O.$\leqslant$35%，由此可以推知，闭环控制系统的阻尼系数应该满足 $\zeta \geqslant 0.32$。再由对调节时间的设计要求可得

$$T_s = \frac{4}{\zeta\omega_n} = 4$$

于是可以取 $\zeta\omega_n = 1$。在取定 $\zeta = 0.45$ 之后，可以如图 10.10 所示，将系统的预期主导极点取为

$$r_1, \hat{r}_1 = -1 \pm j2 \tag{10.33}$$

在图 10.10 中，首先将超前校正器的零点配置在预期主导极点的正下方，即将超前校正器的零点取为 $s = -z = -1$。随后，在预期主导极点处，计算从开环零点和极点出发的各个向量的相角代数和。已经确定的开环零点和极点包括了校正器的零点和未校正系统在 s 平面原点处的双重极点，于是有

$$\phi = -2(116°) + 90° = -142° \tag{10.34}$$

再考虑从超前校正器的极点出发的待定向量，由相角条件（主值 180°）可以得知，该向量的相角 θ_p 应该满足等式

$$-180° = -142° - \theta_p \tag{10.35}$$

于是又有 $\theta_p = 38°$。如图 10.10 所示，绘制通过预期主导极点且与实轴的交角为 $\theta_p = 38°$ 的直线。计算该直线与实轴的交点，可以得到超前校正器的极点为 $s = -p = -3.6$。因此，本例设计的超前校正器为

$$G_c(s) = K\frac{s+1}{s+3.6} \tag{10.36}$$

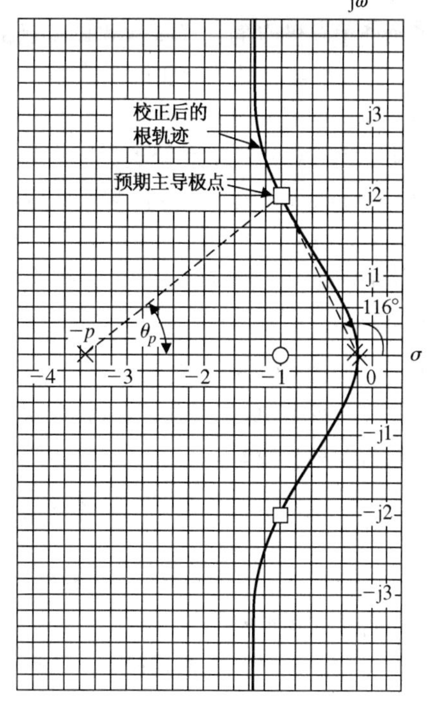

图 10.10　设计超前校正器（见例 10.3）

校正后的系统开环传递函数为

$$L(s) = G_c(s)G(s) = \frac{10K(s+1)}{s^2(s+3.6)} \tag{10.37}$$

再根据根轨迹的幅值条件和有关向量的长度可得

$$K = \frac{(2.23)^2(3.25)}{2(10)} = 0.81 \tag{10.38}$$

最后，我们来验证校正后系统的稳态误差常数。校正后的系统是Ⅱ型系统，它对阶跃输入和斜坡输入的稳态误差为零，而它的加速度误差常数为

$$K_a = \frac{10(0.81)}{3.6} = 2.25 \tag{10.39}$$

由此可见，系统具有令人满意的稳态响应。至此，我们最终完成了反馈控制系统的校正器和设计，并得到了令人满意的设计结果。比较用根轨迹法和伯德图法得到的设计结果，可以发现，从同一个未校正的Ⅱ型系统出发，却得到了不同的校正方案。校正后的系统具有不同的零点和极点配置，但却同样可接受的系统性能，因此我们不必过分关注它们在零点和极点配置上的差异。究其原因，这种差异主要来源于带有主观色彩的设计步骤（第 3 步）。在本例中，我们把超前校正器的零点配置在预期主导极点的正下方，从而导致了设计结果的差异。如果将超前校正器的零点取为 $s = -2.0$，根轨迹法和伯德图法将得到基本相同的超前校正器。

本例最初给出的指标要求，是在时域内针对超调量和调节时间而提出的。而在后续的设计过程中，事实上默认了高阶系统可以用二阶系统来近似。因为只有在二阶系统近似的前提下，才能将最初的时域指标要求转变成对 ζ 和 ω_n 的指标要求，并进一步确定预期主导极点。也正因为如此，我们始终要注意确保预期主导极点的主导特性。在本例中，由于超前校正器引入了新的零

点和极点，校正后的系统变成了三阶系统。因此，本例的设计结果是否成立，完全取决于是否保证了预期主导极点的主导特性和校正后的系统能否用二阶系统来近似。通常情况下，设计完成之后，还应该仿真系统的实际瞬态响应，以便验证最终的设计结果。最终，实际系统的超调量 P.O.=46%，调节时间 $T_s=3.8$ s(按2%准则)，基本满足了给定的设计要求(P.O.=35%和 $T_s=4$ s)，这说明了主导极点二阶系统近似的有效性。另一方面，由于新增闭环零点的影响，系统的超调量出现了一定程度的超标，这提醒我们应该谨慎地采用二阶系统近似方法。此外，在使用超前校正器的同时，还可以为系统引入合适的前置滤波器，对消新增的闭环零点，从而减小新增闭环零点对系统响应的不利影响。以本例的设计结果为例，**前置滤波器**可以将系统的超调量减小到 P.O.=30%。

例 10.4 Ⅰ型系统的超前校正器

重新考虑例 10.2，但改用根轨迹法来设计所需要的超前校正器。在本例中，未校正的反馈控制系统的开环传递函数为

$$L(s) = G_c(s)G(s)\frac{40K}{s(s+2)} \tag{10.40}$$

其中，$G_c(s)=K$。反馈控制系统的设计要求是：与闭环主导极点对应的阻尼系数为 $\zeta=0.4$，相应的系统速度误差常数为 $K_v=20$。

为了使系统的调节时间较短，取预期主导极点的实部为 $\zeta\omega_n=4$，于是有 $T_s=1$ s，这意味着校正后的系统的固有频率将为 $\omega_n=10$。这是一个相当大的固有频率，势必会导致较大的速度误差常数。与上述选定的参数值 $\zeta\omega_n=4$，$\zeta=0.4$ 和 $\omega_n=10$ 对应，预期主导极点的位置如图 10.11(a)所示。

接着，将超前校正器的零点直接配置在主导极点的正下方，于是有 $s=-z=-4$。在预期主导极点处，考虑从已经确定的开环零点和极点出发的向量，可以求得它们的相角代数和为

$$\phi = -114^\circ - 102^\circ + 90^\circ = -126^\circ \tag{10.41}$$

再考虑从超前校正器的待定极点出发的向量，由根轨迹的相角条件可知，其相角应该满足

$$-180^\circ = -126^\circ - \theta_p$$

于是有 $\theta_p=54^\circ$。从预期主导极点出发，绘制与实轴交角为54°的直线，确定该直线与实轴的交点，便得到了超前校正器的极点为 $s=-p=-10.6$，如图 10.11(a)所示。最后，根据根轨迹的幅值条件，可以得到校正后的系统增益为

$$K = \frac{10(9.4)(11.3)}{9.2(40)} = 2.9 \tag{10.42}$$

而校正后的系统开环传递函数为

$$L(s) = G_c(s)G(s) = \frac{115.5(s+4)}{s(s+2)(s+10.6)} \tag{10.43}$$

从式(10.43)出发，可以求得校正后的系统的速度误差常数为

$$K_v = \lim_{s\to 0} s[G_c(s)G(s)] = \frac{115.5(4)}{2(10.6)} = 21.8 \tag{10.44}$$

满足了 $K_v \geqslant 20$ 的设计要求。

图 10.11(b)给出了计算机仿真的系统阶跃响应，从中可以看出，经过校正后的系统超调量 P.O.=34%，调节时间 $T_s=1.06$ s，相角裕度 P.M.=38.4°。

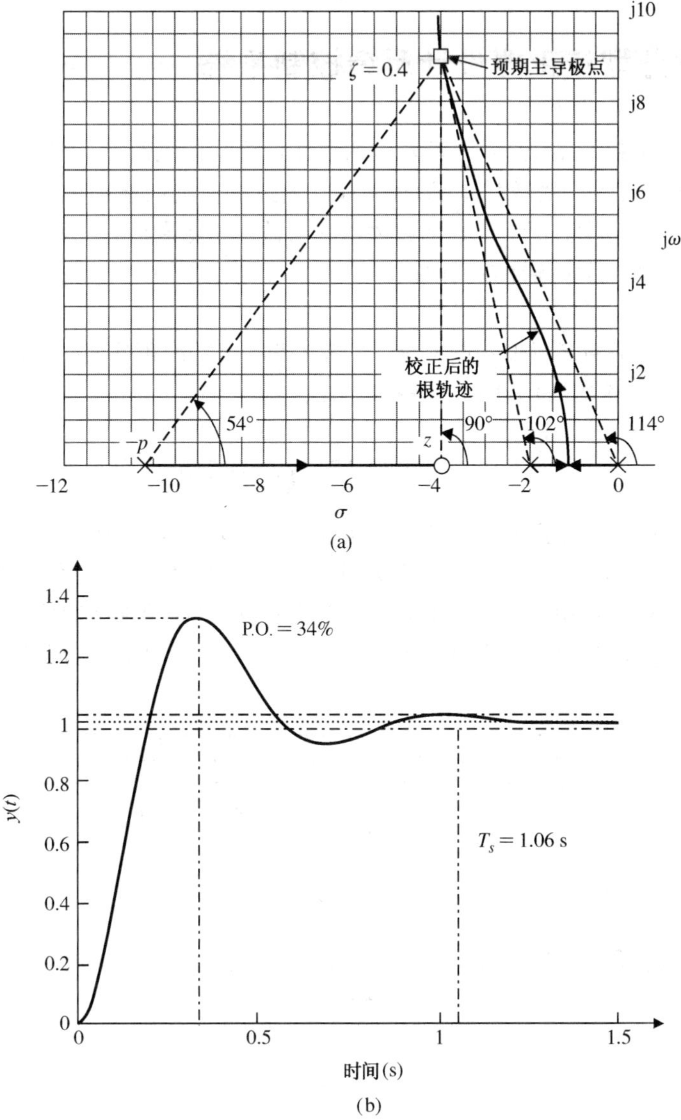

图 10.11 (a) 在 s 平面上设计超前校正器(见例 10.4);(b) 校正后的系统阶跃响应

超前校正器是改善反馈控制系统性能的有效工具。采用伯德图法设计校正器的要点是，超前校正器可以为反馈控制系统提供所需要的超前相角，保证系统具有足够的相角裕度；采用 s 平面根轨迹法设计校正器的要点是，超前校正器可以根据需要改变系统的根轨迹，从而将系统的闭环主导极点配置在预期的位置上。前面的例子还表明，当明确提出了对系统稳态误差的设计要求时，采用伯德图法设计更为合适。其原因在于，采用 s 平面根轨迹法时，系统的稳态误差常数与校正器的零点和极点有关，只有在完成了超前校正器的设计之后，才能最终根据超前校正器的零点和极点，验证稳态误差常数是否满足了设计要求，这很容易导致交互式的重复设计过程。与此对应，当提出了对超调量和调节时间等时域指标的设计要求时，则采用根轨迹法设计更为合适。在这种情况下，可以方便地将给定的设计要求变换成对 ζ 和 ω_n 的设计要求，从而便于确定预期主导极点的位置。超前校正器常常会增大闭环控制系统的带宽，降低系统的抗噪性能。此外，超前校正器并不适用于稳态精度要求很高的系统。为了得到很大的稳态误差常数(通常为 K_p 和 K_v)，我们应该为反馈控制系统引入积分型的校正器，这将是后面几节要讨论的主题。

10.6 利用积分型校正器设计反馈控制系统

对很大一部分反馈控制系统而言，其基本的设计目标是首先确保系统具有很高的稳态精度，然后再在一定的限度内保持系统较好的瞬态性能。通过提高前向通路中放大器的增益，可以提高反馈控制系统的稳态精度。但一味提高放大器的增益，将会导致无法接受的瞬态响应，甚至还会导致系统失稳。因此，常常需要在反馈控制系统的前向通路中引入合适的积分型校正器，以保证足够的稳态精度。

考虑图 10.12 所示的单环反馈控制系统，并希望选择合适的积分型校正器，达到提高系统的稳态误差常数的目的。当 $G_p(s)=1$ 时，该系统的稳态误差为

$$\lim_{t\to\infty} e(t) = \lim_{s\to 0} s\frac{R(s)}{1+G_c(s)G(s)H(s)} \tag{10.45}$$

由式(10.45)可知，系统的稳态误差取决于 $L(s)=G_c(s)G(s)H(s)$ 在 s 平面原点处的极点数。1 个这样的极点等效于系统的 1 个纯积分环节，因此从根本上讲，系统的稳态误差取决于 $L(s)=G_c(s)G(s)H(s)$ 中纯积分环节的个数。当系统的稳态精度不能够满足设计要求时，引入**积分型校正器** $G_c(s)$，可望增加未校正系统开环传递函数 $G(s)H(s)$ 的积分强度，从而提高校正后的系统的稳态精度。

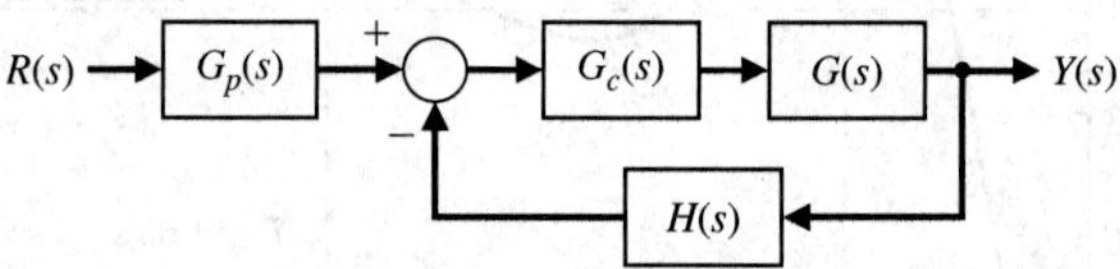

图 10.12 单环反馈控制系统

比例-积分控制器(PI 控制器)就是一类常用的积分型校正器，其传递函数为

$$\boxed{G_c(s) = K_p + \frac{K_I}{s}} \tag{10.46}$$

以某控制系统为例，其中有 $H(s)=1$，受控对象的传递函数为[28]

$$G(s) = \frac{K}{(\tau_1 s+1)(\tau_2 s+1)} \tag{10.47}$$

当输入为阶跃信号，即 $R(s)=A/s$ 时，未校正的系统的稳态误差为

$$\lim_{t\to\infty} e(t) = \lim_{s\to 0} s\frac{A/s}{1+G(s)} = \frac{A}{1+K} \tag{10.48}$$

并有 $K=\lim\limits_{s\to 0} G(s)$。为了使稳态误差较小(例如，小于 0.05$A$)，必须选取较大的 K。而当 K 很大时，又会导致系统产生不可接受的瞬态性能。因此，必须如图 10.12 所示，引入积分型校正器$G_c(s)$来解决这一矛盾。为了消除稳态误差，我们将校正器选为

$$G_c(s) = K_P + \frac{K_I}{s} = \frac{K_P s + K_I}{s} \tag{10.49}$$

于是，校正后的系统稳态误差变成为零，即

$$\lim_{t\to\infty} e(t) = \lim_{s\to 0} s\frac{A/s}{1+G_c(s)G(s)}$$
$$= \lim_{s\to 0}\frac{A}{1+[(K_P s+K_I)/s]K/[(\tau_1 s+1)(\tau_2 s+1)]} \tag{10.50}$$
$$= 0$$

更改参数 K, K_P 和 K_I，可以调节系统的瞬态响应，这样就兼顾了控制系统两个方面的设计要求。后续的设计工作最好采用根轨迹法来完成，即首先确定开环零点 $s=-K_I/K_P$，然后绘制以增益 K_PK 为可变参数的根轨迹，最后根据所得到的根轨迹来调节系统的瞬态响应。

PI 控制器也可以用来减小系统对斜坡输入 $r(t)=t$, $t\geqslant 0$ 的稳态误差。例如，当未校正系统 $G(s)$ 含有 1 个积分环节时，$G_c(s)$ 将系统变成了 Ⅱ 型系统，从而导致了斜坡响应的稳态误差为零。

例 10.5　温度控制系统

温度控制系统受控对象的传递函数为

$$G(s)=\frac{1}{(s+0.5)(s+2)} \tag{10.51}$$

为了使系统阶跃响应的稳态误差为零，我们为系统引入 PI 控制器

$$G_c(s)=K_P+\frac{K_I}{s}=K_P\frac{s+K_I/K_P}{s} \tag{10.52}$$

于是，系统的开环传递函数为

$$L(s)=G_c(s)G(s)=K_P\frac{s+K_I/K_P}{s(s+0.5)(s+2)} \tag{10.53}$$

进而要求校正后的系统的超调量满足 P.O.≤20%。由于 PI 控制器引入了一个新的闭环零点，该闭环零点会对主导极点带来影响，因此需要将预期主导极点的阻尼系数的设计目标值定得稍微大一些，以便提高获得满意的超调量的可能性。为此，将系统的预期主导极点配置在直线 $\zeta=0.6$ 之上，如图 10.13 所示。又要求系统的调节时间 $T_s=4/(\zeta\omega_n)=16/3$ s（按 2% 准则），据此可以将预期主导极点的实部确定为 $\zeta\omega_n=0.75$，从而完全确定了系统的预期主导极点。然后，我们利用根轨迹的相角条件来确定 PI 控制器的零点 $z=-K_I/K_P$。记从待定零点到预期主导极点的向量的相角为 θ_z，在预期主导极点处，从开环零点和极点出发的各个向量的相角代数和应该满足

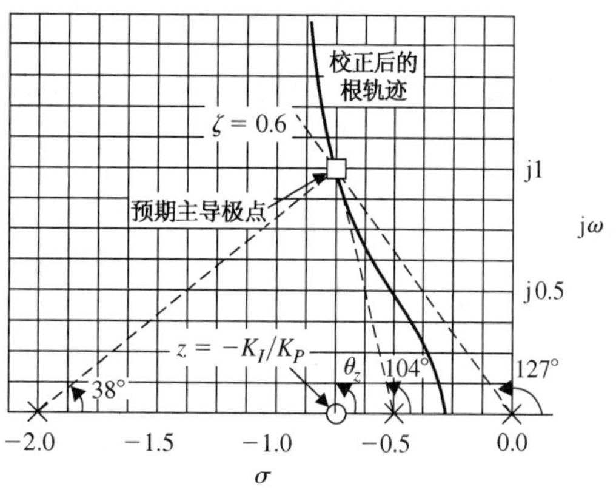

图 10.13　在 s 平面上设计积分型校正器

$$-180^\circ=-127^\circ-104^\circ-38^\circ+\theta_z$$

于是有 $\theta_z=+89^\circ$，进而得到 PI 控制器的零点为 $z=-0.75$。最后，根据根轨迹的幅值条件和各向量的长度，可以得到校正后的系统增益为

$$K_P=\frac{1.25(1.03)1.6}{1.0}=2$$

图 10.13 给出了校正后的闭环系统根轨迹和 PI 控制器的零点，从中可以看到，为了尽量保证预期主导极点的主导特性，我们将控制器零点 $z=-K_I/K_P$ 配置在了第二个开环极点（$s=-0.5$）的左侧。在本例中，这个措施并没有显著的效果，对校正后的闭环系统而言，它的第三个特征根仅

为 $s=-1.0$，其绝对值仅仅是共轭复根实部幅值的4/3倍，因此校正后的闭环系统仍将受到实零点和实极点的影响，系统的等效阻尼系数只是约为 $\zeta=0.6$，不能够严格满足给定的设计要求。

校正后的系统闭环传递函数为

$$T(s)=\frac{G_c(s)G(s)}{1+G_c(s)G(s)}=\frac{2(s+0.75)}{(s+1)/(s^2+1.5s+1.5)} \tag{10.54}$$

校正器(PI控制器)引入的闭环零点的后效是，增大了系统阶跃响应的超调量。系统实际达到的性能为：超调量P.O.=16%，调节时间 $T_s=4.9$ s，稳态误差如期望的一样，保持为零。

10.7 用根轨迹法设计滞后校正器

滞后校正器也是一种积分型校正器，可以用来增大反馈控制系统的误差常数。滞后校正器的传递函数为

$$G_c(s)=K\frac{s+z}{s+p}=K\alpha\frac{1+\tau s}{1+\alpha\tau s} \tag{10.55}$$

其中，$z=1/\tau$，$p=z/\alpha$。作为设计起点，首先认定系统采用的是比例控制器 $G_c(s)=K$，于是未校正系统的开环传递函数就是 $L(s)=KG(s)$。以I型未校正系统为例，其速度稳态误差常数的计算公式为

$$K_{v,\text{unc}}=K\lim_{s\to 0}sG(s) \tag{10.56}$$

引入式(10.55)给出的滞后校正器之后，则有

$$K_{v,\text{comp}}=\frac{z}{p}K_{v,\text{unc}} \tag{10.57}$$

或

$$\frac{K_{v,\text{comp}}}{K_{v,\text{unc}}}=\alpha \tag{10.58}$$

如果选择滞后校正器的零点和极点，使得它们满足 $|z|=\alpha|p|<1$，则校正后的 $K_{v,\text{comp}}$ 就会增大 $z/p=\alpha$ 倍。例如，当 $z=0.1$ 且 $p=0.01$ 时，速度误差常数就会增大10倍。与此同时，如果滞后校正器的零点和极点彼此接近，则它们对预期主导极点的影响可以忽略不计。因此，如果滞后校正器的零点和极点彼此接近，又都处在 s 平面的原点附近，就可以兼顾上述两个方面的需求，既能够使预期主导极点只受到轻微的影响，又能够使反馈系统的误差常数有明显增加(增加 α 倍)。

综上所述，在 s 平面上设计滞后校正器的步骤可以归纳如下：

1. 先认定系统采用的是比例控制器 $G_c(s)=K$，绘制未校正系统的根轨迹；
2. 根据给定的系统瞬态性能设计要求，在未校正的根轨迹上，确定能够满足设计要求的系统预期主导极点；
3. 根据预期主导极点，确定未校正系统的增益取值，并计算此时的稳态误差常数；
4. 比较校正前的稳态误差常数和预期的稳态误差常数，计算所需的增益放大倍数，即滞后校正器的零点和极点的幅值之比 α；
5. 根据所得的 α 的取值，配置滞后校正器的零点和极点。为了保证校正后的根轨迹仍然通过预期主导极点，应该将滞后校正器的零点和极点都配置在 s 平面上靠近原点的地方。

当滞后校正器的零点和极点的幅值远远小于主导极点的固有频率 ω_n，而且保证它们彼此接近时，可以满足第 5 步对校正器的零点和极点的配置要求。当从预期主导极点到零点和极点的两个向量的夹角很小时，相对主导极点而言，校正器的零点和极点几乎重合在了一起，因而能够基本保证校正后的根轨迹仍然通过预期主导极点。通常的做法是，使得从预期主导极点到滞后校正器的零点和极点的两个向量的夹角小于 2°。

例 10.6　滞后校正器设计实例之一

重新考虑例 10.2 的未校正单位负反馈系统，但改用滞后校正器来校正该系统，其开环传递函数为

$$L(s) = G_c(s)G(s) = \frac{K}{s(s+2)} \tag{10.59}$$

给定的设计要求为：主导极点的阻尼系数 $\zeta \geqslant 0.45$，系统的速度误差常数 $K_v \geqslant 20$。如图 10.14 所示，未校正系统的根轨迹是直线 $s = -1$。该直线与等阻尼线 $\zeta = 0.45$ 的交点 $s = -1 \pm \mathrm{j}2$，就是校正后的预期主导极点。与预期主导极点对应，可变增益的取值为 $K = (2.24)^2 = 5$，于是，未校正系统的速度误差常数为

$$K_v = \frac{K}{2} = \frac{5}{2} = 2.5$$

再根据给定的设计要求可知，校正器的零点和极点的幅度之比应该为

$$\left|\frac{z}{p}\right| = \alpha = \frac{K_{v,\mathrm{comp}}}{K_{v,\mathrm{unc}}} = \frac{20}{2.5} = 8 \tag{10.60}$$

由图 10.15 可以看出，为了满足式(10.60)的要求，可以取 $z = 0.1$，$p = 0.1/8$；此时，从预期主导极点到校正器的零点和极点的交角仅为 1°左右，校正器不会显著影响极点 $s = -1 \pm \mathrm{j}2$ 的主导地位。注意，实际闭环主导极点与预期闭环主导极点略有不同。校正后的根轨迹在 $\sigma = -0.95$ 处垂直离开 σ 轴。图 10.15 还给出了校正后系统的根轨迹(粗线)。这样，校正后的开环传递函数为

$$L(s) = G_c(s)G(s) = \frac{5(s+0.1)}{s(s+2)(s+0.0125)} \tag{10.61}$$

至此就完成了滞后校正器的设计。

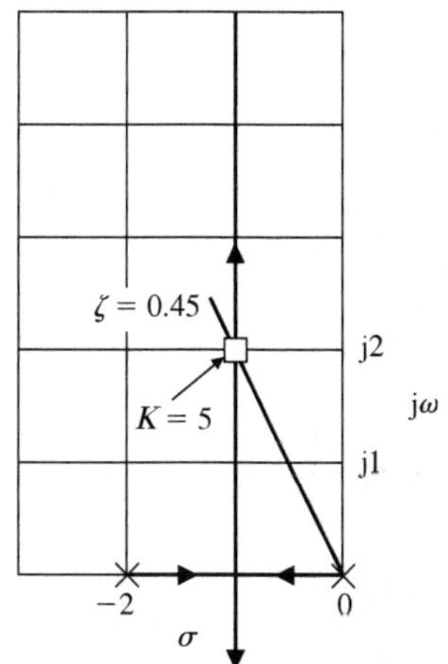

图 10.14　例 10.6 中的未校正系统的根轨迹

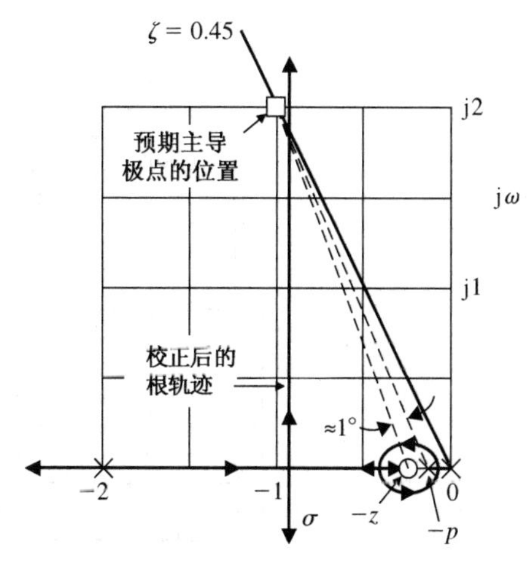

图 10.15　例 10.6 中的经过校正后的根轨迹

例 10.7　滞后校正器设计实例之二

再来考虑一个难以使用超前校正器进行校正的设计问题。未校正系统的开环传递函数为

$$L(s) = G_c(s)G(s) = \frac{K}{s(s+10)^2} \tag{10.62}$$

给定的设计要求为：系统的速度误差常数 $K_v \geqslant 20$，主导极点对应的阻尼系数 $\zeta = 0.707$。

对未校正系统而言，为了满足对 $K_v = 20$ 的设计要求，应该有

$$K_v = 20 = \frac{K}{(10)^2}$$

由此可知，未校正系统的增益需要高达 $K = 2000$。而当 $K = 2000$ 时，由劳斯-赫尔维茨稳定性判据可知，未校正系统的复根等于 $\pm j10$，离满足 ζ 的设计要求相差甚远。这个结果表明，只有进行适当的校正，系统才会同时满足对 K_v 和 ζ 的设计要求。在保证稳态精度的前提下，如果采用超前校正器，则很难将虚轴上的主导极点校正到直线 $\zeta = 0.707$ 之上，正因为如此，本例将采用滞后校正器来实现这种大范围的校正。未校正系统的根轨迹如图 10.16 所示，它与直线 $\zeta = 0.707$ 的交点代表了系统的预期主导极点，于是有 $s = -2.9 \pm j2.9$。根据根轨迹的幅值条件，可以得到与预期主导极点对应的系统增益为 $K = 242$。比较校正前后的速度误差常数，可以进一步确定所需的校正器的零点和极点的幅度之比

$$\alpha = \left|\frac{z}{p}\right| = \frac{2000}{242} = 8.3$$

再根据 α 的计算结果，并留出一定的设计余地，可以取 $z = 0.1$，$p = 0.1/9$，至此便得到了所需要的滞后校正器。从图 10.16 可以看出，从预期主导极点到滞后校正器 $G_c(s)$ 的零点和极点的夹角可以忽略不计。校正后的系统的开环传递函数为

$$L(s) = G_c(s)G(s) = \frac{242(s+0.1)}{s(s+10)^2(s+0.0111)} \tag{10.63}$$

其中，$G_c(s) = \dfrac{242(s+0.1)}{(s+0.0111)}$。

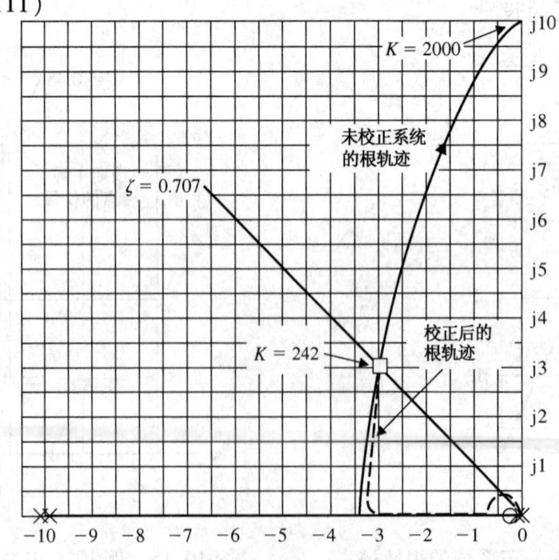

图 10.16　在 s 平面上设计滞后校正器

10.8 用伯德图法设计滞后校正器

利用伯德图法也可以方便地设计滞后校正器。将滞后校正器的传递函数写成伯德图的形式为

$$G_c(j\omega) = K\alpha \frac{1 + j\omega\tau}{1 + j\omega\alpha\tau} \tag{10.64}$$

图 10.6 给出了滞后校正器的伯德图。与根轨迹方法的情况类似，在校正后的伯德图上，滞后校正器的零点和极点的幅值通常远远小于未校正系统极点的最小幅值，这正好适应了滞后校正器的使用特点。引入滞后校正器之后，发挥校正作用的主要因素不是由它引起的滞后相角，而是由它引起的 $-20\log\alpha$ 衰减。这种衰减可以降低系统的 0 dB 线穿越频率，而穿越频率的降低正好增大了系统的相角裕度，这样就保证了校正后的系统能够同时满足对稳态精度和相角裕度的设计要求。

采用伯德图法时，滞后校正器的设计步骤可以归纳如下：

1. 先认定系统采用的是比例控制器 $G_c(s)=K$，根据稳态误差的设计要求，确定未校正系统的增益 K，并绘制相应系统的伯德图；
2. 计算未校正系统的相角裕度，若不能满足设计要求，则继续下面的设计步骤；
3. 确定能够满足相角裕度设计要求的穿越频率 ω_c'。确定预期穿越频率时，应当考虑补偿掉滞后校正器可能引起的附加滞后相角。在通常情况下，可以将滞后相角的预留值取为 5°；
4. 配置滞后校正器的零点。为了确保附加滞后相角不超过 5°（见图 10.6），滞后校正器的零点频率应该比新的预期穿越频率 ω_c' 小十倍频程；
5. 根据预期穿越频率 ω_c' 和未校正系统的幅频特性曲线，确定所需的幅值衰减；
6. 在穿越频率 ω_c' 处，滞后校正器产生的幅值衰减为 $-20\log\alpha$。由此可以确定所需校正器的设计参数 α；
7. 计算滞后校正器的极点频率 $\omega_p=1/(\alpha\tau)=\omega_z/\alpha$，从而完成滞后校正器的设计。

下面，我们用一个例子来说明上述设计步骤。

例 10.8 滞后校正器设计实例之三

重新考虑例 10.6 的未校正单位负反馈系统，并为它设计一个滞后校正器，以便获得预期的相角裕度。未校正系统的开环频率特性函数为

$$L(j\omega) = G_c(j\omega)G(j\omega) = \frac{K}{j\omega(j\omega+2)} = \frac{K_v}{j\omega(0.5j\omega+1)} \tag{10.65}$$

其中，$K_v=K/2$。给定的设计指标要求为：系统的相角裕度 P.M.≥45°，速度误差常数 $K_v \geq 20$。

满足了稳态误差设计要求的未校正系统的伯德图如图 10.17(a) 中的实线所示。从中可以看出，未校正系统的相角裕度 P.M.= 18°，必须增大相位裕角。根据对相角裕度的设计指标要求，并考虑到滞后校正器将会带来附加的滞后相角(5°)，在新的预期穿越频率 ω_c' 处，未校正系统的相角应该为 $\phi(\omega)=-130°$，由此可以得到 $\omega_c'=1.66$。为了留足相角余量，我们取 $\omega_c'=1.5$。再比较幅频特性曲线与 0 dB 线可知，系统需要有 20 dB 的衰减，才能保证 ω_c' 成为新的穿越频率。在图 10.17(a) 中，校正前后的幅频特曲线均为近似线近似，因此当 $\omega_c'=1.5$ 时，仍然可以要求有 20 dB 的衰减。

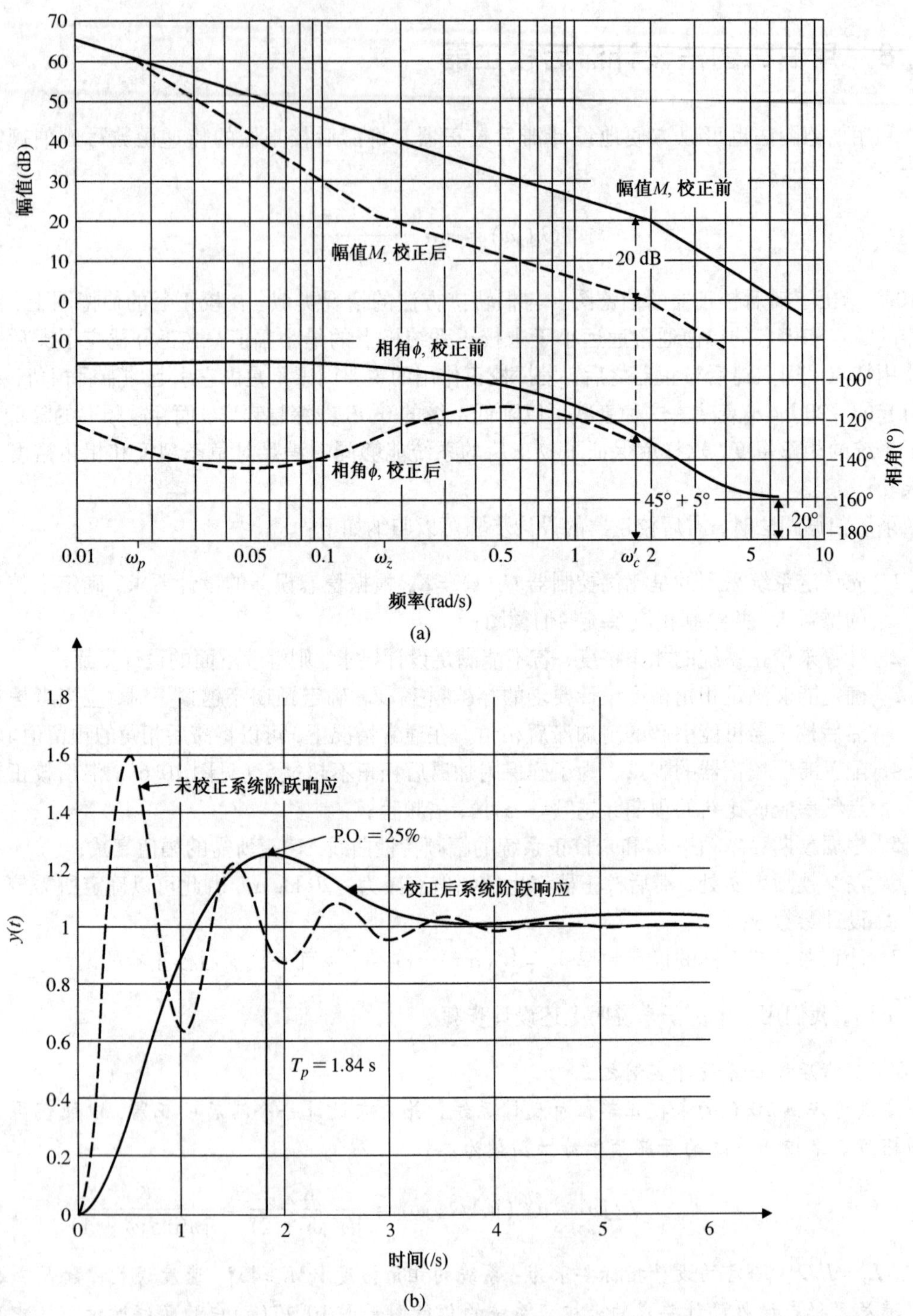

图 10.17　(a) 利用伯德图设计滞后校正器(见例 10.8);(b) 校正前(实线)和校正后(虚线)系统阶跃响应

由 20 dB = 20 log α 可以推知，需要 $\alpha = 10$。由于校正器的零点频率应该比预期穿越频率小十倍频程，因而又有 $\omega_z = \omega_c'/10 = 0.15$。再进一步，可以得到滞后校正器的极点频率 $\omega_p = \omega_z/10 = 0.015$。因此，校正后的系统频率特性函数为

$$L(\mathrm{j}\omega) = G_c(\mathrm{j}\omega)G(\mathrm{j}\omega) = \frac{20(6.66\mathrm{j}\omega + 1)}{\mathrm{j}\omega(0.5\mathrm{j}\omega + 1)(66.6\mathrm{j}\omega + 1)} \tag{10.66}$$

校正后系统的伯德图如图 10.17(a)中虚线所示。从中可以看出，滞后校正器导致了系统的幅值衰减，从而降低了系统的穿越频率，增大了系统的相角裕度，而在穿越频率 ω_c'处，校正器导致的附加滞后相角仿佛消失了一样，没有影响到相角裕度的设计结果。经过验证计算可知，在 $\omega_c' = 1.58$ 处，系统的实际相角裕度 P.M.= 46.9°，这正是我们需要的结果。此外，利用尼科尔斯图可以得到，闭环系统带宽从校正前的 $\omega = 10$ rad/s 减小到校正后的 $\omega = 2.5$ rad/s。由于减小了系统带宽，我们可以预计，系统的阶跃响应速度将会减缓。

图 10.17(b)给出了校正后的系统阶跃响应，从中可以看出，系统的超调量 P.O.= 25%，峰值响应时间 $T_p = 1.84$ s，校正后系统的时间响应性能处在令人满意的范围内。

例 10.9　滞后校正器设计实例之四

重新考虑例 10.7 的未校正单位负反馈系统，其开环频率特性函数为

$$L(\mathrm{j}\omega) = G_c(\mathrm{j}\omega)G(\mathrm{j}\omega) = \frac{K}{\mathrm{j}\omega(\mathrm{j}\omega + 10)^2} = \frac{K_v}{\mathrm{j}\omega(0.1\mathrm{j}\omega + 1)^2} \tag{10.67}$$

其中，$K_v = K/100$。给定的设计要求为：系统的速度误差常数 $K_v \geqslant 20$，进一步要求相角裕度达到 P.M.= 70°。满足了稳态误差要求的未校正系统的伯德图如图 10.18 所示，未校正系统的相角裕度为 0°。兼顾对附加的滞后相角的补偿要求(5°)，可以确定在新的预期穿越频率处，未校正系统的相角应该为 −105°。与此对应，预期的穿越频率应该配置在 $\omega_c' = 1.3$ 处。再比较未校正系统的幅频特性曲线与 0 dB 线可知，在 $\omega = \omega_c'$处，系统需要有 24 dB 的幅值衰减，才能保证实现新的 0 dB 穿越频率，由此可以得到 $24 = 20\log\alpha$，$\alpha = 16$。再将校正器的零点配置在比预期穿越频率小十倍频程的地方，即

$$\omega_z = \frac{\omega_c'}{10} = 0.13$$

于是，极点频率为

$$\omega_p = \frac{\omega_z}{\alpha} = \frac{0.13}{16}$$

最后，经过校正后的开环频率特性函数为

$$L(\mathrm{j}\omega) = G_c(\mathrm{j}\omega)G(\mathrm{j}\omega) = \frac{20(7.69\mathrm{j}\omega + 1)}{\mathrm{j}\omega(0.1\mathrm{j}\omega + 1)^2(123.1\mathrm{j}\omega + 1)} \tag{10.68}$$

其中，$G_c(s) = \dfrac{125(s + 0.13)}{(s + 0.00815)}$。校正后的伯德图如图 10.18 中的虚线所示。经过验证可知，系统实际的穿越频率 $\omega_c' = 1.24$，相角裕度 P.M.= 70.3°，满足了给定的设计指标要求。

相角滞后校正器可以用来改变系统的频率响应特性，以便获得满意的系统性能。回顾例 10.8 和例 10.9(见图 10.17和图 10.18)可以再次发现，当系统幅频特性近似线在 0 dB 线交点附近的斜率为 −20 dB/dec 时，系统获得了满意的校正效果。滞后校正器的幅值衰减作用导致穿越频率(0 dB 线交点)的减小，使系统得以满足相角裕度的设计要求。也正因为如此，与超前校正器相反，滞后校正器在保持合适的稳态误差的同时，减小了闭环系统的带宽。

与滞后校正器不同，超前校正器主要通过提供附加的正的(超前)相角来改变未校正系统的频率响应特性，从而增加系统在 0 dB 线穿越频率处的相角裕度。由于超前校正器和滞后校正器

各有所长，我们还希望设计一种综合性的校正器，它既能像滞后校正器那样提供必要的幅值衰减，又能像超前校正器那样提供所需的超前相角。确实存在这种校正器，通常称其为**超前-滞后校正器**，其传递函数为

$$G_c(s) = K\frac{\beta}{\alpha}\frac{(1+\alpha\tau_1 s)(1+\tau_2 s)}{(1+\tau_1 s)(1+\beta\tau_2 s)} \tag{10.69}$$

作为τ_1的函数，由分子和分母的前一项构成的分式可以提供超前相角；作为τ_2的函数，由分子和分母的后一项构成的分式则可以提供幅值衰减。调整参数β可以为频率特性的低频部分提供合适的衰减；调整参数α则可以在预期穿越频率处(中频部分)为系统提供合适的超前相角。如果在s平面上设计超前-滞后校正器，则可以先配置超前校正器的零点和极点，使主导极点位于预期的位置，然后再设计滞后校正器部分，将系统的稳态误差常数提高$1/\beta$倍。总之，本章介绍的超前校正器和滞后校正器的设计步骤，都可以用来设计超前-滞后校正器。要进一步了解超前校正器和滞后校正器的应用情况，可以参阅文献[2,3,25]。

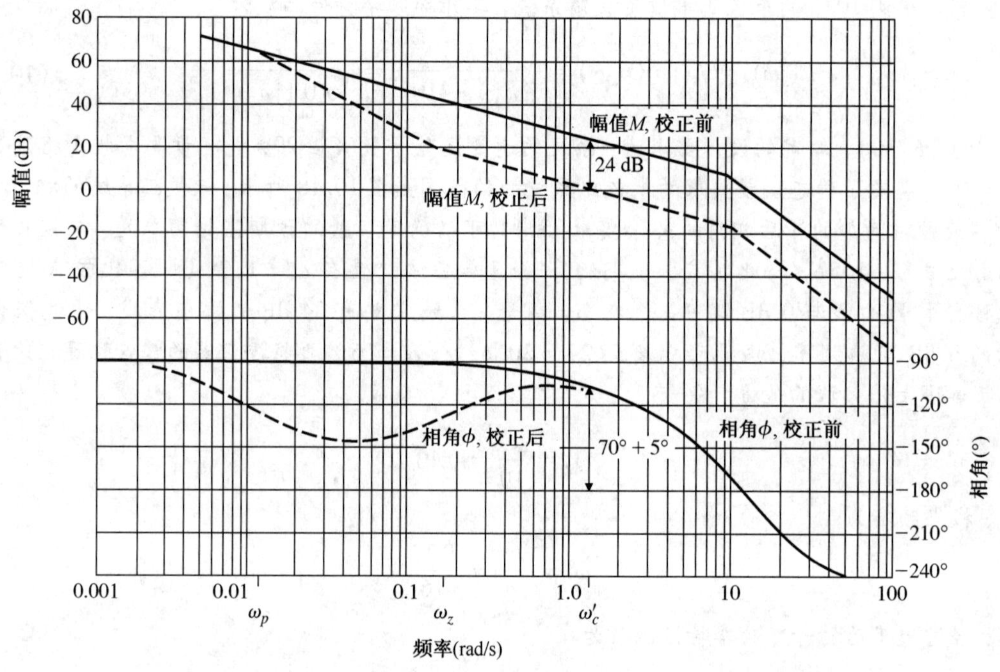

图 10.18 利用伯德图设计滞后校正器(见例 10.9)

10.9 在伯德图上用解析法进行系统设计

本节介绍一种基于伯德图的用于一阶校正器参数设计的解析法[3~5]。考虑一阶校正器

$$G_c(s) = \frac{1+\alpha\tau s}{1+\tau s} \tag{10.70}$$

当$\alpha<1$时，它是一个滞后校正器；当$\alpha>1$时，它是一个超前校正器。在预期穿越频率ω_c处，校正器提供的附加相角满足[见式(10.9)]下式：

$$p = \tan\phi = \frac{\alpha\omega_c\tau - \omega_c\tau}{1+(\omega_c\tau)^2\alpha} \tag{10.71}$$

幅值M(以 dB 为单位)满足

$$c = 10^{M/10} = \frac{1+(\omega_c\alpha\tau)^2}{1+(\omega_c\tau)^2} \tag{10.72}$$

从式(10.71)和式(10.72)中消去 $\omega_c\tau$，就可以得到关于 α 的方程

$$(p^2-c+1)\alpha^2+2p^2c\alpha+p^2c^2+c^2-c=0 \tag{10.73}$$

对于一阶超前校正器，还应该有 $c>p^2+1$。从式(10.73)出发，就可以求得 α 的解析解，并可以进一步求得校正器参数τ为

$$\tau = \frac{1}{\omega_c}\sqrt{\frac{1-c}{c-\alpha^2}} \tag{10.74}$$

于是，当采用上述解析法时，超前校正器的设计步骤如下：

1. 选择预期的穿越频率 ω_c；
2. 确定预期的相角裕度，并用式(10.71)计算所需要增加的附加超前相角ϕ；
3. 验证条件$\phi>0$ 和 $M>0$，确认超前校正器是可行的；
4. 验证条件 $c>p^2+1$，进一步确认只要是一阶超前校正器，就能满足需要；
5. 由式(10.73)计算 α；
6. 将 α 代入式(10.74)，计算相应的τ。

如果要设计一阶滞后校正器，只需要将第 3 步中的条件改为$\phi<0$ 且 $M<0$，将第 4 步中的条件改为 $c<1/(p^2+1)$，上述解析算法的其他部分则可以完全保持不变。

例 10.10　用解析法设计校正器

重新考虑例 10.1 给出的系统，改用解析法来设计所需要的超前校正器。未校正系统的伯德图如图 10.7 所示，从中可以看出，新的穿越频率可以取为 $\omega_c=5$。由于系统预期相角裕度 P.M.= 45°，而未校正系统的相角裕度 P.M.= 0°，因此，校正器提供的附加超前相角也是 45°。于是有

$$p = \tan 45° = 1 \tag{10.75}$$

校正器应该提供的幅值为 8 dB，即 $M=8$，于是又有

$$c = 10^{8/10} = 6.31 \tag{10.76}$$

将 c 和 p 代入式(10.73)可以得到

$$-4.31\alpha^2+12.62\alpha+73.32=0 \tag{10.77}$$

求解上式可得 $\alpha=5.84$，再由式(10.74)可知，应该有$\tau=0.087$。至此可得所需的超前校正器为

$$G_c(s) = \frac{1+0.515s}{1+0.087s} \tag{10.78}$$

采用解析法设计的超前校正器，其零点和极点分别为 1.94 和 11.5。也可以将它写成超前校正器的标准传递函数的形式：

$$G_c(s) = 5.9\frac{s+1.94}{s+11.5}$$

10.10　带前置滤波器的反馈控制系统

本章前几节讨论的校正器都具有相似的传递函数，即

$$G_c(s) = K\frac{s+z}{s+p}$$

引入这种形式的校正器能够改变系统的闭环特征根，但同时也会由于包含 $G_c(s)$ 的零点而在闭环传递函数 $T(s)$ 中增添新的零点。这个新增的零点可能会严重影响闭环系统 $T(s)$ 的瞬态响应性能。

考虑图 10.19 所示的系统，将受控对象取为

$$G(s) = \frac{1}{s}$$

将校正器取为 PI 控制器

$$G_c(s) = K_P + \frac{K_I}{s} = \frac{K_P s + K_I}{s}$$

于是，带有前置滤波器 $G_p(s)$ 的闭环传递函数可以写成

$$T(s) = \frac{(K_P s + K_I)G_p(s)}{s^2 + K_P s + K_I} \tag{10.79}$$

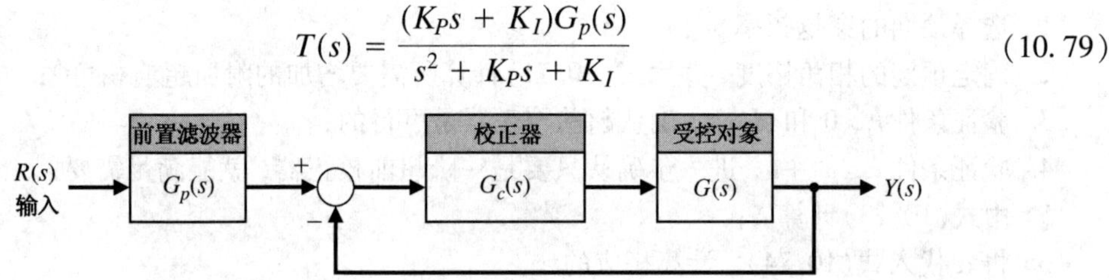

图 10.19 带前置滤波器的控制系统

作为演示的例子，给定的系统设计要求为：调节时间约为 $T_s = 0.5$ s(按 2% 准则)，超调量约为 P.O.=4%。在上述条件下，我们通过引入不同的 $G_p(s)$ 来比较说明前置滤波器的作用。当 $\zeta = 1/\sqrt{2}$ 时，注意到

$$T_s = \frac{4}{\zeta\omega_n}$$

于是要求有 $\zeta\omega_n = 8$ 或 $\omega_n = 8\sqrt{2}$，于是又要求有

$$K_P = 2\zeta\omega_n = 16, \qquad K_I = \omega_n^2 = 128$$

首先考虑 $G_p(s) = 1$，这相当于没有引入前置滤波器。在这种情况下，系统的闭环传递函数为

$$T(s) = \frac{16(s + 8)}{s^2 + 16s + 128}$$

与未校正系统相比，校正器引入了新的零点 $s = -8$，这对系统的阶跃响应产生了显著的影响。系统此时的超调量约为 P.O.=21%。

再考虑用前置滤波器 $G_p(s)$ 来对消 $T(s)$ 的零点，并同时保持系统原有的增益，为此应该取

$$G_p(s) = \frac{8}{s + 8}$$

因此，闭环传递函数成为

$$T(s) = \frac{128}{s^2 + 16s + 128}$$

经验证计算可知，引入前置滤波器之后，系统的超调量降至 P.O.=4.5%，可以满足给定的设计要求。

重新考虑例 10.3，其中完成了超前校正器的设计工作。在校正设计的基础上，按照图 10.19 给出的形式，我们再为系统引入前置滤波器。于是，系统的闭环传递函数可以写成

$$T(s)=\frac{8.1(s+1)G_p(s)}{(s^2+1.94s+4.88)(s+1.66)}$$

当 $G_p(s)=1$ 时(即没有引入前置滤波器)，系统的超调量 P.O.= 46.6%，调节时间 $T_s=3.8$ s。如果将前置滤波器取为

$$G_p(s)=\frac{1}{s+1}$$

经验证后可知，系统的超调量约为 P.O.= 6.7%，调节时间 $T_s=3.8$ s。该结果再次表明，引入前置滤波器对消掉闭环零点，有利于发挥实极点($s=-1.66$)的阻尼作用，从而降低了系统的超调量。由此可见，前置滤波器是一个有效的设计工具，它容许设计者大胆地引入带有零点的校正器来调整闭环极点，同时有效地消除 $T(s)$ 新增零点的不利影响。

通常，当校正器为超前校正器或 PI 控制器时，我们需要为系统配置前置滤波器；而当校正器为滞后校正器时，由于其零点对系统响应的影响常常可以忽略不计，因此可以不再配置前置滤波器。例 10.6 的设计结果清楚地说明了这一点。在例 10.6 中，经过滞后校正后的系统开环传递函数为

$$L(s)=G(s)G_c(s)=\frac{5(s+0.1)}{s(s+2)(s+0.0125)}$$

由此导致的新增闭环零点($s=-0.1$)和闭环极点($s=-0.104$)非常接近，它们可以相互对消，于是，系统的闭环传递函数可以近似为

$$T(s)=\frac{5(s+0.1)}{(s^2+1.98s+4.83)(s+0.104)}\approx\frac{5}{s^2+1.98s+4.83}$$

在理想二阶系统的条件下，由给定的设计要求($\zeta=0.45$, $\zeta\omega_n=1$)可以推知，系统的超调量应该为 P.O.= 20%，调节时间应该为 $T_s=4.0$ s(按 2% 准则)。验证校正后的结果可知，即使受到了闭环实极点 $s=-0.104$ 和实零点 $s=-0.1$ 的影响，系统实际响应的超调量也仅为 P.O.= 26%，调节时间也仅延长为 $T_s=5.8$ s，因此通常无须为采用滞后校正器的系统配置前置滤波器。

例 10.11　三阶系统设计

再次考虑图 10.19 给出的系统，但其中有

$$G(s)=\frac{1}{s(s+1)(s+5)}$$

我们希望为系统设计合适的校正器 $G_c(s)$ 和前置滤波器 $G_p(s)$，使得系统能够产生预期的响应，即单位阶跃响应的超调量 P.O.≤2%，调节时间 $T_s\leq 3$ s。

将超前校正器取为

$$G_c(s)=\frac{K(s+1.2)}{s+10}$$

并取 $K=78.7$，使得与闭环复根对应的阻尼系数为 $\zeta=1/\sqrt{2}$。在这种情况下，校正后的闭环传递函数为

$$T(s)=\frac{78.7(s+1.2)G_p(s)}{(s^2+3.42s+5.83)(s+1.45)(s+11.1)}$$

其中，取前置滤波器为

$$G_p(s)=\frac{p}{s+p} \tag{10.80}$$

于是，闭环传递函数又可以写成

$$T(s) \approx \frac{78.7p(s+1.2)}{(s^2+3.42s+5.85)(s+1.45)(s+11.1)(s+p)}$$

显然，若 $p=1.20$，可以对消掉新增零点的影响。配置多种不同的前置滤波器之后，表 10.1 给出了对应的系统阶跃响应指标。从表中可以看出，为了获得所需要的响应，应该选取合适的 p 值。与 $p=1.20$时相比较，系统在 $p=2.40$ 时具有更短的上升时间，也就是说，在满足预期的响应速度方面的能力更强。上述结果表明，前置滤波器为系统提供了新的可调参数，从而增加了系统设计的调节能力。

表 10.1　不同前置滤波器对阶跃响应的影响

$G_p(s)$	$p=1$	$p=1.20$	$p=2.40$
超调量	0%	0%	5%
90%上升时间(s)	2.6	2.2	1.60
调节时间(s)	4.0	3.0	3.2

10.11　设计具有最小节拍响应的系统

控制系统的设计目标通常是使系统具有最小超调量，并且有快速的阶跃响应。**最小节拍(deadbeat)响应**就是指既能具有最小的超调量，又有快速到达稳态响应的允许波动范围，并且能够持续保持在该波动范围之内的时间响应。如图 10.20 所示，当系统输入为阶跃信号时，我们通常将允许波动范围定义为稳态响应的 ±2% 误差带。于是，对具有最小节拍响应的系统而言，其阶跃响应能够快速地在 T_s 时刻进入该允许波动带，并且不再超出该波动带。在这种情况下，系统的调节时间就是从施加阶跃信号激励到系统响应首次进入波动带的时间。具体地讲，最小节拍响应定义为具有如下特征的响应：

1. 稳态误差为零；
2. 具有快速的响应，即具有最小的上升时间 T_r 和调节时间 T_s；
3. 0.1% ≤超调量 P.O.< 2%；
4. 欠调量 P.U.< 2%。

其中，第 3 个和第 4 个特征意味着，系统的响应一旦进入就会保持在 ±2% 允许波动带内，响应首次到达波动带的时间就是系统的调节时间。

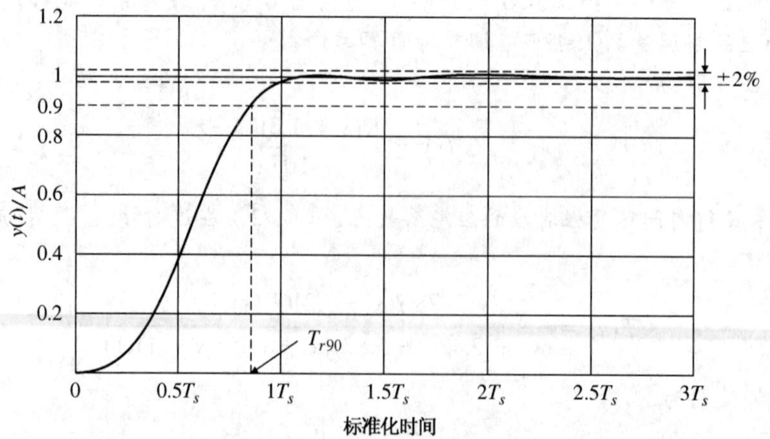

图 10.20　最小节拍响应。A 为阶跃输入的幅值

接下来讨论具有最小节拍响应特性的闭环传递函数 $T(s)$。以三阶系统为例，为了得到$T(s)$的典型形式，首先将传递函数标准化。一般地有

$$T(s)=\frac{\omega_n^3}{s^3+\alpha\omega_n s^2+\beta\omega_n^2 s+\omega_n^3} \tag{10.81}$$

分子分母同时除以 ω_n^3，于是有

$$T(s)=\frac{1}{\dfrac{s^3}{\omega_n^3}+\alpha\dfrac{s^2}{\omega_n^2}+\beta\dfrac{s}{\omega_n}+1} \tag{10.82}$$

再令 $\bar{s}=s/\omega_n$，于是又有

$$T(s)=\frac{1}{\bar{s}^3+\alpha\bar{s}^2+\beta\bar{s}+1} \tag{10.83}$$

上式就是标准化的三阶闭环传递函数。采用相同的方法，还可以得到更高阶系统的标准化传递函数。在标准化传递函数的基础上，根据最小节拍响应的要求，可以确定系数 α，β 和 γ 等参数的典型取值。表 10.2 列出了二阶至六阶系统的标准化传递函数的系数取值，它们可以产生最小节拍响应，能够最小化调节时间 T_s，90% 上升时间 T_{r90} 和到达稳态值的 100% 上升时间 T_r 等主要性能指标。由于 $\bar{s}=s/\omega_n$，式(10.83)给出的是标准化传递函数，因此可以根据表 10.2，利用预期最小节拍系统的调节时间或上升时间来确定所需要的 ω_n，进而确定实际系统的传递函数。例如，若三阶系统的实际调节时间要求为 $T_s=1.2$ s，那么从表 10.2 中可以查得，标准化三阶系统的调节时间为 4.04 s，于是有 $\omega_n T_s=4.04$，即要求

$$\omega_n=\frac{4.04}{T_s}=\frac{4.04}{1.2}=3.37$$

一旦确定了 ω_n 的取值，就可以完全确定系统应该具备的形如式(10.81)的实际闭环传递函数。在设计具有最小节拍响应的系统时，选择合适的校正器类型的依据是，使得校正后的闭环传递函数等于期望的形如式(10.81)的最小节拍响应传递函数，这样就可以最终确定所需的校正器。

表 10.2　最小节拍响应系统标准化传递函数的典型系数和响应性能指标

系统阶数	系数					超调量	欠调量	90%上升	调节时间
	α	β	γ	δ	ε	P.O.	P.U.	时间 T_{r90}	T_s
2	1.82					0.10%	0.00%	3.47	4.82
3	1.90	2.20				1.65%	1.36%	3.48	4.04
4	2.20	3.50	2.80			0.89%	0.95%	4.16	4.81
5	2.70	4.90	5.40	3.40		1.29%	0.37%	4.84	5.43
6	3.15	6.50	8.70	7.55	4.05	1.63%	0.94%	5.49	6.04

注：所有时间都是标准化时间。

例 10.12　设计具有最小节拍响应的系统

考虑图 10.19 给出的带有校正器 $G_c(s)$和前置滤波器 $G_p(s)$的单位反馈系统，若受控对象为

$$G(s)=\frac{K}{s(s+1)}$$

校正器为

$$G_c(s)=\frac{s+z}{s+p}$$

前置滤波器为

$$G_p(s)=\frac{z}{s+z}$$

则校正后系统的闭环传递函数为

$$T(s)=\frac{Kz}{s^3+(1+p)s^2+(K+p)s+Kz}$$

由表 10.2 可知，三阶系统的标准化传递函数的系数为 $\alpha=1.90$，$\beta=2.20$。如果要求系统的调节时间 $T_s=2$ s(按2%准则)，则有 $\omega_n T_s=4.04$，于是可得 $\omega_n=2.02$。将 $\omega_n=2.02$ 代入式(10.81)后可知，具有最小节拍响应的闭环系统的特征方程应该为

$$q(s)=s^3+\alpha\omega_n s^2+\beta\omega_n^2 s+\omega_n^3=s^3+3.84s^2+8.98s+8.24$$

比较系数后可以得到，具有最小节拍响应的系统应该有 $p=2.84$，$z=1.34$ 和 $K=6.14$。该系统的实际性能指标为 $T_s=2$ s 和 $T_{r90}=1.72$ s。

10.12 设计实例

本节提供两个实例来进一步深入讨论控制系统的设计问题。第一个设计实例是转子绕线机控制系统，我们用根轨迹法为其设计了超前校正器和滞后校正器。第二个例子是工业制造中的精密铣床的控制系统设计问题，用它演示说明了控制系统的设计流程，并用根轨迹法为它设计了一个滞后校正器，以便满足系统对稳态跟踪误差和超调量的设计要求。

例 10.13 转子绕线机控制系统

本例的目的是设计可以代替手工操作的转子绕线机，用于为小型电机的转子缠绕铜线。每个小型电机都有3 个独立的转子线圈，上面需要缠绕几百圈的铜线，缠绕的线圈应该均匀密实，且具有很高的产能。采用自动绕线机之后，操作人员只需要从事插入空的转子、按下启动按钮和取下绕线转子等简单操作。绕线机用直流电机来实现高速缠绕铜线，控制系统的具体设计要求是：使绕线速度和缠绕位置都具有很高的稳态精度。绕线机控制系统如图 10.21(a)所示，相应的框图如图 10.21(b)所示。该系统至少是一个Ⅰ型系统，它的阶跃响应的稳态误差为零，斜坡响应的稳态误差为 $e_{ss}=A/K_v$，其中

$$K_v=\lim_{s\to 0}\frac{G_c(s)}{50}$$

首先，当选择 $G_c(s)=K$ 时，有 $K_v=K/50$。取 $K=500$，则有 $K_v=10$，系统具有足够的稳态精度，但系统阶跃响应的超调量将高达 P.O.=70%，调节时间将长达 $T_s=8$ s。

为此，再来尝试为系统引入超前校正器，即

$$G_c(s)=\frac{K(s+z_1)}{s+p_1} \tag{10.84}$$

为了使校正后的系统阻尼系数为 $\zeta=0.6$，取 $z_1=4$，由此得到的超前校正器的零点 p_1 如图 10.22 所示，超前校正器为

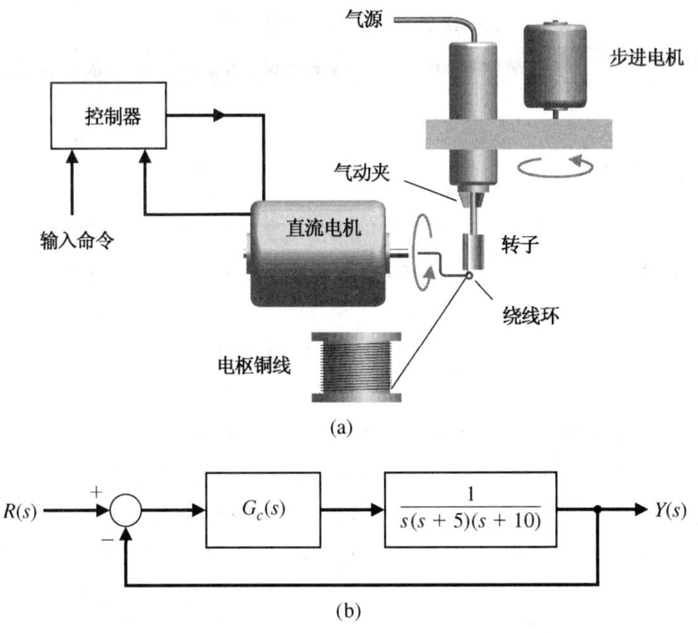

(a)

(b)

图 10.21　(a) 转子绕线机控制系统;(b) 框图模型

$$G_c(s)=\frac{191.2(s+4)}{s+7.3} \tag{10.85}$$

校正后系统阶跃响应的超调量下降为 P.O.=3%，调节时间缩短为 $T_s=1.5$ s，但速度误差常数仅为

$$K_v=\frac{191.2(4)}{7.3(50)}=2.1$$

由此可见，采用超前校正器也不能满足实际需要。

接下来，再来尝试为系统引入滞后校正器，并争取达到 $K_v=38$。将滞后校正器取为

$$G_c(s)=\frac{K(s+z_2)}{s+p_2}$$

于是，校正后的速度误差常数为

$$K_v=\frac{Kz_2}{50p_2}$$

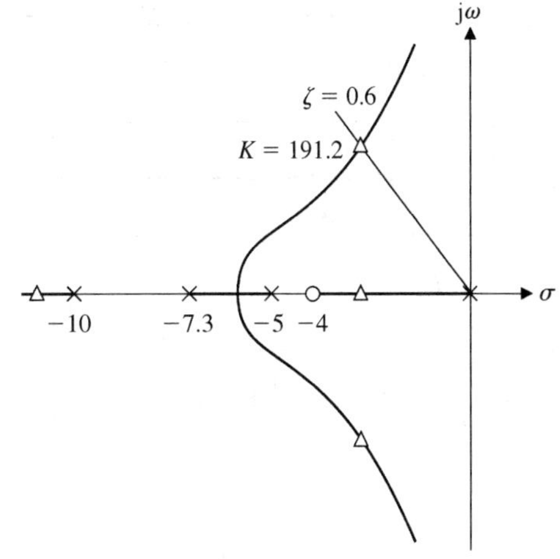

图 10.22　经过超前校正后的系统根轨迹

由未校正系统的根轨迹可知，当 $K=105$ 时，未校正系统的超调量满足 P.O.≤10%。以此为基础，可以确定校正后系统的预期主导极点。再根据给定的 K_v 的预期值，可以确定 $\alpha=z/p$ 的取值应该为

$$\alpha=\frac{50K_v}{K}=\frac{50(38)}{105}=18.1$$

为避免过分影响未校正系统的根轨迹，我们将滞后校正器的零点取为 $z_2=0.1$，相应的极点就等于 $p_2=0.0055$。采用该滞后校正器之后，校正后系统的实际超调量 P.O.=12%，调节时间 $T_s=2.5$ s，基本满足了实际需要。

综上所述，当控制器分别取为简单增益放大器、超前校正器和滞后校正器时，得到了不同的设计结果，更多具体结果如表 10.3 所示。

表 10.3　设计实例的设计结果

控 制 器	增益 K	超前校正器	滞后校正器	超前-滞后校正器
超调量	70%	3%	12%	5%
调节时间(s)	8	1.5	2.5	2.0
斜坡响应的稳态误差	10%	48%	2.6%	4.8%
K_v	10	2.1	38	21

再回到前面得到的超前校正器，并为它串联一个滞后校正器，于是得到了一个超前-滞后校正器，其传递函数为

$$G_c(s) = \frac{K(s+z_1)(s+z_2)}{(s+p_1)(s+p_2)} \tag{10.86}$$

由上式可知，超前校正器的参数应当取为 $K=191.2$，$z_1=4$，$p_1=7.3$。经过超前校正之后，系统的根轨迹如图 10.22 所示，而系统的速度误差常数仅为 $K_v=2.1$(见表 10.3)。为了提高系统的速度误差常数，再为系统串联一个滞后校正器。若 K_v 的预期值为 $K_v=21$，则应该有 $\alpha=10$，于是滞后校正器的零点和极点可以分别取为 $z_2=0.1$ 和 $p_2=0.01$，整个系统的开环传递函数变为

$$L(s) = G(s)G_c(s) = \frac{191.2(s+4)(s+0.1)}{s(s+5)(s+10)(s+7.28)(s+0.01)} \tag{10.87}$$

经过这样的综合校正之后，系统的阶跃响应和斜坡响应分别如图 10.23(a)和图 10.23(b)所示，相应的性能指标则如表 10.3 最后一列所示。从中可以看出，采用超前-滞后校正器，得到了综合性能更好的设计结果。

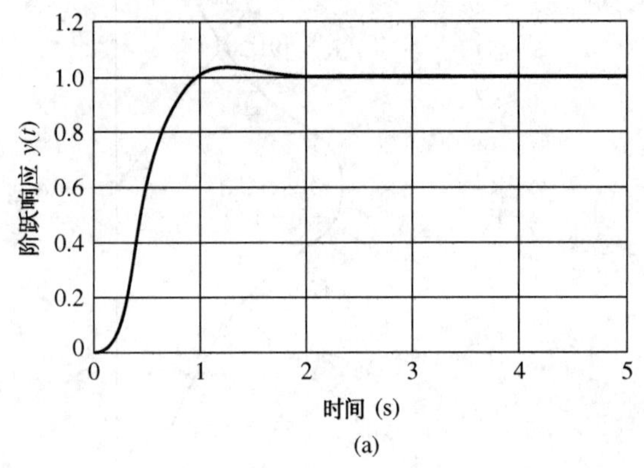

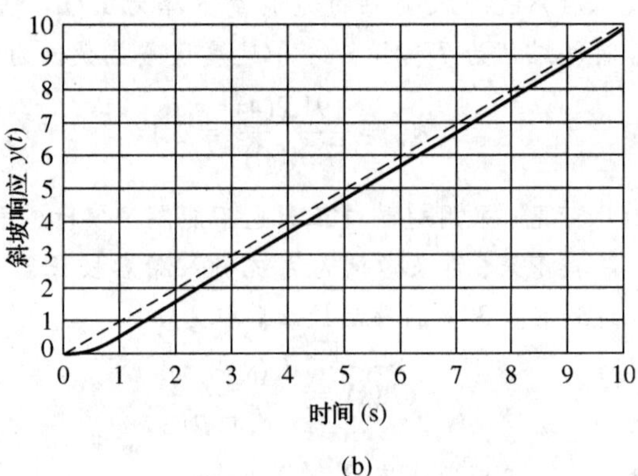

图 10.23　转子绕线机的响应曲线。(a) 阶跃响应；(b) 斜坡响应

例 10.14　铣床控制系统

工程师们为了满足机床等机械制造领域的实际需求，正在致力于开发体积小、质量轻和价格低廉的新型传感器。图 10.24 给出了一个铣床工作台的示意图，这种铣床就配备了一种获取切削过程中的声波(测量切削深度)的新型传感器。切削过程中发出的声波(Acoustic Emission，AE)是一种高频、低幅值的压力波，源自应变能在连续介质中的快速释放。AE 传感器是压电传感器，对频率在 100 kHz 到 1 MHz 的信号十分敏感，价格低廉，能够用于大多数机床。

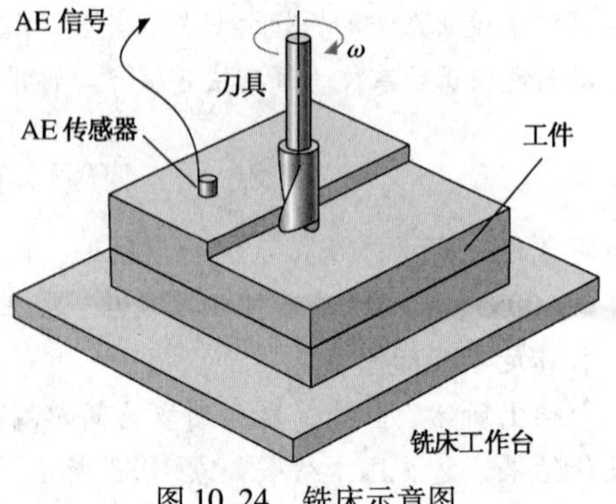

图 10.24　铣床示意图

在铣床控制系统中，AE 传感器输出电压信号的灵敏度和切削深度的变化密切相关[15, 18, 19]，可以作为切削深度的反馈信号。图 10.25 给出了系统的简化框图模型，而图 10.26 给出了铣床控制系统设计的基本流程，并用阴影突出显示了本例重点强调的设计模块。

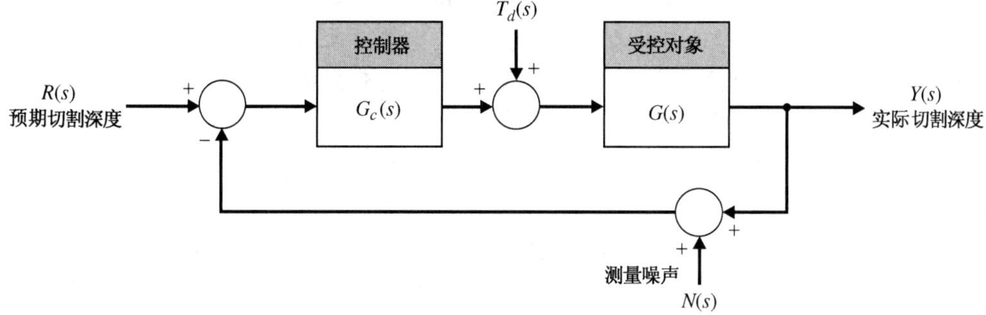

图 10.25　铣床反馈控制系统的简化框图模型

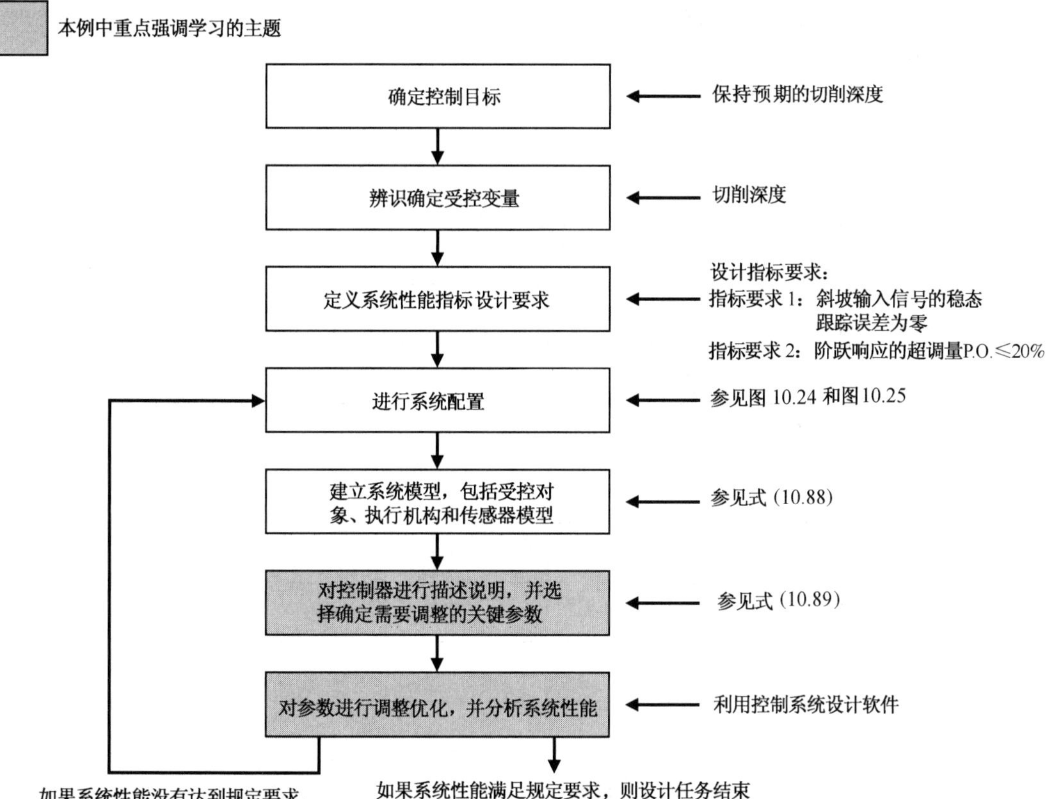

图 10.26　铣床控制系统设计流程及重点强调的设计模块

由于 AE 传感器与工件的材料、刀具的几何形状、磨损程度，以及切削参数(例如刀具旋转速度)等因素都有关系，因此测量得到的深度信号必然会受到噪声的污染，在图 10.25 中用 $N(s)$ 表示。另外，外部扰动，例如导致旋转速度的波动等，也会对刀具的运动造成一定的影响，这在模型中用 $T_d(s)$ 表示。

假设包括刀具和 AE 传感器在内的受控对象可以表示为

$$G(s) = \frac{2}{s(s+1)(s+5)} \tag{10.88}$$

$G(s)$的输入就是用于对刀具产生向下的压力的机电装置的驱动信号。

实际中，可以用多种方法对受控对象建模来得到式(10.88)。其中之一是利用物理学的定律，得到描述受控对象动力学过程的非线性微分方程，然后在工作点附近线性化，得到线性化的模型(或等价的传递函数模型)。这一建模过程通常需要用到牛顿定律、各种守恒定律和基尔霍夫定律等物理学定律。另一种方法是，如果能够利用先验知识，假设系统模型的形式(例如二阶传递函数)，然后就可以通过实验数据来辨识确定未知参数(例如，阻尼系数ζ和固有频率ω_n)，建立系统模型。

第三种方法是直接利用实验方法测量系统的阶跃响应或者脉冲响应数据，也就是说，我们可以给系统施加一个输入激励(本例中为电压信号)，再测量系统的响应，即在工件上的切削深度。假定我们获得了如图10.27所示的铣床控制系统的脉冲响应数据(用小圆圈表示)，又拟合得到了函数曲线$C_{imp}(t)$，即脉冲响应函数曲线，再进行拉普拉斯变换，就可以得到系统的传递函数。有多种方法可以实现曲线$C_{imp}(t)$的拟合，这里不准备全面讨论曲线拟合问题，只是简单说明一下拟合函数的选择问题。

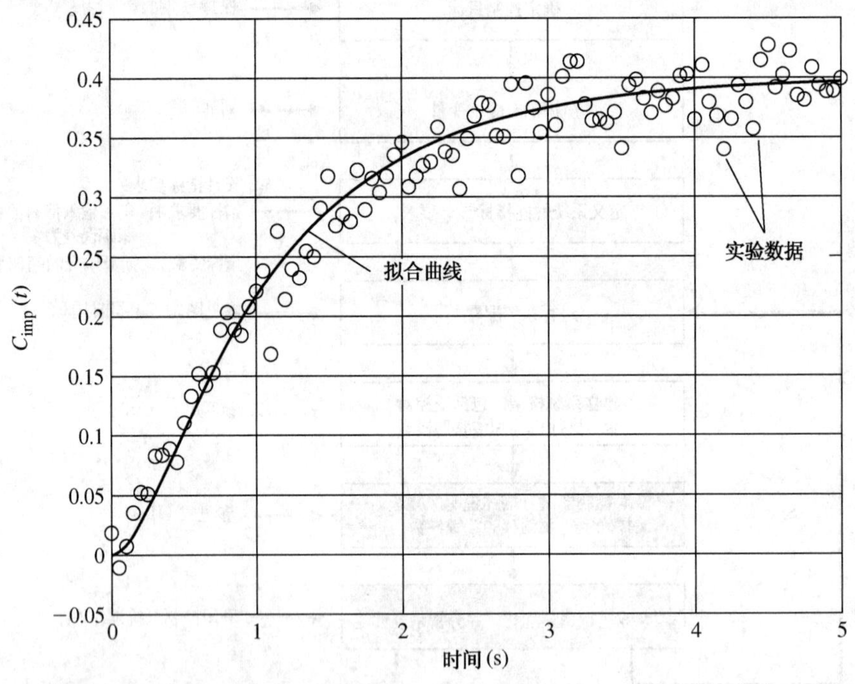

图10.27 假定的铣床控制系统脉冲响应

从图10.27中可以看出，随着时间的推移，系统脉冲响应逐渐接近于一个恒值

$$C_{imp}(t) \to C_{imp,ss} \approx \frac{2}{5}, \quad t \to \infty$$

所以，可以假设

$$C_{imp}(t) = \frac{2}{5} + \Delta C_{imp}(t)$$

其中，当 t 很大时，$\Delta C_{imp}(t)$ 接近于零，并且没有振荡。这启发了我们，可以假设 $\Delta C_{imp}(t)$ 是一系列负实指数函数之和：

$$\Delta C_{\text{imp}}(t) = \sum_i k_i \mathrm{e}^{-\tau_i t}$$

其中，τ_i 是正实数。从图 10.27 中的数据可以拟合得到

$$C_{\text{imp}}(t) = \frac{2}{5} + \frac{1}{10}\mathrm{e}^{-5t} - \frac{1}{2}\mathrm{e}^{-t}$$

再通过拉普拉斯变换，就得到了铣床系统的传递函数为

$$G(s) = \mathscr{L}\{C_{\text{imp}}(t)\} = \frac{2}{5}\frac{1}{s} + \frac{1}{10}\frac{1}{s+5} - \frac{1}{2}\frac{1}{s+1} = \frac{2}{s(s+1)(s+5)}$$

系统的控制目标是使系统能够准确地跟踪阶跃输入（本例中是期望切削深度），可以具体表述如下。

控制目标　控制切削深度，使之实现期望值。

受控变量可以明确如下。

受控变量　切削深度 $y(t)$。

由于本章主要讨论超前和滞后校正器，本例中也打算采用这两种校正器，所以待调节的关键参数就是式(10.89)中的未知参数。

校正器参数　p，z 和 K。

设计指标要求

指标要求 1：对斜坡信号 $R(s)=a/s^2$ 的跟踪误差小于 $a/8$，其中 a 为斜坡信号的斜率；

指标要求 2：阶跃响应的超调量 P.O.≤20%。

假设滞后校正器为

$$G_c(s) = K\frac{s+z}{s+p} = K\alpha\frac{(1+\tau s)}{(1+\alpha\tau s)} \tag{10.89}$$

其中，$\alpha=z/p>1$，$\tau=1/z$，则跟踪误差为

$$E(s) = R(s) - Y(s) = (1 - T(s))R(s)$$

其中，

$$T(s) = \frac{G_c(s)G(s)}{1 + G_c(s)G(s)}$$

故有

$$E(s) = \frac{1}{1 + G_c(s)G(s)}R(s)$$

再考虑输入为 $R(s)=a/s^2$，根据终值定理，可以得到

$$e_{\text{ss}} = \lim_{t\to\infty} e(t) = \lim_{s\to 0} sE(s) = \lim_{s\to 0} s\frac{1}{1 + G_c(s)G(s)}\frac{a}{s^2}$$

或者等价地有

$$\lim_{s\to 0} sE(s) = \frac{a}{\lim_{s\to 0} sG_c(s)G(s)}$$

根据指标要求1，有

$$\frac{a}{\lim_{s\to 0} sG_c(s)G(s)} < \frac{a}{8}$$

因而要求

$$\lim_{s\to 0} sG_c(s)G(s) > 8$$

将式(10.88)和式(10.89)中的 $G(s)$ 和 $G_c(s)$ 代入，得到

$$K_{v,\text{comp}} = \frac{2}{5}K\frac{z}{p} > 8$$

由于采用的是滞后校正器，校正后的速度误差常数就是系统的实际速度误差常数。

此时，系统的开环传递函数为

$$L(s) = G_c(s)G(s) = \frac{s+z}{s+p}\frac{2K}{s(s+1)(s+5)}$$

将该式中的校正器分离看待，就得到了一个虚拟的"未校正系统"，以增益 K 而不是以校正器的零点和极点参数为可调参数，其特征方程的根轨迹满足

$$1 + K\frac{2}{s(s+1)(s+5)} = 0$$

据此绘制出的根轨迹如图10.28所示。

由指标要求2可以得到，系统主导极点的阻尼系数应该满足 $\zeta > 0.45$，当 $\zeta \geqslant 0.45$ 时，从而有 $K \leqslant 2.09$。取 $K = 2.0$，得到未校正系统的速度误差常数为

$$K_{v,\text{unc}} = \lim_{s\to 0} s\frac{2K}{s(s+1)(s+5)} = \frac{2K}{5} = 0.8$$

校正之后，系统速度误差常数为

$$K_{v,\text{comp}} = \lim_{s\to 0} s\frac{s+z}{s+p}\frac{2K}{s(s+1)(s+5)} = \frac{z}{p}K_{v,\text{unc}}$$

由 $\alpha = z/p$ 可得

$$\alpha = \frac{K_{v,\text{comp}}}{K_{v,\text{unc}}}$$

根据指标要求，应该有 $K_{v,\text{comp}} > 8$，所以可选取 $K_{v,\text{comp}} = 10$，从而有

$$\alpha = \frac{K_{v,\text{comp}}}{K_{v,\text{unc}}} = \frac{10}{0.8} = 12.5$$

由此得到 $p = 0.08z$。如果选择 $z = 0.01$，那么 $p \approx 0.0008$。

至此，由系统开环传递函数

$$L(s) = G_c(s)G(s) = K\frac{s+z}{s+p}\frac{2}{s(s+1)(s+5)}$$

和以 z 和 p 分别为零点和极点的滞后校正器

$$G_c(s) = 2.0\frac{s+0.01}{s+0.0008} \tag{10.90}$$

所得系统的阶跃响应如图 10.29 所示，超调量约为 P.O.= 22%，速度误差常数为 $K_v = 10$，这样就满足了指标要求。

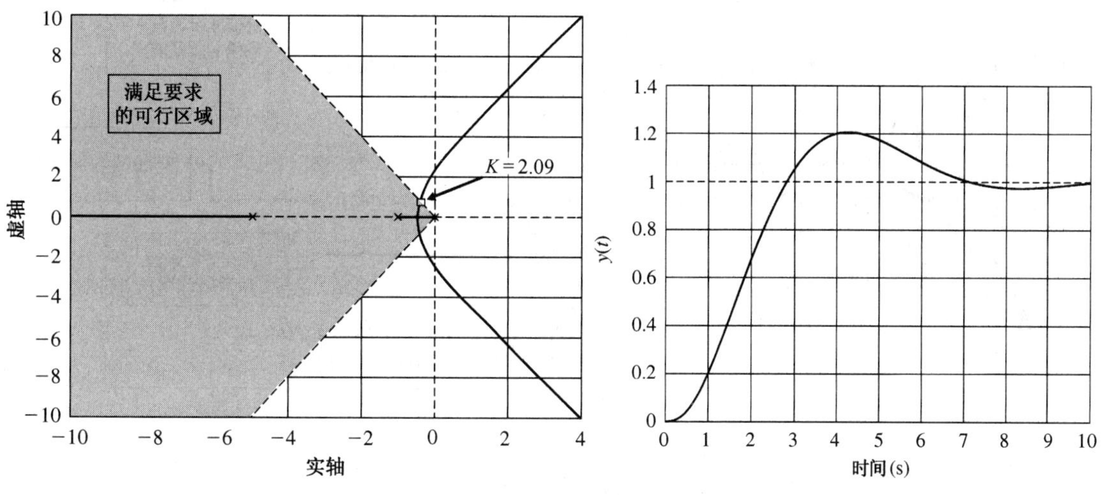

图 10.28　未校正系统的根轨迹

图 10.29　校正后系统的阶跃响应

10.13　利用控制系统设计软件设计控制系统

只要条件允许，我们总是希望用计算机来辅助设计人员选择设计校正器的参数。前面几节介绍的校正器设计方法，都有试错法和重复设计的特性，而开发算法并借助计算机程序进行辅助设计，则是另外一种重要的设计方法。针对相角裕度等频域设计指标，文献[3,4]给出了一些计算机程序，可以用于选择校正器的参数取值。

本节仍以 10.12 节的转子绕线机控制系统为例，采用频率响应法和 s 平面上的根轨迹法，讨论如何用 m 脚本程序来设计能够满足性能指标要求的控制系统。在本例中，我们重点关注如何用计算机分析工具来设计超前校正器和滞后校正器，以及如何获得系统的响应。

例 10.15　转子绕线机控制系统

重新考虑图 10.21 给出的转子绕线机控制系统。系统的设计目标是：使绕线机对斜坡输入有很高的稳态精度。系统对单位斜坡输入 $R(s) = 1/s^2$ 的稳态误差为 $e_{ss} = 1/K_v$，其中

$$K_v = \lim_{s\to 0}\frac{G_c(s)}{50}$$

设计绕线机控制系统时，除了稳态跟踪误差，还必须兼顾超调量和调节时间等性能指标，因此简单的比例控制器无法满足实际需要。在这种情况下，我们将采用伯德图法和 s 平面根轨迹法，设

计超前或滞后校正器来校正系统。本节的思路是为此编写一系列 m 脚本程序，以协助完成整个设计。

首先考虑简单的比例控制器 $G_c(s)=K$，此时系统的稳态误差为 $e_{ss}=50/K$。由此可见，K 的取值越大，稳态误差 e_{ss} 越小，我们必须意识到，增加 K 的取值将会对系统的瞬态响应产生不利的影响(见图 10.30)。当 K 的取值不同时，图 10.30 给出了系统的阶跃响应，从中可以看出，当 $K=500$ 时，系统对斜坡输入的稳态误差为 10%，但系统对阶跃输入的超调量则高达 P.O.= 70%，调节时间长达 $T_s=8$ s。这样的系统根本不能满足实际需要，因此必须为系统引入较为复杂的校正器，即本节要讨论的两种重要的校正器：超前或滞后校正器。

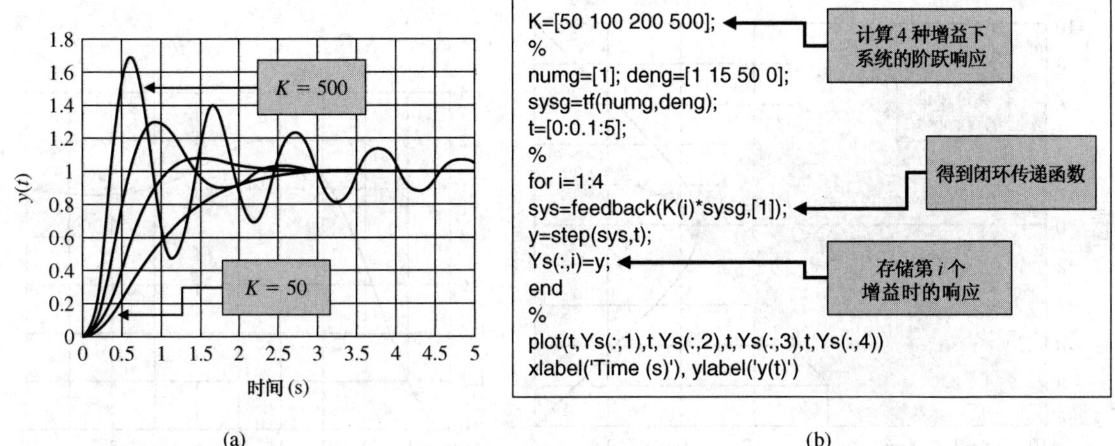

图 10.30　(a) 采用简单比例控制器时，系统的瞬态响应；(b) m 脚本程序

首先尝试超前校正器

$$G_c(s)=\frac{K(s+z)}{s+p}$$

其中，$|z|<|p|$。超前校正器能够改善系统的瞬态响应性能。下面将采用频域响应方法设计该校正器。

给定的系统设计指标要求是：

(1) 系统斜坡响应的稳态误差 $e_{ss}\leqslant 10\%$，即 $K_v=10$；

(2) 调节时间 $T_s\leqslant 3$ s(按 2% 准则)；

(3) 系统阶跃响应的超调量 P.O.≤10%。

根据给定的指标要求，利用近似公式

$$\text{P.O.}=100\%\times\exp^{-\zeta\pi/\sqrt{1-\zeta^2}}=10\%,\qquad T_s=\frac{4}{\zeta\omega_n}=3$$

可以得到 $\zeta=0.59$，$\omega_n=2.26$，并可以推知，系统应该要求相角裕度达到

$$\text{P.M.}=\frac{\zeta}{0.01}\approx 60^\circ$$

在明确了频域内的设计指标要求之后，就可以按照下面的步骤设计超前校正器。

1. $K=500$ 时，绘制未校正系统的伯德图，并计算相角裕度；

2. 确定所需要的附加超前相角ϕ_m；
3. 根据$\phi_m=(\alpha-1)/(\alpha+1)$，计算校正器参数$\alpha$；
4. 计算$10\log\alpha$，在未校正系统的伯德图上，确定与幅频特性$-10\log\alpha$对应的频率ω_m；
5. 在频率ω_m附近，绘制校正后的幅频特性近似线，该近似直线在ω_m处与 0 dB 线相交，斜率等于未校正时的斜率加上 20 dB/dec。该直线与未校正的幅频特性曲线的交点，确定了超前校正器的零点。再根据$p=\alpha z$，计算得到超前校正器的极点；
6. 绘制校正后的伯德图，检验校正后系统的相角裕度是否满足了设计要求。如果不满足，则重复前面的各设计步骤；
7. 增大系统增益，补偿由超前校正器带来的幅值衰减$1/\alpha$；
8. 仿真计算系统的阶跃响应，验证最后的设计结果。如果设计结果不能够满足实际需要，则重复前面的各个设计步骤。

我们在上述设计工作中使用了 3 个 m 脚本程序。图 10.31 至图 10.33 分别给出了这些 m 脚本程序。这些脚本从前到后依次完成未校正系统的伯德图绘制、校正后系统的伯德图绘制和校正后系统的实际阶跃响应绘制。通过运行这些脚本，本例设计的超前校正器为

$$G_c(s)=\frac{1800(s+3.5)}{s+25}$$

其中，增益$K=1800$是反复运行这些脚本进行计算之后做出的选择。

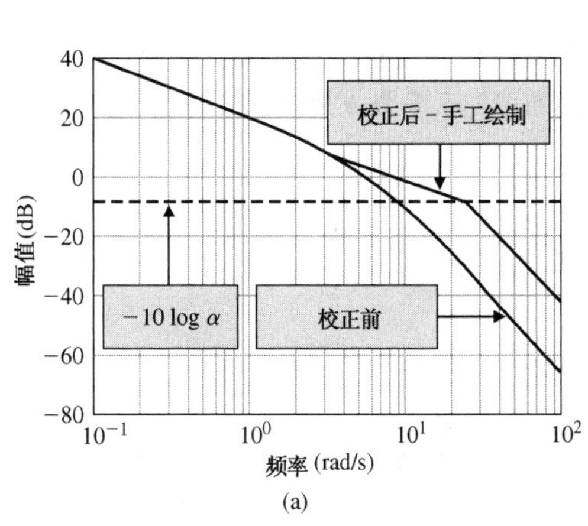

(a)

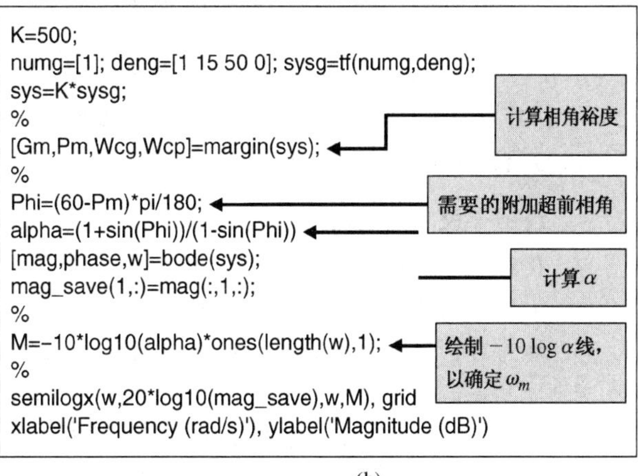

```
K=500;
numg=[1]; deng=[1 15 50 0]; sysg=tf(numg,deng);
sys=K*sysg;
%
[Gm,Pm,Wcg,Wcp]=margin(sys);
%
Phi=(60-Pm)*pi/180;
alpha=(1+sin(Phi))/(1-sin(Phi))
[mag,phase,w]=bode(sys);
mag_save(1,:)=mag(:,1,:);
%
M=-10*log10(alpha)*ones(length(w),1);
%
semilogx(w,20*log10(mag_save),w,M), grid
xlabel('Frequency (rad/s)'), ylabel('Magnitude (dB)')
```


(b)

图 10.31　(a) 伯德图；(b) m 脚本程序

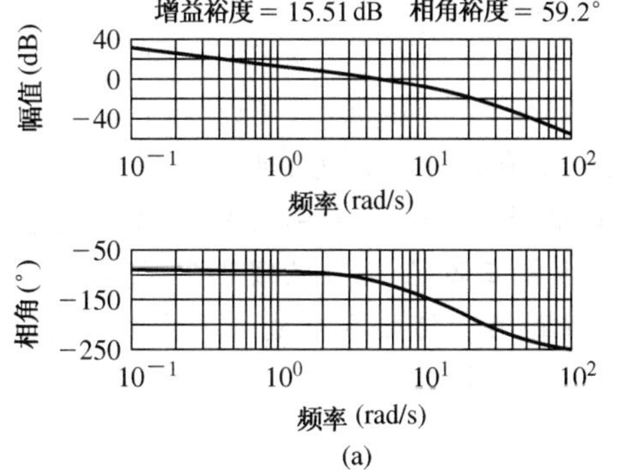

(a)

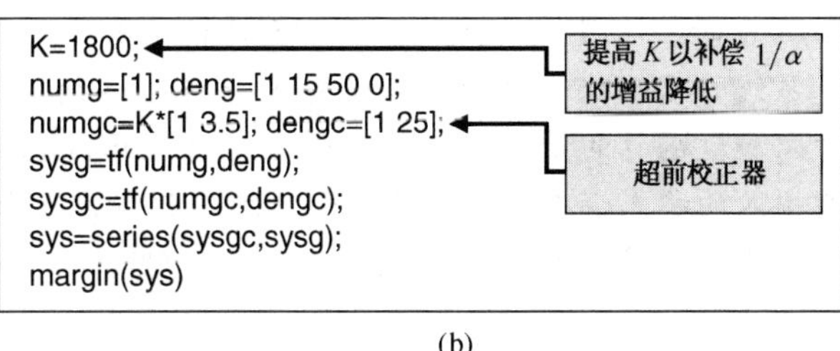

```
K=1800;
numg=[1]; deng=[1 15 50 0];
numgc=K*[1 3.5]; dengc=[1 25];
sysg=tf(numg,deng);
sysgc=tf(numgc,dengc);
sys=series(sysgc,sysg);
margin(sys)
```


(b)

图 10.32　设计超前校正器。(a) 校正后的伯德图；(b) m 脚本程序

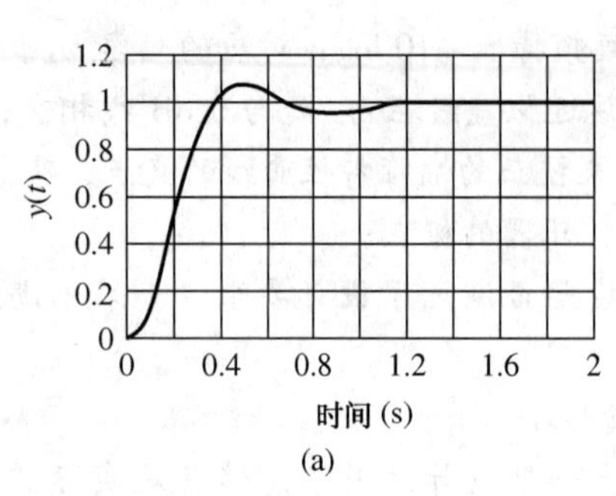

(a)

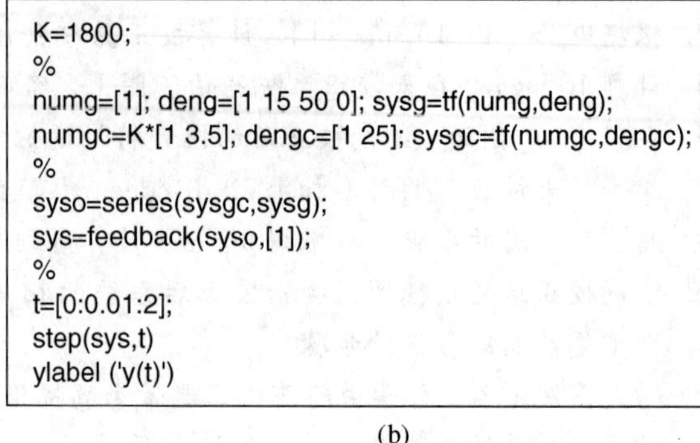

```
K=1800;
%
numg=[1]; deng=[1 15 50 0]; sysg=tf(numg,deng);
numgc=K*[1 3.5]; dengc=[1 25]; sysgc=tf(numgc,dengc);
%
syso=series(sysgc,sysg);
sys=feedback(syso,[1]);
%
t=[0:0.01:2];
step(sys,t)
ylabel ('y(t)')
```

(b)

图 10.33　设计超前校正器。(a) 阶跃响应;(b) m 脚本程序

引入超前校正器之后，校正后的系统满足了对调节时间和超调量的设计要求，但由于 $K_v=5$，这不能满足对稳态误差的设计要求，此时系统斜坡响应的稳态误差将达到 20%。尽管超前校正器已经明显地加大了系统的相角裕度，改善了系统的瞬态性能，但如果继续迭代重复上面的设计过程，仍有可能在一定程度上，进一步改善系统的瞬态性能。

为了减少系统的稳态误差，再来尝试滞后校正器。滞后校正器的传递函数为

$$G_c(s)=\frac{K(s+z)}{s+p}$$

其中，$|p|<|z|$。虽然可以继续采用伯德图方法，但我们更愿意改用根轨迹法来完成设计。根据已知条件可以推知 $\zeta=0.59$，$\omega_n=2.26$，由此可以得到预期闭环主导极点的配置可行区域。

滞后校正器的设计步骤可以归纳如下。

1. 绘制未校正系统的根轨迹;
2. 在 $\zeta=0.59$ 和 $\omega_n=2.26$ 确定的预期主导极点的配置可行区域内，在未校正系统的根轨迹上确定校正后的预期主导极点;
3. 计算与预期主导极点对应的系统增益和未校正系统的速度误差常数 $K_{v,\mathrm{unc}}$;
4. 计算 $\alpha=K_{v,\mathrm{comp}}/K_{v,\mathrm{unc}}$，在本例中有 $K_{v,\mathrm{comp}}=10$;
5. 根据求得的 α，确定滞后校正器的极点和零点，使校正后的根轨迹经过预期主导极点;
6. 仿真计算系统的实际响应，检验设计结果。如果需要，则重复前面的设计步骤。

图 10.34 至图 10.36 说明了整个设计过程。在本例的设计过程中，首先在处于主导极点配置可行区域内的那一部分未校正根轨迹上，选定预期主导极点，然后我们用函数 rlocfind 计算了增益 K 的对应取值，为了满足对 K_v 的设计要求，又计算了 α 的合适取值，从而得到了期望的 K_v;如图 10.35 所示，在配置滞后校正器的零点和极点时，将零点和极点分别取为 $z=-0.1$ 和 $p=-0.01$，它们都非常接近 s 平面的原点，因而避免了明显地改变未校正系统的根轨迹。设计结果使得 $K_v=10$，达到了预期的效果，但却没有满足控制系统调节时间和超调量的设计要求。尽管与超前校正器相比，滞后校正器已经明显减小了系统对斜坡输入的稳态误差，但如果我们继续迭代重复上面的设计过程，仍然有可能在一定程度上，进一步改善系统的稳态性能。

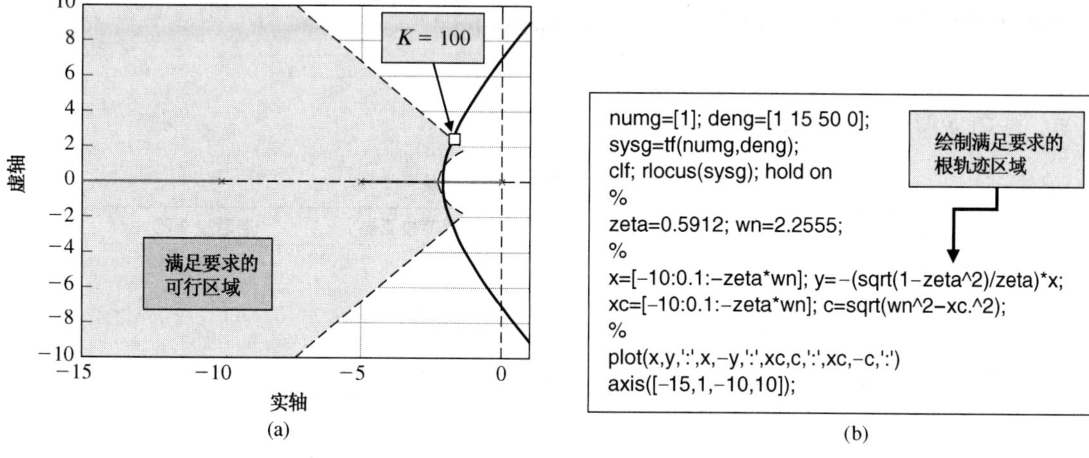

图 10.34　设计滞后校正器。(a) 未校正系统的根轨迹；(b) m 脚本程序

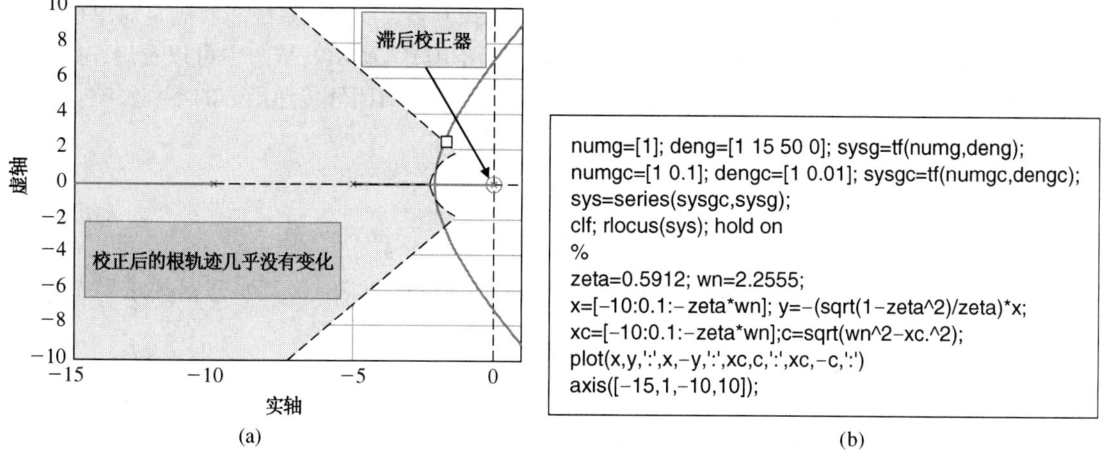

图 10.35　设计滞后校正器。(a) 校正后系统的根轨迹；(b) m 脚本程序

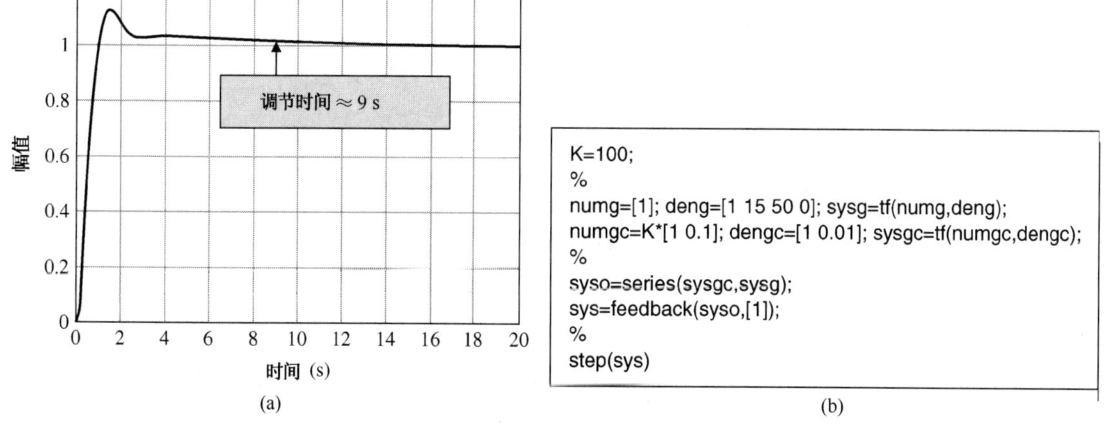

图 10.36　设计滞后校正器。(a) 阶跃响应；(b) m 脚本程序

本例最终设计的滞后校正器为

$$G_c(s) = \frac{100(s + 0.1)}{s + 0.01}$$

最后，表 10.4 归纳比较了本节的三种设计结果的系统性能。

表 10.4 校正器设计结果

校正方案(控制器)	增益，K=500	超前校正器	滞后校正器
阶跃响应超调量	70%	8%	13%
调节时间(s)	8	1	9
斜坡响应的稳态误差	10%	20%	10%
K_v	10	5	10

10.14 循序渐进设计实例——磁盘驱动器读取系统

本章将为磁盘驱动器读取系统设计一个合适的 PD 控制器，以保证系统能够满足对单位阶跃响应的设计要求(见表 10.5)。闭环系统的框图模型如图 10.37 所示。从图中可以看出，我们为闭环系统配置了前置滤波器，其目的在于消除零点因式($s+z$)对闭环传递函数的不利影响。为了得到具有最小节拍响应的系统，将预期的闭环传递函数取为

$$T(s) = \frac{\omega_n^2}{s^2 + \alpha\omega_n s + \omega_n^2} \tag{10.91}$$

对于图 10.37 给出的二阶系统，最小节拍响应要求 $\alpha = 1.82$(见表 10.2)，于是要求调节时间满足

$$\omega_n T_s = 4.82$$

由于设计要求有 $T_s \leqslant 50$ ms，如果取 $\omega_n = 120$ rad/s，就应该有 $T_s = 40$ ms，而式(10.91)的分母变为

$$s^2 + 218.4s + 14\,400 \tag{10.92}$$

还可以得到图 10.37 所示系统的闭环特征方程为

$$s^2 + (20 + 5K_D)s + 5K_P = 0 \tag{10.93}$$

由于式(10.92)和式(10.93)等价，因而可以得到

$$218.4 = 20 + 5K_D \quad 和 \quad 14\,400 = 5K_P$$

从而得到 $K_P = 2880$，$K_D = 39.68$，由此得到的控制器为

$$G_c(s) = 39.68(s + 72.58)$$

而前置滤波器为

$$G_p(s) = \frac{72.58}{s + 72.58}$$

本例的系统模型忽略了电机磁场的影响，但得到的设计仍然是很准确的。表 10.5 同时给出了系统的实际响应，从中可以看出，系统满足了所有的设计指标要求。

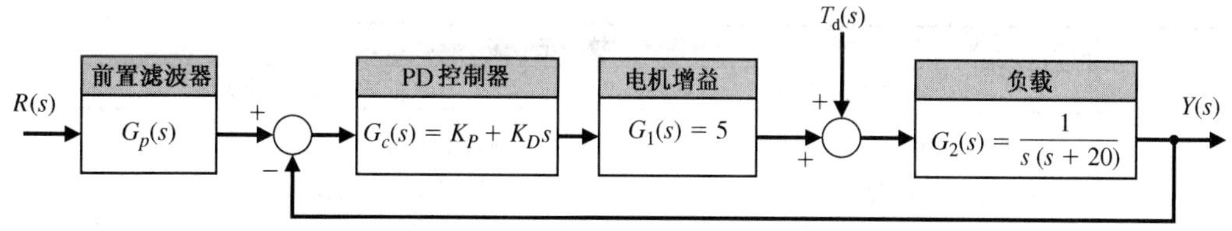

图 10.37　带有 PD 控制器的磁盘驱动器控制系统(二阶模型)

表 10.5　磁盘驱动器控制系统的设计要求与实际性能

性能指标	预期值	实际值
超调量	<5%	0.1%
调节时间	<250 ms	40 ms
对单位阶跃干扰的最大响应	$<5\times10^{-3}$	6.9×10^{-5}

10.15　小结

本章讨论了反馈控制系统的多种校正器的设计和系统综合方法。首先，用两节的篇幅简要介绍了系统设计和系统校正的概念，并回顾了前面各章已经讨论过的设计实例；其次，考察了在反馈控制系统中引入串联校正器的可行性和必要性。串联校正器可以用来改变系统的根轨迹形状，或者改变系统的频率特性，是一种非常有效的校正方式。在各种校正器中，本章详细介绍了相角超前校正器和相角滞后校正器，并介绍了如何用伯德图法和 s 平面上的根轨迹法来设计校正器。超前校正器可以增大系统的相角裕度，从而增强系统的稳定性。在设计超前校正器时，如果只给定了对超调量和调节时间的设计要求，建议采用 s 平面上的根轨迹法；如果还给定了对稳态误差常数的设计要求，则最好采用伯德图法。如果要求反馈控制系统具有很大的稳态误差常数，就更适合于采用积分型校正器(如滞后校正器)来校正系统。请留意，超前校正器会增大系统带宽，而滞后校正器则会减小系统带宽。当系统内部或系统输入中含有噪声时，系统带宽将是影响系统性能的主要因素之一。还请留意，令人满意的设计结果通常导致在与 0 dB 线交点的穿越频率处，校正后的幅频特性近似线的斜率为 -20 dB/dec。表 10.6 全面比较了超前校正器和滞后校正器的特性。表 10.7 则总结了能够实现超前校正器、滞后校正器、PI 控制器和 PD 控制器功能的一些实用的放大电路[1]。这些电路已经广泛应用于工程实践，以便提供校正器 $G_c(s)$，这些电路也多次出现在本章和前述各章中。

表 10.6　相角超前校正器与相角滞后校正器特性小结

	校正器	
	相角超前	相角滞后
动机	1. 在伯德图上 0 dB 线穿越频率处添加超前相角 2. 添加超前校正器，实现预期主导极点	保持 s 平面上的主导极点或伯德图上的相角裕度基本不变的同时，添加增益放大或幅值衰减，以便增大系统的稳态误差常数
后效	1. 增大系统带宽 2. 增大高频段幅值	1. 减小系统带宽

(续表)

	校正器	
	相角超前	相角滞后
优点	1. 获得预期响应 2. 改善系统的动态性能	1. 抑制高频噪声 2. 减小系统稳态误差
不足	1. 需要附加的放大器增益 2. 增大了系统带宽，使系统对噪声更加敏感	1. 减缓瞬态响应速度
适用场合	1. 要求系统有快速的响应	1. 对系统的稳态误差常数有明确和严格的要求
不适用场合	1. 在穿越频率附近，系统的相角急剧下降	1. 满足相角裕度的要求之后，系统没有足够的低频段

表 10.7 实现校正控制器的实用放大电路

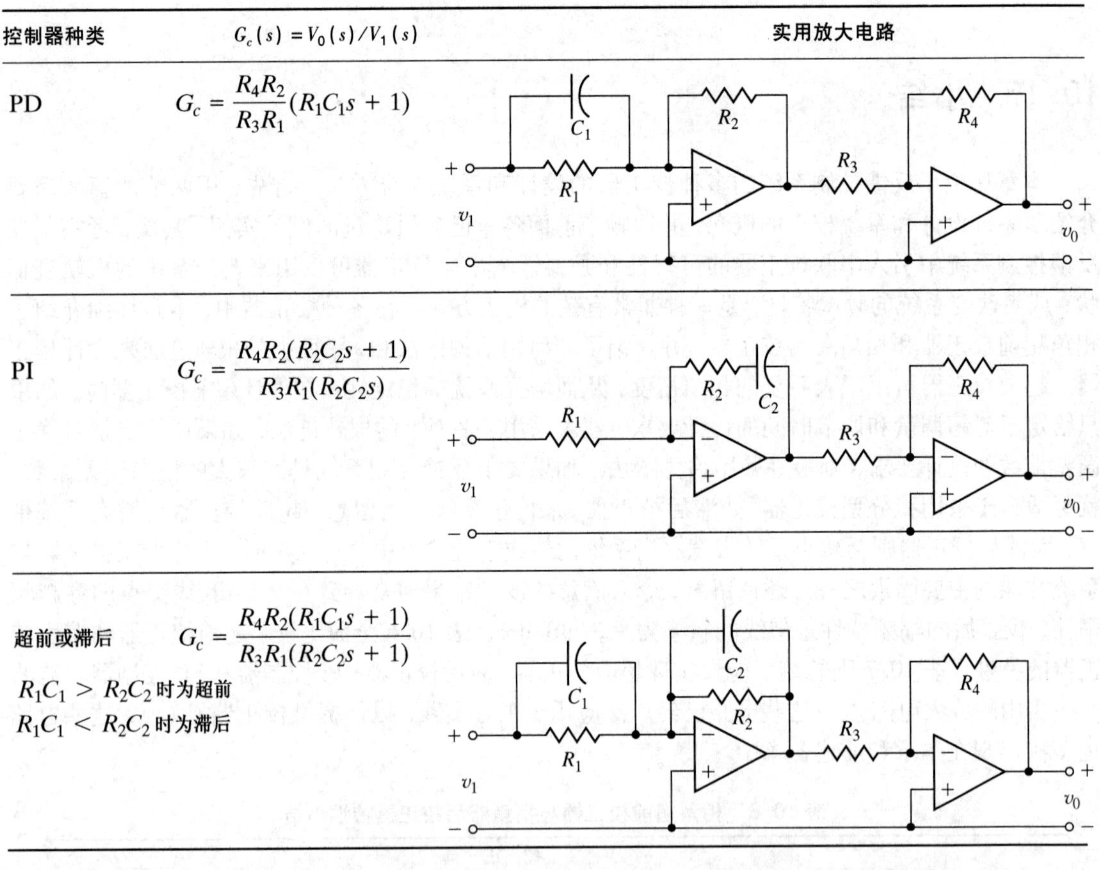

控制器种类	$G_c(s)=V_0(s)/V_1(s)$	实用放大电路
PD	$G_c=\dfrac{R_4R_2}{R_3R_1}(R_1C_1s+1)$	
PI	$G_c=\dfrac{R_4R_2(R_2C_2s+1)}{R_3R_1(R_2C_2s)}$	
超前或滞后 $R_1C_1>R_2C_2$ 时为超前 $R_1C_1<R_2C_2$ 时为滞后	$G_c=\dfrac{R_4R_2(R_1C_1s+1)}{R_3R_1(R_2C_2s+1)}$	

技能自测

本节提供 3 类题目来测试你对本章知识的掌握情况：正误判断题、多项选择题，以及术语和概念匹配题。为了直接地反馈学习效果，请及时对照每章最后给出的答案。必要时，请借助图 10.38 给出的框图来确认下面各题中的结论。

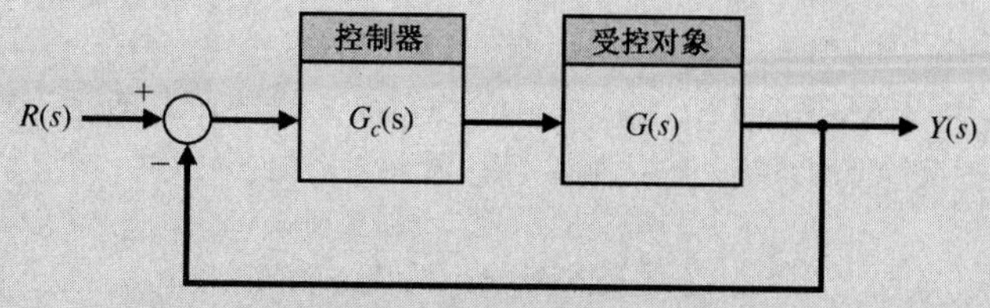

图 10.38　技能自测参考框图

在下面的正误判断题和多项选择题中，圈出正确的答案。

1. 级联校正器是以并联方式接入系统的校正器。　对　或　错
2. 一般情况下，相角滞后校正器会加快系统的瞬态响应。　对　或　错
3. 选择合理的系统结构、合适的元器件和参数，是控制系统设计过程的一部分。　对　或　错
4. 最小节拍响应是一种快速的阶跃响应，具有零稳态误差和最小的超调量。　对　或　错
5. 相角超前校正器可用于增大系统的带宽。　对　或　错
6. 考虑图 10.38 所示的反馈控制系统，其中受控对象的传递函数为

$$G(s) = \frac{1000}{s(s+400)(s+20)}$$

我们设计了一个相角滞后校正器，用于在高频段为系统提供附加的衰减，校正器的传递函数为

$$G_c(s) = \frac{1+0.25s}{1+2s}$$

与未校正的系统 $G_c(s)=1$ 相比，滞后校正后的系统可以

a. 在穿越频率附近，增大滞后相角　　b. 降低相角裕度

c. 在高频段提供新增的衰减　　d. 以上都对

7. 可以用图 10.38 所示的反馈系统模型来分析某位置控制系统，其中受控对象的传递函数为

$$G(s) = \frac{5}{s(s+1)(0.4s+1)}$$

请问，以下哪一个相角滞后校正器能够实现相角裕度 P.M.≈30°？

a. $G_c(s)=\dfrac{1+s}{1+106s}$　　b. $G_c(s)=\dfrac{1+26s}{1+115s}$

c. $G_c(s)=\dfrac{1+106s}{1+118s}$　　d. 以上都不对

8. 考虑图 10.38 所示的单位反馈控制系统，其中

$$G(s) = \frac{1450}{s(s+3)(s+25)}$$

如果在反馈回路中引入超前校正器 $G_c(s)$

$$G_c(s) = \frac{1+0.3s}{1+0.03s}$$

那么，该闭环系统频率响应的谐振峰值和带宽分别为

a. $M_{p\omega}=1.9$ dB；$\omega_B=12.1$ rad/s　　b. $M_{p\omega}=12.8$ dB；$\omega_B=14.9$ rad/s

c. $M_{p\omega}=5.3$ dB；$\omega_B=4.7$ rad/s　　d. $M_{p\omega}=4.3$ dB；$\omega_B=24.2$ rad/s

9. 考虑图 10.38 所示的反馈控制系统，其中受控对象的传递函数为

$$G(s) = \frac{500}{s(s+50)}$$

控制器采用 PI 控制器，

$$G_c(s) = K_P + \frac{K_I}{s}$$

当 $K_I=1$ 时，试选择合适的 K_P，使得超调量约为 P.O.= 20%。

a. $K_P=0.5$　　b. $K_P=1.5$　　c. $K_P=2.5$　　d. $K_P=5.0$

10. 考虑图 10.38 所示的反馈控制系统，其中

$$G(s)=\frac{1}{s(1+s/8)(1+s/20)}$$

设计指标要求为 $K_v\geqslant 100$，G.M.≥10 dB，P.M.≥45°，穿越频率 $\omega_c\geqslant 10$ rad/s。请问下列控制器中哪一个可以满足设计指标要求？

a. $G_c(s)=\dfrac{(1+s)(1+20s)}{(1+s/0.01)(1+s/50)}$　　b. $G_c(s)=\dfrac{100(1+s)(1+s/5)}{(1+s/0.1)(1+s/50)}$

c. $G_c(s)=\dfrac{1+100s}{1+120s}$　　d. $G_c(s)=100$

11. 考虑图 10.38 所示的闭环单位反馈控制系统，该系统由受控对象 $G_c(s)=\dfrac{1+0.4s}{1+0.04s}$ 和相位超前校正器 $G(s)=\dfrac{500}{(s+1)(s+5)(s+10)}$ 串联而成，试计算其增益裕度和相角裕度。

a. G.M.= ∞ dB，P.M.= 60°　　b. G.M.= 20.5 dB，P.M.= 47.8°

c. G.M.= 8.6 dB，P.M.= 33.6°　　d. 闭环系统不稳定

12. 考虑图 10.38 所示的反馈控制系统，其中

$$G(s)=\frac{1}{s(s+10)(s+15)}$$

试选择一个合适的滞后校正器，使得闭环系统斜坡响应的稳态误差 $e_{ss}\leqslant 10\%$，闭环主导极点的阻尼比 $\zeta\approx 0.707$。

a. $G_c(s)=\dfrac{2850(s+1)}{(10s+1)}$　　b. $G_c(s)=\dfrac{100(s+1)(s+5)}{(s+10)(s+50)}$

c. $G_c(s)=\dfrac{10}{s+1}$　　d. 上述校正器都无法使闭环系统能够跟踪斜坡信号

13. 图 10.38 所示的单位反馈控制系统的受控对象为

$$G(s)=\frac{1000}{(s+8)(s+14)(s+20)}$$

试为其选择一个可行的滞后校正器，使得闭环系统的性能满足如下设计指标要求：

(i) 超调量 P.O.≤5%；

(ii) 上升时间 $T_r\leqslant 20$ s；

(iii) 位置误差常数 $K_P>6$。

a. $G_c(s)=\dfrac{s+1}{s+0.074}$　　b. $G_c(s)=\dfrac{s+0.074}{s+1}$　　c. $G_c(s)=\dfrac{20s+1}{100s+1}$　　d. $G_c(s)=20$

14. 考虑图 10.38 所示的反馈控制系统，其中

$$G(s)=\frac{1}{s(s+4)^2}$$

请选择一个合适的校正器 $G_c(s)$，使得闭环系统的性能满足如下设计指标要求：

(i) 超调量 P.O.≤20%；

(ii) 速度误差常数 $K_v\geqslant 10$。

a. $G_c(s)=\dfrac{s+4}{(s+1)}$　　b. $G_c(s)=\dfrac{160(10s+1)}{200s+1}$

c. $G_c(s)=\dfrac{24(s+1)}{s+4}$　　d. 以上都不对

15. 图 10.38 所示的闭环控制系统的回路传递函数为

$$L(s) = G_c(s)G(s) = \frac{8s + 1}{s(s^2 + 2s + 4)}$$

试利用尼科尔斯图，确定系统的增益裕度和相角裕度。

a. G.M.=20.4 dB，P.M.=58.1°　　b. G.M.=∞ dB，P.M.=47°

c. G.M.=6 dB，P.M.=45°　　d. G.M.=∞ dB，P.M.=23°

在下面的术语和概念匹配题中，在空格中填写正确的字母，将术语和概念与它们的定义联系起来。

术语	定义	
a. 最小节拍响应系统	在阶跃输入时，具有很快的响应速度，最小的超调量，并且稳态误差为零的系统。	____
b. 相角超前校正	在所关注的频率范围内，能够提供正的相角的校正器。	____
c. PI 控制器	具有积分器特性的校正器。	____
d. 超前-滞后校正器	同时具有超前和滞后特性的综合校正器。	____
e. 控制系统设计	在所关注的频率范围内，能够提供负的相角，并对幅值响应产生显著衰减效应的校正器。	____
f. 相角滞后校正	为了弥补系统性能缺陷，在系统中添加的元器件或电路。	____
g. 积分型校正器	以串联或级联方式接入系统的校正器。	____
h. 校正器	由一个比例环节和一个积分环节构成的控制器。	____
i. 校正	在计算偏差信号之前，对输入信号 $R(s)$ 进行滤波的传递函数 $G_p(s)$。	____
j. 相角滞后校正器	安排或者规划系统的组成结构，选择合适的元器件和参数。	____
k. 串联校正器	修改或调整控制系统的组成结构，使之能够实现满意的性能。	____
l. 相角超前校正器	具有一个极点和一个零点，而且极点更接近于 s 平面原点的应用广泛的校正器。	____
m. 前置滤波器	具有一个极点和一个零点，而且零点更接近于 s 平面原点的应用广泛的校正器。	____

基础练习题

E10.1　某单位负反馈控制系统的开环传递函数为

$$G(s) = \frac{K}{s + 2}$$

若校正器取为

$$G_c(s) = \frac{s + a}{s}$$

试确定 a 和 K 的合适取值，使系统阶跃响应的稳态误差为零，超调量约为 P.O.≤5%，调节时间 $T_s = 1$ s（按 2% 准则）。

答案：$K = 6$，$a = 5.6$

E10.2　某单位负反馈控制系统的受控对象为　$G(s) = \frac{400}{s(s + 40)}$

校正器取为比例-积分（PI）控制器，即　$G_c(s) = K_P + \frac{K_I}{s}$

若校正后的系统斜坡响应的稳态误差为零，

（a）当 $K_I = 1$ 时，确定 K_P 的合适取值，使阶跃响应的超调量约为 P.O.≤20%。

（b）计算校正后系统的调节时间 T_s（按 2% 准则）。

答案：$K_P = 0.5$

E10.3　某制造系统中含有单位负反馈控制系统，其受控对象为

$$G(s) = \frac{e^{-s}}{s+1}$$

若校正器取为比例-积分控制器[4]，即

$$G_c(s) = K\left(1 + \frac{1}{\tau s}\right)$$

试验证，当 $K=0.5$ 和 $\tau=1$ 时，系统阶跃响应的超调量 P.O.≤5%。

E10.4 某单位负反馈系统的受控对象为

$$G(s) = \frac{K}{s(s+5)(s+10)}$$

为了使 $K_v=2$，取 $K=100$。现在又为系统引入了一个超前-滞后校正器

$$G_c(s) = \frac{(s+0.15)(s+0.7)}{(s+0.015)(s+7)}$$

试验证，校正后系统的增益裕度 G.M.= 28.6 dB，相角裕度 P.M.= 75.4°。

E10.5 某单位负反馈系统的受控对象为

$$G(s) = \frac{K}{s(s+2)(s+4)}$$

若引入的校正器为

$$G_c(s) = \frac{7.53(s+2.2)}{(s+16.4)}$$

试确定 K 的合适取值，使系统主导极点满足 $\omega_n=3$ 和 $\zeta=0.5$，且 $K_v=2.7$。

答案：$K=22$

E10.6 某单位闭环系统的开环传递函数为

$$L(s) = G_c(s)G(s) = \frac{K(s+4)}{s(s+0.2)(s^2+15s+150)}$$

其中 $K=10$，试确定 $T(s)$，并由此估计系统的超调量和调节时间(按 2% 准则)。若实际超调量 P.O.= 47.5%，调节时间 $T_s=32.1$ s(按 2% 准则)，试比较实际结果和估计结果，并解释可能出现的偏差。

E10.7 如图 E10.7(a)所示，NASA 的宇航员可以通过控制机器人手臂将卫星回收到航天飞机的货舱中。该反馈控制系统模型如图 E10.7(b)所示，试确定 K 的取值，使当 $T=0.6$ s 时，系统的相角裕度 P.M.= 40°。

答案：$K=34.15$

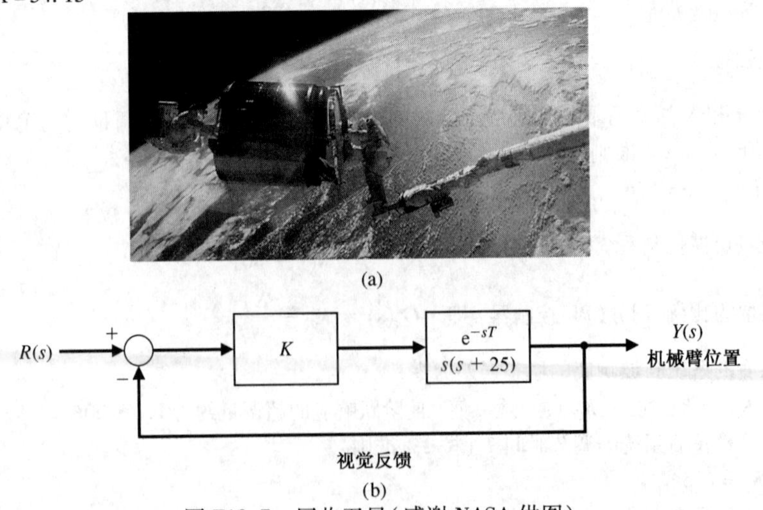

图 E10.7 回收卫星(感谢 NASA 供图)

E10.8 某单位负反馈系统的受控对象为

$$G(s) = \frac{2257}{s(\tau s + 1)}$$

其中，$\tau = 2.8$ ms。试确定校正器

$$G_c(s) = K_P + K_I/s$$

使与主导极点对应的阻尼系数为 $1/\sqrt{2}$，并绘制系统的阶跃响应曲线 $y(t)$。

E10.9 某控制系统如图 E10.9 所示，试确定控制器参数 K_P 和 K_I 的取值，使系统阶跃响应的超调量 P.O.= 5%，速度误差常数为 $K_v = 5$，并验证你的设计结果。

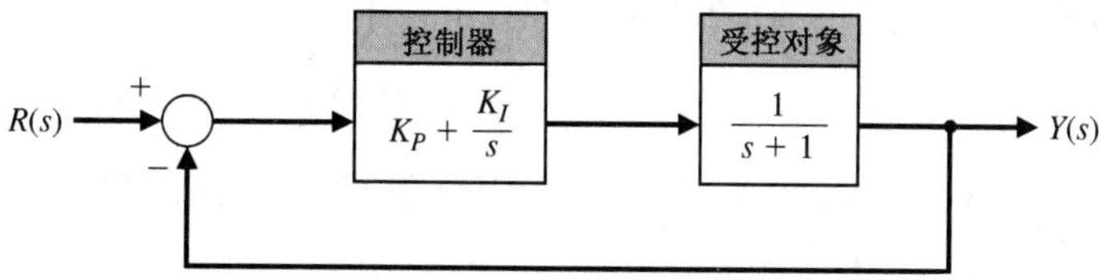

图 E10.9　控制器设计

E10.10 某控制系统如图 10.10 所示。为了使系统对阶跃输入的响应有合适的稳态误差[8]，我们先取控制器参数为 $K_I = 2$。确定参数 K_P 的取值，使系统的相角裕度达到 P.M.= 60°，并求出此时的阶跃响应峰值时间和超调量。

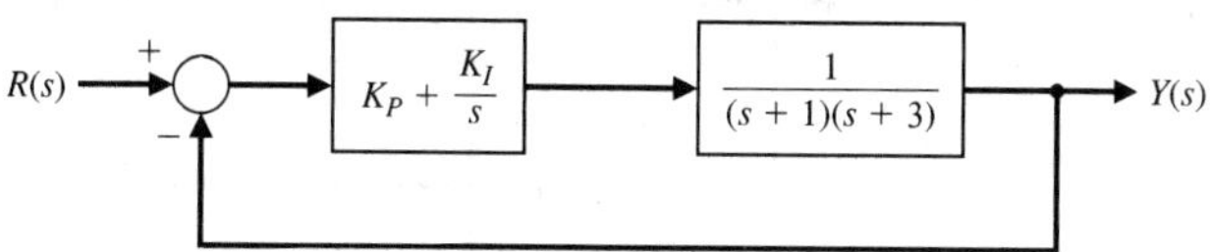

图 E10.10　PI 控制器设计

E10.11 某单位负反馈系统的受控对象为

$$G(s) = \frac{1350}{s(s + 2)(s + 30)}$$

采用超前校正器

$$G_c(s) = \frac{1 + 0.25s}{1 + 0.025s}$$

用下面两种方法，确定闭环频率响应的峰值和带宽：

(a) 尼科尔斯图。

(b) 闭环伯德图。

答案：$M_{p\omega} = 2.3$ dB，$\omega_B = 22$ rad/s

E10.12 汽车点火控制系统中有一个单位负反馈控制环节，其开环传递函数为 $G_c(s)G(s)$，其中

$$L(s) = G(s) = \frac{K}{s(s + 5)}, \quad G_c(s) = K_P + K_I/s$$

若已知 $K_I/K_P = 0.5$，试确定 K 和 K_P 的取值，使与系统的主导极点对应的阻尼系数为 $\zeta = 1/\sqrt{2}$。

E10.13 为了得到理想的主导极点，例 10.3 用串联方式为系统配置了超前校正器 $G_c(s)$［见图 10.1(a)］，得到了比较满意的结果。如果采用图 10.1(b)给出的反馈校正方式，将得到同样的超前校正器。试针对串联校正和反馈校正，分别计算闭环传递函数 $T(s) = Y(s)R(s)$，指出两者的差异，并说明它们的阶跃响应有何不同。

E10.14 NASA 将使用机器人来建造永久性月球站。机器人手爪的位置控制系统的受控对象为

$$G(s) = \frac{5}{s(s + 1)(0.25s + 1)}$$

试设计一个滞后校正器 $G_c(s)$，使系统的相角裕度达到 P.M.= 45°。

答案：$G_c(s) = \frac{1 + 7.5s}{1 + 110s}$

E10.15 某单位负反馈控制系统的受控对象为

$$G(s) = \frac{40}{s(s+2)}$$

要求闭环系统对斜坡输入 $r(t)=At$ 的响应的稳态误差小于 $0.05A$，相角裕度 P.M.= 30°，穿越频率 $\omega_c = 10$ rad/s。试判定，应该采取超前校正器还是滞后校正器来校正原有系统。

E10.16 当要求穿越频率为 $\omega_c = 2$ rad/s 时，重新完成习题 E10.15。

E10.17 对习题 E10.9 给出的系统，试确定 K_P 和 K_I 的合适取值，使闭环系统具有最小节拍响应，且调节时间 $T_s \leqslant 2$ s(按 2% 准则)。

E10.18 图 E10.18 给出了一个非单位负反馈系统的框图，并且有

$$G(s) = \frac{1}{s-20}, \quad H(s) = 10$$

设计校正器 $G_c(s)$ 和前置滤波器 $G_p(s)$，使闭环系统稳定，并且满足下列性能指标要求：

(i) 单位阶跃响应的超调量 P.O.≤10%；

(ii) 调节时间 $T_s \leqslant 2$ s(按 2% 准则)；

(iii) 单位阶跃响应的稳态误差为零。

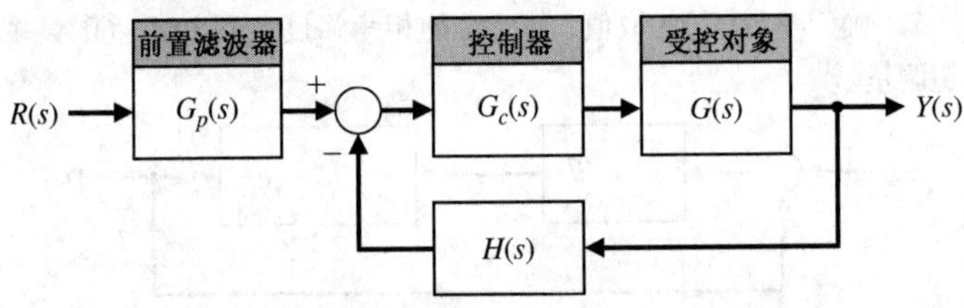

图 E10.18 带前置滤波器的非单位负反馈控制系统

E10.19 某单位负反馈系统受控对象的传递函数为

$$G(s) = \frac{1}{s(s-5)}$$

若采用 PID 控制器

$$G_c(s) = K_P + K_D s + \frac{K_I}{s}$$

要求系统单位阶跃响应的调节时间 $T_s \leqslant 1$ s(按 2% 准则)，试完成控制器设计。

E10.20 对于图 E10.20 给出的控制系统，试设计 PD 控制器 $G_c(s) = K_P + K_D s$，使系统的相角裕度满足 40° ≤P.M.≤60°。

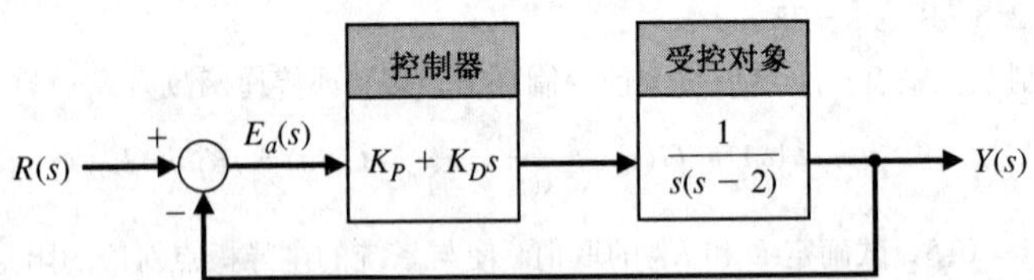

图 E10.20 具有 PD 控制器的单位负反馈系统

E10.21 对于图 E10.21 给出的单位负反馈系统，试确定控制器增益 K 的取值，使系统对单位阶跃扰动 $T_d(s) = 1/s$的响应 $y(t)$的最大幅度小于 0.1。

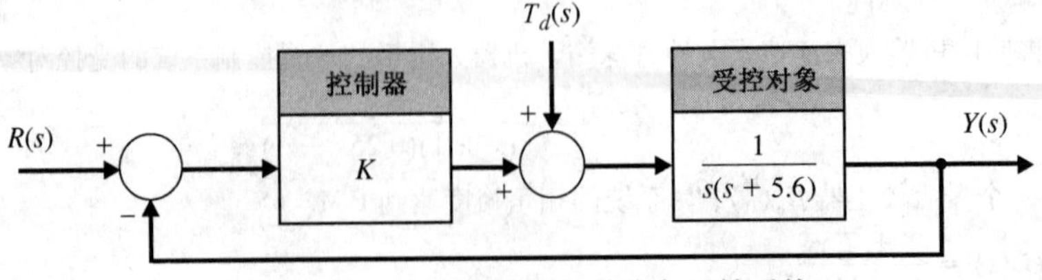

图 E10.21 有扰动输入的单位负反馈系统

一般习题

P10.1 登月舱(Lunar Excursion Module, LEM)设计是一个有趣的控制问题。登月舱姿态控制系统如图 P10.1 所示，其中忽略了登月舱自身的阻尼。姿控喷管负责登月舱的姿态控制，作为一阶近似，其输出扭矩正比于输入信号 $V(s)$，即 $T(s)=K_2V(s)$。设计者可以通过确定合适的开环增益来获得合适的阻尼。利用伯德图和根轨迹这两种方法，设计合适的超前校正器 $G_c(s)$，使系统的阻尼系数为 $\zeta=0.6$，调节时间 $T_s\leqslant 2.5$ s(按 2% 准则)。

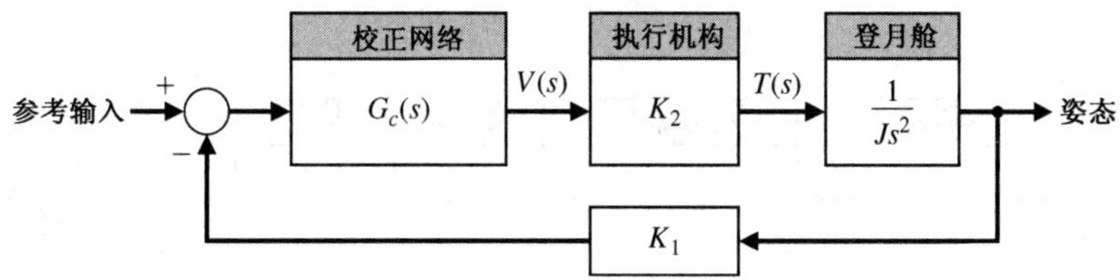

图 P10.1 登月舱姿态控制系统

P10.2 现代计算机上配备的磁带机要求具有很高的精度和快速的响应。某磁带机的具体设计要求是：

(1) 停止或启动时间小于 10 ms。

(2) 每秒能够读取 45 000 个字符。

该系统的模型如图 P10.2 所示，其中 $J=5\times10^{-3}$，速度反馈回路增益为 $K_2=1$，放大器增益为 $K_a=50\,000$，时间常数为 $\tau_1=0.1$ ms，$\tau_a=0.1$ ms，$K_1=2$，$R/L=0.5$ ms，$K_b=0.4$，$r=0.2$，$K_T/L=2$，$K_p=1$。为了改善系统的性能，在光电转换器后面串入一个校正器。试设计一个合适的校正器 $G_c(s)$，使校正后的阶跃响应超调量 P.O.≤25%。

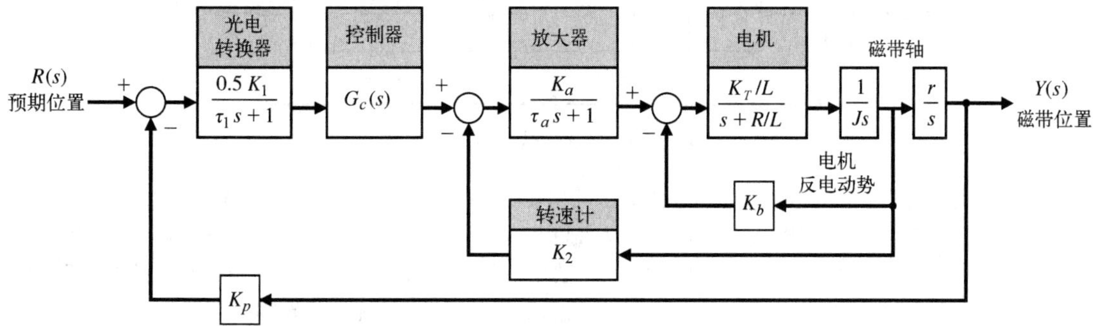

图 P10.2 磁带控制系统框图

P10.3 超音速飞机姿态速率控制系统的简化模型如图 P10.3 所示。当飞机以 4 倍音速(4 马赫)在 100 000 ft 高空飞行时，姿态速率控制系统的参数取值分别为[26]

$$\tau_a=1.0,\quad K_1=0.8,\quad \zeta\omega_a=1.0,\quad \omega_a=5$$

试设计一个校正器 $G_c(s)$，使系统阶跃响应的超调量 P.O.≤5%，调节时间 $T_s\leqslant 5$ s(按 2% 准则)。

P10.4 电磁离合器是一种常用的大功率执行机构器件，其典型的输出功率为 200 W。它可以提供较高的扭矩-惯量比和很小的时间常数。用来移动核反应堆燃料棒的离合器位置控制系统如图 P10.4 所示，其中由电机来驱动离合器的两个夹臂相向旋转，从而抱紧核反应堆燃料棒；离合器由两条彼此平行的齿条驱动，进行相应的位移运动，其伺服输出方向由已经启动的离合器决定，输出功率为 200 W。离合器的时间常数为 $\tau=1/40$ s。系统中的其他常数满足关系 $K_Tn/J=1$。试设计合适的校正器，使系统足够稳定，超调量满足 10%≤P.O.≤20%，调节时间 $T_s\leqslant 2$ s(按 2% 准则)。

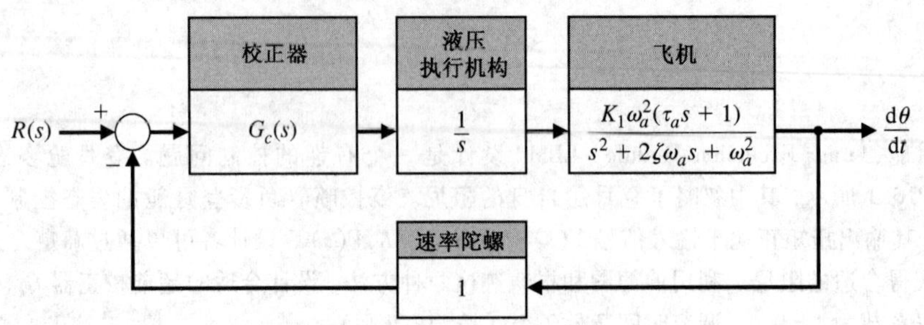

图 P10.3 飞机姿态控制系统

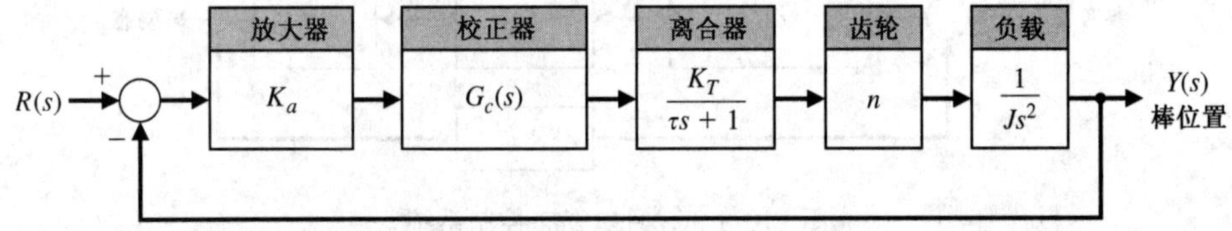

图 P10.4 核反应堆燃料棒控制系统

P10.5 能够稳定运行的转台系统如图 P10.5 所示，它具有很高的转速精度，其中包括了一个高精度的速率计和一个直流电机。该系统要求有很高的转速控制精度，才能够满足使用需要。试设计合适的比例-积分(PI)控制器，确定增益的合适取值，使系统阶跃响应的稳态误差为零，超调量 P.O.= 10%，调节时间 $T_s \leqslant 1.5$ s(按 2% 准则)。

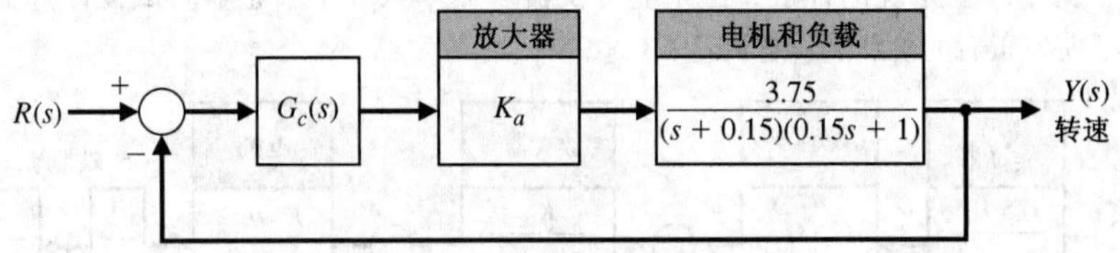

图 P10.5 高精度转台控制系统

P10.6 采用超前校正器，重新完成习题 P10.5，并比较所得的结果。

P10.7 某化学反应器的生产率是催化剂的函数，其模型如图 P10.7 所示[10]，其中系统时延为 $T=50$ s，时间常数约为$\tau=40$ s，增益常数为 $K=1$。试用伯德图法设计合适的校正器，使系统对阶跃输入 $R(s)=A/s$ 的响应稳态误差小于 0.10 A。此外，估算校正后系统的调节时间。

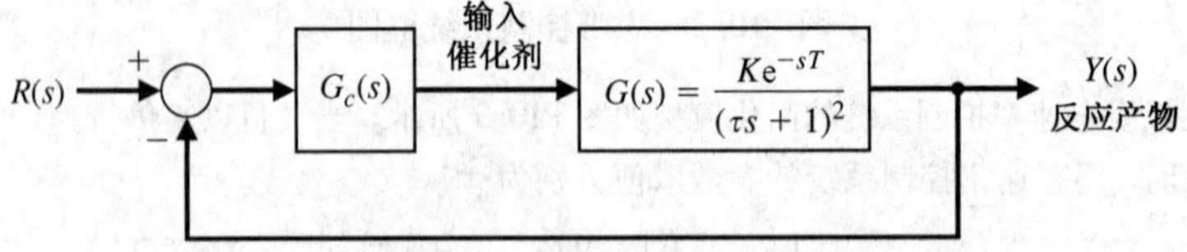

图 P10.7 化学反应器的控制系统

P10.8 数控六角车床的精度控制是一个有趣的问题[2,23]，其控制系统的框图如图 P10.8 所示，其中 $n=0.2$，$J=10^{-3}$，$b2\times=10^{-2}$。现在要求机床的实际精度达到 5×10^{-4} in，因此提出的精度设计要求为斜坡响应的稳态误差为 2.5%。试分别采用(a)和(b)的方法，设计一个合适的超前校正器，并将它连接到晶闸管之前(增益为 $K_R=5$)，使系统的阻尼系数 $\zeta=0.7$，超调量 P.O.≤5%。

(a) 伯德图法。

(b) 根轨迹法。

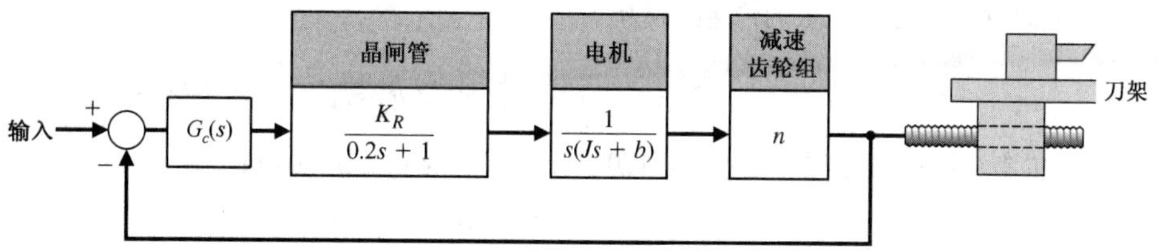

图 P10.8　六角车床控制系统

P10.9　图 P10.9(a) 所示是地中海摆渡使用的重达 670 t 的 Avemar 型水翼船，航速可以达到 45 节 (52 mph)[29]。该船壳体狭长，前端尖，能够劈开前方的水体，像赛艇一样在水中破浪前进。船的两翼之间有另外一个半壳体，当船在海中航行时，能够为渡船提供额外的上升浮力。该船能够搭载 900 名乘客和海员，还能够搭载汽车、巴士和卡车等交通工具，载重可以达到和自重相同。由于配备了自动稳定控制系统，该船能够在 8 ft 高的大浪中以 40 节的速度航行。稳定系统通过调节侧翼和尾翼来保证水翼船平稳航行。在波浪起伏的海面上，为了保证水翼船的平稳"飞行"，应该减小对标称升力的干扰，这样就能够尽量减小水翼船的俯仰角 $\theta(t)$。为此设计的升力控制系统如图 P10.9(b) 所示。该系统的设计目标是，当存在波浪干扰时，水翼船仍然能够保持恒定的水平姿态。试确定一组合适的性能指标和设计要求，并为该系统设计一个合适的校正器 $G_c(s)$（假定波浪干扰的输入频率为 $\omega = 6$ rad/s）。

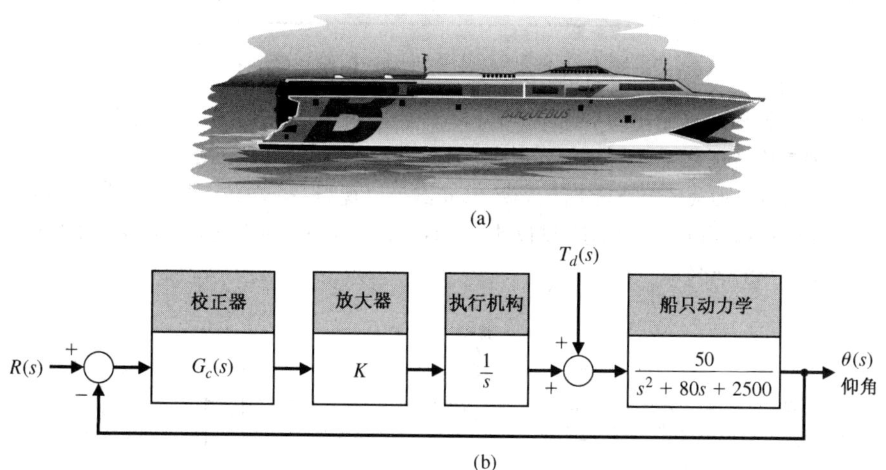

图 P10.9　(a) 往返于巴塞罗那和巴利阿里群岛的 Avemar 型水翼船；(b) 升力控制系统的框图模型

P10.10　在某单位负反馈系统中，系统的开环传递函数为

$$L(s) = G_c(s)G(s) = G_c(s)\frac{5}{s(s^2+5s+12)}$$

(a) 当 $G_c(s)=1$ 时，计算系统的单位阶跃响应和调节时间，并计算系统对单位斜坡输入 $r(t)=t$，$t>0$的稳态响应。

(b) 用根轨迹法设计一个滞后校正器，使系统的速度误差常数提高到 10，并计算校正后系统的调节时间（按 2% 准则）。

P10.11　在某单位负反馈系统中，系统的开环传递函数为

$$L(s) = G_c(s)G(s) = G_c(s)\frac{160}{s^2}$$

设计一个超前-滞后校正器，使校正后的系统阶跃响应的超调量 P.O.≤5%，调节时间 $T_s \leq 1$ s（按 2% 准则）。同时还希望系统的加速度误差常数 $K_a \geq 7500$。

P10.12 某单位负反馈系统受控对象的传递函数为

$$G(s) = \frac{20}{s(1 + 0.1s)(1 + 0.05s)}$$

设计校正器 $G_c(s)$，使系统的相角裕度 P.M.≥75°。推荐使用二阶超前校正器

$$G_c(s) = \frac{K(1 + s/\omega_1)(1 + s/\omega_3)}{(1 + s/\omega_2)(1 + s/\omega_4)}$$

并且要求在斜坡输入的情况下，系统稳态误差为 0.5%（$K_v = 200$）。

P10.13 在分析测试新材料时，需要在较宽的参数范围内，真实再现材料的实际工作环境[23]。从控制系统的角度出发可以认为，材料的分析设备是一个能够准确跟踪参考输入的伺服系统，该系统的框图如图 P10.13 所示。

(a) 如果采用 $G_c(s) = K$，试计算系统的相角裕度。如果要求系统的相角裕度达到 P.M.= 50°，试确定 K 的取值，并估算此时的系统带宽。

(b) 如果再额外要求系统的速度误差常数为 $K_v = 2$，试设计一个合适的滞后校正器。

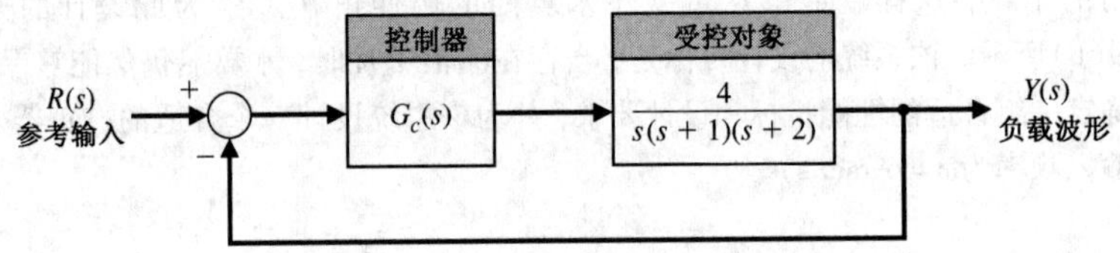

图 P10.13 材料分析设备控制系统

P10.14 继续考虑习题 P10.13 给出的系统，试设计一个合适的超前校正器，使系统相角裕度仍为 P.M.= 50°，速度误差常数仍为 $K_v = 2$，并增加要求：调节时间 $T_s \leq 4$ s（按 2% 准则）。

P10.15 机器人机械臂上加载了一个很重的负载，该负载可以视为一个单位干扰输入[22]。设系统的框图如图 P10.15 所示。当 $R(s) = 0$ 时，试设计一个合适的 $G_c(s)$，使干扰对闭环系统的影响小于它对开环系统的影响的 20%。

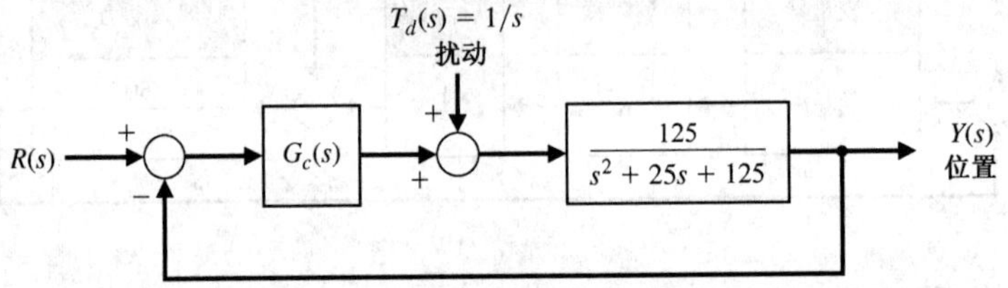

图 P10.15 机械臂控制系统

P10.16 考虑包括司机和汽车在内的反馈控制系统，其简化模型如图 P10.16 所示[17]。为了使系统阶跃响应的超调量 P.O.≤10%，调节时间 $T_s \leq 1$ s（按 2% 准则），采用比例-积分(PI)控制器来校正该系统。试设计能够满足上述要求的 PI 控制器，并在下述两种情况下，分别计算系统的实际响应。

(a) $G_p(s) = 1$。

(b) $G_p(s)$ 可以对消闭环系统 $T(s)$ 新增的零点。

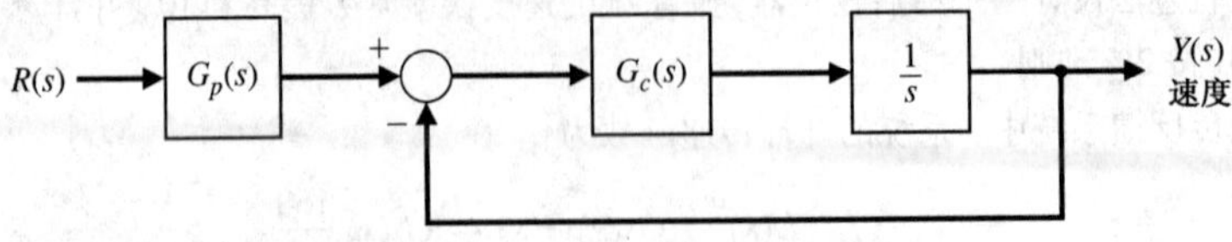

图 P10.16 汽车的速度控制系统

P10.17 海底机器人有一个单位反馈控制环节，其受控对象的三阶传递函数为[20]

$$G(s)=\frac{K}{s(s+10)(s+50)}$$

如果将校正器的零点取为 $s=-15$，试用根轨迹法设计合适的超前校正器，使系统阶跃响应的超调量约为 P.O.= 7.5%，调节时间约为 $T_s=400$ ms（按 2% 准则）。此外，计算校正后的速度误差常数 K_v。

P10.18 NASA 正在研制一种遥控机器人，设计目标是增强人类在太空中的活动能力。遥控机器人示意图如图 P10.18(a)所示[11, 22]，其闭环控制系统框图则如图 P10.18(b)所示。操作员用控制杆对月球上的机器人实施远程控制，用监控器监测机器人，辅助它开展地质勘测。地球到月球的平均距离为 238 855 km，这会导致信号有传输时延，且时延为 $T=1.28$ s，机器人的时间常数为 0.25 s。

(a) 确定增益 K_1 的取值，使系统相角裕度达到 P.M.= 30°，并估算系统阶跃响应的稳态误差。

(b) 在放大器 K_1 的后面串入一个合适的滞后校正器，使系统阶跃响应的稳态误差减小到 5%。另外，绘制校正后的阶跃响应曲线。

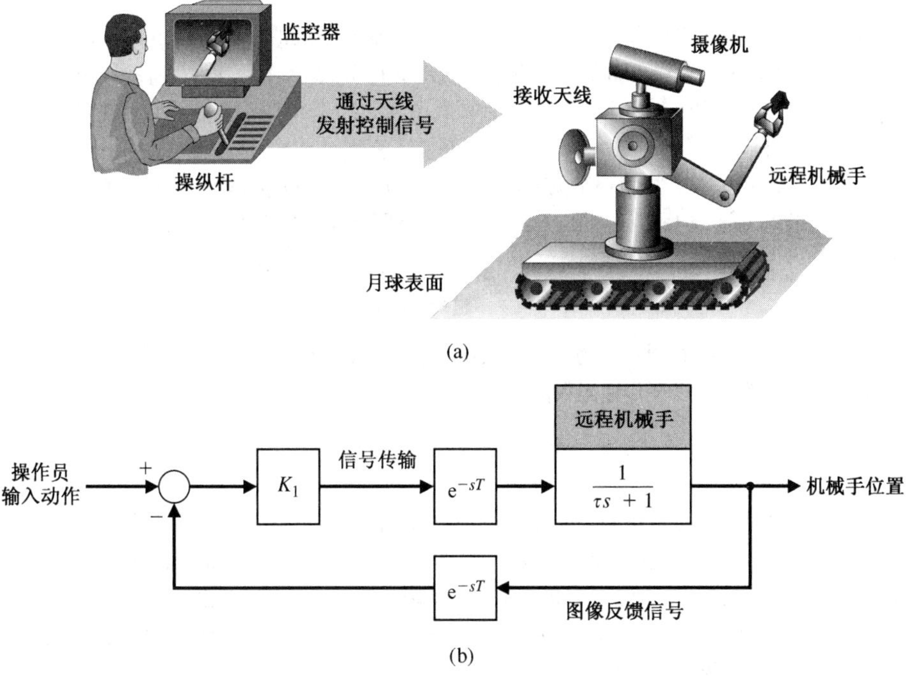

图 P10.18　(a) 地球上的操作员遥控月球上的机器人的示意图；(b)反馈控制系统框图，其中τ为图像传输时延

P10.19 机器人已经广泛应用于核电站的维护与保养。在核工业中，远程机器人主要用来回收和处理核废料，同时也用于核反应堆的监测、放射性污染清除和意外事故处理等方面。这些应用表明，远程操作技术能够显著减少放射性环境对人体造成的危害，提高系统的维护保障能力。目前正在开发的一种机器人，可以完成核电厂内的特定操作任务。这种称为工业远程检查系统（Industrial Remote Inspection System，IRIS）的机器人是一种多用途监测系统，可以完成对某些特定操作的监测任务，从而减小人体暴露于高强度放射区的危险[12]。图 P10.19 给出了该系统的示意图，系统的开环传递函数为

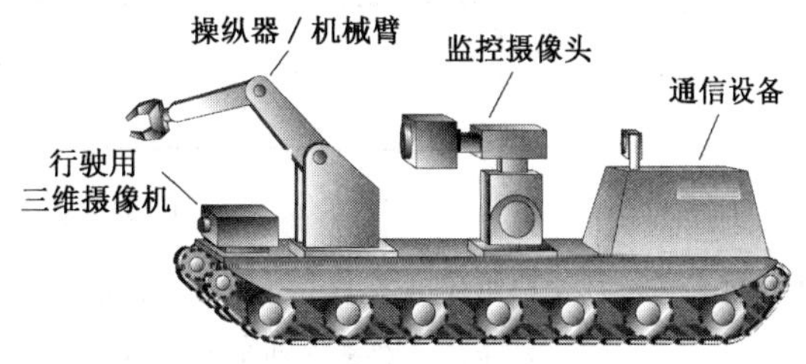

图 P10.19　核电厂的遥控机器人

$$G(s) = \frac{Ke^{-sT}}{(s+1)(s+3)}$$

假设系统为单位负反馈系统，试回答下面的问题：

(a) 当 $T = 0.5$ s 时，确定 K 的合适取值，使系统阶跃响应的超调量 P.O.≤30%，并计算所得系统的稳态误差。

(b) 设计校正器

$$G_c(s) = \frac{s+2}{s+b}$$

以改进(a)中所得到的系统的阶跃响应性能，并使系统的稳态误差小于 12%。

P10.20 某未校正的单位负反馈控制系统受控对象的传递函数为

$$G(s) = \frac{K}{s(s/2+1)(s/6+1)}$$

拟将两个完全相同的一阶超前校正器串联起来，实现对系统的二阶校正。试设计合适的一阶超前校正器，使系统的速度误差常数 $K_v = 20$，相角裕度 P.M.= 45°，闭环带宽 $\omega_B \geqslant 4$ rad/s。

P10.21 继续考虑习题 P10.20。将闭环带宽的设计要求改为 $\omega_B \geqslant 2$ rad/s，重新设计一个滞后校正器，使系统满足设计要求。

P10.22 继续考虑习题 P10.20。将闭环带宽的设计要求改为 2 rad/s ≤ ω_B ≤ 10 rad/s，其他指标的设计要求不变。改为采用超前-滞后校正器来校正系统，所给超前-滞后校正器的传递函数为

$$G_c(s) = \frac{(1+s/10a)(1+s/b)}{(1+s/a)(1+s/10b)}$$

其中，a 为滞后校正器参数，b 为超前校正器参数，按要求确定 a 和 b 的合适取值。

P10.23 某单位负反馈系统的开环传递函数为

$$L(s) = G_c(s)G(s) = G_c(s)\frac{K}{(s+6)^2}$$

试设计一个合适的滞后校正器，使系统阶跃响应的稳态误差约为 5%，相角裕度约为 P.M.= 45°。

P10.24 同时提高机器人关节转动(与手腕转动类似)的稳定性和操作性能，始终是一个具有挑战性的问题。提高增益可以满足对稳定性的要求，但随之而来的是无法接受的过大超调量。用于转动控制的电-液压系统的框图如图 P10.24 所示[15]，试设计一个合适的校正器，使系统的速度误差常数为 $K_v = 20$，阶跃响应的超调量 P.O.≤10%。

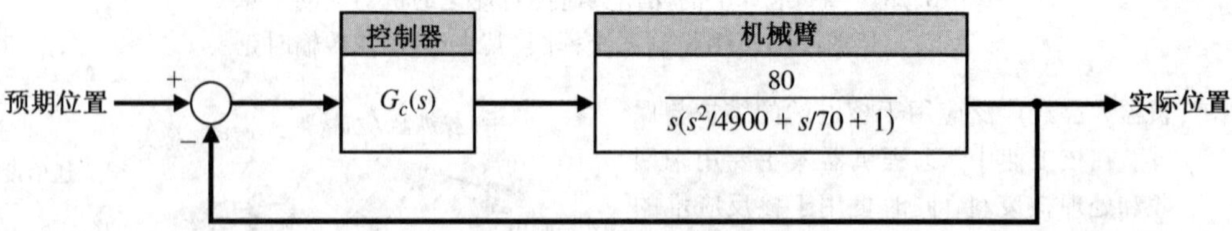

图 P10.24 机器人位置控制系统

P10.25 为大型客运车辆设计无接触的悬浮系统，以便克服传统车轮带来的摩擦、振动与磨损，这是一个全球性的研究课题。磁悬浮列车就是这样一种解决方案，它利用电磁力在车体与轨道之间产生一个间隙，从而实现了无接触运行。该系统的框图如图 P10.25 所示，其中采用了反馈校正方式。用根轨迹法确定参数 K_1 和 b 的合适取值，使系统的阻尼系数为 $\zeta = 0.50$。

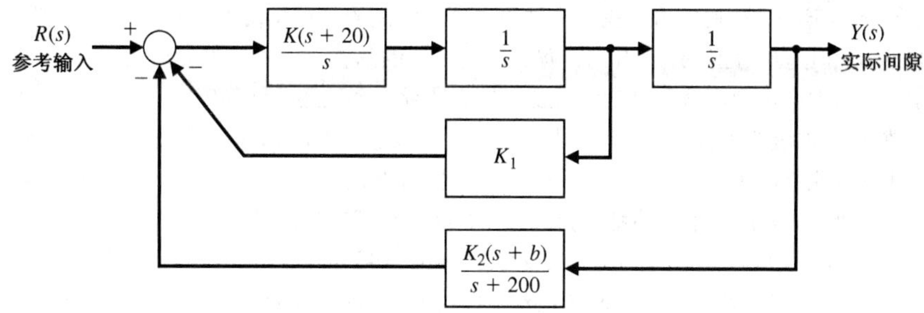

图 P10.25　磁悬浮列车间隙控制系统

P10.26　作为计算机的快速输出设备，打印机应该在快速走纸过程中保持较高的定位精度。打印机系统可以近似为单位反馈系统，其电机与功放的传递函数为

$$G(s)=\frac{0.2}{s(s+1)(6s+1)}$$

试设计一个超前校正器，使系统带宽 $\omega_B=0.8$ rad/s，相角裕度 P.M.≥30°。

P10.27　某设计小组要对图 P10.27 给出的对象实施控制。他们一致认为，系统的相角裕度应该达到 P.M.= 50°。试设计满足这一要求的控制器 $G_c(s)$。首先，将控制器取为 $G_c(s)=K$，试完成下列工作：

(a) 确定 K 的合适取值，使系统的相角裕度达到 P.M.= 50°，并计算此时的系统阶跃响应。

(b) 确定系统的调节时间、超调量和峰值时间。

(c) 计算系统的闭环频率响应，并确定 $M_{p\omega}$ 和闭环带宽。

然后，再将控制器取为

$$G_c(s)=\frac{K(s+12)}{(s+20)}$$

重新解答上述三题，并列表比较这两种设计结果的调节时间(按 2% 准则)、超调量、峰值时间、$M_{p\omega}$ 和闭环带宽。

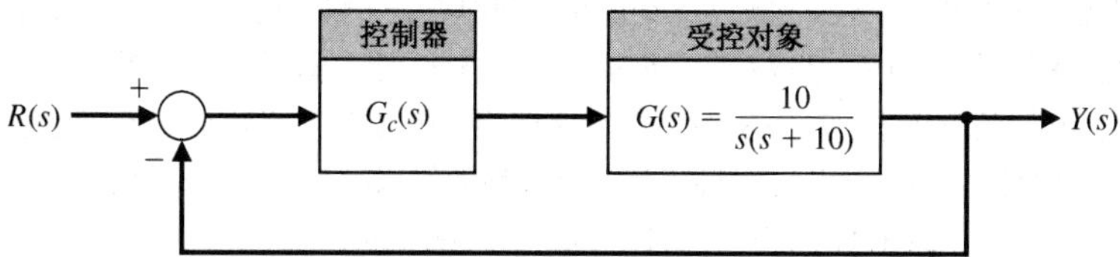

图 P10.27　控制器设计

P10.28　一种具有自适应能力的悬浮车辆，采用了人类腿部的运动原理来实现机动行走。腿的控制可以简化为单位负反馈系统，其受控对象的传递函数为[12]

$$G(s)=\frac{K}{s(s+10)(s+14)}$$

试设计一个合适的滞后校正器，使系统的单位斜坡响应的稳态误差为 10%，主导极点的阻尼系数 $\zeta=0.707$。另外，计算系统的实际调节时间(按 2% 准则)和超调量。

P10.29　某液面高度控制系统的开环传递函数为

$$L(s)=G_c(s)G(s)$$

其中 $G_c(s)$ 为校正器，受控对象的传递函数为

$$G(s)=\frac{10\mathrm{e}^{-sT}}{s^2(s+10)}$$

当 $T=50$ ms 时，试设计一个合适的校正器，使系统指标 $M_{p\omega}\leq 3.5$ dB，ω_r 约为 1.4 rad/s。然后，估计校正后的系统对阶跃输入响应的超调量和调节时间(按 2% 准则)，并绘制实际的阶跃响应曲线。

P10.30 自动导航小车(AGV)通常可以视为一种用来搬运物品的自动化设备。大多数 AGV 都需要有某种形式的导轨，但迄今为止，还没有完全解决导航系统的驾驶稳定性问题。因此，在行驶过程中，自动导航小车有时会出现轻微的“蛇行”现象，这表明导航系统还不够稳定[9]。

大多数 AGV 的说明书都声称，其最大行驶速度可以达到 1 m/s，但实际速度通常只有 0.5 m/s。在自动化程度很高的生产环境中，只会有少数人员出现在现场，因此 AGV 理应能够全速运行。但随着速度的增加，要保证小车的稳定和平稳运行将变得越来越困难。

AGV 的导航系统的框图如图 P10.30 所示，其中 $\tau_1 = 40$ ms，$\tau_2 = 1$ ms。为了使系统响应斜坡输入的稳态误差仅为 1%，要求系统的速度误差常数为 $K_v = 100$。在忽略 τ_2 的条件下，试设计超前校正器 $G_c(s)$，使系统的相角裕度满足

$$45° \leqslant \text{P.M.} \leqslant 65°$$

按相角裕度的两种极端情况设计系统之后，计算并比较所得系统的阶跃响应的超调量和调节时间。

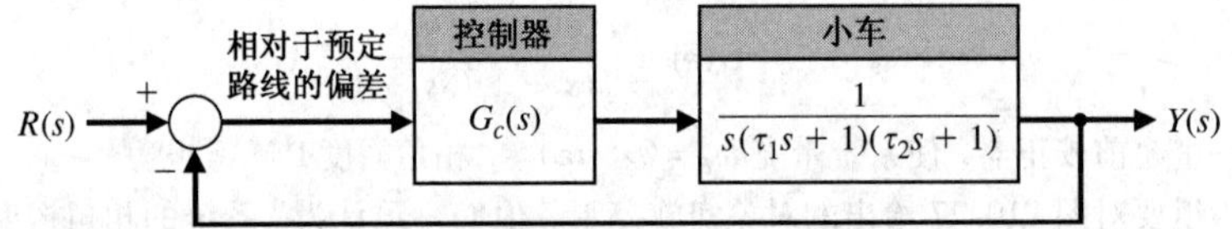

图 P10.30 自动导航小车

P10.31 继续考虑习题 P10.30 给出的系统，试设计合适的滞后校正器，使系统的相角裕度达到 P.M.= 50°，并计算校正后系统的超调量及峰值时间。

P10.32 用电机驱动弹性结构时，弹性结构的运动偏差主要取决于该结构自身的固有频率，而不再由伺服传动系统的带宽来主导。由于尺寸较小，运动速度较慢，常用的工业机器人可以视为刚性结构，其运动偏差(如超调量等)则主要取决于伺服传动系统。但随着精度要求越来越高，运动体结构变形的影响也就变得越来越不可忽略。在各类空间结构中，由于受到质量的限制，机械臂等大型结构都采用了轻质材料，因而是一种弹性结构，其运动偏差将主要取决于结构形变。即使在日常工业应用中，未来的工业机器人也会变得更加轻便，也会采用更灵活的操纵装置，因而也会是一种弹性结构。

为了研究结构变形的影响，掌握对结构振荡的控制方法，我们设计了一个图 P10.32(a)所示的实验装置，该装置用直流电机来驱动一根细长的铝质横梁，其实验控制系统的框图模型如图 P10.33(b)所示。该实验的目的在于，当用驱动装置驱动高弹性的结构时，寻求克服运动偏差的简单有效的控制策略[13]。若要求该系统的速度误差常数达到 $K_v = 100$，试完成下列工作。

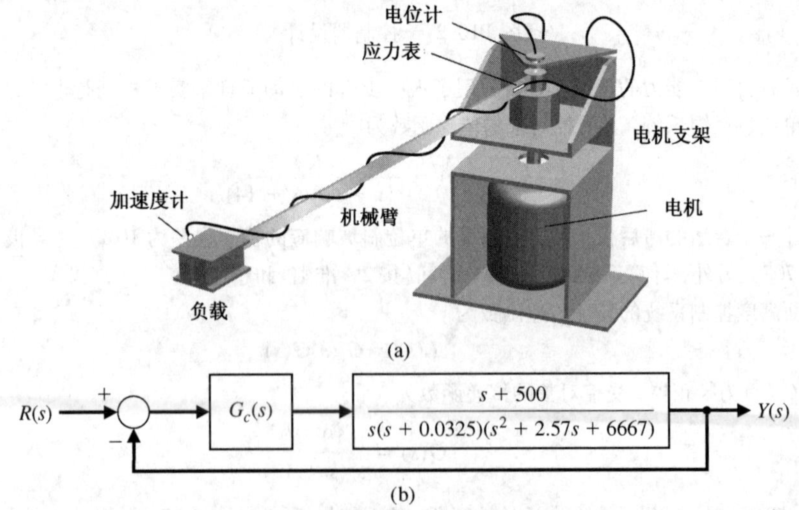

图 P10.32 柔性机械臂控制系统

(a) 当 $G_c(s)=K$ 时，确定 K 的合适取值，绘制系统的伯德图，并从中估算系统的增益裕度和相角裕度。

(b) 绘制所得系统的尼科尔斯图，并估算系统的 ω_r，$M_{p\omega}$ 和 ω_B。

(c) 设计一个合适的校正器，使系统的相角裕度 P.M.≥35°，并估算校正后的 ω_r，$M_{p\omega}$ 和 ω_B。

P10.33 考虑如图 P10.33 所示的手臂增强器的框图模型[14]。试利用根轨迹法设计一个合适的超前-滞后校正器，使系统的速度误差常数为 $K_v=80$，调节时间 $T_s=1.6$ s(按 2% 准则)，超调量 P.O.=16%，主导极点对应的阻尼系数为 $\zeta=0.5$。

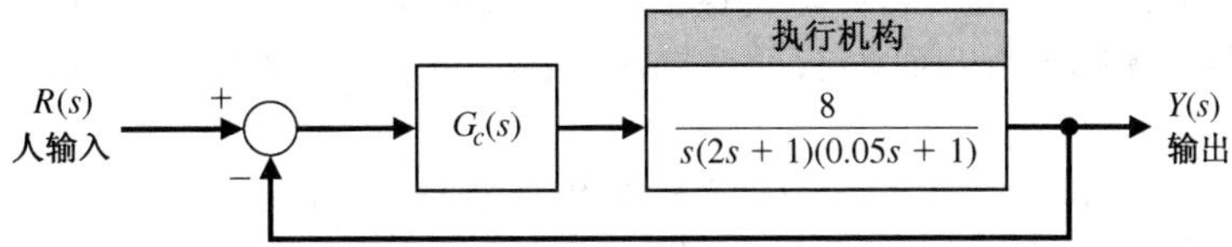

图 P10.33　手臂增强器控制系统

P10.34 在 1989 年至 1991 年间，德国柏林已经开始试验运行磁悬浮列车。自动化的磁悬浮列车可以在较短的时间内正常运行，而且具有很高的能量利用率。车体悬浮控制系统的框图模型如图 P10.34 所示，试设计一个合适的校正器，使系统的相角裕度满足 45°≤P.M.≤55°，估算校正后系统的阶跃响应，并与实际响应相比较。

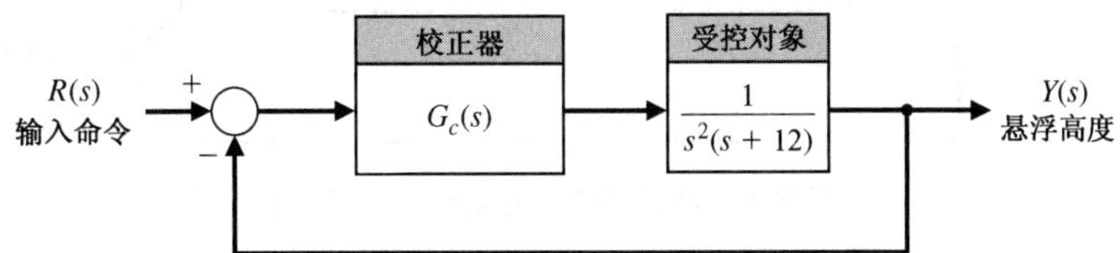

图 P10.34　磁悬浮列车悬浮控制系统

P10.35 某单位负反馈系统的开环传递函数为

$$L(s)=G_c(s)G(s)=\frac{Ks+0.54}{s(s+1.76)}\mathrm{e}^{-sT}$$

其中，T 为时延，K 为控制器增益，系统的框图如图 P10.36 所示，标称值为 $K=2$。当 $0\leqslant T\leqslant 2$ s 时，绘制系统的相角裕度曲线，随着时延的增加，系统的相角裕度会发生怎样的变化？在系统变得不稳定之前，最大允许时延是多少？

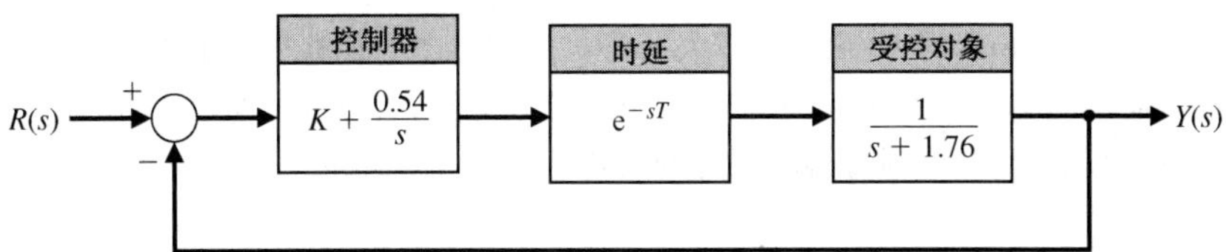

图 P10.35　采用 PI 控制器的含时延的单位负反馈系统

P10.36 某单位负反馈系统的开环通路是一个 0.5 s 的纯时延环节，因此系统的开环传递函数为 $G(s)=\mathrm{e}^{-s/2}$。试设计一个合适的校正器 $G_c(s)$，使系统阶跃响应的稳态误差小于 2%，相角裕度 P.M.≥30°；然后，计算校正后系统的带宽，并绘制系统的阶跃响应曲线。

P10.37 某单位负反馈系统的开环传递函数为

$$L(s)=G_c(s)G(s)=G_c(s)\frac{1}{(s+2)(s+8)}$$

试设计合适的校正器 $G_c(s)$，使系统阶跃响应的超调量 P.O.≤5%，稳态误差小于 1%，并计算校正后系统的带宽。

P10.38 某单位负反馈系统受控对象的传递函数为

$$G(s) = \frac{40}{s(s+2)}$$

将穿越频率取为 $\omega_c = 10$ rad/s，在此条件下，试设计一个超前校正器，使系统的相角裕度达到 P.M.= 30°，并且具有较大的带宽。最后请验证设计结果。

P10.39 某单位负反馈系统的受控对象为 $G(s) = \frac{40}{s(s+2)}$，试设计一个滞后校正器，使系统的相角裕度达到 P.M.= 30°，系统对斜坡输入 $r(t) = t$ 的稳态误差为 0.05。最后请验证设计结果。

P10.40 重新考虑习题 P10.39 给出的系统，将系统响应斜坡输入的稳态误差改为 0.02，重新设计所需要的滞后校正器。

P10.41 将 100% 上升时间的设计要求改为 $T_r = 1$ s，重复例 10.12 的工作。

P10.42 在图 P10.42 给出的系统中，如果 $R(s) = 0$，$T_d(s) = 0$，$N(s)$ 为频率 $\omega \geqslant 100$ rad/s 的正弦激励，试设计控制器 $G_c(s) = K$，使系统的稳态输出 $y(t)$ 小于 −40 dB。

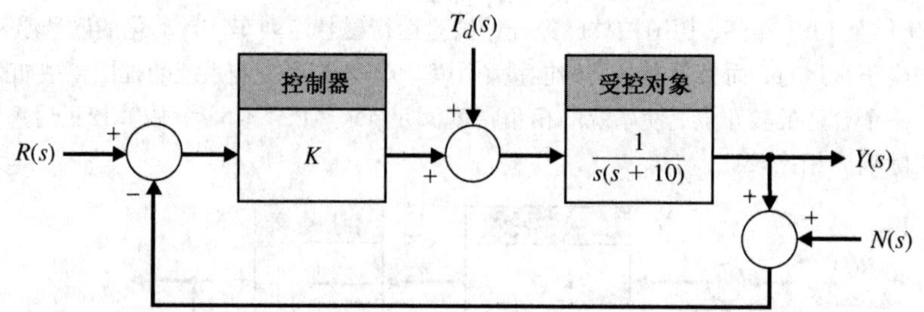

图 P10.42 带有比例控制器的有测量噪声的单位负反馈系统

P10.43 某单位负反馈系统的开环传递函数为

$$L(s) = G_c(s)G(s) = \frac{K(s^2+2s+20)}{s(s+2)(s^2+2s+1)}$$

当 $0 < K \leqslant 100$ 时，绘制闭环系统单位阶跃响应超调量的变化曲线，当 $0.129 < K \leqslant 69.872$ 时，分析系统响应的特点。

难题

AP10.1 在图 AP10.1(a)所示的三轴搬运机器人系统中，要求机械臂能够在三维空间中准确定位。第二个关节的系统框图如图 AP10.1(b)所示。机械臂必须沿着指定的线性路径移动，以免与其他元件发生碰撞，因此，要求系统阶跃响应的超调量 P.O.≤13%，在此条件下，

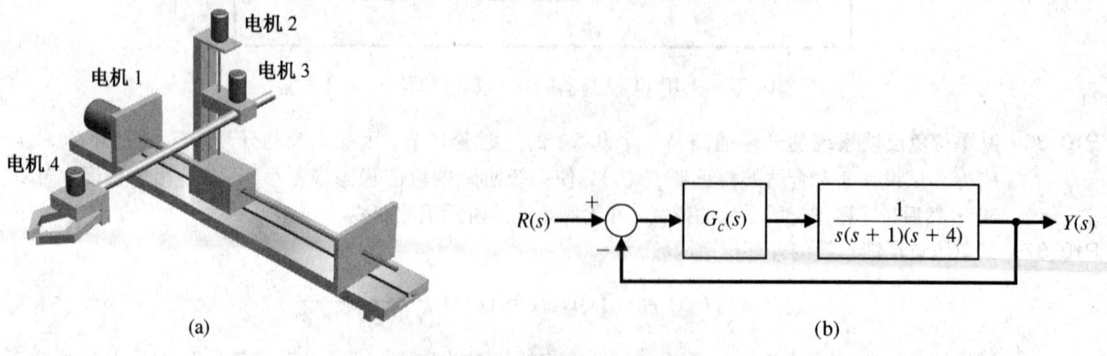

图 AP10.1 搬运机器人系统

(a) 当 $G_c(s)=K$ 时，确定 K 的合适取值，并估算系统的调节时间(按 2% 准则)。

(b) 当 $G_c(s)$ 为超前校正器时，设计合适的校正器参数，使系统的调节时间 $T_s\leqslant 3$ s。

AP10.2 继续考虑习题 AP10.1 给出的系统，若要求系统阶跃响应的超调量 P.O.≤13%，再要求斜坡响应的稳态误差小于 0.125(即 $K_v=8$)[24]，试设计一个能够满足要求的滞后校正器，并估算校正后系统的调节时间(按 2% 准则)。

AP10.3 继续考虑习题 AP10.1 给出的系统，若要求系统阶跃响应的超调量 P.O.≤13%，再要求斜坡响应的稳态误差小于 0.125，即 $K_v=8$，试设计一个能够满足要求的比例积分(PI)控制器。

AP10.4 某直流电机控制系统如图 AP10.4 所示，试选择 K_1 和 K_2 的合适取值，使系统阶跃响应的调节时间 $T_s\leqslant 1$ s(按 2% 准则)，超调量 P.O.≤5%。

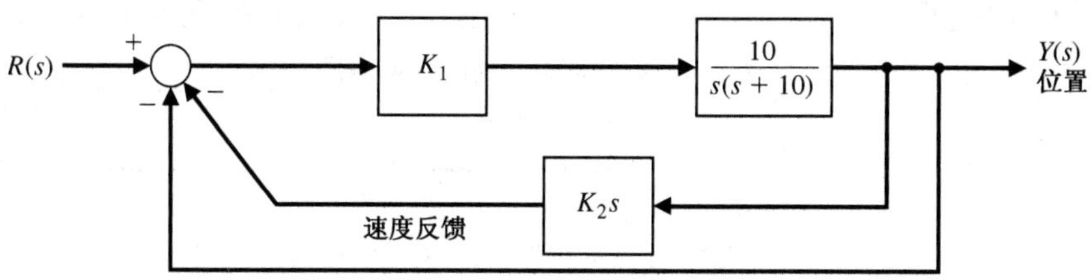

图 AP10.4　电机控制系统

AP10.5 某单位负反馈系统如图 AP10.5 所示，若要求系统阶跃响应的超调量 P.O.≤10%，调节时间 $T_s\leqslant 4$ s (按 2% 准则)，在此条件下，

(a) 设计超前校正器 $G_c(s)$，使系统获得所需要的主导极点。

(b) 当 $G_p(s)=1$ 时，计算系统的阶跃响应。

(c) 选择合适的前置滤波器 $G_p(s)$，并计算含有前置滤波器的系统阶跃响应。

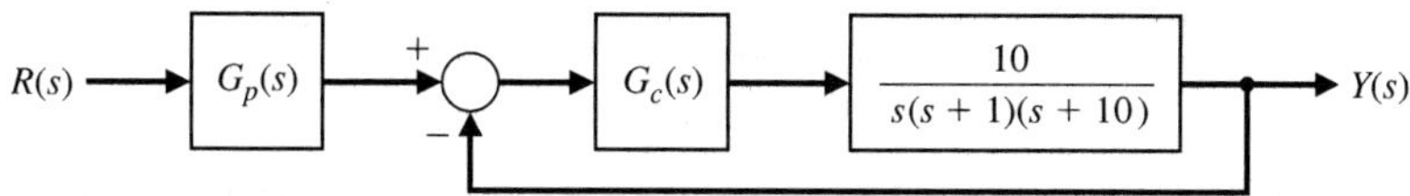

图 AP10.5　带前置滤波器的单位负反馈系统

AP10.6 某单位负反馈系统的开环传递函数为

$$L(s)=G_c(s)G(s)=\frac{s+z}{s+p}\cdot\frac{K}{s(s+1)}$$

在 $K<52$ 的前提下，希望能够尽量缩短系统的调节时间。试设计一个合适的校正器(确定 p 和 z)，使系统的调节时间最短，并绘制校正后系统的阶跃响应曲线。

AP10.7 某单位负反馈系统的受控对象传递函数为

$$G(s)=\frac{1}{s(s+2)(s+8)}$$

超前校正器为

$$G_c(s)=\frac{K(s+3)}{s+28}$$

前置滤波器为

$$G_p(s)=\frac{p}{s+p}$$

首先确定 K 的合适取值，使系统复极点对应的阻尼系数为 $\zeta=1/\sqrt{2}$。然后，

(a) 当 $G_p(s)=1$ 且 $p=3$ 时，计算系统的超调量和上升时间。

(b) 确定 p 的合适取值，使系统的超调量仅为 P.O.≤1%，并与上述结果进行比较。

AP10.8 Manutec 公司的机器人具有很大的惯性和较长的手臂，这给机器人控制造成了一定的困难。图 AP10.8(a)给出了 Manutec 机器人的实物照片，图 AP10.8(b)则给出了系统的框图模型。试设计一个合适的超前校正器，使系统阶跃响应的超调量 P.O.≤20%，上升时间 $T_r \leqslant 0.5$ s，调节时间 $T_s \leqslant 1.2$ s(按 2% 准则)，系统的速度误差常数 $K_v \geqslant 10$。

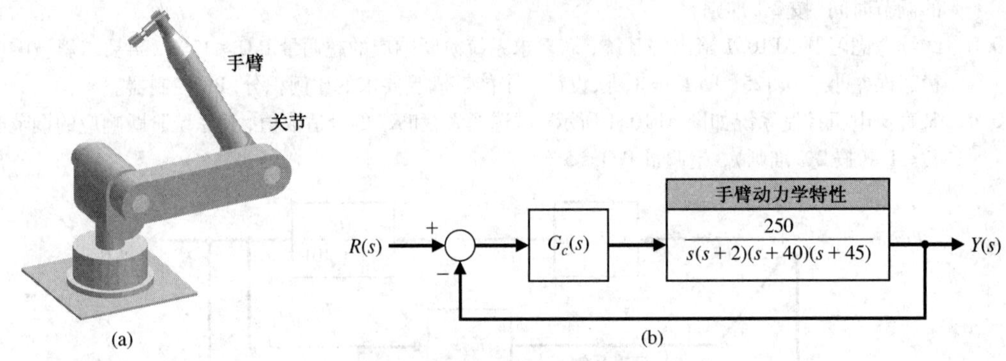

图 AP10.8 (a) Manutec 机器人；(b) 系统的框图模型

AP10.9 某化学反应过程的动力学模型可以表示为

$$G(s) = \frac{100}{s(s+5)(s+10)}$$

我们希望该系统是单位反馈系统，对斜坡输入有较小的稳态误差，即 $K_v = 100$。出于稳定性的考虑，要求系统增益裕度 G.M.≥10 dB，相角裕度 P.M.≥40°。设计一个能够满足上述要求的超前-滞后校正器。

设计题

CDP10.1 图 CDP4.1 给出的滑台系统采用了比例-微分控制器，即 PD 控制器。试为 PD 控制器选择合适的增益，使系统具有最小节拍响应，而且调节时间 $T_s \leqslant 250$ ms(按 2% 准则)。然后计算系统的阶跃响应，验证设计结果。

DP10.1 如图 DP10.1 所示，两台机械手相互协作，试图将一根长杆插入另一物体的孔洞之中。插入长的部件的过程充分演示了协同控制的重要作用。单台机械手关节的单位反馈控制系统的受控对象的传递函数为

$$G(s) = \frac{20}{s(s+2)}$$

试设计一个超前-滞后校正器，使系统的单位斜坡响应的稳态误差小于 0.02，阶跃响应的超调量 P.O.≤15%，调节时间 $T_s \leqslant 1$ s(按 2% 准则)。另外，绘制在校正后系统对斜坡输入和阶跃输入的时间响应曲线。

图 DP10.1 两台机械手协同工作

DP10.2 传统的双层翼飞机如图 DP10.2(a)所示，其航向控制系统的框图模型如图 DP10.2(b)所示。

(a) 当 $G_c(s) = K$ 时，确定 K 的最小取值，以便当存在单位阶跃干扰 $T_d(s) = 1/s$ 时，保证干扰对系统的稳态影响小于或等于 5%，即 $y(\infty) = 0.05$。

(b) 当采用(a)的结果时，判断系统是否稳定。

(c) 试设计一个一阶超前校正器，使系统的相角裕度达到 P.M.= 30°。

(d) 试设计一个二阶超前校正器，使系统的相角裕度达到 P.M.= 55°。

(e) 比较(c)和(d)所得系统的带宽。

(f) 绘制(c)和(d)所得系统的阶跃响应曲线 $y(t)$，并比较它们的超调量、调节时间(按 2% 准则)和峰值时间。

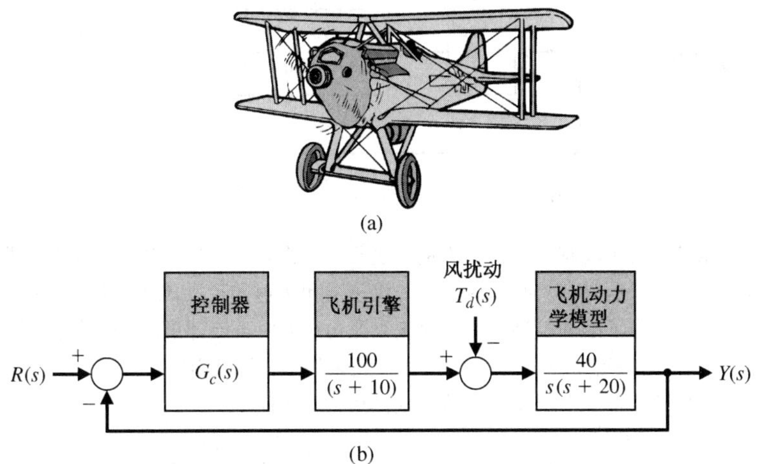

图 DP10.2　(a) 双层翼飞机(原载于 London News，1920 年 10 月 9 日)；(b) 控制系统的框图模型

DP10.3　NASA 已经明确表示，准备建造一个大型的可展开的空间结构。这种结构是建造空间站所必需的设备，将由轻质材料构成，并有很多铰接点或关节。在在轨工作期间，完全展开的结构应该能够克服不利的振荡，保持确定的形状[16]。

图 DP10.3(a)给出的飞行桅杆系统就是这样一种大型结构，在进一步研究大型空间结构的控制机理和动力学特性时，它发挥着试验床的作用。飞行桅杆系统的基本构件是一个长 60.7 m 的横梁。该横梁的一端与航天飞机直接相连，并装有小型执行机构和传感器。飞行桅杆系统还装配了释放/回收子系统，在释放和回收时，释放/回收子系统可以将横梁安全地回收到航天飞机的货舱中。

飞行桅杆系统由一个大功率电机驱动，其系统框图模型如图 DP10.3(b)所示。在 $0.75<K<2$ 的范围内，确定增益 K 的合适取值，使系统阶跃响应的超调量 P.O.≤20%，系统的阻尼系数约为 $\zeta=0.5$，相角裕度 P.M.= 50°，完成设计之后，计算系统的实际超调量、上升时间及相角裕度。

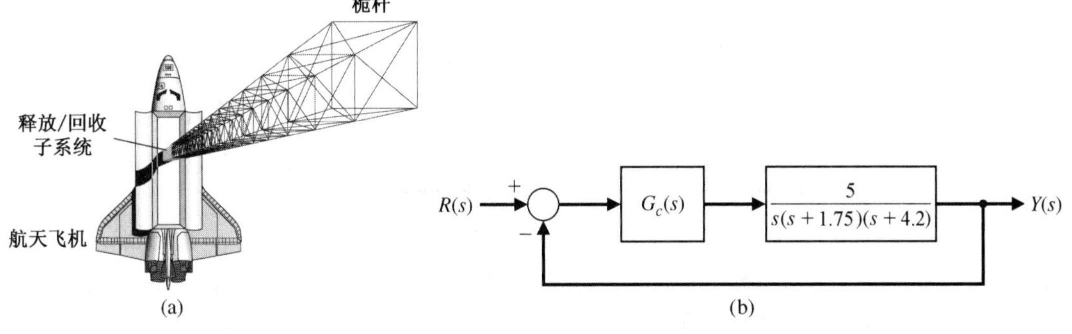

图 DP10.3　飞行桅杆系统

DP10.4　在法国 TGV 列车的基础上，美国正在得克萨斯州[21]研制一种高速列车，其运行速度预计能够达到 186 mph。为了在急转弯时保持这个运行速度，高速列车采用了独立车轴系统，并能够使列车适度倾斜。列车车厢与列车底盘之间设置有液压系统，列车底部装有与钟摆类似的传感器。在列车转弯时，传感器可以感知弯道角度的大小，并将感知信息传输给液压系统，液压系统则可以使列车像摩托车一样，在弯道上适度倾斜，以提高乘客的舒适度。

高速列车的倾斜控制系统如图 DP10.4 所示，试设计一个合适的校正器 $G_c(s)$，使系统阶跃响应的超调量 P.O.≤5%，调节时间 $T_s \leqslant 0.6$ s(按 2% 准则)，并使系统对斜坡输入响应的稳态误差小于 0.15 A，其中输入为 $r(t)=At$，$t>0$。然后，计算系统的实际响应并检验设计结果。

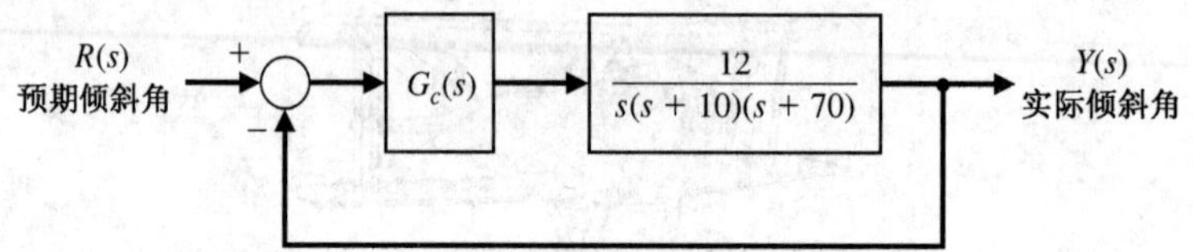

图 DP10.5 高速列车的倾斜控制系统

DP10.5 高性能的磁带传动系统有一个拉动磁带通过磁头的滑轮，以及一个由直流电机驱动的主动回收转轴。该系统应该保证磁带具有 200 in/s 的线速度和快速的启动能力，并能够控制磁带张力，以免磁带变形失真。为了准确控制磁带的速度和张力，采用直流速度计来测量速度，采用电位计来测量位置，并采用直流电机来驱动系统。在上述条件下，可以用一个线性化模型来描述磁带传动系统。该线性化模型是一个单位负反馈系统模型，并且有

$$\frac{Y(s)}{E(s)}=G(s)=\frac{K(s+4000)}{s(s+1000)(s+3000)(s^2+4000s+8\,000\,000)}$$

其中，$Y(s)$表示位移输出。试设计一个合适的校正器，使系统满足下述设计要求：(1) 调节时间 $T_s \leqslant 12$ ms(按 2% 准则)；(2) 超调量 P.O.≤10%；(3) 稳态速度误差小于 0.5%。

DP10.6 在过去的几年中，汽车设计部门在建立动力系统模型时，非常流行采用所谓的“面向控制”模型，或者称为“控制设计”模型。他们用这一类模型描述了汽车动力系统的许多具体问题，包括发动机、节流阀、发动机活塞运动、化油器动力学特性、燃油系统、发动机扭矩和转动惯量等问题。

为了减少汽车的废气排放量，燃烧室中的燃空比成了汽车制造商们的关注焦点，他们转向了使用反馈控制来控制燃油/空气比。为了将这个比值控制在工作点附近规定的范围内，需要同时控制进入发动机油路系统的空气流量和燃油流量。这里，将燃油流量指令视为控制系统的输入，而将发动机转速视为控制系统的输出[9, 10]。

假设发动机控制系统的框图模型如图 DP10.6 所示，其中 $T=0.066$ s，试设计一个合适的校正器，使系统阶跃响应的稳态误差为零，超调量 P.O.≤10%，调节时间 $T_s \leqslant 10$ s(按 2% 准则)。

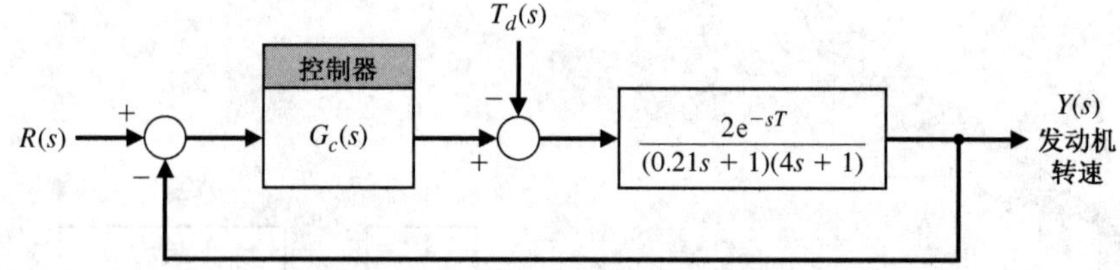

图 DP10.6 汽车发动机控制系统

DP10.7 某高性能喷气式飞机如图 DP10.7(a)所示，其横滚角控制系统如图 DP10.7(b)所示，试设计一个合适的校正器 $G_c(s)$，使系统阶跃响应的稳态误差为零，并具有良好的瞬态响应特性。

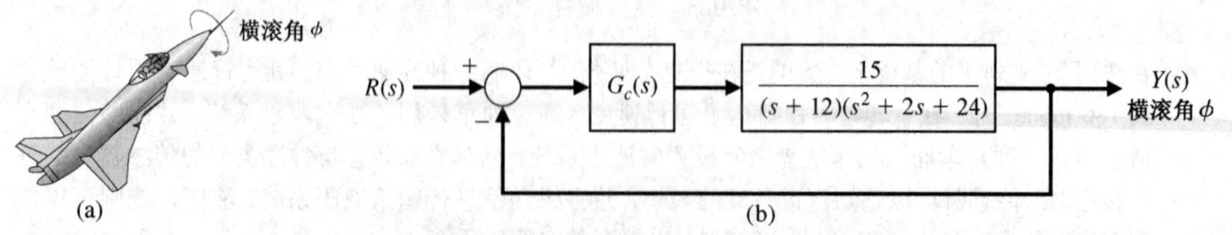

图 DP10.7 喷气式飞机的横滚角控制系统

DP10.8 有人提出可以使用简单的 PI 控制器来控制风车型辐射计[27]。图 DP10.8(a)给出了风车型辐射计的实物图，而图 DP10.8(b)给出了系统的框图。接收红外线辐射时，风车会转动，需要控制的变量是风车的转动角速度 ω。在实验中，采用反射式光电传感器作为反馈传感器，采用电路系统实现了一个高性能的控制系统。假设$\tau=20$ s。设计 PI 控制器，使该系统为最小节拍系统，并且调节时间 $T_s\leqslant 25$ s(按 2% 准则)。

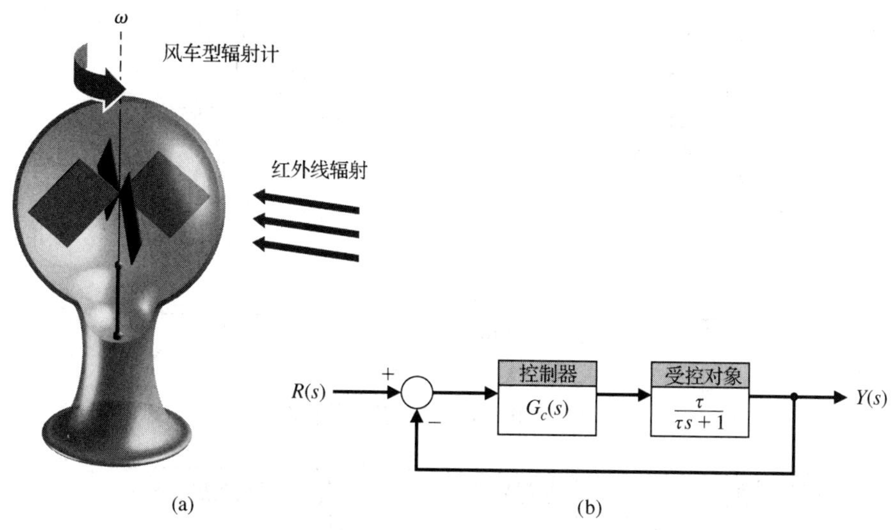

图 DP10.8　(a) 风车型辐射计；(b) 控制系统

DP10.9 考虑图 DP10.9 给出的反馈控制系统。要求设计 PID 控制器 $G_{c1}(s)$和超前校正器 $G_{c2}(s)$，在时延 $T=0.1$ s时，保证系统稳定。在时延随机增大时(最大为 0.2 s)，讨论这两种控制器在保证系统稳定性方面的性能。

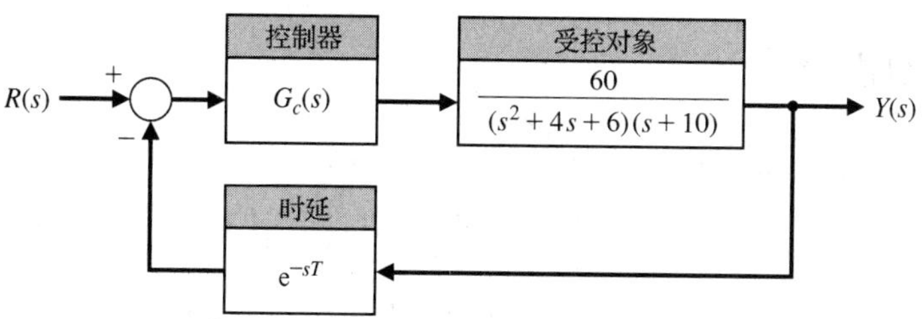

图 DP10.9　含有时延的反馈控制系统

DP10.10 某单位负反馈系统受控对象的传递函数为

$$G(s)=\frac{s+1.59}{s(s+3.7)(s^2+2.4s+0.43)}$$

设计控制器 $G_c(s)$，使在开环传递函数 $L(s)=G_c(s)G(s)$的伯德图上，当 $\omega\leqslant 0.01$ rad/s 时，幅值大于 20 dB，而当 $\omega\geqslant 10$ rad/s 时，幅值小于 −20 dB，图 DP10.10 给出了预期的幅频曲线。请解释我们为什么希望低频段的幅值较大而高频段的幅值较小。

DP10.11 用于分析聚合物链式反应(Polymerase Chain Reaction，PCR)的新式微量分析系统要求具备快速、有阻尼的跟踪响应[30]。PCR 反应器的温度控制系统如图 DP10.11 所示，其中的控制器为 PID 控制器 $G_c(s)$，并配有一个前置滤波器 $G_p(s)$。

要求设计合适的控制器 $G_c(s)$和前置滤波器 $G_p(s)$，使得系统单位阶跃响应的超调量 P.O.<1%，调节时间 $T_s<3$ s。

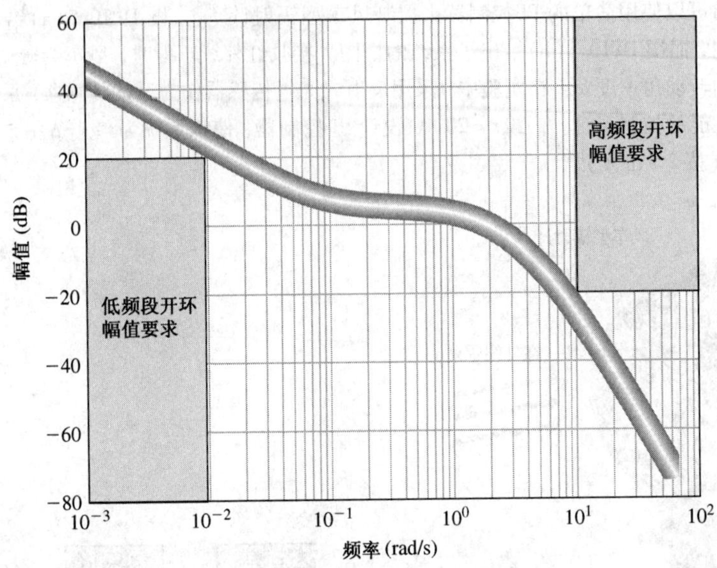

图 DP10. 10　某系统的预期伯德图

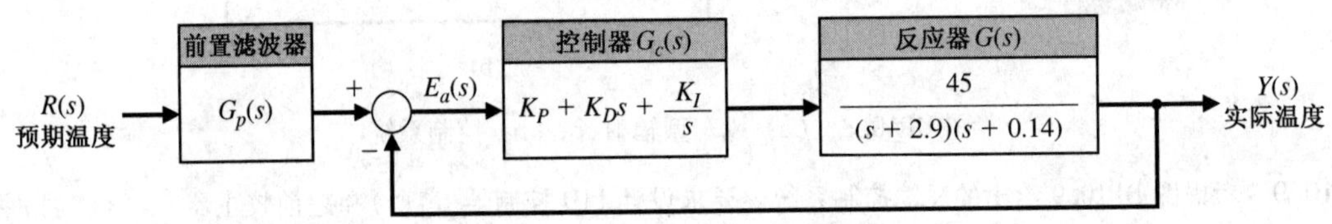

图 DP10. 11　聚合物链式反应控制系统

计算机辅助设计题

CP10. 1　某控制系统如图 CP10. 1 所示，其中

$$G(s) = \frac{1}{s+12}, \quad G_c(s) = \frac{96}{s}$$

编写 m 脚本程序，验证系统的相角裕度约为 P.M.= 60°，单位阶跃响应的超调量约为 P.O.= 8. 8%。

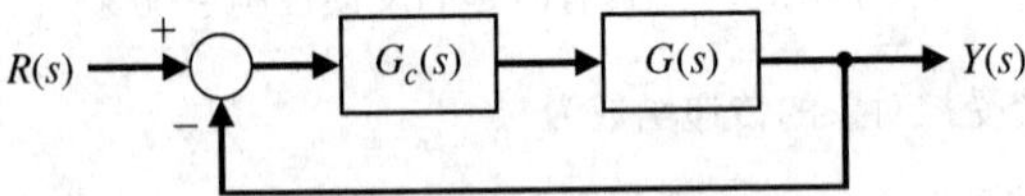

图 CP10. 1　含有串联校正器的单位反馈控制系统

CP10. 2　某单位负反馈系统如图 CP10. 2 所示，试设计一个简单的比例控制器 $G_c(s) = K$，使系统的相角裕度达到 P.M.= 40°；使用 m 脚本程序绘制伯德图，检验设计是否满足要求。

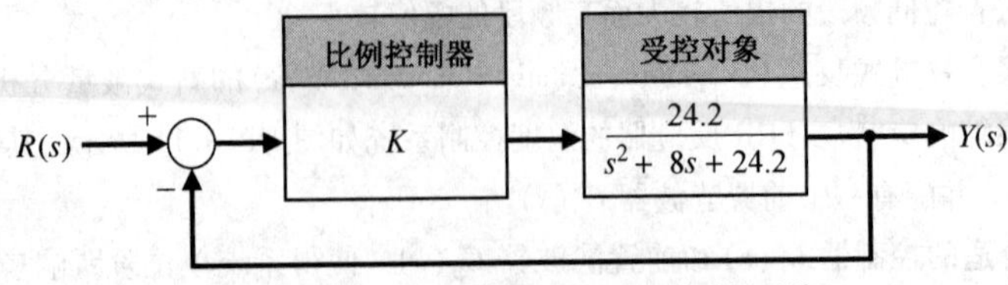

图 CP10. 2　带有比例控制器的反馈系统

CP10.3　继续考虑习题 CP10.1 给出的系统，但将 $G(s)$ 取为

$$G(s)=\frac{1}{s(s+2)}$$

(a) 试设计一个合适的校正器 $G_c(s)$，使系统对斜坡输入的稳态误差为零，阶跃响应的调节时间 $T_s \leqslant 5$ s(按 2% 准则)。

(b) 当输入为 $R(s)=1/s^2$ 时，计算闭环系统的时间响应，验证结果是否满足设计要求。

CP10.4　某飞机的俯仰角反馈控制系统的框图如图 CP10.4 所示，其中 $\dot{\theta}(t)$ 为俯仰角角速度(单位为 rad/s)，$\delta(t)$ 为俯仰角(单位为 rad)，上述模型的 4 个极点分别代表俯仰角变化过程中的长周期和短周期模态，长周期模态的固有频率为 0.1 rad/s，短周期模态的固有频率为 1.4 rad/s。

(a) 将 $G_c(s)$ 取为超前校正器，利用伯德图法设计该校正器，使系统的单位阶跃响应的调节时间 $T_s \leqslant 2$ s(按 2% 准则)，超调量 P.O.≤10%。

(b) 当输入阶跃信号为 $R(s)=10$ °/s 时，仿真计算 $\dot{\theta}(t)$ 随时间的变化情况。

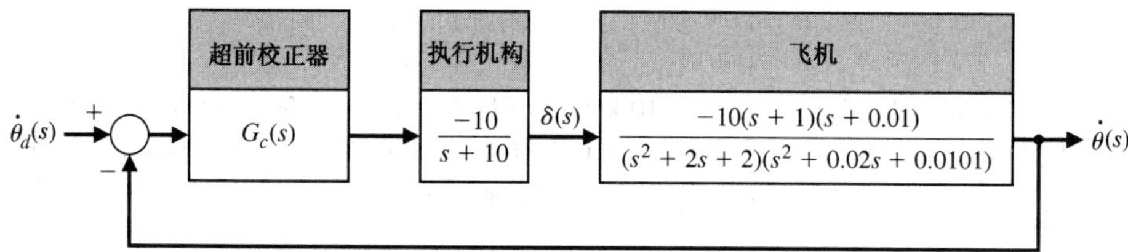

图 CP10.4　飞机俯仰角反馈控制系统

CP10.5　刚性空间飞行器的俯仰姿态运动可以表示为

$$J\ddot{\theta}(t)=u(t)$$

其中，J 为转动惯量矩阵，$u(t)$ 为飞行器的输入扭矩[7]。姿态控制采用 PD 控制器，即

$$G_c(s)=K_P+K_D s$$

(a) 绘制单位反馈系统的框图模型，用交互式的 m 脚本程序设计合适的 PD 控制器，使闭环系统的带宽 $\omega_B=10$ rad/s，阶跃响应(输入信号的幅值为 10°)的超调量 P.O.≤20%。

(b) 若阶跃输入信号的幅值为 10°，仿真计算系统响应，验证上述设计结果。

(c) 绘制闭环伯德图，验证系统带宽是否满足设计要求。

CP10.6　某控制系统如图 CP10.6 所示，若给定的设计要求是：阶跃响应的稳态误差 $e_{ss}<0.1$，相角裕度 P.M.≥45°，调节时间 $T_s \leqslant 5$ s(按 2% 准则)，试完成以下工作。

(a) 利用 m 脚本程序，用根轨迹法设计一个滞后校正器，使系统满足上述设计要求。

(b) 当输入为单位阶跃信号时，仿真计算并绘制系统的响应 $y(t)$，据此验证设计结果。

(c) 用函数 margin 计算系统的相角裕度。

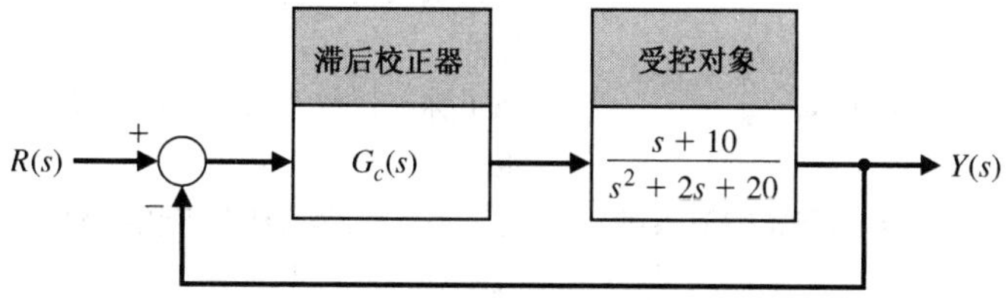

图 CP10.6　单位反馈控制系统

CP10.7　某侧向波束导航系统的内环回路如图 CP10.7 所示[26]。设计该 PI 控制器，使系统单位阶跃响应的调节时间 $T_s \leqslant 1$ s(按 2% 准则)，单位斜坡响应的稳态误差 $e_{ss}<0.1$。

(b) 通过仿真计算，验证设计结果。

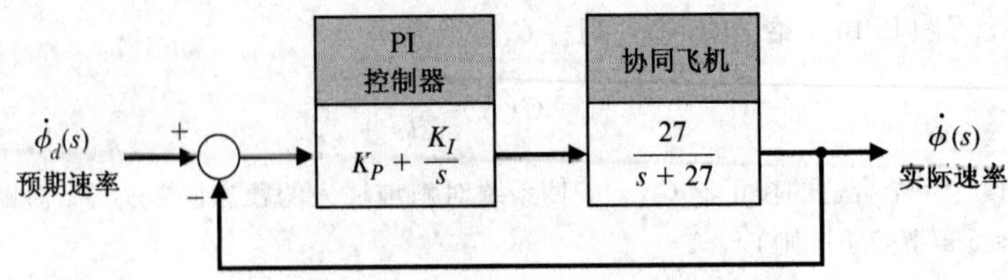

图 CP10.7　侧向波束导航系统的内环回路

CP10.8　考虑某单位负反馈系统，其开环传递函数为

$$L(s) = G_c(s)G(s) = \frac{s+z}{s+p}\frac{8.1}{s^2}$$

其中 $z=1$，$p=3.6$。校正后系统的实际超调量 P.O.= 46%。我们希望进一步将它减少为 P.O.= 32%，用 m 脚本程序确定更合适的校正器 $G_c(s)$ 的零点。

CP10.9　某电路系统的传递函数为

$$G(s) = \frac{V_o(s)}{V_{in}(s)} = \frac{1+R_2C_2s}{1+R_1C_1s}$$

其中，$C_1=0.1\ \mu\text{F}$，$C_2=1\ \text{mF}$，$R_1=10\ \text{k}\Omega$，$R_2=10\ \Omega$。试绘制电路的频率特性伯德图。

CP10.10　考虑图 CP10.10 给出的反馈控制系统，其中时延为 $T=0.2$ s，在增益 $0.1 \leqslant K \leqslant 10$ 范围内，绘制系统的相角裕度曲线，并确定 K 的取值，使相角裕度最大。

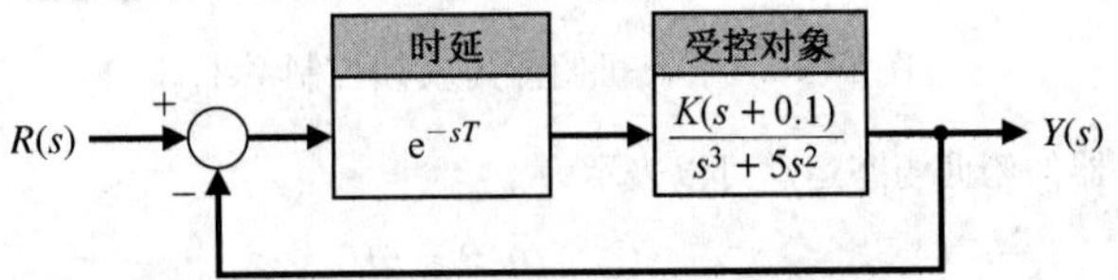

图 CP10.10　带有时延环节的反馈控制系统

技能自测答案

正误判断题：(1) 错　(2) 错　(3) 对　(4) 对　(5) 对

多项选择题：(6) d　(7) b　(8) d　(9) a　(10) b　(11) c　(12) a　(13) a　(14) b　(15) b

术语和概念匹配题(自上向下)：a　l　g　d　j　h　k　c　m　e　i　f　b

术语和概念

cascade compensator	串联校正器	以串联或级联方式接入系统的校正器。
compensation	校正	修正或调整控制系统的组成结构，使之能够实现满意的性能。
compensator	校正器	为了弥补系统性能缺陷，在系统中添加的元器件或者电路。
deadbeat response system	最小节拍响应系统	在阶跃输入时，具有很快的响应速度，最小的超调量并且稳态误差为零的系统。
design of a control system	控制系统设计	安排或者规划系统的组成结构，选择合适的元器件和参数。
integration compensator	积分型校正器	具有积分器特性的校正器。

lag compensator	**滞后校正器**	参见相角滞后校正器。
lead-lag compensator	**超前-滞后校正器**	同时具有超前和滞后特性的综合校正器。
lead compensator	**超前校正器**	参见相角超前校正器。
phase lag compensation	**相角滞后校正**	一种应用广泛的校正方法，采用了有一个极点和一个零点，并且极点更接近于 s 平面原点的相角滞后校正器。这种校正能够减小系统的稳态跟踪误差。
phase lead compensation	**相角超前校正**	一种应用广泛的校正方法，采用了有一个极点和一个零点，并且零点更接近于 s 平面原点的相角超前校正器。这种校正能够增大系统带宽和改善系统动态性能。
phase-lag compensator	**相角滞后校正器**	在所关注的很大频率范围内，能够提供负的相角并对幅值响应产生显著衰减效应的校正器。
phase-lead compensator	**相角超前校正器**	在所关注的频率范围内，能够提供正的相角的校正器。因此，该校正器能够导致系统获得合适的相角裕度。
PD controller	**比例-微分控制器**	由一个比例环节和一个微分环节构成的控制器。
PI controller	**比例-积分控制器**	由一个比例环节和一个积分环节构成的控制器。
prefilter	**前置滤波器**	在计算偏差信号之前，对输入信号 $R(s)$ 进行滤波的传递函数 $G_p(s)$。

第11章　状态变量反馈系统设计

提要

本章的主题是如何利用状态变量反馈来设计控制器。首先给出了系统的能控性判据和能观性判据，在引入状态变量反馈概念的基础上，介绍了控制系统的极点配置设计方法。利用阿克曼(Ackermann)公式，可以确定状态反馈增益矩阵，从而将闭环系统极点配置到预期的位置。当且仅当系统能控时，可以任意配置闭环系统的极点。

针对无法直接获得全部状态以便用于反馈的系统，本章引入了观测器的概念，并介绍了观测器的设计方法，以及阿克曼公式的应用。将观测器和全状态反馈设计加以集成，就可以设计出状态变量校正器。此外，本章还讨论了最优控制系统的设计和内模设计方法，基于后者，可以使系统对给定的输入产生预期的稳态响应。最后，本章继续讨论了循序渐进设计实例——磁盘驱动器读取系统。

预期收获

完成第11章的学习之后，学生应该：

- 熟悉能控性和能观性的概念。
- 能够设计全状态反馈控制器和观测器。
- 理解多种极点配置方法，能够应用阿克曼公式实现极点配置。
- 理解分离原理，以及如何构建状态变量校正器。
- 结合实际应用，理解参考输入、最优控制和内模设计的概念。

11.1　引言

采用基于状态变量描述的时域方法，也可以为控制系统确定合适的校正方案。通常，我们感兴趣的是这样一类控制系统，其控制信号 $u(t)$ 是某些可以测量的状态变量的函数。因此，本章讨论的重点是基于可测信息的状态变量反馈控制器。这种系统校正方式特别有利于优化控制系统。本章将重点讨论这种系统。

状态变量反馈系统的设计通常包括三个步骤。首先，假定所有的状态变量都可以测量，这样就可以直接基于状态向量来设计**全状态反馈控制律**。但实际上，从系统输出中只能得到部分状态信息(或者状态信息的线性组合)，也就是说，并不是所有的状态变量都是可以测量的，因此，在实际应用中，全状态反馈控制律常常并不可行。针对这一问题，第二步就是研究状态**观测器**的设计，用于估计那些无法直接测量的状态变量。状态观测器既可以是全状态的，也可以是降维的。如果从系统输出中可以直接得到某些状态变量，就只需要针对无法直接测量的状态变量设计观测器，这种观测器即为降维观测器[26]。本章暂时不考虑降维观测器，而只考虑全状态观测器。最后一步是将全状态观测器和全状态反馈控制结合起来，由此得到状态变量控制器，通常也称为**校正器**，如图11.1所示。此外，还可能需要讨论状态变量校正器的参考输入信号问题，以便完成全部设计工作。后续内容将详细讨论以上这三个设计步骤，以及相关的参考输入信号问题。

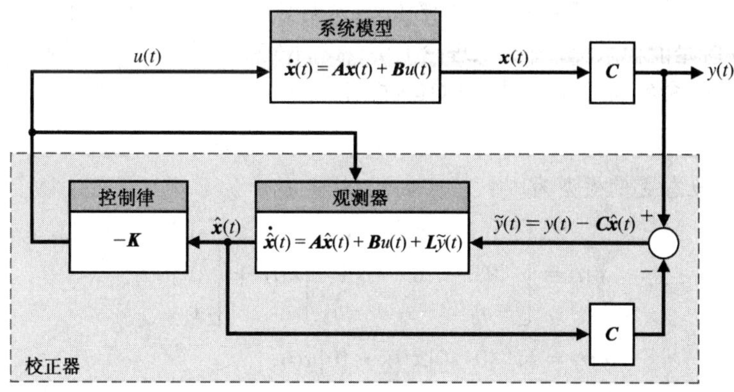

图 11.1　由观测器和全状态反馈控制律集成得到的状态变量校正器

11.2　能控性和能观性

状态变量校正器设计的一个关键问题是，能否在 s 平面上任意配置闭环系统的极点。前面已经提到过，闭环系统的极点实际上就是状态变量模型中系统矩阵的特征值。接下来可以看到，如果系统**能控**且**能观**，我们就能根据性能指标的设计要求，将闭环极点配置到预期的位置。设计全状态反馈控制律通常都要依赖**极点配置**方法[2, 27]，11.3 节将深入讨论极点配置方法。需要再次强调的是，只有当系统完全能控能观时，才能在 s 平面上任意配置系统的所有极点。本节介绍的能控性和能观性的概念，由鲁道夫・卡尔曼(Rudolph Kalman)于 20 世纪 60 年代提出[28~30]。卡尔曼是控制界的大师级人物，他主导提出的控制系统的数学理论，为状态变量方法奠定了基础。此外，他还因为所设计的卡尔曼滤波器而声名卓著，卡尔曼滤波器在阿波罗登月计划中发挥了重要的作用[31, 32]。

> 如果存在无约束的控制信号 $u(t)$，能够使系统从任意一个初始状态 $x(t_0)$ 变化到任意一个预期状态 $x(t)$，$t_0\leqslant t\leqslant T$，则称该系统是完全能控的。

概念强调说明 11.1

对于状态变量系统

$$\dot{\boldsymbol{x}}(t)=\boldsymbol{A}\boldsymbol{x}(t)+\boldsymbol{B}u(t)$$

考虑下面的代数条件是否成立，就可以判断该系统是否完全能控：

$$\text{rank}[\boldsymbol{B}\quad \boldsymbol{AB}\quad \boldsymbol{A}^2\boldsymbol{B}\quad\cdots\quad \boldsymbol{A}^{n-1}\boldsymbol{B}]=n \tag{11.1}$$

其中，$\boldsymbol{A}$ 为 $n\times n$ 矩阵，$\boldsymbol{B}$ 为 $n\times 1$ 矩阵。对多输入系统，则 $\boldsymbol{B}$ 为 $n\times m$ 矩阵，其中 m 为输入信号的维数。

对于单输入-单输出系统而言，按照式(11.2)构建的**能控性矩阵** $\boldsymbol{P}_c$ 是一个 $n\times n$ 矩阵：

$$\boxed{\boldsymbol{P}_c=[\boldsymbol{B}\quad \boldsymbol{AB}\quad \boldsymbol{A}^2\boldsymbol{B}\quad\cdots\quad \boldsymbol{A}^{n-1}\boldsymbol{B}]} \tag{11.2}$$

因此，由式(11.1)可知，当 $\boldsymbol{P}_c$ 的行列式不等于零时，系统是完全能控的[11]。

利用现代控制的基于状态变量的设计技术，可以处理状态向量不完全能控，但不能控的那一部分状态变量(或状态变量的线性组合)本质上仍是稳定的系统，这样的系统称为**能稳系统**(或者称为可镇定系统)。可以看出，当系统完全能控时，系统一定也是能稳的。我们可以采用其他更高级的状态变量设计方法，如**卡尔曼状态空间分解**方法来处理这类系统。利用该方法，可以将状态向量

(或状态变量的线性组合)分解为能控和不能控的两大类变量[12, 18]。这样一来能控子空间就能分离凸显出来。如果系统是能稳系统，那么从理论上讲，我们依然可以开展一些控制系统设计工作。本章只考虑完全能控的系统，后面也常常简称其为能控系统。

例 11.1 系统的能控性

某三阶系统的状态变量模型为

$$\dot{\boldsymbol{x}}(t) = \begin{bmatrix} 0 & 1 & 0 \\ 0 & 0 & 1 \\ -a_0 & -a_1 & -a_2 \end{bmatrix} \boldsymbol{x}(t) + \begin{bmatrix} 0 \\ 0 \\ 1 \end{bmatrix} u(t)$$

$$y(t) = [1 \quad 0 \quad 0]\boldsymbol{x}(t) + [0]u(t)$$

信号流图和框图模型如图 11.2 所示。

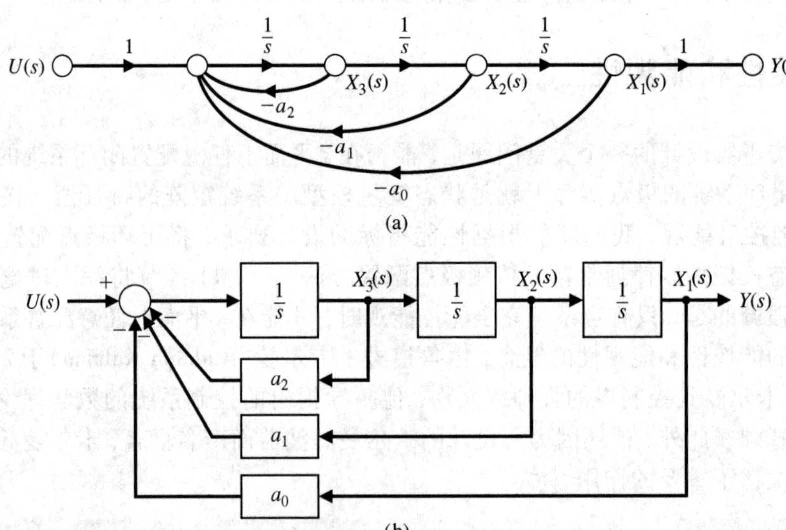

图 11.2 三阶系统。(a) 信号流图；(b) 框图模型

由于

$$\boldsymbol{A} = \begin{bmatrix} 0 & 1 & 0 \\ 0 & 0 & 1 \\ -a_0 & -a_1 & -a_2 \end{bmatrix}, \quad \boldsymbol{B} = \begin{bmatrix} 0 \\ 0 \\ 1 \end{bmatrix}, \quad \boldsymbol{AB} = \begin{bmatrix} 0 \\ 1 \\ -a_2 \end{bmatrix}, \quad \boldsymbol{A}^2\boldsymbol{B} = \begin{bmatrix} 1 \\ -a_2 \\ a_2^2 - a_1 \end{bmatrix}$$

因此，系统的能控性矩阵 $\boldsymbol{P}_c$ 为

$$\boldsymbol{P}_c = [\boldsymbol{B} \quad \boldsymbol{AB} \quad \boldsymbol{A}^2\boldsymbol{B}] = \begin{bmatrix} 0 & 0 & 1 \\ 0 & 1 & -a_2 \\ 1 & -a_2 & a_2^2 - a_1 \end{bmatrix}$$

$\boldsymbol{P}_c$ 的行列式 $\det \boldsymbol{P}_c = -1$，而不是零，因此该系统是完全能控的。

例 11.2 两状态系统的能控性

某系统由如下两个状态方程描述：

$$\dot{x}_1(t) = -2x_1(t) + u(t), \quad \dot{x}_2(t) = -3x_2(t) + dx_1(t)$$

其信号流图和框图模型如图 11.3 所示，其中输出 $y(t) = x_2(t)$。因此，系统的状态空间模型可以写为

$$\dot{\boldsymbol{x}}(t)=\begin{bmatrix}-2 & 0\\ d & -3\end{bmatrix}\boldsymbol{x}(t)+\begin{bmatrix}1\\0\end{bmatrix}u(t)$$

$$y(t)=[0\quad 1]\boldsymbol{x}(t)+[0]u(t)$$

构建能控性矩阵 $\boldsymbol{P}_c$，可以得出参数 d 与系统能控性之间的关系，由于

$$\boldsymbol{B}=\begin{bmatrix}1\\0\end{bmatrix},\quad \boldsymbol{AB}=\begin{bmatrix}-2 & 0\\ d & -3\end{bmatrix}\begin{bmatrix}1\\0\end{bmatrix}=\begin{bmatrix}-2\\ d\end{bmatrix}$$

因此，系统的能控性矩阵 $\boldsymbol{P}_c$ 为

$$\boldsymbol{P}_c=\begin{bmatrix}1 & -2\\ 0 & d\end{bmatrix}$$

$\boldsymbol{P}_c$ 的行列式 $\det \boldsymbol{P}_c=d$，因此只有当 d 非零时，系统才是能控的。

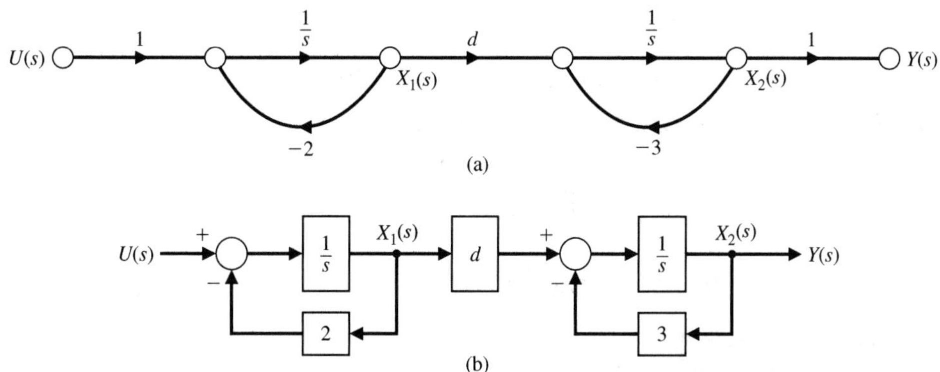

图 11.3　例 11.2 的系统。(a) 信号流图；(b) 框图模型

当且仅当系统能观且能控时，才能够将所有特征根配置在 s 平面上的任意指定位置。所谓能观性是指对状态变量的估计能力。

> 系统**完全能观**是指，当且仅当存在有限时间 T，给定控制变量 $u(t)$，$0\ll t\ll T$ 之后，可以由 $y(t)$ 在 $[0,\ T]$ 上的观测值确定系统的初始状态 $\boldsymbol{x}(0)$。

概念强调说明 11.2

考虑如下单输入-单输出系统：

$$\dot{\boldsymbol{x}}(t)=\boldsymbol{A}\boldsymbol{x}(t)+\boldsymbol{B}u(t),\quad y(t)=\boldsymbol{C}\boldsymbol{x}(t)$$

其中，$\boldsymbol{C}$ 是 $1\times n$ 维的行向量，$\boldsymbol{x}(t)$ 是 $n\times 1$ 维的状态列向量。

能观性矩阵 $\boldsymbol{P}_o$ 定义为

$$\boldsymbol{P}_o=\begin{bmatrix}\boldsymbol{C}\\ \boldsymbol{CA}\\ \vdots\\ \boldsymbol{CA}^{n-1}\end{bmatrix}\tag{11.3}$$

可以看出，这是一个 $n\times n$ 矩阵。当能观性矩阵 $\boldsymbol{P}_o$ 的行列式非零时，系统是完全能观的。

在系统是能稳系统的条件下，利用现代控制的基于状态变量的设计技术，可以处理状态向量不完全能控的系统，与此类似，利用现代控制的基于状态变量的设计技术，也可以处理状态向量不完全能观的系统。如果不能观的那一部分状态变量（或状态变量的线性组合）本质上仍是稳定的，那么这样的系统称为**能检系统**。当系统完全能观时，则系统一定也是能检的。前已提及，我们可以利用其他更高级的状态变量设计方法，如卡尔曼状态空间分解方法来处理不完

全能控的能稳系统。类似地，我们也可以利用该方法来处理不完全能观的能检系统。卡尔曼状态空间分解方法可以将状态向量分为能观的和不能观的两大类变量[12, 18]，这样一来，能观子空间就能凸显出来。如果系统是能检系统，那么从理论上讲，我们依然可以开展一些控制系统设计工作。本章只考虑完全能观系统，后面也常常简称其为能观系统。在设计全状态反馈控制律时，首先要判断系统是否完全能控和能观。如果是，就可以利用极点配置方法将极点配置到预定位置，从而保证闭环系统的性能指标满足设计要求。

例 11.3　系统的能观性

再次考虑例 11.1 中给出的系统，其框图和信号流图模型如图 11.2 所示，由于

$$\boldsymbol{A}=\begin{bmatrix}0 & 1 & 0\\ 0 & 0 & 1\\ -a_0 & -a_1 & -a_2\end{bmatrix},\quad \boldsymbol{C}=[1\quad 0\quad 0]$$

于是有

$$\boldsymbol{CA}=[0\quad 1\quad 0],\quad \boldsymbol{CA}^2=[0\quad 0\quad 1]$$

因此，根据式(11.3)得到的系统能观性矩阵 $\boldsymbol{P}_o$ 为

$$\boldsymbol{P}_o=\begin{bmatrix}1 & 0 & 0\\ 0 & 1 & 0\\ 0 & 0 & 1\end{bmatrix}$$

$\boldsymbol{P}_o$ 的行列式为 $\det \boldsymbol{P}_o=1$，因此系统是完全能观的。

例 11.4　两状态系统的能观性

某系统的状态空间模型为

$$\dot{\boldsymbol{x}}(t)=\begin{bmatrix}2 & 0\\ -1 & 1\end{bmatrix}\boldsymbol{x}(t)+\begin{bmatrix}1\\ -1\end{bmatrix}u(t)\quad,\quad y(t)=[1\quad 1]\boldsymbol{x}(t)$$

相应的信号流图和框图模型如图 11.4 所示。接下来，我们分别构建能控性矩阵 $\boldsymbol{P}_c$ 和能观性矩阵 $\boldsymbol{P}_o$，并判断系统的能控性和能观性。

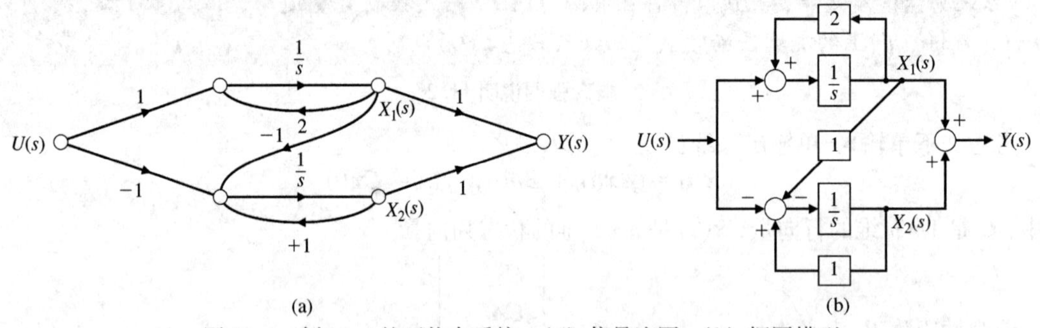

图 11.4　例 11.4 的两状态系统。(a) 信号流图；(b) 框图模型

由于

$$\boldsymbol{B}=\begin{bmatrix}1\\ -1\end{bmatrix},\quad \boldsymbol{AB}=\begin{bmatrix}2\\ -2\end{bmatrix}$$

因此，系统的能控性矩阵 $\boldsymbol{P}_c$ 为

$$\boldsymbol{P}_c=[\boldsymbol{B}\quad \boldsymbol{AB}]=\begin{bmatrix}1 & 2\\ -1 & -2\end{bmatrix}$$

$\boldsymbol{P}_c$ 的行列式为 $\det \boldsymbol{P}_c=0$，因此系统不是完全能控的。

由于
$$C = [1 \quad 1], \quad CA = [1 \quad 1]$$
因此，系统的能观性矩阵 $\boldsymbol{P}_o$ 为
$$\boldsymbol{P}_o = \begin{bmatrix} \boldsymbol{C} \\ \boldsymbol{CA} \end{bmatrix} = \begin{bmatrix} 1 & 1 \\ 1 & 1 \end{bmatrix}$$
$\boldsymbol{P}_o$ 的行列式为 $\det \boldsymbol{P}_o = 0$，因此系统也不是完全能观的。

重新分析系统的状态空间模型，可以发现
$$y(t) = x_1(t) + x_2(t)$$
且
$$\dot{x}_1(t) + \dot{x}_2(t) = 2x_1(t) + (x_2(t) - x_1(t)) + u(t) - u(t) = x_1(t) + x_2(t)$$
可以看出，系统的状态变量并不依赖于 $u(t)$，因此系统不是完全能控的。同样地，输出 $x_1(t) + x_2(t)$ 仅仅依赖于 $x_1(0)$ 与 $x_2(0)$ 之和，根据系统的输出并不能独立地分离确定出 $x_1(0)$ 与 $x_2(0)$，因此系统也不是完全能观的。

11.3 全状态反馈控制设计

本节讨论如何设计全状态反馈控制律，将闭环系统的极点配置到预定的位置。

首先，假定反馈所需要的所有状态变量都可以直接测量，也就是说，可以得到任意 t 时刻的状态向量 $\boldsymbol{x}(t)$。记状态反馈输入信号为
$$u(t) = -\boldsymbol{Kx}(t) \tag{11.4}$$
设计全状态反馈控制律的关键就在于确定合适的增益矩阵 $\boldsymbol{K}$。状态变量反馈系统设计的优点在于，可以分开独立设计全状态反馈控制律和观测器（称为**分离原理**），这是最理想的反馈系统设计方式。稍后将发现，当全状态反馈控制律（假定所有的状态变量都能直接测量）能够使系统能稳，且观测器自身稳定（跟踪误差渐近稳定）时，状态变量反馈能够保证所得到的闭环系统也一定是稳定的。11.4 节将专门讨论观测器。全状态反馈系统的框图如图 11.5 所示。

给定状态变量模型
$$\dot{\boldsymbol{x}}(t) = \boldsymbol{Ax}(t) + \boldsymbol{B}u(t)$$
以及状态反馈信号 $u(t) = -\boldsymbol{Kx}(t)$，可以得到闭环系统的状态变量模型为
$$\dot{\boldsymbol{x}}(t) = \boldsymbol{Ax}(t) + \boldsymbol{B}u(t) = \boldsymbol{Ax}(t) - \boldsymbol{BKx}(t) = (\boldsymbol{A} - \boldsymbol{BK})\boldsymbol{x}(t) \tag{11.5}$$
该闭环系统的特征方程为
$$\det(\lambda \boldsymbol{I} - (\boldsymbol{A} - \boldsymbol{BK})) = 0$$
如果特征方程的根全部位于 s 左半平面，那么闭环系统是稳定的。换言之，这表明无论状态向量取任意初始值 $\boldsymbol{x}(t_0)$，当 $t \to +\infty$ 时，都会有

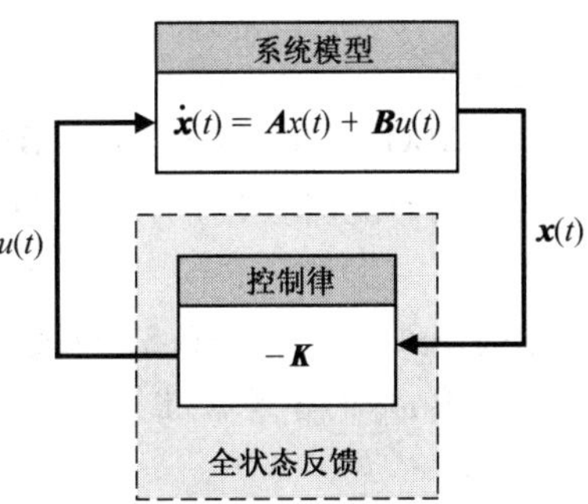

图 11.5 全状态反馈系统的框图（无参考输入信号）

$$\boldsymbol{x}(t) = \mathrm{e}^{(\boldsymbol{A}-\boldsymbol{BK})t}\boldsymbol{x}(t_0) \to 0$$
给定矩阵对 $(\boldsymbol{A}, \boldsymbol{B})$ 之后，当且仅当系统完全能控时，总可以找到合适的矩阵 $\boldsymbol{K}$，将闭环系统的极点配置到 s 左半平面的任意位置。而系统完全能控，则意味着能控性矩阵 $\boldsymbol{P}_c$ 是满秩矩阵。对于单输入-单输出系统而言，$\boldsymbol{P}_c$ 满秩与可逆是等价的。

我们还可以根据需要，在状态反馈信号中增加参考输入信号 $r(t)$，即令
$$u(t) = -\boldsymbol{Kx}(t) + Nr(t)$$

11.6 节将深入讨论参考输入信号问题。当不考虑参考输入信号，即 $r(t)=0$，$t>t_0$ 时，反馈控制的设计问题就是所谓的**调节器问题**，即需要计算确定矩阵 $\boldsymbol{K}$，使状态向量从任意初始值开始，都能够按照指定的方式(由设计指标要求确定)趋近于零。

采用状态变量反馈设计方法，可以将闭环特征根配置在 s 平面上的预期位置，以保证系统的瞬态性能能够满足预定的指标要求。

例 11.5 三阶系统设计

考虑某三阶系统，其微分方程模型为

$$\frac{\mathrm{d}^3y(t)}{\mathrm{d}t^3}+5\frac{\mathrm{d}^2y(t)}{\mathrm{d}t^2}+3\frac{\mathrm{d}y(t)}{\mathrm{d}t}+2y(t)=u(t)$$

将相变量选为状态变量，则有 $x_1(t)=y(t)$，$x_2(t)=\mathrm{d}y(t)/\mathrm{d}t$ 和 $x_3(t)=\mathrm{d}^2y(t)/\mathrm{d}t^2$，这样可得系统的状态空间模型为

$$\dot{\boldsymbol{x}}(t)=\begin{bmatrix}0 & 1 & 0\\ 0 & 0 & 1\\ -2 & -3 & -5\end{bmatrix}\boldsymbol{x}(t)+\begin{bmatrix}0\\0\\1\end{bmatrix}u(t)=\boldsymbol{A}\boldsymbol{x}(t)+\boldsymbol{B}u(t)$$

$$y(t)=[1 \quad 0 \quad 0]\boldsymbol{x}(t)$$

设计状态变量反馈信号为

$$u(t)=-\boldsymbol{K}\boldsymbol{x}(t)$$

其中，反馈增益矩阵为

$$\boldsymbol{K}=[k_1 \quad k_2 \quad k_3]$$

由此可得，反馈校正后的闭环系统状态方程为

$$\dot{\boldsymbol{x}}(t)=\boldsymbol{A}\boldsymbol{x}(t)-\boldsymbol{B}\boldsymbol{K}\boldsymbol{x}(t)=(\boldsymbol{A}-\boldsymbol{B}\boldsymbol{K})\boldsymbol{x}(t)$$

校正后的系统矩阵为

$$[\boldsymbol{A}-\boldsymbol{B}\boldsymbol{K}]=\begin{bmatrix}0 & 1 & 0\\ 0 & 0 & 1\\ -2-k_1 & -3-k_2 & -5-k_3\end{bmatrix}$$

特征方程为

$$\Delta(\lambda)=\det(\lambda\boldsymbol{I}-(\boldsymbol{A}-\boldsymbol{B}\boldsymbol{K}))=\lambda^3+(5+k_3)\lambda^2+(3+k_2)\lambda+(2+k_1)=0 \tag{11.6}$$

为了使系统的超调量小、响应速度快，我们希望系统的特征多项式具有如下形式：

$$\Delta(\lambda)=(\lambda^2+2\zeta\omega_n\lambda+\omega_n^2)(\lambda+\zeta\omega_n)$$

首先，选择阻尼比为 $\zeta=0.8$，以使系统的超调量尽可能小。然后，根据调节时间的设计要求，选择固有频率 ω_n 的合适取值。本例中，要求调节时间(按 2% 准则)为 1 s，即

$$T_s=\frac{4}{\zeta\omega_n}=\frac{4}{(0.8)\omega_n}\approx 1$$

因此，可以近似确定 $\omega_n=6$。这样，可以得到系统预期的特征多项式为

$$(\lambda^2+9.6\lambda+36)(\lambda+4.8)=\lambda^3+14.4\lambda^2+82.1\lambda+172.8 \tag{11.7}$$

比较式(11.6)和式(11.7)中的系数，有

$$5+k_3=14.4, \qquad 3+k_2=82.1, \qquad 2+k_1=172.8$$

解之可以得到，$k_1=170.8$，$k_2=79.1$ 和 $k_3=9.4$。验证后发现，校正后系统单位阶跃响应的超调量为零，调节时间为 1 s，能够满足指标的设计要求。

例 11.6　倒立摆控制

考虑平衡在移动小车上的不稳定倒立摆系统。为了研究小车和倒立摆的控制，首先需要研究状态变量的测量和使用问题。例如，如果要测量倒立摆与垂线的夹角 $\theta(t)$，可以把电位计与倒立摆的铰矩轴联结起来，用电位计来测量。类似地，可以用测速传感器来测量角度的变化速率 $\dot{\theta}(t)$。当所有的状态变量都可以测量时，便可以将它们全部用于反馈控制，于是有

$$u(t) = -\boldsymbol{K}\boldsymbol{x}(t)$$

其中，$\boldsymbol{K}$ 为反馈增益矩阵，$\boldsymbol{x}(t)$ 为状态向量。状态向量的测量值 $\boldsymbol{x}(t)$ 和系统动力学方程所提供的信息，已经足以通过状态变量反馈来实现倒立摆系统的控制和镇定[4, 5, 7]。

为了说明状态变量反馈的作用，我们来为不稳定的倒立摆系统设计一个合适的状态变量反馈控制系统。小车的加速度信号作为控制信号，小车的质量可以忽略不计，这样就可以着重讨论倒立摆的不稳定动态行为。描述与垂线的夹角 $\theta(t)$ 的运动方程为

$$\ddot{\theta}(t) = \frac{g}{l}\theta(t) - \frac{1}{l}u(t)$$

选取状态变量为 $[x_1(t), x_2(t)] = [\theta(t), \dot{\theta}(t)]$，则系统的状态微分方程为

$$\frac{\mathrm{d}}{\mathrm{d}t}\begin{bmatrix} x_1(t) \\ x_2(t) \end{bmatrix} = \begin{bmatrix} 0 & 1 \\ g/l & 0 \end{bmatrix}\begin{bmatrix} x_1(t) \\ x_2(t) \end{bmatrix} + \begin{bmatrix} 0 \\ -1/l \end{bmatrix}u(t) \tag{11.8}$$

式(11.8)中矩阵 $\boldsymbol{A}$ 的特征方程为 $\lambda^2 - g/l = 0$，它有一个特征根位于 s 平面的右半平面上，因此系统是开环不稳定的。为了保证系统稳定，需要为系统引入状态变量反馈控制，也就是说，反馈控制信号应该是状态变量 $x_1(t)$ 和 $x_2(t)$ 的线性函数，即有

$$u(t) = -\boldsymbol{K}\boldsymbol{x}(t) = -[k_1 \quad k_2]\begin{bmatrix} x_1(t) \\ x_2(t) \end{bmatrix} = -k_1x_1(t) - k_2x_2(t)$$

将反馈信号 $u(t)$ 代入式(11.8)，可得

$$\begin{bmatrix} \dot{x}_1(t) \\ \dot{x}_2(t) \end{bmatrix} = \begin{bmatrix} 0 & 1 \\ g/l & 0 \end{bmatrix}\begin{bmatrix} x_1(t) \\ x_2(t) \end{bmatrix} + \begin{bmatrix} 0 \\ (1/l)(k_1x_1 + k_2x_2) \end{bmatrix}$$

整理后，可得

$$\begin{bmatrix} \dot{x}_1(t) \\ \dot{x}_2(t) \end{bmatrix} = \begin{bmatrix} 0 & 1 \\ (g + k_1)/l & k_2/l \end{bmatrix}\begin{bmatrix} x_1(t) \\ x_2(t) \end{bmatrix}$$

这样一来，系统的闭环特征方程变为

$$\begin{bmatrix} \lambda & -1 \\ -(g + k_1)/l & \lambda - k_2/l \end{bmatrix} = \lambda\left(\lambda - \frac{k_2}{l}\right) - \frac{g + k_1}{l} = \lambda^2 - \left(\frac{k_2}{l}\right)\lambda + \frac{g + k_1}{l} \tag{11.9}$$

由式(11.9)可知，只要 $k_2/l < 0$ 且 $k_1 > -g$，就能够保证系统稳定。这一结果表明，通过测量状态变量 $x_1(t)$ 和 $x_2(t)$，并采用合适的控制函数 $u(t) = -\boldsymbol{K}\boldsymbol{x}(t)$，就可以驱使不稳定系统变成稳定系统。更进一步，如果要求闭环系统的响应速度较快，超调量适中，可以令固有频率 $\omega_n = 10$，阻尼系数 $\zeta = 0.8$，这要求增益矩阵 $\boldsymbol{K}$ 满足

$$\frac{k_2}{l} = -16\,, \quad \frac{k_1 + g}{l} = 100$$

此时，系统阶跃响应的超调量仅为 P.O.=1.5%，调节时间仅为 $T_s=0.5$ s。

至此，我们介绍了一种将状态变量作为反馈变量的反馈控制设计方法。利用该方法，能够改善系统的稳定性，并使系统性能满足预定的设计指标要求。可以看出，该方法的核心是增益矩阵 $\boldsymbol{K}$ 的设计，通过设计合适的矩阵 $\boldsymbol{K}$，能够将系统闭环极点配置到合适的位置。实际上，对于单输入-单输出控制系统，利用阿克曼公式，可以更加方便地计算增益矩阵 $\boldsymbol{K}$，即

由于反馈信号为$\boldsymbol{K}=[k_1 \quad k_2 \quad \cdots \quad k_n]$，

$$u(t)=-\boldsymbol{K}\boldsymbol{x}(t)$$

给定系统预期的闭环特征方程为

$$q(\lambda)=\lambda^n+\alpha_{n-1}\lambda^{n-1}+\cdots+\alpha_0$$

则状态反馈增益矩阵 $\boldsymbol{K}$ 为

$$\boxed{\boldsymbol{K}=[0 \quad 0 \quad \cdots \quad 0 \quad 1]\boldsymbol{P}_c^{-1}q(\boldsymbol{A})} \tag{11.10}$$

其中，$q(\boldsymbol{A})=\boldsymbol{A}^n+\alpha_{n-1}\boldsymbol{A}^{n-1}+\cdots+\alpha_1\boldsymbol{A}+\alpha_0\boldsymbol{P}_c$ 为系统的能控性矩阵[见式(11.2)]。

例 11.7 二阶系统设计

某二阶系统的开环传递函数为

$$\frac{Y(s)}{U(s)}=G(s)=\frac{1}{s^2}$$

我们希望通过状态变量反馈控制，将闭环极点配置到 $s=-1\pm \mathrm{j}$ 处，因此系统预期的闭环特征方程为

$$q(\lambda)=\lambda^2+2\lambda+2$$

其中，系数 $\alpha_1=\alpha_2=2$。令 $x_1(t)=y(t)$，$x_2(t)=\dot{y}(t)$，由系统传递函数 $G(s)$ 可以得到状态微分方程为

$$\dot{\boldsymbol{x}}(t)=\begin{bmatrix}0 & 1\\0 & 0\end{bmatrix}\boldsymbol{x}(t)+\begin{bmatrix}0\\1\end{bmatrix}u(t)$$

能控性矩阵为

$$\boldsymbol{P}_c=[\boldsymbol{B} \quad \boldsymbol{AB}]=\begin{bmatrix}0 & 1\\1 & 0\end{bmatrix}$$

因此，由阿克曼公式可以得到

$$\boldsymbol{K}=[0 \quad 1]\boldsymbol{P}_c^{-1}q(\boldsymbol{A})$$

其中，

$$\boldsymbol{P}_c^{-1}=\frac{1}{-1}\begin{bmatrix}0 & -1\\-1 & 0\end{bmatrix}=\begin{bmatrix}0 & 1\\1 & 0\end{bmatrix}$$

$$q(\boldsymbol{A})=\begin{bmatrix}0 & 1\\0 & 0\end{bmatrix}^2+2\begin{bmatrix}0 & 1\\0 & 0\end{bmatrix}+2\begin{bmatrix}1 & 0\\0 & 1\end{bmatrix}=\begin{bmatrix}2 & 2\\0 & 2\end{bmatrix}$$

最终得到的反馈增益矩阵 $\boldsymbol{K}$ 为

$$\boldsymbol{K}=[0 \quad 1]\begin{bmatrix}0 & 1\\1 & 0\end{bmatrix}\begin{bmatrix}2 & 2\\0 & 2\end{bmatrix}=[0 \quad 1]\begin{bmatrix}0 & 2\\2 & 2\end{bmatrix}=[2 \quad 2]$$

需要指出的是，利用阿克曼公式计算增益矩阵 $\boldsymbol{K}$ 时，需要用到能控性矩阵的逆矩阵 $\boldsymbol{P}_c^{-1}$，只有当系统完全能控，即能控性矩阵 $\boldsymbol{P}_c$ 满秩时，$\boldsymbol{P}_c$ 才存在逆矩阵 $\boldsymbol{P}_c^{-1}$。

11.4　观测器设计

11.3 节讨论了全状态反馈控制的设计问题，其中假定可以直接测量任意 t 时刻的所有状态变量。这一假设是全状态变量反馈控制设计的基础。但这仅仅是一种理想化的假设。实际上，可能只有一部分状态变量是可以直接测量的，也就是说，只有这部分状态变量可以直接作为反馈变量。直接测量任意 t 时刻的所有状态变量，就意味着要利用传感器（或传感器的组合）测量这些状态变量，而传感器的数量越多，控制系统的成本和复杂程度就越高。即便是有现成的传感器及测量方案，采用直接测量方案也可能是费效比较低的方案，因此，的确有必要设计一种不依赖传感器，就能够实现状态变量反馈控制的方法，以便降低系统的成本和复杂度。幸运的是，当给定的输出使系统完全能观时，我们可以从系统的输出信号中（估计）得到那些无法直接测量的状态变量，这就是所谓的观测器方案。

根据文献[26]中的定义，系统

$$\dot{\boldsymbol{x}}(t) = \boldsymbol{A}\boldsymbol{x}(t) + \boldsymbol{B}u(t)$$
$$y(t) = \boldsymbol{C}\boldsymbol{x}(t)$$

的全状态观测器为

$$\dot{\hat{\boldsymbol{x}}}(t) = \boldsymbol{A}\hat{\boldsymbol{x}}(t) + \boldsymbol{B}u(t) + \boldsymbol{L}(y(t) - \boldsymbol{C}\hat{\boldsymbol{x}}(t)) \tag{11.11}$$

其中，$\hat{\boldsymbol{x}}(t)$表示$\boldsymbol{x}(t)$的估计值，$\boldsymbol{L}$ 为观测器增益矩阵。可以看出，确定增益矩阵 $\boldsymbol{L}$ 是观测器设计的核心。全状态观测器的框图如图 11.6 所示，它有两路输入信号，分别为$u(t)$和$y(t)$，以及一路输出信号 $\hat{\boldsymbol{x}}(t)$。

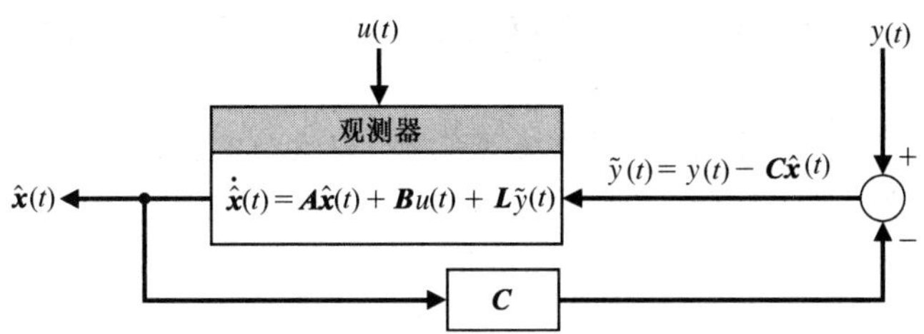

图 11.6　全状态观测器的框图

观测器的设计目标是提供状态向量 $\boldsymbol{x}(t)$ 的估计值 $\hat{\boldsymbol{x}}(t)$，而且当 $t\to+\infty$ 时，应该使 $\hat{\boldsymbol{x}}(t)\to\boldsymbol{x}(t)$。由于无法确知状态向量 $\boldsymbol{x}(t)$ 的初始值 $\boldsymbol{x}(t_0)$，因此还必须为观测器提供初始估计值 $\hat{\boldsymbol{x}}(t_0)$。定义观测器的**估计误差**为

$$\boldsymbol{e}(t) = \boldsymbol{x}(t) - \hat{\boldsymbol{x}}(t) \tag{11.12}$$

可以看出，当 $t\to+\infty$ 时，观测器的估计误差应该满足 $\boldsymbol{e}(t)\to 0$。现代控制系统理论的一个重要结论是，当系统完全可观时，总能找到一个合适的增益矩阵 $\boldsymbol{L}$，使估计误差按照要求渐近稳定。

式(11.12)两侧同时对时间求导，可以得到

$$\dot{\boldsymbol{e}}(t) = \dot{\boldsymbol{x}}(t) - \dot{\hat{\boldsymbol{x}}}(t)$$

结合系统状态空间模型和观测器(11.11)，经整理后可以得到

$$\dot{\boldsymbol{e}}(t) = \boldsymbol{A}\boldsymbol{x}(t) + \boldsymbol{B}u(t) - \boldsymbol{A}\hat{\boldsymbol{x}}(t) - \boldsymbol{B}u(t) - \boldsymbol{L}(y(t) - \boldsymbol{C}\hat{\boldsymbol{x}}(t))$$

即有

$$\dot{\boldsymbol{e}}(t)=(\boldsymbol{A}-\boldsymbol{LC})\boldsymbol{e}(t) \tag{11.13}$$

由此可以得到，观测器的特征方程为

$$\det(\lambda\boldsymbol{I}-(\boldsymbol{A}-\boldsymbol{LC}))=0 \tag{11.14}$$

如果特征方程的根全部位于 s 左半平面，对于任意初始值 $\boldsymbol{e}(t_0)$，当 $t\to+\infty$ 时，就都能够保证观测器的估计误差满足 $\boldsymbol{e}(t)\to 0$。因此，观测器的设计问题就简化成为寻找合适的增益矩阵 $\boldsymbol{L}$，使特征方程(11.14)的根全都位于 s 左半平面。当系统完全能观，即能观性矩阵 $\boldsymbol{P}_o$ 满秩时(对于单输入-单输出系统，$\boldsymbol{P}_o$ 满秩意味着可逆)，总能够找到满足要求的矩阵 $\boldsymbol{L}$。

例 11.8　二阶系统观测器的设计

二阶系统的状态空间模型为

$$\dot{\boldsymbol{x}}(t)=\begin{bmatrix}2 & 3\\ -1 & 4\end{bmatrix}\boldsymbol{x}(t)+\begin{bmatrix}0\\ 1\end{bmatrix}u(t)$$

$$y(t)=[1\quad 0]\boldsymbol{x}(t)$$

可以看出，对于该系统而言，只能直接观测到状态变量 $y(t)=x_1(t)$。下面考虑通过设计观测器来获取状态变量 $x_2(t)$ 的估计值。

本书只考虑全状态观测器，即能够提供所有状态变量估计值的观测器。我们自然会想到，在很多时候，可以直接测量某些状态变量，那么能否设计，仅仅估计那些不能直接测量的状态变量的观测器呢？答案是肯定的，这种观测器称为降维观测器[12, 18]。但是，由于传感器通常都存在噪声，因此即使是能够直接测量的状态变量的测量值，也还是必须采用合适的方法，如卡尔曼滤波器来处理，以便降低传感器噪声的影响。这样得到的测量值，实际上也是状态变量的估计值。卡尔曼滤波器是一个时变的最优观测器，能够在存在测量噪声和受控对象噪声的前提下，求得状态变量的估计值[33, 34]。

在设计观测器之前，需要首先判断系统是否能观，以便确定能否找到合适的矩阵 $\boldsymbol{L}$ 来构建观测器，使估计误差渐近稳定。对于该二阶系统而言，

$$\boldsymbol{A}=\begin{bmatrix}2 & 3\\ -1 & 4\end{bmatrix},\ \boldsymbol{C}=[1\quad 0]$$

能观性矩阵为

$$\boldsymbol{P}_o=\begin{bmatrix}\boldsymbol{C}\\ \boldsymbol{CA}\end{bmatrix}=\begin{bmatrix}1 & 0\\ 2 & 3\end{bmatrix}$$

$\det\boldsymbol{P}_o=3\neq 0$，因此系统是完全能观的。假定预期的观测器特征多项式为

$$\Delta_d(\lambda)=\lambda^2+2\zeta\omega_n\lambda+\omega_n^2 \tag{11.15}$$

选择阻尼比 $\zeta=0.8$，固有频率 $\omega_n=10$，可以使估计误差的调节时间小于 0.5 s。令观测器增益矩阵为 $\boldsymbol{L}=[L_1\quad L_2]^{\mathrm{T}}$，则有

$$\det(\lambda\boldsymbol{I}-(\boldsymbol{A}-\boldsymbol{LC}))=\lambda^2+(L_1-6)\lambda-4(L_1-2)+3(L_2+1) \tag{11.16}$$

比较式(11.15)和式(11.16)的系数，可以得到

$$L_1-6=16$$

$$-4(L_1-2)+3(L_2+1)=100$$

解之可以得到，增益矩阵 $\boldsymbol{L}$ 为

$$\boldsymbol{L}=\begin{bmatrix}L_1\\L_2\end{bmatrix}=\begin{bmatrix}22\\59\end{bmatrix}$$

这样一来，得到的观测器为

$$\dot{\hat{\boldsymbol{x}}}(t)=\begin{bmatrix}2&3\\-1&4\end{bmatrix}\hat{\boldsymbol{x}}(t)+\begin{bmatrix}0\\1\end{bmatrix}u(t)+\begin{bmatrix}22\\59\end{bmatrix}(y(t)-\hat{x}_1(t))$$

如果估计误差 $\boldsymbol{e}(t)$ 的初值为

$$\boldsymbol{e}(t_0)=\begin{bmatrix}1\\-2\end{bmatrix}$$

则观测器估计误差的时间响应曲线如图 11.7 所示。由此可见，随着时间的增加，估计误差迅速趋近于零。

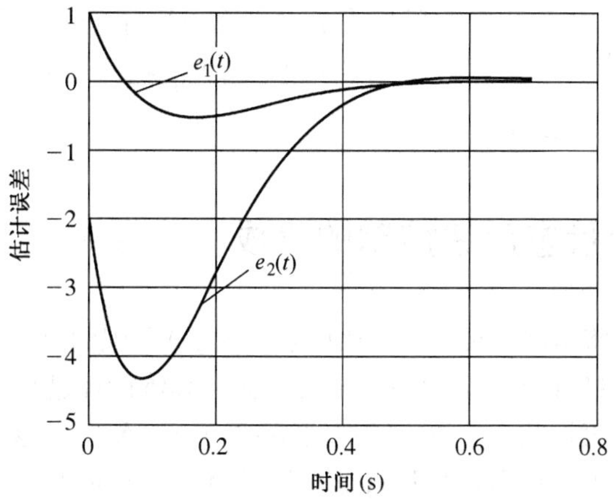

图 11.7　二阶观测器对初始误差的时间响应

类似地，也可以利用阿克曼公式来计算增益矩阵 $\boldsymbol{L}$，将观测器特征方程的根配置在指定位置。令增益矩阵 $\boldsymbol{L}$ 为

$$\boldsymbol{L}=[L_1\quad L_2\quad\cdots\quad L_n]^{\mathrm{T}}$$

预期的观测器特征多项式为

$$p(\lambda)=\lambda^n+\beta_{n-1}\lambda^{n-1}+\cdots+\beta_1\lambda+\beta_0$$

其中，系数 $\beta_i(i=0,1,\cdots,n-1)$ 需要根据性能指标设计要求确定。

于是，矩阵 $\boldsymbol{L}$ 可以由式(11.17)给出：

$$\boxed{\boldsymbol{L}=p(\boldsymbol{A})\boldsymbol{P}_o^{-1}[0\ \cdots\ 0\quad 1]^{\mathrm{T}}}\tag{11.17}$$

其中，

$$p(\boldsymbol{A})=\boldsymbol{A}^n+\beta_{n-1}\boldsymbol{A}^{n-1}+\cdots+\beta_1\boldsymbol{A}+\beta_0\boldsymbol{I}$$

$\boldsymbol{P}_o$ 为式(11.3)给出的能观性矩阵。

例 11.9　利用阿克曼公式设计二阶系统的观测器

继续考虑例 11.8 的二阶系统，其预期的观测器特征多项式为

$$p(\lambda)=\lambda^2+2\zeta\omega_n\lambda+\omega_n^2$$

选取$\zeta=0.8$，$\omega_n=10$，因此有$\beta_1=16$，$\beta_2=100$。而$p(\boldsymbol{A})$为

$$p(\boldsymbol{A}) = \begin{bmatrix} 2 & 3 \\ -1 & 4 \end{bmatrix}^2 + 16\begin{bmatrix} 2 & 3 \\ -1 & 4 \end{bmatrix} + 100\begin{bmatrix} 1 & 0 \\ 0 & 1 \end{bmatrix} = \begin{bmatrix} 133 & 66 \\ -22 & 177 \end{bmatrix}$$

例 11.8 已经求出了能观性矩阵

$$\boldsymbol{P}_o = \begin{bmatrix} 1 & 0 \\ 2 & 3 \end{bmatrix}$$

其逆矩阵为

$$\boldsymbol{P}_o^{-1} = \begin{bmatrix} 1 & 0 \\ -2/3 & 1/3 \end{bmatrix}$$

根据阿克曼公式(11.17)可以得到，观测器增益矩阵$\boldsymbol{L}$为

$$\boldsymbol{L} = p(\boldsymbol{A})\boldsymbol{P}_o^{-1}[0 \quad \cdots \quad 0 \quad 1]^{\mathrm{T}} = \begin{bmatrix} 133 & 66 \\ -22 & 177 \end{bmatrix}\begin{bmatrix} 1 & 0 \\ -2/3 & 1/3 \end{bmatrix}\begin{bmatrix} 0 \\ 1 \end{bmatrix} = \begin{bmatrix} 22 \\ 59 \end{bmatrix}$$

这与例 11.8 得到的结果完全一致。

11.5 观测器和全状态反馈控制的集成

11.1 节就曾经提到，将全状态反馈控制律(见 11.3 节)和观测器(见 11.4 节)以合适的方式集成在一起，可以构建图 11.1 所示的状态变量校正器。具体设计过程为，首先假定可以直接测量所有的状态变量$\boldsymbol{x}(t)$，设计状态变量反馈控制律$u(t)=-\boldsymbol{K}\boldsymbol{x}(t)$；然后，设计全状态观测器，获取状态变量的估计值$\hat{\boldsymbol{x}}(t)$；最后，利用$\hat{\boldsymbol{x}}(t)$来替代控制律中的状态变量$\boldsymbol{x}(t)$。这样，新的控制律为

$$u(t) = -\boldsymbol{K}\hat{\boldsymbol{x}}(t) \tag{11.18}$$

这一过程看起来非常自然，但是否合理可行，还需要进一步的验证。前已提及，在选择反馈增益矩阵$\boldsymbol{K}$时，其目的是确保系统稳定，即特征方程

$$\det(\lambda\boldsymbol{I} - (\boldsymbol{A} - \boldsymbol{B}\boldsymbol{K})) = 0$$

的根应该全部位于s左半平面。因此，在能够获得所有的状态变量$\boldsymbol{x}(t)$的前提下，控制律$u(t)=-\boldsymbol{K}\boldsymbol{x}(t)$(采用合适的反馈增益矩阵$\boldsymbol{K}$)的确可以做到：对于任意初始值$\boldsymbol{x}(t_0)$，当$t\to+\infty$时，使得状态变量满足$\boldsymbol{x}(t)\to 0$。而此处还需要验证的是，当改用式(11.18)所示的控制律时，闭环系统是否依然能够保持稳定。

考虑全状态观测器(见 11.4 节)

$$\dot{\hat{\boldsymbol{x}}}(t) = \boldsymbol{A}\hat{\boldsymbol{x}}(t) + \boldsymbol{B}u(t) + \boldsymbol{L}(y(t) - \boldsymbol{C}\hat{\boldsymbol{x}}(t))$$

代入式(11.18)所示的控制律，整理后可得

$$\begin{aligned} \dot{\hat{\boldsymbol{x}}}(t) &= (\boldsymbol{A} - \boldsymbol{B}\boldsymbol{K} - \boldsymbol{L}\boldsymbol{C})\hat{\boldsymbol{x}}(t) + \boldsymbol{L}y(t) \\ u(t) &= -\boldsymbol{K}\hat{\boldsymbol{x}}(t) \end{aligned} \tag{11.19}$$

如图 11.8 所示，校正器系统具有形如式(11.19)的状态变量模型，包含单路输入$y(t)$和单路输出$u(t)$。

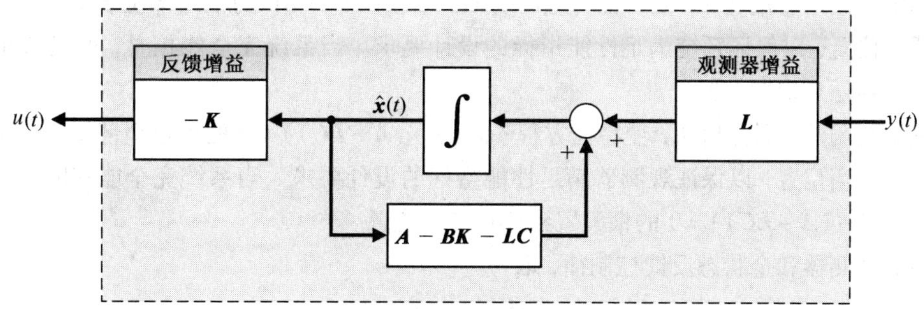

图 11.8 基于全状态反馈控制律和观测器的状态变量校正器

根据式(11.19)可以得到，观测器估计误差的时间导数为

$$\dot{\boldsymbol{e}}(t)=\dot{\boldsymbol{x}}(t)-\dot{\hat{\boldsymbol{x}}}(t)=\boldsymbol{A}\boldsymbol{x}(t)+\boldsymbol{B}u(t)-\boldsymbol{A}\hat{\boldsymbol{x}}(t)-\boldsymbol{B}u(t)-\boldsymbol{L}y(t)+\boldsymbol{L}\boldsymbol{C}\hat{\boldsymbol{x}}(t)$$

即

$$\dot{\boldsymbol{e}}(t)=(\boldsymbol{A}-\boldsymbol{L}\boldsymbol{C})\boldsymbol{e}(t) \tag{11.20}$$

这与 11.4 节中得到的结果是一致的。由式(11.20)可以看出，估计误差并不依赖输入信号。将反馈控制律 $u(t)=-\boldsymbol{K}\hat{\boldsymbol{x}}(t)$ 代入原有系统的状态空间模型

$$\begin{aligned}\dot{\boldsymbol{x}}(t)&=\boldsymbol{A}\boldsymbol{x}(t)+\boldsymbol{B}u(t)\\ y(t)&=\boldsymbol{C}\boldsymbol{x}(t)\end{aligned}$$

可得

$$\dot{\boldsymbol{x}}(t)=\boldsymbol{A}\boldsymbol{x}(t)+\boldsymbol{B}u(t)=\boldsymbol{A}\boldsymbol{x}(t)-\boldsymbol{B}\boldsymbol{K}\hat{\boldsymbol{x}}(t)$$

将 $\hat{\boldsymbol{x}}(t)=\boldsymbol{x}(t)-\boldsymbol{e}(t)$ 代入上式中，可得

$$\dot{\boldsymbol{x}}(t)=(\boldsymbol{A}-\boldsymbol{B}\boldsymbol{K})\boldsymbol{x}(t)+\boldsymbol{B}\boldsymbol{K}\boldsymbol{e}(t) \tag{11.21}$$

将式(11.20)和式(11.21)改写为矩阵形式，有

$$\begin{pmatrix}\dot{\boldsymbol{x}}(t)\\ \dot{\boldsymbol{e}}(t)\end{pmatrix}=\begin{bmatrix}\boldsymbol{A}-\boldsymbol{B}\boldsymbol{K} & \boldsymbol{B}\boldsymbol{K}\\ \boldsymbol{0} & \boldsymbol{A}-\boldsymbol{L}\boldsymbol{C}\end{bmatrix}\begin{pmatrix}\boldsymbol{x}(t)\\ \boldsymbol{e}(t)\end{pmatrix} \tag{11.22}$$

我们需要验证的是，当采用控制律 $u(t)=-\boldsymbol{K}\hat{\boldsymbol{x}}(t)$ 时，原有闭环系统和观测器是否能够保持稳定。式(11.22)对应的特征多项式为

$$\Delta(\lambda)=\det(\lambda\boldsymbol{I}-(\boldsymbol{A}-\boldsymbol{B}\boldsymbol{K}))\det(\lambda\boldsymbol{I}-(\boldsymbol{A}-\boldsymbol{L}\boldsymbol{C}))$$

由于 $\det(\lambda\boldsymbol{I}-(\boldsymbol{A}-\boldsymbol{B}\boldsymbol{K}))=0$ 的根全部位于 s 左半平面(这在设计全状态反馈控制律时已经得到了保证)，且 $\det(\lambda\boldsymbol{I}-(\boldsymbol{A}-\boldsymbol{L}\boldsymbol{C}))=0$ 的根也全部位于 s 左半平面(这在设计全状态观测器时也已经得到了保证)，因此整个闭环系统是稳定的。由此可知，将观测器得到的状态变量估计值作为反馈变量来设计反馈控制律，是一种合理有效的方法。

在上面的推导中，按照 11.3 节中的方法求出了控制律 $u(t)=-\boldsymbol{K}\hat{\boldsymbol{x}}(t)$ 中的增益矩阵 $\boldsymbol{K}$，利用 11.4 节设计的全状态观测器得到了状态变量的估计值 $\hat{\boldsymbol{x}}(t)$，而且当 $t\to+\infty$ 时，在任意初始值 $\boldsymbol{x}(t_0)$ 和 $\boldsymbol{e}(t_0)$ 下，分别都有 $\boldsymbol{x}(t)\to 0$ 和 $\boldsymbol{e}(t)\to 0$ 成立。这个结果表明，可以独立设计全状态反馈控制律和观测器，这就是所谓的**分离原理**。

于是，状态变量校正器的设计过程可以归纳如下：

1. 确定反馈增益矩阵 $\boldsymbol{K}$，使特征方程 $\det(\lambda\boldsymbol{I}-(\boldsymbol{A}-\boldsymbol{BK}))=0$ 的根全部位于 s 左半平面上的适当位置，以保证系统满足性能指标的设计要求。当系统完全能控时，可以将闭环极点配置到任意指定位置。
2. 确定观测器增益矩阵 $\boldsymbol{L}$，使特征方程 $\det(\lambda\boldsymbol{I}-(\boldsymbol{A}-\boldsymbol{LC}))=0$ 的根也全部位于 s 左半平面上的适当位置，以保证观测器满足性能指标的设计要求。当系统完全能观时，就可以将 $\det(\lambda\boldsymbol{I}-(\boldsymbol{A}-\boldsymbol{LC}))=0$ 的根配置到任意指定位置。
3. 集成观测器和全状态反馈控制律，取

$$u(t)=-\boldsymbol{K}\hat{\boldsymbol{x}}(t)$$

校正器的传递函数。还可以用基于输入 $Y(s)$ 和输出 $U(s)$ 的传递函数来等效地表示式(11.19)所示的校正器系统，经过拉普拉斯变换(初始条件为零)后可以得到

$$s\hat{\boldsymbol{X}}(s)=(\boldsymbol{A}-\boldsymbol{BK}-\boldsymbol{LC})\hat{\boldsymbol{X}}(s)+\boldsymbol{L}Y(s)$$
$$U(s)=-\boldsymbol{K}\hat{\boldsymbol{X}}(s)$$

整理后可以得到

$$\boxed{U(s)=[-\boldsymbol{K}(s\boldsymbol{I}-(\boldsymbol{A}-\boldsymbol{BK}-\boldsymbol{LC}))^{-1}\boldsymbol{L}]Y(s)} \tag{11.23}$$

需要指出的是，若将校正器视为一个独立的系统，那么由其传递函数可知，它并不一定是稳定的。即使 $\boldsymbol{A}-\boldsymbol{BK}$ 和 $\boldsymbol{A}-\boldsymbol{LC}$ 都是稳定的(即特征值都位于 s 左半平面)，$\boldsymbol{A}-\boldsymbol{BK}-\boldsymbol{LC}$ 也可能是不稳定的。但是，前面已经证明，含有校正器的整个闭环系统一定是稳定的。因此，式(11.23)所示的控制器通常称为**能稳控制器**(或镇定器)。

例 11.10 倒立摆系统的校正器设计

放置在移动小车上的倒立摆系统，其状态空间模型为

$$\dot{\boldsymbol{x}}(t)=\begin{bmatrix}0&1&0&0\\0&0&\dfrac{-mg}{M}&0\\0&0&0&1\\0&0&\dfrac{g}{l}&0\end{bmatrix}\boldsymbol{x}(t)+\begin{bmatrix}0\\\dfrac{1}{M}\\0\\\dfrac{-1}{Ml}\end{bmatrix}u(t)$$

其中，状态向量为 $\boldsymbol{x}(t)=[x_1(t)\quad x_2(t)\quad x_3(t)\quad x_4(t)]^{\mathrm{T}}$，$x_1(t)$ 为小车的位置，$x_2(t)$ 为小车的速度，$x_3(t)$ 为摆偏离垂直方向的角度 $\theta(t)$，$x_4(t)$ 为摆的偏离角变化率，$u(t)$ 为作用在小车上的输入信号。可以用铰链在摆杆上的电位计来测量 $x_3(t)=\theta(t)$，或者利用速度计来测量 $x_4(t)=\dot{\theta}(t)$。但在本例中，只假定可以利用一个传感器来测量小车的位置 $x_1(t)$。那么，在只能直接测量小车的位置 $x_1(t)$，即 $y=x_1(t)$ 的情况下，能否通过设计反馈控制，使摆的偏离角 $\theta(t)$ 保持在预定位置 $\theta(t)=0°$ 上？

此时，系统的输出方程为

$$y(t)=[1\quad 0\quad 0\quad 0]\boldsymbol{x}(t)$$

系统的各个参数分别为 $l=0.098$ m，$g=9.8\ \mathrm{m/s^2}$，$m=0.825$ kg 和 $M=8.085$ kg。将这些参数代入状态空间模型中，有

$$\boldsymbol{A}=\begin{bmatrix}0&1&0&0\\0&0&-1&0\\0&0&0&1\\0&0&100&0\end{bmatrix},\quad \boldsymbol{B}=\begin{bmatrix}0\\0.1237\\0\\-1.2621\end{bmatrix}$$

由此可以得到，系统的能控性矩阵为

$$\boldsymbol{P}_c=\begin{bmatrix}0&0.1237&0&1.2621\\0.1237&0&1.2621&0\\0&-1.2621&0&-126.21\\-1.2621&0&-126.21&0\end{bmatrix}$$

由于 $\det \boldsymbol{P}_c=196.49\neq 0$，因此系统是完全能控的。同样，系统的能观性矩阵为

$$\boldsymbol{P}_o=\begin{bmatrix}1&0&0&0\\0&1&0&0\\0&0&-1&0\\0&0&0&-1\end{bmatrix}$$

由于 $\det \boldsymbol{P}_o=1\neq 0$，因此系统是完全能观的。由此可知，我们可以分别寻找合适的反馈增益矩阵 $\boldsymbol{K}$ 和观测器增益矩阵 $\boldsymbol{L}$，将系统的闭环极点配置到合适的位置。也就是说，对于本例提出的问题，系统能够得到有效的校正。下面就来完成状态反馈设计的 3 个步骤。

第 1 步： 设计全状态反馈控制律

倒立摆的开环极点为 $\lambda=0$，$\lambda=-10$ 和 $\lambda=10$，很明显，极点 $\lambda=10$ 位于 s 右半平面，因此系统是开环不稳定的。假定系统的预期闭环特征多项式为

$$q(\lambda)=(\lambda^2+2\zeta\omega_n\lambda+\omega_n^2)(\lambda^2+a\lambda+b)$$

其中，我们希望：(1) 所选取的 $(\xi,\ \omega_n)$ 使得第一个因式对应的根为系统的主导极点，(2) 所选取的 $(a,\ b)$ 使得第二个因式对应的根非常远离主导极点，对系统瞬态性能的影响较小。考虑到要求系统响应的调节时间小于 10 s，超调量较小，因而可以取 $(\zeta,\omega_n)=(0.8,0.5)$。为了尽量降低其余两个极点对系统性能的影响，将参数取为 $(a,b)=(16,100)$。于是，非主导极点实部的绝对值将是主导极点的 20 倍，预期的极点分布如图 11.9 所示，非主导极点和主导极点相距甚远。需要指出的是，在实际设计过程中，可以根据需要适当调整极点的实部绝对值彼此相差的倍数，倍数越大，非主导极点离主导极点的距离越远，所需要的反馈增益也就越大。这里，系统的预期闭环极点分别为 $-8\pm \mathrm{j}6$ 和 $-0.4\pm \mathrm{j}0.3$，其中 $-0.4\pm \mathrm{j}0.3$ 为主导极点。反馈增益矩阵 $\boldsymbol{K}$ 应该满足

$$\det(\lambda\boldsymbol{I}-(\boldsymbol{A}-\boldsymbol{BK}))=(\lambda+8\pm \mathrm{j}6)(\lambda+0.4\pm \mathrm{j}0.3)$$

由阿克曼公式可以得到，增益矩阵 $\boldsymbol{K}$ 为

$$\boldsymbol{K}=[-2.2509\quad -7.5631\quad -169.0265\quad -14.0523]$$

第 2 步： 设计观测器

观测器的作用在于提供不能直接测量的状态变量的估计值。所设计的观测器应能尽可能快速、精确地给出状态变量的估计值，并且观测器矩阵 $\boldsymbol{L}$ 不能太大。观测器矩阵 $\boldsymbol{L}$ 究竟多大才算合适，这取决于具体的问题。例如，当观测器测量噪声的水平较高时（这取决于传感器），矩阵 $\boldsymbol{L}$ 应该较小，以便避免放大测量噪声。设计观测器时必须同时考虑避免放大噪声，以及如何使估计响应

快速达到精确值。在噪声干扰和响应速度之间进行折中处理是观测器设计的一个基本问题。因此在实际设计过程中，通常应保证系统的闭环极点和观测器极点之间相差 2 到 10 倍(见图 11.9)。观测器的预期特征多项式为

$$p(\lambda) = (\lambda^2 + c_1\lambda + c_2)^2$$

其中，系数 c_1 和 c_2 需要根据性能指标设计要求进行选择。此处尝试选择 $c_1 = 32$ 和 $c_2 = 711.11$。此时，在给定估计误差的初始值之后，观测器的调节时间小于 0.5 s，超调量保持最小。因此，这是一组比较合适的系数。由此确定的观测器的预期极点为 $-16 \pm j21.3$，因此观测器矩阵 $\boldsymbol{L}$ 应满足 $\det(\lambda\boldsymbol{I} - (\boldsymbol{A} - \boldsymbol{LC})) = ((\lambda + 16 + j21.3)(\lambda + 16 - j21.3))^2$。由 11.3 节的阿克曼公式可以得到观测器矩阵 $\boldsymbol{L}$ 为

$$\boldsymbol{L} = \begin{bmatrix} 64.0 \\ 2546.22 \\ -5.1911\text{E}04 \\ -7.6030\text{E}05 \end{bmatrix}$$

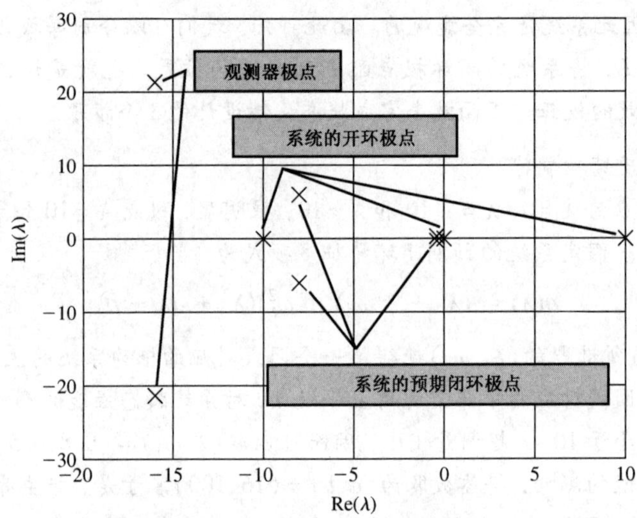

图 11.9 系统极点分布图，包括了开环极点、预期闭环极点和观测器极点

第 3 步：校正器设计

最后一步以状态向量的估计值 $\hat{\boldsymbol{x}}$ 作为反馈变量，基于全状态反馈控制律得到 $u(t) = -\boldsymbol{K}\hat{\boldsymbol{x}}(t)$。前面已证明，此时的系统一定是闭环稳定的。但是，由于观测器需要一定的调节时间才能提供状态变量的精确估计值，因此，与采用控制律 $u(t_0) = -\boldsymbol{Kx}(t_0)$(即直接利用状态变量测量值作为反馈变量)的情况相比，系统的闭环性能可能会略差一些。倒立摆系统的闭环响应曲线如图 11.10(a)所示，其中倒立摆的初始偏离角 $\theta_0(t_0) = 5.72°$，小车的初始位置及速度皆为零，观测器的状态估计初始值也设置为零。

从图 11.10(a)中可以看出，倒立摆将在 4 s 内进入垂直平衡状态。此外还可以发现，相对于控制律为 $u(t) = -\boldsymbol{Kx}(t)$ 的校正器，采用控制律 $u(t) = -\boldsymbol{K}\hat{\boldsymbol{x}}(t)$ 时，校正后的响应出现了更大的振荡。这是意料之中的结果，其原因在于观测器需要约 0.4 s 之后，才能将估计误差收敛到零，给出状态向量的精确估计值，如图 11.10(b)所示。

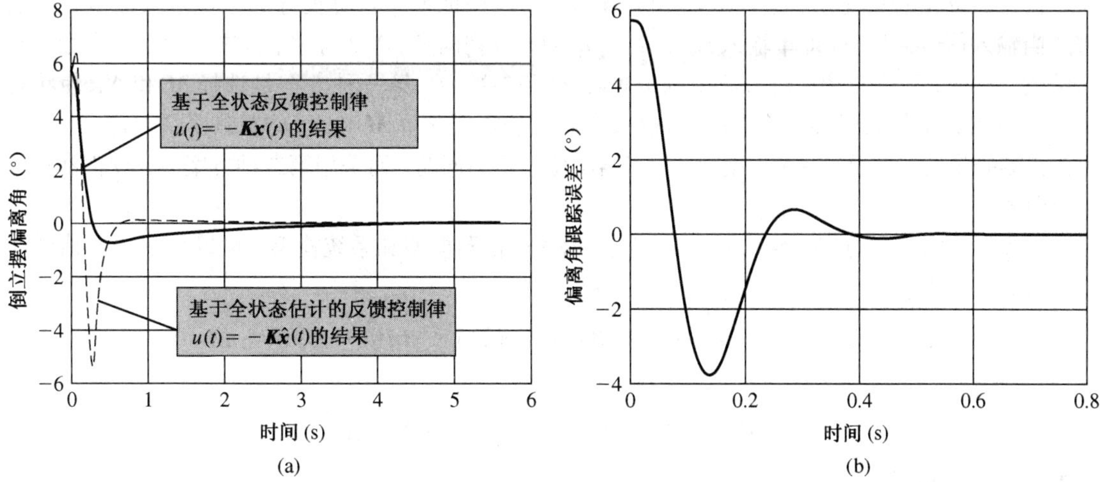

图 11.10　经过状态变量校正器校正之后，(a) 倒立摆的偏离角曲线；(b) 观测器的跟踪误差

11.6　参考输入信号

到目前为止，我们在设计状态反馈控制时，都没有考虑图 11.1 中的参考输入信号。这种不考虑参考输入信号[比如 $r(t)=0$]的状态变量反馈校正器又称为调节器。在很多情况下，保证系统具有较强的**指令跟踪能力**，也是反馈控制系统设计需要实现的重要目标之一。因此，接下来将介绍带有参考输入信号的反馈校正器的设计方法。有多种反馈校正器设计方法都能够为系统提供良好的参考输入信号跟踪能力。本节只介绍两种较为常用的方法。

带有参考输入信号的状态变量反馈校正器系统的一般形式为

$$\begin{aligned}\dot{\hat{\boldsymbol{x}}}(t) &= \boldsymbol{A}\hat{\boldsymbol{x}}(t)+\boldsymbol{B}\tilde{u}(t)+\boldsymbol{L}\tilde{y}(t)+\boldsymbol{M}r(t)\\ u(t) &= \tilde{u}(t)+Nr(t) = -\boldsymbol{K}\hat{\boldsymbol{x}}(t)+Nr(t)\end{aligned} \tag{11.24}$$

其中，$\tilde{y}(t)=y(t)-\boldsymbol{C}\hat{\boldsymbol{x}}(t)$，$\tilde{u}(t)=-\boldsymbol{K}\hat{\boldsymbol{x}}(t)$，校正器的结构如图 11.11 所示。而当 $\boldsymbol{M}=0$，$N=0$ 时，式(11.24)所示的校正器将退化为 11.5 节的调节器，如图 11.1 所示。

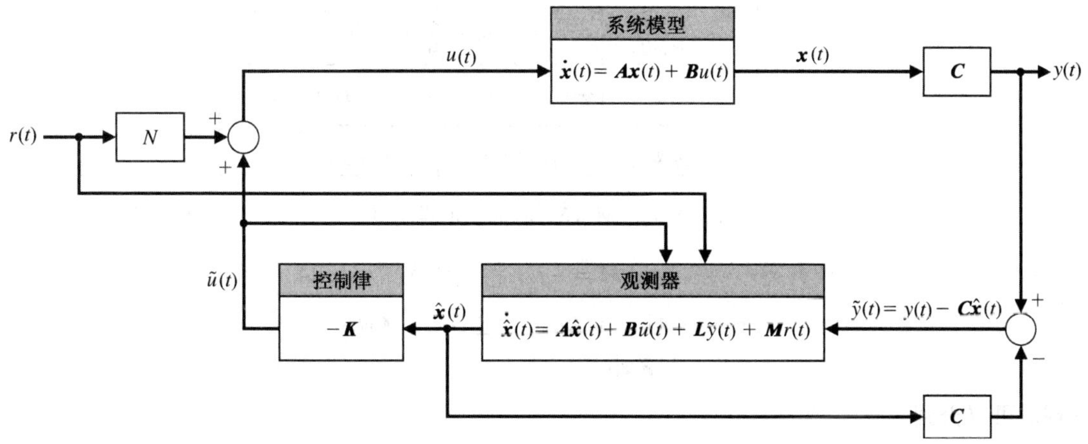

图 11.11　状态变量校正器(含有参考输入信号)

校正器设计的关键在于选择参数矩阵 $\boldsymbol{M}$ 和 N，以保证系统具有良好的参考输入信号跟踪能力。当输入信号为标量(即单输入)时，矩阵 $\boldsymbol{M}$ 为 n 维列向量，N 为标量，其中 n 为状态向量 $\boldsymbol{x}(t)$ 的维数。在此，我们介绍两种方案来确定矩阵 $\boldsymbol{M}$ 和参数 N。第一种方案是选择 $\boldsymbol{M}$ 和 N，使状态估计误差 $\boldsymbol{e}(t)$ 不依赖于参考输入信号 $r(t)$；第二种方案是选择 $\boldsymbol{M}$ 和 N，将跟踪误差 $y(t)-r(t)$ 作为校正器的输入。采用第一种方案时，校正器将位于反馈回路；而采用第二种方案时，校正器将位于前向通路。

首先讨论第一种方案。结合式(11.24)所示的校正器模型和系统模型，可以得到状态估计误差的微分方程为

$$\dot{\boldsymbol{e}}(t) = \dot{\boldsymbol{x}}(t) - \dot{\hat{\boldsymbol{x}}}(t) = \boldsymbol{A}\boldsymbol{x}(t) + \boldsymbol{B}u(t) - \boldsymbol{A}\hat{\boldsymbol{x}}(t) - \boldsymbol{B}\tilde{u}(t) - \boldsymbol{L}\tilde{y}(t) - \boldsymbol{M}r(t)$$

整理后可得

$$\dot{\boldsymbol{e}}(t) = (\boldsymbol{A} - \boldsymbol{L}\boldsymbol{C})\boldsymbol{e}(t) + (\boldsymbol{B}N - \boldsymbol{M})r(t)$$

如果选择矩阵 $\boldsymbol{M}$ 为

$$\boldsymbol{M} = \boldsymbol{B}N \tag{11.25}$$

则估计误差 $\boldsymbol{e}(t)$ 的微分方程将变为

$$\dot{\boldsymbol{e}}(t) = (\boldsymbol{A} - \boldsymbol{L}\boldsymbol{C})\boldsymbol{e}(t)$$

可以看出，此时估计误差与参考输入信号 $r(t)$ 无关。这与在11.4节中设计观测器时，不考虑参考输入信号得到的结果是一致的。这样一来，接下来的工作就简单得多了，由于 $\boldsymbol{M}$ 满足式(11.25)，仅需为 N 选择合适的值即可。例如，可以选择 N，使系统对阶跃输入信号 $r(t)$ 的稳态跟踪误差为零。

当 $\boldsymbol{M}=\boldsymbol{B}N$ 时，式(11.24)给出的校正器模型将变为

$$\begin{aligned}\dot{\hat{\boldsymbol{x}}}(t) &= \boldsymbol{A}\hat{\boldsymbol{x}}(t) + \boldsymbol{B}u(t) + \boldsymbol{L}\tilde{y}(t)\\ u(t) &= -\boldsymbol{K}\hat{\boldsymbol{x}}(t) + Nr(t)\end{aligned}$$

该模型的实现结构如图11.12所示。

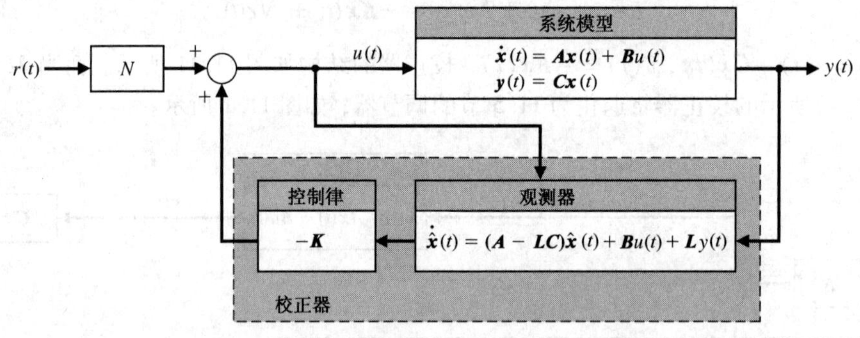

图11.12 $\boldsymbol{M}=\boldsymbol{B}N$ 时的校正器模型

接下来，讨论第二种方案。令 $N=0$，$\boldsymbol{M}=-\boldsymbol{L}$，将其代入式(11.24)，可得

$$\begin{aligned}\dot{\hat{\boldsymbol{x}}}(t) &= \boldsymbol{A}\hat{\boldsymbol{x}}(t) + \boldsymbol{B}u(t) + \boldsymbol{L}\tilde{y}(t) - \boldsymbol{L}r(t)\\ u(t) &= -\boldsymbol{K}\hat{\boldsymbol{x}}(t)\end{aligned}$$

整理后可以得到

$$\begin{aligned}\dot{\hat{\boldsymbol{x}}}(t) &= (\boldsymbol{A} - \boldsymbol{B}\boldsymbol{K} - \boldsymbol{L}\boldsymbol{C})\hat{\boldsymbol{x}}(t) + \boldsymbol{L}(y(t) - r(t))\\ u(t) &= -\boldsymbol{K}\hat{\boldsymbol{x}}(t)\end{aligned}$$

由上式可以看出，此时观测器的输入驱动信号为跟踪误差 $y(t)-r(t)$。这种方案的校正器实现结构如图 11.13所示。

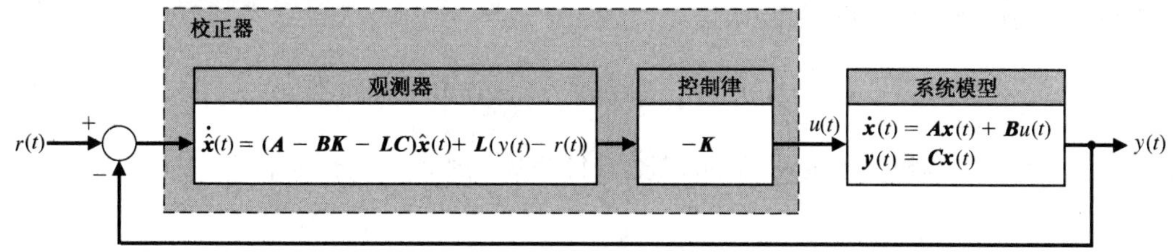

图 11.13　$N=0$，$\boldsymbol{M}=-\boldsymbol{L}$ 时的校正器模型

由图 11.12 和图 11.13 也可以看出，采用第一种方案时($\boldsymbol{M}=\boldsymbol{B}N$)，校正器将位于反馈回路；而采用第二种方案时($N=0$ 和 $\boldsymbol{M}=-\boldsymbol{L}$)，校正器将位于前向通路。改善系统对参考输入信号的跟踪能力，是控制系统工程师可以充分发挥才智的开放性问题，上面讨论的只是两种非常典型的方案。

根据矩阵 $\boldsymbol{M}$ 和参数 N 的不同选择方式，还可以构成其他的解决方案，例如，11.8 节将要介绍的**内模设计**方法，就能够保证跟踪参考输入信号的稳态精度。

11.7　最优控制系统

设计最优控制系统是控制工程师的重要职责，其目的在于选用合适可用的物理元件来设计控制系统，使之实现预期的性能。通常用时域指标来表征系统的预期性能，例如阶跃响应的最大超调量和上升时间等。而系统的稳态和瞬态性能指标通常都是时域指标。因此，进一步研究控制系统的时域设计方法也就顺理成章了。

还可以用综合性能指标来表征控制系统的性能。因此，常常把系统的设计目标确定为使系统的综合性能指标最小化，例如，误差平方和积分(Integral of the Squared Error，ISE)指标的最小化等。经过校正并使性能指标达到了最小化的系统就称为**最优控制系统**。

通常情况下，用状态变量描述的控制系统的综合性能指标可以表示为

$$J=\int_0^{\infty} g(\boldsymbol{x}(t),\boldsymbol{u}(t),t)\,\mathrm{d}t \tag{11.26}$$

其中，$\boldsymbol{x}(t)$是状态向量，$\boldsymbol{u}(t)$是控制向量，接下来，本节将详细讨论用状态变量反馈和误差平方和性能指标描述的最优控制系统的设计问题[1~3]。

考虑系统

$$\dot{\boldsymbol{x}}(t)=\boldsymbol{A}\boldsymbol{x}(t)+\boldsymbol{B}\boldsymbol{u}(t) \tag{11.27}$$

将反馈控制信号取为

$$\boldsymbol{u}(t)=-\boldsymbol{K}\boldsymbol{x}(t) \tag{11.28}$$

其中 $\boldsymbol{K}$ 为 $1\times n$ 矩阵。将式(11.28)代入式(11.27)，可得

$$\dot{\boldsymbol{x}}(t)=\boldsymbol{A}\boldsymbol{x}(t)-\boldsymbol{B}\boldsymbol{K}\boldsymbol{x}(t)=\boldsymbol{H}\boldsymbol{x}(t) \tag{11.29}$$

其中，$\boldsymbol{H}=\boldsymbol{A}-\boldsymbol{B}\boldsymbol{K}$ 为 $n\times n$ 矩阵。

再考虑误差平方和积分指标。单个状态变量 $x_1(t)$ 的性能指标可以写为

$$J=\int_0^{\infty} x_1^2(t)\,\mathrm{d}t \tag{11.30}$$

两个状态变量的性能指标可以写为

$$J=\int_0^{\infty}(x_1^2(t)+x_2^2(t))\,\mathrm{d}t \tag{11.31}$$

由于采用了误差平方和积分来定义系统的综合性能指标，因此利用矩阵算子

$$\begin{aligned}\boldsymbol{x}^{\mathrm{T}}(t)\boldsymbol{x}(t)&=[x_1(t)\quad x_2(t)\quad x_3(t)\quad \cdots\quad x_n(t)]\begin{bmatrix}x_1(t)\\x_2(t)\\\vdots\\x_n(t)\end{bmatrix}\\&=x_1{}^2(t)+x_2{}^2(t)+x_3{}^2(t)+\cdots+x_n{}^2(t)\end{aligned} \tag{11.32}$$

可以将待优化的性能指标记为

$$J=\int_0^{\infty}\boldsymbol{x}^{\mathrm{T}}(t)\boldsymbol{x}(t)\,\mathrm{d}t \tag{11.33}$$

其中，$\boldsymbol{x}^{\mathrm{T}}(t)$为矩阵$\boldsymbol{x}(t)$的转置(可参阅本书在线附录E)。

式(11.26)给出的是综合性能指标的一般形式，其中包含了与控制信号$\boldsymbol{u}(t)$有关的积分项，而在式(11.33)中，暂时没有考虑$\boldsymbol{u}(t)$对综合性能指标的影响。本节稍后将讨论包含了控制信号的影响的综合性能指标。

为了推导出J的极值条件，不失一般性，设想存在待定的对称矩阵$\boldsymbol{P}(p_{ij}=p_{ji})$，使得

$$\frac{\mathrm{d}}{\mathrm{d}t}(\boldsymbol{x}^{\mathrm{T}}(t)\boldsymbol{P}\boldsymbol{x}(t))=-\boldsymbol{x}^{\mathrm{T}}(t)\boldsymbol{x}(t) \tag{11.34}$$

将式(11.34)左边的微分算子展开后，可得

$$\frac{\mathrm{d}}{\mathrm{d}t}(\boldsymbol{x}^{\mathrm{T}}(t)\boldsymbol{P}\boldsymbol{x}(t))=\dot{\boldsymbol{x}}^{\mathrm{T}}(t)\boldsymbol{P}\boldsymbol{x}(t)+\boldsymbol{x}^{\mathrm{T}}(t)\boldsymbol{P}\dot{\boldsymbol{x}}(t) \tag{11.35}$$

将式(11.29)代入式(11.35)，并利用矩阵转置运算公式$(\boldsymbol{H}\boldsymbol{x}(t))^{\mathrm{T}}=\boldsymbol{x}^{\mathrm{T}}(t)\boldsymbol{H}^{\mathrm{T}}$，可得

$$\frac{\mathrm{d}}{\mathrm{d}t}(\boldsymbol{x}^{\mathrm{T}}(t)\boldsymbol{P}\boldsymbol{x}(t))=\boldsymbol{x}^{\mathrm{T}}(t)(\boldsymbol{H}^{\mathrm{T}}\boldsymbol{P}+\boldsymbol{P}\boldsymbol{H})\boldsymbol{x}(t) \tag{11.36}$$

由此可以看出，如果选择合适的矩阵$\boldsymbol{P}$，使得

$$\boldsymbol{H}^{\mathrm{T}}\boldsymbol{P}+\boldsymbol{P}\boldsymbol{H}=-\boldsymbol{I} \tag{11.37}$$

那么式(11.36)将成为

$$\frac{\mathrm{d}}{\mathrm{d}t}(\boldsymbol{x}^{\mathrm{T}}(t)\boldsymbol{P}\boldsymbol{x}(t))=-\boldsymbol{x}^{\mathrm{T}}(t)\boldsymbol{x}(t) \tag{11.38}$$

这正是式(11.34)所需的结果，据此可以将性能指标J从积分形式转化为代数形式。将式(11.38)代入式(11.33)，并考虑到系统稳定时有$\boldsymbol{x}(\infty)=0$，因此综合性能指标的代数形式为

$$J=\int_0^{\infty}-\frac{\mathrm{d}}{\mathrm{d}t}(\boldsymbol{x}^{\mathrm{T}}(t)\boldsymbol{P}\boldsymbol{x}(t))=-\boldsymbol{x}^{\mathrm{T}}(t)\boldsymbol{P}\boldsymbol{x}(t)\Big|_0^{\infty}=\boldsymbol{x}^{\mathrm{T}}(0)\boldsymbol{P}\boldsymbol{x}(0) \tag{11.39}$$

可以看出，为了使性能指标J最小化，只需要重点考察下面的两个方程：

$$\boxed{J=\int_0^{\infty}\boldsymbol{x}^{\mathrm{T}}(t)\boldsymbol{x}(t)\,\mathrm{d}t=\boldsymbol{x}^{\mathrm{T}}(0)\boldsymbol{P}\boldsymbol{x}(0)} \tag{11.40}$$

$$\boxed{\boldsymbol{H}^{\mathrm{T}}\boldsymbol{P}+\boldsymbol{P}\boldsymbol{H}=-\boldsymbol{I}} \tag{11.41}$$

综上所述，控制系统的优化设计步骤如下：

1. 将 $\boldsymbol{H}$ 视为已知矩阵（含有未定参数），确定能够满足方程（11.41）的矩阵 $\boldsymbol{P}$；
2. 调整一个或多个系统参数，使方程（11.40）所示的综合性能指标 J 最小化。

例 11.11　状态变量反馈

某二阶开环控制系统的信号流图如图 11.14 所示，其中状态变量为 $x_1(t)$ 和 $x_2(t)$。开环系统的阶跃响应是无阻尼的，令人无法接受，因此需要用合适的反馈来校正系统。系统的状态微分方程为

$$\frac{\mathrm{d}}{\mathrm{d}t}\begin{bmatrix}x_1(t)\\x_2(t)\end{bmatrix}=\begin{bmatrix}0&1\\0&0\end{bmatrix}\begin{bmatrix}x_1(t)\\x_2(t)\end{bmatrix}+\begin{bmatrix}0\\1\end{bmatrix}u(t) \tag{11.42}$$

由此可以得到

$$\boldsymbol{A}=\begin{bmatrix}0&1\\0&0\end{bmatrix},\qquad \boldsymbol{B}=\begin{bmatrix}0\\1\end{bmatrix}$$

选择反馈控制信号 $u(t)$ 为

$$u(t)=-k_1x_1(t)-k_2x_2(t) \tag{11.43}$$

可以看出，$u(t)$ 是两个状态变量的线性组合。将其代入式（11.42）可得

$$\dot{x}_1(t)=x_2(t),\qquad \dot{x}_2(t)=-k_1x_1(t)-k_2x_2(t) \tag{11.44}$$

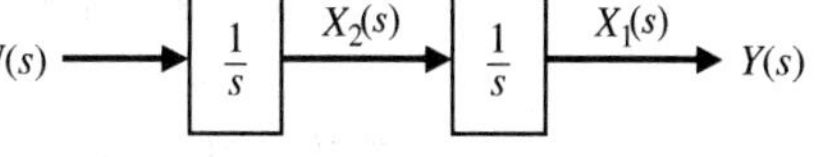

图 11.14　例 11.11 的开环控制系统

写为矩阵形式，可得

$$\dot{\boldsymbol{x}}(t)=\boldsymbol{H}\boldsymbol{x}(t)=\begin{bmatrix}0&1\\-k_1&-k_2\end{bmatrix}\boldsymbol{x}(t) \tag{11.45}$$

如果暂时令 $k_1=1$，则问题的关键变成了确定 k_2 的合适取值，使系统的综合性能指标达到最小值。由方程（11.41）可得

$$\begin{bmatrix}0&-1\\1&-k_2\end{bmatrix}\begin{bmatrix}p_{11}&p_{12}\\p_{12}&p_{22}\end{bmatrix}+\begin{bmatrix}p_{11}&p_{12}\\p_{12}&p_{22}\end{bmatrix}\begin{bmatrix}0&1\\-1&-k_2\end{bmatrix}=\begin{bmatrix}-1&0\\0&-1\end{bmatrix} \tag{11.46}$$

展开并整理后，可得

$$\begin{aligned}-p_{12}-p_{12}&=-1\\p_{11}-k_2p_{12}-p_{22}&=0\\p_{12}-k_2p_{22}+p_{12}-k_2p_{22}&=-1\end{aligned} \tag{11.47}$$

解上述方程组，可得

$$p_{12}=\frac{1}{2},\qquad p_{22}=\frac{1}{k_2},\qquad p_{11}=\frac{k_2^{\,2}+2}{2k_2}$$

系统的积分性能指标为

$$J=\boldsymbol{x}^{\mathrm{T}}(0)\boldsymbol{P}\boldsymbol{x}(0) \tag{11.48}$$

假定每个状态变量的初始值都偏离平衡状态 1 个单位，即 $\boldsymbol{x}^{\mathrm{T}}(0)=[1\quad 1]$，将其代入性能指标公式(11.48)，可以得到

$$J=[1\quad 1]\begin{bmatrix}p_{11} & p_{12}\\ p_{12} & p_{22}\end{bmatrix}\begin{bmatrix}1\\1\end{bmatrix}=p_{11}+2p_{12}+p_{22} \tag{11.49}$$

将求解矩阵 $\boldsymbol{P}$ 的结果代入后，有

$$J=\frac{k_2^{\,2}+2}{2k_2}+1+\frac{1}{k_2}=\frac{k_2^{\,2}+2k_2+4}{2k_2} \tag{11.50}$$

将式(11.50)对 k_2 求导，并令其为零，可以得到

$$\frac{\mathrm{d}J}{\mathrm{d}k_2}=\frac{2k_2(2k_2+2)-2(k_2^{\,2}+2k_2+4)}{(2k_2)^2}=0 \tag{11.51}$$

由此可知，当 $k_2=2$ 时，性能指标 J 达到了最小值。再将 $k_2=2$ 代入式(11.50)，可以得到 J 的最小值为 $J_{\min}=3$，经过校正之后，系统矩阵 $\boldsymbol{H}$ 为

$$\boldsymbol{H}=\begin{bmatrix}0 & 1\\ -1 & -2\end{bmatrix} \tag{11.52}$$

对应的闭环特征方程为

$$\det[\lambda\boldsymbol{I}-\boldsymbol{H}]=\det\begin{bmatrix}\lambda & -1\\ 1 & \lambda+2\end{bmatrix}=\lambda^2+2\lambda+1 \tag{11.53}$$

这是一个二阶系统，其特征方程具有 $s^2+2\zeta\omega_n s+\omega_n^2=0$ 的典型形式，因此，校正后的系统阻尼系数为 $\zeta=1.0$。当 $k_1=1$ 时，校正后的系统能够使性能指标 J 达到最小值，这表明校正后的系统是最优控制系统。需要指出的是，上面的参数设计的结果，是在给定的初始条件下得到的，也就是说，当初始条件改变时，这些参数可能会发生变化。校正后系统的信号流图如图 11.15 所示，综合性能指标随参数 k_2 的变化曲线如图 11.16 所示。从图中可以看出，该系统对于 k_2 的变化不太敏感，当 k_2 小幅波动时，系统的性能指标基本能够保持为最小值。

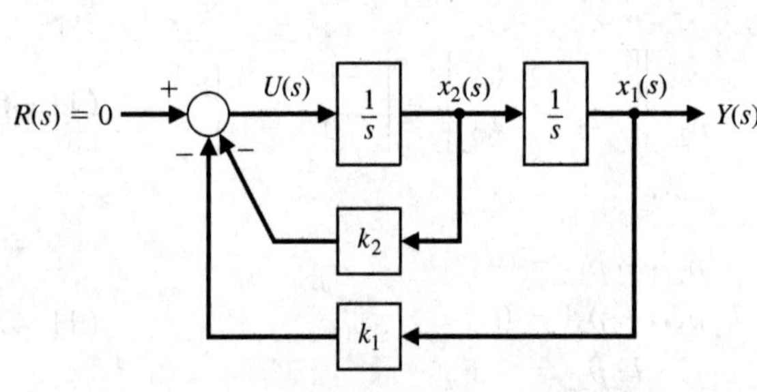

图 11.15 例 11.11 中的系统(校正后)

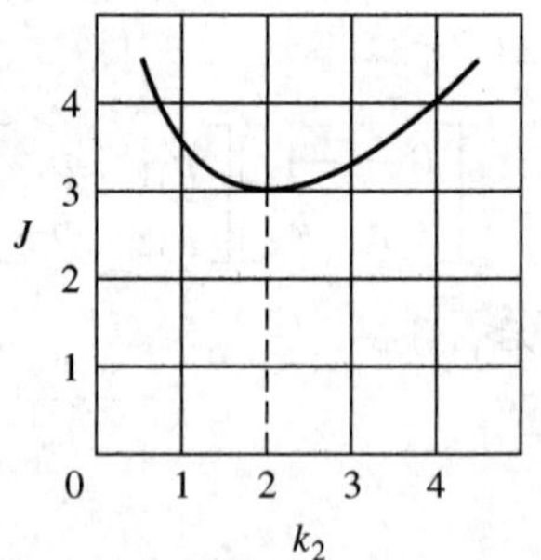

图 11.16 性能指标 J 和参数 k_2 的关系曲线

最优系统的灵敏度定义为

$$S_k^{\mathrm{opt}}=\frac{\Delta J/J}{\Delta k/k} \tag{11.54}$$

其中，k 是系统的可调设计参数。因此，本例二阶系统的设计参数为 $k=k_2$。当 $k_2=2.5$ 时，性能指标为 $J=3.05$，因此有 $\Delta J=0.05$，$\Delta k=0.5$。这样，可得该系统的参数灵敏度为

$$S_{k_2}^{\text{opt}} \approx \frac{0.05/3}{0.5/2} = 0.07 \tag{11.55}$$

例 11.12　最优控制系统设计

重新考虑例 11.11 讨论的系统，但不事先指定 k_1 和/或 k_2 的取值。为了简化代数运算，不妨令 $k_1 = k_2 = k$。可以证明，当 k_1 和 k_2 的取值没有限制时，为了使综合性能指标公式(11.40)达到最小值，的确应该有 $k_1 = k_2$。这样，式(11.45)便成为

$$\dot{\boldsymbol{x}}(t) = \boldsymbol{H}\boldsymbol{x}(t) = \begin{bmatrix} 0 & 1 \\ -k & -k \end{bmatrix}\boldsymbol{x}(t) \tag{11.56}$$

为了确定待定矩阵 $\boldsymbol{P}$，由式(11.41)可得 $\boldsymbol{H}$ 和 $\boldsymbol{P}$ 必须满足关系：

$$p_{12} = \frac{1}{2k}, \qquad p_{22} = \frac{k+1}{2k^2}, \qquad p_{11} = \frac{1+2k}{2k} \tag{11.57}$$

假定系统的初始位置偏离平衡点 1 个单位，即状态变量的初始条件为 $\boldsymbol{x}^{\mathrm{T}}(0) = [1 \quad 0]$，将其代入系统性能指标公式(11.40)，可得

$$J = \int_0^{\infty} \boldsymbol{x}^{\mathrm{T}}(t)\boldsymbol{x}(t)\,\mathrm{d}t = \boldsymbol{x}^{\mathrm{T}}(0)\boldsymbol{P}\boldsymbol{x}(0) = p_{11} \tag{11.58}$$

即

$$J = p_{11} = \frac{1+2k}{2k} = 1 + \frac{1}{2k} \tag{11.59}$$

由式(11.59)可知，只有当 $k \to +\infty$ 时，J 才会达到最小值 $J_{\min} = 1$。图 11.17 所示的 J-k 曲线也清楚地说明了这一点。再考虑到反馈信号的构成可知，当增益 k 很大时，反馈信号

$$u(t) = -k(x_1(t) + x_2(t))$$

也会很大。在实际系统中，从易于实现的角度来看，控制信号 $u(t)$ 的幅值不能过大。因此，有必要对 $u(t)$ 引入某种约束，使增益 k 不至于取得太大。例如，假设对 $u(t)$ 幅值的约束条件为

$$|u(t)| \leqslant 50 \tag{11.60}$$

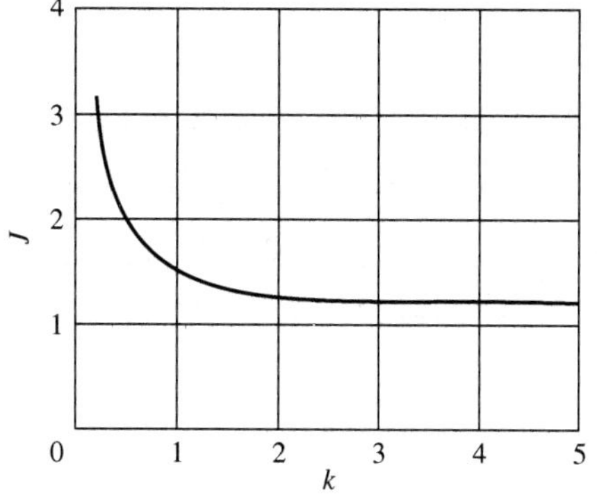

图 11.17　性能指标 J 和反馈增益的 k 关系曲线（见例 11.12）

可接受的 k 的最大值就是

$$k_{\max} = \frac{|u|_{\max}}{x_1(0)} = 50 \tag{11.61}$$

那么，性能指标的最小值则为

$$J_{\min} = 1 + \frac{1}{2k_{\max}} = 1.01 \tag{11.62}$$

$u(t)$ 无约束时，J 的理想最小值为 1。可以看出，此时 J 的最小值与 1 非常接近，可以认为已经满足了设计要求。

对于最初采用的式(11.33)所示的性能指标计算公式而言，之所以没有考虑对控制信号 $u(t)$ 的幅值限制，其原因在于式(11.33)没有包括与控制信号 $u(t)$ 相关的项。而在很多情况下，必须考虑控制信号的物理约束才能符合实际情况。为此，可以将待优化的综合性能指标改进为

$$J = \int_0^{\infty} (\boldsymbol{x}^{\mathrm{T}}(t)\boldsymbol{I}\boldsymbol{x}(t) + \lambda \boldsymbol{u}^{\mathrm{T}}(t)\boldsymbol{u}(t))\,\mathrm{d}t \tag{11.63}$$

其中，λ 为标量加权因子，$\boldsymbol{I}$ 为单位矩阵。加权因子 λ 反映了系统性能与控制能耗 $\boldsymbol{u}^{\mathrm{T}}(t)\boldsymbol{u}(t)$ 之间的相对重要度。与前面一样，状态变量反馈信号可以取为

$$\boldsymbol{u}(t) = -\boldsymbol{K}\boldsymbol{x}(t) \tag{11.64}$$

校正后的系统为

$$\dot{\boldsymbol{x}}(t) = \boldsymbol{A}\boldsymbol{x}(t) + \boldsymbol{B}\boldsymbol{u}(t) = \boldsymbol{H}\boldsymbol{x}(t) \tag{11.65}$$

将式(11.64)代入式(11.63)，可以得到

$$J = \int_0^{\infty} \boldsymbol{x}^{\mathrm{T}}(t)(\boldsymbol{I} + \lambda \boldsymbol{K}^{\mathrm{T}}\boldsymbol{K})\boldsymbol{x}(t)\,\mathrm{d}t = \int_0^{\infty} \boldsymbol{x}^{\mathrm{T}}(t)\boldsymbol{Q}\boldsymbol{x}(t)\,\mathrm{d}t \tag{11.66}$$

其中，$\boldsymbol{Q} = \boldsymbol{I} + \lambda \boldsymbol{K}^{\mathrm{T}}\boldsymbol{K}$ 为 $n \times n$ 矩阵。与式(11.33)至式(11.39)类似，设想存在待定的对称矩阵 $\boldsymbol{P}$，使得

$$\frac{\mathrm{d}}{\mathrm{d}t}(\boldsymbol{x}^{\mathrm{T}}(t)\boldsymbol{P}\boldsymbol{x}(t)) = -\boldsymbol{x}^{\mathrm{T}}(t)\boldsymbol{Q}\boldsymbol{x}(t) \tag{11.67}$$

此时应该有

$$\boldsymbol{H}^{\mathrm{T}}\boldsymbol{P} + \boldsymbol{P}\boldsymbol{H} = -\boldsymbol{Q} \tag{11.68}$$

参照式(11.39)，此时的综合性能指标 J 为

$$J = \boldsymbol{x}^{\mathrm{T}}(0)\boldsymbol{P}\boldsymbol{x}(0) \tag{11.69}$$

当 $\lambda = 0$ 时，式(11.68)便退化成式(11.41)。接下来，我们在 λ 不等于零，即兼顾系统性能和控制信号能量消耗的情况下，讨论如何设计最优控制系统。

例 11.13 考虑控制信号能耗时的最优控制系统设计

重新考虑例 11.11 给出的二阶系统，其信号流图如图 11.14 所示。定义状态变量反馈控制信号

$$\boldsymbol{u}(t) = -\boldsymbol{K}\boldsymbol{x}(t) = [-k \quad -k]\begin{bmatrix} x_1(t) \\ x_2(t) \end{bmatrix} \tag{11.70}$$

因此，矩阵 $\boldsymbol{Q}$ 为

$$\boldsymbol{Q} = \boldsymbol{I} + \lambda \boldsymbol{K}^{\mathrm{T}}\boldsymbol{K} = \begin{bmatrix} 1 + \lambda k^2 & \lambda k^2 \\ \lambda k^2 & 1 + \lambda k^2 \end{bmatrix} \tag{11.71}$$

与例 11.12 一样，令 $\boldsymbol{x}^{\mathrm{T}}(0) = [1 \quad 0]$，即有 $J = p_{11}$，其中 p_{11} 可由式(11.68)求得，于是有

$$J = p_{11} = (1 + \lambda k^2)\left(1 + \frac{1}{2k}\right) - \lambda k^2 \tag{11.72}$$

将式(11.72)等号两侧对 k 求导，并令其等于零，可得

$$\frac{\mathrm{d}J}{\mathrm{d}k} = \frac{1}{2}\left(\lambda - \frac{1}{k^2}\right) = 0 \tag{11.73}$$

求解式(11.73)可知，当 $k = k_{\min} = 1/\sqrt{\lambda}$ 时，性能指标 J 取得最小值。

假定控制信号的能量消耗与状态变量误差平方和同等重要，即 $\lambda = 1$。在这种情况下，式(11.73)将变为 $k^2 - 1 = 0$，由此可见，应该有 $k_{\min} = 1.0$。本例中相应的 J-k 关系曲线如图 11.18 所示，图

中还给出了例 11.12 的 J-k 曲线($\lambda=0$)，以便读者进行比较。

用类似的方法可以解决系统的多个参数的调节优化问题，类似的设计过程也可以应用于高阶系统的优化设计。

作为多个参数调节优化的特例，考虑未校正的单输入-单输出系统

$$\dot{\boldsymbol{x}}(t)=\boldsymbol{A}\boldsymbol{x}(t)+\boldsymbol{B}u(t)$$

状态反馈控制信号为

$$u(t)=-\boldsymbol{K}\boldsymbol{x}(t)=-[k_1\quad k_2\quad\cdots\quad k_n]\boldsymbol{x}(t)$$

定义综合性能指标为

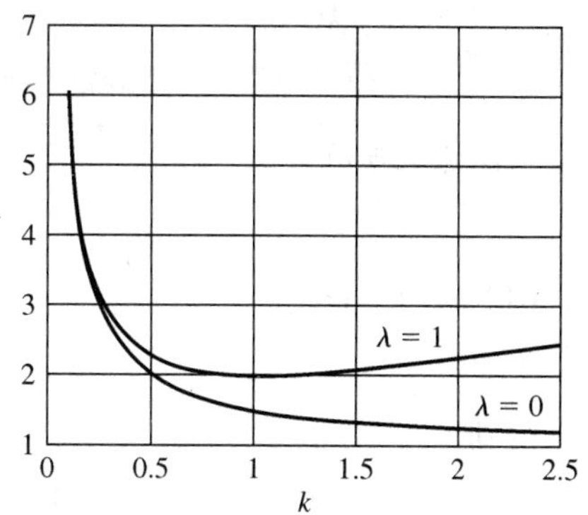

图 11.18 性能指标 J 和反馈增益 k 的关系曲线(见例11.13)

$$\boxed{J=\int_0^{\infty}(\boldsymbol{x}^{\mathrm{T}}(t)\boldsymbol{Q}\boldsymbol{x}(t)+Ru^2(t))\,\mathrm{d}t}\tag{11.74}$$

其中，R 为标量加权因子。使性能指标 J 达到最小值的反馈增益矩阵将为

$$\boldsymbol{K}=R^{-1}\boldsymbol{B}^{\mathrm{T}}\boldsymbol{P}\tag{11.75}$$

其中，$\boldsymbol{P}$ 为 $n\times n$ 矩阵，满足

$$\boldsymbol{A}^{\mathrm{T}}\boldsymbol{P}+\boldsymbol{P}\boldsymbol{A}-\boldsymbol{P}\boldsymbol{B}R^{-1}\boldsymbol{B}^{\mathrm{T}}\boldsymbol{P}+\boldsymbol{Q}=\boldsymbol{0}\tag{11.76}$$

式(11.76)通常称为里卡蒂(Riccati)代数方程，适合于利用计算机编程的方式求得其数值解，由此得到的最优控制器通常称为**线性二次调节器**(Linear Quadratic Regulator, LQR)[12, 19]。

11.8 内模设计

本节讨论另一类校正控制器的设计问题。这种校正控制器能够使系统以零稳态误差渐近跟踪各类参考输入信号，包括阶跃信号、斜坡信号，以及其他一些持续信号，如正弦信号等。我们已经知道，对于阶跃输入信号，I 型系统可以实现零误差跟踪。本节在校正装置内引入参考输入的**内模**，从而可以推广这一结论，以便在更多的情况下实现零误差跟踪[5, 18]。

某受控对象的状态空间模型为

$$\dot{\boldsymbol{x}}(t)=\boldsymbol{A}\boldsymbol{x}(t)+\boldsymbol{B}u(t),\qquad y(t)=\boldsymbol{C}\boldsymbol{x}(t)\tag{11.77}$$

其中，$\boldsymbol{x}(t)$是状态变量向量，$u(t)$为输入信号，$y(t)$为输出信号。而参考输入信号 $r(t)$由如下线性系统产生：

$$\dot{\boldsymbol{x}}_r(t)=\boldsymbol{A}_r\boldsymbol{x}_r(t),\qquad r(t)=\boldsymbol{d}_r\boldsymbol{x}_r(t)\tag{11.78}$$

其中，初始条件未知。

接下来讨论如何设计控制器，使系统能够以零稳态误差跟踪参考输入信号。首先，考虑参考输入为阶跃信号的情形。此时，参考输入信号由如下模型生成：

$$\dot{x}_r(t)=0,\qquad r(t)=x_r(t)\tag{11.79}$$

即

$$\dot{r}(t)=0\tag{11.80}$$

而跟踪误差 $e(t)$ 为

$$e(t) = y(t) - r(t)$$

对上式两侧求导可得

$$\dot{e}(t) = \dot{y}(t) = \boldsymbol{C}\dot{\boldsymbol{x}}(t)$$

定义两个中间变量

$$\boldsymbol{z}(t) = \dot{\boldsymbol{x}}(t),\ w(t) = \dot{\boldsymbol{u}}(t)$$

可以得到

$$\begin{pmatrix} \dot{e}(t) \\ \dot{\boldsymbol{z}}(t) \end{pmatrix} = \begin{bmatrix} 0 & \boldsymbol{C} \\ 0 & \boldsymbol{A} \end{bmatrix} \begin{pmatrix} e(t) \\ \boldsymbol{z}(t) \end{pmatrix} + \begin{bmatrix} 0 \\ \boldsymbol{B} \end{bmatrix} w(t) \tag{11.81}$$

如果式(11.81)所示的系统是能控的，那么总可以设计一组反馈控制信号

$$w(t) = -K_1 e(t) - \boldsymbol{K}_2 \boldsymbol{z}(t) \tag{11.82}$$

使该系统稳定。这意味着跟踪误差 $e(t)$ 是稳定的，因此，系统就能够以零稳态误差跟踪参考输入信号。对式(11.82)求积分，可以得到系统内部的反馈控制信号为

$$u(t) = -K_1 \int_0^t e(\tau)\,\mathrm{d}\tau - \boldsymbol{K}_2 \boldsymbol{x}(t)$$

与此对应的框图模型如图 11.19 所示。由此可以看出，在校正控制装置中，除了包含状态变量反馈，还包含了阶跃参考输入信号的**内模**(即积分器环节)。

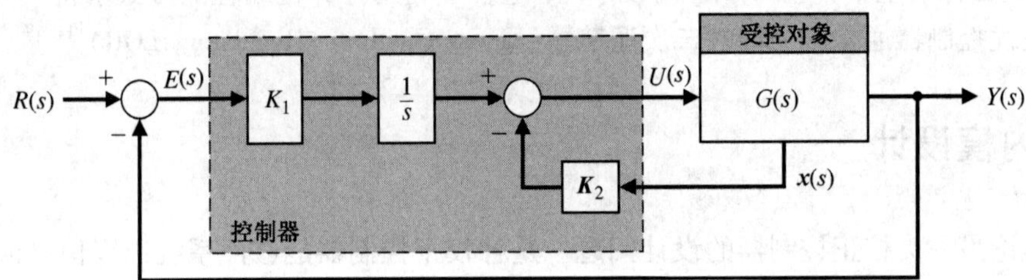

图 11.19 阶跃输入的内模设计

例 11.14 单位阶跃输入的内模设计

某二阶系统的状态空间模型为

$$\dot{\boldsymbol{x}}(t) = \begin{bmatrix} 0 & 1 \\ -2 & -2 \end{bmatrix} \boldsymbol{x}(t) + \begin{bmatrix} 0 \\ 1 \end{bmatrix} u(t), \qquad y(t) = [1 \quad 0]\boldsymbol{x}(t) \tag{11.83}$$

我们希望能够设计一个控制器，使系统输出以零稳态误差跟踪阶跃参考输入信号。由式(11.81)可得

$$\begin{pmatrix} \dot{e}(t) \\ \dot{\boldsymbol{z}}(t) \end{pmatrix} = \begin{bmatrix} 0 & 1 & 0 \\ 0 & 0 & 1 \\ 0 & -2 & -2 \end{bmatrix} \begin{pmatrix} e(t) \\ \boldsymbol{z}(t) \end{pmatrix} + \begin{bmatrix} 0 \\ 0 \\ 1 \end{bmatrix} w(t) \tag{11.84}$$

经过能控性检验可以确定，式(11.84)描述的系统是完全能控的。针对式(11.82)给出的控制信号 $w(t)$，选取

$$K_1 = 20, \qquad \boldsymbol{K}_2 = [20 \quad 10]$$

这样就将式(11.84)所示系统的闭环特征根配置为$s=-1\pm \mathrm{j}$和$s=-10$，显然此时的系统是渐近稳定的。因此，对任意初始跟踪误差$e(0)$，控制信号$w(t)$都可以保证在$t\to+\infty$时，$e(t)\to 0$。

考虑图 11.19 所示的框图模型，其中$G(s)$表示受控对象，$G_c(s)=K_1/s$为串联的控制器。**内模原理**指出，如果$G(s)G_c(s)$中包含参考输入信号$R(s)$，那么，系统输出$y(t)$就能够以零稳态误差跟踪参考输入信号$r(t)$。在本例中，$G(s)G_c(s)$包含了参考输入信号$R(s)=1/s$，因此，输出应该能够以零稳态误差跟踪参考输入信号，这与前面的分析结果是一致的。

接下来，考虑参考输入为斜坡信号时的内模设计问题。斜坡输入信号可以表示为$r(t)=Mt$，$t\geqslant 0$，其中M为斜坡信号的斜率。此时，生成参考输入信号的线性系统为

$$\dot{\boldsymbol{x}}_r(t) = \boldsymbol{A}_r\boldsymbol{x}_r(t) = \begin{bmatrix} 0 & 1 \\ 0 & 0 \end{bmatrix}\boldsymbol{x}_r(t), \qquad r(t) = \boldsymbol{d}_r\boldsymbol{x}_r(t) = [1 \quad 0]\boldsymbol{x}_r(t) \tag{11.85}$$

将该模型写成输入-输出形式，可得

$$\ddot{r}(t) = 0$$

类似地，定义跟踪误差的二阶导数满足

$$\ddot{e}(t) = \ddot{y}(t) = \boldsymbol{C}\ddot{\boldsymbol{x}}(t)$$

定义两个中间变量为

$$\boldsymbol{z}(t) = \ddot{\boldsymbol{x}}(t), \qquad w(t) = \ddot{\boldsymbol{u}}(t)$$

可以得到

$$\begin{pmatrix} \dot{e}(t) \\ \ddot{e}(t) \\ \dot{\boldsymbol{z}}(t) \end{pmatrix} = \begin{bmatrix} 0 & 1 & 0 \\ 0 & 0 & \boldsymbol{C} \\ 0 & 0 & \boldsymbol{A} \end{bmatrix}\begin{pmatrix} e(t) \\ \dot{e}(t) \\ \boldsymbol{z}(t) \end{pmatrix} + \begin{bmatrix} 0 \\ 0 \\ \boldsymbol{B} \end{bmatrix} w(t) \tag{11.86}$$

因此，当式(11.86)所示的系统能控时，总能够找到一组合适的控制信号$w(t)$，使该系统渐近稳定，即当$t\to+\infty$时，$e(t)\to 0$。这样一来，控制器的设计问题就变成了设计控制信号

$$w(t) = -[K_1 \quad K_2 \quad \boldsymbol{K}_3]\begin{bmatrix} e(t) \\ \dot{e}(t) \\ \boldsymbol{z}(t) \end{bmatrix} \tag{11.87}$$

也就是需要确定参数K_1，K_2和$\boldsymbol{K}_3$的合适取值。再对式(11.87)进行两次积分，就得到了含有内模信息的控制器输出信号$u(t)$。从图 11.20 中以看出，此时的控制器含有两个积分器，这正是斜坡输入的内模。

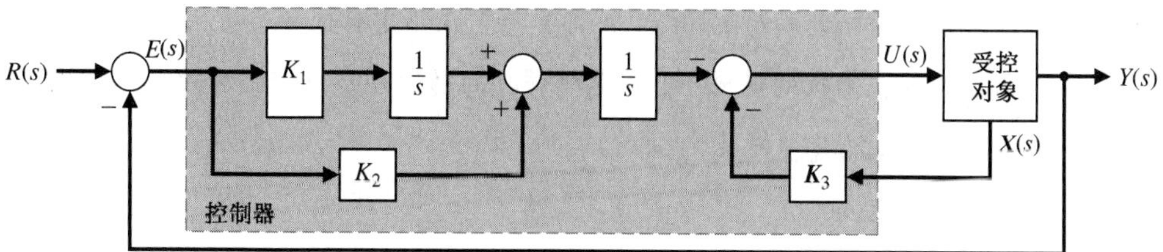

图 11.20　斜坡输入的内模设计，其中$G(s)G_c(s)$中包含了参考输入$R(s)=\dfrac{1}{s^2}$

针对阶跃输入和斜坡输入这两种参考输入信号，本节讨论了内模设计问题。当参考输入为

其他类型的信号时，同样可以运用本节提出的内模设计流程，设计适当的控制器，使系统输出能够以零稳态误差跟踪参考输入信号。另外，如果将干扰信号的生成模型也纳入校正控制器，还可以通过内模设计来克服持续干扰信号对系统的影响。

11.9　设计实例

本节提供了一个控制系统的演示性实例，设计目的是控制柴电动力机车电机轴的转速。设计过程重点关注了如何利用极点配置方法来设计全状态反馈控制系统。

例 11.15　柴电动力机车控制

柴电动力机车的基本结构示意图如图 11.21 所示。在柴电动力机车中，柴油机的工作效率对电机的转速非常敏感，我们希望为柴电动力机车的电机设计转速控制系统，以便应用于列车上。机车的每个轮轴上都装配有一个直流电机，以此来驱动机车运转，并带动列车前进。机车油门的位置通过输入电位计的移动加以调节，如图 11.21 所示。

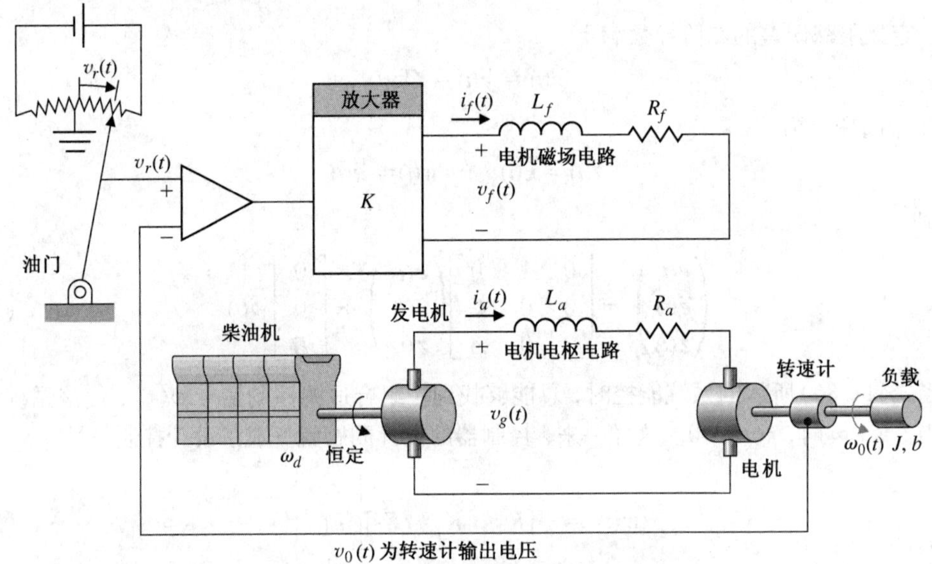

图 11.21　柴电动力机车系统示意图

图 11.22 给出了柴电动力机车控制系统设计的基本流程，并用阴影突出显示了本例重点强调的设计模块。

控制目标为调节电机转轴的转速 $\omega_o(t)$，并将其稳定在指定转速 $\omega_r(t)$。

控制目标　在存在外加负载干扰的前提下，将电机转轴的转速调节到指定转速。

很明显，受控变量为电机转轴的转速 $\omega_o(t)$。

受控变量　电机转轴的转速 $\omega_o(t)$

转速计测量受到了控制的电机转速 $\omega_o(t)$，并据此产生和提供反馈电压信号 $v_o(t)$。电子放大器放大参考电压和反馈电压之间的偏差信号 $v_r(t)-v_o(t)$，继而产生电压 $v_f(t)$，并作为输入提供给直流电机的励磁绕组。

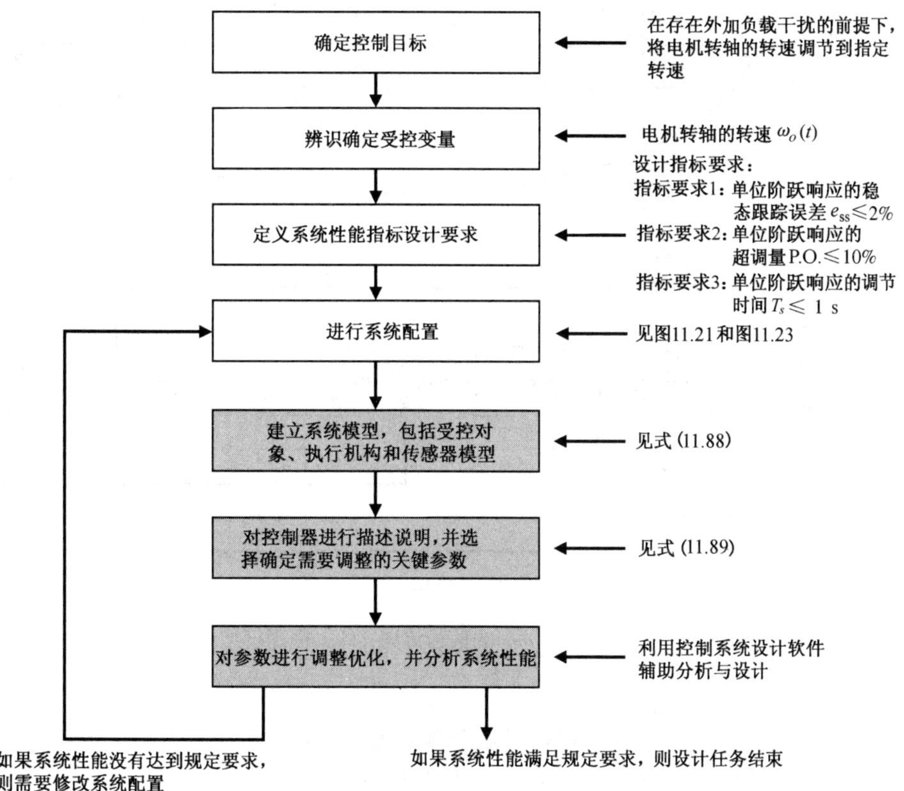

图 11.22　柴电动力机车控制系统设计流程及重点强调的设计模块

柴油机驱动直流电机以恒速 ω_d 运转，产生电压 $v_g(t)$ 并作为输入提供给直流电机的电枢。所有的电机都是电枢控制式直流电机，电机自身的磁场电流恒定。最后，电机产生扭矩 $T(t)$，通过转轴带动负载，并保证轮轴转速 $\omega_o(t)$ 趋于指令转速 $\omega_r(t)$。

系统的框图和信号流图如图 11.23 所示，其中参数 L_t 和 R_t 分别为

$$L_t = L_a + L_g$$
$$R_t = R_a + R_g$$

表 11.1 提供了柴电动力机车有关参数的典型值。

表 11.1　柴电动力机车有关参数的典型值

K_m	K_g	K_b	J	b	L_a	R_a	R_f	L_f	K_t	K_{pot}	L_g	R_g
10	100	0.62	1	1	0.2	1	1	0.1	1	1	0.1	1

如图 11.23 所示，系统已经包含了一个反馈回路($K_t=1$)，即利用转速计来测量电机的转速，并产生反馈电压信号 $v_o(t)$，偏差信号为 $v_r(t)-v_o(t)$。如果不考虑状态反馈回路，放大器增益 K 就是仅有的可调参数。作为最初的尝试，我们首先将在只考虑转速计反馈的前提下，探究一下系统的性能。但是，当同时考虑了转速计反馈和状态反馈时，就会有多个可调参数。

选择关键的调节参数　K 和 $\boldsymbol{K}$。其中，$\boldsymbol{K}$ 为状态反馈增益矩阵。

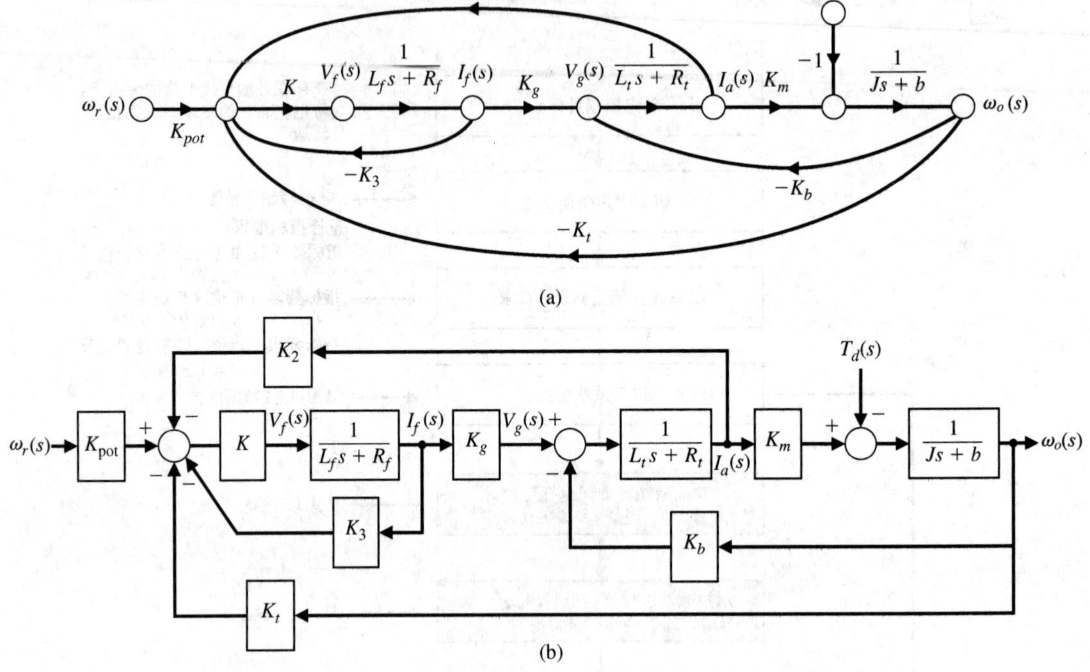

图 11.23 (a) 柴电动力机车的信号流图；(b) 框图模型(含反馈回路)

设计指标要求

指标要求 1：单位阶跃响应 $\omega_o(t)$ 的稳态跟踪误差 $e_{ss} \leqslant 2\%$；

指标要求 2：单位阶跃响应 $\omega_o(t)$ 的超调量 P.O.$\leqslant 10\%$；

指标要求 3：单位阶跃响应 $\omega_o(t)$ 的调节时间 $T_s \leqslant 1$ s。

建立系统的状态微分方程的第一步是首先选择一组合适的状态变量。状态变量的选择应该保证能够根据当前的系统状态和未来的输入信息，确定未来的系统状态。因此，状态变量的选择其实是一个非常困难的过程，对于复杂系统尤其如此。也就是说，状态变量的选择最终决定了问题的复杂度。

柴电动力机车包括 3 个主要子系统，分别为 2 个电子电路子系统和 1 个机械子系统。因此，符合逻辑的做法是，从这 3 个子系统的相关变量中确定状态变量。此处选定的方案为：$x_1(t) = \omega_o(t)$，$x_2(t) = i_a(t)$ 和 $x_3(t) = i_f(t)$。需要指出的是，状态变量的选择方案并不是唯一的。根据上述的状态变量选择方案，可以得到系统的状态变量微分方程为

$$\dot{x}_1(t) = -\frac{b}{J}x_1(t) + \frac{K_m}{J}x_2(t) - \frac{1}{J}T_d(t)$$

$$\dot{x}_2(t) = -\frac{K_b}{L_t}x_1(t) - \frac{R_t}{L_t}x_2(t) + \frac{K_g}{L_t}x_3(t)$$

$$\dot{x}_3(t) = -\frac{R_f}{L_f}x_3(t) + \frac{1}{L_f}u(t)$$

其中，

$$u(t) = KK_{\text{pot}}\omega_r(t)$$

状态空间模型的矩阵形式为

$$\dot{\boldsymbol{x}}(t) = \boldsymbol{A}\boldsymbol{x}(t) + \boldsymbol{B}u(t) \qquad (11.88)$$
$$y(t) = \boldsymbol{C}\boldsymbol{x}(t) + \boldsymbol{D}u(t)$$

由此可以得到

$$\boldsymbol{A} = \begin{bmatrix} -\dfrac{b}{J} & \dfrac{K_m}{J} & 0 \\ -\dfrac{K_b}{L_t} & -\dfrac{R_t}{L_t} & \dfrac{K_g}{L_t} \\ 0 & 0 & -\dfrac{R_f}{L_f} \end{bmatrix}, \quad \boldsymbol{B} = \begin{bmatrix} 0 \\ 0 \\ \dfrac{1}{L_f} \end{bmatrix}, \quad \boldsymbol{C} = [1 \quad 0 \quad 0], \quad \boldsymbol{D} = [0]$$

而机车系统自身的开环传递函数为

$$G(s) = \boldsymbol{C}(s\boldsymbol{I} - \boldsymbol{A})^{-1}\boldsymbol{B} = \frac{K_g K_m}{(R_f + L_f s)[(R_t + L_t s)(Js + b) + K_m K_b]}$$

首先分析一下只考虑转速计反馈回路，而不考虑状态变量反馈回路时的情形，考察一下仅仅通过调整增益 K，能否使系统满足性能指标的设计要求。使用给定的典型值，即

$$K_{\text{pot}} = K_t = 1$$

那么，从输入–输出的角度来看，此时的系统可以简化为一个单位负反馈系统，如图 11.24 所示。

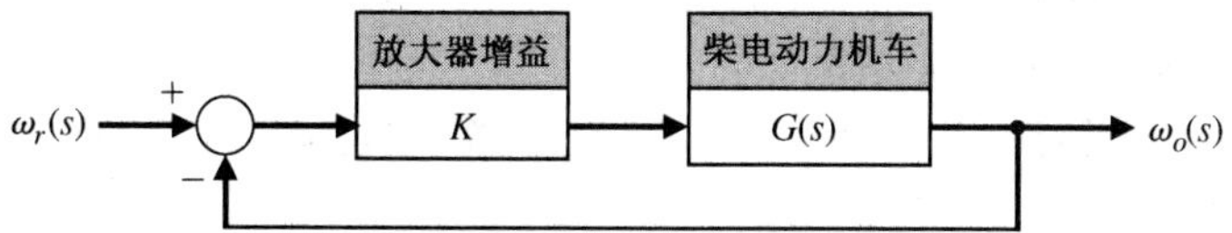

图 11.24　柴电动力机车的简化框图模型

将表 11.1 提供的参数代入开环传递函数 $G(s)$，可以得到系统单位阶跃响应的稳态跟踪误差为

$$e_{ss} = \frac{1}{1 + KG(0)} = \frac{1}{1 + 121.95K}$$

利用劳斯–赫尔维茨稳定性判据可以得到，能够保证闭环系统稳定的 K 的取值范围为

$$-0.008 < K < 0.0468$$

另外还可以看出，K 越大，稳态跟踪误差越小。当 K 取最大值 0.0468 时（实际上，此时的闭环系统临界稳定），稳态跟踪误差达到最小值 15%。很明显，这无法满足指标要求 1。此外，K 越大，系统响应的振荡越强烈，这是不能接受的。

由此可见，如果只有转速计反馈回路，将无法保证系统性能指标满足设计要求。因此，现在来考虑为系统设计全状态反馈控制器。反馈回路如图 11.23 所示，假定 3 个状态变量 $\omega_o(t)$，$i_a(t)$和 $i_f(t)$都可以作为反馈变量。不失一般性，令 $K=1$。而在理论上，K 可以取任何正数。

状态变量反馈控制信号为

$$u(t) = K_{\text{pot}}\omega_r(t) - K_t x_1(t) - K_2 x_2(t) - K_3 x_3(t)$$

其中，K_t，K_2 和 K_3 是待定的反馈增益。转速计增益 K_t 是需要调节的关键参数之一。此外，通过调整参数 K_{pot}，我们又可以适应不同强度的输入信号 $\omega_r(t)$，因此参数 K_{pot} 也是重要的可调参数。定义矩阵 $\boldsymbol{K}$ 为

$$\boldsymbol{K} = [K_t \quad K_2 \quad K_3]$$

那么，反馈控制信号 $u(t)$ 则变为

$$u(t) = -\boldsymbol{Kx}(t) + K_{\text{pot}}\omega_r(t) \tag{11.89}$$

这样，经过反馈校正之后，闭环系统的状态空间模型为

$$\dot{\boldsymbol{x}}(t) = (\boldsymbol{A} - \boldsymbol{BK})\boldsymbol{x}(t) + \boldsymbol{B}v(t)$$
$$y(t) = \boldsymbol{Cx}(t)$$

其中，

$$v(t) = K_{\text{pot}}\omega_r(t)$$

接下来，我们利用极点配置方法来确定 K，以便将 $\boldsymbol{A}-\boldsymbol{BK}$ 的特征值配置到指定位置。首先，判断系统是否能控。本例建立的机车模型的阶数为 $n=3$，因此能控性矩阵为

$$\boldsymbol{P}_c = [\boldsymbol{B} \quad \boldsymbol{AB} \quad \boldsymbol{A}^2\boldsymbol{B}]$$

$\boldsymbol{P}_c$ 的行列式值为

$$\det \boldsymbol{P}_c = -\frac{K_g{}^2K_m}{JL_f{}^3L_t{}^2}$$

由于 $K_g \neq 0$，$K_m \neq 0$，$JL_f^3L_t^2$ 亦不为零，故有

$$\det \mathbf{P}_c \neq 0$$

由此可知，系统是完全能控的。这样一来，我们就可以将闭环系统的极点配置到合适的位置，使系统性能满足指标要求 2 和指标要求 3。

预期的矩阵 $\boldsymbol{A}-\boldsymbol{BK}$ 的特征值在 s 平面上的可行配置区域如图 11.25 所示。进一步指定系统的 3 个闭环特征根为

$$p_1 = -50, \quad p_2 = -4 + 3\text{j}, \quad p_3 = -4 - 3\text{j}$$

选择 $p_1 = -50$，是为了让共轭复根 p_2 和 p_3 主导的二阶系统成为闭环系统很好的近似。

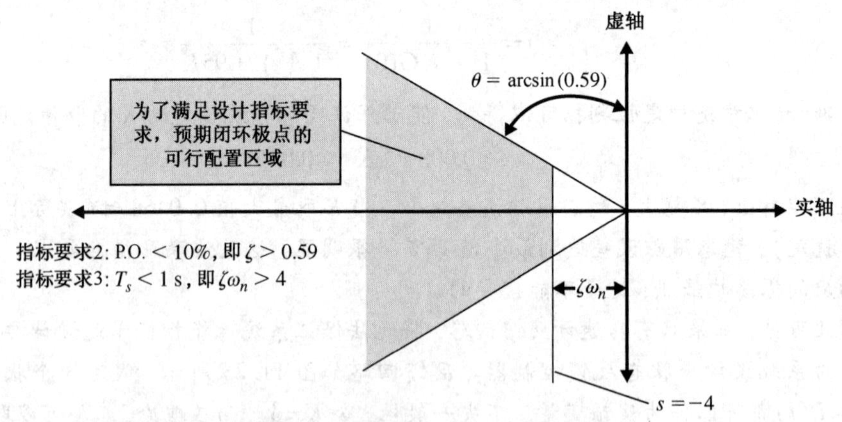

图 11.25 闭环特征根(即 $\boldsymbol{A}-\boldsymbol{BK}$ 的特征值)的可行配置区域

能够将系统的闭环特征根配置到指定位置的增益矩阵为

$$\boldsymbol{K} = [-0.0041 \quad 0.0035 \quad 4.0333]$$

为了确定增益 K_{pot}，我们需要计算闭环传递函数 $T(s)$ 的直流增益。引入状态变量反馈之后，系统的闭环传递函数为

$$T(s) = \boldsymbol{C}(s\boldsymbol{I} - \boldsymbol{A} + \boldsymbol{BK})^{-1}\boldsymbol{B}$$

而且有

$$K_{\text{pot}} = \frac{1}{T(0)}$$

通过调整增益 K_{pot}，可以使闭环传递函数的直流增益等于1。这就意味着，当改变转速的"指令"为单位阶跃信号时，输出的稳态转速能够跟踪上改变之后的转速，即当改变转速的"指令"信号 $\omega_r = 1\ °/\text{s}$ 时，输出稳态转速 ω_o 也是 1 °/s。

经过反馈校正之后，闭环系统的阶跃响应曲线如图 11.26 所示。可以看出，系统满足了所有的设计指标要求。

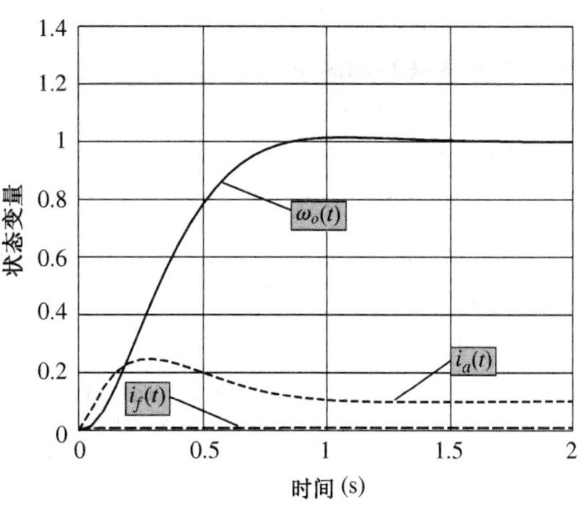

图 11.26　柴电动力机车的闭环阶跃响应

11.10　利用控制系统设计软件设计状态变量反馈

利用函数 ctrb 和 obsv，可以分别判断用状态空间模型描述的系统的能控性和能观性。这两个函数的具体使用说明见图 11.27，其中，函数 ctrb 的输入为系统矩阵 $\boldsymbol{A}$ 和输入矩阵 $\boldsymbol{B}$，输出则是能控性矩阵 $\boldsymbol{P}_c$；类似地，函数 obsv 的输入为系统矩阵 $\boldsymbol{A}$ 和输出矩阵 $\boldsymbol{C}$，而输出则为能观性矩阵 $\boldsymbol{P}_o$。

注意，$\boldsymbol{P}_c$ 只是 $\boldsymbol{A}$ 和 $\boldsymbol{B}$ 的函数，$\boldsymbol{P}_o$ 只是 $\boldsymbol{A}$ 和 $\boldsymbol{C}$ 的函数。

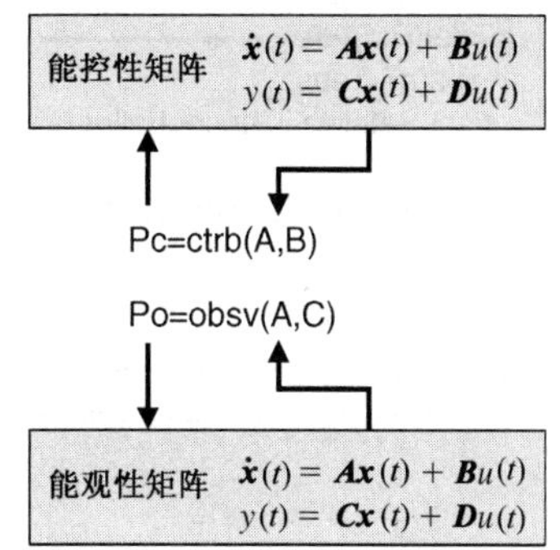

图 11.27　函数 ctrb 和 obsv 的使用说明

例 11.16　卫星轨道控制

考虑图 11.28 所示的卫星，它位于地球上方 250 n mile(海里)的赤道圆轨道上[14, 24]。卫星在轨道平面中运动的归一化状态微分方程为

$$\dot{\boldsymbol{x}}(t) = \begin{bmatrix} 0 & 1 & 0 & 0 \\ 3\omega^2 & 0 & 0 & 2\omega \\ 0 & 0 & 0 & 1 \\ 0 & -2\omega & 0 & 0 \end{bmatrix} \boldsymbol{x}(t) + \begin{bmatrix} 0 \\ 1 \\ 0 \\ 0 \end{bmatrix} u_r(t) + \begin{bmatrix} 0 \\ 0 \\ 0 \\ 1 \end{bmatrix} u_t(t) \tag{11.90}$$

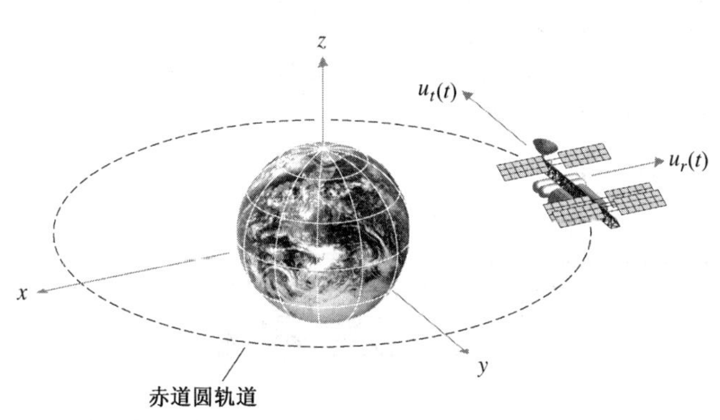

图 11.28　赤道圆轨道上的卫星

其中，状态向量 $\boldsymbol{x}(t)$ 表示偏离赤道圆轨道的归一化摄动，$u_r(t)$ 表示从径向轨控发动机获得的径向输入，$u_t(t)$ 表示从切向轨控发动机获得的切向输入，卫星在给定高度上的轨道角速度为 $\omega = 0.0011$ rad/s(绕地球一圈约需 90 min)。在没有干扰的情况下，卫星将保持在标准赤道圆轨道上。但由于存在气动力等各种干扰信号，因此卫星可能会偏离标准轨道。本例的目的是设计一个合适的

控制器，用于驱动卫星轨控发动机动作，从而将实际轨道保持在标准轨道的附近。在设计控制器之前，首先需要判断系统的能控性。为简化分析过程，我们只独立地分别检验径向轨控发动机和切向轨控发动机的控制能力。

当切向轨控发动机关闭或失效，即 $u_t(t)=0$ 时，只有径向轨控发动机投入工作。在这种情况下，卫星是否能控？我们编写了一个 m 脚本程序来验证此时卫星的能控性，m 脚本程序如图 11.29所示，运行该程序后发现，$\boldsymbol{P}_c$ 的行列式为零。因此，当切向轨控发动机关闭或失效时，卫星不是完全能控的。

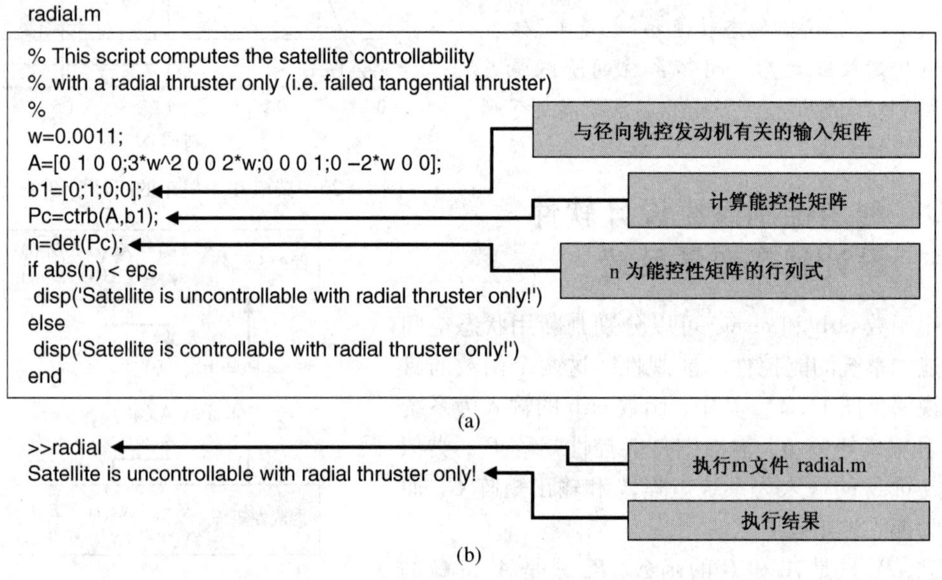

图 11.29 仅有径向轨控发动机工作时，检验卫星的能控性。(a) m 脚本程序；(b) 输出结果

当径向轨控发动机关闭或失效，即 $u_r(t)=0$ 时，只有切向轨控发动机投入工作。此时，卫星是否能控？运行图 11.30 所示的 m 脚本程序后发现，$\boldsymbol{P}_c$ 的行列式不为零。因此，当只有切向轨控发动机工作时，卫星是完全能控的。

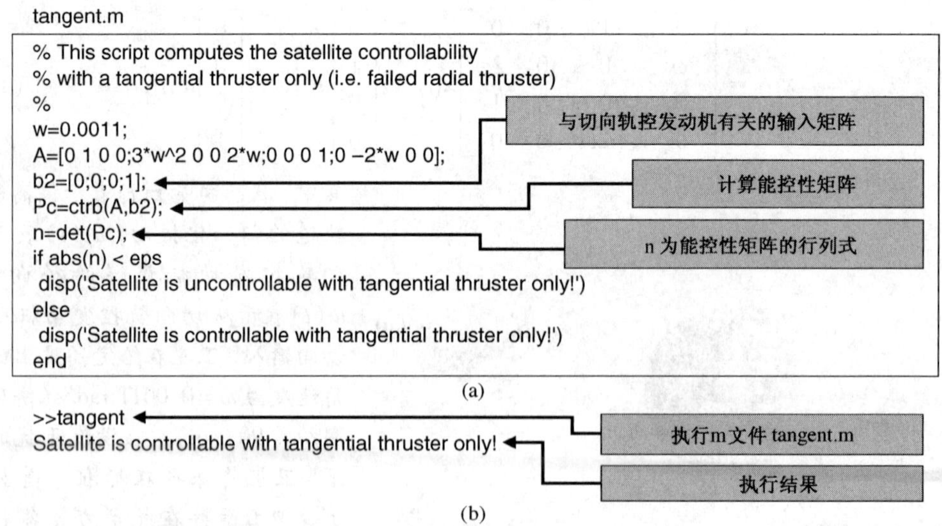

图 11.30 仅有切向轨控发动机工作时，检验卫星的能控性。(a) m 脚本程序；(b) 输出结果

作为本节的结尾，考虑为一个三阶系统设计合适的状态变量反馈控制器。此处以根轨迹作为基本设计工具，同时引入了控制系统设计软件，利用计算机进行辅助设计。

例 11.17　三阶系统

考虑三阶系统的状态空间模型为

$$\dot{\boldsymbol{x}}(t)=\boldsymbol{A}\boldsymbol{x}(t)+\boldsymbol{B}u(t) \tag{11.91}$$

其中，

$$\boldsymbol{A}=\begin{bmatrix}0 & 1 & 0\\0 & -1 & 1\\0 & 0 & -5\end{bmatrix},\quad \boldsymbol{B}=\begin{bmatrix}0\\0\\K\end{bmatrix}$$

系统阶跃响应的性能指标设计要求为(1) 调节时间 $T_s \leqslant 2$ s(按 2% 准则)，(2) 超调量 P.O.≤4%。假定所有的状态变量都可以作为反馈变量，因此反馈控制信号为

$$u(t)=-[K_1\quad K_2\quad K_3]\boldsymbol{x}(t)+r(t)=-\boldsymbol{K}\boldsymbol{x}(t)+r(t) \tag{11.92}$$

接下来，应该为增益 K, K_1, K_2 和 K_3 选择合适的取值，使系统能够满足性能指标设计要求。根据性能指标设计要求，有

$$T_s=\frac{4}{\zeta\omega_n}<2,\quad \text{P.O.}=100\mathrm{e}^{-\zeta\pi/\sqrt{1-\zeta^2}}<4$$

故有

$$\zeta>0.72,\quad \omega_n>2.8$$

这确定了预期主导极点在 s 平面上的可行配置区域(见图 11.31)。将式(11.92)代入式(11.91)可得

$$\dot{\boldsymbol{x}}(t)=\begin{bmatrix}0 & 1 & 0\\0 & -1 & 1\\-KK_1 & -KK_2 & -(5+KK_3)\end{bmatrix}\boldsymbol{x}(t)+\begin{bmatrix}0\\0\\K\end{bmatrix}r(t)=\boldsymbol{H}\boldsymbol{x}(t)+\boldsymbol{B}r(t) \tag{11.93}$$

其中，$\boldsymbol{H}=\boldsymbol{A}-\boldsymbol{B}\boldsymbol{K}$。状态微分方程式(11.93)对应的特征方程为 $\det(s\boldsymbol{I}-\boldsymbol{H})=0$，展开并整理后，可以得到

$$s(s+1)(s+5)+KK_3\left(s^2+\frac{K_3+K_2}{K_3}s+\frac{K_1}{K_3}\right)=0 \tag{11.94}$$

令 $K_1=1$，并视 KK_3 为可变参数，可以将式(11.94)整理为适合绘制根轨迹的形式：

$$1+KK_3\frac{s^2+\dfrac{K_3+K_2}{K_3}s+\dfrac{1}{K_3}}{s(s+1)(s+5)}=0$$

为了把根轨迹拉向 s 平面的左侧，我们将系统的零点取为 $s=-4\pm 2\mathrm{j}$，因此，预期的分子多项式应该为 $s^2+8s+20$。将其与式(11.94)的系数进行比对，有

$$\frac{K_3+K_2}{K_3}=8,\quad \frac{1}{K_3}=20$$

解之可以得到，$K_2=0.35$ 和 $K_3=0.05$。这样，就可以绘制出系统以 KK_3 为可变参数的根轨迹，具体的 m 脚本程序和根轨迹曲线如图 11.31(b)和图 11.31(a)所示。

确定了相关增益参数的取值之后，特征方程(11.94)可写为

$$1+KK_3\frac{s^2+8s+20}{s(s+1)(s+5)}=0$$

当 $KK_3=12$ 时，特征方程的根位于图 11.31(a)所示的阴影区域内，即能够满足性能指标设计要

求。还可以在特征根的可行配置区域之内，选定特征根的其他具体取值，再利用函数 rlocfind 来确定对应的增益 KK_3。这样一来，本例最终的设计方案是，$K=240.00$，$K_1=1.00$，$K_2=0.35$ 和 $K_3=0.05$。

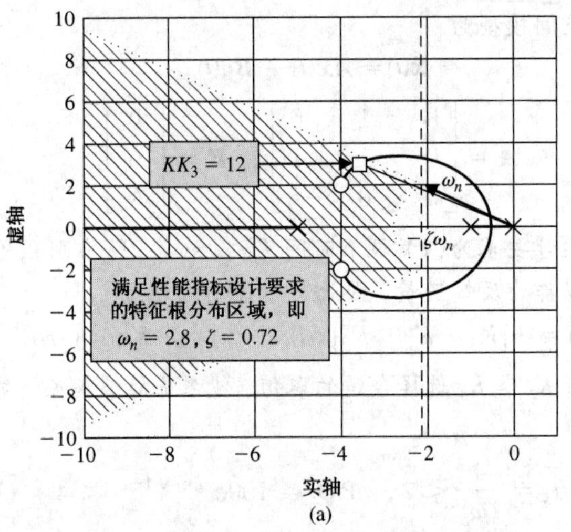

(a)

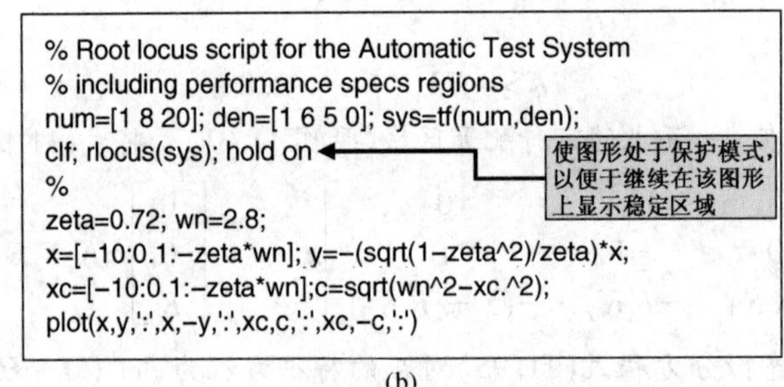

```
% Root locus script for the Automatic Test System
% including performance specs regions
num=[1 8 20]; den=[1 6 5 0]; sys=tf(num,den);
clf; rlocus(sys); hold on
%
zeta=0.72; wn=2.8;
x=[-10:0.1:-zeta*wn]; y=-(sqrt(1-zeta^2)/zeta)*x;
xc=[-10:0.1:-zeta*wn];c=sqrt(wn^2-xc.^2);
plot(x,y,':',x,-y,':',xc,c,':',xc,-c,':')
```


(b)

图 11.31 (a) 三阶系统的根轨迹；(b) m 脚本程序

校正后系统的单位阶跃响应曲线如图 11.32 所示，其调节时间仅为 $T_s=1.8$ s，超调量仅 P.O.=3%。

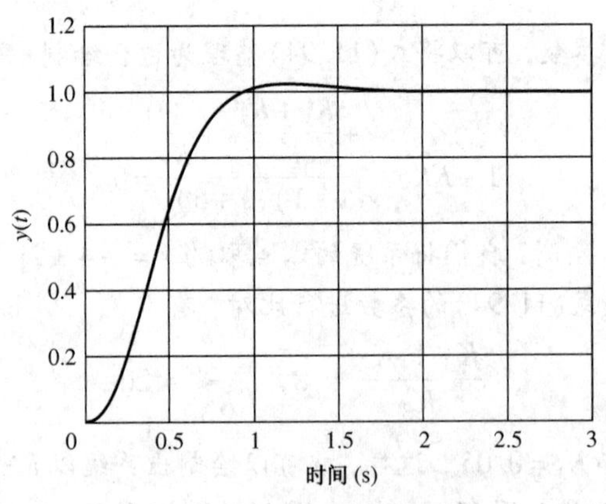

图 11.32 三阶系统的阶跃响应

11.4 节指出，利用阿克曼公式可以将系统的闭环极点配置到指定的位置。控制系统设计软件中提供了函数 acker，它可以用来计算增益矩阵 $\boldsymbol{K}$，从而将系统的闭环极点配置到指定位置。函数 acker 的使用说明如图 11.33 所示。

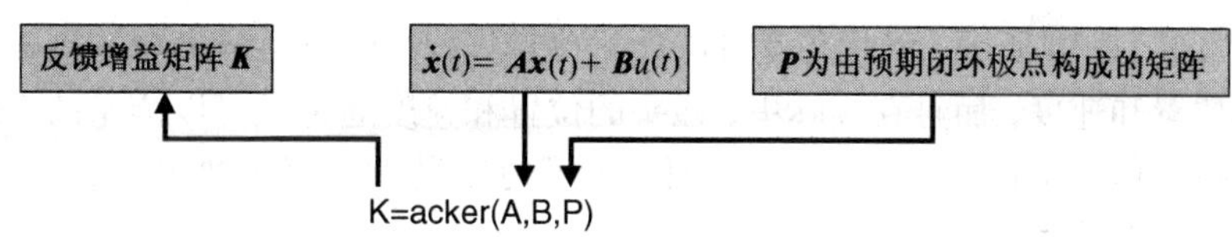

图 11.33　函数 acker 的使用说明

例 11.18　利用函数 acker 设计二阶系统的状态变量反馈控制

重新考虑例 11.7 中的二阶系统，系统的状态变量模型为

$$\dot{\boldsymbol{x}}(t)=\begin{bmatrix}0 & 1\\0 & 0\end{bmatrix}\boldsymbol{x}(t)+\begin{bmatrix}0\\1\end{bmatrix}u(t)$$

校正之后，系统的预期闭环极点应该为 $s_{1,2}=-1\pm \mathrm{j}$。为了使用阿克曼公式，首先构造矩阵 $\boldsymbol{P}$，即有

$$\boldsymbol{P}=\begin{bmatrix}-1+\mathrm{j}\\-1-\mathrm{j}\end{bmatrix}$$

而系统矩阵 $\boldsymbol{A}$ 和输入矩阵 $\boldsymbol{B}$ 分别为

$$\boldsymbol{A}=\begin{bmatrix}0 & 1\\0 & 0\end{bmatrix},\quad \boldsymbol{B}=\begin{bmatrix}0\\1\end{bmatrix}$$

接下来计算增益矩阵 $\boldsymbol{K}$。运行图 11.34 所示的函数 acker 及其 m 脚本程序，能够将闭环极点配置到指定位置的增益矩阵 $\boldsymbol{K}$ 为

$$\boldsymbol{K}=[2\quad 2]$$

这与例 11.7 得到的结果是完全一致的。

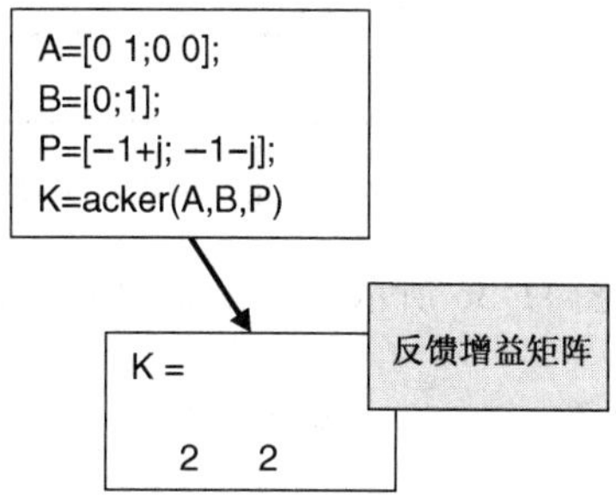

图 11.34　利用函数 acker 计算增益矩阵 $\boldsymbol{K}$，将闭环极点配置为 $s_{1,2}=-1\pm \mathrm{j}$

11.11　循序渐进设计实例——磁盘驱动器读取系统

本节将为磁盘驱动器读取系统设计合适的状态变量反馈控制器，以保证系统具有预期的响应性能。要考虑的指标要求见表 11.2 的第二列，系统的二阶开环模型如图 11.35所示。我们将在该二阶开环模型的基础上，设计所需要的闭环系统，并同时计算二阶和三阶模型的系统响应，以便验证设计方案。

表 11.2　磁盘驱动器读取系统的性能指标设计要求与实际性能

性能指标	预　期　值	二阶模型的响应	三阶模型的响应
超调量	<5%	<1%	0%
调节时间	<50 ms	34.3 ms	34.2 ms
单位阶跃扰动的响应峰值	$<5\times10^{-3}$	5.2×10^{-5}	5.2×10^{-5}

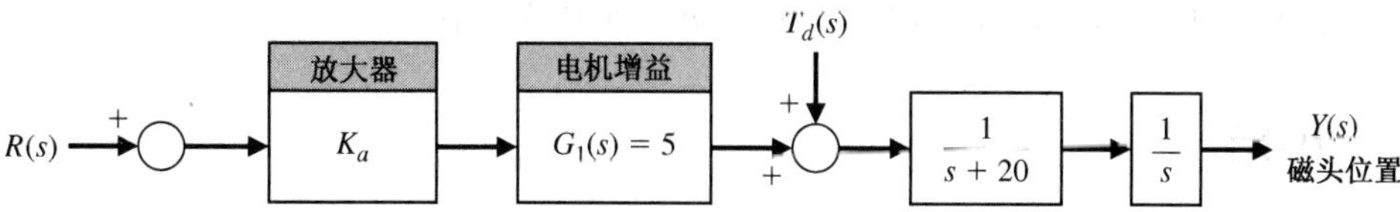

图 11.35　磁头控制系统的开环模型

首先，如图 11.36 所示，将状态变量取为 $x_1(t)=y(t)$ 和 $x_2(t)=\mathrm{d}y(t)/\mathrm{d}t=\mathrm{d}x_1(t)/\mathrm{d}t$，分别表示磁头的位置和速度，而且在实际中，磁头的位置和速度通常是可以测量的，因此可以引入状态变量反馈控制信号来校正开环系统。另外，为了使变量 $y(t)$ 及时准确地跟踪 $r(t)$，取 $K_1=1$。开环系统的状态变量微分方程为

$$\dot{\boldsymbol{x}}(t)=\begin{bmatrix}0 & 1\\ 0 & -20\end{bmatrix}\boldsymbol{x}(t)+\begin{bmatrix}0\\ 5K_a\end{bmatrix}r(t)$$

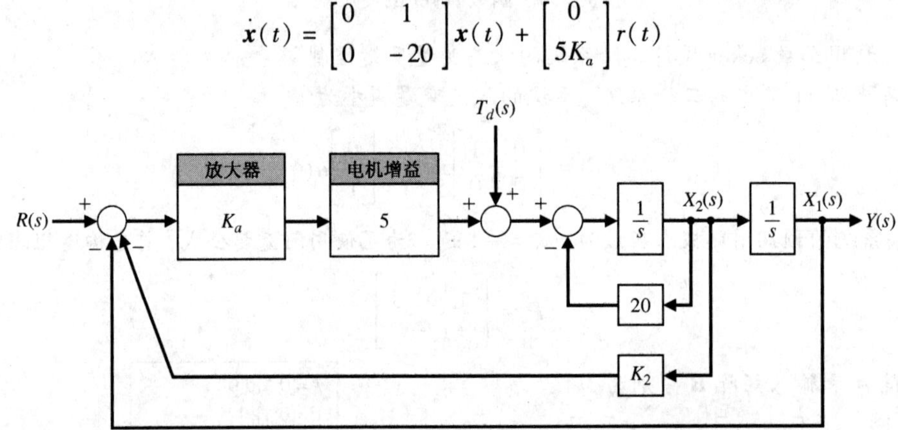

图 11.36 包含了两个状态变量反馈回路的闭环系统

如图 11.36 所示，为系统增加了状态变量反馈控制之后，闭环系统的状态微分方程为

$$\dot{\boldsymbol{x}}(t)=\begin{bmatrix}0 & 1\\ -5K_1K_a & -(20+5K_2K_a)\end{bmatrix}\boldsymbol{x}(t)+\begin{bmatrix}0\\ 5K_a\end{bmatrix}r(t)$$

当 $K_1=1$ 时，系统的闭环特征方程为

$$s^2+(20+5K_2K_a)s+5K_a=0$$

根据性能指标设计要求，应该有 $\zeta=0.90$，$\zeta\omega_n=125$。于是，预期的闭环特征方程为

$$s^2+2\zeta\omega_n s+\omega_n^2=s^2+250s+192\,90=0$$

比较系数后可知，应该有 $5K_a=19\,290$(即 $K_a=3858$)，以及 $20+5K_2K_a=250$(即 $K_2=0.012$)。

至此，我们为磁盘驱动器读取系统设计了一个合适的状态变量反馈控制器。校正后的二阶系统闭环响应的性能见表 11.2 的第 3 列。可以看出，闭环系统能够满足所有性能指标设计要求。如果再考虑到磁场电感的影响，并设电感 $L=1\ \mathrm{mH}$，在磁盘驱动器读取系统的模型中，就应该增加以下环节：

$$G_1(s)=\frac{5000}{s+1000}$$

由此得到了更为精确的三阶开环模型。利用含有电感的三阶开环模型，并沿用前面为二阶系统选取的反馈增益，我们同样仿真计算了闭环系统的实际响应性能，其结果见表 11.2 的第 4 列。由此可见，三阶闭环系统同样能够满足设计要求。比较二阶和三阶模型的响应可以看出，两者差别甚微，这说明二阶开环模型足以精确地描述磁盘驱动器读取系统。

11.12 小结

本章研究了时域内的控制系统设计问题。首先讨论了状态变量反馈校正器的 3 个设计步骤；然后采用综合性能指标和状态变量反馈方法，讨论了状态反馈控制系统的最优设计问题；同时还

讨论了如何用 s 平面上的极点配置方法设计状态变量反馈。最后，本章还介绍了控制系统的内模设计方法。

技能自测

本节提供 3 类题目来测试你对本章知识的掌握情况：正误判断题、多项选择题，以及术语和概念匹配题。为了直接地反馈学习效果，请及时对照每章最后给出的答案。必要时，请借助图 11.37 给出的框图来确认下面各题中的结论。

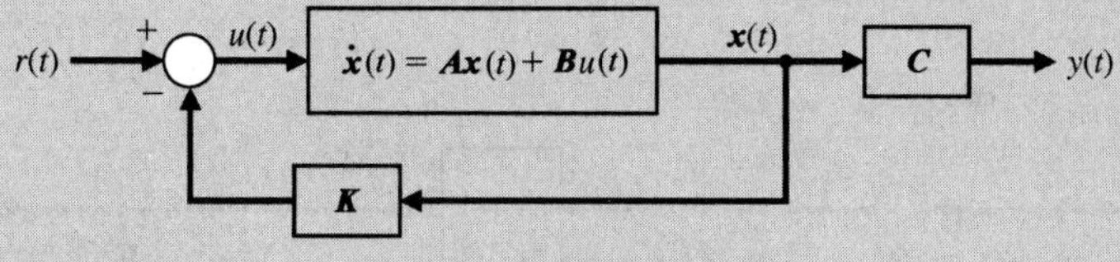

图 11.37 技能自测参考框图

在下面的正误判断题和多项选择题中，圈出正确的答案。

1. 如果存在连续的控制信号 $u(t)$，可以驱使系统从任意的初始状态 $x(t_0)$ 出发，在经历有限的时间间隔 $t_f - t_0 > 0$ 之后，变化到任意指定的预期状态 $x(t_f)$，则称该系统在区间 $[t_0, t_f]$ 内是能控的。 对 或 错
2. 可以通过全状态反馈任意配置系统极点的充要条件是系统完全能控，能观。 对 或 错
3. 能够使系统以零稳态误差渐近跟踪参考输入信号的校正器的设计问题，称为状态变量反馈设计。 对 或 错
4. 最优控制系统是指，通过调整参数能够使指定的综合性能指标达到极值的系统。 对 或 错
5. 阿克曼公式是用来检验系统的能观性的。 对 或 错
6. 考虑如下所示的控制系统：

$$\dot{\boldsymbol{x}}(t) = \begin{bmatrix} 0 & 1 \\ 0 & -4 \end{bmatrix}\boldsymbol{x}(t) + \begin{bmatrix} 0 \\ 2 \end{bmatrix}u(t)$$
$$y(t) = [0 \quad 2]\boldsymbol{x}(t)$$

试分析该系统是否能控，能观。

a. 能控，能观　　b. 不能控，不能观

c. 能控，不能观　　d. 不能控，能观

7. 考虑如下单位负反馈控制系统：

$$G(s) = \frac{10}{s^2(s+2)(s^2+2s+5)}$$

试分析该系统是否能控，能观。

a. 能控，能观　　b. 不能控，不能观

c. 能控，不能观　　d. 不能控，能观

8. 某系统的状态空间模型为

$$\dot{\boldsymbol{x}}(t) = \begin{bmatrix} -1 & 0 & 0 \\ 0 & -3 & 0 \\ 0 & 0 & -5 \end{bmatrix}\boldsymbol{x}(t) + \begin{bmatrix} 1 \\ 1 \\ 1 \end{bmatrix}u(t)$$
$$y(t) = [1 \quad 2 \quad -1]\boldsymbol{x}(t)$$

试求相应的传递函数模型 $G(s) = Y(s)/U(s)$。

a. $G(s) = \dfrac{5s^2 + 32s + 35}{s^3 + 9s^2 + 23s + 15}$　　b. $G(s) = \dfrac{5s^2 + 32s + 35}{s^4 + 9s^3 + 23s + 15}$

c. $G(s) = \dfrac{2s^2 + 16s + 22}{s^3 + 9s^2 + 23s + 15}$ d. $G(s) = \dfrac{5s + 32}{s^2 + 32s + 9}$

9. 考虑图 11.37 所示的闭环系统，其中

$$\boldsymbol{A} = \begin{bmatrix} -12 & -10 & -5 \\ 1 & 0 & 0 \\ 0 & 1 & 0 \end{bmatrix}, \quad \boldsymbol{B} = \begin{bmatrix} 1 \\ 0 \\ 0 \end{bmatrix}, \quad \boldsymbol{C} = [3 \quad 5 \quad -5]$$

试求状态变量反馈控制增益矩阵 $\boldsymbol{K}$，将系统的闭环极点配置为 $s=-3$，$s=-4$ 和 $s=-6$。

a. $\boldsymbol{K} = [1 \quad 44 \quad 67]$ b. $\boldsymbol{K} = [10 \quad 44 \quad 67]$

c. $\boldsymbol{K} = [44 \quad 1 \quad 1]$ d. $\boldsymbol{K} = [1 \quad 67 \quad 44]$

10. 考虑图 11.38 所示的双回路控制系统框图。

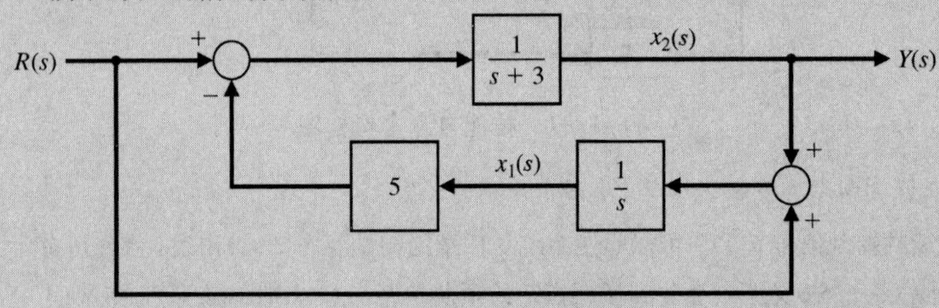

图 11.38 双回路反馈控制系统

试判断该系统的能控性和能观性。

a. 能控，能观 b. 不能控，不能观

c. 能控，不能观 d. 不能控，能观

11. 某系统的闭环传递函数为

$$T(s) = \frac{s + a}{s^4 + 6s^3 + 12s^2 + 12s + 6}$$

试求 a 的取值，导致系统不能观。

a. $a = 1.30$ 或 $a = -1.43$ b. $a = 3.30$ 或 $a = 1.43$

c. $a = -3.30$ 或 $a = -1.43$ d. $a = -5.7$ 或 $a = -2.04$

12. 考虑图 11.37 所示的闭环控制系统，其中

$$\boldsymbol{A} = \begin{bmatrix} -7 & -10 \\ 1 & 0 \end{bmatrix}, \quad \boldsymbol{B} = \begin{bmatrix} 1 \\ 0 \end{bmatrix}, \quad \boldsymbol{C} = [0 \quad 1]$$

试求状态变量反馈控制增益矩阵 $\boldsymbol{K}$，使得系统能够以零稳态误差跟踪阶跃输入信号。

a. $\boldsymbol{K} = [3 \quad -9]$ b. $\boldsymbol{K} = [3 \quad -6]$ c. $\boldsymbol{K} = [-3 \quad 2]$ d. $\boldsymbol{K} = [-1 \quad 4]$

13. 考虑如下所示的系统：

$$\boldsymbol{A} = \begin{bmatrix} -3 & 0 \\ 1 & 0 \end{bmatrix}, \quad \boldsymbol{B} = \begin{bmatrix} 1 \\ 0 \end{bmatrix}, \quad \boldsymbol{C} = [0 \quad 1]$$

试确定合适的状态变量反馈控制增益矩阵 $\boldsymbol{L}$，将观测器的极点配置为 $s_{1,2} = -3 \pm \mathrm{j}3$。

a. $\boldsymbol{L} = \begin{bmatrix} -9 \\ 3 \end{bmatrix}$ b. $\boldsymbol{L} = \begin{bmatrix} 9 \\ 3 \end{bmatrix}$ c. $\boldsymbol{L} = \begin{bmatrix} 3 \\ 9 \end{bmatrix}$ d. 以上都不对

14. 某反馈系统的状态空间模型为

$$\dot{\boldsymbol{x}}(t) = \begin{bmatrix} -75 & 0 \\ 1 & 0 \end{bmatrix} \boldsymbol{x}(t) + \begin{bmatrix} 1 \\ 0 \end{bmatrix} u(t)$$
$$y(t) = [0 \quad 3600] \boldsymbol{x}(t)$$

其中，反馈信号为 $u(t)=-\boldsymbol{Kx}+r(t)$。请设计一个合适的状态变量反馈增益矩阵 $\boldsymbol{K}$，使得系统的性能满足以下指标要求：

(i) 对阶跃输入信号的超调量为 P.O.≈6%；

(ii) 调节时间 $T_s \approx 0.1$ s。

a. $\boldsymbol{K}=[10\quad 200]$　　b. $\boldsymbol{K}=[6\quad 3600]$

c. $\boldsymbol{K}=[3600\quad 10]$　　d. $\boldsymbol{K}=[100\quad 40]$

15. 考虑如下所示的系统：

$$Y(s)=G(s)U(s)=\left[\frac{1}{s^2}\right]U(s)$$

定义 $x_1(t)=y(t)$，$r(t)$ 为参考输入信号，将其改写为状态空间模型，并选择状态变量反馈信号为 $u(t)=-2x_2(t)-2x_1(t)+r(t)$，试求闭环系统的特征值。

a. $s_1=-1+\mathrm{j}1,\quad s_2=-1-\mathrm{j}1$　　b. $s_1=-2+\mathrm{j}2,\quad s_2=-2-\mathrm{j}2$

c. $s_1=-1+\mathrm{j}2,\quad s_2=-1-\mathrm{j}2$　　d. $s_1=-1,\quad s_2=-1$

在下面的术语和概念匹配题中，在空格中填写正确的字母，将术语和概念与它们的定义联系起来。

术语	定义	
a. 能稳控制器	将控制信号直接取为所有状态变量的函数时所形成的反馈形式。	______
b. 能控性矩阵	利用系统在时间间隔 $[t_0, t_f]$ 上的输出 $y(t)$ 的观测值，能够唯一确定任意初始状态 $\boldsymbol{x}(t_0)$ 的系统。	______
c. 能稳系统	存在连续的控制信号 $u(t)$，可以驱使系统从任意的初始状态 $\boldsymbol{x}(t_0)$ 出发，在经历有限的时间间隔 $t_f-t_0>0$ 之后，变化到任意指定的预期状态 $x(t_f)$ 的系统。	______
d. 指令跟踪	通过调整参数，能够使指定的综合性能指标达到极值的系统。	______
e. 状态变量反馈	控制系统设计的一种重要特性，是指使得系统输出能够跟踪非零的参考输入信号。	______
f. 全状态反馈控制律	线性系统(完全)能控的充要条件是矩阵 P_c 满秩。	______
g. 观测器	系统中不能观的部分是本质稳定的。	______
h. 线性二次调节器	状态实际值和估计值之间的误差。	______
i. 最优控制系统	形如 $u(t)=-\boldsymbol{Kx}(t)$ 的控制律，其中，$\boldsymbol{x}(t)$ 表示系统状态，并且假定在所有时刻都已知。	______
j. 能检性	将状态空间按照能控不能观、不能控不能观、能控能观、不能控但能观进行分解的方法。	______
k. 能控系统	旨在使得二次型性能指标达到最小的最优控制器。	______
l. 极点配置	线性系统(完全)能观的充要条件为矩阵 $\boldsymbol{P}_o$ 满秩。	______
m. 估计误差	一个新构建的动态系统，能够利用另一个动态系统的输出测量值和输入信号，估计该系统的状态变量。	______
n. 卡尔曼状态空间分解	将闭环系统的特征值配置到复平面上指定位置的设计方法。	______
o. 能观系统	该原理指出，可以先独立设计全状态反馈控制律和观测器，再将它们集成在一起，就形成了能够实现系统预期特性(如稳定性)的状态反馈校正器。	______
p. 分离原理	系统中不能控的部分是本质稳定的。	______
q. 能观性矩阵	能够使得能稳系统闭环稳定的控制器。	______

基础练习题

E11.1 能够用弹性单足支架跑、跳的装置如图 E11.1 所示，主动平衡能力是该装置机动性能的关键要素[8]。装置的姿态由陀螺仪及其反馈控制，反馈控制信号为 $u(t)=\boldsymbol{Kx}(t)$。其中

$$\boldsymbol{K}=\begin{bmatrix}-1 & 0\\ 0 & -2k\end{bmatrix}$$

系统的状态变量模型为

$$\dot{\boldsymbol{x}}(t)=\boldsymbol{Ax}(t)+\boldsymbol{B}u(t)$$

其中，
$$\boldsymbol{A}=\begin{bmatrix}0 & 1\\ 1 & 0\end{bmatrix},\quad \boldsymbol{B}=\boldsymbol{I}$$

试确定 k 的取值，使校正后系统的跳跃响应是临界阻尼的。

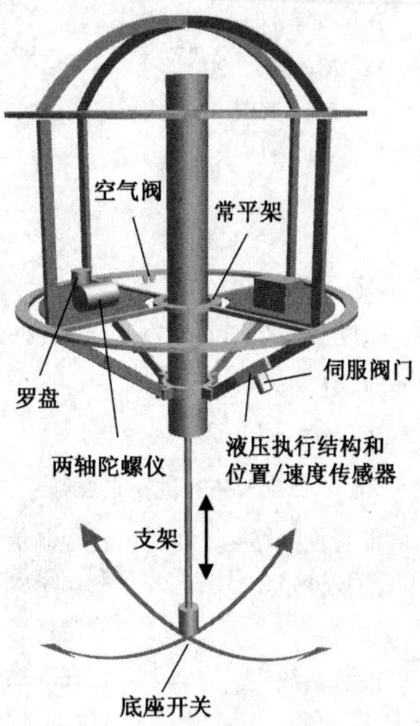

图 E11.1 单足支架的控制

E11.2 磁悬浮钢球的线性化运动方程为

$$\dot{\boldsymbol{x}}(t)=\begin{bmatrix}0 & 1\\ 9 & 0\end{bmatrix}\boldsymbol{x}(t)+\begin{bmatrix}0\\ 1\end{bmatrix}u(t)$$

其中，状态变量 $x_1(t)$ 表示钢球的位置，$x_2(t)$ 表示钢球的速度，而且它们都是可以测量的。该系统的状态反馈控制信号取为

$$u(t)=-k_1x_1(t)-k_2x_2(t)+r(t)$$

其中，$r(t)$ 为参考输入，k_1 和 k_2 为待定增益系数。试选择 k_1 和 k_2 合适的取值，使校正后的系统响应是临界阻尼的，且调节时间 $T_s=4$ s(按 2% 准则)。

E11.3 某系统的状态空间模型为

$$\dot{\boldsymbol{x}}(t)=\begin{bmatrix}0 & 1\\ 0 & -5\end{bmatrix}\boldsymbol{x}(t)+\begin{bmatrix}0\\ 2\end{bmatrix}u(t)$$
$$y(t)=\begin{bmatrix}0 & 2\end{bmatrix}\boldsymbol{x}(t)$$

试判断该系统是否能控和能观。

答案：能控，不能观。

E11.4 某系统的状态空间模型为

$$\dot{\boldsymbol{x}}(t)=\begin{bmatrix}-8 & 0\\ 0 & -2\end{bmatrix}\boldsymbol{x}(t)+\begin{bmatrix}0\\ 4\end{bmatrix}u(t)$$
$$y(t)=\begin{bmatrix}1 & 0\end{bmatrix}\boldsymbol{x}(t)$$

试判断该系统是否能控和能观。

E11.5 某系统的状态空间模型为

$$\dot{\boldsymbol{x}}(t)=\begin{bmatrix}0 & 1\\ -2 & -2\end{bmatrix}\boldsymbol{x}(t)+\begin{bmatrix}1\\ -3\end{bmatrix}u(t)$$
$$y(t)=\begin{bmatrix}1 & 0\end{bmatrix}\boldsymbol{x}(t)$$

试判断该系统是否能控和能观。

E11.6 某系统的状态空间模型为

$$\dot{\boldsymbol{x}}(t)=\begin{bmatrix}0 & 1\\ -1 & -2\end{bmatrix}\boldsymbol{x}(t)+\begin{bmatrix}0\\ 1\end{bmatrix}u(t)$$
$$y(t)=\begin{bmatrix}1 & 0\end{bmatrix}\boldsymbol{x}(t)$$

试判断该系统是否能控和能观。

答案：能控，能观。

E11.7　某系统的状态空间模型为

$$\dot{\boldsymbol{x}}(t)=\boldsymbol{A}\boldsymbol{x}(t)+\boldsymbol{B}u(t)$$
$$y(t)=\boldsymbol{C}\boldsymbol{x}(t)+\boldsymbol{D}u(t)$$

其中，

$$\boldsymbol{A}=\begin{bmatrix}0 & 1\\ -4 & -6\end{bmatrix},\quad \boldsymbol{B}=\begin{bmatrix}0\\ 10\end{bmatrix}$$
$$\boldsymbol{C}=[2\quad -4],\quad \boldsymbol{D}=[0]$$

试绘制系统的框图模型。

E11.8　某三阶系统的状态空间模型为

$$\dot{\boldsymbol{x}}(t)=\begin{bmatrix}0 & 1 & 0\\ 0 & 0 & 1\\ -8 & -3 & -1\end{bmatrix}\boldsymbol{x}(t)+\begin{bmatrix}-1\\ 2\\ -6\end{bmatrix}u(t)$$
$$y(t)=[2\quad 8\quad 10]\boldsymbol{x}(t)+[1]u(t)$$

试绘制系统的框图模型。

E11.9　某二阶系统的状态空间模型为

$$\dot{\boldsymbol{x}}(t)=\begin{bmatrix}1 & -1\\ -1 & 1\end{bmatrix}\boldsymbol{x}(t)+\begin{bmatrix}k_1\\ k_2\end{bmatrix}u(t)$$
$$y(t)=[1\quad 0]\boldsymbol{x}(t)+[0]u(t)$$

试确定 k_1 和 k_2 的取值范围，使系统是完全能控的。

E11.10　某系统的框图模型如图 E11.10 所示，试确定该系统的状态空间模型。状态空间模型的一般形式如下：

$$\dot{\boldsymbol{x}}(t)=\boldsymbol{A}\boldsymbol{x}(t)+\boldsymbol{B}u(t)$$
$$y(t)=\boldsymbol{C}\boldsymbol{x}(t)+\boldsymbol{D}u(t)$$

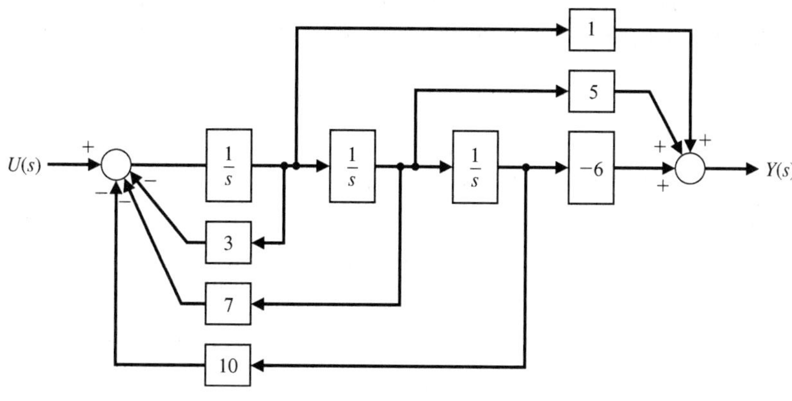

图 E11.10　系统的状态变量框图

E11.11　某系统的框图模型如图 E11.11 所示，试确定该系统的状态空间模型，并判断系统是否能控和能观。

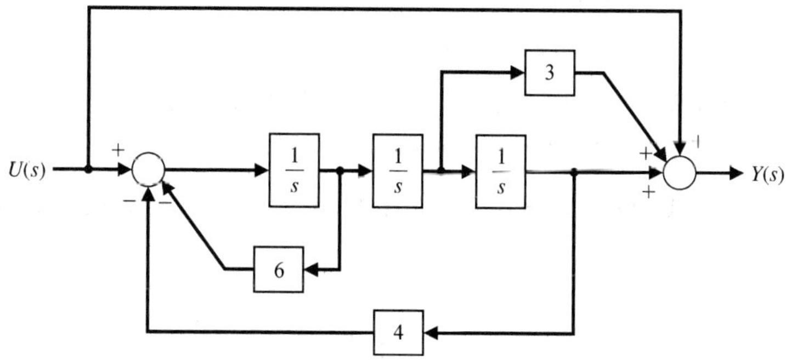

图 E11.11　带前馈回路的系统状态变量框图

E11.12 某单输入-单输出系统的状态空间模型为

$$\dot{\boldsymbol{x}}(t) = \boldsymbol{A}\boldsymbol{x}(t) + \boldsymbol{B}u(t)$$
$$y(t) = \boldsymbol{C}\boldsymbol{x}(t)$$

其中，

$$\boldsymbol{A} = \begin{bmatrix} 0 & 1 \\ -6 & -5 \end{bmatrix}, \quad \boldsymbol{B} = \begin{bmatrix} 0 \\ 6 \end{bmatrix}, \quad \boldsymbol{C} = [1 \quad 0]$$

确定系统的传递函数。如果系统的初始条件为零，即 $x_1(0) = x_2(0) = 0$，当 $u(t)$ 为单位阶跃信号时，试确定系统的时间响应 $y(t)$ $(t \geqslant 0)$。

一般习题

P11.1 某一阶系统的状态微分方程为 $\dot{x}(t) = x(t) + u(t)$，反馈控制器为 $u(t) = -kx(t)$，预期的平衡条件为：当 $t \to +\infty$ 时，$x(t) = 0$。

若系统的综合性能指标定义为

$$J = \int_0^\infty x^2(t)\,\mathrm{d}t$$

状态变量的初值取为 $x(0) = \sqrt{2}$，试求 k 的取值，使 J 达到最小值，并分析 k 的这个值是否能够物理实现。如果不能，则为 k 选择一个可以实现的值，并计算此时的性能指标。另外，如果不在系统中引入反馈控制器 $u(t) = -kx(t)$，那么系统是否稳定？

P11.2 考虑到能量和资源的消耗，综合性能指标中常常包含控制信号项。这样一来，最优系统就不可能使用无限制的控制信号 $u(t)$。当兼顾控制信号的影响时，合适的综合性能指标应该为

$$J = \int_0^\infty (x^2(t) + \lambda u^2(t))\,\mathrm{d}t$$

(a) 采用这个性能指标，重做习题 P11.1。

(b) 当 $\lambda = 2$ 时，试求 k 的取值，使性能指标 J 达到最小值，并计算此时的最小值。

P11.3 某开环不稳定机器人系统的状态微分方程为[9]

$$\dot{\boldsymbol{x}}(t) = \begin{bmatrix} 1 & 0 \\ -1 & 2 \end{bmatrix}\boldsymbol{x}(t) + \begin{bmatrix} 1 \\ 1 \end{bmatrix}u(t)$$

假定所有的状态变量都是可以测量的，于是可以将控制信号取为 $u(t) = -k(x_1(t) + x_2(t))$。系统的初始条件为

$$\boldsymbol{x}(0) = \begin{bmatrix} 1 \\ 1 \end{bmatrix}$$

在上述条件下，试确定增益 k 的合适取值，使综合性能指标

$$J = \int_0^\infty \boldsymbol{x}^{\mathrm{T}}(t)\boldsymbol{x}(t)\,\mathrm{d}t$$

达到最小值，并计算性能指标的最小值，然后确定性能指标对参数 k 的灵敏度。另外，如果没有为系统引入状态反馈信号 $u(t)$，那么系统能够保持稳定吗？

P11.4 考虑系统 $\dot{\boldsymbol{x}}(t) = [\boldsymbol{A} - \boldsymbol{B}\boldsymbol{K}]\boldsymbol{x}(t) = \boldsymbol{H}\boldsymbol{x}(t)$，其中 $\boldsymbol{H} = \begin{bmatrix} 0 & 1 \\ -k & -k \end{bmatrix}$，初始状态为 $\boldsymbol{x}^{\mathrm{T}}(0) = [1 \quad -1]$，综合性能指标为

$$J = \int_0^\infty \boldsymbol{x}^{\mathrm{T}}(t)\boldsymbol{x}(t)\,\mathrm{d}t$$

试确定反馈增益 k 的合适取值，使性能指标达到最小值，并绘制性能指标 J 随增益 k 的变化曲线。

P11.5 考虑系统 $\dot{\boldsymbol{x}}(t)=\boldsymbol{A}\boldsymbol{x}(t)+\boldsymbol{B}u(t)$，其中 $\boldsymbol{x}(t)=(x_1(t),\ x_2(t))^{\mathrm{T}}$，$\boldsymbol{A}=\begin{bmatrix}0 & 1\\0 & 0\end{bmatrix}$，$\boldsymbol{B}=\begin{bmatrix}0\\1\end{bmatrix}$，反馈信号为 $u(t)=-kx_1(t)-kx_2(t)$，初始状态为 $\boldsymbol{x}^{\mathrm{T}}(0)=[1\quad 1]$，综合性能指标为

$$J=\int_0^{\infty}(\boldsymbol{x}^{\mathrm{T}}(t)\boldsymbol{x}(t)+u^{\mathrm{T}}(t)u(t))\,\mathrm{d}t$$

试确定反馈增益 k 的合适取值，使性能指标达到最小值，并绘制性能指标 J 随增益 k 的变化曲线。

P11.6 针对习题 P11.3 至习题 P11.5 的设计结果，分别确定相应的最优控制系统的闭环特征根。注意，闭环特征根与所采用的综合性能指标有关。

P11.7 某系统的状态微分方程为 $\dot{\boldsymbol{x}}(t)=\boldsymbol{A}\boldsymbol{x}(t)+\boldsymbol{B}u(t)$，其中 $\boldsymbol{A}=\begin{bmatrix}0 & 1\\0 & 0\end{bmatrix}$，$\boldsymbol{B}=\begin{bmatrix}0\\1\end{bmatrix}$。假定所有的状态变量都可以作为反馈变量，因此状态反馈控制信号可以设计成 $u(t)=-k_1x_1(t)-k_2x_2(t)$，并假定初始条件为 $\boldsymbol{x}^{\mathrm{T}}(0)=[1\quad 0]$。经过反馈校正之后，希望系统的固有频率为 $\omega_n=2$，性能指标为 $J=\int_0^{\infty}(\boldsymbol{x}^{\mathrm{T}}(t)\boldsymbol{x}(t)+u^{\mathrm{T}}(t)u(t))\mathrm{d}t$，试确定增益 k_1 和 k_2 的合适取值，使系统达到最优。

P11.8 考虑图 P11.7 给出的系统，当 $k_1=1$ 和 $\boldsymbol{x}^{\mathrm{T}}(0)=[1\quad 0]$时，试确定 k_2 的最优值。

P11.9 考虑图 P11.9(a)所示的机械系统，它由球和横杆构成，其中横杆是完全刚性的，可以在平面上绕中心转轴自由旋转，小球可以沿着横杆上面的凹槽来回滚动[10]。该系统的控制是一个比较具有挑战性的问题。具体要解决的控制问题是，将转轴上的转矩作为横杆的输入控制信号，使球停放在横杆上的指定位置。该系统的开环框图模型如图 P11.9(b)所示。假定角度ϕ和角速度 $\mathrm{d}\phi/\mathrm{d}t=\omega$ 都是可以测量的状态变量。试给出开环系统的状态变量模型，并设计一种反馈控制方案，使闭环系统阶跃响应的超调量 P.O.=4%，调节时间 $T_s=1$ s(按 2% 准则)。

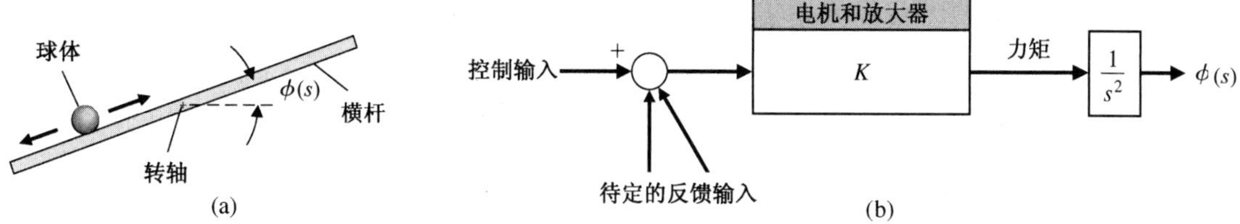

图 P11.9　(a) 球与横杆；(b) 球与横杆的框图模型

P11.10 火箭的动力学模型可以表示为

$$\dot{\boldsymbol{x}}(t)=\begin{bmatrix}0 & 0\\1 & 0\end{bmatrix}\boldsymbol{x}(t)+\begin{bmatrix}1\\0\end{bmatrix}u(t)$$
$$y(t)=[0\quad 1]\boldsymbol{x}(t)$$

若在系统中引入状态变量反馈，且控制信号为 $u(t)=-10x_1(t)-25x_2(t)+r(t)$，试确定系统的闭环特征根。若系统的初始条件为 $x_1(0)=1$ 和 $x_2(0)=-1$，参考输入为 $r(t)=0$，试求系统的响应 $y(t)$。

P11.11 某受控对象的状态空间模型为

$$\dot{\boldsymbol{x}}(t)=\begin{bmatrix}-5 & -2\\2 & 0\end{bmatrix}\boldsymbol{x}(t)+\begin{bmatrix}0.5\\0\end{bmatrix}u(t)$$
$$y(t)=[0\quad 1]\boldsymbol{x}(t)+[0]u(t)$$

若为受控对象引入状态变量反馈，反馈控制信号为 $u(t)=-\boldsymbol{K}\boldsymbol{x}(t)+\alpha r(t)$，试确定合适的增益矩阵 $\boldsymbol{K}$ 和 α，使系统具有较快的响应速度，超调量约为 P.O.=1%，调节时间 $T_s\leqslant 1$ s(按 2% 准则)，且系统单位阶跃响应的稳态误差为零。

P11.12 某直流电机的状态空间模型为

$$\dot{\boldsymbol{x}}(t)=\begin{bmatrix}-3&-2&-0.8&0&0\\-3&0&0&0&0\\0&2&0&0&0\\0&0&1&0&0\\0&0&0&2&0\end{bmatrix}\boldsymbol{x}(t)+\begin{bmatrix}2\\0\\0\\0\\0\end{bmatrix}u(t)$$

$$y(t)=[0\quad 0\quad 0\quad 0\quad 3.2]\boldsymbol{x}(t)$$

试判断该系统是否能控和能观。

P11.13 某闭环反馈控制系统的受控对象的传递函数为

$$G(s)=\frac{K}{s(s+70)}$$

要求为该受控对象引入状态变量反馈，为此，需要选择指定状态变量且将反馈控制信号取为 $u(t)=-k_1x_1(t)-k_2x_2(t)$，并选择增益 k_1 和 k_2 的合适取值，使系统的速度误差常数 $K_v=35$，阶跃响应的超调量约为 P.O.= 4%（即阻尼比为 $\zeta=1/\sqrt{2}$），调节时间 $T_s=0.11$ s（按 2% 准则）。

P11.14 某控制系统的状态空间模型为

$$\dot{\boldsymbol{x}}(t)=\begin{bmatrix}-10&0\\1&0\end{bmatrix}\boldsymbol{x}(t)+\begin{bmatrix}1\\0\end{bmatrix}u(t)$$

$$y(t)=[0\quad 1]\boldsymbol{x}(t)+[0]u(t)$$

假定所有的状态变量都可以作为反馈变量，试为受控对象设计合适的反馈控制器，使校正后系统的调节时间 $T_s=1$ s（按 2% 准则），超调量约为 P.O.= 10%，并绘制校正后系统的框图模型。

P11.15 某遥控机器人的状态空间模型[16]为

$$\dot{\boldsymbol{x}}(t)=\begin{bmatrix}-4&0&0\\0&-2&0\\0&0&-3\end{bmatrix}\boldsymbol{x}(t)+\begin{bmatrix}1\\1\\0\end{bmatrix}u(t)$$

$$y=[2\quad 1\quad 0]\boldsymbol{x}(t)$$

(a) 试求系统的传递函数 $G(s)=Y(s)/U(s)$。

(b) 绘制系统的框图模型，并选择指定相应的状态变量。

(c) 判断系统是否能控。

(d) 判断系统是否能观。

P11.16 电影 Jurassic Park(《侏罗纪公园》)中的恐龙模型是利用液压执行机构来驱动的[20]。驱动这种巨大的恐龙模型，所需的功率高达 1200 W。其中，一个肢体的运动动力学模型可以表示为

$$\dot{\boldsymbol{x}}(t)=\begin{bmatrix}-4&0\\1&-1\end{bmatrix}\boldsymbol{x}(t)+\begin{bmatrix}1\\0\end{bmatrix}u(t)$$

$$y(t)=[0\quad 1]\boldsymbol{x}(t)+[0]u(t)$$

假设肢体运动的位置和速度（即状态变量）都是可以测量的变量，试利用阿克曼公式，设计所需要的状态变量反馈控制器，使系统的闭环极点为 $s=-1\pm j3$。

P11.17 某系统的传递函数为

$$\frac{Y(s)}{R(s)}=\frac{s+a}{s^4+13s^3+54s^2+82s+60}$$

其中，a 为实数。试确定 a 的合适取值，使系统或不能控或不能观。

P11.18 某系统受控对象的传递函数为

$$G(s)=\frac{1}{(s+1)^2}$$

(a) 绘制受控对象的框图模型，在此基础上，选择合适的状态变量，确定受控对象的状态微分方程

并写成矩阵形式。

(b) 当状态变量的初始值为 $x_1(0)=1$ 和 $x_2(0)=0$，并令 $y(t)=x_1(t)$ 时，试为受控对象设计合适的状态变量反馈控制器，使系统的零输入响应是临界阻尼的，此时特征方程的闭环重根为 $s=-\sqrt{2}$。

P11.19　某系统的框图模型如图 P11.19 所示，试判断该系统是否能控和能观。

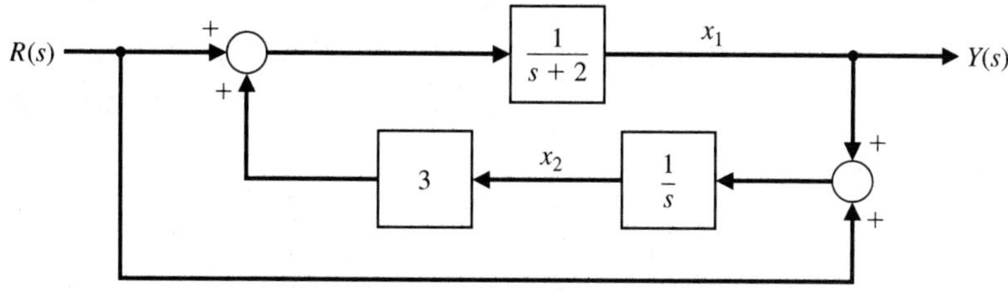

图 P11.19　多回路反馈控制系统

P11.20　考虑轮船自动驾驶系统，该系统的状态微分方程为

$$\dot{\boldsymbol{x}}(t)=\begin{bmatrix}-0.05 & -6 & 0 & 0\\ -10^{-3} & -0.15 & 0 & 0\\ 1 & 0 & 0 & 13\\ 0 & 1 & 0 & 0\end{bmatrix}\boldsymbol{x}(t)+\begin{bmatrix}-0.2\\ 0.03\\ 0\\ 0\end{bmatrix}\delta(t)$$

其中，$\boldsymbol{x}^{\mathrm{T}}(t)=[v(t)\quad \omega_s(t)\quad y(t)\quad \theta(t)]$。$x_1(t)$ 为横向速度 $v(t)$，$x_2(t)$ 为船体坐标系相对于响应坐标系的角速度 $\omega_s(t)$，$x_3(t)$ 为与运动轨迹垂直的轴偏差 $y(t)$，$x_4(t)$ 为偏差角 $\theta(t)$。

(a) 判断系统是否稳定。

(b) 为系统增加状态变量反馈环节，控制信号为

$$\delta(t)=-k_1x_1(t)-k_3x_3(t)$$

试分析能否选择增益 k_1 和 k_3 的合适取值，使系统稳定。

P11.21　考虑图 P11.21 所示的 RL 电路，

(a) 选择两个合适的状态变量，并令输出为 $v_o(t)$，建立该电路的状态空间模型。

(b) 当 $R_1/L_1=R_2/L_2$ 时，系统是否能观？

(c) 建立各个参数之间的关系，使系统有两个相同的特征根。

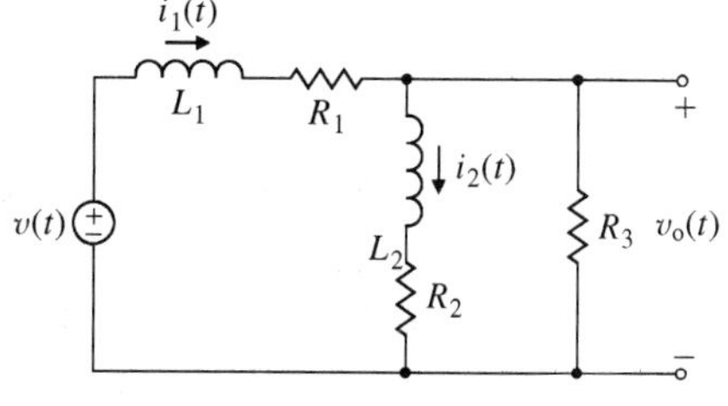

图 P11.21　RL 电路

P11.22　某操纵器系统为单位负反馈控制系统[15]，其受控对象的传递函数为

$$G(s)=\frac{1}{s(s+0.4)}$$

(a) 试绘制该系统的信号流图或框图，并选择指定状态变量；在此基础上，建立系统的状态微分方程，并写成矩阵形式。

(b) 绘制闭环系统的单位阶跃响应曲线。为系统设计合适的状态变量反馈控制器，使系统的超调量 P.O.=5%，调节时间 $T_s=1.35$ s(按 2% 准则)。

(c) 绘制校正后系统的单位阶跃响应曲线。

P11.23　重新考虑例 11.7 中给出的系统，试为该系统设计合适的状态变量反馈控制器，使系统阶跃响应的稳态误差为零，预期的特征方程根为 $s=-2\pm \mathrm{j}1$ 和 $s=-10$。

P11.24　重新考虑例 11.7 中给出的系统，试为该系统设计合适的状态变量反馈控制器，使系统斜坡响应的稳态误差为零，预期的特征方程根为 $s=-2\pm \mathrm{j}2$ 和 $s=-20$。

P11.25　某系统的状态空间模型为

$$\dot{\boldsymbol{x}}(t) = \boldsymbol{A}\boldsymbol{x}(t) + \boldsymbol{B}u(t)$$
$$y(t) = \boldsymbol{C}\boldsymbol{x}(t) + \boldsymbol{D}u(t)$$

其中,

$$\boldsymbol{A} = \begin{bmatrix} 1 & 4 \\ -5 & 10 \end{bmatrix}, \quad \boldsymbol{B} = \begin{bmatrix} 0 \\ 1 \end{bmatrix}, \quad \boldsymbol{C} = [1 \quad -4], \quad \boldsymbol{D} = [0]$$

首先验证该系统是能观的,然后设计一个全状态观测器,观测器的极点为 $s_{1,2} = -1$。当观测器估计误差的初始值为 $\boldsymbol{e}(0) = [1 \quad 1]^{\mathrm{T}}$ 时,试绘制估计误差 $\boldsymbol{e}(t) = \boldsymbol{x}(t) - \hat{\boldsymbol{x}}(t)$ 的响应曲线。

P11.26 某三阶系统的状态空间模型为

$$\dot{\boldsymbol{x}}(t) = \begin{bmatrix} 0 & 1 & 0 \\ 0 & 0 & 1 \\ -7 & -5 & -3 \end{bmatrix}\boldsymbol{x}(t) + \begin{bmatrix} 0 \\ 0 \\ 5 \end{bmatrix}u(t)$$
$$y(t) = [2 \quad -5 \quad 0]\boldsymbol{x}(t) + [0]u(t)$$

首先判断系统是否能观。如果是,则设计一个全状态观测器,并将观测器的极点配置为 $s_{1,2} = 1 \pm \mathrm{j}$ 和 $s_3 = -5$。

P11.27 某二阶系统的状态空间模型为

$$\dot{\boldsymbol{x}}(t) = \begin{bmatrix} 1 & 0 \\ -3 & -2 \end{bmatrix}\boldsymbol{x}(t) + \begin{bmatrix} 10 \\ 0 \end{bmatrix}u(t)$$
$$y(t) = [1 \quad 0]\boldsymbol{x}(t) + [0]u(t)$$

设计一个全状态观测器,并将观测器的极点配置为 $s_{1,2} = -1 \pm \mathrm{j}$。

P11.28 某单输入-单输出系统的状态空间模型为

$$\dot{\boldsymbol{x}}(t) = \boldsymbol{A}\boldsymbol{x}(t) + \boldsymbol{B}u(t)$$
$$y(t) = \boldsymbol{C}\boldsymbol{x}(t)$$

其中,

$$\boldsymbol{A} = \begin{bmatrix} 0 & 1 \\ -16 & -8 \end{bmatrix}, \quad \boldsymbol{B} = \begin{bmatrix} 0 \\ K \end{bmatrix}, \quad \boldsymbol{C} = [1 \quad 0]$$

(a) 确定 K 的合适取值,使系统单位阶跃响应的稳态跟踪误差 $e(t) = u(t) - y(t)$ 为零($t \geqslant 0$)。

(b) 基于(a)得到的 K,绘制系统的单位阶跃响应曲线,并验证稳态跟踪误差是否的确为零。

P11.29 某互联系统的框图如图 P11.29 所示,试确定该系统的状态空间模型。状态空间模型的一般形式如下所示:

$$\dot{\boldsymbol{x}}(t) = \boldsymbol{A}\boldsymbol{x}(t) + \boldsymbol{B}u(t)$$
$$y(t) = \boldsymbol{C}\boldsymbol{x}(t) + \boldsymbol{D}u(t)$$

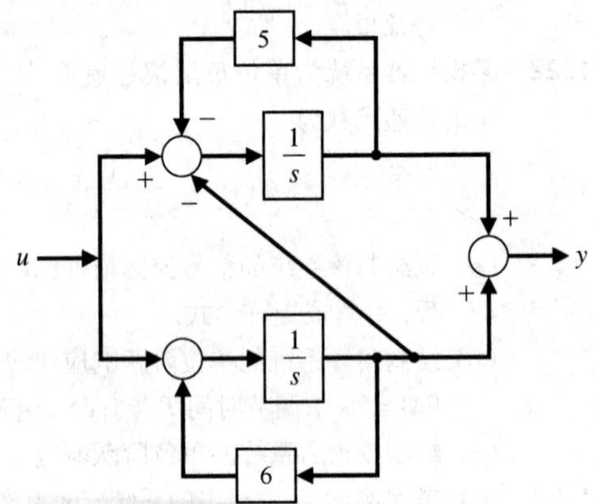

图 P11.29 互联反馈系统

难题

AP11.1 某直流电机控制系统如图 AP11.1 所示[6],其中,系统的 3 个状态变量都是可测量的,其输出为位置变量 $x_1(t)$。当所有的状态变量都可以用于反馈时,试确定合适的反馈增益,使系统对阶跃输入的稳态跟踪误差为零,超调量 P.O.≤3%。

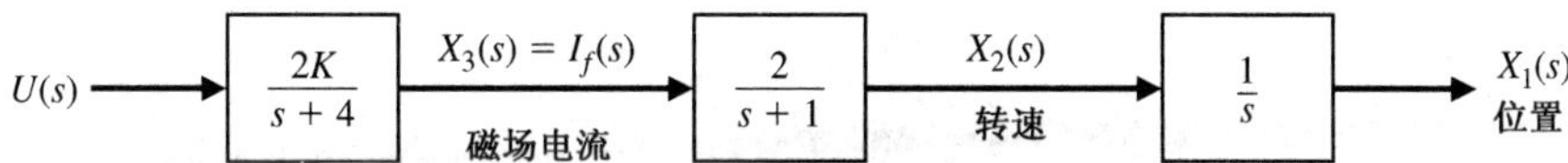

图 AP11.1 磁场控制式直流电机

AP11.2 某系统的状态变量微分方程为

$$\dot{\boldsymbol{x}}(t)=\begin{bmatrix}-3 & -1 & -1\\ 4 & 0 & 0\\ 0 & 1 & 0\end{bmatrix}\boldsymbol{x}(t)+\begin{bmatrix}3\\ 0\\ 0\end{bmatrix}u(t)$$

试设计合适的状态变量反馈控制器，将系统的闭环极点配置为 $s=-4$，$s=-5$ 和 $s=-6$。

AP11.3 某系统的状态变量微分方程为

$$\dot{\boldsymbol{x}}(t)=\begin{bmatrix}0 & 1\\ -1 & -2\end{bmatrix}\boldsymbol{x}(t)+\begin{bmatrix}b_1\\ b_2\end{bmatrix}u(t)$$

试确定 b_1 和 b_2 应该满足的条件，使系统完全能控。

AP11.4 重新考虑例 3.3 中给出的倒立摆系统，其状态微分方程为

$$\dot{\boldsymbol{x}}(t)=\begin{bmatrix}0 & 1 & 0 & 0\\ 0 & 0 & -1 & 0\\ 0 & 0 & 0 & 1\\ 0 & 0 & 9.8 & 0\end{bmatrix}\boldsymbol{x}(t)+\begin{bmatrix}0\\ 1\\ 0\\ -1\end{bmatrix}u(t)$$

假定所有的状态变量都可以测量，且都可以作为反馈变量，试设计合适的状态变量反馈控制器，将系统的闭环极点配置为 $s=-2\pm j$，$s=-5$ 和 $s=-5$。

AP11.5 汽车悬挂系统有 3 个物理状态变量，如图 AP11.5 所示[13]。此外，图中还给出了状态变量反馈控制信号的结构，而且有 $K_1=1$。在上述条件下，试确定 K_2 和 K_3 的合适取值，将闭环系统的 3 个特征根配置到 $s=-3$ 和 $s=-6$ 之间。另外，求 K_P 的值，使系统对阶跃输入的稳态跟踪误差为零。

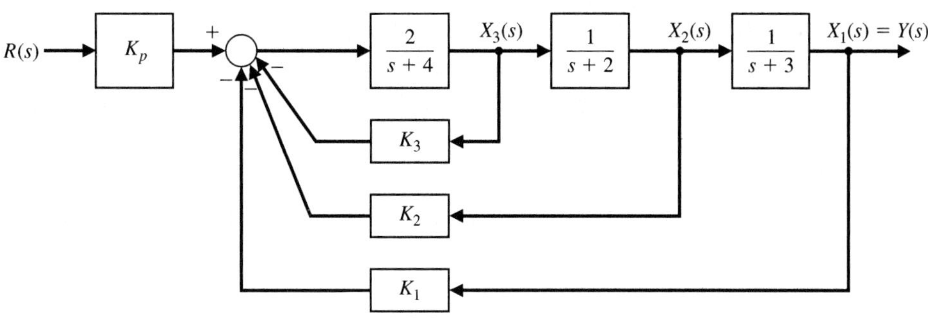

图 AP11.5 汽车悬挂系统

AP11.6 某系统的微分方程模型为

$$\ddot{y}(t)+2\dot{y}(t)+y(t)=\dot{u}(t)+u(t)$$

其中，$y(t)$ 为系统输出，$u(t)$ 为输入。

(a) 建立系统的一个状态微分方程模型，并要求验证所建立的系统是能控的（提示：关键在于选择状态变量）。

(b) 重新定义状态变量为 $x_1(t)=y(t)$ 和 $x_2(t)=\dot{y}(t)-u(t)$，建立系统的状态微分方程模型，判断此时系统是否能控。如果不能，说明系统的能控性与状态变量的选择方式有关。

AP11.7 "拉迪森钻石"号游艇采用浮桥和稳定器来减少波浪的影响，如图 AP11.7(a) 所示。游艇摇摆控制系统的框图如图 AP11.7(b) 所示。试确定反馈增益 K_2 和 K_3 的合适取值，将闭环特征根配置为 $s=-15$ 和 $s=-2\pm j2$。当干扰为单位阶跃干扰信号时，绘制闭环系统横滚角 $\phi(t)$ 的响应曲线。

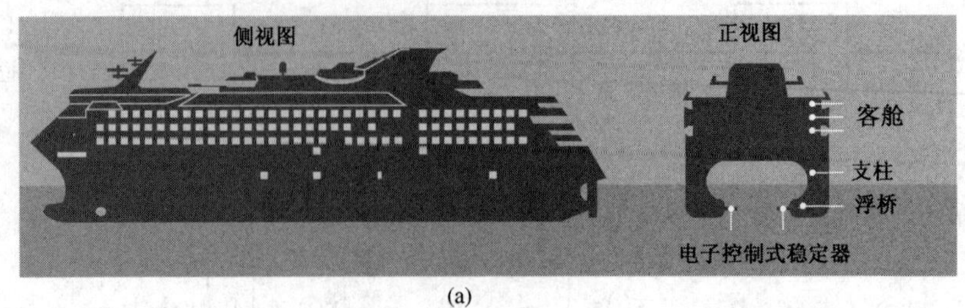

(a)

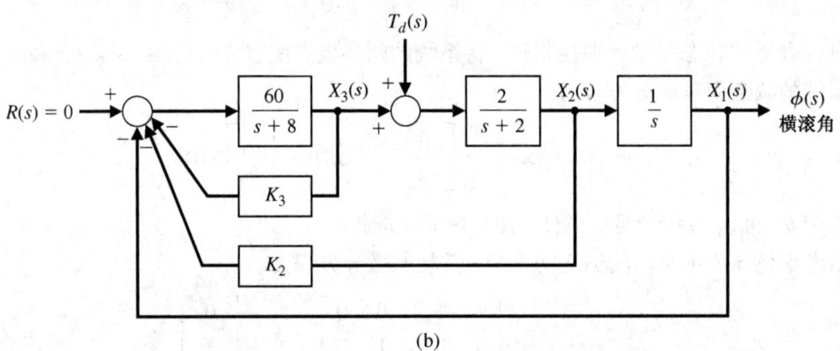

(b)

图 AP11.7 (a)“拉迪森钻石”号游艇;(b)系统框图模型(可以降低干扰信号的影响)

AP11.8 考虑控制系统

$$\dot{\boldsymbol{x}}(t) = \boldsymbol{A}\boldsymbol{x}(t) + \boldsymbol{B}u(t)$$

其中

$$\boldsymbol{A} = \begin{bmatrix} -1 & 1.6 & 0 \\ 0 & 0 & 1 \\ 0 & 0 & -11.8 \end{bmatrix}, \quad \boldsymbol{B} = \begin{bmatrix} 0 \\ 0 \\ 8333.0 \end{bmatrix}$$

(a) 只选取状态变量 $x_1(t)$ 作为反馈变量,设计状态变量反馈控制器,使闭环系统阶跃响应的超调量 P.O.≤10%,调节时间 $T_s \leq 5$ s(按2%准则)。

(b) 以状态变量 $x_1(t)$ 和状态变量 $x_2(t)$ 作为反馈变量,设计状态变量反馈控制器,使系统性能满足(a)中给出的指标。

(c) 比较(a)和(b)得到的结果,并展开讨论。

AP11.9 医用轻型推车的运动控制系统可以简化成由两个质量块组成的系统,如图 AP11.9 所示,其中 $m_1 = m_2 = 1$,$k_1 = k_2 = 1$[21]。

(a) 试确定系统的状态微分方程。

(b) 求出系统的特征根。

(c) 我们期望通过引入反馈信号 $u(t) = -kx_i(t)$,以保证系统稳定,其中 $u(t)$ 为作用在下方质量块上的外力,$x_i(t)$ 为某个状态变量。试确定应该采用哪个状态变量用于反馈。

(d) 以 k 为参数,绘制闭环系统的根轨迹,并选择增益 k 的一个合适取值。

AP11.10 考虑某个装配在电机上的倒立摆系统,如图 AP11.10 所示。假定电机和负载之间没有摩擦,待平衡的倒立摆安装在伺服电机的水平轴上。伺服电机配置有转速传感器,因此可以测量速度信号,但无法直接测量位置信号。在开环工作时,若电机停止运行,倒立摆就会自然下垂;若受到轻微的扰动,倒立摆就会开始摆动;若把倒立摆提到弧的顶端,它将处于不稳定的状态。如果仅仅采用速度信号作为反馈变量,设计合适的反馈控制器 $G_c(s)$,以保证倒立摆稳定。

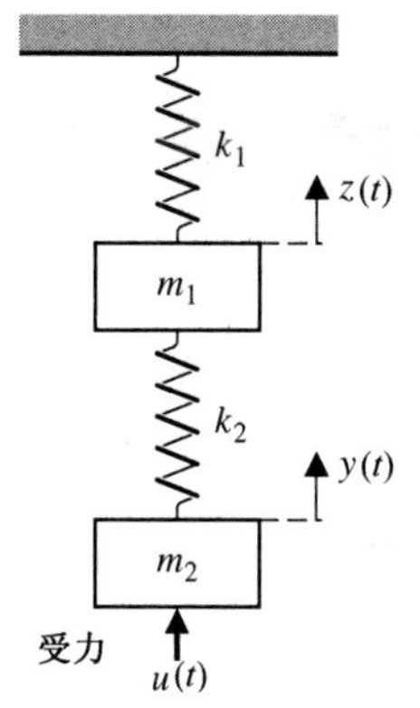

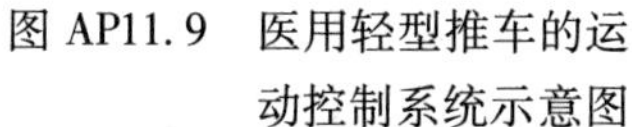
图 AP11.9　医用轻型推车的运动控制系统示意图

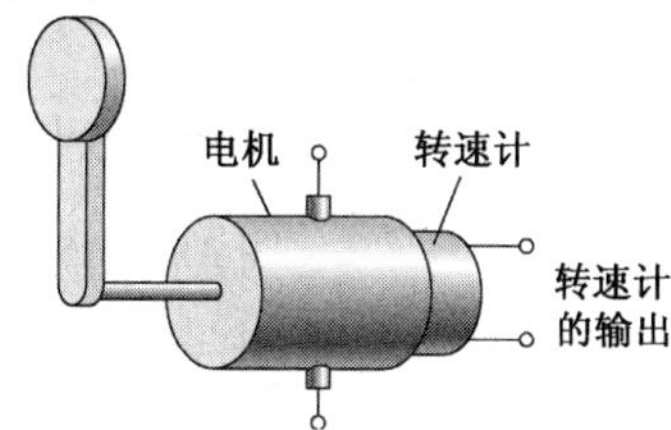

图 AP11.10　电机和倒立摆系统

AP11.11　考虑图 AP11.11 所示的系统，试设计合适的内模控制器 $G_c(s)$，使系统对阶跃输入的稳态跟踪误差为零，调节时间 $T_s \leqslant 5$ s（按 2% 准则）。

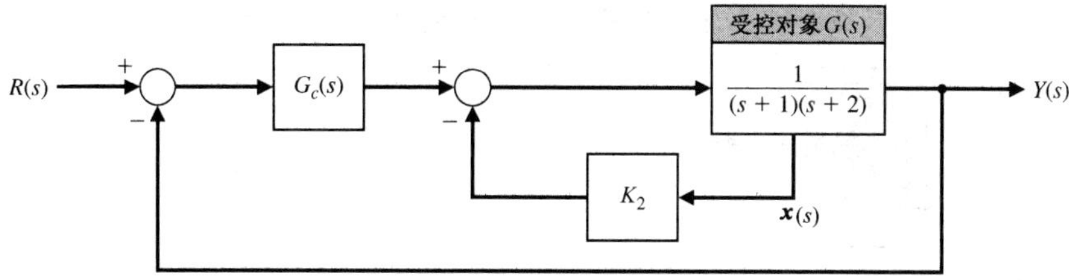

图 AP11.11　内模控制系统框图模型

AP11.12　重新研究习题 AP11.11，将性能指标修改为系统对斜坡输入响应的稳态跟踪误差为零，斜坡响应的调节时间 $T_s \leqslant 6$ s（按 2% 准则）。

AP11.13　某系统的状态空间模型为

$$\dot{\boldsymbol{x}}(t) = \boldsymbol{A}\boldsymbol{x}(t) + \boldsymbol{B}u(t)$$
$$y(t) = \boldsymbol{C}\boldsymbol{x}(t) + \boldsymbol{D}u(t)$$

其中，

$$\boldsymbol{A} = \begin{bmatrix} 1 & 2 \\ -8 & -10 \end{bmatrix},\quad \boldsymbol{B} = \begin{bmatrix} 2 \\ 1 \end{bmatrix},\quad \boldsymbol{C} = [5 \quad 2],\quad \boldsymbol{D} = [0]$$

判断该系统是否既能控又能观。如果是，则设计全状态反馈控制律，将闭环系统的极点配置为 $s_{1,2} = -1 \pm \mathrm{j}$；设计全状态观测器，使观测器的极点为 $s_{1,2} = -12$。

AP11.14　某三阶系统的状态空间模型为

$$\dot{\boldsymbol{x}}(t) = \begin{bmatrix} 0 & 1 & 0 \\ 0 & 0 & 1 \\ -8 & -3 & -3 \end{bmatrix}\boldsymbol{x}(t) + \begin{bmatrix} 0 \\ 0 \\ 4 \end{bmatrix}u(t)$$
$$y(t) = [2 \quad -9 \quad 2]\boldsymbol{x}(t) + [0]u(t)$$

首先，验证该系统既能控又能观。其次，设计全状态反馈控制律，将闭环系统的极点配置为 $s_{1,2} = -1 \pm \mathrm{j}$ 和 $s_3 = -3$；设计全状态观测器，使观测器的极点为 $s_{1,2} = -12 \pm \mathrm{j}2$ 和 $s_3 = -30$。

AP11.15　某二阶系统的框图如图 AP11.15 所示，设计一个全状态观测器，选择合适的增益矩阵 $\boldsymbol{L}$，使观测器的极点为 $s_{1,2} = -10 \pm \mathrm{j}10$。

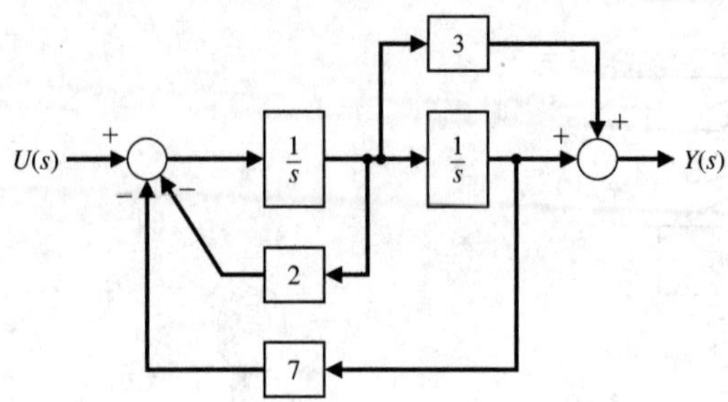

图 AP11.15 某二阶系统的框图模型

设计题

CDP11.1 给出习题 CDP3.1 中讨论过绞盘-滑台系统的状态空间模型，并为该系统设计一个状态变量反馈控制器，使系统阶跃响应的超调量 P.O.≤2%，调节时间 $T_s \leqslant 250$ ms。

DP11.1 考虑图 DP11.1(a)和图 DP11.1(b)给出的磁悬浮钢球装置。假设 $y(t)$ 和 $\dot{y}(t)$ 都是可测量的变量，试设计一个状态反馈控制器，使系统稳定，而且能使钢球的位置保持在预期位置的 ±10% 范围内。

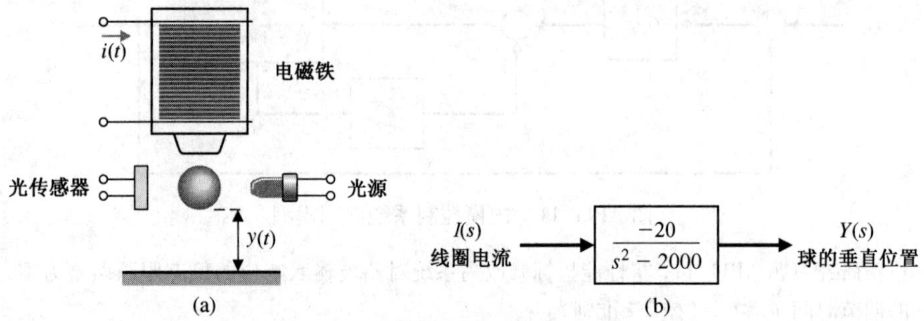

图 DP11.1 (a) 磁悬浮钢球装置；(b) 磁悬浮钢球系统模型

DP11.2 为了减少废气排放，汽车制造商特别重视燃烧室中的燃空比的控制问题。设计者们尝试对发动机燃烧室内的燃空比实施反馈控制，在废气出口处安装了传感器，为控制器提供输入信号。控制器的输出可以调整孔槽的大小，从而控制燃料的流量[3]。

假定传感器能够测量实际的燃空比，其测量时延可以忽略。试提出适当的设备选择方案来实现该系统，并给出整个系统的线性模型。基于建立的模型，为反馈控制器选择合适的参数，使系统对阶跃输入的稳态跟踪误差为零，超调量 P.O.≤10%。

DP11.3 某系统的状态空间模型为

$$\dot{\boldsymbol{x}}(t) = \boldsymbol{A}\boldsymbol{x}(t) + \boldsymbol{B}u(t)$$
$$y(t) = \boldsymbol{C}\boldsymbol{x}(t)$$

其中，

$$\boldsymbol{A} = \begin{bmatrix} 0 & 1 \\ -10.5 & -11.3 \end{bmatrix}, \quad \boldsymbol{B} = \begin{bmatrix} 0 \\ 0.55 \end{bmatrix}, \quad \boldsymbol{C} = [1 \quad 0]$$

按照图 DP11.3 所示的形式设计校正器，使闭环系统的性能满足如下的指标要求：

1. 系统单位阶跃响应的稳态误差为零。
2. 调节时间 $T_s < 1$ s，超调量 P.O.<5%。
3. 自行设定状态变量的初始条件 $\boldsymbol{x}(0)$ 和观测器状态变量的初始条件 $\hat{\boldsymbol{x}}(0)$，仿真求解闭环系统对单位阶跃输入的响应。

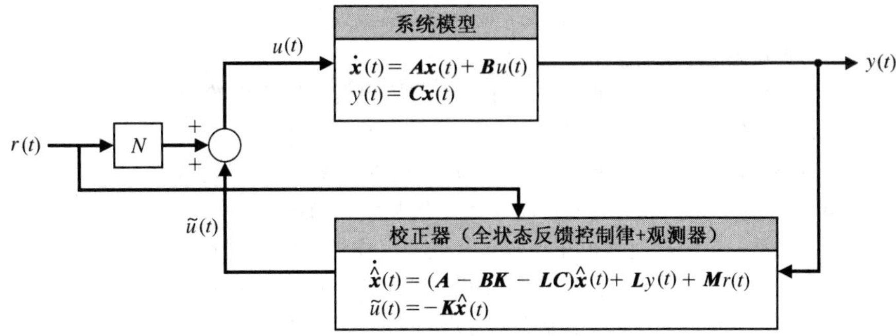

图 DP11.3　校正器系统，能够使系统输出跟踪参考输入信号 $r(t)$

DP11.4 某高性能直升机的俯仰角控制系统模型如图 DP11.4 所示，其目标是通过调整螺旋桨的倾角 $\delta(t)$ 来控制直升机的俯仰角 $\theta(t)$。直升机的运动方程为

$$\ddot{\theta}(t)=-\sigma_1\dot{\theta}(t)-\alpha_1\dot{x}(t)+n\delta(t)$$

$$\ddot{x}(t)=g\theta(t)-\alpha_2\dot{\theta}(t)-\sigma_2\dot{x}(t)+g\delta(t)$$

其中，$x(t)$ 为水平方向的位移。就高性能直升机而言，有

$$\sigma_1=0.415,\quad \alpha_2=1.43$$
$$\sigma_2=0.0198,\quad n=6.27$$
$$\alpha_1=0.0111,\quad g=9.8$$

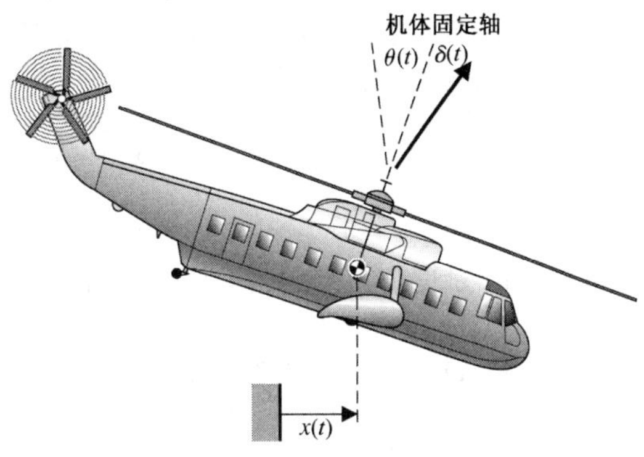

图 DP11.4　高性能直升机俯仰角 $\theta(t)$ 的控制系统

其中，所有参数的值都采用国际标准单位。

在上述条件下，

(a) 试建立该系统的状态变量模型。

(b) 试求传递函数 $\theta(s)/\delta(s)$。

(c) 设计合适的状态变量反馈控制器，使闭环系统的性能满足如下设计要求：

(1) 对预期俯仰角[阶跃输入 $\theta_d(s)$]的稳态跟踪误差小于 20%；

(2) 阶跃响应的超调量 P.O.≤20%；

(3) 阶跃响应的调节时间 $T_s\leq 1.5$ s（按 2% 准则）。

DP11.5 在造纸流程中，投料箱应该把纸浆流变成 2 cm 的射流，并均匀喷撒在网状传送带上[22]。为此，要精确控制喷射速度和传送速度之间的比例关系。尽可能确保均匀喷撒纸浆，才能保证纸张的质量。投料箱内的压力是主要的受控变量，它随后又决定了纸浆的喷射速度。投料箱内的总压力是纸浆液压和外部灌注的气压之和，投料箱由气压进行控制，是高度动态的耦合系统，因此很难用手工方法保证纸张的质量。

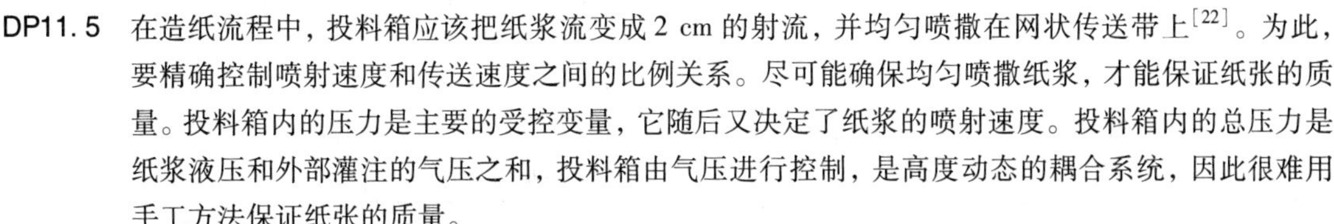

在特定的工作点上，将典型的投料箱系统线性化，可以得到下面的状态空间模型：

$$\dot{\boldsymbol{x}}(t)=\begin{bmatrix}-0.8 & 0.02\\ -0.02 & 0\end{bmatrix}\boldsymbol{x}(t)+\begin{bmatrix}0.05\\ 0.001\end{bmatrix}u(t)$$

$$y(t)=\begin{bmatrix}1 & 0\end{bmatrix}\boldsymbol{x}(t)$$

其中，状态变量 $x_1(t)$ 为液面高度，$x_2(t)$ 为压力，控制输入变量 $u_1(t)$ 为纸浆流量。

(a) 设计状态变量反馈控制律，使系统的闭环特征根为实数，且幅值大于 5。

(b) 设计全状态观测器，观测器的极点全部配置在 s 左半平面，其实部的幅值至少是系统闭环特征根幅值的 10 倍。

(c) 利用(a)和(b)的结果，基于观测器，集成设计全状态反馈控制器，并绘制整个系统的框图。

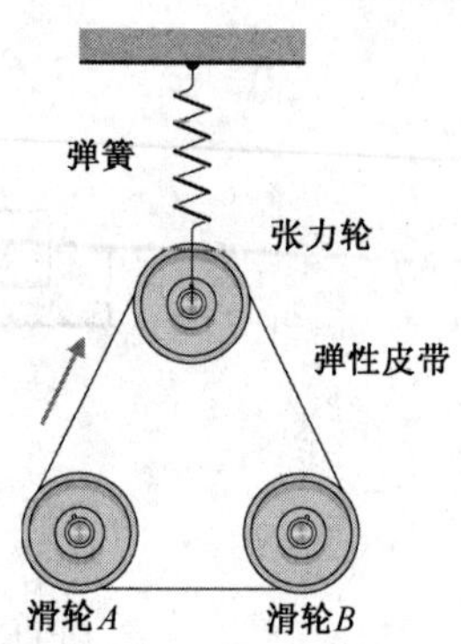

图 DP11.6 某组合驱动机构

DP11.6 某组合驱动装置如图 DP11.6 所示。该装置由两个工作滑轮组成，通过弹性皮带将它们连在一起。挂在弹簧上的第三个滑轮可以将皮带拉紧，以便实现欠阻尼运动。在该装置中，主滑轮 A 由直流电机驱动，滑轮 A 和滑轮 B 都装有测速计，测速计的输出电压与滑轮的旋转速度成正比。在装置的工作过程中，如果施加电压来激励直流电机，则滑轮 A 将以取决于系统全部惯量的加速度加速旋转，其转速受制于系统原有的惯性；在弹性皮带的另一端，滑轮 B 也会在电压或力矩的作用下加速旋转，但由于弹性皮带的影响，滑轮 B 的加速运动有较大的滞后效应。此外，利用测得的速度信号，还可以估计每个滑轮的角度[23]。

组合驱动装置的二阶模型为

$$\dot{\boldsymbol{x}}(t)=\begin{bmatrix}0 & 1\\ -36 & -12\end{bmatrix}\boldsymbol{x}(t)+\begin{bmatrix}0\\ 1\end{bmatrix}u(t)$$

$$y(t)=x_1(t)$$

(a) 试设计合适的状态变量反馈控制器，使系统具有最小节拍响应，且调节时间 $T_s\leqslant 0.5$ s（按2%准则）。

(b) 设计全状态观测器，而且将观测器的极点配置到 s 左半平面上的合适位置。

(c) 基于所设计的观测器和状态变量反馈控制器，绘制整个系统的框图。

(d) 令状态变量的初始值为 $\boldsymbol{x}(0)=[1\quad 0]^{\mathrm{T}}$，观测器的初始值为 $\hat{\boldsymbol{x}}(0)=[0\quad 0]^{\mathrm{T}}$，试仿真求解校正后系统的响应。

DP11.7 我们希望能够为某系统设计一个状态反馈控制器，使系统能够跟踪参考输入信号。增加反馈环节后，系统的预期框图如图 DP11.7 所示。系统的状态空间模型为

$$\dot{\boldsymbol{x}}(t)=\boldsymbol{A}\boldsymbol{x}(t)+\boldsymbol{B}u(t)$$

$$y(t)=\boldsymbol{C}\boldsymbol{x}(t)$$

其中，

$$\boldsymbol{A}=\begin{bmatrix}0 & 1 & 0\\ 0 & 0 & 1\\ -2 & -5 & -10\end{bmatrix},\quad \boldsymbol{B}=\begin{bmatrix}0\\ 0\\ 1\end{bmatrix},\quad \boldsymbol{C}=[1\quad 0\quad 0]$$

试设计合适的观测器和反馈控制律，使校正后的闭环系统性能满足如下设计指标要求：

1. 闭环系统单位阶跃响应的稳态误差为零。
2. 增益裕度 G.M.≥6 dB。
3. 闭环系统的带宽 $\omega_B\geqslant 10$ rad/s。

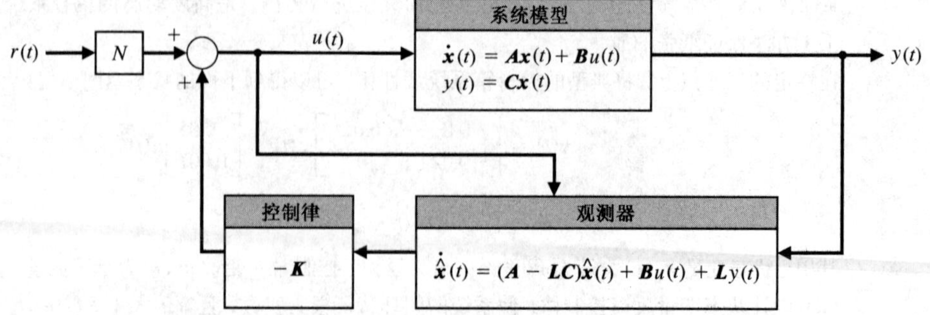

图 DP11.7 能够跟踪参考输入信号 $r(t)$ 的反馈系统

4. 自行设定状态变量的初始条件 $\boldsymbol{x}(0)$ 和观测器状态变量的初始条件 $\hat{\boldsymbol{x}}(0)$，仿真求解闭环系统对单位阶跃输入的响应。以此验证，闭环系统单位阶跃响应的稳态误差的确为零。

计算机辅助设计题

CP11.1　某系统的状态空间模型为

$$\dot{\boldsymbol{x}}(t)=\begin{bmatrix}-6 & 2 & 0\\ 4 & 0 & 7\\ -10 & 1 & 11\end{bmatrix}\boldsymbol{x}(t)+\begin{bmatrix}5\\0\\1\end{bmatrix}u(t)$$

$$y(t)=[1\quad 2\quad 1]\boldsymbol{x}(t)$$

试利用函数 ctrb 和 obsv，证明系统既能控又能观。

CP11.2　某系统的状态空间模型为

$$\dot{\boldsymbol{x}}(t)=\begin{bmatrix}0 & 1\\ -5 & -8\end{bmatrix}\boldsymbol{x}(t)+\begin{bmatrix}0\\7\end{bmatrix}u(t)$$

$$y(t)=[1\quad 0]\boldsymbol{x}(t)$$

判断系统是否能控和能观，并计算从输入 $u(t)$ 到输出 $y(t)$ 之间的传递函数。

CP11.3　某系统的状态空间模型为

$$\dot{\boldsymbol{x}}(t)=\begin{bmatrix}0 & 1\\ -1 & 2\end{bmatrix}\boldsymbol{x}(t)+\begin{bmatrix}1\\1\end{bmatrix}u(t)$$

$$y(t)=[1\quad -1]\boldsymbol{x}(t)$$

要求为该系统设计状态变量反馈控制器，其控制信号为 $u(t)=-\boldsymbol{K}\boldsymbol{x}(t)$。试确定合适的增益矩阵 $\boldsymbol{K}$，将闭环系统的极点配置为 $s_1=-1$ 和 $s_2=-2$。

CP11.4　某定速导弹的运动方程模型为

$$\dot{\boldsymbol{x}}(t)=\begin{bmatrix}0 & 1 & 0 & 0 & 0\\ -0.1 & -0.5 & 0 & 0 & 0\\ 0.5 & 0 & 0 & 0 & 0\\ 0 & 0 & 10 & 0 & 0\\ 0.5 & 1 & 0 & 0 & 0\end{bmatrix}\boldsymbol{x}(t)+\begin{bmatrix}0\\1\\0\\0\\0\end{bmatrix}u(t)$$

$$y(t)=[0\quad 0\quad 0\quad 1\quad 0]\boldsymbol{x}(t)$$

(a) 利用函数 ctrb，验证系统是不能控的。

(b) 计算从输入 $u(t)$ 到输出 $y(t)$ 的传递函数，并消去传递函数中分子和分母的公因式，得到新的传递函数。利用函数 ss 确定新的状态变量模型。

(c) 利用函数 ctrb，验证(b)得到的状态变量模型是能控的。

(d) 判断该定速导弹是否稳定。

(e) 讨论状态变量模型的能控性和复杂性的关系，在此用状态变量的数量表征系统的复杂度。

CP11.5　某垂直起降飞机的线性化状态微分方程为[24]

$$\dot{\boldsymbol{x}}(t)=\boldsymbol{A}\boldsymbol{x}(t)+\boldsymbol{B}_1u_1(t)+\boldsymbol{B}_2u_2(t)$$

其中，

$$\boldsymbol{A}=\begin{bmatrix}-0.0389 & 0.0271 & 0.0188 & -0.4555\\ 0.0482 & -1.0100 & 0.0019 & -4.0208\\ 0.1024 & 0.3681 & -0.7070 & 1.4200\\ 0 & 0 & 1 & 0\end{bmatrix}$$

$$\boldsymbol{B}_1=\begin{bmatrix}0.4422\\3.5446\\-6.0214\\0\end{bmatrix},\quad \boldsymbol{B}_2=\begin{bmatrix}0.1291\\-7.5922\\4.4900\\0\end{bmatrix}$$

状态变量 $x_1(t)$ 为水平速度(节), $x_2(t)$ 为垂直速度(节), $x_3(t)$ 为俯仰角变化率(°/s), $x_4(t)$ 为俯仰角(°); 输入 $u_1(t)$ 用于控制垂直方向上的运动, $u_2(t)$ 用于控制水平方向上的运动。

(a) 计算系统矩阵 $\boldsymbol{A}$ 的特征值, 并由此判断系统是否稳定。

(b) 利用函数 poly 确定 $\boldsymbol{A}$ 的特征多项式, 求出特征根, 并与(a)得到的特征值相比较。

(c) 当只有 $u_1(t)$ 发挥作用时, 系统是否能控? 当只有 $u_2(t)$ 发挥作用时, 结果如何? 讨论所得结果。

CP11.6 为了开发利用月球背面(远离地球的一面), 科学家付出了不懈的努力。例如, 人们希望能够在地球-太阳-月球系统的星际平衡点附近运行通信卫星, 并为此开展了广泛的可行性论证研究工作。图 CP11.6 给出了预期卫星轨道的示意图, 从地球看上去, 卫星轨道的光影恰似不受月球遮挡地环绕月球的外层光晕, 因此这种轨道又称为光晕轨道。轨道控制的目的是, 使通信卫星在地球可见的光晕轨道上运行, 从而始终保证通信链路的畅通, 所需的通信链路包括从地球到卫星和从卫星到月球背面共两段线路。

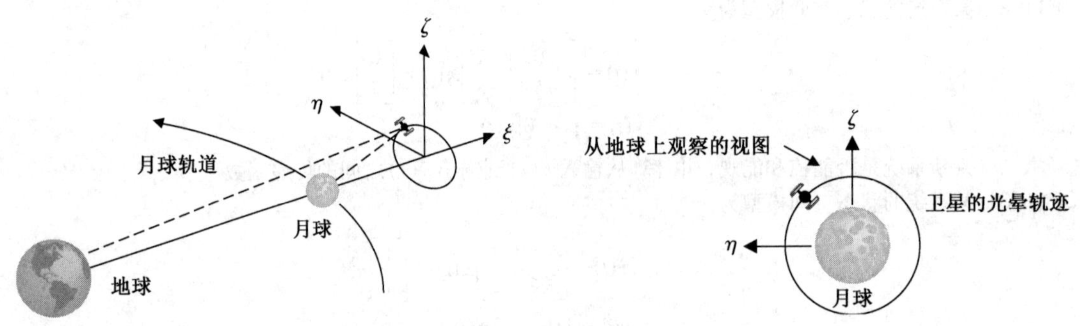

图 CP11.6　不受月球遮挡的卫星光晕轨道

卫星围绕星际平衡点运动时, 经过线性化处理的(标准化)运动方程[25]为

$$\dot{\boldsymbol{x}}(t)=\begin{bmatrix}0&0&0&1&0&0\\0&0&0&0&1&0\\0&0&0&0&0&1\\7.3809&0&0&0&2&0\\0&-2.1904&0&-2&0&0\\0&0&-3.1904&0&0&0\end{bmatrix}\boldsymbol{x}(t)+\begin{bmatrix}0\\0\\0\\1\\0\\0\end{bmatrix}u_1(t)+\begin{bmatrix}0\\0\\0\\0\\1\\0\end{bmatrix}u_2(t)+\begin{bmatrix}0\\0\\0\\0\\0\\1\end{bmatrix}u_3(t)$$

其中, 状态向量 $\boldsymbol{x}(t)$ 是卫星在 3 个方向上的位置和漂移速度, 输入 $u_i(t)\ (i=1, 2, 3)$ 分别是轨控发动机在 ξ, $\boldsymbol{\eta}$ 和 ζ 方向上产生的加速度。试回答以下问题:

(a) 卫星围绕星际平衡点的运动是否稳定?

(b) 如果只有 $u_1(t)$ 发挥作用, 卫星是否能控?

(c) 如果只有 $u_2(t)$ 发挥作用, 卫星是否能控?

(d) 如果只有 $u_3(t)$ 发挥作用, 卫星是否能控?

(e) 如果能够测得 $\boldsymbol{\eta}$ 方向的位置漂移, 试确定从 $u_2(t)$ 到该位置漂移量之间的传递函数。提示: 取系统输出为 $y(t)=[0\quad 1\quad 0\quad 0\quad 0\quad 0]\boldsymbol{x}(t)$。

(f) 利用函数 ss 构建(e)中得到的传递函数的状态变量模型, 并验证该轨控子系统是能控系统。

(g) 以(f)得到的状态变量模型为基础设计状态反馈控制器, 状态反馈控制信号为 $u_2(t)=-\boldsymbol{K}\boldsymbol{x}(t)$, 试确定合适的反馈增益矩阵 $\boldsymbol{K}$, 将系统的闭环极点配置为 $s_{1,2}=-1\pm \mathrm{j}$ 和 $s_{3,4}=-10$。

CP11.7 某系统的状态空间模型为

$$\dot{\boldsymbol{x}}(t)=\begin{bmatrix}0&1&0\\0&0&1\\-2&-4&-6\end{bmatrix}\boldsymbol{x}(t),\quad y(t)=[1\quad 0\quad 0]\boldsymbol{x}(t) \tag{CP11.1}$$

假定已经得到了系统输出 $y(t_i)$, $i=1,2,3$ 的 3 个观测值, 分别为

$$y(t_1) = 1, \quad t_1 = 0$$
$$y(t_2) = -0.0256, \quad t_2 = 2$$
$$y(t_3) = -0.2522, \quad t_3 = 4$$

(a) 设计一种合适的状态变量初始值确定方法，能够基于以上 3 个观测值确定式(CP11.1)给出的系统的初始状态 $\boldsymbol{x}(t_0)$，并保证可以用函数 lsim 复现这 3 个观测值。

(b) 基于(a)中给出的方法，计算系统的初始状态 $\boldsymbol{x}(t_0)$；然后将该方法推广到一般形式的线性系统，并讨论能够确定初始状态所需要的条件。

(c) 在(a)中所得的初始值下，利用函数 lsim 对系统进行仿真，验证初始值的计算结果是否正确。提示：式(CP11.1)中系统状态变量的通解为 $\boldsymbol{x}(t)=\mathrm{e}^{A(t-t_0)}\boldsymbol{x}(t_0)$。

CP11.8 在某单输入系统的状态空间模型 $\dot{\boldsymbol{x}}(t)=\boldsymbol{A}\boldsymbol{x}(t)+\boldsymbol{B}u(t)$ 中，系统矩阵 $\boldsymbol{A}$ 和输入矩阵 $\boldsymbol{B}$ 分别为

$$\boldsymbol{A}=\begin{bmatrix}0 & 0\\ -1 & 0\end{bmatrix}, \quad \boldsymbol{B}=\begin{bmatrix}0\\ 1\end{bmatrix}$$

当系统状态的初始值为 $\boldsymbol{x}^{\mathrm{T}}(0)=[1\quad 0]$ 时，取控制信号为 $u(t)=-K\boldsymbol{x}(t)$，综合性能指标为

$$J=\int_0^{\infty}\boldsymbol{x}^{\mathrm{T}}(t)\boldsymbol{x}(t)\,\mathrm{d}t=\boldsymbol{x}^{\mathrm{T}}(0)\boldsymbol{P}\boldsymbol{x}(0)$$

设计一个最优控制系统。

CP11.9 某一阶系统的状态变量微分方程为 $\dot{x}(t)=-x(t)+u(t)$，状态变量的初始值为 $x(0)=x_0$。试设计一个反馈控制器 $u(t)=-kx(t)$，使综合性能指标 $\int_0^{\infty}(x^2(t)+\lambda u^2(t))\,\mathrm{d}t$ 达到最小值。

(a) 当 $\lambda=1$ 时，给出适用于任何初始条件的，以 k 为参数的性能指标 J 的计算公式，并编写 m 脚本程序，绘制 J/x_0^2 随参数 k 的变化曲线，然后从图中估计使 J/x_0^2 达到最小值的 k 值，即 $k_{\min}$。

(b) 用解析法证明(a)中的结果。

(c) 依据(a)的结果，绘制 $k_{\min}$ 随 λ 的变化曲线，其中 $k_{\min}$ 是使性能指标达到最小值的增益值。

CP11.10 某系统的状态空间模型为

$$\dot{\boldsymbol{x}}(t)=\boldsymbol{A}\boldsymbol{x}(t)+\boldsymbol{B}u(t)$$
$$y(t)=\boldsymbol{C}\boldsymbol{x}(t)+\boldsymbol{D}u(t)$$

其中，

$$\boldsymbol{A}=\begin{bmatrix}0 & 1\\ -18.7 & -10.4\end{bmatrix}, \quad \boldsymbol{B}=\begin{bmatrix}10.1\\ 24.6\end{bmatrix}$$
$$\boldsymbol{C}=[1\quad 0], \quad \boldsymbol{D}=[0]$$

我们希望为该系统设计一个全状态反馈控制器，将闭环系统的极点配置为 $s_{1,2}=-2$，观测器的极点为 $s_{1,2}=20\pm\mathrm{j}4$。试利用函数 acker，计算反馈增益矩阵和观测器增益矩阵。

CP11.11 某三阶系统的状态空间模型为

$$\dot{\boldsymbol{x}}(t)=\begin{bmatrix}0 & 1 & 0\\ 0 & 0 & 1\\ -4.3 & -1.7 & -6.7\end{bmatrix}\boldsymbol{x}(t)+\begin{bmatrix}0\\ 0\\ 0.35\end{bmatrix}u(t)$$
$$y(t)=[0\quad 1\quad 0]\boldsymbol{x}(t)+[0]u(t)$$

我们希望为该系统设计一个全状态反馈控制器，将闭环系统的极点配置为 $s_{1,2}=-1.4\pm\mathrm{j}1.4$ 和 $s_3=-2$；观测器的极点为 $s_{1,2}=-18\pm\mathrm{j}5$ 和 $s_3=-20$。

(a) 利用函数 acker，计算反馈增益矩阵和观测器增益矩阵。

(b) 构造形如图 11.1 的状态变量校正器。

(c) 当系统状态变量的初始值为 $\boldsymbol{x}(0)=[1\quad 0\quad 0]^{\mathrm{T}}$，观测器的初始值为 $\hat{\boldsymbol{x}}(0)=[0.5\quad 0.1\quad 0.1]^{\mathrm{T}}$ 时，仿真计算闭环系统的响应。

CP11.12 编写 m 脚本程序，实现图 CP11.12 所示的系统，并计算系统的阶跃响应。

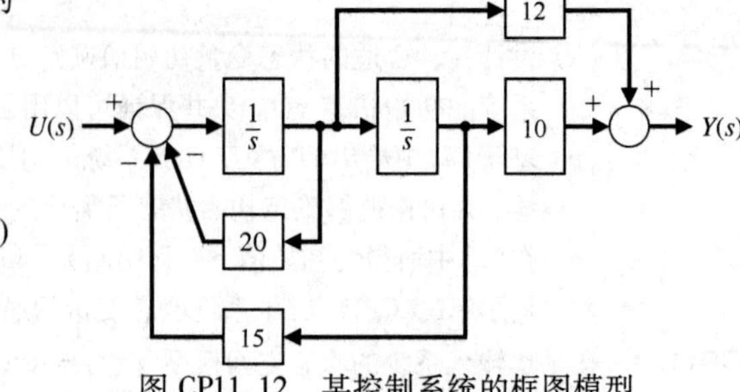

图 CP11.12 某控制系统的框图模型

CP11.13 某系统的状态空间模型为

$$\dot{\boldsymbol{x}}(t)=\begin{bmatrix}0 & 1 & 0 & 0\\ 0 & 0 & 1 & 0\\ 0 & 0 & 0 & 1\\ -2 & -5 & -1 & -13\end{bmatrix}\boldsymbol{x}(t)+\begin{bmatrix}0\\0\\0\\1\end{bmatrix}u(t)$$

$$y(t)=[1\quad 0\quad 0\quad 0]\boldsymbol{x}(t)+[0]u(t)$$

我们希望为该系统设计一个全状态反馈控制器，将闭环系统的极点配置为 $s_{1,2}=-1.4\pm \mathrm{j}1.4$ 和 $s_{3,4}=-2\pm \mathrm{j}$；观测器的极点为 $s_{1,2}=-18\pm \mathrm{j}5$ 和 $s_{3,4}=-20$。

(a) 利用函数 acker，计算反馈增益矩阵和观测器增益矩阵。

(b) 构造形如图 11.1 的状态变量校正器。

(c) 为状态变量和观测器设定几组不同的初始值，分别仿真计算闭环系统的响应，并绘制系统的跟踪误差曲线。

技能自测答案

正误判断题：(1) 对 (2) 对 (3) 错 (4) 对 (5) 错

多项选择题：(6) c (7) a (8) c (9) a (10) a (11) b (12) a (13) b (14) b (15) a

术语和概念匹配题(自上向下)：e o k i d b j m f n h q g l p c a

术语和概念

command following	指令跟踪	控制系统的一种重要特性，指的是系统输出能够跟踪非零的参考输入信号。
controllability matrix	能控性矩阵	当且仅当能控性矩阵 $\boldsymbol{P}_c=[\boldsymbol{B}\quad \boldsymbol{AB}\quad \boldsymbol{A}^2\boldsymbol{B}\quad \cdots\quad \boldsymbol{A}^{n-1}\boldsymbol{B}]$满秩时，线性系统(完全)能控，其中$\boldsymbol{A}$为 $n\times n$ 矩阵。对于单输入-单输出线性系统而言，当且仅当矩阵 $\boldsymbol{P}_c$ 的行列式不为零时，系统完全能控。
controllable system	能控系统	如果存在连续的控制信号 $u(t)$，可以驱使系统从任意的初始状态 $\boldsymbol{x}(t_0)$出发，在经历有限的时间间隔 $t_f-t_0>0$ 之后，变化到任意指定的预期状态 $\boldsymbol{x}(t_f)$，则称该系统在区间$[t_0, t_f]$内是能控的。
detectable system	能检系统	在不完全能观的系统中，如果其不能观的部分本质上是稳定的，则称该系统为能检系统。
estimation error	估计误差	实际状态与状态估计值之间的误差，即 $\boldsymbol{e}(t)=\boldsymbol{x}(t)-\hat{\boldsymbol{x}}(t)$。
full-state feedback control law	全状态反馈控制律	即形如 $\boldsymbol{u}(t)=-\boldsymbol{Kx}(t)$的控制律，其中 $\boldsymbol{x}(t)$为系统状态向量，并假定状态变量在任意时刻都可以测量。
internal model design	内模设计	一种能够使系统输出以零稳态误差渐近跟踪参考输入信号的设计方法。

Kalman state-space decomposition	卡尔曼状态空间分解	将状态空间按照能控不能观、不能控不能观、能控能观、不能控但能观进行分解的方法。
linear quadratic regulator	线性二次调节器	一种最优控制器，旨在使二次型综合性能指标 $J=\int_0^\infty (\boldsymbol{x}^{\mathrm{T}}(t)\boldsymbol{Q}\boldsymbol{x}(t)+\boldsymbol{u}^{\mathrm{T}}(t)\boldsymbol{R}\boldsymbol{u}(t))\mathrm{d}t$ 达到最小值，其中 $\boldsymbol{Q}$ 和 $\boldsymbol{R}$ 为设计参数。
observability matrix	能观性矩阵	当且仅当能观性矩阵 $\boldsymbol{P}_o=[\boldsymbol{C}^{\mathrm{T}}\quad(\boldsymbol{CA})^{\mathrm{T}}\quad(\boldsymbol{CA}^2)^{\mathrm{T}}\quad\cdots\quad(\boldsymbol{CA}^{n-1})^{\mathrm{T}}]^{\mathrm{T}}$ 满秩时，线性系统(完全)能观，其中 $\boldsymbol{A}$ 为 $n\times n$ 矩阵。对于单输入-单输出线性系统而言，当且仅当矩阵 $\boldsymbol{P}_o$ 的行列式不为零时，系统完全能观。
observable system	能观系统	如果利用系统在时间间隔$[t_0,\ t_f]$上的输出 $y(t)$ 的观测值，能够唯一确定系统的任意初始状态 $\boldsymbol{x}(t_0)$，则称该系统在区间$[t_0,\ t_f]$上是能观系统。
observer	观测器	一个新构建的系统，利用另一个动态系统的输出测量值和输入信号，估计该系统的状态变量。
optimal control system	最优控制系统	经过校正和参数调整，能够使指定的综合性能指标达到极值的系统。
pole placement	极点配置	将闭环系统的极点配置到 s 平面上指定位置的设计方法。
regulator problem	调节器问题	当 $t\geqslant t_0$ 时，参考输入始终为 $r(t)=0$ 的控制器设计问题。
separation principle	分离原理	分离原理指出，可以先独立设计全状态反馈控制律和观测器，再将它们集成在一起，就形成了能够实现系统预期特性(如稳定性)的状态反馈校正器。
stabilizable system	能稳系统(可镇定系统)	在不完全能控的系统中，如果其不能控的部分本质上是稳定的，则称该系统是能稳系统。
stabilizing controller	能稳控制器(镇定器)	能够使系统闭环稳定的控制器。
state variable feedback	状态变量反馈	将控制信号 $u(t)$ 直接取为所有状态变量的函数时所形成的反馈。

第 12 章　鲁棒控制系统

提要

物理系统及其外部运行环境可能会发生不可预测的变化，也可能会受到扰动的显著影响，因此很难采用模型进行精确描述。当存在显著的不确定因素时，控制系统设计就必须研究如何设计出一个鲁棒系统。新近提出的鲁棒控制系统设计方法都考虑了系统存在不确定性时的稳定度鲁棒性和性能鲁棒性，作为关注的重点。本章介绍了 5 种鲁棒控制系统的设计方法，内容包括用根轨迹法、频率响应法和 ITAE 法等方法设计鲁棒 PID 控制器，也包括内模控制法和伪定量反馈设计法。但我们应该认识到，利用经典设计方法也可以设计出鲁棒控制系统，因此，掌握了经典设计方法的控制工程师同样可以设计出鲁棒 PID、鲁棒超前-滞后校正器等鲁棒控制器。本章最后继续讨论了循序渐进设计实例——磁盘驱动器读取系统，并为它设计了一个鲁棒 PID 控制器。

预期收获

完成第 12 章的学习之后，学生应该：

- 理解鲁棒性在控制系统设计中的作用。
- 熟悉控制系统中的不确定性，包括加性不确定性、乘性不确定性和参数不确定性。
- 理解鲁棒控制系统不同的设计方法，包括根轨迹法、频率响应法、ITAE 法、内模控制法和伪定量反馈法。

12.1　引言

利用前面各章的概念和方法设计的控制系统，总是假设已经知道了受控对象和控制器的模型，知道了它们的各种定常参数。但是，实际物理系统的模型始终只是一种不精确的表示，这是因为总会存在如下各种不确定因素：

- 参数的变化；
- 未建模动态；
- 未建模时延；
- 平衡点（工作点）的变化；
- 传感器噪声；
- 不可预测的干扰输入。

鲁棒系统设计的目标就是：在模型不太精确或存在其他变化因素的条件下，使系统仍然能够保持预期的可接受的性能。

> 鲁棒控制系统能够在存在显著不确定因素的情况下，仍然保持预期的可接受的性能。

概念强调说明 12.1

图 12.1 所示的系统存在多种潜在的不确定因素，包括传感器噪声 $N(s)$，不可预测的干扰输入 $T_d(s)$ 及受控对象 $G(s)$ 的未建模动态特性或可能的参数变化等。其中，系统的未建模动态特

性和各种参数变化的影响可能会尤其显著。因此，在设计含有这些不确定因素的控制系统时，所面临的挑战就是如何保持系统的预期性能。

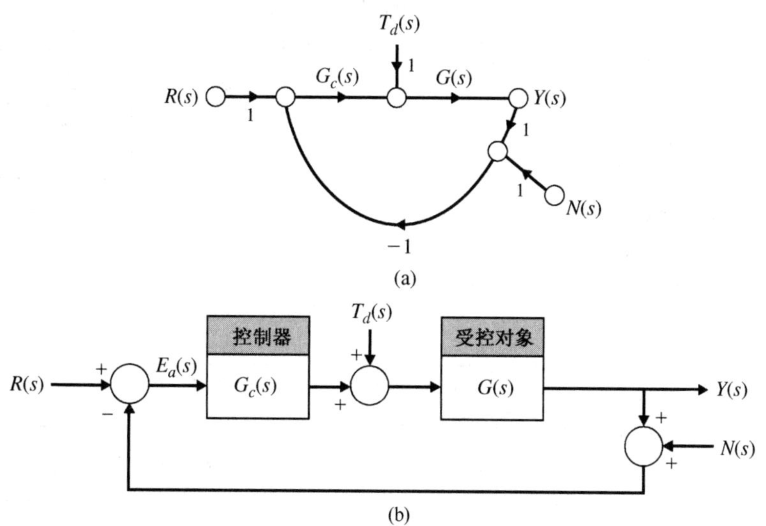

图 12.1 考虑各种干扰的闭环系统。(a) 信号流图；(b) 框图模型

12.2 鲁棒控制系统和系统灵敏度

在受控对象具有显著的不确定性的条件下，设计高精度的控制系统其实是一个经典的反馈设计问题。解决这个问题的理论基础，可以追溯到布莱克(H. S. Black)和伯德(H. W. Bode)在 20 世纪 30 年代早期进行的研究工作，人们当时把这个问题称为灵敏度设计问题。从那时起，大量公开发表的文献都探讨了不确定性条件下的控制系统设计问题。设计者都希望得到这样的系统，当不确定性参数在大范围内变动时，这些系统仍然能够正常工作。如果一个控制系统既稳健又具有很强适应能力，就称之为鲁棒控制系统。

具体来讲，鲁棒控制系统应该具有如下特点：(1) 灵敏度低；(2) 当参数在预期的范围内变动时，系统能够保持稳定；(3) 当参数发生一系列变化时，能够恢复和保持预期性能(满足设计要求)[3,4]。鲁棒性可以视为，系统对那些在分析设计阶段未考虑的影响因素具有很低的灵敏度，这些影响因素包括干扰、测量噪声和未建模动态特性等。当系统按照设计要求去完成任务时，它应该能够克服这些不利因素的影响。

当参数只做小范围摄动时，可以用 4.3 节(系统灵敏度)和 7.5 节(根灵敏度)讨论的微分灵敏度来度量系统的鲁棒性[6]。

系统灵敏度定义为

$$S_\alpha^T = \frac{\partial T/T}{\partial \alpha/\alpha} \tag{12.1}$$

其中，α 是参数，T 是系统的传递函数。

根灵敏度定义为

$$S_\alpha^{r_i} = \frac{\partial r_i}{\partial \alpha/\alpha} \tag{12.2}$$

当 $T(s)$ 的零点与参数 α 独立时，对于 n 阶系统而言，有

$$S_{\alpha}^{T} = -\sum_{i=1}^{n} S_{\alpha}^{r_i} \cdot \frac{1}{s + r_i} \tag{12.3}$$

例如，考虑图 12.2 所示的闭环系统，其中 α 是可变参数，$T(s) = 1/[s + (\alpha + 1)]$，于是有

$$S_{\alpha}^{T} = \frac{-\alpha}{s + \alpha + 1} \tag{12.4}$$

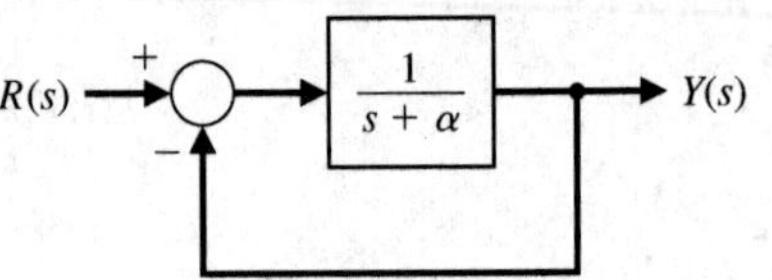

图 12.2　一阶闭环系统

又因为 $r_1 = +(\alpha + 1)$，故有

$$-S_{\alpha}^{r_i} = -\alpha \tag{12.5}$$

最终则有

$$S_{\alpha}^{T} = -S_{\alpha}^{r_i} \frac{1}{s + \alpha + 1} = \frac{-\alpha}{s + \alpha + 1} \tag{12.6}$$

再来考虑图 12.3 所示的二阶系统的灵敏度。该闭环系统的传递函数为

$$T(s) = \frac{K}{s^2 + s + K} \tag{12.7}$$

图 12.3　二阶闭环系统

系统对可变参数 K 的灵敏度为

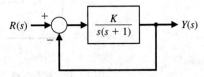

$$S(s) = S_{K}^{T} = \frac{s(s + 1)}{s^2 + s + K} \tag{12.8}$$

当 $K = 1/4$(临界阻尼)时，$20\log|T(j\omega)|$ 和 $20\log|S(j\omega)|$ 的渐近伯德图如图 12.4 所示。从图中可以看出，系统灵敏度在低频段是很小的，而这个传递函数正好具有低通特性，因此系统具有鲁棒性。

当然，只有在增益 K 的变化范围很小时，系统灵敏度 $S(s)$ 才能表示系统的鲁棒性，如果 K 在 1/4 处的变动范围是从 $K = 1/16$ 变化到 $K = 1$，系统阶跃响应的变化情况如图 12.5 所示。由于 K 的预期变动范围较大，系统阶跃响应的变化也较大，因此不能认为这个系统是足够鲁棒的系统。我们期望当参数在约定的范围内变动时，一个鲁棒系统能够对于选定的输入产生差不多的响应。

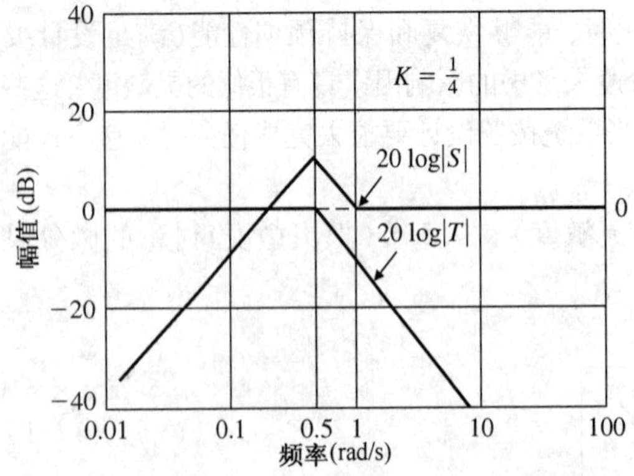

图 12.4　当 $K = 1/4$ 时，图 12.3 中二阶系统的灵敏度和 $20\log|T(j\omega)|$ 的渐近线

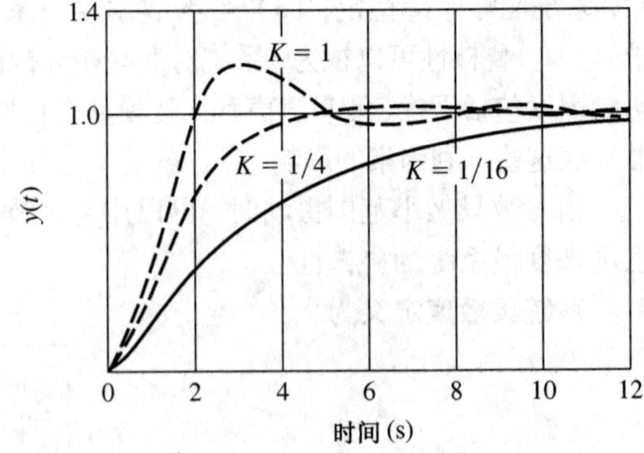

图 12.5　当增益 K 取值不同时，阶跃响应的变化情况

例 12.1　控制系统的灵敏度

考虑图 12.6 所示的系统，其中 $G(s) = 1/s^2$，PD 控制器为 $G_c(s) = K_p + K_D s$，于是可以将闭环系统对受控对象 $G(s)$ 的灵敏度定义为

$$S_G^T = \frac{1}{1 + G_c(s)G(s)} = \frac{s^2}{s^2 + K_D s + K_p} \tag{12.9}$$

和

$$T(s) = \frac{K_D s + K_p}{s^2 + K_D s + K_p} \tag{12.10}$$

考虑标称的临界阻尼状态$\zeta = 1$和$\omega_n = \sqrt{K_p}$，于是有$K_D = 2\omega_n$。在此条件下，可以绘制图 12.7 所示的 20 log|S|和 20 log|T|的伯德图。注意下面的设计原则：固有频率ω_n可以看成两个频段的分界点，在其中一个频段，可以将灵敏度作为重要的设计依据；而在另一个频段，则以稳定裕度作为重要的性能指标。于是，在实际设计中，如果我们能够根据模型误差的变化范围和外部干扰的实际频率，合理地确定系统的固有频率ω_n，就能合理地确定 PD 控制器的待定参数K_p和K_D，使系统具有满意的鲁棒性。

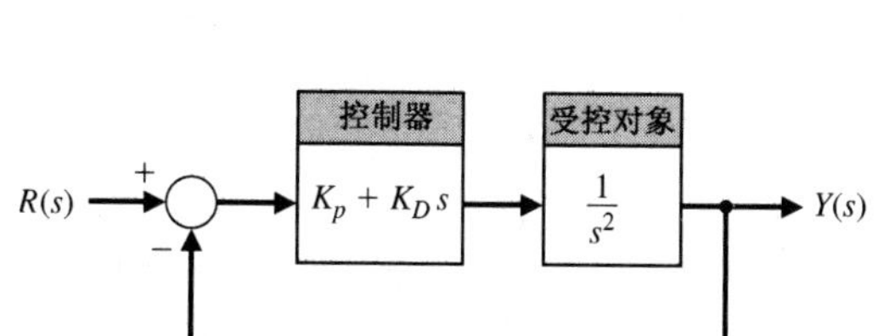

图 12.6　带有 PD 控制器的反馈控制系统

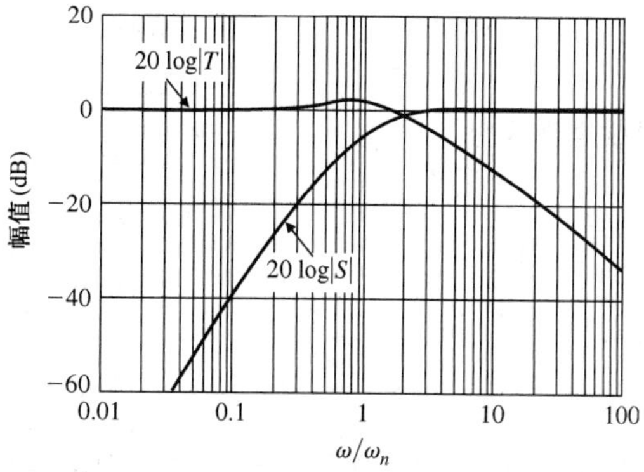

图 12.7　图 12.6 中二阶系统的灵敏度和 $T(s)$

例 12.2　在 s 右半平面有一个零点的系统

考虑图 12.8 所示的系统，其中受控对象在 s 右半平面有一个零点。该系统的闭环传递函数为

$$T(s) = \frac{K(s-1)}{s^2 + (2+K)s + (1-K)} \tag{12.11}$$

当 $-2 < K < 1$ 时系统是稳定的。而且，当输入为负单位阶跃信号 $R(s) = -1/s$ 时，系统的稳态误差为

$$e_{ss} = \frac{1-2K}{1-K} \tag{12.12}$$

当 $K = 1/2$ 时，$e_{ss} = 0$。此时，系统响应如图 12.9 所示。注意，系统在 $t = 1$ s 之前出现了反向超调。另外，从表 12.1 中还可以看出，系统对于 K 的变化相当敏感，稳态误差将随着 K 的变化而急剧变化。在 K 值变化幅度仅为 ±10% 时，该系统的性能就变得几乎不可接受了，因此该系统不是鲁棒系统。

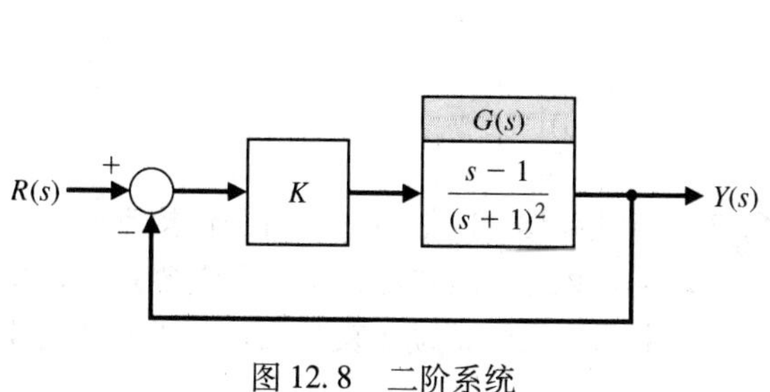

图 12.8　二阶系统

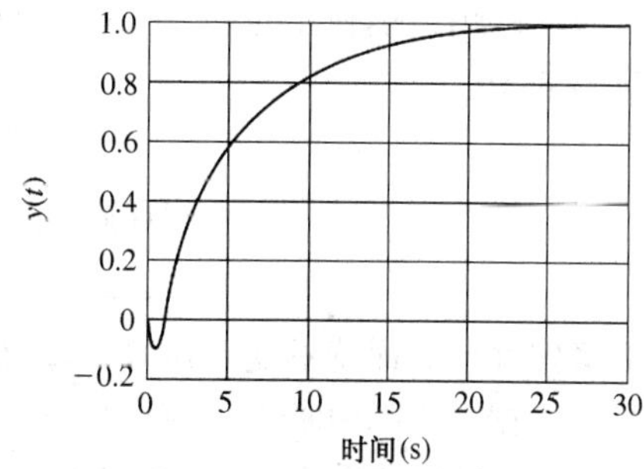

图 12.9　图 12.8 所示系统的阶跃响应，其中 $K = 1/2$

表 12.1 例 12.2 的结果

K	0.25	0.45	0.50	0.55	0.75
$\lvert e_{ss}\rvert$	0.67	0.18	0	0.22	1.0
反向超调量	5%	9%	10%	11%	15%
调节时间(s)	15	24	27	30	45

12.3 鲁棒性分析

考虑图 12.1 所示的闭环系统。系统的设计目标是：系统对输入 $R(s)$ 的跟踪误差 $[E(s) = R(s) - Y(s)]$ 保持在很小的范围内，同时将干扰 $T_d(s)$ 引起的输出 $Y(s)$ 维持在较低的水平上。

系统对受控对象的**灵敏度函数**为

$$\boxed{S(s) = \frac{1}{1 + G_c(s)G(s)}}$$

补灵敏度函数为

$$\boxed{C(s) = \frac{G_c(s)G(s)}{1 + G_c(s)G(s)}}$$

而且有

$$\boxed{S(s) + C(s) = 1} \tag{12.13}$$

由灵敏度函数的定义可知，要提高系统的鲁棒性，必须减小 $S(s)$ 的取值。对于物理可实现系统，开环传递函数 $L(s) = G_c(s)G(s)$ 在高频段取值通常很小，这也就意味着 $S(j\omega)$ 在高频段接近于 1。

考虑图 12.1 所示的闭环系统，如果受控对象上附加有**加性摄动**，实际的受控对象就应该为

$$G_a(s) = G(s) + A(s)$$

其中，$G(s)$ 为标称的系统传递函数，$A(s)$ 是幅值有限的摄动，我们还假设 $G_a(s)$ 和 $G(s)$ 在 s 右半平面有相同数目的极点(如果有)[32]。如果对所有的 ω 都有

$$|A(j\omega)| < |1 + G_c(j\omega)G(j\omega)| \tag{12.14}$$

则系统的稳定性将保持不变。注意，条件式(12.14)能确保系统的稳定性，但无法确保系统的动态性能。

当存在**乘性摄动**时，整个受控对象可以描述为

$$G_m(s) = G(s)[1 + M(s)]$$

同样假定摄动的幅值是有界的，且 $G_m(s)$ 和 $G(s)$ 在 s 右半平面的极点数相同。在此情况下，如果对于所有 ω 都有

$$\boxed{|M(j\omega)| < \left|1 + \frac{1}{G_c(j\omega)G(j\omega)}\right|} \tag{12.15}$$

则系统的稳定性也会保持不变。式(12.15)称为**鲁棒稳定性判据**，这是一种针对乘性摄动的鲁棒稳定性检验判据。实际中常常采用乘性摄动来描述受控对象的不确定性，其原因主要是乘性摄动更符合直觉：(1) 在低频段，标称对象模型通常比较精确，乘性摄动也就比较小；(2) 在高频段，标称模型往往不够精确，乘性摄动正好比较大。

例 12.3　具有乘性摄动的系统

考虑图 12.1 所示的系统，其中 $G_c(s)=K$，

$$G(s)=\frac{170\,000(s+0.1)}{s(s+3)(s^2+10s+10\,000)}$$

当 $K=1$ 时，系统是不稳定的。但当增益下降为 $K=0.5$ 时，系统就变得稳定了。假定受控对象 $G(s)$ 含有未建模极点 $s=50$ rad/s，在这种情形下，乘性摄动可以写成

$$1+M(s)=\frac{50}{s+50},\quad 或 M(s)=-s/(s+50)$$

其幅值为

$$|M(\mathrm{j}\omega)|=\left|\frac{-\mathrm{j}\omega}{\mathrm{j}\omega+50}\right|$$

为了检验该系统的鲁棒稳定性，图 12.10(a) 绘制了 $|M(\mathrm{j}\omega)|$ 和 $|1+1/(KG(\mathrm{j}\omega))|$ 的幅值曲线。从中可以看出，它们不满足式(12.15)给出的条件，因此系统可能不稳定。

若将增益放大器 K 改为滞后校正器，即

$$G_c(s)=\frac{0.15(s+25)}{s+2.5}$$

则开环传递函数变为 $1+G_c(s)G(s)$，在频率范围 $2<\omega<25$ 内改为需要绘制 $G_c(\mathrm{j}\omega)G(\mathrm{j}\omega)$ 的幅频曲线。于是，可以绘制经过校正后的

$$\left|1+\frac{1}{G_c(\mathrm{j}\omega)G(\mathrm{j}\omega)}\right|$$

的幅值曲线，如图 12.10(b) 所示。从中可以看出，校正后的系统满足了鲁棒稳定性条件。因此，即使存在未建模动态特性，系统也能继续保持稳定。

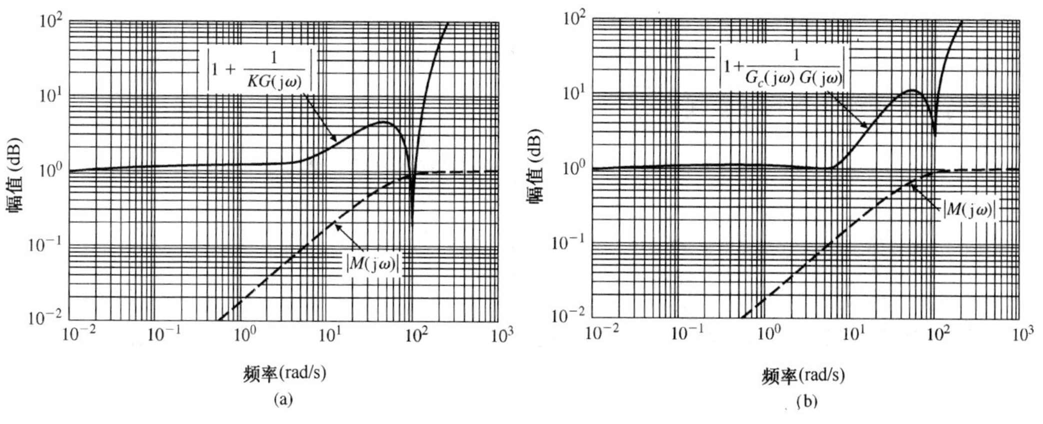

图 12.10　例 12.3 的鲁棒稳定性判据

控制系统的设计目标就是选择合适的校正器 $G_c(s)$，使系统能够同时满足瞬态性能、稳态性能和频域性能的指标要求，并能同时减小取决于校正器 $G_c(\mathrm{j}\omega)$ 的带宽的这一类反馈代价。这一类代价主要起源于测量输出时不可避免地存在噪声，如果校正器的带宽过大，这种噪声经过放大之后，就既可能在早期就使受控对象饱和，也可能在稍晚时造成 $G_c(s)$ 饱和，因此必须保持对校正器带宽的约束。在后续各节中，我们将在二因素系统设计框架(受控对象和控制器)的基础上，通过添加前置滤波器等措施，来帮助实现控制系统的设计目标。

12.4 含有不确定参数的系统

许多系统含有一些本质上是定常的，但在一定范围内具有不确定性的参数。考虑下面的特征方程：

$$s^n + a_{n-1}s^{n-1} + a_{n-2}s^{n-2} + \cdots + a_0 = 0 \tag{12.16}$$

其系数满足：$\alpha_i \leqslant a_i \leqslant \beta_i$，$i=0, \cdots, n$，其中 $a_n=1$。

初看上去，为了确定这类系统的稳定性，应该研究所有可能的参数组合。幸好，我们只需要研究系统最坏情形下的几个特征多项式，就可以确定系统的稳定性[20]。事实上，只要分析4个就足够了。例如，若三阶系统的特征方程为

$$s^3 + a_2s^2 + a_1s + a_0 = 0 \tag{12.17}$$

则相应的极端情况下的4个特征多项式为

$$\begin{aligned} q_1(s) &= s^3 + \alpha_2s^2 + \beta_1s + \beta_0 \\ q_2(s) &= s^3 + \beta_2s^2 + \alpha_1s + \alpha_0 \\ q_3(s) &= s^3 + \beta_2s^2 + \beta_1s + \alpha_0 \\ q_4(s) &= s^3 + \alpha_2s^2 + \alpha_1s + \beta_0 \end{aligned}$$

其中，每个多项式都代表了一种最坏情况。利用这些多项式，可以了解系统的不稳定性，或者至少了解系统在相应情况下的最坏性能。

例 12.4 具有不确定系数的三阶系统

考虑具有不确定参数的三阶系统，其中

$$\begin{aligned} 8 \leqslant a_0 \leqslant 60 &\Rightarrow \alpha_0 = 8, \quad \beta_0 = 60 \\ 12 \leqslant a_1 \leqslant 100 &\Rightarrow \alpha_1 = 12, \quad \beta_1 = 100 \\ 7 \leqslant a_2 \leqslant 25 &\Rightarrow \alpha_2 = 7, \quad \beta_2 = 25 \end{aligned}$$

于是，极端情况下的4个特征多项式为

$$\begin{aligned} q_1(s) &= s^3 + 7s^2 + 100s + 60 \\ q_2(s) &= s^3 + 25s^2 + 12s + 8 \\ q_3(s) &= s^3 + 25s^2 + 100s + 8 \\ q_4(s) &= s^3 + 7s^2 + 12s + 60 \end{aligned}$$

利用劳斯-赫尔维茨稳定性判据检验这4个多项式，可以断定，在不确定参数的变动范围内，系统始终是稳定的。

例 12.5 不确定系统的稳定性

考虑某个单位负反馈系统，其受控对象的传递函数(标称条件)为

$$G(s) = \frac{4.5}{s(s+1)(s+2)}$$

则其标称的闭环特征方程为

$$q(s) = s^3 + 3s^2 + 2s + 4.5 = 0$$

由劳斯-赫尔维茨稳定性判据可知，这个系统此时是稳定的。但是如果系统存在不确定参数，使

$$4 \leqslant a_0 \leqslant 5 \Rightarrow \alpha_0 = 4, \quad \beta_0 = 5$$
$$1 \leqslant a_1 \leqslant 3 \Rightarrow \alpha_1 = 1, \quad \beta_1 = 3$$
$$2 \leqslant a_2 \leqslant 4 \Rightarrow \alpha_2 = 2, \quad \beta_2 = 4$$

那么，为了检验系统的稳定性，必须检验下面 4 个特征多项式：

$$q_1(s) = s^3 + 2s^2 + 3s + 5$$
$$q_2(s) = s^3 + 4s^2 + 1s + 4$$
$$q_3(s) = s^3 + 4s^2 + 3s + 4$$
$$q_4(s) = s^3 + 2s^2 + 1s + 5$$

由劳斯-赫尔维茨稳定性判据可知：$q_1(s)$和$q_3(s)$稳定，$q_2(s)$临界稳定，而对$q_4(s)$而言，因为有

$$\begin{array}{c|cc} s^3 & 1 & 1 \\ s^2 & 2 & 5 \\ s^1 & -3/2 & \\ s^0 & 5 & \end{array}$$

因此，在 α_2 取最小值、α_1 取最小值且 β_0 取最大值时，系统是不稳定的。当受控对象变为

$$G(s) = \frac{5}{s(s+1)(s+1)}$$

时，就出现了这种最坏的情况。此时，系统的第 3 个开环极点朝 $j\omega$ 轴方向移动并到达了极限位置 $s = -1$，而增益也已经增加到了最大值 $K = 5$。

12.5　鲁棒控制系统设计

鲁棒控制系统设计要完成两个基本任务：确定控制器结构和调节控制器参数，以便在不确定的情况下，系统也能达到可接受的性能。设计选择控制器结构时，一般总是以系统响应能够满足给定的性能指标设计要求为出发点。

在很多场合，控制系统的理想设计目标是，系统能够精确并及时地跟踪输入。这意味着要最小化跟踪误差，也意味着在理想情况下，闭环系统的伯德图应该非常平整，即具有无限带宽的 0 dB 增益并且相角始终为零，而实际上并不存在这样的理想系统。一种可行的设计追求是，受控对象和控制器一起，能够在尽可能宽的频段范围内，保持闭环系统的幅频响应曲线平坦且接近于 1(即 0 dB)[20]。

控制系统设计的另一个目标是，使干扰对系统输出的影响极小化。考虑图 12.11 所示的控制系统，其中 $G(s)$ 为受控对象，$T_d(s)$ 为干扰输入。于是有

$$T(s) = \frac{Y(s)}{R(s)} = \frac{G_c(s)G(s)}{1 + G_c(s)G(s)} \tag{12.18}$$

和

$$\frac{Y(s)}{T_d(s)} = \frac{G(s)}{1 + G_c(s)G(s)} \tag{12.19}$$

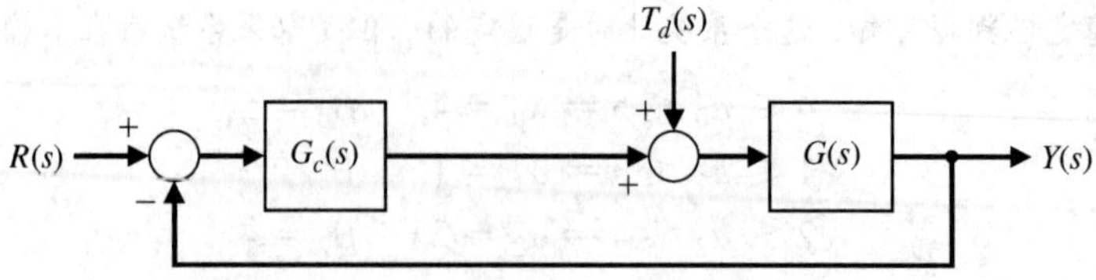

图 12.11 带有扰动的系统

比较式(12.18)和式(12.19)可知，它们有相同的分母多项式，因此，特征方程都是

$$1 + G_c(s)G(s) = 1 + L(s) = 0 \tag{12.20}$$

再注意到 $T(s)$ 对 $G(s)$ 的灵敏度为

$$S_G^T = \frac{1}{1 + G_c(s)G(s)} \tag{12.21}$$

也有相同的分母多项式。由此可见，闭环系统的特征方程对系统灵敏度有着决定性的影响。式(12.21)表明：要想降低系统的灵敏度 S，就应该增大开环传递函数 $L(j\omega)$。但过分增大开环传递函数又会导致闭环系统 $T(s)$ 失稳或者系统响应性能恶化。因此，在设计鲁棒控制系统时，原则上应当要求系统：

1. $T(s)$ 具有较宽的带宽；
2. 在低频段，开环传递函数 $L(s)$ 的幅值大；
3. 在高频段，开环传递函数 $L(s)$ 的幅值小。

给定频域指标要求，在频域内进行鲁棒系统设计时，最基本的工作是找到合适的校正器 $G_c(s)$，使闭环系统的灵敏度小于某个预先给定的容许值；而进一步的灵敏度优化问题，则涉及寻找合适的校正器，使闭环系统的灵敏度等于或无限接近灵敏度的最小下限。

类似地，增益裕度和相角裕度的基本设计问题就是要寻找合适的校正器，以达到预定的增益裕度；而抗干扰和降低噪声问题的解决途径分别是，寻找在低频段幅值较大的开环传递函数和高频段幅值较小的开环传递函数。当采用频域性能指标时，前述 3 条鲁棒系统设计原则的具体措施表现为，$G_c(j\omega)G(j\omega)$ 的伯德图应该满足(见图 12.12)：

1. 在以穿越频率 ω_c 为中心的足够宽的频率范围内，通过维持 $G_c(j\omega)G(j\omega)$ 幅频渐近线的斜率不大于 −20 dB/dec 来保证系统的相对稳定性；
2. 通过减小 $G_c(j\omega)G(j\omega)$ 在高频段的幅值来保证系统的稳态精度和对测量噪声的衰减能力；
3. 通过增大 $G_c(j\omega)G(j\omega)$ 在低频段的幅值，来保证系统的抗干扰能力；
4. 在系统带宽 ω_B 之外，通过维持 $G_c(j\omega)G(j\omega)$ 处于预期的边界之内，来保证系统的精度和性能。

利用根灵敏度的概念，这些鲁棒系统设计原则可以表述为：一方面要求将 S_a^r 最小化，另一方面要求系统闭环传递函数 $T(s)$ 有合适的主导极点，以便提供满意的响应，同时还要求将 $T_d(s)$ 的影响控制到最小。以图 12.11 所示的系统为例，其中 $G_c(s)=K$，$G(s)=1/(s(s+1))$。该系统有两个特征根，需要选择增益 K 的合适取值，使 $Y(s)/T_d(s)$ 和 S_K^r 最小化，同时使 $T(s)$ 具有预期主导极点。我们知道，根灵敏度为

$$S_K^r = \frac{dr}{dK}\cdot\frac{K}{r} = \left.\frac{ds}{dK}\right|_{s=r}\cdot\frac{K}{r} \tag{12.22}$$

而特征方程为

$$s(s+1)+K=0 \tag{12.23}$$

于是有 $dK/ds=-(2s+1)$，将 $K=-s(s+1)$ 代入式(12.22)，可得

$$S_K^r=\frac{-1}{2s+1}\frac{-s(s+1)}{s}\bigg|_{s=r} \tag{12.24}$$

当 $\zeta<1$ 时，系统有一对复特征根，且 $r=-0.5+\mathrm{j}\frac{1}{2}\sqrt{4K-1}$。将它代入式(12.24)可得

$$|S_K^r|=\left(\frac{K}{4K-1}\right)^{1/2} \tag{12.25}$$

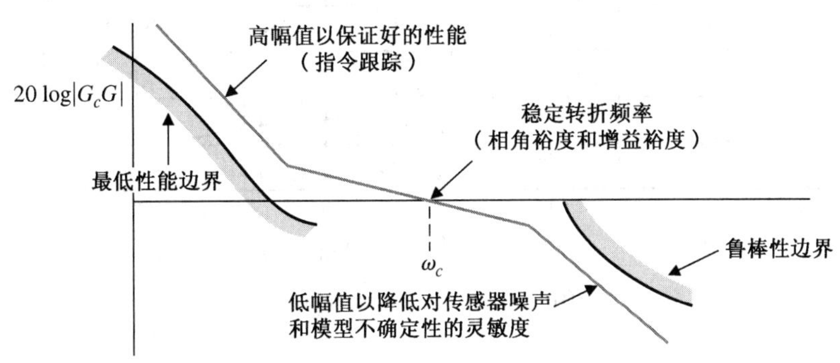

图 12.12　20 log$|G_c(\mathrm{j}\omega)G(\mathrm{j}\omega)|$的伯德图

图 12.13 绘制了根灵敏度的幅值随 K 的变化曲线，其中 K 的取值范围为 0.2～5。图中还绘制了阶跃响应的超调量随 K 的变化曲线。从图中可以看出，最好的选择是将 K 取为 1.5 或者更小，这样既能够保持阶跃响应的良好性能，又能够最大限度地降低灵敏度。一般来说，为了在降低根灵敏度的同时保持足够的抗噪能力，利用根轨迹法设计鲁棒系统的步骤如下：

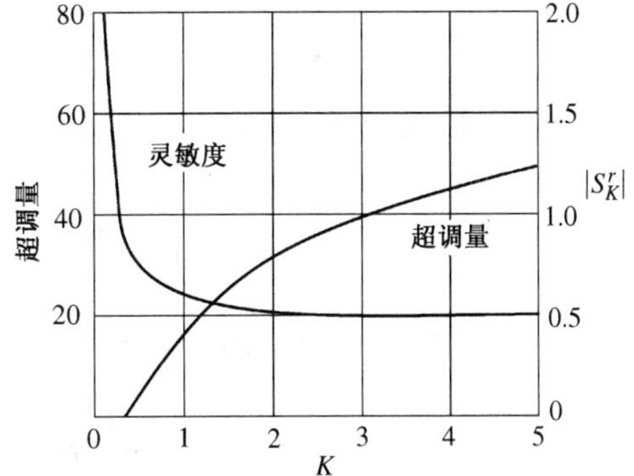

图 12.13　二阶系统的灵敏度和超调量

1. 选择合适的 $G_c(s)$，使系统满足预期主导极点的条件，并绘制校正后的系统根轨迹；
2. 为了减少干扰的影响，将 $G_c(s)$ 的增益提升至最大；
3. 利用第 1 步的结果计算 S_K^r，在兼顾系统瞬态响应性能的同时，使根灵敏度达到最小。

例 12.6　灵敏度和系统校正

考虑图 12.11 给出的系统，其中 $G(s)=1/s^2$。在本例中，将采用频域响应法来设计校正器 $G_c(s)$，通过选取合适的校正器增益来降低系统的灵敏度，减少干扰的影响，同时保证系统具有合适的增益裕度和相角裕度。于是，选取

$$G_c(s) = \frac{K(s/z + 1)}{s/p + 1} \tag{12.26}$$

为了减小干扰的影响，首先取 $K=10$；为了保证系统的相角裕度为 45°，又取 $z=2.0$，$p=12.0$。至此，可以得到图 12.14 所示的校正后的系统伯德图。注意，图中闭环系统的带宽为 $\omega_B=1.6\omega_c$，由此可见，该校正器加大了系统带宽，从而改善了系统重现输入信号的能力。

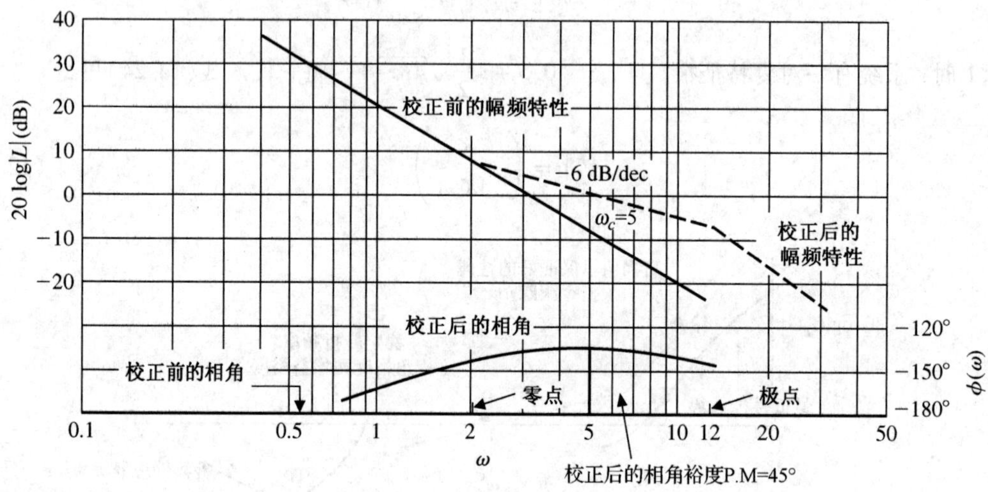

图 12.14　例 12.6 的伯德图

在校正后的穿越频率 ω_c 处，系统灵敏度为

$$|S_G^T(j\omega_c)| = \left|\frac{1}{1 + G_c(j\omega)G(j\omega)}\right|_{\omega=\omega_c} \tag{12.27}$$

为了估计 $|S_G^T|$，可以先由尼科尔斯图得到

$$|T(j\omega)| = \left|\frac{G_c(j\omega)G(j\omega)}{1 + G_c(j\omega)G(j\omega)}\right| \tag{12.28}$$

再在尼科尔斯图上找出 $G_c(j\omega)G(j\omega)$ 的几个点，并从图中读出相应的 $T(\omega)$，于是就得到了

$$|S_G^T(j\omega_1)| = \frac{|T(j\omega_1)|}{|G_c(j\omega_1)G(j\omega_1)|} \tag{12.29}$$

其中，ω_1 通常是选取的小于 ω_c 的频率点，以便在低频段考察 $|S(\omega_1)|$ 的取值情况。校正后的系统的尼科尔斯图如图 12.15 所示，从中可以看出，当 $\omega_1=\omega_c/2.5=2$ 时，有 $20\log|T(j\omega_1)|=2.5$ dB，$20\log|G_c(j\omega_1)G(j\omega_1)|=9$ dB，因而有

$$|S(j\omega_1)| = \frac{|T(j\omega_1)|}{|G_c(j\omega_1)G(j\omega_1)|} = \frac{1.33}{2.8} = 0.47$$

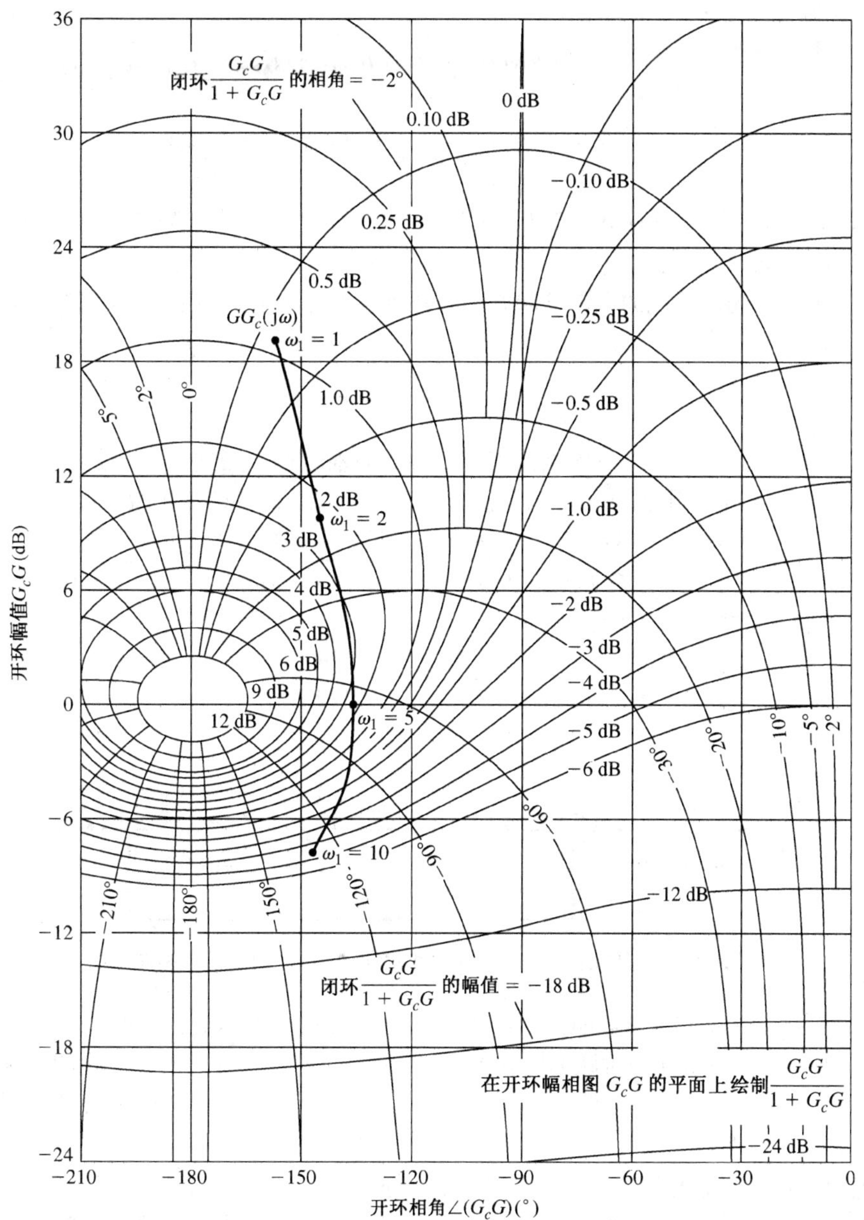

图 12.15　例 12.6 的尼科尔斯图

12.6　鲁棒 PID 控制器设计

PID 控制器的传递函数为

$$G_c(s) = K_P + \frac{K_I}{s} + K_D s$$

由于它具有较强的鲁棒性，能够在较大范围内适应不同的工作条件，同时又结构简单，易于工程师直接使用，因此得到了广泛的应用。为了实现 PID 控制器，必须结合给定的受控对象，精心确定控制器的 3 个参数：比例增益 K_P，积分增益 K_I 和微分增益 K_D[31]。

将 PID 控制器改写为

$$G_c(s)=K_P+\frac{K_I}{s}+K_Ds=\frac{K_Ds^2+K_Ps+K_I}{s}$$
$$=\frac{K_D(s^2+as+b)}{s}=\frac{K_D(s+z_1)(s+z_2)}{s} \tag{12.30}$$

其中，$a=K_P/K_D$，$b=K_I/K_D$。从式(12.30)可以看出，PID 控制器为开环传递函数引入了一个位于坐标原点的极点和两个零点。

前面已经得知，闭环系统的根轨迹起始于开环极点而终止于开环零点。以图 12.16 所示的系统为例，其中

$$G(s)=\frac{1}{(s+2)(s+5)}$$

当 PID 控制器具有复零点时，可以得到图 12.17 所示的根轨迹。当增益 K_D 增加时，闭环系统的复根将趋近于开环零点。因此，在 K_D 的取值较大时，$r_1\approx z_1$，闭环传递函数可以近似为

$$T(s)=\frac{G(s)G_c(s)G_p(s)}{1+G(s)G_c(s)}=\frac{K_D(s+z_1)(s+\hat{z}_1)}{(s+r_2)(s+r_1)(s+\hat{r}_1)}G_p(s)\approx\frac{K_DG_p(s)}{s+r_2} \tag{12.31}$$

再设 $G_p(s)=1$，于是在 $K_D\gg 1$ 时，有

$$T(s)=\frac{K_D}{s+r_2}\approx\frac{K_D}{s+K_D} \tag{12.32}$$

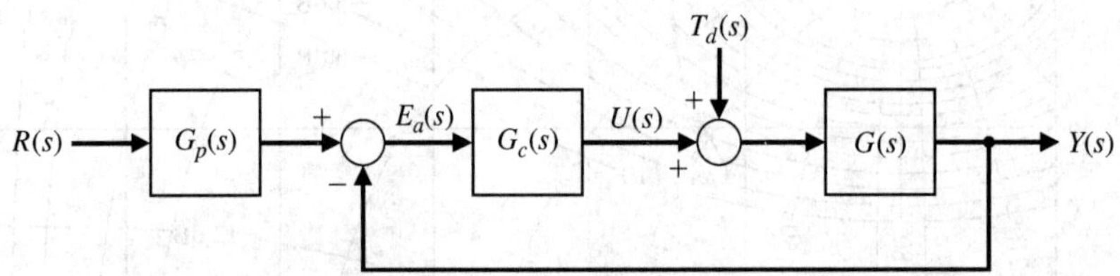

图 12.16　带有预期指令输入 $R(s)$ 和扰动输入 $T_d(s)$ 的反馈控制系统

在实现上述设计时，增大 K_D 的唯一限制因素是 $U(s)$ 的允许幅值(见图 12.16)。如果 K_D 可以取为 100，则系统会有快速的阶跃响应和零稳态误差，而且能够显著减少干扰的影响。

一般来说，当 $G(s)$ 只有一或两个极点(或者可以用二阶系统近似)时，利用 PID 控制器来减少稳态误差和改进瞬态响应特别有效。

选择确定 PID 控制器的 3 个参数的取值的主要问题是，这些参数并不能直接转换成设计者心目中所预期的性能指标和鲁棒特性。为此，人们已经提出了多种设计原则和方法来解决这个参数整定问题。本节将在闭环系统根轨迹的基础上，针对不同的性能指标，介绍几种 PID 控制器的设计方法。

首先介绍针对 ITAE 指标的设计方法。由此确定的 PID 控制器可以使 ITAE 性能指标达到最小值，也可以导致系统对阶跃输入[见图 5.30(c)]或斜坡输入的优良的瞬态响应。采用 ITAE 方法时，PID 控制器的设计过程可以归纳为以下 3 步：

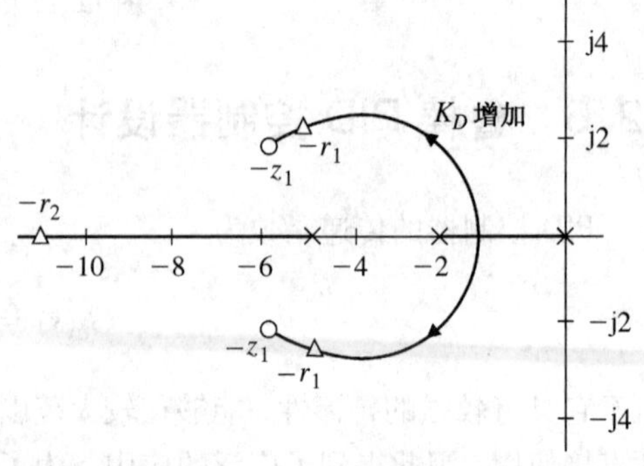

图 12.17　带有零点 $-z_1=-6+j2$ 的根轨迹

1. 根据对调节时间的设计要求，确定闭环系统的固有频率 ω_n；

2. 根据选定的最佳闭环传递函数（见表 5.6）及第 1 步中给出的 ω_n，确定 PID 控制器的 3 个参数，得到 $G_c(s)$；
3. 确定合适的**前置滤波器** $G_p(s)$，使闭环系统传递函数 $T(s)$ 没有零点。

例 12.7　温度的鲁棒控制

考虑图 12.16 所示的控制系统，其受控对象为

$$G(s)=\frac{1}{(s+1)^2} \tag{12.33}$$

当 $G_c(s)=1$ 时，系统对阶跃输入信号的稳态跟踪误差高达 $e_{ss}=50\%$，调节时间长达 $T_s=3.2$ s（按 2% 准则）。为了使系统的阶跃响应具有最佳的 ITAE 性能，且调节时间 $T_s\leqslant 0.5$ s，考虑采用 PID 控制器来校正系统。当 $G_p(s)=1$ 时，经过校正的闭环传递函数为

$$T_1(s)=\frac{Y(s)}{R(s)}=\frac{G_c(s)G(s)}{1+G_c(s)G(s)}=\frac{K_Ds^2+K_Ps+K_I}{s^3+(2+K_D)s^2+(1+K_P)s+K_I} \tag{12.34}$$

当采用 ITAE 指标时，由表 5.6 可知，最优特征多项式应该为

$$s^3+1.75\omega_n s^2+2.15\omega_n^2 s+\omega_n^3 \tag{12.35}$$

为了满足对调节时间的设计要求，还需要选取 ω_n 的合适取值。由于 $T_s=4/(\zeta\omega_n)$，ζ 的取值未知但近似等于 0.8，所以可以取 $\omega_n=10$。将 $\omega_n=10$ 代入式（12.35），并让式（12.34）的分母等于式（12.35），比较系数后可以得到，$K_P=214$，$K_D=15.5$，$K_I=1000$。于是，式（12.34）可以写成

$$T_1(s)=\frac{15.5s^2+214s+1000}{s^3+17.5s^2+215s+1000}=\frac{15.5(s+6.9+\mathrm{j}4.1)(s+6.9-\mathrm{j}4.1)}{s^3+17.5s^2+215s+1000} \tag{12.36}$$

从表 12.2 中可以看出，该系统阶跃响应的超调量高达 P.O.= 33.9%。

接着，选择前置滤波器 $G_p(s)$，使系统具有预期的最优 ITAE 指标。所引入的 $G_p(s)$ 应该能够消除式（12.36）中的零点，并使期望闭环传递函数的分子为 1000，即系统的闭环传递函数变为

$$T(s)=\frac{G_c(s)G(s)G_p(s)}{1+G_c(s)G(s)}=\frac{1000}{s^3+17.5s^2+215s+1000} \tag{12.37}$$

由此可以得到

$$G_p(s)=\frac{64.5}{s^2+13.8s+64.5} \tag{12.38}$$

表 12.2 的第 4 列给出了此时系统 $T(s)$ 的阶跃响应指标，从中可以看出，经过完全校正后的系统只有很小的超调量，调节时间 $T_s\leqslant 0.5$ s，稳态误差为零。另外，由单位阶跃干扰 $T_d(s)=1/s$ 引起的最大输出 $y(t)$ 也仅仅为干扰输入幅值的 0.4%。这些结果表明，本例的设计结果是非常令人满意的。

表 12.2　例 12.7 的结果

控　制　器	$G_c(s)=1$	PID 和 $G_p(s)=1$	带前置滤波器 $G_p(s)$ 的 PID
超调量	4.2%	33.9%	1.9%
调节时间(s)	4.2	0.6	0.75
稳态误差	50%	0.0%	0.0%
扰动误差	52%	0.4%	0.4%

再考虑受控对象会发生显著变化的情况，传递函数会变成

$$G(s)=\frac{K}{(\tau s+1)^2} \tag{12.39}$$

其参数有较大的变化范围：$0.5\leqslant\tau\leqslant1$，$1\leqslant K\leqslant2$。我们希望探究，前面设计的带有前置滤波器的ITAE最优系统，当$G(s)$的参数在给定的参数变化范围内任意取值时，能否使得系统有鲁棒的性能表现，始终保持系统响应的超调量P.O.≤4%，调节时间$T_s\leqslant2$ s(按2%准则)。

为此，考察下列4种极端情况：$\tau=1$，$K=1$；$\tau=0.5$，$K=1$；$\tau=1$，$K=2$和$\tau=0.5$，$K=2$，对应的阶跃响应示于图12.18中。从中可以看出，这是一个鲁棒性很强的系统。

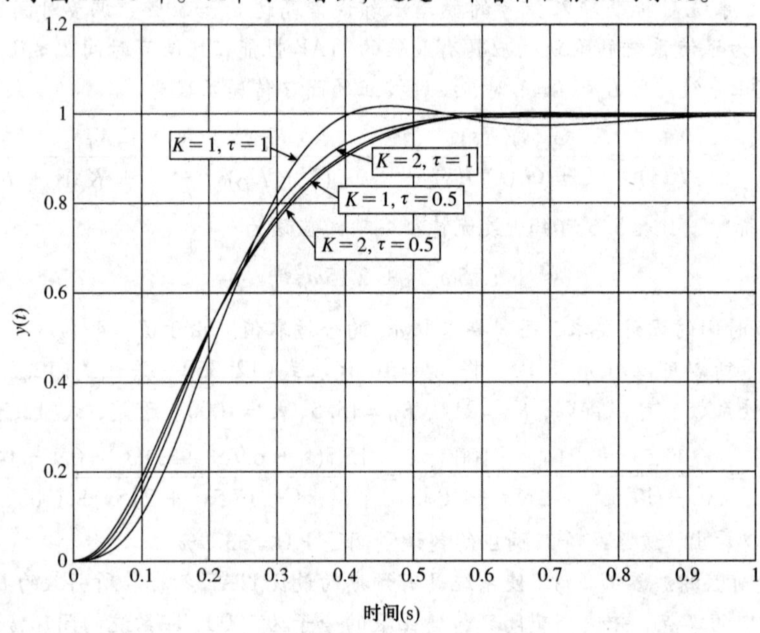

图12.18　当K和τ存在不确定性时，闭环系统的阶跃响应

固有频率ω_n的可选值受到控制器输出$u(t)$(见图12.16)的最大容许值的限制。以图12.16所示的系统为例，并假定$G(s)=1/(s(s+1))$，且选取了合适的PID控制器和前置滤波器$G_p(s)$，使得系统达到了ITAE最优。以此为前提，表12.3给出了$\omega_n=10$，$\omega_n=20$和$\omega_n=40$时$u(t)$的最大值。从中可以推知，如果限制了$u(t)$的最大容许值，自然而然地就限制了ω_n的取值范围，也就限制了最小调节时间。

表12.3　受控对象的最大输入值

ω_n	10	20	40
当输入为$R(s)=1/s$时，$u(t)$的最大值	35	135	550
调节时间(s)	0.9	0.5	0.3

12.7　鲁棒内模控制系统

内模控制系统的基本框图如图12.19所示。本节重新考虑控制系统的内模设计问题，并特别关注系统的鲁棒性。**内模原理**指出：如果$G_c(s)G(s)$包含了$R(s)$，$y(t)$就能够渐近跟踪上$r(t)$(稳态误差为零)，并且跟踪性能是鲁棒的。

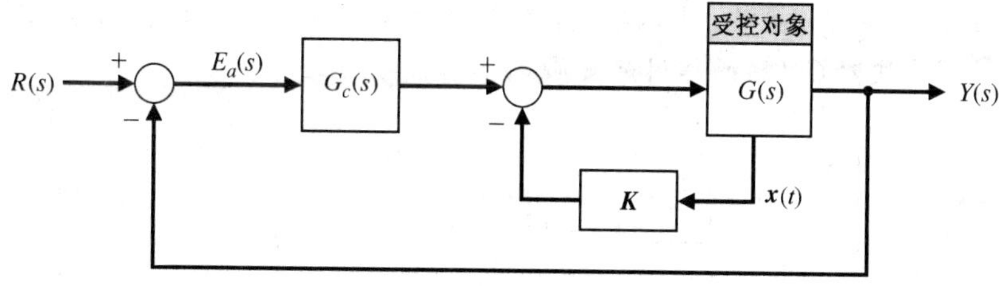

图 12.19　内模控制系统

考虑一个简单的系统，假定有 $G(s)=1/s$。若希望该系统斜坡响应的稳态误差为零，只需要采用合适的 PI 控制器就可以达到设计目标。事实上，当 $\boldsymbol{K}=\boldsymbol{0}$(即无状态变量反馈)时，有

$$G_c(s)G(s)=\left(K_p+\frac{K_I}{s}\right)\frac{1}{s}=\frac{K_ps+K_I}{s^2} \tag{12.40}$$

式(12.40)已经包含了斜坡输入 $R(s)=1/s^2$。此时，系统的闭环传递函数为

$$T(s)=\frac{K_ps+K_I}{s^2+K_ps+K_I} \tag{12.41}$$

若进一步要求系统对斜坡输入达到 ITAE 最优，则闭环传递函数应该为

$$T(s)=\frac{3.2\omega_ns+\omega_n^2}{s^2+3.2\omega_ns+\omega_n^2} \tag{12.42}$$

再考虑满足对调节时间 $T_s=1$ s(按 2% 准则)的设计要求，可以取 $\omega_n=5$。于是又可以得到 PI 控制器的参数为 $K_p=16$，$K_I=25$。经验证后可知，校正后的调节时间 $T_s\leqslant 1$ s 且对斜坡输入的稳态误差为零。若将输入(系统原本是针对斜坡信号设计的)改为阶跃信号，系统的超调量则为 P.O.=5%，调节时间 $T_s=1.5$ s。此外，该系统还对受控对象的变化具有很强的鲁棒性，例如，若改变$G(s)=K/s$的增益，让 K 在 $K=1$ 处做 ±50% 的变动，则系统的斜坡响应也不会发生太大的变化。

下面，我们考虑一个更加复杂的例子。

例 12.8　内模控制系统设计

考虑图 12.20 给出的系统，采用状态变量反馈和校正器 $G_c(s)$来实施系统校正。为了使系统输出能够以零稳态误差跟踪阶跃输入，我们将 $G_c(s)$取为 PID 控制器，于是有

$$G_c(s)=\frac{K_Ds^2+K_Ps+K_I}{s}$$

而 $G_c(s)G(s)$正好包含了输入信号 $R(s)=1/s$。注意：为了保留 $G_c(s)$中的积分环节，确保 $e_{ss}=0$，应该将利用了两个状态变量的反馈信号，加载在 $G_c(s)$的输出端。

本例的设计目标是，使系统具有最小节拍响应，调节时间满足 $T_s\leqslant 1$ s(按 2% 准则)，并且具有较高的鲁棒性。为了体现系统面临的不确定性，我们假设 $G(s)$的两个极点可以在 ±50% 的范围内波动，于是在一种最坏的情况下，受控对象将变为

$$\hat{G}(s)=\frac{1}{(s+0.5)(s+1)}$$

一种保守的设计策略是，针对最坏的情况来设计控制系统。本例将采用另一种设计策略，即根据标称条件设计控制系统，但将预期调节时间减少一半，即将标称条件下的调节时间设计要求强化

为 $T_s \leqslant 0.5$ s。采用这种设计策略，可以期望系统满足对调节时间的设计要求，并且具有很高的鲁棒性。注意，前置滤波器 $G_P(s)$ 的作用是使 $T(s)$ 具有预期的最优形式。

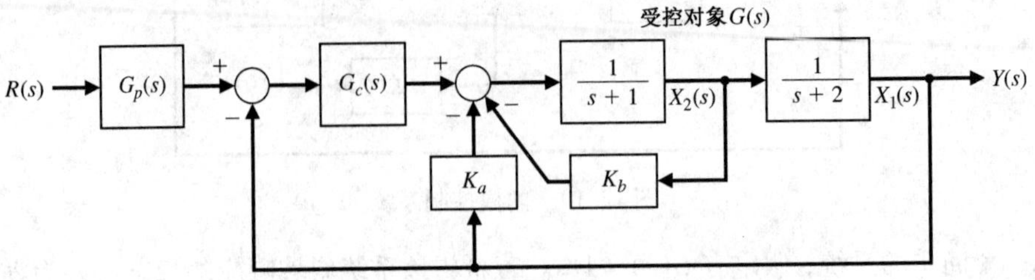

图 12.20 带有状态变量反馈和 $G_c(s)$ 的内模控制

为了使系统具有最小节拍响应，预期的三阶闭环传递函数应该为

$$T(s) = \frac{\omega_n^3}{s^3 + 1.9\omega_n s^2 + 2.20\omega_n^2 s + \omega_n^3} \tag{12.43}$$

而且调节时间应该满足 $T_s = 4/\omega_n$。再根据对调节时间的设计要求($T_s \leqslant 0.5$ s)(按 2% 准则)，可以取 $\omega_n = 8$。由此可以完全确定预期的 $T(s)$。

在图 12.20 所示的系统中，配备了合适的 $G_p(s)$ 之后，其闭环传递函数又可以写成以下形式：

$$T(s) = \frac{K_I}{s^3 + (3 + K_D + K_b)s^2 + (2 + K_P + K_a + 2K_b)s + K_I} \tag{12.44}$$

为使上两式相等，可将其中各参数的值取为：$K_a = 10$，$K_b = 2$，$K_P = 127.6$，$K_I = 527.5$，$K_D = 10.35$。另外还要留意，上述各增益参数的取值并不是唯一的。采用参数的其他取值组合，也能达到上述两式相等的效果。这样得到的系统具有最小节拍响应，超调量 P.O.= 1.65%，调节时间 $T_s = 0.5$ s，且为最小节拍响应。当 $G(s)$ 出现最坏情况，即其极点波动 ±50% 时，系统的超调量变为 P.O.= 1.86%，调节时间变为 $T_s = 0.95$ s，由此可见，这是一个非常鲁棒并且具有最小节拍响应的设计范例。

12.8 设计实例

本节给出了两个演示性实例。第一个例子是超精密钻石车削机，演示了如何采用两因素框架策略为它设计合适的控制器(即两个分立的控制器)。第二个例子考虑了实际中可能出现的不确定性时延问题，为数字音响的磁带驱动器设计了一个 PID 控制器。这些设计过程都强调了控制系统的鲁棒性。

例 12.9 超精密钻石车削机设计

劳伦斯·利弗莫尔(Lawrence Livermore)国家实验室完成了一种超精密钻石车削机的设计研制工作。这种机器采用钻石刀具作为车削和打磨装置，来实现诸如透镜之类的各种光学器件的超精加工。这里只考虑该车削机在 z 轴方向的控制问题。用正弦输入信号激励执行机构，并采用频率响应法来辨识系统，可以确定执行机构和刀具的传递函数为

$$G(s) = \frac{4500}{s + 60} \tag{12.45}$$

其中，由于输入指令 $r(t)$ 是一系列幅值非常小(不足 1 μm)的阶跃指令，所以系统的增益可以取很大的值，例如 4500。如图 12.21 所示，系统的外环回路采用激光干涉仪来反馈位置信息，其精度可以达到 0.1 μm(10^{-7} m)，而内环回路则用测速计来反馈速度信息。

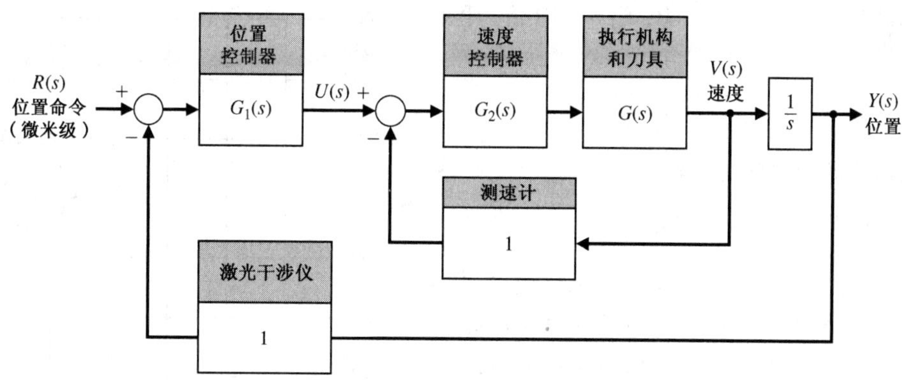

图 12.21　车削机控制系统

本例的设计目标是：选择合适的控制器 $G_1(s)$ 和 $G_2(s)$，使系统具有过阻尼特性、很高的鲁棒性和较宽的带宽。在车削和打磨的加工过程中，由于负载、材料和加工要求的变化，受控对象 $G(s)$ 也会发生相应的变化，我们设计的鲁棒系统应该能容忍这些变化，因此必须使系统的内、外回路都具有较大的相角裕度和幅值裕度，并同时具有很小的根灵敏度。表 12.4 给出了具体的性能指标设计要求。

表 12.4　车削机控制系统的性能指标设计要求

性能指标	传递函数	
	速度回路，$V(s)/U(s)$	位置回路，$Y(s)/R(s)$
最小带宽	950 rad/s	95 rad/s
阶跃响应的稳态误差	0	0
最小阻尼系数 ζ	0.8	0.9
最大根灵敏度 $\lvert S_K^r\rvert$	1.0	1.5
最小相角裕度	90°	75°
最小增益裕度	40 dB	60 dB

为了使速度回路的稳态误差为零，将速度回路的控制器取为 $G_2(s)=G_3(s)G_4(s)$，其中 $G_3(s)$ 为 PI 控制器，$G_4(s)$ 为超前校正器，于是有

$$G_2(s) = G_3(s)G_4(s) = \left(K_p + \frac{K_I}{s}\right)\cdot\frac{1+K_4 s}{\alpha\left(1+\dfrac{K_4}{\alpha}s\right)}$$

将控制器参数取为 $K_P/K_I=0.005\ 32$，$K_4=0.002\ 72$ 和 $\alpha=2.95$，于是可以得到

$$G_2(s) = K_P\frac{s+188}{s}\cdot\frac{s+368}{s+1085}$$

$G_2(s)G(s)$ 的根轨迹如图 12.22 所示。当 $K_P=2$ 时，速度回路的闭环传递函数为

$$T_2(s) = \frac{V(s)}{U(s)} = \frac{9000(s+188)(s+368)}{(s+205)(s+305)(s+10^4)} \approx \frac{10^4}{(s+10^4)} \tag{12.46}$$

至此，我们得到了一个带宽较宽的系统。表 12.5 给出了该系统的实际带宽、根灵敏度和其他指标。从中可以看出，速度回路的性能已经超出了设计要求。

在位置回路中，我们利用超前校正器作为控制器，于是有

$$G_1(s) = K_1\frac{1+K_5 s}{\alpha\left(1+\dfrac{K_5}{\alpha}s\right)}$$

再将校正器参数设定为 $\alpha = 2.0$，$K_5 = 0.0185$，于是可以得到

$$G_1(s) = \frac{K_1(s+54)}{s+108}$$

整个位置回路的开环传递函数为

$$L(s) = G_1(s) \cdot T_2(s) \cdot \frac{1}{s}$$

将 $T_2(s)$ 的近似式，即式(12.46)代入，便可以得到图12.23(a)所示的根轨迹。若采用 $T_2(s)$ 的精确表达式，则可以得到图12.23(b)所示的闭合形式的根轨迹。当选取 $K_P = 1000$ 时，得到的整个系统传递函数的实际响应性能如表12.5所示。这些结果表明，整个车削机控制系统具有很大的相角裕度、合适的过阻尼特性、较宽的带宽和较低的灵敏度，因此是一个鲁棒性很强的系统。

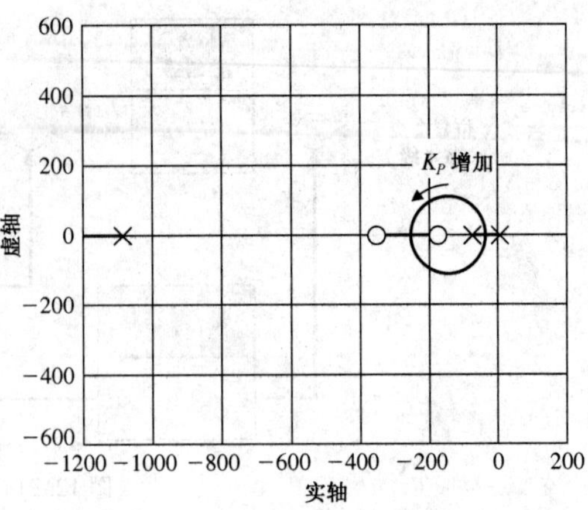

图12.22　当 K_P 变动时，速度回路的根轨迹

表12.5　车削机控制系统设计方案的实际响应性能

性能指标	速度传递函数 $V(s)/U(s)$	位置传递函数 $Y(s)/R(s)$
闭环带宽	4000 rad/s	1000 rad/s
稳态误差	0	0
阻尼系数 ζ	1.0	1.0
根灵敏度 $\lvert S_K^r \rvert$	0.92	1.2
相角裕度	93°	85°
增益裕度	无穷大	76 dB

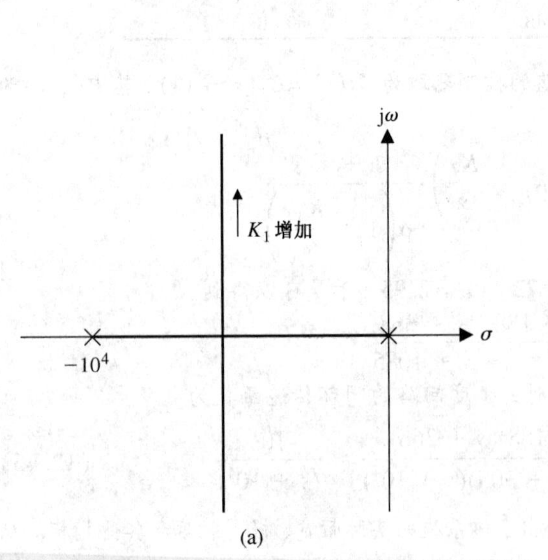

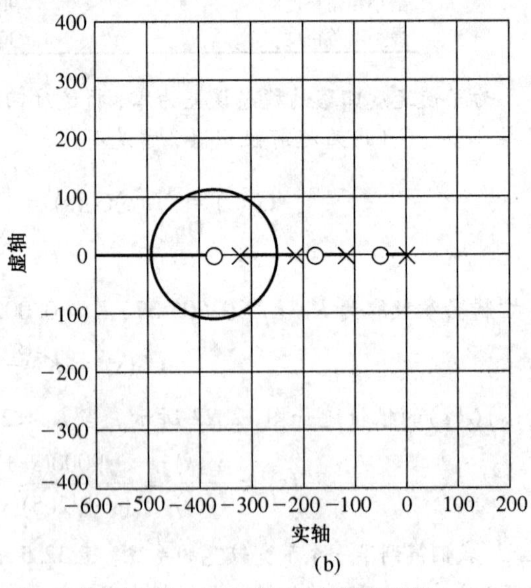

图12.23　当 $K_1 > 0$ 时，位置回路的根轨迹。(a) 整体概略图；(b) 平面上的精确详图

例12.10　数字音响磁带驱动器控制系统

考虑图12.24所示的反馈控制系统，其中

$$G_d(s) = e^{-sT}$$

而且，不能事先确切知道时延 T 的精确值，只知道它满足 $T_1 \leqslant T \leqslant T_2$。实际控制系统中的确存在这种情况。

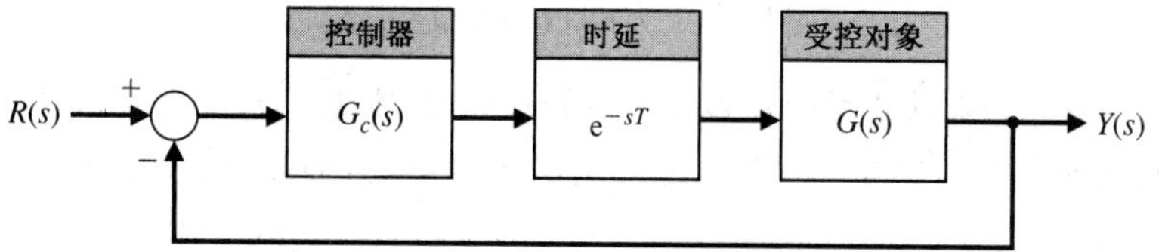

图 12.24　一个包含时延环节的反馈控制系统

定义$G_m(s) = e^{-sT}G(s)$，可得

$$G_m(s) - G(s) = e^{-sT}G(s) - G(s) = (e^{-sT} - 1)G(s)$$

即

$$\frac{G_m(s)}{G(s)} - 1 = e^{-sT} - 1$$

如果再定义

$$M(s) = e^{-sT} - 1$$

则有

$$G_m(s) = (1 + M(s))G(s) \tag{12.47}$$

为了能够设计鲁棒稳定的控制器，用图 12.25 所示的框图来表示时延不确定性，于是，需要解决的问题是确定时延环节的近似模型 $M(s)$。这样就提供了一种在存在不确定时延情况下，直接检查系统鲁棒稳定性的方法。容易看出，本例中的不确定性模型属于乘性不确定性。

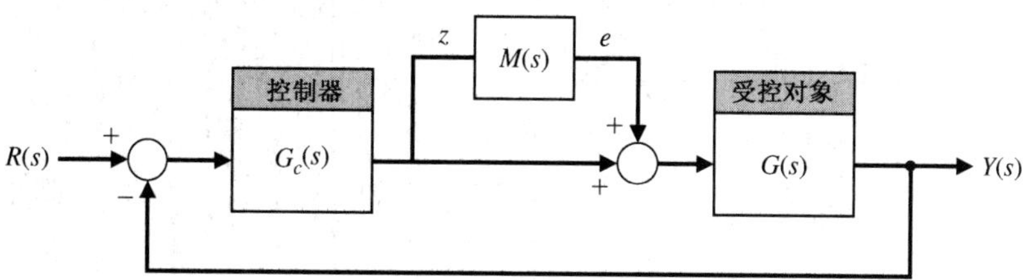

图 12.25　乘性不确定性的表示

由于我们关注的重点和前提是系统的稳定性，可以假设输入 $R(s)=0$，然后将图 12.25 所示的框图等效变换为图 12.26 的框图。利用所谓的小增益原理可知，如果对于所有的 ω，有

$$|M(j\omega)| < \left|1 + \frac{1}{G_c(j\omega)G(j\omega)}\right|$$

则闭环系统是稳定的。现在的问题是，由于不能精确确定时延 T，很难直接使用上式来设计控制器。一种可行的方法是构造一个辅助参考权重函数 $W(s)$，使得对于所有的 ω 和 $T_1 \leqslant T \leqslant T_2$，都有

$$|e^{-j\omega T} - 1| < |W(j\omega)| \tag{12.48}$$

则有

$$|M(j\omega)| < |W(j\omega)|$$

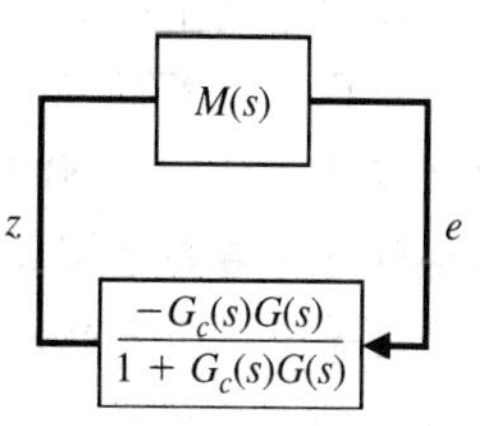

图 12.26　乘性噪声的等效框图

从而，鲁棒稳定性条件就可以变换为，对于所有的 ω 都有

$$|W(\mathrm{j}\omega)| < \left|1 + \frac{1}{G_c(\mathrm{j}\omega)G(\mathrm{j}\omega)}\right| \tag{12.49}$$

这是一个保守的边界，如果满足式(12.49)给出的条件，当时延在范围 $T_1 \leqslant T \leqslant T_2$ 内任意取值时，系统就肯定是稳定的[5, 32]。但是，如果不满足式(12.49)给出的条件，则系统既可能是稳定的，也可能是不稳定的。

假设不确定的时延满足 $0.1 \leqslant T \leqslant 1$，在 $T_1 \leqslant T \leqslant T_2$ 范围内绘制 $\mathrm{e}^{-\mathrm{j}\omega T}-1$ 的幅值曲线，如图 12.27 所示。通过试错的方法，可以选择得到合适的 $W(s)$。一个可行的结果是

$$W(s) = \frac{2.5s}{1.2s + 1}$$

这个函数满足

$$|\mathrm{e}^{-\mathrm{j}\omega T} - 1| < |W(\mathrm{j}\omega)|$$

必须注意的是，辅助参考权重函数的选择不是唯一的。

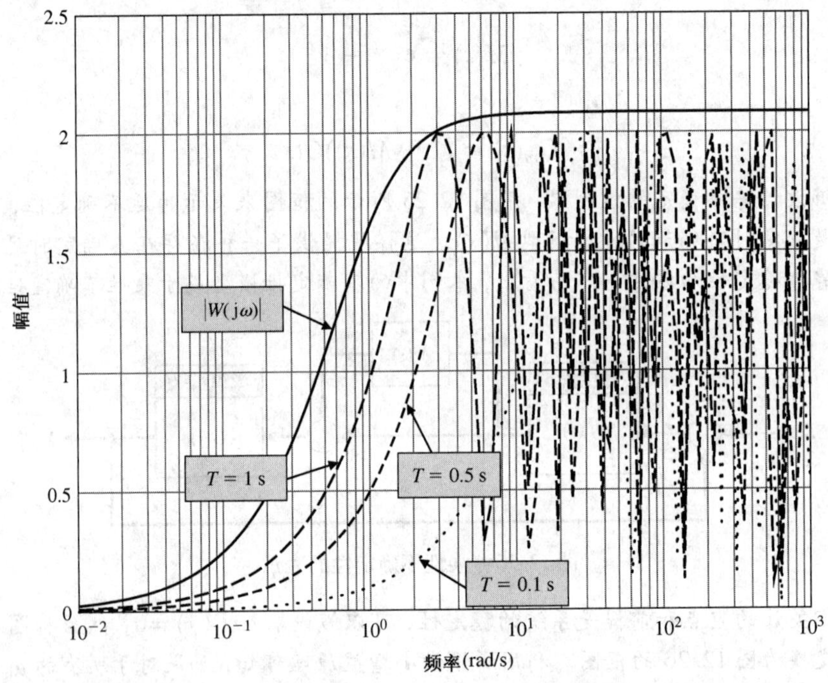

图 12.27　$T=0.1$，$T=0.5$ 和 $T=1$ 时，$|\mathrm{e}^{-\mathrm{j}\omega T}-1|$ 的幅值曲线

下面让我们回到磁带控制系统实例。

一个信用卡大小的数字音响磁带(Digital Audio Tape，DAT)可以存放 1.3 GB 的数据，这个存储量大约是 0.5 in 宽的普通双轴卡式磁带的 9 倍之多。DAT 的销售量和软盘相当，但是其容量却比软盘容量高出约 1000 倍。DAT 的高容量使它能够录制 2 h 的音乐，录音时间长于双轴卡式磁带。这就意味着在录制过程中，尤其是录制时间较长的音乐时，可以减少诸如更换磁带或者中断数据传送等人工干预的次数，甚至无须人工干预。此外，访问 DAT 数据文件所需要的时间平均都在 20 s 以内，相比盒式或盘式磁带所需要的几分钟时间来讲，缩短了很多[2]。

磁带信号读写驱动电路控制着磁鼓和磁带之间的相对运动，数据读写磁头能够跟踪磁带上

的音轨，协同完成磁带上数据的读写，如图 12.28 所示。由于需要对更多的电机进行精确控制，该控制系统相当复杂，需要进行启动、拉紧、卷绕、牵引等控制。图 12.29 给出了控制系统设计的基本流程，并用阴影突出显示了本例重点强调的设计模块。

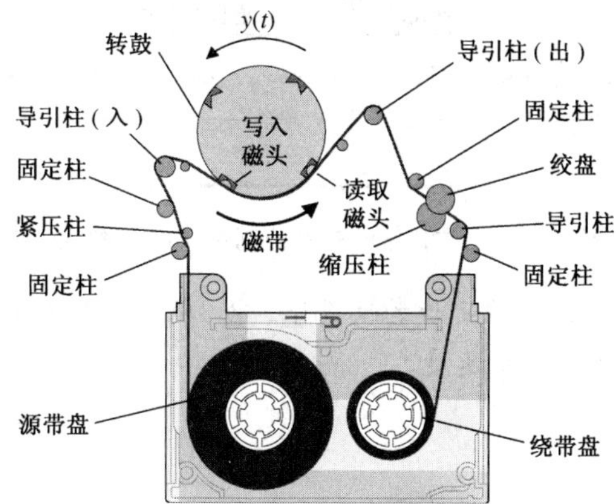

图 12.28　数字音响磁带驱动机构

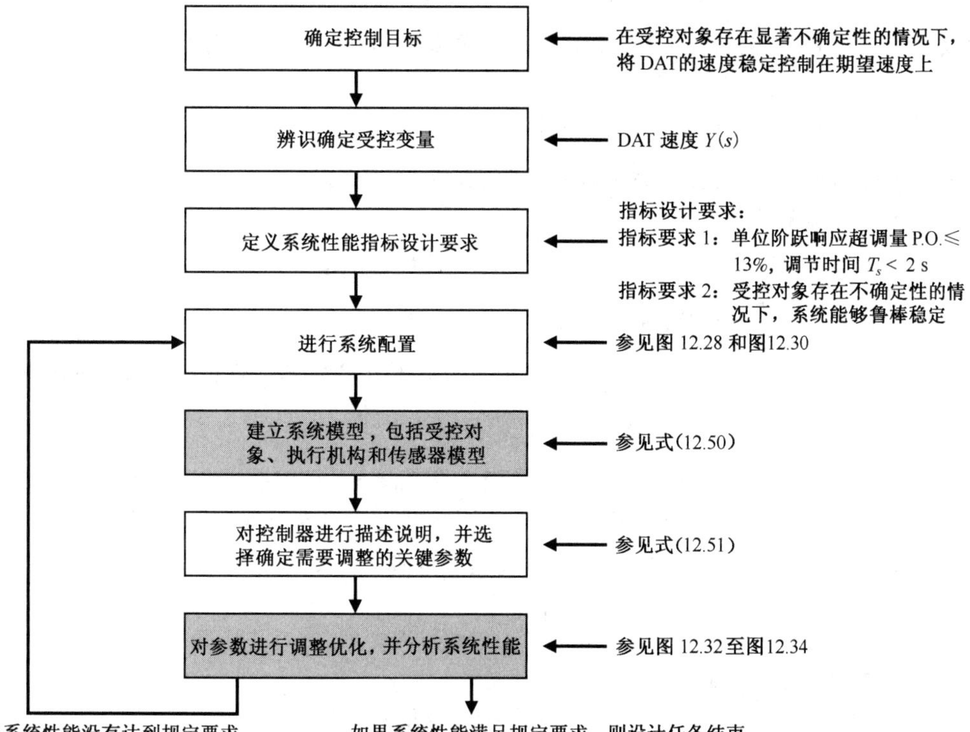

图 12.29　数字音响磁带控制系统设计流程及重点强调的设计模块

考虑图 12.30 给出的速度控制系统，电机和磁带的传递函数会随着磁带的缠绕进程而发生变化，传递函数为

$$G(s) = \frac{K_m}{(s + p_1)(s + p_2)} \tag{12.50}$$

参数的标称值为 $K_m = 4$，$p_1 = 1$，$p_2 = 4$。参数的实际变化范围为 $3 \leqslant K_m \leqslant 5$，$0.5 \leqslant p_1 \leqslant 1.5$，$3.5 \leqslant$

$p_2 \leqslant 4.5$。这样，在某个具体时刻，受控对象是由参数 K_m，p_1 和 p_2 决定的受控对象簇中的一个。控制系统的设计目标如下。

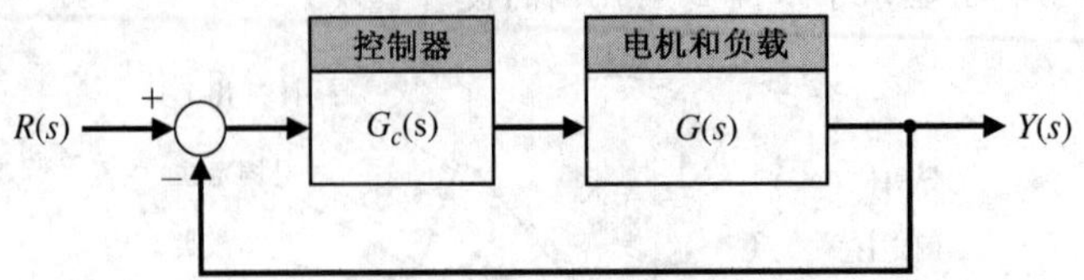

图 12.30 数字音响磁带控制系统的框图模型

控制目标 在受控对象存在显著不确定性的情况下，将 DAT 的速度稳定控制在期望速度上。

由此可知，受控变量应该是磁带速度。

受控变量 DAT 速度 $Y(s)$。

设计指标要求

指标要求 1：单位阶跃响应超调量 P.O.≤13%，调节时间 $T_s \leqslant 2$ s。

指标要求 2：受控对象的输入存在不确定性时延的情况下，系统能够鲁棒稳定。时延的具体值不确定，但是范围已知，为 $0 \leqslant T \leqslant 0.1$。

另外要求，在所有的情况下都必须满足指标要求 1，而仅仅需要在标称系统中($K_m=4$, $p_1=1$, $p_2=4$)，满足指标要求 2。

另外，设计过程中还要考虑下面这些约束：

- 峰值时间要尽可能快，系统不能是过阻尼的；
- 使用 PID 控制器

$$G_c(s) = K_P + \frac{K_I}{s} + K_D s \tag{12.51}$$

- 参数满足：当 $K_m=4$ 时，$K_m K_D \leqslant 20$。

从上面的设计要求可以看出，需要调节的参数是 PID 控制器中的三个基本环节的增益。

选择关键的调节参数 K_P，K_I 和 K_D。

当 $K_m=4$ 时，要求有 $K_m K_D \leqslant 20$，因此必须选择 $K_D \leqslant 5$。接下来，首先利用受控对象参数 K_m，p_1 和 p_2 的标称值来设计 PID 控制器，然后再针对不同参数的变化情况来分析系统性能，并采用仿真的方法检验是否满足指标要求 1。由标称值给出的受控对象为

$$G(s) = \frac{4}{(s+1)(s+4)}$$

采用 PID 控制器，闭环传递函数为

$$T(s) = \frac{4K_D s^2 + 4K_P s + 4K_I}{s^3 + (5+4K_D)s^2 + (4+4K_P)s + 4K_I}$$

如果选择 $K_D=5$，则特征方程为

$$s^3 + 25s^2 + 4s + 4(K_P s + K_I) = 0$$

整理后可得

$$1 + \frac{4K_P(s + K_I/K_P)}{s(s^2 + 25s + 4)} = 0$$

根据设计要求，需要把主导极点配置在满足 $\zeta\omega_n > 2$ 并且 $\zeta > 0.55$ 的可行区域内，选定参数 $\tau =$

K_I/K_P 之后，就可以绘制闭环特征方程以 $4K_P$ 为可变参数的根轨迹。通过反复尝试，我们选定$\tau=3$，根轨迹如图 12.31 所示。从根轨迹中可以确定 $4K_P\approx 120$(这是从图上读出的取整之后的近似值，实际的精确值为 121.7683)，这是一个落在满足系统性能要求的容许区域的可行解，由此得到 $K_P=30$，$K_D=5$，$K_I=90$，从而有 PID 控制器为

$$G_c(s) = 30 + \frac{90}{s} + 5s \tag{12.52}$$

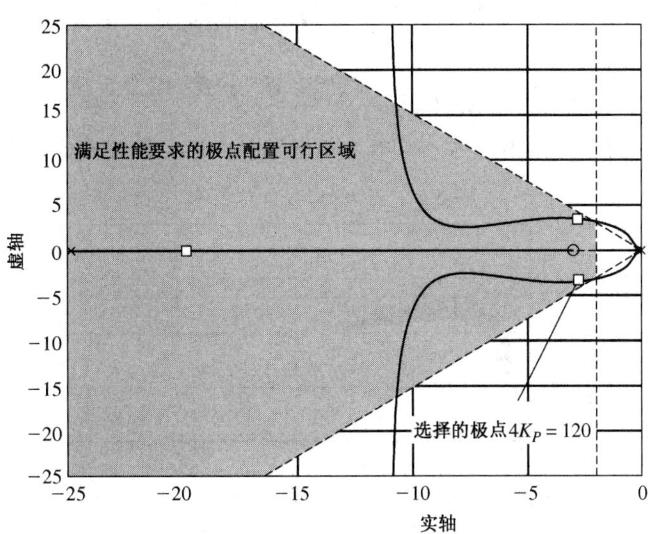

图 12.31　$K_D=5$ 和$\tau=K_I/K_P=3$ 时，DAT 系统的根轨迹

图 12.32 给出了系统的阶跃响应(标称参数时)，图 12.33 则给出了受控对象参数 K_m，p_1 和 p_2 变化时，系统的一组阶跃响应。从图中可以看出，没有一种情况下系统的超调量超出 P.O.= 13%，而调节时间也都满足了 $T_s\leqslant 2$ s。式(12.52)给出的 PID 控制器较好地控制了受控对象的参数不确定性，系统始终满足设计要求 1。

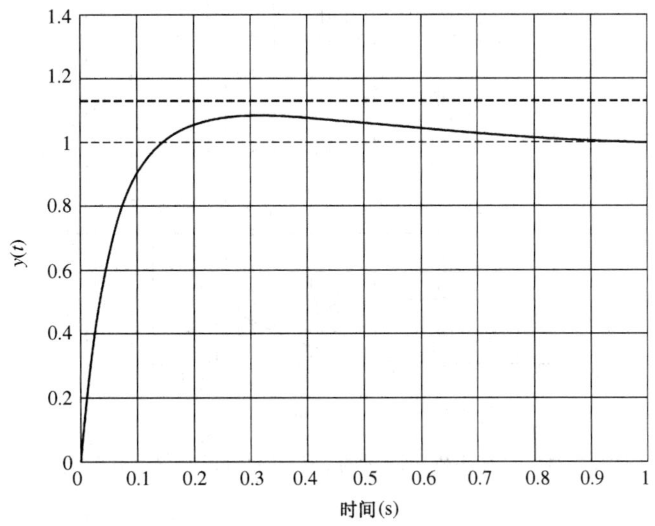

图 12.32　$K_P=30$，$K_D=5$ 和 $K_I=90$ 时，DAT 系统的单位阶跃响应

下面再考虑受控对象有输入时延的情况。时延的精确值未知，但知道它满足 $0\leqslant T\leqslant 0.1$ s。

根据前面的讨论，需要找到一个合适的函数$W(s)$，使得对所有的T，$W(s)$的幅值都是$|e^{-j\omega T}-1|$的上限，这里可以取

$$W(s)=\frac{0.29s}{0.28s+1}$$

要确定系统是不是鲁棒稳定的，只需要检验对所有的ω是不是都有

$$|W(j\omega)|<\left|1+\frac{1}{G_c(j\omega)G(j\omega)}\right| \tag{12.53}$$

绘制出的$|W(j\omega)|$和$\left|1+\dfrac{1}{G_c(j\omega)G(j\omega)}\right|$的曲线如图12.34所示。从图中可以看出，式(12.53)的确得到了满足。这样就可以确定，在出现的不确定性时延不大于0.1 s的情况下，系统始终是稳定的。

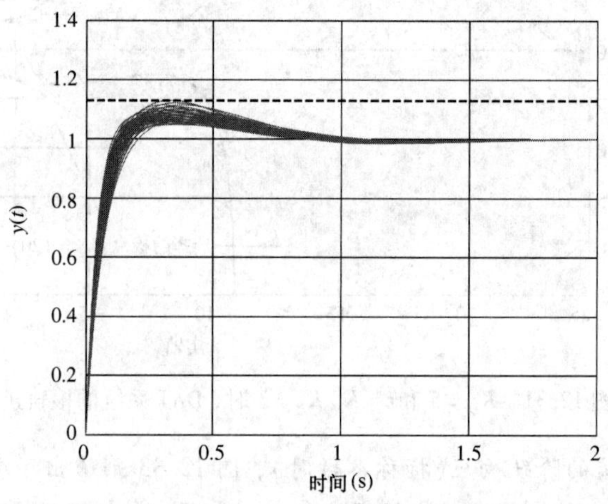

图12.33 参数K_m，p_1和p_2变化时，DAT系统的一组单位阶跃响应

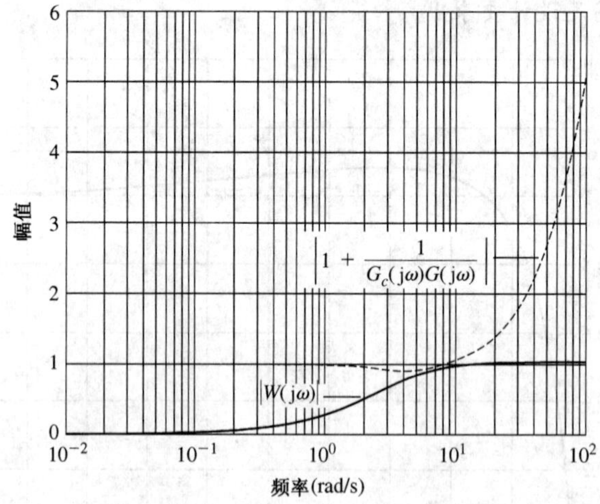

图12.34 存在不确定时延时，DAT系统的鲁棒稳定性分析

12.9 伪定量反馈系统

定量反馈理论(Quantitative Feedback Theory, QFT)旨在研究图12.35所示的控制器，使反馈系

统具备鲁棒性。该方法主要通过提高开环增益 K 来提高闭环系统的带宽，增强系统的鲁棒性。典型的定量反馈设计方法将图示化方法和数值方法相结合，并用于系统的尼科尔斯图，其技术途径的精要之处是获得大的开环增益和大的相角裕度，以保证系统的鲁棒性[24~26, 28]。

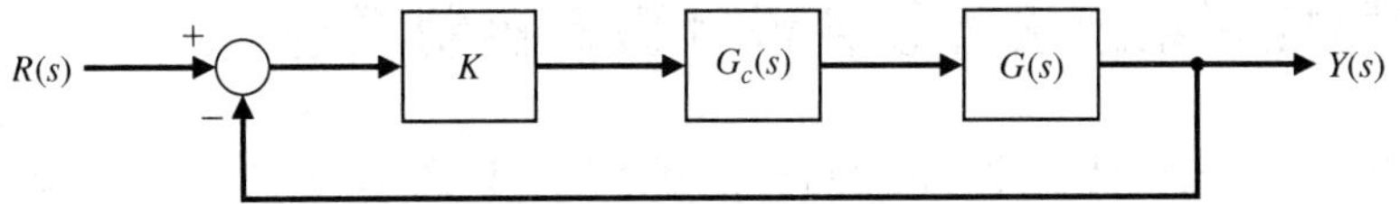

图 12.35　反馈控制系统的框图

本节采用 s 平面根轨迹法来设计增益 K 和控制器 $G_c(s)$，给出了一种能够实现定量反馈设计目标的简单方法。该方法可以称为伪定量反馈方法，其设计步骤如下：

1. 在 s 平面上标出 n 阶受控对象 $G(s)$ 的 n 个极点和 m 个零点，并同时标出 $G_c(s)$ 的极点；
2. 在 s 左半平面上，在从原点开始的 $G(s)$ 的前 $n-1$ 个极点的左侧附近，相应地用 $G_c(s)$ 来配置必要的相近的零点。只保留离虚轴最远的那个 $G(s)$ 极点，没有用 $G_c(s)$ 配置的相近的零点；
3. 增大增益 K，使闭环特征根（闭环传递函数的极点）充分接近 $G_c(s)G(s)$ 的零点。

像这样配置控制器的零点之后，除了一条根轨迹段，系统的所有根轨迹分支都会终止于有限的零点，当增益 K 足够大时，$T(s)$ 的这些极点将与 $G_c(s)G(s)$ 的对应零点近似相等。考察部分分式的留数可以发现，$T(s)$ 只剩下一个有意义的极点，系统具有接近 90°（实际上约为 85°）的相角裕度。

例 12.11　用伪定量反馈方法设计控制器

考虑图 12.35 给出的系统，其中

$$G(s) = \frac{1}{(s + p_1)(s + p_2)}$$

在标称条件下，有 $p_1 = 1$，$p_2 = 2$，给定参数的变化范围为 ±50%。在最坏的情况下，将有 $p_1 = 0.5$，$p_2 = 1$。为了使系统阶跃响应的稳态误差为零，将 $G_c(s)$ 取为 PID 控制器，于是有

$$G_c(s) = \frac{(s + z_1)(s + z_2)}{s}$$

这就符合了内模原理，即 $G_c(s)G(s)$ 包含了 $R(s) = 1/s$。按照第 1 步，在 s 平面上标出 $G_c(s)G(s)$ 的全部极点，如图 12.36所示。从中可以看出，$G_c(s)G(s)$ 有 3 个极点 $s = 0$，$s = -1$和 $s = -2$。再根据第 2 步的要求，用 $G_c(s)$ 在原点的极点和$s = -1$的极点左侧附近配置零点（见图 12.36）。于是，所得到的控制器为

$$G_c(s) = \frac{(s + 0.8)(s + 1.8)}{s} \qquad (12.54)$$

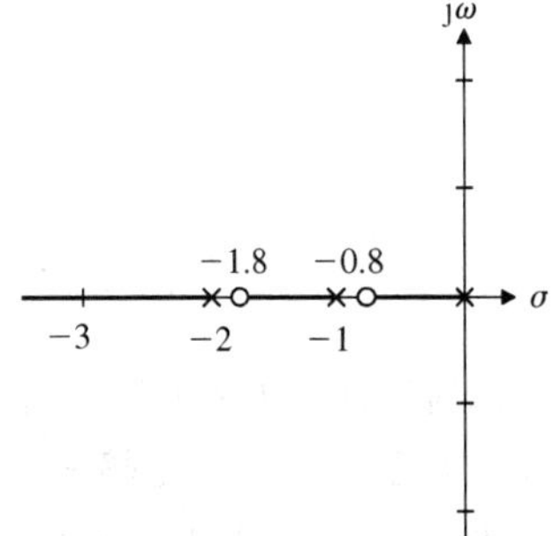

图 12.36　$KG_c(s)G(s)$ 的根轨迹

再令 $K = 100$，就可以使特征方程的根充分接近零点。至此，最终得到的闭环传递函数为

$$T(s) = \frac{100(s + 0.80)(s + 1.80)}{(s + 0.798)(s + 1.797)(s + 100.4)} \approx \frac{100}{s + 100} \qquad (12.55)$$

该闭环系统有很快的响应速度，其相角裕度约为 P.M.= 85°。即使在最坏的情况下（$p_1 = 0.5$ 和 $p_2 = 1$），

系统性能也没有本质上的变化。这样就说明了，采用伪定量反馈设计方法可以得到鲁棒性很好的系统。

12.10 利用控制系统设计软件设计鲁棒控制系统

本节研究用控制系统设计软件来设计鲁棒控制系统。以图12.16所示的反馈控制系统为例，本节重点考虑常用的PID控制器的设计问题，其中还包含了前置滤波器 $G_p(s)$ 的设计问题。

控制器的设计目标是，合理选择参数 K_P，K_I 和 K_D，使系统满足性能指标的设计要求，并且具有预期的鲁棒性。但遗憾的是，PID控制器的参数与系统的鲁棒性之间并不存在直接的、明显的因果关系。下面的例子将表明：利用可重复执行的交互式m脚本程序，可以通过仿真来交互地选择参数和验证鲁棒性。因为设计和仿真都可以借助脚本程序自动地重复进行，合理利用计算机将有助于整个设计过程。

例12.12 温度的鲁棒控制

考虑图12.16所示的反馈控制系统

$$G(s) = \frac{1}{(s + c_0)^2}$$

其中 $G_p(s)=1$，且 c_0 的标称值为1。本例将在 $c_0=1$ 的基础上设计控制器，并通过仿真来检验设计结果的鲁棒性。设计指标要求如下：

指标要求1：调节时间 $T_s \leqslant 0.5$ s(按2%准则)。

指标要求2：当输入为阶跃信号时，系统能够达到ITAE最优。

本例不打算采用前置滤波器来满足指标要求2，而是通过再串联一个增益放大器来获得满意的瞬态性能(例如，较低的超调量等)。

经过PID校正后的闭环传递函数可以写成

$$T(s) = \frac{K_D s^2 + K_P s + K_I}{s^3 + (2 + K_D)s^2 + (1 + K_P)s + K_I} \tag{12.56}$$

相应的根轨迹方程为

$$1 + \hat{K}\left(\frac{s^2 + as + b}{s^3}\right) = 0$$

其中，

$$\hat{K} = K_D + 2, \qquad a = \frac{1 + K_P}{2 + K_D}, \qquad b = \frac{K_I}{2 + K_D}$$

为了保证调节时间 $T_s<0.5$ s，需要将 s^2+as+b 的根(即开环零点)配置在直线 $s=-\zeta\omega_n=-8$ 的左侧，以保证闭环根轨迹能够进入预期的可行区域，如图12.37所示。这里，我们选取了 $a=16$，$b=70$，保证对应的开环零点处在直线 $s=-8$ 之上，而闭环根轨迹则穿越该直线。在可行区域内的根轨迹上，指定闭环系统的主导极点，就可以利用函数rlocfind来计算相应的增益 $\hat{K}$ 和 ω_n。对于所选定的主导极点，此时有 $\hat{K}=118$。再根据 $\hat{K}$ 和 a 和 b 的取值，可以得到PID控制器的参数如下：

$$K_D = \hat{K} - 2 = 116, \qquad K_P = a(2 + K_D) - 1 = 1887, \qquad K_I = b(2 + K_D) = 8260$$

为了满足对超调量的设计要求，可以反复使用函数step来计算系统的阶跃响应，以便确定新增的串联比例放大器的增益 K 的合适取值。如图12.38所示，当 $K=5$ 时，系统阶跃响应的超调量仅为 P.O.=2%，这是一个令人满意的结果。因此，在串联了增益为 $K=5$ 的放大器之后，最终得到的 PID 控制器为

$$G_c(s) = K\frac{K_D s^2 + K_P s + K_I}{s} = 5\frac{116s^2 + 1887s + 8260}{s} \tag{12.57}$$

这里没有使用前置滤波器，而是通过增大串联的放大器的增益 K，同样获得了满意的系统瞬态性能。接下来，在受控对象的参数 c_0 发生变化时，考虑系统的鲁棒性问题。

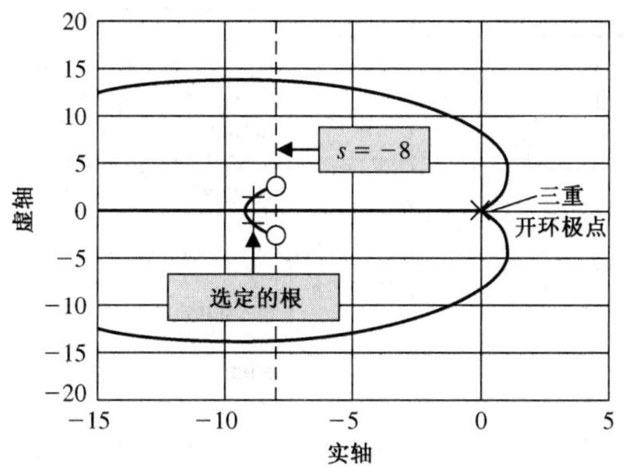


```
>>a=16; b=70;  num=[1 a b]; den=[1 0 0 0]; sys=tf(num,den);
>>rlocus(sys)
>>rlocfind(sys)
```

图 12.37　当$\hat{K}$变化时，用 PID 控制器校正后的温度控制系统的根轨迹

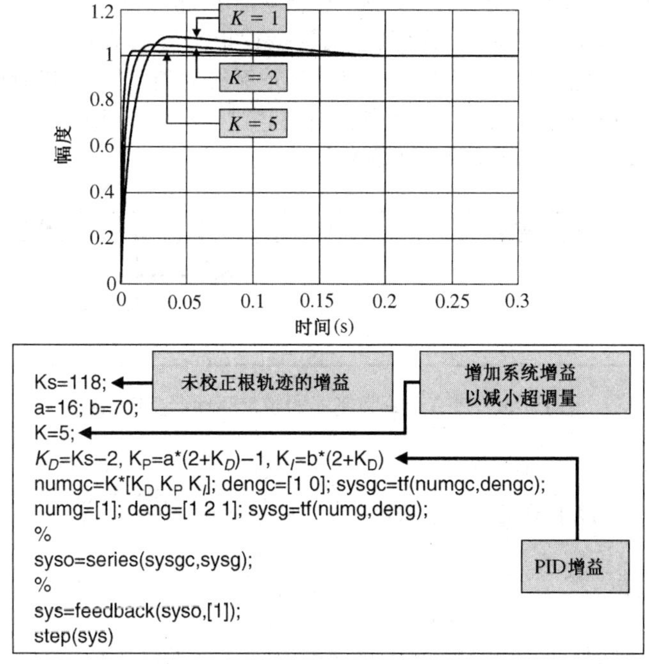


```
Ks=118;
a=16; b=70;
K=5;
KD=Ks-2, KP=a*(2+KD)-1, KI=b*(2+KD)
numgc=K*[KD KP KI]; dengc=[1 0]; sysgc=tf(numgc,dengc);
numg=[1]; deng=[1 2 1]; sysg=tf(numg,deng);
%
syso=series(sysgc,sysg);
%
sys=feedback(syso,[1]);
step(sys)
```

图 12.38　PID 温度控制系统的阶跃响应

给定 c_0 的变化范围为 $0.1 \leqslant c_0 \leqslant 10$ 之后，通过计算系统的阶跃响应，就可以考察系统的鲁棒性。所采用的 PID 控制器仍由式(12.57)给出。此外，在所用的 m 脚本程序中，最好将 c_0 的赋值命令放置在命令区内，这样就可以针对 c_0 的不同取值，非常方便地反复计算系统的阶跃响应。

仿真结果如图 12.39 所示，从中可以看出，当 c_0 的变化范围为 $0.1\leqslant c_0\leqslant 10$ 时，系统阶跃响应的差别难以分辨，这就说明，本例设计的 PID 控制器具有很强的鲁棒性。倘若仿真的结果表明，系统不具备鲁棒性，就需要重复进行设计，直至获得满意的性能。m 脚本程序的交互性特点便于我们通过仿真来检验系统的鲁棒性。

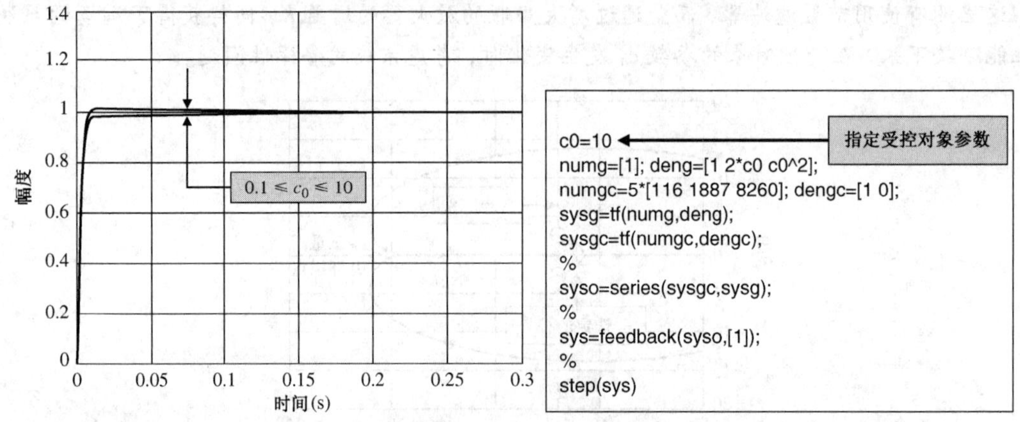

图 12.39 当 c_0 变动时，PID 控制器的鲁棒性分析

12.11 循序渐进设计实例——磁盘驱动器读取系统

本章将为磁盘驱动器读取系统设计一个合适的 PID 控制器，旨在获得预期的响应。实际的磁盘驱动器磁头控制系统大多采用了 PID 控制器，所采用的输入指令 $r(t)$ 具有以下特点：首先要求磁头以允许的最大速度匀速转动，当磁头移动到接近指定的磁道时，$r(t)$ 才变成一个阶跃信号，使磁头减速定位。因此，我们要求磁盘驱动器读取系统对斜坡输入和阶跃输入的稳态跟踪误差均为零。考虑图 12.40 所示的系统，并注意到前向通路具有两个积分环节，可以预料，系统对斜坡输入 $r(t)=At$，$t>0$ 的稳态跟踪误差的确为零。

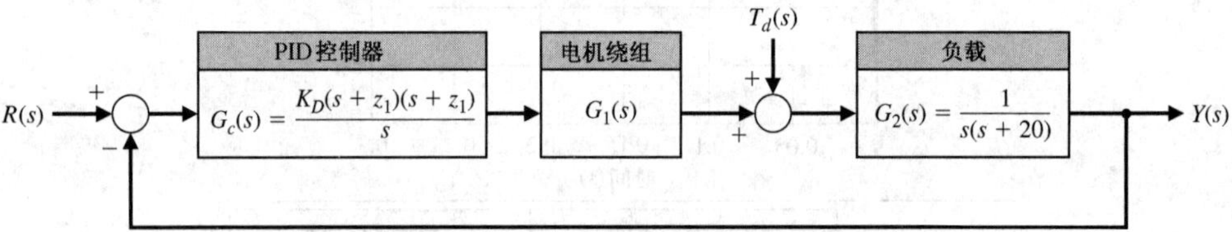

图 12.40 带有 PID 控制器的磁盘驱动器反馈系统

PID 控制器为

$$L(s) = G_c(s) = K_P + \frac{K_I}{s} + K_D s = \frac{K_D(s+z_1)(s+\hat{z}_1)}{s}$$

电机和线圈绕组的传递函数为

$$G_1(s) = \frac{5000}{(s+1000)} \approx 5$$

在本例的设计中，我们采用磁盘驱动器读取系统的二阶模型，并采用了近似式 $G_1(s)=5$。

此外，本例将采用 12.6 节介绍的 s 平面根轨迹法来设计所需要的 PID 控制器。为此，根据开环传递函数

$$L(s) = L(s) = G_c(s)G_1(s)G_2(s) = \frac{5K_D(s+z_1)(s+\hat{z}_1)}{s^2(s+20)}$$

图 12.41 首先标出了已知的开环极点，再将控制器零点取为 $-z_1 = -120 + j40$。为了确保校正后的系统能够满足表 12.6 给出的性能指标设计要求，我们采用了更加严格的措施，将预期主导极点限制在直线 $s = -100$ 的左侧，由此可以确定 $5K_D$ 的取值范围。在这种情况下，调节时间将满足 $T_s < 4/100$，超调量将满足 P.O.≤2%（因为与主导复根对应的阻尼系数 ζ 约为 0.8）。当然，上面只是设计的第 1 步。作为第 2 步，还要经过交互循环来设计确定 K_D。然后就得到了 $K_D = 800$ 时的根轨迹，如图 12.42 所示，并将此时的系统响应性能列于表 12.6 中。从表中可以看出，经校正后的系统完全满足了性能指标设计要求。

表 12.6　磁盘驱动器控制系统的性能指标设计要求和实际性能

性能指标	预　期　值	利用二阶模型的实际响应
超调量	<5%	4.5%
调节时间	<50 ms	6 ms
对于单位阶跃干扰的最大响应	$<5\times10^{-3}$	7.7×10^{-7}

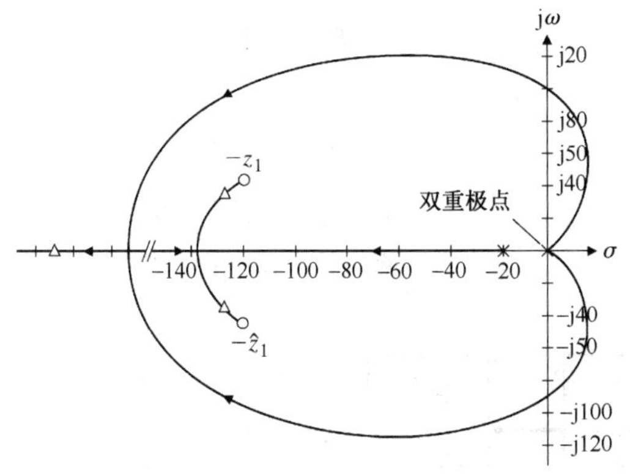

图 12.41　当 K_D 增大时，磁盘驱动器控制系统的根轨迹

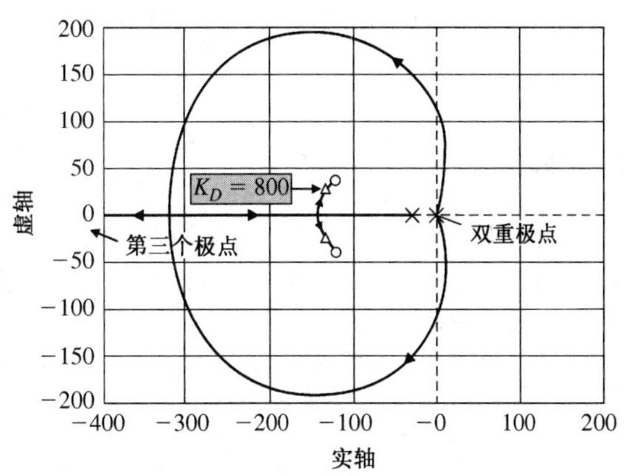

图 12.42　采用二阶系统模型时，磁盘驱动器控制系统的实际根轨迹

12.12　小结

当受控对象存在显著的不确定性时，为了设计高度精确的控制系统，就需要寻求鲁棒控制系统。鲁棒控制系统对于参数的变化有很低的灵敏度，并且当参数在较大范围内波动时，它能够始终保持稳定和合适的性能。

对于鲁棒控制系统而言，PID 控制器是一种非常重要的校正装置。设计合适的 PID 控制器，关键是要确定合适的控制器增益和合理配置控制器的两个零点。本章介绍了 PID 控制器设计的 3 种方法，即根轨迹法、频率响应法和 ITAE 优化设计法。图 12.43 给出了一种能够实现 PID 控制器的运算放大器电路。在通常情况下，采用合适的 PID 控制器，就能够得到满意的鲁棒控制系统。

内模控制系统同时包含状态变量反馈和控制器 $G_c(s)$ 时，也可以用来实现鲁棒控制系统。本章最后还介绍了伪定量反馈设计方法，采用这种方法，同样可以得到鲁棒控制系统。

> 系统参数出现大范围变动或者存在较强的干扰时，鲁棒控制系统能够始终保持稳定，提供合适的预期性能。它既可以对输入信号产生非常鲁棒的响应，又可以使稳态跟踪误差为零。

概念强调说明 12.2

现代控制系统面临着更为严重的不确定性环境。要圆满地解决受控对象的不确定性问题，就必须在提高系统鲁棒性的同时，不断提高系统的智能化水平，这是现代控制系统的发展趋势。图 12.44 给出了系统智能化程度与不确定性程度的关系示意图。

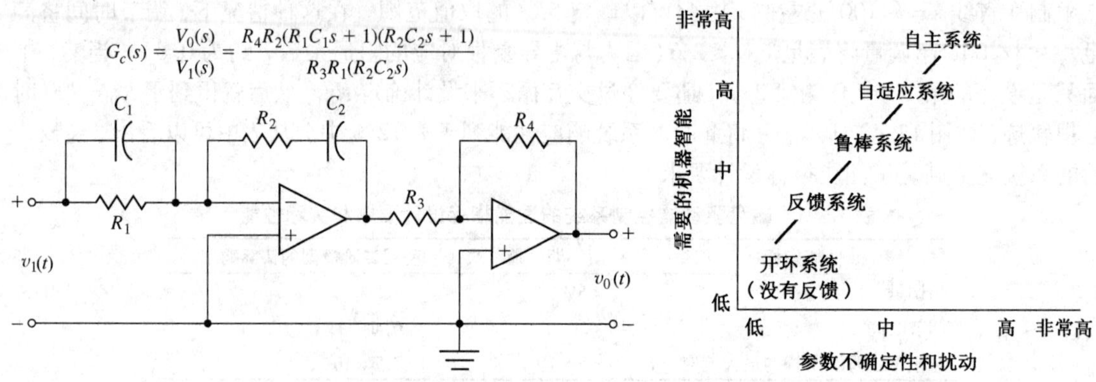

图 12.43　能够实现 PID 控制器的运算放大器电路

图 12.44　现代控制系统中，智能与不确定性的关系

技能自测

本节提供 3 类题目来测试你对本章知识的掌握情况：正误判断题、多项选择题，以及术语和概念匹配题。为了直接地反馈学习效果，请及时对照每章最后给出的答案。必要时，请借助图 12.45 给出的框图来确认下面各题中的结论。

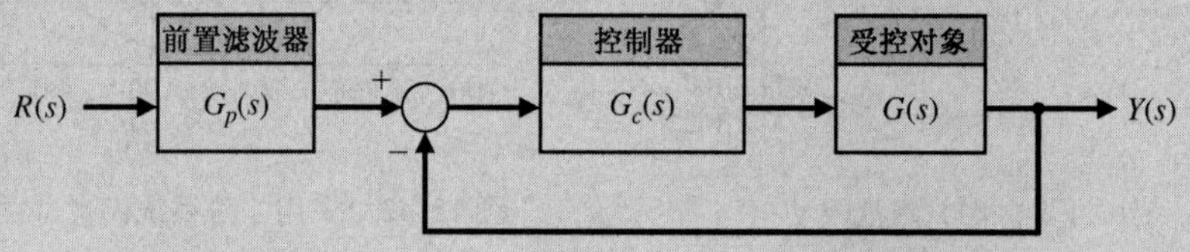

图 12.45　技能自测参考框图

在下面的正误判断题和多项选择题中，圈出正确的答案。

1. 在受控对象存在显著不确定性时，鲁棒控制系统仍然能够实现预期的性能。　对　或　错
2. 对于物理可实现的系统，环路增益 $L(s) = G_c(s)G(s)$ 在高频处的幅值必须足够大。　对　或　错
3. PID 控制器由 3 个环节组成，其输出是这 3 个环节：比例环节、积分环节、微分环节各自输出的加权和。各个环节的加权增益为可调参数。　对　或　错
4. 控制系统模型总是一种对实际物理系统不完全精确的描述。　对　或　错
5. 为了将系统灵敏度 $S(s)$ 最小化，控制系统设计师总是希望得到较小的回路增益 $L(s)$。　对　或　错
6. 某闭环反馈控制系统的三阶特征方程为

$$q(s) = s^3 + a_2s^2 + a_1s + a_0 = 0$$

其中，系数的标称值分别为 $a_2 = 3$，$a_1 = 6$ 和 $a_0 = 11$。由于系数存在不确定性，因此它们的实际值位于如下区间内：

$$2 \leqslant a_2 \leqslant 4,\quad 4 \leqslant a_1 \leqslant 9,\quad 6 \leqslant a_0 \leqslant 17$$

当系数在以上区间内取值时，试分析系统的稳定性。

a. 对于所有可能的系数取值组合，系统都是稳定的。
b. 对于某一部分的系数取值组合，系统是不稳定的。

c. 对于某一部分系数取值组合，系统处于临界稳定。

d. 对于所有可能的系数取值组合，系统都是不稳定的。

完成第 7 题和第 8 题时，考虑图 12.45 给出的单位反馈系统，其中

$$G(s)=\frac{2}{(s+3)}$$

7. 假定前置滤波器为 $G_p(s)=1$。试设计一个 PI 控制器 $G_c(s)$，使其能够在 ITAE 指标意义下，提供最优的特征方程系数值(假定 $\omega_n=12$，输入为阶跃信号)。

a. $G_c=72+\frac{6.9}{s}$　　b. $G_c=6.9+\frac{72}{s}$　　c. $G_c=1+\frac{1}{s}$　　d. $G_c=14+10s$

8. 以第 7 题中得到的 PI 控制器作为 $G_c(s)$，试选择合适的前置滤波器 $G_p(s)$，使系统能够在 ITAE 指标意义下，产生最优的阶跃响应。

a. $G_p(s)=\frac{10.44}{s+12.5}$　　b. $G_p(s)=\frac{12.5}{s+12.5}$　　c. $G_p(s)=\frac{10.44}{s+10.44}$　　d. $G_p(s)=\frac{144}{s+144}$

9. 考虑图 12.45 所示的闭环控制系统，其中

$$G(s)=\frac{1}{s(s^2+8s)}\quad 和\quad G_p(s)=1$$

请问下列 PID 控制器中，哪一个可以使闭环系统具有两对重根?

a. $G_c(s)=\frac{22.5(s+1.11)^2}{s}$　　b. $G_c(s)=\frac{10.5(s+1.11)^2}{s}$

c. $G_c(s)=\frac{2.5(s+2.3)^2}{s}$　　d. 以上都不行

10. 考虑图 12.45 所示的闭环控制系统，其中 $G_p(s)=1$，

$$G(s)=\frac{b}{s^2+as+b}$$

并且有 $1\leqslant a\leqslant 3$，$7\leqslant b\leqslant 11$。那么，下列 PID 控制器中，哪一个能够使得系统鲁棒稳定?

a. $G_c(s)=\frac{13.5(s+1.2)^2}{s}$　　b. $G_c(s)=\frac{10(s+100)^2}{s}$

c. $G_c(s)=\frac{0.1(s+10)^2}{s}$　　d. 以上都不行

11. 考虑图 12.45 所示的闭环控制系统，其中 $G_p(s)=1$，开环传递函数为

$$L(s)=G_c(s)G(s)=\frac{K}{s(s+5)}$$

闭环系统对参数 K 的变化的灵敏度为

a. $S_K^T=\frac{s(s+3)}{s^2+3s+K}$　　b. $S_K^T=\frac{s+5}{s^2+5s+K}$

c. $S_K^T=\frac{s}{s^2+5s+K}$　　d. $S_K^T=\frac{s(s+5)}{s^2+5s+K}$

12. 考虑图 12.45 所示的反馈控制系统，其中受控对象的传递函数为

$$G(s)=\frac{1}{s+2}$$

试选择合适的 PI 控制器与前置滤波器组合，使得系统的调节时间 $T_s<1.8$ s，并产生 ITAE 指标意义下的最优阶跃响应。

a. $G_c(s)=3.2+\frac{13.8}{s}$，$G_p(s)=\frac{13.8}{3.2s+13.8}$　　b. $G_c(s)=10+\frac{10}{s}$，$G_p(s)=\frac{1}{s+1}$

c. $G_c(s)=1+\frac{5}{s}$，$G_p(s)=\frac{5}{s+5}$　　d. $G_c(s)=12.5+\frac{500}{s}$，$G_p(s)=\frac{500}{12.5s+500}$

13. 考虑某单位负反馈控制系统，其开环传递函数(参数取标称值)为

$$L(s) = G_c(s)G(s) = \frac{K}{s(s+a)(s+b)} = \frac{4.5}{s(s+1)(s+2)}$$

利用劳斯-赫尔维茨稳定性判据可知，该系统是闭环标称稳定的。如果系统中存在不确定性，各参数在以下区间内取值：

$$0.25 \leqslant a \leqslant 3, \quad 2 \leqslant b \leqslant 4, \quad 4 \leqslant K \leqslant 5$$

那么，系统可能会出现不稳定。下面的哪种取值组合会导致这样的结果?

a. 当 $a=1$, $b=2$, $K=4$ 时，系统不稳定。

b. 当 $a=2$, $b=4$, $K=4.5$ 时，系统不稳定。

c. 当 $a=0.25$, $b=3$, $K=5$ 时，系统不稳定。

d. a, b 和 K 为区间中任一取值组合时，系统都是稳定的。

14. 考虑图 12.45 所示的反馈控制系统，其中 $G_p(s)=1$, $G(s)=\frac{1}{Js^2}$。

参数的标称值为 $J=5$，但参数的精确取值会随时间发生变化。因此，必须设计一个控制器，使得相角裕度足够大，以保证当 J 变化时，系统能够保持稳定。下列 PID 控制器中，哪一个能够使标称系统的相角裕度 P.M.>40°且带宽 $\omega_B < 20$ rad/s?

a. $G_c(s) = \frac{50(s^2+10s+26)}{s}$　　b. $G_c(s) = \frac{5(s^2+2s+2)}{s}$

c. $G_c(s) = \frac{60(s^2+20s+200)}{s}$　　d. 以上都不行

15. 反馈控制系统的标称特征方程为

$$q(s) = s^3 + a_2 s^2 + a_1 s + a_0 = s^3 + 3s^2 + 2s + 3 = 0$$

由于受控对象存在不确定性，方程系数的变化区间为

$$2 \leqslant a_2 \leqslant 4, \quad 1 \leqslant a_1 \leqslant 3, \quad 1 \leqslant a_0 \leqslant 5$$

当系数在以上区间内任意取值时，试分析系统的稳定性。

a. 对于所有可能的系数取值组合，系统都是稳定的。

b. 对于某一部分系数取值组合，系统是不稳定的。

c. 对于某一部分系数取值组合，系统处于临界稳定。

d. 对于所有可能的系数取值组合，系统都是不稳定的。

在下面的术语和概念匹配题中，在空格中填写正确的字母，将术语和概念与它们的定义联系起来。

a. 根灵敏度	在受控对象存在显著不确定性的情况下，仍然具备预期性能的系统。 ______
b. 加性摄动	由比例项、积分项和微分项这三项之和组成的控制器，控制器输出为每项输出的加权和，其中，每项的加权增益均为可调参数。 ______
c. 补灵敏度函数	在计算偏差信号之前，对输入信号 $R(s)$ 进行滤波的传递函数 $G_p(s)$。 ______
d. 鲁棒控制系统	可以用加性模型 $G_a(s)=G(s)+A(s)$ 描述的系统摄动(扰动)，其中，$G(s)$ 为受控对象的标称传递函数，$A(s)$ 为幅值有界的摄动，$G_a(s)$ 描述了受到扰动的受控对象簇。 ______
e. 系统灵敏度	函数 $C(s)=G_c(s)G(s)[1+G_c(s)G(s)]^{-1}$，满足关系 $C(s)+S(s)=1$，其中，$S(s)$ 为灵敏度函数。 ______
f. 乘性摄动	如果 $G_c(s)G(s)$ 中包含输入 $R(s)$，则系统在进入稳态之后，输出 $Y(s)$ 能够无差地跟踪上输入 $R(s)$，而且这种跟踪还具有鲁棒性。 ______
g. PID 控制器	可以用乘性模型 $G_m(s)=G(s)(1+M(s))$ 描述的系统摄动(扰动)，其中，$G(s)$ 为受控对象的标称传递函数，$M(s)$ 为幅值有界的摄动，$G_m(s)$ 描述了受到扰动的受控对象簇。 ______

h. 鲁棒稳定性判据	针对乘性摄动的鲁棒稳定性判据。	______
i. 前置滤波器	系统的根(即零点和极点)对参数变化的灵敏度的度量指标。	______
j. 灵敏度函数	函数 $S(s)=[1+G_c(s)G(s)]^{-1}$，满足 $C(s)+S(s)=1$，其中 $C(s)$ 为补灵敏度函数。	______
k. 内模原理	系统对参数变化的灵敏度的度量指标。	______

基础练习题

E12.1 考虑单位负反馈系统，其中

$$G(s)=\frac{3}{(s+3)}$$

假定有 $\omega_n=30$，试在输入为阶跃信号时，确定合适的 $G_c(s)$，使系统达到 ITAE 最优，并在有/无前置滤波器 $G_p(s)$ 时，分别计算系统的阶跃响应。

E12.2 采用习题 E12.1 得到的 ITAE 最优设计结果，确定由干扰 $T_d(s)=1/s$ 引起的系统响应。

E12.3 考虑某单位负反馈闭环系统，其中开环传递函数为

$$L(s)=G_c(s)G(s)=\frac{25}{s(s+b)}$$

且 b 的标称值为 8。试求 S_b^T，并绘制 $|T(\mathrm{j}\omega)|$ 和 $|S(\mathrm{j}\omega)|$ 的伯德图。

答案：$S_b^T=\dfrac{-bs}{s^2+bs+25}$

E12.4 考虑单位负反馈系统，其中

$$G(s)=\frac{1}{(s+20)(s+36)}$$

若使用 PID 控制器，则有

$$G_c(s)=K_p+K_Ds+\frac{K_I}{s}$$

并将控制器中的增益限定为 $K_D=200$。在上述条件下，试合理配置控制器零点，使闭环极点近似等于闭环零点。计算近似系统

$$T(s)\cong\frac{K_D}{s+K_D}$$

的阶跃响应和实际系统的阶跃响应，并加以比较分析。

E12.5 某单位负反馈系统的受控对象模型为

$$G(s)=\frac{K}{s(s+3)(s+10)}$$

其中 $K=10$；PD 控制器为

$$G_c(s)=K_p+K_Ds$$

为控制器 $G_c(s)$ 的参数 K_P 和 K_D 选择合适的取值，使系统阶跃响应的超调量 P.O.≤5%，调节时间 $T_s\leq3$ s(按 2% 准则)。当容许受控对象增益在 $5\leq K\leq20$ 范围内变化时，对超调量和调节时间有何影响？

E12.6 考虑图 E12.6 所示的控制系统，其中 $G(s)=1/(s+5)^2$。试设计合适的 PID 控制器 $G_c(s)$，使系统的阶跃响应达到 ITAE 最优，且调节时间 $T_s\leq1.5$ s(按 2% 准则)。在有/无前置滤波器的条件下，分别绘制系统对阶跃输入 $r(t)$ 的响应曲线 $y(t)$。此外，计算并作图显示系统对阶跃干扰的响应 $y(t)$。根据所得的结果，讨论控制器的有效性。

答案：一个可能的控制器为 $$G_c(s) = \frac{0.5s^2 + 52.4s + 216}{s}$$

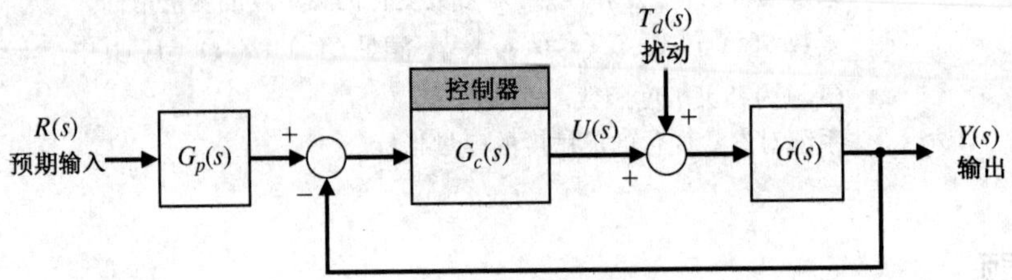

图 E12.6　带有控制器的系统

E12.7　重新考虑图 E12.6 所示的控制系统，但 $G(s)=1/(s+4)^2$。试设计一个 PID 控制器，使系统阶跃响应达到 ITAE 最优，调节时间 $T_s \leqslant 1$ s(按 2% 准则)。在有/无前置滤波器的条件下，分别绘制系统对阶跃输入 $r(t)$ 的响应曲线 $y(t)$。此外，计算并绘制系统对阶跃干扰的响应 $y(t)$。根据所得的响应，讨论控制器系统的有效性。

E12.8　当输入为阶跃信号 $r(t)=1$，$t\geqslant 0$ 时，若增加限制条件 $|u(t)|\leqslant 80$，$t>0$，并要求系统具有尽可能小的调节时间。在此条件下，重做习题 E12.6。

答案：$G_c(s) = \dfrac{3600 + 80s}{s}$

E12.9　某系统如图 E12.6 所示，受控对象为

$$G(s) = \frac{K}{s(s+7)(s+9)}$$

其中 $K=1$。试设计合适的 PD 控制器，使校正后的闭环主导极点的阻尼比为 $\xi=0.6$。确定校正后系统的阶跃响应，分析 K 在 ±50% 的范围内波动时，超调量的变化规律，并估计最坏情况下的系统阶跃响应。

E12.10　某系统如图 E12.6 所示，受控对象为

$$G(s) = \frac{K}{s(s+3)(s+6)}$$

其中 $K=1$，试设计合适的 PI 控制器，使校正后的闭环主导极点的阻尼比为 $\xi=0.70$。确定校正后的系统阶跃响应。分析 K 在 ±50% 的范围内波动时，超调量的变化规律，并估计最坏情况下的系统阶跃响应。

E12.11　某闭环系统的状态方程为

$$\dot{\boldsymbol{x}}(t) = \boldsymbol{A}\boldsymbol{x}(t) + \boldsymbol{B}r(t)$$
$$y(t) = \boldsymbol{C}\boldsymbol{x}(t) + \boldsymbol{D}r(t)$$

其中，

$$\boldsymbol{A} = \begin{bmatrix} 0 & 1 \\ -5 & -k \end{bmatrix},\quad \boldsymbol{B} = \begin{bmatrix} 0 \\ 1 \end{bmatrix},\quad \boldsymbol{C} = [4 \quad 0],\quad \boldsymbol{D} = [0]$$

k 的标称值为 $k=2$，但是会在 $0.1\leqslant k\leqslant 4$ 的范围内变化。绘制单位阶跃响应的超调量随 k 变化的曲线。

E12.12　考虑二阶系统

$$\dot{\boldsymbol{x}}(t) = \begin{bmatrix} 0 & 1 \\ -a & -b \end{bmatrix}\boldsymbol{x}(t) + \begin{bmatrix} c_1 \\ c_2 \end{bmatrix}u(t)$$
$$y(t) = [1 \quad 0]\boldsymbol{x}(t) + [0]u(t)$$

参数 a，b，c_1 和 c_2 事先未知。在什么条件下，系统是完全可控的？选择满足此条件的参数取值，验证系统的可控性，并绘制系统的单位阶跃响应。

一般习题

P12.1 考虑无人潜航器(Unmanned Underwater Vehicle, UUV)，其控制系统如图 P12.1 所示，其中输入信号为预期的横滚角 $R(s)=0$，扰动信号 $T_d(s)=1/s$。

(a) 绘制 $20\log|T(j\omega)|$ 和 $20\log|S_K^T(j\omega)|$ 的伯德图。

(b) 估算 $|S_K^T(j\omega)|$ 在 ω_B, $\omega_{B/2}$ 和 $\omega_{B/4}$ 这 3 个频率点上的值。$T(s)=Y(s)/R(s)$。

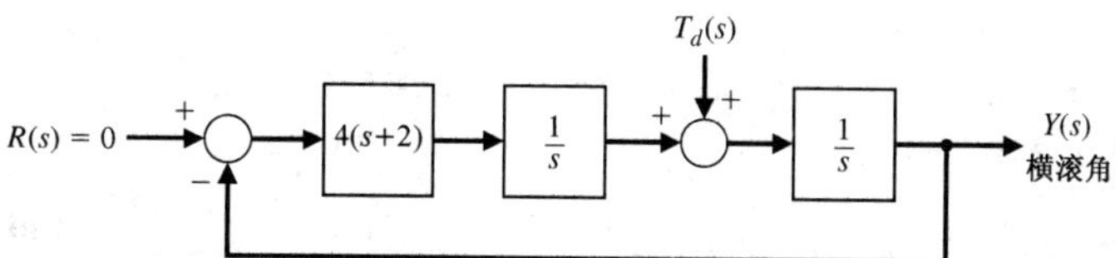

图 P12.1　无人潜航器控制系统框图模型[13]

P12.2 考虑图 P12.2 所示的控制系统，其中$\tau_1=20$ ms, $\tau_2=2$ ms。

(a) 试选择 K 的合适取值，使谐振峰值为 $M_{p\omega}=1.84$。

(b) 绘制 $20\log|T(j\omega)|$ 和 $20\log|S_K^T(j\omega)|$ 的伯德图。

(c) 估算 $|S_K^T(j\omega)|$ 在 ω_B, $\omega_{B/2}$ 和 $\omega_{B/4}$ 这 3 个频率点上的值。

(d) 采用(a)中确定的增益 K，令 $R(s)=0$, $T_d(s)=1/s$，绘制系统对干扰的响应 $y(t)$。

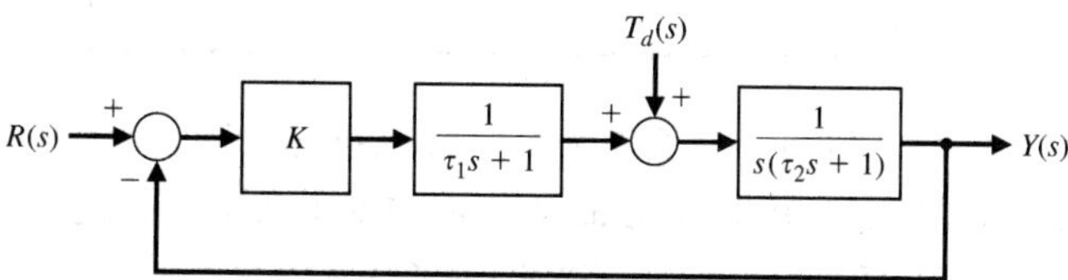

图 P12.2　遥控移动摄像机框图模型

P12.3 在小于 200 mi(英里)的旅行线路上，磁悬浮列车可能会取代飞机。一家德国公司成功地研制了一种磁悬浮列车，它采用电磁力来提升和驱动沉重的车体，运行速度可达 300 mph(英里/小时)，载客量为 400 人。但是，列车的正常运行要求车体与轨道之间保持 1/4 in 的间隙，这是一个很困难的控制问题[7, 12, 17]。

间隙控制系统的框图模型如图 P12.3 所示。若将控制器取为

$$G_c(s)=\frac{K(s-1)}{(s+0.02)}$$

(a) 确定 K 的取值范围，以便保证系统稳定。

(b) 确定系统增益 K 的合适取值，使系统对单位阶跃输入的稳态跟踪误差小于 0.1。

(c) 采用(b)中所确定的增益值，计算系统的阶跃响应 $y(t)$。

(d) 以(b)中得到的增益值为 K 的标称值，当 K 在 ±15% 的范围内变化时，计算极端情况下的系统输出 $y(t)$。

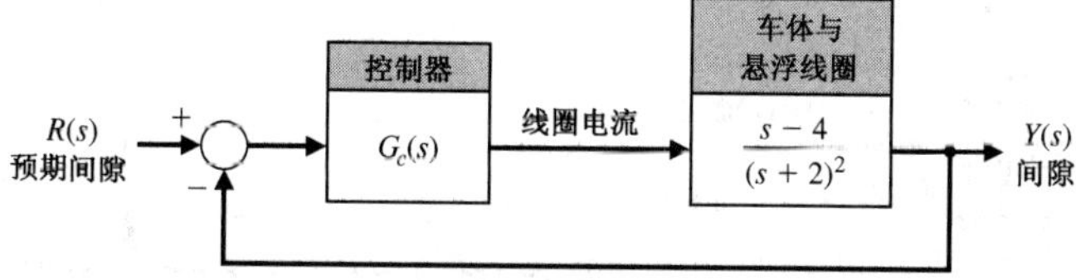

图 P12.3　悬浮列车控制系统的框图模型

P12.4 自动导向车辆如图 P12.4(a)所示，其控制系统如图 P12.4(b)所示。控制系统的设计目标是：保证系统可以精确地跟踪导引线路，可以容忍增益 K_1 的适度变化，并能抑制干扰的影响[15, 22]。设增益 K_1 的标称值为 1, $\tau_1=1/25$ s。

(a) 确定合适的校正器 $G_c(s)$，使系统单位阶跃响应的超调量 P.O.≤10%，调节时间 $T_s \leq 100$ ms(按 2% 准则)，系统斜坡输入响应的速度误差常数 $K_v = 100$。

(b) 采用(a)中给出的校正器，计算 $S_{K_1}^{T}$ 或 $S_{K_1}^{T}$，以便确定系统对 K_1 微小变化的灵敏度。

(c) 将 K_1 取为 2，并沿用(a)中给出的 $G_c(s)$，在极端情况下，计算系统的单位阶跃响应，并与(a)中所得的结果相比较。

(d) 令 $R(s)=0$，绘制标称系统对干扰 $T_d(s)=1/s$ 的响应曲线 $y(t)$。

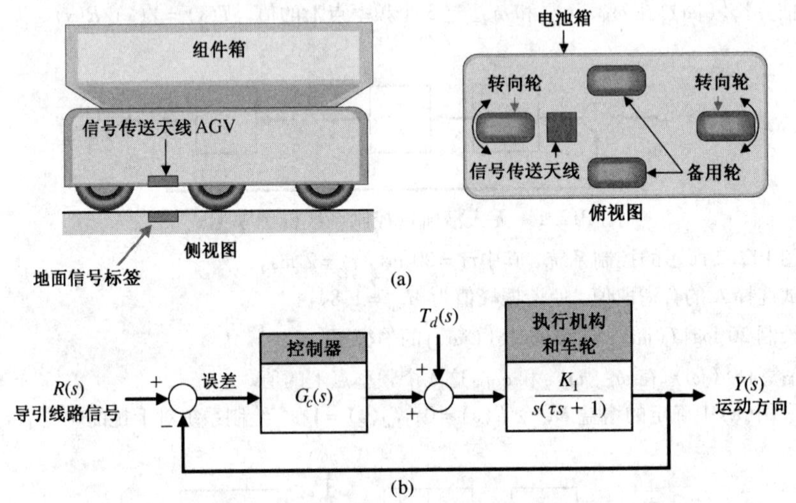

图 P12.4　自动导向车辆及其控制系统

P12.5　造纸厂通常采用纸卷包装机(Roll-Wrapping Machine, RWM)来接收处理已经成型的大型纸卷，将它们包装成为成品纸卷并打上标签[9, 16]。RWM 包括定位设备、等待设备和包装设备等几套主要设备。本题将主要研究图 P12.5(a)所示的定位设备。定位设备是包装工序上的第一个设备。它负责接收纸卷，测量纸卷的质量、直径和宽度，确定所需包装材料的大小，调整纸卷在流水线上的位置，以及最终向一个设备传送纸卷。

RWM 可以归类为复杂的操作设备，因为它的每一项功能(如宽度测量)的实现，都涉及大量的现场设备的动作，也依赖于大量的配套传感器。

宽度测量臂的定位控制系统的框图如图 P12.5(b)所示。其中极点 p 的标称值为 2，但由于负载的变化和机器调整不当，极点 p 的取值可能会发生改变。

(a) 当 $p=2$ 时，试设计合适的校正器。使系统的特征根为 $s=-2\pm j\sqrt{3}$。

(b) 绘图显示系统对阶跃输入 $R(s)=1/s$ 的输出响应 $y(t)$。

(c) 令 $R(s)=0$，绘制系统对干扰 $T_d(s)=1/s$ 的输出响应曲线 $y(t)$。

(d) 将 p 变为 1，且沿用(a)中所给出的校正器 $G_c(s)$，重新解答问题(b)和(c)，并比较所得到的两种结果。

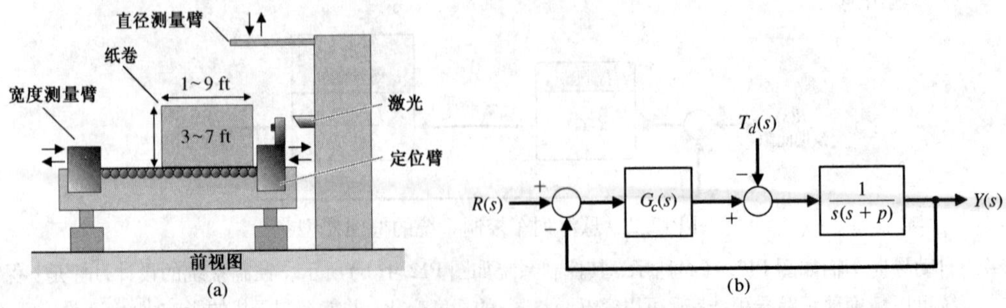

图 P12.5　纸卷包装机及其控制系统

P12.6 热轧机系统的主要工序是将炽热的钢坯轧成具有预定厚度和尺寸的钢板[5, 10]，所得到的最终产品可能是宽度为 3300 mm，厚度为 180 mm 的标准板材。

图 P12.6(a)给出了某热轧机系统的示意图，其中包括两个轧辊台，即 1 号台和 2 号台。轧辊台上装有直径达 508 mm 的大型轧辊，由大功率的电机(功率为 4470 kW)驱动，并通过大型液压缸来调节轧制力度和厚度。

热轧机的典型工作流程是：钢坯首先在熔炉中加热，加热后的钢坯通过 1 号台，被 1 号台的轧辊机轧制成具有预期宽度的钢坯，然后再通过 2 号台，被 2 号台的轧辊机轧制成具有预期厚度的钢板，最后再由热平整设备平整成型。

热轧机系统的关键是通过调整轧辊机的间隙来控制钢板的厚度。该控制系统的框图如图 P12.6(b)所示。控制器采用具有两个相同的实零点的 PID 控制器。

(a) 选择 PID 控制器的零点和增益，使闭环系统有两对相等的特征根。

(b) 考虑(a)中得到的闭环系统，当不再配置前置滤波器，即 $G_p(s)=1$ 时，计算系统的单位阶跃响应。

(c) 为系统配置合适的前置滤波器，重新回答问题(b)。

(d) 当 $r(t)=0$ 时，计算系统对单位阶跃干扰的响应 $y(t)$，并由此讨论干扰对系统的影响。

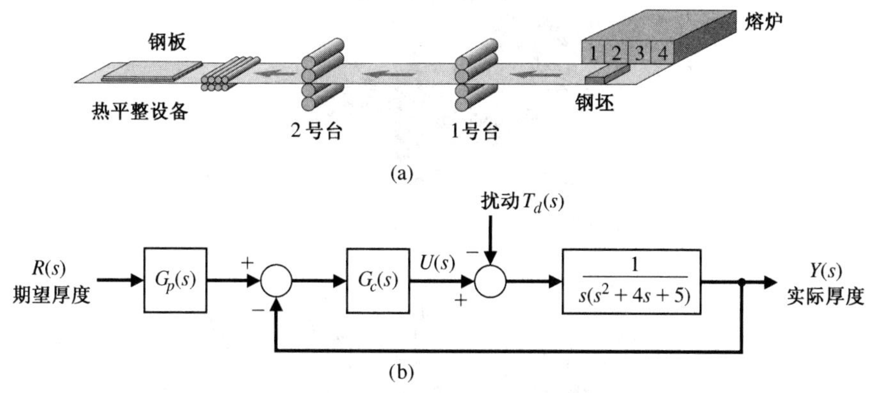

图 P12.6 热轧机及其控制系统

P12.7 某反馈控制系统包含了电机、负载和电压–电流放大器 K_a，如图 P12.7 所示，其中，电机和负载的摩擦可以忽略不计。设计人员选定的 PID 控制器为

$$G_c(s) = K_P + \frac{K_I}{s} + K_D s$$

其中，$K_P=5$，$K_I=500$，$K_D=0.0475$。

(a) 确定 K_a 的合适取值，使系统的相角裕度达到 P.M.= 30°。

(b) 绘制系统在 K_a 变化时的根轨迹，当 K_a 取(a)确定的值时，求系统的特征根。

(c) 当 $R(s)=0$，$T_d(s)=1/s$ 时，采用(a)中给出的 K_a，计算系统输出 $y(t)$ 的最大值。

(d) 在有/无前置滤波器的情况下，分别确定系统的单位阶跃响应。

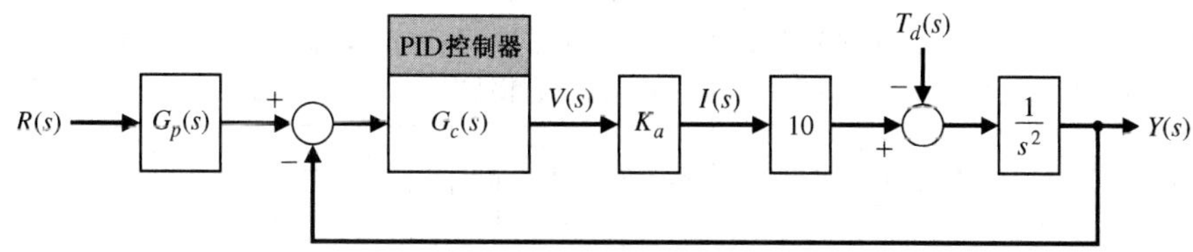

图 P12.7 电机和负载的 PID 控制

P12.8 某单位负反馈系统的标称特征方程为

$$q(s) = s^3 + 3s^2 + 3s + 6 = 0$$

其系数的变动范围为

$$2 \leqslant a_2 \leqslant 4,\ \ 1 \leqslant a_1 \leqslant 4,\ \ 4 \leqslant a_0 \leqslant 5$$

当系数在以上区间内取值时，系统是否能保持稳定？

P12.9 密封式月球车的概念图如图 P12.9(a)所示，未来的宇航员可以在月球上驾驶这种月球车。该车可以长距离行驶，并可以用来完成长达6个月的月球探索任务。技术人员在分析“阿波罗”登月时代的月球漫游车的基础上，设计了这种新型月球车。该新型月球车在辐射防护、热防护、冲击与振动控制，以及润滑和密封性等方面都做了改进。

新型月球车的转向控制系统如图 P12.9(b)所示。控制系统的设计要求为：系统对阶跃输入的稳态跟踪误差为零，超调量 P.O.≤20%，峰值时间 $T_p \leqslant 0.3$ s。同时，为了减小月球表面对月球车的影响，还应该在 $R(s)=0$ 时，尽量减少系统对干扰 $T_d(s)=1/s$ 的稳态响应。在上述条件下，将控制器分别取为 PI 控制器和 PID 控制器，试分别完成相应的控制器设计，使系统满足给定的设计要求，并列表比较两种设计结果的性能。

(a)

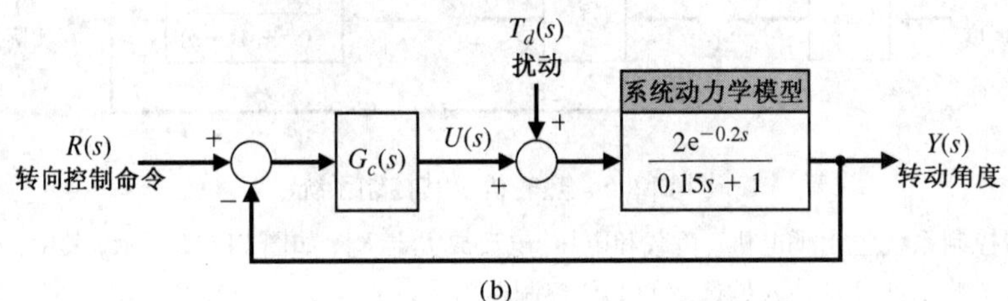

(b)

图 P12.9 (a) 密封式月球车；(b) 新型月球车的转向控制系统

P12.10 设受控对象的传递函数为

$$G(s) = \frac{25}{s^2}$$

试设计一个带有 PID 控制器和前置滤波器的单位负反馈控制系统，使系统的阶跃响应具有最优的 ITAE 指标，峰值时间 $T_p = 1$ s。此外，估计系统阶跃响应的超调量和调节时间(按2%准则)。

P12.11 考虑一个三维凸轮[18]，其中 x 方向的控制通过直流电机实现，该方向上的位置反馈系统框图如图 P12.11 所示。假设，$1 \leqslant K \leqslant 3$，$1 \leqslant p \leqslant 3$，标称值为 $K=2.5$，$p=2$。试设计一个合适的 PID 控制器，使系统对阶跃输入的响应达到 ITAE 最优，而且在最坏情况下，响应的调节时间也满足 $T_s \leqslant 3$ s。

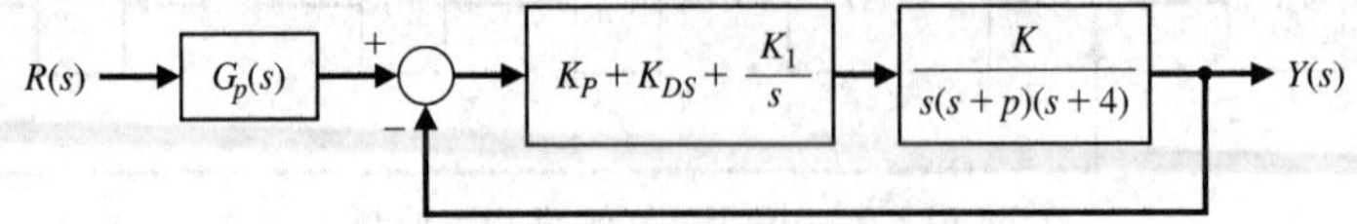

图 P12.11 三维凸轮的 x 轴控制系统

P12.12　考虑闭环控制系统

$$\dot{\boldsymbol{x}}(t)=\begin{bmatrix}0 & 3\\ -5 & -K\end{bmatrix}\boldsymbol{x}(t)+\begin{bmatrix}0\\ 1\end{bmatrix}r(t)$$

$$y(t)=\begin{bmatrix}2 & 0\end{bmatrix}\boldsymbol{x}(t)+[0]u(t)$$

计算闭环系统对参数 K 的灵敏度。

难题

AP12.1　利用磁悬浮技术来安装望远镜，能够最大程度地降低振动的影响。在方位角磁驱动系统中，这种方法还可以消除机械摩擦。在望远镜的传感器系统中，用电缆来连接光电探测器。系统的框图如图 AP12.1 所示。设计一个合适的 PID 控制器，使系统的速度误差常数达到 $K_v=100$，单位阶跃响应的超调量 P.O.≤10%。

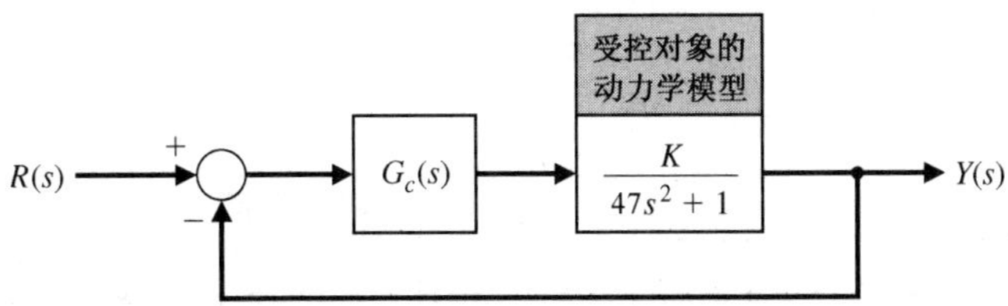

图 AP12.1　磁悬浮望远镜的位置控制系统

AP12.2　采用磁悬浮运输系统是解决交通阻塞的一个有前途的方案。与依靠车轮或气动力支撑车体的传统方式不同，磁悬浮系统利用电磁力使车辆悬浮在轨道上方，并利用电磁力驱动车辆前进[7, 12, 17]。理想的磁悬浮列车，可以 150 ~ 300 mph 的速度高速运行，它既有高速列车的环境友好和地面安全的优势，又有飞机的高速和低摩擦优点，以及汽车的便利性。因此，磁悬浮运输系统的确是一种崭新的交通方式，它所具有的巨大运输能力将会减小交通阻塞，因而也能够提高其他交通方式的运行效率。

图 AP12.2(a)和图 AP12.2(b)给出了磁悬浮列车的倾斜度控制系统。受控对象 $G(s)$的动力学特性受到参数变化的影响，其极点位于图 AP12.2(c)所示的方框内，对应的参数变化范围为 $1\leqslant K\leqslant 2$。

给定的指标设计要求为：当$|u(t)|\leqslant 100$ 时，系统阶跃响应的超调量 P.O.≤10%，调节时间 $T_s\leqslant 2$ s (按 2% 准则)。分别设计出能够满足设计要求的鲁棒 PI, PD 和 PID 控制器，并比较设计结果的性能。必要时，可以配置合适的前置滤波器 $G_p(s)$。

AP12.3　刹车系统的参数可能会发生显著的变化(如刹车垫摩擦系数变化或路面坡度变化等)，同时，环境条件也会对刹车系统产生不利的影响(如不利的路面条件等)，因此，设计防滑刹车系统是一个具有挑战性的控制问题。防滑刹车系统通过调整车身与车轮之间的速度差，使得在各种路面条件下，都能够在轮胎与路面之间产生最大的摩擦[8]。在通常情况下，刹车时的摩擦系数会随着路面条件的不同而不同。摩擦系数在干燥柏油路面上很大，在湿的柏油路面上会有所减小，而在冰面上就会大大降低。

刹车系统可以简化为一个单位负反馈系统模型，其受控对象的传递函数为

$$G(s)=\frac{Y(s)}{U(s)}=\frac{1}{(s+a)(s+b)}$$

其中系数的标称值为 $a=1$, $b=4$。

(a) 采用 PID 控制器，当 a 和 b 的变化范围为 ±50% 时，试设计一个鲁棒系统，使得系统阶跃响应的超调量 P.O.≤4%。调节时间 $T_s\leqslant 1$ s(按 2% 准则)，稳态误差小于 1%。

(b) 用 ITAE 优化设计方法，设计一个合适的 PID 控制器，使系统满足(a)中给定的指标设计要求，并估算所设计系统的超调量与调节时间。

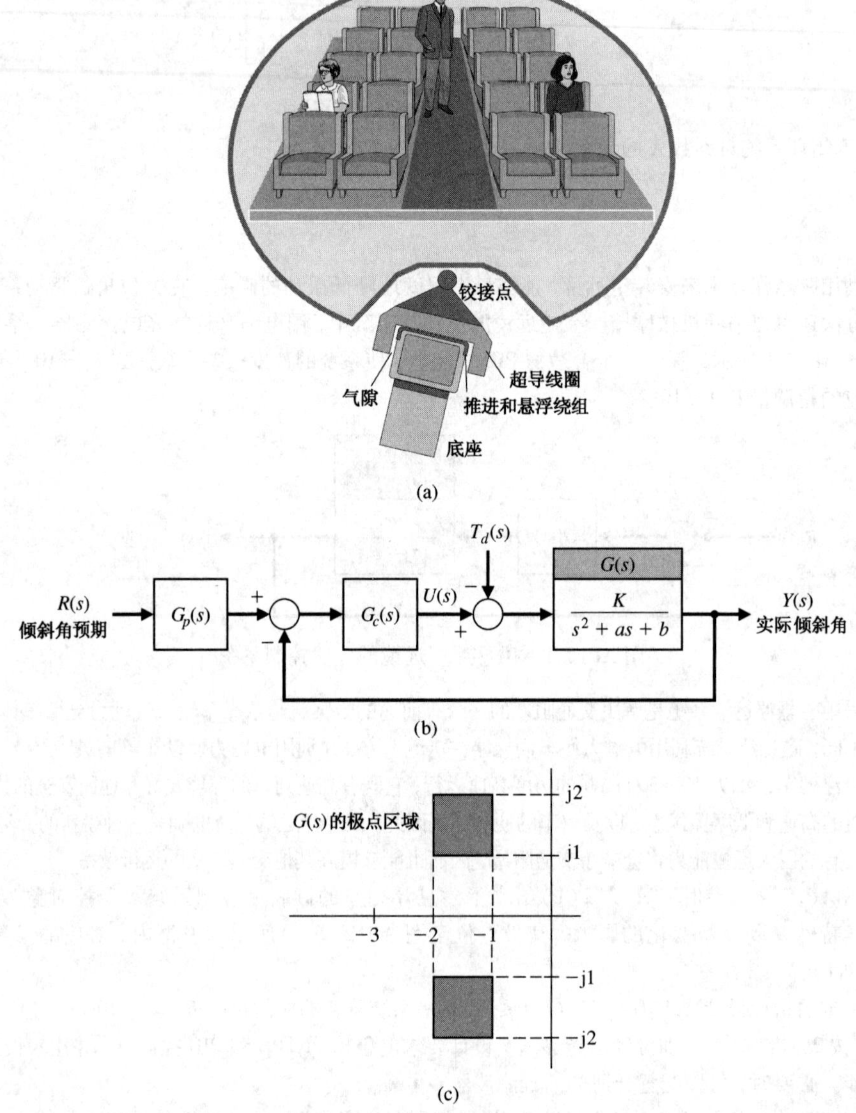

图 AP12.2 (a)和(b) 磁悬浮列车倾斜度控制系统;(c) 受控对象的动力学特性

AP12.4 有人设计了一种称为 RoBoDoc 的机器人，用于辅助进行髋关节置换手术。这种机器人可以准确定位，并在要植入的位置钻磨。由于不能在骨头上反复钻磨[21, 27]，因此要求为机器人配备非常鲁棒的控制系统。该单位负反馈控制系统的受控对象为

$$G(s)=\frac{b}{s^2+as+b}$$

参数变化范围为：$1\leqslant a\leqslant 2$，$4\leqslant b\leqslant 12$。

试采用 s 平面根轨迹法，设计一个合适的 PID 控制器，并选择合适的 $G_p(s)$，使系统具有鲁棒性。此外，绘制系统的阶跃响应。

AP12.5 考虑单位负反馈控制系统，其受控对象为

$$G(s)=\frac{K_1}{s(s+10)}$$

K_1 的标称值为 1。若给定的 PID 控制器具有复零点，其传递函数为

$$G_c(s) = \frac{K(s^2 + 20s + b)}{s}$$

试设计该 PID 控制器和一个合适的前置滤波器，使系统的相角裕度达到 P.M.= 50°。当 K_1 的变化范围为 ±25% 时，选取典型的取值，列表记录校正后系统的相角裕度及其变化。

AP12.6　考虑单位负反馈控制系统，受控对象为

$$G(s) = \frac{K_1}{s(\tau s + 1)}$$

其中 $K_1 = 1.5$，$\tau \approx 0.001$ s。试采用 ITAE 优化设计方法，设计合适的 PID 控制器，使系统阶跃响应的调节时间 $T_s \leqslant 1$ s(按 2% 准则)。超调量 P.O. ≤10%，单位干扰对输出的影响为 5%。

AP12.7　考虑图 12.1 所示的系统，受控对象为 $G(s) = 1/s$，当输入为单位阶跃信号时，要求控制信号 $|u(t)| \leqslant 1$，采用 ITAE 优化设计方法，确定合适的 PI 控制器和合适的前置滤波器，并计算系统单位阶跃响应的调节时间(按 2% 准则)。

AP12.8　某机床控制系统如图 AP12.8 所示。功率放大器、电动机、刀架和刀具的传递函数为

$$G(s) = \frac{50}{s(s + 1)(s + 4)(s + 5)}$$

若要求系统单位阶跃响应的超调量 P.O. ≤25%，峰值时间 $T_p \leqslant 3$ s，分别设计能够满足设计要求的 PD，PI 和 PID 控制器，比较上述设计结果，并选择其中的最佳控制器。

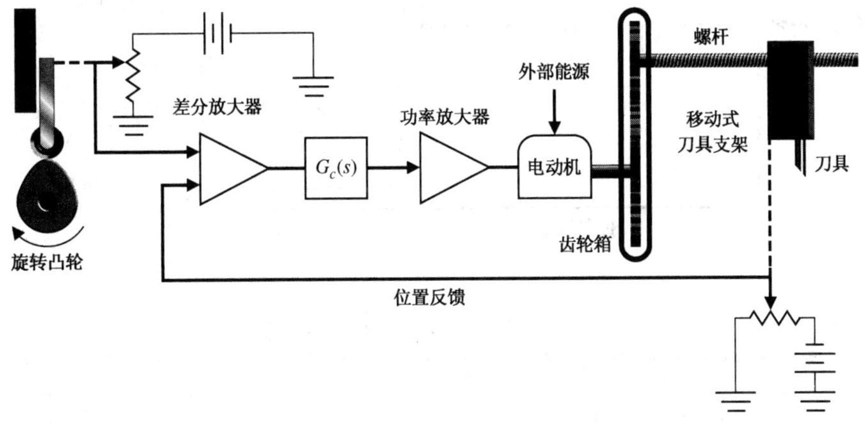

图 AP12.8　某机床控制系统

AP12.9　考虑单位负反馈控制系统，其中受控对象为

$$G(s) = \frac{K}{s^2 + 2as + a^2}$$

且有 $1 \leqslant a \leqslant 3$，$2 \leqslant K \leqslant 4$。针对最坏情况，设计合适的 PID 控制器，使系统具有最小的 ITAE 指标，且调节时间 $T_s \leqslant 0.8$ s(按 2% 准则)。

AP12.10　考虑单位负反馈控制系统，其中受控对象为

$$G(s) = \frac{s + r}{(s + p)(s + q)}$$

且有 $3 \leqslant p \leqslant 5$，$0 \leqslant q \leqslant 1$，$1 \leqslant r \leqslant 2$，控制器采用零点和极点均为实数的校正器：

$$G_c(s) = \frac{K(s + z_1)(s + z_2)}{(s + p_1)(s + p_2)}$$

确定该校正器参数的合适取值，使系统具有较强的鲁棒性。

AP12.11　考虑单位负反馈控制系统，其中受控对象为

$$G(s)=\frac{1}{(s+2)(s+4)(s+6)}$$

设计目标是：在保证系统阶跃响应的稳态误差为零的前提下，用伪定量反馈方法设计合适的控制器 $G_c(s)$，并确定 K 的合适取值。当 $G(s)$ 所有极点都发生了 −50% 的变化时，计算系统的性能，并讨论系统的鲁棒性。

设计题

CDP12.1 为图 CDP4.1 所示的滑动绞盘系统设计一个 PID 控制器，使系统对单位阶跃输入 $r(t)$ 的响应的超调量 P.O.≤3%，调节时间 T_s≤250 ms(按 2% 准则)，并确定校正后的系统对干扰的响应。

DP12.1 某大型转台的位置控制系统如图 DP12.1(a)所示，其框图如图 DP12.1(b)所示[11, 14]。该系统采用了 $K_m=15$ 的大扭矩电机。要求系统对负载导致的干扰的相对稳态误差仅为 5%。同时对阶跃输入有快速的响应，且响应的超调量 P.O.≤5%，若将控制器分别取为 $G_c(s)=K$ 和 $G_c(s)=K_P+K_Ds$(PD 控制器)，试分别确定合适的控制器和 K_1 的合适取值，使系统满足设计要求。针对两个设计结果，分别绘制它们对阶跃干扰和阶跃输入的响应曲线，并且确定，为了满足对超调量的设计要求，是否需要选用合适的前置滤波器。

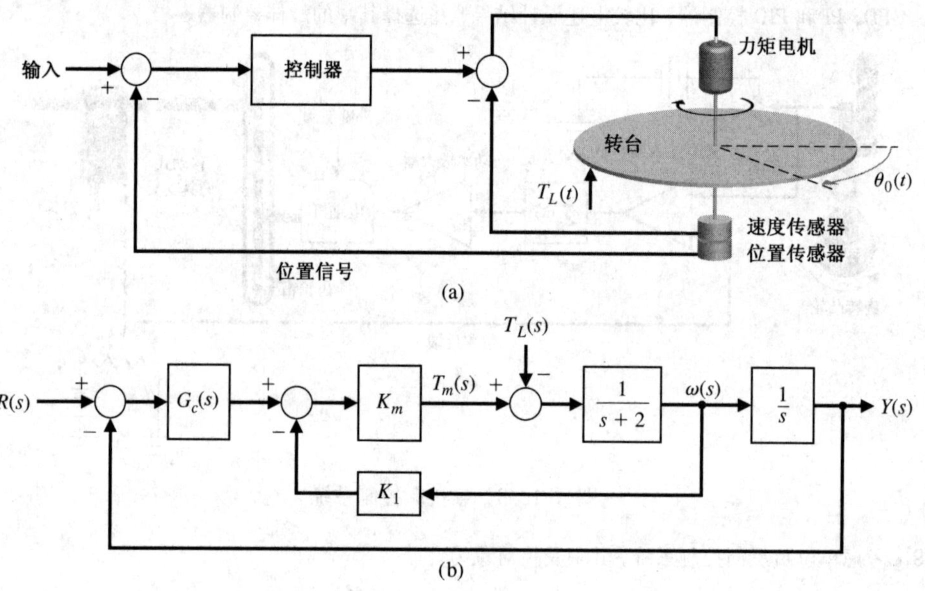

图 DP12.1 转台控制系统

DP12.2 考虑图 DP12.2 中的闭环控制系统，受控对象的参数 K 的标称值为 $K=1$，设计一个控制器，使参数 K 在 $0.1\leq K\leq 2$ 范围内变化时，系统单位阶跃响应的超调量 P.O.≤10%。

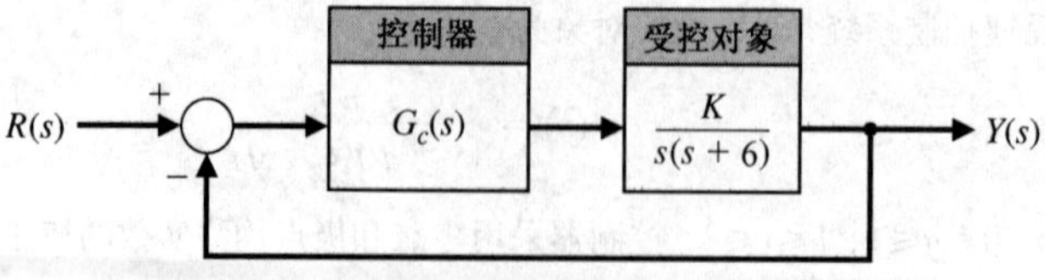

图 DP12.2 具有可变参数 K 的单位负反馈系统

DP12.3 许多大学和实验室都有成功研制能够抓取和操纵目标的机械手的经历。但是，在训练这些机械手时，即使只需完成一个简单的任务，也要进行非常复杂的计算机编程。现在，新开发了能够戴在人手上的特殊装置，它能够如实记录下人的手指关节的接触运动和弯曲运动。在每个关节上都装上了传感器之后，它们可以根据位置的不同而改变输出信号，而这些输出信号又可以用来训练和操纵机械手[1]。

关节角度控制系统如图 DP12.3 所示，若 K_m 的标称值为 1.0，控制器取为

$$G_c(s)=\frac{K_D(s^2+6s+18)}{s}$$

并要求系统对斜坡输入的稳态跟踪误差为零，调节时间 $T_s\leqslant 3$ s(按 2% 准则)。

(a) 绘制以 K_D 为可变参数的根轨迹，在此基础上选择 K_D 的合适取值，使系统满足给定的设计要求。

(b) 如果 K_m 改变为标称值的一半，但沿用(a)中得到的 $G_c(s)$，试再次计算系统的斜坡响应，并比较(a)和(b)的结果，据此讨论系统的鲁棒性能。

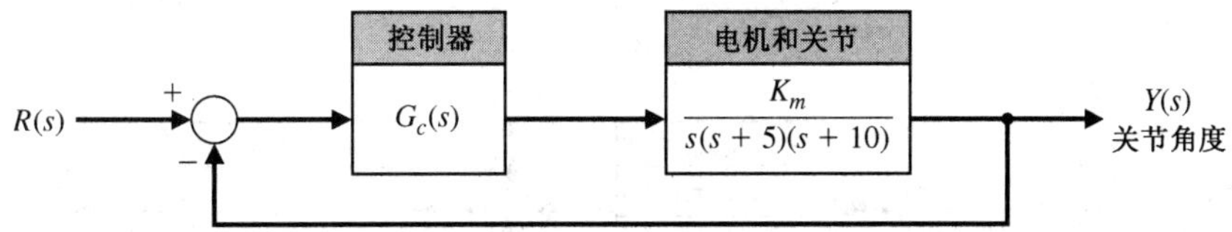

图 DP12.3　用于训练机械手的手部装置

DP12.4 研究尺度小于可见光波长的物体，是当代科学技术的热点和难点。例如，生物学家研究单个蛋白质分子或 DNA 分子；材料学家研究晶体的原子尺度的结构缺陷；而微电子工程师则制成了亚原子尺度的集成电路。就在不久以前，人们在观察这个微观世界时，还必须依赖相对笨拙而且具有破坏性的设备和方法，如电子显微镜和 X 射线散射仪。至于普通光学显微镜之类的仪器，则根本无法探究这个微观世界。随着技术的进步，人们已经研制出了以扫描隧道显微镜(Scanning Tunneling Microscope，STM)为代表的新一代显微镜[3]。

STM 的位移控制精度为纳米级(nm)，其工作依赖于特殊的压电传感器，当受试材料仅仅发生一个电子伏特的变化时，这种压电传感器就会发生形变。STM 的“对外窗口”是一个细小的钨丝探针，经过精密加工的探针顶端只有单个原子大小，因而能够分辨 0.2 nm 的尺度。压电控制器负责在 x 和 y 方向上移动探针，从而扫描观测受试样本。在扫描观测时，探针与样本表面非常接近(1 ~ 2 nm)，并使探针头上的电子云和样本表面的电子云出现重叠。此外，还有一路反馈信号能够提供探针隧道的电流变化信息，据此可以改变第 3 个轴向(z 轴)的控制器电压，驱动探针沿 z 轴上下移动，从而在探针与样品之间保持恒定的间隙和恒定的探针隧道电流。探针与样品表面的间隙控制系统如图 DP12.4(a)所示，对应的框图如图 DP12.4(b)所示。若受控对象为

$$G(s)=\frac{17\,640}{s(s^2+59.4s+1764)}$$

采用具有两个不同实零点的控制器，即

$$G_c(s)=\frac{K_I(\tau_1 s+1)(\tau_2 s+1)}{s}$$

(a) 采用 ITAE 优化设计方法，确定合适的控制器 $G_c(s)$。

(b) 在有/无前置滤波器 $G_p(s)$ 的条件下，分别确定系统的阶跃响应。

(c) 在有/无前置滤波器 $G_p(s)$ 的条件下，确定系统对干扰 $T_d(s)=1/s$ 的响应。

(d) 若受控对象变为

$$G(s)=\frac{16\,000}{s(s^2+40s+1600)}$$

沿用(a)和(b)的设计，确定此时系统的实际响应。

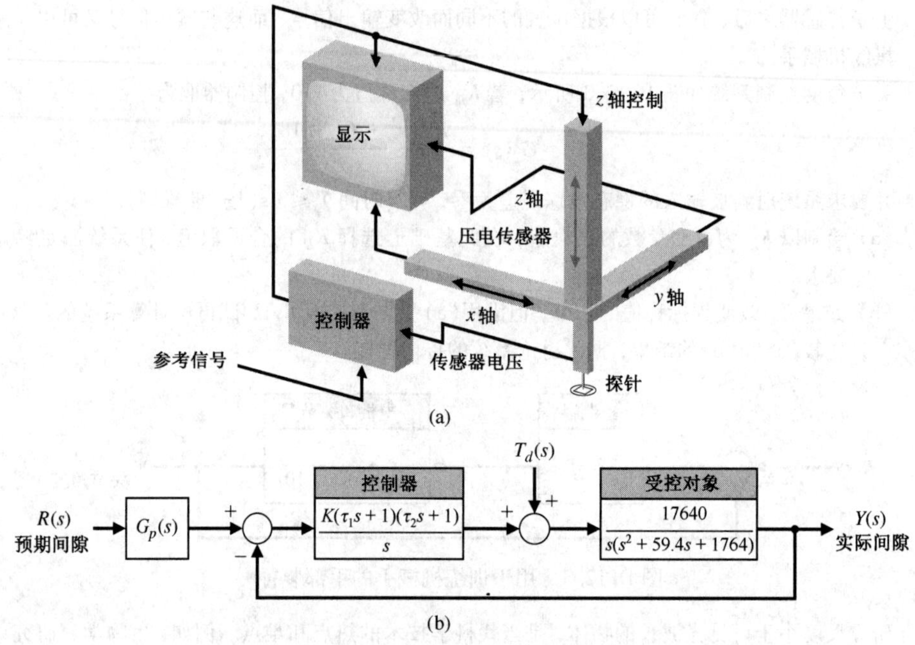

图 DP12.4 STM 控制系统及其框图

DP12.5 继续考虑习题 DP12.4 中给出的系统，控制器仍然取为

$$G_c(s) = \frac{K_I(\tau_1 s + 1)(\tau_2 s + 1)}{s}$$

试用频率响应法设计合适的 $G_c(s)$，使系统的相角裕度为 P.M.= 45°。当系统有/无前置滤波器 $G_p(s)$时，分别确定系统的阶跃响应。

DP12.6 将控制原理应用于神经系统研究已经有了很长的历史。在 20 世纪初，许多研究者描述了肌肉调节现象，这种现象源于肌腱的反馈活动，也源于肌肉长度及其变化率的生理反应。

用来分析肌肉调节运动的理论基础是单输入-单输出系统的控制理论。有人曾建议把肌肉的伸缩反应等效为电机控制的试验结果，即人体通过纺锤体控制了各个肌肉的长度。后来，又有人建议把肌肉的强度调节(力和长度的综合表现)现象等效为电机控制的试验结果[30]。

图 DP12.6 所示的模型描述了人类站立时的平衡调节机制。下身残疾的伤残人士丧失了自主站立和行走的能力，因此需要为他们安装人造控制器来辅助站立和行走。

(a) 若参数的标称值为 $K=10$，$a=12$，$b=100$。试分别设计一个比例控制器、PI 控制器、PD 控制器和 PID 控制器，使系统阶跃响应的超调量 P.O.≤10%，稳态误差 e_{ss}≤5%，调节时间 T_s≤2 s(按 2% 准则)。

(b) 当人疲乏时，参数可能会变为 $K=15$，$a=8$，$b=144$。沿用(a)中得到的控制器，检验系统的性能，并列表比较(a)和(b)的结果。

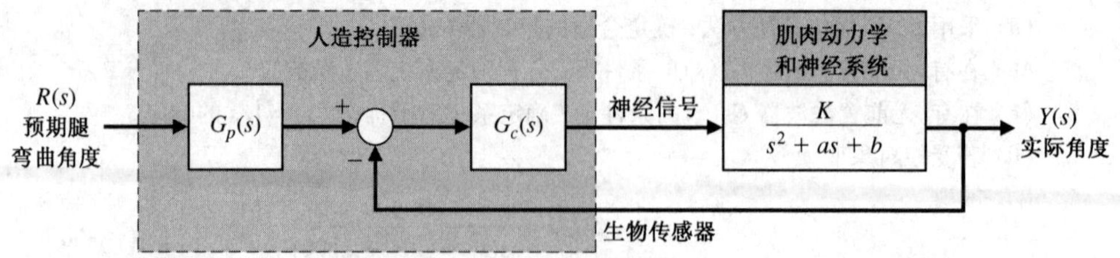

图 DP12.6 站立和腿关节的人工控制

DP12.7　本题的目标是设计一个电梯位置控制系统，要求它能够控制电梯在楼层间迅速移动，并能准确地停靠在指定的楼层(见图 DP12.7)。设电梯可以承载 1 至 3 名乘客。而电梯自重应该大于乘客的体重，因此不妨假定电梯重 1000 lb，而每名乘客重 150 lb。再假定采用磁场控制式的大功率直流电机，电机及负载的时间常数为 1 s，功率放大器的时间常数为 1.5 s，励磁磁场的时间常数可以忽略不计。试设计一个合适的控制系统，使电梯停靠位置与楼面的高度差小于 1 cm，电梯对阶跃输入响应的超调量 P.O.≤6%。调节时间 $T_s \leq 4$ s(按 2% 准则)。

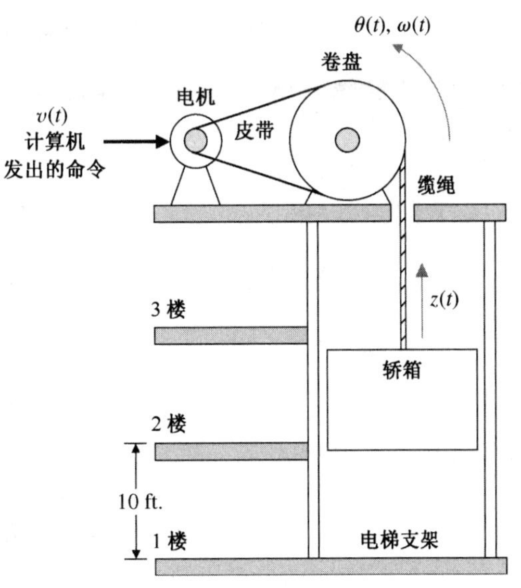

图 DP12.7　电梯位置控制系统

DP12.8　考虑习题 AP9.11 给出的如图 DP12.8 所示的电子心室辅助设备(EVAD)，其中，电机、泵和血囊的模型可以简化为 $T = 1$ s 的时延环节。设计要求为，系统阶跃响应的稳态误差 $e_{ss} \leq 5\%$。超调量 P.O.≤10%。此外，为了延长电池的使用时间，还要求控制器的输出电压不超过 30 V[26]。在上述条件下，采用下面指定的 3 类控制器，分别确定合适的控制器参数，并设计合适的前置滤波器 $G_p(s)$，使系统满足给定的设计要求。在完成设计之后，列表给出校正后系统的超调量、峰值时间、调节时间(按 2% 准则)和 $v(t)$ 的最大值，据此比较 3 种控制设计方案的性能。

(a) $G_c(s) = K/s$。

(b) PI 控制器。

(c) PID 控制器。

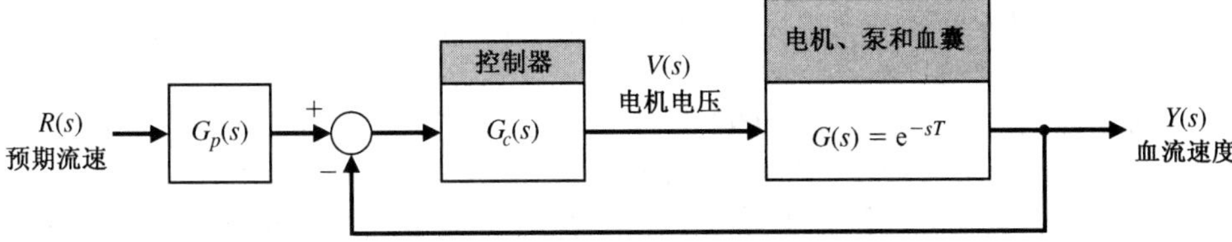

图 DP12.8　电子心室辅助设备的框图模型

DP12.9　某空间机器人的机械臂如图 DP12.9(a)所示。机械臂控制系统的框图模型如图 DP12.9(b)所示。

(a) 当 $G_c(s) = K$ 时，确定增益的合适取值，使系统阶跃响应的超调量 P.O.=4.5%，并绘制此时的系统阶跃响应曲线。

(b) 当 $\omega_n = 10$ 时，采用 ITAE 优化设计方法，设计合适的 PD 控制器，并确定合适的前置滤波器 $G_p(s)$。

(c) 当 $\omega_n = 10$ 时，采用 ITAE 优化设计方法，设计合适的 PI 控制器和前置滤波器。

(d) 当 $\omega_n = 10$ 时，采用 ITAE 优化设计方法，设计合适的 PID 控制器和前置滤波器。

(e) 确定单位阶跃干扰对每种设计方案的影响，记录由干扰输入引起的 $y(t)$ 的最大值和稳态终值。

(f) 对上述每种设计方案，确定系统对单位阶跃输入 $R(s)$ 的超调量、峰值时间和调节时间(按 2% 准则)。

(g) 受控对象可能由于负载的变化而发生变化，当 $\omega = 5$ 时，试计算系统的灵敏度幅值 $|S_G^T(j5)|$，其中

$$T(s) = \frac{G_c(s)G(s)}{1 + G_c(s)G(s)}$$

(h) 根据(e)，(f)和(g)得到的结果，选择确定其中的最佳控制器。

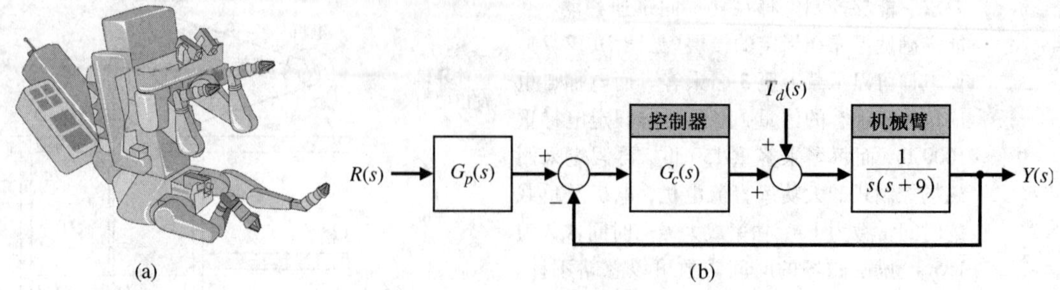

图 DP12.9 空间机器人的机械臂控制系统

DP12.10 为了给空间站提供能量，人们在空间站上安装了太阳能光伏系统。为了能够从太阳能帆板上获得最大的能量，应该让它准确地跟踪太阳。该定向控制单位反馈系统采用直流电机来驱动太阳能帆板。若太阳能帆板和电机的传递函数为

$$G(s)=\frac{1}{s(s+20)}$$

如果要求系统对阶跃输入的超调量 P.O.≤10%，对斜坡输入的稳态跟踪误差 $e_{ss}\leqslant 1\%$，试确定合适的超前校正器 $G_c(s)$，使系统满足给定的设计要求。此外，当电机的时间常数在10%的范围内变化时，检验系统的鲁棒性能。

DP12.11 某种磁悬浮列车采用了超导磁悬浮系统[17]。该系统使用了超导线圈，因而导致悬浮间隙 $x(t)$ 在本质上是不稳定的。悬浮系统的模型为

$$G(s)=\frac{X(s)}{V(s)}=\frac{K}{(s\tau_1+1)(s^2-\omega_1^2)}$$

其中，$V(s)$是线圈的电压，τ_1 是磁体的时间常数，ω_1 是系统的固有频率。在引入了位置传感器(时延可以忽略)之后，就形成了单位负反馈控制系统，当列车以 250 km/h 的速度运行时，假定有τ_1 = 0.75 s，ω_1 =75 rad/s。在此情况下，试确定合适的控制器，在铁路上出现干扰时，系统仍然能够使列车保持稳定、精确的悬浮间隙。

DP12.12 典型的质量块-弹簧系统如图 DP12.12 所示[29]，它代表了一种弹性结构。假定 $m_1=m_2=1$，$0.5\leqslant k\leqslant 2.0$，$x_1(t)$和$x_2(t)$都可以准确地测量，且输出变量$x_2(t)$是受控变量。如果要求在$u(t)$之前添加一个控制器，试建立合适的控制结构和控制器，给出系统的闭环模型，使系统具有足够的鲁棒性。此外，计算校正后系统对单位阶跃干扰的响应。绘制调节时间随 R 的变化曲线。

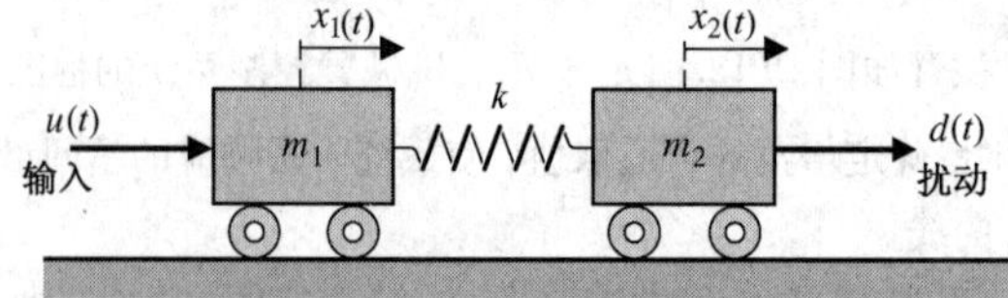

图 DP12.12 质量块-弹簧系统

计算机辅助设计题

CP12.1 某闭环反馈系统如图 CP12.1 所示。编写 m 脚本程序，绘制$|S_K^T(j\omega)|$和$|T(j\omega)|$随 ω 的变化曲线，其中$T(s)$是系统的闭环传递函数。

CP12.2 考虑图 CP12.2 所示的系统，飞机副翼的传递函数为

$$G(s)=\frac{p}{s+p}$$

其中，p 的标称值为 10，但它的实际取值会随着飞机的不同而不同。试确定 K 的合适取值，使标称系统对单位阶跃输入响应的调节时间 $T_s<0.1$ s。当 $0.5<p<2$ 时，采用所得到的增益 K，利用 m 脚本程序，计算一系列的系统单位阶跃响应。绘制调节时间随 p 的变化曲线。

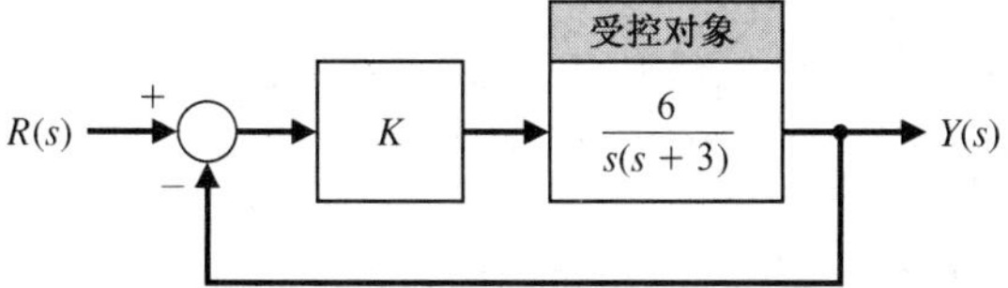

图 CP12.1　具有增益 K 的闭环反馈系统

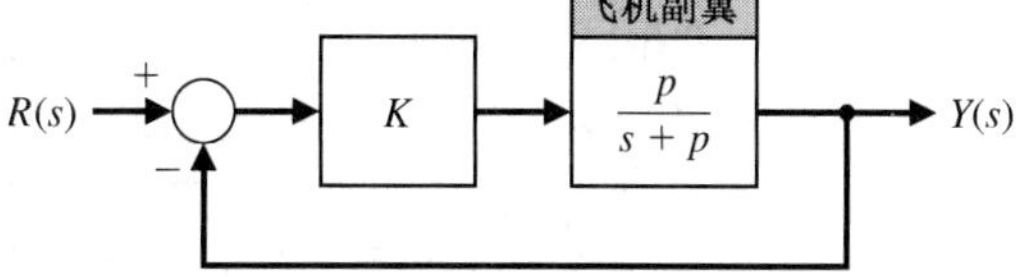

图 CP12.2　飞机副翼的闭环控制系统

CP12.3　考虑图 CP12.3 所示的控制系统。J 的标称值取为 28，但 J 的实际取值却会随时间缓慢变化。

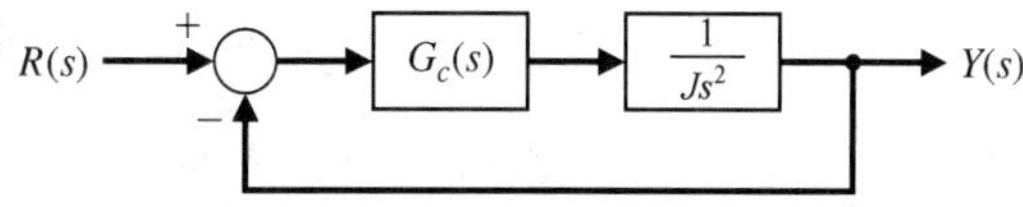

图 CP12.3　含有校正器的单位负反馈系统

(a) 试设计合适的 PID 控制器 $G_c(s)$，使标称系统的相角裕度 P.M.≥45°，带宽 $\omega_B \leqslant 4$ rad/s。

(b) 采用(a)中得到的 PID 控制器，编写 m 脚本程序，绘制系统相角裕度随 J 的变化曲线，其中 J 的变化范围取为 $10 \leqslant J \leqslant 40$，并确定当 J 取何值时系统失稳。

CP12.4　考虑图 CP12.4 所示的反馈控制系统。其中，$a=8$ 为已知的精确值，b 的标称值为 $b=4$，但精确值未知。

(a) 当 $b=4$ 时，确定比例控制器增益 K 的合适取值，使闭环系统单位阶跃响应的调节时间 $T_s \leqslant 5$ s(按 2% 准则)，超调量 P.O.≤10% 。

(b) 考察系数 b 的变化对闭环系统单位阶跃响应的影响，当 $b=0$，$b=1$，$b=4$ 和 $b=40$ 时，分别绘制系统的单位阶跃响应，所有情况下均采用(a)中设计的比例控制器，并讨论所得到的结果。

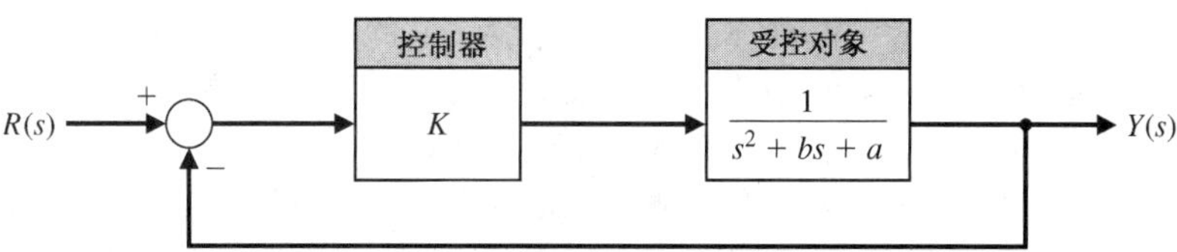

图 CP12.4　具有不确定参数 b 的反馈控制系统

CP12.5　某弹性结构的数学模型为

$$G(s)=\frac{(1+k\omega_n^2)s^2+2\zeta\omega_n s+\omega_n^2}{s^2(s^2+2\zeta\omega_n s+\omega_n^2)}$$

其中，ω_n 为弹性模态固有频率，ζ 为相应的阻尼系数。在一般情况下，很难得到阻尼系数的精确值，但却存在成熟的建模技术，可以比较准确地估计系统的固有频率。假定各参数的标称值为 $\omega_n=2$ rad/s，$\zeta=0.005$，$k=0.1$。

(a) 设计合适的超前校正器，使闭环系统单位阶跃响应的调节时间 $T_s \leqslant 200$ s(按 2% 准则)，超调量 P.O.≤50% 。

(b) 采用(a)中得到的控制器，当 $\zeta=0$，$\zeta=0.005$，$\zeta=0.1$ 和 $\zeta=1$ 时，在一张图上分别绘制闭环系统的阶跃响应曲线，并讨论所得的结果。

(c) 从控制系统的角度出发，讨论说明弹性结构阻尼系数的实际取值更倾向于大于还是小于设计值？

CP12.6　图 CP12.6 所示的工业生产过程中包含时延环节。在实际生产过程中，由于时延的大小会随着环境的变化而变化，很难准确地确定系统时延。一个好的鲁棒控制系统，即使存在不确定的时延，也应该能够正常工作。

(a) 用二阶函数 pade 来逼近时延项，编写 m 脚本程序，计算并绘制系统相角裕度随时延 T 的变化曲线(其中 T 的变化范围取为 0 ~ 5 s)。

(b) 利用(a)中绘制的相角裕度-时间曲线，近似计算最大时延 T，以便保持系统稳定。

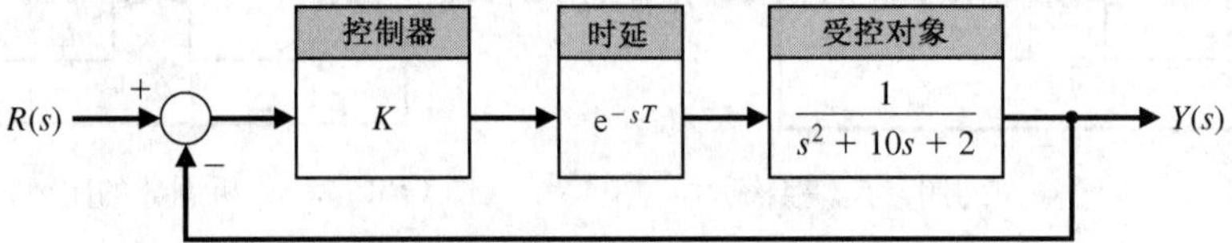

图 CP12.6　具有时延的工业生产控制

CP12.7　某单位负反馈系统的开环传递函数为

$$L(s)=G_c(s)G(s)=\frac{a(s-0.6)}{s^2+2s+1}$$

其中，参数 a 的变化范围为 $0<a<1$。编写 m 脚本程序，绘制下面的各种曲线。

(a) 单位负阶跃响应，即 $R(s)=-1/s$ 的稳态跟踪误差随参数 a 的变化曲线。

(b) 反向超调量随参数 a 的变化曲线。

(c) 增益裕度随 a 的变化曲线。

(d) 根据(a) ~ (c)的结果，从系统的稳态误差、稳定性和瞬态响应等方面，讨论系统对参数 a 的鲁棒性。

CP12.8　在太阳黑子活动的高峰期，NASA 就会把 γ 射线图像设备(GRID)系于高空飞行的长航时气球上，以便开展观测实验。GRID 设备能够拍摄更准确的 X 射线的强度图，也能够拍摄 γ 射线强度图。这些信息有利于在下一次太阳活动高峰期，及时研究太阳中的高能现象。在可以长期工作的气球平台上，GRID 还会观察到大量猛烈的 X 射线爆炸，冠状的 X 射线源、“超级热”事件和高强度的瞬时耀斑[2]。装配在气球上的 GRID 如图 CP12.8(a)所示，它的主要组成部分是直径为 5.2 m 的吊舱，GRID 有效载荷、高空气球和连接气球与吊舱的缆绳。在实验中，要求太阳观测装置有 0.1°的太阳指向精度和每 4 ms 只漂移 0.2″(角秒)的指向稳定度。

用于实现太阳观测装置的转动角度测量的光学传感器，可以用一个具有直流增益且极点为 $s=-500$ 的一阶环节来建模。GRID 设备方位角控制系统如图 CP12.8(b)所示，其中力矩电机负责驱动圆桶式吊舱装置，并且将 $G_c(s)$ 取为 PID 控制器：

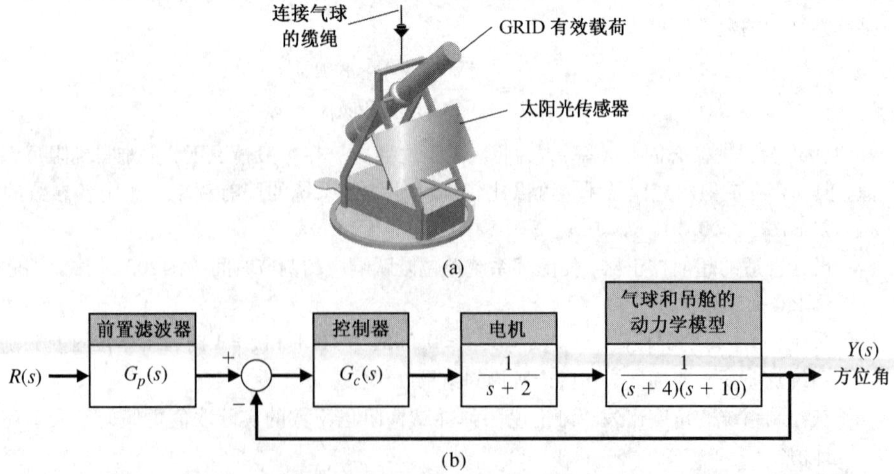

图 CP12.8　GRID 设备的指向控制系统

$$G_c(s)=\frac{K_D(s^2+as+b)}{s}$$

试选取 K_D，a 和 b 的合适取值，并设计一个合适的前置滤波器 $G_p(s)$，使系统主导极点对应的阻尼比 $\zeta=0.8$，系统阶跃响应的超调量 P.O.≤3%。此外，编程计算实际系统的阶跃响应，并由此验证超调量满足了设计指标要求。

技能自测答案

正误判断题：(1) 对　(2) 错　(3) 对　(4) 对　(5) 错

多项选择题：(6) b　(7) b　(8) c　(9) d　(10) a　(11) d　(12) a　(13) c　(14) a　(15) b

术语和概念匹配题(自上向下)：d　g　i　b　c　k　f　h　a　j　e

术语和概念

additive perturbation	加性摄动	可以用加性模型 $G_a(s)=G(s)+A(s)$ 描述的系统摄动(扰动)，其中，$G(s)$ 为受控对象的标称传递函数，$A(s)$ 为幅值有界的摄动，$G_a(s)$ 描述了受到扰动的受控对象簇。
complementary sensitivity function	补灵敏度函数	即函数 $T(s)=\dfrac{G_c(s)G(s)}{1+G_c(s)G(s)}$，它满足关系：$S(s)+T(s)=1$，其中，$S(s)$ 为灵敏度，而 $C(s)=T(s)$ 正好为闭环传递函数。
internal model principle	内模原理	内模原理指出，如果 $G_c(s)G(s)$ 包含了输入 $R(s)$，则系统在进入稳态之后，输出 $y(t)$ 能够无差地跟踪上输入 $r(t)$，而且这种跟踪还具有鲁棒性。
multiplicative perturbation	乘性摄动	可以用乘性模型 $G_m(s)=G(s)(1+M(s))$ 描述的系统摄动(扰动)，其中，$G(s)$ 为受控对象的标称传递函数，$M(s)$ 为幅值有界的摄动，$G_m(s)$ 描述了受到扰动的受控对象簇。
PID controller	PID 控制器	指由比例项、积分项和微分项这三项之和组成的控制器，控制器输出为每项输出的加权和，其中，每项的加权增益均为可调参数。
prefilter	前置滤波器	在计算偏差信号之前，对输入信号 $R(s)$ 进行滤波的传递函数 $G_p(s)$。
process controller	过程控制器	参见 PID 控制器(PID controller)。
robust control system	鲁棒控制系统	在受控对象存在显著不确定性的情况下，仍然具备预期性能的系统。
robust stability criterion	鲁棒稳定性判据	针对乘性摄动的鲁棒稳定性判据。如果对于所有 ω 都有 $\lvert M(j\omega)\rvert<\left\lvert 1+\dfrac{1}{G(j\omega)}\right\rvert$，则受到乘性摄动的系统仍然能够保持稳定，其中，$M(s)$ 为幅值有界的乘性摄动。
root sensitivity	根灵敏度	系统的根(即零点和极点)对参数变化的灵敏度的度量指标，其定义为 $S_\alpha^{r_i}=\dfrac{\partial r_i}{\partial\alpha/\alpha}$，其中，$\alpha$ 为可变参数，r_i 为根。
sensitivity function	灵敏度函数	即函数 $S(s)=[1+G_c(s)G(s)]^{-1}$。它满足关系：$S(s)+T(s)=1$，其中，$T(s)$ 为闭环传递函数。
system sensitivity	系统灵敏度	系统对参数变化的灵敏度的度量指标，其定义为 $S_\alpha^T=\dfrac{\partial T/T}{\partial\alpha/\alpha}$，其中，$\alpha$ 为可变参数，T 是系统的传递函数。

第13章 数字控制系统

提要

在反馈控制系统中，经常利用数字计算机来实现控制算法。由于计算机只在特定的间断时间点上接收数据，因此，有必要研究离散信号的分析方法，以便描述和分析计算机控制系统的行为和性能。本章首先介绍了数字控制系统概貌，引入采样控制系统的概念，然后讨论了 z 变换。利用传递函数的 z 变换，可以分析系统的稳定性和瞬态响应。本章简要讨论了利用根轨迹法分析含有数字控制器的闭环系统的稳定性。最后，本章继续研究了循序渐进设计实例——磁盘驱动器读取系统，并为它设计了一个数字控制器。

预期收获

完成第13章的学习之后，学生应该：

- 理解数字计算机在控制系统设计和应用中的作用。
- 熟悉 z 变换和采样控制系统。
- 能够用根轨迹法设计数字控制器。
- 理解数字控制器的应用和实现。

13.1 引言

计算机的价格急剧下降，可靠性显著提高[1,2]，人们越来越多地将计算机用作校正装置(控制器)。图13.1给出了一个单回路数字控制系统的框图。在这类系统中，数字计算机接受数字形式的偏差信号，并通过编程计算来生成数字形式的输出。按设计要求进行编程计算之后，计算机可以提供合适的输出信号，最终使校正后的系统接近或达到预期性能。计算机能够接受或处理多个输入信号，因此，数字控制系统通常可以构成多变量系统。

数字计算机只能接受和处理数字(或数值)形式的信号，这里的数字(或数值)信号主要是相对于连续模拟信号而言的[3]。如图13.1所示，**数字控制系统**用数字信号和数字计算机控制受控对象，测量数据可以通过模数转换器由模拟形式转变成数字形式，然后输入计算机。数字计算机处理了输入信号之后，输出数字形式的信号，该信号又通过数模转换器，变换成为模拟信号。

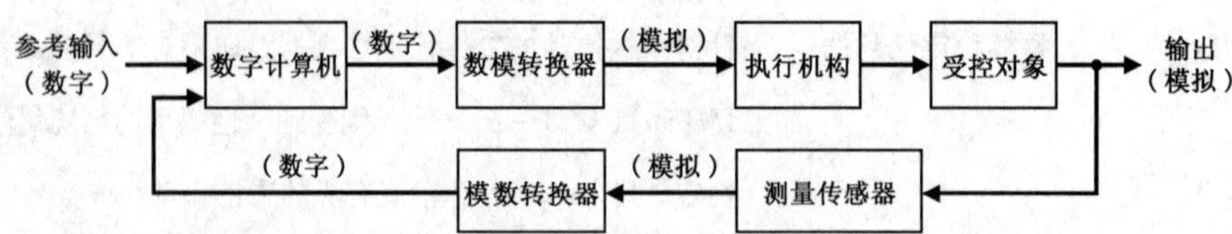

图13.1 计算机控制系统(包括信号转换器)的框图，图中标明了数字或模拟信号

13.2 数字控制系统应用概貌

数字计算机由中央处理器(CPU)、输入/输出单元和存储器单元3大部分组成。计算机的尺寸和功能主要因为CPU的尺寸、速度和功能的不同而不同，也与存储器的尺寸、速度和组织方式直接有关。功能强大但价格低廉的**微型计算机**(microcomputer)已经充斥着市场。这些计算机都采用了微处理器作为CPU。因此，数字控制系统可以依据控制任务的性质、数据需要占用内存的

大小及所要求的速度等因素，在市场上灵活地选配合适的计算机。

计算机的尺寸及其中的逻辑器件的价格都在呈指数下降。由于每立方厘米器件上的有效元件的数目(即集成度)增长很快，导致了计算机的实际尺寸得以大大减小，因此又出现了许多价格便宜、功能强大的便携机，为学生和从业者提供了高性能的移动计算能力，它们在某种程度上甚至可以取代传统的台式机。与此同时，计算机的运算速度却在呈指数增长。如图 13.2 所示，40 多年以来，微处理器集成电路中的晶体管密度值(衡量运算能力的指标之一)就在呈指数增长。事实上，根据所谓的“摩尔定律”，晶体管密度每年都会翻一番，而且仍会继续如此。显然，运算能力的提高已经并将继续发生显著的进步，这种进步为计算机在当代控制理论和设计中的应用带来了革命性的变化。

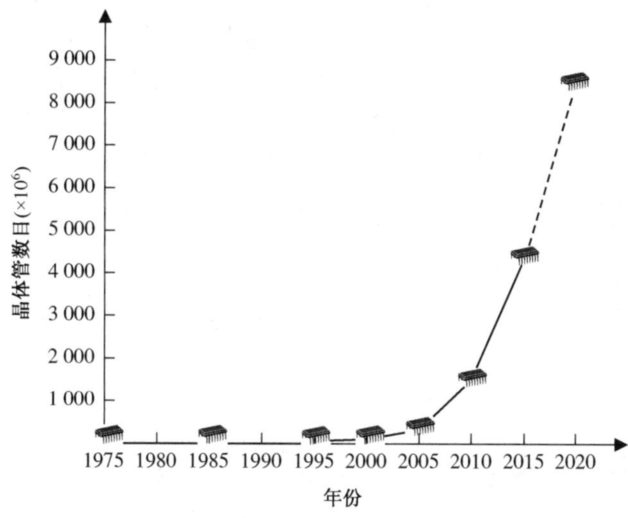

图 13.2　微处理器的发展进程，用晶体管的数目来衡量

数字控制系统已广泛应用于机械、冶金、生物医药、环境、化工过程、飞行控制和交通管制等许多领域[4~8]。图 13.3 给出了一个用于飞行控制的计算机控制系统实例。其实，计算机自动控制的例子比比皆是，又例如，测量汽车驾驶员目视目标时的视觉折射度、控制引擎的点火时间、控制汽车引擎的燃空比，等等，都少不了计算机控制系统。

图 13.3　波音 787 梦幻系列的飞行驾驶舱以拥有数字控制电子设备而著称，其中包括一整套导航和通信设备(来源：Craig F. Walker/Getty Images公司)

数字控制系统有许多优点：提高了测量的灵敏度；采用了数字编码信号、数字传感器和变换器，以及微处理器；降低了对噪声的灵敏度；方便了控制算法的重构与复用，等等。测量灵敏度的提高，主要是由于采用了数字传感器，系统可以敏感到能量较低的信号，又由于采用了数字编码信号，系统可以方便地使用各种数字器件，也可以利用数字通信来传输信号。再者，使用数字传感器和变换器，可以方便地测量、传输和耦合多种信号和器件。最后，还有许多实际系统的输出是脉冲信号，它们原本就是一种数字系统。

13.3　采样控制系统

控制系统的计算机总是通过信号转换器，与执行机构和受控对象互连在一起，因此计算机输出首先需要由数模转换器进行处理。如果计算机总是按照同一个固定的周期 T 接收或输出数据，则称这个周期 T 为**采样周期**。这样，图 13.4 所示的参考输入就是一列采样值$r(kT)$。相对于 $m(t)$ 和$y(t)$这些连续时间信号(函数)而言，变量 $r(kT)$，$m(kT)$和 $u(kT)$就是离散信号。

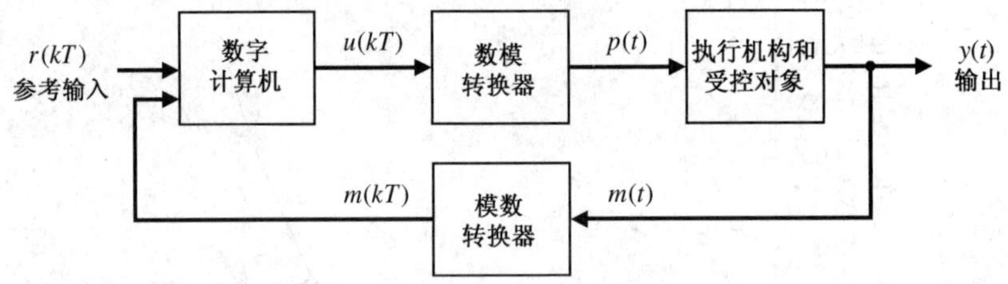

图 13.4　数字控制系统

只考虑系统变量 $x(t)$ 在离散时间点上的取值的数据，就称为采样数据或离散信号，并记为 $x(kT)$。

概念强调说明 13.1

部分元件或分系统依据采样数据工作时，该控制系统称为**采样控制系统**。如图 13.5 所示，理想的采样器基本上可以看成一个开关，它每隔 T 秒后瞬间闭合一次。将采样器的输入记为 $r(t)$，输出记为 $r^*(t)$，于是，在当前的采样时刻 nT,$r^*(t)$的取值为 $r(nT)$，因此有 $r^*(t)=r(nT)\delta(t-nT)$，其中，$\delta(t)$是脉冲函数。

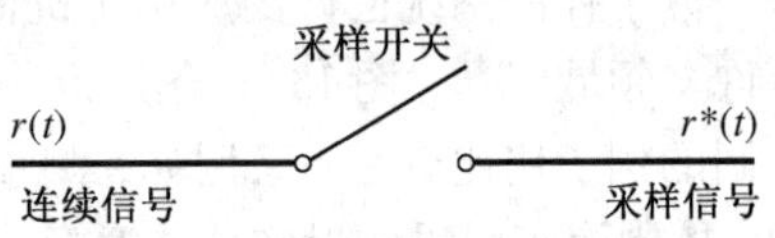

图 13.5　对输入 $r(t)$的理想采样

用采样器对信号 $r(t)$进行采样，就得到了采样信号 $r^*(t)$。它实际上是幅值为 $r(kT)$的脉冲信号串，其中的脉冲信号从 $t=0$ 时刻开始，每隔 T 秒出现一次。当用图形来表示采样信号时，$r^*(t)$表现为一系列幅度为 $r(kT)$且带有箭头的离散垂线。例如，若输入信号如图 13.6(a)所示，则 $r(kT)$的图像如图 13.6(b)所示。

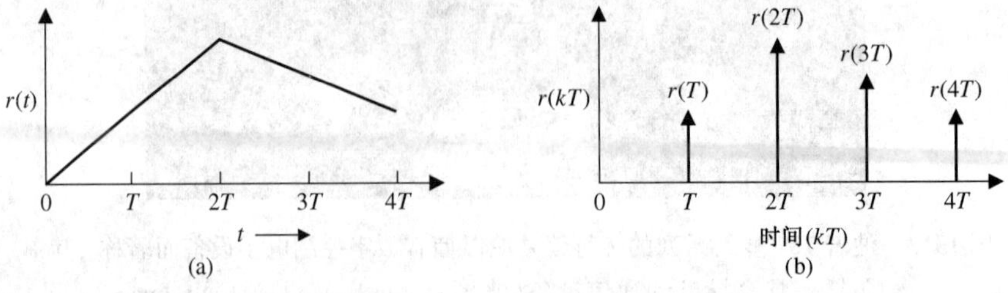

图 13.6　(a) 输入信号 $r(t)$；(b) 采样信号 $r^*(t)=\sum_{k=0}^{\infty}r(kT)\delta(t-kT)$，垂直箭头代表脉冲信号

数模转换器可以将离散信号 $r^*(t)$ 转换为连续信号 $p(t)$，它通常可以用图 13.7 给出的零阶保持器来表示。在 $kT \leqslant t < (k+1)T$ 的时间段内，零阶保持器保持采样信号幅值 $r(kT)$ 不变。当 $k=0$ 时，零阶保持器对单位脉冲输入的输出响应如图 13.8 所示。因此，在采样周期内，我们后续使用的信号是分段的连续信号 $r(kT)$。

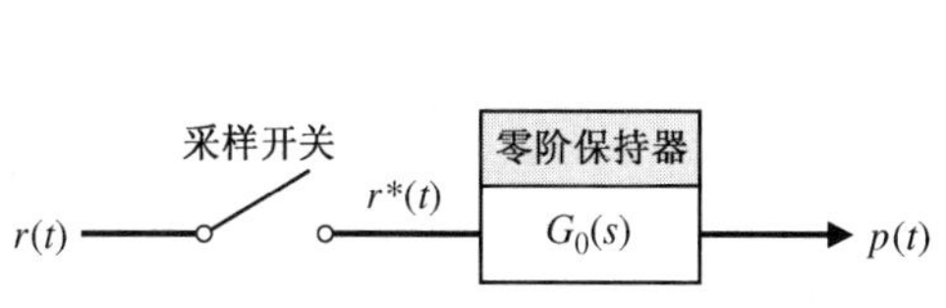

图 13.7　采样器和零阶保持器

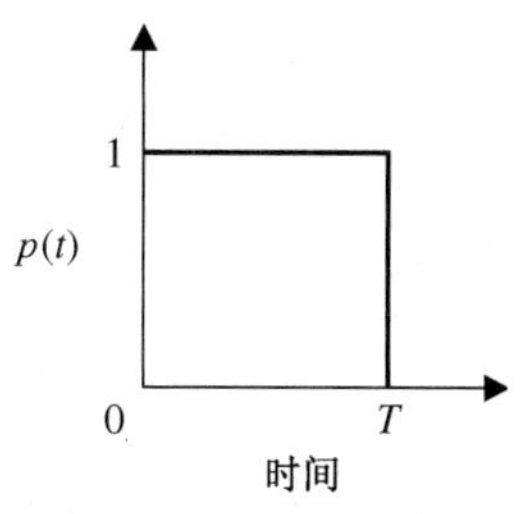

图 13.8　零阶保持器对脉冲输入信号的响应。当 $k=0$ 时，$r(kT)=1$，当 $k\neq 0$ 时，$r(kT)=0$，于是 $r^*(t)=r(0)\delta(t)$

当采样周期 T 足够小时，采样器和零阶保持器串联之后的输出可以精确地跟踪原来的连续输入信号。图 13.9 给出了采样器和零阶保持器组合对斜坡输入的跟踪响应，图 13.10 又给出了采用两种不同的采样周期时，采样器和零阶保持器组合对指数衰减信号的跟踪响应。上述结果清楚地表明，当采样周期 T 趋近于零（即采样越来越频繁）时，输出 $p(t)$ 将趋近于连续输入 $r(t)$。

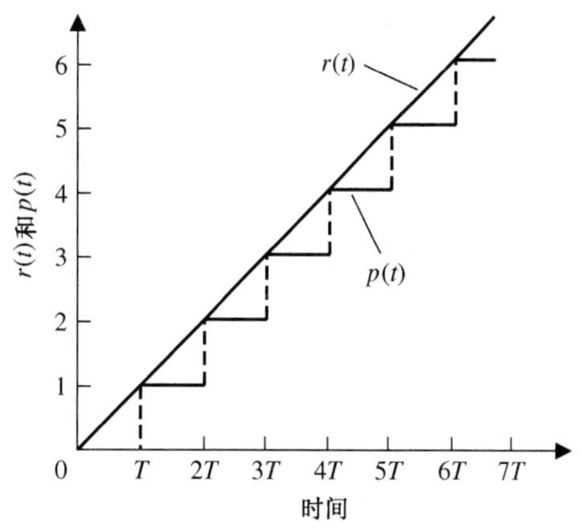

图 13.9　采样器和零阶保持器组合对斜坡输入 $r(t)=t$ 的响应

零阶保持器的脉冲响应如图 13.8 所示，其传递函数为

$$G_0(s)=\frac{1}{s}-\frac{1}{s}e^{-sT}=\frac{1-e^{-sT}}{s} \tag{13.1}$$

我们通常用精度来衡量一组数据表述某个实际物理量时的精确程度或偏离程度。数字计算机和信号转换器都只具有有限的精度。计算机的**精度**受到有限字长的限制。模数转换器的精度受到了输出离散信号二进制编码的有限位数的限制，因此，模数转换器的输出信号 $m(kT)$ 包含了**幅值量化误差**。如果相对于信号的幅值而言，数字编码量化误差和计算机字长误差都很小[13, 16]，那么数字系统便具有了足够的精度，从而可以忽略上述两类误差。

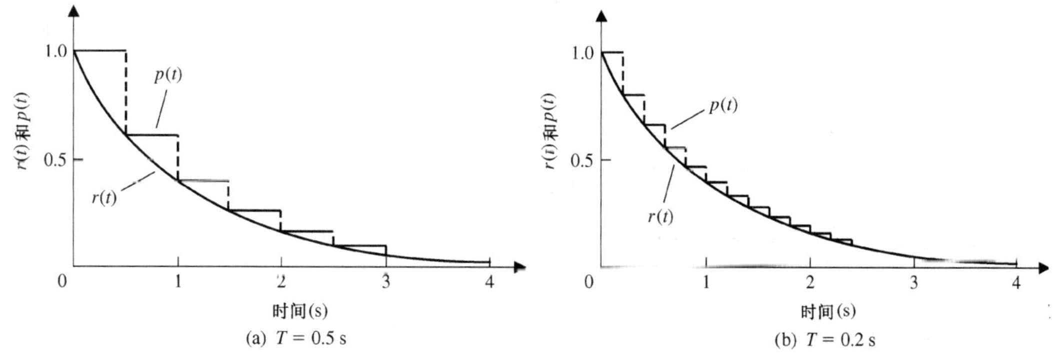

图 13.10　采用两种不同的采样周期时，采样器和零阶保持器组合对输入 $r(t)=e^{-t}$ 的响应

13.4 z 变换

理想采样器的输出 $r^*(t)$ 是一个脉冲序列 $r(kT)$，因此，当 $t>0$ 时有

$$r^*(t) = \sum_{k=0}^{\infty} r(kT)\delta(t - kT) \tag{13.2}$$

对其实施拉普拉斯变换，则有

$$\mathscr{L}\{r^*(t)\} = \sum_{k=0}^{\infty} r(kT)\mathrm{e}^{-ksT} \tag{13.3}$$

这是一个由指数因子 e^{sT} 的不同幂因式组成的无限级数。再定义

$$\boxed{z = \mathrm{e}^{sT}} \tag{13.4}$$

于是，就得到了一个从 s 平面到 z 平面的保角映射。在此基础上，又可以定义一个新的函数变换，并称之为 z 变换，记为

$$Z\{r(t)\} = Z\{r^*(t)\} = \sum_{k=0}^{\infty} r(kT)z^{-k} \tag{13.5}$$

作为第一个例子，我们来确定单位阶跃函数 $u(t)$ 的 z 变换[注意，不要与控制信号 $u(t)$ 相混淆]。当 $k \geqslant 0$ 时，始终有 $u(kT)=1$，于是有

$$Z\{u(t)\} = \sum_{k=0}^{\infty} u(kT)z^{-k} = \sum_{k=0}^{\infty} z^{-k} \tag{13.6}$$

将级数写成更紧凑的闭合形式，于是又有①

$$U(z) = \frac{1}{1 - z^{-1}} = \frac{z}{z - 1} \tag{13.7}$$

一般地，可以定义函数 $f(t)$ 的 **z 变换**为

$$\boxed{Z\{f(t)\} = F(z) = \sum_{k=0}^{\infty} f(kT)z^{-k}} \tag{13.8}$$

例 13.1 指数函数的 z 变换

当 $t \geqslant 0$ 时，我们来确定 $f(t) = \mathrm{e}^{-at}$ 的 z 变换，于是有

$$Z\{\mathrm{e}^{-at}\} = F(z) = \sum_{k=0}^{\infty} \mathrm{e}^{-akT}z^{-k} = \sum_{k=0}^{\infty} (z\mathrm{e}^{+aT})^{-k} \tag{13.9}$$

写成更紧凑的闭合形式为

$$F(z) = \frac{1}{1 - (z\mathrm{e}^{aT})^{-1}} = \frac{z}{z - \mathrm{e}^{-aT}} \tag{13.10}$$

可以证明，指数函数的 z 变换具有如下性质：

$$Z\{\mathrm{e}^{-at}f(t)\} = F(\mathrm{e}^{aT}z)$$

① 当 $|bx|<1$ 时，无穷等比级数可以写成 $(1-bx)^{-1} = 1 + bx + (bx)^2 + (bx)^3 + \cdots$

例 13.2　正弦函数的 z 变换

当 $t\geqslant 0$ 时，我们再来确定 $f(t)=\sin(\omega t)$ 的 z 变换。为此，可先将 $\sin(\omega t)$ 写成复指数形式，

$$\sin(\omega t)=\frac{e^{j\omega T}}{2j}-\frac{e^{-j\omega T}}{2j} \tag{13.11}$$

因此，对正弦信号而言，其 z 变换为

$$F(z)=\frac{1}{2j}\left(\frac{z}{z-e^{j\omega T}}-\frac{z}{z-e^{-j\omega T}}\right)=\frac{1}{2j}\left(\frac{z(e^{j\omega T}-e^{-j\omega T})}{z^2-z(e^{j\omega T}+e^{-j\omega T})+1}\right)=\frac{z\sin(\omega T)}{z^2-2z\cos(\omega T)+1} \tag{13.12}$$

表 13.1 给出了常用函数的 z 变换，本书在线附录 H 也包括了这些变换。注意，我们用同样的大写字母 F 来表示拉普拉斯变换和 z 变换，唯一的区别在于它们的自变量不同，分别为 s 和 z。表 13.2 则总结了 z 变换的基本性质。与讨论拉普拉斯变换时一样，我们最终感兴趣的是系统的时域输出 $y(t)$，因此，必须在 $Y(z)$ 的基础上，通过逆变换计算得到 $y(t)$。可以用下列几种方法来计算输出：(1) 将 $Y(z)$ 直接展开成 z 的幂级数，其系数就是待求的离散采样输出；(2) 将 $Y(z)$ 展开成部分分式之和，并根据表 13.1 计算每个部分分式的逆变换；(3) 通过积分来计算逆变换。限于篇幅，本章将只介绍如何使用前两种方法。

表 13.1　z 变换

$x(t)$	$X(s)$	$X(z)$
$\delta(t)=\begin{cases}\frac{1}{\varepsilon}, & t<\varepsilon,\varepsilon\to 0\\ 0, & \text{其他}\end{cases}$	1	—
$\delta(t-a)=\begin{cases}\frac{1}{\varepsilon}, & a<t<a+\epsilon,\epsilon\to 0\\ 0, & \text{其他}\end{cases}$	e^{-as}	—
$\delta_0(t)=\begin{cases}1, & t=0\\ 0, & t=kT,k\neq 0\end{cases}$	—	1
$\delta_0(t-kT)=\begin{cases}1, & t=kT\\ 0, & t\neq kT\end{cases}$	—	z^{-k}
$u(t)$，单位阶跃	$1/s$	$\frac{z}{z-1}$
t	$1/s^2$	$\frac{Tz}{(z-1)^2}$
e^{-at}	$\frac{1}{s+a}$	$\frac{z}{z-e^{-aT}}$
$1-e^{-at}$	$\frac{1}{s(s+a)}$	$\frac{(1-e^{-aT})z}{(z-1)(z-e^{-aT})}$
$\sin(\omega t)$	$\frac{\omega}{s^2+\omega^2}$	$\frac{z\sin(\omega T)}{z^2-2z\cos(\omega T)+1}$
$\cos(\omega t)$	$\frac{s}{s^2+\omega^2}$	$\frac{z(z-\cos(\omega T))}{z^2-2z\cos(\omega T)+1}$
$e^{-at}\sin(\omega t)$	$\frac{\omega}{(s+a)^2+\omega^2}$	$\frac{(ze^{-aT}\sin(\omega T))}{z^2-2ze^{-aT}\cos(\omega T)+e^{-2aT}}$
$e^{-at}\cos(\omega t)$	$\frac{s+a}{(s+a)^2+\omega^2}$	$\frac{z^2-ze^{-aT}\cos(\omega T)}{z^2-2ze^{-aT}\cos(\omega T)+e^{-2aT}}$

表 13.2　z 变换的基本性质

	$x(t)$	$X(z)$
1.	$kx(t)$	$kX(z)$
2.	$x_1(t) + x_2(t)$	$X_1(z) + X_2(z)$
3.	$x(t + T)$	$zX(z) - zx(0)$
4.	$tx(t)$	$-Tz\dfrac{\mathrm{d}X(z)}{\mathrm{d}z}$
5.	$\mathrm{e}^{-at}x(t)$	$X(z\mathrm{e}^{aT})$
6.	$x(0)$,初值	$\lim\limits_{z\to\infty} X(z)$,如果极限存在
7.	$x(\infty)$,终值	$\lim\limits_{z\to 1}(z-1)X(z)$,如果极限存在且系统稳定 系统稳定的条件是:$(z-1)X(z)$的所有极点 在$z$平面的单位圆$\lvert z\rvert = 1$之内

例 13.3　开环系统的 z 域传递函数

考虑图 13.11 所示的系统,其中 $T=1$ s。零阶保持器的传递函数为

$$G_0(s) = \frac{1 - \mathrm{e}^{-sT}}{s}$$

于是,开环系统的传递函数为

$$\frac{Y(s)}{R^*(s)} = G_0(s)G_p(s) = G(s) = \frac{1 - \mathrm{e}^{-sT}}{s^2(s+1)} \tag{13.13}$$

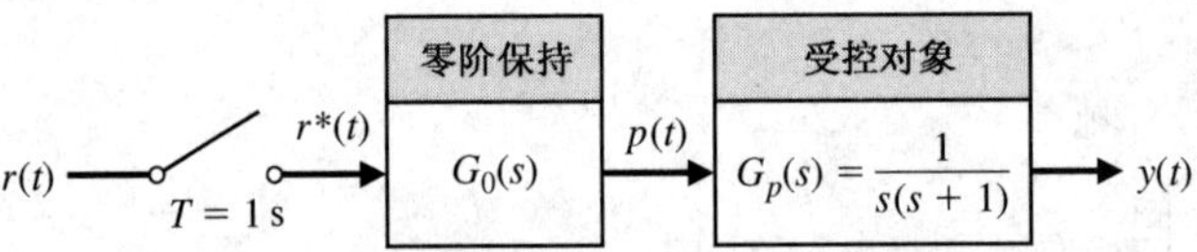

图 13.11　开环采样控制系统(无反馈)

将上式进行部分分式展开,可以得到

$$G(s) = (1 - \mathrm{e}^{-sT})\left(\frac{1}{s^2} - \frac{1}{s} + \frac{1}{s+1}\right) \tag{13.14}$$

和 z 变换

$$G(z) = Z\{G(s)\} = (1 - z^{-1})Z\left(\frac{1}{s^2} - \frac{1}{s} + \frac{1}{s+1}\right) \tag{13.15}$$

对照表 13.1,可以得到每个部分分式的 z 变换,故有

$$G(z) = (1 - z^{-1})\left[\frac{Tz}{(z-1)^2} - \frac{z}{z-1} + \frac{z}{z - \mathrm{e}^{-T}}\right]$$

$$= \frac{(z\mathrm{e}^{-T} - z + Tz) + (1 - \mathrm{e}^{-T} - T\mathrm{e}^{-T})}{(z-1)(z-\mathrm{e}^{-T})}$$

当 $T=1$ s 时,最终有

$$\begin{aligned} G(z) &= \frac{z\mathrm{e}^{-1} + 1 - 2\mathrm{e}^{-1}}{(z-1)(z-\mathrm{e}^{-1})} \\ &= \frac{0.3678z + 0.2644}{(z-1)(z-0.3678)} = \frac{0.3678z + 0.2644}{z^2 - 1.3678z + 0.3678} \end{aligned} \tag{13.16}$$

为了得到该系统的单位脉冲响应，可以用长除法（分子多项式除以分母多项式）将 $Y(z)$ 展开成幂级数。由于 $R(z)=1$，故有 $Y(z)=G(z)*1$，因而又有

$$\begin{array}{r|llll}
 & 0.3678z^{-1} & +\ 0.7675z^{-2} & +\ 0.9145z^{-3} & +\ \cdots = Y(z) \\ \hline
z^2 - 1.3678z + 0.3678 & 0.3678z & +\ 0.2644 & & \\
 & \underline{0.3678z} & \underline{-\ 0.5031} & \underline{+\ 0.1353z^{-1}} & \\
 & & +\ 0.7675 & -\ 0.1353z^{-1} & \\
 & & \underline{+\ 0.7675} & \underline{-\ 1.0497z^{-1}} & \underline{+\ 0.2823z^{-2}} \\
 & & & 0.9145z^{-1} & -\ 0.2823z^{-2}
\end{array} \tag{13.17}$$

如果需要，式(13.17)的运算可以一直持续下去。再由式(13.5)可以得到

$$Y(z) = \sum_{k=0}^{\infty} y(kT)z^{-k}$$

于是，$y(kT)$ 的各个值为：$y(0)=0$，$y(T)=0.3678$，$y(2T)=0.7675$，$y(3T)=0.9145$。注意，在 z 域内，只能够求得 $y(t)$ 在采样瞬间 $t=kT$ 时的取值。

由于我们可以得到输出采样信号的 z 变换为 $Y(z)$，输入采样信号的 z 变换为 $R(z)$，于是可以将 z 域内的传递函数定义为

$$\frac{Y(z)}{R(z)} = G(z) \tag{13.18}$$

如图 13.12 所示，在框图中增加一个输出采样器，就可以表示 z 域内输出结果的离散特性。该虚拟采样器应该与输入采样器具有相同的采样周期（见图 13.11），并需要保持同步。于是又有

$$Y(z) = G(z)R(z) \tag{13.19}$$

这正是最常用的输入-输出关系式。为简便起见，我们还可以略去采样开关，直接用图 13.13 给出的框图来表达关系式(13.19)。

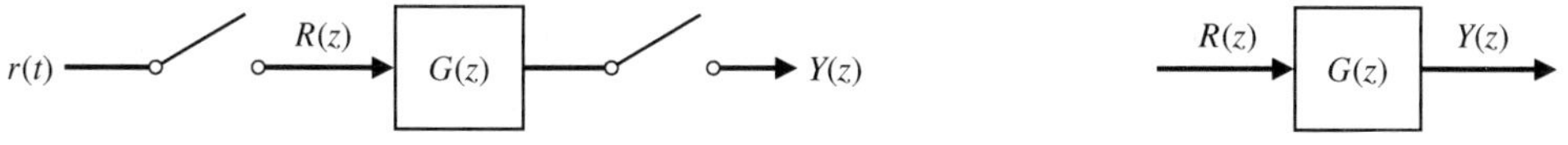

图 13.12　带有输出采样的系统

图 13.13　用框图表示 z 域内的传递函数

13.5　闭环反馈采样控制系统

本节考虑闭环数字采样控制系统。考虑图 13.14(a)所示的系统。它在 z 域内的框图模型如图 13.14(b)所示，其中，闭环 z 传递函数 $T(z)$ 为

$$\frac{Y(z)}{R(z)} = T(z) = \frac{G(z)}{1+G(z)} \tag{13.20}$$

在式(13.20)中，$G(z)$ 是 $G(s)=G_0(s)G_p(s)$ 的 z 变换，$G_0(s)$ 为零阶保持器的传递函数，$G_p(s)$ 是受控对象的传递函数。

一个带有数字控制器的数字控制系统的框图模型如图 13.15(a)所示，相应的 z 变换框图模型如图 13.15(b)所示。其闭环 z 域传递函数为

$$\boxed{\frac{Y(z)}{R(z)} = T(z) = \frac{G(z)D(z)}{1+G(z)D(z)}} \tag{13.21}$$

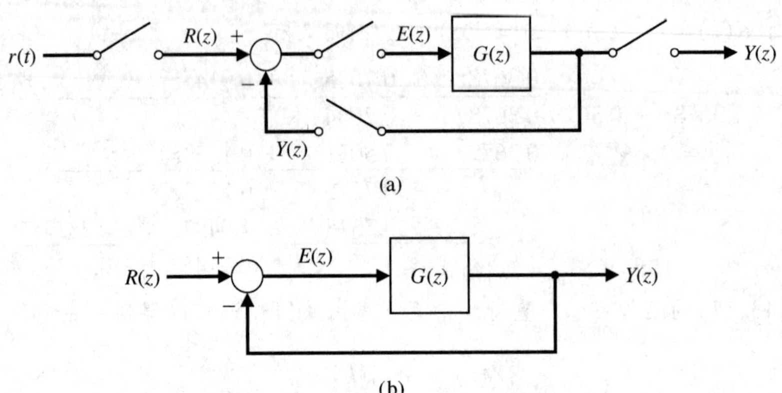

图 13.14　带有单位反馈的反馈控制系统，$G(z)$ 是 $G(s)$ 的 z 变换，$G(s)$ 代表了受控对象和零阶保持器组合

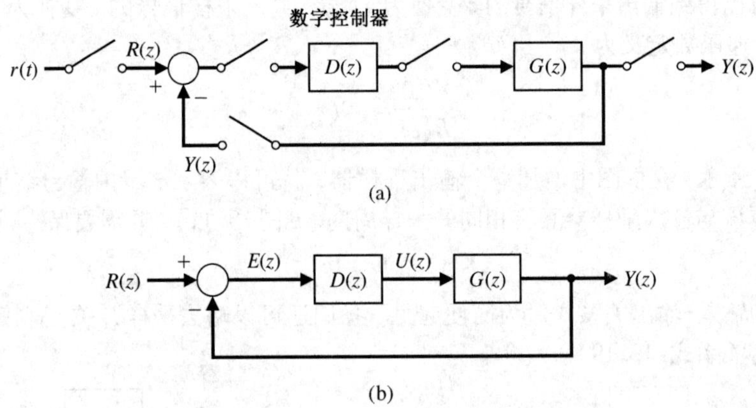

图 13.15　(a) 带有数字控制器的反馈控制系统；(b) 框图模型，其中 $G(z)=Z\{G_0(s)G_p(s)\}$

例 13.4　闭环系统的响应

考虑图 13.16 给出的闭环系统，在图 13.14 所示的系统中，已经得到其 z 域传递函数为

$$\frac{Y(z)}{R(z)}=\frac{G(z)}{1+G(z)} \tag{13.22}$$

在例 13.3 中已讨论过，当 $T=1$ s 时，$G(z)$ 由式(13.16)给出，将它代入式(13.22)后可以得到

$$\frac{Y(z)}{R(z)}=\frac{0.3678z+0.2644}{z^2-z+0.6322} \tag{13.23}$$

当输入为单位阶跃信号时，

$$R(z)=\frac{z}{z-1} \tag{13.24}$$

于是有

$$Y(z)=\frac{z(0.3678z+0.2644)}{(z-1)(z^2-z+0.6322)}=\frac{0.3678z^2+0.2644z}{z^3-2z^2+1.6322z-0.6322}$$

对上式做长除法，可以得到

$$Y(z) = 0.3678z^{-1} + z^{-2} + 1.4z^{-3} + 1.4z^{-4} + 1.147z^{-5} + \cdots \tag{13.25}$$

在图 13.17 中，我们用符号□标明了离散响应 $y(kT)$。作为比较，图 13.17 还给出了原有连续系统(即 $T=0$)的响应曲线。所得结果表明，离散系统的超调量为 45%。而连续系统的超调量只有 17%，离散系统的调节时间则是连续系统调节时间的两倍。

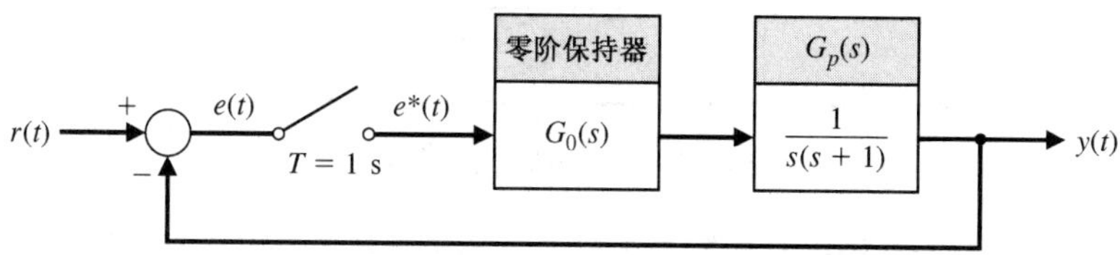

图 13.16　闭环数字采样控制系统

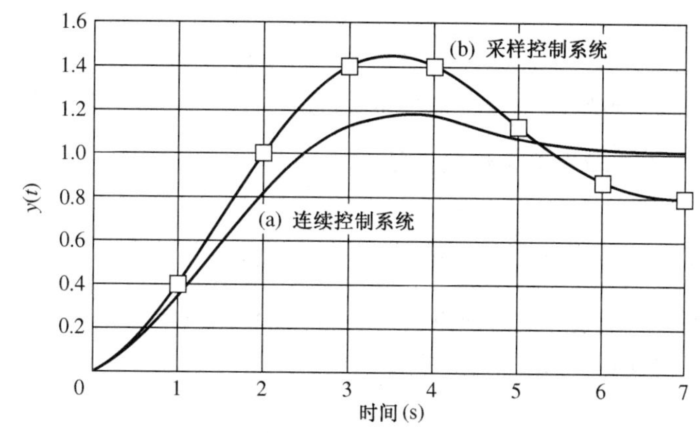

图 13.17　二阶系统的响应。(a) 连续的非采样控制系统($T=0$)；(b) 采样控制系统($T=1$ s)

从前面各章已知，如果闭环传递函数 $T(s)$的所有极点都处在 s 平面的左半平面，连续的线性反馈控制系统就是稳定的系统。s 平面到 z 平面的映射为

$$z = e^{sT} = e^{(\sigma + j\omega)T} \tag{13.26}$$

或者写成

$$|z| = e^{\sigma T}, \quad \angle z = \omega T \tag{13.27}$$

于是，与 s 左半平面上的各点($\sigma<0$)对应，其映射像 z 的幅值将处在 0 和 1 之间。正因为如此，s 平面虚轴被映射成 z 平面上的单位圆，而单位圆内部对应于 s 左半平面[14]。

这表明：**如果闭环 z 传递函救 $T(z)$ 的所有极点都落在 z 平面的单位圆内，那么采样控制系统一定是稳定的。**

例 13.5　闭环系统的稳定性

考虑图 13.18 所示的系统，其中 $T=1$ s，

$$G_p(s) = \frac{K}{s(s+1)} \tag{13.28}$$

再由式(13.16)可知

$$G(z) = \frac{K(0.3678z + 0.2644)}{z^2 - 1.3678z + 0.3678} = \frac{K(az + b)}{z^2 - (1 + a)z + a} \tag{13.29}$$

其中，$a = 0.3678$，$b = 0.2644$。

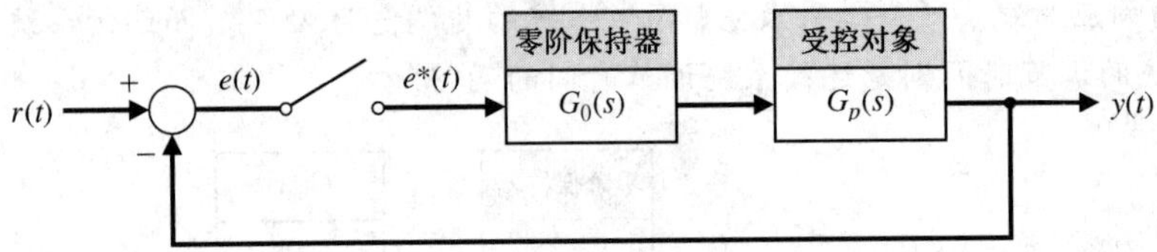

图 13.18　闭环采样控制系统

闭环传递函数 $T(z)$ 的极点是特征方程 $q(z) = 1 + G(z) = 0$ 的根。于是有

$$q(z) = 1 + G(z) = z^2 - (1 + a)z + a + Kaz + Kb = 0 \tag{13.30}$$

当 $K = 1$ 时，有

$$q(z) = z^2 - z + 0.6322 = (z - 0.50 + \mathrm{j}0.6182)(z - 0.50 - \mathrm{j}0.6182) = 0 \tag{13.31}$$

特征根落在单位圆内，因此这时的系统是稳定的。

当 $K = 10$ 时，特征方程变为

$$q(z) = z^2 + 2.310z + 3.012 = (z + 1.155 + \mathrm{j}1.295)(z + 1.155 - \mathrm{j}1.295) \tag{13.32}$$

特征根落在了单位圆之外，因此这时的系统是不稳定的。进一步验证可知，当 $0 < K < 2.39$ 时，该系统是稳定的。当增益 K 变化时，特征根也会随之变化，正因为如此，13.8 节将专门讨论 z 域内的根轨迹。

需要注意的是，即使二阶连续系统对增益 K 的所有取值都是稳定的(还假定系统的开环极点也落在 s 平面的左半平面)，与其对应的二阶离散系统也可能会变得不稳定。

13.6　二阶采样控制系统的性能

本节考虑图 13.18 给出的含有零阶保持器的二阶采样控制系统的性能。设受控对象为

$$G_p(s) = \frac{K}{s(\tau s + 1)} \tag{13.33}$$

对任意的采样周期 T，可以得到 $G(z)$ 为

$$G(z) = \frac{K\{(z - E)[T - \tau(z - 1)] + \tau(z - 1)^2\}}{(z - 1)(z - E)} \tag{13.34}$$

其中，$E = \mathrm{e}^{-T/\tau}$。为了分析系统的稳定性，考察特征方程：

$$q(z) = z^2 + z\{K[T - \tau(1 - E)] - (1 + E)\} + K[\tau(1 - E) - TE] + E = 0 \tag{13.35}$$

由于多项式 $q(z)$ 是一个实系数的一元二次多项式，因此，两个根都落在单位圆内的充要条件是

$$|q(0)| < 1, \qquad q(1) > 0, \qquad q(-1) > 0$$

也可以通过将 z 域内的特征方程映射到 s 平面，并检验 $q(s)$ 的系数是否为正，从而检验这个二阶

系统的稳定性判据。利用这些条件，由式(13.35)可以得到的稳定性必要条件为

$$K\tau < \frac{1 - E}{1 - E - (T/\tau)E} \tag{13.36}$$

$$K\tau < \frac{2(1 + E)}{(T/\tau)(1 + E) - 2(1 - E)} \tag{13.37}$$

以及 $K>0$，$T>0$。根据上述条件，可以计算系统稳定的容许最大增益。针对 T/τ 的典型取值，表 13.3给出了对应的最大增益。从中可以看出，当计算机具有足够的运算速度时，可以取 $T/\tau=0.1$，在此条件下，离散系统的增益上限取值较大，其性能将趋近未经采样的连续系统的性能。

表 13.3 二阶采样控制系统稳定的容许最大增益

	T/τ	0	0.1	0.5	1	2
最大值	$K\tau$	∞	20.4	4.0	2.32	1.45

接下来考察该二阶采样控制系统的典型性能指标。当增益 K 和采样周期 T 发生变化时，二阶采样控制系统的阶跃响应的最大超调量如图 13.19 所示。

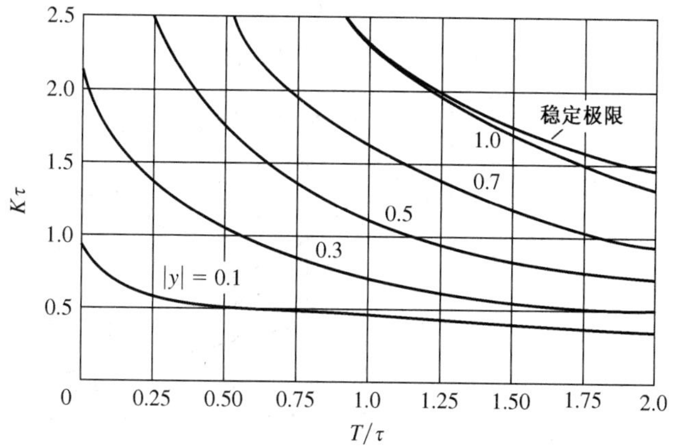

图 13.19 二阶采样控制系统阶跃响应的最大超调量$|y|$

误差平方积分指标可以写为

$$I = \frac{1}{\tau}\int_0^{\infty} e^2(t)\,\mathrm{d}t \tag{13.38}$$

在增益 $K\tau$ 和采样周期 T/τ 的坐标平面上，I 取恒定值的变化曲线如图 13.20 所示，图中还绘制了最优曲线，对于给定的 T/τ，我们可以从中确定 I 的最小值及其对应的 $K\tau$ 的取值。例如，当 $T/\tau=0.75$ 时，为了使 I 达到最小，应该取 $K\tau=1$。

该系统对单位斜坡输入 $r(t)=t$ 的稳态跟踪误差如图 13.21 所示。比较图 13.19 和图 13.21 可以发现，对于给定的 T/τ，增大 $K\tau$ 的取值，可以降低系统斜坡响应的稳态误差，但同时又会使系统阶跃响应的超调量和调节时间变大。

例 13.6 采样控制系统设计

考虑图 13.18 所示的闭环采样控制系统，其中

$$G_p(s) = \frac{K}{s(0.1s + 1)(0.005s + 1)} \tag{13.39}$$

希望确定 K 和 T 的合适取值，使离散系统产生性能良好的阶跃响应。综合利用图 13.19 至图 13.21可以确定 K 和 T 的合适取值。先取 $T/\tau=0.25$，并将系统阶跃响应的超调量限制在 P.O.=30%，那么由图 13.19 得到的对应增益为 $K\tau=1.4$，此时它对斜坡输入的稳态跟踪误差约为 $e_{ss}=0.6$(见图 13.21)。

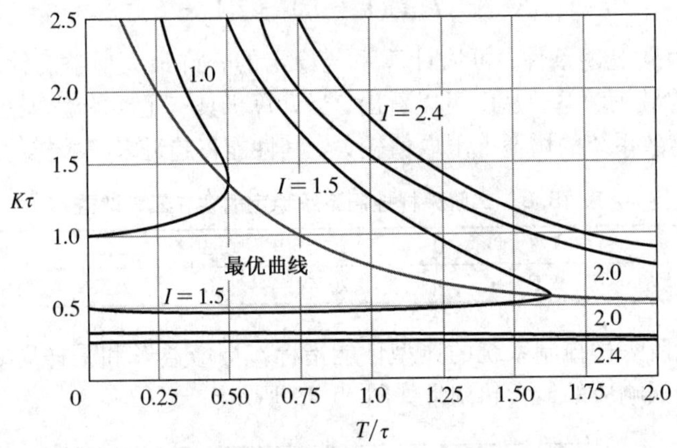

图 13.20 性能指标 I 的恒定值曲线和最优曲线

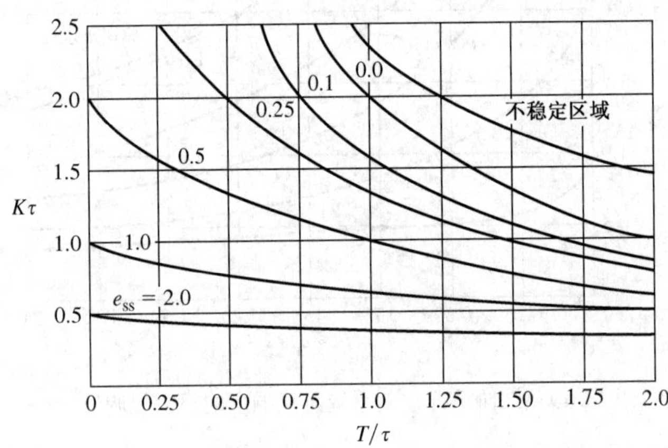

图 13.21 二阶采样控制系统对单位斜坡输入[$r(t)=t$, $t>0$]的稳态误差

再考虑到 $\tau=0.1$ s，于是有 $T=0.025$ s，$K=14$。采用上述参数值后，系统应该每秒采样 40 次。

如果将初始设计值改为 $T/\tau=0.1$，则可望进一步减小系统阶跃响应的超调量和斜坡响应的稳态误差。例如，如果将增益取为 $K\tau=1.6$，则系统阶跃响应的超调量变 P.O.=25%，由图 13.21 还可估算得到，系统对单位斜坡输入的稳态跟踪误差仅为 $e_{ss}=0.55$。

13.7 带有数字校正器的闭环系统

图 13.15 所示的闭环采样控制系统，采用了数字计算机作为校正控制器，以便改善系统的性能。其闭环 z 域传递函数记为

$$\frac{Y(z)}{R(z)}=T(z)=\frac{G(z)D(z)}{1+G(z)D(z)} \tag{13.40}$$

其中，计算机(数字控制器)的 z 域传递函数记为

$$\frac{U(z)}{E(z)} = D(z) \tag{13.41}$$

在前面的讨论中，我们只是简单地将 $D(z)$ 取为增益 K。为了说明计算机所起到的校正器作用，重新考虑例 13.3 给出的二阶系统和零阶保持器，其中，受控对象的传递函数为

$$G_p(s) = \frac{1}{s(s+1)}$$

采样周期为 $T=1$，于是有[见式(13.16)]

$$G(z) = \frac{0.3678(z+0.7189)}{(z-1)(z-0.3678)} \tag{13.42}$$

若将数字控制器取为

$$D(z) = \frac{K(z-0.3678)}{z+r} \tag{13.43}$$

就可以对消掉 $G(z)$ 在 $z=0.3678$ 处的极点。于是，只需要进一步确定两个参数 r 和 K 的取值，就可以得到所需的控制器。如果将数字控制器取为

$$D(z) = \frac{1.359(z-0.3678)}{z+0.240} \tag{13.44}$$

就会有

$$G(z)D(z) = \frac{0.50(z+0.7189)}{(z-1)(z+0.240)} \tag{13.45}$$

校正前后的系统阶跃响应如图 13.22 所示。从中可以看出，只要等到第 4 个采样时刻，校正后的系统输出就跟踪上了阶跃输入，而超调量由校正前的 P.O.=45% 下降为校正后的 P.O.=4%。限于篇幅，本书只简要介绍数字控制器的两种基本设计方法，即下面要讨论的 $G_c(s)$-$D(z)$ 转换方法和 13.8 节将要讨论的 z 平面根轨迹法。关于数字控制器 $D(z)$ 设计的更多内容，可参阅文献[2~4]。

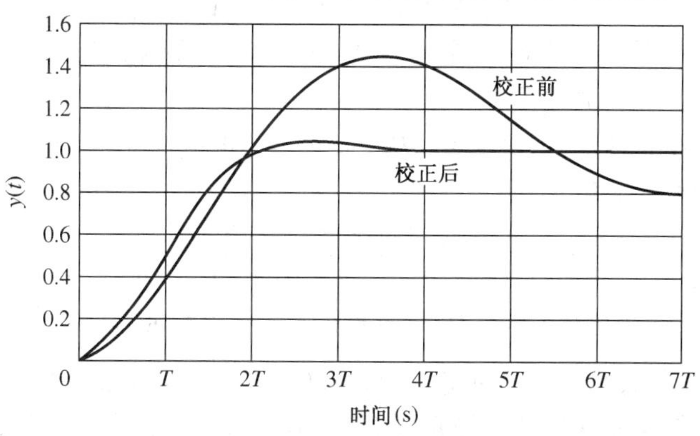

图 13.22　二阶采样控制系统的单位阶跃响应

设计 $D(z)$ 的一种基本方法就是所谓的 $G_c(s)$-$D(z)$ 转换方法，它是指，在设计数字控制器时先利用已经学过的方法，在复频域内为受控对象 $G_p(s)$ 设计一个合适的连续系统控制器 $G_c(s)$（见图 13.23），然后再依据给定的采样周期 T，将图 13.23 中的 $G_c(s)$ 转换成为图 13.15 中的 $D(z)$[7]。

考虑一阶校正控制器

$$G_c(s) = K\frac{s+a}{s+b} \tag{13.46}$$

和数字校正控制器

$$\boxed{D(z) = C\frac{z - A}{z - B}} \tag{13.47}$$

对 $G_c(s)$ 进行 z 变换，并令变换结果等于 $D(z)$。于是有

$$Z\{G_c(s)\} = D(z) \tag{13.48}$$

这样就得到了两种传递函数之间的关系为：$A = \mathrm{e}^{-aT}$，$B = \mathrm{e}^{-bT}$。当 $s = 0$ 时，还有

$$C\frac{1 - A}{1 - B} = K\frac{a}{b} \tag{13.49}$$

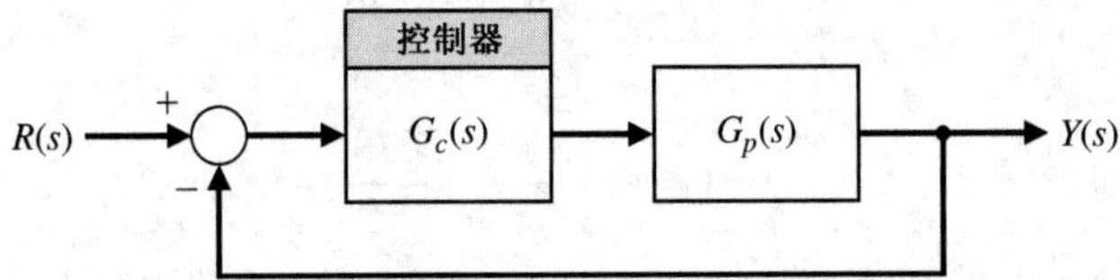

图 13.23 与采样控制系统对应的连续系统模型

例 13.7 满足相角裕度设计要求的系统

考虑某闭环系统，其受控对象为

$$G_p(s) = \frac{1740}{s(0.25s + 1)} \tag{13.50}$$

为了得到合适的数字控制器，我们首先设计合适的连续控制器 $G_c(s)$，使系统的相角裕度达到 P.M.= 45°，穿越频率为 $\omega_c = 125$ rad/s。由 $G_p(s)$ 的伯德图可知，校正之前，系统的相角裕度仅为 P.M.= 2°。考虑超前校正器

$$G_c(s) = \frac{K(s + 50)}{s + 275} \tag{13.51}$$

为了在穿越频率 $\omega = \omega_c = 125$ rad/s 处，保证有 $|GG_c(\mathrm{j}\omega)| = 1$，于是有 $K = 5.0$。至此，我们便完全确定了 $G_c(s)$。为了得到 $G_c(s)$ 的数字实现 $D(z)$，还需要依据选定的采样周期求解关系式(13.49)。令 $T = 0.003$ s，于是有

$$A = \mathrm{e}^{-0.15} = 0.86, \qquad B = \mathrm{e}^{-0.827} = 0.44, \qquad C = 3.66$$

因此，设计得到的数字控制器为

$$D(z) = \frac{3.66(z - 0.86)}{z - 0.44} \tag{13.52}$$

当然，如果选择不同的采样周期，那么 $D(z)$ 的系数也将有所不同。

通常，我们愿意选择较小的采样周期，以保证基于连续系统的设计结果可以精确地转换到 z 平面。但是，太小的采样周期 T 又会加重计算负担。一般情况下，人们将采样周期取为 $T \approx 1/(10 f_B)$，其中 $f_B = \omega_B/(2\pi)$，而 ω_B 为闭环连续系统的带宽。例 13.7 的闭环连续系统的带宽为 $\omega_B = 208$ rad/s 或 $f_B = 33.2$ Hz，因此可以取采样周期 $T = 0.003$ s。

13.8 数字控制系统的根轨迹

考虑图 13.24 所示的数字控制系统。注意，$G(s) = G_0(s)G_p(s)$，于是该系统的闭环 z 域传递函数可以写成

$$\frac{Y(z)}{R(z)} = \frac{KG(z)D(z)}{1 + KG(z)D(z)} \tag{13.53}$$

对应的**特征方程**则为

$$\boxed{1 + KG(z)D(z) = 0}$$

据此，同样可以以 K 为可变参数，绘制出闭环数字控制系统在 z 域内的根轨迹。表 13.4 给出了根轨迹的绘制规则。

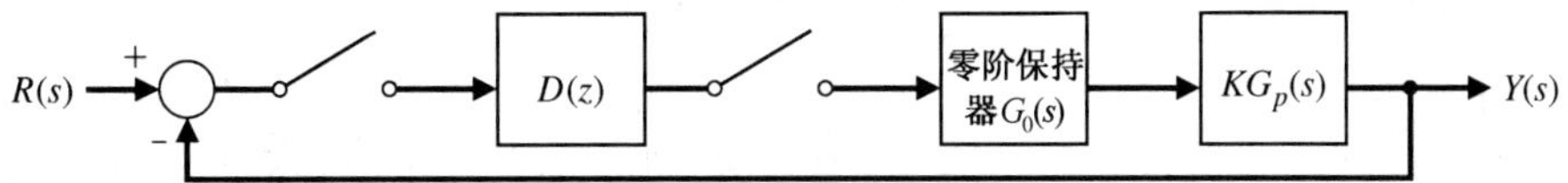

图 13.24　带有数字控制器的闭环系统

表 13.4　z 平面的根轨迹

1. 根轨迹起始于开环极点而终止于开环零点。
2. 实轴上的根轨迹段位于奇数个开环实极点和开环实零点的左侧。
3. 根轨迹关于实轴对称。
4. 根轨迹可能会离开实轴或与实轴交汇。为了确定实轴上的分离点和交汇点，先将特征方程改写成

   $$K = -\frac{N(z)}{D(z)} = F(z)$$

   再令 $z = \sigma$ 为实数，求解方程 $\mathrm{d}F(\sigma)/\mathrm{d}\sigma = 0$，就可以求得这样的根轨迹特征点。
5. 根轨迹满足方程：$1 + KG(z)D(z) = 0$

   或者 $|KG(z)D(z)| = 1$

   和 $\angle G(z)D(z) = 180° + k360°,\qquad k = 0,1,2,\cdots$

例 13.8　二阶系统的根轨迹

考虑图 13.24 所示的系统，其中 $D(z) = 1$，$G_p(s) = 1/s^2$，于是有

$$KG(z) = \frac{T^2}{2}\frac{K(z+1)}{(z-1)^2}$$

为了绘制数字控制系统的根轨迹，取 $T = \sqrt{2}$，这时有

$$KG(z) = \frac{K(z+1)}{(z-1)^2}$$

在 z 平面上，开环 z 传递函数 $KG(z)$ 的极点和零点如图 13.25 所示，而对应的闭环特征方程为

$$1 + KG(z) = 1 + \frac{K(z+1)}{(z-1)^2} = 0$$

为了确定根轨迹的分离点和交汇点，令 $z = \sigma$ 之后，可以求得 K 为

$$K = -\frac{(\sigma-1)^2}{\sigma+1} = F(\sigma)$$

解方程 $\mathrm{d}F(\sigma)/\mathrm{d}\sigma = 0$ 后可以得到 $\sigma_1 = -3$，$\sigma_2 = 1$。据此可以得到图 13.25 所示的根轨迹，它在 $\sigma_2 = 1$ 处与实轴分离，又在 $\sigma_1 = -3$ 处与实轴交汇。图 13.25 中还用虚线标明了单位圆。系统的两个闭环特征根总在单位圆之外，因此，当 $K > 0$ 时，系统总是不稳定的。

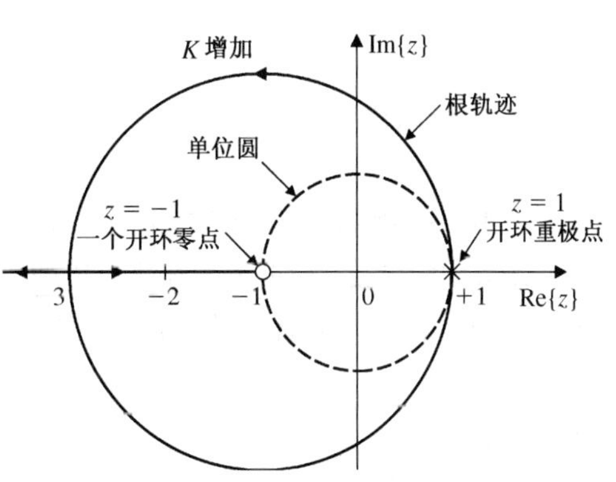

图 13.25　例 13.8 的根轨迹

接下来，考虑用根轨迹法设计数字控制器 $D(z)$，以保证系统产生预期的响应。在下面的例子中，我们将控制器取为

$$D(z) = \frac{z - a}{z - b}$$

然后用$(z-a)$来对消 $G(z)$在正实轴上的极点。在此基础上，只要合理选择 $z-b$ 的取值，就可以将校正后的系统极点配置在 z 平面单位圆内的预期位置上。

例 13.9　数字校正器设计

重新考虑例 13.8 给出的系统 $G_p(s)$，当 $D(z)=1$ 时，它是一个不稳定的系统。现在要设计一个合适的数字校正器 $D(z)$，使它变成一个稳定系统。将 $D(z)$取为

$$D(z) = \frac{z - a}{z - b}$$

于是有

$$KG(z)D(z) = \frac{K(z+1)(z-a)}{(z-1)^2(z-b)}$$

如果取 $a=1$，$b=0.2$，于是可以得到

$$KG(z)D(z) = \frac{K(z+1)}{(z-1)(z-0.2)}$$

求解关于 $F(\sigma)$的微分方程，可以发现，根轨迹与实轴的交汇点为 $z=-2.56$。图 13.26 给出了系统的根轨迹，当 $K=0.8$ 时，根轨迹与单位圆相交。因此，当 $K<0.8$ 时，系统是稳定的。若取 $K=0.25$，还可以计算得到：系统阶跃响应的超调量 P.O.=20%，调节时间(按 2% 准则)为 $T_s=8.5$ s。

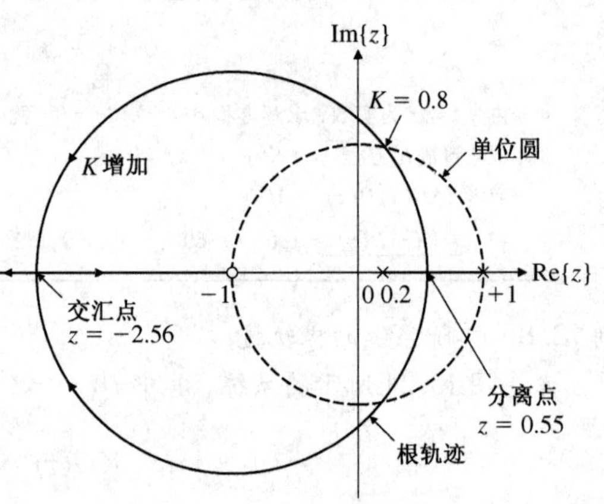

图 13.26　例 13.9 的根轨迹

还可以在 z 平面上绘制阻尼系数 ζ 的等值曲线。我们知道，在 s 平面上，ζ 的等值曲线是一簇从原点出发的射线，而且，当 $s=\sigma+j\omega$ 时，射线的一般方程为

$$\frac{\sigma}{\omega} = -\tan\theta = -\tan(\arcsin\zeta) = -\frac{\zeta}{\sqrt{1-\zeta^2}}$$

于是有

$$\sigma = -\frac{\zeta}{\sqrt{1-\zeta^2}}\omega$$

再由 $z=e^{sT}$，可以得到

$$z = e^{\sigma T}e^{j\omega T}$$

因此，在确定了采样周期 T 之后，便可以根据上式绘制 z 平面上的 ζ 等值曲线。当 T 在合理的范围内取值时，图 13.27 给出了 ζ 等值曲线的一般形状。许多实际系统的设计要求是 $\zeta=1/\sqrt{2}$，此时有 $\sigma=-\omega$，因此 z 平面上对应的 ζ 等值曲线为

$$z = e^{-\omega T}e^{j\omega T} = e^{-\omega T}\angle\theta$$

其中，$\theta=\omega T$。

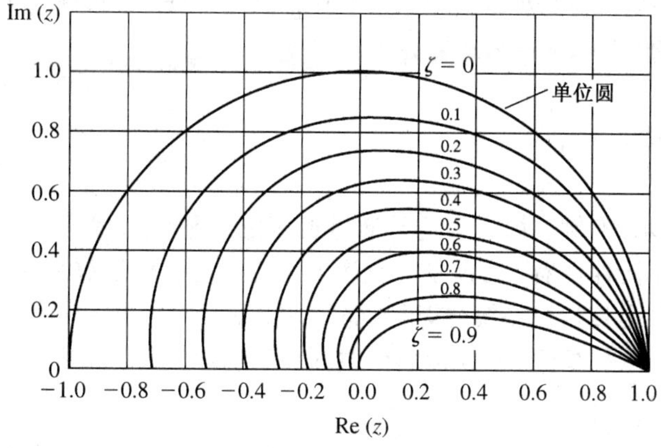

图 13.27　z 平面上的 ζ 等值曲线

13.9　控制器的数字实现

本节考察 PID 控制器的数字实现。PID 控制器的 s 域传递函数为

$$\frac{U(s)}{X(s)} = G_c(s) = K_P + \frac{K_I}{s} + K_D s \tag{13.54}$$

将其中的微分项和积分项进行离散化处理，就可以确定 PID 控制器的数字实现。对于微分环节，应用**后向差分法则**，有

$$u(kT) = \left.\frac{\mathrm{d}x}{\mathrm{d}t}\right|_{t=kT} = \frac{1}{T}(x(kT) - x[(k-1)T]) \tag{13.55}$$

由此可以得到式(13.55)的 z 变换为

$$U(z) = \frac{1-z^{-1}}{T}X(z) = \frac{z-1}{Tz}X(z)$$

在 $t = kT$ 时刻，对 $x(t)$ 的积分可以用**前向矩形积分**近似为

$$u(kT) = u[(k-1)T] + Tx(kT) \tag{13.56}$$

其中，$u(kT)$ 是积分器在 $t = kT$ 时刻的输出。式(13.56)的 z 变换为

$$U(z) = z^{-1}U(z) + TX(z)$$

因此传递函数为

$$\frac{U(z)}{X(z)} = \frac{Tz}{z-1}$$

这样一来，可以得到 PID **控制器**的 z 域传递函数为

$$\boxed{G_c(z) = K_P + \frac{K_I Tz}{z-1} + K_D\frac{z-1}{Tz}} \tag{13.57}$$

将上述三部分相加，就可以得到 PID 控制器的差分方程为[记 $x(kT) = x(k)$]

$$\begin{aligned} u(k) &= K_P x(k) + K_I[u(k-1) + Tx(k)] + (K_D/T)[x(k) - x(k-1)] \\ &= [K_P + K_I T + (K_D/T)]x(k) - K_D T x(k-1) + K_I u(k-1) \end{aligned} \tag{13.58}$$

据此，就可以用数字计算机或微处理器来实现 PID 控制器。显然，将增益 K_I 或 K_D 设置为零，就得到了 PI 或 PD 控制器。

13.10 设计实例

本节提供了两个设计实例。第一个例子通过控制电机和导引螺杆，驱动移动式工作台运动到指定的位置。利用零阶保持器，为该系统设计了合适的超前校正数字控制器。第二个例子中，作为"fly-by-wire"(有线电传操纵系统)的组成部分，应用根轨迹法，设计了一个数字控制器来控制飞机的受控翼面，并主要着眼于满足对调节时间和超调量的设计要求。

例 13.10 工作台运动控制系统

在制造系统中，工作台运动控制系统是一个重要的定位系统，它可以驱动工作台运动至指定的位置[18]。如图 13.28(a)所示，在每个轴向上，工作台都由电机和导引螺杆驱动。其中，x 轴上的运动控制系统的框图模型如图 13.28(b)所示。设计目标是，使系统的阶跃响应有很短的上升时间和调节时间，与此同时，系统的超调量 P.O.≤5%。

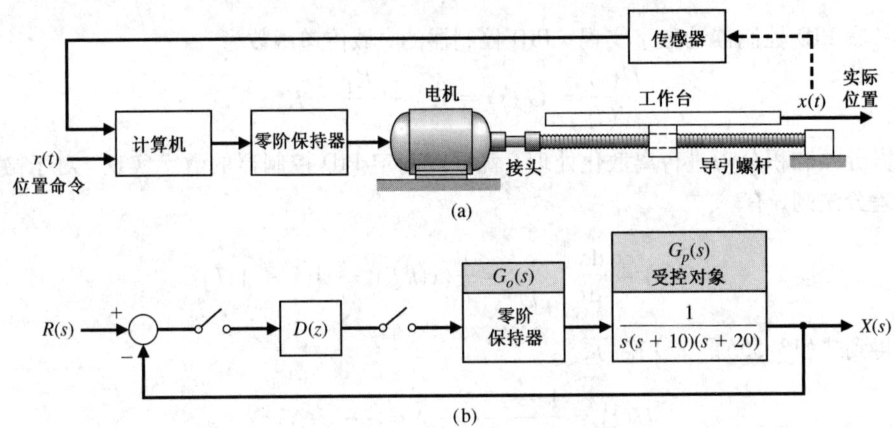

图 13.28 工作台运动控制系统。(a) 执行机构和工作台；(b) 框图模型

具体来讲，给定的指标设计要求为：(1) 超调量 P.O.=5%；(2) 具有最小的调节时间(按 2% 准则)和上升时间。

工作台运动控制系统的构成如图 13.29 所示，其中将功率放大器和直流电机的组合作为受控对象，其传递函数为

$$G_p(s) = \frac{1}{s(s+10)(s+20)} \tag{13.59}$$

按照 13.8 节的思路，首先以连续系统为基础，设计合适的连续控制器 $G_c(s)$，然后再将 $G_c(s)$ 转换为 $D(z)$。考虑将控制器取为超前校正器，于是有

$$G_c(s) = \frac{K(s+a)}{s+b} \tag{13.60}$$

当 $a=30$ 且 $b=25$ 时，系统的根轨迹如图 13.30 所示，图中标出了与目标超调量 P.O.≤5%(对应于 $\zeta \geqslant 0.69$)要求相匹配的闭环极点配置的可行区域。与选定的闭环极点对应的匹配增益为 $K=545$。校正后系统的实际超调量 P.O.=5%，上升时间 $T_r=0.4$ s，调节时间 $T_s=1.18$ s(按 2% 准则)。这些结果表明，校正后的系统具有满意的性能。最终采用的控制器为

$$G_c(s) = \frac{545(s + 30)}{s + 25}$$

还可以确定，校正后系统的闭环带宽为 $\omega_B = 5.3$ rad/s($f_B = 5.3$ Hz)，于是可将采样周期取为 $T = 1/(10f_B) = 0.12$ s。按照 13.7 节的结论，数字控制器的参数为

$$A = \mathrm{e}^{-aT} = 0.03,\quad B = \mathrm{e}^{-bT} = 0.05,\quad C = K\frac{a}{b}\frac{(1 - B)}{(1 - A)} = 638$$

于是，数字控制器为

$$D(z) = 638\frac{z - 0.03}{z - 0.05}$$

可以预料，采样所得到的数字控制器 $D(z)$ 具有与连续控制系统非常相近的响应和性能。

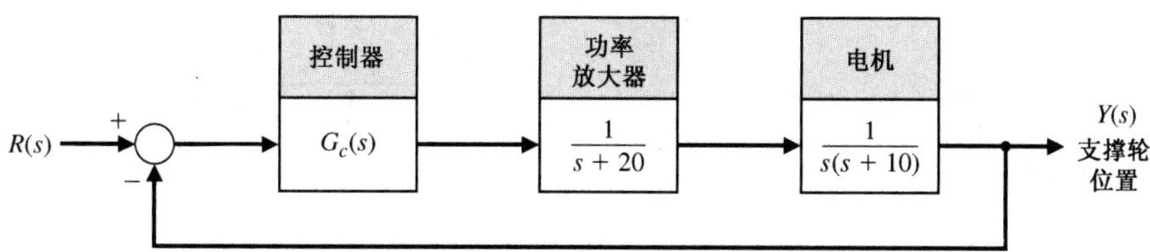

图 13.29　工作台的支撑轮控制模型

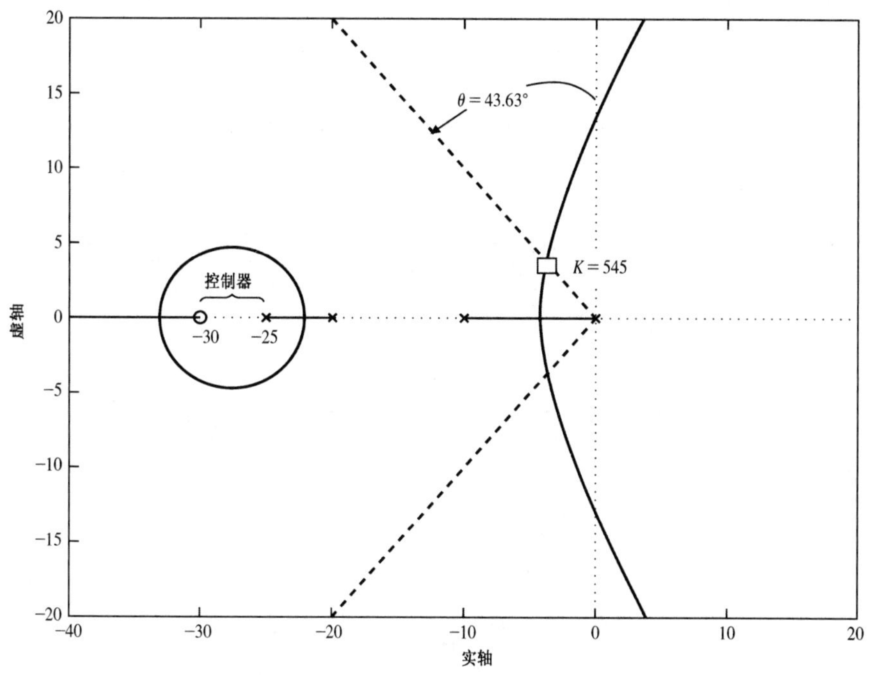

图 13.30　$L(s) = KG_c(s)G_p(s)$ 的根轨迹，其中 $G_c(s) = \frac{K(s + a)}{s + b}$　$a = 30$，$b = 25$

例 13.11　有线电传操纵系统

为了满足对飞机质量、飞行品质、耗油量和可靠性等方面日益严格的要求，人们设计了一种名为"fly-by-wire"(有线电传操纵系统)的新型飞行控制系统。在这种飞行控制系统中，一些特定元件不再采用机械连接方式，而是采用了电子连接方式，这样就可以用计算机来监视、控制和协调飞行的各种动作。这种飞行控制系统实现了完全数字化和高度冗余，从而显著提高了飞行品质和可靠性[19]。

飞行控制系统的操纵特性主要取决于执行机构的动态鲁棒性：在受到随机外部干扰的影响

时，仍然能够保持受控翼面的预期位置。在飞行控制系统的一种执行机构中，功率放大器负责驱动特制的直流电机，直流电机则负责驱动装在液压缸一端的液力泵，而液压缸的活塞则通过合适的连杆机构直接调整飞机受控翼面的位置。整个结构如图13.31所示。图13.32给出了控制系统设计的基本流程，并用阴影突出显示了本例重点强调的设计模块。

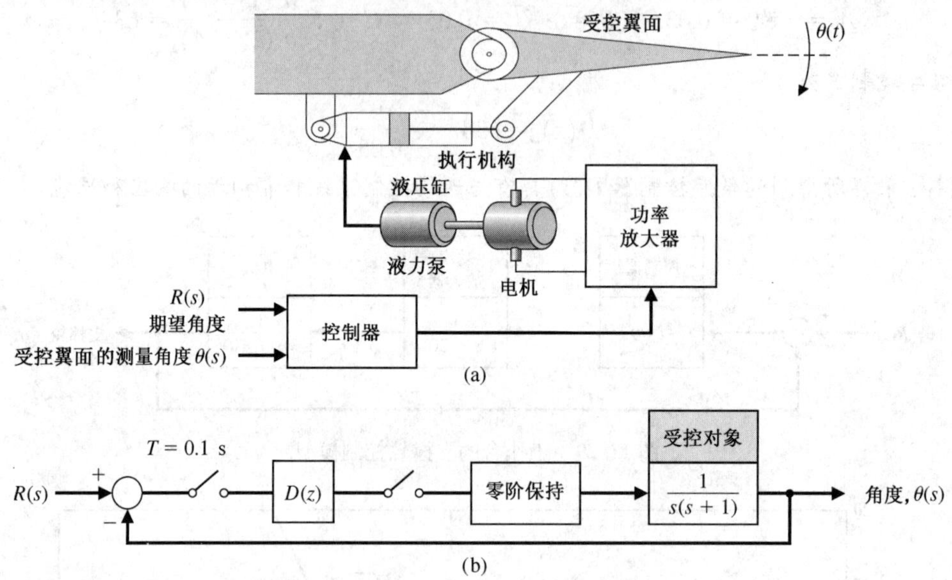

图13.31 (a)有线电传操纵飞行翼面控制系统；(b)框图模型，采样时间为0.1 s

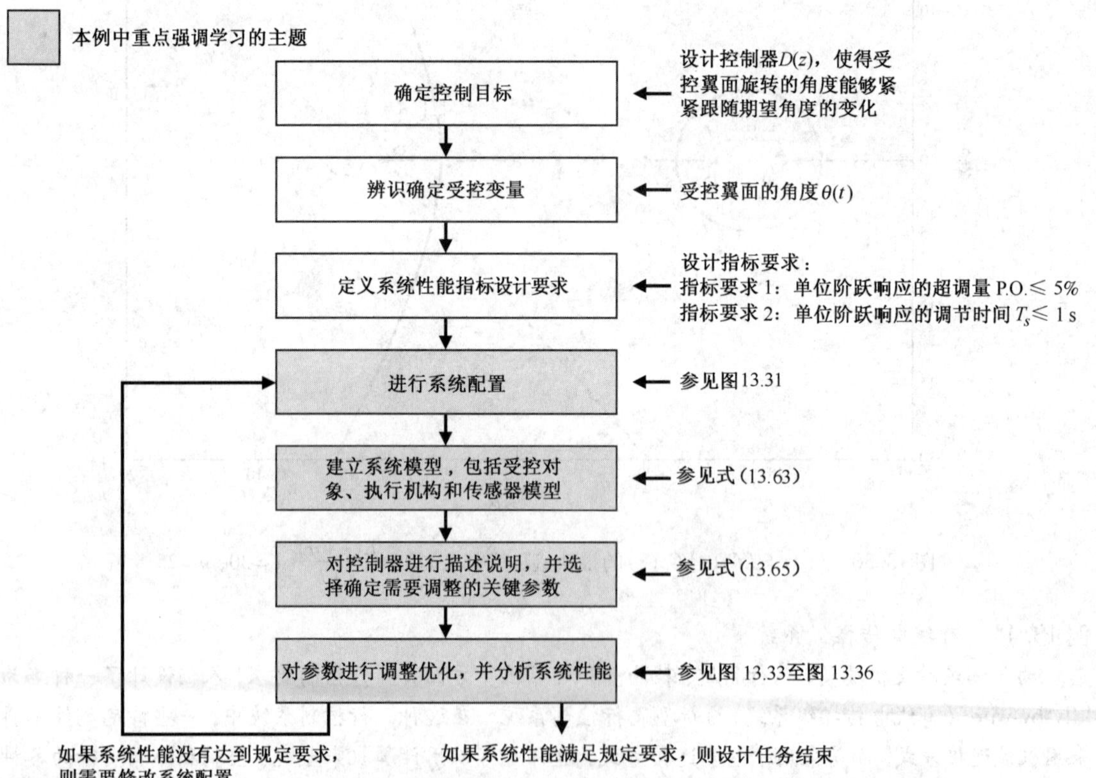

图13.32 有线电传操纵飞行翼面控制系统设计流程及重点强调的设计模块

受控对象的模型可以描述为

$$G_p(s) = \frac{1}{s(s+1)} \tag{13.61}$$

零阶保持器的模型为

$$G_0(s) = \frac{1 - e^{-sT}}{s} \tag{13.62}$$

两部分串联之后，得到的传递函数为

$$G(s) = G_0(s)G_p(s) = \frac{1 - e^{-sT}}{s^2(s+1)} \tag{13.63}$$

本例的设计目标是设计一个数字控制器 $D(z)$，使受控翼面旋转的角度 $Y(s)=\theta(s)$ 能够紧紧跟随输入角度 $R(s)$ 的变化。因此，

控制目标　设计控制器 $D(z)$，使得受控翼面旋转的角度能够紧紧跟随期望角度的变化。受控变量是受控翼面的角度 $\theta(t)$。

受控变量　受控翼面的角度 $\theta(t)$。

设计指标要求

指标要求 1：单位阶跃响应的超调量 P.O.≤5%。

指标要求 2：单位阶跃响应的调节时间 $T_s \leq 1$ s。

设计工作从分析 $G(s)$ 开始，再从中得到 $G(z)$。将式(13.63)中的 $G(s)$ 展开成部分分式

$$G(s) = (1 - e^{-sT})\left(\frac{1}{s^2} - \frac{1}{s} + \frac{1}{s+1}\right)$$

再进行 z 变换，可以得到

$$G(z) = Z\{G(s)\} = \frac{ze^{-T} - z + Tz + 1 - e^{-T} - Te^{-T}}{(z-1)(z-e^{-T})}$$

其中，$Z\{\cdot\}$ 代表 z 变换。选择 $T=0.1$ s，于是有

$$G(z) = \frac{0.004\,837z + 0.004\,679}{(z-1)(z-0.9048)} \tag{13.64}$$

采用最简单的比例控制器，即 $D(z)=K$ 时，闭环系统的根轨迹如图 13.33 所示。只有当 $K<21$ 时，该系统才是稳定的。

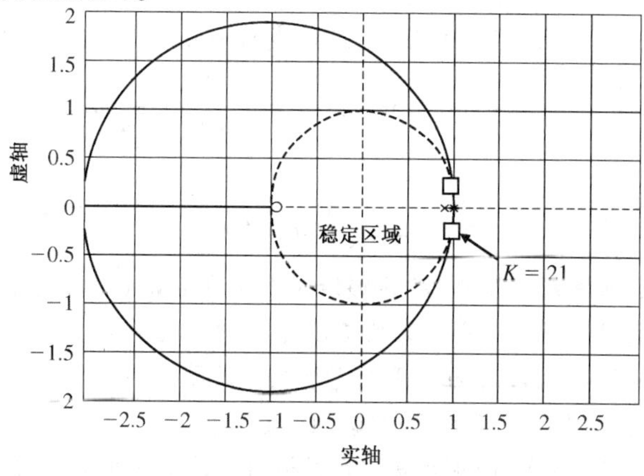

图 13.33　$D(z)=K$ 时的根轨迹

通过反复的分析设计可以发现，当 K 趋近于 21 时，系统的阶跃响应会出现剧烈振荡，超调量过大；反之，当 K 减小时，尽管超调量会减小，但调节时间又会过长。因此，只采用一个简单的比例控制器 $D(z)=K$ 时，系统难以同时满足性能指标的设计要求。我们需要采用更复杂的控制器。

有多种类型的控制器可供选择。而且，在设计连续系统时，我们已经体会到，控制器的选择始终是一个具有挑战性的与实际密切相关的问题。本例首先选择具有一般结构的控制器，即

$$D(z) = K\frac{z-a}{z-b} \tag{13.65}$$

其中的控制器参数就是需要调整的关键参数。

选择关键的调节参数 K，a 和 b

考虑没有零点的二阶连续系统，采用 2% 准则时，调节时间的计算公式为

$$T_s = \frac{4}{\zeta\omega_n}$$

因此，要满足对调节时间 T_s 的设计要求，需要

$$-\mathrm{Re}(s_i) = \zeta\omega_n > \frac{4}{T_s} \tag{13.66}$$

其中，s_i ($i=1,2$)是共轭主导极点。为了确定 z 平面上的主导极点配置的可行区域，考虑如下变换：

$$z = \mathrm{e}^{s_i T} = \mathrm{e}^{\left(-\zeta\omega_n \pm \mathrm{j}\omega_n\sqrt{(1-\zeta^2)}\right)T} = \mathrm{e}^{-\zeta\omega_n T}\mathrm{e}^{\pm\mathrm{j}\omega_n T\sqrt{(1-\zeta^2)}}$$

可以得到 z 的幅值为

$$r_o = |z| = \mathrm{e}^{-\zeta\omega_n T}$$

根据式(13.66)可以知道，要满足对调节时间的设计要求，z 平面上的极点必须位于下面定义的圆之内，其半径为

$$r_o = \mathrm{e}^{-4T/T_s} \tag{13.67}$$

本例要求调节时间 $T_s<1$ s，采样时间 $T=0.1$ s，因此，z 平面上的主导极点应该位于下面定义的圆之内，其半径为

$$r_o = \mathrm{e}^{-0.4/1} = 0.67$$

和前面一样，还可以在 z 平面上绘制阻尼系数 ζ 的等值曲线。在 s 平面上，ζ 的等值曲线是一簇从原点出发的射线，而且，当 $s=\sigma+\mathrm{j}\omega$ 时，等阻尼射线的一般方程为

$$\sigma = -\omega\tan(\arcsin\zeta) = -\frac{\zeta}{\sqrt{1-\zeta^2}}\omega$$

再由 $z=\mathrm{e}^{sT}$，可以得到

$$z = \mathrm{e}^{-\sigma\omega T}\mathrm{e}^{\mathrm{j}\omega T} \tag{13.68}$$

于是，在给定了 ζ 之后，根据式(13.68)就能够绘制 $\mathrm{Re}(z)$ 与 $\mathrm{Im}(z)$ 的关系曲线。

如果是在 s 域中设计连续系统，那么只要二阶系统的阻尼系数 $\zeta\geqslant0.69$，系统的超调量就会满足指标要求，即 P.O.$\leqslant$5%。据此，在 z 平面上绘制 ζ 的等值曲线之后，也能够相应地给出 z 平面上满足超调量设计要求的主导极点的可行配置区域。

图 13.34 重新给出了图 13.33 的根轨迹，除了标出了保证系统稳定的主导极点的可行配置区域，还标出了满足性能指标设计要求的主导极点的可行配置区域。可以看出，根轨迹并没有通过

能够同时满足稳定性和性能指标设计要求的公共区域，比例控制器无法满足全部设计要求。因此，接下来需要解决的问题就是，如何选择参数 K，a 和 b，校正根轨迹，使之能够通过所要求的公共可行区域。

一种做法是先选择参数 a，抵消掉 $G(z)$ 位于 $z=0.9048$ 处的极点。然后选择参数 b，使根轨迹通过所要求的公共可行区域。例如，当 $a=-0.9048$，$b=0.25$ 时，校正后的系统根轨迹就会通过所要求的公共可行区域，如图 13.35 所示。

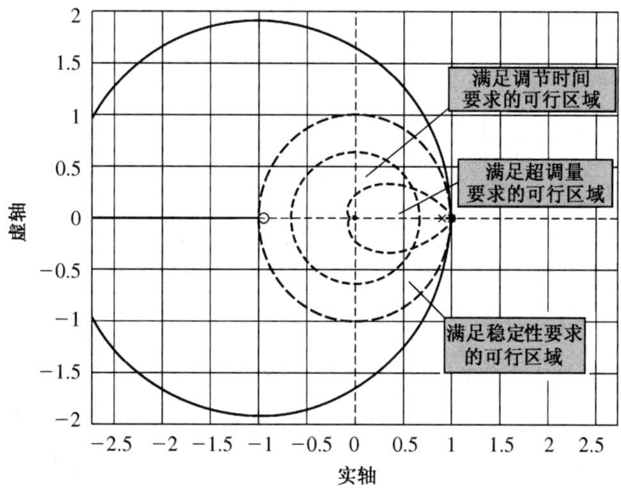

图 13.34　$D(z)=K$ 时的根轨迹，标明了满足设计要求的主导极点配置的可行区域

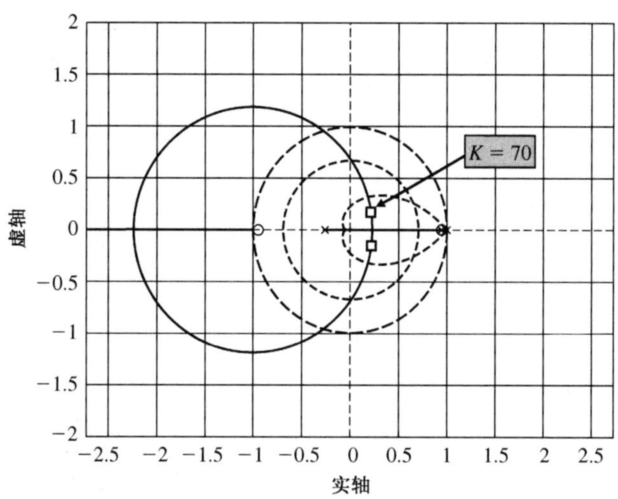

图 13.35　校正后的根轨迹

取 $K=70$，于是得到的控制器为

$$D(z) = 70\frac{s-0.9048}{s+0.25}$$

最后得到的校正后闭环系统的阶跃响应如图 13.36 所示。此时，系统的超调量满足了设计要求(P.O.≤5%)，调节时间也小于 10 个采样周期(1 个采样周期是 0.1 s，所以 10 个采样周期是 1 s)。

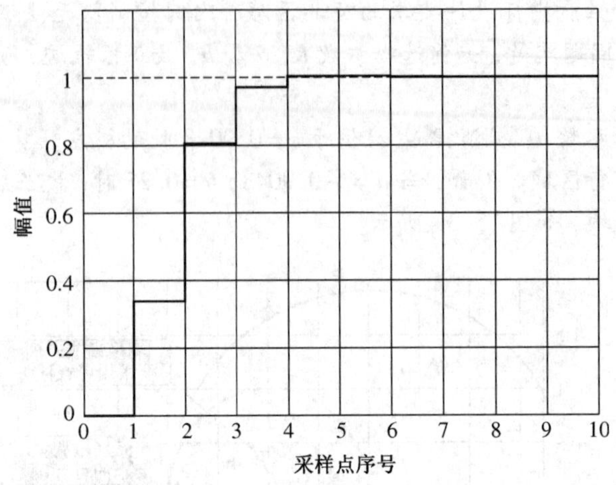

图 13.36 闭环系统的阶跃响应

13.11 利用控制系统设计软件设计数字控制系统

利用交互式的计算机软件，可以加快数字控制系统的分析与设计进程。与用于连续系统设计的函数对应，控制系统设计软件提供了用于离散(或采样)系统设计的“同名伴生”函数。可以利用函数 tf 创建离散时间传递函数模型，图 13.37 给出了函数 tf 的使用说明。利用函数 c2d 和 d2c 则可以实现模型之间的转换。例如，函数 c2d 可以将连续系统模型转换成离散系统模型，函数 d2c 可以将离散系统模型转换成连续系统模型，具体使用说明见图 13.36。

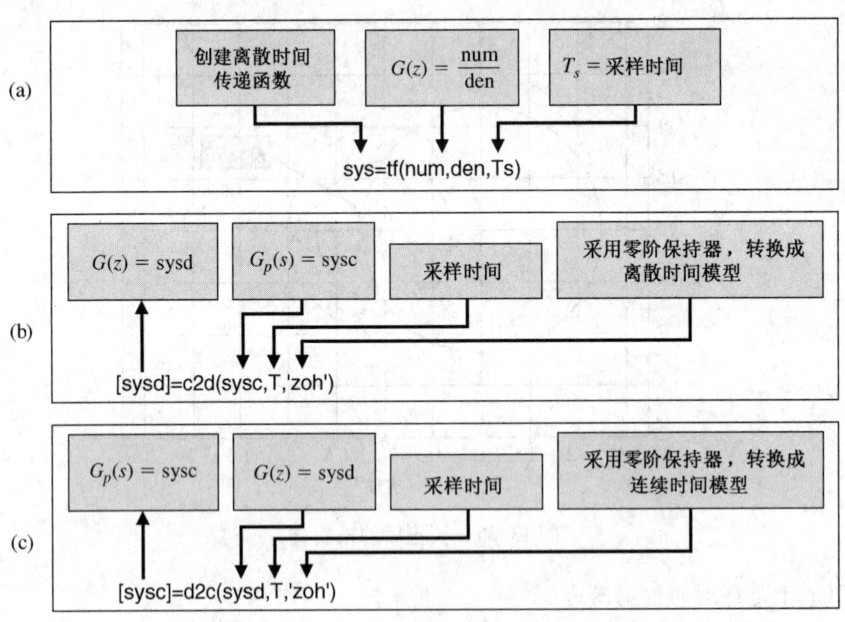

图 13.37 (a) 函数 tf；(b) 函数 c2d；(c) 函数 d2c

例如，考虑受控对象的传递函数为

$$G_p(s) = \frac{1}{s(s+1)}$$

并将采样周期取为 $T=1$ s，于是有

$$G(z)=\frac{0.3678(z+0.7189)}{(z-1)(z-0.3680)}=\frac{0.3679z+0.2644}{z^2-1.368z+0.3680} \tag{13.69}$$

利用图 13.38 给出的 m 脚本程序，也可以方便地求得上述结果。

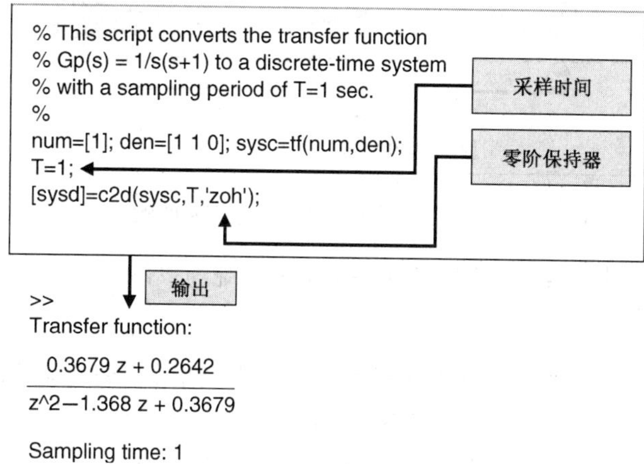

图 13.38　利用函数 c2d 将 $G(s)=G_0(s)G_p(s)$ 转换成 $G(z)$

可以用函数 step、impulse 和 lsim 仿真计算离散系统的响应。有关的使用说明分别如图 13.39 至图 13.41 所示，其中函数 step 用于生成单位阶跃响应，函数 impulse 用于生成单位脉冲响应，函数 lsim 用于生成任意指定输入的响应。与用于连续系统(非采样)仿真的同名函数相比，这些函数并没有本质差异，只是它们的输出为 $y(kT)$，并且在一个周期 T 中保持不变，因此输出具有阶梯函数的形式。

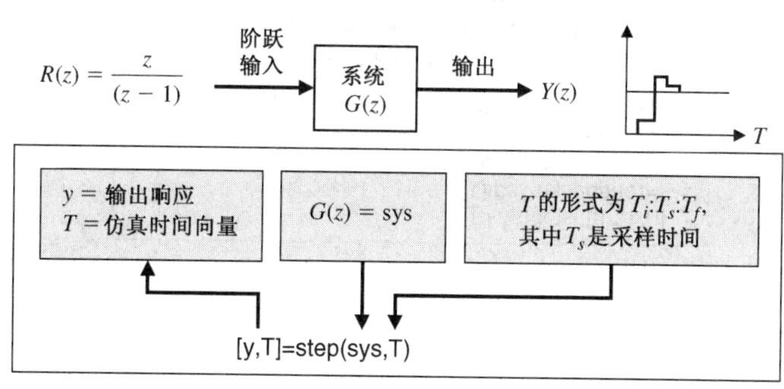

图 13.39　利用函数 step 生成阶跃响应 $y(kT)$

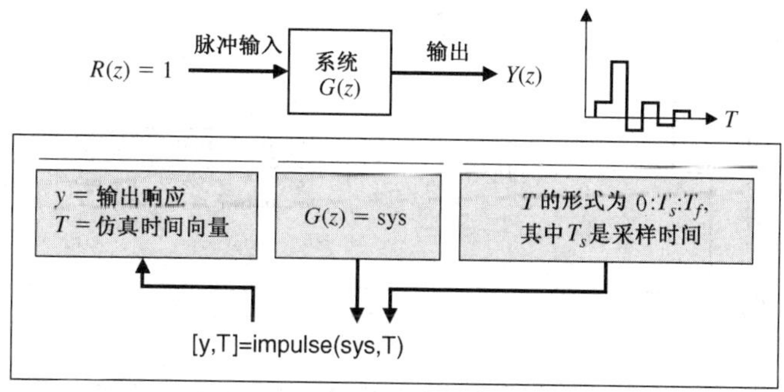

图 13.40　利用函数 impulse 生成脉冲响应 $y(kT)$

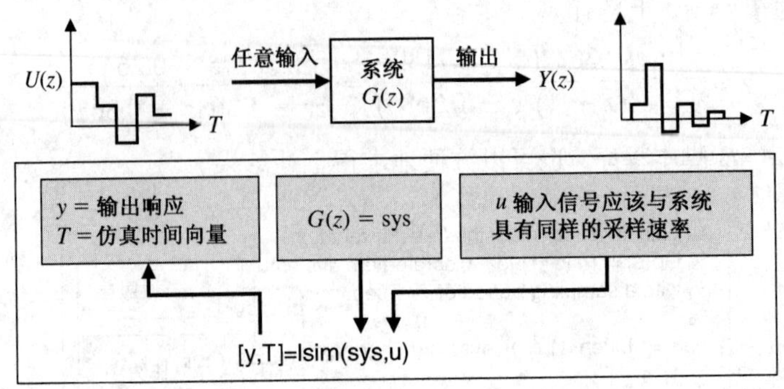

图 13.41 利用函数 lsim 生成对任意信号的响应 $y(kT)$

下面我们再来研究例 13.4，但不用长除法来求解系统的单位阶跃响应。

例 13.12 单位阶跃响应

例 13.4 计算了闭环采样控制系统的阶跃响应，当时采用的方法是长除法。如图 13.39 所示，利用函数 step 也可以计算响应 $y(kT)$。闭环 z 传递函数为

$$\frac{Y(z)}{R(z)}=\frac{0.3678z+0.2644}{z^2-z+0.6322}$$

于是，系统的阶跃响应如图 13.42 所示，它与图 13.17 给出的离散阶跃响应是完全一致的。运行图 13.43 所示的 m 脚本程序，还可以得到连续系统的响应 $y(t)$。在图 13.43 中，零阶保持器用传递函数 $G_0(s)$ 来表示：

$$G_0(s)=\frac{1-e^{-sT}}{s}$$

其中，采样时间 $T=1$ s，时延项 e^{-sT} 用函数 pade 来近似。

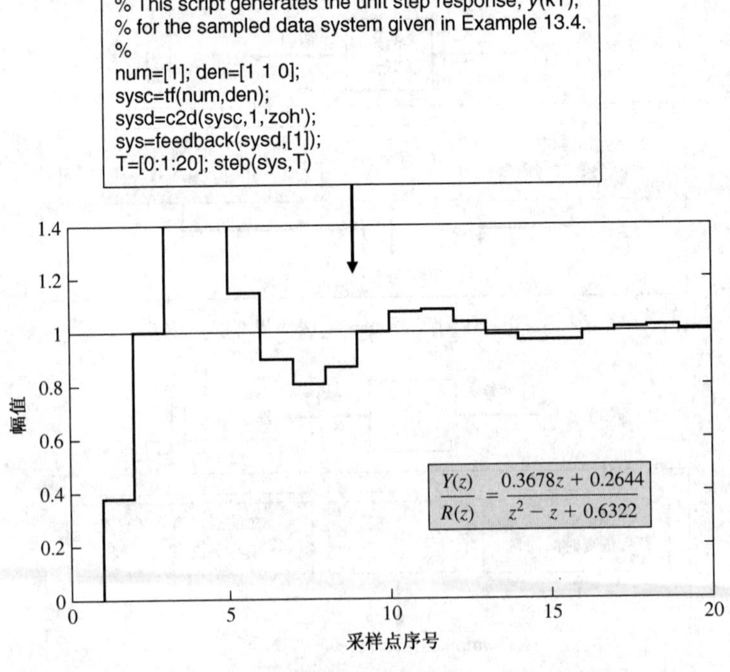

图 13.42 二阶采样控制系统的离散阶跃响应 $y(kT)$

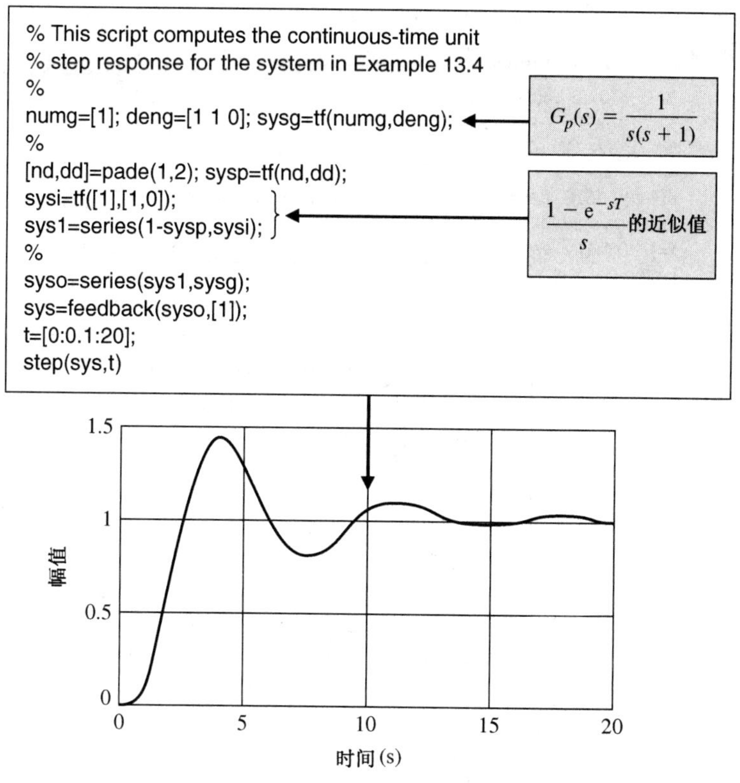

图 13.43　与图 13.16 对应，二阶系统对单位阶跃输入的连续响应 $y(t)$

13.7 节讨论了数字控制器的设计问题。在下面的例子中，我们用控制系统设计软件来重新研究这个问题。

例 13.13　数字控制系统的根轨迹

考虑单位反馈数字控制系统，其受控对象为

$$G(z) = \frac{0.3678(z + 0.7189)}{(z - 1)(z - 0.3680)}$$

选择的校正器为

$$D(z) = \frac{K(z - 0.3678)}{z + 0.2400}$$

其中，K 是待定参数。当采样周期为 $T = 1$ s 时有

$$G(z)D(z) = K\frac{0.3678(z + 0.7189)}{(z - 1)(z + 0.2400)} \tag{13.70}$$

利用式(13.70)，可以直接采用根轨迹法来确定 K 的合适取值，从而完成数字控制器的设计。与应用于连续系统时完全一样，函数 rlocus 可以直接绘制离散系统的根轨迹，函数 rlocfind 可以计算与指定特征根对应的增益 K。运行图 13.44 给出的 m 脚本程序，可以得到系统的根轨迹。注意，z 平面上的稳定区域为单位圆的内部，用函数 rlocfind 可以发现，在根轨迹与单位圆的交点处，增益 K 的取值为 $K = 4.639$。

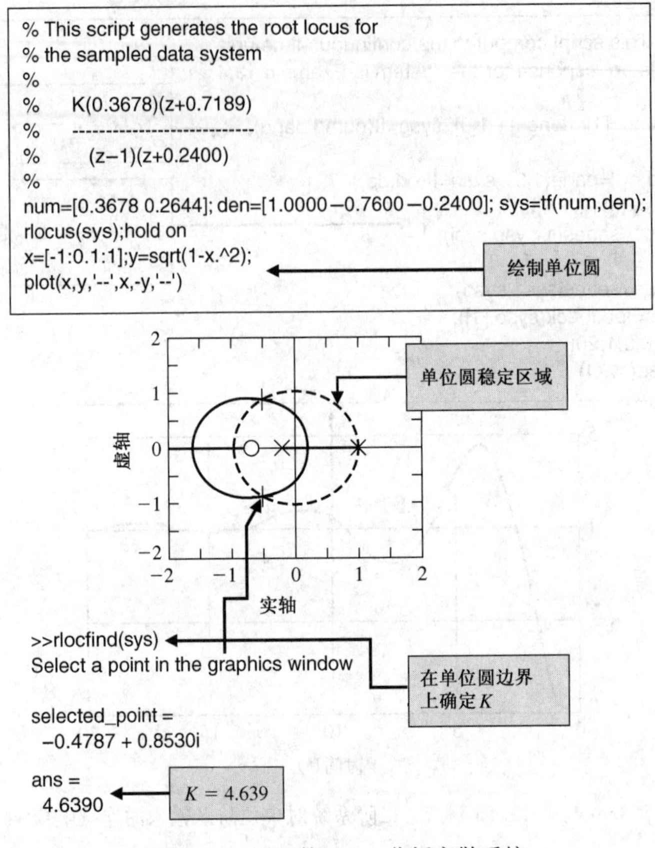

图 13.44 用函数 rlocus 分析离散系统

13.12 循序渐进设计实例——磁盘驱动器读取系统

本章为磁盘驱动器读取系统设计一个合适的数字控制器。当磁盘旋转时，磁头会提取用于提供位置偏差信息的模式数据。由于磁头匀速转动，磁头将以恒定的时间间隔 T 逐次读取位置偏差信息。通常，偏差信号的采样周期介于 100 μs ~1 ms 之间[20]。为了获得满意的系统响应，可以使用图 13.45 所示的数字控制系统。下面就来设计所需的数字控制器 $D(z)$。

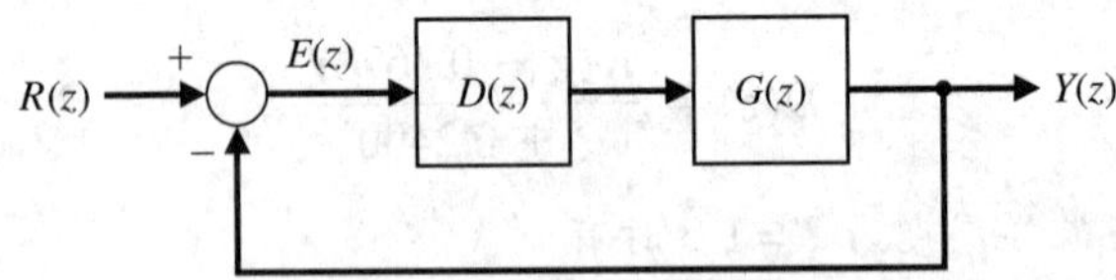

图 13.45 带有数字控制器的反馈控制系统，其中 $G(z)=Z[G_0(s)G_p(s)]$

首先确定 $G(z)$。在此有

$$G(z) = Z[G_0(s)G_p(s)]$$

由于

$$G_p(s) = \frac{5}{s(s+20)} \tag{13.71}$$

故有

$$G_0(s)G_p(s) = \frac{1-e^{-sT}}{s}\frac{5}{s(s+20)}$$

当 $s=20$，$T=1$ ms 时，$e^{-sT}=0.98$。另外，式(13.71)中的极点 $s=-20$ 不会对系统响应产生显著的影响。这样，$G_p(s)$ 可以近似为

$$G_p(s) \approx \frac{0.25}{s}$$

由此可以得到，系统的开环 z 传递函数为

$$G(z) = Z\left[\frac{1-e^{-sT}}{s}\frac{0.25}{s}\right] = (1-z^{-1})(0.25)Z\left[\frac{1}{s^2}\right]$$

$$= (1-z^{-1})(0.25)\frac{Tz}{(z-1)^2} = \frac{0.25T}{z-1} = \frac{0.25\times 10^{-3}}{z-1}$$

再来设计数字控制器，使系统产生预期的阶跃响应。如果取控制器为 $D(z)=K$，则有

$$D(z)G(z) = \frac{K(0.25\times 10^{-3})}{z-1}$$

该系统的根轨迹如图 13.46 所示。当 $K=4000$ 时，有

$$D(z)G(z) = \frac{1}{z-1}$$

对应的闭环 z 传递函数则为

$$T(z) = \frac{D(z)G(z)}{1+D(z)G(z)} = \frac{1}{z}$$

我们可以预期系统有稳定且快速的响应。事实上，此时系统阶跃响应的超调量 P.O.= 0%，调节时间仅为 $T_s=2$ ms。

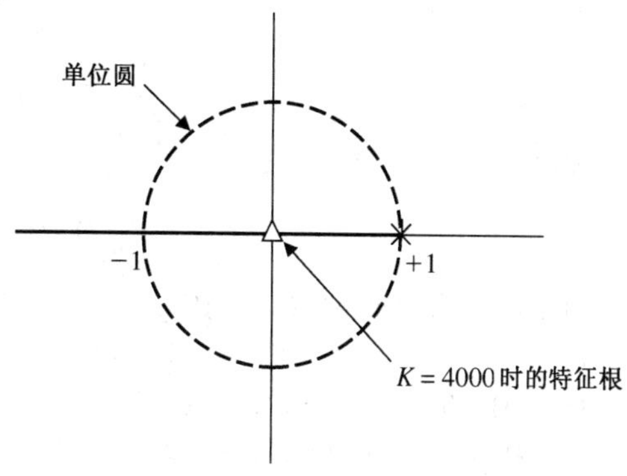

图 13.46　根轨迹

13.13　小结

40 多年以来，随着计算机的价格急剧下降，可靠性显著提高，人们越来越多地采用数字计算机作为闭环控制系统的校正装置(控制器)。在一个采样周期 T 之内，计算机可以完成大量的计算，并提供输出信号来驱动系统的执行机构。计算机控制系统已经广泛地应用于化工过程控制、飞行控制、机床控制和诸多普通受控对象。

z 变换方法可以用来分析采样控制系统的稳定性和系统响应，用来设计合适的计算机控制系统。随着廉价计算机越来越普及，计算机控制系统也将越来越普及。

技能自测

本节提供 3 类题目来测试你对本章知识的掌握情况：正误判断题、多项选择题，以及术语和概念匹配题。为了直接地反馈学习效果，请及时对照每章最后给出的答案。必要时，请借助图 13.47 给出的框图来确认下面各题中的结论。

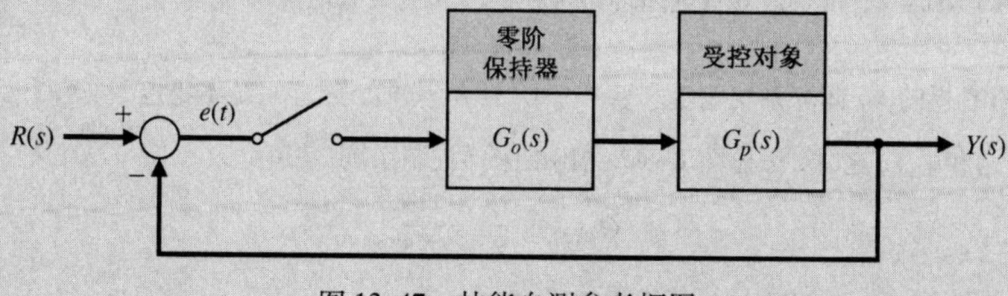

图 13.47　技能自测参考框图

在下面的正误判断题和多项选择题中，圈出正确的答案。

1. 数字控制系统采用数字信号和数字计算机来实施控制。 对 或 错
2. 采样信号的精度是有限的。 对 或 错
3. 根轨迹法不适合于数字控制系统的分析和设计。 对 或 错
4. 闭环系统传递函数的极点都位于 z 平面的单位圆之外时，采样控制系统稳定。 对 或 错
5. z 变换 $z = e^{sT}$ 是从 s 平面到 z 平面的保角映射。 对 或 错
6. 考虑 s 域中的函数

$$Y(s) = \frac{10}{s(s+2)(s+6)}$$

令 T 为采样周期，那么，$Y(s)$ 在 z 域中的变换函数为

a. $Y(z) = \frac{5}{6}\frac{z}{z-1} - \frac{5}{4}\frac{z}{z-e^{-2T}} + \frac{5}{12}\frac{z}{z-e^{-6T}}$　　b. $Y(z) = \frac{5}{6}\frac{z}{z-1} - \frac{5}{4}\frac{z}{z-e^{-6T}} + \frac{5}{12}\frac{z}{z-e^{-T}}$

c. $Y(z) = \frac{5}{6}\frac{z}{z-1} - \frac{z}{z-e^{-6T}} + \frac{5}{12}\frac{z}{z-e^{-2T}}$　　d. $Y(z) = \frac{1}{6}\frac{z}{z-1} - \frac{z}{1-e^{-2T}} + \frac{5}{6}\frac{z}{1-e^{-6T}}$

7. 系统的脉冲响应为

$$Y(z) = \frac{z^3 + 2z^2 + 2}{z^3 - 25z^2 + 0.6z}$$

试求前 4 个采样时刻 $y(nT)$ 的值。

a. $y(0)=1$，　$y(T)=27$，　$y(2T)=647$，　$y(3T)=660.05$
b. $y(0)=0$，　$y(T)=27$，　$y(2T)=47$，　$y(3T)=60.05$
c. $y(0)=1$，　$y(T)=27$，　$y(2T)=674.4$，　$y(3T)=16\,845.8$
d. $y(0)=1$，　$y(T)=647$，　$y(2T)=47$，　$y(3T)=27$

8. 采样控制系统的闭环传递函数为

$$T(z) = K\frac{z^2 + 2z}{z^2 + 0.2z - 0.5}$$

试判断系统的稳定性。

a. 对所有有界的 K，系统始终稳定。　　b. 当 $-0.5 < K < \infty$ 时，系统稳定。
c. 对所有有界的 K，系统都不稳定。　　d. 当 $-0.5 < K < \infty$ 时，系统不稳定。

9. 某采样控制系统的特征方程为

$$q(z) = z^2 + (2K - 1.75)z + 2.5 = 0$$

其中，$K > 0$。试确定当系统稳定时，K 的取值范围，以保证系统稳定。

a. $0 < K \leqslant 2.63$　　b. $K \geqslant 2.63$
c. 对于所有的 $K > 0$，系统稳定。　　d. 对于所有的 $K > 0$，系统不稳定。

10. 考虑图 13.47 所示的单位反馈控制系统，其中，

$$G_p(s) = \frac{K}{s(0.2s+1)}$$

采样周期为 $T = 0.4$ s。试求能够保证闭环系统稳定的 K 的最大值。

a. $K = 7.25$　　b. $K = 10.5$
c. 对于所有有界的 K，闭环系统稳定。　　d. 当 $K > 0$ 时，闭环系统不稳定。

完成第 11 题和第 12 题时，考虑图 13.47 给出的采样控制系统，其中

$$G_p(s) = \frac{225}{s^2 + 225}$$

11. 当采样周期 $T = 1$ s 时，系统的闭环传递函数 $T(z)$ 为

a. $T(z)=\dfrac{1.76z+1.76}{z^2+3.279z+2.76}$

b. $T(z)=\dfrac{z+1.76}{z^2+2.76}$

c. $T(z)=\dfrac{1.76z+1.76}{z^2+1.519z+1}$

d. $T(z)=\dfrac{z}{z^2+1}$

12. 闭环系统的单位阶跃响应为

a. $Y(z)=\dfrac{1.76z+1.76}{z^2+3.279z+2.76}$

b. $Y(z)=\dfrac{1.76z+1.76}{z^3+2.279z^2-0.5194z-2.76}$

c. $Y(z)=\dfrac{1.76z^2+1.76z}{z^3+2.279z^2-0.5194z-2.76}$

d. $Y(z)=\dfrac{1.76z^2+1.76z}{2.279z^2-0.5194z-2.76}$

完成第 13 题和第 14 题时，考虑图 13.47 给出的带有零阶保持器的采样控制系统，其中

$$G_p(s)=\frac{20}{s(s+9)}$$

13. 当采样周期 $T=0.5$ s 时，系统的闭环传递函数 $T(z)$ 为

a. $T(z)=\dfrac{1.76z+1.76}{z^2+2.76}$

b. $T(z)=\dfrac{0.87z+0.23}{z^2-0.14z+0.24}$

c. $T(z)=\dfrac{0.87z+0.23}{z^2-1.01z+0.011}$

d. $T(z)=\dfrac{0.92z+0.46}{z^2-1.01z}$

14. 试确定采样周期 T 的取值范围，以保证闭环系统稳定。

a. $T\leqslant 1.12$

b. 当 $T>0$ 时，系统总是保持稳定。

c. $1.12\leqslant T\leqslant 10$

d. $T\leqslant 4.23$

15. 某连续时间系统的闭环传递函数为

$$T(s)=\frac{s}{s^2+4s+8}$$

采用周期 $T=0.02$ s 对输入信号采样，并随后串联一个零阶保持器，试求与该系统等价的离散时间闭环传递函数。

a. $T(z)=\dfrac{0.019z-0.019}{z^2+2.76}$

b. $T(z)=\dfrac{0.87z+0.23}{z^2-0.14z+0.24}$

c. $T(z)=\dfrac{0.019z-0.019}{z^2-1.9z+0.9}$

d. $T(z)=\dfrac{0.043z-0.02}{z^2+1.9231}$

在下面的术语和概念匹配题中，在空格中填写正确的字母，将术语和概念与它们的定义联系起来。

术语	定义	
a. 精度	部分元件或分系统依据采样数据(或采样变量)工作的控制系统。	______
b. 数字计算机校正器	当闭环 z 域传递函数 $T(z)$ 的所有极点都位于 z 平面的单位圆内部时，采样控制系统稳定。	______
c. z 平面	以 z 的实部为水平轴，z 的虚部为垂直轴构成的复平面。	______
d. 后向差分法则	利用数字信号和数字计算机控制受控对象的控制系统。	______
e. 小型计算机	只考虑系统变量在离散时间点上的取值的数据。	______
f. 数据采样系统	计算机输出或接受数据的时间间隔。	______
g. 采样控制数据	由关系式 $z=e^{sT}$ 定义的，从 s 平面到 z 平面的保角映射。	______
h. 数字控制系统	采样信号只具有有限的精度。	______
i. 微型计算机	利用数字计算机作为校正装置。	______
j. 前向矩形积分	函数时域微分的一种近似计算方法。	______
k. 数据采样系统的稳定性	函数积分的一种近似计算方法。	______
l. 幅值量化误差	基于微处理器的小型个人计算机(PC)。	______
m. PID 控制器	尺寸和性能位于微型计算机和大型计算机之间的计算机。	______
n. z 变换	由比例、积分和微分环节累加构成的控制器。	______
o. 采样周期	衡量精确度或偏差的定量指标。	______
p. 零阶保持器	保持采样数据不变的操作及其数学模型。	______

基础练习题

E13.1 判断下列信号是离散信号还是连续信号:

(a) 地图上的等高线。 (b) 房间的温度。

(c) 数字时钟的显示结果。 (d) 足球比赛的比分。

(e) 扩音器的输出。

E13.2 (a) 当 $Y(z)=\dfrac{z}{z^2-3z+2}$时,求 $y(kT)$的值,其中 $k=0,1,\cdots,4$。

(b) 求 $y(kT)$的闭合解,把 $y(kT)$表示成 k 的函数。

答案: $y(0)=0$, $y(T)=1$, $y(2T)=3$, $y(3T)=7$, $y(4T)=15$

E13.3 若系统的响应为 $y(kT)=kT(k\geqslant 0)$,试求该响应的 z 变换 $Y(z)$。

答案: $Y(z)=\dfrac{Tz}{(z-1)^2}$

E13.4 已知传递函数为

$$Y(s)=\frac{4}{s(s+1)(s+8)}$$

当 $T=0.1$ s 时,利用 $Y(s)$的部分分式展开和基本 z 变换表,计算对应的 z 变换 $Y(z)$。

E13.5 带有机械臂的航天飞机如图 E13.5(a)所示。利用视窗和电视摄像机,宇航员可以控制机械臂和机械臂顶端的夹具[9]。试讨论如何将数字控制应用于该系统,并绘制系统的框图。该系统应该包括用于显示和控制的计算机。

图 E13.5 (a) 航天飞机和机械臂;(b) 宇航员控制机械臂

E13.6 如图 E13.6(a)所示,可以用计算机控制机器人给汽车喷漆[1]。该系统的框图见图 E13.6(b),其中

$$KG_p(s)=\frac{20}{s(s/2+1)}$$

若系统的预期相角裕度为 P. M. =45°,采用频率响应法为系统设计的滞后校正器 $G_c(s)=\dfrac{4(s+0.15)}{s+0.015}$,当 $T=0.001$ s 时,试确定相应的 $D(z)$。

E13.7 当 $Y(z)=\dfrac{z^3+3z^2+1}{z^3-1.0z^2+0.25z}$时,计算系统前 4 个采样时刻的响应 $y(0)$, $y(1)$, $y(2)$和 $y(3)$。

E13.8 某闭环系统 z 域传递函数为 $T(z)=\dfrac{z}{z^2+0.5z-1.0}$,试判断该系统是否稳定。

答案: 不稳定。

E13.9 (a) 当 $Y(z)=\dfrac{z+1}{z^2-1}$时,试确定 $y(kT)$, $k=0,1,2,3$ 的取值。

(b) 求 $y(kT)$的闭合解,把 $y(kT)$表示成 k 的函数。

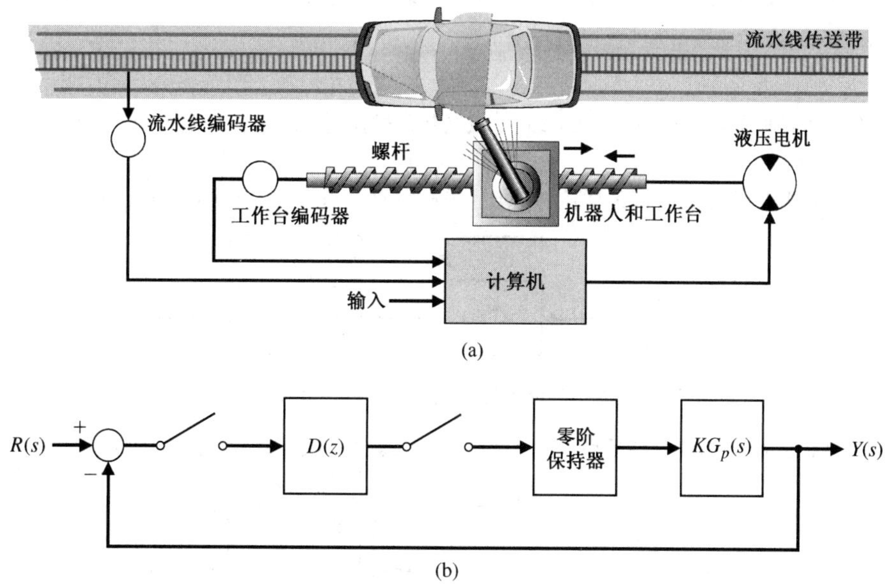

图 E13.6　(a) 汽车自动喷漆系统；(b) 带有数字控制器的闭环系统

E13.10　若系统的开环传递函数为

$$G_p(s)=\frac{K}{s(\tau s+1)}$$

其中，$T=0.01$ s，$\tau=0.008$ s。

(a) 确定 K 的合适取值，使系统超调量 P.O.≤40%。

(b) 求系统单位斜坡响应的稳态误差。

(c) 确定 K 的合适取值，使平方积分误差达到最小。

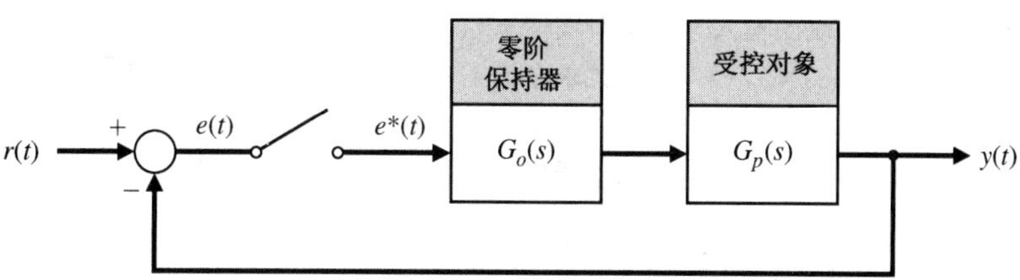

图 E13.10　闭环采样控制系统

E13.11　若受控对象的传递函数为

$$G_p(s)=\frac{100}{s^2+100}$$

(a) 在 $G_p(s)$ 之前设置一个零阶保持器，并取 $T=0.05$ s，试求对应的 $G(z)$。

(b) 判断该数字系统是否稳定。

(c) 绘制 $G(z)$ 在前 15 个采样时刻的脉冲响应。

(d) 绘制系统对正弦输入的响应，其中，正弦信号的频率与系统的固有频率相同。

E13.12　当采样周期 $T=1$ s 时，试确定 $X(s)=\dfrac{s+2}{s^2+6s+8}$ 的 z 变换。

E13.13　采样控制系统的特征方程为 $z^2+(K-4)z+0.8=0$，试确定使系统稳定的 K 取值范围。
答案：$2.2<K<5.8$

E13.14 某单位负反馈系统如图 E13.10 所示，其受控对象的传递函数为

$$G_p(s) = \frac{K}{s(s+3)}$$

若将采样周期取为 $T=0.5$，当 $K=5$ 时，试判断采样控制系统是否稳定。此外，确定使系统稳定的 K 的最大值。

E13.15 考虑图 E13.15 所示的开环采样控制系统。采样周期 $T=1$ s 时，试确定传递函数 $G(z)$。

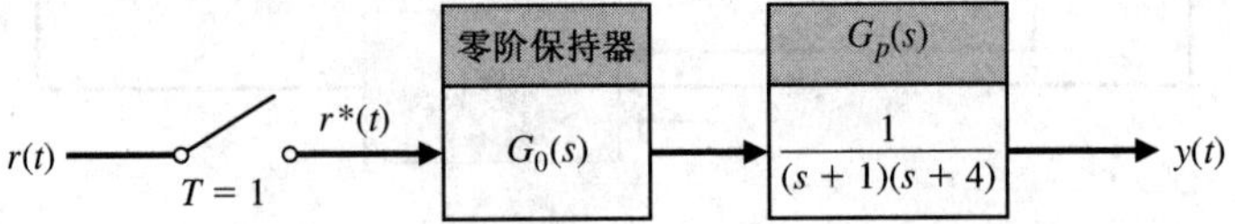

图 E13.15 开环采样控制系统，采样周期 $T=1$ s

E13.16 考虑图 E13.16 所示的开环采样控制系统。采样周期 $T=0.5$ s 时，试确定传递函数 $G(z)$。

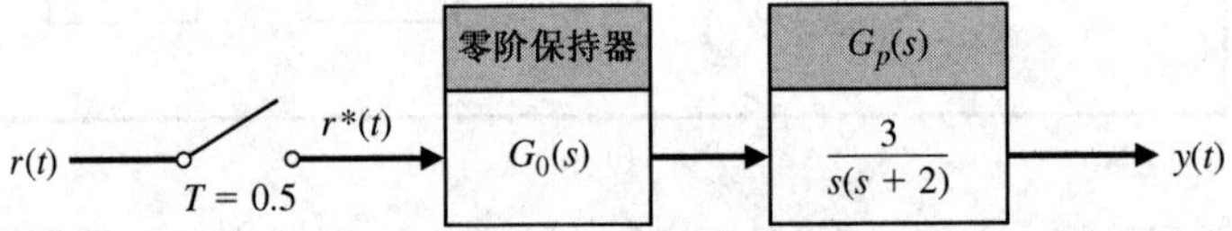

图 E13.16 开环采样控制系统，采样周期 $T=0.5$ s

一般习题

P13.1 某采样器的输入为 $r(t)=\sin\omega t$，其中 $\omega=1/\pi$。若采样周期为 $T=0.25$ s。试在 $0\leqslant t\leqslant 2$ s 的范围内，绘制采样器的输入 $r(t)$ 和输出 $r^*(t)$ 的波形图。

P13.2 如图 13.7 所示，采样器的输出信号直接作用于零阶保持器。采样器的输入为 $r(t)=\sin\omega t$，其中 $\omega=1/\pi$。若采样周期为 $T=0.25$ s。绘制零阶保持器在前 2 s 的输出响应曲线 $p(t)$。

P13.3 如图 P13.3 所示，系统的输入为单位斜坡信号 $r(t)=t$，$t>0$，受控对象为 $G(s)=1/(s+1)$。试求在前 4 个采样瞬间的输出 $y(kT)$。

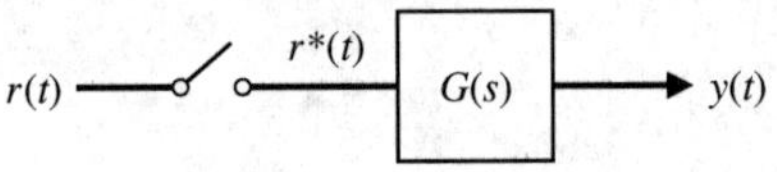

$r(t)$ → 采样开关 → $r^*(t)$ → $G(s)$ → $y(t)$

图 P13.3 采样控制系统

P13.4 某闭环系统如图 E13.10 所示，它包括了受控对象和零阶保持器。当 $T=1$，$G_p(s)=\frac{2}{s+2}$时，试确定系统的 $G(z)$。

P13.5 重新考虑习题 P13.4 给出的系统，当 $r(t)$ 为单位阶跃输入信号时，用长除法计算系统的响应。

P13.6 重新考虑习题 P13.4 给出的系统，由 $Y(z)$ 直接确定系统输出的初值和终值。

P13.7 某闭环系统的框图如图 E13.10 所示，它可以用来描述飞机的俯仰控制。设受控对象的传递函数为 $G_p(s)=K/[s(0.5s+1)]$。试选取合适的增益 K 和采样周期 T，使系统单位阶跃响应的超调量 P.O.≤30%，对单位斜坡响应的稳态误差小于 1.0。

P13.8 考虑图 E13.6(b) 所示的计算机控制系统，其中 $T=1$ s，

$$KG_p(s) = \frac{K}{s(s+10)}$$

若 $D(z)=\frac{z-0.3678}{z+r}$，且未定参数的取值范围为 $1<K<2$，$0<r<1$，试确定参数 K 和 r 的合适取值，计算校正后的系统响应，并与未校正系统的响应相比较。

P13.9 如图 P13.9 所示，悬挂在空中的可遥控三维机动摄像系统，可以用来直播职业橄榄球比赛。摄像机可以移动鸟瞰运动场，也可以上下移动。每个滑轮上的电机控制系统的框图如图 E13.10 所示，

其中

$$G_p(s)=\frac{10}{s(s+1)(s/10+1)}$$

试设计合适的 $G_c(s)$，使系统的相角裕度达到 P.M.= 45°。在此基础上，选取合适的穿越频率和采样周期，并采用 $G_c(s)$-$D(z)$ 变换方法，确定所需要的数字控制器 $D(z)$。

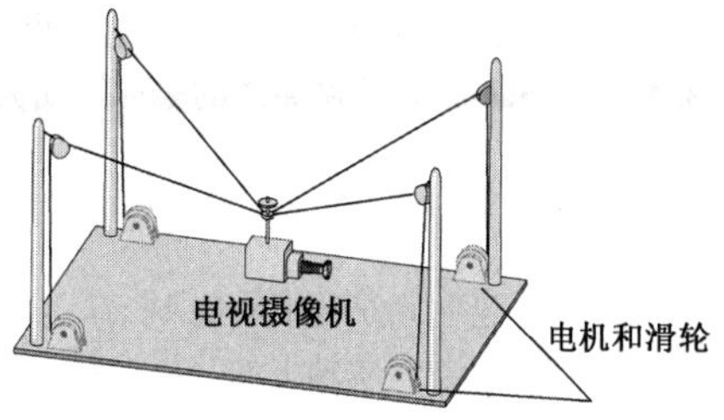

图 P13.9　橄榄球场上方的移动摄像机

P13.10　考虑图 P13.10 所示的系统，其中包含了零阶保持器。受控对象为

$$G_p(s)=\frac{1}{s(s+10)}$$

采样周期为 $T=0.1$ s。注意 $G(z)=Z[G_0(s)G_p(s)]$。

(a) 当 $D(z)=K$ 时，计算 z 域传递函数 $G(z)D(z)$。

(b) 求闭环系统的特征方程。

(c) 计算使系统稳定的 K 的最大值。

(d) 确定 K 的合适取值，使系统超调量 P.O.≤30%。

(e) 采用(d)中得到的增益 K，计算闭环 z 传递函数 $T(z)$，并绘制系统的阶跃响应曲线。

(f) 将 K 取为(c)中得到的最大值的一半，求系统的闭环极点及超调量。

(g) 在(f)所给的条件下，绘制系统的阶跃响应曲线。

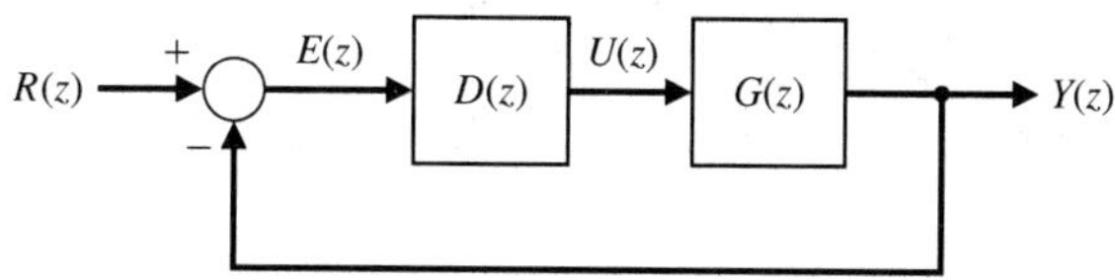

图 P13.10　带有数字控制器的反馈控制系统

P13.11　(a) 继续考虑习题 P13.10 所描述的系统，设计滞后校正器 $G_c(s)$，使系统的超调量 P.O.≤30%，对斜坡输入的稳态误差 $e_{ss}\le 0.01$。假设受控对象为 $G_p(s)$，系统是连续的未经采样的系统。

(b) 试采用 $G_c(s)$-$D(z)$ 变换方法，设计合适的数字控制器 $D(z)$，使得系统满足(a)中给出的设计指标设计要求。假定系统增配了一套采样器和零阶保持器，并将采样周期取为 $T=0.1$ s。

(c) 绘制(a)中带有 $G_c(s)$ 的连续系统的单位阶跃响应曲线，同时绘制(b)中带有 $D(z)$ 的数字系统的单位阶跃响应的曲线，并加以比较。

(d) 当 $T=0.01$ s 时，重新完成(b)和(c)的工作。

(e) 采用(b)中得到的 $D(z)$，当 $T=0.1$ s 时，绘制数字系统的斜坡响应，并与连续系统的斜坡响应进行比较。

P13.12　考虑单位负反馈闭环采样控制系统，受控对象和零阶保持器的 z 域传递函数为

$$G(z)=\frac{K(z+0.8)}{z(z-2)}$$

(a) 绘制系统的根轨迹。

(b) 确定使系统稳定的 K 的取值范围。

P13.13　考虑空间站定向控制系统，在配备了采样器和零阶保持器之后，其开环 z 域传递函数为

$$G(z)=\frac{K(z^2+1.1206z-0.0364)}{z^3-1.7358z^2+0.8711z-0.1353}$$

(a) 绘制系统的根轨迹。

(b) 确定 K 的取值，使系统有两个相等的特征根。

(c) 采用(b)中得到的增益 K，求出系统的所有特征根。

P13.14 某闭环采样控制系统的采样周期为 $T=0.05$ s。开环 z 域传递函数为

$$G(z)=\frac{K(z^3+10.3614z^2+9.758z+0.8353)}{z^4-3.7123z^3+5.1644z^2-3.195z+0.7408}$$

(a) 绘制系统的根轨迹。

(b) 确定与实轴上的分离点对应的 K 的取值。

(c) 计算使系统稳定的 K 的最大值。

P13.15 配有采样器和零阶保持器的闭环系统如图 E13.10 所示，其中受控对象的传递函数为

$$G_p(s)=\frac{20}{s-5}$$

当采样周期 $T=0.1$ s，输入信号为单位阶跃信号时，计算并作图显示系统的输出 $y(kT)$ $(0\leqslant T\leqslant 0.6)$。

P13.16 某闭环采样控制系统如图 E13.10 所示，其中受控对象为

$$G_p(s)=\frac{1}{s(s+4)}$$

采样周期为 $T=1$ s。当输入为单位阶跃信号时，试计算并作图显示系统的输出 $y(kT)$ $(0\leqslant k\leqslant 10)$。

P13.17 某闭环采样控制系统如图 E13.10 所示，其中受控对象为

$$G_p(s)=\frac{K}{s(s+0.75)}$$

采样周期为 $T=1$ s。当 $K\geqslant 0$ 时，绘制系统的根轨迹，并确定使系统特征根恰好落在 z 平面单位圆圆周上时(稳定边界)，增益 K 的取值。

P13.18 某单位反馈闭环采样控制系统如图 E13.10 所示，其中受控对象为

$$G_p(s)=\frac{K}{s(s+1)}$$

当 $K=1$ 时，连续系统($T=0$)阶跃响应的超调量 P.O.= 16%，调节时间 $T_s=8$ s(按 2% 准则)。如果采样周期 T 在 $0\leqslant T\leqslant 1.2$ 之间变动，$K=1$ 并且 T 按照步长 0.2 s 逐次增加，试绘制系统的系列阶跃响应，并用表格记录随着采样周期 T 变化的超调量和调节时间。

难题

AP13.1 某闭环采样控制系统如图 E13.10 所示。其中，采样周期 $T=1$ s，受控对象为

$$G_p(s)=\frac{K(1+as)}{s^2}$$

于是，调整 a 的取值就能调节系统的响应。试绘制 $a=10$ 时的系统根轨迹，并确定使系统稳定的 K 的取值范围。

AP13.2 如图 AP13.2 所示，可以用机器来喷涂黏合剂，以便沿着边缝黏接不同的板材。对黏接加工而言，均匀地喷涂黏合剂至关重要。但由于喷嘴下面的板材非匀速地运动，因此必须利用控制器，按照板材的移动速度，与之成比例地调整黏合剂的喷嘴阀门，以便保持恒定的喷涂量[12]。

带有零阶保持器 $G_0(s)$ 时，该系统的框图模型如图 P13.10 所示，其中 $G_p(s)=2/(0.03s+1)$。将数字控制器取为积分型控制器。

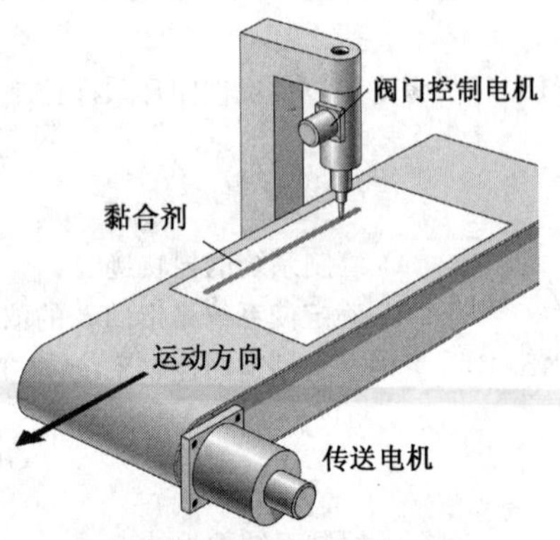

图 AP13.2 黏合剂喷涂控制系统

$$D(z)=\frac{KT}{1-z^{-1}}=\frac{KTz}{z-1}$$

当 $T=30$ ms 时，计算系统的开环 z 域传递函数 $G(z)D(z)$，并以此为基础绘制系统的根轨迹。此外，确定 K 的合适取值，并绘制系统的阶跃响应曲线。

AP13.3　考虑图 P13.10 所示的系统，设 $D(z)=K$，$G_p(s)=\dfrac{12}{s(s+12)}$，当 $T=0.05$ s 时，选取增益 K 的合适取值，使系统有快速的阶跃响应，且超调量 P.O.≤10%。

AP13.4　某系统如图 E13.10 所示。其中，$G_p(s)=10/(s+1)$。试确定能够使系统稳定的采样周期 T 的取值范围，并确定 T 的一个合适取值，使系统既稳定，又有快速响应。

AP13.5　考虑图 AP13.5 所示的闭环采样控制系统，试确定参数 K 的取值范围，使闭环系统稳定。

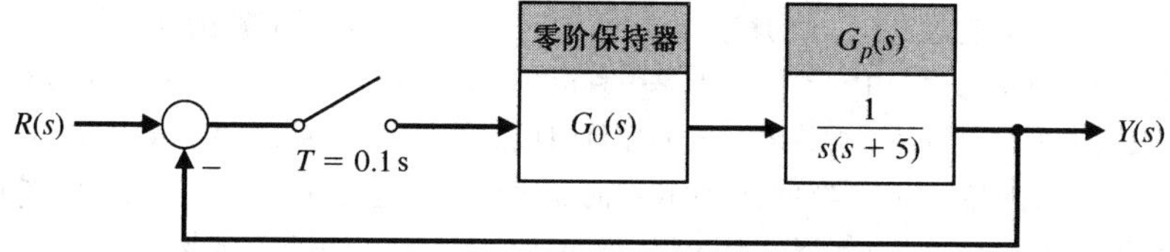

图 AP13.5　闭环采样控制系统，采样周期为 $T=0.1$ s

设计题

CDP13.1　习题 CDP2.1 和习题 CDP4.1 给出了电机-绞盘-滑台系统的二阶模型。采用图 E13.10 所示的系统结构，采样周期为 $T=1$ ms，试为该系统设计一个合适的校正控制器 $D(z)$，并计算校正后系统对阶跃输入 $r(t)$ 的响应。

DP13.1　某温度控制系统如图 E13.10 所示，其中，采样周期为 $T=0.5$ s。受控对象为 $G_p(s)=0.8/(3s+1)$。

(a) 当 $D(z)=K$ 时，选取增益 K 的合适取值，使系统保持稳定。

(b) 在校正之前，该稳定系统可能是过阻尼的，从而具有较慢的响应速度。为了改进系统的瞬态性能，需要设计一个合适的超前校正器 $G_c(s)$，并确定相应的数字控制器 $D(z)$。

(c) 绘制校正后数字系统的阶跃响应，以验证(b)中所得的结果。

DP13.2　磁盘驱动器中的磁头定位控制系统如图 E13.10 所示[11]。受控对象的传递函数为

$$G_p(s)=\frac{9}{s^2+0.85s+788}$$

当 $T=10$ ms 时，试分别采用下列的两种方法，设计合适的数字控制器 $D(z)$，对磁头进行精确控制。

(a) $G_c(s)$-$D(z)$ 变换方法。

(b) 根轨迹法。

DP13.3　新型的汽车牵引控制系统具备防滑刹车和防空转加速等功能，从而进一步提高了汽车的可操作性和驾驶品质。这种控制系统旨在避免刹车时死锁，以及防止加速时车轮空转，从而最大限度地利用了轮胎产生的牵引力。

在大多数牵引控制算法中，人们都将车轮打滑时的汽车车身速度与车轮速度之差作为受控变量(用刹车时的车身速度和车轮加速速度来定义)，这个速度差对轮胎与道路之间的牵引力有很大的影响[17]。

图 DP13.3 给出了单个车轮的控制系统模型，其中，$Y(z)$ 表示实际的速度差。当存在由路面引起的干扰输入时，希望尽量减小由此产生的速度差。因此，需要在采样周期 $T=0.1$ s 时，确定控制器 $D(z)=K$ 的合适取值，使系统的阻尼系数为 $\zeta=1/\sqrt{2}$，并绘制所得系统的阶跃响应曲线，计算系统的超调量和调节时间(按 2% 准则)。

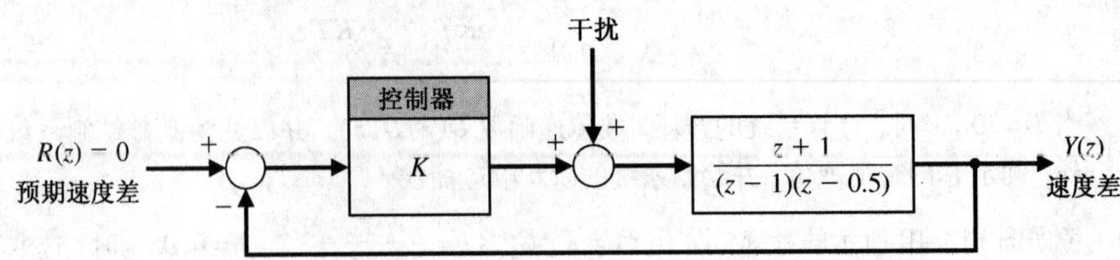

图 DP13.3 汽车牵引控制系统

DP13.4 某机床系统如图 E13.6(b)所示[10]，其中，$KG_p(s)=\dfrac{0.1}{s(s+0.1)}$。将采样周期取为 $T=1$ s，并给定设计要求为：(1) 系统单位阶跃响应的超调量 P.O.≤16%；(2) 调节时间 $T_s\leqslant 12$ s(按 2% 准则)；(3) 对单位斜坡输入 $r(t)=t$ 的稳态跟踪误差不大于 1。试设计能够满足要求的数字控制器 $D(z)$。

DP13.5 在聚合物塑料加工过程中，挤压技术是一种应用广泛的成熟技术[12]。如图 DP13.5 所示，类似的挤压机通常由给料漏斗、加热器和成型模具组成。给料漏斗将聚合物颗粒加入分成不同温度带的大型加热器，加热器中的螺杆则推动颗粒向前运动。经过逐渐升高的不同温度带的加热，这些颗粒会逐渐融化，并最终从模具中挤压出成型的产品，以便应用于其他场合。

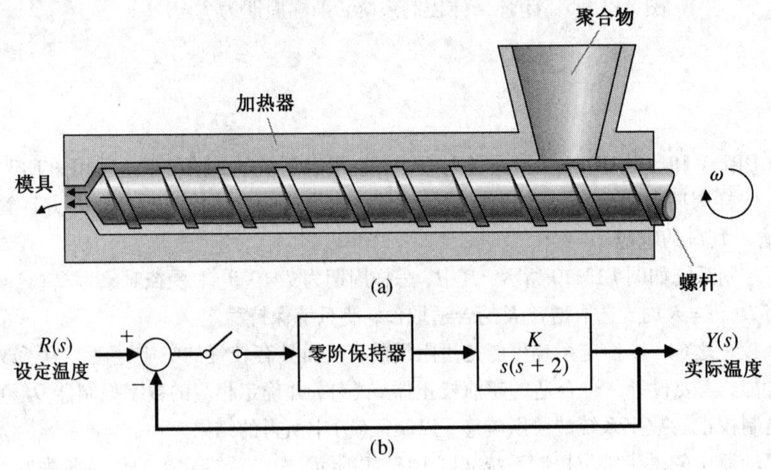

图 DP13.5 挤压机的温度控制系统

模具出口处的产品(如尼龙丝)流量和温度是挤压机的输出变量，它们对螺杆的旋转速度非常敏感，因此，我们将螺杆速度取为受控变量。

挤压机的出口温度控制系统的框图如图 DP13.5 所示，试确定增益 K 和采样周期 T 的合适取值，使系统阶跃响应的超调量 P.O.= 10%，同时尽量减少系统对斜坡输入的稳态跟踪误差。

DP13.6 某闭环采样控制系统的框图如图 DP13.6 所示。试设计控制器 $D(z)$，使闭环系统单位阶跃响应的超调量 P.O.≤12%，调节时间 $T_s\leqslant 20$ s。

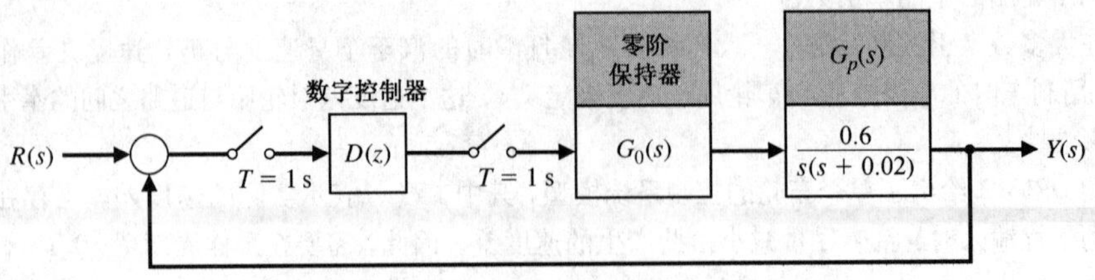

图 DP13.6 闭环采样控制系统，采样时间 $T=1$ s

计算机辅助设计题

CP13.1 给定系统 $G(z)=\dfrac{0.2145z+0.1609}{z^2-0.75z+0.125}$，编制 m 脚本程序，绘制该系统的单位阶跃响应曲线，并验证系统响应的稳态值为 1。

CP13.2 假定采样周期为 1 s，并采用了零阶保持器 $G_0(s)$，试用函数 c2d 将下列各个连续系统模型变换成离散系统模型。

(a) $G_p(s)=\dfrac{1}{s}$　(b) $G_p(s)=\dfrac{s}{s^2+1}$　(c) $G_p(s)=\dfrac{s+4}{s+5}$　(d) $G_p(s)=\dfrac{1}{s(s+10)}$

CP13.3 某采样控制系统的闭环 z 域传递函数为

$$T(z)=\frac{Y(z)}{R(z)}=\frac{1.7(z+0.46)}{z^2+z+0.5}$$

(a) 用函数 step 计算系统的单位阶跃响应。

(b) 若采样周期 $T=0.1$ s，用函数 d2c 确定与 $T(z)$ 等价的连续系统传递函数。

(c) 用函数 step 计算连续(非采样)系统的单位阶跃响应，并和(a)中的阶跃响应相比较。

CP13.4 某系统的开环 z 域传递函数为 $G(z)D(z)=K\dfrac{z}{z^2-z+0.75}$，试绘制对应的根轨迹，并确定使系统稳定的 K 的取值范围。

CP13.5 考虑图 CP13.5 给出的反馈系统，试绘制该系统的根轨迹，并确定 K 的取值范围，使系统稳定。

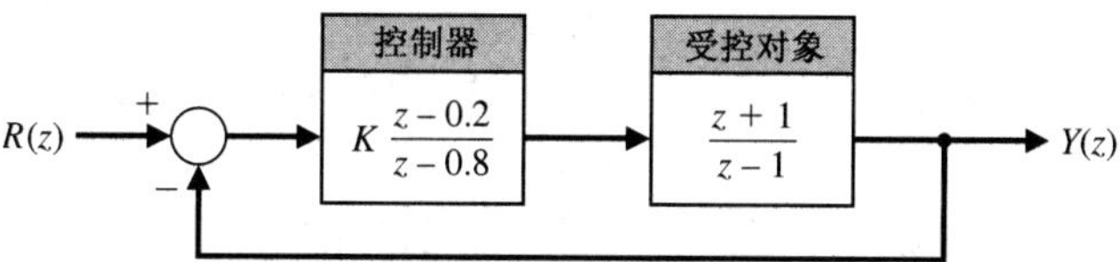

图 CP13.5　带有数字控制器的闭环系统

CP13.6 考虑某采样控制系统，其开环 z 域传递函数为

$$G(z)D(z)=K\frac{z^2+3z+4}{z^2-0.1z-2}$$

(a) 利用函数 rlocus 绘制系统的根轨迹。

(b) 利用函数 rlocfind，确定使系统稳定的 K 的取值范围。

CP13.7 某工业碾磨系统的开环传递函数为[15] $G_p(s)=\dfrac{10}{s(s+5)}$。要求用数字控制器 $D(z)$ 来改善系统的性能，使相角裕度 P.M.≥45°，调节时间 $T_s\leq 1$ s(按 2% 准则)。

(a) 若将控制器取为 $G_c(s)=K(s+a)/(s+b)$，试设计一个能够满足要求的控制器 $G_c(s)$。

(b) 将采样周期取为 $T=0.02$ s，试确定与 $G_c(s)$ 对应的数字控制器 $D(z)$。

(c) 仿真计算闭环连续系统对单位阶跃输入的响应。

(d) 仿真计算闭环采样控制系统对单位阶跃输入的响应。

(e) 比较并讨论(c)和(d)的仿真结果。

技能自测答案

正误判断题：(1) 对　(2) 对　(3) 错　(4) 错　(5) 对

多项选择题：(6) a　(7) c　(8) a　(9) d　(10) a　(11) a　(12) c　(13) b　(14) a　(15) c

术语和概念匹配题(自上向下)：f　k　c　h　g　o　n　l　b　d　j　i　e　m　a　p

术语和概念

amplitude quantization error	幅值量化误差	采样信号的精度是有限的，实际信号与采样信号之间的误差就是所谓的幅值量化误差。
backward difference rule	后向差分法则	函数时域微分的一种近似计算方法，依照公式 $\dot{x}(kT) \approx \frac{x(kT)-x((k-1)T)}{T}$ 进行近似计算，其中 $t=kT$，T 是采样时间，$k=1,2,\cdots$。
digital computer compensator	数字计算机校正器	将数字计算机作为校正装置使用。
digital control system	数字控制系统	利用数字信号和数字计算机控制受控对象的控制系统。
forward rectangular integration	前向矩形积分	函数时域积分的一种近似计算方法，依照公式 $x(kT) \approx x((k-1)T)+T\dot{x}((k-1)T)$ 进行近似计算，其中 $t=kT$，T 是采样周期，$k=1,2,\cdots$。
microcomputer	微型计算机	基于微处理器的个人计算机(PC)。
PID controller	PID 控制器	由比例、积分、微分这 3 项累加的控制器，每一项都含有可调的增益，即 $G_c(z)=K_1+\frac{K_2Tz}{z-1}+K_3\frac{z-1}{Tz}$。
precision	精度	衡量精确度或偏差的定量指标。
sampled data	采样数据	只考虑系统变量在离散时间点上的取值的数据。每个采样周期获得一次数据。
sampled-data system	采样控制系统	部分元件或分系统依据采样数据(或采样变量)工作的控制系统。
sampling period	采样周期	计算机总是在相同的固定时间间隔点上接受或输出数据，这个时间间隔 T 称为采样周期。所有变量的采样值在采样周期内保持不变。
stability of sampled-data system	采样控制系统的稳定性	当闭环 z 域传递函数 $T(z)$ 的所有极点都位于 z 平面的单位圆之内时，采样控制系统稳定。
z-plane	*z* 平面	以 z 的实部为水平轴，z 的虚部为垂直轴构成的复平面。
z-transform	*z* 变换	由关系式 $z=e^{sT}$ 定义的，从 s 平面到 z 平面的保角映射。它是从 s 域到 z 域的变换。
zero-order hold	零阶保持器	保持采样数据不变的操作及其数学模型，其输入-输出传递函数为 $G_0(s)=\frac{1-e^{-sT}}{s}$。

参考文献

Chapter 1

1. O. Mayr, *The Origins of Feedback Control*, MIT Press, Cambridge, Mass., 1970.
2. O. Mayr, "The Origins of Feedback Control," *Scientific American*, Vol. 223, No. 4, October 1970, pp. 110-118.
3. O. Mayr, *Feedback Mechanisms in the Historical Collections of the National Museum of History and Technology*, Smithsonian Institution Press, Washington, D. C., 1971.
4. E. P. Popov, *The Dynamics of Automatic Control Systems*, Gostekhizdat, Moscow, 1956; Addison-Wesley, Reading, Mass., 1962.
5. J. C. Maxwell, "On Governors," *Proc. of the Royal Society of London*, 16, 1868, in *Selected Papers on Mathematical Trends in Control Theory*, Dover, New York, 1964, pp. 270-283.
6. I. A. Vyshnegradskii, "On Controllers of Direct Action," *Izv. SPB Tekhnolog. Inst.* , 1877.
7. H. W. Bode, "Feedback—The History of an Idea," in *Selected Papers on Mathematical Trends in Control Theory*, Dover, New York, 1964, pp. 106-123.
8. H. S. Black, "Inventing the Negative Feedback Amplifier," *IEEE Spectrum*, December 1977, pp. 55-60.
9. J. E. Brittain, *Turning Points in American Electrical History*, IEEE Press, New York, 1977, Sect. II-E.
10. W. S. Levine, *The Control Handbook*, CRC Press, Boca Raton, Fla., 1996.
11. G. Newton, L. Gould, and J. Kaiser, *Analytical Design of Linear Feedback Controls*, John Wiley & Sons, New York, 1957.
12. M. D. Fagen, *A History of Engineering and Science on the Bell Systems*, Bell Telephone Laboratories, 1978, Chapter 3.
13. G. Zorpette, "Parkinson's Gun Director," *IEEE Spectrum*, April 1989, pp. 43.
14. J. Höller, V. Tsiatsis, C. Mulligan, S. Karnouskos, S. Avesand, and D. Boyle, *From Machine-to-Machine to the Internet of Things: Introduction to New Age of Intelligence*, Elsevier, 2014.
15. Sebastian Thrun, "Toward Robotic Cars," *Communications of the ACM*, Vol. 53, No. 4, April 2010.
16. M. M. Gupta, *Intelligent Control*, IEEE Press, Piscataway, N. J., 1995.
17. A. G. Ulsoy, "Control of Machining Processes," *Journal of Dynamic Systems*, ASME, June 1993, pp. 301-307.
18. M. P. Groover, *Fundamentals of Modern Manufacturing*, Prentice Hall, Englewood Cliffs, N. J., 1996.
19. Michelle Maisto, "Induct Now Selling Navia, First Self-Driving Commercial Vehicle," *eWeek*. 2014.
20. Heather Kelly, "Self-Driving Cars Now Legal in California," *CNN*, 2013.
21. P. M. Moretti and L. V. Divone, "Modern Windmills," *Scientific American*, June 1986, pp. 110-118.
22. B. Preising and T. C. Hsia, "Robots in Medicine," *IEEE Engineering in Medicine and Biology*, June 1991, pp. 13-22.
23. R. C. Dorf and J. Unmack, "A Time-Domain Model of the Heart Rate Control System," *Proceedings of the San Diego Symposium for Biomedical Engineering*, 1965, pp. 43-47.
24. Alex Wood, "The Internet of Things is Revolutionising Our Lives, But Standards Are a Must," published by theguardian. com, The Guardian, 2015.
25. R. C. Dorf, *Introduction to Computers and Computer Science*, 3rd ed., Boyd and Fraser, San Francisco, 1982, Chapters 13, 14.
26. K. Sutton, "Productivity," in *Encyclopedia of Engineering*, McGraw-Hill, New York, pp. 947-948.
27. Florian Michahelles, "The Internet of Things—How It Has Started and What to Expect," Swiss Federal Institute of Technology Zurich (ETH), 2010.
28. R. C. Dorf, *Robotics and Automated Manufac-turing*, Reston Publishing, Reston, Va., 1983.
29. S. S. Hacisalihzade, "Control Engineering and Therapeutic Drug Delivery," *IEEE Control Systems*, June 1989, pp. 44-46.

30. E. R. Carson and T. Deutsch, "A Spectrum of Approaches for Controlling Diabetes," *IEEE Control Systems*, December 1992, pp. 25-30.

31. J. R. Sankey and H. Kaufman, "Robust Considerations of a Drug Infusion System," *Proceedings of the American Control Conference*, San Francisco, Calif., June 1993, pp. 1689-1695.

32. W. S. Levine, *The Control Handbook*, CRC Press, Boca Raton, Fla., 1996.

33. D. Auslander and C. J. Kempf, *Mechatronics*, Prentice Hall, Englewood Cliffs, N. J., 1996.

34. "Things that Go Bump in Your Flight," *The Economist*, July 3, 1999, pp. 69-70.

35. P. J. Brancazio, "Science and the Game of Baseball," *Science Digest*, July 1984, pp. 66-70.

36. C. Klomp, et al., "Development of an Autonomous Cow-Milking Robot Control System," *IEEE Control Systems*, October 1990, pp. 11-19.

37. M. B. Tischler et al., "Flight Control of a Heli-copter," *IEEE Control Systems*, August 1999, pp. 22-32.

38. G. B. Gordon and J. C. Roark, "ORCA: An Optimized Robot for Chemical Analysis," *Hewlett-Packard Journal*, June 1993, pp. 6-19.

39. K. Hollenback, "Destabilizing Effects of Muscular Contraction in Human-Machine Interaction," *Proceedings of the American Control Conference*, San Francisco, Calif., 1993, pp. 736-740.

40. L. Scivicco and B. Siciliano, *Modeling and Control of Robot Manipulators*, McGraw-Hill, New York, 1996.

41. O. Mayr, "Adam Smith and the Concept of the Feedback System," *Technology and Culture*, Vol. 12, No. 1, January 1971, pp. 1-22.

42. A. Goldsmith, "Autofocus Cameras," *Popular Science*, March 1988, pp. 70-72.

43. R. Johansson, *System Modeling and Identification*, Prentice Hall, Englewood Cliffs, N. J., 1993.

44. M. DiChristina, "Telescope Tune-Up," *Popular Science*, September 1999, pp. 66-68.

45. K. Capek, *Rossum's Universal Robots*, English version by P. Selver and N. Playfair, Doubleday, Page, New York, 1923.

46. D. Hancock, "Prototyping the Hubble Fix," *IEEE Spectrum*, October 1993, pp. 34-39.

47. A. K. Naj, "Engineers Want New Buildings to Behave Like Human Beings," *Wall Street Journal*, January 20, 1994, p. B1.

48. E. H. Maslen, et al., "Feedback Control Applications in Artifical Hearts," *IEEE Control Systems*, December 1998, pp. 26-30.

49. M. DiChristina, "What's Next for Hubble?" *Popular Science*, March 1998, pp. 56-59.

50. Jack G. Arnold, "Technology Trends in Stor-age," IBM U. S. Federal, 2013.

51. Tom Coughlin, "Have Hard Disk Drives Peaked?" Blog published by Forbes. com.

52. R. Stone, "Putting a Human Face on a New Breed of Robot," *Science*, October 11, 1996, p. 182.

53. P. I. Ro, "Nanometric Motion Control of a Traction Drive," *ASME Dynamic Systems and Control*, Vol. 55. 2, 1994, pp. 879-883.

54. K. C. Cheok, "A Smart Automatic Windshield Wiper," *IEEE Control Systems Magazine*, December 1996, pp. 28-34.

55. D. Dooling, "Transportation," *IEEE Spectrum*, January 1996, pp. 82-86.

56. G. Norris, "Boeing's Seventh Wonder," *IEEE Spectrum*, October 1995, pp. 20-23.

57. D. Hughes, "Fly-by-Wire 777 Keeps Traditional Cockpit," *Aviation Week & Space Technology*, McGraw-Hill Publication, May 1, 1995, pp. 42-48.

58. R. Reck, "Design Engineering," *Aerospace America*, American Institute of Aeronautics and Astronautics, December 1994, p. 74.

59. C. Rist, "Angling for Momentum," *Discover*, September 1999, pp. 37.

60. S. J. Elliott, "Down With Noise," *IEEE Spectrum*, June 1999, pp. 54-62.

61. W. Ailor, "Controlling Space Traffic," *AIAA Aerospace America*, November 1999, pp. 34-38.

62. Lucas Mearian, "Heated Dot Magnetic Recording Combines Future Technologies for a 10X Capacity Improvement," *Computer World*, 2014.

63. G. F. Hughes, "Wise Drives," *IEEE Spectrum*, August 2002, pp. 37-41.

64. R. H. Bishop, *The Mechatronics Handbook*, 2nd ed., CRC Press, Inc., Boca Raton, Fla., 2007.

65. N. Kyura and H. Oho, "Mechatronics—An Industrial Perspective," *IEEE/ASME Transactions on Mechatronics*, Vol. 1, No. 1, 1996, pp. 10-15.

66. T. Mori, "Mechatronics," *Yasakawa Internal Trademark Application Memo* 21. 131. 01, July 12, 1969.
67. F. Harshama, M. Tomizuka, and T. Fukuda, "Mechatronics—What is it, Why, and How? — An Editorial," *IEEE/ASME Transactions on Mechatronics*, Vol. 1, No. 1, 1996, pp. 1-4.
68. D. M. Auslander and C. J. Kempf, *Mechatronics: Mechanical System Interfacing*, Prentice Hall, Upper Saddle River, N. J., 1996.
69. D. Shetty and R. A. Kolk, *Mechatronic System Design*, PWS Publishing Company, Boston, Mass., 1997.
70. W. Bolton, Mechatronics: Electrical Control Systems in Mechanical and Electrical Engineering, 2nd ed., Addison Wesley Longman, Harlow, England, 1999.
71. D. Tomkinson and J. Horne, *Mechatronics Engineering*, McGraw-Hill, New York, 1996.
72. H. Kobayashi, Guest Editorial, *IEEE/ASME Transactions on Mechatronics*, Vol. 2, No. 4, 1997, pp. 217.
73. D. S. Bernstein, "What Makes Some Control Problems Hard?" *IEEE Control Systems Magazine*, August 2002, pp. 8-19.
74. S. Douglas, "No Pilot Required," *Popular Science*, June 2001, pp. 40-44.
75. O. Zerbinati, "A Direct Methanol Fuel Cell," *Journal of Chemical Education*, Vol. 79, No. 7, July 2002, pp. 829.
76. D. Basmadjian, *Mathematical Modeling of Physical Systems: An Introduction*, Oxford University Press, New York, N. Y., 2003.
77. D. W. Boyd, *Systems Analysis and Modeling: A Macro-to-Micro Approach with Multidisciplinary Applications*, Academic Press, San Diego, CA, 2001.
78. F. Bullo and A. D. Lewis, *Geometric Control of Mechanical Systems: Modeling, Analysis, and Design for Simple Mechanical Control Systems*, Springer Verlag, New York, N. Y., 2004.
79. P. D. Cha, J. J. Rosenberg, and C. L. Dym, *Funda mentals of Modeling and Analyzing Engineering Systems*, Cambridge University Press, Cambridge, United Kingdom, 2000.
80. P. H. Zipfel, *Modeling and Simulation of Aerospace Vehicle Dynamics*, AIAA Education Series, American Institute of Aeronautics & Astronautics, Inc., Reston, Virginia, 2001.
81. D. Hristu-Varsakelis and W. S. Levin, eds., *Hand book of Networked and Embedded Control Systems*, Series: Control Engineering Series, Birkhäuser, Boston, MA, 2005.
82. See the GPS website.
83. B. W. Parkinson and J. J. Spilker, eds., *Global Positioning System: Theory & Applications*, Vol. 1 & 2, Progress in Astronautics and Aeronautics, AIAA, 1996.
84. E. D. Kaplan and C. Hegarty, eds., *Understanding GPS: Principles and Applications*, 2nd ed., Artech House Publishers, Norwood, Mass., 2005.
85. B. Hofmann-Wellenhof, H. Lichtenegger, and E. Wasle, *GNSS-Global navigation Satellite Systems*, Springer-Verlag, Vienna, Austria, 2008.
86. M. A. Abraham and N. Nguyen, "Green Engineering: Defining the Principles," *Environmental Progress*, Vol. 22, No. 4, American Institute of Chemical Engineers, 2003, pp. 233-236.
87. "National Electric Delivery Technologies Roadmap: Transforming the Grid to Revolutionize Electric Power in North America," U. S. Department of Energy, Office of Electric Transmission and Distribution, 2004.
88. D. T. Allen and D. R. Shonnard, *Green Engineering: Environmentally Conscious Design of Chemical Processes*, Prentice Hall, N. J., 2001.
89. "The Modern Grid Strategy: Moving Towards the Smart Grid," U. S. Department of Energy, Office of Electricity Delivery and Energy Reliability.
90. "Smart Grid System Report," U. S. Department of Energy, July 2009.
91. Climate Croup, "SMART 2020: Enabling the Low Carbon Economy in the Information Age," A report by the Climate Group on behalf of the Global eSustainability Initiative, published by Creative Commons, 2008.
92. J. Machowski, J. Bialek, and J. Bumby, *Power System Dynamics: Stability and Control*, 2nd ed., John Wiley & Sons, Ltd, West Sussex, United Kingdom, 2008.
93. R. H. Bishop, ed., *Mechatronics Handbook*, 2nd ed., CRC Press, 2007.
94. See the Burjdubai website.
95. R. Roberts, "Control of high-rise high-speed elevators," *Proceedings of the American Control Conference*,

Philadelphia, Pa., 1998, pp. 3440-3444.

96. N. L. Doh, C. Kim, and W. K. Chung, "A Practical Path Planner for the Robotic Vacuum Cleaner in Rectilinear Environments," *IEEE Transactions on Consumer Electronics*, Vol. 53, No. 2, 2007, pp. 519-527.
97. S. C. Lin and C. C. Tsai, "Development of a Self-Balancing Human Transportation Vehicle for the Teaching of Feedback Control," *IEEE Transactions on Education*, Vol. 52, No. 1, 2009, pp. 157-168.
98. K. Li, E. B. Kosmatopoulos, P. A. Ioannou, and H. Ryaciotaki-Boussalis, "Large Segmented Telescopes: Centralized, Decentralized and Overlapping Control Designs," *IEEE Control Systems Magazine*, October 2000.
99. A. Cavalcanti, "Assembly Automation with Evolutionary Nanorobots and Sensor-Based Control Applied to Nanomedicine," *IEEE Transactions on Nanotechnology*, Vol. 2, No. 2, 2003, pp. 82-87.

Chapter 2

1. R. C. Dorf, *Electric Circuits*, 4th ed., John Wiley & Sons, New York, 1999.
2. I. Cochin, *Analysis and Design of Dynamic Systems*, Addison-Wesley Publishing Co., Reading, Mass., 1997.
3. J. W. Nilsson, *Electric Circuits*, 5th ed., Addison-Wesley, Reading, Mass., 1996.
4. E. W. Kamen and B. S. Heck, *Fundamentals of Signals and Systems Using MATLAB*, Prentice Hall, Upper Saddle River, N. J., 1997.
5. F. Raven, *Automatic Control Engineering*, 3rd ed., McGraw-Hill, New York, 1994.
6. S. Y. Nof, *Handbook of Industrial Robotics*, John Wiley & Sons, New York, 1999.
7. R. R. Kadiyala, "A Toolbox for Approximate Linearization of Nonlinear Systems," *IEEE Control Systems*, April 1993, pp. 47-56.
8. R. Smith and R. Dorf, *Circuits, Devices and Systems*, 5th ed., John Wiley & Sons, New York, 1992.
9. Y. M. Pulyer, *Electromagnetic Devices for Motion Control*, Springer-Verlag, New York, 1992.
10. B. C. Kuo, *Automatic Control Systems*, 5th ed., Prentice Hall, Englewood Cliffs, N. J., 1996.
11. F. E. Udwadia, *Analytical Dynamics*, Cambridge Univ. Press, New York, 1996.
12. R. C. Dorf, *Electrical Engineering Handbook*, 2nd ed., CRC Press, Boca Raton, Fla., 1998.
13. S. M. Ross, *Simulation*, 2nd ed., Academic Press, Orlando, Fla., 1996.
14. G. B. Gordon, "ORCA: Optimized Robot for Chemical Analysis," *Hewlett-Packard Journal*, June 1993, pp. 6-19.
15. P. E. Sarachik, *Principles of Linear Systems*, Cambridge Univ. Press, New York, 1997.
16. S. Bennett, "Nicholas Minorsky and the Automatic Steering of Ships," *IEEE Control Systems*, November 1984, pp. 10-15.
17. P. Gawthorp, *Metamodeling: Bond Graphs and Dynamic Systems*, Prentice Hall, Englewood Cliffs, N. J., 1996.
18. C. M. Close and D. K. Frederick, *Modeling and Analysis of Dynamic Systems*, 2nd ed., Houghton Mifflin, Boston, 1995.
19. H. S. Black, "Stabilized Feed-Back Amplifiers," *Electrical Engineering*, 53, January 1934, pp. 114-120. Also in *Turning Points in American History*, J. E. Brittain, ed., IEEE Press, New York, 1977, pp. 359-361.
20. P. L. Corke, *Visual Control of Robots*, John Wiley & Sons, New York, 1997.
21. W. J. Rugh, *Linear System Theory*, 2nd ed., Prentice Hall, Englewood Cliffs, N. J., 1997.
22. S. Pannu and H. Kazerooni, "Control for a Walking Robot," *IEEE Control Systems*, February 1996, pp. 20-25.
23. K. Ogata, *Modern Control Engineering*, 3rd ed., Prentice Hall, Upper Saddle River, N. J., 1997.
24. S. P. Parker, *Encyclopedia of Engineering*, 2nd ed., McGraw-Hill, New York, 1993.
25. G. T. Pope, "Living-Room Levitation," *Discover*, June 1993, pp. 24.
26. G. Rowell and D. Wormley, *System Dynamics*, Prentice Hall, Upper Saddle River, N. J., 1997.
27. R. H. Bishop, *The Mechatronics Handbook*, 2nd ed., CRC Press, Inc., Boca Raton, Fla., 2007.
28. C. N. Dorny, *Understanding Dynamic Systems: Approaches to Modeling, Analysis, and Design*, Prentice Hall, Englewood Cliffs, New Jersey, 1993.
29. T. D. Burton, *Introduction to Dynamic Systems Analysis*, McGraw Hill, Inc., New York, 1994.
30. K. Ogata, *System Dynamics*, 4th ed., Prentice Hall, Englewood Cliffs, New Jersey, 2003.
31. J. D. Anderson, *Fundamentals of Aerodynamics*, 4th ed., McGraw-Hill, Inc., New York, 2005.
32. G. Emanuel, *Gasdynamics Theory and Applications*, AIAA Education Series, New York, 1986.
33. A. M. Kuethe and C-Y. Chow, *Foundations of Aerodynamics: Bases of Aerodynamic Design*, 5th ed., John Wiley &

Sons, New York, 1997.

34. M. A. S. Masoum, H. Dehbonei, and E. F. Fuchs, "Theoretical and Experimental Analyses of Photovoltaic Systems with Voltage- and Current-Based Maximum Power-Point Tracking," *IEEE Transactions on Energy Conversion*, Vol. 17, No. 4, 2002, pp. 514-522.
35. M. G. Wanzeller, R. N. C. Alves, J. V. da Fonseca Neto, and W. A. dos Santos Fonseca, "Current Control Loop for Tracking of Maximum Power Point Supplied for Photovoltaic Array," *IEEE Transactions on Instrumentation And Measurement*, Vol. 53, No. 4, 2004, pp. 1304-1310.
36. G. M. S. Azevedo, M. C. Cavalcanti, K. C. Oliveira, F. A. S. Neves, and Z. D. Lins, "Comparative Evaluation of Maximum Power Point Tracking Methods for Photovoltaic Systems," *ASME Journal of Solar Energy Engineering*, Vol. 131, 2009.
37. W. Xiao, W. G. Dunford, and A. Capel, "A Novel Modeling Method for Photovoltaic Cells," *35th Annual IEEE Power Electronics Specialists Conference*, Aachen, Germany, 2004, pp. 1950-1956.
38. M. Uzunoglu, O. C. Onar, M. S. Alam, "Modeling, Control and Simulation of a PV/FC/UC Based Hybrid Power Generation System for Stand-Alone Applications," *Renewable Energy*, Vol. 34, Elsevier Ltd., 2009, pp. 509-520.
39. N. Hamrouni and A. Cherif, "Modelling and Control of a Grid Connected Photovoltaic System," *International Journal of Electrical and Power Engineering*, Vol. 1, No. 3, Medwell Journals, 2007, pp. 307-313.
40. N. Kakimoto, S. Takayama, H. Satoh, and K. Nakamura, "Power Modulation of Photovoltaic Generator for Frequency Control of Power System," *IEEE Transactions on Energy Conversion*, Vol. 24, No. 4, 2009, pp. 943-949.
41. S. J. Chiang, H.-J. Shieh, and M.-C. Chen, "Modeling and Control of PV Charger System with SEPIC Converter," *IEEE Transactions on Industrial Electronics*, Vol. 56, No. 11, 2009, pp. 4344-4353.
42. M. Castilla, J. Miret, J. Matas, L. G. de Vicuña, and J. M. Guerrero, "Control Design Guidelines for Single-Phase Grid-Connected Photovoltaic Inverters with Damped Resonant Harmonic Compensators," *IEEE Transactions on Industrial Electronics*, Vol. 56, No. 11, 2009, pp. 4492-4501.

Chapter 3

1. R. C. Dorf, *Electric Circuits*, 3rd ed., John Wiley & Sons, New York, 1997.
2. W. J. Rugh, *Linear System Theory*, 2nd ed., Prentice Hall, Englewood Cliffs, N. J., 1996.
3. H. Kajiwara, et al., "LPV Techniques for Control of an Inverted Pendulum," *IEEE Control Systems*, February 1999, pp. 44-47.
4. R. C. Dorf, *Encyclopedia of Robotics*, John Wiley & Sons, New York, 1988.
5. A. V. Oppenheim, et al., *Signals and Systems*, Prentice Hall, Englewood Cliffs, N. J., 1996.
6. J. L. Stein, "Modeling and State Estimator Design Issues for Model Based Monitoring Systems," *Journal of Dynamic Systems*, ASME, June 1993, pp. 318-326.
7. I. Cochin, *Analysis and Design of Dynamic Systems*, Addison-Wesley, Reading, Mass., 1997.
8. R. C. Dorf, *Electrical Engineering Handbook*, CRC Press, Boca Raton, Fla., 1993.
9. Y. M. Pulyer, *Electromagnetic Devices for Motion Control*, Springer-Verlag, New York, 1992.
10. C. M. Close and D. K. Frederick, *Modeling and Analysis of Dynamic Systems*, 2nd ed., Houghton Mifflin, Boston, 1995.
11. R. C. Durbeck, "Computer Output Printer Technologies," in *Electrical Engineering Handbook*, R. C. Dorf, ed., CRC Press, Boca Raton, Fla., 1998, pp. 1958-1975.
12. B. Wie, et al., "New Approach to Attitude/Momentum Control for the Space Station," *AIAA Journal of Guidance, Control, and Dynamics*, Vol. 12, No. 5, 1989, pp. 714-722.
13. H. Ramirez, "Feedback Controlled Landing Maneuvers," *IEEE Transactions on Automatic Control*, April 1992, pp. 518-523.
14. C. A. Canudas De Wit, *Theory of Robot Control*, Springer-Verlag, New York, 1996.
15. R. R. Kadiyala, "A Toolbox for Approximate Linearization of Nonlinear Systems," *IEEE Control Systems*, April 1993, pp. 47-56.
16. B. C. Crandall, *Nanotechnology*, MIT Press, Cambridge, Mass., 1996.
17. W. Leventon, "Mountain Bike Suspension Allows Easy Adjustment," *Design News*, July 19, 1993, pp. 75-77.

18. A. Cavallo, et al., *Using* MATLAB, SIMULINK, *and Control System Toolbox*, Prentice Hall, Englewood Cliffs, N. J., 1996.
19. G. E. Carlson, *Signal and Linear System Analysis*, John Wiley & Sons, New York, 1998.
20. D. Cho,"Magnetic Levitation Systems," *IEEE Control Systems*, February 1993, pp. 42-48.
21. W. J. Palm, *Modeling*, *Analysis*, *Control of Dynamic Systems*, 2nd ed., John Wiley & Sons, New York, 2000.
22. H. Kazerooni, "Human Extenders," *Journal of Dynamic Systems*, ASME, June 1993, pp. 281-290.
23. C. N. Dorny, *Understanding Dynamic Systems*, Prentice Hall, Englewood Cliffs, N. J., 1993.
24. Chen, Chi-Tsing, *Linear System Theory and Design*, 3rd ed., Oxford Univ. Press, New York, 1998.
25. M. Kaplan, *Modern Spacecraft Dynamics and Control*, John Wiley and Sons, New York, 1976.
26. J. Wertz, ed., *Spacecraft Attitude Determination and Control*, Kluwer Academic Publishers, Dordrecht, The Netherlands, 1978 (reprinted in 1990).
27. W. E. Wiesel, *Spaceflight Dynamics*, McGraw-Hill, New York, 1989.
28. B. Wie, K. W. Byun, V. W. Warren, D. Geller, D. Long and J. Sunkel, "New Approach to Attitude/Momentum Control for the Space Station," *AIAA Journal Guidance*, *Control*, *and Dynamics*, Vol. 12, No. 5, 1989, pp. 714-722.
29. L. R. Bishop, R. H. Bishop, and K. L. Lindsay, "Proposed CMG Momentum Management Scheme for Space Station," *AIAA Guidance Navigation and Controls Conference Proceedings*, Vol. 2, No. 87-2528, 1987, pp. 1229-1236.
30. H. H. Woo, H. D. Morgan, and E. T. Falangas, "Momentum Management and Attitude Control Design for a Space Station," *AIAA Journal of Guidance*, *Control*, *and Dynamics*, Vol. 11, No. 1, 1988, pp. 19-25.
31. J. W. Sunkel and L. S. Shieh, "An Optimal Momentum Management Controller for the Space Station," *AIAA Journal of Guidance*, *Control*, *and Dynamics*, Vol. 13, No. 4, 1990, pp. 659-668.
32. V. W. Warren,B. Wie,and D. Geller, "Periodic-Disturbance Accommodating Control of the Space Station," *AIAA Journal of Guidance*, *Control*, *and Dynamics*, Vol. 13, No. 6, 1990, pp. 984-992.
33. B. Wie, A. Hu, and R. Singh, "Multi-Body Interaction Effects on Space Station Attitude Control and Momentum Management," *AIAA Journal of Guidance*, *Control*, *and Dynamics*, Vol. 13, No. 6, 1990, pp. 993-999.
34. J. W. Sunkel and L. S. Shieh, "Multistage Design of an Optimal Momentum Management Controller for the Space Station," *AIAA Journal of Guidance*, *Control*, *and Dynamics*, Vol. 14, No. 3, 1991, pp. 492-502.
35. K. W. Byun, B. Wie, D. Geller, and J. Sunkel, "Robust H_∞ Control Design for the Space Station with Structured Parameter Uncertainty," *AIAA Journal of Guidance*, *Control*, *and Dynamics*, Vol. 14, No. 6, 1991, pp. 1115-1122.
36. E. Elgersma, G. Stein, M. Jackson, and J. Yeichner, "Robust Controllers for Space Station Momentum Management," *IEEE Control Systems Magazine*, Vol. 12, No. 2, October 1992, pp. 14-22.
37. G. J. Balas, A. K. Packard, and J. T. Harduvel, "Application of m@ Synthesis Technique to Momentum Management and Attitude Control of the Space Station," *Proceedings of* 1991 *AIAA Guidance*, *Navigation*, *and Control Conference*, New Orleans, Louisiana, pp. 565-575.
38. Rhee and J. L. Speyer, "Robust Momentum Management and Attitude Control System for the Space Station," *AIAA Journal of Guidance*, *Control*, *and Dynamics*, Vol. 15, No. 2, 1992, pp. 342-351.
39. T. F. Burns and H. Flashner, "Adaptive Control Applied to Momentum Unloading Using the Low Earth Orbital Environment," *AIAA Journal of Guidance*, *Control*, *and Dynamics*, Vol. 15, No. 2, 1992, pp. 325-333.
40. X. M. Zhao, L. S. Shieh, J. W. Sunkel, and Z. Z. Yuan, "Self-Tuning Control of Attitude and Momentum Management for the Space Station," *AIAA Journal of Guidance*, *Control*, *and Dynamics*, Vol. 15, No. 1, 1992, pp. 17-27.
41. G. Parlos and J. W. Sunkel, "Adaptive Attitude Control and Momentum Management for Large-Angle Spacecraft Maneuvers," *AIAA Journal of Guidance*, *Control*, *and Dynamics*, Vol. 15, No. 4, 1992, pp. 1018-1028.
42. R. H. Bishop, S. J. Paynter, and J. W. Sunkel, "Adaptive Control of Space Station with Control Moment Gyros," *IEEE Control Systems Magazine*, Vol. 12, No. 2, October 1992, pp. 23-28.
43. S. R. Vadali and H. S. Oh, "Space Station Attitude Control and Momentum Management: A Nonlinear Look," *AIAA Journal of Guidance*, *Control*, *and Dynamics*, Vol. 15, No. 3, 1992, pp. 577-586.
44. S. N. Singh and T. C. Bossart, "Feedback Linearization and Nonlinear Ultimate Boundedness Control of the Space

Station Using CMG," *AIAA Guidance Navigation and Controls Conference Proceedings*, Vol. 1, No. 90-3354-CP, 1990, pp. 369-376.

45. S. N. Singh and T. C. Bossart, "Invertibility of Map, Zero Dynamics and Nonlinear Control of Space Station," *AIAA Guidance Navigation and Controls Conference Proceedings*, Vol. 1, No. 91-2663-CP, 1991, pp. 576-584.
46. S. N. Singh and A. Iyer, "Nonlinear Regulation of Space Station: A Geometric Approach," *AIAA Journal of Guidance, Control, and Dynamics*, Vol. 17, No. 2, 1994, pp. 242-249.
47. J. J. Sheen and R. H. Bishop, "Spacecraft Nonlinear Control," *The Journal of Astronautical Sciences*, Vol. 42, No. 3, 1994, pp. 361-377.
48. J. Dzielski, E. Bergmann, J. Paradiso, D. Rowell, and D. Wormley, "Approach to Control Moment Gyroscope Steering Using Feedback Linearization," *AIAA Journal of Guidance, Control, and Dynamics*, Vol. 14, No. 1, 1991, pp. 96-106.
49. J. J. Sheen and R. H. Bishop, "Adaptive Nonlinear Control of Spacecraft," *The Journal of Astronautical Sciences*, Vol. 42, No. 4, 1994, pp. 451-472.
50. S. N. Singh and T. C. Bossart, "Exact Feedback Linearization and Control of Space Station Using CMG," *IEEE Transactions on Automatic Control*, Vol. Ac-38, No. 1, 1993, pp. 184-187.

Chapter 4

1. R. C. Dorf, *Electrical Engineering Handbook*, 2nd ed., CRC Press, Boca Raton, Fla., 1998.
2. R. C. Dorf, *Electric Circuits*, 3rd ed., John Wiley & Sons, New York, 1996.
3. C. E. Rohrs, J. L. Melsa, and D. Schultz, *Linear Control Systems*, McGraw-Hill, New York, 1993.
4. P. E. Sarachik, *Principles of Linear Systems*, Cambridge Univ. Press, New York, 1997.
5. B. K. Bose, *Power Electronics and Variable Frequency Drives*, IEEE Press, Piscataway, N. J., 1997.
6. J. C. Nelson, *Operational Amplifier Circuits*, Butterworth, New York, 1995.
7. *Motomatic Speed Control*, Electro-Craft Corp., Hopkins, Minn., 1999.
8. M. W. Spong et al., *Robot Control Dynamics*, *Motion Planning and Analysis*, IEEE Press, New York, 1993.
9. R. C. Dorf, *Encyclopedia of Robotics*, John Wiley & Sons, New York, 1988.
10. D. J. Bak, "Dancer Arm Feedback Regulates Tension Control," *Design News*, April 6, 1987, pp. 132-133.
11. "The Smart Projector Demystified," *Science Digest*, May 1985, pp. 76.
12. J. M. Maciejowski, *Multivariable Feedback Design*, Addison-Wesley, Wokingham, England, 1989.
13. L. Fortuna and G. Muscato, "A Roll Stabilization System for a Monohull Ship," *IEEE Transactions on Control Systems Technology*, January 1996, pp. 18-28.
14. C. N. Dorny, *Understanding Dynamic Systems*, Prentice Hall, Englewood Cliffs, N. J., 1993.
15. D. W. Clarke, "Sensor, Actuator, and Loop Validation," *IEEE Control Systems*, August 1995, pp. 39-45.
16. S. P. Parker, *Encyclopedia of Engineering*, 2nd ed., McGraw-Hill, New York, 1993.
17. M. S. Markow, "An Automated Laser System for Eye Surgery," *IEEE Engineering in Medicine and Biology*, December 1989, pp. 24-29.
18. M. Eslami, *Theory of Sensitivity in Dynamic Systems*, Springer-Verlag, New York, 1994. 19. Y. M. Pulyer, *Electromagnetic Devices for Motion Control*, Springer-Verlag, New York, 1992.
20. J. R. Layne, "Control for Cargo Ship Steering," *IEEE Control Systems*, December 1993, pp. 23-33.
21. S. Begley, "Greetings From Mars," *Newsweek*, July 14, 1997, pp. 23-29.
22. M. Carroll, "Assault on the Red Planet," *Popular Science*, January 1997, pp. 44-49.
23. The American Medical Association, *Home Medical Encyclopedia*, vol. 1, Random House, New York, 1989, pp. 104-106.
24. J. B. Slate, L. C. Sheppard, V. C. Rideout, and E. H. Blackstone, "Closed-loop Nitroprusside Infusion: Modeling and Control Theory for Clinical Applications," *Proceedings IEEE International Symposium on Circuits and Systems*, 1980, pp. 482-488.
25. B. C. McInnis and L. Z. Deng, "Automatic Control of Blood Pressures with Multiple Drug Inputs," *Annals of Biomedical Engineering*, vol. 13, 1985, pp. 217-225.
26. R. Meier, J. Nieuwland, A. M. Zbinden, and S. S. Hacisalihzade, "Fuzzy Logic Control of Blood Pressure During Anesthesia," *IEEE Control Systems*, December 1992, pp. 12-17.

27. L. C. Sheppard, "Computer Control of the Infusion of Vasoactive Drugs," *Proceedings IEEE International Symposium on Circuits and Systems*, 1980, pp. 469-473.

28. S. Lee, "Intelligent Sensing and Control for Advanced Teleoperation," *IEEE Control Systems*, June 1993, pp. 19-28.

29. L. L. Cone, "Skycam: An Aerial Robotic Camera System," *Byte*, October 1985, pp. 122-128.

Chapter 5

1. C. M. Close and D. K. Frederick, *Modeling and Analysis of Dynamic Systems*, 2nd ed., Houghton Mifflin, Boston, 1993.
2. R. C. Dorf, *Electric Circuits*, 3rd ed., John Wiley & Sons, New York, 1996.
3. B. K. Bose, *Power Electronics and Variable Frequency Drives*, IEEE Press, Piscataway, N. J., 1997.
4. P. R. Clement, "A Note on Third-Order Linear Systems," *IRE Transactions on Automatic Control*, June 1960, pp. 151.
5. R. N. Clark, *Introduction to Automatic Control Systems*, John Wiley & Sons, New York, 1962, pp. 115-124.
6. D. Graham and R. C. Lathrop, "The Synthesis of Optimum Response: Criteria and Standard Forms, Part 2," *Trans. of the AIEE* 72, November 1953, pp. 273-288.
7. R. C. Dorf, *Encyclopedia of Robotics*, John Wiley & Sons, New York, 1988.
8. L. E. Ryan, "Control of an Impact Printer Hammer," *ASME Journal of Dynamic Systems*, March 1990, pp. 69-75.
9. E. J. Davison, "A Method for Simplifying Linear Dynamic Systems," *IEEE Transactions on Automatic Control*, January 1966, pp. 93-101.
10. R. C. Dorf, *Electrical Engineering Handbook*, CRC Press, Boca Raton, Fla., 1998.
11. A. G. Ulsoy, "Control of Machining Processes," *ASME Journal of Dynamic Systems*, June 1993, pp. 301-310.
12. I. Cochin, *Analysis and Design of Dynamic Systems*, Addison-Wesley, Reading, Mass., 1997.
13. W. J. Rugh, *Linear System Theory*, 2nd ed., Prentice Hall, Englewood Cliffs, N. J., 1997.
14. W. J. Book, "Controlled Motion in an Elastic World," *Journal of Dynamic Systems*, June 1993, pp. 252-260.
15. C. E. Rohrs, J. L. Melsa, and D. Schultz, *Linear Control Systems*, McGraw-Hill, New York, 1993.
16. S. Lee, "Intelligent Sensing and Control for Advanced Teleoperation," *IEEE Control Systems*, June 1993, pp. 19-28.
17. Japan-Guide. com, about "Shin Kansen".
18. M. DiChristina, "Telescope Tune-Up," *Popular Science*, September 1999, pp. 66-68.
19. M. Hutton and M. Rabins, "Simplification of Higher-Order Mechanical Systems Using the Routh Approximation," *Journal of Dynamic Systems*, ASME, December 1975, pp. 383-392.
20. E. W. Kamen and B. S. Heck, *Fundamentals of Signals and Systems Using MATLAB*, Prentice Hall, Upper Saddle River, N. J., 1997.
21. M. DiChristina, "What's Next for Hubble?" *Popular Science*, March 1998, pp. 56-59.
22. Aaron Edsinger-Gonzales and Jeff Weber. "Domo: A Force Sensing Humanoid Robot for Manipulation Research," *Proceedings of the IEEE/RSJ International Conference on Humanoid Robotics*, 2004.
23. Aaron Edsinger-Gonzales, "Design of a Compliant and Force Sensing Hand for a Humanoid Robot," *Proceedings of the International Conference on Intelligent Manipulation and Grasping*, 2004.
24. B. L. Stevens and F. L. Lewis, *Aircraft Control and Simulation*, 2nd ed., John Wiley & Sons, New York, 2003.
25. B. Etkin and L. D. Reid, *Dynamics of Flight*, 3rd ed., John Wiley & Sons, New York, 1996.
26. G. E. Cooper and R. P. Harper, Jr., "The Use of Pilot Rating in the Evaluation of Aircraft Handling Qualities," NASA TN D-5153, 1969.
27. USAF, "Flying Qualities of Piloted Vehicles," USAF Spec., MIL-F-8785C, 1980.
28. H. Paraci and M. Jamshidi, *Design and Implementation of Intelligent Manufacturing Systems*, Prentice Hall, Upper Saddle River, N. J., 1997.

Chapter 6

1. R. C. Dorf, *Electrical Engineering Handbook*, 2nd ed., CRC Press, Boca Raton, Fla., 1998.
2. R. C. Dorf, *Electric Circuits*, 3rd ed., John Wiley & Sons, New York, 1996.

3. W. J. Palm, *Modeling, Analysis and Control*, 2nd ed., John Wiley & Sons, New York, 2000.
4. W. J. Rugh, *Linear System Theory*, 2nd ed., Prentice Hall, Englewood Cliffs, N. J., 1997.
5. B. Lendon, "Scientist: Tae Bo Workout Sent Skyscraper Shaking," CNN, 2011.
6. A. Hurwitz, "On the Conditions under which an Equation Has Only Roots with Negative Real Parts," *Mathematische Annalen* 46, 1895, pp. 273-284. Also in *Selected Papers on Mathematical Trends in Control Theory*, Dover, New York, 1964, pp. 70-82.
7. E. J. Routh, *Dynamics of a System of Rigid Bodies*, Macmillan, New York, 1892.
8. G. G. Wang, "Design of Turning Control for a Tracked Vehicle," *IEEE Control Systems*, April 1990, pp. 122-125.
9. N. Mohan, *Power Electronics*, John Wiley & Sons, New York, 1995.
10. *World Robotics* 2014 *Industrial Robots*, IFR International Federation of Robotics, Frankfurt, Germany, 2014.
11. R. C. Dorf and A. Kusiak, *Handbook of Manufacturing and Automation*, John Wiley & Sons, New York, 1994.
12. A. N. Michel, "Stability: The Common Thread in the Evolution of Control," *IEEE Control Systems*, June 1996, pp. 50-60.
13. S. P. Parker, *Encyclopedia of Engineering*, 2nd ed., McGraw-Hill, New York, 1933.
14. J. Levine, et al., "Control of Magnetic Bearings," *IEEE Transactions on Control Systems Technology*, September 1996, pp. 524-544.
15. F. S. Ho, "Traffic Flow Modeling and Control," *IEEE Control Systems*, October 1996, pp. 16-24.
16. D. W. Freeman, "Jump-Jet Airliner," *Popular Mechanics*, June 1993, pp. 38-40.
17. B. Sweetman, "Venture Star-21st-Century Space Shuttle," *Popular Science*, October 1996, pp. 43-47.
18. S. Lee, "Intelligent Sensing and Control for Advanced Teleoperation," *IEEE Control Systems*, June 1993, pp. 19-28.
19. "Uplifting," *The Economist*, July 10, 1993, pp. 79.
20. R. N. Clark, "The Routh-Hurwitz Stability Criterion, Revisited," *IEEE Control Systems*, June 1992, pp. 119-120.
21. Gregory Mone, "5 Paths to the Walking, Talking, Pie-Baking Humanoid Robot," *Popular Science*, September 2006.
22. L. Hatvani, "Adaptive Control: Stabilization," *Applied Control*, edited by Spyros G. Tzafestas, Marcel Decker, New York, 1993, pp. 273-287.
23. H. Kazerooni, "Human Extenders," *Journal of Dynamic Systems*, ASME, 1993, pp. 281-290.
24. T. Koolen, J. Smith, G. Thomas, et al., "Summary of Team IHMC's Virtual Robotics Challenge Entry," *Proceedings of the IEEE-RAS International Conference on Humanoid Robots*, Atlanta, GA, 2013.

Chapter 7

1. W. R. Evans, "Graphical Analysis of Control Systems," *Transactions of the AIEE*, 67, 1948, pp. 547-551. Also in G. J. Thaler, ed., *Automatic Control*, Dowden, Hutchinson, and Ross, Stroudsburg, Pa., 1974, pp. 417-421.
2. W. R. Evans, "Control System Synthesis by Root Locus Method," *Transactions of the AIEE*, 69, 1950, pp. 1-4. Also in *Automatic Control*, G. J. Thaler, ed., Dowden, Hutchinson, and Ross, Stroudsburg, Pa., 1974, pp. 423-425.
3. W. R. Evans, *Control System Dynamics*, McGraw-Hill, New York, 1954.
4. R. C. Dorf, *Electrical Engineering Handbook*, 2nd ed., CRC Press, Boca Raton, Fla., 1998.
5. J. G. Goldberg, *Automatic Controls*, Allyn and Bacon, Boston, 1965.
6. R. C. Dorf, *The Encyclopedia of Robotics*, John Wiley & Sons, New York, 1988.
7. H. Ur, "Root Locus Properties and Sensitivity Relations in Control Systems," *I. R. E. Trans. on Automatic Control*, January 1960, pp. 57-65.
8. T. R. Kurfess and M. L. Nagurka, "Understanding the Root Locus Using Gain Plots," *IEEE Control Systems*, August 1991, pp. 37-40.
9. T. R. Kurfess and M. L. Nagurka, "Foundations of Classical Control Theory," *The Franklin Institute*, Vol. 330, No. 2, 1993, pp. 213-227.
10. "Webb Automatic Guided Carts," See the Jervis B. Webb Company website.
11. D. K. Lindner, *Introduction to Signals and Systems*, McGraw-Hill, New York, 1999.
12. S. Ashley, "Putting a Suspension through Its Paces," *Mechanical Engineering*, April 1993, pp. 56-57.
13. B. K. Bose, *Modern Power Electronics*, IEEE Press, New York, 1992.

14. P. Varaiya, "Smart Cars on Smart Roads," *IEEE Transactions on Automatic Control*, February 1993, pp. 195-207.
15. S. Bermana, E. Schechtmana and Y. Edana, "Evaluation of Automatic Guided Vehicle Systems," *Robotics and Computer-Integrated Manufacturing*, Vol. 25, No. 3, 2009, pp. 522-528.
16. B. Sweetman, "21st Century SST," *Popular Science*, April 1998, pp. 56-60.
17. L. V. Merritt, "Tape Transport Head Positioning Servo Using Positive Feedback," *Motion*, April 1993, pp. 19-22.
18. G. E. Young and K. N. Reid, "Control of Moving Webs," *Journal of Dynamic Systems*, ASME, June 1993, pp. 309-316.
19. S. P. Parker, *Encyclopedia of Engineering*, 2nd ed., McGraw-Hill, New York, 1993.
20. A. J. Calise and R. T. Rysdyk, "Nonlinear Adaptive Flight Control Using Neural Networks," *IEEE Control Systems*, December 1998, pp. 14-23.
21. T. B. Sheridan, *Telerobotics, Automation and Control*, MIT Press, Cambridge, Mass., 1992.
22. L. W. Couch, *Digital and Analog Communication Systems*, 5th ed., Macmillan, New York, 1997.
23. D. Hrovat, "Applications of Optimal Control to Automotive Suspension Design," *Journal of Dynamic Systems*, ASME, June 1993, pp. 328-342.
24. T. J. Lueck, "Amtrak Unveils Its Bullet to Boston," *New York Times*, March 10, 1999.
25. M. van de Panne, "A Controller for the Dynamic Walk of a Biped," *Proceedings of the Conference on Decision and Control*, IEEE, December 1992, pp. 2668-2673.
26. R. C. Dorf, *Electric Circuits*, 3rd ed., John Wiley & Sons, New York, 1996.
27. S. Begley, "Mission to Mars," *Newsweek*, September 23, 1996, pp. 52-58.
28. W. J. Cook, "The International Space Station Takes Shape," *US News and World Report*, December 7, 1998, pp. 56-59.
29. "Batwings and Dragonfies," *The Economist*, July 2002, pp. 66-67.
30. "Global Automotive Electronics with Special Focus on OEMs Market," *Business Wire.*
31. Wang, F.-Y., Zeng, D., and Yang L., "Smart Cars on Smart Roads: An IEEE Intelligent Transportation Systems Society Update," *Pervasive Computing*, IEEE Computer Society, Vol. 5, No. 4, 2006, pp. 68-69.
32. M. B. Barron and W. F. Powers, "The Role of Electronic Controls for Future Automotive Mechatronic Systems," *IEEE/ASME Transactions on Mechatronics*, Vol. 1, No. 1, 1996, pp. 80-88.
33. *Wind Energy—The Facts*. See the European Wind Energy Association website.
34. P. D. Sclavounos, E. N. Wayman, S. Butterfield, J. Jonkman, and W. Musial, "Floating Wind Turbine Concepts," *European Wind Energy Association Conference (EWAC)*, Athens, Greece, 2006.
35. I. Munteanu, A. I. Bratcu, N. A. Cutululis, and E. Ceanga, *Optimal Control of Wind Energy Systems*, Springer-Verlag, London, 2008.
36. F. G. Martin, *The Art of Robotics*, Prentice Hall, Upper Saddle River, N. J., 1999.

Chapter 8

1. R. C. Dorf, *Electrical Engineering Handbook*, 2nd ed., CRC Press, Boca Raton, Fla., 1998.
2. I. Cochin and H. J. Plass, *Analysis and Design of Dynamic Systems*, John Wiley & Sons, New York, 1997.
3. R. C. Dorf, *Electric Circuits*, 3rd ed., John Wiley & Sons, New York, 1996.
4. H. W. Bode, "Relations Between Attenuation and Phase in Feedback Amplifier Design," *Bell System Tech. J.*, July 1940, pp. 421-454. Also in *Automatic Control: Classical Linear Theory*, G. J. Thaler, ed., Dowden, Hutchinson, and Ross, Stroudsburg, Pa., 1974, pp. 145-178.
5. M. D. Fagen, *A History of Engineering and Science in the Bell System*, Bell Telephone Laboratories, Murray Hill, N. J., 1978, Chapter 3.
6. D. K. Lindner, *Introduction to Signals and Systems*, McGraw-Hill, New York., 1999.
7. R. C. Dorf and A. Kusiak, *Handbook of Manufacturing and Automation*, John Wiley & Sons, New York, 1994.
8. R. C. Dorf, *The Encyclopedia of Robotics*, John Wiley & Sons, New York, 1988.
9. T. B. Sheridan, *Telerobotics, Automation and Control*, MIT Press, Cambridge, Mass., 1992.
10. J. L. Jones and A. M. Flynn, *Mobile Robots*, A. K. Peters Publishing, New York, 1993.
11. D. McLean, *Automatic Flight Control Systems*, Prentice Hall, Englewood Cliffs, N. J., 1990.
12. G. Leitman, "Aircraft Control Under Conditions of Windshear," *Proceedings of IEEE Conference on Decision and Control*, December 1990, pp. 747-749.

13. S. Lee, "Intelligent Sensing and Control for Advanced Teleoperation," *IEEE Control Systems*, June 1993, pp. 19-28.
14. R. A. Hess, "A Control Theoretic Model of Driver Steering Behavior," *IEEE Control Systems*, August 1990, pp. 3-8.
15. J. Winters, "Personal Trains," *Discover*, July 1999, pp. 32-33.
16. J. Ackermann and W. Sienel, "Robust Yaw Damping of Cars with Front and Rear Wheel Steering," *IEEE Transactions on Control Systems Technology*, March 1993, pp. 15-20.
17. L. V. Merritt, "Differential Drive Film Transport," *Motion*, June 1993, pp. 12-21.
18. S. Ashley, "Putting a Suspension through Its Paces," *Mechanical Engineering*, April 1993, pp. 56-57.
19. D. A. Linkens, "Anaesthesia Simulators," *Computing and Control Engineering Journal*, IEEE, April 1993, pp. 55-62.
20. J. R. Layne, "Control for Cargo Ship Steering," *IEEE Control Systems*, December 1993, pp. 58-64.
21. A. Titli, "Three Control Approaches for the Design of Car Semiactive Suspension," *Proceedings of Conference on Decision and Control*, December 1993, pp. 2962-2963.
22. H. H. Ottesen, "Future Servo Technologies for Hard Disk Drives," *Journal of the Magnetics Society of Japan*, Vol. 18, 1994, pp. 31-36.
23. D. Leonard,"Ambler Ramblin," *Ad Astra*,Vol. 2, No. 7, July-August 1990, pp. 7-9.
24. M. G. Wanzeller, R. N. C. Alves, J. V. da Fonseca Neto, and W. A. dos Santos Fonseca, "Current Control Loop for Tracking of Maximum Power Point Supplied for Photovoltaic Array," *IEEE Transactions on Instrumentation and Measurement*, Vol. 53, No. 4, 2004, pp. 1304-1310.

Chapter 9

1. H. Nyquist, "Regeneration Theory," *Bell Systems Tech. J.*, January 1932, pp. 126-147. Also in *Automatic Control: Classical Linear Theory*, G. J. Thaler, ed., Dowden, Hutchinson, and Ross, Stroudsburg, Pa., 1932, pp. 105-126.
2. M. D. Fagen, *A History of Engineering and Science in the Bell System*, Bell Telephone Laboratories, Inc., Murray Hill, N. J., 1978, Chapter 5.
3. H. M. James, N. B. Nichols, and R. S. Phillips, *Theory of Servomechanisms*, McGraw-Hill, New York, 1947.
4. W. J. Rugh,*Linear System Theory*, 2nd ed., Prentice Hall, Englewood Cliffs, N. J., 1996.
5. D. A. Linkens, *CAD for Control Systems*, Marcel Dekker, New York, 1993.
6. A. Cavallo, *Using MATLAB, SIMULINK, and Control System Toolbox*, Prentice Hall, Englewood Cliffs, N. J., 1996.
7. R. C. Dorf, *Electrical Engineering Handbook*, 2nd ed., CRC Press, Boca Raton, Fla., 1998.
8. D. Sbarbaro-Hofer, "Control of a Steel Rolling Mill," *IEEE Control Systems*, June 1993, pp. 69-75.
9. R. C. Dorf and A. Kusiak, *Handbook of Manufacturing and Automation*, John Wiley & Sons, New York, 1994.
10. J. J. Gribble,"Systems with Time Delay," *IEEE Control Systems*, February 1993, pp. 54-55.
11. C. N. Dorny, *Understanding Dynamic Systems*, Prentice Hall, Englewood Cliffs, N. J., 1993.
12. R. C. Dorf, *Electric Circuits*, 3rd ed., John Wiley & Sons, New York, 1996.
13. J. Yan and S. E. Salcudean,"Teleoperation Controller Design," *IEEE Transactions on Control Systems Technology*, May 1996, pp. 244-247.
14. K. K. Chew, "Control of Errors in Disk Drive Systems," *IEEE Control Systems*, January 1990, pp. 16-19.
15. R. C. Dorf, *The Encyclopedia of Robotics*, John Wiley & Sons, New York, 1988.
16. D. W. Freeman, "Jump-Jet Airliner," *Popular Mechanics*, June 1993, pp. 38-40.
17. F. D. Norvelle, *Electrohydraulic Control Systems*, Prentice Hall, Upper Saddle River, N. J., 2000.
18. B. K. Bose, *Power Electronics and Variable Frequency Drives*, IEEE Press, Piscataway, N. J., 1997.
19. C. S. Bonaventura and K. W. Lilly, "A Constrained Motion Algorithm for the Shuttle Remote Manipulator System," *IEEE Control Systems*, October 1995, pp. 6-16.
20. A. T. Bahill and L. Stark, "The Trajectories of Saccadic Eye Movements," *Scientific American*, January 1979, pp. 108-117.
21. A. G. Ulsoy, "Control of Machining Processes," ASME, *Journal of Dynamic Systems*, June 1993, pp. 301-310.
22. C. E. Rohrs, J. L. Melsa, and D. Schultz, *Linear Control Systems*, McGraw-Hill, New York, 1993.
23. J. L. Jones and A. M. Flynn, *Mobile Robots*, A. K. Peters Publishing, New York, 1993.

24. D. A. Linkens, "Adaptive and Intelligent Control in Anesthesia," *IEEE Control Systems*, December 1992, pp. 6-10.

25. R. H. Bishop, "Adaptive Control of Space Station with Control Moment Gyros," *IEEE Control Systems*, October 1992, pp. 23-27.

26. J. B. Song, "Application of Adaptive Control to Arc Welding Processes," *Proceedings of the American Control Conference*, IEEE, June 1993, pp. 1751-1755.

27. X. G. Wang, "Estimation in Paper Machine Control," *IEEE Control Systems*, August 1993, pp. 34-43.

28. R. Patton, "Mag Lift," *Scientific American*, October 1993, pp. 108-109.

29. P. Ferreira, "Concerning the Nyquist Plots of Rational Functions of Nonzero Type," *IEEE Transaction on Education*, Vol. 42, No. 3, 1999, pp. 228-229.

30. J. Pretolve, "Stereo Vision," *Industrial Robot*, Vol. 21, No. 2, 1994, pp. 24-31.

31. M. W. Spong and M. Vidyasagar, *Robot Dynamics and Control*, John Wiley & Sons, New York, 1989.

32. L. Y. Pao and K. E. Johnson, "A Tutorial on the Dynamics and Control of Wind Turbines and Wind Farms," *Proceedings of the American Control Conference*, St. Louis, MO, 2009, pp. 2076-2089.

33. G. K. Klute, U. Tsach, and D. Geselowitz, "An Optimal Controller for an Electric Ventricular Assist Device: Theory, Implementation, and Testing," *IEEE Transactions of Biomedical Engineering*, Vol. 39, No. 4, 1992, pp. 394-403.

Chapter 10

1. R. C. Dorf, *Electrical Engineering Handbook*, 2nd ed., CRC Press, Boca Raton, Fla., 1998.

2. Z. Gajic and M. Lelic, *Modern Control System Engineering*, Prentice Hall, Englewood liffs, N. J., 1996.

3. K. S. Yeung, et al., "A Non-trial and Error Method for Lag-Lead Compensator Design," *IEEE Transactions on Education*, February 1998, pp. 76-80.

4. W. R. Wakeland, "Bode Compensator Design," *IEEE Transactions on Automatic Control*, October 1976, pp. 771-773.

5. J. R. Mitchell, "Comments on Bode Compensator Design," *IEEE Transactions on Automatic Control*, October 1977, pp. 869-870.

6. S. T. Van Voorhis, "Digital Control of Measurement Graphics," *Hewlett-Packard Journal*, January 1986, pp. 24-26.

7. R. H. Bishop, "Adaptive Control of Space Station with Control Moment Gyros," *IEEE Control Systems*, October 1992, pp. 23-27.

8. C. L. Phillips, "Analytical Bode Design of Controllers," *IEEE Transactions on Education*, February 1985, pp. 43-44.

9. R. C. Garcia and B. S. Heck, "Enhancing Classical Controls Education via Interactive Design," *IEEE Control Systems*, June 1999, pp. 77-82.

10. J. D. Powell, N. P. Fekete, and C-F. Chang, "Observer-Based Air-Fuel Ratio Control," *IEEE Control Systems*, October 1998, pp. 72.

11. T. B. Sheridan, *Telerobotics*, *Automation and Control*, MIT Press, Cambridge, Mass., 1992.

12. R. C. Dorf, *The Encyclopedia of Robotics*, John Wiley & Sons, New York, 1988.

13. R. L. Wells, "Control of a Flexible Robot Arm," *IEEE Control Systems*, January 1990, pp. 9-15.

14. H. Kazerooni, "Human Extenders," *Journal of Dynamic Systems*, ASME, June 1993, pp. 281-290.

15. R. C. Dorf and A. Kusiak, *Handbook of Manufacturing and Automation*, John Wiley & Sons, New York, 1994.

16. F. M. Ham, S. Greeley, and B. Henniges, "Active Vibration Suppression for the Mast Flight System," *IEEE Control System Magazine*, Vol. 9, No. 1, 1989, pp. 85-90.

17. K. Pfeiffer and R. Isermann, "Driver Simulation in Dynamical Engine Test Stands," *Proceedings of the American Control Conference*, IEEE, 1993, pp. 721-725.

18. A. G. Ulsoy, "Control of Machining Processes," ASME, *Journal of Dynamic Systems*, June 1993, pp. 301-310.

19. B. K. Bose, *Modern Power Electronics*, IEEE Press, New York, 1992.

20. F. G. Martin, *The Art of Robotics*, Prentice Hall, Upper Saddle River, N. J., 1999.

21. J. M. Weiss, "The TGV Comes to Texas," *Europe*, March 1993, pp. 18-20.

22. H. Kazerooni, "A Controller Design Framework for Telerobotic Systems," *IEEE Transactions on Control Systems Technology*, March 1993, pp. 50-62.

23. W. H. Zhu, "Industrial Manipulators," *IEEE Control Systems*, April 1999, pp. 24-28.

24. E. W. Kamen and B. S. Heck, *Fundamentals of Signals and Systems Using MATLAB*, Prentice Hall, Upper Saddle River, N. J., 1997.

25. C. T. Chen, *Analog and Digital Control Systems Design*, Oxford Univ. Press, New York, 1996.

26. M. J. Sidi, *Spacecraft Dynamics and Control*, Cambridge Univ. Press, New York, 1997.

27. A. Arenas, et al., "Angular Velocity Control for a Windmill Radiometer," *IEEE Transactions on Education*, May 1999, pp. 147-152.

28. M. Berenguel, et al., "Temperature Control of a Solar Furnace," *IEEE Control Systems*, February 1999, pp. 8-19.

29. A. H. Moore, "The Shipping News: Fast Ferries," *Fortune*, December 6, 1999, pp. 240-249.

30. M. P. Dinca, M. Gheorghe, and P. Galvin, "Design of a PID Controller for a PCR Micro Reactor," *IEEE Transactions on Education*, Vol. 52, No. 1, 2009, pp. 117-124.

Chapter 11

1. R. C. Dorf, *Electrical Engineering Handbook*, 2nd ed., CRC Press, Boca Raton, Fla., 1998.

2. G. Goodwin, S. Graebe, and M. Salgado, *Control System Design*, Prentice Hall, Saddle River, N. J., 2001.

3. A. E. Bryson, "Optimal Control," *IEEE Control Systems*, June 1996, pp. 26-33.

4. J. Farrell, "Using Learning Techniques to Accommodate Unanticipated Faults," *IEEE Control Systems*, June 1993, pp. 40-48.

5. M. Jamshidi, *Design of Intelligent Manufacturing Systems*, Prentice Hall, Upper Saddle River, N. J., 1998.

6. M. Bodson, "High Performance Control of a Permanent Magnet Stepper Motor," *IEEE Transactions on Control Systems Technology*, March 1993, pp. 5-14.

7. G. W. Van der Linden, "Control of an Inverted Pendulum," *IEEE Control Systems*, August 1993, pp. 44-50.

8. W. J. Book, "Controlled Motion in an Elastic World," *Journal of Dynamic Systems*, June 1993, pp. 252-260.

9. E. W. Kamen, *Introduction to Industrial Control*, Academic Press, San Diego, 1999.

10. M. Jamshidi, *Large-Scale Systems*, Prentice Hall, Upper Saddle River, N. J., 1997.

11. W. J. Rugh, *Linear System Theory*, 2nd ed., Prentice Hall, Englewood Cliffs, N. J., 1996.

12. J. B. Burl, *Linear Optimal Control*, Prentice Hall, Upper Saddle River, N. J., 1999.

13. D. Hrovat, "Applications of Optimal Control to Automotive Suspension Design," *Journal of Dynamic Systems*, ASME, June 1993, pp. 328-342.

14. R. H. Bishop, "Adaptive Control of Space Station with Control Moment Gyros," *IEEE Control Systems*, October 1992, pp. 23-27.

15. R. C. Dorf, *Encyclopedia of Robotics*, John Wiley & Sons, New York, 1988.

16. T. B. Sheridan, *Telerobotics, Automation and Control*, MIT Press, Cambridge, Mass., 1992.

17. R. C. Dorf and A. Kusiak, *Handbook of Manufacturing and Automation*, John Wiley & Sons, New York, 1994.

18. C. T. Chen, *Linear System Theory and Design*, 3rd ed., Oxford University Press, New York, 1999.

19. F. L. Chernousko, *State Estimation for Dynamic Systems*, CRC Press, Boca Raton, Fla., 1993.

20. M. A. Gottschalk, "Dino-Adventure Duels Jurassic Park," *Design News*, August 16, 1993, pp. 52-58.

21. Y. Z. Tsypkin, "Robust Internal Model Control," *Journal of Dynamic Systems*, ASME, June 1993, pp. 419-425.

22. J. D. Irwin, *The Industrial Electronics Handbook*, CRC Press, Boca Raton, Fla., 1997.

23. J. K. Pieper, "Control of a Coupled-Drive Apparatus," *IEE Proceedings*, March 1993, pp. 70-79.

24. Rama K. Yedavalli, "Robust Control Design for Aerospace Applications," *IEEE Transactions of Aerospace and Electronic Systems*, Vol. 25, No. 3, 1989, pp. 314-324.

25. Bryan L. Jones and Robert H. Bishop, "H_2 Optimal Halo Orbit Guidance," *Journal of Guidance, Control, and Dynamics, AIAA*, Vol. 16, No. 6, 1993, pp. 1118-1124.

26. D. G. Luenberger, "Observing the State of a Linear System," *IEEE Transactions on Military Electronics*, 1964, pp. 74-80.

27. G. F. Franklin, J. D. Powell, and A. Emami-Naeini, *Feedback Control of Dynamic Systems*, 4th ed., Prentice Hall, Upper Saddle River, N. J., 2002.

28. R. E. Kalman, "Mathematical description of linear dynamical systems," *SIAM J. Control*, Vol. 1, 1963, pp. 152-192.

29. R. E. Kalman, "A New Approach to Linear Filtering and Prediction Problems," *Journal of Basic Engineering*,

1960, pp. 35-45.

30. R. E. Kalman and R. S. Bucy, "New Results in Linear Filtering and Prediction Theory," Transactions of the American Society of Mechanical Engineering, Series D, *Journal of Basic Engineering*, 1961, pp. 95-108.
31. B. Cipra, "Engineers Look to Kalman Filtering for Guidance," *SIAM News*, Vol. 26, No., August 1993.
32. R. H. Battin, "Theodore von Karman Lecture: Some Funny Things Happened on the Way to the Moon," 27th Aerospace Sciences Meeting, Reno, Nevada, AIAA-89-0861, 1989.
33. R. G. Brown and P. Y. C. Hwang, *Introduction to Random Signal Analysis and Kalman Filtering with Matlab Exercises and Solutions*, John Wiley and Sons, Inc., 1996.
34. . M. S. Grewal, and A. P. Andrews, *Kalman Filtering: Theory and Practice Using MATLAB*, *2nd ed.*, Wiley-Interscience, 2001.

Chapter 12

1. R. C. Dorf, *The Encyclopedia of Robotics*, John Wiley & Sons, New York, 1988.
2. R. C. Dorf, *Electrical Engineering Handbook*, 2nd ed., CRC Press, Boca Raton, Fla., 1998.
3. R. S. Sanchez-Pena and M. Sznaier, *Robust Systems Theory and Applications*, John Wiley & Sons, New York, 1998.
4. G. Zames, "Input-Output Feedback Stability and Robustness," *IEEE Control Systems*, June 1996, pp. 61-66.
5. K. Zhou and J. C. Doyle, *Essentials of Robust Control*, Prentice Hall, Upper Saddle River, N. J., 1998.
6. C. M. Close and D. K. Frederick, *Modeling and Analysis of Dynamic Systems*, 2nd ed., Houghton Mifflin, Boston, 1993.
7. A. Charara, "Nonlinear Control of a Magnetic Levitation System," *IEEE Transactions on Control System Technology*, September 1996, pp. 513-523.
8. J. Yen, *Fuzzy Logic: Intelligence and Control*, Prentice Hall, Upper Saddle River, N. J., 1998.
9. X. G. Wang, "Estimation in Paper Machine Control," *IEEE Control Systems*, August 1993, pp. 34-43.
10. D. Sbarbaro-Hofer, "Control of a Steel Rolling Mill," *IEEE Control Systems*, June 1993, pp. 69-75.
11. N. Mohan, *Power Electronics*, John Wiley & Sons, New York, 1995.
12. J. M. Weiss, "The TGV Comes to Texas," *Europe*, March 1993, pp. 18-20.
13. S. Lee, "Intelligent Sensing and Control for Advanced Teleoperation," *IEEE Control Systems*, June 1993, pp. 19-28.
14. J. V. Wait and L. P. Huelsman, *Operational Amplifier Theory*, 2nd ed., McGraw-Hill, New York, 1992.
15. F. G. Martin, *The Art of Robotics*, Prentice Hall, Upper Saddle River, N. J., 1999.
16. R. Shoureshi, "Intelligent Control Systems," *Journal of Dynamic Systems*, June 1993, pp. 392-400.
17. A. Butar and R. Sales, "Control for MagLev Vehicles," *IEEE Control Systems*, August 1998, pp. 18-25.
18. H. Paraci and M. Jamshidi, *Design and Implementation of Intelligent Manufacturing Systems*, Prentice Hall, Upper Saddle River, N. J., 1997.
19. B. Johnstone, "Japan's Friendly Robots," *Technology Review*, June 1999, pp. 66-69.
20. W. J. Grantham and T. L. Vincent, *Modern Control Systems Analysis and Design*, John Wiley & Sons, New York, 1993.
21. K. Capek, *Rossum's Universal Robots*, English edition by P. Selver and N. Playfair, Doubleday, Page, New York, 1923.
22. H. Kazerooni, "Human Extenders," *Journal of Dynamic Systems*, ASME, June 1993, pp. 281-290.
23. C. Lapiska, "Flight Simulation," *Aerospace America*, August 1993, pp. 14-17.
24. D. E. Bossert, "A Root-Locus Analysis of Quantitative Feedback Theory," *Proceedings of the American Control Conference*, June 1993, pp. 1698-1705.
25. J. A. Gutierrez and M. Rabins, "A Computer Loop-shaping Algorithm for Controllers," *Proceedings of the American Control Conference*, June 1993, pp. 1711-1715.
26. J. W. Song, "Synthesis of Compensators in Linear Uncertain Plants," *Proceedings of the Conference on Decision and Control*, December 1992, pp. 2882-2883.
27. M. Gottschalk, "Part Surgeon-Part Robot," *Design News*, June 7, 1993, pp. 68-75.
28. S. Jayasuriya, "Frequency Domain Design for Robust Performance Under Uncertainties," *Journal of Dynamic Systems*, June 1993, pp. 439-450.
29. L. S. Shieh, "Control of Uncertain Systems," *IEE Proceedings*, March 1993, pp. 99-110.

30. M. van de Panne, "A Controller for the Dynamic Walk of a Biped," *Proceedings of the Conference on Decision and Control*, IEEE, December 1992, pp. 2668-2673.
31. S. Bennett, "The Development of the PID Controller," *IEEE Control Systems*, December 1993, pp. 58-64.
32. J. C. Doyle, A. B. Francis, and A. R. Tannen-baum, *Feedback Control Theory*, Macmillan, New York, 1992.

Chapter 13

1. R. C. Dorf, *The Encyclopedia of Robotics*, John Wiley & Sons, New York, 1988.
2. C. L. Phillips and H. T. Nagle, *Digital Control Systems*, Prentice Hall, Englewood Cliffs, N. J., 1995.
3. G. F. Franklin, et al., *Digital Control of Dynamic Systems*, 2nd ed., Prentice Hall, Upper Saddle River, N. J., 1998.
4. S. H. Zak, "Ripple-Free Deadbeat Control," *IEEE Control Systems*, August 1993, pp. 51-56.
5. C. Lapiska, "Flight Simulation," *Aerospace America*, August 1993, pp. 14-17.
6. F. G. Martin, *The Art of Robotics*, Prentice Hall, Upper Saddle River, N. J., 1999.
7. D. Raviv and E. W. Djaja, "Discretized Controllers," *IEEE Control Systems*, June 1999, pp. 52-58.
8. R. C. Dorf, *Electrical Engineering Handbook*, 2nd ed., CRC Press, Boca Raton, Fla., 1998.
9. T. M. Foley, "Engineering the Space Station," *Aerospace America*, October 1996, pp. 26-32.
10. A. G. Ulsoy, "Control of Machining Processes," ASME, *Journal of Dynamic Systems*, June 1993, pp. 301-310.
11. K. J. Astrom, *Computer-Controlled Systems*, Prentice Hall, Upper Saddle River, N. J., 1997.
12. R. C. Dorf and A. Kusiak, *Handbook of Manufacturing and Automation*, John Wiley & Sons, New York, 1994.
13. L. W. Couch, *Digital and Analog Communication Systems*, 5th ed., Macmillan, New York, 1995.
14. K. S. Yeung and H. M. Lai, "A Reformation of the Nyquist Criterion for Discrete Systems," *IEEE Transactions on Education*, February 1988, pp. 32-34.
15. T. R. Kurfess, "Predictive Control of a Robotic Grinding System," *Journal of Engineering for Industry*, ASME, November 1992, pp. 412-420.
16. D. M. Auslander, *Mechatronics*, Prentice Hall, Englewood Cliffs, N. J., 1996.
17. R. Shoureshi, "Intelligent Control Systems," *Journal of Dynamic Systems*, June 1993, pp. 392-400.
18. D. J. Leo, "Control of a Flexible Frame in Slewing," *Proceedings of American Control Conference*, 1992, pp. 2535-2540.
19. V. Skormin, "On-Line Diagnostics of a Self-Contained Flight Actuator," *IEEE Transactions on Aerospace and Electronic Systems*, January 1994, pp. 130-141.
20. H. H. Ottesen, "Future Servo Technologies for Hard Disk Drives," *J. of the Magnetics Society of Japan*, Vol. 18, 1994, pp. 31-36.